華夏英才基金學術文庫

食品蛋白质

——结构、性质与功能

赵新淮　徐红华　姜毓君　编著

科学出版社
北　京

内 容 简 介

本书分为三个部分共15章，系统地介绍了食品蛋白质的基本理论知识。第一部分通过对蛋白质化学基础知识的介绍，阐述了蛋白质性质的基本方面以及相关的分离、分析等技术，同时简要介绍蛋白质工程技术。第二部分介绍常见的动植物源食品蛋白质的一般组成、结构与性质，及其在食品加工中的可利用性，同时简要介绍生物活性蛋白与活性肽。第三部分重点介绍蛋白质的功能性质、食品加工中的化学变化和蛋白质结构的化学-生物修饰技术，总结主要变化对食品品质与安全性方面的影响作用，以及对蛋白质功能性质、蛋白质化学变化的调控与应用。

本书内容完整、理论性强、适用性好、图表数据丰富，可供硕士研究生、博士研究生学习参考，以及从事食品科学研究（尤其是从事食品蛋白质研究）的科研工作者阅读。

图书在版编目(CIP)数据

食品蛋白质：结构、性质与功能/赵新淮等编著. —北京：科学出版社，2009

(华夏英才基金学术文库)

ISBN 978-7-03-023234-2

Ⅰ. 食… Ⅱ. 赵… Ⅲ. 食品化学-蛋白质-研究 Ⅳ. TS201.2

中国版本图书馆CIP数据核字（2008）第163228号

责任编辑：李秀伟 李晶晶/责任校对：包志虹

责任印制：赵 博/封面设计：陈 敬

科学出版社出版

北京东黄城根北街16号

邮政编码：100717

http://www.sciencep.com

北京科印技术咨询服务有限公司数码印刷分部印刷

科学出版社发行 各地新华书店经销

*

2009年4月第 一 版 开本：787×1092 1/16

2018年1月第四次印刷 印张：32 插页：1

字数：734 000

定价：118.00元

（如有印装质量问题，我社负责调换）

序

蛋白质是与生命以及各种形式的生命活动紧密联系在一起的有机物质，机体中每一个细胞和所有重要组成部分都含有蛋白质。蛋白质与生物体的结构和性状有关，参与基因表达的调节，以及细胞中氧化还原、电子传递、神经传递乃至学习、记忆等多种生命活动过程。在细胞和生物体内的各种生物化学反应中，发挥催化作用的酶类主要也是蛋白质。许多重要的激素如胰岛素、胸腺激素等也都是蛋白质。随着人类基因组计划的实施和推进，生命科学研究进入后基因组时代，其主要研究内容包括结构基因组学和蛋白质组学。蛋白质是生理功能的执行者，也是生命现象的直接体现者，对蛋白质结构和功能的深入研究，将能够更直接地阐明生命的本质。

蛋白质也是食品的主要组成成分。食品蛋白质通过为生物体提供必需的氨基酸，为生物的成长、生命的维持提供物质基础。食品蛋白质还是决定食品品质的要素，蛋白质的结构、排列、组装或与其他成分的相互作用，影响食品的存在形式与质地特征。食品蛋白质在食品科学中的重要性是有目共睹的。早在 20 世纪 80 年代初期，东北农业大学在国内率先设立动物性食品科学硕士授权点，并继而设立博士授权点，这一举动已经充分凸显作为动物性食品主要成分的蛋白质在食品科学中的重要性。三十年春华秋实，该专业培养出一大批专业人才，教学、科研积淀丰富，学术成就斐然。目前，食品蛋白质领域的研究人员已经在东北农业大学形成优势研究群体，他们承担了多项国家级、省级重大科研任务，一批硕士、博士研究生的研究工作与食品蛋白质紧密相连。

赵新淮教授深知蛋白质研究在食品科学发展以及人才培养中的重要性，于 20 世纪 90 年代初在东北农业大学为硕士研究生首次开设了专业课程“食品蛋白质”，为食品蛋白质方向硕士研究生的培养工作提供了有力的支持。同时，他在多年的教学活动中博观而约取、厚积而薄发，有志于编写《食品蛋白质——结构、性质与功能》一书。赵新淮教授的这一意愿得到学校以及徐红华教授、姜毓君教授两位同仁的支持与协作，并得到华夏英才基金、科学出版社的大力支持，使得这本《食品蛋白质——结构、性质与功能》最终得以成稿。

该书内容完整、思路清晰、论据充分、文献齐全，首先概述了食品蛋白质的基础知识，进而详细介绍常见食品蛋白质及其性质，最后重点介绍食品蛋白质在食品加工过程中的变化、修饰等问题。全书充分体现了蛋白质在食品科学中的重要性，很好地反映了当代食品蛋白质研究的现状与趋势。愿读者通过自己的阅读、理解、思考，从中获得服务社会、造福人类的有用知识和信息，共同推动我国食品蛋白质和食品科学研究的发展，也祝愿编著者的科学研究工作百尺竿头，更进一步。

是为序。

东北农业大学校长

李庆章教授

2009 年初春于哈尔滨市静斋

前　　言

蛋白质在生命活动中发挥重要作用，是生命活动不可能缺少的物质。食品蛋白质通过提供必需的氨基酸，为生命的成长和生命的维持提供必要的物质基础。同时，食品蛋白质还是食品的重要构成部分，蛋白质分子的结构、排列、组装或者与其他成分的相互作用，影响着食品的存在形式与质地特征，成为食品品质最重要的影响因素之一。

食品蛋白质来源丰富。自然界的动物、植物为人类提供了各种各样的蛋白质以满足人类的营养需求，同时，还赋予加工食品以重要的品质特征。食品蛋白质的重要性，是其他食品成分无法替代的。食品蛋白质对食品的重要性，及其性质和变化上的多样性和复杂性，更是引起了国外科学家的兴趣和高度重视。食品蛋白质作为食品化学的重要分支，对其进行的科研超过了其他的任何一种食品成分。同时，基于以前的研究成果，有不少的专著相继出版，进一步促进了后来者对食品蛋白质的关注。本书撰写过程中采用的研究论文、专著，就是这些前辈、同行们辛勤工作的最好证明。由于书稿的篇幅限制，还有许多论著未能在参考文献中一一列出。在此，特向这些前辈、同行致以崇高的敬意。

20 世纪 90 年代初，我在就职单位首次开设硕士研究生专业课程“食品蛋白质”，深知蛋白质作为一类食品成分的特殊性及其在食品科学中的重要性；更有感于国内少有相关论著，其后萌发收集相关资料、自己编著《食品蛋白质——结构、性质与功能》一书的念头，并得到两位同仁徐红华教授、姜毓君教授的热心支持和参与。经过十多年的精心准备、筹划，在较系统地制订了目录计划后，三人承担了相应的编写任务，将原来的课程讲义进行扩充、丰富，然后进行汇总与修改，最终形成《食品蛋白质——结构、性质与功能》样稿，并在科学出版社的大力支持下计划出版。

作者的意图是从化学的角度出发，编写一本理论性强、适用性好、有特色的著作。因此，本书由内容相对独立的三大部分组成。在第一部分中，通过对蛋白质化学基础知识的铺垫性介绍，展示蛋白质性质以及相关的一些重要的分离、分析、评价技术等基本内容，同时简要介绍蛋白质工程技术的有关内容。在第二部分中，通过逐一介绍常见的各种食品蛋白质，使读者能够系统地了解食品蛋白质的一般性质，更好地理解食品蛋白质的加工应用性。最后，作为本书的重点，第三部分系统地介绍蛋白质的功能性质、食品加工中的化学变化和蛋白质结构的修饰技术，总结主要变化对食品品质与安全性方面的影响，有意强化功能性质和变化的调控与应用。在内容撰写过程中，强化与其他学科的联系，适当地涉及食品营养学、毒理学等内容，介绍一些重要的新学科、新技术、新手段（如生物技术、微观结构、质地等）。此外，为了便于读者的理解和分析，作者收集了相当数量的图表数据，为相关内容提供最直接的科学证据。

在本书的编写过程中，赵新淮承担本书的第 1 章、第 3 章中的一部分（3.3.5 和 3.4)、第 5 章的大部分、第 14 章和第 15 章的编写工作。徐红华教授承担第 8 章、第 9 章、第 10 章、第 11 章的一部分（11.2)、第 12 章和第 13 章的编写工作。姜毓君教授承担了第 2 章、第 3 章中的大部分、第 4 章、第 5 章的一部分（5.2）、第 6 章和第 7 章的编写工作。全书最后由赵新淮进行统稿、修订。

在“十一五”期间的科学研究中，我国科技界强化了在食品蛋白质方面的基础性研究。国家高技术发展计划（“863”）中，现代食品生物技术专题已经立题的科研项目就是最好的证明。基于过去对食品蛋白质的研究基础，我们有幸承担其中的两个项目（2006AA10Z324、2008AA10Z311）的研究工作，一些研究工作结果已体现于本书的相关内容当中。在此，特以本书的出版来衷心感谢同行们对我们工作的认可与支持，衷心感谢国家科技部对我们科研工作的支持，我们将以更勤奋的工作来回报这些关心与帮助。

感谢就职单位的领导、同仁为本书出版提供的支持与鼓励。感谢两位同仁的热心参与和辛勤的工作。最后，衷心感谢华夏英才基金对本书出版给予的资助。

赵新淮

2009 年春于哈尔滨

目　　录

第1章 绪　　论

1.1 蛋白质——生命的基础

蛋白质（protein）一词来源于希腊语，意味“第一”或“基本的”，显示其在生命生长或维持中的作用。美国 1992 年版的 *Academic Press Dictionary of Science and Technology* 中，蛋白质被定义为“本质上由氨基酸以肽键连接的一系列复杂有机化合物中的任何一个，包含有碳、氢、氧、氮，通常还有硫。广泛存在于动物与植物体内。蛋白质是所有细胞原生质的主要组成，为生命所必需”（Aguilera，2008）。

蛋白质是复杂的生物大分子，由于其独特的化学构成而呈现各种特性，在生物体系中，蛋白质是细胞或机体的组成部分（细胞骨架、肌肉），是生命活动的催化剂（酶），是生命体的卫士（抗体），是重要的信使（激素），并发挥一些其他的重要作用。所以，蛋白质是构成生命的重要物质基础。

蛋白质是生命活动的基础。恩格斯在论述蛋白质的作用时曾指出：“第一，蛋白质是生命的物质基础；第二，生命是物质的运动形式，是蛋白质的存在形式；第三，这种存在形式的本质就是蛋白质与外部自然界不断地进行新陈代谢。”这一论断高度、精确地阐述了蛋白质在生命活动中的重要作用。生命的最基本的活动就是进行新陈代谢与自我复制。新陈代谢是生物体与外界环境所进行的物质交换与能量交换，涉及营养物质的吸收、代谢和代谢产品的排泄，在这个过程中离不开酶的催化活动，而酶的本质就是一类具有生物活性的蛋白质。生物体的自我复制过程也离不开酶的作用。所以，蛋白质是生命活动中绝不可能缺少的物质。

蛋白质是生命活动所必需的物质基础。在生物体的新陈代谢过程中，机体需要营养物质与能量物质，蛋白质通过为生物体提供必需的氨基酸成分，通过氨基酸的氧化代谢为机体提供能量，保证了机体的正常生长和生命的维持。

在化学本质上，蛋白质是一类复杂的有机化合物，它们的相对分子质量常见为 10^4～10^5，一些蛋白质的相对分子质量甚至可以达到 10^6。蛋白质由氨基酸（amino acid）通过肽键（本质上属于酰胺键）的连接而形成，每一个氨基酸单元为一个残基，这样形成了数目众多的有机大分子。与其他生物大分子相比，蛋白质最重要的特征元素是氮元素。生物体中常见的氨基酸为 20 种，也有人认为只有 18 种。氨基酸数目的众多导致了蛋白质数量的众多、结构的复杂。如果蛋白质的组成中包含有 100 个氨基酸，则在每一位置上均可以由 20 个氨基酸中的任何一个来连接，所以从数学统计上来看，蛋白质可能的结构应该有 $20^{100} \approx 10^{130}$ 个之多，即理论上蛋白质的可能结构非常多。显然，现实的生物界并没有这么多的蛋白质存在。在生物体中大约只有非常少的一部分蛋白质被生物合成出来（10^4～10^5 个）。目前，已经被分离、鉴定出的蛋白质已经有几千种。许多蛋白质是由两条以上的肽链组成，每一个肽链就是一个亚基。

蛋白质分子中氨基酸的相互连接的排列顺序为蛋白质的一级结构，但每一种蛋白质还有它的空间多维结构；蛋白质的二级结构和三级结构就与它的三维结构有关，而蛋白质的四级结构则表示多肽链的几何排列情况。存在于蛋白质分子内、分子间的不同作用力和因素，影响着蛋白质的二、三、四级结构，这些结构的变化将导致蛋白质物理化学性质、生物学性质的相应改变。

蛋白质在生命活动中发挥重要的作用，所以生命科学的研究，尤其是分子生物学的研究，就力图从分子水平认识生命，确定蛋白质分子的结构与功能关系。蛋白质对于研究生命的起源、进化以及调控等具有重大意义。为此，蛋白质工程技术应运而生。

蛋白质工程技术是生物技术的一部分，它是利用蛋白质结构与功能关系的知识，按照人类的需要通过基因工程途径定向地改造和创造蛋白质。其目的就是利用基因手段，对现有的蛋白质进行定向改造、设计、构建，生产出性能更加优异的新型蛋白质（如具有生物活性的酶、医用蛋白质），以满足人类的社会需求。

1.2 食品体系的蛋白质

在现代社会，消费者对食品的品质要求发生了明显的变化。食品除了提供其营养学、感官质量等传统品质外，还需要提供安全性保证，以及满足消费者在便利性和享受性方面的要求。

在食品体系中，蛋白质通过提供必需的氨基酸，为生命的成长和生命维持提供物质基础。此外，由于蛋白质化学结构的多样性，蛋白质还为各类食品提供结构基础，决定了食品的感官质量。在这一方面，蛋白质发挥着尤为重要的功能性质，是其他食品成分无法完全替代的。

1.2.1 来源、分类与性质

食品蛋白质主要来源于动植物。来源于动物的蛋白质食品，主要是陆地动物、水生动物的肌肉组织（肉类）、卵（蛋）和一些哺乳动物的分泌物（乳）；由于其氨基酸组成的平衡，对人类的营养价值较高，它们是膳食中优质蛋白质的主要供给来源。来自于植物的蛋白质食品，主要是谷物中存在的谷蛋白和其他的植物组织储藏蛋白，其中，大豆、花生等油籽作物中含量最高，但谷物蛋白仍然是人类重要的植物蛋白质来源；油籽蛋白的营养价值高于谷蛋白，不过仍然比动物蛋白质的营养价值要差一些。这些食品蛋白质具有不同的性质（化学的、物理学的、营养学的），更为重要的是，它们分别具有独特的功能性质与生物活性，这些在随后的各章节中有详细的介绍或阐述。

按照传统的分类方法，根据蛋白质的化学结构特征而将食品蛋白质分类为单纯蛋白、结合蛋白和衍生蛋白三大类。而根据食品蛋白质的溶解性，也可以将其分类为清蛋白、球蛋白、谷蛋白、醇溶蛋白、硬蛋白、精蛋白、核蛋白、糖蛋白、磷蛋白、色素蛋白等。蛋白质的分类情况，充分地表现了蛋白质组成的复杂性。

蛋白质的性质既表现在内在因素（本身的化学结构）变化会导致其性质的变化（如等电点等），同时外在因素（环境因素、所经历的加工处理）也会导致其一些重要性质变化，更表现在人为进行的修饰作用可以有目的地改变蛋白质的某些性质。表 1.1 列出了影响蛋白质的结构、化学性质的各种因素，以及其重要的功能性质（Damodaran and

Paraf，1997）。

表 1.1 蛋白质的结构、化学性质的影响因素和功能性质

结构或化学性质			功能性质		
内禀性质	外在因素	加工处理	界面或表面	流体力学	生物活性
氨基酸组成	pH	加热	溶解性	黏度	酶
一级结构到四级结构	氧化还原状态	冷却与冷冻	润湿性	增稠	激素
亚基	温度	干燥	分散性	胶凝	抗菌
共轭连接物	离子	浓缩	发泡性	凝结	降血压
	溶剂	储藏	乳化性	膜形成	免疫调节
	其他组分	剪切	脂肪结合		抗氧化
		高压	风味结合		阿片肽
		化学修饰与酶修饰			其他

作为化学组成复杂的生物大分子物质，食品蛋白质在食品的加工过程中要经历相应的环境条件变化，包括热处理、提取、溶解、脱水、干燥、水解、化学修饰、微生物发酵等，至少要经历热处理。这些处理可能导致蛋白质产生所希望的变化或反应，也有可能产生所不希望的变化与反应，包括营养学上的、毒理学上的或工艺学上的。食品蛋白质重要的变化包括了蛋白质的变性、蛋白质发生的侧链修饰反应、交联反应、氧化反应和肽链的反应，其中，美拉德反应是食品蛋白质热加工时的重要反应。美拉德反应在感官质量、营养学、毒理学等诸多方面均能对蛋白质产生不同的影响，并且是食品科学家重点研究、控制的食品体系反应。蛋白质在食品加工处理中的其他反应，通过对其反应机制的系统研究，也得到很好的控制或利用。从化学、物理学、营养学和毒理学的角度，系统了解食品加工和处理中蛋白质可能发生的各种变化，有利于全面了解蛋白质在食品体系中的行为，确定不同食品加工处理时的关键技术问题，更好地开发利用蛋白质的某些变化。

1.2.2 在食品体系中的作用与功能性质

食品材料学（food material science）是近来形成的一门新兴科学，它所提出的一些重要科学概念已经被食品科学领域所应用，并引起了人们的广泛注意。食品中存在的大分子物质（蛋白质、碳水化合物、脂类）和水，是重要的食品材料物质，影响食品状态和物理化学性质，是食品材料学的主要研究对象，其中，食品大分子是食品科学研究中最为关注的对象。人类肉眼可见的食品形式，可以是液态分散系，也可以是固体，还可以是半固体，而食品中的这些重要的成分，可以是以溶解态（极少，多为低分子质量的糖类、盐类）、胶体态（常见）、乳化态（常见）、固态（结晶态、玻璃态、橡胶态）或半固态等形式存在，见图 1.1。蛋白质是食品材料学研究中最重要的对象，不是因为这种特殊的材料可以通过机体的消化、吸收与利用，最终成为机体的一部分，而是由于蛋白质存在状态的多样性、功能性质的多样性而影响食品的最终品质。可以毫不夸张地说，蛋白质是决定食品结构的最重要成分之一。蛋白质与多糖（polysaccharide）、水一起，影响了食品的质地（texture），通过与这些成分之间的各种作用，蛋白质分子与它们一起产生特殊的组装（assembly）、排列（arrangement）而导致食品质地的产生。食

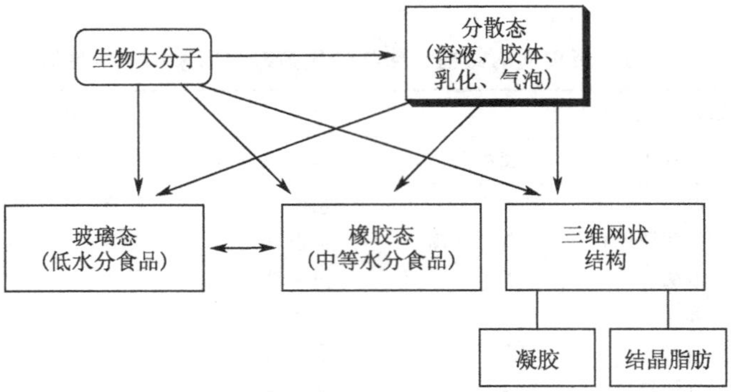

图 1.1 生物大分子在食品中的物理存在形式

品的加工过程，就是食品成分（包括蛋白质，并且是主要的）通过分子的排列和组装，形成特定的结构（structure）的过程，例如，图 1.2（Aguilera，1999）所示的就是原料乳通过相应的加工处理形成几种典型乳制品的相应过程，它表明了重要的生物大分子蛋白质、脂肪形成食品微观结构的方式。从图 1.2 中也可以看出蛋白质、乳脂肪这两个成分对相应食品质地的重要性。

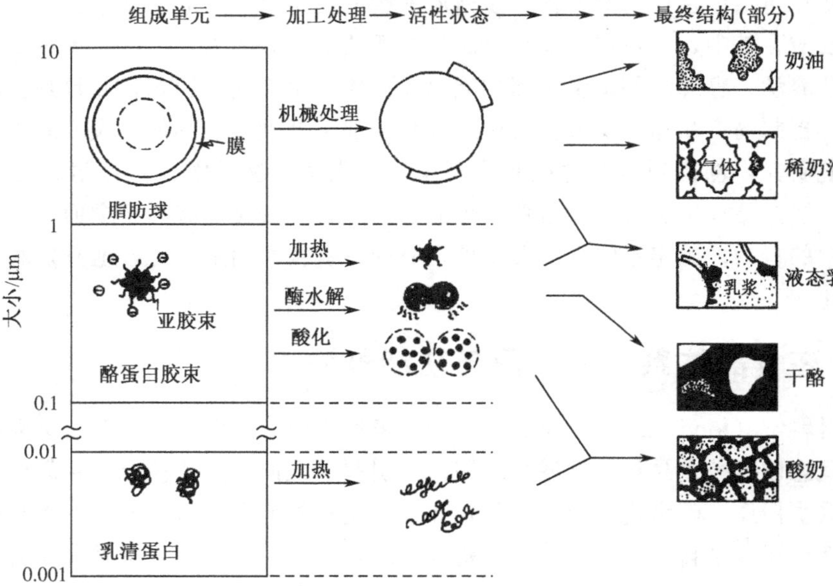

图 1.2 乳制品加工过程中的成分变化与产品的微观结构特征

蛋白质的功能性质（functional property）是指除营养价值外的那些对食品需宜特性有利的蛋白质的物理化学性质，食品蛋白质的功能性质包括了它在食品体系中产生的增稠作用、胶凝作用、乳化作用、发泡、组织化作用、水结合、黏合与黏附、脂肪与风味物质的结合与保留等诸多方面，均受到蛋白质的结构与存在状态，以及环境因素、食品加工处理过程等的影响。它直接影响到加工后食品的质地特征，也对食品或成分的生产制备、加工或储存过程产生影响。所以，利用物理-化学-生物技术手段来改进蛋白质的化学结构与存在状态，揭示蛋白质功能性质与结构之间的关系（构-效关系），了解食品加工处理过程中功能性质所发生的各种变化，一直是食品科学家的愿望。在食品体系中，各种不同的食品蛋白质所发挥的重要功能作用见表1.2（Fennema，1996）。

表1.2 蛋白质在食品体系中的功能作用

功能性质	产生机制	典型食品	典型蛋白质
溶解性	亲水性	饮料	乳清蛋白
黏度	水结合，流体力学大小与形状	汤料，沙拉调料，甜点，浇汁	明胶
水结合	氢键，离子水合	香肠，蛋糕，面包	肌肉、卵和其他蛋白质
胶凝	水的滞纳与固定，网络结构形成	肉类，凝胶，干酪，蛋糕，糕点	肌肉、卵和乳蛋白
黏合与黏附	疏水作用，离子作用，氢键键合	肉类，香肠，面食，焙烤食品	肌肉、卵和乳清蛋白
弹性	疏水作用，二硫键交联	肉类，面包	肌肉、谷物蛋白
乳化	界面吸附与吸附膜形成	香肠，汤料，蛋糕，调料	肌肉、卵和乳蛋白
发泡	界面吸附与吸附膜形成	冰淇淋、蛋糕、甜点、搅打浇头	卵和乳蛋白
脂肪与风味结合	疏水结合，滞纳	低脂焙烤食品，炸面圈	谷物、卵和乳蛋白

已有的天然食品蛋白质的功能性质并不能充分满足食品加工过程的需要，通过可行的技术手段，尤其是利用化学、酶学来修饰蛋白质的结构，以对其功能性质进行调控，成为开发现有食品蛋白质的一个有效途径。通过化学、酶技术，对蛋白质的氨基酸残基的侧链进行基团引入或基团转变、交联，或者是对肽链进行相应的修饰，可以有效地通过结构改变来改进蛋白质原有的内禀性质，开发新型的蛋白质配料。研究结果表明，对蛋白质中氨基酸残基侧链的酰化、脱酰胺、磷酸化、糖基化、共价交联、水解以及氧化等，以及对蛋白质肽链进行的酶水解和交联，是改善蛋白质功能性质的可行方法，改善了包括溶解度、表面性质、吸水性、凝胶性以及热稳定性等各种有用特性。蛋白质的修饰技术在当前以及在未来的一段时间内，将仍然是食品蛋白质功能性开发的热点，尤其是酶技术的利用方面。

生物活性肽（bioactive peptide）是对生物体的生命活动有益或具有生理作用的肽类。在蛋白质的结构中含有重要的肽类编码；生物活性肽就以非活性状态存在于蛋白质的肽链中；一旦通过相应的技术手段（如酶解）将这些肽分子从天然蛋白质中释放出来，就可以得到特定生理功能的生物活性肽。生物活性肽在机体内产生重要的调节作用。研究发现，生物肽具有不同的结构和生理功能，如抗病毒、抗癌、抗血栓、抗高血压、免疫调节、激素调节、抑菌、降胆固醇等作用。所以，对生物活性肽的研究成为食品科学的热门课题之一，近来取得很大的进步，很多生物活性肽的结构被确认，对其功能与机理的研究也在深入。虽然多数生物活性肽的研究仍处于实验阶段，但是随着研究手段和方法的不断提高，特别是随着蛋白质工程和酶工程技术的迅速发展，生物活性肽的研究将不断深入，更多的具有特殊功能的生物活性肽被发现。而随着基因工程技术等的发展，利用DNA重组、细胞培养技术等可为生物活性肽的生产、开发带来无限的前景。更值得指出的是，随着生物信息学（bioinformatics）的发展及生物活性肽研究的深入，越来越多的蛋白质的一级结构（氨基酸序列）得以确定，更多的活性肽被发现，更多的蛋白酶的专一性被确认，这些为从天然原料蛋白质中寻找已知序列的生物活性肽提供基础。

21世纪将是生物科学高速发展的世纪。蛋白质作为生命活动的重要基础物质，必为其重点研究对象。随着蛋白质工程的产生与发展，利用相关技术对蛋白质结构分析和预测、对蛋白质的结构和功能进行设计以及对蛋白质功能进行改造，将为性能优良的蛋白质的开发与利用提供技术支持。一些酶类的成功开发已经显示了蛋白质工程技术在食品科学方面的应用潜力，表明它并不是仅仅在生物科学中具有应用价值。

近二十年来，对食品的微观结构（microstructure）研究得到极大地开展，这得益于相关分析技术、仪器的开发。食品的微观结构决定了食品的许多宏观性质，食品质地特征就是其微观结构特征的综合表现，而质地又是食品感官性质的重要组成部分。食品的许多性质、发生的变化都可以从微观结构寻找到其根源。图 1.3 显示了凝固型原味酸奶在加入稳定剂明胶前后的微观结构变化，从中可以看出乳蛋白形成的凝胶微观结构，由于明胶的存在而得到显著的改变，由此导致的酸奶稳定性提高、脱水收缩程度降低，均可以利用其微观结构的改善而解释。而作为微观结构研究的重要技术手段，共聚焦激光扫描显微镜（confocal laser scanning microscopy）、电子扫描显微镜（electron scanning microscopy）、原子力显微镜（atomic force microscopy）、差示扫描量热（differential scanning calorimetry）、核磁共振成像（magnetic resonance imaging）等技术，为评价食品微观结构提供了有效的技术方法和途径。而结合食品流变学（rheology）的评价，为阐述食品蛋白质在半固体食品、食品分散系中的作用、变化提供了最直接的证据。

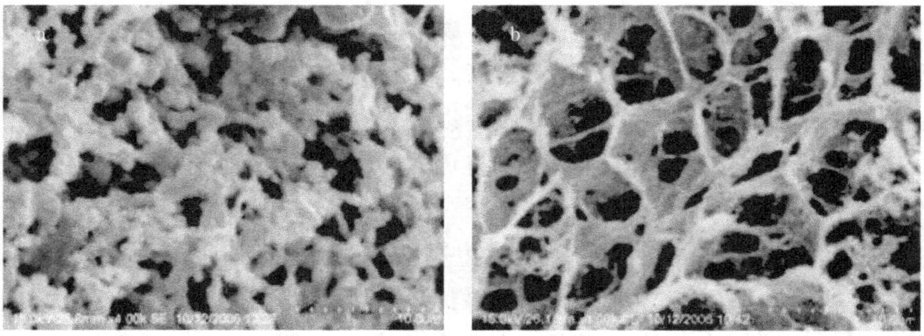

图 1.3　凝固型原味酸奶的微观结构特征

a. 对照样；b. 添加 0.1%明胶

所以，由复杂的生物大分子构成的食品体系，其所需要具备的特征和质地，经常取决于构成食品的结构元件的空间排列方式与相互作用，无论是在微观水平上还是在宏观水平上。要更好地了解食品的微观结构特征，以及它与食品加工处理和食品品质的关系，就要从不同的结构水平（尤其是在微观水平），系统、全面地了解这些组分，并运用多学科的理论，来研究其存在的相关作用和排列、组装方式。图 1.4 从不同层次表明，相关的学科在研究包括蛋白质在内的生物大分子的结构以及在食品中的作用时，它们所具有的重要作用（Aguiler，2008），这也表明，对食品体系的研究（也包括对食品蛋白质的研究）不仅涉及化学、营养学、生物学，也涉及材料学、胶体科学与聚合物科学等其他学科。

总之，蛋白质是食品中的最重要组成成分之一，它具有独特的营养与功能性质，使其成为许多食品加工必需的配料，也是许多食品品质的决定因素。全面系统地了解各种

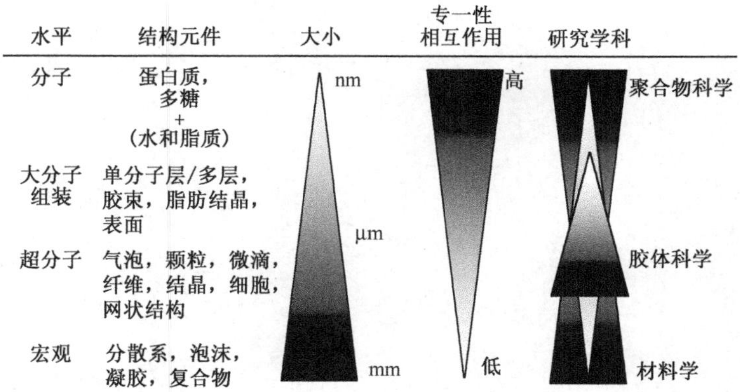

图 1.4 食品体系结构的组成元件与特征

图示说明聚合物科学、胶体科学以及材料学在阐述食品结构中发挥重要作用

食品蛋白质以及它们的不同性质，了解蛋白质在食品加工中可能发生的各种有益、无益的变化，灵活地运用蛋白质的功能性质与修饰技术，是对食品加工过程进行优化、调控的所必备的基础知识。

第一部分　食品蛋白质基础

Part Ⅰ　Fundamentals of Food Proteins

第2章 氨 基 酸

蛋白质、核酸等生物大分子是生命活动中最重要的物质基础。蛋白质分子在酸、碱或酶的作用下发生水解，逐渐地转化为相对分子质量较小的分子，最终变成各种不同的氨基酸（amino acid）。氨基酸是构建细胞、修复组织的基础材料，被人体用于制造抗体蛋白以对抗细菌和病毒的侵染，或制造血红蛋白以传送氧气，或制造酶和激素以维持、调节新陈代谢。氨基酸是制造精卵细胞的主体物质，是合成神经介质的不可缺少的前提物质。氨基酸能够为机体和大脑活动提供能源。氨基酸是一切生命之元。

2.1 氨基酸的结构与构型

氨基酸是组成蛋白质的基本结构单位，是分子中同时具有氨基和羧基、含有复合官能团的一类化合物。目前，在自然界已发现的天然氨基酸有 300 多种。但存在于生物体内、用于合成蛋白质的氨基酸只有 20 种。

2.1.1 氨基酸的结构

从蛋白质水解产物中分离出的 20 种氨基酸，除脯氨酸外均为 α-氨基酸，除甘氨酸外都是 L-型氨基酸，因此它们有共同的结构通式。

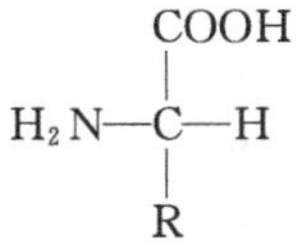

氨基酸可视作为羧酸（R—CH_2—COOH）α-碳原子上的一个氢原子，被一个氨基取代后的产物，故是 α-氨基酸。在 α-氨基酸中的 R 基团，可以是脂肪烃基、芳香烃基，也可以是杂环基。氨基酸的化学分类就是依据 R 基团结构的不同而分类的。有些氨基酸的 R 基团上还含有其他官能团，如—OH、—SH、—SCH_3、—COOH、—NH_2 等。

20 种氨基酸仅侧链结构或 R 基不同，根据侧链的性质可分为四类：

(1) 非极性氨基酸：共有 8 种，它们分别是丙氨酸、亮氨酸、异亮氨酸、缬氨酸、脯氨酸、色氨酸、苯丙氨酸和甲硫氨酸（蛋氨酸）。它们都具有一个疏水性（非极性）的侧链 R，其疏水程度随碳链长度的增加而增加；在水中这些氨基酸的溶解度比极性氨基酸低。在这类氨基酸中，由于具有特殊的环结构，脯氨酸实际上是一个 α-亚氨基酸。

(2) 侧链不带电荷的极性氨基酸：共有 7 种，特点是侧链含有极性基团（但是通常不能够解离），因而可以同其他的极性基团作用形成氢键，在水中的溶解度比非极性氨基酸大。它们是丝氨酸、苏氨酸、酪氨酸、半胱氨酸、天冬酰胺、谷氨酰胺及甘氨酸。酪氨酸、半胱氨酸在一定条件下也可以解离（如强碱性条件下），因此它们较其他的几个极性氨基酸的极性大。半胱氨酸在蛋白质中通常以胱氨酸的形式存在，这是—SH基的氧化产生—S—S—的结果；而天冬酰胺、谷氨酰胺在酸、碱存在时发生水解反应，脱去酰胺基而转化为天冬氨酸和谷氨酸。酪氨酸和半胱氨酸的—OH 和—SH 在强碱性条件下，也可以发生解离脱去一个质子而带负电荷。

（3）碱性氨基酸：侧链上可以带正电荷，这些氨基酸包括赖氨酸、精氨酸、组氨酸。侧链含有氨基或亚氨基使得它们可以结合质子（H^+），这是使侧链带正电荷的原因。

（4）酸性氨基酸：侧链上可以带负电荷，它们是谷氨酸和天冬氨酸，侧链上均含一个羧基，侧链羧基的解离使得它们带负电荷。

常见的 20 种重要的 α-氨基酸的名称和常见理化性质列在表 2.1，其化学结构见图 2.1。氨基酸常用的名称，不是它的系统命名而是俗名。每个氨基酸都有国际通用符号，通常由其英文名称的前三个字母组成，如 Gly 表示甘氨酸，Ala 表示丙氨酸。

表 2.1 常见氨基酸的名称、符号、相对分子质量、溶解度以及熔点

名称	简写符号	单字母符号	相对分子质量	溶解度(25℃)/(g/L)	熔点/℃
丙氨酸（alanine）	Ala	A	89.1	167.2	279
精氨酸（arginine）	Arg	R	174.2	855.6	238
天冬酰胺（asparagine）	Asn	N	132.2	28.5	236
天冬氨酸（aspartic acid）	Asp	D	133.1	5.0	269～271
半胱氨酸（cysteine）	Cys	C	121.1	0.05	175～178
谷氨酰胺（glutamine）	Gln	Q	146.1	7.2	185～186
谷氨酸（glutamic acid）	Glu	E	147.1	8.5	247
甘氨酸（glycine）	Gly	G	75.1	249.9	290
组氨酸（histidine）	His	H	155.2	41.9	277
异亮氨酸（isoleucine）	Ile	I	132.2	34.5	283～284
亮氨酸（leucine）	Leu	L	131.2	21.7	337
赖氨酸（lysine）	Lys	K	146.2	739.0	224
甲硫氨酸（methionine）	Met	M	149.2	56.2	283
苯丙氨酸（phenylalanine）	Phe	F	165.2	27.6	283
脯氨酸（proline）	Pro	P	115.1	1620.0	220～222
丝氨酸（serine）	Ser	S	105.1	422.0	228
苏氨酸（threonine）	Thr	T	119.1	13.2	253
色氨酸（tryptophan）	Trp	W	204.2	13.6	282
酪氨酸（tyrosine）	Tyr	Y	181.2	0.4	344
缬氨酸（valine）	Val	V	117.1	58.1	293

资料来源：赵新淮，2006。

表 2.1 中列出氨基酸中，有 8 种氨基酸被称为必需氨基酸，包括缬氨酸、异亮氨酸、亮氨酸、苯丙氨酸、甲硫氨酸、色氨酸、苏氨酸、赖氨酸。营养学实践证明，缺少这 8 种氨基酸就会使蛋白质的代谢失去平衡，引起疾病，因此它们是维持生命的必需物质。人们可以从不同的食物内获得必需氨基酸，但不能从某一种食物内获得所有的必需氨基酸。因此食物的多样化是非常重要的。

还有几种氨基酸也是蛋白质的组成成分，但含量少，并且是在蛋白质合成后形成的，例如，

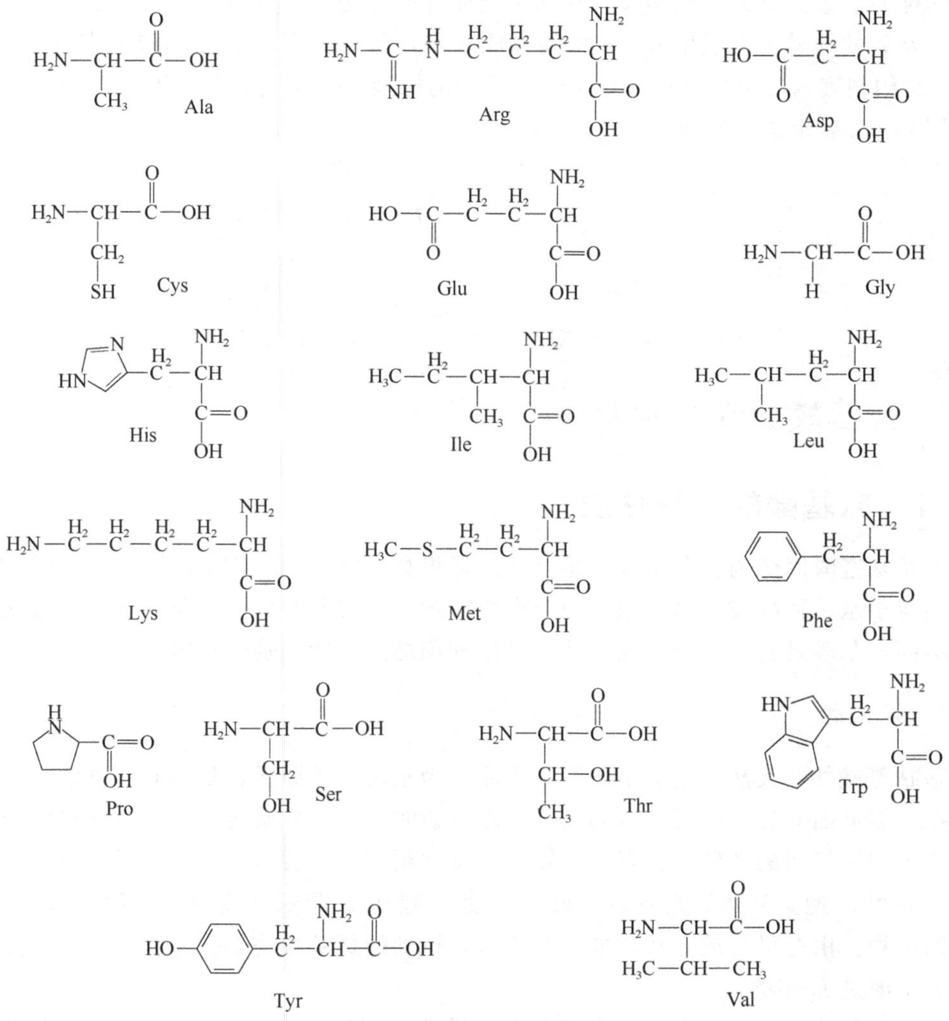

图 2.1　氨基酸的化学结构

羟脯氨酸（hydroxyproline）是脯氨酸经过羟化反应生成的，在明胶中含量较多（占 14%），一般蛋白质中含量较少。

羟赖氨酸（hydroxylysine）由赖氨酸经过羟化反应生成的，是动物组织蛋白成分之一。

胱氨酸（cystine）是两个半胱氨酸氧化后生成的，在毛、发、角、蹄中含量丰富。

2.1.2　氨基酸的构型

蛋白质水解所得到的 α-氨基酸，除甘氨酸外，其他氨基酸有不同基团连接在 α-碳原子（手性碳原子）上，因此，它们可以以 D-或 L-构型（configuration）存在。在蛋白质中一般只存在 L-异构体，D-氨基酸在自然界很稀少，但在细菌的细胞壁和某些抗生素中存在。

L-和 D-构型的异构体为光学异构体，具有相同的熔点、溶解度等物理性质和相同的化学性质，但其旋光方向相反。这两个立体异构体是不可重叠的镜影关系。

氨基酸的构型也可以用 R、S 构型方法表示，天然界存在的氨基酸大多为 S 构型。用 R、S 构型表示法可以标出每个手性碳原子的构型，但比较复杂而不便于记忆，通常仍沿用 D、L 表示法。例如，

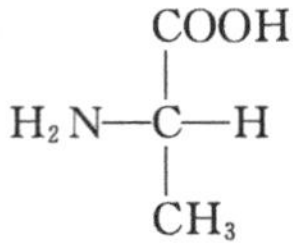

S-丙氨酸或L-丙氨酸

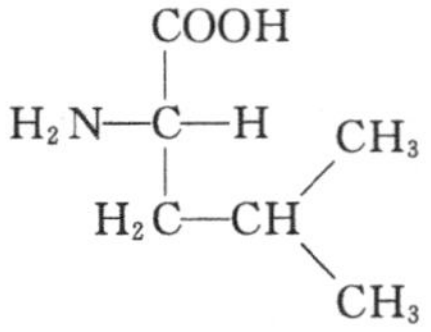

S-亮氨酸或L-亮氨酸

2.2 氨基酸的理化性质

2.2.1 氨基酸的物理性质

天然氨基酸固体为白色结晶，熔点一般都很高，常在 200℃以上，可达 250℃左右。一般能溶于水、稀酸或稀碱，但不溶于有机溶剂，通常乙醇可以将氨基酸从水溶液中析出。不同氨基酸具有不同的结晶形状，可以利用结晶形状鉴别各种氨基酸。

1. 旋光性

除甘氨酸外，天然氨基酸由于其 α-碳原子为不对称碳原子，都具有光学活性，即可使偏振光振动面向右（顺时针方向）或向左（逆时针方向）旋转，旋转方向决定于不对称碳原子四周基团的性质与排列的位置，右旋常用“＋”表示，左旋常用“－”表示。

L-型和 D-型氨基酸旋光方向相反，等量 D-型和 L-型氨基酸的混合物没有旋光性，称为消旋物。由有机合成方法合成氨基酸时，得到的氨基酸为 DL-消旋物。发酵方法得到的氨基酸是 L-型的。

氨基酸的旋光符号和大小取决于 R 基的性质，同时还与溶液的 pH 有关。与其他旋光物质一样，比旋光度是 α-氨基酸的一个重要物理常数（表 2.2），为鉴别各种氨基酸的依据之一。

表 2.2 氨基酸的比旋光度（介质、温度略）

氨基酸	比旋光度	氨基酸	比旋光度
丙氨酸	＋14.7	赖氨酸	＋25.9
精氨酸	＋26.9	甲硫氨酸	＋21.2
天冬氨酸	＋34.3	苯丙氨酸	－35.1
胱氨酸	－214.4	脯氨酸	－52.6
谷氨酸	＋31.2	丝氨酸	＋14.5
甘氨酸	0	苏氨酸	－28.4
组氨酸	－39.0	色氨酸	－31.5
异亮氨酸	＋40.6	酪氨酸	－8.6
亮氨酸	＋15.1	缬氨酸	＋28.8

资料来源：赵新淮，2006。

2. 溶解性

由于氨基酸呈内盐形式，故几乎不溶于非极性溶剂。脯氨酸和羟脯氨酸可溶于乙醇、乙醚中。α-氨基酸都能溶解在强酸或强碱中，除半胱氨酸和酪氨酸外，均可溶于水中。

3. 味感

一些氨基酸的味感见表 2.3。

表 2.3 一些氨基酸的味感

名称	L-型	D-型	名称	L-型	D-型
组氨酸	无味	极甜	缬氨酸	略甜，后苦味	极甜
亮氨酸	略苦	极甜	酪氨酸	苦	极甜
异亮氨酸	苦	极甜	谷氨酸	独特的酸味	无味
甲硫氨酸	略带酸味	极甜	丝氨酸	略苦	极甜
苯丙氨酸	苦	甜，后苦味	天冬氨酸	无味	甜
色氨酸	苦	极甜			

资料来源：赵新淮，2006。

一些氨基酸本身具有特殊的香气，如苯丙氨酸具玫瑰花香气，丝氨酸、苏氨酸具酒香气，亮氨酸具肉香气味，丙氨酸具花香气等。

4. 紫外吸收

常见的氨基酸在 400～780 nm 的可见光区域内均无吸收。但由于均具有羧基，所以在紫外光区的短波长 210 nm 附近，所有的氨基酸均有吸收。另外，酪氨酸、色氨酸和苯丙氨酸由于具有芳香环，分别在 278 nm、279 nm和 259 nm 处有较强的吸收（图 2.2），摩尔吸光系数 ε 分别为1400 mol/(L · cm)、5600 mol/(L · cm)、200 mol/(L · cm)，故可利用此性质对这三种氨基酸进行分析测定。结合后的酪氨酸、色氨酸残基等同样在280nm 附近有最大的吸收，故紫外分光光度法可以用于蛋白质的定量分析。

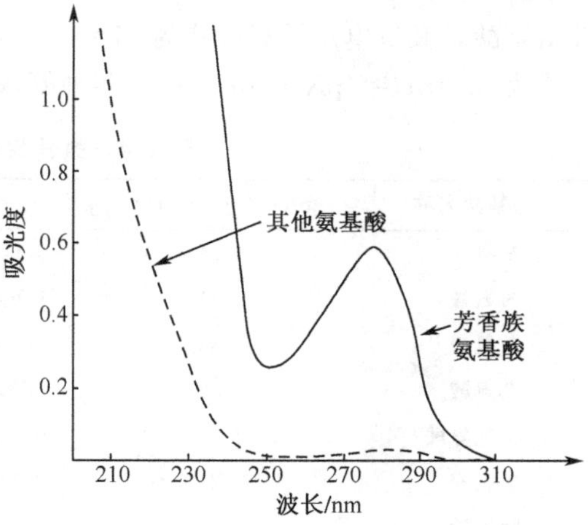

图 2.2 氨基酸的紫外吸收
(Fennema，1996)

酪氨酸、色氨酸和苯丙氨酸可以由于受激发而产生荧光，激发后它们可以在 304 nm、348 nm 和 282 nm 分别测定它们的荧光强度，而其他的氨基酸则不能产生荧光。

2.2.2 氨基酸的化学性质

1. 氨基酸的两性性质

依据 Bronsted-Lowery 的酸碱定义，酸是质子的供体，碱是质子的受体，所以从化学结构上看，氨基酸既是酸又是碱。一个氨基酸分子，在酸性溶液中呈正离子状态，在碱性溶液中则呈负离子状态，这样可以找到一个适当的 pH，此时氨基酸分子呈兼性状态（等离子状态），该 pH 就为等离子点。在等离子点时，如果没有其他因素干扰，氨基酸分子在直流电场中不向任何方向移动，这时的 pH 可称作氨基酸分子的等电点(pI)。

以丙氨酸为例，不同酸碱条件下氨基酸带电情况如下。

$$CH_3CH(NH_3)^+COOH \xrightarrow{k_1} CH_3CH(NH_3)^+COO^- \xrightarrow{k_2} CH_3CH(NH_2)COO^-$$

酸性范围：pH<pI　　　pH= pI=5.97　　　碱性范围：pH>pI

Ala^+　　　$Ala^{\pm}$　　　Ala^-

Ala^+ 如果是一个弱酸，其酸性强弱可以用解离常数 K_a 或 pK_a 来衡量，则可推导出：

$$k_1 = \frac{[Ala^{\pm}][H^+]}{[Ala^+]}; \qquad k_2 = \frac{[Ala^-][H^+]}{[Ala^{\pm}]}$$

又因为 $k_1k_2=[H^+]^2([Ala^-]/[Ala^+])$

当在等电点时，得到 $[Ala^-]=[Ala^+]$，则 $[H^+]^2=k_1k_2$

即丙氨酸的等电点为 $pI=pH=(pK_1+pK_2)/2$ 。

由以上讨论可知，等电点可以根据各个基团的解离常数的方程式来计算。显然，正离子浓度和负离子浓度相等时的 pH，就是等电点。由此很容易推导出，对酸性氨基酸和中性氨基酸，其等电点计算公式为 $pI=pH=(pK_1+pK_2)/2$；对碱性氨基酸，其等电点计算公式为 $pI=pH=(pK_2+pK_3)/2$。各种氨基酸的解离常数和等电点见表 2.4。

表 2.4　氨基酸的解离常数和等电点

氨基酸名称	pK_1（—COOH）	pK_2（$—NH_3^+$ 或其他）	pK_3	pI
甘氨酸	2.34	9.60		5.97
丙氨酸	2.34	9.69		6.02
缬氨酸	2.32	9.62		5.97
亮氨酸	2.36	9.60		5.98
异亮氨酸	2.36	9.68		6.02
丝氨酸	2.21	9.15		5.68
脯氨酸	1.99	10.60		6.30
苯丙氨酸	1.83	9.13		5.48
色氨酸	2.38	9.39		5.89
甲硫氨酸	2.28	9.21		5.74
苏氨酸	2.63	9.00		6.53
酪氨酸	2.20	9.11	10.00（—OH）	5.66
半胱氨酸	1.96	8.33（$—NH_3^+$）	10.28（—SH）	5.02
天冬氨酸	2.09	9.82（$—NH_3^+$）	3.86（—COOH）	2.77
谷氨酸	2.19	9.67（$—NH_3^+$）	4.25（—COOH）	3.22
组氨酸	1.82	9.17（$—NH_3^+$）	6.00（咪唑基）	7.59
精氨酸	2.17	9.04（$—NH_3^+$）	12.48（胍基）	10.76
赖氨酸	2.18	8.95（$—NH_3^+$）	10.53	9.74

资料来源：Fennema，1996。

当用电泳法来分离氨基酸时，在碱性溶液中（pH＞pI），氨基酸带负电荷，因此向正极移动；在酸性溶液中（pH＜pI），氨基酸带正电荷，因此向负极移动。在一定pH范围内，氨基酸溶液pH离等电点越远，该氨基酸所携带的净电荷越大，其移动速率就越快。当溶液pH＝pI时，溶液中该氨基酸以偶极离子形式存在，而呈现静止状态。

测定K_1和K_2可以利用电动势的方法，也可根据氨基酸的滴定曲线来推算。与一般弱酸的滴定曲线相似，滴定中段是一个缓冲区。例如，在甘氨酸的滴定曲线中（图2.3），［Gly^+］被滴定至1/2时的pH为2.34，这相当于—COOH的解离常数。［$Gly^{\pm}$］被滴定至1/2时的pH为9.6，这相当于—NH_3^+的解离常数。甘氨酸只有2个解离基团，pK_1和pK_2相距较远，即—COOH实际上已解离完毕，—NH_3^+才开始解离，因此滴定曲线明显地表现为两端S形线。

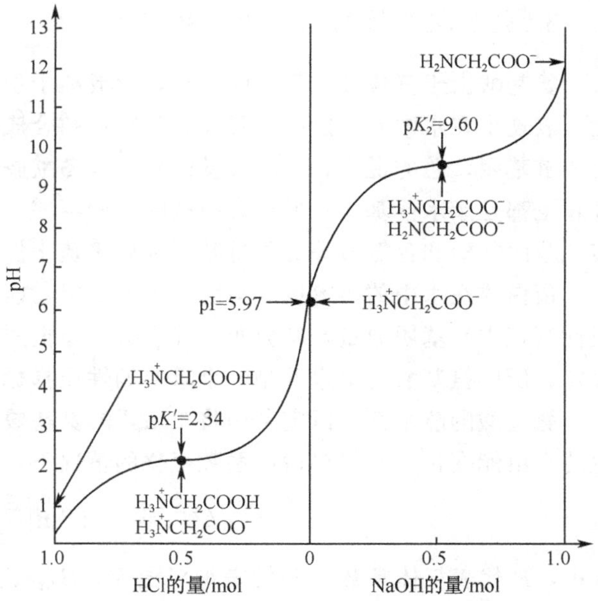

图2.3　甘氨酸的解离曲线

如果氨基酸有3个以上的解离基团，情况就比较复杂。例如，组氨酸pK_1＝1.77、pK_2＝6.10（咪唑基）、pK_3＝9.18（氨基），其羧基的解离曲线是独立的，咪唑基和氨基的解离曲线首尾部分都是叠加的，在pK_2和pK_3中间附近的pH范围内，如7.1左右时，还有约1/10的咪唑基正待滴定，但是已有1/100的氨基解离。这时，要从曲线上直接指出它们的pK就不可能了。但是，可以用试探法选择一定的pK，先作出各个基团的理论滴定曲线，然后将它们叠加起来，叠加线如果与实际滴定曲线吻合，说明所选择的pK能代表各基团的解离常数，否则再重新选择。用这种方法，可求出天冬氨酸的pK_1＝2.10（α-羧基）、pK_2＝3.86（β-羧基）、pK_3＝9.82（氨基）。由于pK_1和pK_2相差不大，这两个基团的解离曲线叠加程度高，几乎分辨不出两个S形曲线。

需要指出的是，在蛋白质的肽链中，因为受到所处部位的化学结构以及空间微观环境的影响，氨基酸侧链解离基团的解离常数与游离氨基酸不同。蛋白质分子中有许多可解离基团，测定它们的解离常数是一件相当复杂的事。一般是先设计一定的模型，然后根据滴定曲线进行推算。

解离基团的解离常数（pK_a）也受溶剂介电常数的影响。当溶剂介电常数降低时，羧基的pK_a增大，而氨基的pK_a变化不大。例如，以二氧六环-水体系作为不同介电常数的溶剂系统时，模型化合物苯甲酸及咪唑的pK_a分别由4.1和6.8（介电常数D＝7.6）变为9.4和6.4（D＝12.0）。

另外，解离基团的附近如果有电荷存在，也会影响其pK_a。以甘氨酸和丙酸为例比较，甘氨酸pK_a为2.35，丙酸pK_a为4.87，前者羧基解离大于后者（高出300倍），

这是由附近 NH_3^+ 对质子的斥力所引起的。蛋白质分子中存在着很多带电荷的基团，它们相互之间必然有着复杂的影响。如果解离基团与其他基团形成氢键结合，pK_a 也会发生变化。当酸式的氨基酸形成氢键时，质子的释放受到抑制，pK_a 增大。共轭碱的氨基酸作为氢键的受体时，其接受质子的能力降低，pK_a 降低。

2. 氨基酸侧链的亲水性和疏水性

氨基酸由于其羧基及氨基的解离，形成离子型化合物，对偶极水分子有相当的亲和性，表现出在水中有一定的溶解度。当它们结合成肽链，其亲水性或疏水性取决于它们的侧链基团。总的说来，除解离基团外，天冬酰胺的侧链酰胺基、丝氨酸和苏氨酸上的羟基也都是亲水性基团；另外，丙氨酸、缬氨酸、亮氨酸、异亮氨酸、甲硫氨酸、脯氨酸、苯丙氨酸和色氨酸等的侧链基团都属于疏水性基团。

蛋白质在水中的溶解度、与脂肪的作用等功能性质，同氨基酸侧链的极性基团和非极性（疏水）基团数量及其分布状况有关，蛋白质的疏水性也由其组成氨基酸的疏水性决定，所以氨基酸的疏水性是一个重要的性质指标。

氨基酸的疏水性可以定义为将 1 mol 的氨基酸从水溶液中转移到乙醇溶液中时所产生的自由能变化。在忽略活度系数变化的情况下，此时体系的自由能变化为

$$\Delta G^{\ominus} = -RT\ln\left(\frac{S_{\text{乙醇}}}{S_{\text{水}}}\right)$$

式中，R 代表气体常数，T 代表绝对温度，$S_{\text{乙醇}}$、$S_{\text{水}}$ 分别表示氨基酸在乙醇和水中的溶解度（mol/L）。

氨基酸分子中有多个基团，则 $\Delta G^{\ominus}$ 应该是氨基酸中多个基团的加和函数，即有

$$\Delta G^{\ominus} = \sum \Delta G^{\ominus\prime}$$

将氨基酸分子分为两个部分，一部分是甘氨酰基，另一部分是侧链（R），并设定甘氨酸的侧链（此时 R＝H）的 $\Delta G^{\ominus\prime}$ 为零，则有

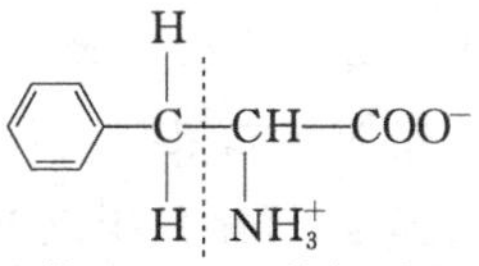

$$\Delta G^{\ominus} = \Delta G^{\ominus}_{(\text{侧链})} + \Delta G^{\ominus}_{(\text{甘氨酸})}$$

如此就可以得到任何一种氨基酸的侧链残基的疏水性

$$\Delta G^{\ominus}_{(\text{侧链})} = \Delta G^{\ominus} + \Delta G^{\ominus}_{(\text{甘氨酸})}$$

通过测定各种氨基酸在两种介质的溶解度，可以确定各个氨基酸侧链的疏水性大小（Tanford 法，见表 2.5），这是目前食品化学中比较常用的一个方法。在测定结果中，具有较大的正的数字意味着氨基酸的侧链是疏水的，在蛋白质结构中该残基倾向于分布在分子的内部，而具有较大的负的数据意味着氨基酸侧链在蛋白质结构中倾向于分子的表面。对于赖氨酸，由于含有多个亚甲基，所以可以优先选择环境，从而具有正的疏水性数值。这些数据也可以用来预测氨基酸在疏水性载体上的吸附行为，吸附系数与疏水性程度成正比。

表 2.5　氨基酸侧链的疏水性（25℃，乙醇→水，Tanford 法）

氨基酸	$\Delta G^{\ominus}$（侧链）/（kJ/mol）	氨基酸	$\Delta G^{\ominus}$（侧链）/（kJ/mol）
Ala	2.09	Leu	9.61
Arg	3.1	Lys	6.25
Asn	0	Met	5.43
Asp	2.09	Phe	10.45
Cys	4.18	Pro	10.87
Gln	−0.42	Ser	−1.25
Glu	2.09	Thr	1.67
Gly	0	Trp	14.21
His	2.09	Tyr	9.61
Ile	12.54	Val	6.27

资料来源：Nakai and Madler，1996。

利用 Tanford 方法所得到的氨基酸疏水性数据不能完全应用于蛋白质结构的解释，衡量氨基酸疏水性大小还有其他的方法可以采用。有人建议根据氨基酸在蛋白质结构中的空间分布统计学数据作为其疏水性大小的衡量尺度。与位于蛋白质表面的氨基酸数目相比，在蛋白质结构内的氨基酸残基越大，氨基酸的疏水性越强（Chothia 法）。还有人建议根据氨基酸在蛋白质中的微环境的疏水性作为氨基酸疏水性的另一衡量尺度，而氨基酸微环境的疏水性是考虑在蛋白质三维结构中邻近的氨基酸疏水性的总和（Ponnuswamy 法，见表 2.6），其原理与前面的 Tanford 法不同，但两种方法所得结果相近。表 2.6 给出了对不同氨基酸，用蛋白质内部残基比例、微环境疏水性两种方法所得到的结果。

表 2.6　氨基酸疏水性的其他表示

氨基酸	蛋白质内部残基比例/%	微环境疏水性	氨基酸	蛋白质内部残基比例/%	微环境疏水性
Ala	0.38	12.28	Leu	0.45	14.10
Arg	0.01	11.49	Lys	0.03	10.80
Asn	0.12	11.00	Met	0.40	14.33
Asp	0.15	10.97	Phe	0.50	13.43
Cys	0.50	14.93	Pro	0.18	11.19
Gln	0.18	11.28	Ser	0.22	11.26
Glu	0.07	11.19	Thr	0.23	11.65
Gly	0.36	12.01	Trp	0.27	12.95
His	0.17	12.84	Tyr	0.15	13.29
Ile	0.60	14.77	Val	0.54	15.07

资料来源：Nakai and Madler，1996。

3. 与茚三酮的反应

α-氨基酸与水合茚三酮一起在水溶液中加热，可发生反应生成紫色化合物（但是茚三酮与脯氨酸和羟脯氨酸反应则呈黄色）。该反应先是氨基酸被氧化分解生成醛，放出氨和二氧化碳，水合茚三酮则生成还原型茚三酮。还原型茚三酮与 NH_3、1 分子水合茚三酮缩合生成紫色化合物，反应机制如下。

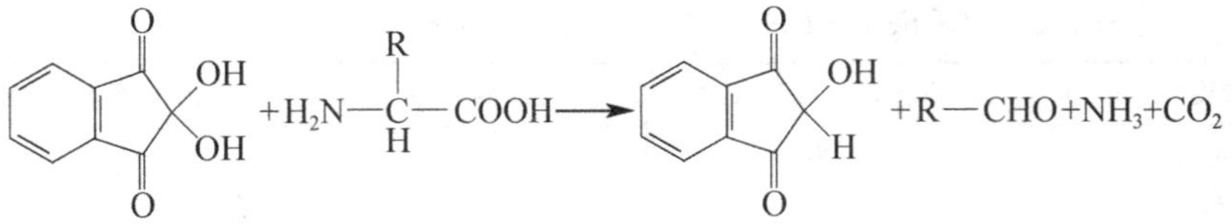

水合茚三酮　　还原茚三酮

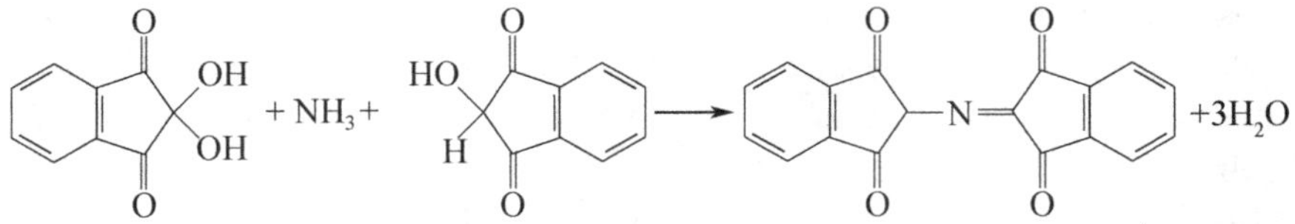

水合茚三酮　　还原茚三酮　　紫色物质

此反应为α-氨基酸所特有的反应，十分灵敏，几微克氨基酸就能显色。根据反应所生成的紫色深浅，在 570 nm 可比色测定氨基酸含量。利用纸色谱法、离子交换法和电泳法分离、测定氨基酸时，常用茚三酮作显色剂。此反应对多肽和蛋白质也能显色，但肽段越大，灵敏度越差。

4. 氨基的反应

1）与亚硝酸的反应

在常温下亚硝酸可以与氨基酸的游离氨基起反应，定量地放出氮气（其反应方程如下），氨基酸被氧化成羟酸。含亚氨基的脯氨酸则不能与亚硝酸反应。

$$R-CH(NH_2)-COOH + HNO_2 \longrightarrow R-CH(OH)-COOH + H_2\uparrow + H_2O$$

由于反应所放出的 N_2，一半来自氨基酸分子上的α-氨基，一半来自亚硝酸，故在固定条件下测定反应所释放的氮气体积，即可计算出氨基的含量，是定量测定氨基酸的方法之一，范氏定氮法就是根据此反应原理。此法较精确，反应很快，室温下 10 min 内可完成，是分析和实验中的常用方法。自发现以来，这一反应曾广泛应用于氨基酸的定量测定。

2）与甲醛等的反应

在中性 pH 和常温条件下，甲醛能很快与氨基酸上的氨基结合，使氨基酸的解离平衡向 H^+ 解离方向移动，促进—NH_3^+ 上质子释放出来，从而使溶液酸性增强，这样就可用氢氧化钠来滴定。每释放出 1 个质子，就相当于有 1 个—NH_3^+，这就是甲醛滴定法定量测定氨基酸的原理，为间接滴定法。这个方法不够精确，但简便快速，不仅用于快速测定氨基酸含量，也常用来测定蛋白质水解程度。甲醛反应还可用于生物组织的固定和保存。

氨基酸可以与其他的醛类化合物反应生成希夫（Schiff）碱类化合物。希夫碱与非酶褐变反应有关，是美拉德反应的中间产物。这是食品中一个非常重要的反应。

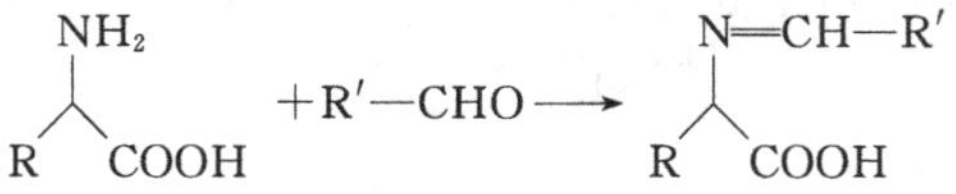

3）与2,4-二硝基氟苯等的反应

在弱碱溶液中，氨基酸的氨基很容易与2,4-二硝基氟苯（FDNB）作用，生成2,4-二硝基苯氨基酸（DNP-氨基酸）。氨基与三硝基苯磺酸（TNBS）的反应也是相似的反应机制。

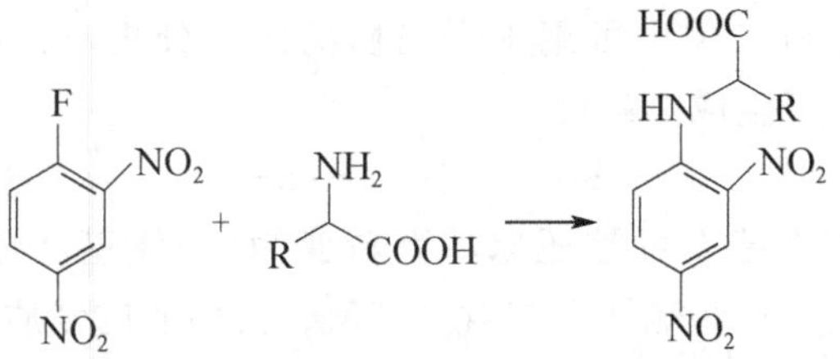

该反应可用于对肽的N端氨基酸来进行分析。而氨基酸的氨基与荧光胺、邻苯二甲醛等反应生成的产物也具有荧光性质，可以用于分析氨基酸、蛋白质等中氨基的含量。

4）酰基化反应

例如，氨基可与苄氧基甲酰氯在弱碱性条件下反应，生成氨基衍生物。

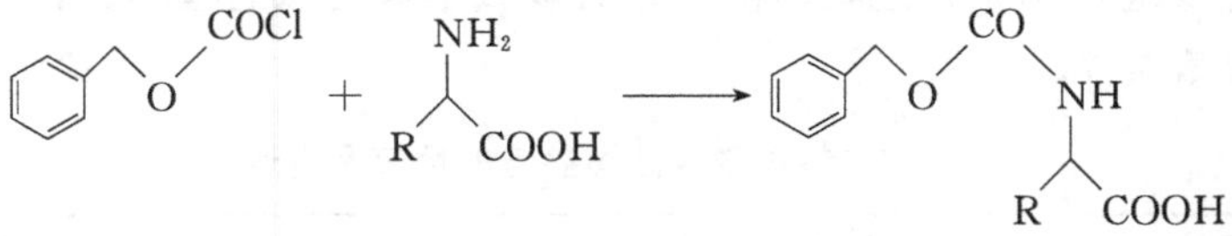

在合成肽的过程中可利用此反应保护氨基酸的氨基，有利于肽合成反应的定向发生。

另外，氨基很容易与酰基化试剂作用。例如，苯甲氧基甲酰氯就是多肽合成中保护氨基的重要试剂。

5. 羧基的反应

氨基酸羧基的反应由于有很高的活化能，一般不发生，常见的有酯化反应和降解反应等。

1）酯化反应

所有的氨基酸在无水乙醇中通入干燥氯化氢，然后加热回流，可生成氨基酸酯。各种氨基酸酯的物理化学性质不同，可用减压分馏法分离。

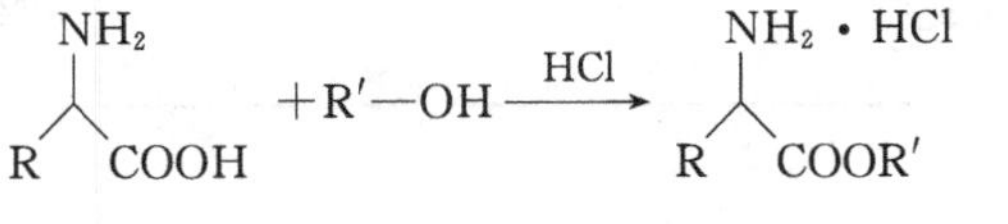

2）还原反应

在 $LiBH_4$ 作催化剂的条件下，氨基酸可加氢，被还原生成氨基伯醇类化合物。

3）脱羧反应

在特定的脱羧酶作用下，氨基酸脱羧生成伯胺并放出二氧化碳气体。例如，大肠杆菌含有L-谷氨酸脱羧酶能够使氨基酸脱羧。

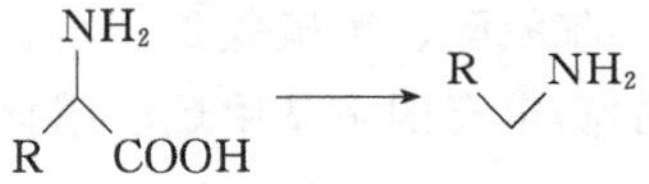

在氨基酸发酵生产中，根据上述反应原理，用瓦勃氏呼吸仪测定放出的 CO_2 量，进而可估计出氨基酸发酵生成产量。

4）侧链的反应

α-氨基酸的侧链 R 基的反应很多，例如，R 基上含有酚基时可还原 Folin-酚试剂，生成钼蓝和钨蓝，在分析工作中可用于蛋白质的定量分析。又如 R 基上含有—SH 基时，则在氧化剂存在下可生成二硫键。

$$—SH + —SH \longrightarrow —S—S—$$

在还原剂存在下二硫键亦可被还原，重新变为—SH 基。还有许多侧链的其他反应，这里不再介绍，但是这些侧链反应对氨基酸、蛋白质的性质以及分析、鉴别有重要的作用。

6. 侧链基团的反应

1）氨基酸侧链基团的化学反应

氨基酸侧链基团参与的反应一般用于个别氨基酸的鉴定或蛋白质分子上侧链基团的修饰。有些颜色反应可用于特定氨基酸或含有该氨基酸的肽的检测。特殊侧链基团参与的反应及用途见表 2.7。

表 2.7　特殊侧链基团参与的反应及用途

基团	化学反应	用途及重要性
苯环	黄色反应：与 HNO_3 作用产生黄色物质	蛋白质定性试验，鉴定苯丙氨酸和酪氨酸
酚基	Millon 反应：与 $HgNO_3 Hg(NO_3)_2$ 和 HNO_3 反应呈红色 Folin 反应：酚基可还原磷钼酸、磷钨酸成蓝色物质	鉴定酪氨酸，蛋白质定性定量测定
吲哚基	乙醛酸反应：与乙醛酸或二甲基氨甲醛反应，生成紫红色化合物 还原磷钼酸、磷钨酸成钼蓝色	鉴定色氨酸，蛋白质定性试验
胍基	坂口反应（Sakaguchi 反应）：在碱性溶液中胍基与含有 α-萘酚及次氯酸钠的物质反应生成红色物质	精氨酸的测定
咪唑基	Pauly 反应：与重氮盐化合物结合生成棕红色物质	组氨酸及酪氨酸的测定
巯基	亚硝基亚铁氰酸钠反应：在稀氨溶液中与亚硝基亚铁氰酸钠反应生成红色	半胱氨酸及胱氨酸的测定
羟基	与乙酸或磷酸作用成酯	保护丝氨酸及苏氨酸的羟基，用于蛋白质合成

对侧链基团修饰进行归纳，有很多有使用价值的化学反应。例如，碘乙酸或碘乙酰胺可使巯基烷基化；在适当条件下，顺丁烯二酸酐主要作用于氨基；2,4,6-三硝基苯磺酸也与氨基专一性作用，并在 345 nm 处有特征吸收；1,2-环己二酮则能对精氨酸的胍基进行选择性修饰；二硫键可被巯基试剂如二硫苏糖醇（DTT）还原为巯基；若蛋白质中没有巯基，2-溴甲-4-硝基苯酚专一性地与色氨酸的吲哚侧链作用；*N*-溴代琥珀酰亚胺虽也可与吲哚环反应，但半胱氨酸、甲硫氨酸、组氨酸及赖氨酸侧链也同时会被衍生化或氧化；对于酪氨酸残基的测定有四硝基甲烷的硝化法和碘化法等，前者在酚羟基邻位有强吸收，后者则应用 I_2-KI 使酚基碘化，进行 ^{125}I 放射性核素标记时常用此法。

2）与金属离子反应

氨基酸可与一些金属离子反应生成络合物。例如，谷氨酸可以与 Zn^{2+}、Ca^{2+}、Ba^{2+} 等作用生成难溶于水的络合物。

2.3 氨基酸的分离与制备

2.3.1 氨基酸的分离

为了研究蛋白质的组成以及分离制备氨基酸，必须进行氨基酸的分离、分析以及鉴定。纸色谱法和薄层色谱法常用于氨基酸的分析、鉴定，离子交换法常用于氨基酸的分离制备和定量测定。

1. 纸色谱法

纸色谱法是分离鉴定微量氨基酸最简便有效的方法之一。它可以把只有几微克的氨基酸从混合液中分离出来并加以鉴定，既可作微量分离，又可作定性分析和定量测定。纸色谱主要是根据被分析样品在两种互不相溶的溶剂系统中的分配系数不同而使之分离，相当于一个连续的反相液-液抽提过程。

纸色谱法（filter paper chromatography）是把一种溶剂固定在固体的支持物（固定相）上，由于滤纸纤维对水有较强的亲和力，一般能吸附其自身质量22%的水，其中，6%的水以氢键与纤维素牢固结合，这些水即称为固定相。被水饱和的有机相（如正丁醇-乙醚-水系统）为流动相。当流动相从含有氨基酸样品的滤纸上流过时，氨基酸就在固定相与流动相之间连续进行分配。由于各种氨基酸在两相中分配系数的不同，所以其在纸上的移动速率也不同。一般，侧链为非极性基团的氨基酸（Leu、Ile、Phe、Trp、Val、Met 等）在流动相中溶解度较大，因此移动速率较快；而侧链为极性基团的氨基酸（Ser、Thr、Glu、Asp、His、Lys、Arg 等）在流动相中溶解度较小，在固定相中溶解度较大，移动速率相对较慢。

具体操作时，先将样品点在滤纸一端距纸边2～3 cm处，称为原点。然后，将点有样品的一端浸入某一有机溶剂系统中，由于纸纤维内存在的毛细管作用，溶剂从纸的一端流向另一端。当流动相达到一定位置后，各种氨基酸由于移动速率不同，而分别集中在滤纸不同部位。滤纸烘干、用茚三酮溶液喷雾并加热显色后，可以得到清晰的色谱图谱，并确定氨基酸的位置（图2.4）。

溶质（被检测物）在纸上移动的速率可用 R_f 表示，即在一定条件下被分离物在纸上移动的距离与溶剂所移动的距离之比。由于各种溶质在一定温度、溶剂等条件下都有其特定的 R_f 值，故可根据 R_f 值作定性鉴定，通常用标准样品作对照。

鉴定一种或数种氨基酸、检查其纯度以及研究简单混合物的成分时，单向纸色谱法很简便。但如果是多种氨基酸的混合物或是蛋白质水解液，因为有些氨基酸在某一溶剂系统中 R_f 值很接近或相同，仅用单向纸色谱法不能分开，因此可采用双向纸色谱法。即将样品点在一个方形滤纸的角上，先用一种溶剂系统沿滤纸的一个方向进行展层，待干后，将滤纸转动90°，再用另一种溶剂系统进行第二向展层，干燥、显色后就可以得到双向纸色谱图谱，如图 2.5 所示。

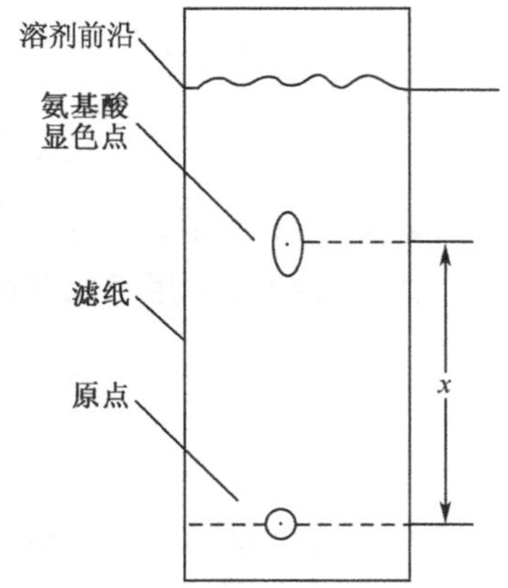

图 2.4　纸色谱中的 R_f 值

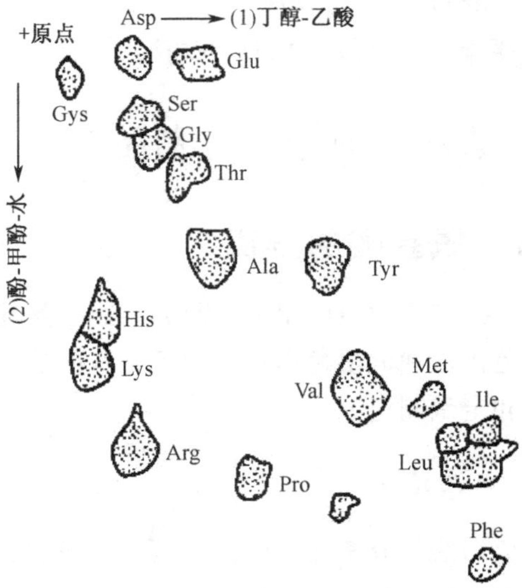

图 2.5　氨基酸双向纸色谱图谱

纸色谱图谱斑点大小与颜色深浅，与样品中氨基酸含量成正比。定量分析时，可把色谱图谱上氨基酸斑点剪下，用一定溶剂（1%硫酸铜乙醇溶液）洗脱，在 520 nm 波长测定吸光度，从标准曲线上可求出其含量，误差在 10%左右。

2. 薄层色谱法

薄层色谱法（thin-layer chromatography）是以吸附作用为主的分配色谱方法之一，具有快速、微量、操作简便、分辨率高、可使用多种吸附剂的特点。所以，可以利用不同氨基酸在某一吸附剂上吸附力的不同，达到分离的目的。具体是把纤维素、硅胶、氧化铝等支持剂涂布在玻璃板上制成薄层，然后将被分析样品滴加到薄层上，用适当溶剂展开使各组成相分离，最后进行定性、定量分析。

3. 离子交换柱色谱

离子交换树脂是一种不溶于水、有机溶剂和酸碱的高分子材料，它带有阴离子或阳离子基团，这些基团能与周围溶液中的其他离子或离子化合物进行交换，而树脂本身的物理性质不发生改变。利用这种原理进行分离和测定的方法，就称为离子交换法。由于离子交换过程是在色谱柱中进行，故又称为离子交换柱色谱（ion-exchange column chromatography），即在色谱柱内装一定量的树脂，使待分离的物质经过色谱柱，连续发生交换作用而达到分离的目的。

强酸性阳离子交换树脂和强碱性阴离子交换树脂可用于分离氨基酸。离子交换法常用的强酸离子交换剂和强碱离子交换剂是以苯乙烯为单体、以二乙烯苯为交联剂共聚而成的聚合体。树脂上的 H^+ 和 OH^- 未被其他离子置换时，一般称该树脂为 H 型或 OH 型树脂；当 H^+ 被置换为 Na^+、OH^- 被置换为 Cl^- 时，则分别称为 Na 型或 Cl 型树脂。

阳离子交换树脂上的 H^+ （Na^+）可与溶液中的阳离子，如阳离子型的氨基酸发生交换，并使之结合在树脂上，其反应式如下：

$$\text{树脂-}SO_3^- Na^+ \text{（或树脂-}SO_3^- H^+\text{）} + RCH(NH_3^+)COOH \longrightarrow$$

$$\text{树脂-}SO_3^- [RCH(NH_3^+)COOH] + Na^+ \text{（或} H^+\text{）}$$

同样，阴离子交换树脂上的 OH^- （或 Cl^-）可与溶液中的阴离子型氨基酸发生交换，并使之结合在树脂上，其反应如下：

$$\text{树脂-}NR_3^+ OH^- \text{（或树脂-}NR_3^+ Cl^-\text{）} + RCH(NH_2)COO^- \longrightarrow$$

$$\text{树脂-}NR_3^+ [RCH(NH_2)COO^-] + OH^- \text{（或} Cl^-\text{）}$$

由于离子交换反应一般是可逆的，符合质量作用定律，因此可以用酸或碱反复处理使用过的树脂，使之再生。

氨基酸在树脂上结合的牢固程度，即氨基酸与树脂间的亲和力，主要取决于它们之间的静电引力，其次是氨基酸侧链与树脂基质聚苯乙烯之间的疏水作用。在 pH 为 3 时，氨基酸与阳离子交换树脂之间的静电吸引力大小顺序为碱性氨基酸（R^{2+}）＞中性氨基酸（R^+）＞酸性氨基酸（R^0）。因此，氨基酸被洗脱顺序大体上为酸性氨基酸、中性氨基酸、碱性氨基酸。为了将氨基酸从树脂上洗脱下来，需要降低它们之间的亲和力，有效的方法是逐步提高洗脱剂的 pH 和盐浓度（离子强度），使各种氨基酸以不同的速率被洗脱下来。全自动氨基酸分析仪的工作原理就利用了离子交换，其分析过程如图 2.6 所示。

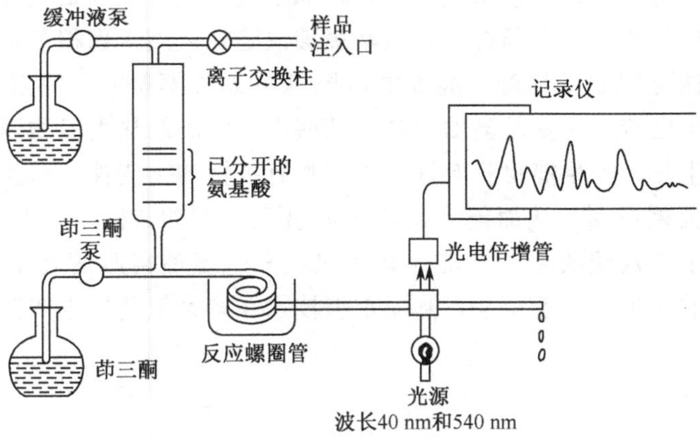

图 2.6　氨基酸分析仪分析过程示意

2.3.2　氨基酸的制备

制备氨基酸有 4 种途径：① 有机合成法，但合成产物为外消旋氨基酸，因此需进一步拆分出 L-型及 D-型氨基酸；② 提取法，从蛋白质水解液中分离提取氨基酸，这适合于中小规模的生产；③ 酶催化反应生产氨基酸；④发酵法，可用于大规模生产，是一种潜力很大、很有实际应用价值的方法。不同的氨基酸通常只采用一种或两种途径进行生产。合成法广泛用于甲硫氨酸和甘氨酸的生产，苯丙氨酸及色氨酸在一定程度也在用这种方法生产。酶法多用于天冬氨酸、丙氨酸、色氨酸及赖氨酸的生产。提取法多应用于胱氨酸、酪氨酸以及羟脯氨酸的制备，精氨酸和组氨酸传统上虽也采用提取法分离，但近年来已逐渐为发酵法所取代。谷氨酸、赖氨酸、丙氨酸、脯氨酸、苏氨酸、亮氨酸、缬氨酸、瓜氨酸、鸟氨酸等都成功地实现了发酵生产，发酵液中的积蓄量高达5%以上。其他氨基酸，如色氨酸、苯丙氨酸等的发酵生产正处于研究中。下面以味精（谷氨酸钠）为例，了解发酵法生产氨基酸的主要过程。

首先，采用淀粉、糖化液、废糖蜜和乙酸，作为发酵原料的碳源，氮源采用中和了的氨、尿素等。另外还添加一定量的磷酸钾、硫酸镁、硫酸铁等无机盐类和生物素、维生素 B_2，而且还必须加入适量的青霉素和表面活性剂。

其次，向杀菌后的原料中接种可产谷氨酸的菌种。再加入一定量的培养液，平均每分钟送入为原料容量 1/4～1/2 的无菌空气，搅拌培养，其酸度保持在 pH 7～8。30～32℃、40 h 培养后，过滤除去菌体而得到谷氨酸溶液，浓缩得谷氨酸结晶体，最后用氢氧化钠或碳酸钠中和、精制而成谷氨酸钠。

在发酵法生产氨基酸的过程中，用于生产氨基酸的菌种是一种具有特殊生理性质的细菌。如环境条件不能满足，则发酵过程就不能进行。最早是采用野生型谷氨酸棒状杆菌进行发酵生产谷氨酸。三羧酸循环过程中产生的 α-酮戊二酸，被 NADPH 专一性的谷氨酸脱氢酶所催化而生成谷氨酸。控制发酵液中生物素的量，使脂肪酸合成不足而影响所形成的细胞膜的透性，可促进谷氨酸向胞外分泌。然而，细胞内氨基酸的形成受到反馈机制的调节，一般不会过量蓄积。为了生产某种氨基酸，就要利用微生物突变株来大量分泌代谢产物。营养缺陷型突变株已得到广泛的应用。例如，谷氨酸棒状杆菌高丝氨酸缺陷型菌株就可用于蓄积赖氨酸，该缺陷株不能直接合成苏氨酸而导致赖氨酸的积累。因此应用类似的原理，大肠杆菌二氨基庚酸缺陷株可用于累积苏氨酸，谷氨酸棒状杆菌精氨酸缺陷株可积累瓜氨酸、亮氨酸缺陷株可累积缬氨酸。除营养缺陷型突变株外，调控突变株也已应用于氨基酸的生产。某些氨基酸的结构类似物因类似天然阻遏物而抑制微生物的生长，如果能得到对这些类似物有抗性的突变株，微生物必然丧失反馈抑制机制或阻遏调控机制，从而能大量积累氨基酸。例如，抗 2-噻唑丙氨酸的黄色短杆菌突变株已用于精氨酸的生产，抗 5-氟色氨酸和色氨酸羟胺的谷氨酸棒状杆菌突变株也被用于色氨酸的生产。近年来，基因重组技术在培育氨基酸生产菌株中已得到了广泛的应用。

第3章 蛋 白 质

18世纪中叶首次报道了从面粉中能分离到一种黏性很高的物质，现知其为谷蛋白。而后的一系列研究都证明，利用稀酸、稀碱或盐类等溶液，可从植物、动物组织中分离到类似的物质。

19世纪中期，荷兰化学家莫特从动、植物组织中也得到了这种物质，并命名为"protein"。protein一词取自希腊文protos，原意为"第一重要"，中文译为蛋白质。

早在100多年前，恩格斯就指出"生命是蛋白体的存在方式"，"无论在什么地方，只要我们遇到生命，我们就发现生命是和某种蛋白质相联系的；并且无论在什么地方，只要我们遇到不处于解体过程的蛋白体，我们也无例外地发现生命现象"。100多年的科学实践，特别是近几十年来现代生物学、生物化学的成就，充分证实和发展了恩格斯的伟大论断。实践证明，蛋白质与生命现象是密切相关的。蛋白质是生命现象的主要体现者。

自然界存在成千上万的蛋白质，它们的性质各异、功能不同，这些特点是由各种蛋白质的结构所决定的。蛋白质是一类复杂的有机物质，它们的相对分子质量常见为$10^4 \sim 10^5$，一些蛋白质的相对分子质量甚至可以达到10^6。了解蛋白质的功能，必须研究蛋白质的结构。同时，蛋白质也是一种重要的营养物质，可以为人体提供必需的氨基酸。因此，研究食品蛋白质的结构及其营养价值是十分重要的。本章将从蛋白质的组成、分类、结构、性质及其营养价值等几个方面对蛋白质进行相关介绍。

3.1 蛋白质的组成与分类

3.1.1 组成

蛋白质的元素组成中含有氮元素，这与糖和脂肪的组成显著不同，并且占生物组织中一切含氮物质的绝大部分。因此，可将生物组织的含氮量近似地全部作为蛋白质所含有。由于大多数蛋白质含氮量相对恒定，为15.0%～17.6%（平均为16%）。因此，只要测定生物样品中的氮量就能算出其中蛋白质的大致含量。此外，蛋白质还含有碳、氢、氧等元素，大多数的蛋白质还含有少量的硫、磷、铁、铜、锰、锌、钼等元素，个别蛋白质还含有碘。蛋白质的一般元素组成见表3.1。

表3.1 蛋白质的元素组成（按干重计算）

元素	百分含量/%	平均/%	元素	百分含量/%	平均/%
C	50～55	52	N	15.0～17.6	16
H	6.9～7.7	7	S	0.3～2.3	2
O	21～24	23	P	0.4～0.9	0.6

第2章已对氨基酸的结构与性质进行了介绍，这里就不再赘述。

3.1.2 分类

仅由氨基酸组成，不含其他化学成分的蛋白质称为单纯蛋白质（simple protein），例如，核糖核酸酶、肌动蛋白等。以除氨基酸外的各种化学成分作为其结构的一部分的蛋白质称为复合蛋白质或缀合蛋白质（conjugated protein）。这些非蛋白质部分称为辅基（prosthetic group）或配体（ligand）。也有人认为只有对蛋白质的功能起关键作用的非蛋白质部分才能称辅基。如果非蛋白质部分是通过共价键连接于蛋白质的，则必须对蛋白质进行水解才能释放它；不是与蛋白质共价结合的，则只要使蛋白质变性即可除去。

也有人因蛋白质具有的不同功能，而将其分为三类：结构蛋白质、生物活性蛋白质和食品蛋白质。但是，食品蛋白质并不是一类特殊的蛋白质，因为前两类蛋白质中的大部分也是食品蛋白质（因为凡是可供食用、易消化、无毒的蛋白质均可称之为食品蛋白质）。所以，目前在大多数的教科书中，蛋白质的分类一般采用其化学组成分类，并且根据蛋白质的溶解性情况进一步分类。

单纯蛋白质可以根据其物理性质如溶解度进行分类（表 3.2）。复合蛋白质可以按其非氨基酸成分进行分类（表 3.3）。

表 3.2　单纯蛋白质的分类

分类	实例
清蛋白（albumin）	溶于水及稀盐、稀酸或稀碱溶液；为饱和硫酸铵所沉淀；广泛存在于生物体内，如血清清蛋白、乳清蛋白
球蛋白（globulin）	为半饱和硫酸铵所沉淀；不溶于水而溶于稀盐溶液的称优球蛋白（euglobulin），溶于水的称假球蛋白（pseudoglobulin）；普遍存在于生物体内，如血清球蛋白、肌球蛋白和植物种子球蛋白等
谷蛋白（glutelin）	不溶于水、醇及中性盐溶液，但易溶于稀酸或稀碱，如米谷蛋白（oryzenin）和麦谷蛋白（glutenin）
醇溶谷蛋白（prolamine）	不溶于水及无水乙醇，但溶于 70%～80%乙醇中；组成上的特点是脯氨酸和酰胺较多，非极性侧链远较极性侧链多；这类蛋白质主要存在于植物种子中，如玉米醇溶蛋白（zein）、麦醇溶谷蛋白（gliadin）
组蛋白（histone）	溶于水及稀酸，但被稀氨水沉淀；分子中组氨酸、赖氨酸较多，分子呈碱性，如小牛胸腺组蛋白等
鱼精蛋白（protamine）	溶于水及稀酸，不溶于氨水；分子中碱性氨基酸特别多，因此呈碱性，如鲑精蛋白（salmin）
硬蛋白（scleroprotein）	不溶于水、盐、稀酸或稀碱；这类蛋白质是动物体内作为结缔及保护功能的蛋白质；如角蛋白、胶原、网硬蛋白（reticulin）和弹性蛋白

资料来源：Fennema，1996。

表 3.3　复合蛋白质的分类

分类	实例
糖蛋白	含糖类；许多胞外基质蛋白质属糖蛋白，如纤连蛋白、胶原蛋白和蛋白聚糖；γ-球蛋白
脂蛋白	含三酰甘油、胆固醇、磷脂；如血浆脂蛋白，包括 HDL（α-脂蛋白）、LDL（β-脂蛋白）等
核蛋白（nucleoprotein）	辅基为核酸；如核糖体（含 RNA）、AIDS 病毒（含 RNA）和腺病毒（adenovirus，含 DNA）

续表

分类	实例
磷蛋白（phosphoprotein）	Ser、Thr或Tyr残基的羟基被磷酸酯化，如酪蛋白（casein）、糖原磷酸化酶a
金属蛋白（metalloprotein）	如铁蛋白（ferritin）含Fe，乙醇脱氢酶含Zn，细胞色素氧化酶含Cu和Fe，固氮酶含Mo和Fe，丙酮酸羧化酶含Mn
血红素蛋白（hemoprotein）	实际上是金属蛋白的一个亚类，辅基为血红素（卟啉化合物）；卟啉中心含Fe的如血红蛋白、细胞色素c、过氧化氢酶和硝酸盐还原酶
黄素蛋白（flavoprotein）	含黄素，辅基为FMN和FAD；如琥珀酸脱氢酶（含FAD）、NADH脱氢酶（含FMN）、二氢乳清酸脱氢酶（含FAD和FMN）和亚硫酸盐还原酶（含FAD和FMN）

资料来源：Fennema，1996。

近年来有些学者提出依据蛋白质的生物学功能进行分类（表3.4）。

表3.4 蛋白质按生物学功能分类

分类	实例
酶（enzyme）	核糖核酸酶、胰蛋白酶、果糖磷酸激酶、乙醇脱氢酶、过氧化氢酶和苹果酸酶（malic enzyme）
调节蛋白（regulatory protein）	胰岛素、促生长素（GH）、促甲状腺素（TSH）、乳糖阻抑物（Lac repressor）、核（转录）因子1（NF1）和分解代谢物激活剂蛋白（CAP）
转运蛋白（transport protein）	如血红蛋白、血清清蛋白和葡萄糖转运蛋白（glucose transporter）
储存蛋白（storage protein）	如卵清蛋白、酪蛋白、菜豆蛋白（phaseolin）和铁蛋白
收缩和游动蛋白（contractile and motile protein）	肌动蛋白、肌球蛋白、微管蛋白、动力蛋白（dynein）和驱动蛋白（kinesin）
结构蛋白（structural protein）	α-角蛋白、胶原蛋白、弹性蛋白、丝蛋白和蛋白聚糖
支架蛋白（scaffolding protein）	胰岛素受体底物-1（IRS-1）、A激酶锚定蛋白（AKAP）和信号传递转录激活剂（STAT）
保护和开发蛋白（protective and exploitive protein）	免疫球蛋白、凝血酶、血纤蛋白原、抗冻蛋白、蛇和蜂毒蛋白、白喉毒素（diphtheria toxin）和蓖麻毒蛋白（ricin）
异常蛋白（exotic protein）	应乐果甜蛋白（monellin）、节肢弹性蛋白（resilin）和胶质蛋白

资料来源：王镜岩等，2002。

3.2 蛋白质的结构

自然界存在的蛋白质有10^{10}～10^{12}种，不同的蛋白质具有不同的结构。由20种氨基酸组成了数目繁多、结构各异的蛋白质大分子。20世纪50年代初，Linderstrom-Lang及其同事最先认识到蛋白质具有不同的结构层次，并引入一级结构、二级结构、三级结构来描述这一现象，这是蛋白质分子在结构上的一个最显著的特征。这种划分尽管有一定的缺点，但它反映了蛋白质分子结构的多层次和错综复杂的基本特点。此外，这种划分概念清楚，使用也方便。60年代以后，随着对蛋白质分子结构知识的积累，又增加了不少新的内容。如在二级和三级结构之间又增加超二级结构和结构域这两个结构层次，在三级结构以上又增加了四级结构。

蛋白质的一级结构到四级结构的形成过程可以用图3.1表示。

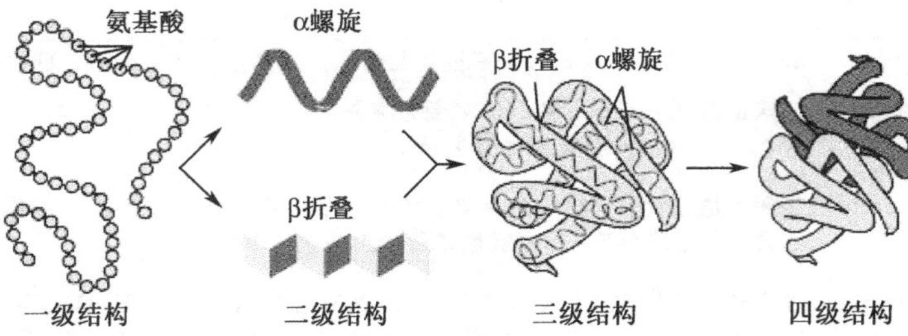

图 3.1　蛋白质结构形成示意图（赵新淮，2006）

3.2.1　一级结构

蛋白质的一级结构（primary structure）就是肽链中的各个氨基酸残基的排列顺序。不同的蛋白质都具有特定的构象，但从一级结构来看，蛋白质是由许多氨基酸按照一定的排列顺序，通过肽键相互连接起来的多肽链结构。1969 年，国际纯粹与应用化学联合会（IUPAC）曾规定蛋白质的一级结构是指肽链中的氨基酸排列顺序和连接方式，它是蛋白质分子结构的基础，包含决定蛋白质分子所有结构层次构象的全部信息。

蛋白质的一级结构决定了蛋白质的基本性质，同时还会使蛋白质的二级结构、三级结构不同。从理论上讲，氨基酸连接为蛋白质时的可能一级结构非常多，例如，以一个由 100 个氨基酸组成的蛋白质为例，在每一位置上均可以连接 20 个氨基酸，所以从数学统计上来看，蛋白质可能的结构有 $20^{100} \approx 10^{130}$ 个之多，显然在生物界是没有这么多的蛋白质存在，因此在生物体中大约只有非常小的一部分蛋白质被合成出来（10^4～10^5），而现在已经被分离、鉴定出的蛋白质只有几千种。

1. 肽键和肽链

一个氨基酸的 α-羧基与另一个氨基酸的 α-氨基之间相互连接而成的化合物称为肽。通常把肽链中的每一个氨基酸单位称为氨基酸残基。由 2 个氨基酸组成的肽称为二肽，由 3 个氨基酸组成的肽称为三肽。由 5 个氨基酸组成的一个五肽的结构如图 3.2 所示。一般把小于 10 个氨基酸组成的肽称为寡肽，而多于 10 个氨基酸组成的肽称为聚肽或多肽。

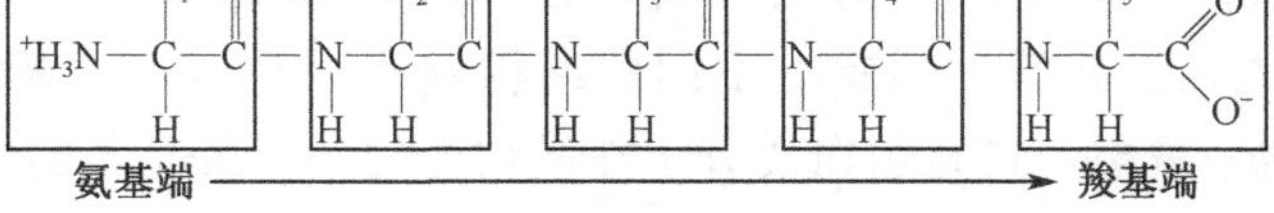

图 3.2　一个五肽的结构

在某些肽中，存在非 α-羧基和 α-氨基之间形成的肽键，如谷胱甘肽分子中谷氨酸的 γ-羧基和半胱氨酸的 α-氨基之间形成肽键（图 3.3）。这样的肽键很稳定，不易被蛋白酶作用。

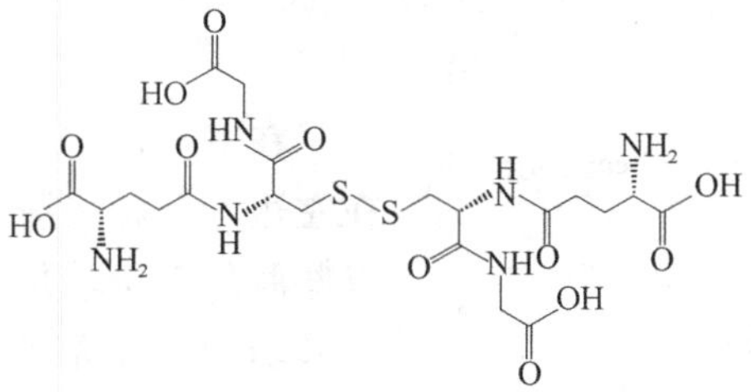

图 3.3 谷胱甘肽的分子结构

肽链结构中有主链和侧链之分。酰胺键中的氮原子、α-碳原子和羰基碳原子依次重复出现，构成多肽链的骨架，而氨基酸残基的侧链基团从多肽链的骨架向外伸出，故主链骨架是指除侧链 R 以外的部分。尽管任何一个肽中氨基和羧基相互连接成肽键，但在肽链的一端仍有游离的氨基，另一端仍有游离的羧基，分别称为氨基端（或 N 端）和羧基端（或 C 端）。为表示多肽链的组成，通常将 N 端的氨基酸残基写在左手位，而将 C 端残基写在右手位（图 3.2）。

2. 肽的结构与命名

一个肽可根据所含的氨基酸残基数简单地称为二肽、三肽和四肽。大多数小肽具有一定的结晶形状，熔点较高，有自己的等电点。含两个或两个以上肽键的化合物都有双缩脲反应。因此，除二肽外，肽都有双缩脲反应。肽的命名一般是根据其功能和来源，如脑啡肽（enkephalin，EK）。1975 年研究发现猪脑内有内源性吗啡样活性物质，并从脑抽提液中分离纯化出两种脑啡肽，均由 5 个氨基酸组成。现已证明，高等动物脑中有两种形式的脑啡肽：甲硫氨酸脑啡肽，H—Tyr—Gly—Gly—Phe—Met—OH；亮氨酸脑啡肽，H—Tyr—Gly—Gly—Phe—Leu—OH。

自然界中存在的肽有开链式结构和环状结构。对环状肽，不存在游离的氨基端和游离的羧基端。环状肽在微生物中常见，如短杆菌肽 S（图 3.4），对革兰氏阳性细菌有强大的抑制作用。α-鹅膏蕈碱，是一个环状八肽，存在于毒蘑菇中，它能抑制真核 RNA 聚合酶的活性，从而抑制核糖核酸（RNA）的合成，导致机体死亡。γ-谷氨酰肽与氨基酸的运输有关，是氨基酸的载体。肌肽（carnosine）和鹅肌肽（anserine），存在于肌肉、骨骼肌中，可能参与肌肉的收缩。

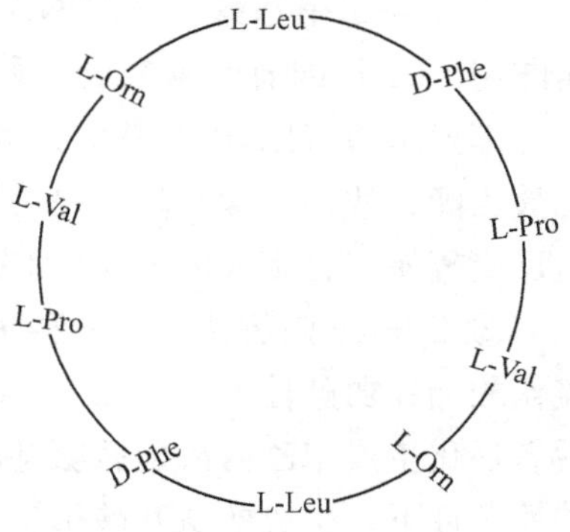

图 3.4 短杆菌肽 S 的结构

3. 肽链的表达式

肽是由氨基酸之间通过肽键形成的化合物。若用结构式表示，占空间较大，且不方便。一般用氨基酸中文名称的字头表示，中间用“·”号或“—”号将它们隔开；也可用氨基酸英文名称的三字符或单字符缩写表示，中间用“·”号或“—”号将其隔开。如下所示：

甘·丙·丝·缬·亮·蛋·赖·赖·精·谷…

Gly—Ala—Ser—Val—Leu—Met—Lys—Lys—Arg—Glu…

G—A—S—V—L—M—K—K—R—E…

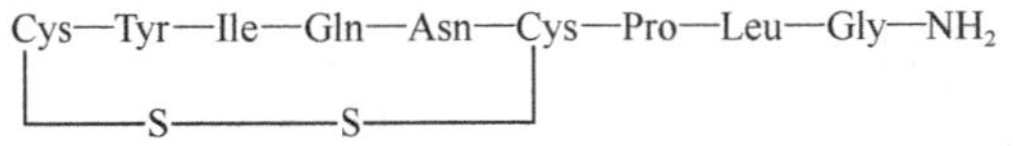

图 3.5　牛催产素的结构

在书写时，含游离氨基的一端总是写在左边，含游离羧基的一端总是写在右边。有些肽的氨基端是乙酰化的，如细胞色素 c 氨基端的甘氨酸是乙酰甘氨酸。有些肽的羧基端是酯化的或酰胺化的，如催产素（图 3.5）羧基端的甘氨酸为酰胺化的甘氨酸。这些也应写出。

4. 一级结构研究

一级结构研究包括蛋白质的氨基酸组成、氨基酸排列顺序、二硫键位置、肽链数目、末端氨基酸的种类等。许多问题都需要知道蛋白质的一级结构。蛋白质顺序分析是揭示生命的本质、阐明结构与功能的关系、研究酶的活性中心和酶蛋白高级结构的基础，也是研究基因表达、克隆和核酸顺序分析的重要内容。一旦清楚了某种蛋白质的一级结构，就为人工合成这种蛋白质创造了条件。多肽链中氨基酸排列顺序测定的开拓者是英国著名的生物化学家桑格，他在 1953 年首次报道胰岛素的全部氨基酸排列顺序，从而揭开了蛋白质一级结构研究的序幕。胰岛素分子虽小，但具有代表性。目前，蛋白质顺序分析工作尽管其测定方法有了改进，顺序测定的自动化程度也有了很大的提高，但基本的方法是相同的。一级结构测定包括：

（1）获取一定量纯的蛋白质样品，且相对分子质量已知，将一部分样品完全水解，确定该蛋白质中的氨基酸种类、数目和每种氨基酸的含量。

（2）进行末端分析来确定该种蛋白质的肽链数目，N 端和 C 端各是何氨基酸。

第一，N 端分析：

① 2,4-二硝基氟苯（FDNB）法。在弱碱性（pH 8～9）条件下，多肽链 N 端的氨基酸与 FDNB 试剂反应生成一种二硝基苯肽（DNP-肽）。后者经酸水解得到黄色的二硝基苯氨基酸（DNP-氨基酸）和其他氨基酸的混合液。其中，只有 DNP-氨基酸溶于乙酸乙酯，故用乙酸乙酯抽提后进行色谱分析、鉴定。氨基酸的侧链氨基也有此反应，但反应较慢，且生成的 DNP-氨基酸不溶于乙酸乙酯、保留在水相。

② Edman 降解法。瑞典科学家 Edman 建立。蛋白质多肽链 N 端的氨基酸与苯异硫氰酸酯在弱碱性条件下反应生成苯氨基硫甲酰肽（简称 PTC-肽）。在酸性条件下，后者环化生成苯乙内酰硫脲氨基酸（PTH-氨基酸）及 N 端少了一个氨基酸的肽链。在酸性条件下，生成的氨基酸衍生物极稳定，用乙酸乙酯抽提，PTH-氨基酸溶于乙酸乙酯，经高压液相色谱鉴定可知 N 端是何种氨基酸。Edman 降解法可连续分析出 N 端的十几个氨基酸。氨基酸序列测定仪就是根据该原理而设计的。

③ 5-二甲氨基萘-1-磺酰氯法（丹磺酰氯法，DNS 法）。5-二甲氨基萘-1-磺酰氯（丹磺酰氯）可与多肽链 N 端氨基酸的氨基反应，生成丹磺酰肽（DNS-肽），后者经酸水解产生 DNS-氨基酸（具有荧光）和其他游离的氨基酸。用乙酸乙酯抽提得到 DNS-氨基酸，色谱分析可进行鉴定，该法灵敏度很高。

第二，C 端分析：

① 肼解法。多肽链和过量的无水肼（NH_2NH_2）在100℃反应5～10 h，除C端氨基酸自由存在外，肽链中的其他氨基酸都肼解为氨基酸酰肼。向反应体系中加入苯甲醛，氨基酸酰肼转变为二苯基衍生物（二亚苄衍生物），且不溶于水；离心分离，C端氨基酸在水相，水相中加入2,4-二硝基氟苯与C端氨基酸反应，经色谱分析可鉴定一条肽链的C端氨基酸。

② 羧肽酶法（CPE法）。常用的羧肽酶有：羧肽酶A，当C端为赖氨酸、精氨酸和脯氨酸时，或倒数第二个氨基酸是脯氨酸时，它不能作用；羧肽酶B，当C端不是赖氨酸和精氨酸，或C端是赖氨酸和精氨酸但倒数第二个氨基酸为脯氨酸时，它不能作用。

(3) 肽链的拆分。经末端分析，若蛋白质有两条以上的肽链组成时应将其拆分开。如果肽链之间通过非共价键连接，可使用使蛋白质变性的试剂。如果肽链之间通过共价键相连（主要是二硫键），可采用过甲酸氧化或二硫苏糖醇还原的方法拆开二硫键。若采用二硫苏糖醇还原的方法，还需使用碘乙酸进行乙酰化修饰以防止产生的—SH基重新形成二硫键。例如，利用2,4-二硝基氟苯法分析胰岛素的结构，得到了一个DNP-甘氨酸和一个DNP-苯丙氨酸，可知胰岛素由两条肽链组成。用过甲酸氧化，电泳或色谱法分离得到两个肽段：一个含酸性氨基酸较多，N端为甘氨酸，称它为A链；另一个含碱性氨基酸较多，N端为苯丙氨酸，称它为B链。

(4) 肽链中氨基酸排列顺序的确定。一般使用片段重叠法。一些专一性的蛋白水解酶或化学试剂，能使蛋白质的多肽链在特定的部位断裂，产生一些大小不同的重叠片段，分离纯化这些肽段，测定每一个肽段的氨基酸顺序，根据这些重叠的片段，推断出完整肽链的氨基酸排列顺序。常用的断裂多肽链的方法有以下几个。

① 溴化氰（CNBr）裂解法。溴化氰专一性水解甲硫氨酸的羧基形成的肽键。溴化氰水解的结果产生以高丝氨酸内酯为末端的肽，高丝氨酸内酯是甲硫氨酸转变来的。

② 胰蛋白酶水解法。胰蛋白酶专一性水解赖氨酸和精氨酸的羧基形成的肽键。但是，如果赖氨酸和精氨酸的羧基与脯氨酸相连，则该肽链不被胰蛋白酶切割。

③ 胰凝乳蛋白酶（糜蛋白酶）水解法。胰凝乳蛋白酶专一性水解疏水性氨基酸，主要是酪氨酸、苯丙氨酸和色氨酸的羧基形成的肽键。若与它们的羧基相连的氨基酸为脯氨酸，则该肽链不被水解。

④ 胃蛋白酶水解法。胃蛋白酶要求被断裂肽键两侧的氨基酸都是疏水性的氨基酸。

⑤ 金黄色葡萄球菌蛋白酶（谷氨酸蛋白酶）水解法。金黄色葡萄球菌蛋白酶专一性水解谷氨酸和天冬氨酸的羧基形成的肽键。

⑥ 梭状芽孢杆菌蛋白酶（精氨酸蛋白酶）水解法。梭状芽孢杆菌蛋白酶能水解精氨酸的羧基形成的肽键。

(5) 分离纯化部分降解的肽片段。分析每一片段的氨基酸组成和排列顺序。

(6) 确定二硫键的位置。如图3.6所示。用胃蛋白酶或胰蛋白酶、胰凝乳蛋白酶在微酸性条件下对蛋白质进行部分降解（此条件下二硫键较稳定），将酶解液点样进行对角线纸电泳分析（a）。当第一相电泳结束后（b），把电泳图谱放在过甲酸蒸气中熏一定的时间（c），然后把它贴于同样大小的另一张滤纸上后，再进行第二相电泳分析（d）。第二相电泳的方向与第一相电泳的方向垂直，其他条件如缓冲液的组成、pH和离子强度等与第一相电泳时的完全相同。这样，不含二硫键的肽段不受过甲酸的影响，性质不变，两次电泳的行为一样，电泳分离斑点应出现在对角线上；而含有二硫键的肽段因受到过甲酸的影响，二硫键断裂，相应的肽段被氧化为含磺酸基的肽段，电泳行为改变，因而将偏离对角线（e）。

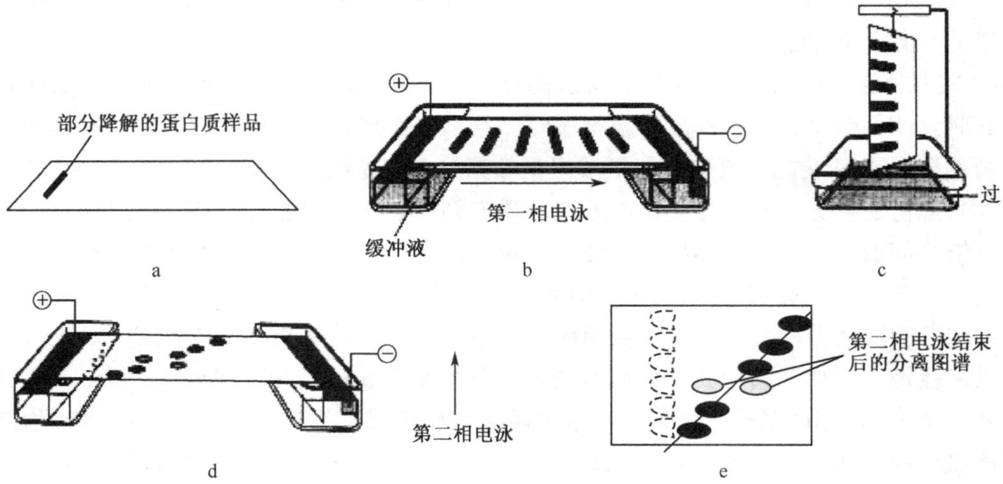

图 3.6 对角线电泳示意图

（7）根据重叠肽的氨基酸顺序，推出完整肽的氨基酸顺序。由于蛋白质的一级结构归根到底是基因表达的产物，因此测定脱氧核糖核酸（DNA）的核苷酸序列，就能间接分析出蛋白质多肽链中氨基酸的排列顺序。随着 DNA 序列测定技术的发展，许多蛋白质一级结构的测定工作已经完成。

3.2.2 二级结构

一般认为，驱动蛋白质折叠的主要动力是疏水作用。折叠的结果是疏水基团埋藏在蛋白质分子内部，亲水基团暴露在分子表面。在形成分子疏水核心的同时，必然有一部分主链也被埋在里面。由于主链本身是高度亲水的，这样就产生矛盾。只有处于分子内部的主链极性基团（C═O，N—H）形成氢键，矛盾才能解决（分子表面的主链极性基团与溶剂水形成氢键）。正是这种能量平衡，蛋白质主链折叠并产生由氢键维系的有规则构象，即二级结构。因为主链肽键上的 C═O 和 N—H 是沿多肽主链有规则排列的，所以在主链内和主链间常出现周期性的氢键相互作用。常见的二级结构元件（secondary structure element）包括：α 螺旋、β 折叠片、β 转角和无规卷曲等。

1. α 螺旋

1）特征

α 螺旋（α helix）是蛋白质中最常见、最典型、含量最丰富的二级结构元件，是一种重复性结构，螺旋中每个 α-碳的 Φ 和 Ψ 分别在 −57°和 −47°附近，每圈螺旋含 3.6 个氨基酸残基，沿螺旋轴方向上升 0.54 nm，称为移动距离或螺距（pitch）。每个残基绕轴旋转 100°，沿轴上升 0.15 nm（图 3.7）。残基的侧链伸向外侧。如果侧链不计在内，螺旋的直径约为 0.5 nm。相邻螺圈之间形成氢键，氢键的取向几乎与螺旋轴平行。从

N端出发，氢键是由每个肽基的C═O与其前面第3个肽基的N—H之间形成的。由氢键封闭的环是13元环，因此，α螺旋也称3.6_{13}-螺旋。

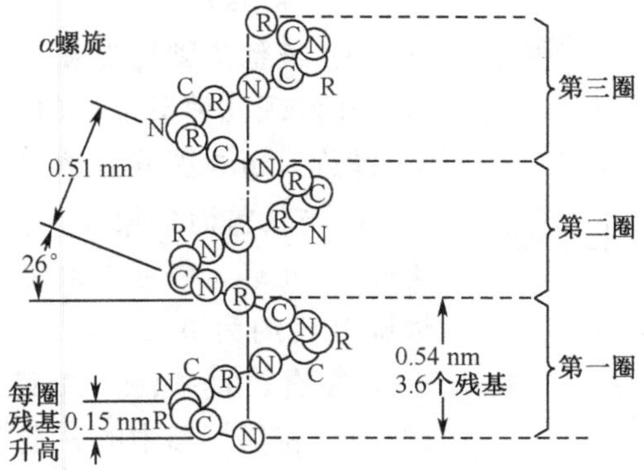

图3.7　α螺旋结构（Fennema，1996）

α螺旋中所有氢键都沿螺旋轴指向同一方向。每一肽键具有由N—H和C═O的极性产生的偶极矩，所以总的效果是α螺旋本身也是一个偶极矩，相当于在N端积累了部分正电荷，在C端积累了部分负电荷。在α螺旋的N端附近常有带负电荷的配基（如磷酸基）与蛋白质结合。然而很少发现带负电荷的配基与α螺旋的C端结合。

蛋白质中的α螺旋几乎都是右手的，右手螺旋比左手螺旋稳定。不论是左手的还是右手的螺旋，都是由L-型氨基酸残基构成的，因此右手α螺旋和左手α螺旋不是对映体。在左手α螺旋中，L-型氨基酸残基侧链的第一个碳原子（C_β）过分接近主链上的C═O氧原子，以致能量较高、构象不稳定。右手α螺旋中空间位阻较小，比较符合立体化学的要求，因而在肽链折叠中容易形成、构象稳定。左手α螺旋虽也偶有出现，例如，在嗜热菌蛋白酶中就有很短一段左手α螺旋，由Asp—Asn—Gly—Gly（226～229）组成。

α螺旋是手性结构，具有旋光能力。但α螺旋的比旋，并不等于构成自身的氨基酸比旋的简单加和，而无规卷曲的比旋，则与这种加和相等。事实上，α螺旋的旋光性，是*α*-碳原子的构型不对称性、α螺旋构象不对称性的总反映。应用旋光色散光谱（测定作为波长函数的旋光能力的技术），特别是圆二色性（CD）光谱可以研究蛋白质的二级结构。

2）形成影响因素

一条肽链能否形成α螺旋，以及形成的螺旋是否稳定，与它的氨基酸组成和序列有极大的关系。R基小、并且不带电荷的多聚丙氨酸，在pH 7的水溶液中能自发地卷曲成α螺旋。多聚赖氨酸在同样的pH条件下却不能形成α螺旋，而是以无规卷曲形式存在。这是因为多聚赖氨酸在pH 7时R基具有正电荷，彼此间静电排斥而不能形成链内氢键。事实正是如此，pH 12时多聚赖氨酸即自发地形成α螺旋。同样，多聚谷氨酸也与此类似（图3.8）。

R基的大小对多肽链能否形成螺旋也有影响。多聚异亮氨酸在*α*-碳原子附近有较大的R基，造成空间阻碍，不能形成α螺旋。多聚脯氨酸的*α*-碳原子参与R基吡咯的形成，环内的C_α—N键和C—N肽键都不能旋转，而且多聚脯氨酸的肽键不具酰胺氢，

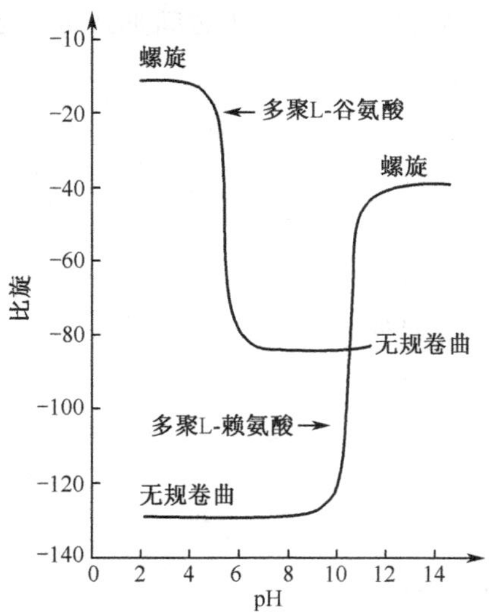

图 3.8　pH 对多聚 L-谷氨酸和多聚 L-赖氨酸在 α 螺旋和无规卷曲之间构象互变的影响（王镜岩等，2002）

不能形成链内氢键。因此，多肽链中只要存在脯氨酸（或羟脯氨酸），α 螺旋即被中断，并产生一个“结节”（kink）。

3）其他类型的螺旋

还发现几种不常见的其他类型螺旋（图 3.9）。3_{10}-螺旋，每螺圈残基数（n）为 3.0，每个肽基的 C═O 与其前面的第 2 个肽基的 N—H 形成氢键，构成 10 元环，每残基高度 0.2 nm，螺距 0.6 nm，螺旋直径约为 0.4 nm。Φ 和 Ψ 值分别在 −49°和 −26°左右。3_{10}-螺旋比 α 螺旋紧密。由于 n 为整数（3.0），相邻螺圈中的 α-碳在同一直线上。3_{10}-螺旋中的氢键几何结构及非键合相互作用处于非最佳状态，在蛋白质结构中一般很短，通常作为 α 螺旋末端的最后一圈存在。π 螺旋也称 4，4_{16}-螺旋，n＝4.4，残基高度为 0.12 nm，螺距为 0.52 nm，螺旋直径约为 0.6 nm。每个肽基的 C═O 与其前面第四个肽基的 N—H 形成氢键，并构成 16 元环。π 螺旋不稳定，在蛋白质中极少存在。

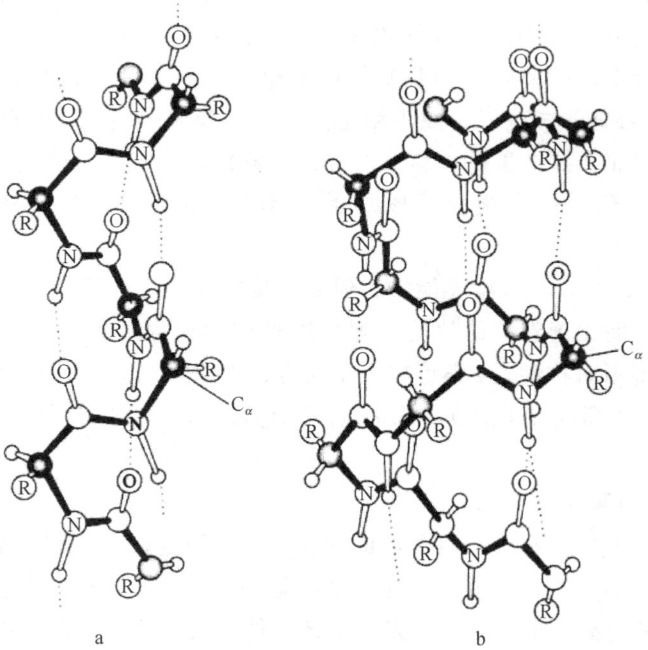

图 3.9　多肽链的其他两种类型的螺旋结构（Mathews and van Holde，1990）

a. 3_{10}-螺旋；b. π 螺旋

2. β 折叠片

由于局部的协同性氢键形成，蛋白质中还存在其他类型的二级结构，称 β 折叠片（β pleated sheet）或 β 结构或 β 构象。此结构也是在 1951 年由 Pauling 等首先提出来，许多蛋白质中都存在。β 折叠片是一种重复性的结构，可以把它想象为由折叠的条状纸片侧向并排而成（图 3.10），每条纸片可看成是一条肽链，在这里肽主链沿纸条形成锯齿状，α-碳原子位于折叠线上，侧链都垂直于折叠片的平面并交替地从平面上下两侧伸出。折叠片可以有两种形式，一种是平行式（parallel），另一种是反平行式（antiparallel），在平行 β 折叠片中，相邻肽链是同向的（都是 N→C 或 C→N），在反平行 β 折叠片中，相邻肽链是反向的（图 3.11）。

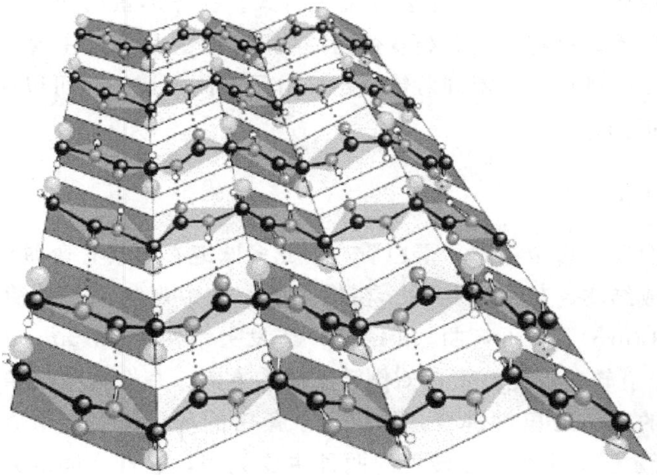

图 3.10　在纸“折叠片”上画出的反平行 β 折叠片

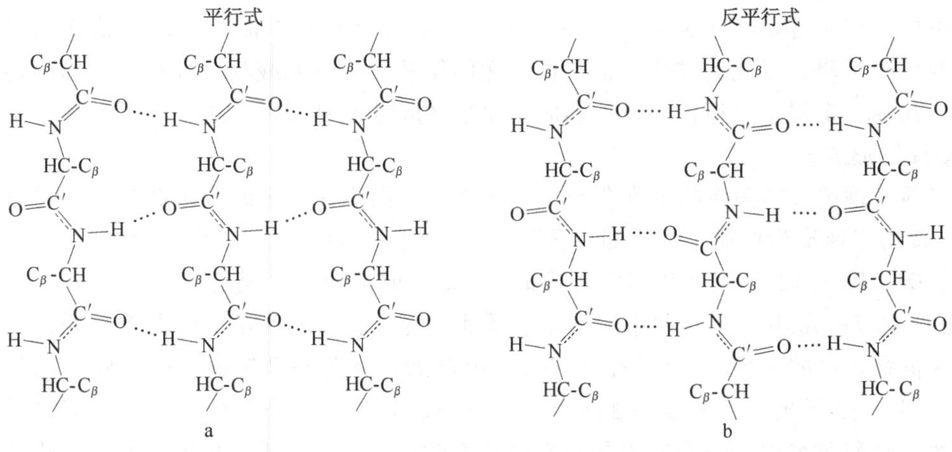

图 3.11　在平行（a）和反平行（b）β 折叠片中氢键的排列（图中未示出侧链）

β 折叠片中每条肽链称为 β 折叠股或 β 股（β strand），可设想它为一个二重螺旋或二重带，每螺圈含两个残基。由于 α-碳原子的四面体性质，连续的酰胺平面排列成折叠形式。此结构中氢键主要是在股间（interstrand）而不是股内（intrastrand）形成。在 β 折叠片中肽主链处于最伸展的构象（有时称为 ε 构象）。平行折叠片处于最适氢键形成时，其伸展构象略小于反平行折叠片中的构象，因此，平行折叠片中形成的氢键有明显弯折。反平行折叠片中重复周期（肽链同侧两个相邻的同一基团之间的距离）为 0.7 nm，而平行折叠片中为 0.65 nm。

平行β折叠片比反平行β折叠片更规则。平行式中α-碳的Φ和Ψ值（分别为$-119°$和$+113°$左右）比反平行式中的（分别为$-139°$和$+135°$左右）小。平行折叠片一般是大结构，少于 5 个β股的很少见。反平行折叠片可以少到仅由两个β股组成。平行β折叠片中疏水侧链分布在折叠片平面的两侧，反平行β折叠片中所有疏水侧链通常都排列在折叠片的一侧。当然，这要求在参与反平行β折叠片的多肽序列中亲水残基和疏水残基交替排列，因为交替的侧链伸向折叠片的同一侧。

在纤维状蛋白质中，β折叠片主要是反平行式。在球形蛋白质中，反平行和平行两种方式几乎同样广泛地存在。在纤维状蛋白质中，β折叠片氢键主要是在不同肽链之间形成。球形蛋白质中既可以在不同肽链或不同分子之间形成，也可以在同一肽链的不同肽段（β股）之间形成。

3. β转角和β凸起

自然界的蛋白质大多数是球形蛋白质，因此多肽链必须具有弯曲、回折和重新定向的能力，以便生成结实、球形的结构。在很多蛋白质中观察到一种简单的二级结构元件，称β转角（β turn），或β弯曲（β bend）或发夹结构（hairpin structure），这是一种非重复性结构。β转角能允许蛋白质倒转肽链的方向。在β转角中第一个残基的C═O与第四个残基的N—H氢键键合，形成一个紧密的环，使β转角成为比较稳定的结构，如图 3.12 所示。图中示出β转角的两种主要类型，它们之间的差别只是中央肽基旋转 180°。此外尚有若干种不太常见的类型也在蛋白质中发现。某些氨基酸，如脯氨酸和甘氨酸，经常在β转角序列中存在，并且β转角的特定构象在一定程度上取决于氨基酸组成。由于甘氨酸缺少侧链（只有一个 H），在β转角中能很好地调整其他氨基酸残基的空间阻碍，因此立体化学上是最合适的氨基酸。脯氨酸具有环状结构和固定的Φ角，因此在一定程度上迫使β转角形成，促进多肽链自身回折。这些回折有助于反平行β折叠片的形成。

目前发现的β转角多数处在蛋白质分子表面，因为在这里改变多肽链方向的阻力较小。β转角在球形蛋白质中的含量丰富，约占全部残基的 1/4。β转角的构象是由第二残基α-碳（图 3.12 中α_2）和第三残基α-碳（α_3）的二面角所规定的。

β凸起（β bugle）是一种小片的非重复性结构，能单独存在，但大多数经常作为反平行β折叠片中的一种不规则情况而存在。β凸起可认为是β折叠股中额外插入的一个残基。图 3.13 示出一种典型的β凸起。造成凸起股主链额外伸长的额外残基之所以被规则的氢键网所容纳，部分原因是凸起股产生微小弯曲。因此，β凸起可引起肽链方向改变，但改变程度不如β转角。蛋白质结构中各种形式的β凸起已知有 100 多例。

上述的二级结构单元在天然蛋白质中常见，实际上很难找到不含这些结构的天然蛋白质。α螺旋、β折叠片和β转角所提供的能量稳定性（主要是氢键），对蛋白质结构形成很重要。

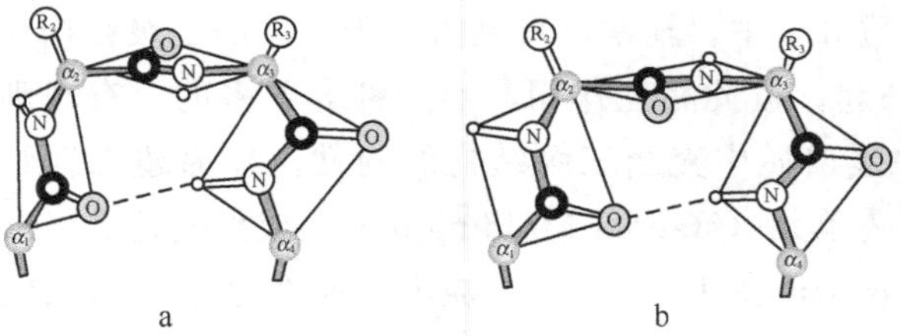

图 3.12 两种主要类型的β转角

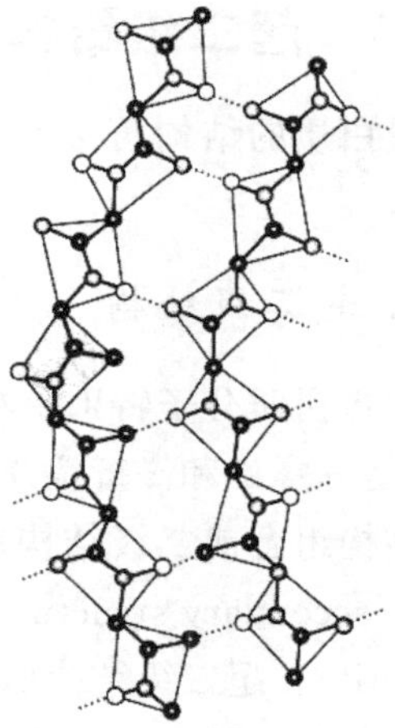

图 3.13 一种典型的β凸起

4. 无规则卷曲

无规则卷曲（random coil）或称卷曲（图 3.14），泛指那些不能被归入明确的二级结构如折叠片或螺旋的多肽区段。卷曲和无规则卷曲这两个术语容易引起误解。实际上，这些区段大多数既不是卷曲，也不是完全无规则的，虽然也存在少数柔性的无序区段。例如，在许多蛋白质中，Lys 侧链在β-碳以外的碳链部分就是无序的。这些“无规则卷曲”也像其他二级结构那样，是明确而稳定的结构，否则蛋白质就不可能形成三维空间上每维都具周期性结构的晶体。但是，它们受侧链相互作用的影响很大。这类有序的非重复性结构，经常构成酶活性部位和其他蛋白质的特异功能部位，例如，铁氧还蛋白和红氧还蛋白中结合铁硫串（iron-sulfur cluster）的肽环，以及许多钙结合蛋白中结合钙离子的 E-F 手结构的中央环。

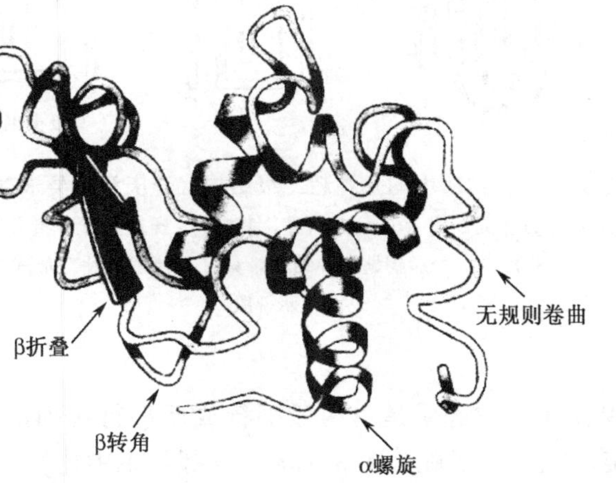

图 3.14 鸡卵清溶菌酶的三级结构

3.2.3 超二级结构和结构域

蛋白质的结构可以在二级结构和三级结构之间增加两个层次：超二级结构和结构域。

1. 超二级结构

在蛋白质分子特别是在球形蛋白质分子中，经常可看到由若干相邻的二级结构元件（主要是α螺旋和β折叠片）组合在一起，彼此相互作用，形成种类不多的、有规则的二级结构组合或二级结构串，在多种蛋白质中充当三级结构的构件，称为超二级结构（super-secondary structure）、标准折叠单元（standard folding unit）或折叠花式（folding motif）。超二级结构概念是由 Rossman 在 1973 年首次提出。现在已知的超二级结构有 3 种基本的组合形式：αα、βαβ 和 ββ，见图 3.15。

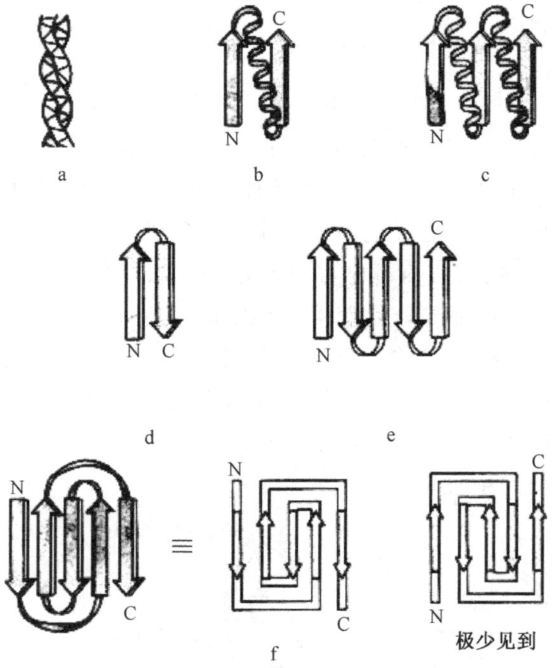

图 3.15 蛋白质中的几种超二级结构（李庆章和吴永尧，2004）

a. αα；b. βαβ 单元；c. Rossman 折叠，其中，α 螺旋处于 β 折叠片上侧；d. β 发夹；e. β 曲折；f. 希腊钥匙拓扑结构，只有一种“手性”形式存在。条带表示 β 股

1）αα

αα 是一种 α 螺旋束，它经常是由两股平行或反平行排列的右手螺旋段互相缠绕而成的左手卷曲螺旋，或称超螺旋（图 3.15a）。α 螺旋束中还发现有三股和四股螺旋。卷曲螺旋是纤维状蛋白质如 α-角蛋白、肌球蛋白和原肌球蛋白的主要结构元件。α 螺旋束也存在于球形蛋白质中，如蚯蚓肌红蛋白（myohemerythrin）、烟草花叶病毒外壳蛋白（TMV coat protein）等。球形蛋白质中 α 螺旋束是由同一条链的一级序列上邻近的 α

螺旋组成，不像纤维状蛋白质中是由几条链的α螺旋区缠绕而成。由于超卷曲，α螺旋主链的Φ和Ψ与正常α螺旋略有偏差，每圈螺旋为3.5个残基，而不是通常的3.6个残基。α螺旋沿超螺旋轴有相当的倾斜，重复距离从0.54 nm缩短到0.51 nm。超螺旋的螺距约为14 nm，直径为2 nm。两股α螺旋的轴相距1 nm，使两股α螺旋的侧链能紧密相互作用以增强螺旋结构。氨基酸序列分析表明，这些多肽链中存在七残基重复序列，a-b-c-d-e-f-g，这是卷曲螺旋结构的特征。其中，a和d是疏水残基，e和g是极性残基，b、c和f一般是带电荷残基。因为七残基区段恰占两圈有变形的α螺旋（$n=3.5$），所以疏水残基a和d将沿α螺旋一侧排列成非极性边缘，在超螺旋中一股α螺旋链的非极性边缘与另一股链的非极性边缘彼此啮合形成疏水核心，而荷电残基b、c、f组成的极性边缘位于超螺旋外侧，与溶剂水相互作用来稳定超螺旋结构。

2）βαβ

最简单的βαβ组合也称βαβ单元，是由两段平行β折叠股和一段作为连接链的α螺旋组成，β股之间还有氢键相连；连接链反平行地交叉在β折叠片的一侧，β折叠片的疏水侧链面向α螺旋的疏水面，彼此紧密装配（图3.15b）。作为连接链的除α螺旋外还可是无规卷曲。最常见的βαβ组合是由3段平行β股和两段α螺旋构成（图3.15b），相当于两个βαβ单元组合在一起，此结构称为Rossman折叠（βαβαβ）。在所有实例中，连接链几乎都是右手交叉的，只有两个例外，枯草杆菌蛋白酶和葡糖磷酸异构酶中连接链是左手交叉连接的。这是一种拓扑学现象，是由于L-氨基酸的伸展多肽链（β股）倾向于采取右手扭曲结构而产生的。

3）ββ

ββ实际上就是前面讲过的反平行β折叠片，只不过在球形蛋白质中多是由一条多肽链的若干段β折叠股反平行组合而成，两个β股间通过一个短环（发夹）连接起来（图3.15 d～f）。最简单的ββ折叠花式是β发夹（β hairpin）结构（图3.15d），由几个β发夹可以形成更大更复杂的折叠片图案，例如，β曲折（图3.12e）和希腊钥匙拓扑结构（图3.15f）。

β曲折（β meander）是一种常见的超二级结构，由氨基酸序列上连续的多个反平行β折叠股通过紧凑的β转角连接而成。β曲折含有与α螺旋相近数目的氢键（约占全部可能形成的主链氢键的2/3）。β曲折的这种高稳定性无疑说明它的广泛存在。希腊钥匙拓扑结构（Greek key topology）也是反平行β折叠片中常出现的一种折叠花式。这种结构直接用古希腊陶瓷花瓶上的一种常见图案命名，称“希腊钥匙”（Greek key）。这种拓扑结构有两种可能的回旋方向，但实际上只存在其中的一种。当折叠片的亲水面朝向观察者时，N端→C端的回旋几乎总是逆时针的。

蛋白质构象是由超二级结构装配在一起形成的，因此目前致力于了解α螺旋之间、β折叠片之间以及螺旋和折叠片之间相互作用的基础。在多数情况下，非极性残基侧链参与这些相互作用，亲水侧链则多在分子的外表面。

2. 结构域

多肽链在二级结构或超二级结构的基础上形成三级结构的局部折叠区，它是相对独立的紧密球形实体，称为结构域（structural domain）或域。最常见的结构域含100～

200个序列上连续的氨基酸残基，少则有40个左右，多至400个以上。结构域是球形蛋白质的独立折叠单位。对于那些较小的球形蛋白质分子或亚基，结构域和三级结构是一个意思，即这些蛋白质或亚基是单结构域（single domain），如红氧还蛋白（rubredoxin）（图3.16）、核糖核酸酶、肌红蛋白等。对于较大的球形蛋白质或亚基，其三级结构往往由两个或多个结构域缔合而成，即它们是多结构域（multidomain），例如，免疫球蛋白的轻链就含两个结构域。

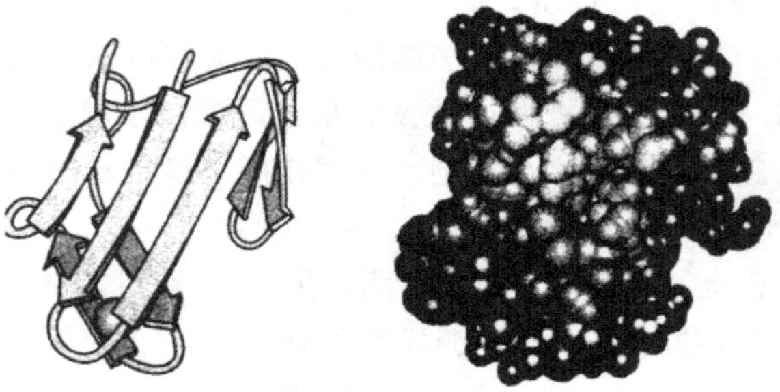

a　　b

图3.16　红氧还蛋白的三级结构（单结构域）（Srinivansan and Rose，1995）
a. 带式图解（细带表示连接区或回环）；b. 空间充满模型

结构域有时也指功能域（functional domain）。一般说，功能域是蛋白质分子中能独立存在的功能单位。功能域可以是一个结构域，也可以是由两个或两个以上结构域组成，例如，酵母己糖激酶（hexokinase）的功能域（活性部位）就是由两个结构域构成，并处于它们之间的交界处。

从结构的角度看，一条长的多肽链先折叠成几个相对独立的区域，然后再缔合成三级结构，在动力学上要比整条多肽链直接折叠成三级结构更为合理。从功能角度看，许多多结构域的酶，其活性中心都位于结构域之间，因为通过结构域容易构建具有特定三维排布的活性中心。由于结构域之间常常只有一段柔性的肽链连接，形成所谓铰链区，使结构域容易发生相对运动，这是结构域的一大特点。然而，这种柔性铰链不可能在亚基之间存在，因为它们之间没有共价连接，如果作较大的运动时亚基将完全分开。结构域之间的这种柔性（flexibility）将有利于活性中心结合底物和施加应力。

结构域也和二级结构元件及超二级结构一样，基本类型数目有限，大体可分为4类：反平行α螺旋结构域（全α结构）、平行或混合型β折叠片结构域（α,β结构）、反平行β叠片结构域（全β结构）和富含金属或二硫键结构域（不规则小蛋白结构）。

有些蛋白质，例如，硫氰酸酶（rhodanase）中含有彼此极其相似的结构域（图3.17）。两个相似的结构域经常是二重对称轴的关系。有些蛋白质中结构域彼此十分不同，例如，木瓜蛋白酶（papain）中的两个结构域（图3.18）。一个蛋白质（或亚基）中两个结构域之间的分隔程度各不相同。两个结构域各自独立成球形实体，中间仅由一段长短不一的肽链连接；有的相互间接触面宽而紧密，整个分子（或亚基）的外表是一个平整的球面，甚至难以确定究竟有几个结构域存在。多数是中间类型的，分子（或亚基）外形偏长，结构域之间有一裂隙（cleft）或密度较小的区域，例如，酵母己糖激酶（图3.19）。

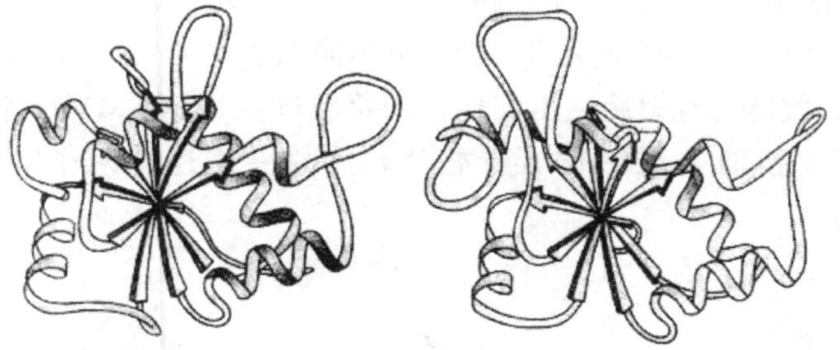

a b

图 3.17 硫氰酸酶中两个相似的结构域（Srinivansan and Rose，1995）

a. 硫氰酸酶结构域 1；b. 硫氰酸酶结构域 2

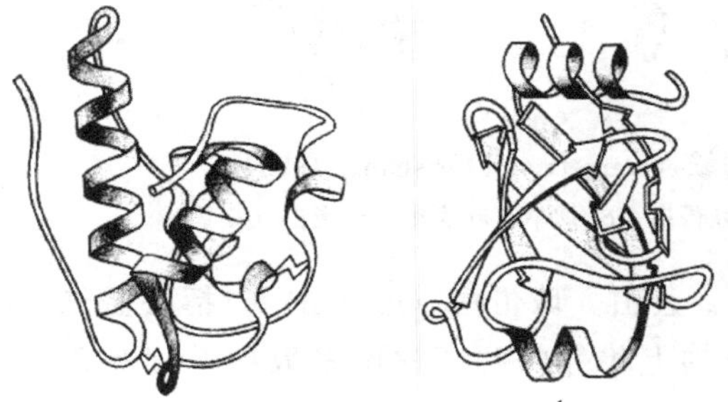

a b

图 3.18 木瓜蛋白酶中两个彼此不相同的结构域（Srinivansan and Rose，1995）

a. 木瓜蛋白酶结构域 1；b. 木瓜蛋白酶结构域 2

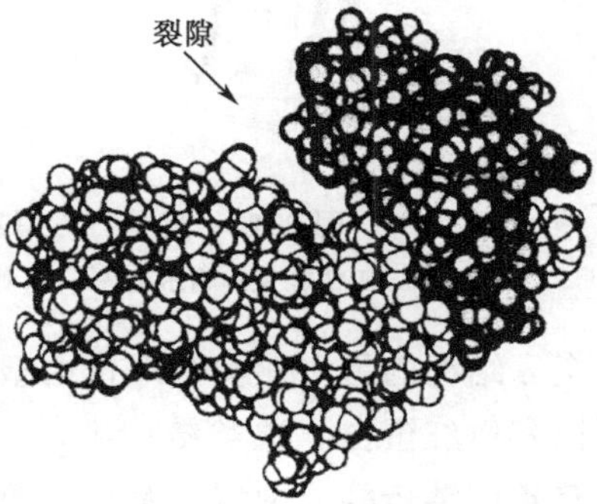

图 3.19 酵母己糖激酶的三级结构（Srinivansan and Rose，1995）

3.2.4 球形蛋白质与三级结构

虽然纤维状蛋白质在各种生物体内含量丰富也很重要，但是它们的种类只占自然界中蛋白质的很小一部分，球形蛋白质远比它们多。蛋白质结构复杂性和功能多样性也主要体现在球形蛋白质。

蛋白质的三级结构是指由二级结构元件（α 螺旋、β 构象、β 转角和无规卷曲等）构建成的总三维结构，包括一级结构中相距远的肽段之间的几何相互关系和侧链在三维空间中彼此间的相互关系。

1. 球形蛋白质的分类

球形蛋白质可根据它们的结构域类型分为 4 大类：全 α 结构、α，β（或 α/β）结构、全 β 结构以及小的富含金属或二硫键结构。除少数一些混合型结构之外，大多数已知结构的蛋白质都可以归入这 4 个类别中的某一种。

1）全 α 结构（反平行 α 螺旋）蛋白质

这类蛋白质是 α 螺旋占极大优势的结构。全 α 结构又可分为几个亚类。最简单的、最大的亚类是反平行螺旋束。此结构中 α 螺旋一上一下地反平行排列，因此也称上下型螺旋束。相邻螺旋之间以环相连，形成近似筒形的螺旋束。最常见的是四螺旋束（图

3.20)。这类螺旋束不少呈现轻微左手扭曲（+15°)。螺旋疏水面朝向内部、亲水面朝向溶剂。活性部位残基位于螺旋束的一端，由不同螺旋上的残基构成。多数螺旋束是规则均匀的结构，少数情况有螺旋突出束外。烟草花叶病毒（TMV）外壳蛋白在螺旋束的一端有小的高度扭曲的反平行 β 折叠片，片的一侧还有两个额外的 α 螺旋（图 3.20c)。

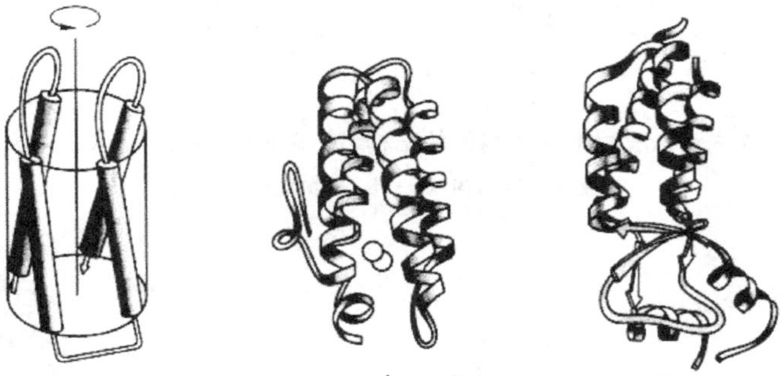

图 3.20 反平行 α 螺旋结构域（Garrett and Grisham，1999）

a. 四螺旋束结构示意图；b. 蚯蚓血红蛋白；c. 烟草花叶病毒外壳蛋白（亚基）

全 α 结构的另一亚类是珠蛋白型 α 螺旋蛋白。珠蛋白（globin）包括去血红素的肌红蛋白和血红蛋白。这类结构中，一级结构上相邻的两个螺旋采取接近相互垂直的取向。整条肽链折叠成两层 α 螺旋，两层螺旋交叉堆叠。

2）α,β 结构（平行或混合型 β 折叠片）蛋白质

第二大类的蛋白质结构是以平行或混合型（含平行和反平行 β 折叠股）β 折叠片为基础的。前面已经介绍平行 β 折叠片的两侧部分布有疏水侧链，这意味着平行 β 折叠片的任一侧都不能暴露于溶剂，因此平行 β 折叠片一般存在于蛋白质的核心结构，很少与溶剂接触。

α,β 结构可分为两个亚类：一个亚类称为单绕平行 β 桶或称平行 β 桶，另一亚类称为双绕平行 β 片或马鞍形扭曲片，也称核苷酸结合结构域，如图 3.21 所示。

图 3.21a 中磷酸丙糖异构酶和丙酮酸激酶结构域 1 的结构显示，单绕平行 β 桶是由 8 个平行 β 折叠股环形排列，在第一和第八两个折叠股之间借氢键键合形成的一个闭合式圆筒，它是一种具有高度对称性的结构。这种结构是由肽链按 Rossman 折叠方式单向卷绕而成，也即由 βαβ 单元通过交叉连接而成。作为右手交叉连接的 7 个 α 螺旋和 C 端的一个 α 螺旋都在 β 折叠片的一侧，即在圆筒的外侧，组成一个与此圆筒（内桶）同轴的平行 α 螺旋圆筒（外桶)。内桶、外桶都是右手扭曲的。两个桶紧挨在一起，它们之间是一个疏水夹心层。中央空间只能容纳 β 折叠片内侧的疏水侧链，构成这类结构域的疏水核心。参与结合和催化的残基位于连接 β 股和螺旋的回环区域。总之，二级结构元件构成结构骨架，决定蛋白质的稳定性；回环区域构成活性中心决定蛋白质的功能。

双绕平行 β 片见图 3.21b 中的乳酸脱氢酶结构域 1 和磷酸甘油酸激酶结构域 2。这种 α，β 结构的中间是由 4～9 个平行的 β 折叠股或混合型的 β 折叠股构成的开放 β 片（马鞍形扭曲片)。β 折叠片的两侧由 α 螺旋和环状区段保护。这种结构虽然也由 βαβ 单元装配成，但单元的连接方式与平行 β 桶不同，有的 βαβ 单元是翻转 180°后再与其他单

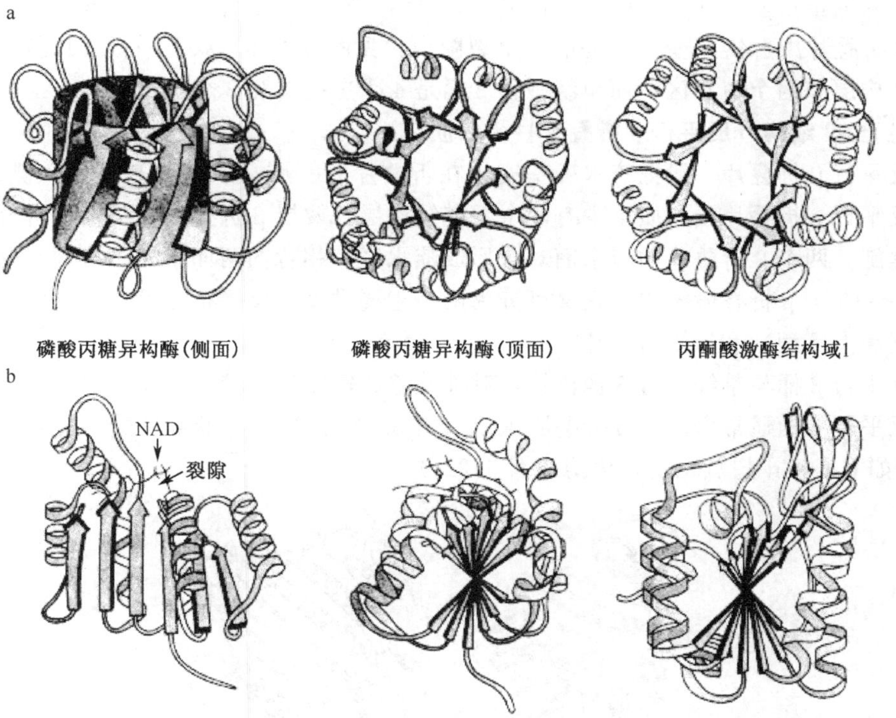

图 3.21 平行β折叠片结构域（Garrett and Grisham，1999）

a. 平行β桶；b. 马鞍形扭曲片

元连接，形成开放式扭曲片，而α螺旋分处扭曲片的两侧。这种结构之所以称为双绕平行β片，是因为它可以看成是肽链从β折叠片的中部开始沿相反的两个方向向外卷绕，也即肽链从折叠片中开始向一个方向卷绕形成 Rossman 折叠，α螺旋覆盖在折叠片的一侧，然后改变方向回到折叠片的中部，向相反的方向卷绕再形成 Rossman 折叠，此时α螺旋覆盖在折叠片的另一侧。有时也有发夹末端连接的反平行β折叠股混杂在平行β折叠股之间，形成混合型β折叠片蛋白质。

以核苷酸衍生物烟酰胺腺嘌呤二核苷酸（NAD）、黄素腺嘌呤单核苷酸（FMN）

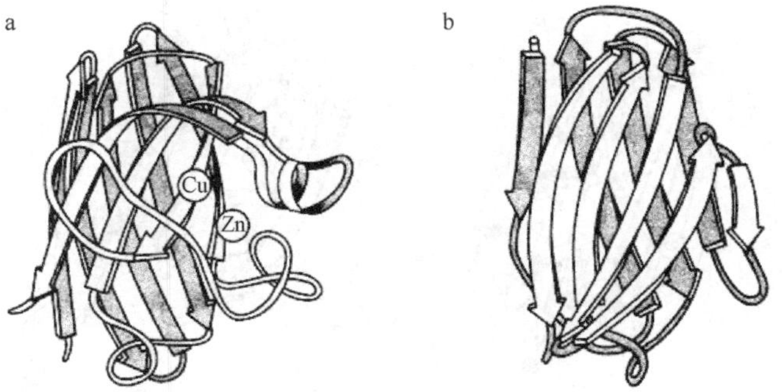

Cu·Zn-超氧化物歧化酶　　免疫球蛋白V_L结构域（免疫球蛋白折叠）

图 3.22 反平行β折叠片结构域（李庆章和吴永尧，2004）

等为辅基的蛋白质，如糖酵解中的许多酶，都含有核苷酸结合结构域。核苷酸结合部位位于β折叠片中肽链改变方向处的一个裂隙内，见图 3.22b。双绕平行β片蛋白是 3 个主链结构层和两个疏水区，而单绕平行β桶是 4 个主链层和 3 个疏水区。

3）全β结构（反平行β折叠片）蛋白质

反平行β折叠片一般把疏水残基安排在折叠片的一侧，亲水残基在另一侧。因此，一个反平行β折叠片蛋白质至少有两个主链结构层：两层β折叠片或一层β折叠片和一层α螺旋。两个β折叠片的疏水面对合形成疏水区，相背的两面暴露于溶剂。这类结构域由 4～10 个β折叠股构成。它又可分为两个主要类型：反平行β桶（希腊钥匙型、果冻卷型和上下型）和反平行β片。

反平行β桶与单绕平行β桶比较，对称性差，氢键强度较小，在自然界中出现频率高。反平行β桶通常由偶数β折叠股组成（图 3.23）。其中，最常见的一类是希腊钥匙β桶，如 Cu·Zn-超氧化物歧化酶（图 3.22a）。

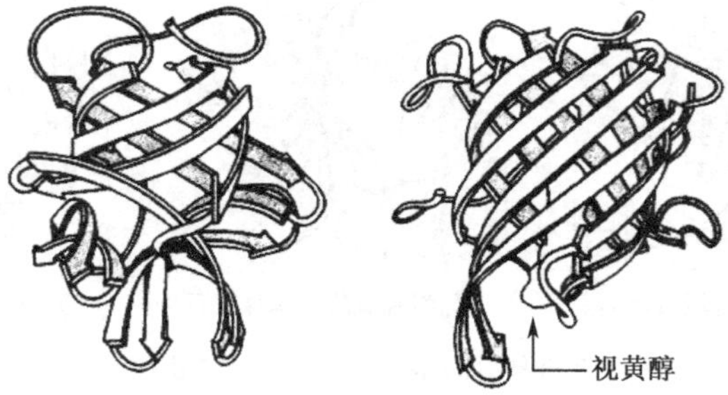

图 3.23　反平行β桶结构的实例（Stryer，1995）

a. 大豆胰蛋白酶抑制剂；b. 视黄醇结合蛋白

反平行β片也称“露面夹心”（open-face sandwish）结构，它是含 3～15 个β折叠股的单层反平行β折叠片，虽然也是扭曲的，但不闭合成桶。在β片的一侧有一层α螺旋和回环，片的另一侧暴露于溶剂。链霉菌枯草蛋白酶抑制剂和谷胱甘肽还原酶等（图 3.24）含露面夹心结构。

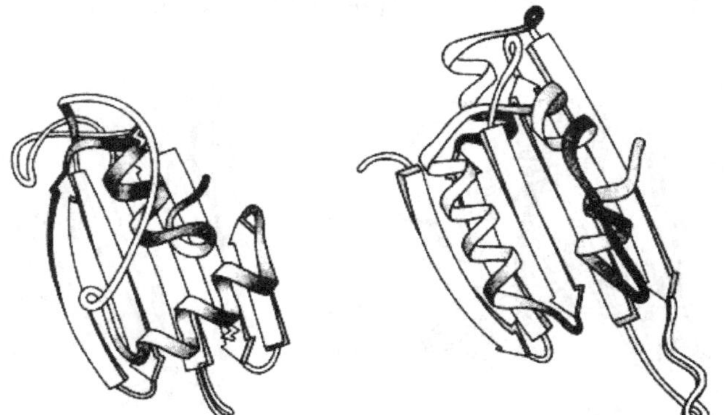

图 3.24　反平行β片（露面夹心结构）的实例（Stryer，1995）

4）富含金属或二硫键（小的不规则）蛋白质

许多残基数小于100的蛋白质或结构域往往不规则，只有很少量的二级结构，但富含金属或二硫键。金属形成的配体或二硫键稳定蛋白质构象。图3.25示出这类蛋白质的几个代表，富含二硫键蛋白质，如胰岛素和二节荠蛋白（crambin的暂译名）；富含金属蛋白，如高氧还势铁蛋白和铁氧还蛋白。这类蛋白的结构有些与上述几类结构有相似性，例如，高氧还势铁蛋白是一个变形的β桶结构。但胰岛素和二节荠蛋白则很难归入上述任何一个结构类别。

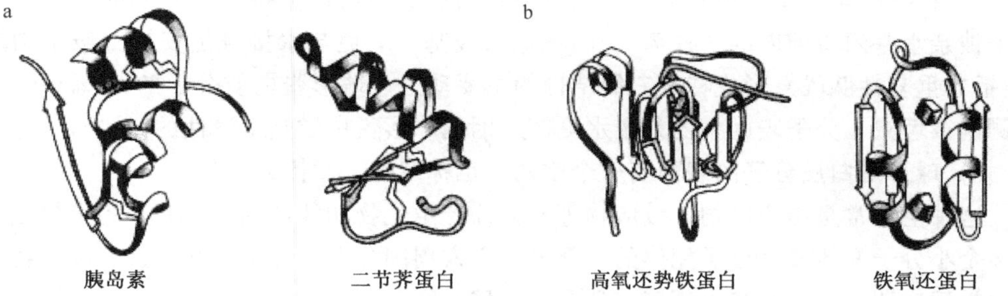

图3.25 富含二硫键蛋白质（a）和富含金属蛋白质（b）的实例（Garrett and Grisham，1999）

2. 球形蛋白质三维结构的特征

蛋白质晶体结构数据库（Protein Data Bank，PDB）资料表明，确定晶体结构的蛋白质已有300多种。虽然每种球形蛋白质都有自己独特的三维结构，但是它们仍有某些共同特征。

1）球形蛋白质分子含多种二级结构元件

一种纤维状蛋白质（肌球蛋白除外）只含一种二级结构元件，如α-角蛋白含α螺旋，丝心蛋白含反平行β折叠片。然而球形蛋白质分子含有两种或两种以上的二级结构元件，例如，溶菌酶含有α螺旋、β折叠片、β转角和无规卷曲等。不同的球形蛋白质中各种元件的含量不一样。

2）球形蛋白质三级结构具有明显的折叠层次

与纤维状蛋白质相比，球形蛋白质的结构具有更加明显、丰富的折叠层次。多肽链主链在熵驱动下借氢键维系α螺旋、β折叠片等二级结构。在一级序列上相邻的二级结构，往往在三维折叠中彼此靠近并相互作用形成超二级结构。由超二级结构进一步装配成相对独立的球形实体——结构域或三级结构（对于单结构域蛋白质或亚基），或再由两个或多个结构域（对于多结构域蛋白质或亚基）装配成紧密的球形或椭球形的三级结构如己糖激酶。如果这是亚基的三级结构，将由三级结构的亚基缔合成四级结构的多聚体如血红蛋白。

3）球形蛋白质分子是紧密的球形或椭球形实体

多肽链折叠过程中各种二级结构彼此紧密装配，它们之间也插入松散的肽段。一个蛋白质组成氨基酸的范德华体积总和（组成原子的范德华作用范围所占的总体积）除以蛋白质所占的体积，即得到装配密度，一般为0.72～0.77。这意味着即使紧密装配，蛋白质总体积的约25%也不被原子所占据。值得注意的是，邻近活性部位的区域密度比平均值低得多，这意味着有较大的空间可塑性，构象容易发生变化，允许活性部位的结合基团和催化基团有较大的活动范围。这是酶与底物、别构酶与调节物、其他功能蛋白与效应物相互作用的结构基础。

4）球形蛋白质疏水侧链埋藏在分子内部，亲水侧链暴露在分子表面

蛋白质折叠形成三级结构的驱动力是形成可能的、最稳定的结构。有两种力发挥作用，一是肽链必须满足自身结构的固有限制，包括折叠中 α-碳的二面角的限制以及手性效应；二是肽链必须折叠以便埋藏疏水侧链，使之与水的接触降到最低程度（疏水作用）。从拓扑学角度看，所有的球形蛋白质必须有一个可以安排疏水核心的“内部”和一个被亲水基团所伸向的“外部”。隐藏疏水残基、避免与水接触是安排二级结构单元（包括非重复性肽段）形成特定三级结构的主要动力。球形蛋白质分子的 80%～90%疏水侧链被埋藏，分子表面主要是亲水侧链，因此球形蛋白质是水溶性的。

5）球形蛋白质分子的表面有一个空穴（也称裂隙、凹槽或口袋）

这种空穴常是结合底物、效应物等配体并产生生物功能的活性部位。空穴能容纳 1 或 2 个小分子配体或大分子配体的一部分。空穴周围分布着许多疏水侧链，为底物等发生化学反应营造了一个疏水环境（低介电区域）。

3.2.5 亚基缔合和四级结构

在自然界中，很多蛋白质以独立折叠的球形蛋白质的聚集体（aggregate）形式存在，通过非共价键彼此缔合在一起，构成蛋白质的四级结构。四级结构中每个球形蛋白质称为亚基。亚基有时也称单体（monomer）。由两个亚基组成的称为二聚体蛋白，由四个亚基组成的称为四聚体蛋白。由两个或两个以上亚基组成的蛋白质统称为寡聚蛋白质、多聚蛋白质或多亚基蛋白质。寡聚蛋白质包括许多很重要的酶和转运蛋白。仅由一个亚基组成并因此无四级结构的蛋白质如核糖核酸酶则为单体蛋白质。

多聚蛋白质可以是由单一类型的亚基组成，称为同聚（homomultimeric）蛋白质，如肝乙醇脱氢酶（α_2）、酵母己糖激酶（α_4）等，或由几种不同类型的亚基组成，称为杂聚（heteromultimeric）蛋白质，如血红蛋白（$\alpha_2\beta_2$）、天冬氨酸转甲酰酶（r_6c_6）等。表 3.5 列出几种蛋白质及其亚基的数目和组成。对称的寡聚蛋白质分子可视为是由两个或多个不对称的相同结构成分组成，这种相同结构成分被称为原聚体（protomer）。在同聚体中原体就是亚基，但是在杂聚体中原体是由两种或多种不同的亚基组成的。例

表 3.5　几种寡聚蛋白质的亚基数目

蛋白质	亚基数目	蛋白质	亚基数目
乙醇脱氢酶	2	免疫球蛋白	2+2
苹果酸脱氢酶	2	伴刀豆凝集素 A	4
磷酸葡糖异构酶	2	乳酸脱氢酶	4
谷胱甘肽还原酶	2	前清蛋白（prealbumin）	4
醛缩酶[a]（aldolase）	3	丙酮酸激酶	4
细菌叶绿素蛋白	3	天冬氨酸转甲酰酶	6+6

a. 分离自假单胞杆菌属的一个种 *Pseudomonas putida*。

资料来源：王镜岩等，2002。

如，血红蛋白分子可看成是由两个原体组成的对称二聚体，其中，每个原体是由一个α亚基（一条α珠蛋白链）和一个β亚基（一条β珠蛋白链）构成的聚集体（αβ）。这里把原体看作单体，可称血红蛋白为二聚体。如果以亚基为单体，则称血红蛋白为四聚体。

蛋白质的四级结构涉及亚基种类、数目、各亚基或原聚体在整个分子中的空间排布，包括亚基间的接触位点（结构互补）和作用力（主要是非共价相互作用）。大多数寡聚蛋白质分子中亚基数目为偶数，其中尤以 2、4 较多，个别的为奇数，例如，荧光素酶分子含 3 个亚基。蛋白质分子亚基的种类一般是一种或两种，少数的多于两种。

1. 亚基相互作用的方式

蛋白质亚基之间紧密接触的界面存在极性相互作用和疏水相互作用，因此相互作用的表面具有极性基团和疏水基团的互补排列。亚基缔合的驱动力主要是疏水相互作用，专一性则由相互作用表面上极性基团之间的氢键和离子键提供。

亚基缔合可分为相同亚基之间和不相同亚基之间的缔合。相同亚基之间的缔合可进

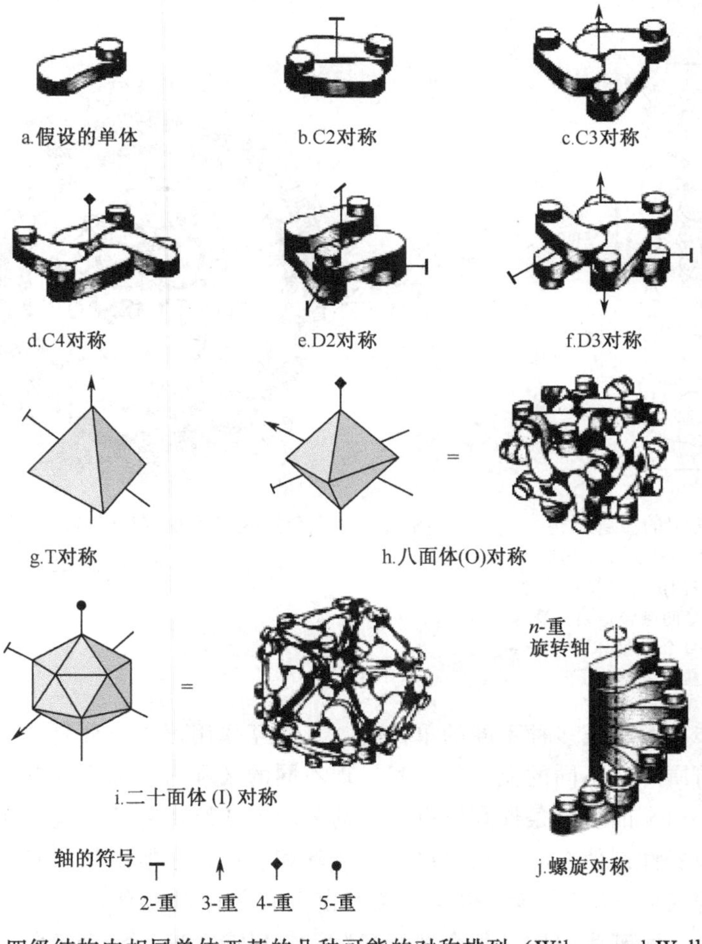

图 3.26 四级结构中相同单体亚基的几种可能的对称排列（Wilson and Walker，2000）

a. 假设的不对称单体，为了形象化，采用一只右脚鞋表示；b～d. 环状对称；e～f. 二面体对称；g. 四面体对称；h. 六面体或八面体对称的 24-聚体，含 4-、3-、和 2-重轴；i. 二十面体对称的 60-聚体，含 5-、3-和 2-重轴；j. 螺旋对称，每单体相对前一个单体旋转 360°/n 形成的螺旋

一步分为同种缔合和异种缔合。同种缔合中相互作用的表面是相同的，形成的结构一定是封闭的二聚体，并且具有一个 2-重对称轴（图 3.26b）。二聚体是四级结构中最常见的聚集体。如果发生进一步的同种缔合形成三聚体或四聚体，则必须利用蛋白质表面上的不同界面。许多蛋白质包括伴刀豆凝集素 A 和前清蛋白可通过两套同种缔合形成四聚体，这样的结构具有 3 个不同的 2-重对称轴（图 3.26e）。

相同亚基的异种缔合中相互作用的表面是不相同的。异种缔合一定是开放末端的结构。许多蛋白质借异种缔合可以几乎无限聚合，形成线性或螺旋形的大聚集体，有些是病毒颗粒（如 TMV）的外壳，有些是细胞和组织中具有重要功能的结构，例如，微管蛋白（一种 αβ 二聚体），它能聚合成管状纤维（微管，图 3.27）。微管是纤毛、鞭毛和细胞骨架基质的基础。AIDS 的病原体人免疫缺陷病毒（HIV）是由几百个外壳蛋白亚基组成的球形壳包被的，球形壳是一个很大的四级结构聚集体（图 3.28）。当然，异种缔合由于几何上的原因也形成具有环状对称的封闭环结构，而且是更为常见的结构，例如，天冬氨酸转甲酰酶的催化亚基三聚体（图 3.26c）以及神经氨酸酶和蚯蚓血红蛋白的四聚体（图 3.26d）。

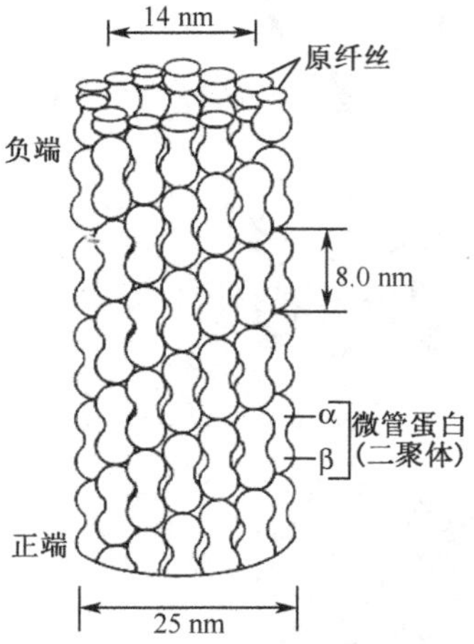

图 3.27 典型的微管结构
(Wilson and Walker，2002)
微管由 13 根平行的原纤丝排列而成，每根原纤丝由重复的微管蛋白二聚体首尾连接组成，每个二聚体含一个 α 和一个 β 微管蛋白分子

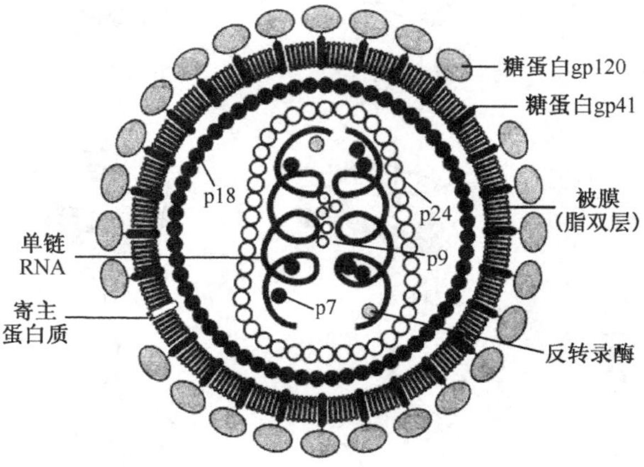

图 3.28 人免疫缺陷病毒（HIV-1）结构的剖面图解
(Wilson and Walker，2002)

当聚集体涉及两种或多种不同的单体时，其相互作用可以十分复杂。含两种或多种亚基的寡聚蛋白质，在不同的亚基对之间呈现不同的亲和力。强变性剂可以使这些蛋白质解离成单体，温和的变性条件则以有控制的分步方式解离寡聚结构。血红蛋白是一个很好的例证。强变性剂使血红蛋白解离成 α 亚基和 β 亚基。但温和的变性条件可使血红蛋白几乎完全解离成 αβ 二聚体，很少甚至完全没有单体亚基存在。在这个意义上说血红蛋白像是一个二亚基蛋白质，每个“亚基”（原聚体）是一个 αβ 二聚体。

2. 四级结构的对称性

多肽链的 α-碳是不对称的，且多肽几乎总是折叠成不对称或低对称结构，因此单体蛋白质和亚基都是手性分子。然而，X射线结构分析和电子显微镜观察揭示，大多数寡聚蛋白质分子的亚基排列是对称的。对称性是四级结构蛋白质最重要的性质之一。

任何物体旋转360°都能使它恢复原状（与原物体叠合）。只有旋转360°才能复原的物体称为不对称物体。根据这一定义，所有蛋白质亚基和单体都是不对称的，而且由两种或多种不相同的单拷贝亚基构成的寡聚体也是不对称的。与蛋白质聚集体结构有关的对称元素只有旋转轴，镜反映面和倒置对称中心都不在寡聚蛋白质中出现，因为它们要求聚集体中存在单体对映体，而蛋白质单体都是手性分子。因此，旋转轴是对称寡聚蛋白质中唯一可能存在的对称元素。进行旋转操作时，旋转轴不动，物体（如寡聚体）中每一点都绕轴旋转一定角度。能使物体复原的最小旋转角（α）称为基转角。$2\pi/\alpha=n$，n是物体绕轴旋转一圈时与原物体叠合的次数，它一般是2、3、4、…的整数。对应的旋转轴称为n-重对称轴（见图3.26中所示的范例）。

3.2.6 稳定蛋白质结构的作用力

蛋白质维系一级结构的作用力主要是肽键，稳定蛋白质二级结构构象的主要是由不同基团之间所形成的氢键，而三级结构、四级结构的构象则主要是由氢键、静电作用、疏水相互作用和范德华力等诸作用力来维持，这些作用力的特征如表3.6所示。从中可以看出除共价键二硫键的键能较大外，其他的作用能较小，所以很容易导致蛋白质的结构不稳定，在外来因素的影响下结构易于发生改变而导致蛋白质的变性。

表3.6 维持蛋白质构象的作用力及其特征

类型	键能/(kJ/mol)	作用距离/nm	所涉及的官能团	作用力的破坏性试剂/条件	增强作用
共价键	330～380	0.1～0.2	—S—S—，肽键	半胱氨酸，Na_2SO_3，CH_3CH_2SH等	—
氢键	8～40	0.2～0.3	$—NH_2$，—OH，C═O	胍，脲，洗涤剂，酸，加热	冷却
疏水相互作用	4～12	0.3～0.5	长的脂肪族或芳香族侧链	有机溶剂，表面活性剂	加热
静电作用	42～84	0.2～0.3	羧基和氨基	高的或低的pH，盐溶液	—
范德华力	1～9	—	分子	—	—

资料来源：Fennema，1996。

存在于蛋白质结构之中的各种作用力情况也可以用图3.29来表明。

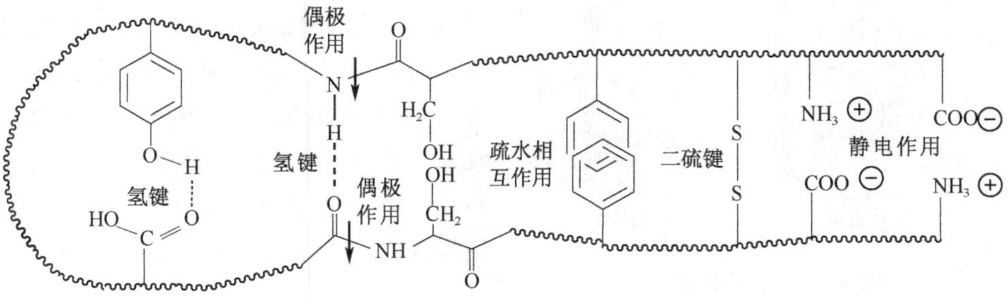

图3.29 存在于蛋白质结构中的作用力示意图（赵新淮，2006）

3.2.7 几种重要的食品蛋白质的结构特征

表3.7列出了一些常见的食物蛋白质的结构、性质等特征。

表 3.7　几种重要的食品蛋白质的结构特征

蛋白质	相对分子质量	类型	二级结构		残基数	—S—S—数	—SH 数	pI	亚基数	氨基酸顺序	辅基
			α 螺旋	β 折叠							
牛肌球蛋白	475 000	纤维状	高		4500	0	40	4～5	6	部分已知	磷
牛肌动蛋白	42 000	球→纤维状				0	5～6	4～5	1～300		
牛胶原蛋白质	300 000	纤维状	超螺旋			—	—	～9	3	部分已知	
牛 α_{s1}-酪蛋白	23 600	无规则卷曲			199	0	0	5.1	1	已知	磷
β-酪蛋白	24 000	无规则卷曲			207	0	0	5.3	1	已知	磷
κ-酪蛋白	19 000	无规则卷曲			161	0	2	4.1～4.5	1	已知	糖、磷
牛 β-乳球蛋白	18 400	球状	10	30	162	2	1	5.2		已知	
α-乳清蛋白	14 200	球状	26	14	123	4	0	5.1		已知	
鸡卵清蛋白	45 000	球状				1 或 2	4	4.6			糖、磷
牛血清清蛋白	69 000	球状				17	1	4.8	1	已知	
小麦醇溶谷蛋白	＞30 000	球→纤维状	30			2～4			1	部分已知	
小麦谷蛋白	$>10^6$	纤维状	15			50			15		
大豆球蛋白	350 000	球状	5	35		23	2	4.6	12	未知	
伴大豆球蛋白	200 000	球状	5	35		2		4.6	9	未知	糖

资料来源：Fennema，1996。

3.3　蛋白质的性质

3.3.1　水合作用和透析

蛋白质分子的相对分子质量较大，其中，球蛋白类蛋白质分子表面有许多亲水基团。实验证明，1 g 蛋白质可结合 0.3～0.5 g 的水，使蛋白质分子表面形成一层水化膜。由于这层水化膜的存在，蛋白质颗粒彼此不能接近，因而增加了蛋白质溶液的稳定性，阻碍蛋白质颗粒从溶液中沉淀出来。

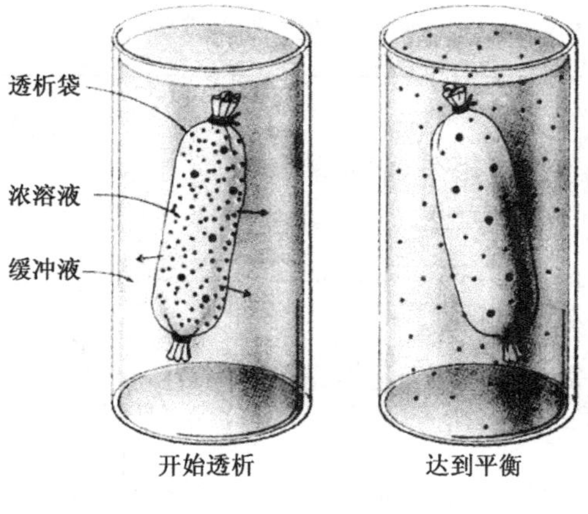

图 3.30　透析装置

蛋白质分子一个很重要的性质是不能通过半透膜。所谓半透膜是指这类膜上具有小孔，只允许水及小分子物质通过，而蛋白质等大分子不能通过，故称为“半透膜”（图 3.30）。细胞质膜就是一种特殊的半透膜，另外像人造火棉胶、羊皮纸、玻璃纸等都是半透膜。把含有蛋白质的样品放入用半透膜制作的透析袋后扎紧两端，水和一些小分子溶质分子可透过半透膜。在几次更换透析缓冲液后，可将混在蛋白质样品中的小分子（如硫酸铵等）除去。

3.3.2　两性性质和等电点

蛋白质分子中，尽管各氨基酸之间通过肽键相互连接，但其分子仍有许多可解离的基团，如氨基、羧基、酚羟基、咪唑基等，因此蛋白质是两性电解质。溶液中蛋白质的带电情况，与环境 pH 有关。调节溶液 pH，可以使蛋白质带正电、带负电或不带电；在某一 pH 时，蛋白质分子中所带的正电荷数目与负电荷数相等，即净电荷为零，在电场中不移动，此时溶液的 pH 即为该种蛋白质的等电点。不同蛋白质，由于氨基酸组成不同，等电点不同（表 3.8），在同一 pH 条件下所带净电荷不同，在同一电场中移动的方向、速度不同，因此可以相互分离。

表 3.8　一些蛋白质的等电点（pI）

蛋白质	pI	蛋白质	pI
胃蛋白酶	1.0	血红蛋白	6.8
卵清蛋白	4.6	肌红蛋白	7.0
血清蛋白	4.9	胰凝乳蛋白酶原	9.5
脲酶	5.0	细胞色素 c	10.7
β-乳球蛋白	5.2	溶菌酶	11.0

资料来源：Nelson and Cox，2000。

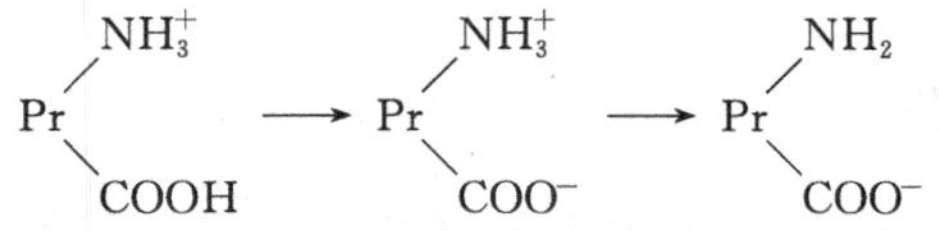

蛋白质的等电点将随介质的离子组成、pH 而有所变动。故测定蛋白质的等电点时，要在一定 pH、离子强度的缓冲液中进行。在不含任何盐的纯水中进行蛋白质等电点的测定时，所得到的值称为等离子点（isoionic point），即分子带电情况仅仅取决于分子本身的解离情况。

3.3.3　变性与复性

蛋白质因受某些物理的或化学的因素的影响，分子三维结构被破坏，从而导致其理化性质、生物学活性改变的现象称为蛋白质的变性作用。强酸、强碱、剧烈搅拌、重金属盐类、有机溶剂、脲、胍类、超声波等都可使蛋白质变性。我国著名生物化学家吴宪先生就曾指出，蛋白质的变性就是从肽链的高度折叠状态转变到伸展状态，用现代蛋白质化学的术语来说，蛋白质的变性就是二级结构以上的高级结构的破坏，而导致生物活性丧失的过程。变性蛋白的溶解度降低（因疏水基团外露）、分子的不对称性增加，尤其是球蛋白。变性蛋白失去结晶能力，易被蛋白酶水解。

某些蛋白质变性后可以在一定的实验条件下恢复原来的三维结构，使生物学活性恢复，这个过程称为蛋白质的复性。变性蛋白能否复性，取决于导致蛋白质变性的因素、蛋白质的种类以及蛋白质分子结构改变的程度等，如核糖核酸酶的复性。胰蛋白酶在酸性条件下短时间加热可使其变性，但缓慢地冷却，胰蛋白酶可以复性。血红蛋白在酸性条件下易变性，但如果用碱缓慢中和，可使其活性部分恢复。

3.3.4　沉淀作用

由于水化层的存在，蛋白质溶液是一种稳定的胶体溶液。如果向蛋白质溶液中加入某种电解质，以破坏其颗粒表面的水化层，或调节溶液的 pH，使其达到等电点，蛋白质颗粒就会因失去电荷变得不稳定而沉淀析出。这种由于受到某些因素的影响，蛋白质从溶液中析出的作用称为蛋白质的沉淀作用。蛋白质的沉淀作用有可逆的和不可逆的两种类型。

1. 可逆的沉淀作用

蛋白质发生沉淀后，若用透析等方法除去使蛋白质沉淀的因素后，可使蛋白质恢复到原来的溶解状态。如在稀盐溶液中，大多数蛋白质的溶解度增加，这种现象称为盐溶作用（salting-in）。如果向蛋白质溶液中加入大量的盐类，如硫酸铵，蛋白质的溶解度逐渐下降，以致从溶液中沉淀出来，这称为盐析作用（salting-out）。若用透析除去盐类，蛋白质可重新溶解于原来的溶剂中，这种沉淀作用称为可逆的沉淀作用。

不同的蛋白质由于氨基酸组成不同、结构不同，从溶液中析出所需要的盐的浓度不同。向含有多种蛋白质的溶液中加入不同浓度的盐，使不同的蛋白质依次从溶液中沉淀出来的方法，称为分级盐析。硫酸铵是常用的沉淀蛋白质的盐类，因它在水中的溶解度极大。

2. 不可逆的沉淀作用

如重金属盐类、有机溶剂、生物碱试剂等都可使蛋白质发生沉淀，且不能用透析等方法除去沉淀剂而使蛋白质重新溶解于原来的溶剂中，这种沉淀作用称为不可逆的沉淀作用。

① 重金属盐沉淀蛋白质。在碱性条件下，蛋白质带负电，可与重金属离子如汞离子、铅离子结合，形成不溶性的重金属蛋白盐沉淀。

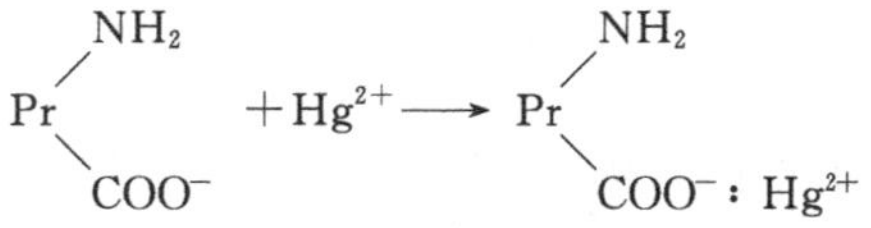

常用乙酸铅或硫酸铜沉淀体液中的蛋白质，以分析氨基酸或其他小分子化合物。

② 生物碱试剂沉淀蛋白质。生物碱是植物组织中具有显著生理作用的一类含氮的碱性物质。能够沉淀蛋白质的生物碱称为生物碱试剂，如单宁酸、苦味酸等都能沉淀蛋白质。在酸性条件下，蛋白质带正电荷，可与生物碱试剂、三氯乙酸的酸根离子结合成为溶解度较小的盐类而沉淀。

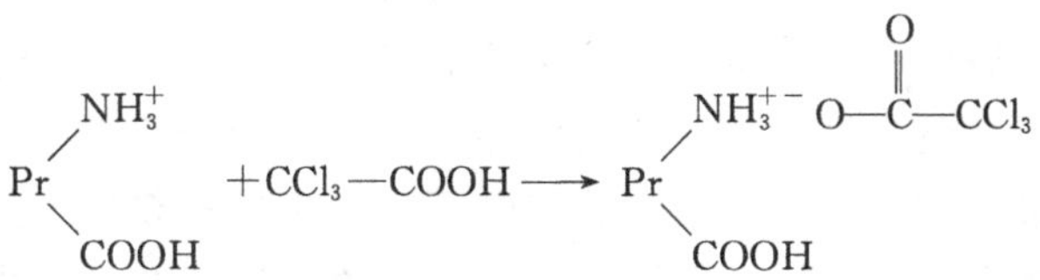

“柿石症”的产生就是由于空腹摄入大量含有单宁酸的柿子，使肠胃中的蛋白质凝固变性而成为不能被消化的“柿石”。

3.3.5 蛋白质的疏水性

在第 2 章中已经了解氨基酸的疏水性以及其衡量尺度问题，蛋白质也有它的疏水性。在理论上，已知一种蛋白质的氨基酸组成，就可以根据各个氨基酸的疏水性计算蛋白质的平均疏水性，它是各个氨基酸的疏水性加和后与总氨基酸数的比值：

$$\Delta\bar{G}^{\ominus}=\frac{\sum\Delta G^{\ominus}}{n}$$

在分析、研究蛋白质的一些重要功能性质时，发现蛋白质的表面疏水性（或表观疏水性，surface hydrophobicity）是一个更为重要的物理化学常数，因为它与蛋白质的空间结构、蛋白质所呈现的表面性质和脂肪结合能力等有重要的关系，蛋白质的表面疏水性更能反映出它同水、其他化学物质生产作用时的实际作用情况（如图 3.31 所示的表面疏水性与界面张力、乳化活性指数关系）。通常的看法是，蛋白质的表面疏水性在蛋白质功能性质方面发挥极其重要的作用，例如，在利用 QSAR（quantitative structure-activity relationship）概念解释蛋白质的功能性质时就是如此，所以经常需要了解蛋白质这方面的性质特征。但是，由于不同蛋白质的一级结构到高级结构的不同，一部分疏水性氨基酸残基由于包埋而处于蛋白质分子的内部，只有一部分的疏水性残基处在蛋白质三维结构的表面，所以对蛋白质的平均疏水性和表面疏水性之间不存在必然的联系，我们无法根据蛋白质的氨基酸组成和一级结构来直接判断蛋白质的表面疏水性。此外，蛋白质分子中氨基酸的连接顺序不是随机的，有时在分子中会存在相对集中的亲水区域和疏水区域。所以对蛋白质大分子，我们必须考虑蛋白质的三维结构问题，重点考虑那些暴露于介质环境之中的疏水性氨基酸（对于小肽分子则不必考虑此问题了），这样才有可能更准确地解释食品体系中蛋白质在同水、小分子化合物、大分子化合物相互作用时所产生的作用结果。故此对于蛋白质的疏水性，现在更多的研究它的表面疏水性，并且在测定方法上一般是利用化学方法测定，评价一个给定蛋白质的表面疏水性大小。

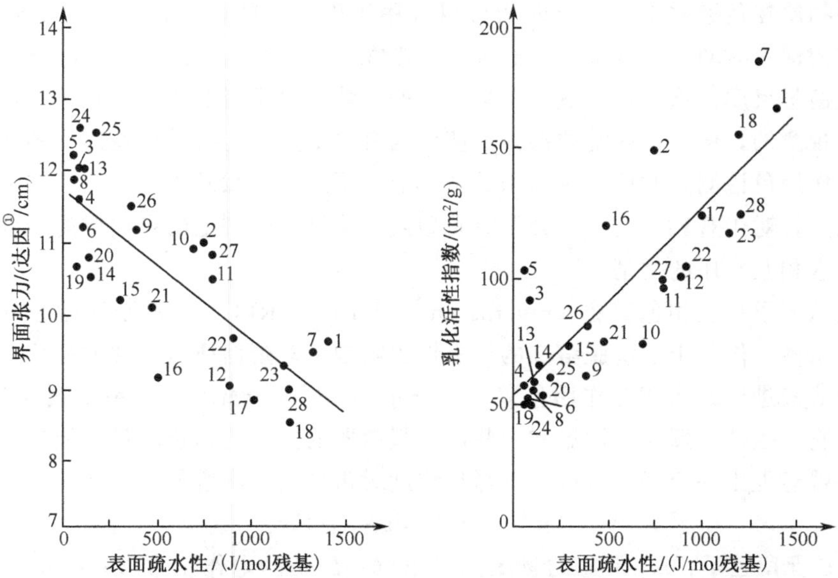

图 3.31　由 CPA 法测定的蛋白质的表面疏水性与蛋白质的表面性质的关系

（Nakai and Modler，1996）

体系为 0.2%蛋白质溶液-玉米油

① 1 达因＝10^{-5} N，后同。

测定蛋白质表面疏水性方法很多，现在没有统一的标准方法，所以对测定结果间存在异议。不过测定的基本方法（甚至是原理）却大多是相似的，不外乎可以采用两相分配法（partition in aqueous two-phase system）、HPLC法、结合法、内禀荧光法、衍生光谱法、接触角法或探针荧光光谱法，还有一些其他的方法等。上述诸方法中，以探针荧光光谱法测定最为简单，故此最为常用。

1. 两相分配法

最常用的测定是利用与水不相溶的另外有机相——辛醇，测定蛋白质在它们之间的分配系数。不过由于蛋白质在溶剂中的溶解度问题，所以采用改进的溶剂体系，一个是盐溶液（如硫酸钾），另外一个是由葡聚糖和聚乙二醇（PEG）组成。利用脂肪酸对PEG进行酯化，可以改变体系的非极性大小。蛋白质在PEG、脂肪酸酯化PEG体系中的分配系数不同，作为疏水相互作用大小的衡量尺度，而脂肪酸碳链长度的不同，可以用于评价它对不同蛋白质分配的影响作用，例如，在评价兔肌浆球蛋白的表面疏水性时，将脂肪酸的碳链由C_{12}增加到C_{16}可以观察其对分配行为的影响。这个方法很有用，不过由于测定程序的冗长和一些蛋白质的溶解困难（如通常出现蛋白质的漂浮），所以存在着缺陷。

另外一类体系也被应用，此体系中包括三种表面活性剂的混合物——Triton X-100、Triton X-114和Triton X-45。

2. HPLC法——疏水相互作用色谱

一种物质在色谱柱中的保留时间可以被用于确定它的疏水性。根据疏溶剂作用理论，肽类的保留时间主要取决于它们表面的极性、非极性，因此保留时间可以作为肽类的疏水性衡量尺度。这个对小肽分子是适用的，然而对于蛋白质在反相色谱柱中的行为则是难以预测的，例如，在洗脱条件下使用的有机溶剂可能会导致蛋白质的变性，需要疏水相互作用色谱测定时使用较温和的洗脱液。不过，仍然发现了蛋白质的不同保留情况。据认为，对于观察到的、结合于脂肪型或芳香型吸附剂上的蛋白质的结合差异，需要区别疏水相互作用的类型。

虽然肽分子在反相色谱柱（reverse phase HPLC，RPC）中的脱洗行为可以用于评价它的疏水性，但是由于洗脱溶剂的低极性也限制了对蛋白质疏水性的评价。在应用负梯度的盐溶液进行疏水相互作用色谱（hydrophobic-interaction chromatography，HIC）评价时，它的条件比反相色谱温和一些，但蛋白质的洗脱行为仍然没有能够很好地弄清楚。有人曾经提出一个经验方程来解释盐浓度对蛋白质的洗脱行为的影响：

$$\lg k' = A - B\lg m_s + Cm_s$$

式中，k'是保留因子；m_s是盐的物质的量浓度；B是静电作用常数；C是疏水相互作用常数；A是包括所有特征参数的一个常数。

不过在使用盐溶液洗脱时也出现了问题，例如，盐结合于蛋白质表面改变了蛋白质表面基团的数量、电荷和分布等，因此导致蛋白质在疏水色谱中的反常洗脱行为。电荷的改变和疏水作用力的变化会导致蛋白质构象的变化，所以在蛋白质混合物中，随着盐溶液的浓度降低和极性的降低，疏水性强的蛋白质被吸附剂吸附很紧，将难以洗脱下来，而疏水性小的蛋白质则不被吸附剂吸附。为此也有人提议将极性不同的色谱柱联合使用（如使用C_4～C_8色谱柱），即形成疏水性梯度，这样不同蛋白质将被保留在它所需要疏水性程度的色谱柱中，在各色谱柱分开后每个柱子用水-乙二醇的混合溶剂进行洗脱，这样就可以得到不同蛋白质相应的疏水性大小。

除盐会对蛋白质构象产生影响外，固定相的疏水性大小同样也会影响蛋白质的构象，例如，对键合固定相为苯基、丙基、聚醚的疏水相互作用色谱研究表明，所得到的疏水柱的疏水表面仅为反相色谱柱的1/10～1/100，并且通常需要高浓度的盐稳定，如硫酸铵。结果显示固定相的疏水性是保持蛋白质构象的最主要因素，此外建议在室温下进行洗脱。

为了有效地利用疏水相互作用色谱来对蛋白质进行选择性分离，所以必须考虑固定相、盐的种类所产生的影响（因为它们对蛋白质构象有影响）。要注意的是在评价蛋白质表面疏水性时很难保证蛋白质不变性。

3. 结合法

在过去，已经发展了许多方法，通过定量测定蛋白质对非极性物质的结合或对疏水性配位体（ligand）的结合，来评价蛋白质的疏水性，所以这是一种配位结合法。常用的疏水性配位体包括脂肪族和芳香族碳氢化合物、十二烷基磺酸钠、简单的三酰甘油、玉米油等。通常，先将蛋白质和配位体的混合物放置一段固定时间间隔，以便蛋白质和它产生作用，然后进行渗析、微过滤、提取等处理来除去游离的、未被结合的配位体（如SDS），被蛋白质结合的配位体则可以通过气相色谱、比色、探针荧光光谱法或放射活性计数法测定。虽然测定时间较长，但是在评价蛋白质同一些非极性物质的作用时，可以很有用地用于测定一些经验常数，例如，蛋白质同风味物质、维生素、脂肪酸或脂肪等的结合。

Tween 80（聚乙烯单油酸钠）也曾经被作为配位体用于评价蛋白质的表面疏水性，不过此时不必测定结合的Tween 80，而可以改用染料结合法。由于蛋白质对Tween 80的结合而导致蛋白质表面被疏水区覆盖，染料结合量的减少直接与其表面疏水性相关。

4. 内禀荧光法

一个蛋白质的内禀荧光光谱主要与其所含的芳香族氨基酸有关，即与苯丙氨酸、酪氨酸、色氨酸有关。实际上，苯丙氨酸由于其量子化低，酪氨酸的荧光通常被猝灭（由于离子化或者是与氨基、羧基或色氨酸作用），所以一般只考虑色氨酸的荧光光谱。色氨酸的光谱通常与其环境显著相关，荧光强度和最大发射波长均与环境的极性有关。

已经知道在一个蛋白质分子中有三类不同的色氨酸残基，即完全包埋在非极性的区域、完全暴露在水环境中、有限的与水接触并可能存在于蛋白质表面，对于这些色氨酸残基的最大发射波长分别为330～332 nm、350～353 nm、340～342 nm，即随着残基所处的极性增加而最大发射波长增大。因此测定蛋白质的内禀荧光，能够得到蛋白质分子中芳香族氨基酸的包埋、蛋白质同其他分子的相互作用情况等方面的有用信息。不过从蛋白质的内禀荧光光谱中尚不能直接得到它的疏水相互作用，因为同样在蛋白质分子构象发生变化时它的荧光特征也发生变化。

为此就尝试过通过分析蛋白质在不同激发波长下的内禀发射光谱来得到更多的信息。按照上述的假设，苯丙氨酸的荧光作用很小，只有酪氨酸在 270 nm 被激发，并且酪氨酸的发射被色氨酸所抑制，所以理论上此时只有色氨酸的发射才能够表现出来。色氨酸在 297 nm 被激发，在色氨酸位于非极性环境中时它的发射波长为 325 nm。一旦色氨酸暴露出来，它的发射波长将在 350 nm，不过由于蛋白质构象的变化，色氨酸将与酪氨酸分离开，因而色氨酸对酪氨酸的抑制作用不存在，从而在 280 nm 或者 290 nm 的激发条件下会出现酪氨酸、色氨酸的发射谱带。这样由于荧光团暴露于溶剂中产生了溶剂猝灭作用，导致荧光强度下降，可以用于评价蛋白质的构象变化。图 3.32 所显示的天然 α_{s1}-酪蛋白和脲变性 α_{s1}-酪蛋白的二维荧光光谱就可以说明这个变化（Nakai and Modler，1996）。

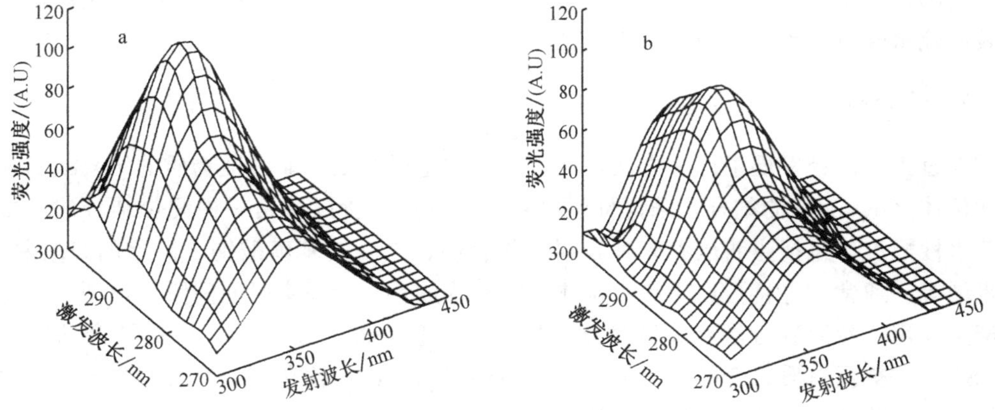

图 3.32　α_{s1}-酪蛋白二维荧光光谱

a. 天然（0.1 mol/L 磷酸缓冲液，pH=7.5）；b. 变性（0.1 mol/L 磷酸缓冲液和 8 mol/L 脲，pH=7.5）

正如预料中的那样，α_{s1}-酪蛋白变性后它的发射波长向长波长方向移动。在 297 nm 的激发波长下，天然和变性 α_{s1}-酪蛋白的最大发射波长分别为 341.3 nm 和 354.5 nm。另外，变性也增加了发射谱带的宽度，在 297 nm 处的半峰度宽度从 62.3 增加至 69.5。同时还可以看出荧光强度的明显降低，即意味着在脲变性后，有疏水性芳香族氨基酸暴露于溶剂中。α_{s1}-酪蛋白、β-酪蛋白、κ-酪蛋白在 pH=7.5 和 297 nm 激发波长下最大发射波长分别为 341 nm、340 nm 和 337 nm，而对于 α-乳白蛋白和 β-乳球蛋白，相同条件下的最大发射波长分别为 327 nm 和 335 nm，这说明在酪蛋白中的色氨酸和（或）酪氨酸残基，相比于乳清蛋白，更位于分子的表面。

5. 衍生光谱法

一种蛋白质的紫外吸收光谱，也取决于组成蛋白质的芳香族氨基酸的性质。虽然单一发色团的性质不一，且很难通过蛋白质的紫外吸收谱来确定不同芳香族残基的贡献，但是衍生光谱，尤其是二级和四级衍生光谱，却有能力解析在原始光谱中被掩盖的波带。所以可以利用其来确定苯丙氨酸、酪氨酸、色氨酸的含量，分析这些发色团的微环境极性变化，以及评价这些基团在蛋白质分子中的暴露或包埋程度。以大豆球蛋白为例，利用二级衍生光谱检测时，发现芳香族氨基酸的状态变化是加热时间或巯基修饰的函数。

四级衍生光谱可以被用于研究芳香族氨基酸在蛋白质中的特征。与原始光谱相比，四级衍生光谱在最大波长下可以提供更好的分辨率，例如，对β-乳球蛋白进行加热、脲处理，从得到的四级衍生光谱中可以看出发生蓝移现象（波长变短，见图 3.33），这就意味着由于芳香族氨基酸残基从非极性环境转移到一个极性环境。对于酪氨酸残基，除了极性环境的变化会影响吸收谱带以外，还有另外一种变化也会产生影响，这就是酪氨酸上的羟基所形成的氢键的类型或强度，同样造成谱带的移动，当然，这种变化也能说明酪氨酸所处的环境发生了变化。

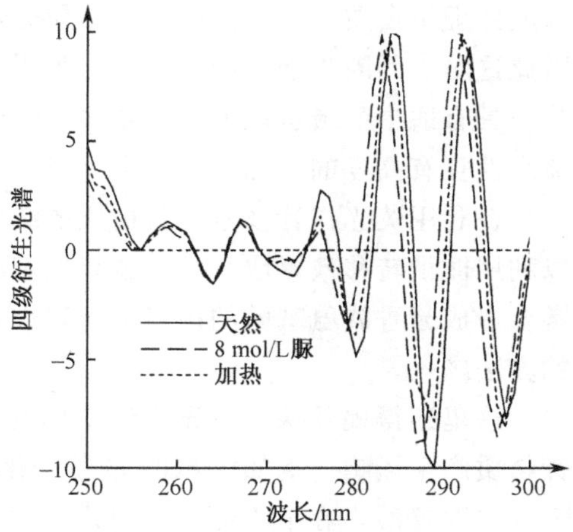

图 3.33　β-乳球蛋白的四级衍生光谱（Nakai and Modler，1996）

介质：pH＝7.5 的 0.1 mol/L 磷酸缓冲液；加热条件：5%SDS 存在时 90℃、5 min；蛋白质浓度：0.5 mg/mL

6. 探针荧光光谱法

一些有机化合物由于它的荧光量子化率、最大发射波长等特性取决于它所处的环境条件——极性大小，所以可以被作为探针，对蛋白质的疏水性质进行研究。最常用的阴离子探针是芳香族的磺酸，如 1-苯胺基-8-萘磺酸（ANS），或者是它的二聚体。这些荧光探针的特点是在有机溶剂中具有很高的量子化率，在水环境的量子化率却很低。因此它们在结合于膜或蛋白质的疏水内腔时，将会产生强烈的荧光。

另一类阴离子探针是脂肪酸的同系物，十八碳四烯酸（CPA），包括它的顺式和反式异构体，这是已知的几个非芳香族探针之一。它特别适用于对蛋白质或生物膜的研究，因为具有天然脂肪酸相似性、在水中非荧光等特点，所以对于研究食品体系中脂肪和蛋白质间的相互作用时非常适用。在对蛋白质功能性质的研究中，蛋白质的界面性质（如界面张力、乳化活性等）与 CPA 测定的蛋白质相对疏水性之间有很好的相关性。

但是在确定蛋白质的疏水性时，利用这类阴离子探针是存在缺陷的，这是由于存在静电相互作用、疏水相互作用等可能影响蛋白质同探针间的相互作用。如果利用非离子化的探针（如二苯基己三烯，DPH），则能够克服这个问题。DPH 是一个非常有用的中性、亲脂性的荧光探针，可以标记生物膜的内部，被用于研究确定膜的流动性以及药物处理对膜的结构的影响。DPH 在膜外或极性环境中的荧光很低，不过由于它在水中的低溶解性，它很难应用于蛋白质溶液中。一个可行的改进方法是将 DPH 先溶解于玉米油-庚烷中，然后通过挥发庚烷而得到 DPH 的玉米油溶液，再将它与蛋白质溶液作用。这样，所产生的荧光就是蛋白质分子所结合的 DPH 的直接标志，也就可以作为蛋白质疏水性的一个指标。另外一个改进方法是利用 DPH 的四氢呋喃溶液，它可以直接加入到蛋白质水溶液中来进行测定。

ASN 的结合和 ASN 的量子化率可以作为衡量相对表面疏水性的标志，由 ASN 法得到的蛋白质表面疏水性结果，与由氨基酸组成计算得出的平均疏水性差异很大，与反相色谱法得到的结果也不同。值得一提的是，在测定处理过程中，用不断增加的 ASN

浓度处理蛋白质溶液，能够对蛋白质分子中的结合位点数、亲和力等提供有用的信息。因此这对于判断高强度的荧光的产生原因很重要，高强度荧光的产生可能是由于蛋白质分子具有适中的疏水性但存在众多的结合位点而导致，也可能是由于分子具有相当大的疏水性且有高度的亲和力所导致。

在利用荧光探针技术对蛋白质的结合位点数、芳香族氨基酸组成等进行研究时，可以利用能量转移效率法。当芳香族氨基酸将激发后得到的激发能转移至探针物质时，通常会造成芳香族氨基酸的内禀荧光猝灭，因此这种转移效率也是测定蛋白质表面疏水性的方法之一。

这里还得提及探针荧光光谱法的几个缺点。pH、温度、表面活性剂的存在会对探针物质产生影响。例如，ASN 的量子化率在 pH 为 2～8 时不受 pH 的影响，而对于顺-十八碳四烯酸，在 pH 低于 5 时需要注意所产生的影响，因为此时顺-十八碳四烯酸以非解离形式存在、溶解度很低，所以在解释实验结果时需要考虑这个问题。

一些研究工作者发现蛋白质经过水解修饰后表面疏水性的变化。虽然在水解早期荧光强度的降低可以解释为一些疏水性基团暴露于水环境，导致荧光强度有所下降；但是由于极度水解而导致的荧光强度急剧下降却不能解释为分子具有很低的表面疏水性，因为这些探针即使是结合于小的疏水性肽分子上，它也具有一定的量子化率，所以仍然应该有一定的荧光强度。

7. 蛋白质表面疏水性测定结果的相关性

利用不同方法和处理得到的蛋白质疏水性比较列于表 3.9 中。

表 3.9　一些常见蛋白质的相对疏水性

蛋白质	$\Delta G^{\ominus}_{平均}$ /(J/mol)	荧光探针法		DPH 探针-脂肪结合法	色谱法		结合法			分配法
		ANS	CPA		RPC	HIC	庚烷	SDS	脂肪	ΔlgK
牛血清	1120	1000	100	100	100	100	100	100	100	100
鸡血清	1110	7	2	15	0	9～86	2	14	3	1～25
α-酪蛋白	1200	57	6～30	150	400	—	—	—	160	—
β-酪蛋白	1320	60	50	—	315	—	—	—	—	—
7S 大豆蛋白	1090	47	9～77	50	165	—	—	21	—	—
11S 大豆蛋白	950	27	2～17	25	150	—	—	—	—	—
α-乳白蛋白	1150	33	9～54	98	225	10	—	—	—	—
β-乳球蛋白	1230	13	54～146	49	0	67～102	100	62	130	41～78
溶菌酶	970	0.7	7	—	—	42～113	1	19	1	0
胃蛋白酶	1063	0.7	2	32	—	92	—	—	95	—
鸡转铁蛋白	1080	—	4	—	—	16～31	29	20	118	9～20
胰蛋白酶	940	8	3	—	—	—	—	13	—	9～27
核糖核酸酶 A	870	—	1	—	—	4～71	17	18	2	—
卵类黏蛋白	920	—	0	—	—	—	24	18	108	—

注：以牛血清蛋白为标准蛋白，各符号的意义见前段内容，$\Delta G^{\ominus}_{平均}$表示根据氨基酸组成计算结果，“—”表示无数据可参考。

资料来源：Nakai and Modler，1996。

比较各种测定方法所得结果，三酰甘油结合法与 CPA 法之间、庚烷结合法同三酰甘油结合法之间、CPA法同丙二醇洗脱的疏水相互作用色谱法之间，有很显著的相关性，三酰甘油结合法与ANS法之间却没有显著的相关性。这里再次强调的是，由于对于蛋白质的表面疏水性的评价缺乏标准、统一的方法，所以所得到的结果缺乏一致性，同时由于蛋白质的纯度不一、离子强度不同、pH不同等因素也会带来一定的差异，所以，除非建立一个被广泛采纳的疏水性评价方法，有关蛋白质的结构-性质关系的研究还要更深入地进行下去。

3.4 蛋白质的生理功能与营养

3.4.1 蛋白质的生理功能

蛋白质是生命细胞的重要组成成分，它能够为机体提供部分能量，还参与体内的一切代谢活动，也是机体的唯一氮源。

1. 构成机体以及修补组织

蛋白质约占人体质量的16%，是机体所有组织、细胞的重要组成成分。人体内的神经、肌肉、内脏、骨骼、皮肤，甚至指甲和头发，没有一处不含蛋白质。人体的生长发育、组织细胞的新陈代谢，都离不开蛋白质。人体蛋白质始终处于合成与分解的动态平衡过程，每天约有3%的蛋白质参与更新。

皮肤中胶原蛋白含量高达9%，维护着人类皮肤的弹性和韧性，如长期缺乏蛋白质会导致皮肤的生理功能减退，使皮肤弹性降低、失去光泽、出现皱纹。

2. 维持酸碱平衡和调节体液渗透压

为维持细胞生命，要使体液的pH或氢离子浓度保持正常，酸碱之间必须保持平衡。体液的正常pH应保持在狭窄的微碱范围7.35～7.45，偏离此范围，就会引起机体正常代谢的失调。蛋白质是两性物质，能与酸或碱进行化学反应，起到维持体液酸碱平衡的作用。

正常情况下，机体细胞内外的体液渗透压保持平衡，电解质和蛋白质共同调节实现此平衡。人体蛋白质摄入不足时，血浆蛋白浓度降低，渗透压下降，导致水在细胞间隙内积聚，从而出现水肿。

3. 生理活性物质

机体的新陈代谢是在无数种化学反应的条件下实现的，这些反应需要各种酶的催化方能进行。酶就是一种蛋白质。多种激素如胰岛素、肾上腺素、甲状腺素等都是含氮物质，这些物质的合成必须有足够的蛋白质的供给。运输氧气的血红蛋白及人体的免疫物质的形成需要有蛋白质的参与。一些维生素也可以由蛋白质转变而来，如色氨酸可转化成尼克酸。另外，血液的凝固、视觉的形成、人体的肌肉运动等，无一不与蛋白质有关。

4. 供给能量

供给能量虽然不是蛋白质的主要功能，但它也是一种能源物质。一般情况下，人体能量的主要来源为糖类和脂肪。但当它们供应不足时，机体即会动用蛋白质氧化分解提供能量。通常每天有一部分蛋白质被氧化分解，向机体提供的能量占每天所需总能量的11%～14%。

3.4.2 蛋白质的消化与吸收

1. 蛋白质的消化

利用放射性核素进行的试验表明，在人体中每日合成的蛋白质约为300 g，如果每日膳食中蛋白质的摄入量为100 g，这说明在蛋白质的代谢过程中，有相当量的蛋白质被分解、被再利用；在转换的蛋白质中包括有血浆蛋白、血细胞、血红蛋白等。当一个成人处于正常状态时，即处于所谓的氮平衡时，他所摄入的氮量，应该与其所排出的氮量相当；而一个儿童，由于是在成长期，则应该是氮的摄入量大于其排出量。蛋白质在一个体重为70 kg的人体内的代谢、转换过程如图3.34所示。

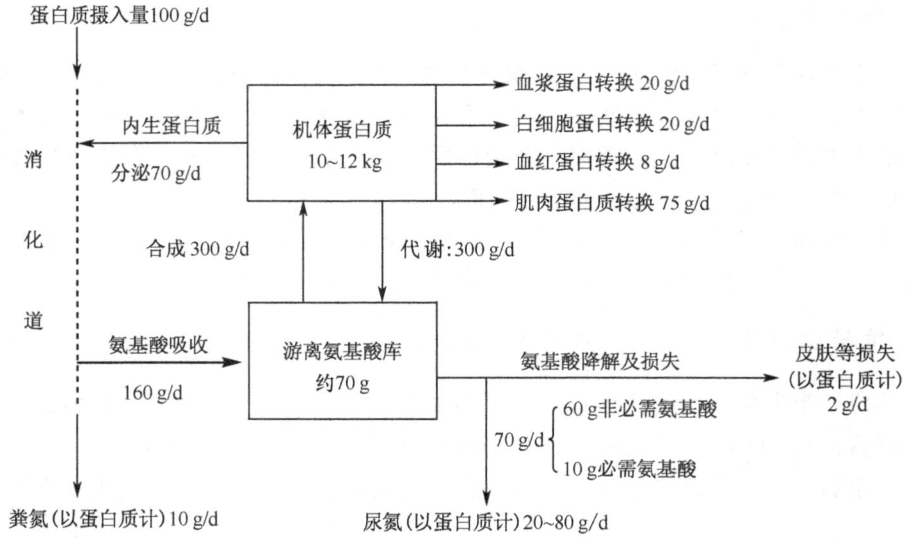

图3.34 机体内的蛋白质-氨基酸库和日转换（Fennema，1996）

胰液中的蛋白酶基本上分为两类，即内肽酶和外肽酶。胰蛋白酶和糜蛋白酶（胰凝乳蛋白酶）属于内肽酶，它们均以不具有活性的酶原形式存在于胰液中，肠液中的肠激酶可激活胰蛋白酶原，使之变为具有活性的胰蛋白酶。此外，酸、胰蛋白酶本身和组织液也能使胰蛋白酶活化。糜蛋白酶原则在胰蛋白酶作用下转化为有活性的糜蛋白酶。胰蛋白酶、糜蛋白酶以及弹性蛋白酶都可水解蛋白质内部的一些肽键，但它们具有不同的专一性。胰蛋白酶主要水解由赖氨酸、精氨酸等碱性氨基酸残基的羧基形成的肽键，产生羧基端为碱性氨基酸的肽。糜蛋白酶主要作用于芳香族氨基酸，如苯丙氨酸、酪氨酸等残基的羧基形成的肽键，产生羧基端为芳香族氨基酸的肽；有时糜蛋白酶也作用于亮氨酸、谷氨酰胺及甲硫氨酸残基的羧基形成的肽键；弹性蛋白酶则可以水解各种脂肪族氨基酸，如缬氨酸、亮氨酸、丝氨酸等残基所形成的肽键。胰液中的外肽酶是羧基肽酶A和羧基肽酶B，前者水解羧基端为各种中性氨基酸残基组成的肽键，后者主要水解羧基端为赖氨酸、精氨酸等碱性氨基酸残基组成的肽键。因此，胰蛋白酶作用后产生的肽可被羧基肽酶 B 进一步水解，而糜蛋白酶及弹性蛋白酶水解产生的肽可被羧基肽酶 A 进一步水解。经过胰蛋白酶的作用，蛋白质最终被水解为游离的氨基酸和寡肽（小肽）。蛋白质在体内水解过程如图 3.35 所示。

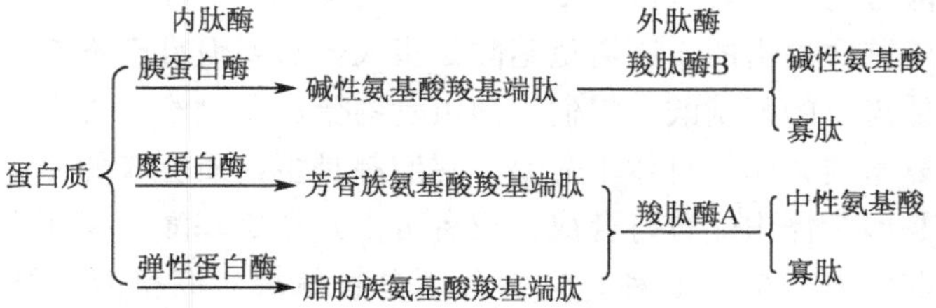

图 3.35　蛋白质的体内水解示意图

胰酶水解蛋白质所得的产物中仅 1/3 为氨基酸，其余为小肽。肠内消化液中水解小肽的蛋白酶较少，但在肠黏膜细胞的刷状缘及胞液中均含有寡肽酶。它们能从肽链的氨基末端或羧基末端逐步水解肽键。这些寡肽酶分别称为氨基肽酶和羧基肽酶。刷状缘含多种寡肽酶，能水解各种 2～6 个氨基酸组成的寡肽。胞液中的寡肽酶主要水解二肽及三肽分子。

2. 蛋白质的吸收

天然蛋白质被蛋白酶水解后，水解产物中 1/3 为氨基酸，2/3 为寡肽。这些产物被小肠黏膜细胞吸收的速度比单纯的氨基酸混合物快。小肠黏膜细胞上刷状缘及胞液内含有肽水解酶，寡肽被吸收后绝大部分可被分解为游离的氨基酸，然后进入门静脉，也有一少部分以短肽的形式直接被吸收；另外，肠黏膜细胞还可以分解代谢一些进入的氨基酸。例如，谷氨酸和天冬氨酸可经转氨作用而产生丙氨酸，精氨酸则变为鸟氨酸。

在体内，各种氨基酸主要通过耗能需钠的主动转运吸收。氨基酸在体内的吸收速度很快，它在肠内容物的浓度从不超过 7%。实验证明肠黏膜细胞上具有载体，能与氨基酸和钠离子形成三联结合体，再转入细胞膜内，Na^+ 则借助于钠泵主动排出细胞，使细胞内 Na^+ 浓度不致升高，并有利于氨基酸的不断吸收。不同的氨基酸在吸收过程中具有不同的转运系统。中性氨基酸转运系统对中性氨基酸具有高度的亲和力，可转运芳香族氨基酸（苯丙氨酸、色氨酸和酪氨酸）、脂肪族氨基酸（丙氨酸、丝氨酸、苏氨酸、缬氨酸、亮氨酸及异亮氨酸）、含硫氨基酸（甲硫氨酸及半胱氨酸），以及组氨酸、谷氨酸胺等。中性氨基酸转运系统转运速度最快，氨基酸的吸收速度大小依次为甲硫氨酸＞异亮氨酸＞缬氨酸＞苯丙氨酸＞色氨酸＞苏氨酸，部分甘氨酸也借助于此运转系统。赖氨酸和精氨酸借碱性氨基酸转运系统转运，但其转运速度较慢，仅为中性氨基酸载体转运速度的 10%，同时胱氨酸也借此载体来转运。天冬氨酸和谷氨酸以酸性氨基酸转运系统转运；脯氨酸、羟脯氨酸及甘氨酸由亚氨基酸和甘氨酸转运系统转运，虽然其转运速率很慢，因含有这些氨基酸的二肽可直接被吸收，故此载体系统在氨基酸吸收上的意义不大。

3.4.3　必需氨基酸和限制氨基酸

人类摄食蛋白质的最终目的是取得机体所需要的各种氨基酸，在更加严格的意义上说，是要取得比例大体适合要求的各种氨基酸。因为人体将食物蛋白质消化分解为氨基酸，并利用它们作为原料来合成数以千计的机体所需要的各种蛋白质和其他的生物分子。从单细胞生物到动物、到人类，各种生物都有其自身的氨基酸需求，但在动物界的不同种属中，其所需要的氨基酸非常接近。

营养上氨基酸分为“必需（essential)”和“非必需（nonessential)”两类。此概念是 Rose 在 1938 年首次提出的。必需氨基酸是指人体需要但自己不能合成，或者合成的速度不能满足机体需要的氨基酸。它们必须由食物蛋白质供给，否则就不能维持机体的氮平衡。非必需氨基酸并非是机体不需要，它们都是蛋白质合成的原料，并且必须以某种方式提供，只是因为体内能自行合成，或者可由其他氨基酸转变而来，可以不必由食物供给。人体必需的氨基酸有 9 种，它们分别是赖氨酸、亮氨酸、异亮氨酸、甲硫氨酸、苯丙氨酸、苏氨酸、色氨酸、缬氨酸及组氨酸，其中，组氨酸是婴幼儿生长发育所必需的氨基酸。非必需氨基酸通常有 11 种：甘氨酸、丙氨酸、丝氨酸、胱氨酸（半胱氨酸)、天冬氨酸、天冬酰胺、谷氨酸、谷氨酰胺、酪氨酸、精氨酸和脯氨酸。在非必需氨基酸中，半胱氨酸和酪氨酸可以分别由甲硫氨酸和苯丙氨酸合成，当膳食中胱氨酸（半胱氨酸）和酪氨酸丰富时，体内不必耗用甲硫氨酸和苯丙氨酸来合成这两种非必需氨基酸，从而可以减少机体对甲硫氨酸和酪氨酸的需要，胱氨酸可以替代 80%的甲硫氨酸，酪氨酸可以替代 70%的苯丙氨酸，所以由于这种关系的存在，有人将酪氨酸、胱氨酸等称为“半必需氨基酸”。但是，从生物学的观点来看，必需氨基酸和非必需氨基酸都是机体合成蛋白质的重要原料，这些氨基酸都是机体需要的，只是 9 种必需氨基酸是衡量食物蛋白质营养价值的关键因素。

1989 年 Mercer 等提出新的概念，他们根据氨基酸在生物体内蛋白质合成时绝对速率或相对速率，将其分为三类：①绝对必要氨基酸（indispensable AA)：包括我们常说的 9 种氨基酸：赖氨酸、亮氨酸、异亮氨酸、甲硫氨酸、苯丙氨酸。苏氨酸、色氨酸、缬氨酸及组氨酸；②条件必要氨基酸（conditionally indispensable AA)：包括精氨酸、半胱氨酸（胱氨酸)、酪氨酸；③非必要氨基酸（dispensable AA)：包括甘氨酸、丙氨酸、丝氨酸、天冬氨酸、天冬酰胺、谷氨酸、谷氨酰胺、脯氨酸。而在 1987 年，根据氨基酸在促进婴幼儿生长、预防疾病、保持氮平衡等方面的作用，Laidlaw 和 Kopple 提出新的看法，将必需氨基酸的范围扩大。他们提出的必需性证据有：①牛磺酸对于婴儿和猫；②半胱氨酸对患肝功能疾病的营养不良患者（肝硬化)、对代谢紊乱的儿童；③酪氨酸对早熟的婴儿和营养不良者、老年人；④精氨酸等涉及尿素循环的碱性氨基酸。所以，从上面的内容可以看出，有关必需氨基酸的概念一直在发展当中，但是目前应用较多的仍然是经典的必需氨基酸概念。

FAO/WHO 对各类人群的氨基酸需要量作了估计，并给出了相应的模式（表 3.10)。大体情况是随着婴儿长大，其对必需氨基酸需要的相对量逐渐降低，当然对蛋白质的需要量是随之增加的；对于婴儿，必需氨基酸占所有需要的氨基酸总量的 43%，到儿童为 36%，而成人为 19%～20%。根据这一情况，有可能把那些质量好的蛋白质，即具有丰富必需氨基酸的食物和含有必需氨基酸少而非必需氨基酸多的食物混合，以达到营养的目的。因为成人需要的必需氨基酸只占蛋白质总量的 13%（包括组氨酸)，而 2～5 岁的儿童则达到 34%（包括组氨酸)。

表 3.10 一些蛋白质的必需氨基酸组成以及 FAO/WHO 建议的人类氨基酸需要模式

（单位：mg/g 蛋白质）

AA	酪蛋白	牛肉	卵白	大豆蛋白	谷蛋白	FAO/WHO（1991 年）			
						1 岁	2～5 岁	10～12 岁	成人
Thr	46.4	42.1	46.8	38.4	29.3	43	34	28	9
Cys+Met	34.9	32.7	66.4	68.1	38.7	42	25	22	17
Val	68.5	45.4	67.8	49.1	42.7	55	35	25	13
Ile	53.6	41.8	52.8	47.1	33.4	46	28	28	13
Leu	101.6	77.5	87.6	85.1	68.5	93	66	44	19
Tyr+Phe	125.4	70.2	90.8	96.6	77.8	72	63	22	19
His	29.7	32.0	22.5	25.4	21.9	26	19	19	16
Lys	88.4	79.4	69.8	63.4	26.6	66	58	44	16
Trp	13.1	9.9	14.6	11.4	11.2	17	11	9	5
总计	～562	～431	～521	～485	～350	460	339	241	127

资料来源：Fennema，1996。

限制性氨基酸是指按照机体对氨基酸的需求以及比例关系，所摄入的蛋白质中那些相对不足的氨基酸就是限制氨基酸，其中，限制氨基酸中缺乏最多的称为第一限制氨基酸。正是这些限制氨基酸影响着蛋白质的利用，决定蛋白质的质量。一般在谷物蛋白中，限制氨基酸常为赖氨酸或甲硫氨酸，在油籽蛋白中的限制氨基酸一般为甲硫氨酸。由于不同来源的蛋白质，在实际应用中可以通过氨基酸的互补作用改善其某些氨基酸的相对不足，从而在整体上提高其营养价值。

3.4.4 蛋白质营养价值

1. 评价方法

一种食品的蛋白质营养价值取决于三个方面：①蛋白质的含量，即蛋白质存在于食品中的总体水平高低；②蛋白质的质量，即蛋白质中各种氨基酸的组成情况；③蛋白质的生物可利用率，即蛋白质被机体消化、吸收、利用的程度。对蛋白质营养价值的评价，可以利用化学方法对蛋白质的含量、氨基酸组成进行分析，也可以利用生物学方法（动物试验、微生物方法）通过各种指标对蛋白质进行评价。这里着重点将放在有关评价蛋白质的营养价值常用指标的介绍，具体方法等则不作介绍。

在营养学上，蛋白质营养价值的评价指标一般有以下几类。

（1）氨基酸可利用性（amino acid availability，AAA）

$$\text{AAA}(\%)=\frac{\text{氨基酸总摄入量}-\text{氨基酸粪排出量}}{\text{氨基酸总摄入量}}\times 100$$

（2）氨基酸分（或化学分）（amino acid or chemical score，CS）

$$\text{CS}=\frac{1\text{ g 被研究蛋白质中氨基酸的毫克数}}{1\text{ g 参考蛋白质中氨基酸的毫克数}}$$

CS 最低的氨基酸将是该种蛋白质的第一限制氨基酸。

（3）生物价（biological value，BV）

$$\text{BV}=\frac{\text{氮的储留量}}{\text{氮的吸收量}}=\frac{\text{氮摄入量}-(\text{粪氮量}+\text{尿氮量})+(\text{粪代谢氮量}+\text{尿内源氮量})}{\text{氮摄入量}-(\text{粪氮量}-\text{尿氮量})}$$

(4) 真正消化率 (true digestibility, TD)

$$TD(\%)=\frac{\text{氮消耗量}-\text{粪氮量}+\text{粪代谢氮的量}}{\text{氮的消耗量}}\times 100$$

(5) 限制性氨基酸 (limiting amino acid, LAA)

限制性氨基酸是指在被评价的蛋白质中，某个必需氨基酸的含量相对于一个高营养价值的参考蛋白（或理想的氨基酸组成模式）的同一种氨基酸含量，有最大的差别，此种氨基酸就是限制氨基酸（或第一限制氨基酸）。

(6) 净蛋白质比 (net protein ratio, NPR)

$$NPR=\frac{\text{实验动物体重增加}+\text{非蛋白饲料喂养实验动物体重减少}}{\text{蛋白质消耗量}}$$

(7) 净蛋白质利用率 (net protein utilization, NPU)

$$NPU(\%)=\frac{\text{氮保留量}}{\text{氮摄入量}}\times 100$$
$$=\frac{\text{氮摄入量}-(\text{粪氮量}+\text{尿氮量})+(\text{粪代谢氮量}+\text{尿内源氮量})}{\text{氮摄入量}}\times 100$$

(8) 氮平衡方法 (nitrogen balance methods, NBM)

在氮平衡方法中，有多个重要的指标可以利用，除上述的 BV、NPU 外，还有

表观消化率系数 (apparent digestibility coefficient, ADC)：

$$ADC\ (\%)\ =\frac{\text{氮摄入量}-\text{粪氮量}}{\text{氮摄入量}}\times 100$$

氮平衡 (nitrogen balance, NB)：NB=氮摄入量－粪氮－尿氮

氮平衡指数 (nitogen balance index, NBI)：$NBI=\frac{\text{氮平衡}-\text{非蛋白质喂养氮平衡}}{\text{氮摄入量}}\times 100$

真正消化率指数 (true digestibility coefficient, TDC)：

$$TDC\ (\%)\ =\frac{\text{氮摄入量}-\text{粪氮量}+\text{粪代谢氮量}}{\text{氮摄入量}}\times 100$$

(9) 人体氮需要量 (nitrogen requirement for human, NRFH)

NRFH=粪代谢氮+尿内源氮+汗、皮肤等损失氮+生长需要氮

(10) 氮利用率 (nitrogen utilization, NU)

$$NU=\frac{\text{实验动物体重增加}+0.1\times(\text{动物开始体重}+\text{动物最终体重})}{\text{动物蛋白质消耗}}$$

(11) 蛋白质消化率校正氨基酸分 (protein digestibility corrected amino acid score, PDCAAS)

$$PDCAAS=\frac{\text{一种蛋白质的氨基酸组成模式}}{\text{一种生物体对氨基酸的需求}}\times\text{蛋白质消化率}$$

(12) 蛋白质功效比 (protein efficiency ratio, PER)

$$PER=\frac{\text{试验动物体重增加}}{\text{总蛋白质消耗}}$$

(13) 校正蛋白质功效比 (adjusted, corrected PER, CPER)

$$\text{CPER}=\frac{\text{试验蛋白质的 PER}}{\text{酪蛋白对照样的 PER}}$$

（14）相对蛋白质功效比（relative PER，RPER）

$$\text{RPER}(\%)=\frac{\text{实验动物的 PER}}{\text{参照动物的 PER}}\times 100$$

（15）相对营养价值（relative nutritive value，RNV）

$$\text{RNV}=\frac{[\text{实验动物体重增加}+0.1\times(\text{实验动物开始体重}+\text{实验动物最终体积})]}{\text{相对于标准蛋白质（乳清蛋白）氮消耗}}$$

下面的表 3.11 至表 3.15 给出了常见的食品蛋白质的营养价值评价结果。

表 3.11　常见食品蛋白质的生物价

蛋白质来源	BV	蛋白质来源	BV
鸡蛋	94	大豆（生）	57
鸡蛋蛋白	83	大豆（熟）	64
鸡蛋蛋黄	96	扁豆	72
脱脂牛乳	85	蚕豆	58
鱼	83	面粉	52
牛肉	76	小米	57
猪肉	74	玉米	60
大米	77	白菜	76
小麦	67	红薯	72
花生	59	马铃薯	67

表 3.12　一些豆类的营养价值

豆类	化学分	消化率	生物价	净蛋白质利用率
大豆	74	90	73	66
花生	65	87	54	47
豌豆	58	88	64	56
利马豆	64	78	66	51
鹰嘴豆	63	86	68	58
豇豆	64	79	57	45
小扁豆	49	85	45	38

表 3.13　一些食品/强化食品的营养价值指数

食品	PER	NPR	NU	RPER
酪蛋白	3.13	4.55	4.83	78
酪蛋白+0.1%甲硫氨酸	4.04	5.30	5.68	100
大豆蛋白	1.60	2.74	2.79	39
大豆蛋白+1.0%甲硫氨酸	2.55	3.72	3.87	64
卵白蛋白	3.71	5.08	5.43	91
牛肉	3.36	4.83	5.16	83
油菜籽浓缩蛋白	3.29	4.59	4.90	81
全麦粉	0.95	2.35	2.29	23
全麦粉+0.16%赖氨酸	1.70	2.91	2.98	42
全麦粉+大豆蛋白（1∶1）	2.21	3.37	3.53	55
全麦粉+油菜籽蛋白浓缩物(1∶1)	2.08	3.34	3.49	51
全麦粉+牛肉（1∶1）	3.01	4.20	4.47	74
全麦粉+卵白蛋白（1∶1）	2.90	4.09	4.36	72

表 3.14 人类对一些食品蛋白质的消化率

蛋白质来源	消化率/%	蛋白质来源	消化率/%
鸡蛋	97	小米	79
乳制品（干酪）	95	豌豆	88
肉（鱼）	94	花生	94
玉米	85	大豆粉	86
大米（抛光）	88	大豆分离蛋白	95
全麦	86	面筋	99
小麦粉	96	燕麦片	86

表 3.15 一些食品蛋白质的 TD、CS 以及 PDCAAS

蛋白质	TD/%	CS	PDCAAS	蛋白质	TD/%	CS	PDCAAS
酪蛋白	99	1.19	1.00	鸡蛋蛋白	100	1.19	1.00
牛肉蛋白	98	0.94	0.92	豌豆蛋白	88	0.79	0.69
浓缩大豆蛋白	95	1.04	0.99	大豆分离蛋白	98	0.94	1.00
向日葵蛋白	94	0.39	0.37	花生蛋白	94	0.55	0.52
小麦蛋白	91	0.44	0.40	燕麦蛋白	91	0.63	0.57

2. 蛋白质营养价值的改善与提高

从上述的蛋白质营养价值评价结果可以看出，动物蛋白的营养价值相对较高，而来自于其他植物组织中的蛋白质，如谷物蛋白、一些豆类蛋白等，由于氨基酸组成中缺乏一些必需氨基酸、或存在一些抗营养因子等原因，其营养价值相对较低。改善与提高这些蛋白质的营养价值，可以通过氨基酸的强化、蛋白质的互补作用、蛋白质中抗营养因子的灭活等方法来达到。

1）氨基酸强化

有针对性的就蛋白质中所缺乏的某种氨基酸进行人为的添加，使其最终含量水平与机体的需要量接近，从而使蛋白质的营养价值得到提高；该方法在对谷物食品营养价值改善方面经常被利用。氨基酸强化对蛋白质营养价值的影响见表 3.13。

2）蛋白质互补

将营养价值不同的蛋白质以一定比例混合后，其中，相对含量不足的氨基酸可以得到相互补偿，使其整体氨基酸组成模式与机体的需要接近，从而提高蛋白质的营养价值，在人类的生活史中利用豆类蛋白对谷物蛋白营养价值的提高，就是最典型的实际例子（表 3.16），在当前仍然具有重要意义。

表 3.16 不同蛋白质间的互补作用

例子	蛋白质原料	配比	BV	
			单独进食	混合进食
1	小麦	67%	67	77
	大豆	33%	64	
2	玉米	40%	60	73
	小米	40%	57	
	大豆	20%	64	

3）抗营养因子灭活

一些食品蛋白质中存在的抗营养因子，例如，蛋白酶抑制物（protease inhibitor）可以通过加热处理的方式灭活（表3.17，表3.18），从而有效地提高蛋白质的生物利用率。具有重要意义的是存在于大豆等植物中的蛋白酶抑制物，在经过加热处理后可以大大的改进大豆蛋白的PER，这在生产大豆蛋白制品如脱脂豆粉、浓缩蛋白等已被应用。

表3.17　热处理对两种大豆的蛋白质PER影响

样品	处理	PER	胰蛋白酶抑制物含量/(mg/g)	胰凝乳蛋白酶抑制物含量/(mg/g)
1	未经热处理	−0.14	36	4.2
	加热10 min	1.42	25	0.8
	加热20 min	2.13	7	0
	加热30 min	2.22	6	0
2	未经热处理	0.46	20	3.3
	加热10 min	1.63	12	0.7
	加热20 min	2.25	0.8	0
	加热30 min	2.28	0.6	0

资料来源：Friedman and Brandon，2001。

表3.18　加热处理以及氨基酸强化对大豆粉营养价值的影响

处理	消化率/%	PER	处理	消化率/%	PER
45℃	73.7	0.95	45℃＋Cys	81.7	2.01
65℃	79.9	1.61	65℃＋Cys	82.9	2.43
75℃	79.0	2.14	75℃＋Cys	82.7	2.53

资料来源：Friedman et al.，1982。

第4章　蛋白质分离纯化技术

在科学研究工作中，蛋白质有时必须经过分离纯化之后才能用于下一步的研究。研究目的不同，蛋白质分离纯化的要求和方法就不同。研究蛋白质分子结构、组成和某些物理化学性质时，需要纯的、均一的甚至是晶体的蛋白质样品。研究活性蛋白质的生物功能，需要样品保持它的天然构象，尽量避免失活问题。由于蛋白质结构的特殊性（构象复杂、不稳定、易失活等），许多用于小分子分离的技术不能直接用来分离蛋白质，这就有必要有针对性地加强蛋白质分离纯化的基础理论和应用研究。

蛋白质在组织或细胞中一般都是以复杂的混合物形式存在，每种类型的细胞、组织中都含有许多种不同蛋白质。蛋白质的分离纯化是蛋白质化学研究的基本内容之一。到目前为止，还没有一个单独的或一套现成的方法，能把任何一种蛋白质从混合蛋白质中提取出来。但对于任何一种蛋白质，都有可能选择一套适当的分离纯化程序以获得高纯度的制品。到目前为止，许多蛋白质分离技术都是非常有用的。本章介绍的几种分离技术，有的已应用于食品或食品配料的商业化生产，有的只适用于实验室纯化食品蛋白质，或供进一步研究之用。总体上看，分离技术利用蛋白质溶解性、相对分子质量、电荷、吸附特性、与其他离子的生物亲和力等性质。另外，本章还将介绍一些蛋白质的生物化学分离技术。

通常，纯化食品中的蛋白质需要应用几种分离技术。最常用的分离方法包括沉淀分离、膜分离、电泳技术和色谱分离等。所用的分离步骤越多，最终得到的产品纯度也越高。像浓缩蛋白之类的食品配料，可能只需要一步分离即可，因为作为食品配料并不需要很高的纯度。如果是实验室研究需要制备纯蛋白质，就经常需要三步或更多的分离步骤来得到高度纯化的蛋白质。在开始纯化步骤前，有必要尽可能多地了解蛋白质的性质，如相对分子质量、等电点、溶解度和变性温度，确定任何可以使得分离过程变得更简单的特殊物理性质。第一步分离技术，应该能适用于大量的原料，常利用蛋白质溶解度的不同。每一步成功的分离步骤都应使用不同的分离技术。

蛋白质的分离纯化技术在食品蛋白质中的具体应用，在本书的其他章节中有体现，可以参考相关文献。

4.1　沉淀分离

4.1.1　沉淀的概念

沉淀过程是一个广泛应用于生物产品（蛋白质）下游工程的化工单元操作过程。沉淀分离是改变溶液中溶质与溶剂的平衡关系，使溶质的溶解度降低进而析出的过程。沉淀法的优点是设备简单、成本低、原材料来源广泛、便于小批量生产、浓度越高沉淀收率越高。其缺点是沉淀物可能含有多种物质、含有大量的盐类或包裹溶剂。所以，沉淀产物的纯度比结晶法低，过滤较困难。

沉淀法分离纯化蛋白质的特点包括：① 在生产前期，该操作可使原料液体体积很快地减少至原体积的 1/50～1/10，从而简化生产工艺、降低成本；② 可使中间产物保持在一个中性、温和的环境；③ 可尽早地将目标蛋白从溶液中分离出来，避免蛋白质的降解，提高产物稳定性；④ 用蛋白质沉淀法作为色谱分离的前处理，可使色谱分离的限制因素减至最小。

蛋白质样品粗分级的常用方法是盐析沉淀法、有机溶剂沉淀法、等电点沉淀法等，前两个方法属于溶解度分级法，也是选择性沉淀法。

4.1.2　盐析沉淀法

1. 蛋白质盐析的原理

蛋白质在水中的溶解度取决于蛋白质分子上的解离基团、其周围水分子的数目和蛋白质的水合程度。在蛋白质溶液中加入中性盐后会压缩双电层、使 ξ 电位降低；在布朗运动的相互碰撞下，蛋白质分子结合成聚集物而沉淀析出，其原理如图 4.1 所示。因此，控制蛋白质的水合程度也就是控制蛋白质的溶解度。最常用的方法是加入无机盐，常用硫酸铵。因为硫酸铵在水中最稳定且溶解度大，在 25℃能达到 4.1 mol/L（温度不同稍有变化），是最温和的试剂，即使提纯时硫酸铵浓度很高也不会引起蛋白质生物活性丧失。

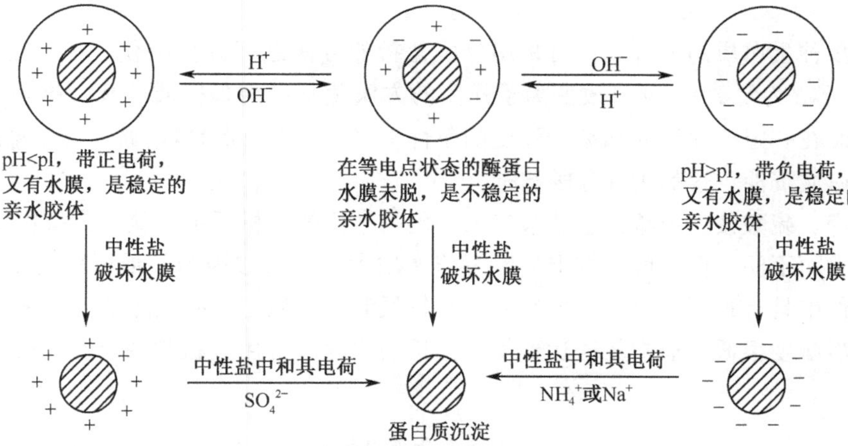

图 4.1　盐析机理示意图

当溶液中加入硫酸铵，初始阶段蛋白质的溶解度随硫酸铵的增加而增加，这种现象称为“盐溶现象”，但很快盐溶现象就消失；当硫酸铵浓度继续增加到某一点时，蛋白质溶解度开始降低而不断沉淀析出，这就是“盐析现象”。由于各种蛋白质的氨基酸组成、表面极性和带电荷数等的不同，就会产生盐析顺序上的差异。利用硫酸铵沉淀法分级分离蛋白质就是根据这个原理。

蛋白质的溶解度与溶液离子强度之间有着密切的关系。它们的关系为指数关系，如下式：

$$\lg(S/S_0) = -K_s I$$

式中，S 为蛋白质在离子强度为 I 时的溶解度，g/L；S_0 为蛋白质在离子强度为 0 时（纯溶剂）的溶解度，g/L；K_s 为盐析常数；I 为离子强度。

在浓度、pH 一定时，S_0 为常数。则上式变为

$$\lg S = \lg S_0 - K_s I$$

上式中令 $\beta = \lg S_0$，该常数主要取决于蛋白质的性质，也与温度、pH 有关。盐析常数 K_s 主要取决于盐的性质。K_s 的大小与离子价数成正比，与离子半径和溶液的介电常数成正比，K_s 也与蛋白质性质有关。

表 4.1 列出了几种常见的盐类对某些蛋白质的盐析常数。对于某一蛋白质而言，在温度和 pH 等盐析条件（β）一定时，所用的盐确定（K_s）之后，蛋白质溶解度就取决于溶液的离子强度 I。

表 4.1　几种常见的盐类对某些蛋白质的盐析常数

蛋白质	NaCl	$MgSO_4$	$(NH_4)_2SO_4$	Na_2SO_4	磷酸盐	柠檬酸钠
β-乳球蛋白				0.63		
马血红蛋白		0.33	0.71	0.76		0.69
人血红蛋白					1.00	
马肌红蛋白			0.94		2.00	
卵清蛋白			1.22			
纤维蛋白原	1.07		1.46			

含有多种蛋白质的混合液，可采用分段盐析的方法进行分离纯化。在一定的温度、pH 条件下（β 为常数），通过改变离子强度的方法使不同的蛋白质分离，这称为 K_s 分段盐析。而在一定的盐浓度和离子强度的条件下（K_s、I 为常数），通过改变温度或 pH 使不同蛋白质沉淀，这称为 β 分段盐析。

硫酸镁、硫酸铵、硫酸钠、磷酸二氢钠均是常用的盐析用中性盐，其盐析能力随蛋白质的种类而不同，但一般是按上述顺序依次增大。硫酸铵因为较低温度下溶解度高，在实际操作中具有重要的意义。多数酶类在较低温度下稳定，而硫酸钠、磷酸二氢钠在低温度下溶解度很低，通常无法达到使酶盐析的浓度。常用盐析剂的有关特性如表 4.2 所示。

表 4.2　常用盐析剂的有关特性

盐的种类	盐析常数	溶解度	溶解度受温度的影响	缓冲能力	其他性质
硫酸铵	大	大	小	小	含氨、便宜
硫酸钠	较小	大	大	小	不含氨、较贵
磷酸盐	较小	大	大	大	不含氨、较贵

2. 硫酸铵浓度表示法

通常用硫酸铵饱和溶液（25℃时为 4.1 mol/L）的百分数浓度来表示，这是因为固体硫酸铵加入到溶液中时，会出现非线性体积变化，因此计算物质的量浓度相当麻烦，通常使用饱和度来表示。饱和度（%）是在一定的温度和 pH 条件下，可能达到的最大溶解度的百分数。0℃硫酸铵的饱和度是 505 g/L，是指 1L 饱和溶液中所含的硫酸铵的

质量。

盐析时所需加入的饱和硫酸铵的体积可按下式计算：

$$V=\frac{V_0\times(1-S_2)}{(S_2-S_1)}$$

式中，V、V_0 分别为所需加入的饱和溶液体积以及原溶液的体积，mL；S_2、S_1 分别为所需达到的硫酸铵饱和度和原来溶液硫酸铵的饱和度。

为了方便实验，表 4.3 列出硫酸铵饱和度的配制表，其为已知溶液中硫酸铵的饱和度，要求达到另一个饱和度时，每 100 mL 需要添加的硫酸铵的质量（g）。

表 4.3　硫酸铵饱和度的配制表（25℃）　（单位：g）

原有硫酸铵饱和度/%	需要达到的硫酸铵饱和度/%																
	10	20	25	30	33	35	40	45	50	55	60	65	70	75	80	85	90
0	56	114	114	176	196	209	243	277	313	351	390	430	472	516	561	662	767
10		57	86	118	137	150	183	216	251	288	326	365	406	449	494	592	694
20			29	59	78	91	123	155	189	225	262	300	340	382	424	520	619
25				30	49	61	93	125	158	193	230	267	307	348	390	485	383
30					19	30	62	94	127	162	198	235	273	314	356	449	548
33						12	43	74	107	142	177	214	252	292	333	426	522
35							31	63	94	129	164	200	238	278	319	411	506
40								31	63	97	132	168	205	245	285	375	496
45									32	65	99	134	171	210	250	339	431
50										33	66	101	137	176	214	302	392
55											33	67	103	141	179	264	353
60												34	69	105	143	227	314
65													34	70	107	190	275
70														35	72	152	237
75															36	115	198
80																77	157
90																	79

除了加入硫酸铵饱和溶液以外，也可将固体硫酸铵按所需用量直接加入蛋白质溶液，其加入量为

$$W=\frac{B\cdot(1-AS_2)}{S_2-S_1}$$

式中，A、B 为常数，与温度有关。0℃时，A 为 0.27，B 为 707；20℃时，A 为 0.29，B 为 756。

3. 盐析方法优缺点和注意问题

优点：操作方便，在比较温和条件下操作，且中性盐对易变性蛋白质有一定的保护作用，适用范围十分广泛。通常，通过盐析这一步可除去 75%以上的杂蛋白，使目的蛋白纯化数倍，这种提纯程度是相当可观的。此外，通过盐析还可以使蛋白质溶液浓缩。

缺点：分离、提纯的效果较差；析出物中的离子浓度增高，需脱盐处理。

实际操作时应注意的几个问题：

(1) 提纯的蛋白质必须有一种特异性高的分析方法，以确定盐的浓度范围。对酶类可选择酶活力分析法。在酶活力测定前，应除去硫酸铵或加以稀释，因为较高浓度的硫酸铵不利于酶活测定。

(2) 加入中性盐的速率很重要。对大多数蛋白质来说，必须逐步加入，而且是少量、多次，待其溶解后再进行添加。另外，如果脱水太慢，则另外一些蛋白质又可能变性。因此对某一特定的蛋白质，适宜的加盐速率必须用实验来确定。盐加入后要缓慢搅拌 10～60 min。

(3) 蛋白质开始沉淀时的硫酸铵浓度与溶液中蛋白质的起始浓度有关。当溶液硫酸铵浓度达到一定值时，蛋白质才开始沉淀，注意，蛋白质开始沉淀时需要的硫酸铵浓度还与杂蛋白浓度有关。

(4) 20℃时浓硫酸铵溶液的相对密度是 1.24，而被沉淀出来的蛋白质密度一般不会比此值大多少。大多数蛋白质的相对密度大约是 1.37。因此，蛋白质从溶液中沉淀出来的速度较慢，必须用离心方法来促进这一过程的进行（通常用 9000×g 以上的离心力)。如果加入太多的甘油或其他的高密度物质来稳定样品，使用强力离心也难以分离。

4.1.3 有机溶剂沉淀法

向蛋白质水溶液中加入一定量亲水性有机溶剂，降低蛋白质的溶解度使其沉淀析出的分离方法，称为有机溶剂沉淀法。它的分离效率比盐析法高，使用合理时提纯效果好。有机溶剂沉淀蛋白质易造成蛋白质变性，通常还需要在低温条件下进行。

在等电点附近，蛋白质主要以偶极离子形式存在。此时加入有机溶剂，会降低溶液的介电常数（表 4.4)。例如，20℃水的介电常数为 80，82%的乙醇水溶液的介电常数则为 40。溶液的介电常数降低，偶极离子间的静电引力增强，从而使蛋白质分子聚集而沉淀。另外，对于蛋白质分子水膜来说，有机溶剂使蛋白质表面层的水化层变薄，降低了它的亲水性，使其溶解度降低而沉淀析出。脱水作用较静电作用占据更主要的地位。此外，有机溶剂有可能破坏蛋白质的氢键等，使蛋白质构象发生变化，使原来在分子内部的疏水基团暴露于分子表面，形成疏水层，从而使蛋白质沉淀析出。

表 4.4 水与一些常用有机溶剂的介电常数

有机溶剂	介电常数	有机溶剂	介电常数
水	80	2.5 mol/L 甘氨酸	137
20%乙醇	70	丙酮	22
40%乙醇	60	甲醇	33
60%乙醇	48	丙醇	23
100%乙醇	24		

乙醇、丙酮的介电常数都较低，是最常用的沉淀用溶剂。2.5 mol/L 甘氨酸的介电常数很大，可作为蛋白质等生物大分子溶液的稳定剂。

有机溶剂沉淀法沉淀容易离心分离或过滤分离，不含有过高的无机盐，适用于食品工业用酶制剂的生产。该方法分离效果也比盐析好，有机溶剂容易除去或回收。其缺点是容易引起酶失活，必须在低温下进行操作。

影响沉淀的因素

（1）pH。用有机溶剂沉淀蛋白质时，如果溶液 pH 处于蛋白质等电点，则蛋白质的溶解度最低。可利用各种蛋白质等电点不同，调节溶液的 pH，使它们得到分离。

（2）蛋白质浓度。蛋白质浓度越大，加入一定量有机溶剂后，蛋白质析出越多。另外，蛋白质浓度大，溶液的介电常数也相应提高，可以减少蛋白质的变性。

（3）离子强度。中性盐的加入能促进蛋白质在有机溶剂中的溶解，并能防止蛋白质的变性。但过高的离子强度却会使蛋白质过度析出，不利于分级分离。一般采用 0.05 moL/L以下的稀盐溶液。

（4）多价阳离子。蛋白质能与多价阳离子（如 Zn^{2+}、Cu^{2+}）结合形成复合物，这种复合物在有机溶剂中往往使蛋白质溶解度减小，可显著降低有机溶剂的用量。

（5）有机溶剂的选择。有机溶剂沉淀蛋白质的能力，因蛋白质的种类及有机溶剂的种类不同而不同。一般溶剂蛋白质的沉淀能力顺序是丙酮＞乙醇＞甲醇，常用的有机溶剂为乙醇和丙酮。丙酮的沉淀能力最好，工业上常采用乙醇。

（6）有机溶剂用量。使蛋白质沉淀析出的有机溶剂加入量为

$$V = V_0\left(\frac{C_2 - C_1}{C - C_2}\right)$$

式中，V 为应加入的有机溶剂体积，mL；V_0 为原始有机溶剂的体积，mL；C 为添加的有机溶剂含量，%；C_1 为原有有机溶剂的含量，%；C_2 为需要达到的有机溶剂含量，%。

4.1.4　等电点沉淀法

在溶液中，带电的蛋白质分子比中性的蛋白质分子溶解度高。蛋白质分子所带电荷与溶液的 pH 密切相关。对大多数蛋白质来说，其溶解度在等电点附近达到最低，这是因为此时蛋白质分子间的静电斥力最小。利用这一性质，改变溶液的 pH，使溶液 pH 接近于等电点，这就能使蛋白质沉淀，并可利用离心加以分离。因等电点 pH 是蛋白质的特征参数，所以控制 pH 成为一种常用的选择性沉淀方法。几种酶和蛋白质的等电点如表 4.5 所示。但值得注意的是，此方法比较难以掌握，而且某一蛋白质等电点值在什么区间内变化以及 pH 变化速率可以调节到什么程度，必须由实验来确定。另外，即使在等电点，蛋白质分子聚集形成絮状沉淀仍需较长的时间。由于等电点沉淀效果较差，而且易造成蛋白质变性，导致该方法难以单一使用。

表 4.5　几种酶和蛋白质的等电点

酶、蛋白质	等电点	酶、蛋白质	等电点	酶、蛋白质	等电点
胃蛋白酶	1.0	β-乳球蛋白	5.2	肌红蛋白	7.0
卵清蛋白	4.6	γ-球蛋白	6.6	胰凝乳蛋白酶	9.5
血清蛋白	4.9	血红蛋白	6.3	溶菌酶	11.0

溶液中的盐类影响蛋白质的等电点。影响作用因蛋白质的种类不同而有所不同，但一般较小。如酪蛋白在离子强度为 0.1 时，pI 迁移至 4.06。

4.1.5 其他沉淀法

1. 选择性沉淀法

单宁酸、离子型表面活性剂等多价阳离子物质是蛋白质沉淀剂，它们能和蛋白质形成复合物沉淀下来。再用适当的方法使复合物溶解，除去沉淀剂，即可达到纯化目的。

常用的表面活性剂有十二烷磺酸钠（SDS）、氯化亚苄基烷基二甲基胺等，近年来有用杂多酸（磷、砷、硅或硼的钨酸、钼酸或钒酸）作为蛋白质沉淀剂。

2. 水溶液非离子聚合物沉淀法

这是近几年来新发展起来的一种方法，常用的聚合物是聚乙二醇（PEG）、右旋糖酐硫酸钠等。原理有以下的解释：聚合物使蛋白质在聚合物与水之间发生分配，聚合物与蛋白质分子之间发生反应，形成一种复合物，聚合物与蛋白质形成共沉淀。

该方法受到很多因素影响，如 pH、离子强度、蛋白质浓度以及所使用的 PEG 相对分子质量等。聚乙二醇与蛋白质的亲水性基团发生相互作用，阻碍蛋白质与水的相互作用。而蛋白质在聚乙二醇中溶解度取决于聚乙二醇的相对分子质量。相对分子质量为 2000～6000 的 PEG 适宜作蛋白质沉淀剂。

3. 共沉淀

常见的共沉淀剂如聚丙烯酸能与碱性蛋白质结合产生沉淀。聚丙烯酸分子上有相当多的羧基，碱性蛋白质含有较多的碱性基团，羧基与碱性基团形成盐。聚丙烯酸和碱性蛋白质结合形成很大的絮状颗粒沉淀下来，加入钙离子后，聚丙烯酸生成钙盐，蛋白质则游离出来，这样蛋白质就能得到进一步纯化。

4.2 蛋白质的膜分离技术

膜分离是利用具有一定透过选择性的过滤介质进行物质分离的过程，以膜两侧存在的能量差作为推动力，溶液中各组分透过膜的迁移速率不同而实现分离。膜分离操作属于速率控制的传质过程，具有设备简单、可在室温或低温下操作、无相变、处理效率高、节能等优点，适于生物物质的分离。

膜材料上的特殊活性基团是使溶质与膜材料发生相互作用提高膜分离性能的关键物质，近年来功能膜方面的研究很多，它代表了膜分离技术的发展方向。

食品体系通常含有各种生物大分子、电解质等各类物质，它们在溶液中存在的可能尺寸大小如表 4.6 所示。膜分离过程可看作是一个物质颗粒透过膜或被膜截留的过程，近似于筛分。表 4.7 列出各种膜分离技术的颗粒分离范围。

表 4.6　溶液中可能存在的主要物质及其尺寸

成分	分子质量/Da	尺寸/nm	成分	分子质量/Da	尺寸/nm
酵母、真菌		10^3～10^4	酶	10^4～10^6	2～10
细菌		300～10^4	抗体	300～10^3	0.6～1.2
胶体颗粒		100～10^3	单糖	200～400	0.8～1.0
病毒		30～300	有机酸	100～500	0.4～0.8
蛋白质	10^4～10^6	2～10	无机离子	10～100	0.2～0.4
多糖	10^4～10^6	2～10			

表 4.7　各种膜分离技术的颗粒分离范围

膜分离技术	分离机理	分离对象	孔径/nm
粒子过滤	体积大小	固体粒子	＞10 000
微滤	体积大小	0.05～10 μm 的固体粒子	50～10 000
超滤	体积大小	1000～1 000 000 Da 的大分子、胶体	2～50
纳米过滤	溶解扩散	离子、分子的相对质量小于 100 的有机物	＜2
反渗透	溶解扩散	离子、分子的相对质量小于 100 的有机物	＜0.5

根据物质颗粒通过膜的原理和推动力的不同，可分为三类：第一类是以浓度差为推动力的膜分离过程，如透析；第二类是以静压力差为推动力的膜分离过程，如微滤、超滤和反渗透；第三类是以电位差为推动力的膜分离过程，如电渗析和离子交换电渗析。膜分离过程的分类及特性如表 4.8 所示。

表 4.8　膜分离过程的分离及特性

名称	膜结构	推动力	应用对象	例子
微滤	对称膜微孔 0.05～10 μm	压力，0.05～0.5 MPa	消毒、澄清、细胞收集	溶液除菌、果汁澄清、水中颗粒物去除
超滤	不对称膜微孔 1～50 nm	压力，0.2～1 MPa	细粒子胶体去除，可溶性中等分子或大分子分离	酶及蛋白质分离、浓缩与纯化；乳化液分离、浓缩
反渗透	带皮层的不对称膜、复合膜	压力，1～10 MPa	水分子、溶质脱除与浓缩	糖及氨基酸浓缩、海水淡化、超纯水制备
透析	对称的或不对称的膜	浓度梯度	水分子、有机物和无机离子的去除	除去小分子有机物或离子
电渗析	离子交换膜	电位差	离子脱除、氨基酸分离	海水淡化、纯水制备

4.2.1　透析

透析（dialysis）是一种扩散膜分离技术，它是利用小分子物质的扩散作用使其不断透过半透膜到膜的另一侧，而大分子被膜所截留，这种扩散膜分离过程称为膜“透析”过程。透析法的特点是，半透膜两侧都是液相，一边是试验液（待透析液），另一边是纯净溶剂（水或缓冲液）；试验液中不可透析的大分子被截留于膜一侧，而可透析的小分子经扩散而不断透过膜进入另一侧，直到其在膜两侧浓度达到平衡。

渗透是由于化学势存在梯度而引起的自发扩散现象。如图 4.2 所示，在溶液和纯溶剂（水）之间放一张半透膜，此膜只能允许水透过，在一定温度 T 和压力 p 下，纯溶

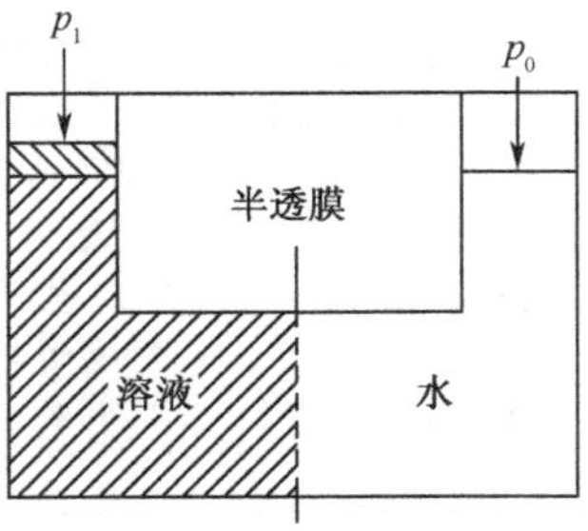

图 4.2　膜两侧的渗透压

剂的化学势为 μ_0。溶液中水的化学势为 μ，由化学热力学理论可知：

$$\mu = \mu_0 + RT\ln\gamma$$

式中，γ 为溶液中水的活度。对于纯水，其活度 $\gamma=1$；通常溶液中 $\gamma<1$，右边的第二项 $RT\ln\gamma<0$，故 $\mu<\mu_0$，所以在一定的温度、压力下，纯水的化学势高于溶液中水的化学势，结果使水从纯水一侧透过膜向溶液一侧渗透，使后者的液位升高。

但如果在溶液侧上方施加压力 p（p_0 为外界大气压），外界做功使溶液中的水的化学势逐渐升高，则纯水通过膜的渗透相应减少。当压力差（$p-p_0$）增至一定值时，水的渗透就会停止，达到动态平衡，此时的压力差就称为溶液的渗透压。渗透压用符号 π 来表示。如果提高溶液一侧的压力，即使（$p-p_0$）$>\pi$，此时水将从左侧溶液透过膜而进入右侧的纯水中，则称此种渗透过程为反渗透。

适用于作透析膜的材料为高聚物的薄膜（半透膜）。除动物膜外，羊皮纸、火棉胶、玻璃纸等透析膜都是由纤维素或纤维素衍生物制成的。纤维素材料来源丰富、价格便宜。商品透析膜大多为管状，各公司产品规格有所不同，Union carbide 公司几种透析管的渗透范围见表 4.9。

表 4.9　Union carbide 公司几种透析管的渗透范围

型号	近似膨胀直径（湿）/m	可透过的相对分子质量	不能透过的相对分子质量	型号	近似膨胀直径（湿）/m	可透过的相对分子质量	不能透过的相对分子质量
8 透析管	0.62	5 732	20 000	27 透析管	2.10	5 732	20 000
18 透析管	1.40	3 300	5 732	36 透析管	2.80	20 000	
20 透析管	1.55	30 000	45 000				

购置的透析袋含有作为增塑剂的甘油、微量硫化物和金属离子，这些物质对酶可能有较大影响，因此在使用前必须对透析袋加以处理。透析袋预处理是将透析袋在蒸馏水中浸泡，然后再用 0.01 mol/L 乙酸或稀 EDTA 溶液（1 mmol/L）处理；或用 75%乙醇溶液浸泡数小时或过夜，然后经蒸馏水充分洗涤。透析袋可在 4～10℃蒸馏水中保藏。若保存较长时间，应加入叠氮化合物作为防腐剂。

在实验室中需要透析的样品体积一般为 1～100 mL。样品装入透析袋前，先将透析袋一端密封（打两个结），装上溶剂仔细检查是否渗漏。然后倒出溶剂，装上需透析的样品（占透析袋容积的 50%），再将另一端扎好。一般透析袋可以挂在玻璃棒上，玻璃棒再横放于烧杯或其他容器上。烧杯中装入大量溶剂，若脱盐则用水作溶剂。一般的透析过程，是在室温或在低温下进行。透析过程如图 4.3 所示。

因为透析是扩散过程，由袋内扩散出的盐离子会增加外面水中盐的浓度，尤其是外膜表面附近的盐浓度会更高些。如在袋外溶液中进行搅拌，则会降低盐在外膜处的浓度，可加快透析速率。如袋内外的盐浓度相等，扩散就会停止。因此要经常换溶剂，一般每天换 2 或 3 次。如果是冷透析，则要把新溶剂预先冷却，以避免样品变性。

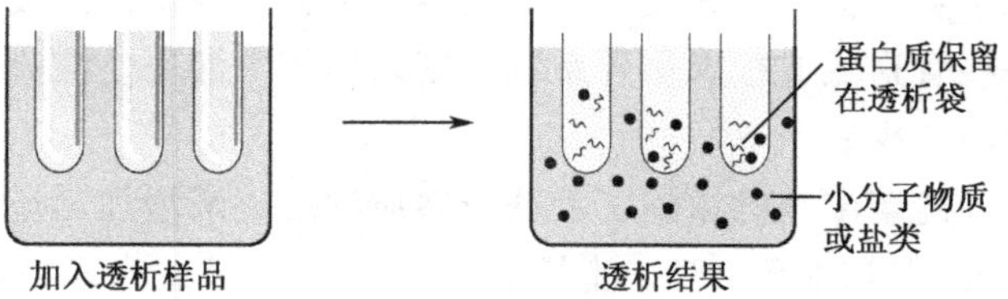

图 4.3　透析过程示意图

4.2.2　超滤

超滤（ultrafiltration，UF）又称为超过滤，是以膜两侧的压力差为推动力，借助超滤膜分离不同相对分子质量物质的分离技术。超滤膜截留的颗粒直径为 2～200 nm，相当于分子质量为 10^3～5×10^5 Da，所以说超滤是以截留大分子物质为主的膜分离技术，用于分离各种大分子物质（蛋白质、核酸、多糖）、病毒、多肽以及抗生素等。它已经成为酶工程、生物下游工程、生物制药、食品工业以及生物化工等领域中不可缺少的分离技术。

超滤不仅具有生物大分子浓缩作用，而且还有脱盐、分级、分离纯化的作用。它不消耗试剂，无相变，可在低温下进行，操作简便。但是，其分离、提纯效果不及分子色谱法。

1. 基本原理

超滤可以用于分离和浓缩溶液，一般是从含小分子物质的溶液中分离出相对分子质量较大的组分。透过超滤膜的组分是水（或溶剂）、小分子或离子，截留膜高压侧的组分是大分子。

超滤膜基本参数为水通量和截留率。水通量是指在一定压力下单位时间内通过单位膜面积的水量。超滤处理后，除去的目的溶质占原有目的溶质的比例，称为截留率。

超滤过程存在膜的浓差极化现象。它是指在超滤过程中由于水透过膜而使膜表面的溶质浓度增大，形成浓度梯度。通过改变速度、压力、温度和料液浓度等操作参数，可以减弱浓差极化现象。

2. 影响超滤的因素

（1）膜的渗透性。一般以蒸馏水透过膜的流率来表示。膜渗透性主要取决于膜孔隙的大小，溶液通过孔隙大且疏松的膜（高相对分子质量范围）比通过孔隙小而致密的膜（低相对分子质量范围）的流率要高。

（2）溶质形状、大小及扩散型。较小的分子扩散迅速，球形溶质比相同相对分子质量的线性溶质分子（如丙烯酸、聚乙二醇）更容易扩散。膜过滤扩散性很差的大分子物质如葡聚糖，由于很易形成凝胶，凝胶层会大大降低超滤流率。

（3）压力。影响流率的因素还有压力。压力增大则流率相应增大，但两者并不成比例。如蓝葡聚糖溶液超滤，流率达到一个稳定水平后，压力增加对流量并没有影响，适当搅拌可使流率有所提高。

（4）流体剪切力。增加剪切力能使流率增大。通过搅拌提高膜表面的流体剪切力，使被阻留的溶质分子从界面层迅速返回到溶液本体中去，降低浓差极化、保持溶质流动的稳定状态。另一些管道式或板式循环系统，则采用较大液压使液流通过膜表面，增加冲刷速度，提高超滤流率。

(5) 溶质浓度。随着溶液的浓缩，大分子溶质浓度逐渐增加，流量则逐渐下降，例如，γ-球蛋白溶液从2%浓缩到4%，流量下降到27%。当过滤容易形成凝胶的大分子溶质时，采取稀释的方法有利于防止浓差极化和维持溶液的高流率。

(6) 离子环境。一定条件，如离子强度、pH可改变溶质分子的构象（分子大小、形状），因而影响溶质的阻留率。各种浓度的电解质存在有可能使蛋白质结构发生变化，在蛋白质提纯时应注意考虑。某些膜本身就带有固定的离子静电荷，能阻留某些小的电解质，选择时也要特别注意。

(7) 温度。当温度升高时，溶质分子的运动性、溶解度有所增加，全面降低形成凝胶化层的倾向，所以当温度升高，流率就会增加。

3. 超滤膜的选用

为实现高效率的膜分离操作，对膜材料有如下要求：① 起过滤作用的有效膜厚度要小，超滤膜和微孔膜的开孔率高、过滤阻力小；② 膜材料为惰性，不吸附溶质，从而使膜不易污染、膜孔不易堵塞；③ 适用pH和温度范围广，耐高温灭菌，耐酸碱清洗剂，稳定性高，使用寿命长；④ 易通过清洗恢复膜透过性能；⑤ 满足实现分离的各种要求，如对生物大分子的通透性或截留作用等。常用的超滤膜主要是天然高分子材料、纤维素衍生物，有纤维素硝酸酯（乙酸酯）、酰胺纤维（尼龙）、聚砜等。

通常超滤膜不以其孔径大小为指标，而以截留相对分子质量作为指标。所谓"额定相对分子质量截留值"是指阻留率达90%以上的最小被截留物质的相对分子质量，它表征了每种超滤膜所规定的截留溶质的相对分子质量范围。截留相对分子质量越大，膜的孔径就越大，反之，膜的孔径就越小。一般选用额定截留值稍低于所分离、浓缩溶质相对分子质量的滤膜。由于额定截留值一般是根据球状溶质分子所测定的结果，故纤维状或不规则形状的溶质还应根据实际情况在额定截留量上限加以选用。

由于各种膜的化学组成不同，对各种溶质分子的吸附也不相同。使用膜时应尽量减少膜对溶质的吸附。某些介质也会影响膜的吸附能力，例如，磷酸缓冲液会增强膜的吸附作用。

酶、蛋白质、核酸、多糖等用超滤法浓缩、脱盐的情况很多，其中，较多用于酶类，酶的回收率高达90%，可同时除去盐和小分子杂质，比活力有较大提高，是简单、高效、经济、快速的浓缩法。表4.10是几种酶用UM-10膜浓缩及回收的情况。

表4.10 几种酶用UM-10膜浓缩及回收的情况

酶的名称	开始体积/mL	最后体积/mL	体积浓缩倍数	酶浓度/(U/mL)			回收率/%
				原样品	浓缩液	滤液	
青霉素酶	1800	150	12.3	100	950	0	29.3
β-半乳糖苷酶	1000	33	30.3	0.75	5.44	0	24
胰蛋白酶	1400	310	4.52	4.5	18.7	0	91.3
复合蛋白酶	1320	290	4.56	4.3	14.9	0	76.6

4. 实例——酪蛋白的超滤分级

使用截流分子质量（MWCO）为 10 kDa 的超滤膜，根据 β-酪蛋白在低温下解离的特点，可以将 β-酪蛋白从酪蛋白混合物中分离出，从而得到富含 β-酪蛋白的分级组分（图 4.4）。分级处理的结果是，80%以上的 β-酪蛋白在 2℃时透过超滤膜而进入超滤液，剩余物为富含 α_{s1}-酪蛋白、富含 α_{s2}-酪蛋白和 κ-酪蛋白的混合物。

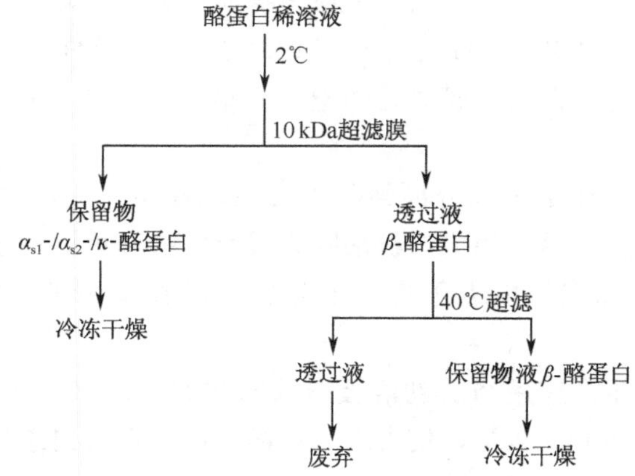

图 4.4　利用超滤处理对酪蛋白组分的分级（赵新淮，2007）

4.2.3　电渗析

电渗析（electrodialysis，ED）和离子交换膜电渗析属于电场膜分离，它是半透膜的两侧分别装上正电极、负电极，在电场作用下，带电物质或离子向与其本身所带电荷相反的电极移动，透过半透膜而达到分离的目的。

1. 电渗析

用两块半透膜将渗析槽分隔成 3 个室，两块膜之间的中心室通入待分离的溶液，在两侧室中装入水或缓冲液，并分别装上正电极、负电极。接通直流电源后，中心室溶液中的阳离子向阴极移动，透过半透膜到达阴极槽，而阴离子则移向阳极槽，从而达到分离的目的（图 4.5）。

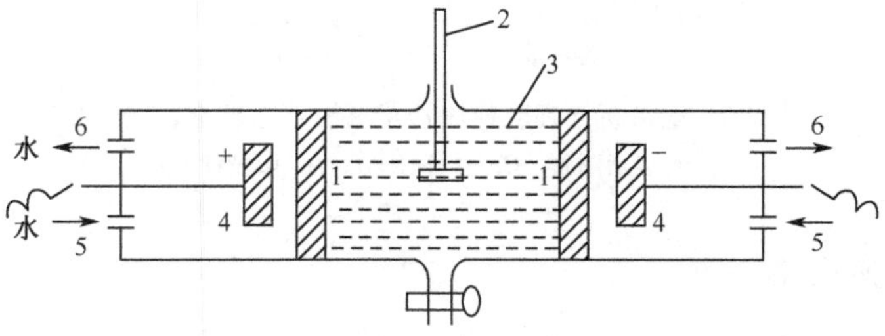

图 4.5　电渗析示意图

1. 半透膜；2. 搅拌器；3. 溶液；4. 铂电极；5. 进水管；6. 出水管

以等电点电渗析法分离含甲状腺蛋白质（T）、肌红蛋白（M）和血红蛋白（H）的混合蛋白质溶液为例，说明电渗析的工作过程。将3种蛋白质的混合溶液（pH为6.8）加入中央室内。通电后，电流流经中间通道时，由于T蛋白在此pH下带负电荷，故向阳极移动，透过右侧膜进入右室，而此室中有pH为5.0的缓冲液流过，T蛋白的等电点为pH 5.0，所以被此缓冲液夹带洗出。同理，肌红蛋白在pH为6.8时带正电荷，因而在电场力作用下透过左侧膜到达左室，在此被流经此室的pH为7.0的缓冲液夹带流出（肌红蛋白的等电点为pH 7.0）。血红蛋白在pH为6.8的等电点下随料液流入中室，因处于等电点状态，肌红蛋白其净电荷为零而不泳动，即使部分血红蛋白因扩散运动而进入左室或右室，也会在pH为7.0或pH为5.0的条件下带负电荷或正电荷，结果在电场力的作用下电泳并透过膜而返回中室。最终只有血红蛋白浓缩于中室而排出，从而实现分离纯化。

电渗析结合盐析沉淀法可以分离纯化蛋白质。首先，加入大量的硫酸铵或其他盐类，使蛋白沉淀析出。然后再用电渗析法除去残留的盐和可溶性蛋白质，从而达到分离纯化蛋白质的目的。如在等电点下进行电渗析，可直接用于大规模的蛋白质的分离纯化。

电渗析的工业化生产应用当属乳清蛋白浓缩物的生产（图4.6）。利用超滤技术结合电渗析，减少了矿物质的含量，使得最后产品中的乳清蛋白总量超过了50%。

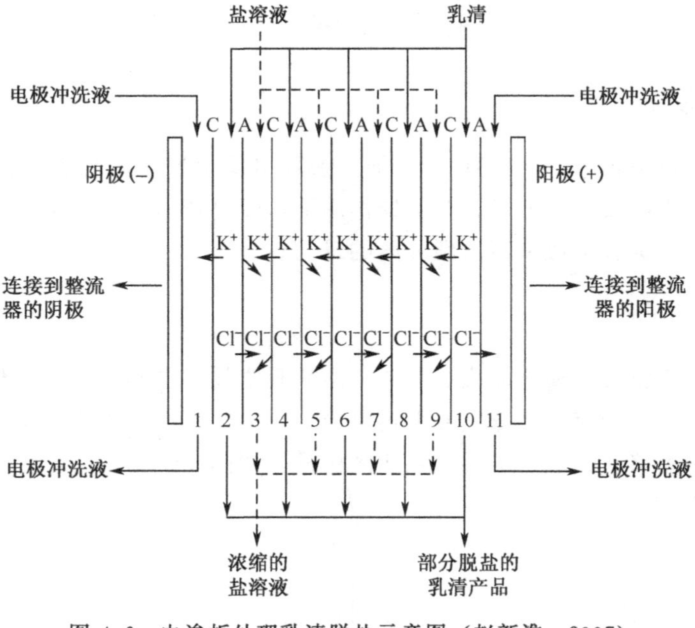

图4.6　电渗析处理乳清脱盐示意图（赵新淮，2007）

C、A表示隔膜；C. 阴极（—）；A. 阳极（+）

2. 离子交换膜电渗析

离子交换膜电渗析器主要由阴阳离子交换膜隔板、电极、电渗析槽和直流电源组成。离子交换膜的选择透过性比半透膜强。一方面由于膜孔径大小不同，只让小于孔径的颗粒通过而大于孔径的颗粒被截留，另一方面由于膜上有带电基团，通过静电相互作用，只让带异性电荷的颗粒透过，而把带同性电荷的颗粒截留下来。例如，带磺酸基团的阳离子交换膜，在电场中解离为带负电荷的磺酸根基团（$R—SO_3^-$），它吸引带正电荷的小分子或阳离子并让它们透过，而对阴离子起排斥作用；带季铵基团的阴离子交换膜，在电场中解离为带正电荷的季铵根基团[$R—N^+(NH_2)_3$]，它吸引带负电荷的小分子或阴离子并让其透过，而对阳离子起排斥作用。

离子交换膜电渗析主要用于海水淡化、蛋白质与氨基酸脱盐等方面。

4.3 电泳

电泳是分离蛋白质和其他可解离物质的一项重要的技术。带电质点在电场中泳动的速度和方向，主要取决于它们所带电荷性质、电荷数目、颗粒大小及形状。由于各种蛋白质的等电点、分子大小不同，在同一 pH 下，它们具有不同的解离状态，因而在电场中泳动的方向和速度也各不相同。电泳技术主要用于物质性质的研究、种类的鉴定、分离纯化、纯度的分析等，已成为生物化学、分子生物学、医学、药学、农业、食品、卫生和环保等领域不可缺少的重要工具。

4.3.1 聚丙烯酰胺凝胶电泳

在蛋白质研究中，聚丙烯酰胺凝胶电泳（PAGE）是最常使用的技术。聚丙烯酰胺凝胶电泳的最大优点，是凝胶支持物的孔径可以根据需要进行选择，而且操作简便、快速、分辨率高，并且对分离的物质没有损害。均匀的聚丙烯酰胺可以灌制成薄层板状或管状支持物，交联而成的网状结构允许带电颗粒根据其 q/r 值以不同的速度穿过它。因此，在样品分离、纯度鉴定、相对分子质量的测定等方面经常使用这一技术。在对蛋白质进行分离时，通常使用 pH 9 左右的缓冲液。在这种条件下，几乎所有被分离的蛋白质组分都带净负电荷，它们都向正极泳动。大小和净电荷相同的分子，将会以相同的速度在凝胶中迁移，并形成一个区带。

然而，凝胶电泳目前仍是一项手工操作较多的技术。操作者如能对电泳原理、聚胶过程以及影响电泳的一些因素等充分了解，将有助于顺利完成有关实验，获得分离效果良好、重复性好的结果。

聚丙烯酰胺凝胶是由丙烯酰胺（Acr）和甲叉双丙烯酰胺（Bis）聚合形成。聚合过程是由四甲基乙二胺（TEMED）和过硫酸铵激发。过硫酸铵在水溶液中形成一个过硫酸游离基，然后此游离基再激活 TEMED；随后，TEMED 作为一个电子载体提供一个未配对电子，将 Acr 单体转化成一个游离基从而使其自身被激活，被激活的单体和未被激活的单体反应，开始多聚链的延伸，正在延伸的多聚链也可以随机地通过 Bis 的作用进行交叉互联成为网状结构，最终聚合成凝胶状，而其孔径大小等特征由聚合条件及单体浓度决定。凝胶的孔径可以在较宽范围内变化以适合不同的分离需要，改变凝胶或缓冲液的某些组成成分，就可以按照不同的分离机制进行分离，如分别根据蛋白质电荷、大小或荷质比特性进行等电聚焦、SDS-PAGE 及酸性或碱性凝胶电泳等。

维生素 B_2（核黄素）也可以作为产生游离基的起始物，有时也将它和过硫酸铵混合在一起使用，维生素 B_2 激活聚合反应需要光和氧气的存在，因此，称为光化学聚合。

4.3.2　SDS-聚丙烯酰胺凝胶电泳

在普通 PAGE 的基础上发展起来的 SDS-聚丙烯酰胺凝胶电泳（SDS-PAGE）是一种非常有用的技术。SDS（十二烷基磺酸钠）是一种带负电荷的阴离子去垢剂。电泳之前，蛋白质样品用 SDS 处理。SDS 破坏蛋白质分子间的共价键，使蛋白质变性而改变原有构象。特别是在强还原剂巯基乙醇的存在下，由于蛋白质分子内的二硫键被还原，不易再氧化，保证蛋白质分子与 SDS 充分结合，从而形成带负电荷的蛋白质-SDS 聚合物。当 SDS 单体浓度大于 1 mmol/L 时，对于多数蛋白质，平均 1 g 蛋白质可结合 1.4 g SDS（大约每 2 个氨基酸残基吸附 1 分子 SDS）。聚合物所带的 SDS 负电荷，大大超过蛋白质分子原有带电量，因而掩盖不同种类蛋白质分子之间原有的电荷差异。其结果是，大小不同的多肽链将具有相同的 q/r 值。蛋白质-SDS 复合物的流体力学和光学性质表明，它在水溶液中的形状类似于椭圆棒。不同蛋白质-SDS 复合物，其椭圆棒的短轴长度是恒定的，约为 1.8 nm，而长轴的长度则与蛋白质的相对分子质量大小成比例。蛋白质-SDS 复合物在 SDS-聚丙烯酰胺凝胶系统中的电泳迁移率，不再受蛋白质原有电荷和形状等因素的影响，而主要取决于椭圆棒长度即相对分子质量。由于聚丙烯酰胺凝胶基质的网状结构具有分子筛效应，所以较小的多肽将比较大的多肽迁移得更快，从而使不同大小的多肽分离。因此，SDS-聚丙烯酰胺凝胶电泳是进行不同蛋白质组分分离和相对分子质量测定的可靠技术。

SDS-PAGE 的分辨率高，重复性好，可以用来检测蛋白质的纯度、亚基组成和相对分子质量。蛋白质在凝胶中的相对迁移率，和它们的相对分子质量之间有很好的线性关系（图 4.7）。但是在实际工作中，目标蛋白质常和几种已知相对分子质量的标准蛋

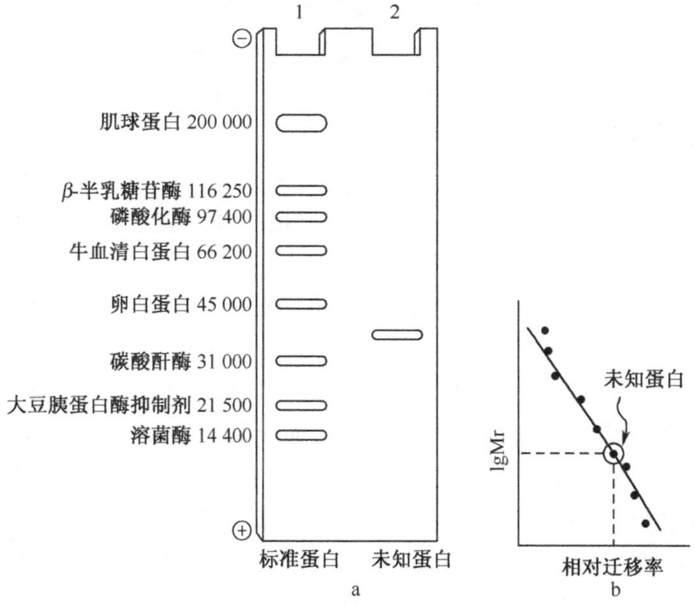

图 4.7　SDS-PAGE 测定蛋白质的相对分子质量

a. SDS-PAGE：1 是已知相对分子质量的标准蛋白质，2 是被检测的蛋白质；

b. 蛋白质相对分子质量与它们的电泳迁移率的关系

白同时进行 SDS-PAGE。通过比较目标蛋白在电泳后相对于标准蛋白的位置，推测出目标蛋白质的相对分子质量。由于 SDS 使寡聚体蛋白解聚，实际测定出的是寡聚体蛋白亚基的相对分子质量。当然，对于单链蛋白来说不存在这样的问题。如果在多肽链之间存在二硫键，则应在还原剂（如 β-巯基乙醇）的存在或缺乏下处理蛋白质样品，然后进行 SDS-PAGE 分析。

在进行 SDS-PAGE 时，一般选用的分离胶浓度取决于蛋白质的相对分子质量，如表 4.11 所示。

表 4.11　SDS-PAGE 分离蛋白质时需要的丙烯酰胺浓度

	分离胶中丙烯酰胺浓度/%	蛋白质分子质量/kDa
单一浓度	5	36～200
	7.5	24～200
	10	14～200
	12.5	14～100[a]
	15	14～60[a]
梯度浓度	5～15	14～200
	5～20	10～200
	10～20	10～150[a]

a. 更大的蛋白质分子可以进入分离胶，但不能有效地分离。

应用 SDS-PAGE 分析常见蛋白质的实例见图 4.8。

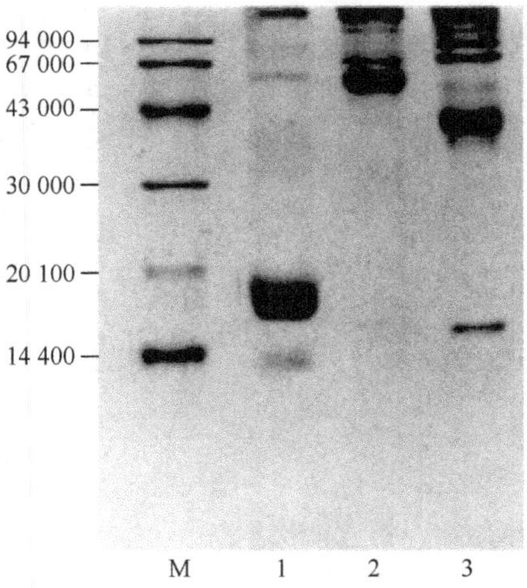

图 4.8　三种动物源蛋白的 SDS-PAGE 分析

M. 标准蛋白；1. 乳清蛋白浓缩物；2. 牛血清蛋白；3. 卵白

每泳道含 15 μg 蛋白质，考马斯亮蓝染色

4.3.3　非变性聚丙烯酰胺凝胶电泳

所谓非变性聚丙烯酰胺凝胶电泳（native-PAGE），是指在电泳之前被分离的蛋白质样品不作任何变性处理，凝胶和电泳缓冲液中不加入任何变性剂。样品中的各蛋白质组分在电场中将根据它们各自的迁移率（q/r 值）彼此分离。在电泳之后，各被分离的物质仍保持天然的结构，具有相应的生物活性。这种电泳技术可以用来分离有生物活性

的蛋白质，亦可以进行同工酶的检测。

4.3.4　蛋白质等电聚焦

蛋白质等电聚焦（IEF）技术在 20 世纪 60 年代后得到迅速发展和推广应用，现已成为一种广泛采用的蛋白质分析和制备技术。与常规电泳不同之处是在等电聚焦时，载体两性电解质形成一个连续而稳定的线性 pH 梯度，蛋白质分子在其中进行电泳。使用的载体两性电解质通常是脂肪族多氨基多羧酸（或碳酸型，或羧酸磺酸混合型），电泳中形成的 pH 范围有 3～10、4～6、5～7、6～8、7～9 和 8～10 等，可应用于大多数蛋白质等电点的范围。等电聚焦电泳时，载体两性电解质形成正极为酸性、负极为碱性的 pH 梯度。当将某种蛋白质（或多种蛋白质）样品置于负极端时，因 pH＞pI，蛋白质分子带负电荷，电泳时向正极移动；在移动过程中，由于 pH 逐渐下降，蛋白质分子所带负电荷量逐渐减少，蛋白质分子移动速度也随之变慢；当移动到 pH＝pI 时，蛋白质所带净电荷为零，蛋白质停止移动。当蛋白质样品置于阳极端时，也会得到同样的结果，因此在进行等电聚焦时可以将样品置于任何位置。多种蛋白质在等电聚焦电泳结束后，会分别聚集于相应的等电点位置，形成一个很窄的区带。等电聚焦不仅能获得不同种类蛋白质的分离和纯化，同时也能产生蛋白质浓缩。蛋白质区带的位置，由电泳 pH 梯度分布和蛋白质的 pI 所决定，而与蛋白质分子的大小和形状无关。一般蛋白质等电点分辨率可达到 0.01 pH 单位。图 4.9 表示等电点各为 pI_1、pI_2 和 pI_3 的 3 种蛋白质向其等电点处集中的情况。

利用蛋白质等电聚焦技术对纯化的卵白胱氨酸蛋白酶抑制剂（胱抑素，cystatin）的分析结果如图 4.10 所示。

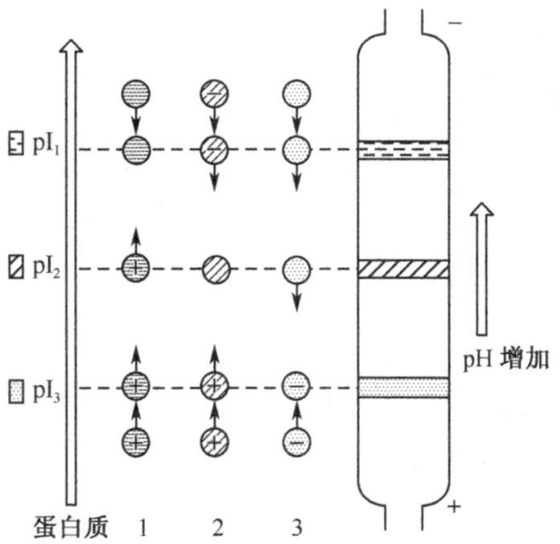

图 4.9　蛋白质在电场中的等电聚焦示意图

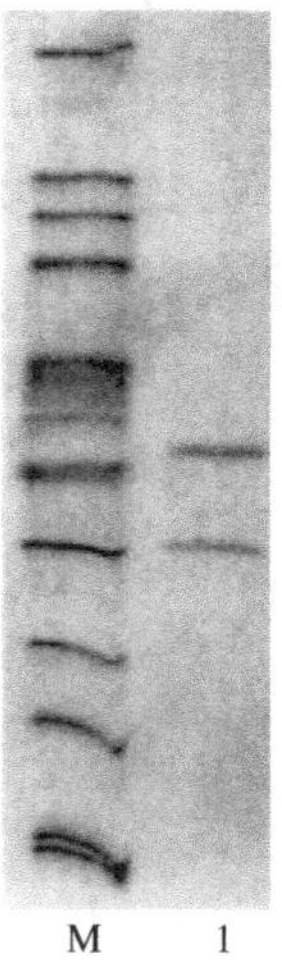

图 4.10　卵白胱氨酸蛋白酶抑制剂的 IEF 分析结果（pH 3～10）（考马斯亮蓝染色）

M. 标准蛋白；1. 卵白胱氨酸蛋白酶抑制剂

4.3.5　双向凝胶电泳

1975 年，O'Farrell 首先建立了等电聚焦/SDS-聚丙烯酰胺双向凝胶电泳（IEF/SDS-PAGE）分离和分析蛋白质组分的技术。双向凝胶电泳的分离系统（图 4.11），充分应用蛋白质的两个特征和不同的电泳分离原理。第一向是根据不同蛋白质带电荷的特性，用等电聚焦技术分离蛋白质；第二向是根据不同蛋白质相对分子质量大小的特性，通过蛋白质与 SDS 形成复合物后，在聚丙烯酰胺凝胶电泳时按分子大小达到分离蛋白质的目的。

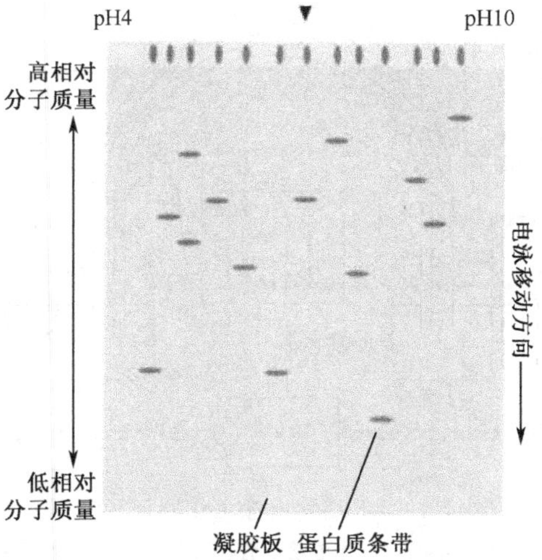

图 4.11　双向电泳示意图

第一向等电聚焦电泳系统内含有高浓度的脲和非离子型去垢剂 NP-40，而且溶解蛋白质样品的溶液除含有脲和 NP-40 外，还含有二硫苏糖醇以使蛋白质分子内部的二硫键破坏，达到充分变性。这些试剂不带有电荷，不会影响蛋白质原有电荷量和等电点，有利于在第二向中蛋白质肽链与 SDS 的结合。第一向一般都采用盘状等电聚焦电泳。电泳结束后，带有蛋白质的凝胶从玻璃管中脱出，必须经过第二向 SDS 电泳分离系统的溶液平衡。所用平衡液为含有 β-巯基乙醇和 SDS 的第二向浓缩胶缓冲液，β-巯基乙醇能使蛋白质分子中的二硫键保持在还原状态，有利于 SDS 与蛋白质充分结合。一般振荡平衡 30 min，使等电聚焦凝胶中的两性电解质和高浓度的脲扩散出胶，并为第二向浓缩胶缓冲液所平衡。

IEF/SDS-PAGE 对于生物大分子蛋白质的分离和分析有很好的应用前景，随着技术的改进和发展，应用范围更加广泛。聚丙烯酰胺双向凝胶电泳结合放射性核素标记蛋白质技术，可辨认出细胞中 1000 多个多肽，并且可检测到细胞内 0.001%或更微量的总蛋白。这一方法已广泛应用于检测真核细胞和原核细胞中许多类型的蛋白质。

4.3.6　毛细管电泳

20 世纪 80 年代有很多科学家致力于发展微量的、没有支撑介质的液相毛细管电泳。自 1989 年商品化毛细管电泳仪问世后，毛细管电泳的应用研究更是日新月异。开始主要用于蛋白质和多肽分析方面，后来在核酸、糖、维生素、药品检验、无机离子和环保等多个领域有了更为广泛的应用，并与高效液相色谱技术成为蛋白质分析方法中互补的技术。

所谓毛细管电泳，是在内径为 25～100 μm 的石英毛细管中进行电泳，毛细管中填充缓冲液或凝胶（工作原理见图 4.12）。与平板凝胶电泳相比，毛细管电泳可以减少焦耳热产生，主要是由于毛细管内径细，表面积与体积比大，易于扩散热量。另外，电泳时电阻相对大，即使选用较高电压（可高至 30 kV）仍可维持较小的电流。毛细管电泳通常在高电场下进行，可以缩短分析时间并且提高分辨力。

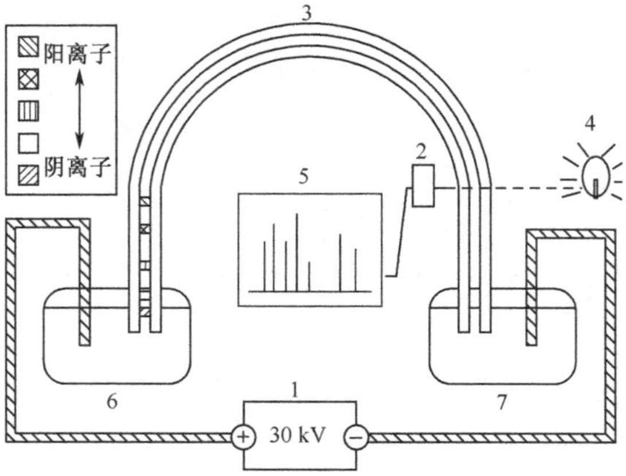

图 4.12 毛细管电泳工作原理示意图

1. 高压电源；2. 光电倍增管；3. 液冷温控毛细管；
4. 光源；5. 数据采集；6. 缓冲液或样品；7. 缓冲液

毛细管是由熔融石英制成的，内径通常为 25～75 μm，外径为 350～400 μm，在其外壁涂有聚亚胺保护层，使得毛细管有一定柔性不易折断。在检测窗口需将这层保护材料去除，去除保护层的毛细管非常脆弱，容易折断，操作时要格外小心。

在电泳过程中，毛细管两端及电极插至电极液中，此电极液通常与管中的缓冲液一致。正、负两电极连接至高电压装置。进样时样品盘移动，使毛细管的进样端准确插入样品管中，给予一定电场或压力后，样品被吸入毛细管内，然后再将毛细管放置电极液中开始电泳。

常用的检测方式是紫外-可见光吸收。检测器位于距样品盘毛细管总长的 2/3～4/5 处，对于毛细管壁内部分进行光聚焦。此外，激光诱导荧光、化学发光和质谱等检测方法也被应用于毛细管电泳。

虽然毛细管的内径很小，有助于散热，但是由于 1℃的温度变化会引起缓冲液黏度产生 2%～3%的变化，因此，仍需借助有效的散热装置，如简单的风扇以及含有致冷液体的冷却系统。理论上讲，液体冷却的效果更好，但如果空气流动速度达到 10 m/s 时，也足以散去电泳产生的热量，使毛细管周围的温度调节至±0.1℃的差异之内。

利用毛细管电泳对再制干酪中的乳蛋白进行分析（图 4.13），可以对其蛋白质组分进行有效的分离与分析，这种分析方法也可以用于确认乳制品中是否掺入非乳蛋白成分。当然，其亦可应用于其他的蛋白质鉴别。

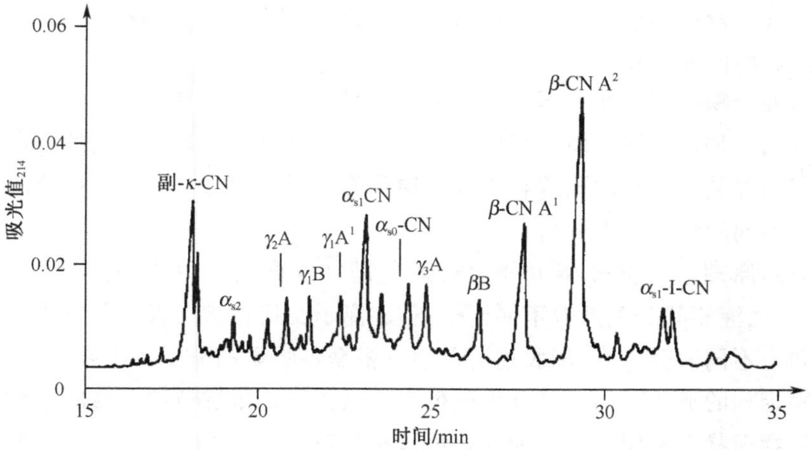

图 4.13　再制干酪中蛋白质组分的毛细管电泳分析结果

CN. 酪蛋白

4.3.7　电泳后的蛋白质检测

蛋白质电泳后的位置检测，是电泳技术在实际应用中一项不可缺少的工作。检测原理主要是根据蛋白质的物理性质和生物化学性质。

考马斯亮蓝染色是常用的电泳染色方法，是根据考马斯亮蓝能与蛋白质多肽链定量结合的原理而建立起来的。对于混合蛋白质的电泳分离，只能检测样品分离情况；如果被检蛋白质的位置可以确定，就可以将该蛋白质的色带切下之后进行脱色，测定脱色液的光吸收值，对该蛋白质进行定量分析。

活性染色，是根据有活性的目标蛋白质特有的生物化学反应产生有色物质，或者另外加入某种能与产物生成颜色的物质而进行的检测。活性染色可以从复杂的蛋白质样品中检测到目标蛋白出现的位置。活性染色法在同工酶（如酯酶同工酶、谷氨酸脱氢酶同工酶、谷氨酰胺合成酶同工酶等）的检测中非常有用。

免疫印迹（immuno-blotting）或蛋白质印迹（Western blotting）是检测目标蛋白质的另一项十分有效的方法，其原理是一种蛋白质（抗原）能与其抗体专一反应。在电泳之后，欲检测目标蛋白的存在，可以先将凝胶中的蛋白质电转移到硝酸纤维素膜上，然后用抗体与它产生抗原-抗体反应，再用连接碱性磷酸酯酶或辣根过氧化酶的第二抗体（通用抗体）与第一抗体反应，最后加入能与第二抗体共接酶进行反应、并能生成有色物质的生色液，这样就可以十分可靠地检测到目标蛋白。

4.4　蛋白质的色谱分离技术

色谱法（chromatography）是蛋白质分离纯化过程中最有效的方法之一。色谱分离，也称为层析分离、色层分离等，是利用被分离物质中各种组分的物理性质、化学性质（分子的大小和形状、分子极性、吸附力、分子亲和力和分配系数）的不同，使各组分在两相中的分配程度不同而达到分离的过程。色谱分离法具有分离效率高、设备简单、操作方便、条件温和、不易造成被分离物质变性等优点，其不足之处是处理量小、操作周期长、不能连续操作。

待分离混合物中溶质在互不相溶的两相之间分配行为的差异，从而引起移动速度不同而进行分离，是色谱法分离的基础。对于所有色谱系统，其主要包括固定相、流动相和需要分离的样品。当流动相载着待分离物质流经固定相时，由于各组分的移动速度不同，从而使不同的组分得以分离。

根据分离原理，色谱分离可分为吸附色谱（根据吸附力不同而分离）、分配色谱（根据物质在两液相间分配系数不同而分离）、离子交换色谱（根据各物质对离子交换体的化学亲和力不同而分离）、凝胶过滤色谱（根据各物质的分子大小或形状不同而分离）等。根据固定相的形状不同，可分为柱色谱、纸色谱、薄层色谱、凝胶过滤色谱等。根据流动相的物理状态不同，可分为气相色谱法和液相色谱法。存在于溶液的生物物质的分离主要采用液相色谱法。

根据分离操作技术方式，可分为洗脱展开、迎头分析和顶替展开 3 种。洗脱展开又称为洗脱色谱，它是先将混合物尽量浓缩，使其体积缩小后引入色谱柱上部，然后用纯溶剂洗脱。此法能使各组分分层后完全分离，层与层间隔着一层溶剂。此法应用最广泛，是最常见的色谱分离法。迎头分析是将混合物溶液连续通过色谱柱，只有吸附力最弱的组分以纯粹状态最先自柱中流出，其他各组分不能达到分离。顶替展开是利用一种吸附力比各种被吸附物都强的物质来洗脱，这种物质称为顶替剂。此法处理量较大，且各组分分层清楚，但层与层相连，故不易将各组分分离完全。总体上，迎头分析和顶替展开应用较少。适用于大规模生物分子分离纯化的色谱方法如表 4.12 所示。

表 4.12　用于大规模生物分子分离纯化的色谱方法

分离方法	分离原理	特点	应用
凝胶过滤色谱	分子大小	① 分辨率中等，但脱盐效果优良 ② 流速较低，对分级每周期大于 8 h，脱盐仅 30 min ③ 容量受样品体积限制	适用于大规模分离纯化的最后步骤，在纯化过程的任何阶段均可进行脱盐处理，尤其适用于两种缓冲剂交替时
离子交换色谱	电荷	① 分辨率高 ② 选择样品得当，流速快，容量很高，样品体积不受限制	最适用于大量样品处理的前阶段
聚焦色谱	等电点	① 分辨率很高 ② 速度快 ③ 容量很高，但柱大小限制样品体积	适用于纯化的后阶段
疏水色谱	疏水性	① 分辨率高 ② 流速快 ③ 容量大，样品体积不受限制	适用于分离的任何阶段，尤其当样品离子强度高时，如在盐析、离子交换色谱或亲和色谱后使用
亲和色谱	亲和性	① 分辨率非常高 ② 流速快，样品体积不受限制	适用于分离纯化的任何阶段，尤其是样品体积大、浓度很低而杂质含量很高时

一个色谱分离过程常包括：①加样，将需要分离的混合物置于填充柱上面；②展开，用流动相将各组分展开、分离；③分段收集，把流出的液体按一定的计量方式分段收集，并检测各组分。

4.4.1　凝胶柱色谱

凝胶柱色谱也称为凝胶过滤色谱（gel filtration chromatography，GFC）、分子筛色谱、凝胶渗透色谱（GPC）、排阻色谱。它主要是利用凝胶网状结构的分子筛作用，根据被分离物分子大小不同进行分离。此法被广泛地应用，具有以下优点：分离条件温和，适用于不稳定的分子；样品回收率高，几乎可达 100%；重复性高；操作的时间相对较短，所需要的设备简单、经济。

1. 基本原理

凝胶柱色谱的支持物是多孔凝胶，当不同分子流经凝胶色谱柱时，每个分子不仅是向下移动，而且还在做无定向的扩散运动。分子直径比凝胶孔径大的蛋白质分子，不能进入凝胶颗粒的微孔，只能通过凝胶颗粒之间的空隙，这样的分子是随溶剂一起移动的，故此最先流出柱外。而分子直径比凝胶孔径小的蛋白质分子，能够自由进入凝胶颗粒的微孔之中，即进入凝胶相内，它们就不能和洗脱液一起向前移动，这样，小分子蛋白质向下移动的速率必然要小于大分子蛋白质。

因此，可以把凝胶颗粒看成固定相（水相），它能阻滞蛋白质的移动。对不同的蛋白质，受阻滞程度不一样，因而在柱中移动速度也就不同。洗脱液可以看成是流动相。蛋白质分子在柱中流动的速度（分子被凝胶颗粒阻滞的程度），取决于分子在固定相和流动相间的分配系数 K_d。因此分配系数 K_d 是凝胶校色谱中的一个特征常数，可用它来表示某一种分子在指定的凝胶色谱柱内的洗脱行为。K_d 的表达式为

$$K_d = (V_e - V_0)/V_i$$

式中，V_e 为某种物质从柱内完全洗脱出来时洗脱液的体积；V_0 为凝胶粒之间空隙的总容积，也称为外水体积或空体积；V_i 为凝胶颗粒内部孔隙的总容积，也称为水体积。

正常情况下，K_d 值在 0～1，但有时 K_d 值会大于 1，这可能由于色谱过程中不仅有分子筛作用，还有吸附和离子交换等作用存在的缘故。

凝胶柱色谱的分辨率是凝胶色谱中的一个特征常数，它可用下式来表示：

$$R_s = \rho = 2(V_{e2} - V_{e1})/(W_1 + W_2)$$

式中，V_{e1}、V_{e2}分别表示样品中两种待分离物质的洗脱体积，可以根据从加样开始到洗脱峰的最高点所用的体积即它们的洗脱体积来计算；W_1、W_2 分别为样品中两种待分离物质的洗脱峰在基线上每一峰的两个夹角之间的宽度。影响分辨率的因素很多，如凝胶粒度、上样量、流量、温度、凝胶类型及色谱柱的形状等。

2. 交联葡聚糖凝胶

葡聚糖凝胶是应用面广的一类凝胶，国外商品名为 Sephadex。它是由一定平均相对分子质量的葡聚糖（dextran）和甘油基以醚桥形式相互交联而成，具有立体网状结构。交联度的大小，可通过控制交联剂（一般为环氧氯丙烷）和葡聚糖的配比以及反应条件来控制。交联剂在原料总质量中所占的百分比称为交联度。如 Sephadex G-50、Sephadex G-75 等，其中的数字是凝胶的得水值（凝胶完全溶胀后所吸收的水量）的 10 倍。凝胶的交联度越小，网状结构越疏松，得水值越大。因此，得水值实际上反映交联

度的大小。葡聚糖凝胶性能与交联度的关系如表 4.13 所示。

表 4.13 葡萄糖凝胶性能与交联度的关系

凝胶编号	例子	交联度	得水值	膨胀速度	凝胶网孔	凝胶强度
大	G-200	小	大	慢	大	小
小	G-25	大	小	快	小	大

葡聚糖凝胶的化学稳定性很强，一般不与常用生化试剂反应，也不与有机溶剂、弱碱或弱酸溶液、浓尿素和盐酸胍溶液反应。很浓的洗脱液以及过高、过低的 pH 会改变得水值和排阻极限。当 pH 低于 2 时，糖苷键发生断裂，pH 高于 12 时多糖发生碱降解。温度升高可加速该反应的进行。

芳香类、杂环类以及环糊精可吸附在胶体颗粒上，而硼酸盐离子与葡聚糖能形成复合物，从而改变凝胶的色谱分离性质。另外，从葡聚糖凝胶柱流出的洗脱液中可能有少量游离的葡聚糖，对高得水值凝胶尤为明显。所以，如果对多糖进行柱色谱分离，最好用聚丙烯酰胺凝胶。

3. 聚丙烯酰胺凝胶

聚丙烯酰胺凝胶是一种化学合成的人工凝胶，其商品名为生物凝胶 P（Bio-Gel P）。它是由丙烯酰胺单体，以次甲基双丙烯酰胺为交联剂，经四甲基乙二胺催化、通过游离基引发（光引发、化学引发等）聚合而成的交联聚丙烯酰胺。不同规格的生物凝胶用数字和符号表明，如 Bio-Gel P-4 等，数字表示凝胶排阻极限的 1/1000，即排阻极限是 4000 Da。排阻极限是指不能穿过凝胶微孔的最小分子的相对分子质量。大孔径的交联葡聚糖和生物凝胶能用来分离相对分子质量为 80 000～300 000 的溶质，但由于机械强度低（柔软），在色谱柱中易被压缩、形成沉淀，甚至造成“封柱”现象。为克服这一缺点，又研制了具有多孔径、流速又快的琼脂糖凝胶和琼脂糖-丙烯酰胺凝胶。

与葡聚糖凝胶相比，生物凝胶化学稳定性好，凝胶成分不易脱落，可在很宽的 pH 范围下使用（一般为 pH 2～11）。它的机械强度好，可在中压下使用并具有很好的流速。因凝胶骨架上没有带电基团，故无吸附现象，具有较高的分辨率。生物凝胶还不能被微生物所利用，使用和保存都很方便。

4. 蛋白质相对分子质量测定

1996 年 Andrew 假设蛋白质分子为球状的斯笃克球体，并根据他的实验结果提出了一个经验公式：

$$V_e/V_o = a - b\lg M$$

式中，V_e 为洗脱体积；V_o 为外水体积；M 为相对分子质量；a 和 b 为常数。

移项上式得：

$$\lg M = (a/b) - (1/b)(V_e/V_o)$$

在柱床条件确定后 $K_1 = a/(bV_o)$、$K_2 = 1/b$ 也是常数，因此：

$$\lg M = K_1 - K_2 V_e$$

利用凝胶色谱来测定相对分子质量还有一个优点，即对待测样品纯度要求不高。只要它具有专一生物活性，借助活性找出洗脱峰位置，确定它的洗脱体积，即可测定它的相对分子质量。测定蛋白质相对分子质量一般用葡聚糖凝胶。Sephadex 的分级范围如表 4.14 所示，根据需要可选用 Sephadex G-75 或 Sephadex G-100。用一系列已知相对分子质量的蛋白质标准样品（表 4.15），在同一凝胶色谱柱内进行色谱分离，记下每一种蛋白质组分的洗脱体积，确定该凝胶色谱柱洗脱体积与相对分子质量的对数的关系。然后测定未知蛋白质的洗脱体积，可推算出未知蛋白质的相对分子质量。凝胶柱色谱对球状分子的测量精度较高，对分子形状为棒状的物质，测量值将小于实际值。

表 4.14　Sephadex 的分级范围

型号	能分级的相对分子质量（球状蛋白质）	型号	能分级的相对分子质量（球状蛋白质）
SephadexG-10	＜700	SephadexG-75	3 000～70 000
SephadexG-15	＜1500	SephadexG-100	4 000～150 000
SephadexG-25	1 000～5 000	SephadexG-150	5 000～400 000
SephadexG-50	1 500～30 000	SephadexG-200	5 000～800 000

表 4.15　常用系列标准蛋白质及其相对分子质量

标准蛋白质	相对分子质量	标准蛋白质	相对分子质量
细胞色素 c	12 500	卵白蛋白	45 000
肌红蛋白	16 900	血红蛋白	64 500
胰凝乳蛋白酶	23 200		

4.4.2　离子交换柱色谱

1. 基本原理

离子交换剂是含有若干离子基团的不溶性高分子物质，是通过在不溶性高分子物质（母体）上引入若干可解离基团（活性基团）而制成。根据活性基团的性质不同，离子交换剂可分为阳离子交换剂和阴离子交换剂。根据母体的不同，离子交换剂可分为离子交换树脂、离子交换纤维素和离子交换凝胶等。

离子交换过程可分为 5 个步骤：

（1）离子向离子交换树脂颗粒表面扩散。在均一的溶液中，这个过程很快。

（2）离子从离子交换树脂颗粒表面向它的带电部分扩散，扩散速度取决于交换剂的交联度和溶液浓度，这是限制整个离子交换过程速度的关键步骤。

（3）离子交换剂的带电部分进行交换。这一步能瞬间发生，且呈平衡关系。如果是阳离子交换剂，则有如下的平衡：

$$\text{Exch-X} \longrightarrow \text{Exch}^- + \text{X}^+$$

$$\text{Exch-X} + \text{Z}^+ \longrightarrow \text{Exch-Z} + \text{X}^+$$

其中，Exch^- 是阳离子交换剂；X^+、Z^+ 分别是阳离子。对于阴离子交换剂也有类似的交换过程。被交换的电荷密度越大，与交换剂的结合越牢固，其他离子则难以与之交换。

(4) 被交换的离子通过交换剂扩散到交换剂表面。

(5) 用洗脱液洗脱，被交换的离子扩散到周围的溶液中。

2. 离子交换剂的性质

1）一般特性

大多数商品树脂制成球形，其直径为0.2～1.2 mm（16～70目）。球形的优点是比表面积大，可提高机械强度和减少流体阻力。普通凝胶树脂是透明球珠，大孔径树脂为不透明雾状球珠。树脂的颜色因合成原料、工艺条件不同而异。为便于观察交换过程色带的分布情况，以选用浅色树脂为宜。蛋白质分离过程中，一般使用粒度为16～60目占90%以上的球形树脂。粒度过小，堆积密度大，容易产生阻塞；粒度过大，装填量少，内扩散时间延长，不利于分子的交换。离子交换剂还应具备一定的理化性能。

2）总交换容量

它是指交换剂中可交换离子数，一般用单位质量（干树脂）或单位容积（湿树脂）交换剂所能交换的离子质量来表示，即mg容量/g或mg容量/mL。总交换量为离子交换树脂的特性常数，与操作条件无关。

在实验条件下所得到的实际交换容量称为有效交换量，其大小取决于活性基团的亲和力、洗脱剂的浓度、离子强度、离子性质和活性基团的选择性。

3）交联度

合成树脂时所用的交联剂（二乙烯苯）在原料总质量中所占百分比称为树脂的交联度。交联度的大小与树脂的膨胀性及交换容量均有关系。交联度越大，树脂的网孔越小，膨胀性越小，故交联容量也小；反之，交联度越小，网孔越大，孔内活性基团越多，故交换容量也越大，但交换性增大容易引起树脂机械变形并破损。

交联度的表示方法是在树脂型号后面标明共聚物中所加交联剂的比例。如Dowex 1×2，表示Dowex阴离子交换剂1号，其交联度为2%。国产树脂的编号规定如下：强酸为1～100，弱酸为101～200，强碱为201～300，弱碱为301～400，磷酸为401～500。如201×7表示强碱性阳离子树脂，其交联度为7%。

4）离子交换剂活性基团的性质

所用离子交换剂的性质取决于它们的功能基团性质。阳离子交换剂活性基团有强酸基（$—SO_3^-$）或弱酸基（$—COO^-$）及中强酸基（$—PO_3H_2^-$），而阴离子交换剂活性基团有强碱基（$—N^+R_3$）或弱碱基（$—N^+HR_2$）等，这些基团的解离程度取决于溶液的pH。

5）离子交换剂对离子的亲和力

溶液中某一离子能否与离子交换剂上的离子进行交换，主要取决于离子的相对浓度（质量作用定律）以及交换剂对离子的相对亲和力。一般来说，电性越强，越容易交换。

对于阳离子交换剂，在常温常压的低浓度溶液中，交换量随交换离子的化合价的增加而增大，即$Na^+ < Ca^{2+} < Al^{3+}$。若原子价数相同，则交换量随交换离子原子序数的增加而增大，即$Li^+ < Na^+ < K^+ < Pb^+$。

对于阴离子交换剂也有一定规律，在常温常压下低浓度溶液中，强碱性阴离子交换剂对OH^-有较高的亲和力，其亲和力次序为$CH_3COO^- < F^- < OH^- < HCOO^- < Cl^-$

$< SCN^- < Sr^- < CrO_4^{2-} < I^- < C_2O_4^{2-} < SO_4^{2-} <$柠檬酸根。弱碱性阴离子交换剂对 OH^- 有极高亲和力，对各负电性离子或基团的亲和力大小次序为 $F^- < Cl^- < Br^- = I^- = CH_3COO^- < MoO_4^{2-} < PO_4^{3-} < AsO_4^{3-} < NO_3^- <$ 酒石酸根 $<$ 柠檬酸根 $< CrO_4^{2-} < SO_4^{2-} < OH^-$。

3. 色谱分离条件的选择

1）离子交换剂的选择

选择离子交换剂要考虑被分离物质带有什么样的电荷、分子的大小、物理化学性质以及它所处的环境等影响因素。然后根据这些性质去选择合适的离子交换剂，一般方法如下：

（1）参照电泳结果。一般情况下，带正电的物质用阳离子交换剂，带负电的物质用阴离子交换剂。但也有例外。

（2）已知等电点的蛋白质，在高于其等电点的 pH 条件下，用阴离子交换剂；在低于其等电点的 pH 条件下，用阳离子交换剂。但也有例外。

（3）如果吸附太牢固，可改用交换容量较小的吸附剂，或改变条件降低交换剂上带电基团的解离度。

（4）由于离子交换剂的孔径影响蛋白质的交换容量，故使用以葡聚糖凝胶及聚丙烯酰胺为骨架的交换剂时，要特别注意孔径的选择。

（5）离子交换剂颗粒的大小会影响分辨率和流量。粗粒子离子交换剂装柱不够紧密，单位柱体积中的交换容量小且其间隙大，容易引起区带扩散而降低分辨率，但是流速较快。粗粒子离子交换剂不适用于装太小的柱体（1 cm 以下），而细粒子适用于装小柱，甚至 1 mm 的柱也可以。

实验室中常用 DEAE-纤维素、CM-纤维素或 DEAE-Sephadex、CM-Sephadex。如需在低 pH 操作时，可选用 P-纤维素、SE-纤维素或 SE-Sephadex，而需在 pH10 以上条件下操作时可用 GE-纤维素。

2）缓冲液离子的选择

缓冲液离子的 pK 要接近所要用的 pH，这样才能有较高的缓冲能力，并可有效控制因缓冲离子与吸附剂相互作用而产生的 pH 改变，避免出现 pH 的交错界面，形成假峰。

对于阳离子交换剂应采用阴离子型缓冲液（如磷酸、乙酸、柠檬酸等），对于阴离子交换剂则应采用阳离子型缓冲液（如 Tris、铵盐、吡啶等），避免缓冲液离子被吸附而引起 pH 改变。例如，使用 DEAE-纤维素时，宜用 Tris-琥珀酸缓冲液；用 DEAE-Sephadex 离子交换剂时，适用柠檬酸缓冲液。但要对色谱柱进行平衡。

（1）缓冲液 pH 的选择。所选用的 pH 取决于待分离物质的等电点、稳定性和溶解度。应使待分离物质与离子交换剂带电基团的电荷相反。起始 pH 应在待分离物质等电点上下 1 个 pH 单位为宜。

（2）缓冲液离子强度的选择。缓冲液离子强度影响待分离物质的交换容量。提高离子强度可使被吸附物质较容易解吸。

4. 实例

图 4.14 显示了结合了超滤技术的离子交换色谱法，对乳清中蛋白质进行分离的处理方法（赵新淮，2007）。最终的产品中蛋白质含量高，脱盐、脱乳糖较彻底。

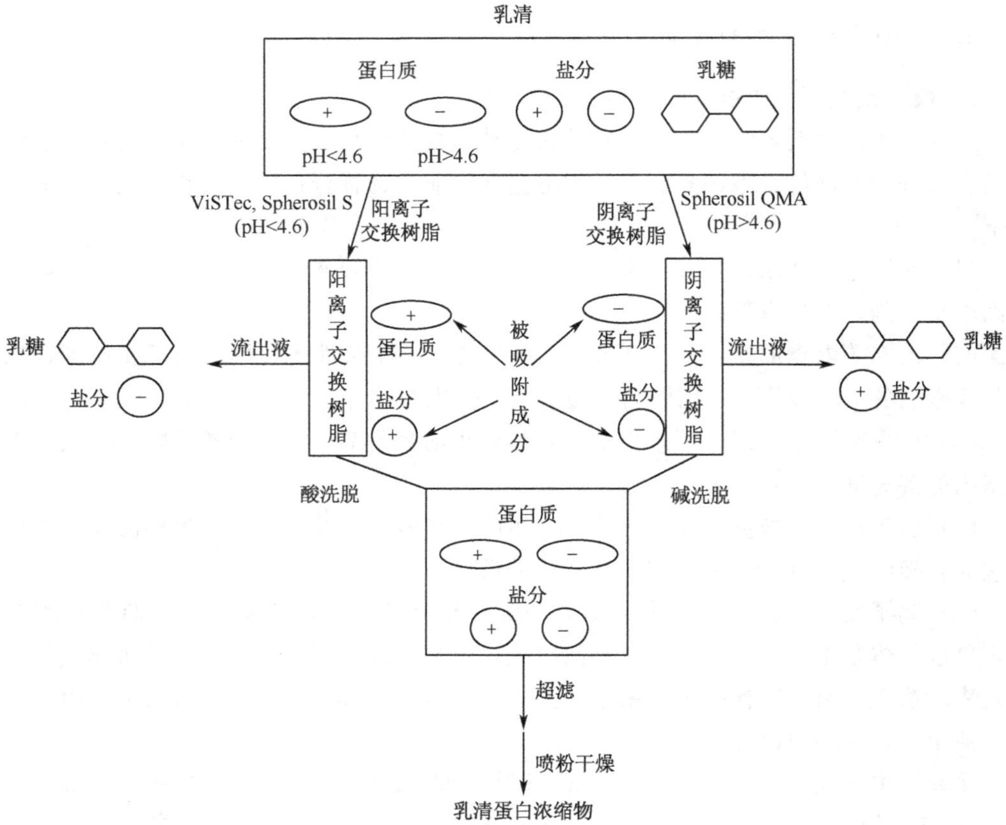

图 4.14　从乳清中分离全乳清蛋白分离物的方法

第 5 章　蛋白质分析

蛋白质是生物体中含量最高、功能最重要的一类生物大分子。它存在于所有生物细胞中，占细胞干重的 50%以上。显然，蛋白质分析是生物分析化学的重要内容。通过化学和生物学手段分析蛋白质，获取蛋白质的结构、功能和组成等方面的信息，作为蛋白质研究的核心内容之一。这里，我们主要介绍蛋白质的有关化学分析，蛋白质生物活性、功能性质等方面的分析不在本章内容之中。

蛋白质分析必须满足以下基本要求：①高效提取并分离所有蛋白质组分；②准确鉴别和定量分析每一组分；③能比较分析表达图谱的复杂变化。

5.1　蛋白质及氨基酸的定性分析和定量分析

5.1.1　氨基酸的定性分析与定量分析

1. 微生物法

某些氨基酸是某种微生物繁殖所需的营养物质，当培养基中缺少其所必需的氨基酸时，该种微生物的繁殖就不旺盛，如将欲分析的蛋白质水解液加到缺乏此种必需氨基酸的培养基中，观察微生物的繁殖速率，再与对照实验相比较，就可以测定出该氨基酸在蛋白质中的含量。

例如，某一蛋白质水解液中的精氨酸含量，可以由它对干酪乳酸杆菌（*Lactobacillus casei*）生长的效应测定出来。

2. 纸层析法

1944 年以后，在蛋白质的氨基酸组成分析中引入了纸层析分析的技术（其原理如图 5.1 所示），使氨基酸分析获得了决定性的进展。

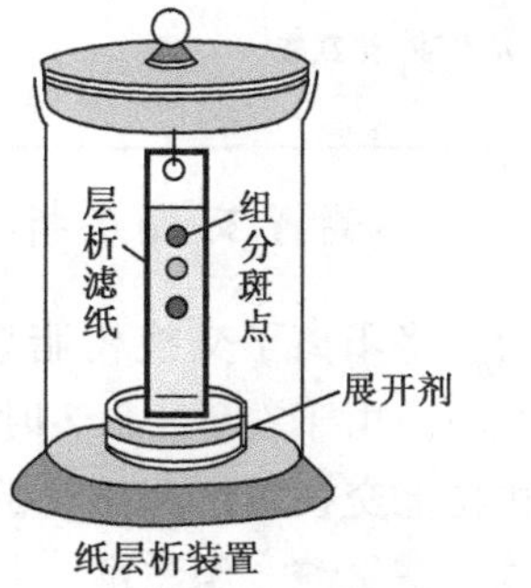

图 5.1　纸层析法装置示意图

纸层析法中，滤纸纤维上吸附着一层水保持成为固定相，另一部分是能溶于水的有机溶剂，如苯酚或正丁醇作为流动相，它沿着滤纸长的方向向上或向下流动。蛋白质水解产物中的氨基酸则分配于这两相之间。氨基酸的亲脂性愈强，则与有机溶剂一起移动的倾向愈大；氨基酸的亲水性愈强，则被保留在固定相中的趋势愈大。相差一个亚甲基的氨基酸同系物，可以产生足够大的移动差异，因而很容易加以鉴定。在色层分离完毕后，将滤纸干燥，用水合茚三酮溶液喷雾处理，显出蓝紫色斑点，即呈现出各氨基酸组分的位置，并用 R_f 值来表示。各个氨基酸各有其特有的 R_f 值。

在进一步的方法中，可将水解产物加在滤纸的转角处，然后使溶剂沿着 X 轴的方向流动，展开后再用另一种溶剂沿 Y 轴方向流动展开，这样就达到了较大的散布，这种方法称双向层析分析。

利用分光光度分析，对层析后得到的斑点进行测定，就可以得到各氨基酸的含量水平。

也可以在层析结束后对个别氨基酸进行显色反应，以确定其存在。此时的显色处理，就不能采用水合茚三酮溶液喷雾处理，而需要选用专一性显色剂。个别氨基酸显色方法与条件如表 5.1 所示。

表 5.1 个别氨基酸的显色方法与条件

氨基酸	显色方法与条件
精氨酸	喷雾 5%KOH 溶液，然后喷雾 α-萘酚溶液（0.01 g α-萘酚溶于 5%尿素乙醇溶液 10 mL），数分钟内干燥，再喷雾少量的溴碱溶液（0.7 mL 溴水溶于100 mL 5%KOH 溶液），呈红色
胱氨酸/半胱氨酸/甲硫氨酸	将 4 mL 0.002 mol/L 的氯化铂钾溶液与 0.1 mol/L KI 溶液 0.25 mL，2 mol/L 盐酸溶液 0.4 mL 依次混匀，再加 76 mL 氨水混匀，喷雾后红色背景呈白色斑点
甘氨酸	喷雾 0.2%的邻苯二甲醛丙酮溶液，加温呈现绿色；用 365 nm 波长光照射变褐色。组氨酸以及色氨酸呈黄色荧光
组氨酸/酪氨酸	将 1 g 对氨基苯磺酸溶于 8 mL 浓盐酸并加水 100 mL，与等量的 0.69%亚硝酸钠溶液混合，喷雾后自然风干，再喷 10%碳酸钠溶液呈桃红色
赖氨酸	二硫化碳与正丁醇等量混合，加少量 NaOH 使其呈碱性，喷雾，5 min 后微热干燥；用 1 mol/L 硝酸配制 1%硝酸银溶液，喷雾后暗处放置，呈黑色
苯丙氨酸	用水合茚三酮正丁醇溶液显色，然后喷雾 0.15%碳酸钠溶液，呈蓝色；酪氨酸也显色，但是不稳定，变成灰蓝色后很快褪色
脯氨酸/羟脯氨酸	喷雾 0.2%靛红丙酮溶液，潮湿条件下 70℃加热 10 min，呈蓝色；胱氨酸、酪氨酸也常呈现蓝色；酸性氨基酸最初为橙色，然后变为蓝色；其他氨基酸呈现桃红色，但很快褪去
苏氨酸/丝氨酸	将过碘酸钠溶于奈氏试剂中，继续加奈氏试剂至沉淀溶解，喷雾此溶液；再将 1 g 对二氨基苯甲醛溶于 90 mL 丙酮中，加浓盐酸 10 mL，喷雾，呈现蓝色

3. 离子交换层析

将阳离子交换树脂装满一个柱子，预处理后在树脂上加氨基酸的酸性溶液（pH 2.2）。由于在 pH 2.2 时氨基酸大部分为阳离子，带净正电荷，氨基酸阳离子就从树脂颗粒上交换下一些结合的 Na^+。不同氨基酸的交换量有差别，在 pH 2.2 时碱性的氨基酸（精氨酸、组氨酸、赖氨酸）与树脂的结合最紧密，酸性的氨基酸（天冬氨酸、谷氨酸等）结合最差。当洗脱液的 pH 及 NaCl 浓度逐渐增加时，氨基酸被洗脱并沿交换柱以不同速度向下流动。氨基酸可以用分部收集器收集，然后用茚三酮反应定量测定，并可以画出各种氨基酸的洗脱曲线。这种测定方法现在已经自动化，其仪器称为氨基酸自动分析仪（automatic amino acid analyzer）。

4. 氨基酸的自动分析

氨基酸自动分析仪是利用高效液相色谱的原理制造的。氨基酸分离用的离子交换树脂，是粒度均匀的微粒状磺酸型强酸性阳离子交换树脂。用恒流泵输送样品，利用氨基酸在酸性环境下带正电荷、而强酸性阳树脂却是有负离子的特性，便能通过离子交换、洗脱等将不同类型的氨基酸进行分离。

用于氨基酸分析仪的一般是合成的离子交换树脂。一般氨基酸分析仪所用的强酸阳离子交换树脂，由苯乙烯及二乙烯苯合成。最初用于氨基酸分析仪上的强酸性阳离子交换树脂是 Amberlite IR 120，粒度为 200 目。目前已知常用的强酸性阳离子交换树脂还有 Dowe×50、Zeocarb 225 等。最近有专为荧光检测用的树脂。所用离子交换树脂一般都是 Na^+ 型。当 pH 3.3、4.3、4.9 的缓冲液相继流经树脂时，由于 pH 逐渐增高，氨基酸逐渐失去正电荷，与树脂的结合逐渐减弱，最后便从树脂上被洗脱下来。

由于各种氨基酸的结构不一样，因此对树脂的亲和力也不一样，酸性氨基酸所带的氨基少，正电荷也少，和树脂结合不紧，所以它们最早被洗脱下来。在单柱分析时，天冬氨酸是第一个最先被洗脱下来的氨基酸。反之，赖氨酸所带氨基多，正电荷亦多，和树脂结合紧密，被 Na^+ 置换就相对困难，故被洗脱的速度慢。氨基酸侧链也可能带有其他不同的化学基团，其中，包括酚基（如酪氨酸）、咪唑基（如组氨酸）及胍基（如精氨酸）等，这些基团也能在一定条件下解离，导致对树脂的亲和力和被洗脱的速度有区别。这些区别也是各种氨基酸在柱层析过程中被分离开的基础。

洗脱出来的氨基酸，与另一流路的茚三酮溶液混合，在 100℃的水浴中加热呈颜色反应，一般氨基酸呈紫色，但脯氨酸却是黄色，故氨基酸自动分析仪一般都设计有两个波长，一个是 570 nm，另一个是 440 nm。时至今日，利用电子计算机程序控制氨基酸自动分析仪，进行相关的数据处理，使分析全部自动化，分析时间缩短，分析的灵敏度和精度也大大提高。氨基酸分析仪的灵敏度已达到 10^{-11}，若用荧光检测器，灵敏度还可提高 1 或 2 个数量级，所需样品很少，几毫克或几十微克样品即可用于分析。

对蛋白质中的氨基酸进行定量分析时，需要对蛋白质样品进行水解以产生各种游离的氨基酸。在常用的蛋白质水解方法中，酸水解能够得到除色氨酸和胱氨酸以外的其他氨基酸，通常用盐酸作水解剂。由于酸水解对色氨酸有破坏作用，因此需采用蛋白质的碱水解法来测定色氨酸。但是碱水解会破坏精氨酸、丝氨酸、苏氨酸、胱氨酸及半胱氨酸等，只限于测定色氨酸。由于半胱氨酸和甲硫氨酸在分析过程中易受干扰，因此测定半胱氨酸和甲硫氨酸需要采用过甲酸氧化法。目前常采用结合了过甲酸氧化法的酸水解法，采用 5.7 mol/L 盐酸真空下 110℃水解 24 h，水解反应在封管中进行（图 5.2）。

蛋白质水解完成后，就可以进一步处理并在仪器上进行分析。氨基酸的定量分析需要对氨基酸组分进行衍生化处理，例如，采用柱后衍生法或柱前衍生法。前一种方法是将游离氨基酸经过色谱柱分离后，各种氨基酸再与显色剂（茚三酮、荧光胺、邻苯二甲醛等）作用，这种方法比较稳定，对样品预处理要求低，容易定量和自动化操作，不足之处在于检测灵敏度不高（100 pmol 以上），分析时间长，蛋白质水解需 1 h，而某些生理样品则需 4 h 以上。柱前衍生法是将氨基酸和化学偶联试剂先反应生成氨基酸的衍生物，然后再用色谱柱将各种衍生物分离，直接检测衍生物的光吸收或荧光发射，此法

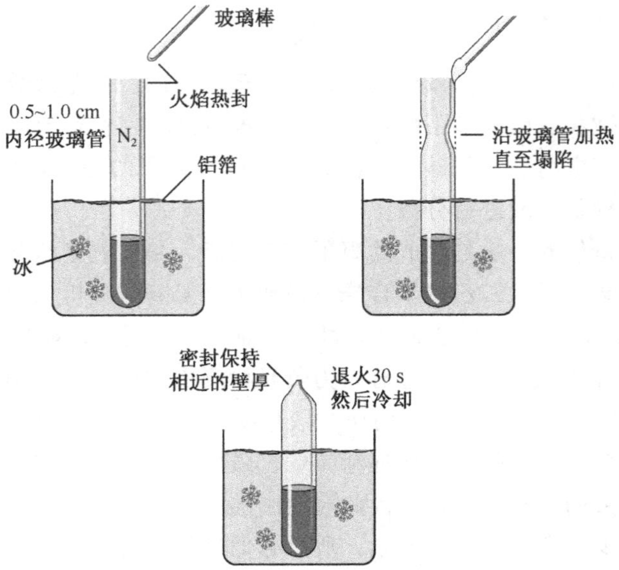

图 5.2　蛋白质水解管的封管

分析灵敏度高，可利用 HPLC 进行氨基酸分析，缺点是有的衍生物不稳定，衍生试剂可能干扰氨基酸检测。

下面是几种常见的氨基酸衍生方法：

1）茚三酮法

McCaldin 曾详细研究茚三酮与氨基酸的反应机理，Spackman 等最早将茚三酮试剂运用于氨基酸分析。离子交换层析后，各种氨基酸与茚三酮反应形成紫色化合物，最大光吸收在 570 nm，摩尔吸光系数 2×10^4 L/(mol · cm)；茚三酮和仲胺（脯氨酸和羟脯氨酸）形成黄色产物，在 440 nm 检出，摩尔吸光系数 3×10^3 L/(mol · cm)。

目前此法的灵敏度可达 100 pmol，但茚三酮试剂不稳定，须隔绝空气避光保存，试剂本身黏度大，需要有柱后混合器才能与氨基酸充分反应，对仪器要求较高。

2）荧光胺法

荧光胺能在室温下迅速和伯胺发生反应，其产物的激发波长为 390 nm，发射波长为 475 nm。仲胺可以用 *N*-氯代丁二酰亚胺（NCS）氧化生成相应的初级胺后再与荧光胺反应而检出。

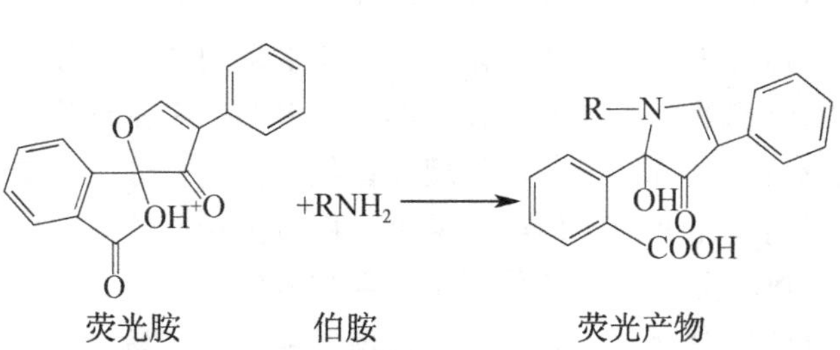

3）邻苯二甲醛法

邻苯二甲醛（OPA）最早是被作为柱后衍生试剂而引进的，后来也逐渐应用于柱前反应中。OPA 能在还原剂巯基乙醇存在下和伯胺反应，产生具有很强荧光的异吲哚衍生物，反应在室温下 1 min 即可完成，产物的激发波长为 340～360 nm，发射波长为 455 nm，灵敏度比茚三酮法高。在 OPA 中加入 SDS 或表面活性剂 Brij-35，不但能提高赖氨酸和羟赖氨酸的稳定性，而且能提高它们的荧光度。缺点是不能检测仲胺，但可在碱性条件下用氧化剂将仲胺氧化成相应的伯胺，然后再与 OPA 反应。

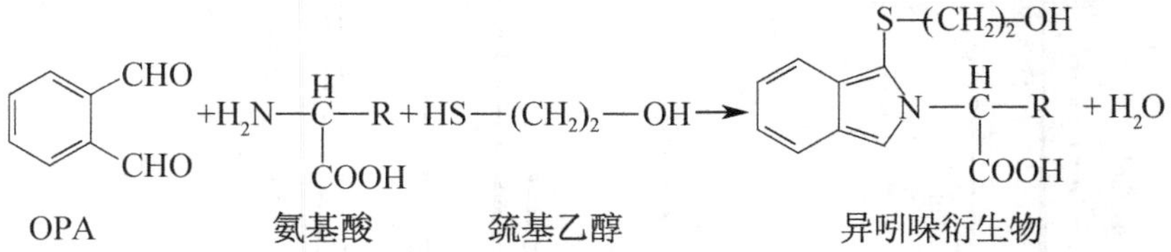

4）PTC-AA 分析法

PTC-AA 分析法属于柱前衍生法，源于 Edman 降解法测定蛋白质一级结构。异硫氰酸苯酯（PITC）能在碱性条件下和氨基酸反应，生成 PTC-AA，在 254 nm 分析。此法分析灵敏度和荧光胺、OPA 的荧光法相同。优点是能同时检出伯胺和仲胺，缺点是操作麻烦，对水和盐的副反应敏感，要求较高的操作技术。

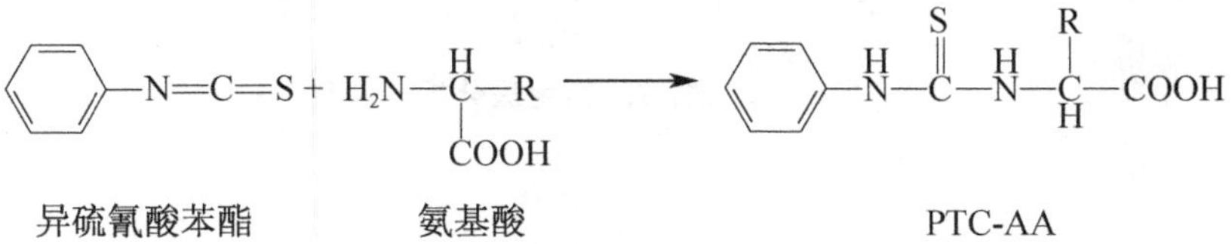

5）丹磺酰氯法

丹磺酰氯（dansyl-Cl）能与所有氨基酸在柱前反应，形成高稳定性的荧光产物，但反应耗时。

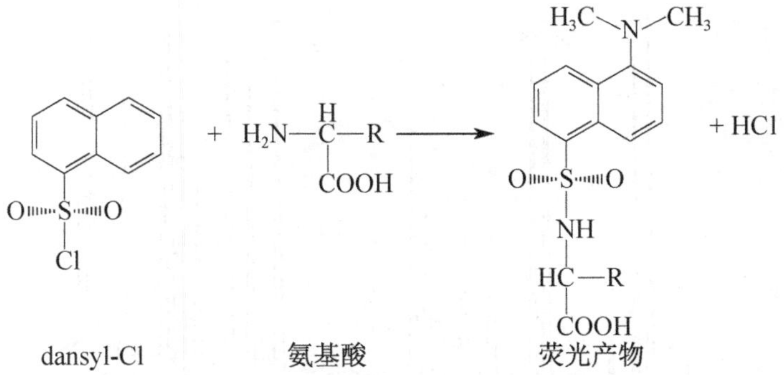

图 5.3、图 5.4、图 5.5 分别给出了利用茚三酮、异硫氰酸苯酯、邻苯二甲醛衍生法分析氨基酸组分的色谱图。

影响氨基酸分析准确性和重复性的因素有 3 方面：①样品的水解，水解时间、水解温度、真空度、样品是否被氧化等，都影响实验的结果；②氨基酸衍生；③氨基酸的色谱柱分离效果。

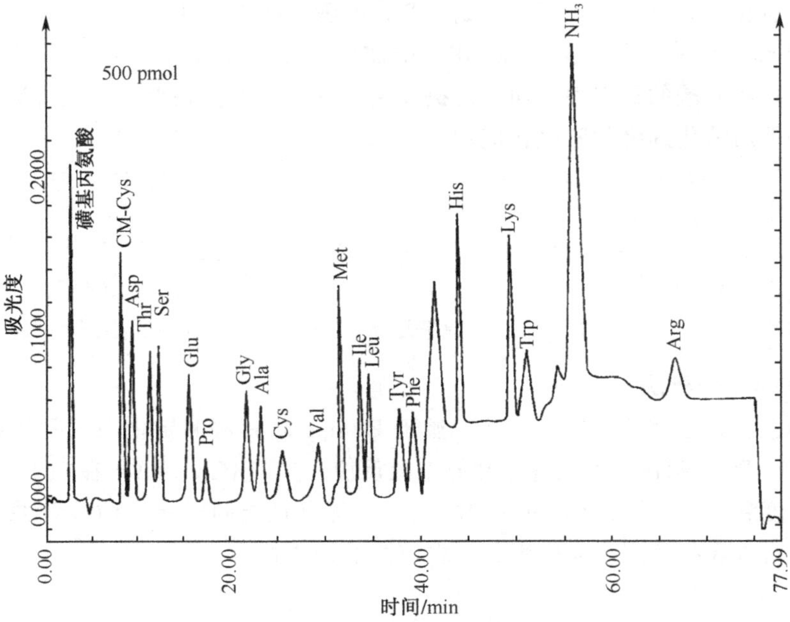

图 5.3　茚三酮柱后衍生法分析氨基酸

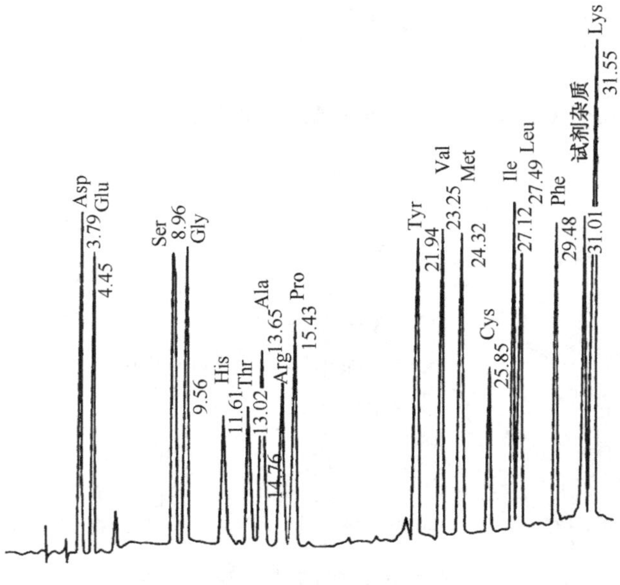

图 5.4　PTC 法分析氨基酸

各种 PTC-AA，100 pmol

5.1.2　蛋白质的定性分析

1. 纯度分析

纯度是蛋白质的一个重要的指标，但它也是一个相对的指标，要求纯度 95%，99%或 99.9%需根据实际要求而制定。蛋白质纯度常用百分数表示，有时还和检测方

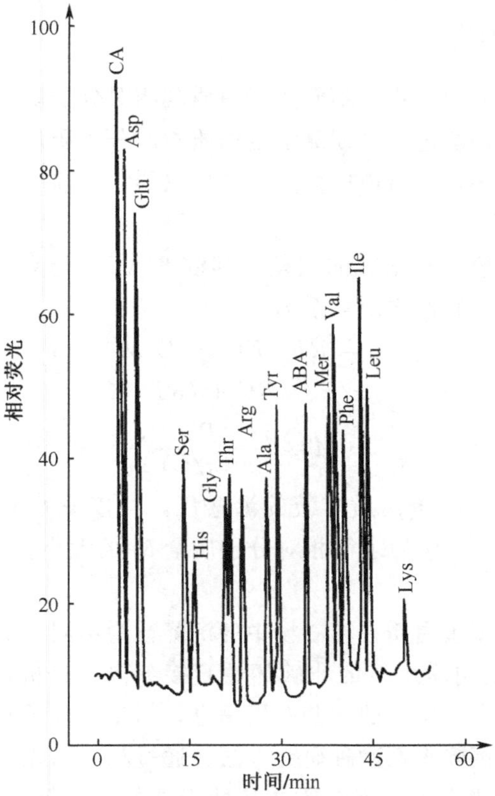

图 5.5　OPA 法柱前衍生分析氨基酸

各种氨基酸衍生物均为 40 pmol

法、所选用仪器参数等有关。

目前常用的鉴定蛋白质纯度的方法有：聚丙烯酰胺凝胶电泳、十二烷基磺酸钠-聚丙烯酰胺凝胶电泳（SDS-PAGE）、毛细管电泳（CE）、等电聚焦（IEF）、高效液相色谱（包括凝胶过滤、各种反相色谱、离子色谱、疏水色谱等）。此外，质谱等一些新的有效方法也被引入分析蛋白质的纯度。特别是电喷雾质谱（ESI）的发展，可以测定皮摩尔级的样品。

此外一些化学法也是相当有效的方法，例如，观察 N 端或 C 端是否均一，有时甚至比 HPLC 更有效。如有一个产品在 HPLC 中是一对称的峰，认为纯度是 100%，但在蛋白质的 N 端分析中可以发现其纯度还不到 90%。

用电泳法评价蛋白质的纯度，在同一 pH 下的电泳结果证明是不够充分的，应该取不同的 pH（分布在蛋白质等电点两侧）的电泳结果。在不同 pH 下电泳结果都证明此蛋白质是纯的，这样才可靠。

应该指出，只用一种方法鉴定蛋白质纯度是不够的，至少应该用两种以上的方法，而且是两种不同分离机理的方法，否则结果仍不充分。例如，一种样品用凝胶过滤法和 SDS-PAGE 电泳证明是纯的，结果不充分，因为这两种方法的机理相同。

2. 相对分子质量测定

蛋白质是大分子有机化合物，不同的蛋白质其相对分子质量变化范围非常大，并且由于结构复杂，很难精确测定。早期测定蛋白质相对分子质量采用渗透压法、超离心法和光散射法等，需要较多量的蛋白质样品或专用仪器，目前已经很少应用此类方法。

1）渗透压法

蛋白质溶液与理想溶液有很大的偏差，其浓度（C）与渗透压（π）不是呈简单的直线关系。在低浓度下，它们之间关系为

$$\pi = RT\left[KC^2 + C/M\right]$$

即

$$\pi/C = KC + (RT/M)$$

则

$$M = \frac{RT}{\lim(\pi/C)_{C\to 0}}$$

测定几个不同浓度下的蛋白质溶液的渗透压，并以 π/C 对 C 作图；外推至 $C\to 0$ 处，得到相应的截距 π/C，然后求得相对分子质量 M 的大小。

2）超离心法

超离心法是通过利用蛋白质在离心场中的沉降行为不同（沉降行为取决于蛋白质的大小等许多因素），对蛋白质进行的非破坏性直接分离、分析，并具有很好的准确性。超离心分析可以得到蛋白质结构的一些有用信息，如相对分子质量、沉降系数等。分析时可以采用沉降速率、沉降平衡两种研究方法，通过相应的光学系统对样品中的蛋白质进行检测。在沉降速率测定中，蛋白质样品处于高的离心场中（>400 000 g），测量蛋白质带沉降所处的区间与时间的关系。在沉降平衡测定中，样品处于较低的离心场中，直到样品中蛋白质的沉降与扩散达到平衡，形成蛋白质的稳态分布。

在沉降平衡法测定中，由于蛋白质的沉降和扩散速率相等，所以有以下的关系（各式中符号意义省略）：

$$\left(\frac{\mathrm{d}r}{\mathrm{d}t}\right)_{\text{沉降}} = \left(\frac{\mathrm{d}c}{\mathrm{d}t}\right)_{\text{扩散}}$$

根据 Fick 第一定律可以将其转换为

$$\frac{cm(1-\nu\rho)\omega^2 r}{f} = \frac{RT}{fN_0}\frac{\mathrm{d}c}{\mathrm{d}t}$$

最后通过进一步转换可以得到蛋白质的相对分子质量为

$$M = 2RT\ln\frac{C_2}{C_1}\frac{1}{(1-\nu\rho)\omega^2}\frac{1}{(r_2^2 - r_1^2)}$$

3）其他方法

采用凝胶过滤法测定蛋白质的相对分子质量时，应用最广泛的是 Sephadex 系列（G-75，G-100 等）。近年来，由于解决了分离介质的刚性问题，HPLC 的凝胶过滤系统（如 Waters 的 I-60、I-125、I-250 和 Backman 或 Toyo Soda 的 TSK 2000SW、3000SW、4000SW），测定过程只需 1 h 即可。

一般实验室常规应用 SDS-PAGE 技术，其原理是在 SDS 作用下，蛋白质表面都携带了大量负电荷而呈杆状，不是根据蛋白质的电荷而是根据其分子形状和大小来进行分离。一般用量为 0.1～1 pg。虽然这种方法有 5%～10%的误差，但是操作过程极为简便。

凝胶过滤是测定完整蛋白质分子的相对分子质量，而 SDS-PAGE 是测定蛋白质亚基的相对分子质量，同时用这两种方法测定同一蛋白质的相对分子质量，可以方便地判断样品蛋白质是否为寡聚蛋白质。

用毛细管电泳（凝胶筛分或无凝胶筛分）测定蛋白质的相对分子质量是一种新型的技术，需要的样品仅为纳克级水平，而且还可用积分仪或电脑在线精确定量。同时，此法对蛋白质的分辨力和准确性比 SDS-PAGE 方法更好。

高分辨力的磁质谱可精确测定相对分子质量为 2000 以下的多肽，最近由于电喷雾质谱（ESI）有了长足的发展，可以用于测定相对分子质量为 1 万～20 万的蛋白质，而且只需 pmol 级水平的样品。与 SDS-PAGE 法相比，ESI 测定结果已经让化学家相当满意。

3. 等电点测定

等电聚焦法不仅可以测定蛋白质的等电点，同时又能鉴定蛋白质的纯度。其具体原理见第 4 章中的相关内容，这里不作介绍。

理论上，一种蛋白质只有一个等电点。但不同研究人员对一种蛋白质的等电点的报道有所差别，可能和所用的具体方法不同有关。

5.1.3 蛋白质的定量分析

农产品、食品、饲料等重要商品的价值，部分取决于它们的化学组成，尤其是蛋白质的含量水平。蛋白质的定量分析是常规检验项目和重要指标，是食品科研活动中经常进行的分析工作。蛋白质的测定方法很多，常用的方法可以分为三大类：一是基于蛋白质与一些物质的化学反应所建立的化学法，这是食品科学研究中最常用的方法；二是根据蛋白质的生化性质所建立的生物活性检定法和免疫法；三是依据蛋白质与不同试剂的反应和仪器测试技术所建立的仪器法。化学法操作较为简单，常用于食品蛋白质日常的快速分析，后两者通常配合高灵敏度的精密仪器，一般用于痕量或超痕量蛋白质分析。

表 5.2 显示了蛋白质分析方法的发展历史。

表 5.2　蛋白质分析方法的发展史

时间	技术
1831 年	杜马斯（Dumas）法
1843 年	奈氏（Nessler）试剂
1849 年	双缩脲法
1859 年	碱性酚试剂法或称为 Bethelot 法
1883 年	凯氏（Kjeldahl）定氮法
1927 年	福林-酚试剂（Folin-ciocalteau）法
1944 年	染料结合法
1951 年	Lowry 法
1960 年	直接碱蒸馏，近红外反射（NIR）
1971 年	改进的碱性酚试剂法
1975 年	改进的 Lowry 法
1976 年	Bradford 法（考马斯亮蓝结合法）
1985 年	BCA 法

资料来源：Owusu-Apenten，2002。

1. 化学法

化学法包括凯氏定氮法、杜马斯法和分光光度法等，分析过程中涉及蛋白质发生不同的反应。这里所说的分光光度法是利用了化学反应的间接测定方法，并非一般意义上的直接分光光度测定法。

1）凯氏定氮法

食品中蛋白质含量的分析，是对其营养价值进行评价的一个重要方面。但是由于蛋白质结构的复杂性，不同来源的蛋白质其化学组成有差异，即使是同一来源的蛋白质，也由不同的蛋白质组成，所以精确地分析蛋白质含量是比较困难的，所以目前对蛋白质含量的分析是基于蛋白质中所含的特征元素（氮）的分析，这是经典的凯氏定氮法的基础，也被称为总氮分析，它是目前国家标准分析方法，也是美国官方分析化学家协会（AOAC）的首推方法。

凯氏定氮法是根据各种蛋白质中氮的含量基本固定来进行测定。蛋白质中氮的含量平均为16%（1 g氮相当于6.25 g蛋白质）。其基本原理与大致的操作过程如下：首先将样品利用无机酸、氧化剂将其高温氧化分解，例如，利用浓硫酸、高氯酸加过氧化氢等氧化剂的作用（但不能用硝酸），同时加入催化剂加快有机物的分解、或加入无机盐（如硫酸钾）提高消化温度以有利于有机物的分解；在高温条件下，样品中碳、氢元素被氧化为二氧化碳、水，而样品所含的氮元素则被还原为氨，与硫酸反应后以铵盐的形式存在；在碱性条件下利用水蒸气将样品分解时生成的氨蒸馏出，并用硼酸溶液将其吸收；然后用无机酸标准溶液分析氨的含量，这样就可以测定出样品中氮的含量。方法准确度高、操作简便，适用于常量和微量蛋白质的测定。但严格地说，凯氏定氮法测定的是含氮化合物，其中包括一些非蛋白氮，所以用凯氏定氮法测定的蛋白质含量一般称之为粗蛋白（crude protein）。

表 5.3 蛋白质含量凯氏定氮分析时氮与蛋白质的换算系数

	食品	换算系数		食品	换算系数
乳和蛋类	酪蛋白	6.15	蔬菜水果类	胡萝卜	5.80
	乳	6.02		甜菜	5.27
	干酪	6.13		马铃薯	5.18
	蛋	5.73		番茄	6.26
	蛋粉	5.96		香蕉	5.32
肉和鱼类	牛肉	5.72		苹果	5.72
	鸡肉	5.82		甘蓝	5.30
	鱼肉	5.82		生菜	5.30
谷物与豆类	小麦	5.71～5.75	微生物类	酵母	5.78
	大米	5.61～5.64		蘑菇	5.61
	玉米	5.72	其他食品	马铃薯蛋白	5.94
	燕麦	5.50		葵花籽粉	5.36
	荞麦	5.53		油菜籽粉	5.53
	高粱	5.93		芥末籽	5.40
	小米	5.68		亚麻籽	5.41
	大豆	5.69		花生	5.46
	干豆	5.44		明胶	5.55

资料来源：Owusu-Apenten，2002。

目前一般的凯氏定氮法测定、计算蛋白质含量，是采用与蛋白质相对应的换算系数（这也是国际上通用的方法）来转换的，所以转换系数是一个很关键的常数。常见的换算系数一般采用表 5.3 所给出的数据。

由于蛋白质分析时影响分析准确性的因素主要来自样品中所含的非蛋白氮，例如，无机氮、核酸、游离氨基酸或低分子的肽类等含氮化合物。所以，为了提高分析时的准确性，可以采用三氯乙酸处理样品，沉淀出其中的蛋白质，除去可以溶于三氯乙酸的无机氮、核酸、游离氨基酸以及小肽分子，最终所得分析结果可以认为是分析样品中真正的蛋白质含量。

2）杜马斯法

杜马斯（Dumas）法也被称为干烧法，现在为成熟的仪器分析法。杜马斯法分析的基本原理与凯氏定氮的原理基本相同，均是基于氮元素的分析。

测定其原理和过程包括：① 样品燃烧。在高温（约 900℃）下样品进入燃烧管中被氧化，生成的气体被载气携带直接通过氧化铜（作为催化剂）而被氧化。与此同时，化合物中难氧化部分会被载气携带通过氧化铜和铂混合物（作为催化剂）进一步氧化。燃烧过程中氮元素以氧化亚氮（主要是 N_2O）的形式存在，碳元素以二氧化碳的形式存在，氢元素以水的形式存在。② 还原。燃烧生成的氮氧化物在钨或铜上还原为氮气，同时过量的氧也被结合。③ 净化。使 N_2 和 CO_2 的混合气体通过浓的氢氧化钠溶液，以除去 CO_2，一系列的适当的吸收剂将干扰成分（如卤化氢）从被检测气流中除去，同时水冷器确保水蒸气的去除。④ 检测。用一个 CLD 热导检测器来检测载气流中剩余的氮气，氮气体积含量不同会导致电子测量信号不同，经过标准物质校正，被测样品的氮含量（样品蛋白质量）就自动地计算出来。

对凯氏定氮法、杜马斯法分析的比较见表 5.4。

表 5.4　蛋白质分析采用凯氏定氮法、杜马斯法的比较

要求或指标	凯氏定氮法	杜马斯法
化学试剂	浓硫酸、氢氧化钠、硼酸、硫酸钾、硫酸铜、指示剂等	空气、氧气、氦气、铜、氢氧化钠、催化剂等
其他辅助装置[a]	溶液储存、废液储存	很少
废物处理	废液需要适当处置	无废物产生
分析速度	24 个样品 120 min	3 min
操作的危险性	中等	很小
准确性/%	70～98	100
精确度/%	1.2	0.7

a. 不包括分析所需要消化、蒸馏、滴定、分析等装置。

资料来源：Owusu-Apenten，2002。

利用凯氏定氮法和杜马斯法，对质量为 0.15～1.0 g 的多个样品蛋白质含量进行分析，比较分析结果，发现二者之间具有一致性（图 5.6），表明杜马斯法也是准确测定蛋白质的一种可选方法 Owusu-Apenten，2002。

3）分光光度法

蛋白质的紫外吸收法测定，也是属于分光光度法。但是，这里所指的分光光度法，特指的是通过其他的一些化学试剂与蛋白质的作用，产生肉眼可见的有色物质，然后再

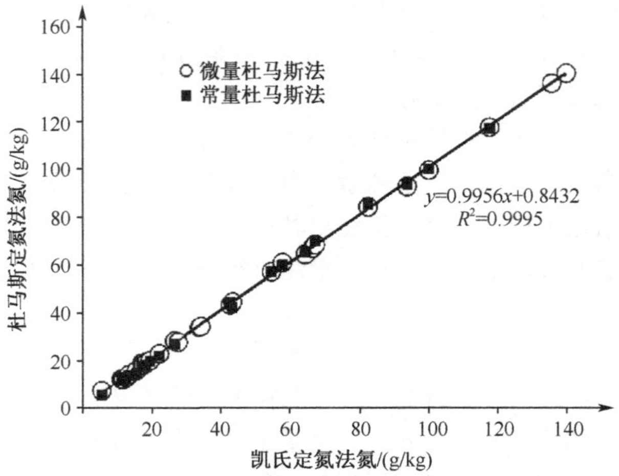

图 5.6　凯氏定氮法和杜马斯法测定蛋白质的结果比较（Owusu-Apenten，2002）

对蛋白质进行的定量分析，所以是一个间接的定量分析方法。目前，一般有三种间接方法可以用于蛋白质的分析。

（1）双缩脲法。碱性条件下，铜离子与蛋白质（或具有 2 个以上肽键的肽分子）肽键中氮原子上的孤对电子形成配位化合物（结构如图 5.7 所示），并且呈现紫红色。所形成的配合物相当稳定，在 540～590 nm 附近有最大吸收。

蛋白质的双缩脲法分析虽然需要标准蛋白质（如牛血清蛋白）所测定出的标准曲线（图 5.8），但这是一个快速、简单、费用低廉的分析方法。不同的蛋白质（或氨基酸的组成）对显色影响不大，但是显色后的色泽强度差异较大，如表 5.5 所示。分析的干扰物质少，脂类化合物由于可能影响样品的澄清问题，所以会产生一定的影响；高浓度的氨可以与铜离子作用，形成铜氨离子，所以也会带来分析结果的误差；本身具有颜色的样品也不适用于此法分析。

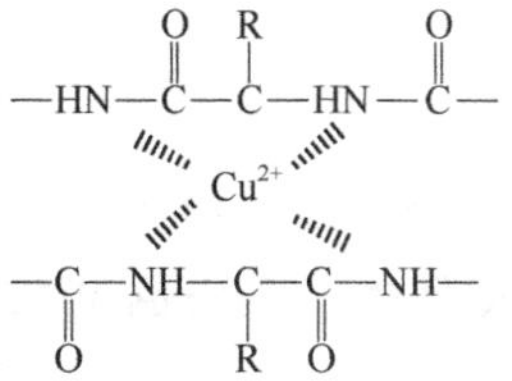

图 5.7　碱性条件下铜离子与肽键的作用

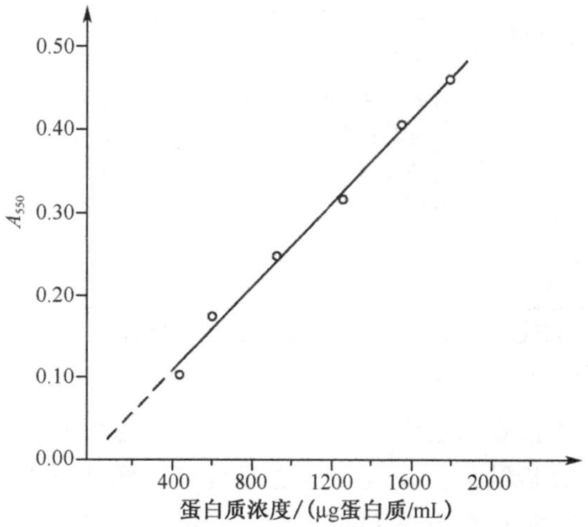

图 5.8　双缩脲法分析蛋白质时的牛血清蛋白标准曲线

表 5.5　不同蛋白质的双缩脲呈色反应相对强度

蛋白质	相对颜色强度/%	蛋白质	相对颜色强度/%
血清蛋白	100	玉米醇溶蛋白	92.1
血清球蛋白	98.8	酪蛋白	88.1
卵白蛋白	98.6	明胶	74.2

表 5.6 显示了蛋白质-铜离子配位化合物的吸光系数与蛋白质分子之间的关系。可以看出，蛋白质-铜离子配位化合物的吸光系数随着蛋白质相对分子质量的增加而增加，也随着单位质量蛋白质中肽键数的增加而增加。单位质量蛋白质能够结合的铜离子数也可以从表 5.6 的数据中计算出来。醇溶蛋白和明胶由于有较高的脯氨酸含量，所以单位质量的醇溶蛋白和明胶所产生的色泽强度低。由于半胱氨酸、胱氨酸能够与铜离子结合，所以含半胱氨酸、胱氨酸较高的蛋白质，也能降低色泽的形成。另外，谷氨酸、天冬氨酸也能够竞争与铜离子结合，可能对肽链与铜离子的呈色反应产生影响。

表 5.6　双缩脲法分析蛋白质时一些重要参数

蛋白质/肽	相对分子质量	λ_{max}	吸光系数[a] /[L/(mol·cm)]	蛋白铜结合能力[b]/(g/mol)	铜结合需肽键数	吸光系数[c] /[L/(mol·cm)]	蛋白结合铜能力[d]/mol
三甘氨酸	189	590	90.3	189	3	90.3	1
醇溶蛋白	27 000	555	143.3	700	6	5531	38.6
β-乳球蛋白	36 800	544	151.4	620	6	8986	59.4
玉米醇溶蛋白	45 000	535	150	638	6	10 580	70.5
明胶	75 000	554	144.2	670	6.3	16 142	111.9
血清球蛋白	180 000	545	154.0	586	5	47 304	307.2
麻仁球蛋白	310 000	550	163.6	635	6	79 868	488.2

a. 以铜离子计的摩尔吸光系数；b. 1mol 铜离子结合蛋白质需要的蛋白质质量；c. 以蛋白质计的摩尔吸光系数；d. 蛋白质作为配位体结合铜离子的摩尔数。

资料来源：Owusu-Apenten，2002。

（2）Lowry 法。此法是在双缩脲法的基础上通过添加福林-酚试剂来增加蛋白质的分析灵敏度，可以适用于双缩脲法无法测定的低蛋白含量样品。此反应中，福林-酚试剂被蛋白质中的酪氨酸残基还原，形成的蓝色化合物在 750 nm、405 nm 附近有最大吸收。Lowry 法中蛋白质与铜离子作用生成的亚铜离子作为催化剂，催化福林-酚试剂还原。它的缺点是分析时使用的试剂多、反应慢、干扰物质较多、需要对 pH 进行控制以避免试剂分解（用 pH＝10～10.5 的缓冲溶液），在进行准确分析时需要进行时间控制。当然，在分析时也需要一个标准蛋白质的标准曲线。

（3）BCA 法。此法是在进一步改进 Lowry 法而发展的。它是利用还原性物质将铜离子还原成亚铜离子，亚铜离子可以与 4,4′-二羧基-2,2′-二喹啉（bicinchoninic acid，BCA）形成紫色化合物（结构如图 5.9 所示），形成的有色配合物在 560 nm 附近有最大吸收。在此测定中亚铜离子是一个反应物而不是催化剂，任何能够还原铜离子的化合物均能够发生此反应，而蛋白质中主要是色氨酸、酪氨酸还原铜离子，较小程度上含硫氨基酸可以还原铜离子，所以不同蛋白质间的分析结果有变化。BCA 法分析蛋白质时也需要标准蛋白质的标准曲线，如图 5.10 所示。

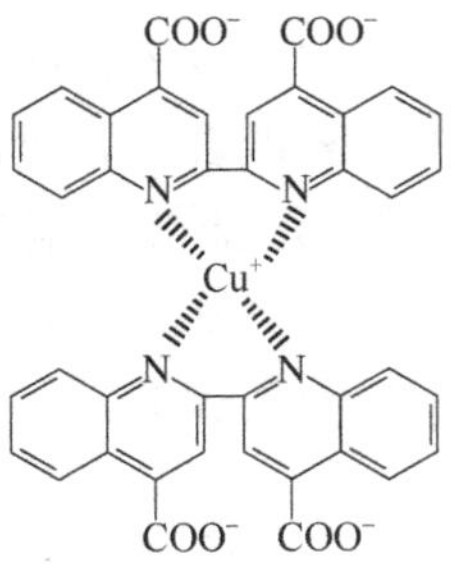

图 5.9　亚铜离子与 BCA 形成的配合物

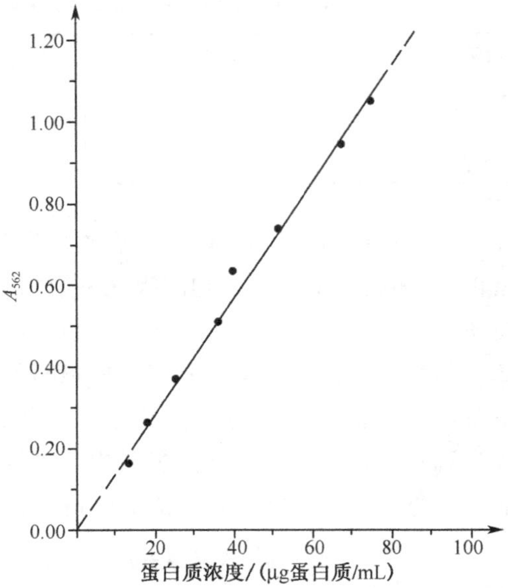

图 5.10　BCA 法分析蛋白质时的牛血清蛋白标准曲线

(4) 荧光法。应用于蛋白质的荧光分析主要是荧光胺法和邻苯二甲醛法。

荧光胺法：蛋白质中的氨基同荧光胺的反应很快，分析灵敏、快速、简单；但胺类化合物干扰分析结果表明并非所有的蛋白质都表现出相同的荧光率。在标准的分析过程中，荧光胺溶于非水有机溶剂中，在涡流搅拌下快速加入到蛋白质样品中（水可以分解荧光胺），在 pH＝8～9 时，反应几秒内完成，过量的荧光胺在同水反应缓慢反应后生成非荧光产物。反应产生的蛋白质荧光衍生物在 475 nm 波长被激发后，于 390 nm 处测定荧光强度。铵离子、亚胺基化合物可与荧光胺反应，但不干扰分析，然而醇类化合物可以与荧光胺作用，降低荧光胺同胺基的反应，以及荧光胺同水的分解反应。

邻苯二甲醛法：蛋白质的邻苯二甲醛分析法优于荧光胺法，因为试剂是水溶性的且稳定性高，测定费用低，此外就是对 pH 不敏感、反应灵敏度高。测定的反应原理与荧光胺法相同，邻苯二甲醛与蛋白质分子中的氨基反应（末端氨基和 ε-氨基），所以不同的蛋白质反应情况不同。反应在 15 min 内完成，蛋白质衍生物稳定，背景荧光物可通过添加氢氧化钠来破坏。测定在 450 nm 激发波长、340 nm 测定波长下进行。测定时高浓度的氨干扰分析，同时常用的缓冲溶液 Tris 也能同试剂反应，所以反应的缓冲液不能使用铵盐或 Tris。

(5) 染料结合法等其他方法。蛋白质的诸多功能性质中有一点就是蛋白质在一定条件下同各种有机染料的定量结合。由于有机染料一般是阴离子化合物，所以用染料结合法测定蛋白质时需要蛋白质的两性离子性质。一般是将含蛋白质的溶液酸化至低于 pI 一些的 pH，然后加入染料。由于静电作用，染料与蛋白质结合，疏水相互作用加强二者之间的作用。染料与蛋白质的结合可能导致沉淀产生，此时可以测定溶液中染料的减少量计算蛋白质的量；也可能虽然不产生蛋白质沉淀，但因其染料的吸收光谱发生改变，据此计算蛋白质的量。目前应用最多的是利用考马斯亮蓝（CBBG）结合法的分析。

考马斯亮蓝结合法：当 CBBG 结合在蛋白质上时，颜色发生改变，CBBG 与蛋白质间的作用以非离子作用为主（60%以上），测定的灵敏度高于 Lowry 法。在颜色强度与蛋白质浓度间为非线性关系，但分析简单、快捷。这种测定不适用于含有较多酚类化合物的植物提取物样品，但可以用于测定不溶性蛋白质。测定时的 pH 为 0.85～1.2（使精氨酸质子化），以便蛋白质与 CBBG 的结合，最大吸收峰在 595 nm。由于 CBBG 与蛋白质的结合与蛋白质中氨基酸的组成有关，所以精确分析时需要选择合适的蛋白质标准物，一般较多地采用溶菌酶为标准品，它比牛血清蛋白具有更好的分析结果。对考马斯亮蓝与不同蛋白质之间的结合模式已经很好地研究，其结合理论可以参看第 12 章的相关内容。用 Scatchard 方程描述考马斯亮蓝 G250 与蛋白质结合时的一些常数见表 5.7。

表 5.7　考马斯亮蓝 G250 与一些蛋白质的结合常数

蛋白质	K_d/μmol	强结合位点数	吸光系数/[L/(mol · cm)]
牛血清蛋白	18.6	105	48 000
α-乳白蛋白	110.0	14	55 400
胰凝乳酶	80.0	13	55 700
卵白蛋白	23.0	33	41 900
醇脱氢酶	40.0	30	57 700

资料来源：Owusu-Apenten，2002。

银结合法：银结合法比 CBBG 法的灵敏度高 100 倍，与邻苯二甲醛荧光法对水解蛋白分析的灵敏度相近。银结合法可以非常准确地用于经过聚丙烯酰胺分离后蛋白质样品的测定，方法较简单、迅速、成本低。分析基于银离子同蛋白质分子中的碱基（主要为 Lys、His）形成配合物，然后被还原，金属银形成。反应开始是将含蛋白质样品用 SDS（小于 0.2%，*V/V*）、戊二醛处理，然后加入银铵离子，10 min 内加入硫代硫酸钠停止反应，并测定 420 nm 处的吸光度；戊二醛的作用是增加银的结合能力，SDS 增加测定的灵敏度和重现性，而硫代硫酸钠的加入则是用于停止影响分析的非特异性反应，以免影响对照样分析。碳水化合物、非离子性表面活性剂、醇类对测定的干扰小，阴离子（可以与阴离子形成不溶性的盐类）、EDTA、还原剂等对测定结果有影响，可以通过样品分析前的凝胶过滤色谱而将它们消除。银结合法分析的不足之处是对不同蛋白质的测定结果与蛋白质的种类有关，所以如果用此法对未知结构的蛋白质样品进行分析则无意义。

胶体金法：此法也是一个灵敏、快速的分析方法，分析的灵敏度与银结合法相同。分析时向样品加入胶体金溶液（由聚乙烯基甘油醇稳定），混合后几分钟内测定 590 nm 处的吸光度。在蛋白质质量为 2～200 ng 时得到线性关系。测定时存在的干扰不多，一些干扰物可以通过稀释或凝胶过滤等方法除去。由于蛋白质同带负电荷的胶体金的结合与同 CBBG 的结合相同，所以需要酸性条件（pH＝3.8 是分析的关键）。

其他方法：近年来，近红外染料在蛋白质定量分析中的应用引起人们的关注。该类型染料的吸收及荧光光谱处于近红外区，而生物分子在该区域内无吸收现象，所以可以降低测定体系的背景值和提高灵敏度。另外，近年来发展的金属离子-有机染料-表面活性剂体系，也可以用于测定蛋白质含量。金属离子主要是 Mo(Ⅵ)、Ti(Ⅳ)、V(Ⅳ)，能与含羟基或羰基的有机染料形成稳定的配合物。在酸性条件和表面活性剂存在的情况下，配合物与不对称的蛋白质分子结合成可溶大分子团并产生新的光谱特征，从而能够定量测定蛋白质含量。这类方法具有灵敏度高、干扰少、线性范围宽等特点。

4）几种常用测定方法的比较

对于蛋白质含量水平不同的样品进行蛋白质分析时，可采用的方法总结于表 5.8 中，一般来讲，由于食品样品中蛋白质的含量较高，并且样品量大，所以首选的分析方法为凯氏定氮法；在涉及生物学等其他领域的研究中，由于样品量较少、蛋白质含量相对较低，所以更多地采用灵敏度较高的分析法。了解样品的化学本质有助于分析方法的选择。

表 5.8　蛋白质不同分析方法的比较

方法		适于分析的蛋白质的量/μg	方法		适于分析的蛋白质的量/μg
凯氏定氮法		500～30 000	荧光法	荧光胺	0.5～50
紫外吸收（直接）	280 nm	100～3 000		邻苯二甲醛	0.1～2（天然蛋白）
	205 nm	1～100			0.003～1（水解蛋白）
可见光吸收（间接）	双缩脲	1 000～10 000	染料结合法	CBBG	1～100
	Lowry 法	10～300		Ag	0.02～2
	BCA	1～50		胶体金	0.02～0.2

注：CBBG. 考马斯亮蓝 G250；BCA. 4,4′-二羧基-2,2′-二喹啉。

2. 直接分析法——紫外分光光度法

紫外吸收法是利用蛋白质分子中一些特殊的基团或化学键的特性而对蛋白质进行的直接分析。与蛋白质的凯氏定氮分析相比，紫外吸收分析的优点是样品需要量少、分析对样品无破坏性、分析过程快速，但是存在蛋白质的溶解性问题，一般测定时需要一个参考蛋白（如牛血清蛋白）作为标准蛋白，所以使用范围存在限制（Nakai and Modler，1996）。

蛋白质在 280 nm 处的紫外吸收较早地被应用于蛋白质的定量分析，但是由于在 280 nm 处的吸收主要是由芳香族氨基酸（酪氨酸和色氨酸）产生，还有一些是由苯丙氨酸产生。对于不同来源的蛋白质由于其氨基酸组成情况不同，所以如果采用单一标准就会产生较大的差异。同时，存在的核酸类物质在 260 nm 处也有吸收，所以还存在着其他物质对测定的干扰问题，在分析时一般需要进行必要的校正。测定样品在 280 nm 处紫外吸收，一般可以用于对纯度较高、已知氨基酸组成的样品的分析。核酸干扰可采用同时测定 260 nm 的吸收予以校正。

对肽键的直接分析则可以解决 280 nm 分析选择性不够的问题。肽键的最大吸收一般在 192 nm，此时分析受氧气的影响较大，所以实际测定时较多选用的波长是205 nm。但由于芳香族氨基酸在此区域也有弱的吸收，所以一般也要经过校正，校正的方法是通过同时分析样品在 280 nm 处的吸收，将此处的吸收换算为在 205 nm 处的吸收并扣除。校正后的数据可以直接用于计算蛋白质的含量。

紫外吸收法分析蛋白质时还有另外的改进测定方法。通过测定样品在两个不同波长时的吸收，直接计算其蛋白质含量，所选用的测定波长是 235 nm 和 280 nm，蛋白质浓

度的计算则为

$$\text{蛋白质浓度(mg/mL)} = \frac{A_{235} - A_{280}}{2.51}$$

经过改进后的紫外吸收分析方法所具有的优点包括：对总蛋白含量的分析不需要参考蛋白；核酸物质不干扰分析结果；分析结果不受蛋白质的氨基酸组成模式影响；所选用的分析波长适用于所有的紫外分光光度计；分析时直接对同一样品进行两次测定，无需稀释等处理；利用牛血清蛋白进行的测试得到一个典型的直线，而在 280 nm 或 235 nm处的单一测定结果却不能得到直线。

3. *其他方法*

蛋白质的其他分析方法还包括用酶联免疫吸附测定（ELISA）、放射性核素法等进行测定，下一段的内容将对此做初步介绍。这些方法只是在一些特殊的条件下应用，一般均具有选择性好、灵敏度高的优点。

荧光法是近几年兴起的一种测定蛋白质的新方法。已报道的有络天青 S、次氯酸盐-硫胺素及白蛋白蓝法等方法，但它们的灵敏度均较低。利用四磺荧光素 B（EB）与蛋白质键合引起荧光猝灭，可测定蛋白质，方法的线性范围为 1.36～20.4 mg/mL。使用四（4-羧基苯）卟啉（TCPP）测定血清蛋白的荧光分析法，是利用反应物的荧光强度随蛋白浓度的增加而增加的现象进行测量，但 TCPP 在最佳反应条件下的溶解度很低，使该方法的灵敏度有了本质上的障碍。该方法测定蛋白质的工作曲线性范围窄，检出限高。利用5,10,15,20-四（4-磺酸苯基）卟啉（TPPS）与蛋白质的络合作用使其荧光猝灭的性质，测定蛋白质的线性范围达到 0.1～9.0 mg/mL，检出限为 0.05 mg/mL。

5.1.4　蛋白质生物活性评价及免疫学评价

1. *生物活性检定法*

生物活性检定法是一类基于物质生物活性的分析方法。由于一些多肽和蛋白质具有生物活性的物质，因此生物活性检定法在活性多肽、活性蛋白质的分析中受到青睐。该方法的最大优点是能反映生物活性，而多肽和蛋白质的生物活性是它们在特定条件下的产物，即只有保持特定的空间结构才能体现其活性。如一级结构完整的同一蛋白质，若其二级结构、三级结构或四级结构被破坏，或者是有差异，显然通过它们的化学组成是无法区别的，可是却能表现出生物活性方面的明显不同。因此，生物检定法是一类特殊的分析方法，其他分析方法无法代替。

生物检定法通常是在体内或组织（细胞）上直接进行分析，在体内需要动物模型和外科手术，耗时、观察结果有主观性，导致变异性大、灵敏度低。细胞测定的方法则花费少、省时。特别是随着分子生物学技术的发展，发现和建立了许多特异性强、稳定性好、灵敏度高的依赖株，使得生物检定法更可靠、客观，灵敏度也高，可测到 1 pg 以下的蛋白质。

2. *免疫法*

免疫法是基于抗原与抗体结合生成沉淀所建立的分析法。常用的免疫学方法有放射免疫测定法（RIA）和酶联免疫吸附测定。RIA 历史悠久，由于其技术成熟及灵敏度高，目前仍在使用，但已逐渐被 ELISA 所取代。与 RIA 相比较，ELISA 的优点是试剂寿命长、重复性好、自动化程度高、无放射性危害等，而且在有的实验研究中它与生物检定法有相似的量效曲线，说明它能部分地反映生物活性，现在被广泛地用于一些蛋白质方面的研究。

免疫学方法不能准确地证明被测定的为何种物质，不能区别有活性和无活性的形式，不能同时测定原型物和代谢产物，也易受内源性物质干扰。由于蛋白质的部分降解而使其与抗体结合的性质发生变化，可导致处置行为上的差异。总之，目前的每一种方法都不完善，为了得到比较可靠的结果，常需几种方法联合使用。

1）免疫扩散法

免疫扩散法是以琼脂作为抗原-抗体的免疫沉淀反应的惰性载体，通过观测沉淀与抗原浓度的关系，即可定量测定抗原（待测样品中蛋白质）的含量。免疫扩散法分为环状免疫单扩散法和双向扩散法两种。

环状免疫单扩散法：将一定量的抗体（常用单价抗血清）与含缓冲液的琼脂糖凝胶混匀铺成适当厚度的凝胶板，再把抗原滴进凝胶板的小孔中。在合适的浓度和湿度环境中，抗原由小孔向四周扩散（呈辐射状），经过一定的时间后抗原与在琼脂糖凝胶中的抗体相互作用。当抗原扩散到一定的距离，并在抗原抗体的浓度比例合适时，形成浓沉淀环。这一沉淀环是一种抗原抗体复合物。抗体浓度一定，抗体向琼脂糖凝胶扩散形成的沉淀不再增大。这时，沉淀环的大小（面积）与抗原浓度在一定范围内呈线性关系。这样，就可以确定抗原物质的含量，即待测样品中蛋白质含量。

双向扩散法：一定浓度的琼脂糖（或琼脂）凝胶是多孔的网状结构，大分子物质可自由通过。双向扩散法可使分别在两处的抗原和相应抗体相遇，形成抗原-抗体复合物，比例合适时出现沉淀，沉淀的特征与位置取决于抗原相对分子质量的大小、分子结构、扩散系数和浓度。如果抗体存在于多种有机大分子中则出现多条沉淀线。该方法的操作简单且灵敏度高，是最常用的免疫法。

2）免疫电泳法

免疫电泳法是免疫反应与电泳结合的产物。将抗原样品在琼脂平板上先进行电泳，使其中的各种成分因电泳迁移率的不同而彼此分开，然后加入抗体做双相免疫扩散，把已分离的各抗原成分与抗体在琼脂中扩散而使其相遇，在二者比例适当的地方，形成肉眼可见的沉淀弧。免疫电泳法具有很高的灵敏度，克服了单纯琼脂扩散方法中的沉淀线重叠、不易鉴别的缺点，既可应用于蛋白质分离与定性鉴定，也适用于抗原或抗体的定量测定。免疫电泳法常见有如下几种形式：

微量免疫电泳法　在含有离子的琼脂糖凝胶中心挖一长槽，槽两侧各挖一个小圆孔，孔内加入待测样品。电泳时，由于样品中各蛋白质的等电点不同，其带电性不同，因而被分离成几个区带。电泳后在长槽中加入相应的抗血清，置 37℃扩散。分离的蛋白质与相应的抗体（抗血清）形成大小不同、深浅各异的沉淀弧。一般情况下，每一沉淀弧代表蛋白质混合中一种成分，以此进行相应的定性、定量测定。

对流免疫电泳　将抗原和抗体分别加入琼脂板样品孔内同时进行电泳。在 pH 8.6 的琼脂凝胶中，抗体蛋白只带有微弱的负电荷，而抗原蛋白质带负电荷。将抗原置于负极，将抗体置于正极。在电泳时，由于电渗作用的影响，抗体蛋白不但不能抵抗电渗作用向正极移动，反而向负极倒退。电泳后则在两孔之间相遇，并在比例适当的部位形成肉眼可见的沉淀线。利用对流免疫电泳对含 IgG 的样品分析结果如图 5.11 所示。这种方法是抗原与抗体在电场作用下定向移动，限制了抗原抗体的自由扩散，该方法较一般的免疫扩散法可提高灵敏度 16 倍。

a

b

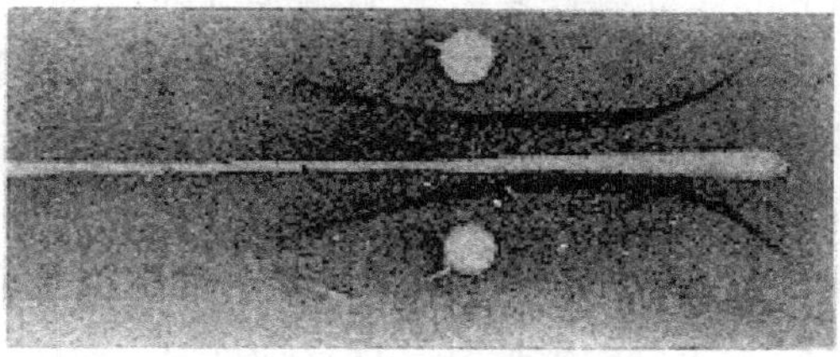

图 5.11　对流免疫电泳分析 IgG

1%离子琼脂糖胶制板，胶板上下孔分别加入 10 μL 样品；以 5 V/cm 端电压电泳 2 h 后，琼脂板中间挖槽，加入 50 μL羊抗人 IgG，37℃放置 24 h；沉淀弧出现后，进行蛋白质洗脱、染色、脱色和显影等处理

a. 标准 IgG；b. 样品

火箭电泳法：免疫扩散法试验时间长（48～72 h），重复性和精确度也差。将免疫扩散与免疫电泳联用来测定混合蛋白质中某一蛋白质含量，就是火箭电泳法。火箭电泳法所需时间短、结果更精确，是目前常用的蛋白质定性和定量分析法。取一定量单价血清，与一定量琼脂凝胶混匀，然后铺板，板上挖几个小孔，每孔中加不同浓度的相应抗原，将此板放在 pH 8.6 的电泳槽中进行电泳，在电场作用下抗原向正极泳动，在泳动中抗原与凝胶中的抗体反应，逐渐形成类似火箭的沉淀峰，峰高度与抗原浓度成正比（图 5.12），依此可定量抗原含量。如被测抗原的等电点与单价血清（抗体）的等电点相同，不仅需用琼脂糖，而且需对抗原进行化学处理使其所带负电荷相对地增加，这样才能出现火箭峰。处理时，一般用氰酸钾（KCNO）或甲醛（HCHO）。

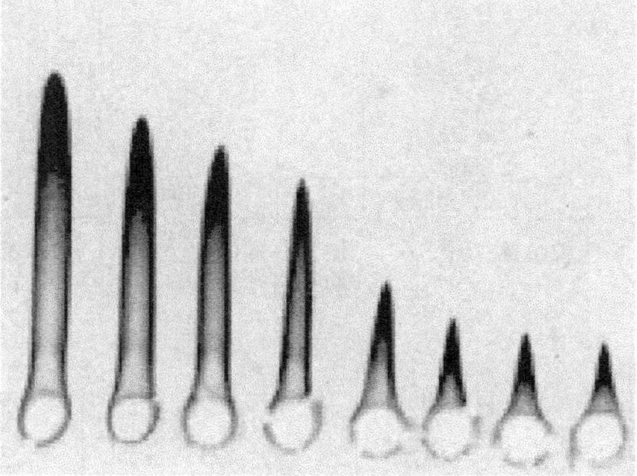

图 5.12　不同浓度下牛乳免疫球蛋白的火箭电泳图

双向定量免疫电泳法：双向免疫电泳又称交叉电泳，先将抗原进行电泳以分离蛋白质的各组分。然后将其放在抗体琼脂板上，使各组分在垂直方向再电泳一次，根据各组分各沉淀峰便可定性定量抗原。

3）放射免疫电泳测定法

放射免疫电泳测定法是将放射性核素测定法和免疫反应相互结合的一种技术。优点是特效、灵敏、精确、简单、样品用量少，一般不需复杂的提纯步骤。目前，该法已广泛用于细菌毒素的测定、各种免疫球蛋白和血清蛋白的定量测定等。该法的基本原理是，利用放射性核素标记抗原，待测抗原与特异的蛋白质相竞争结合，在体外进行测定。该法能定量分析 ng 甚至 pg 级的蛋白质，比一般的生物化学方法灵敏 3～6 个数量级。

4）酶联免疫吸附测定

从 Engvall 和 Perlman 建立酶联免疫吸附测定（enzyme linked immunosorbent assay，ELISA）以来，由于 ELISA 具有快速、灵敏、简便、易于标准化等优点，使其得到迅速的发展和广泛应用。随着方法的不断改进和材料的更新，使 ELISA 更为简便实用和标准化，目前已经成为最广泛应用的检测方法之一。

酶联免疫吸附测定是把抗原抗体的免疫反应和酶的高效催化作用原理有机地结合起来的一种检测技术。该技术主要的依据有三点：①抗原（抗体）能结合到固相载体的表面，并具有其免疫活性；②抗体（抗原）与酶结合所形成的结合物也保持免疫活性和酶的活性；③结合物与相应的抗原（抗体）反应后，结合的酶仍能催化底物生成有色物质，而颜色的深浅可定量抗体（抗原）的含量。酶联免疫吸附测定法主要有 3 种测定方式，即间接法、抗体夹心法和竞争法。前两种方法主要用于测定抗体和大分子抗原，竞争法适用于测定小分子抗原的方法。其他的测定方式还包括：双位点一步法、捕获法、应用亲和素和生物素的 ELISA 法。一些常见的 ELISA 技术的原理与大致分析过程见图 5.13。

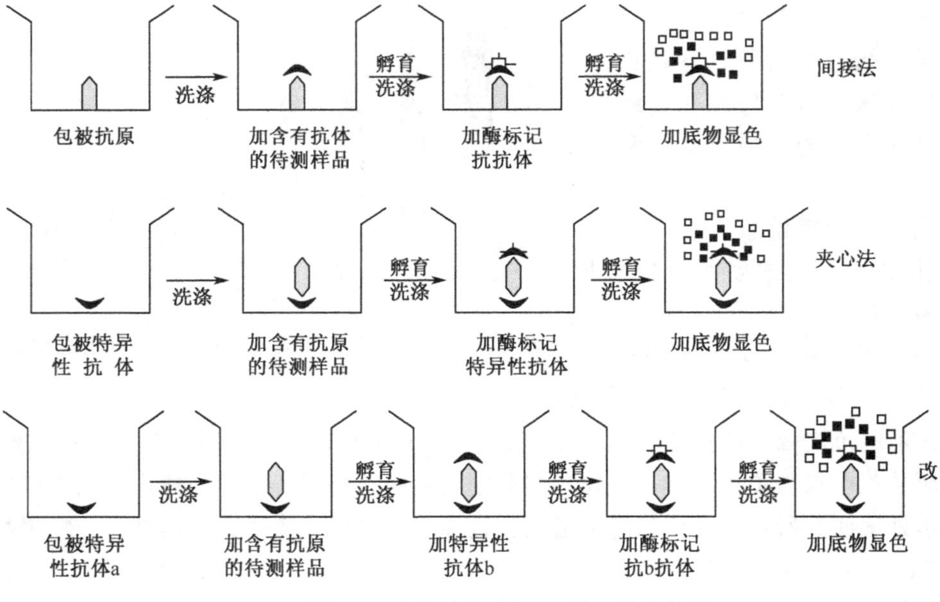

图 5.13　常见的 ELISA 测定技术的原理

ELISA 技术可以有效地应用在动物、植物源蛋白质的鉴别方面，显示了检测方法的准确性与灵敏性。例如，采用间接竞争 ELISA 法测定复性后的大豆蛋白产品，发现 7S 蛋白的响应最大，其他动物蛋白产生的响应可以忽略不计，即不会存在交叉反应（图 5.14）。根据此结果，很容易推测出这样的结论：ELISA 技术可以有效地用于食品蛋白的来源判断，以及某些食品的掺假分析。

由于 ELISA 技术对蛋白质分析的特异性和灵敏性，所以它也常被用于研究蛋白质的热稳定性，例如，蛋白质的变性。图 5.15 显示，夹心 ELISA 技术评价结果表明猪肉中存在热稳定性很高的抗原，因为在热处理过程中此抗原的活性降低不多。

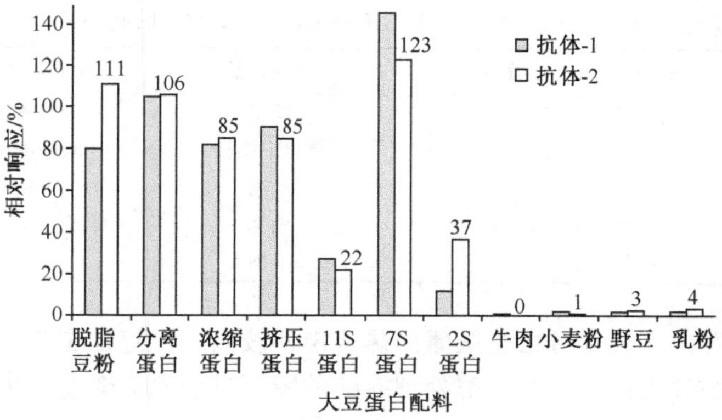

图 5.14　利用两种兔多克隆抗体对不同食品或原料的间接竞争 ELISA 法分析结果

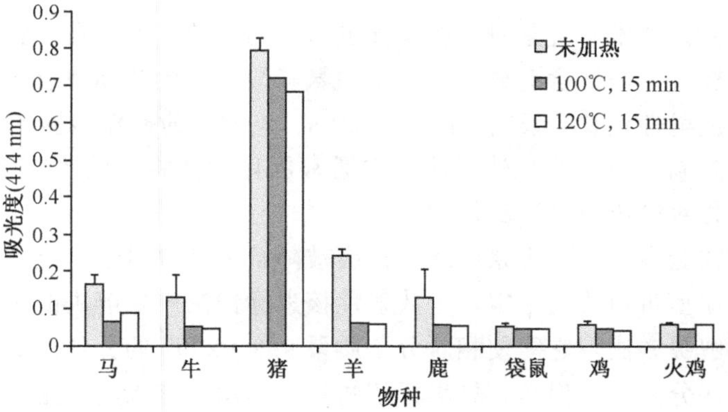

图 5.15　利用夹心 ELISA 技术评价热处理的猪肉中热稳定抗原

对人类食品安全有重要意义的过敏原问题，也可以通过 ELISA 技术进行研究、评估或检测，这里不再过多的阐述，因为过敏原在本质上也是蛋白质。一些常见食品中存在的过敏原见表 5.9。

表 5.9　一些食品中的过敏原

食品种类	主要的过敏原
乳	α_{s1}-酪蛋白，分子质量 23 kDa，热稳定；β-乳球蛋白，分子质量 18.4 kDa，热稳定
卵白	卵白蛋白，分子质量 43 kDa；卵类黏蛋白，分子质量 23 kDa，糖蛋白胰蛋白酶抑制物，热稳定
大豆	Gly *m* Bd 30K，分子质量 30 kDa，木瓜蛋白酶类似物；KSTI-16，分子质量 28 kDa
花生	Ara h 1，分子质量 65 kDa；Ara h 2，分子质量 17～21 kDa

大豆中最主要的过敏原是 Gly *m* Bd 30K。在对大豆蛋白进行凝胶过滤色谱分析时，发现 Gly *m* Bd 30 形成了一个分子质量为 350 kDa 的寡聚蛋白，用 SDS 和 β-巯基乙醇处理后，产生 pI＝4.5、分子质量为 30 kDa 的蛋白质。重要性稍差一些的另一个大豆蛋白过敏原就是 Gly *m* Bd 70K，为 β-伴白蛋白的 α 亚基。第三个大豆蛋白过敏原是 Gly *m*

Bd 28K，它不稳定、存在量少、很难检测，pI=6.1。利用夹心 ELISA 技术，对一些大豆产品和一些含大豆蛋白的加工食品进行分析，定量测定 Gly *m* Bd 30K 的水平，结果如表 5.10 所示。

表 5.10 大豆产品和大豆食品中的主要 Gly *m* Bd 30K 的夹心 ELISA 分析

大豆产品	分析结果（mg 过敏原/g 氮）	大豆食品	分析结果（mg 过敏原/g 氮）
大豆	126	汉堡	未检测出过敏原存在
豆乳	106	鱼肉三明治	未检测出过敏原存在
豆腐	65	炸鸡	9
纳豆	未检测出过敏原存在	肉丸	17
腐乳	未检测出过敏原存在	炸牛肉丸	21

从表中可以看出，大豆蛋白过敏原的热稳定性较高，大豆加工为豆腐、豆乳后，只是部分降低了它的致敏性，但是发酵处理有效的降低过敏原的含量。大豆蛋白被加入到一些食品中，加工后仍然可以检测出大豆过敏原的存在。

5.1.5 放射性核素标记

放射性核素标记技术一直是研究多肽和蛋白质的一种有效工具，它通常有两种操作方式：一种是内标法，即把含有放射性核素的氨基酸加入生产细胞或合成体系中构成测定标准，常用的放射性核素主要有^{3}H、^{14}C或^{35}S。该方式的操作步骤比较复杂，因而其广泛应用受到了限制。另一种是外标法，它通常用化学法将^{125}I修饰于多肽或蛋白质分子上，因该方式相对简单而被广泛使用。

由于标记过的蛋白质在生理条件下往往会被降解，其放射性测定不能完全代表原型蛋白质。因此，原型蛋白质的鉴定，是放射性核素标记法中要解决的关键问题。酸沉淀法是一种粗略的解决方法，它能使相对分子质量 999～2997 的分子沉淀，使之与游离碘和小分子代谢物区分开来。但是，如果标记物被再利用而掺入其他蛋白质、或者有大片段（999～2997）代谢物形成，就降低了可靠性。用电泳或色谱方法与放射性核素法相结合，如用 SDS-PAGE 电泳和 HPLC 分离和鉴定原型蛋白质及代谢产物，可大大提高可靠性并使放射性核素方法更趋完善。

5.2 氨基酸序列分析

蛋白质的种类繁多，不同的蛋白质能够产生不同的功能性质，这是通过其特定的结构来实现的。蛋白质的一级结构决定了它的高级结构，所以，蛋白质的功能归根结底是由一级结构决定的。因此，测定蛋白质的氨基酸序列（一级结构），是进行蛋白质结构或功能研究中不可缺少的部分。目前，进行蛋白质序列测定，首先采用化学法或酶法从蛋白质或多肽的 N 端或 C 端进行裂解，氨基酸残基逐个从蛋白质或多肽的末端切割下来，然后通过在氨基酸残基上衍生一个生色基团，最后采用薄层色谱、高效液相色谱等技术，鉴定每次切割下来的氨基酸残基。

蛋白质的氨基酸序列分析，在食品蛋白质的研究中较少应用，但是在生物化学等研究中却是一个重要的研究内容。

5.2.1　N 端序列分析

N 端序列分析的方法很多，最常用的是化学法，有 Edman 降解法、DNS-Edman 降解法、减数 Edman 法和 DABITC/PITC 双耦合法。Sanger 早年使用的 FDNB 法，由于灵敏度低、操作较复杂和不能进行连续降解等原因，一般不再采用。用酶学方法测序虽然有一定意义，但在实际应用中尚有许多弊病，因此很少应用。这里介绍经典的 Edman 化学降解法。

1. Edman 化学降解法

迄今，Edman 化学降解法仍然是蛋白质或多肽顺序测定技术中最有效和最基本的方法。此法是 1950 年由 Edman 首先提出，并以他的名字命名的一种化学降解法。降解反应所用的试剂是异硫氰酸苯酯（PITC），它与蛋白质或多肽的游离 α-氨基作用。降解反应分三步：

（1）偶联反应。PITC 的异硫氰酸酯基与蛋白质或多肽的游离 α-氨基作用，产生苯氨基硫甲酰蛋白质（PTC-蛋白质）。反应所需条件：pH 9.0～9.5（PITC 仅仅与未质子化的氨基反应，pH 大于或等于 10 时则很不稳定）；为保证反应速率，50℃左右较合适，仅需 10 min，注意不同的副反应的干扰，尤其是空气中的氧和试剂中含的醛类杂质会引起氧化脱硫，产生异氰酸苯酯肽。

（2）环化裂解反应。PTC-蛋白质在无水条件下酸裂解，切下发生反应的氨基酸残基（ATZ-氨基酸），紧挨的第二个氨基酸残基暴露出游离的 α-氨基，可与 PITC 继续进行偶联反应。

（3）转化反应。因为 ATZ-氨基酸不稳定，直接鉴定比较困难，需在三氟乙酸水溶液（25%）条件下，转化成稳定的 PTH-氨基酸。

（4）PTH-氨基酸的鉴定。降解产生的 PTH-氨基酸可采用多种方法进行分析鉴定。各种分离与鉴别方法的特点见表 5.11。

表 5.11　PTH-氨基酸分离及鉴定方法

方法	前处理	检出物	同时分析	分析时间	操作温度	定量	灵敏度
氨基酸分析	150℃5.7 mol/L HCl 水解 4 h	除 Gln、Asn 、Trp 外的大多数 PTH-氨基酸	否	1 h	高温	能	1 nmol/L
薄层色谱	甲基硅烷化	所有 PTH-氨基酸	可	30 min	室温	否	0.1 nmol/L
气相色谱		除 Arg、Cys 外的大多数氨基酸	否	25 min	高温	能	1 nmol/L
高效液相色谱		所有 PTH-氨基酸	否	30 min	室温	能	1 nmol/L
质谱分析		除 Arg 外的所有 PTH-氨基酸	否	20 min	高温	能	5 pmol/L

资料来源：鲁子贤，1982。

除表 5.11 所列的主要方法外，还有几种其他的方法，如利用光谱法在 269 nm 能监测所有的 PTH-氨基酸，在 320 nm 能监测脱水的 PTH-Ser 和 PTH-Thr。高压电泳能监测 PTH-Arg、PTH-His、PTH-$CySO_3H$；菲醌试剂监测 PTH-Arg；Pauly 试剂监测 PTH-His、PTH-Tyr 等。近年来，由于高效液相色谱技术具有分析速度快、灵敏度高、定性定量准确等诸多优点，同时仪器自身也日臻完善，多被广泛应用于 PTH-氨基酸的鉴定。通常选用 C_{18}反相柱进行分离。

2. 蛋白质序列的仪器分析

自 20 世纪 70 年代初蛋白自动序列仪诞生以来，经过了一系列更新换代，仪器日趋灵敏、快速，下面就其中几种代表性的仪器作一简介。

1）液相旋转杯序列仪

这是最早的自动化仪器。整个仪器的核心部分是一个反应杯，它由一个电动机带动并有调速控制。蛋白质或多肽样品经溶解后，通过一根导管注入反应杯，随着旋转的离心力被均匀地涂在杯壁上，形成一层薄膜，其厚薄可由转速控制。反应的试剂和溶剂分别通过导管进入反应杯，与杯内薄层上的样品的 N 端自由氨基进行 Edman 反应；降解下来的 ATZ-氨基酸衍生物通过另一导管引出并收集，再将 ATZ-氨基酸转换成 PTH-氨基酸后进行鉴定，依次循环分析。此仪器由于消耗的样品量多，目前在蛋白质化学实验室已很少使用。

2）固相序列分析仪

自动固相顺序仪同液相顺序仪一样，都是在电子计算机的控制下工作。由于一些小肽或疏水性多肽不易吸附在一般支持物上（如旋转杯），只得将它们共价键合到一种惰性支持体（载体），然后装入 1 根小口径的反应柱；随后，将反应用的试剂和溶剂分别按程序注入反应柱内进行 Edman 化学降解反应。早先的固相顺序仪只能完成 Edman 反应式中的偶联型解二步反应，第三步转化反应和最后的 PTH-氨基酸鉴定工作需另外进行。近年来，个别型号的仪器已配有自动转换装置。一般整个转换反应共 5 步：①从反应柱上裂解下来的 ATZ-氨基酸衍生物引入转换器的反应杯内；② 通 N_2 干燥；③ 加入可溶性酸到反应杯内，进行转换反应；④ 再次通 N_2 干燥；⑤ 加萃取溶剂，将反应杯中转换后的 PTH-氨基酸引出，注入部分收集器的试管中用于鉴定。

固相测序的优点是样品共价结合后，不会在有机溶剂洗涤、抽提等过程中丢失，因而可以增加循环次数，并且分析具有自动化程度高、稳定性高、灵敏度高、结果准确性高等优点。

3）气相顺序仪

在蛋白质或多肽顺序分析的发展过程中，自动液相顺序仪和固相顺序仪曾起过积极作用，但是随着分子生物学的深入发展，近年来人们深感这两种仪器已不能满足蛋白质微量顺序分析的需要。1981 年 Hewick 等研制了一种新型顺序仪，即气相顺序仪，亦称气液固相顺序仪。其特点是弹筒形的反应室代替了液相顺序仪中的旋转杯，反应试剂是在气态下完成蛋白质的 Edman 降解反应。其优点是灵敏度很高，作为顺序测定的蛋白质或多肽量最低在 5 pmol 水平；试剂和溶剂消耗很低，大约是液相仪的 1/10，缩短了每步降解循环时间，因此提高了效率，降低了费用。

4）新型蛋白测序仪

20 世纪 80 年代末对气相序列仪进行部分改进，将原来三氟乙酸以气体方式输送改为液相脉冲方式，称为脉冲液相序列仪，以适应不同样品的分析需要。另外，由于载有活性基团的功能性聚亚乙烯基二氟（PVDF）膜的问世，蛋白质和多肽可以共价固定在此类膜上，直接在上述两种序列仪上进行固相序列分析。即经 Edman 降解后的 PTH-氨基酸衍生物可及时直接从转化腔中自动输入高效液相色谱仪，进行 PTH-氨基酸衍生物的定性及定量分析。分析不仅快速可靠，而且可以防止样品的损失。将序列仪与高效液相色谱仪联用，并统一用电脑控制，包括化学反应和分析鉴定以及数据的自动记录和处理。

5.2.2　C 端序列分析

虽然建立在 Edman 化学法上的 N 端测序技术日趋成熟，但仍有不少问题需要借助 C 端序列分析来解决。C 端测序尤其适用于基因重组蛋白是否正确表达的鉴定、大规模生产时的质量控制以及 N 端封闭蛋白的分析和 DNA 探针的设计。

由于选择性地对 C 端羧基进行偶联修饰并从 C 端逐一将氨基酸残基切下，这比 N 端测序困难。在过去，虽然有些蛋白质化学家致力于 C 端测序研究，但目前的相关技术仍不能和 N 端测序技术媲美。近几年来由于对化学法测定 C 端技术进行了一系列改进，已有了自动化 C 端序列仪问世。

1. C 端分析原理

基于与 N 端 Edman 降解类似的原理，C 端分析采用化学试剂与蛋白质和多肽的 α-羧基反应，反应后的 C 端衍生物被切割下来，通过 HPLC 系统进行分离分析。一个完整的 C 端序列分析包括以下几个步骤。

(1) 活化。蛋白质和多肽 C 端的游离羧基与乙酸酐反应生成混合酸酐，并进一步环化成咪唑酮。肽链侧链上的羧基形成的混合酸酐，则难以成环。C 端的咪唑酮在四丁基硫氰酸氨的作用下，转化为乙内酰硫脲（TH）。

(2) 酰胺化保护侧链羧基。侧链羧基形成混合酸酐后，与硫氰酸哌啶进一步作用形成酰胺，以保护侧链。

(3) 烷基化。由于 C 端环化成的 TH 衍生物较为稳定而不易被切割，因此产率不高。用溴代甲基萘选择性地烷基化修饰硫原子，形成烷基化-乙内酰硫脲（ATH）衍生物，其裂解产率将大大提高。

(4) 修饰 Thr 和 Ser 的羟基。蛋白质和多肽中的羟基会干扰测序，因此需要修饰。在活化过程中，乙酸酐也会与羟基反应将其乙酰化，但反应不完全，在 *N*-甲基咪唑（NMI）和乙酸酐的共同作用下，Thr 和 Ser 上的羟基基本被乙酰化。

(5) 裂解和衍生。C 端的 ATH 衍生物在酸性条件下与 $[NCS]^-$ 反应而被裂解，生成 ATH-氨基酸，新的 C 端自动形成 ATH，而不必重新活化。

因此，整个测序过程只需在开始时对 C 端进行一次性活化，并修饰 Asp 和 Glu 侧链羧基，以及 Thr 和 Ser 的羟基。实际上循环反应的只有烷基化和裂解两步。

2. C 端蛋白质序列仪

近两年来，不断有商品化的 C 端序列仪问世，C 端序列仪一般以 N 端序列仪改装而成，其基本结构相似，所不同的是① 反应所用的试剂不同，因此不可兼容，否则极易堵塞管道；② 在 C 端序列仪中，所用的化学反应均在弹筒形反应室中进行，切割下来的 ATH-氨基酸仅在转化腔内干燥和溶解后，即进入 HPLC 系统分离分析。而在 N 端测序仪中，氨基酸需在转化腔中转化为 PTH-AA。

C端测序技术仍处于研究和发展阶段，虽然该技术还不尽完善，但对于确认表达蛋白质的C端是否正确，以及判断在表达、纯化过程中是否发生了不必要的加工大有帮助。

5.3　个别氨基酸和化学键的分析

5.3.1　活性赖氨酸测定

利用生物学方法可以了解食品蛋白质的消化、吸收情况，但相对化学方法来讲这仍是一个较为复杂、繁琐的评价过程。经典的化学分析方法，可以直接利用某个化学反应分析蛋白质中的氨基酸含量，分析结果对于了解加工过程中蛋白质营养价值可能发生的变化是非常直观的。因此，通常利用活性氨基酸（或可利用氨基酸、可反应氨基酸）这个概念来评价加工过程中蛋白质营养变化，它可以理解为利用某一化学方法测定得到的该种氨基酸的有效含量（水平）。

赖氨酸是一些食品蛋白质的限制性氨基酸，由于其反应性高，容易与其他的成分作用，所以对加工食品中的活性赖氨酸的评价，一直是过去研究的重点。赖氨酸在食品加工中的化学变化包括交联反应、美拉德反应、赖氨酸-丙氨酸化合物的形成等。对蛋白质中活性赖氨酸的测定，可以利用赖氨酸的 ε-NH_2 与二硝基氟苯（FDNB）、茚三酮（改进的茚三酮法）等化学试剂的作用，进行相应的定量分析，尤其是利用FDNB的分析方法，具体反应机理见图5.16。例如，对不同热处理的乳粉进行的相应评价结果来看，利用FDNB法测定的活性赖氨酸数值，与动物试验结果很好相符（见表5.12中的相关数据），所以活性赖氨酸是可以作为衡量加工条件对蛋白质影响作用时的重要指标之一，也是目前一直使用的一种有效手段。

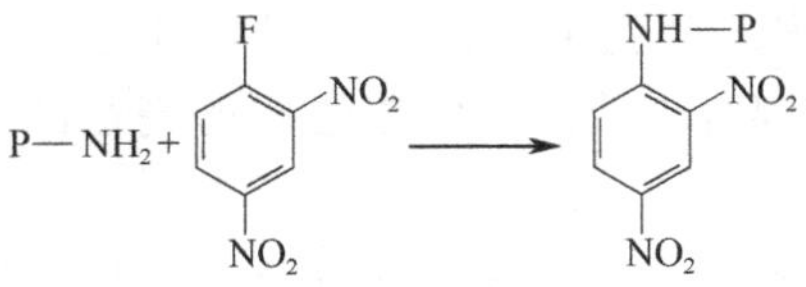

图5.16　赖氨酸 ε-NH_2 与FDNB的反应示意图

P. 蛋白质

表5.12　热加工处理对乳粉赖氨酸含量（mg/g氮）的影响

样品	FDNB测定值	酸水解后总值	体外酶消化释放值	大鼠试验测定值
优质奶粉	513	500	519	503
轻度焦糊奶粉	400	475	388	381
焦糊奶粉	238	425	281	250
严重焦糊奶粉	119	380	144	125

资料来源：赵新淮，2006。

对乳粉的加工储藏条件进行研究，以活性赖氨酸的含量水平等为指标进行评价（结果列于表5.13中），可以有助于选择适宜的加工条件和方法。

表5.13　加工与储藏条件对脱乳糖乳粉的影响

样品	FDNB-赖氨酸/(mg/g)	染料结合能力/(mg/g)	总赖氨酸/(mg/g)	净蛋白质利用率（鼠）
正常新鲜乳粉	28	218	29.1	4.8
冷冻干燥	25	178	28.9	—

续表

样品	FDNB-赖氨酸/(mg/g)	染料结合能力/(mg/g)	总赖氨酸/(mg/g)	净蛋白质利用率(鼠)
冷冻干燥，−20℃120 天	25	200	29.1	—
冷冻干燥，30℃120 天	12	120	15.7	3.0
喷雾干燥	23	195	23.4	—
喷雾干燥，−20℃120 天	23	235	23.6	4.0
喷雾干燥，30℃120 天	17	150	17.8	3.2

5.3.2　单一氨基酸的分析

蛋白质中的氨基酸组成可以很方便的利用氨基酸分析仪测定。不过，有时只需要了解蛋白质中某一种或几种氨基酸的含量水平。在这种情况下，采用氨基酸分析仪的分析就不一定合适了。实际上还有其他的一些化学分析方法可以专一的用于分析单一氨基酸。这里简单介绍一下相关分析的原理。

1. 色氨酸

样品中的蛋白质经碱水解后，游离色氨酸与甲醛和含铁离子的三氯乙酸溶液作用，生成的产物具有特征荧光值，在激发波长为 365 nm、发射波长 449 nm 条件下，可以进行定量测定。

2. 苯丙氨酸

苯丙氨酸与茚三酮及铜盐反应，生成荧光复合物。荧光复合物在激发波长 365 nm、发射波长 490 nm 处可以产生最大荧光强度，与标准氨基酸对照可以计算出样品中苯丙氨酸的含量。

3. 酪氨酸

酪氨酸和 1-亚硝酸-2-萘酚反应，生成有色化合物，此化合物在硝酸和亚硝酸钠存在的条件下加热，产生稳定的荧光物质，可用荧光法定量测定。

4. 脯氨酸

在丙酮溶剂中，脯氨酸与吲哚醌反应形成蓝色化合物，在波长 598 nm 的条件下，与氨基酸标准对照，能用以测定蛋白质水解液中的脯氨酸含量。

5. 羟脯氨酸

羟脯氨酸在有过量丙氨酸的条件下，用氯胺 T 氧化生成 *α*-吡咯-4-羧酸和吡咯-2-羧酸（加热后溶于水），用对二甲基氨基苯甲醛试剂显色，在波长 560 nm 处有最大吸收峰，可以进行定量测定。

6. 胱氨酸

用亚硫酸盐使胱氨酸还原为半胱氨酸和 *S*-半胱氨酸磺酸，其他含二硫键的物质也被还原。通过巯基被磷钨酸还原为钨蓝的反应测定半胱氨酸，从而定量出胱氨酸。非胱氨酸的巯基可在加磷钨酸前先加氯化汞和巯基结合。因反应在 pH 5 进行，其他还原性物质如尿酸、抗坏血酸也使磷钨酸还原，通过空白对照加以除去。

7. 谷氨酸

L-谷氨酸在大肠杆菌的谷氨酸脱氢酶作用下脱酸释放出二氧化碳，用瓦勃氏呼吸仪由测压法测得二氧化碳放出量，计算出谷氨酸含量。

8. 苏氨酸

苏氨酸是 β-羟基氨基酸，用高碘酸氧化处理后生成乙醛。用分光光度分析乙醛的量，就可以测定出苏氨酸的量。

5.3.3　二硫键分析

二硫键（—S—S—）是连接不同肽链或同一肽链的不同部分的化学键。二硫键只能由含硫氨基酸形成，半胱氨酸被氧化成胱氨酸时即形成二硫键。二硫键是比较稳定的共价键，在蛋白质分子中，起着稳定肽链空间结构的作用。二硫键一经破坏，蛋白质的生物活力就会丧失。二硫键数目越多，蛋白质分子对抗外界因素影响的稳定性就愈大。一般蛋白质在稀碱溶液中即被水解，而动物的毛、发鳞、甲、角、爪中的主要蛋白质——角蛋白，所含的二硫键最多，故角蛋白对外界物理的及化学的因素都极稳定。

二硫键作为共价键交联多肽链内或链间的两个半胱氨酸，对稳定蛋白质的空间结构、维持正确的折叠构象、保持及调节其生物活性等都有着举足轻重的作用。因此，确定二硫键在蛋白质中的位置对于鉴定蛋白质一级结构有着重要的意义。

1. 二硫键的定位分析

1955 年 Ryle 等对胰岛素二硫键结构的分析，是蛋白质化学研究的里程碑。胰岛素分子的 A、B 两链，通过两个链间二硫键连在一起。A 链还有 1 个链内二硫键，而且包含 1 对邻位的半胱氨酸（CysA6、CysA7）。早期的研究工作，确立了如今仍在使用的二硫键定位研究的基本思路，包括：①在避免二硫键重排或交换的条件下，将样品蛋白尽可能地在其所有半胱氨酸残基之间断裂，而形成二硫键相连的肽段；②分离这些肽段混合物；③鉴定分离所得的各个肽段；④断开肽段中的二硫键；⑤分析断开二硫键后的肽段，与整个氨基酸序列比较，推断二硫键的位置。

定位二硫键的主要方法分为非片段法和片段法。非片段法包括 X 射线衍射晶体结构解析法、多维核磁共振波谱法和合成对照法等。片段法包括对角线法、二硫键异构及突变分析法、酶解法和化学裂解法、部分还原测序法以及氰化半胱氨酸裂解法等。它们各具特色，也有各自的局限性。随着质谱仪器在质量检测范围、分辨率、灵敏度、准确度和分析速度等方面的不断发展，从而使质谱法更加适合于蛋白质和肽的分析。

对角线电泳（diagonal electrophoresis）是一种经典的二硫键定位分析方法，这种技术包括以下的主要处理与分析：

（1）胃蛋白酶酶切未经还原的蛋白质；

(2) 在酸性 pH 6.5 的条件下进行第一向电泳，酶解产物肽段将按其大小及电荷的不同而分离；

(3) 将滤纸暴露在过甲酸蒸气中，使肽分子中的二硫键氧化断裂，并进一步氧化成磺酸基（$—SO_3H$）；被氧化的半胱氨酸残基被称为磺基丙氨酸；

(4) 将滤纸旋转 90°角，在与第一向完全相同的条件下进行第二向电泳。

无二硫键的肽不受过甲酸的作用而在两向电泳中迁移率相等，将位于一条对角线上。那些含二硫键的肽，由于第二向电泳时被酸氧化，肽段大小和负电荷发生变化而使迁移率不同，将偏离对角线。肽片段可通过茚三酮显色来确定。将含磺基丙氨酸的肽段分别取下，进行氨基酸序列分析，推断二硫键的位置。如果蛋白质中存在有未成二硫键的游离—SH，则要先用碘乙酰胺封闭—SH 后再进行酶解。此外，甲硫氨酸和色氨酸也能被氧化，这样可能会增加分析的复杂性。

用质谱技术（蛋白质质谱）分析二硫键，与对角线电泳法分析二硫键有很多类似之处，如在酸性 pH 条件下采用胃蛋白酶酶解肽段，以避免二硫键交换发生；最大的不同在于，质谱中的分离和分析是同时进行的。含有二硫键的肽段，通过比较还原烷基化前后酶解肽段混合物的质谱图变化而确定。然后，被假设的二硫键配对方式通过 Edman 降解方法进行确认。现代生物质谱 MALDI-TOF-MS 具有样品用量少、快速、能耐受较高浓度缓冲液和盐的优点。ESI-MS 的特点是能方便地与液相色谱或毛细管电泳等现代化的分离手段联用，更方便的进行二硫键的定量和定位。

2. 二硫键与游离巯基的含量分析

二硫键与巯基是食品蛋白质结构中的重要基团，在食品的加工处理过程中它们所发生的变化，会导致蛋白质功能性质的变化。例如，牛乳进行加热处理后，通过二硫键的交换反应，形成 β-乳球蛋白和 κ-酪蛋白的复合物，从而改变了体系的流变学、乳凝块等性质；卵白蛋白经过加热处理，由于形成蛋白质分子之间的二硫键，导致其形成了稳定的凝胶。此外，谷蛋白在面团形成时的作用，也涉及巯基、二硫键等问题。所以，在研究食品蛋白质的变化过程中，测定、评价蛋白质的巯基、二硫键变化，也是具有十分重要的意义的。

测定蛋白质中的巯基、二硫键的方法，一般是基于测定巯基的分析。二硫键的分析则一般是通过还原剂的作用，将二硫键还原为巯基后再分析。利用 5，5′-二硫基双-2-硝基苯甲酸的分光光度分析，简单、准确、快速，是一个常采用的方法。测定反应的基本原理如图 5.17 所示。

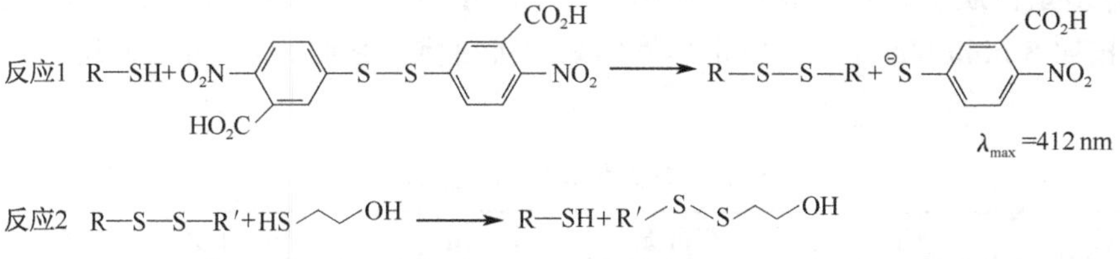

图 5.17　5，5′-二硫基双-2-硝基苯甲酸分光光度法分析巯基和二硫键的化学机制

测定时首先测定的是蛋白质分子中游离巯基的含量。然后，利用还原剂还原二硫

键，再次测定巯基的含量。根据还原前后二硫键的数量之差，就可以计算出二硫键的含量。

此外，利用半胱氨酸同磷钨酸作用的原理，也可以用于分析蛋白质分子中存在游离巯基。分析同时利用亚硫酸盐对二硫键的破坏作用、以及汞离子同巯基的作用，可以测定二硫键。这里不再介绍。

5.3.4　蛋白质水解度测定

蛋白质的水解涉及其分子中酰胺键的断裂，因此蛋白质水解程度的分析，从化学本质上来讲，应该是一个对化学键变化的分析。

1. 蛋白质水解度的表示

在评价蛋白质的降解程度时，往往要考虑在一定的水解条件下蛋白酶、其他催化剂对蛋白质的水解程度以及水解数量等问题。蛋白质水解反应的初始速度，并不能真正确定蛋白质的水解程度或水解数量。通常衡量蛋白质的水解反应情况常用两个指标，一个是过去常用的蛋白质水解程度（extent of hydrolysis），另一个是目前较常用的蛋白质的水解度（degree of hydrolysis）。

1）水解程度

蛋白质的水解程度一般以水解后得到的可溶性蛋白质（或三氯乙酸 TCA 可溶蛋白质）占总蛋白质的比例来表示。

$$\text{水解程度}(\%)=\frac{\text{水解后可溶性蛋白质的质量}}{\text{底物蛋白质的质量}}\times 100$$

或者

$$\text{水解程度}(\%)=\frac{\text{TCA 中可溶性蛋白质的质量}}{\text{底物蛋白质的质量}}\times 100$$

由于蛋白质在水解到一定程度后，所形成的肽分子在水中（或 TCA 中）已经可以很好地溶解，更大程度的水解也不会在它们的溶解性上进一步表现出来。所以，对水解程度较大的蛋白质产物此指标不能准确地反映实际水解情况。

2）水解度

蛋白质的水解度，是基于蛋白质被催化水解时所裂解的肽键数目来衡量蛋白质的水解情况，它的定义为

$$\text{DH}(\%)=\frac{h(1\ \text{g 蛋白质被裂解的肽键数目},\text{meqv/g})}{h_{tot}(1\ \text{g 底物蛋白质所含有的肽键数目},\text{meqv/g})}\times 100$$

在许多蛋白质中，氨基酸的平均相对分子质量约为 125，所以一般可以将蛋白质的 h_{tot} 近似按照 8 mmol/g 计算。但是具体到某种蛋白质，它们的 h_{tot} 可以采用表 5.14 中的数据。

表 5.14　常见蛋白质的 h_{tot} （meqv/g）

蛋白质	h_{tot}	蛋白质	h_{tot}	蛋白质	h_{tot}
酪蛋白	8.2	大豆蛋白	8.6	乳清蛋白浓缩物	8.8
肌肉	7.6	玉米蛋白	9.2	鱼蛋白浓缩物	8.6
明胶	11.1	麦面筋蛋白	8.3	血红蛋白	8.3

在水解过程中每裂解一个肽键就产生一个羧基和一个氨基，这些新生成的基团会产生相应的解离。在采用恒定 pH 条件下水解时（恒 pH 技术），由于需要加入酸或碱来维持体系的 pH 恒定，所以根据蛋白质、肽分子不同基团的解离情况，可以将水解过程中被裂解的肽键数目与所加入的酸碱量联系起来。其基本原理如下：

（1）在不同的介质中，水解生成的氨基、羧基发生不同程度的解离：
氨基：pH＜6 时完全质子化，pH＜9.5 时不质子化，pH＝6～9.5 时部分质子化；羧基：在 pH＜2 时不解离，pH＞5 时完全解离，pH＝2～5 时部分解离。

（2）由于在水解时氨基、羧基的解离、质子化程度不同，体系的 pH 发生变化，裂解肽键的数目与氨基、羧基的解离常数（α）与所加入酸碱量直接相关，它们间的相互关系为

$$\text{氨基或羧基的解离度}(\alpha,\%) = \frac{10^{\mathrm{pH}-\mathrm{p}K}}{1+10^{\mathrm{pH}-\mathrm{p}K}} \times 100$$

$$\mathrm{DH}(\%) = \frac{N(\text{维持体系所消耗酸碱的毫摩尔数})}{\alpha \cdot h_{\mathrm{tot}}} \times 100$$

相对来讲，由于水解度是从蛋白质水解时断裂的肽键数量上来定义的，所以这是一个最准确地反映蛋白质水解程度大小的指标，目前在蛋白质水解研究中它是经常测定的一个数据。

3）蛋白质水解度与肽分子平均链长度的关系

蛋白质水解后生成的肽分子片段的长短在理论上与水解度有关，因为随着水解度的增加，蛋白质的分解程度加大，所以得到的肽链片段就比较短。但是由于酶的催化作用具有一定的选择性，它所催化裂解的肽链不是任意的（见第 13 章中蛋白酶的有关内容），所以在一般情况下很难将肽分子片段的大小与水解程度在数学上联系起来。对于一些选择性较差的蛋白酶（如 Alcalase 等），由于它所能作用的肽键类型较多，所以我们可以将它的催化裂解作用近似作为一个随机的裂解过程，这样肽分子的链长与水解度之间的近似关系可以从数学推导得出。

假设蛋白质的分子链长为 AR_0（有 AR_0 个氨基酸组成），所含肽键数则为 AR_0-1；蛋白质水解度较大时被裂解 n 个肽键，就生成 $n+1$ 个片段，如果每个肽分子片段的链长度为 AR，此时就有

$$\mathrm{AR}_0 = (n+1) \cdot \mathrm{AR} \tag{5.1}$$

根据水解度的定义显然有

$$\mathrm{DH}(\%) = \frac{n}{\mathrm{AR}_0 - 1} \times 100 \tag{5.2}$$

因而可以得到

$$\mathrm{DH}(\%) = \frac{\dfrac{\mathrm{AR}_0}{\mathrm{AR}} - 1}{\mathrm{AR}_0 - 1} \times 100 = \frac{\dfrac{1}{\mathrm{AR}} - \dfrac{1}{\mathrm{AR}_0}}{1 - \dfrac{1}{\mathrm{AR}_0}} \times 100$$

由于蛋白质的 AR_0 较大且 $\mathrm{AR}_0 \gg \mathrm{AR}$，所以 $1/\mathrm{AR}_0$ 可以忽略不计，这样就有

$$\mathrm{DH}(\%) = \frac{1}{\mathrm{AR}} \times 100$$

即在此时蛋白质的水解度与肽分子的链长度成反比，水解度越大的蛋白质水解物中

肽分子的链长度越短，在蛋白质完全被分解为氨基酸时，此时的水解度为100%，所以链的长度只有1；在水解度为50%时，相当于肽分子只有两个氨基酸组成。

2. 蛋白质水解度的测定方法

许多化学分析技术可以用于评价蛋白质的水解度。茚三酮反应、三硝基苯磺酸（TNBS）反应、荧光胺反应、邻苯二甲醛反应以及甲醛滴定，可以分析蛋白质水解前后游离氨基、游离羧基的变化，因此可以准确地计算蛋白质的水解度。前两种方法为可见光区的分光光度测定，随后的两种分析方法为荧光分析，最后一种分析方法为电位滴定分析。TNBS反应在实际中应用的最多。所涉及的反应机理与条件，在本书的第2章以及本章中均有介绍。

恒pH技术也是水解度测定时的一个评价方法，这里不再阐述。

第6章　蛋白质的构象与功能

6.1　蛋白质构象分析技术

蛋白质分子的构象处于不断地变化之中。研究蛋白质分子在溶液中的构象变化，对阐明蛋白质结构与功能的关系，具有重要的意义。目前，研究蛋白质分子构象的方法有很多种，可以概括为两大类：一类是测定晶体蛋白质的分子结构，如X射线衍射分析法和小角中子衍射法；另一类是测定溶液中的蛋白质分子构象，如荧光光谱法、核磁共振波谱法、圆二色性光谱法、紫外差光谱法、激光拉曼光谱法以及氢放射性核素交换法等。

欲了解蛋白质构象与功能的关系，有必要了解一些测定构象的方法。因此，这里将对这些广泛应用的构象分析技术进行简介。

6.1.1　X射线衍射分析法

X射线衍射分析法是一种非常重要、也非常复杂的物质结构研究技术。在蛋白质构象测定中，它能精细、直观地表达出分子内各种基团的相互空间关系。由于这一方法的应用，蛋白质分子的构象及其与功能的相互关系的研究曾取得一些重大的突破，对于蛋白质的发展产生重要的推动作用。

X射线衍射技术利用X射线经物体散射后的衍射波得到一张衍射图谱。衍射图谱需要用计算机代替透镜进行重组，绘出电子密度图（如图6.1所示的电子密度图），进而构建出三维分子图像。X射线的波长，大约等于一个分子中成键原子间的距离长度，如C—C键长为0.15 nm，而由阴极射线管中铜靶发出的X射线波长为0.154 nm。一束单色X射线与一个分子发生相互作用可被衍射，且衍射形式反映出该分子中原子的位置。如果样品是溶液状态，则蛋白质中各个分子将被随机定向，只能获得极少量关于分子整体结构的解析信号。

用X射线衍射技术测定晶体结构，是根据晶体中原子重复出现的周期性结构。当X射线穿过晶体的原子平面层时，只要原子层的距离 d 与入射的X射线波长 λ、入射角 θ 之间的关系能够满足布拉格（Bragg）方程：

$$2d\sin\theta = n\lambda \quad (n = \pm 1, \pm 2, \pm 3, \cdots)$$

则反射波可以互相叠加而产生衍射，形成复杂的衍射图谱。

X射线衍射法与样品的单晶制备法相结合，可以成为结构测定中最为有效的方法。在一个单晶中，所有分子都排列在具有固定的相对位置和方向的一个立体晶体中，衍射图谱中每一点的强度都可测出，因此，可获得样品全部的立体结构信息。不过，X射线衍射法只能验证其结构是否符合事实提出的几种几何模式，而不能作为其结构唯一的、客观的测定方法。

X射线衍射结构分析蛋白质的主要步骤如下：

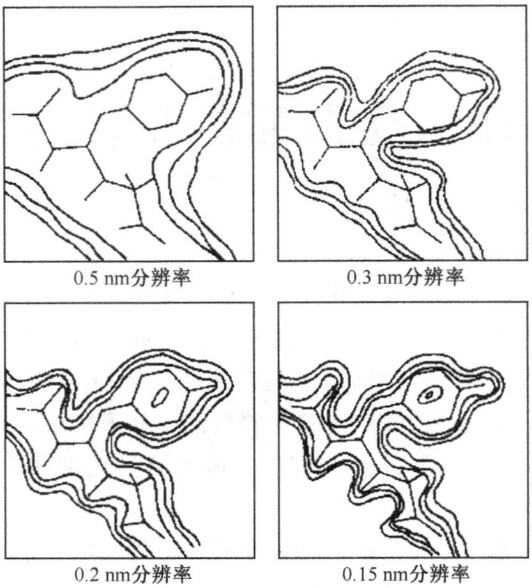

图 6.1　不同分辨率的电子密度图（唐有祺，1958）

1. 制备蛋白质单晶

X 射线衍射分析法对于蛋白质样品有两个要求，一是蛋白质制备样品必须是均一的；二是必须是较大的单晶（大于 0.1 mm）。晶体越大，收集的衍射数据的质量越好。对重原子同晶衍生物的要求更为严格，不仅要求晶胞参数全部不变，而且全部原子的坐标也不能变，还要求一部分衍射点的强度有适当的变化。这增加了制备蛋白质样品的难度。

目前，制备蛋白质单晶常用平衡透析和气相扩散法。结晶过程分为两个步骤：一是晶核的出现；二是晶核的成长。过饱和程度、振动以及温度是否恒定、器壁是否光滑、溶液有无灰尘等因素决定晶核能否出现。

重原子同晶衍生物的制备一般采用浸泡法。选择合适的重原子，如 Pt、Au、Hg 或 Pb 等，把蛋白质单晶浸泡在含有一定浓度重原子的缓冲液中，让重原子扩散进晶体内，与蛋白质分子表面的适当部位结合，从而制成重原子同晶衍生物。

2. 分析、收集和处理衍射数据

用单色 X 射线照射蛋白质单晶，产生许多衍射点，收集衍射点强度数据是蛋白质晶体结构研究中最基础、最关键、最繁琐的一步，收集衍射点强度的数据的方法有多种：可以用计算机控制的全自动四圆衍射仪逐点收集衍射强度，并自动指标化，其优点是衍射点强度的记录和测量同时进行，从而提高数据收集的速度和精度，但由于逐点收集消耗时间长，致使蛋白质晶体长时间暴露在 X 射线下，容易引起晶体的破坏。也可以用照片底片逐层感光，然后用光密度计测定底片上各个衍射斑点的强度，优点是一张底片可以同时记录各个衍射点的强度。还可以采用面探测器，该技术既具有四圆衍射仪强度记录和测量同时进行的优点，又具有照相底片法同一时间记录许多衍射点强度的优点。现在，广泛采用四圆衍射仪和面探测器。

3. 计算电子密度图和解出蛋白质空间结构

从蛋白质单晶的 X 射线衍射图可以测出晶胞参数、算出晶胞体积、确定晶胞类型。得到蛋白质单晶及重原子同晶衍生物的衍射强度数据后，先利用 Patterson 函数法解出重原子在衍生物晶胞中的位置，然后，用同晶置换法原理求得蛋白质单晶（母体）的衍射相角。根据衍射点强度，算出结构振幅。根据结构振幅和相角，算出某一衍射点的结构因子。根据结构因子和晶胞体积，算出晶胞中某一点的电子密度（如图 6.2 所示的肌红蛋白分子中部分肽链的电子密度）。

目前，用 X 射线衍射分析法测出的蛋白质分子构象多于三四百种，它是一种最精细、结果最直观的方法。经用 X 射线分析研究的蛋白质，能准确地描述分子内各种基团间的相互空间关系，对于阐明蛋白质分子构象及其与功能的关系起重要的作用。X 射线分析法也有缺点，它只能分析蛋白质的晶体，但相当大量的蛋白质上不能结晶，同时工作流程较长，出结果的周期也较长等。

图 6.2 肌红蛋白分子中部分肽链的电子密度图（Biundell and Johnson，1976）

6.1.2 小角中子衍射法

小角中子衍射是利用低能中子与原子核的相互作用。当一束波长为 λ_0 的单色中子通过样品时，则中子为样品分子中的原子核所散射，其能量与动量都发生显著的变化。通过测量散射强度与散射角度、能量变化的关系，就可以得到许多有关大分子的形态、构象以及分子运动等信息。

与 X 射线分析法相比，小角中子衍射法具有以下优点：①低能中子与物质的作用很弱，因而对样品几乎无破坏；②X 射线不能测定大分子中氢原子的位置，而用中子衍射法不仅可以测定蛋白质中氢原子的构象，而且能观察到氢原子的位置；③X 射线分析法只能研究晶态大分子的构象，不能研究大分子在溶液中的构象；只能研究静态构象，不能研究动态构象；只能研究一个大分子的构象，不能研究许多相同或不同大分子之间的空间排布，以及相互作用时的构象变化。而小角中子衍射法则能做到这一点。

现已经用小角中子衍射法测定了肌红蛋白和胰蛋白酶的晶体结构，还确定了许多重要质子的位置。

6.1.3 荧光光谱法

荧光光谱法是研究溶液中蛋白质分子构象的一种有效方法。它通过测定蛋白质分子的自身荧光，或者向蛋白质分子特殊部位引入荧光探针然后测定其荧光，来研究蛋白质分子的构象变化，或者是研究色氨酸和酪氨酸残基的微环境，或者是蛋白质变性等。同时，荧光光谱法还具有灵敏度高、选择性强、用样量少、方法简单等优点。所以，该方法在蛋白质分子构象研究中得到越来越广泛的应用。相关应用还可以参考第 3 章中蛋白质的疏水性一节的内容。

1. 蛋白质荧光的基本知识

有些分子吸收一定波长的入射光，经过 $10^{-18}\sim10^{-9}$ s，能发射较长波长的光，这种光就是荧光。能产生荧光的物质，叫荧光物质。不同荧光物质分子在吸收不同波长的入射光后，能发射不同波长的荧光，荧光波长总是大于入射光的波长，从而产生荧光光谱（图 6.3）。

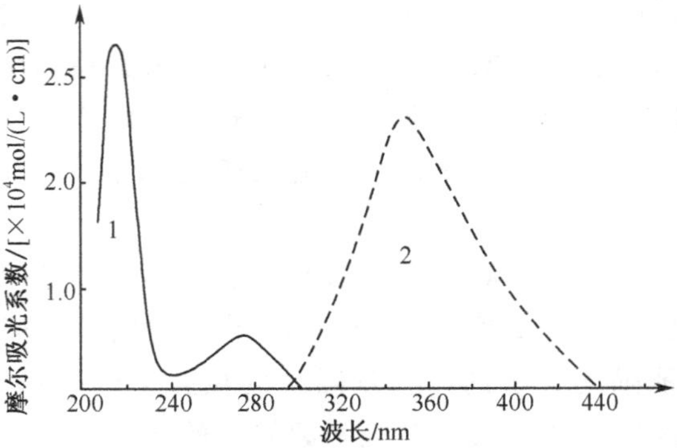

图 6.3　色氨酸的紫外吸收光谱（1）和荧光光谱（2）

描述荧光产生概率的参数是量子产率（Q），它表示为

$$Q=\frac{\text{被发射的荧光光子数}}{\text{被吸收的光子数}}$$

决定量子产率大小的因素很多，一部分是内禀因子，即分子本身的结构；另一部分是环境因子，如温度、pH、溶剂极性、猝灭剂等。

由于荧光物质分子与溶剂分子或其他溶质分子的相互作用，引起荧光强度降低的现象，称为荧光猝灭。引起荧光猝灭的物质叫猝灭剂，如卤素离子、重金属离子、硝基化合物、O_2 等。猝灭剂与荧光物质分子的作用是有选择性的。

在蛋白质分子中，能发射荧光的氨基酸有色氨酸（Try）、酪氨酸（Tyr）以及苯丙氨酸（Phe）。个别蛋白质分子含有的黄素腺嘌呤二核苷酸（FAD）也能发射荧光。色氨酸、酪氨酸和苯丙氨酸由于其侧链生色基团的不同，而有不同的荧光激发和发射光谱（图 6.4），其中，色氨酸的荧光强度最大，酪氨酸次之，苯丙氨酸最小；它们的最大荧光强度的波长（λ_{max}）分别为 348 nm、303 nm 和 282 nm。由于蛋白质的荧光通常在 280 nm 或更长的波长被激发，苯丙氨酸在绝大多数条件下不被激发，荧光量子产率很低，所以很少能观察到苯丙氨酸的发射。酪氨酸残基的荧光往往由于被猝灭而变得很弱，尤其是当它的侧链基团处于电离状态或者在氨基、羧基或色氨酸残基附近时，其荧光几乎全部猝灭，只有在特殊情况下，例如，用 280 nm 波长的光激发时，才能测出它的荧光。

这样蛋白质的内禀荧光主要来自色氨酸残基。色氨酸残基对微环境的变化很敏感，并且大多数蛋白质都含有几个不同的色氨酸残基，因而常作为内禀荧光探针来研究蛋白质的构象。

根据蛋白质分子自身荧光的光谱，人们在推测溶液中蛋白质分子的构象方面得出许

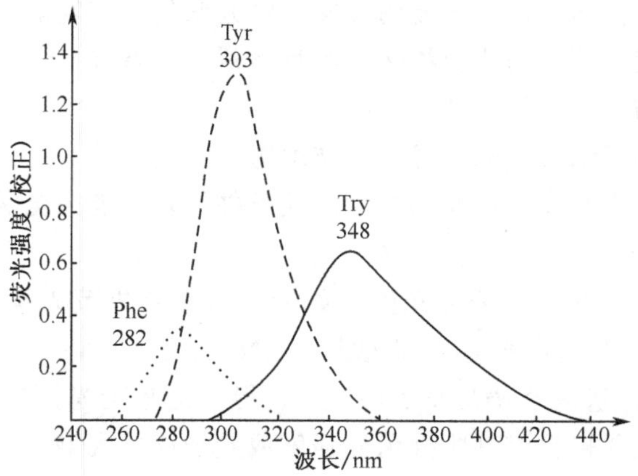

图 6.4　色氨酸（Trp）、酪氨酸（Tyr）和苯丙氨酸（Phe）在中性水溶液中的荧光光谱（Steiner and Weinryb，1970）

多经验性规律，主要有：

（1）除非蛋白质含有其他的荧光成分，否则蛋白质的所有荧光都来自色氨酸、酪氨酸和苯丙氨酸。

（2）蛋白质分子在极性溶剂中发射的荧光光谱的波长比它在非极性溶剂中的要长。即溶剂极性降低，荧光光谱向较短波长移动，荧光强度或量子产率增大。

（3）如果荧光猝灭剂（如 I^-、Cs^+、硝酸盐）能猝灭色氨酸或酪氨酸残基的荧光，那么此残基一定位于蛋白质分子的表面。否则有以下 3 种可能：

a. 残基可能位于猝灭剂进不去的蛋白质分子内部；

b. 残基可能位于猝灭剂进不去的裂隙中；

c. 残基可能位于能排斥猝灭剂的荷电区。

（4）色氨酸或酪氨酸残基如果处在极性环境中，其量子产率随温度升高而下降，但在非极性环境中，则变化不大。

（5）如果色氨酸和酪氨酸残基的 α-羧基是质子化的，则它们的量子产率下降。

（6）色氨酸残基的荧光，易被邻近的质子化基团猝灭，但这一规律只适用于 pH 变化不导致蛋白质分子构象改变的情况。

（7）如果与蛋白质分子相结合的小分子能猝灭色氨酸残基的荧光，那么色氨酸残基一定位于或接近于结合部位。

（8）如果一种物质不能影响游离氨基酸的量子产率，但却影响蛋白质的荧光，则此物质一定使蛋白质分子发生构象变化。

根据上述经验性规律，应用荧光光谱法可以研究蛋白质分子的构象变化、酶活性部位的结构、Try 和 Tyr 残基的微环境、蛋白质变性等。

2. 荧光探针与蛋白质的荧光探测

荧光光谱法除了测定蛋白质分子的自身荧光，即内禀荧光外，还可以利用荧光探针，即外源荧光，以测定蛋白质分子中的疏水微区、两个基团之间的距离以及酶与底物结合过程中的蛋白质构象变化等。荧光探针是一类小分子的荧光化合物，它们能够与蛋白质结合形成络合物，结合以后荧光的性质有较大变化，如发射光谱位移，或者量子产率增加等。能够做荧光探针的化合物必须满足下列三个条件：

(1) 与蛋白质的专一部位结合。

(2) 荧光参数对于结合点的微环境性质敏感。

(3) 结合后应该不改变蛋白质的构象。此条件经常不能完全满足，但大体趋近于构象不变。

荧光探针又可分为稀土离子荧光探针如铕、铽和有机荧光探针如 1-苯胺基萘-8-磺酸（1,8-ANS）、1-二甲基胺基-萘-5-磺酸盐（DNS）、1-*N*,*N*-二甲胺基萘-5-氯磺酸（1,5-DNS-Cl）、2-对甲胺基萘-6-磺酸（2,6-TNS）等。这些荧光探针在水中的荧光强度或量子产率很小，但在非极性溶剂中其荧光强度或量子产率大增，荧光峰蓝移（向较短的波长移动）。

荧光探针能够与许多蛋白质分子结合。根据结合以后荧光性质的变化，可以判定蛋白质分子中是否存在疏水微区。荧光探针与蛋白质的上述结合属于非共价键结合。此外，它们还能与蛋白质分子中的某些基团以共价键结合。因此根据这一规律可以测定蛋白质分子中两个基团之间的空间距离。

3. 蛋白质荧光光谱技术研究中的新方法

1）同步荧光光谱法

同步荧光（synchronous fluorescence）技术，是指在同时扫描激发波长和发射波长的情况下来测绘荧光光谱图。由测得的荧光强度信号对发射波长或激发波长作图，即为同步荧光光谱。它包括固定波长的同步荧光和固定能量的同步荧光两种光谱。

2）三维荧光光谱法

三维荧光光谱法是 20 年前提出的一种荧光分析方法。最近提出的三维荧光偏振光谱，在研究溶液中荧光物质分子的行为特征方面，具有较大的优越性。三维荧光光谱是由激发波长（Y 轴）-发射波长（X 轴）-荧光强度（Z 轴）三维坐标所表征的矩阵光谱（excitation-emission-matrix spectra），也叫总发光光谱（total luminescence spectra）。显然，该技术可获得激发波长（λ_x）与发射波长（λ_c）同时变化时的荧光强度信息。三维荧光光谱图的表示方式有三种，即三维投射图（isometric projection）、激发发射矩阵（EEM）以及等高线（contour plot）荧光光谱图。

6.1.4 核磁共振波谱法

核磁共振波谱法（nuclear magnetic resonance，NMR）是一项涉及在外磁场存在下，某些原子核吸收射频能量的波谱技术。最近 10 年间才发展利用该方法测定蛋白质的结构。1986 年，第一次用该技术完整地测定了一个蛋白质的立体结构。此后，核磁共振波谱法为探测溶液中蛋白质分子的构象提供了许多信息。

原子核都具有电荷和质量，有些原子核由于能够自旋因而还具有自旋动量或角动量。旋转的电荷有磁场，有自旋的核就有与角动量有关的磁矩。如图 6.5 所示，在一个强大而均匀的外加磁场 H_0 中，核继续自旋，此时自旋轴并非与外加磁场 H_0 的方向保持静止平行或静止反平行，而是倾斜于 H_0 的方向并且以某一恒定的夹角围绕 H_0 的方向旋转。这种现象很像一个自旋的陀螺，在它围绕自旋轴转动的同时，其自旋轴也斜绕着铅垂线转动。自旋轴斜绕着外加磁场的方向而旋转的运动方式称为进动或旋进。

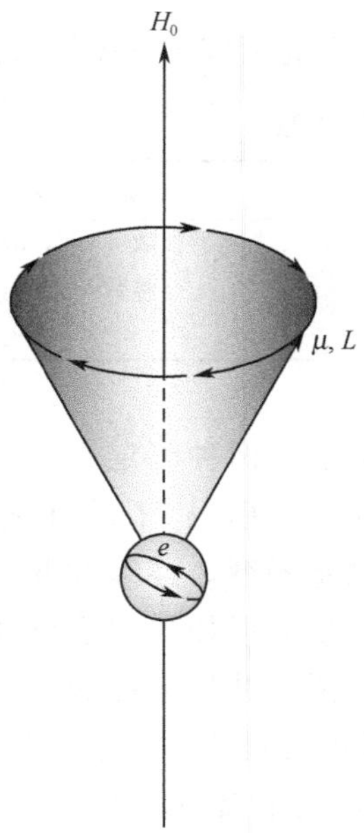

图 6.5　原子核的自旋与进动示意

在外磁场 H_0 中，动关小球代表核，带电量 e，箭头示意自旋方向；μ 是核自旋所产生的磁矩，L 是角动量；有箭头的虚线所成的圆表示 μ 的进动方式

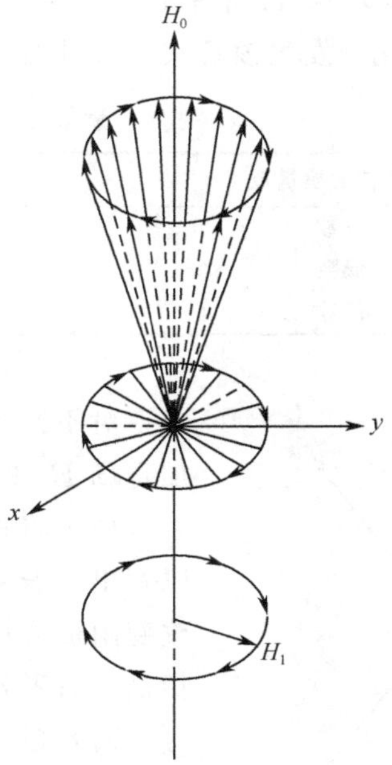

图 6.6　外加磁场 H_0 中，附加磁场 H_1 与核的进动的示意图

原子核的自旋轴与外加磁场 H_0 的方向两者之间的夹角是固定的，只可以取少数几个数值。就是说，它们相互之间是量子化的，每一个方向相当于一个能级。外加磁场 H_0 的增大，只能加快进动的速度即频率，并不能改变这一夹角。换句话说，H_0 的增加不能产生自旋能级的跃迁。要改变原子核自旋轴与 H_0 的夹角，只能在与 H_0 相垂直的方向上再施加一个强度比 H_0 弱得多的附加磁场（射频场）H_1，如图 6.6 所示。H_1 也绕 H_0 旋转，当它的旋转速度与原子核的进动速度相同的时候，原子核从附加磁场（射频场）吸收能量，使原子核自旋轴与 H_0 的夹角改变，出现能级的跃迁。一般来讲，两个系统频率相同而出现能量交换的现象称为共振，因此上述现象称为核磁共振。概括地说，所谓核磁共振波谱，就是分子中的原子核对射频辐射的吸收和再发射。

发生共振时，附加磁场 H_1 的频率（ν_0）与外加磁场 H_0 有下列关系，

$$\Delta E = h\nu_0 = \mu H_0 / I$$

$$\nu_0 = \mu H_0 / hI$$

式中，ΔE 为能级间的能量差，μ 是核磁矩，I 是原子核自旋量子数，h 是普朗克（Plank）常数。

原子核自旋轴与 H_0 的夹角是量子化的，只可能有（$2I+1$）个数值，即只有（$2I+1$）个可能的方向和相应的能级。对于各种能够自旋的原子核来说，I 值只有 3 种情

况，如表 6.1 所示。^{1}H的原子核质量数和原子序数都是奇数，因此它的进动可以有 2 个方向，即只有 2 个能级。可以用图 6.7 表示。此外，^{13}C，^{31}P，^{19}F与^{1}H相似，$I=1/2$。它们都是经常研究的原子核。还有许多种原子核没有自旋，$I=0$，如^{12}C，^{16}O，^{32}S等，因此不发生核磁共振。可见，并非所有的原子都能用核磁共振波谱法进行研究。

表 6.1 各种原子核的自旋量子数

原子核的质量数	原子序数	自旋量子数可取的值
奇数	奇数或偶数	半整数：1/2，3/2，5/2，…
偶数	奇数	整数：1，2，3，…
偶数	偶数	0

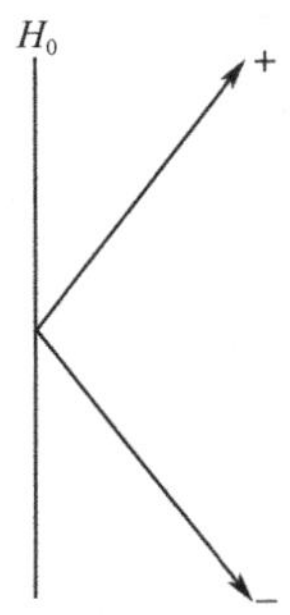

图 6.7 质子在磁场 H_0 中的能级跃迁示意图

对于原子核共振频率的测定有两种测定方式，一是改变外加磁场 H_0 的大小，二是改变附加磁场 H_1 的频率，即射频频率。如果将附加磁场的频率固定不变，连续改变外加磁场，可以测出共振时的外加磁场的强度。但如果固定外加磁场强度而改变附加磁场的频率，则可以测出共振时的频率。前者是磁场扫描，后者是频率扫描。所得的图谱都称为核磁共振波谱。

需要指出的是，NMR 法测定的是蛋白质处于天然溶解状态下的结构。由于蛋白质分子在溶液中是处于运动状态，故 NMR 法测定的是无矢量值（二面角和质子间距），这是它与 X 射线晶体衍射法的根本不同之处，因为在 X 射线衍射法中可通过稳定的晶格而获得分子的矢量“图像”。由于 NMR 法可测定溶液中的蛋白质结构，故可应用这一技术来研究蛋白质运动的复杂过程。

目前，核磁共振波谱法在大分子研究中的应用尚处于发展阶段，正在不断地发展与完善。它在研究大分子的结构与功能方面具有如下优点：①不破坏大分子的结构；②能在液体状态下测定大分子的结构；③能研究大分子构象的动力学；④能获得多种参数，为分析大分子的结构提供多种信息。

对于蛋白质来说，采用核磁共振法可以为研究蛋白质构象提供下列信息：①可以测定蛋白质分子中的螺旋含量；②可以记录蛋白质分子中螺旋与无规卷曲之间的转化过程；③可以观察小分子或金属离子与蛋白质特定区域的结合；④可以测定蛋白质特定区域的构象；⑤可以测定电子传递蛋白分子中的顺磁性活性部位。

6.1.5 圆二色性光谱法

1. 偏振光

传播方向相同、电场矢量互相垂直、但位相相差 1/4 波长的两个平面偏振光相加时，便产生圆偏振光（circularly polarized light），其电场矢量绕传播方向作螺旋式前进。从光传播方向上看，此电场矢量就好像在作圆周运动（图 6.8）。朝光源看，电场矢量按顺时针方向旋转的圆偏振光，称右圆偏振光（R）；按逆时针方向旋转的圆偏振光，称左圆偏振光（L）。当振幅相同（$E_L = E_R$）、并同步的左、右圆偏振光相加时便产生平面偏振光（图 6.9a）；当振幅不等（$E_L \neq E_R$），但同步的左、右圆偏振光相加时，便产生椭圆偏振光（elliptically polarized light），其电场矢量绕传播方向作椭圆前进（图 6.9b）。

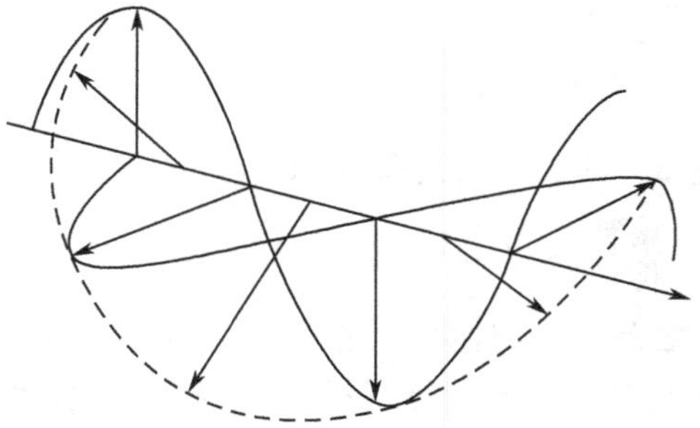

图 6.8　圆偏振光的产生

中间长线箭头表示光波的前进方向；弯曲实线表示互相垂直，位相相差 1/4 波长的两束平面偏振光；虚线表示圆偏振光

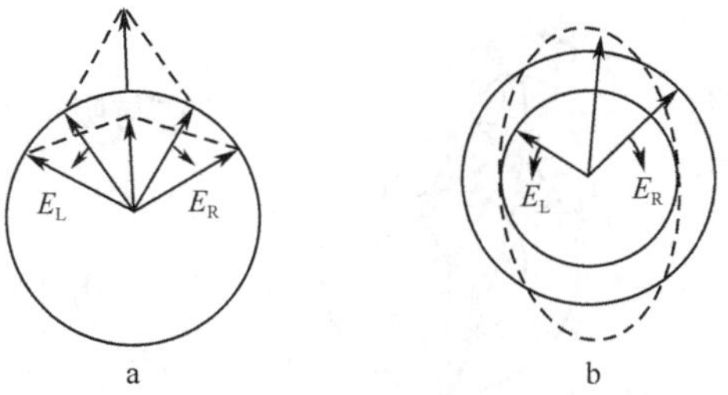

图 6.9　圆偏振光的叠加（范霍尔德，1978）

a. 当 $E_L = E_R$ 并同步的左、右圆偏振光相加时，产生平面偏振光，垂直的箭头表示平面偏振光的振幅；b. 当 $E_L \neq E_R$，但同步的左、右圆偏振光相加时，产生椭圆偏振光，虚线是椭圆偏振光矢量的运动轨迹，实线圆是圆偏振光

2. 旋光和圆二色性

当一束光通过物质时，光波的电场矢量（E）与该物质的原子中的电子发生相互作用。这种相互作用产生两种效应：一种是降低光的传播速度；另一种是减小电场矢量的振幅。前者称折射，用折射率（n）表示；后者称吸收，用摩尔吸收系数（ε）表示。N 和 ε 取决于波长、分子电子结构和几何形状。

平面偏振光可以分解成两束振幅相同，并同步的左、右圆偏振光。当一束平面偏振光通过光活性物质时，由于该物质对左、右圆偏振光的折射率不同，因而，透射出来的由左、右圆偏振光叠加而成的平面偏振光，其偏振面旋转一定角度。这种现象，称旋光。能使平面偏振光的偏振面发生旋转的特性，称旋光性。具有旋光性的物质，称旋光物质。偏振面旋转的角度，称旋光度。当任意波长的平面偏振光通过某一旋光物质溶液，其偏振面旋转的角度取决于物质性质、溶液浓度、pH、温度、离子强度、光径、光源的波长等因素。物质的旋光性通常用旋光率来表示。所谓旋光率又称比旋值或比旋光度，是旋光物质在一定条件下的特征性常数。

旋光率随平面偏振光的波长不同而改变的光学现象、称旋光色散（optical rotatory dispersion，ORD）。以旋光率（α）为纵坐标、波长（λ）为横坐标，所作出的曲线图，称旋光色散曲线。用旋光色散仪可以测定溶液中光活性物质的旋光色散曲线。

当振幅相等并同步的两束左、右圆偏振光通过光活性物质时，由于该物质对这两束光的吸收不同（对振幅减小不同），从而左、右圆偏振光变成了椭圆偏振光（图 6.9b）。这种光学效应被称为圆二色性（circular dichroism，CD）。光活性物质对于左、右圆偏振光的吸收率之差（ΔA）为

$$\Delta A = A_L - A_R$$

式中，A_L 和 A_R 分别是对左、右圆偏振光的吸光率。若 $A_L - A_R > 0$，则为正圆二色性，

若 $A_L - A_R < 0$，则为负圆二色性。圆二色性的大小可以用椭圆度 θ、摩尔椭圆度 $[\theta]$ 或平均残基摩尔椭圆度 $[\theta]^{MRW}$ 来表示。

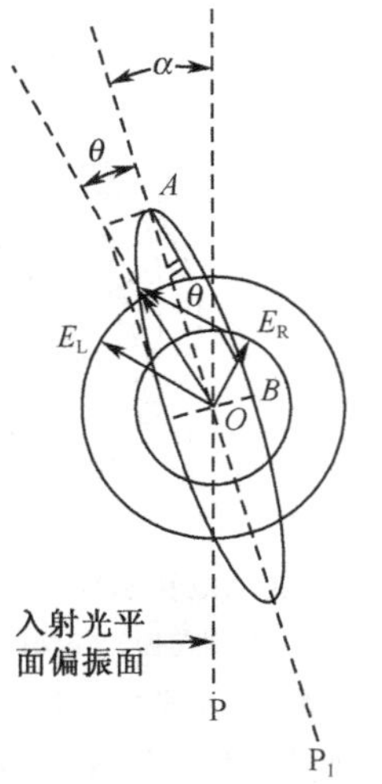

图 6.10 旋光与圆二色性的关系
α 为旋光度；θ 为椭圆度
（图中∠BAO 等于 θ）

椭圆度，如图 6.10 所示，是椭圆短轴与长轴之比的正切函数的角，通常以 θ 表示，单位为弧度。即

$$\theta = \mathrm{tg}^{-1}\frac{\text{短轴}}{\text{长轴}}$$

它与吸光率之差 ΔA 的关系可近似表示为

$$\theta \approx \frac{\text{短轴}}{\text{长轴}} \approx 2.303(A_L - A_R)/4$$

由于吸光率之差 ΔA 与溶液的浓度和厚度（即光径）有关，因而也有人用摩尔椭圆度 $[\theta]$ 表示圆二色性的大小，单位是[(°)·cm^2]/mol，其关系式为

$$[\theta] = \frac{360}{2\pi} \times \frac{2.303}{4} \times \frac{\Delta A}{c \cdot d} = \frac{33000\Delta A}{c \cdot d}$$

式中，c 是物质的量浓度；d 是溶液的厚度即光径，以厘米计。

在研究蛋白质的圆二色性时，由于蛋白质的相对分子质量大小悬殊，为了比较的方便，通常以平均残基的相对分子质量为标准，用平均残基摩尔椭圆度 $[\theta]^{MRW}$ 来表示蛋白质圆二色性的大小，单位是（°）·cm^2/mol，其关系式为

$$[\theta]^{MRW} = \frac{33000\Delta A \cdot M}{c \cdot d}$$

式中，M 是平均残基相对分子质量；c 为浓度（g/cm^3）；d 是溶液的厚度即光径（cm）。平均残基摩尔椭圆度的符号 $[\theta]^{MRW}$，有时可直接简写为 $[\theta]$。

圆二色性与波长有关，如果按波长扫描就可得到圆二色谱，圆二色性的大小可由圆二色仪测定出。在这种仪器中，由光源产生的自然光经单色器的作用变成平行的单色光，再经过线性起偏振器的作用变成平面偏振光。此平面偏振光经一个所谓电光调制器（晶体）的作用改变为左、右圆偏振光；当它们通过样品池时，由于光学活性物质对左、右圆偏振光有不同的吸收，从而产生椭圆偏振光。最后，由接收、测量和记录装置显示圆二色性的大小或圆二色光谱。

圆二色光谱（CD 谱）又称圆二色曲线，是以波长为横坐标，圆二色性的大小为纵坐标所作出的曲线图谱。作为纵坐标的通常是摩尔椭圆度或平均残基椭圆度，有时也可直接用吸光率之差作为纵坐标。

一般蛋白质的圆二色光谱分为两段：一段是 185～245 nm，称为远紫外区；另一段是 245～320 nm，称为近紫外区。远紫外区是肽键的吸收峰范围，反映蛋白质主链的构象。一般来说，在远紫外区，蛋白质处于天然状态时圆二色光谱线是 190 nm 左右为正峰，205～235 nm 时为负槽。负槽的曲线形状与蛋白质主链构象有很密切的关系。多聚 L-赖氨酸在不同构象条件下的标准圆二色光谱表明，典型的 α 螺旋给出 209 nm 和 222 nm左右的两个负槽，称双负槽曲线。β 折叠给出 215 nm 的负槽，它们的典型曲线如图 6.11 所示。

在近紫外区，蛋白质的圆二色性主要由侧链基团所贡献。二硫键一般都是不对称的，它在圆二色光谱上 195～200 nm 和 250～260 nm 处有谱峰。色氨酸、酪氨酸和苯丙氨酸残基，其谱峰为 230～310 nm，它们的不对称性取决于它们所处的微区特性。酪氨酸残基的谱峰因微区不同可以从正峰变到负槽，波长也在 275 nm 左右变化。色氨酸残基的谱峰一般集中在 290～310 nm，但有时也会向短波长方向移动，从而与酪氨酸残基的谱峰重叠。在 250～260 nm，苯环的谱峰又与二硫键的谱峰重叠。因此，要分析近紫外区的圆二色光谱还是相当困难的。但是，这个区域的谱峰却能敏感地反映出蛋白质构象的细微变化，所以人们都还重视这一区域的圆二色性。

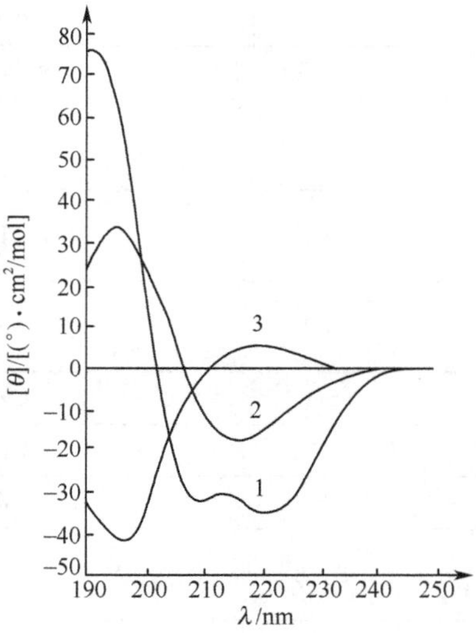

图 6.11　多聚 L-Lys 的 CD 光谱
(Jones，1976)
曲线 1，2，3 分别是 100%α 螺旋，100%β 折叠，100%无规卷曲的 CD 光谱

由于圆二色性是吸光率的差，如果在某一波长范围内没有光吸收，那么也就没有圆二色性。对于蛋白质来说，α-碳原子在紫外区没有吸收峰，残基基团的吸收峰也只是在近紫外区，因此在远紫外区残基本身没有圆二色性，这就解决了残基的本底问题。由此可见，用圆二色光谱法研究溶液中蛋白质分子的构象较优越。

6.1.6　紫外差吸收法

紫外差吸收法又称紫外差光谱法，是 20 世纪 50 年代建立起来的用于研究溶液中蛋白质分子构象的一种方法。此法通过测定蛋白质紫外吸收光谱的变化来研究有关侧链基团所处的微环境，由此可推知溶液中蛋白质分子的大致构象。由于该法对仪器的要求较低，因此一般的实验室都能采用。

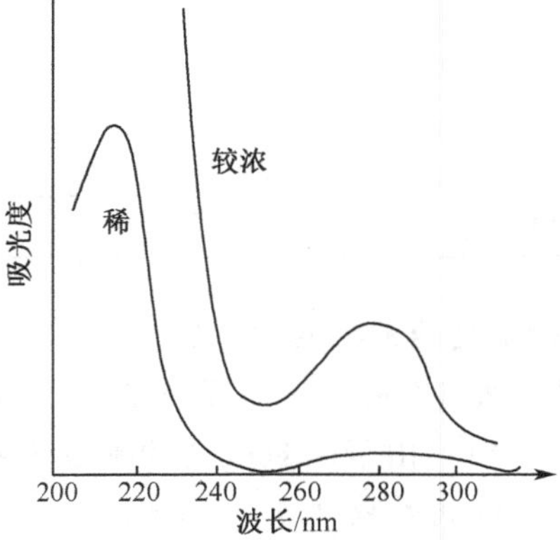

图 6.12　蛋白质的紫外吸收光谱

1. 蛋白质的紫外吸收光谱

溶液中的蛋白质分子能够吸收一定波长范围的紫外光，产生紫外吸收光谱，如图 6.12 所示。用紫外分光光度计可以记录溶液中蛋白质的光吸收随入射光波长变化而变化的曲线，此曲线就是蛋白质的紫外吸收光谱。蛋白质分子之所以能吸收紫外光，是由于蛋白质分子中含有一些能吸收紫外区某一波长光的基团，如表 6.2 所示。蛋白质的紫外吸收光谱，实际上是蛋白质分子中各种生色基团加和的结果，其中特别值得注意的是分子中的色氨酸、酪氨酸和苯丙氨酸残基。色氨酸和酪氨酸在 280 nm 附近有一个吸收峰，苯丙氨酸在 260 nm 左右有吸收峰。大多数蛋白质在 280 nm 附近有一个吸收峰，这主要是由色氨酸残基的吲哚环和酪氨酸残基的酚基所贡献。

表 6.2　蛋白质的紫外生色基团

生色基团	所属残基	吸收峰波长/nm	$\lg A_{max}$
C═C		175	3.8
		200	3
OH	Ser，Thr，水	150	3.2
		183	2.2
NH	Lys，Arg，N 端	173	3.4
		213	2.8
SH	CySH	195	3.3
S^-	CyS^-	235	3.5
C—S—C	Met	205	3.3
—S—S—	Cys	210	3
		250	2.5
C═O		185	3
		260	1.3
COOH	Asp，Glu，C 端	175	3.4
		205	1.6
COO^-	Asp，Glu，C 端	200	2
CONH	Asn，Gln，肽键	162	3.8
		188	3.9
		225	2.6
苯基	Phe	188	4.8
		206	3.9
		261	2.35
酚基	TyrOH	193	4.7
		222	3.9
		270	3.16
酚基	$TyrO^-$	235	3.97
		287	3.41
吲哚	Trp	195	4.3
		220	4.53
		280	3.7
		286	3.3
咪唑	His	211	3.78

在蛋白质分子中，生色基团的紫外吸收光谱主要受下列两种因素的影响。

（1）pH：溶剂的 pH 决定可解离的生色基团的解离状态。例如，酪氨酸在 pH 6 和 pH 13 两种溶液中具有不同的紫外吸收光谱。在 pH 13 时，由于酪氨酸的酚基发生解离而带负电荷，因而其最大吸收峰的波长（λ_{max}）和摩尔吸光系数（ε）都增大。

（2）溶剂或邻近基团极性：生色基团的吸收光谱与其所处的环境具有很大的关系，溶剂或周围环境对生色基团吸收峰的影响表现在两个方面：一是影响吸收峰的强度，二是改变吸收峰的波长位置。以色氨酸、酪氨酸和苯丙氨酸为例，若将它们从极性环境移入非极性环境，则最大吸收峰的波长和摩尔吸光系数都增大。

2. 紫外差吸收法的基本原理

蛋白质紫外吸收的生色基团并非处于真空中，它的周围有各种其他的基团或溶剂。当生色基团暴露于蛋白质分子表面时，就与溶剂（如水）分子接触。若生色基团处于蛋白质分子内部，那它的周围是疏水环境，相当于处于混合的非极性溶剂之中。由此可以看出，这些生色基团具有各种微环境，微环境的性质由蛋白质分子的整个构象所决定。构象改变，微环境改变，生色基团的紫外吸收光谱也就改变。因此，可以研究吸收光谱的变化来研究微环境的性质，从而能推知蛋白质分子在溶剂中的大致构象。

由于紫外差光谱实际上是两种不同条件的比较，因此要讨论紫外差光谱必须选择一个参比条件，然后再比较其他条件与这一条件的差别。对于蛋白质来说，通常选用完全伸展的状态或完全天然的状态作为参比条件。

为了研究蛋白质的紫外差光谱，首先测定简单生色基团的紫外差光谱。蛋白质在 240 nm 以上的近紫外区内，主要的生色基团是色氨酸与酪氨酸残基，有时还可包括苯丙氨酸残基。目前，这些氨基酸在各种不同溶剂中的差光谱以及这些氨基酸邻近的电荷变化所引起的差光谱都已测出。

3. 紫外差光谱的种类

紫外差光谱的种类很多，常用的主要有以下三种。

1）pH 差光谱

蛋白质生色基团邻近的电荷效应对该生色基团吸收光谱有影响。将邻近有电荷存在与没有电荷存在的情况进行比较，生色基团的吸收光谱会发生变化，产生差光谱。要改变生色基团邻近的电荷，往往是通过改变溶液的 pH 来改变某些邻近侧链基团的解离状态，即为 pH 差光谱。测定蛋白质的 pH 差光谱，一般以 pH 1.5～2.0 的蛋白质溶液作为参比溶液，此时，蛋白质分子上的可解离基团已全部质子化。

2）变性差光谱

肽链伴随蛋白质变性而伸展，埋藏在蛋白质分子内部疏水区的生色基团将暴露到水中，即这些生色基团从原先的非极性环境转变到极性环境，这时吸收光谱蓝移，给出负的差吸收峰。变性蓝移是一般规律。但是，如果蛋白质的生色基团在天然状态时全部暴露于分子表面，则上述变性蓝移现象不会出现。这样，情况变得很复杂，有时会得到难以解释的结果。如果只将差光谱作为指标来研究蛋白质变性过程，还是能得到比较好的结果的。

3）扰动差光谱

在蛋白质中有些生色基团暴露在分子表面，与溶剂（如水）分子直接接触。如果在溶剂（水）中加入其他物质，改变溶剂的成分和极性，并且控制加入的量，使其不引起或基本上不引起蛋白质分子的构象变化，此时，外露的生色基团由于溶剂环境发生变化引起差光谱，由于埋藏在蛋白质分子内部的生色基团的环境未发生变化，所以得到的差光谱全部属于外露的生色基团部分。这种差光谱的产生是由于外露生色基团所处的溶液环境受到扰动而产生，所以称为扰动差光谱。加入到溶剂中的其他物质称为扰动剂。常用的扰动剂是乙二醇和具有不同聚合程度的聚乙二醇。根据扰动差光谱，可以区分外露与内藏的两部分生色基团，同时，根据扰动剂的分子大小，还可分别测定出内藏深度不同的生色基团的数目。

6.1.7 氢放射性核素交换法

氢放射性核素交换法是20世纪50年代建立的用于测定溶液中蛋白质分子主链构象的一种方法，早期称为重氢交换法，到60年代发展为用氚来测定交换氢的方法，因此总称为氢放射性核素交换法。

1. *基本原理*

蛋白质分子含有大量的氢原子，可以分为两类：一类与碳原子直接相连，不能与D_2O或^3H_2O中的D或^3H发生氢放射性核素交换；另一类与其他原子如氮、氧、硫等原子相连，可以与D_2O或^3H_2O中的D或^3H发生氢放射性核素交换。当水分子是普通水的时候，这种交换是难以测定的，但是当溶剂水是重水D_2O或^3H_2O的时候，这种交换的结果就使蛋白质分子上的可交换氢转变成氘（D）或氚(^3H)，根据上述反应，可以设计一些方法来测定这种标记的D或^3H。

蛋白质中的可交换氢又有各种不同的情况。氢键中的氢原子与D_2O或^3H_2O中的D或^3H交换的速率较慢，非氢键的可交换的氢原子与D_2O或^3H_2O中的D或^3H交换的速率较快。氢同位素交换法的核心，就在于测出上述慢速交换氢的数量，从而计算出氢键的数量以及α螺旋与β折叠的含量之和。

2. *测定方法*

对于交换氢的测定已经有许多方法，其中比较好的方法是红外光吸收法和氚放射性测定法。

1）红外光吸收法

肽键是一种酰胺键，它在红外区有特征的光吸收峰。实验表明，由于肽键的氘化，肽键在1550 cm^{-1}的光吸收值随氘化而降低，而1450 cm^{-1}的光吸收值则相应地增加，并有相应的线性关系。因此，以这两个吸收峰的吸收值作指标，可以测定蛋白质的可交换氢的含量。

具体测定方法有两种：

a. 正交换——红外光吸收法

将蛋白质的水分彻底去除，然后溶解在重水D_2O中，使N-H…O向N-D…O转变。从溶解一开始就记录1550 cm^{-1}的吸收值随时间的增加而降低的情况，或者记录1450 cm^{-1}的吸收值随时间的增加而增加的情况。

b. 反交换——红外光吸收法

将蛋白质冷冻真空干燥，再在真空中加热到65℃，以彻底去除蛋白质中所含的水分。然后，将样品溶解在重水D_2O中，38℃维持一段较长的时间，使蛋白质样品中的可交换氢全部变成氘（D），然后冷冻真空干燥，再按上述方法彻底去除样品中的重水，得到氘化的蛋白质样品。

将氘化的样品溶解在普通水中，使N-D…O向N-H…O转变。从溶解的时候开始记录 1550 cm^{-1}的吸收值随时间的增加而增加的情况，或者记录 1450 cm^{-1}的吸收值随时间的增加而降低的情况。

2）氚放射性测定法

氚是氢的放射性核素，因此可用放射性测量的方法来测定氚。放射性核素测定一般具有灵敏度高，所需样品少等优点。

氚放射性测定法比较简单，同前面所说的制备氘化蛋白质的方法一样，将通过冷冻真空干燥的蛋白质样品放在高真空中，加热到 65℃以彻底除去蛋白质中所含的水分。然后，将此样品溶解于^3H_2O中保持一定时间，使样品中可以交换的氢原子全部被氚原子取代。然后通过冷冻真空干燥，彻底除去样品中的^3H_2O，从而制得氚化蛋白质。

然后将氚化蛋白质溶入普通水中，隔不同时间取样，将不同时间取出的样品快速经过小孔分子筛凝胶短柱，使氚化蛋白质与含有氚的水得到分离，分别测量洗脱的蛋白质峰与氚水峰的放射性，即可得到不同时间交换下来的氚的含量。作交换氢的量对时间的曲线，从曲线上区分快交换氢与慢交换氢的数值，根据所得出的蛋白质分子中氢键的个数，可计算出 α 螺旋和 β 折叠的含量。

3. 计算方法

可交换氢有的位于侧链上，有的位于主链肽键上。但是，氢放射性核素交换法中，只需计算主链肽键上的氢原子数。根据蛋白质的一级结构，可以计算出理论上的总的可交换氢的个数，以及主链上与侧链上各有多少个可交换氢原子。以猪胰岛素为例，相对分子质量是 5777。在 pH 3 时，三个氨基与介质中的酸形成盐，即—NH_3^+。这样，与 N 及 O 相连接的氢原子共 91 个。A 链 21 个残基共有 20 个肽键，B 链 30 个残基共有 29 个肽键。所以，主链的肽键上的氢原子是 49 个，侧链和端基的氢原子是 42 个。

经实验测定，不同温度时，胰岛素的氢交换量与时间的关系曲线如图 6.13 所示。从 20℃的曲线可以将可交换氢划分为下列几类：瞬时交换氢 60 个，难交换氢 8 个，极慢交换氢 15 个，较快交换氢 8 个。假设瞬时交换氢属于非螺旋区和暴露的侧链，难交换氢和极慢交换氢属于形成螺旋的部分，较快交换氢属于螺旋附近的部分。根据这种假设，胰岛素的螺旋度是

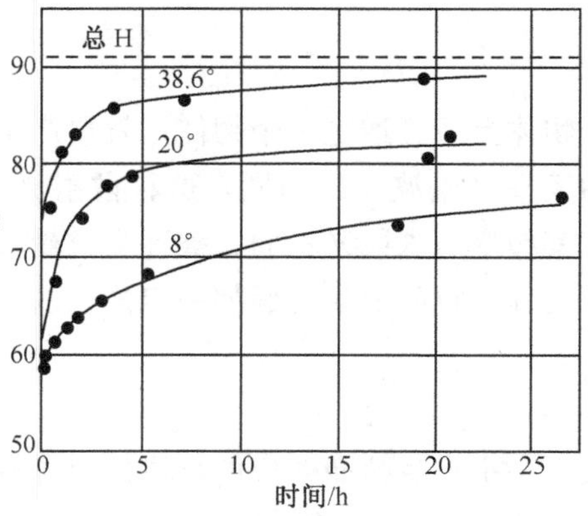

图 6.13　胰岛素的重氢交换曲线（Leach，1969）

纵坐标 n 是每一个胰岛素分子交换出的重氢原子数

$$\frac{15+8}{49}\times 100\% = 47\%$$

根据X射线衍射分析的结果，胰岛素晶体的螺旋度为51%（即有51%的残基在螺旋区），与上述计算结果相比，两者小有差距。胰岛素经甲酸氧化后，所得氧化的A链（pH4.8）可交换氢36个全部都是快交换，推测它是完全松散的，而氧化的B链仍保持部分螺旋。

4. 氢放射性核素交换法的局限性

早期的研究表明，氢放射性核素交换法所测得的结果应是α螺旋和β折叠的总和。进一步的研究显示，某些侧链基团或者肽键深藏到疏水区的内部时，也能使可交换氢的交换速度减慢，与之相反，当H^+或OH^-存在时，能催化某些氢的交换速度。因此，单独采用氢放射性核素法得出的结论应该持谨慎的态度。当然，若与其他方法配合起来，该法还能提供有价值的数据。而且蛋白质的氢键用放射性核素取代后，对蛋白质的构象到底有无影响，这一问题也存在争议。不少工作证明，用重氢形成的氢键键长有所增长，α螺旋的螺距也随之稍有增大，其他不变。例如，在多聚苯基L-谷氨酸中，螺距增大0.000 07～0.000 8 nm，这是相当细微的变化。也有人直接研究氘化蛋白质的结构稳定性，发现与普通蛋白质相比变化不大。从这一角度看，反交换法得出的结果与天然肽的蛋白质基本一样。就这一意义讲，该方法是可用的。

6.1.8 激光拉曼光谱法

拉曼光谱是一种散射光谱，是分子的振动、转动的光谱。1928年，印度物理学家拉曼（Raman）发现拉曼光谱。从20世纪50年代开始，人们就尝试用它来研究蛋白质的结构，但因谱线太弱，进展缓慢。到了60年代，由于采用激光做光源，拉曼光谱的强度大为增加。

目前，在大分子的构象研究中，特别是溶液中大分子空间结构与功能相互关系的动态研究中，激光拉曼光谱已成为很有发展前途的一门新技术。在研究溶液中蛋白质分子构象方面，该方法已成为一种很有发展前途的新技术。

1. 拉曼光谱

当一束光照射到一个物体上或者透过一个物体，就要产生散射。一般的散射光其频率（或波长）与入射光的频率（或波长）相同，这种散射光称为莱利（Rayleigh）光。但是，也有一部分散射光其频率与入射光不同，被称为拉曼散射光。散射光频率变化的现象称为拉曼效应，有时又称为拉曼散射。假如一定波长的入射光频率为ν_0，拉曼散射光的频率为ν_s，则

$$\Delta\nu = \nu_s - \nu_0$$

这个量称为拉曼位移，其大小由产生拉曼效应的物质的分子结构所决定。若以拉曼散射光的强度为纵坐标，$\Delta\nu$为横坐标，得出的谱线就是拉曼光谱。光的强度在这里是相对值，只有相互比较的意义。$\Delta\nu$的单位用波数而不用波长，因为它与红外光谱在性质上有相似之处，所以频率都用波数表示。

拉曼光谱有两种，一种是非共振拉曼光谱，另一种是共振拉曼光谱。图 6.14 所表示的是，产生这两种拉曼光谱时电子能级的变化，以及这两种拉曼光谱与其他光谱的关系。图 6.14a 表示非共振拉曼光谱的产生机制。此时入射光的波长比散射物质分子的吸收光谱峰的波长要长。因此，当散射物质分子中的电子吸收入射光的能量发生跃迁时，没有达到第一激发态，以光的形式释放能量，而且释放出能量后电子也没有回到激发前的振动能级。如果激发前的振动能级是最低的能级，激发后回到比较高的振动能级，则电子释放的光能比吸收的能量小。由于能量的释放也是以光的方式，因此这时所产生的拉曼散射光的波长比入射光的波长要长，即频率要低。这是一种常见的情况。在这种情况下所产生的光谱称为斯托克斯-拉曼（Stokes-Raman）光谱。但也有相反的情况，即电子在振动能级较好的位置吸收能量，释放能量后回到比较低的振动能级。这时，所产生的拉曼散射光的波长就比入射光的波长要短，即频率要高。在这种情况下所产生的光谱，称为反斯托克斯-拉曼光谱。图中还标出了红外光谱能级变化的情况，它是电子振动能级直接变化的结果，由于拉曼光谱用 $\Delta\nu$ 表达，因此，它正好与红外光谱相当。

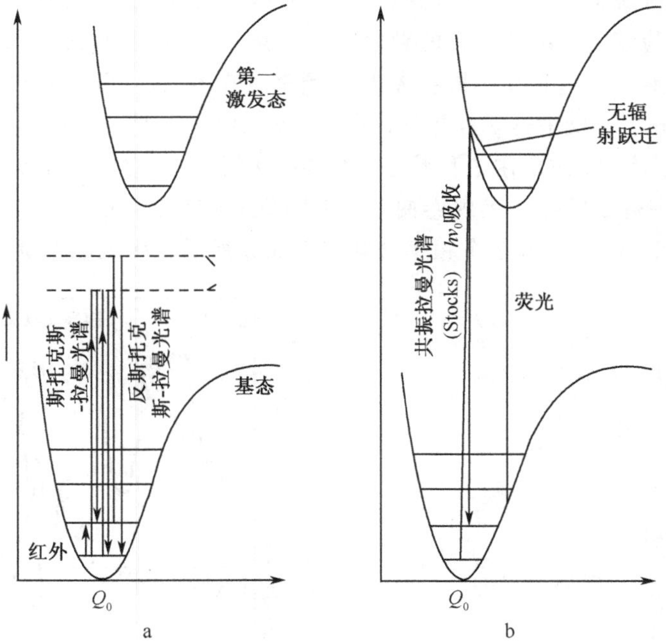

图 6.14　产生各种拉曼光谱时电子能级跃迁示意

a. 非共振拉曼光谱产生机制；b. 共振拉曼光谱产生机制

图 6.14b 表示共振拉曼光谱的产生机制。此时入射光的波长与散射物质分子的吸收光谱峰的波长一致。因此，散射物质分子中的电子吸收入射光的能量产生共振，跃迁到第一激发态，然后回到基态。由于回到基态的电子振动能级与激发前不同，因而显示 $\Delta\nu$ 的差别。共振拉曼光谱与上述非共振拉曼光谱所出现的两种情况相同，也有斯托克斯和反斯托克斯之分。图中还给出了产生荧光的电子跃迁情况。荧光是回到相同的振动能级，但它是在受激后先作出无辐射释放，然后才发射出光。共振拉曼光谱的 $\Delta\nu$ 与非共振的相同，但能量比非共振的大，因而有有利的一面。但荧光干扰也大，这是不利的

一面。

拉曼光谱的弱点是谱线太弱，信噪比较大，难以测定。由于激光单色性好、能量集中，以激光做拉曼光谱仪的光源，可以大大增加拉曼光谱的强度，改善光谱的信噪比，从而更容易的测定出拉曼光谱。以激光为光源测出的拉曼光谱，称为激光拉曼光谱。

2. 蛋白质的拉曼光谱与构象关系

采用激光拉曼光谱法可测出蛋白质分子中肽键（酰胺键）的特征振动谱带，即酰胺带。由于肽键的环境是蛋白质主链构象的反映，因此可以用酰胺带作指标来判断肽链的构象。以*N*-甲基乙酰胺为模型，可测出它的拉曼光谱并找出 9 个与肽键有关的频率。其中最主要的 3 个是酰胺Ⅰ，1653 cm^{-1}，酰胺Ⅱ，1567 cm^{-1}；酰胺Ⅲ，1299 cm^{-1}。图 6.15 是这三条酰胺带所反映的酰胺平面的结构变化。酰胺Ⅰ是 C═O 伸张与 C—N 伸张，酰胺Ⅱ与酰胺Ⅲ是 C—N 伸张及 N—H 在平面上的转折。在非共振拉曼光谱中，酰胺Ⅱ经常测不出来。

在肽链中，对酰胺带产生影响的因素有二面角 φ 及 ψ，是否形成氢键，其他的相互作用。经模型实验证明，酰胺Ⅲ带的频率对二面角 φ、ψ 以及氢键的形成敏感。因此以多聚氨基酸为模型，测出它在不同构象时的频率（表 6.3），可以看出 α 螺旋的酰胺Ⅲ在 1265～1300 cm^{-1}；反平行 β 折叠时，在 1230～1240 cm^{-1}；无规卷曲在 1248 cm^{-1} 附近。胰高血糖素（图 6.16）在 3 种状态（结晶、凝胶、水溶液）下分别有 3 种二级结构（α 螺旋、反平行 β 折叠、无规卷曲），相应的有酰胺Ⅲ带的 3 个频率（1266 cm^{-1}、1232 cm^{-1}、1248 cm^{-1}）。这 3 个频率分别与表 6.3 所示的多聚氨基酸的相应频率相当。

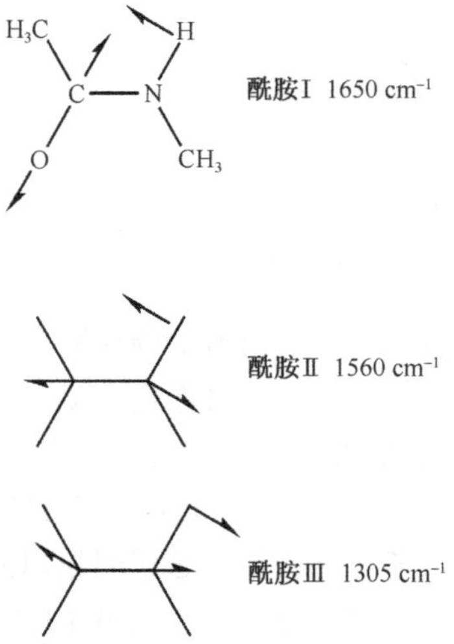

图 6.15 三种酰胺带反映的结构变化

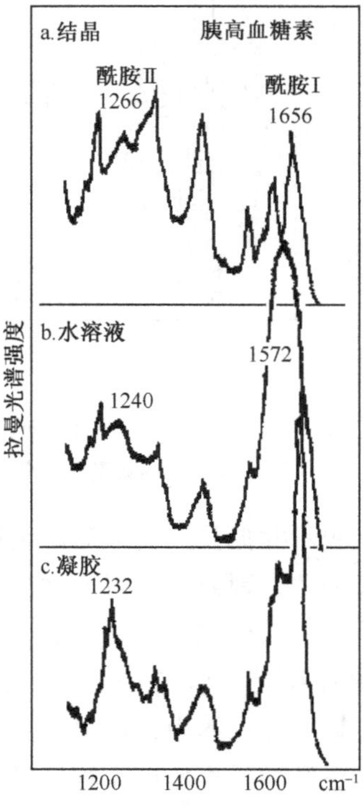

图 6.16 胰高血糖素的拉曼光谱（鲁子贤，1982）

表 6.3　多聚氨基酸拉曼光谱酰胺带　　（单位：cm^{-1}）

多聚氨基酸	酰胺Ⅲ			酰胺Ⅰ			ν (C—C)
	α螺旋	反平行β折叠	无规卷曲	α螺旋	反平行β折叠	无规卷曲	α螺旋
多聚 L-赖氨酸	1311	1240		1645	1670		945
多聚 L-赖氨酸	1295	1236	1248	1652		1665	924
多聚 L-赖氨酸	1310			1655			
多聚 L-赖氨酸		1231			1666		
多聚 L-赖氨酸		1235			1668		
多聚 L-赖氨酸		1234			1674		
多聚 L-赖氨酸				1652			
胰高血糖素	1266	1232	1248	1658	1672	1640	

资料来源：鲁子贤，1982。

模型实验说明，不同的多聚氨基酸中α螺旋的酰胺Ⅰ变化很小，伸展态的酰胺Ⅰ变化也小。若以这两者间比较，酰胺Ⅰ有较大的变化，只是不如酰胺Ⅲ明显，并且有时候酰胺Ⅰ所反映的伸展态的谱带找不到。对于酰胺Ⅲ来说，在α螺旋范围内，φ变化10°，峰位移11 cm^{-1}，β折叠中，φ和ψ变动10°，峰位移6 cm^{-1}。

除了上述酰胺带以外，在900～950 cm^{-1}有一条谱带也是α螺旋的特征带。它是主链C—C原子间对称伸张的结果，也包含侧链C—C的伸开。其具体频率随分子的不同而稍有差别，列于表6.3中。

表6.4列举了几种蛋白质拉曼光谱酰胺带的例子，根据这些结果，可以进一步研究待测蛋白质的构象。

表 6.4　蛋白质拉曼光谱酰胺带　　（单位：cm^{-1}）

蛋白质	酰胺Ⅰ	酰胺Ⅲ	ν(S—S)
溶菌酶(蛋清)	1660(10)	1274(2),1262(5),1240(4)	509(5),529(1)
核糖核酸酶(牛胰)	1667(10,宽)		516(3)
α-胰凝乳蛋白酶	1669(10)	1262(5),1240(5)	511(2)
牛血清白蛋白	1660(高)	1260(4),1245(6)	
乳球蛋白	1660(高)	1280(肩)　1245(4)	507(宽)
胰岛素(牛)	1680(7),1662(9)		505(2、肩),517(4)
胰岛素热变性后		1280(肩) 1245(4)	513(4、4)
		1288(5),1270(6),1239(5)	
		1252(4、肩),1227(4、3)	

注：频率后括号内的数据是相对强度(谱带高度)。

资料来源：鲁子贤，1982。

3. 蛋白质侧链拉曼光谱

蛋白质的拉曼光谱中谱带非常多，其中有许多谱带相互重叠，有些只在尖端分叉，还有些只表现为其他谱带的“肩”。谱带多，信息也多，但解释困难。在这些谱带中，比较清楚的除酰胺带以外，还有酪氨酸残基的带。

酪氨酸的拉曼光谱中有5条谱带，其中有一对带（通常称为双带）比较受到重视，它们在850 cm^{-1}和830 cm^{-1}处。已经研究过的蛋白质中都有这一对带，但是牛血清清蛋白是在820 cm^{-1}和852 cm^{-1}处，β-乳球蛋白是在832 cm^{-1}和860 cm^{-1}处。有人利用这种频率的变化来研究酚基的微环境，发现上述移动是酚基形成氢键所造成的。但这类关系并未建立。后来，在模型实验的基础上，用这两条谱带的强度比值 I_{850}/I_{830} 作为指标，初步建立了酪氨酸微环境与该比值的关系，结果见表 6.5。这种关系是非常粗糙的。随着技术的进步和研究的深入，相信将会有更多的侧链与微环境的关系通过激光拉曼光谱被揭示出来。

表 6.5　酪蛋白残基的拉曼光谱双带与微环境的关系

I_{850}/I_{830}	酚基—OH 的状态
10∶4（L-Try-HCl 固态）	强氢键的受体
10∶8（Gly-L-Tyr，pH3 水溶液）	弱氢键的供体或受体
3∶10（L-Tyr，固态）	与—CO_2^- 的强氢键的供体
7∶10（L-Tyr，pH12 水溶液）	解离

资料来源：鲁子贤，1982。

6.2　蛋白质构象与功能性

蛋白质是生命的表现形式，其复杂多变的功能不仅与一级结构有关，而且需要稳定的空间构象。蛋白质的空间构象是其功能活性的基础；构象发生变化，其功能活性也随之改变。近年来，随着人们对蛋白质的功能的研究越来越深入，人们越来越认识到构象在蛋白质发挥生物功能方面所起的重要作用。本节通过一些具体实例，介绍蛋白质构象与功能的关系。

6.2.1　免疫球蛋白的结构与功能

1. 免疫球蛋白分子

免疫球蛋白（Ig）是一类重要的活性蛋白。Ig 重链的分子质量为 50～75 kDa，由 450～550 个氨基酸残基组成。重链有 5 种，分别是 μ、δ、γ、α 和 ε 链，它们决定了 Ig 的类别或同种型，即 IgM、IgD、IgG、IgA 和 IgE。其中有些类别还再分为亚类，例如，人的 γ 链有四种：γ1、γ2、γ3、γ4。小鼠的 γ 链也有四种：γ1、γ2a、γ2b、δ3。人的 α 链还分为 α1 和 α2 两种。因此人类免疫球蛋白的类别包括亚类共有 9 种，小鼠有 8 种。

Ig 轻链的分子质量约 25 kDa，约含 210 个氨基酸残基。轻链有两种：κ 链和 λ 链，它们决定了 Ig 的型别。一个天然的 Ig 分子两条轻链总是相同的，但在同一个体内可存在分别带有 κ 链或 λ 链的抗体分子。不同种属生物体内两型轻链的比例不同，正常人血清免疫球蛋白 κ 链：λ 链约为 2∶1，而在小鼠的比例为 20∶1。

Ig 分子的两条重链和两条轻链都可折叠为数个环形结构域（图 6.17）。每个结构域约含 110 个氨基酸残基，其二级结构是由几股多肽链折叠形成两个反向平行的 β 折叠、由二硫键垂直连接。重链的 V 区有一个结构域（VH），但 γ、α、δ 链的 C 区各有三个结构域，分别称为 CH_1、CH_2、CH_3；ε 链的 C 区有四个结构域，分别为 CH_1、CH_2、CH_3 和 CH_4，其 CH_2 相应于铰链区的部位，部分起铰链区的功能。轻链 V 区和 C 区各由一个结构域构成，分别为 VL 和 CL。

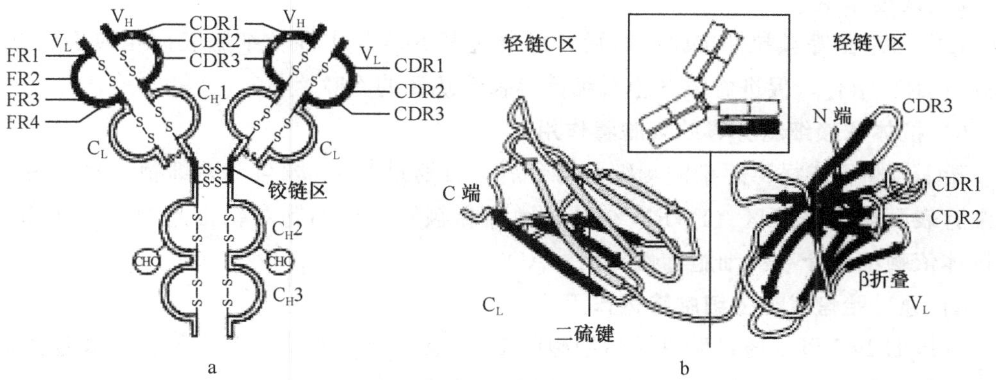

图 6.17　免疫球蛋白结构域示意图（Kuby，1992）

a. 免疫球蛋白重链和轻链折叠形成的环形功能区为结构域，CDR 为互补决定区，FR 为骨架区；b. Ig 二级结构是由几股多肽链折叠而成的两个反向平行的 β 折叠，两个 β 折叠由一个链内二硫键垂直连接，形成 β-三明治结构

2. 免疫球蛋白的结构与功能

1）免疫球蛋白的识别和结合抗原功能

Ig 特异性识别和结合抗原的活性，由其 V 区 CDR 所组成的抗原结合槽结构所决定的。抗原结合槽和抗原表位的结合是空间构象上的互补，结合小型抗原如半抗原或短肽。抗原结合槽结合抗原，可以是锁匙样的直接互补，也可是结合抗原表位后构象诱变而致的诱导吻合。由于 Ig 可为单体、二聚体和五聚体，故其结合抗原表位的数目不同。Ig 结合抗原表位的个数称为抗原结合价。抗体的单个表位结合部位与单价抗原（或表位）的结合力，称为亲和力。由于抗体和抗原的结合是非极性的，结合和解离处于可逆状态。当两者达到平衡状态时，结合和解离的比例，就是抗体的亲和力，用亲和常数表示。解离率越低，亲和力越高。当抗体有两个或更多的结合部位（如 IgM），而抗原的表位也不止一个时，只有当所有的结合部位都不结合抗原表位时才解离，因此它们的解离率要小得多。这对五聚体的 IgM 来说特别有意义，因为 IgM 抗体是初次免疫应答的抗体，其单个抗原结合部位的结合力通常很低，但由于它由 5 个分子联合共有 10 个抗原结合部位，大大提高了其分子的结合能力。

2）激活补体

IgG1～IgG3 和 IgM 与相应抗原结合后，可因构型改变而使其 CH2/CH3 功能区内的补体结合点暴露，从而激活补体经典途径。IgG4、IgA 和 IgE 的凝聚物可激活补体旁路途径。补体激活后可通过攻膜复合物破坏抗原物质，也可通过激活的各类补体片段发挥趋化、促炎症等作用。

3）细胞亲嗜性

IgG 和 IgE 抗体具有亲细胞特性，可通过其 Fc 段与表面具有相应受体的细胞结合，产生生物学作用。如 IgE 通过其 Fc 段与肥大细胞和嗜碱粒细胞表面相应框架 FctR 结合，而使上述细胞致敏。若相同变应原再次进入机体与致敏靶细胞表面特异性 IgE 结合，即可使之脱颗粒，释放组胺等生物活性介质，引起Ⅰ型超敏反应。

4）调理作用

IgG 与细菌等颗粒性抗原结合后，可通过其 h 段与中性粒细胞表面相应 IgG Fc 受体（FcyR）结合，促进吞噬细胞对细菌等颗粒抗原的吞噬。

5）抗体依赖细胞介导的细胞毒作用

IgG 与肿瘤或病毒感染的靶细胞结合后，可通过其 Fc 段与 NK 细胞、Mqo 和中性粒细胞表面相应框架区（FwR）结合，增强和触发上述细胞对靶细胞的杀伤作用，发挥抗体依赖细胞介导的细胞毒性作用（ADCC）。

6）通过胎盘或上皮细胞转运作用

母体的 IgG 可以通过胎盘转运细胞的 Fc 受体传递给胎儿。IgA 抗体也能通过腺体上皮中转运细胞的 Fc 受体将 IgA 分泌到泪液或乳汁中。

6.2.2 肌红蛋白的结构与功能

1. 肌红蛋白与血红素

1）肌红蛋白的三级结构

肌红蛋白（myoglobin，Mb）是哺乳动物细胞（主要是肌细胞）储存和分配氧的蛋白质。肌红蛋白由一条多肽链和一个辅基血红素构成，相对分子质量为 16 700，含 153 个氨基酸残基。除去血红素的脱辅基肌红蛋白称珠蛋白（globin），它和血红蛋白的亚基（α-珠蛋白链和 β-珠蛋白链）在氨基酸序列具有明显的同源性，它们的构象和功能也极其相似。

肌红蛋白的结构测定是在 1963 年利用 X 射线衍射分析法完成的。肌红蛋白分子呈扁平的菱形，分子大小约为 4.5 nm×3.5 nm×2.5 nm，如图 6.18 所示的抹香鲸肌红蛋

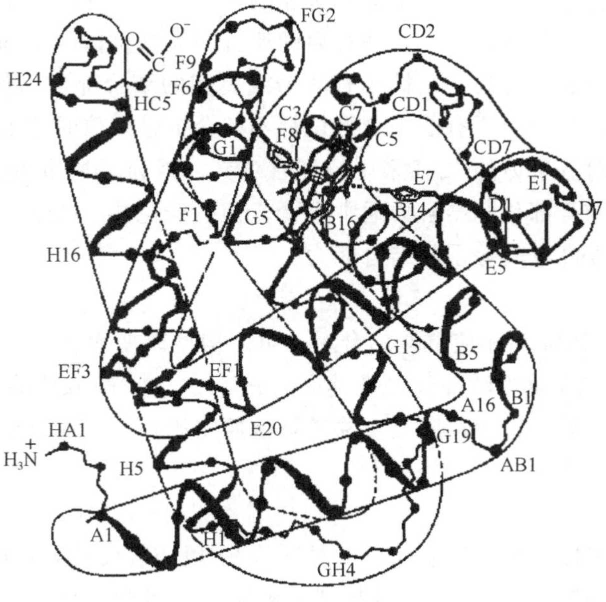

图 6.18 抹香鲸肌红蛋白的三级结构（Fennema，1996）

根据 0.2 nm 分辨率的 X 射线晶体学资料建立的模型

白。分子中多肽主链由长短不等的 8 段直的 α 螺旋组成，最长的螺旋含 23 个氨基酸残基，最短的螺旋含 7 个氨基酸残基，几乎 80%的氨基酸残基都处于 α 螺旋区内。这 8 段螺旋分别命名为 A、B、C、D、E、F、G、H。相应的非螺旋区肽段称为 NA（N 端段）、AB、BC、…、FG、GH、HC（C 端段）。因此各个残基除了有一套从 N 端开始计算的序列号码外，还按照在各螺旋中的位置另外给出编号，如第 93 位 His 又编为 F8，表示该 His 在 F 螺旋的第 8 位置上。

2）血红素

作为有机化合物的蛋白质，不能直接与氧发生可逆结合，需要某些具很强氧结合能力的低价过渡族金属元素（特别是 Fe^{2+} 和 Cu^{+}）。进化过程中，肌红蛋白-血红蛋白家族选中了 Fe^{2+} 作为氧结合部位。某些节肢动物中的血蓝蛋白（hemocyanin）则是选用了 Cu^{+}。

含铁的蛋白质固定 Fe^{2+} 的方式有许多种。在肌红蛋白-血红蛋白家族中，铁是由称为原卟啉Ⅸ（protoporphyrin Ⅸ）的有机分子固定的。原卟啉Ⅸ由 4 个吡咯环组成，吡咯环通过甲叉桥连接成四吡咯环系统，与之相连的有四个甲基、两个乙烯基和两个丙酸基（图 6.19a)。原卟啉Ⅸ属于卟啉类，这类化合物在叶绿素、细胞色素以及其他一些天然色素中存在。卟啉化合物有很强的着色力，血红蛋白中的铁卟啉（血红素）使血液呈红色，叶绿蛋白中的镁卟啉（叶绿素）是植物呈绿色的原因。

原卟啉Ⅸ与 Fe^{2+} 或者 Fe^{3+} 的配合物称为血红素（heme）（图 6.19b)。Fe 离子常是八面体配位，有 6 个配位键，其中 4 个与四吡咯环的 N 原子相连，另两个沿垂直于卟啉环面的轴分布在环面的上下，分别称为第 5 和第 6 配位（图 6.19b)。Fe^{2+}、Fe^{3+} 组成的血红素称为亚铁血红素和高铁血红素，相应的肌红蛋白称为亚铁肌红蛋白和高铁肌红蛋白。类似的命名也可以用于血红蛋白。注意的是，只有亚铁态的蛋白质才能结合 O_2。

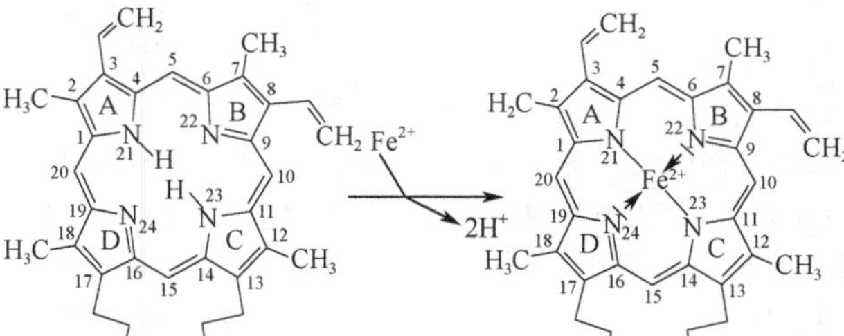

图 6.19 原卟啉Ⅳ（a）和血红素（b）的结构

由于卟啉环中电子的共振，与铁相连的所有的键都是等同的

2. 结构与功能

1）结合 O_2

作为辅基的血红素，非共价地结合于肌红蛋白分子的疏水空穴中，卟啉环上的两个丙酸基伸向空穴外侧。肌红蛋白中血红素铁的第 5 配位键，与珠蛋白第 93（或 F8）位 His 残基的咪唑 N 结合。当肌红蛋白结合氧变成氧合肌红蛋白（oxymyoglobin）时，

第 6 配位被 O_2 分子所占据。但是，O_2 轴不是垂直于四吡咯环平面，而与 Fe—O 键（垂直于该平面）约有 60°的倾斜（图 6.20）。在脱除氧的肌红蛋白中，第 6 个配位是空着的。在高铁肌红蛋白中，H_2O 分子代替 O_2 成为 Fe^{3+} 的第 6 个配体。在血红素氧结合部位一侧还有另一个 His 残基，即第 64 位（或 E7）残基，称远侧组氨酸。虽然 His E7 的咪唑环与 Fe^{2+} 距离远而不发生相互作用，但与 O_2 分子能紧密接触。被结合的 O_2 夹在远侧组氨酸咪唑环 N 和 Fe^{2+} 之间。因此，氧结合部位是一个中间位阻区域。

一些生物学上重要的性质就出自这种位阻。例如，游离在溶液中的铁卟啉与 CO 的结合，比对 O_2 的结合强 25 000 倍。但在肌红蛋白中的血红素对 CO 的亲和力，仅比对 O_2 的结合约大 250 倍。X 射线晶体学和红外光谱对 CO 和 O_2 与肌红蛋白和铁卟啉形成的复合物的研究揭示，在与 CO 非常紧密结合的铁卟啉中，Fe、C 和 O 这 3 个原子是直线排列的（图 6.21c）；相反，在一氧化碳肌红蛋白中，CO 轴与 Fe—C 键成一个角度（图 6.21b）。这与 O_2 在氧合肌红蛋白中的情形（图 6.21a）相仿。这里，CO 的直线结合受到阻碍主要是远侧组氨酸的空间位阻造成的。肌红蛋白和血红蛋白降低对 CO 的亲和力，有效地防止代谢过程中少量 CO 占据 O_2 的结合部位。虽然如此，CO 仍是一种很强的毒物。空气中的含量达到 0.06%～0.08%即有中毒的危险，达到 0.1%则会使生物窒息死亡。

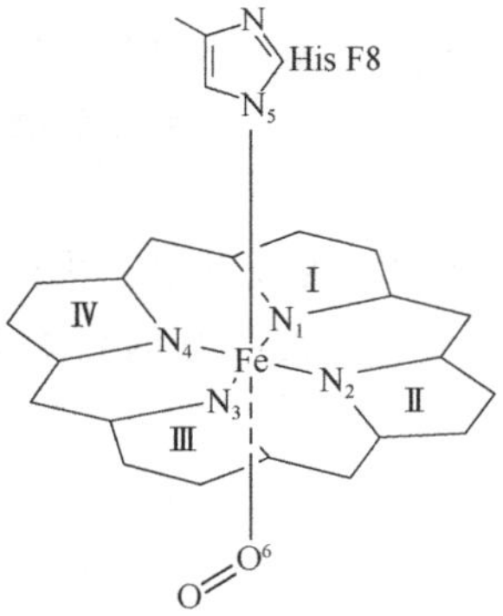

图 6.20　氧和肌红蛋白中的血红素铁的 6 个配位体中 4 个是卟啉环上的 N 原子，第 5 个是环面上方的 His F8，第 6 个是下方的 O_2

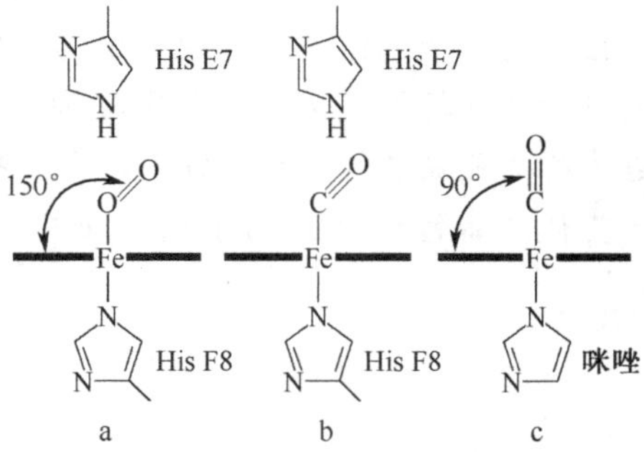

图 6.21　O_2 与 CO 与肌红蛋白血红素 Fe（Ⅱ）的结合（王镜岩等，2002）

a. 氧合肌红蛋白；b. Mb：CO 复合物；c. 游离血红素：CO：咪唑复合物

血红素单独不能使 Fe^{2+} 免遭氧化，因为溶液中游离的亚铁血红素很容易被氧化成高铁血红素。然而，在肌红蛋白分子内部的疏水环境（His F8 和 His E7 除外）中，血红素 Fe^{2+} 则不易被氧化。因此，肌红蛋白和血红蛋白在进化中形成的多肽微环境，至少有 3 个作用：①固定血红素基；②保护血红素铁免遭氧化；③为 O_2 分子提供一个合适的结合部位。

辅基的功能一般受多肽环境的调制。例如，同样的血红素基在细胞色素 c 是可逆的电子载体，在过氧化氢酶中血红素催化过氧化氢转化为水和氧。

2）O_2 结合与肌红蛋白结构变化

X 射线晶体学的分析显示，肌红蛋白血红素与 O_2 的结合后，Fe^{2+} 的位置与卟啉环平面的关系发生关键性改变。在去氧肌红蛋白中，Fe^{2+}只有 5 个配体，并且位于离卟啉环平面上方（His F8 一侧）0.055 nm 处。因此，铁卟啉呈圆顶状或凸形（图 6.22）。在与 O_2 结合时，Fe^{2+}被拉回到卟啉环平面，此时离卟啉环平面只有 0.026 nm，铁卟啉由圆顶状变成平面状。这一小小的位移，对肌红蛋白的生物功能而言并没有什么影响，然而却显著地影响血红蛋白的性质。它对 His F8 的作用，将通过多肽构象的变化而被放大，改变血红蛋白四聚体内的亚基-亚基相互作用。亚基关系上的这些变化，是血红蛋白具有别构性质的基本原因。

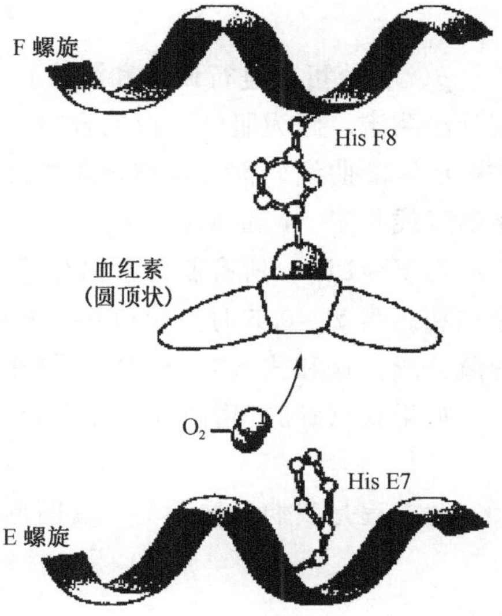

图 6.22　肌红蛋白的血红素 Fe^{2+}的位移
(Stryer, 1995)
去氧肌红蛋白中由于 His F8 的拉动，Fe^{2+}移出卟啉环平面；O_2 的结合形成 MbO_2，Fe^{2+}将被拉回原位

3）肌红蛋白的氧结合曲线

具有肺或鳃的动物，在血循环中红细胞（含血红蛋白）从肺或鳃带走 O_2。在组织中，肌红蛋白接纳释放自血红蛋白的 O_2。当细胞中的耗氧细胞器（线粒体）大量需要 O_2 时，肌红蛋白便把储存的 O_2 分配给它们。下面讨论肌红蛋白结合、解离 O_2 是如何依赖于环境中 O_2 浓度的。

肌红蛋白与氧分子可逆结合的化学计量关系如下：

$$MbO_2 \rightleftharpoons Mb + O_2$$

式中，MbO_2 代表氧合肌红蛋白；Mb 代表去氧肌红蛋白。把氧结合平衡看成解离平衡，并用 K 代表解离平衡常数：

$$K = \frac{[Mb][O_2]}{[MbO_2]} \tag{6.1}$$

或

$$\frac{[MbO_2]}{[Mb]} = \frac{[O_2]}{K} \tag{6.2}$$

所以，MbO_2 与 Mb 浓度之比，只与 $[O_2]$ 成正比。

由于 MbO_2 与 Mb 的浓度难于测定，因此需要引进一个新的参数 Y，以便消去 Mb 和 MbO_2 两个参数。Y 被定义为在给定的氧压下肌红蛋白的氧分数饱和度，即 MbO_2 分子数占肌红蛋白（MbO_2 加上 Mb）分子总数的百分数：

$$Y = \frac{[MbO_2]}{[MbO_2]+[Mb]} \tag{6.3}$$

这样把式（6.1）改写为 $[MbO_2] = [Mb][O_2]/K$，并代入式（6.2）得到

$$Y = \frac{[O_2]}{[O_2]+K} \tag{6.4}$$

根据 Henry 定律，溶于液体的任一气体的浓度与液体上面的该气体分压成正比。因此 $[O_2]$ 可用分压 $p(O_2)$表示，则式（6.3）可改写为

$$Y = \frac{p(O_2)}{p(O_2) + K} \tag{6.5}$$

$p(O_2)$值可以进行调节和测量，氧分压可以用托① (torr) 作单位；Y 值可用分光光度计法测定，因为肌红蛋白氧合时，卟啉环中电子位移引起吸收光谱改变。Y 对 $p(O_2)$ 作图所得的曲线，称为氧结合曲线或解离曲线，如图 6.23a 所示，为一双曲线，它的两条渐近线是 $Y=1$ 和 $p(O_2)=-K$。

当 $Y=1$ 时，所有肌红蛋白分子的氧结合部位均被 O_2 所占据，即肌红蛋白被氧完全饱和。当 $Y=0.5$ 时，$p(O_2)=K=P_{50}$ 或 $P_{0.5}$，P_{50} 被定义为肌红蛋白被氧半饱和时的氧分压。这和式 (6.1) 中当 $[MbO_2]=[Mb]$ 时 $K=[O_2]$ 的说法是一样的。

如果式 (6.5) 用图 6.23a 中的 x、y 新坐标来表示，则变成：

$$xy = -K$$

此方程是我们所熟悉的，其图形是以该坐标轴为渐近线的等边双曲线。

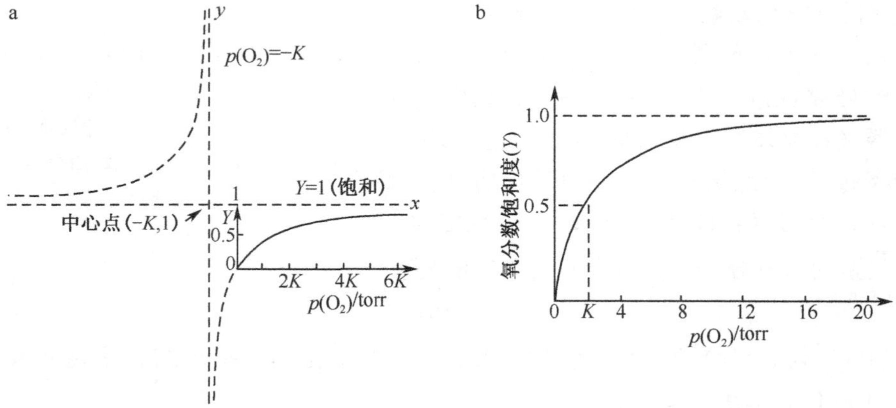

图 6.23 肌红蛋白的氧结合曲线 (Mathews and van Holde，1990)

a. 双曲线形氧结合曲线；b. 根据实验数据制作的氧结合曲线，即图 a 中的实线部分。

1 torr=1 mmHg，是以水银压力计的发明者 Evangelista Torricelli (1608～1647 年) 命名的

氧分压增高时 Y 逐渐趋近于 1，实验上用双曲线方程作图求 K 值不方便。通常把它线性化，将式 (6.4) 改写为

$$\frac{Y}{1-Y} = \frac{p(O_2)}{K} \tag{6.6}$$

式 (6.6) 的两边取对数得

$$\lg\left(\frac{Y}{1-Y}\right) = \lg p(O_2) - \lg K \tag{6.7}$$

作图后所得到的称为 Hill 图。肌红蛋白的 Hill 图是一条直线 (图 6.24)。当 $\lg[Y/(1-Y)]=0$，$p(O_2)=K=P_{50}$。在 $\lg[Y/(1-Y)]=0$ 这一点的斜率，称为 Hill 系数，以 n_H 表示。肌红蛋白的 n_H 为 1.0。$n_H=1.0$ 表示 O_2 分子彼此独立地与肌红蛋白结合。这一结论是正确的，因为每个 Mb 分子只能结合一个 O_2。

---

① 1 托=1.333 22×10² Pa，下同。

线粒体中的氧浓度为 0～10 torr，静脉血中则为 15 torr 或更高些。肌红蛋白的 P_{50} 为 2 torr，因此大多数情况下，肌红蛋白是高度氧合的，是氧的储库。如果肌肉收缩而线粒体中氧含量下降，它就可以立即供应氧。肌红蛋白也有利于细胞内的氧从细胞的内表面向线粒体转运，因为这种转运是顺浓度梯度的。细胞内表面约为 10 torr（肌红蛋白约为 80%饱和），而线粒体氧浓度约为 1 torr（肌红蛋白约为 25%饱和），因此当需要迫切时，氧是极易转运的。

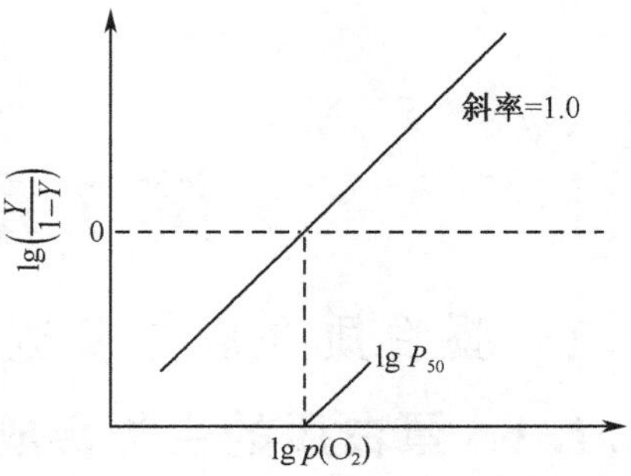

图 6.24　氧与肌红蛋白结合的 Hill 图
(Mathews and van Holde，1990)
直线斜率是 Hill 系数($n_H = 1.0$)，在 $\lg[Y/(1-Y)] = 0$，$\lg p(O_2) = \lg P_{50} = K$

第 7 章 蛋白质工程

7.1 蛋白质合成与表达

7.1.1 蛋白质的生物合成

蛋白质是绝大多数遗传信息途径的终产物。一个普通的细胞，在任何时候都需要成千上万种不同的蛋白质。这些蛋白质在需要的时候合成，并运输到适当的细胞位置；当这些蛋白质完成自己的“使命”后细胞会将它们降解。

蛋白质的合成机制是最复杂的生物合成机制。对它的了解是生物化学历史上最大的挑战之一。在真核细胞中，蛋白质的合成需要 70 种以上的核糖体蛋白的参与，20 种或更多的酶来激活氨基酸前体，12 种或更多的辅酶和其他专一性的蛋白质因子来进行肽链合成的起始、延伸和终止；大概另外有 100 多种酶参与各类蛋白质的最后修饰；还需要 40 个以上转移 RNA 和核糖体 RNA。因此，需要约 300 多种不同的生物大分子，且必须协同工作，才能合成多肽。尽管蛋白质的合成具有巨大的复杂性，但还是有相当高的速率。一个大肠杆菌细胞中，在 37℃下合成一个含 100 个氨基酸的多肽只需约 5 s。

生命的基本物质是蛋白质与核酸。这两类生物大分子在生命活动中相互联系并分工明确。蛋白质的主要功能是进行新陈代谢，以及作为细胞结构的组成物质，是生命活动的体现者。核酸则负责储存和传递遗传信息，指导和控制蛋白质的合成。

事实上，遗传信息的传递是在两种意义上完成的，即纵向的 DNA 复制和横向的基因表达。其中基因表达是指遗传物质把遗传信息转变为特定氨基酸顺序构成的蛋白质多肽（包括酶），从而决定生物体表型的过程。基因表达包括 RNA 的转录与蛋白质的生物合成两个过程。生物体的遗传信息是从 DNA 流向 RNA，再由 RNA 流向蛋白质，这也是基因表达的基本步骤，如下所示：

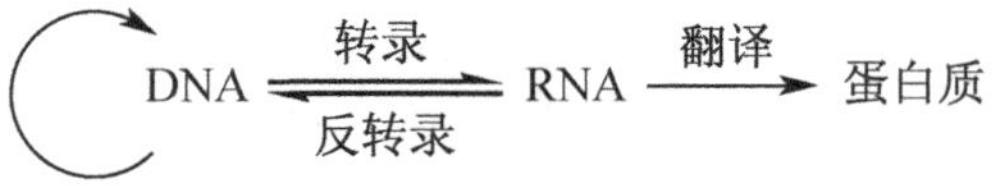

虽然 DNA 储藏了生物全部遗传信息，但其自身并不直接指导蛋白质的合成，而是通过转录将遗传信息传递给 mRNA，再由 mRNA 将信息通过转译（翻译）体现于蛋白质氨基酸的顺序上，即核酸分子中核苷酸（或碱基）序列控制着蛋白质分子中氨基酸的排列顺序。

1. 蛋白质合成体系

1）信使 RNA 与遗传密码

信使 RNA 是遗传信息的传递者，是蛋白质生物合成过程中直接指令氨基酸掺入的模板。它们大约只占细胞中 RNA 的 5%，种类多，寿命短，更新快。大肠杆菌中 mRNA 的平均寿命只有 1.5～1.8 min（37℃）。真核细胞内 mRNA 比较稳定，哺乳动物有些 mRNA 的半衰期可达数小时至 24 h。

已经知道蛋白质都是由 20 种氨基酸组成的，而构成核酸 DNA、RNA 的核苷酸（或碱基）却仅有 4 种。因此，就有一个核苷酸如何编码的问题。显然，不可能是一种核苷酸决定一种氨基酸，同样也不可能是核酸链上相邻 2 个核苷酸决定一种氨基酸。因为这样只能有 $4^2=16$ 种排列组合方式，不能满足 20 种氨基酸编码的需要。如果按核苷酸链上相邻 3 个核苷酸决定一种氨基酸，那么形成的编码数就可达到 $4^3=64$，足以解决编码 20 种氨基酸的需要。现已证明，自然界的确是采用 3 个核苷酸作为一个密码子（codon）来编码 1 种氨基酸。这种遗传密码又称为三联体密码（triplet code）。

4 种核苷酸组成的“语言”，就是通过这种遗传密码将其翻译成 20 种氨基酸组成的另一种“语言”。全套 64 个三联体密码（表 7.1）是在 20 世纪 60 年代被破译的。当时破译密码方法之一是人工合成多核苷酸作为 mRNA，然后，观察这样结构的 mRNA 可以指导合成怎样的多肽。如人工合成多聚尿嘧啶核苷酸（简称聚尿）作为 mRNA，加到放射性核素标记的 20 种氨基酸的无细胞体系中，最后获得的蛋白物质是多聚苯丙氨酸，说明苯丙氨酸的密码子是 UUU。全套遗传密码的破译，是生物化学的杰出成就，它不但解决了核酸与蛋白质之间的信息传递关系，而且为通过测定核酸的一级结构来预测蛋白质的一级结构打下了基础。遗传密码有以下几个基本特点。

表 7.1　遗传密码表

第一位碱基	第二位碱基（中间）				第三位碱基
（5′侧）	U	C	A	G	（3′侧）
U	苯丙氨酸	丝氨酸	酪氨酸	半胱氨酸	U
	苯丙氨酸	丝氨酸	酪氨酸	半胱氨酸	C
	亮氨酸	丝氨酸	终止子	终止子	A
	亮氨酸	丝氨酸	终止子	色氨酸	G
C	亮氨酸	脯氨酸	组氨酸	精氨酸	U
	亮氨酸	脯氨酸	组氨酸	精氨酸	C
	亮氨酸	脯氨酸	谷氨酰胺	精氨酸	A
	亮氨酸	脯氨酸	谷氨酰胺	精氨酸	G
A	异亮氨酸	苏氨酸	天冬酰胺	丝氨酸	U
	异亮氨酸	苏氨酸	天冬酰胺	丝氨酸	C
	异亮氨酸	苏氨酸	赖氨酸	精氨酸	A
	甲硫氨酸	苏氨酸	赖氨酸	精氨酸	G
G	缬氨酸	丙氨酸	天冬氨酸	甘氨酸	U
	缬氨酸	丙氨酸	天冬氨酸	甘氨酸	C
	缬氨酸	丙氨酸	谷氨酸	甘氨酸	A
	缬氨酸	丙氨酸	谷氨酸	甘氨酸	G

资料来源：黄诒森和张光毅，2001。

（1）通用性与例外。密码子几乎是通用的，已检测的所有物种中氨基酸的密码子是相同的。从原核生物到真核生物，从细菌到人，都共同采用这一套密码。因此，所有生命形式可能都有共同的祖先，在整个生物进化过程它的遗传密码被保留了下来。

1980 年以来，陆续在动物和酵母的线粒体以及草履虫、腺病毒等生物中发现一些例外。如在人线粒体中 AUA、AUU 不再编码 Ile，而是编码起始信号；AGA、AGG

不再编码 Arg，而是终止信号；UGA 不再是终止信号，却编码 Trp。

(2) 简并性。在 64 组密码中，UAA、UAG 和 UGA 三组密码是肽链合成的终止信号，不代表任何氨基酸，故又称为终止密码子；AUG 是密码肽链的起始信号，同时又编码甲硫氨酸；其余的密码子都对应相应的氨基酸。所以大多数氨基酸由几组密码共同编码，这种现象称为简并。简并的密码子称为同义密码子（synonymcodon）。例如，亮氨酸的密码子就有 6 种：UUA、UUG、CUU、CUC、CUA 和 CUG。对于各种氨基酸的密码子来说，不同生物可能有不同选择。

(3) 读码的连续性。每三个碱基编码一个氨基酸，碱基的使用不发生重复，同时两个相邻密码子之间无空位。要正确地阅读密码，需从一个正确的起点开始，一个碱基不漏地读下去，直至碰到终止信号为止。中间若插入或删去一个碱基就会使这以后的读码发生错误，称为移码（frame-shift）。由移码引起的突变称为移码突变（frame-mutation）。

(4) 方向性。密码子的阅读方向和它们在 mRNA 上从起始信号到终止信号的排列方向，均为 5′→3′，与 mRNA 生物合成在链延伸方向上一致。

(5) 变偶性。密码子的简并性通常只涉及第三位碱基。缬氨酸有 4 组密码子：UGU、UGC、UGA 和 UGG，前两个碱基完全相同，第三位碱基不同，说明密码子的专一性主要取决于前两位碱基，第三位碱基的重要性较低，可以有一定程度的摆动，称为摆动性或是变偶性。在蛋白质合成过程中，氨酰-tRNA 的反密码子通过反向碱基配对与 mRNA 上的密码子相互作用，反密码子 3′-碱基和中间碱基分别与密码子前两位碱基匹配，必须严格遵守 A-U、G-C 间配对的原则，反密码子 5′-碱基与密码子第三位碱基间的配对存在一定程度上的摆动。

2）tRNA 的结构与功能

蛋白质的生物合成需要一整套 tRNA 作为氨基酸的转运工具，将各种氨基酸按照 mRNA 上密码所决定的顺序转运到核糖体上。tRNA 分子的二级结构呈三叶草形，三级结构呈倒 L 形。作为蛋白质合成中的接头分子，tRNA 上与多肽合成有关的位点至少有 4 个：① 3′-端 CCA 上的氨基酸接受位点；② 识别氨酰-tRNA 合成酶的位点；③ 核糖体识别位点。倒 L 形中部的 TψC 环与此有关；④ 反密码子位点。

由于密码子的简并性，绝大多数氨基酸需要一种以上的 tRNA 作为转运工具。通常，将 tRNA 所转运的氨基酸标在右上角以示区别，如 $tRNA^{Cys}$ 表示转运半胱氨酸的 tRNA。原核细胞内有 60 多种不同的 tRNA，真核细胞内则多达 100～120 种。运输同一种氨基酸的不同 tRNA 称为同工受体 tRNA。

3）核糖体

核糖体是蛋白质合成的场所。它们或以游离状态存在，或与 mRNA 结合成串珠状的多核糖体。每个真核细胞内含 10^6～10^7 个核糖体，其中一部分与内质网结合形成粗糙内质网，其余核糖体像原核细胞中的一样，分布在细胞质中。此外，线粒体和叶绿体中也有它们自己的核糖体。

核糖体都是由几十种蛋白质和 rRNA 组成的巨大的核蛋白颗粒，这些组分构成一个大亚基和一个小亚基。原核细胞、真核细胞和不同细胞器来源的核糖体复杂程度有所不同，表 7.2 总结了这些核糖体的一些特性。

表 7.2　核糖体的某些性质

核糖体来源	完整核糖体沉降系数（相对分子质量/×10³）	亚基（相对分子质量/×10³）	rRNA	蛋白质分子数目
原核细胞（大肠杆菌）	70S（2800）	30S（1000）	16S	21
		50S（1800）	23S　5S	31
真核细胞（哺乳动物）	80S（4500）	40S（1500）	18S	约为 33
		60S（3000）	28S　5.8S　5S	约为 49
线粒体	60～70S	32～40S	11～16S	30～44
		43～58S	14～23S	31～50
叶绿体	68～70S	28～30S	16S	
		33～55S	23S　5S　4.5S	

资料来源：黄诒森和张光毅，2008。

核糖体是一个高度复杂的超分子复合物，它的任何个别组分或局部组分都起不到整体的作用。核糖体各种组分基本上都是单拷贝，它们的生物活性只有在组装成亚基和核糖体之后才能表现出来，并通过协调活性共同完成翻译过程。

4）翻译辅助因子

除上述几类 RNA 之外，蛋白质合成体系还需要一系列蛋白质辅助因子（表 7.3）以及 GTP、ATP、Mg^{2+} 等的参与。

表 7.3　蛋白质生物合成体系主要辅助因子

生物	阶段	名称	符号	功能
原核细胞	起始	起始因子 1	IF-1	促进 IF2 和 IF3 的活性
		起始因子 2	IF-2	使 fMet-tRNAf 选择性与 30S 亚基结合，需 GTP
		起始因子 3	IF-3	促使 30S 亚基与 mRNA 起始部位连接；促使核糖体解离成亚基
	延伸	延伸因子 Tu	EF-Tu	促使氨基酰-tRNA 进入 A 位与 mRNA 结合
		延伸因子 Ts	EF-Ts	促使 EF-Tu.GDP 再生为 EF-Tu.GTP
		延伸因子 G	EF-G	水解 GTP，使核糖体按 5′→3′方向沿 mRNA 移动一个密码子的距离
	终止与释放	终止因子 1	RF-1	识别终止密码子 UAA、UAG，使肽酰转移酶活性变为水解酶活性
		终止因子 2	RF-2	识别终止密码子 UAA、UGA，促使肽链从核糖体和 tRNA 上释放
		终止因子 3	RF-3	促进 RF-1 和 RF-2 的活性
真核细胞	起始	起始因子	elF（1，1A，2，2B，3，3A，4，4B，4E，4F，5，5A）	参与真核细胞蛋白质合成起始复合物的组装，各起始因子的具体功能见有关参考文献
	延伸	延伸因子 1	EF-1	相当于 EF-Tu＋EF-Ts 的功能
		延伸因子 2	EF-2	相当于 EF-G 的功能
	终止	终止因子	RF	识别终止密码子 UAA、UAG、UGA，作用于原核细胞终止因子 1，2 相同

资料来源：郭蔼光，2001。

2. 蛋白质的合成

按细胞核中的 DNA 指令，以 mRNA 为模板，以 tRNA 为工具，在 rRNA 内把细胞质中的氨基酸有序地排列起来的过程，就是蛋白质的生物合成过程，遗传学上又叫"转译"或"翻译"（translation）。

基因表达过程类似电报通信的过程：人们把一种语言文字变成数字编码，从一地发送到另一地；之后将数字编码转译成另一种语言文字。由此也可以看到生命的基本现象——遗传密码的转录和转译现象的奥妙。

蛋白质合成包括起始、延伸和终止三个阶段。在蛋白质的合成中需要许多蛋白质因子参与，包括起始因子、延长因子和终止因子，它们在蛋白质合成的不同阶段有着不同的作用。GTP是蛋白质多肽链合成中不可缺少的重要因素，在蛋白质合成的各个阶段都涉及，它的功能是改变那些蛋白质因子的构象以便它们结合到核糖体上并从核糖体上解离下来。*E. coli* 大亚基 23S rRNA 具有肽基转移酶的活性，它能催化肽键的形成。

1）氨基酸的活化

氨基酸在进行多肽链合成之前，必须活化以获得额外能量，才能与其特异的 tRNA 结合，带到 mRNA 相应的位置，这个过程依靠氨酰-tRNA 合成酶催化。此酶专一性很高，催化特定的氨基酸与特异的 tRNA 相结合，生成各种氨酰-tRNA。活化反应可分两步进行：第一步，每种氨基酸在其特有的氨酰-tRNA 合成酶催化下，利用 ATP 供能活化氨基酸羧基，形成氨酰-AMP，再与氨酰-tRNA 合成酶结合形成三联复合物；第二步，此复合物再与特异的 tRNA 作用，将氨酰转移到 tRNA 的氨基酸臂（3′端 CCA—OH）上。

$$\text{第一步：氨基酸}+\text{ATP}\xrightleftharpoons{\text{氨酰-tRNA 合成酶}}\text{氨基酰-AMP}+\text{PPi}$$

$$\text{第二步：氨基酰-AMP}+\text{tRNA}\xrightleftharpoons{\text{氨酰-tRNA 合成酶}}\text{氨基酰-tRNA}+\text{AMP}$$

原核细胞中起始氨基酸活化后，还要甲酰化，形成甲酰甲硫氨酰-tRNA，由 N^{10}-甲酰四氢叶酸提供甲酰基，而真核细胞则没有此过程。

2）多肽链合成的起始

核糖体大小亚基、mRNA、起始 tRNA 和起始因子共同参与肽链合成的起始。以原核生物大肠杆菌细胞翻译起始为例，起始复合物的形成过程如图 7.1 所示。

（1）核糖体 30S 小亚基附着于 mRNA 起始信号部位。原核生物中每一个 mRNA 都具有其核糖体结合位点，它是位于起始密码子 AUG 上游 8～13 个核苷酸处的一个短片段称为 SD 序列。这段序列正好与 30S 小亚基中的 16S rRNA 的 3′端一部分序列互补，因此 SD 序列也称为核糖体结合序列。这种互补就意味着核糖体能正确选择 mRNA 上 AUG 的正确位置来起始肽链的合成，该结合反应由 IF-3 介导。另外，IF-1 可促进 IF-3 与小亚基的结合，故先形成 IF-3-30S 亚基-mRNA 三元复合物。

（2）30S 前起始复合物的形成。IF-2 作用下，甲酰甲硫氨酰起始 tRNA（fMet-tRNA$_f$）与 mRNA 分子中的 AUG 相结合，即密码子与反密码子配对，同时 IF-3 从三元复合物中脱落，形成 30S 前起始复合物，即 IF-2-30S 亚基-mRNA -fMet-tRNA$_f$复合物，此步需要 GTP 和 Mg^{2+} 参与。

（3）70S 起始复合物的形成。50S 亚基与上述的 30S 前起始复合物结合，同时 IF-2 脱落，形成 70S 起始复合物，即 30S 亚基-mRNA -50S 亚基-mRNA-fMet-tRNA$_f$ 复合物。此时，fMet-tRNA$_f$ 占据着 50S 亚基的肽酰位（P 位），而接受部位（A 位）则空着，有待于对应 mRNA 中第二个密码的相应氨酰-tRNA 进入，从而进入延长阶段。

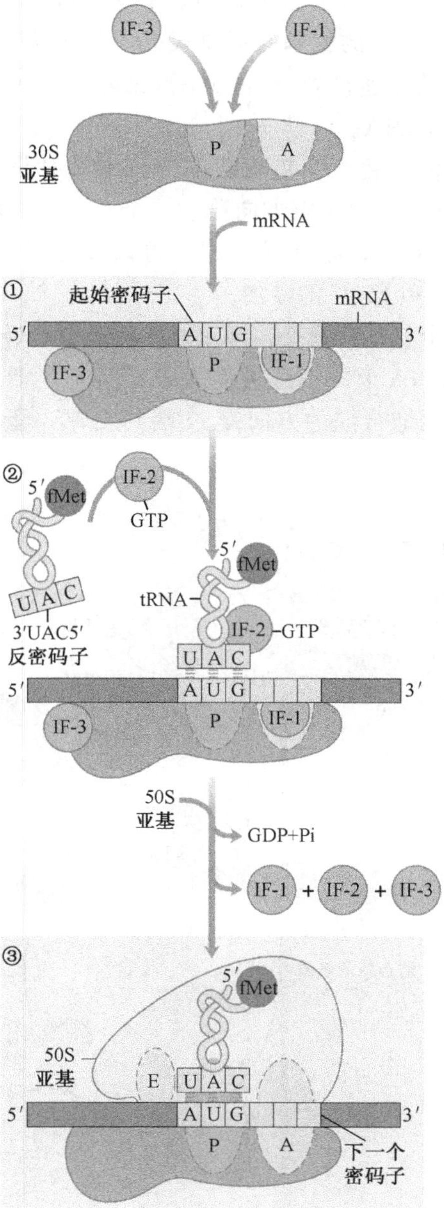

图 7.1　起始复合物的形成过程（Stryer，1995）

3）多肽链的延长

在多肽链上每增加一个氨基酸都需要经过进位、转肽和移位三个步骤。

（1）进位。密码子对应的氨基酸 tRNA 结合到核糖体的 A 位，称为进位。氨酰-tRNA 在进位前需要有三种延长因子的作用，即热不稳定的 EF-Tu、热稳定的 EF-Ts 以及依赖 GTP 的转位因子 EF-G。EF-Tu 首先与 GTP 结合，然后再与氨酰-tRNA 结合成三元复合物，这样的三元复合物才能进入 A 位。此时 GTP 水解成 GDP，EF-Tu 和 GDP 与结合在 A 位上的氨酰-tRNA 分离。

（2）转肽。在 70S 起始复合物形成过程中，核糖体的 P 位上已结合起始型甲酰甲硫氨酸-tRNA，当进位后，P 位和 A 位上各结合了一个氨基酰-tRNA，两个氨基酸之间在核糖体转肽酶作用下，P 位上的氨基酸提供羧基，与 A 位上的氨基酸的 α-NH_2 形成肽键，从而使 P 位上的氨基酸连接到 A 位氨基酸的氨基上，这就是转肽。转肽后，在 A 位上形成了一个二肽酰-tRNA。

（3）移位。转肽作用发生后，氨基酸都位于 A 位，P 位上无负荷氨基酸的 tRNA 就此脱落，核糖体沿着 mRNA 向 3′端方向移动一个密码子的距离，使得原来结合二肽酰-tRNA 的 A 位转变成了 P 位，而 A 位空出，可以接受下一个新的氨酰-tRNA 进入，移位过程需要 EF-2、GTP 和 Mg^{2+} 的参加。

以后肽链上每增加一个氨基酸残基，即重复上述进位、转肽、移位的步骤，直至所需的长度。实验证明：mRNA 上的信息阅读是从 5′端向 3′端进行，而肽链的延伸是从氨基端到羧基端，所以多肽链合成的方向是 N 端到 C 端。蛋白质肽链的延长如图 7.2 所示。

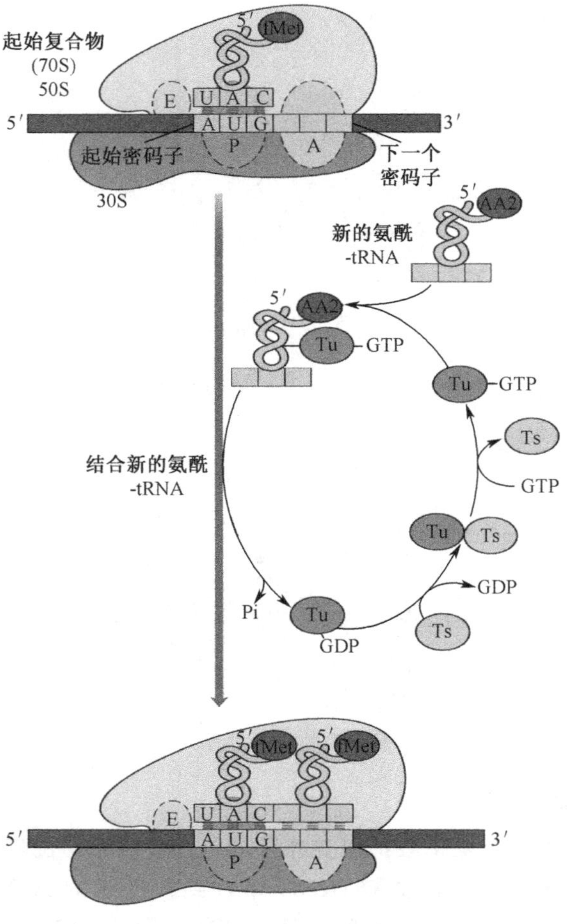

图 7.2　蛋白质肽链的延长（Stryer，1995）

4）翻译的终止及多肽链的释放

原核生物以及真核生物都有三种终止密码子：UAG、UAA 和 UGA。没有一个

tRNA 能够与终止密码子作用，而是依靠特殊的蛋白质因子促成终止作用，这类蛋白质因子叫做释放因子。原核生物有三种释放因子：RF-1、RF-2 和 RF-3。RF-1 识别 UAA 和 UAG，RF-2 识别 UAA 和 UGA，RF-3 的作用还不明确。真核生物中只有一种释放因子 eRF，它可以识别三种终止密码子。

不管原核生物还是真核生物，释放因子都作用于 A 位点，使转肽酶活性变为水解酶活性，将肽链从结合在核糖体上的 tRNA 的 CCA 末端上水解下来，然后 mRNA 与核糖体分离，最后一个 tRNA 脱落，核糖体在 IF-3 作用下，解离出大小亚基（图 7.3）。解离后的大小亚基又重新参加新的肽链合成，循环往复，所以多肽链在核糖体上的合成过程又称核糖体循环（ribosome cycle）。

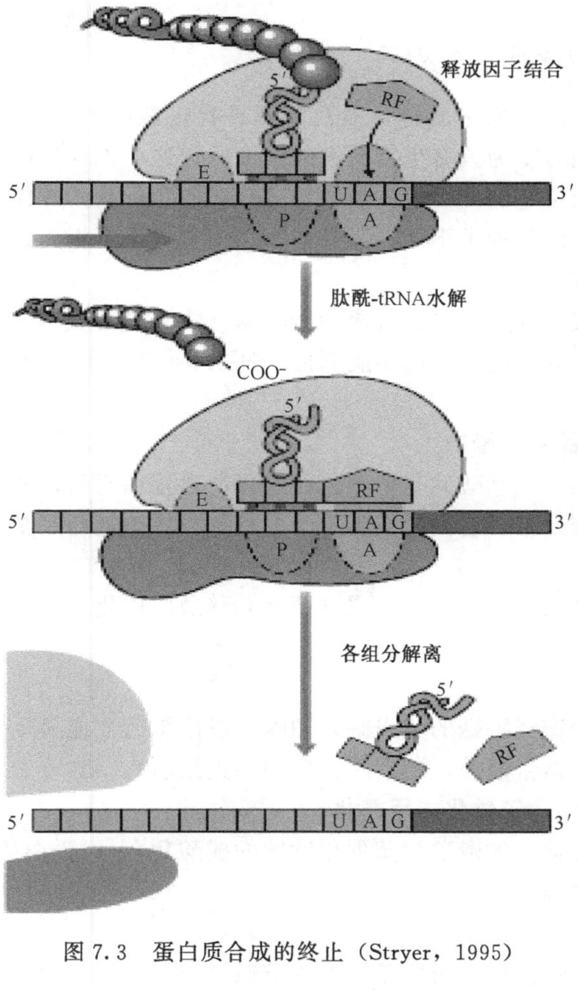

图 7.3　蛋白质合成的终止（Stryer，1995）

5）核糖体循环

一条 mRNA 链上可以结合多个核糖体，从而形成多核糖体。每一个核糖体单独执行一条多肽链的合成，因此多核糖体可以大大提高蛋白质合成的效率。在蛋白质合成过程中，核糖体沿 mRNA 从 5′端向 3′端方向移动，蛋白质合成的方向是从多肽的 N 端向 C 端延伸的。在原核生物中，转录和翻译可以同时发生。

6）真核细胞蛋白质生物合成

真核细胞蛋白质合成过程与原核细胞基本相同，仅在某些方面存在差异：① 真核细胞核糖体比原核细胞核糖体更大、更复杂，而且对抑制剂的敏感性不同，例如，放线菌素 D、亚胺环己酮只抑制真核细胞 80S 核糖体的肽酰转移酶活性；② 真核细胞多肽合成以甲硫氨酸为起始氨基酸，起始的 tRNA 为 Met-$tRNA_i$，这种 tRNA 的 T 环不含 CTTψC，而以 GAUC 代之；③ 真核细胞 mRNA 通常为单顺反子，5′-上游没有富含嘌呤的 SD 序列，eIF-4F 具有识别和与“帽子”结构相结合的能力；④ 真核细胞蛋白质合成涉及的起始因子已鉴定出 12 种，但只有 2 种延伸因子和 1 种终止因子；⑤ 真核细胞中线粒体和叶绿体的核糖体从大小、组成，到蛋白质合成过程和对抑制剂的敏感性，都类似于原核细胞核糖体。

3. 蛋白质生物合成的后加工

从核蛋白体释放出来的多肽链，多数都不具有正常的生理功能，还需要进一步修饰、改变结构，才能转变为具有生物活性的蛋白质，这个称为翻译后加工。蛋白质的立体结构是由一级结构决定的，合成后的肽链自行卷曲和折叠，并借助于各种作用维持一定空间结构。由于多肽链种类不同，其合成后加工方式也不相同。

1）二硫键的形成

由两个半胱氨酸之间形成二硫键成为胱氨酸。多肽链中的二硫键是在肽链合成后，通过肽链的卷曲和折叠，使分子的半胱氨酸的—SH 可以互相靠拢，经酶促反应氧化而成二硫键。

2）氨基酸残基的侧链修饰

蛋白质分子的某些氨基酸残基不是遗传密码所直接编码的，如胶原中存在许多羟脯氨酸残基和羟赖氨酸残基，它们是由脯氨酸及赖氨酸的侧链经羟基化而形成的。

3）连接辅基

糖蛋白的糖链是在肽链合成后，通过糖苷转移酶的催化逐步加上的。脂蛋白等也是如此。

4）水解修剪

某些肽链合成后需经特殊的酶水解，切除一段肽链后才能显示生物活性。如前胰岛素原的加工除了切去信号肽外，还要除去内部的连接肽（C 肽）。

5）肽链的磷酸化、乙酰化、甲基化

通过相应的酶催化（如磷酸化酶催化肽链的磷酸化），对蛋白质进行相应的磷酸化、乙酰化、甲基化等修饰。

6）亚基聚合

许多功能复杂的蛋白质，由两条以上肽链通过非共价键聚合成多聚体，才具有生物活性。这些聚合往往有一定顺序，前一步聚合可促进后一聚合步骤的进行，如成人血红蛋白（HbA）由两条 α 链、两条 β 链及四个血红素分子所组成，其聚合过程如下：

$$\left.\begin{array}{l}\left.\begin{array}{l}\alpha\text{链}\\ \beta\text{链}\end{array}\right\}\rightarrow\left.\begin{array}{l}2\text{ 分子血红素}\\ \alpha\text{、}\beta\text{ 二聚体}\end{array}\right\}\\ \left.\begin{array}{l}\alpha\text{链}\\ \beta\text{链}\end{array}\right\}\rightarrow\left.\begin{array}{l}\alpha\text{、}\beta\text{ 二聚体}\\ 2\text{ 分子血红素}\end{array}\right\}\end{array}\right]\rightarrow \text{HbA}$$

综上所述，细胞内的 DNA 蕴藏着全部遗传信息，它借着一定密码，将某一部分遗传信息转录给 mRNA，后者又经过一系列翻译过程，合成特定的蛋白质。蛋白质的合成过程简化如图 7.4 所示。

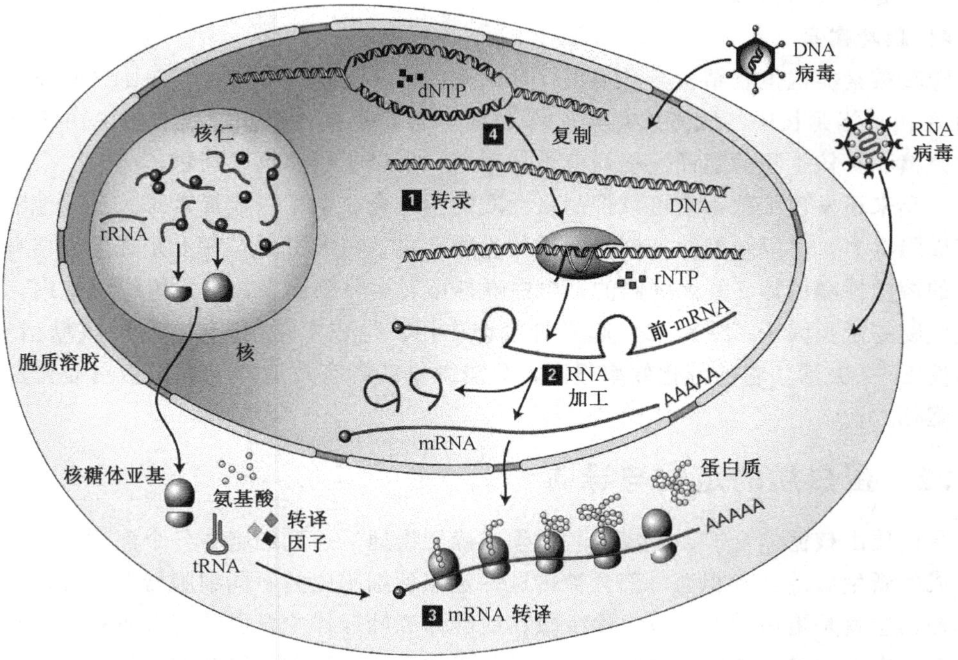

图 7.4　蛋白质合成（Stenesh，1998）

4. 蛋白质合成的阻断

蛋白质生物合成的阻断剂很多，可以作用于蛋白质合成的各个环节，包括抑制起始因子、延长因子及核糖体的作用等。四环素、链霉素可与小亚基结合，而氯霉素则能与大亚基结合。亚基被结合后核蛋白体的正常功能被影响，直接使翻译过程发生障碍，或者造成翻译错误，如链霉素对核蛋白的影响会造成将某一氨基酸密码子误译成另一氨基酸，不能合成具有正常功能的蛋白质。

1）链霉素、卡那霉素、新霉素

它们主要抑制革兰氏阴性细菌蛋白质合成的三个阶段：①起始复合物的形成，使氨酰-tRNA 从复合物中脱落；② 在肽链延伸阶段，使氨酰-tRNA 与 mRNA 错配；③ 在终止阶段，阻碍终止因子与核蛋白体结合，使已合成的多肽链无法释放，而且还抑制 70S 核糖体的解离。

2）四环素和土霉素

四环素和土霉素类抗生素的作用包括：① 作用于细菌内 30S 小亚基，抑制起始复合物的形成；②抑制氨酰-tRNA 进入核糖体的 A 位，阻滞肽链的延伸；③ 影响终止因子与核糖体的结合，使已合成的多肽链不能脱离核糖体。四环素类抗生素对菌体 70S 核糖体有抑制作用，对人体细胞的 80S 核糖体也有抑制作用，但对 70S 核糖体的敏感性更高，故对细菌蛋白质合成抑制作用更强。

3）氯霉素

氯霉素属于广谱抗生素，作用包括：① 氯霉素与核糖体上 A 位紧密结合，因此阻碍氨酰-tRNA 进入 A 位；② 抑制转肽酶活性，使肽链延伸受到影响，菌体蛋白质不能合成，因此有较强的抑菌作用。

4）嘌呤霉素

嘌呤霉素类抗生素结构与酪氨酰-tRNA 相似，从而取代一些氨酰-tRNA 进入核糖体的 A 位。当延长中的肽转入此异常 A 位时，容易脱落，终止肽链合成。由于嘌呤霉素对原核和真核生物的翻译过程均有干扰作用，故难于用作抗菌药物。

近年来还发现细菌毒素可以抑制蛋白质的生物合成，如白喉毒素对人及其他哺乳动物有极强毒力，可以强烈地抑制蛋白质的生物合成。白喉毒素实际上是寄生于白喉杆菌体内的溶源性噬菌体 β 基因编码的，由白喉杆菌转运分泌出来，进入组织细胞内，它对真核生物的延长因子-2（EF-2）起共价修饰作用，生成 EF-2 腺苷二磷酸核糖衍生物，从而使 EF-2 失活。它的催化效率很高，只需微量就能有效地抑制细胞蛋白质合成，导致细胞死亡。

7.1.2　蛋白质的定位与导向

蛋白质由核糖体合成，合成之后必须准确无误地运送到细胞的各个部位。在细胞质中合成的新生肽链，有相当一部分被传送并定位到细胞内的不同细胞器上，或被分泌到细胞外，这就是蛋白质的定位。除少数在线粒体和叶绿体中合成的蛋白质外，游离核糖体和粗面内质网膜上的结合核糖体所合成的蛋白质，一般在其氨基酸序列中均含有分选信号，决定它们的去向和最终定位，即蛋白质分选（protein sorting）。通过连续的内膜系统运送使蛋白质达到其最终目的地的过程，称为蛋白质运输（protein transport）。具有专一分选信号的蛋白质可以从胞质溶胶运送到核、内质网、线粒体、叶绿体或过氧化物酶体，分选信号还能引导蛋白质从内质网进入到细胞内的其他终极场所。缺乏分选信号的蛋白质则一直保留在细胞质中。

1. 细胞内蛋白质定位与导向

蛋白质的分选时空概念包括两层含义：① 合成的蛋白质何时转运；② 合成的蛋白质在细胞中的定位空间及转运中所要逾越的空间障碍是什么。从蛋白质定位的空间看，包括细胞内各个部分，即使是具有蛋白质合成机器的线粒体和叶绿体，也需要从细胞质中获取所需蛋白质。

细胞中各部位（包括细胞质）中的蛋白质都是来自胞质溶胶。内质网以上的细胞器（包括线粒体、过氧化物酶体、质体等）和细胞核所需蛋白质，是由胞质溶胶直接运送的，而内质网及以下的各种细胞器（包括高尔基体、溶酶体、内体、分泌泡）、细胞质膜以及细胞外基质等所需的蛋白质，虽然起始于胞质溶胶，但要经过内质网和高尔基体的中转。

在真核细胞中，蛋白质的转运常根据其合成场所——核糖体所在位置而分为两大类：一类是由胞质溶胶内游离核糖体合成的蛋白质，它们从核糖体上合成后释放出来再转运，为翻译后转移。在细胞器的发育过程中，由细胞质运入细胞器的蛋白质属这一类。另一类是由附着在内质网上的核糖体所合成的蛋白质，它们的合成与转运同时进行，即多肽链一边翻译一边运送，此种运转方式为共翻译转移。

根据蛋白质合成的场所和蛋白质的最后定位，可以把蛋白质归纳为以下两种：

1）游离核糖体上合成的蛋白质

包括：

（1）非定位性的胞质溶胶蛋白。在细胞质内游离核糖体上合成后就驻留在胞质溶胶中，并就地成为不同的催化中心，参加胞质溶胶中的代谢活动。

（2）定位性的胞质溶胶蛋白。由细胞质胶质蛋白（有的还有其他成分）构成的大分子结构，定位于细胞质的特定位置，如中心粒和中心粒周围物质。

（3）核定位蛋白。在胞质溶胶游离核糖体上合成并通过核孔运送到核中的核蛋白，其中有的成为染色体的结构成分，有的则是细胞核中其他特有结构的组分，如组蛋白、核质蛋白等。

（4）半自主性细胞器组成蛋白。线粒体和叶绿体为半自主性细胞器，自身只能合成少数蛋白质，它们所含的大部分蛋白质还是从细胞质中运入的。

2）粗面内质网上核糖体所合成的蛋白质

包括：① 运往细胞外的分泌蛋白；② 进入溶酶体腔形成溶酶体酶等；③ 插入到内质网膜中，并随膜流入内膜系统各区和质膜，形成它们的组成成分。

2. 胞内蛋白质定位的空间障碍及运输方式

从蛋白质定位的细胞内空间结构来看，可分为三种类型：① 没有膜障碍的，如胞质溶胶，包括胞质溶胶中的细胞骨架蛋白和各种酶及蛋白质分子；② 有完全封闭膜障碍的，如线粒体、叶绿体、内质网、高尔基体等；③ 有膜障碍，但是膜上有孔的，如细胞核。

根据三种不同的空间障碍，合成的蛋白质通过三种不同方式进行运输定位（图 7.5）。

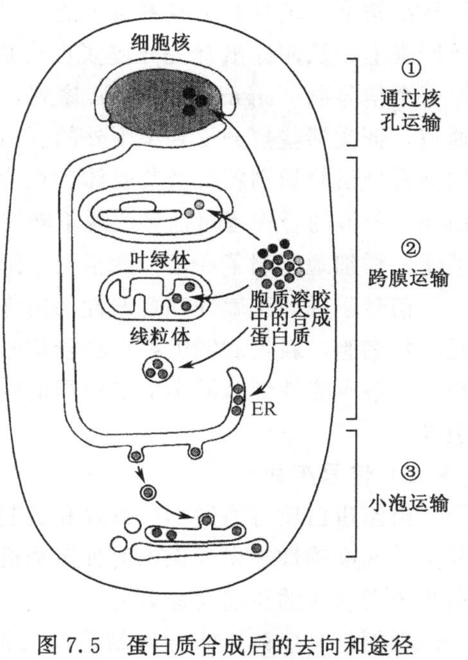

图 7.5　蛋白质合成后的去向和途径

（申泮文，2005）

在细胞质基质中合成的蛋白质进入膜围细胞器的3条路径，①③途径运输的蛋白质不需要折叠而经途径②则需要折叠

1）核孔运输(transport through nuclear pore)

细胞的核、质间蛋白质运输。胞质溶胶中合成的蛋白质穿过细胞核内外膜形成的核孔进入细胞核，被运输的蛋白质需要有核定位信号。

2）跨膜运输（across membrane transport)

通过结合在膜上的蛋白质转移器穿过膜直接把蛋白质从胞质溶胶运送到细胞内的不同部位。与核孔运输不同，由这种途径运送的蛋白质必须去折叠。这样，蛋白质更具柔韧性，可蜿蜒穿膜。如胞质溶胶中合成的蛋白质进入到内质网、线粒体、叶绿体和过氧化物酶体等就是通过跨膜机制进行运输的，需要膜上运输蛋白（protein translocator）的帮助，被运输的蛋白质要有信号肽或前导肽。

3）小泡运输（transport by vesicle）

蛋白质从内质网转运到高尔基体以及从高尔基体转运到溶酶体、分泌泡、细胞质膜、细胞外等，是由小泡介导的，这种小泡称为运输小泡（transport vesicle）。在这一运输途径中，经过运输小泡的转运，把蛋白质从一个区间运送到另一个区间。这种膜泡就如同从供体膜上掐下来的小体，其腔内含有蛋白质。到达靶膜时，与含有受体的膜融合，卸下运载的蛋白质。可溶性的分泌蛋白便是通过这一途径从内质网运送到高尔基体中。

上述3种蛋白质运输途径的运作都需要消耗能量。

3. 信号假说

1）信号假说

在真核细胞中，核糖体有两种存在形式：一种是游离在细胞质中；另一种是附着在粗面内质网和核膜外表面上。这些核糖体都属80S类型，是由细胞质中共同的核糖体亚基库的60S和40S大、小亚基，在进行mRNA翻译时临时装配而成。内质网上核糖体以60S亚基附着在内质网的外表面上。为什么性质上一样、来源相同的核糖体，有的会结合到内质网膜上进行翻译活动呢？

1971年，Blobel和Sabatoni首先对此做出解释。他们认为，新生的分泌蛋白多肽链在结构上一定具有某些特点，能够使正在合成分泌蛋白多肽链的核糖体结合到粗面内质网膜上，从而提出有关分泌蛋白合成机制的信号假说。1975年，Blobel成功地破译第一个信号肽（signal peptide）序列，同时还提出在内质网膜上存在允许多肽链通过的通道，证实那些被分泌到细胞外的蛋白质都将经过通道进入内质网腔。20世纪80年代初又发现信号识别颗粒及其受体。在信号假说提出后的20余年中，随着新资料的积累，Blobel与他的合作者对信号假说不断进行补充，使这一假说日趋完善，形成了一个理论系统，详细地阐明了在信号肽指引下细胞内蛋白质跨膜转运的分子机制。

信号学说的正确性和普遍性已由许多实验所证实。无论是酵母细胞、植物细胞，还是动物细胞，新生肽链上都存在着信号肽，这段特殊的氨基酸序列决定蛋白质的去向和命运。各种膜性细胞器中的蛋白质的跨膜转运，都是靠信号序列（signal sequence）的引导。

2）信号序列

虽然蛋白质可通过不同方式和机制克服空间障碍，定位到膜结合的细胞器中，但就其定位的准确性来说，无论何种运输机制都是通过信号引导实现的，换句话说，信号序列决定蛋白质的正确运输方向。

根据信号序列运输方向的不同可将其分为三种类型，即入核信号、引导肽和信号肽。入核信号指导核蛋白的运输；引导肽指导线粒体、叶绿体和过氧化物酶体蛋白的运输；信号肽则指导内膜系统的蛋白质运输。

具有内质网（ER）定位信号序列的蛋白质被运输到ER中，没有信号序列的蛋白质存在于胞质溶胶中（图7.6 a）。通过重组DNA技术将信号序列与胞质溶胶的蛋白基因重组，表达的胞质溶胶蛋白被定位到 ER；相反，被剥夺了 ER 定位信号的蛋白质则只能存在于胞质溶胶中（图 7.6 b）。该实验说明信号序列对所引导的蛋白质没有特异性。

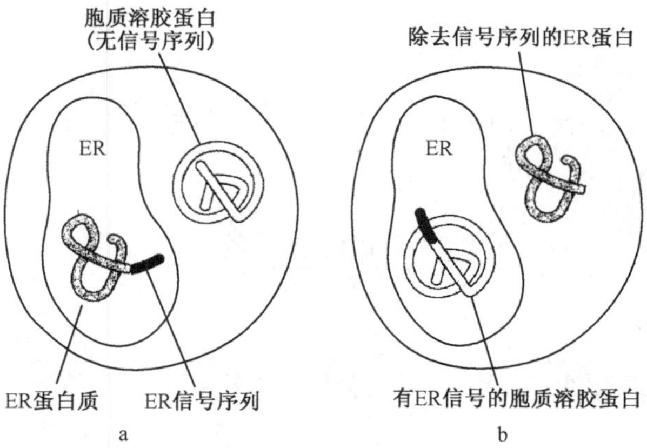

图 7.6　信号序列在蛋白质分选中的作用

a. 为正常情况；b. 为重组后的情况

继信号肽后，人们发现了一系列蛋白质分选信号序列（表 7.4），统称为信号序列。有些还可能形成三维结构的信号（称信号区）指导蛋白质转运至细胞的特定部位。

表 7.4　几种典型的蛋白质分选信号及功能

功能	信号序列
输入内质网	H^+N_3—Met—Met—Ser—Phe—Val—Ser—Leu—Leu—Leu—Val—Gly—Ile—Phe—Trp—Ala—Thr—Glu— Ala—Glu—Gln—Leu—Thr—Lys—Lys—Glu—Val—Phe—Gln
滞留在内质网中	—Lys—Asp— Glu—Leu—COO^-
输入线粒体	H^+N_3—Met—Leu—Ser—Leu—Arg—Glu—Ser—Ile—Arg—Phe—Phe—Lys—Pro—Ala—Tyr—Arg—Tyr—Leu—Cys—Ser—Ser—Arg—Tyr—Leu—Leu
输入细胞核	—Pro—Pro—Lys—Lys—Arg—Lys—Val
输入过氧化物酶体	—Ser—Lys—Leu

4. 蛋白质的分选

1) 分泌性蛋白与信号肽

分泌性蛋白的合成在与粗面内质网结合的核糖体上进行。被合成的蛋白质穿过粗面内质网膜，进入内质网腔，在那里折叠成最终的构象，经内质网出芽，形成囊泡，将蛋白质运载到高尔基体中。高尔基体有正面（囊泡由此进入）和反面（囊泡由此离开）。内质网囊泡与高尔基的正面区室融合，将蛋白质释放到高尔基体内腔中。蛋白质随后又穿越高尔基体，到达反面区室，在途中通过加入糖基进行修饰（糖基化）。最后，囊泡从反面区室出芽，将糖基化的分泌性蛋白质运到质膜，在那里囊泡与质膜融合，并将内含物释放到胞外。这种融合及蛋白质的胞外释放也称为胞吐（exocytosis）。

典型的分泌性蛋白质与胞质溶胶蛋白的区别在于其 N 端有一段称为信号序列或信号肽的 15～30 个氨基酸残基的序列。不同分泌性蛋白质的信号肽，其氨基酸序列不同，但有一些共同的特征。例如，序列中心常含有 10～15 个疏水性氨基酸。这种信号假说是从这个领域的早期工作中推测出来的。假说认为，信号肽指导分泌性蛋白质进入 ER 膜，从而引导蛋白质进入 ER 腔而被分泌（图 7.7）。

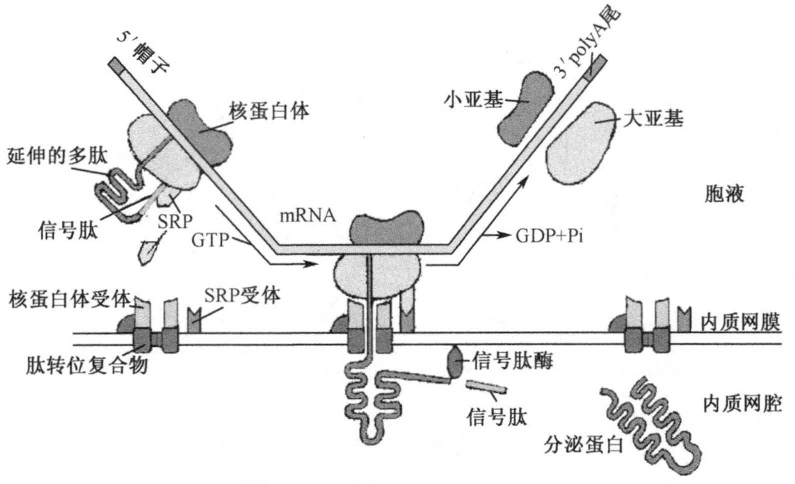

图 7.7　信号假说简单示意图（万海清，2000）

分泌性蛋白质的 mRNA 结合到胞质溶胶中的游离核糖体上，蛋白质开始合成 N 端的信导肽。这是一种由 7S RNA 与 6 个蛋白质组成的复合物，即信号识别颗粒（signal recognition particle，SRP），结合到信号肽上，阻止蛋白质的进一步合成，形成核糖体-mRNA-SRP 复合体。然后，核糖体紧紧地结合在 ER 膜上与蛋白质转运相关的核糖受体蛋白上，SRP 结合在 SRP 受体上，防止分泌性蛋白质在成熟前被释放到胞质溶胶中。SRP 与 SRP 受体结合后，就从信号肽上脱落下来，于是翻译再一次继续进行。新生的多肽穿过由转运蛋白在 ER 膜上形成的孔，前端的信号肽则被 ER 腔面上的信号肽酶切除并降解，合成的肽链陆续进入腔内。最后，蛋白质又经由高尔基体转运到胞外。因为跨粗面内质网膜的运输发生于蛋白质合成过程中，这个过程被称为共翻译。被释放的信号识别颗粒 SRP 通过它的受体准备结合到另一个信号肽上（SRP 循环）。

2）溶酶体蛋白的导向

溶酶体酶和溶酶体膜蛋白在粗面内质网上合成，然后转运到高尔基复合体的顺面膜囊中。在这里，溶酶体蛋白的甘露糖残基被磷酸化成 6-磷酸甘露糖，6-磷酸甘露糖是引导溶酶体蛋白到相应目的地的信号。磷酸化的溶酶体蛋白被高尔基体反面膜囊中的 6-磷酸甘露糖受体识别，并与之结合，将其包装在运输小泡中，从高尔基体出芽。然后运输小泡与分选小泡融合，分选小泡的内含物为酸性，低 pH 条件引起溶酶体蛋白质与其受体解离，同时磷酸酶将磷酸基从 6-磷酸甘露糖上去除，以避免蛋白质与受体的再结合。含有受体的囊泡从分选小泡上出芽，将受体运回高尔基体以重新使用（受体循环），而溶酶体蛋白质通过囊泡融合进入溶酶体中（图 7.8）。

3）线粒体和叶绿体蛋白的运送与装配

由核基因编码、在细胞质核糖体上合成的线粒体和叶绿体蛋白，需运送至线粒体和叶绿体各自的功能部位上进行更新和装配。核基因编码的蛋白质向线粒体跨膜运送，与

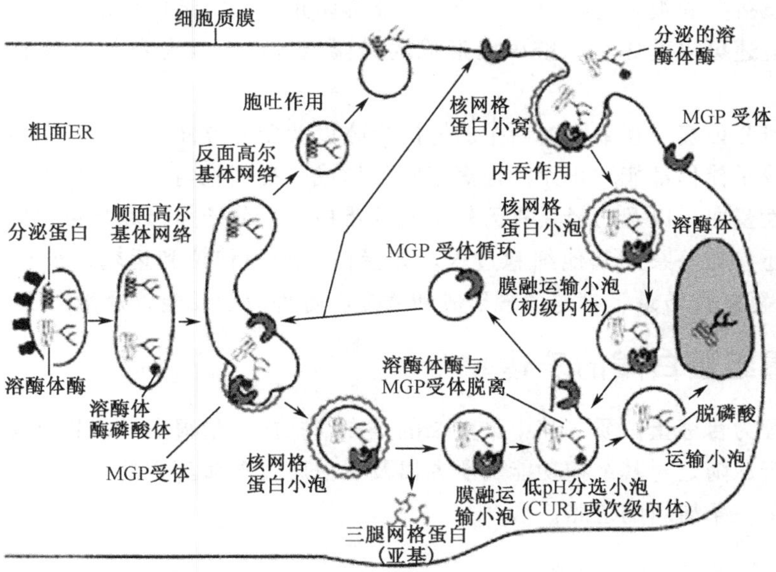

图 7.8　溶酶体蛋白质的合成与导向（沈同和王镜岩，1990）

粗面内质网合成的分泌蛋白不同，前者先合成前体形式、然后通过后转移运送到线粒体内，后者是通过边翻译边转移的共转移方式实现跨膜运输的。前体蛋白是由成熟形式的蛋白质和 N 端的一段称为导肽的序列组成的。现已有 40 多种线粒体蛋白导肽的一级结构被阐明，它们含 20～80 个氨基酸残基。导肽内不仅含有识别线粒体的信息，并且有牵引蛋白质进入线粒体膜进行运送的功能。

线粒体前体蛋白与分子伴侣 Hsp70 结合，在 Hsp70 的协助下成为伸展蛋白，然后与线粒体外膜上的受体结合，在外内膜的接触点处通过外内膜进入线粒体基质中。在线粒体基质中，前体蛋白在基质中 Hsp70（mHsp70）的作用下重新折叠，N 端的导肽在蛋白水解酶的作用下降解而形成成熟的蛋白质。

叶绿体蛋白的运送及装配与线粒体蛋白有许多类似之处。细胞质中合成的叶绿体前体蛋白，在 N 端也含有一个额外的氨基酸序列，称为转运肽。定位于叶绿体基质中的蛋白质，在 N 端转运肽的引导下穿过叶绿体膜进入基质中，由基质中特异的蛋白水解酶切去转运肽成为成熟蛋白质。定位于叶绿体类囊体的蛋白质，其前体 N 端的转运肽可分为两个区域，分别引导进入基质和类囊体，因此，转运肽经历两次水解：一次在基质中，另一次在类囊体腔中。

5. 分子伴侣在蛋白质折叠和运转中的作用

在对核小体组装的研究中发现，核质蛋白能促进 DNA 和组蛋白的正确组装，但其本身却不是组装产物——核小体的成分。于是，Laskey 等首先应用“分子伴侣”一词来描述核质蛋白在核小体组装过程中的作用。以后的研究进一步表明细胞内还有另外一些蛋白质也可以催化、介导其他蛋白质的形成并保持它们的稳定，并参与细胞内蛋白质的折叠、装配和转运等。1987 年，Ellis 把凡是能够促进其他蛋白质正确折叠、组装的一类蛋白质分子统称为分子伴侣（molecular chaperone），并提出了分子伴侣的基本概念：在蛋白质折叠和组装过程中，分子伴侣能够防止多肽链链内和链间的错误折叠或聚集作用，并且还可以破坏多肽链中已形成的错误结构，但其自身并不参加最终产物的组成。

近年来研究证实，在细胞内新生肽链的折叠以及变性方面，或体外重组蛋白的再折叠过程中，分子伴侣都能防止无活性聚集物的形成。在细胞内，分子伴侣的底物包括新生肽链、变性蛋白，以及已经具有天然构象的蛋白质。分子伴侣除与蛋白质的合成和成熟有关外，还参与一系列其他细胞过程，如蛋白质跨膜移位和运输、调控信息传递通路，DNA 的复制及转录、参与微管形成和修复、各种应激反应以及蛋白质降解等。

7.1.3 重组蛋白质的表达

基因工程为目标蛋白质（其中最重要的是在细胞内含量很少但却具有重要功能的蛋白质）的生产、随之对其结构功能的研究以及蛋白质及多肽药物的开发，在理论和实际应用上开辟了一条崭新的道路。

1. 大肠杆菌中的表达系统

大肠杆菌（*E. coli*）表达体系是目前应用最广的一个外源基因表达体系，是外源基因表达的首选体系。当大肠杆菌中的表达产物由于不能正确折叠或缺少转译后修饰而没有生物活性，或当天然蛋白质的回收率太低时，才考虑选择其他表达体系。利用大肠杆菌作为表达体系的优点是，遗传学和生理学背景清楚、容易培养（尤其是高密度发酵）、外源基因常可以高效表达。大肠杆菌系统最大的不足之处是不能进行典型真核细胞所具有的复杂翻译后修饰，如糖基化、烷基化、磷酸化、特异性的蛋白质水解等，广泛二硫键的形成以及外源蛋白质组装成多亚基复合体的能力也受到限制。大肠杆菌体系的其他不足之处是外源基因产物在大肠杆菌细胞内易形成不溶性的包涵体；而当真核基因在大肠杆菌中表达时，作为起始氨基酸，甲硫氨酸仍然保留在蛋白质的 N 端。最后，由于真核 mRNA 的结构特性以及密码子使用频率与大肠杆菌本身的差异，当用真核 mRNA 的序列直接在大肠杆菌细胞中表达时，有时不能得到足够的产物。然而，当外源蛋白质的分子质量小于 70 kDa，不存在半胱氨酸或分子内的二硫键少于 3 个或 4 个，以及不需要翻译后修饰就能保持其生物活性的蛋白质，大多可以利用大肠杆菌系统得到满意的结果。

图 7.9 以乳铁蛋白在大肠杆菌中的重组表达为例，显示了大肠杆菌重组表达的一般流程。

2. 酵母细胞中的表达系统

当考虑是否在酵母中表达外源基因时，不仅首先需要决定用什么样的载体、受体菌、启动子，而且也要决定用什么样的酵母。对酿酒酵母（*S. cerevisiae*）的基因结构、功能和调控的研究最深入，近年来另一类酵母 *Pichia pastoris*（毕赤甲醇酵母）被用作高效表达的宿主酵母菌。当然，除了这两种酵母菌外，还有其他一些种类酵母也已成功地用于表达外源基因，如食用酵母 *Candida utilis*。

很多重组蛋白质或多肽都是通过工程化的酵母菌产生的。酵母很容易用来进行遗传操作，对培养条件的要求也不苛刻，易于高密度发酵。酵母也是理想的真核宿主，可以

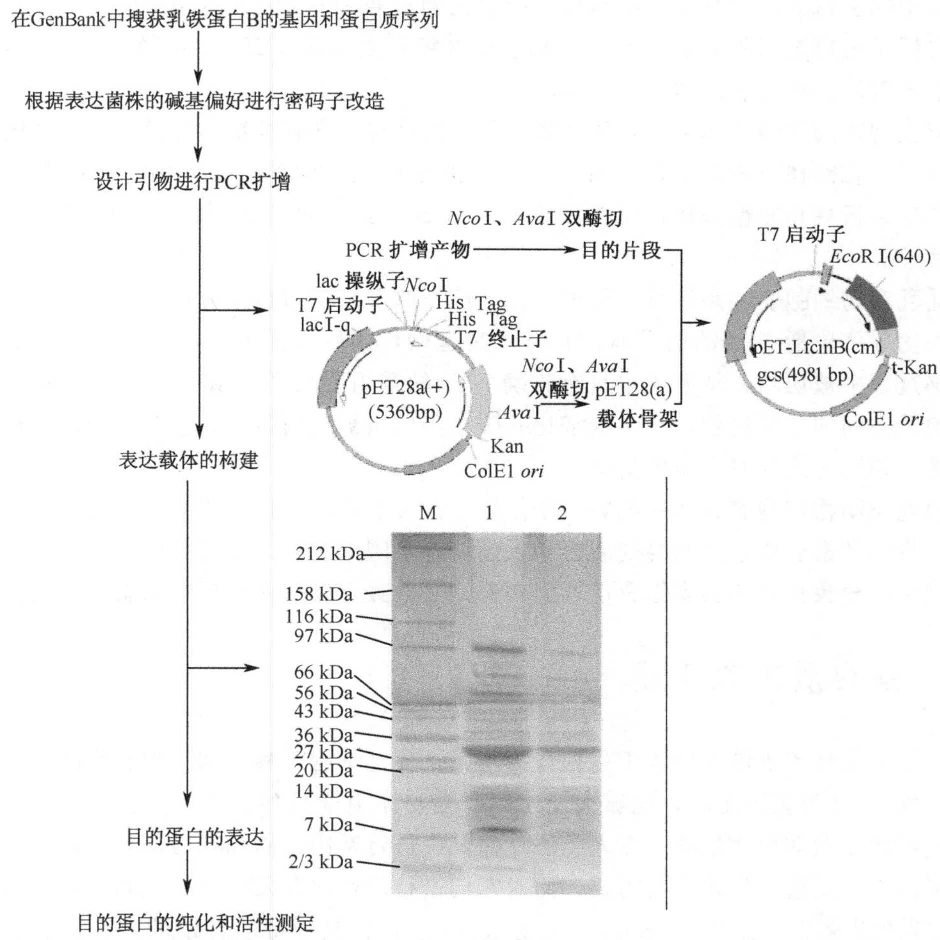

图 7.9　乳铁蛋白在大肠杆菌中的重组表达（邢芳芳和印遇龙，2008）

进行很多翻译后的修饰。这些修饰对某些蛋白质生物活性的表达是重要的。

在介绍酵母表达体系之前，要对酵母本身的一些特点作一些说明：

（1）在酵母 *S. cerevisiae* 基因组中大约 5％的基因含有一个内含子（非常少的基因含多于一个的内含子）。如其他酵母品系一样，*S. cerevisiae* 品系不具备从外源基因的初级转录物去除内含子的能力，因而绝对有必要用外源基因编码序列的 cDNA 拷贝作为任何蛋白表达的起始点。

（2）如果目标蛋白需要翻译后加工（如形成二硫键、糖基化），蛋白质需要通过分泌途径进行表达。然而很多酵母品系（特别是 *S. cerevisiae*）只有非常低的分泌能力，这样得到高表达分泌体系的机会就会受到限制。

（3）考虑到外源蛋白在酵母细胞中表达可能对细胞造成毒害，特别是一些膜蛋白或膜相关蛋白，所以要用紧密调控的表达体系。

3. 哺乳动物细胞表达系统

当细菌、酵母表达体系不能满足人们的需要时，选择哺乳动物细胞表达体系可以得到所希望的蛋白质。哺乳动物细胞具有产生正确折叠和完全生物活性的蛋白质的能力。组织血纤维蛋白溶酶原激活因子（tPA）、促红细胞生成素（EPO）以及人DNA酶，都是用哺乳类动物细胞表达体系生产的。

哺乳动物细胞表达体系有其他体系不具有的优势。它有复杂的翻译后加工系统、糖基化以及二硫键在合成和分泌过程中自然而然地形成。例如，在大肠杆菌中表达tPA时，产生错折叠和非糖基化，而在酵母中表达tPA产生过糖基化，二者的产物都没有生物活性。

哺乳动物细胞表达系统可以通过设计，使外源重组蛋白直接分泌到培养基中。这个重组表达单位包括N端的信号肽，其作用是起始新生肽链插入到内质网中。此信号肽在分泌过程中被切除，从而产生具有正确N端的重组蛋白质。从内质网到高尔基体再到细胞外空间的分泌过程，产生糖基化并防止蛋白质被胞内蛋白酶水解。分泌过程也使蛋白质二硫键正确配对和正确折叠。

哺乳类动物细胞表达体系的另一个作用是在天然环境条件下研究工程化基因产物的性质。将胰岛素受体基因经突变后再导入到特定细胞中表达，发现受体蛋白上单一氨基酸的突变可导致其对胰岛素结合活性的丧失，并导致自磷酸化和激活酪氨酸激酶。

7.2 蛋白质工程概述

传统生物技术领域的四大工程划分为基因工程、细胞工程、酶工程和发酵工程（微生物工程）。通过基因工程，能够大规模生产生物体中微量存在的活性物质，并借助转基因手段而改变动植物性状，在人类医疗保健中进行基因诊断和基因治疗。然而，发现这些蛋白质只是适应生物自身需要，而对它们进行产业化开发往往不顺利。1983年Ulmer首先提出蛋白质工程（proteinic engineering），它是指按照特定的需要，对蛋白质进行分子设计和改造的工程。其后，美国的几家生物技术公司同时应用蛋白质工程技术得到几种蛋白质结构，标志着蛋白质工程正式诞生。自此以后，蛋白质工程迅速发展并成为生物工程的重要组成部分。

蛋白质工程是指在深入了解蛋白质空间结构以及结构与功能的关系、掌握基因操作技术的基础上，人工合成生产自然界原来没有或者具有新的结构与功能、对人类生活有用的蛋白质分子的技术。其主要操作方法是运用基因工程的DNA重组技术，将克隆后的基因编码序列加以改造，或者人工合成新的基因，再将上述基因通过适当的载体引入适宜的宿主系统内表达，从而产生数量几乎不受限制、有特定性能的目的蛋白分子，甚至全新的蛋白质分子。

实现蛋白质工程目标主要有以下三个方面的工作：首先，需要用结晶的手段诱生、培养获得蛋白质晶体，而且尽可能得到微晶；利用X射线技术以及其他手段，确定蛋白质的三维结构、获得重要结构信息。其次，借助电子计算机确定饰变，依据氨基酸化学结构预见空间结构，通过数据库等途径确定蛋白质结构和功能关系，找到所要修饰的位点。最后，通过改变编码蛋白质的基因的核苷酸实现蛋白质结构的改变，其首先要对基因序列有所了解，然后通过定点突变技术进行碱基替换，这一过程需要一整套的基因操作技术。通过这三个环节的工作，才能对所饰变的蛋白质的结构和功能有基本认识。

对已有的蛋白质改造需要从结构测定入手。而创造新蛋白质，可通过已有的蛋白质结构功能信息资料进行分子设计，应用基因表达技术得到表达产物后，再对表达产物的结构和功能进行检测、分析。要获得理想的蛋白质工程产品，往往需进行多次的饰变、分析、检测与修改才能实现。

7.2.1　研究的主要内容

1. 蛋白质结构分析

蛋白质结构分析是蛋白质工程的主要内容之一。首先要收集大量的蛋白质分子结构信息，以便建立蛋白质结构与功能之间关系（构-效关系）的数据库，为理论研究奠定基础。

2. 蛋白质结构、功能的设计和预测

确定蛋白质结构与功能的关系是目前蛋白质工程研究的一个主体。它包括蛋白质三维结构模型的建立、酶催化的性质、蛋白质折叠和稳定性研究、蛋白质变异的探讨等方面。根据对天然蛋白质结构与功能分析而建立起来的数据库，可以预测一定氨基酸序列的肽链空间结构和生物功能；反之，也可以根据待定的生物功能，设计蛋白质的氨基酸序列和空间结构。通过基因重组等实验可以直接分析结构与功能之间的关系。也可以通过分子动力学、分子热力学方面的基本规律，定量确定蛋白质结构与功能之间的关系。目前这方面的工作没有很大的进展，预计在将来可以建立一套完整的理论，解释结构与功能之间的关系，用于设计、预测蛋白质的结构和功能。

3. 蛋白质的改造和创新

蛋白质的改造，包括简单的物理化学法到复杂的基因重组等有多种方法。物理化学法主要包括对蛋白质进行变性-复性处理、修饰肽链官能团、分割肽链、改变表面电荷分布等；生物化学法主要是使用蛋白酶选择性地分割蛋白质，或利用糖苷酶、酯酶、肽酶等去除或连接不同的化学基团，或利用转酰胺酶使蛋白质发生交联等。以上方法只能对相同或相似的基团或化学键发生作用，缺乏特异性，不能对特定部位产生作用。采用基因重组技术或人工合成 DNA，不但可以改造蛋白质，而且可以实现从头合成全新的蛋白质。

4. 蛋白质的开发与利用

蛋白质的开发与利用，首先包括用已知蛋白质一级结构的信息开发应用研究，这是迄今蛋白质工程研究中最成功的领域。例如，利用原核细胞的信号肽直接指导牛胰蛋白酶抑制剂的分泌及加工处理过程。另外一个应用方面是从混杂变异体库中筛选具有特定结构与功能关系的蛋白质，有目的地在特定位点上使蛋白质变异，然后研究其结构与功能关系，生产出具有特定结构-功能关系的蛋白质。例如，将对热不稳定的酶的基因转移至嗜热生物体内，再利用酶的某种标志（如对卡那霉素的抗性等）选择出对热稳定的酶，其既保持酶的固有性质，又增强了热稳定性。

7.2.2 蛋白质工程基本步骤

蛋白质工程的基本过程是通过基因定位诱变，在了解蛋白质三维结构与功能的基础上，对突变后的一维线性肽链进行折叠与分子设计，从而构建全新的蛋白质分子。

1. 基因定位诱变

基因定位诱变是指根据三联体密码编码 DNA 的确定位点，改变其组成核苷酸的顺序或种类，使基因发生定向突变，控制合成的氨基酸种类、顺序，合成出具有预期氨基酸序列的修饰蛋白质。基因定位诱变的基本过程是：首先使目的基因由环状载体拆成单链，再对指定的位点用寡聚核苷酸诱导或加入合成的寡聚核苷酸，产生定位突变基因，最后将突变基因导入适宜的表达系统（如大肠杆菌等），产生突变体蛋白质。基因定位诱变已经成为广泛使用的常规技术，可在任意位置更换、插入、删除目的氨基酸。

2. 蛋白质三维结构与功能关系

定位突变时，要确定在什么位置改变何种氨基酸，才能达到预期目标，保证新合成的蛋白质性能更优良，这需要探讨蛋白质三维结构与其功能的关系。测定蛋白质三维结构的经典方法是 X 射线晶体衍射分析法。现已在原子水平测定了 300 多种蛋白质的结构，在此基础上，一些重要的生命活动的机理已得以阐明，如酶的作用机制、机体免疫应答的分子基础、体内运输和储存的结构机理、激素作用的过程、毒物作用的机理、遗传信息的调节和控制等。

近几年迅速发展起来的二维核磁共振波谱分析和分子动力学方法已经可以测定溶液状态下蛋白质结构及其动态特征。以此为基础，在设计蛋白质分子变异时，出现将蛋白质三维结构、分子动力学过程、热力学原理连成整体展开研究的新态势。研究表明：功能上千差万别的蛋白质，结构上却只存在着有限的若干种类型，其中有些已作为用于蛋白质分子设计的基本模式。此外，对于蛋白质结构形成和影响结构稳定的因素也有深入了解，这些对于新型蛋白质的设计和构建有重要意义。

3. 蛋白质折叠与分子设计

要成功地设计新型蛋白质分子，需深入研究特定的氨基酸序列作为一维线性肽链，如何卷曲折叠形成相应特征的三维结构。活性蛋白质都有特定的三维结构，但基因表达首先是将氨基酸按密码顺序连接为线性多肽链，再折叠成特定的高级结构。一级结构如何决定高级结构，一级结构形成高级结构的途径、机理如何，至今尚不清楚。通过基因定位诱变和基因表达，可以合成预期的氨基酸序列，但尚不能确定任意设计的氨基酸序列会折叠成什么样的蛋白质结构。迄今还只能以天然蛋白质为基础进行局部修饰与改造。

7.2.3 蛋白质改造应用

1. 水蛭素的改造

水蛭素是水蛭唾液腺分泌的凝血酶特异抑制剂，有多种变异体，由 65 或 66 个氨基酸残基组成，在临床上可作为抗栓药物。为提高水蛭素活性，在综合各变异体结构特点的基础上，提出改造水蛭素主要变异体HV2的设计方案，将47位的Asn（天冬酰胺）变成Lys（赖氨酸），使其与分子内第4位或第5位Thr（苏氨酸）间形成氢键，帮助水蛭素N端肽段的正确取向，从而提高抗凝血效率。试管试验活性提高4倍，在动物模型上检验抗血栓形成的效果提高20倍。

2. 生长激素的改造

生长激素通过对它特异受体的作用促进细胞和机体的生长发育，然而它还可以结合许多种不同类型细胞的催乳激素受体，引发其他生理过程。为减少副作用，需使重组生长激素只与生长激素受体结合，尽可能减少与其他激素受体的结合。经研究发现，二者受体结合区有一部分重叠，但并不完全相同，有可能通过改造加以区别。人的生长激素和催乳激素受体结合需要锌离子参与作用，与生长激素受体结合则无需锌离子参与，于是考虑取代充当锌离子配基的氨基酸侧链，如第18位和第21位His（组氨酸）和第17位Glu（谷氨酸）。实验结果与预先设想一致，但要作为临床用药还有大量的工作要做。

3. 胰岛素的改造

天然胰岛素制剂在储存中易形成二聚体和六聚体，延缓胰岛素从注射部位进入血液，从而延缓其降血糖作用，并增加抗原性，这是胰岛素B23-B28氨基酸残基结构所致。利用蛋白质工程技术改变这些残基，则可降低其聚合作用，使胰岛素快速产生作用。该速效胰岛素已通过临床实验。

4. 治癌酶的改造

癌症的基因治疗分两个方面：药物作用于癌细胞，特异性地抑制或杀死癌细胞；药物保护正常细胞免受化学药物的侵害，可以提高化学治疗的剂量。疱疹病毒（HSV）胸腺嘧啶激酶（TK）可以催化胸腺嘧啶和其他结构类似物磷酸化，而使这些碱基3′-OH缺乏，而阻断DNA的合成，杀死癌细胞。HSV-TK催化能力可以通过基因突变来提高。从大量的随机突变中筛选出一种酶，在酶活性部位附近有6个氨基酸被替换，催化能力20倍以上。

5. 凝乳酶的改造

凝乳酶原共有3个二硫键。已证明缺失Cys250-Cys283二硫键的几种突变体凝乳酶原复性，均不能获得有活性的分子，而Cys45Asp、Cys45Asp/Cys50Ser、Cys50Ser突变体复性后，均能获得有活性的分子。这说明Cys250-Cys283二硫键对凝乳酶原正确折叠的贡献大于Cys45-Cys50二硫键。根据对野生型与突变体Cys45Asp/Cys50Ser的CD光谱与荧光光谱分析，两者具有类似的二级、三级结构。从总体上看，Cys45-Cys50这个二硫键是可以取代的。凝乳酶原突变体溶解、复性的最佳条件与野生型相同，从而提示突变体与野生型凝乳酶原的折叠行为大体上是相同的，但突变体多肽链正确折叠的效率略低于野生型。究其原因，可能是Cys45-Cys50这个二硫键的删除降低了凝乳酶原折叠中间体或/和终产物的稳定性。已知凝乳酶原在碱性条件下不够稳定，长时间碱性条件复性有可能破坏已正确折叠的天然结构，而折叠中间体是更不稳定的分子，更容易受其影响，减少 1 个二硫键后加剧这一倾向是可以理解的。

综上所述，Cys45-Cys50 二硫键虽然在一定程度上影响凝乳酶原多肽链的折叠效率，但却非多肽链正确折叠所绝对必需，这与 Cys250-Cys283 二硫键大不相同，这可能与形成这 2 个二硫键的半胱氨酸残基在一级结构上相互之间的距离有一定的关系。在折叠过程中的多肽链虽然并非完全伸展，但仍然是相距较近或容易接近的 Cys 残基能较容易地形成二硫键。Cys45 和 Cys50 相距很近，它们之间较容易接近而形成二硫键，对多肽链结构上的要求较小。反过来，这个二硫键的形成对凝乳酶原多肽链结构的影响也较小，尽管这个二硫键对凝乳酶原的折叠有一定的作用，但它的缺失却不会从根本上影响折叠。与之相比，Cys250 和 Cys283 在一级结构上相距较远，它们之间要形成二硫键，就要求多肽链采用适宜的折叠状态使它们相互靠近，即对多肽链结构上的要求比较高。而 Cys250-Cys283 这个二硫键一旦形成，会对多肽链采取的某种特定结构具有稳定作用。Cys250-Cys283 这个二硫键的形成使正确组装的分子较稳定，并促进其进一步折叠形成天然构象。而一旦这个二硫键缺失以后，即使在折叠过程中某些分子可以正确组装，但由于不稳定也难以进一步正确折叠形成天然构象。因此，缺失 Cys250-Cys283 这个二硫键的突变体凝乳酶原难以正确折叠。

突变体与野生型假凝乳酶具有相同的 K_m 值，说明 Cys45-Cys50 被取代后没有影响假凝乳酶的底物亲和力。考虑到突变体与野生型凝乳酶原的 CD 谱和荧光光谱基本一致，说明突变体与野生型假凝乳酶的构象在总体上没有太大的差别，因此两者对底物具有相同的亲和力是可以理解的。但是前者的蛋白水解酶活力与凝乳活力均低于后者，这很可能是 Asp 和 Ser 取代 Cys45 和 Cys50 之后，导致酶的空间结构发生某些微小的变化，给酶的催化功能带来不利影响。

在不同生物来源的凝乳酶中，不同二硫键的保守性不同，脊椎动物凝乳酶具有相当于牛凝乳酶的 Cys45-Cys50、Cys206-Cys210 和 Cys250-Cys283 这 3 个二硫键，米黑毛霉凝乳酶有相当于脊椎动物凝乳酶 Cys45-Cys50 和 Cys250-Cys283 的 2 个二硫键，而寄生内座壳菌凝乳酶只有相当于 Cys250-Cys283 的 1 个二硫键。可见 Cys250-Cys283 最为保守，而其他 2 个二硫键相对不保守。再结合这些二硫键在凝乳酶原的折叠过程中和在对酶的稳定性的贡献作用，可以认为 Cys250-Cys283 很可能是凝乳酶原分子进化的过程中作为多肽链正确折叠所必需的元件。至于 Cys45-Cys50 在生物进化中形成的原因则比较复杂，就牛凝乳酶而言，这个二硫键对保持酶的稳定性是十分重要的。但是寄生内座壳菌凝乳酶不含此二硫键也很稳定，说明其在凝乳酶稳定作用的功能并不具有普遍性。在进化过程中，由于大量氨基酸残基发生突变（牛凝乳酶与微生物来源凝乳酶的一级结构同原性低于 50%），改变了原来的稳定构象，于是 Cys45-Cys50 应运而生来弥补这一缺陷。

7.2.4　蛋白质工程的进展和前景

蛋白质工程创立初始即显示巨大的应用前景，如 Winter 等实现嗜热脂肪芽孢杆菌氨酰 tRNA 合成酶活性改变，Pery 等使 T4 噬菌体在清除乳酸制造中的梭状芽孢杆菌污染发挥重要作用，美国 Genetech 和 Genrneeor 公司改变枯草杆菌蛋白酶稳定性和抗氧化性。许多国家政府和公司非常关注蛋白质工程，纷纷投入巨大的资金和人力进行研究和开发，近十年来已有一些工业酶和家用产品进入市场，一些项目得到专利保护，商业竞争趋势异常激烈。在开发产品的同时，蛋白质工程基础研究也在不断加强，研究对象由单一蛋白质扩充到糖蛋白、糖、蛋白核酸复合物以及核酸等生物分子和复合体。研究内容从蛋白质饰变延伸到分子设计、构象设计、药物设计等。研究技术手段也日新月异，基因资源的积累和计算机应用软件的大量涌现，促成了生物信息（bioinformation）研究技术的形成，为加强蛋白质工程的高效性和创造性奠定基础。20 世纪 90 年代以后，对天然蛋白质进行改造的技术越来越成熟，从头设计合成新的蛋白质的途径已取得突破性进展。

随着蛋白质工程的研究不断进展，人们可望开发出大批性能优良的蛋白质工程制剂。例如，已将毒性肽通过基因融合而使其进入抗体分子，制造出“导弹药物”，它可自动瞄准和攻击体内的靶组织或靶细胞（如癌细胞）。如果能通过蛋白质工程来控制和设计与 DNA 相互作用的某些调控蛋白，那么控制遗传、改造生命体就是一个实际的科学目标。

第二部分　重要的食品蛋白质

Part Ⅱ　Food Proteins

第8章　动物源蛋白

8.1　乳蛋白

鲜牛乳中乳蛋白的含量为3.25%左右，但其含量不稳定，受季节、温度、奶牛的品种、饲养情况、挤乳时间及次数等许多条件影响，一般变化为2.9%～5.0%；其中的蛋白质可以分为酪蛋白和乳清蛋白两大类，此外，还含有乳铁蛋白、膜蛋白、酶等其他蛋白质，其种类及含量见表8.1。而来自羊、水牛等动物的乳，大致化学组成如表8.2所示。

表8.1　乳中蛋白质种类及含量

蛋白质	含量		相对分子质量	蛋白质	含量		相对分子质量
	g/kg乳	g/kg蛋白质			g/kg乳	g/kg蛋白质	
酪蛋白	26	785		乳清蛋白	6.3	190	
α_{s1}-酪蛋白	10	310	～23 600	β-乳球蛋白	3.2	98	18 283
α_{s2}-酪蛋白	2.6	80	～25 200	α-乳白蛋白	1.2	37	14 176
β-酪蛋白	9.3	280	23 983	乳清白蛋白	0.4	12	66 267
κ-酪蛋白	3.3	100	～1 950	朊、胨	0.8	24	4 000～40 000
γ-酪蛋白	0.8	24	～20 500	免疫球蛋白	0.8	24	
其他				IgG_1 IgG_2	0.65	18	～150 000
乳铁蛋白	0.1		86 000				
铁传递蛋白	0.1		76 000	IgA	0.14	4	～385 000
膜蛋白	0.6	20		IgM	0.05	2	～900 000

表8.2　其他动物乳的化学组成（%）

来源	脂肪	酪蛋白	乳清蛋白	乳糖	灰分	总固体
奶羊	7.2	3.9	0.7	4.8	0.9	17.5
山羊	4.5	2.6	0.6	4.3	0.8	12.8
水牛	7.4	3.2	0.6	4.8	0.8	16.8

乳蛋白主要是以胶体颗粒的形式存在，如酪蛋白胶束是由水、酪蛋白和盐组成的粒径为20～300 nm的颗粒；乳清蛋白主要以球蛋白的形式溶解分散于乳中，或发生少量聚集形成颗粒，粒径为3～6 nm；脂蛋白颗粒一般以胶体的形式分散在乳中，粒径约为10 nm，详见表8.3。

表 8.3　乳蛋白在乳中的存在特性

特性	酪蛋白胶束	球蛋白	脂蛋白颗粒
组成	酪蛋白、水、盐	乳清蛋白	蛋白质、脂类
含量(干基)/%	2.8	0.6	0.01
粒径/nm	20～300	3～6	10
数量/(个/mL)	10^{14}	10^{17}	10^{14}
表面积/(cm²/mL 乳)	40 000	50 000	100
密度(20℃)/(kg/m³)	1 100	1 300	1 100
分离	高速离心	超滤	超滤
等电点(pI)	～4.6	4～5	～4

8.1.1　酪蛋白

牛乳的蛋白质大约80%是酪蛋白，1 L牛乳中大约含有25 g酪蛋白。多数酪蛋白以胶束颗粒的形式存在于乳中，也有10%～20%的酪蛋白以溶解的形式或非胶粒的形式存在于乳中。酪蛋白在pH 4.6附近不溶，是一种含磷蛋白。不同于其他蛋白质，酪蛋白带有相对较高的电荷、含有较多的脯氨酸，很难形成α螺旋和三级结构，具有松散的卷曲结构，几乎不含胱氨酸，疏水性较高，具体氨基酸和元素组成见表8.4。

表 8.4　一些乳蛋白的氨基酸组成（mol/kg 蛋白质）

组成	酪蛋白	α_{s1}-酪蛋白	α_{s2}-酪蛋白	β-酪蛋白	κ-酪蛋白	α-乳白蛋白	β-乳球蛋白	乳清白蛋白
N	11.30	11.22	11.37	11.17	11.67	11.42	11.27	11.72
P	0.26	0.34	0.44	0.21	0.05	0.00	0.00	0.00
S	0.23	0.21	0.24	0.25	0.22	0.63	0.49	0.59
Gly	0.25	0.38	0.08	0.21	0.11	0.42	0.22	0.24
Ala	0.36	0.38	0.32	0.21	0.79	0.21	0.82	0.69
Val	0.62	0.47	0.55	0.79	0.58	0.42	0.49	0.54
Leu	0.74	0.72	0.52	0.92	0.42	0.92	1.20	0.92
Ile	0.47	0.47	0.44	0.42	0.68	0.56	0.55	0.21
Pro	1.02	0.72	0.40	1.46	1.05	0.14	0.44	0.42
Phe	0.33	0.34	0.24	0.38	0.21	0.28	0.22	0.41
Tyr	0.34	0.42	0.48	0.17	0.47	0.28	0.22	0.29
Trp	0.06	0.08	0.08	0.04	0.05	0.28	0.11	0.03
Ser	0.68	0.68	0.67	0.67	0.68	0.49	0.38	0.42
Thr	0.38	0.21	0.59	0.38	0.74	0.49	0.44	0.51
Cys	0.02	0.00	0.08	0.00	0.11	0.56	0.27	0.53
Met	0.21	0.21	0.16	0.25	0.11	0.07	0.22	0.06
Arg	0.22	0.25	0.24	0.17	0.26	0.07	0.16	0.35
His	0.19	0.21	0.12	0.21	0.16	0.21	0.11	0.26
Lys	0.56	0.59	0.95	0.46	0.47	0.85	0.82	0.89
Asn	0.31	0.34	0.52	0.21	0.42	0.56	0.27	0.18
Asp	0.22	0.30	0.20	0.17	0.16	0.92	0.55	0.63
Gln	0.74	0.59	0.67	0.83	0.74	0.42	0.49	0.29
Glu	0.87	1.06	0.91	0.79	0.68	0.49	0.88	0.91
蛋白质/氮	6.318	6.363	6.276	6.392	6.119	6.25	6.336	6.090

酪蛋白主要有 α_{s1}-酪蛋白，α_{s2}-酪蛋白，β-酪蛋白，κ-酪蛋白和 γ-酪蛋白。γ-酪蛋白是碱性蛋白酶和纤维蛋白酶降解 β-酪蛋白的产物。研究表明，α_{s1}-酪蛋白的遗传变体有5个，α_{s2}-酪蛋白为4个，β-酪蛋白为7个，κ-酪蛋白为2个。不同奶牛品种之间、同一品种不同个体之间、同一个体不同时期，乳中酪蛋白含量与组成均有一定差异。α_{s1}-酪蛋白、α_{s2}-酪蛋白、β-酪蛋白和 κ-酪蛋白在不同来源乳中的存在比例见表8.5。将溶液pH调整为7，加氯化钙至0.25 mmol/L，同时调节温度至37℃，α-酪蛋白和 β-酪蛋白会迅速沉淀，κ-酪蛋白则存在于上清液中，可将它们分离。

表8.5　不同来源乳中酪蛋白种类的存在比例（%）

种类	α_{s1}-酪蛋白	α_{s2}-酪蛋白	β-酪蛋白	κ-酪蛋白
羊乳	5～17	6～20	50	15
牛乳	38	10	40	12
人乳	痕量	痕量	70	27

酪蛋白的自身交联和相互聚合与钙离子有关。α_{s1}-酪蛋白，α_{s2}-酪蛋白，β-酪蛋白含有与丝氨酸残基相连的磷酸盐基团，磷酸根的多少决定其对钙离子的敏感程度。由表8.4可以看出，不同种类酪蛋白的氮含量几乎相同，磷含量差异较大。α-酪蛋白含磷量较多，κ-酪蛋白的磷含量很低，各种酪蛋白对钙离子的敏感程度依次为 α_{s2}-酪蛋白＞α_{s1}-酪蛋白＞β-酪蛋白＞κ-酪蛋白。κ-酪蛋白是钙不敏感蛋白，通常存在于酪蛋白胶束表面，起到保护和稳定性的作用。此外，赖氨酸、缬氨酸、亮氨酸、脯氨酸在不同酪蛋白中的含量有很大区别。α-酪蛋白中碱性氨基酸和酸性氨基酸的含量高。大多数的酪蛋白，特别是 β-酪蛋白，含有较高的脯氨酸。脯氨酸阻碍了二级结构的形成，例如，α螺旋和β折叠（Rodriguez and Dalgleish，2006）。由于酪蛋白的二级和三级结构较少，酪蛋白对热不敏感，变性作用也就很少发生，100℃以下的热处理一般不会使其变性，120℃以上的高温处理才开始缓慢变性，但在酸性条件下，热稳定性相对较差。

1. 酪蛋白的一级结构

1）α_{s1}-酪蛋白

牛乳中 α_{s1}-酪蛋白含量较多，占酪蛋白总量的40%～45%，分子质量为23 551 Da，由199个氨基酸组成，带有最多的电荷，结合较多的磷酸基团，结合位点见图8.1。对这些部位进行酶解，所得到的磷酸肽可结合钙、铁、锌等金属离子，促进金属离子在体内的吸收。α_{s1}-酪蛋白中的疏水性残基、带电荷残基分布是不均匀的，其疏水区在1～44、90～113、132～199氨基酸肽段，比 β-乳球蛋白、α-乳白蛋白所带电荷更为丰富。在pH 6.6、离子强度0.05时，α_{s1}-酪蛋白可发生很强的交联作用，由于不含有半胱氨酸，因此，这种交联反应主要是因为疏水相互作用。

2）α_{s2}-酪蛋白

α_{s2}-酪蛋白约占酪蛋白总量的10%，分子质量为23 238 Da，在所有酪蛋白中亲水性最强。每个分子结合10个磷酸根，有3簇带负电的磷酸丝氨酸-谷氨酸残基，位于8～12、56～63、129～133氨基酸区段。α_{s2}-酪蛋白含有2个半胱氨酸残基，位于36和40，可形成二硫键。分子中存在 2 个相对疏水区域，即 C 端的 160～207 和 90～120 区段（图 8.2），没有糖基化，对 Ca^{2+} 敏感。

1　　　　　　　　　　　　　　　　　　　　　　　　　　　　　Glu—Val—Leu—Asn—Glu—Asn—Leu—
H .Arg—Pro—Lys—His—Pro— Ile — Lys —His—Gln—Gly—Leu—Pro —Gln—
21
Leu—Arg—Phe—Phe—Val—Ala—(变异体 B,C,D,E)
—Pro—Phe—Pro—Glu—Val—Phe—Gly—Lys—Glu—Lys—Val—Asn—Glu—Leu
- - - - - - - - - - - - - - - - - - - (变异体A)
41　　　　　　　　　　　　　　　　　　　　　　　　Ala(变异体 A,B,C,E)　Gln(变异体A,B)
Ser—Lys—Asp—Ile—Gly—SerP—Glu—SerP—Thr—Glu—Asp—Gln— —Met—Glu—Asp—Ile—Lys— —Met
　　　　　　　　　　　　　　　　　　　　　　　　　ThrP(变异体 D)　　　　Glu(变异体E)
61
Glu—Ala—Glu—SerP—Ile—SerP—SerP—SerP—Glu—Glu—Ile—Val—Pro—Asn—SerP—Val—Glu—Gln—Lys—His—
81
Ile—Gln—Lys—Glu—Asp—Val—Pro—Ser—Glu—Arg—Tyr—Leu—Gly—Tyr—Leu—Glu—Gln—Leu—Leu—Arg—
101
Leu—Lys—Lys—Tyr—Lys—Val—Pro—Gln—Leu—Glu—Ile—Val—Pro—Asn—SerP—Ala—Glu—Glu—Arg—Leu—
121
His—Ser—Met—Lys—Glu—Gly—Ile—His—Ala—Gln—Gln—Lys—Glu—Pro—Met—Ile—Gly—Val—Asn—Gln—
141
Glu—Leu—Ala—Tyr—Phe—Tyr—Pro—Glu—Leu—Phe—Arg—Gln—Phe—Tyr—Gln—Leu—Asp—Ala—Tyr—Pro—
161
Ser—Gly—Ala—Trp—Tyr—Tyr—Val—Pro—Leu—Gly—Thr—Gln—Tyr—Thr—Asp—Ala—Pro—Ser—Phe—Ser—
181　　　　　　　　　　　　　　　　　　　　　Glu(变异体A, B,D)　　　　　199
Asp—Ile—Pro—Asn—Pro—Ile—Gly—Ser—Glu—Asn—Ser— —Lys—Thr—Thr—Met—Pro—Leu—Trp.OH
　　　　　　　　　　　　　　　　　　　　　　Gly(变异体 C,E)

图 8.1　α_{s1}-酪蛋白的一级结构

1
H.Lys—Asn—Thr—Met—Glu—His—Val—SerP—SerP—SerP—Glu—Glu—Ser—Ile—Ile—SerP—Gln—Glu—Thr—Tyr—
21
Lys—Gln—Glu—Lys—Asn—Met—Ala—Ile—Asn—Pro—Ser—Lys—Glu—Asn—Leu—Cys—Ser—Thr—Phe—Cys—
41
Lys—Glu—Val—Val—Arg—Asn—Ala—Asn—Glu—Glu—Glu—Tyr—Ser—Ile—Gly—SerP—SerP—SerP—Glu—Glu—
61
SerP—Ala—Glu—Val—Ala—Thr—Glu—Glu—Val—Lys—Ile—Thr—Val—Asp—Asp—Lsy—His—Tyr—Gln—Lys—
81
Ala—Leu—Asn—Glu—Ile—Asn—Gln—Phe—Tyr—Gln—Lys—Phe—Pro—Gln—Tyr—Leu—Gln—Tyr—Leu—Tyr—
101
Gln—Gly—Pro—Ile—Val—Leu—Asn—Pro—Trp—Asp—Gln—Val—Lys—Arg—Asn—Ala—Val—Pro—Ile—Thr—
121
Pro—Thr—Leu—Asn—Arg—Glu—Gln—Leu—SerP—Thr—SerP—Glu—Glu—Asn—Ser—Lys—Lys—Thr—Val—Asp—
141
Met—Glu—SerP—Thr—Glu—Val—Phe—Thr—Lys—Lys—Thr—Lys—Leu—Thr—Glu—Glu—Glu—Lys—Asn—Arg—
161
Leu—Asn—Phe—Leu—Lys—Lys—Ile—Ser—Gln—Ala—Tyr—Gln—Lys—Phe—Ala—Leu—Pro—Gln—Tyr—Leu—
181
Lys—Thr—Val—Tyr—Gln—His—Gln—Lys—Ala—Met—Lys—Pro—Trp—Ile—Gln—Pro—Lys—Thr—Lys—Val—
201　　　　　　　　　207　　　　　　　　　(Leu)
Ile—Pro—Tyr—Val—Arg—Tyr—Leu.OH

图 8.2　α_{s2}-酪蛋白的一级结构

3）β-酪蛋白

β-酪蛋白占酪蛋白总量的 35%～40%，分子质量为 24 028 Da，是所有酪蛋白中疏水性最强的。它由 209 个氨基酸残基组成，含有 5 个磷酸根离子，大多数集中在第15～

19 位置，形成一个高度磷酸化的带负电荷的 N 端区域和一个疏水性的 C 端区域，具体特性见表 8.6。当溶液 pH 为 7.0 时，氨基酸序列中 1～52、88～130 和 158～183 表现为亲水性，其余部分表现为疏水性（图 8.3）。β-酪蛋白有 34 个脯氨酸残基，导致很难形成紧密、有序的结构，使其具有较高的热稳定性和较好表面特性。β-酪蛋白在温度 0～8℃或较高 pH 条件下，在溶液中以单体形式存在，15～30℃形成 12 nm 左右的聚合胶粒，在高温和接近中性条件下，形成丝状多聚体。

表 8.6　β-酪蛋白的主要结构特性

特性	第一段	第二段
氨基酸残基顺序数	1～43	44～209
脯氨酸频数	0.02	0.20
电荷频数	0.65	0.12
静电荷	－15.5	＋4.5
平均疏水性/(kJ/mol)	3.3	6.0

1
H.Arg—Glu—Leu—Glu—Glu—Leu—Asn——Val—Pro—Gly—Glu—Ile—Val—Glu—SerP—Leu—SerP—SerP—SerP—Glu—
→ γ1-酪蛋白
21　　(变异体C) Ser　Lys
Glu—Ser—Ile—Thr—Arg—Ile—Asn—Lys—Lys—Ile—Glu—Lys—Phe—Gln— —Glu— —Gln—Gln—Gln—
SerP　Glu (变异体A, B)
41
Thr—Glu—Asp—Glu—Leu—Gln—Asp—Lys—Ile—His—Pro—Phe—Ala—Gln—Thr—Gln—Ser—Leu—Val—Tyr—
61　　Pro(变异体A^2,A^3)
Pro—Phe—Pro—Gly—Pro—Ile— —Asn—Ser—Leu—Pro—Gln—Asn—Ile—Pro—Pro—Leu—Thr—Gln—Thr—
His(变异体C, A^1, B)
81
Pro—Val—Val—Val—Pro—Pro—Phe—Leu—Gln—Pro—Glu—Val—Met—Gly—Val—Ser—Lys—Val—Lys—Glu—
→ γ3-酪蛋白
101 (变异体A^1, A^2, B, C)His
Ala—Met—Ala—Pro—Lys— —Lys—Glu—Met—Pro—Phe—Pro—Lys—Tyr—Pro—Val—Glu—Pro—Phe—Thr—
(变异体A^3) Gln
→ γ2-酪蛋白
121 Ser(变异体A, C)
Glu— —Gln—Ser—Leu—Thr—Leu—Thr—Asp—Val—Glu—Asn—Leu—His—Leu—Pro—Leu—Pro—Leu—Leu—
Arg(变异体B)
141
Gln—Ser—Trp—Met—His—Gln—Pro—His—Gln—Pro—Leu—Pro—Pro—Thr—Val—Met—Phe—Pro—Pro—Gln—
161
Ser—Val—Leu—Ser—Leu—Ser—Gln—Ser—Lys—Val—Leu—Pro—Val—Pro—Gln—Lys—Ala—Val—Pro—Tyr—
181
Pro—Gln—Arg—Asp—Met—Pro—Ile—Gln—Ala—Phe—Leu—Leu—Tyr—Gln—Glu—Pro—Val—Leu—Gly—Pro—
201　　209
Val—Arg—Gly—Pro—Phe—Pro—Ile—Ile—Val.OH

图 8.3　β-酪蛋白的一级结构

4) κ-酪蛋白

κ-酪蛋白占酪蛋白总量 9%～15%，分子质量为 19 038 Da，由 169 个氨基酸基组成，含有 1 或 2 个磷酸酯键，对钙不敏感，对钙的抵抗力比 α_s-酪蛋白和 β-酪蛋白高 10 倍。κ-酪蛋白是一种糖蛋白，在距离 C 端 1/3 处结合有糖类，主要是半乳糖、N-乙酰氨

基半乳糖和 *N*-乙酰神经氨酸 3 种糖。凝乳酶将 κ-酪蛋白 Phe105-Met106 肽键解离后，产生疏水部分的 κ-酪蛋白（1～105 残基，疏水端）和亲水部分的糖巨肽（106～169 残基，亲水端），稳定性丧失。在肽链的 11 位和 18 位上有两个半胱氨酸残基（图 8.4），可以形成分子间二硫键。因此，在酪蛋白胶束中，κ-酪蛋白通常以聚合体的形式存在。

1
PyrOGlu—Glu—Gln—Asn—Gln—Glu—Gln—Pro—Ile—Arg—Cys—Glu—Lys—Asp—Glu—Arg—Phe—Phe—Ser—Asp—
21
Lys—Ile—Ala—Lys—Tyr—Ile—Pro—Ile—Gln—Tyr—Val—Leu—Ser—Arg—Tyr—Pro—Ser—Tyr—Gly—Leu—
41
Asn—Tyr—Tyr—Gln—Gln—Lys—Pro—Val—Ala—Leu—Ile—Asn—Asn—Gln—Phe—Leu—Pro—Tyr—Pro—Tyr—
61
Tyr—Ala—Lys—Pro—Ala—Ala—Vla—Arg—Ser—Pro—Ala—Gln—Ile—Leu—Gln—Trp—Gln—Val—Leu—Ser—
81
Asn—Thr—Val—Pro—Ala—Lys—Ser—Cys—Gln—Ala—Gln—Pro—Thr—Thr—Met—Ala—Arg—His—Pro—His—
101　　105↓106
Pro—His—Leu—Ser—Phe—　Met—Ala—Ile—Pro—Pro—Lys—Lys—Asn—Gln—Asp—Lys—Thr—Glu—Ile—Pro—
121　　Ile(变异体B)
Thr—Ile—Asn—Thr—Ile—Ala—Ser—Gly—Glu—Pro—Thr—Ser—Thr—Pro—Thr— —Plu—Ala—Glu—Ala—Val-Glu
The(变异体A)
141　　Ala(变异体B)
Ser—Thr—Val—Ala—Thr—Leu—Glu— —SerP—Pro—Glu—Val—Ile—Glu—Ser—Pro—Pro—Glu—Ile—Asn—
Asp(变异体A)
161　　169
Thr—Val—Gln—Val—Thr—Ser—Thr—Ala—Val.OH

图 8.4　κ-酪蛋白的一级结构

归纳酪蛋白的一级结构特征，主要有以下几个方面：

(1) 磷酸丝氨酸残基。酪蛋白是磷蛋白为主体，磷含量以及与丝氨酸磷酸化的位置不同，决定了 4 种酪蛋白的结构差异（图 8.5）。α-酪蛋白和 β-酪蛋白中的磷酸基，不是沿肽链随机分布的，而是以 SerP—SerP—SerP—X—SerP—的序列存在。与丝氨酸残基相连的磷酸盐基团，不仅可以增加酪蛋白分子的电荷（表 8.7），而且也增加了与钙离子的结合强度，在酪蛋白之间形成 Ca^{2+} 桥。κ-酪蛋白只有 1 或 2 个磷酸化基团，即使在

α_{S1}-酪蛋白(8P)

…… SerP46—Glu—SerP48 ……SerP64—Ile—SerP66—SerP67—SerP68 …… SerP75 ……
…… SerP115 ……

α_{S2}-酪蛋白(11或12P)

…… SerP8—SerP9—SerP10 …… SerP16 …… SerP56—SerP57—SerP58—Glu—Glu—SerP61 ……
…… SerP129—Thr—SerP131 …… SerP143 ……

β-酪蛋白(5P)

…… SerP15—Leu—SerP17—SerP18—SerP19 …… SerP35 ……

κ-酪蛋白(1P)

…… SerP149 ……

图 8.5　4 种酪蛋白的磷酸化位置及其数量

中性条件下也很难形成 Ca^{2+} 桥（Donato et al.，2007）。

（2）半胱氨酸。α_{s2}-酪蛋白和 κ-酪蛋白分子中含有 2 个半胱氨酸残基（表 8.7），分子间可以通过形成二硫键发生交联反应。在未加热的乳中，交联只发生在相同分子之间，以同型聚合体的形式存在，α_{s2}-酪蛋白和 κ-酪蛋白之间没有交联。α_{s2}-酪蛋白通常以同型二聚体形式存在，κ-酪蛋白则可以形成 30 个左右的同型多聚体，并且，在酪蛋白胶束中 κ-酪蛋白也是以聚合的形式存在。

表 8.7　牛乳中不同酪蛋白的结构特性

种类	比例 /%	相对分子质量	磷酸丝氨酸 /(残基/mol)	糖基化	半胱氨酸	脯氨酸	疏水性 /(kJ/mol)	α 螺旋 /%	pI	电荷 (pH 6.6)
α_{s1}-酪蛋白	40～45	23 551	8～9	—	0	17	4.9	5～10	4.1	−20.90
α_{s2}-酪蛋白	10	25 238	10～13	—	2	10	4.7	—	—	−13.80
β-酪蛋白	35～40	24 028	5	—	0	34	5.6	10	5	−12.80
κ-酪蛋白	9～15	19 038	1～2	+	2	20	5.1	—	4.1	−3.00

（3）疏水性。酪蛋白分子中含有大量的非极性氨基酸，导致其为疏水性蛋白质（图 8.6）。α_s-酪蛋白的疏水与亲水氨基酸分布最均匀，但整体仍是疏水的；β-酪蛋白和 κ-酪蛋白疏水氨基酸的分布不随机；β-酪蛋白有极性和非极性两端，带电和极性氨基酸主要集中在 N 端前 40 个序列中，剩余部分疏水性很强；κ-酪蛋白的 N 端 1～105 位主要是疏水的，其余的 C 端部分（106～169）是亲水的，而且亲水程度通过 4 个位置的糖基化而得到提高。酪蛋白的疏水性，使其可以和其他疏水物质相互作用，如油-水界面作用，也可以自身之间相互作用。β-酪蛋白在水溶液中可以聚集成颗粒，每个聚集体大约由 30 个蛋白分子组成，聚集体的大小与环境条件有关（Damodaran and Paraf，1997）。

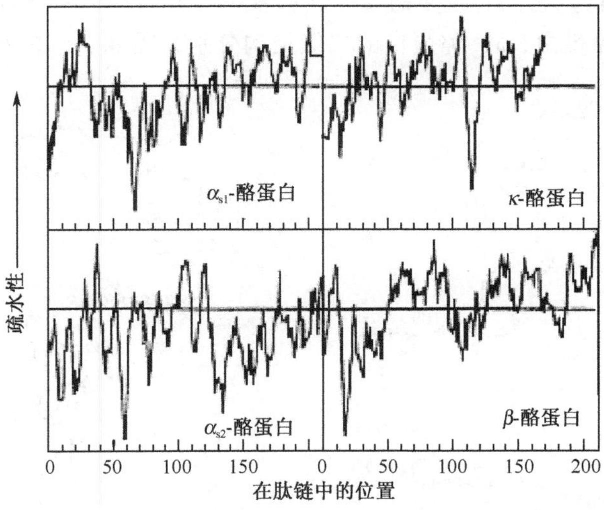

图 8.6　酪蛋白肽链的疏水特性

(4) 脯氨酸。酪蛋白中脯氨酸含量远高于其他蛋白质，α_{s1}-酪蛋白中含有 17 个，α_{s2}-酪蛋白为 10 个，β-酪蛋白为 34 个，κ-酪蛋白则有 20 个。由于脯氨酸的空间位阻，使酪蛋白很难形成有序的 α 螺旋和 β 折叠结构。它们以无序松散结构存在，更易被蛋白酶水解消化；同时，无序松散结构使其有较高的热稳定性和良好的表面吸附特性。

2. 酪蛋白的空间结构

通过序列预测、圆二色性（circular dichroism，CD）光谱技术，分别测定了 κ-酪蛋白、α_{s1}-酪蛋白和 β-酪蛋白的 α 螺旋、β 结构和 β 转角二级结构的数量，如表 8.8 所示。

表 8.8　酪蛋白的二级结构

蛋白质	序列			CD 光谱		Raman 光谱		
	α 螺旋	β 结构	β 转角	α 螺旋	β 结构	α 螺旋	β 结构	β 转角
κ-酪蛋白	23	31	24	14	31			
α_{s1}-酪蛋白	16	17	14					
β-酪蛋白	22	7.5		13～20	17	13	20	34
	12	11		12～20	0	7～13	19～22	23～35
	10	13		1～11	13～16			
	9～16	20～26	15～31	7～10	17～33			

精确估计这些蛋白质中的二级结构是困难的，表 8.8 中的数据仅有参考意义。研究表明，κ-酪蛋白中含 10%～20%α 螺旋、20%～30%β 结构和 15%～25%的 β 转角。应用序列预测法还指出，酪蛋白中可能还存在某些超二级结构，如在 κ-酪蛋白的疏水区的 βαβ 结构，在凝乳酶敏感区的转角-β-转角结构，以及钙敏感酪蛋白磷酸化部位中心含有螺旋-环-螺旋结构。

对于钙敏性蛋白质的氨基酸残基，约 50%是以 α 螺旋、β 束（簇）或 β 转角形式存在。与 κ-酪蛋白比较，它们有较多的 α 螺旋和较少的 β 结构，α_{s1}-酪蛋白、α_{s2}-酪蛋白表现得尤为明显。κ-酪蛋白、α_{s1}-酪蛋白的二级结构分别如图 8.7、图 8.8 所示。

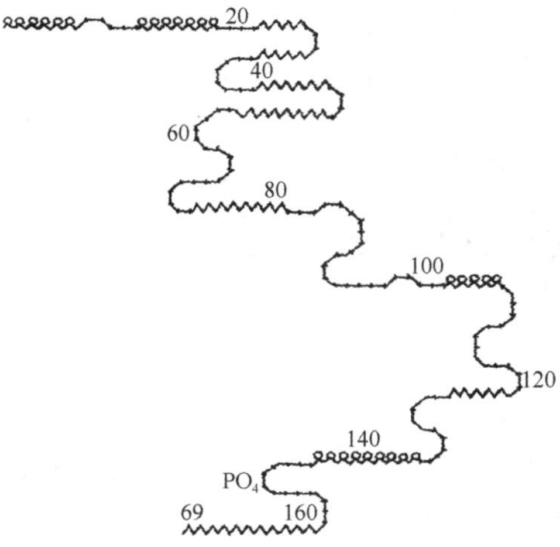

图 8.7　κ-酪蛋白的二级结构图

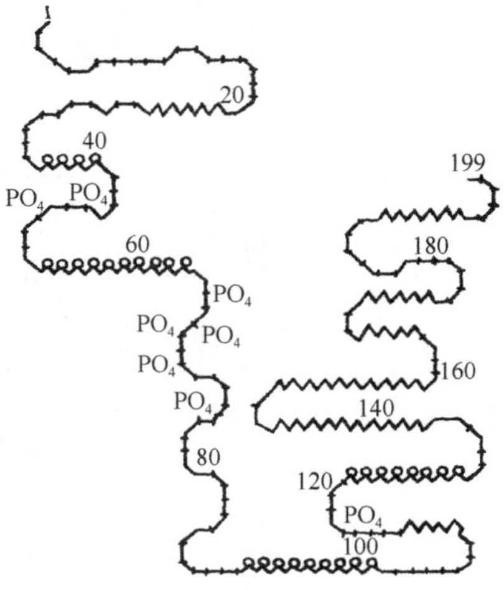

图 8.8　α_{s1}-酪蛋白的二级结构图

κ-酪蛋白计算机模型如图 8.9 所示，蛋白质呈“马和骑手”的形态。氨基酸 110～120 残基代表“马”，C 端部分代表“骑手”。在“马”部分有两个明显的马腿，是由 β 折叠部分 10～25、29～34、39～45、49～55 氨基酸残基构成，通过 β 或 γ 转角连接，整个 κ-酪蛋白单体分子体积为 8.0 nm×6.2 nm×5.98 nm。利用已知的 κ-酪蛋白的化学知识、并对照此分子模型，得出其主干模型图如 8.10 所示。

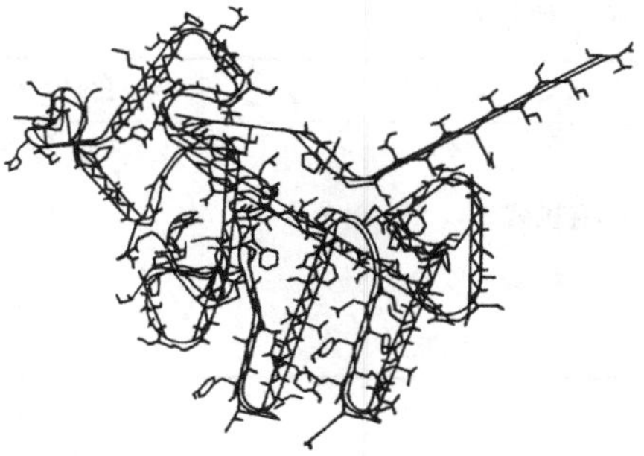

图 8.9　κ-酪蛋白计算机模型

图 8.10　κ-酪蛋白三维分子模型

α_{s1}-酪蛋白的计算机模型如图 8.11 所示。分子从右到左（N 端至 C 端）是有亲水 N 端部分、疏水性 β 折叠片段、磷酸肽片段和疏水性 C 端区域构成。为清楚起见，其无边链主干图如图 8.12 所示。

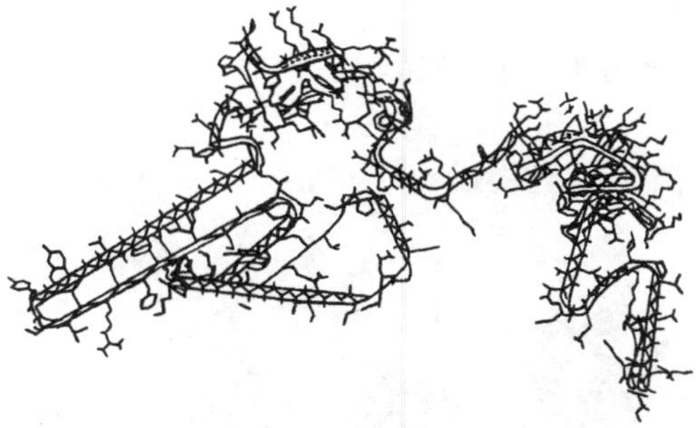

图 8.11　α_{s1}-酪蛋白的计算机模型

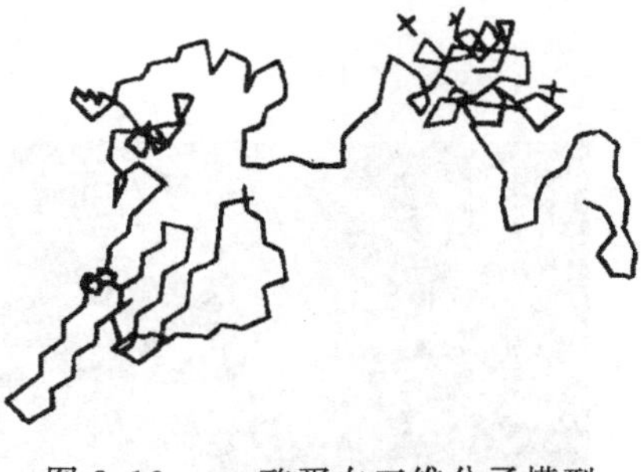

图 8.12　α_{s1}-酪蛋白三维分子模型

8.1.2　酪蛋白胶束

酪蛋白胶束是由水、蛋白质和盐组成的，其干基成分含 94%蛋白质和 6%胶状磷酸钙，具体组成成分见表 8.9，在酪蛋白胶束中，α_{s1}-酪蛋白、α_{s2}-酪蛋白、β-酪蛋白、κ-酪蛋白的比例约为 3∶0.8∶3∶1，其中，α_{s2}-和 κ-酪蛋白分子中包含半胱氨酸残基，能形成分子间的二硫键。酪蛋白分子可与磷酸钙部分结合形成亚胶束，也可以通过疏水相互作用结合成亚胶束、然后再由磷酸钙连接形成胶束（图 8.13）。在电子显微镜下观察，酪蛋白胶粒水合为球形复合物，粒径 30～300 nm、以 80～120 nm 居多（图 8.14），每毫升乳中约有（5～15）×10^{22} 个酪蛋白胶束。胶束表面主要被 κ-酪蛋白覆盖，也有部分 α_s-酪蛋白，β-酪蛋白几乎完全包埋在胶束内部。正常条件下（～39℃，pH 6.6～6.7），α_s-酪蛋白和 β-酪蛋白是胶束的核心，在非正常条件下（小于 10℃），β-酪蛋白可以从胶束中游离出。κ-酪蛋白在胶束表面形成的“发丝层”厚度约 5 nm，甚至可以达到 10 nm。胶束的稳定性，主要与 κ-酪蛋白 C 端（106～169）亲水的糖巨肽有关；通常这一部分由胶束表面向外伸出，而疏水的 N 端向内与内部的酪蛋白相互作用，这种结构可以提高整个胶束的水合能力，每克蛋白质可以结合 3～4 g 水。凝乳酶裂解 κ-酪蛋白的 Met105-Phe106 肽键后，丧失了对胶束的保护作用，导致酪蛋白与 Ca^{2+} 形成沉淀。

表 8.9　酪蛋白胶束的组成

成分	比例/%	成分	比例/%
酪蛋白（N×6.4）	93.40	钾	0.26
钙	2.98	有机磷（以 PO_4 计）	2.26
镁	0.11	无机磷（以 PO_4 计）	2.94
钠	0.11	柠檬酸	0.40

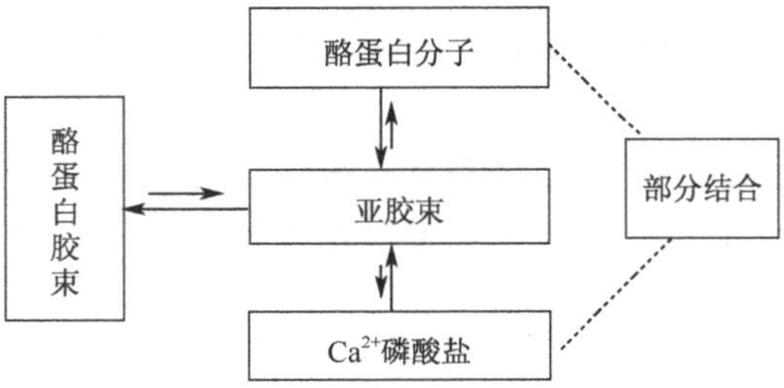

图 8.13　酪蛋白胶束动力学平衡示意图

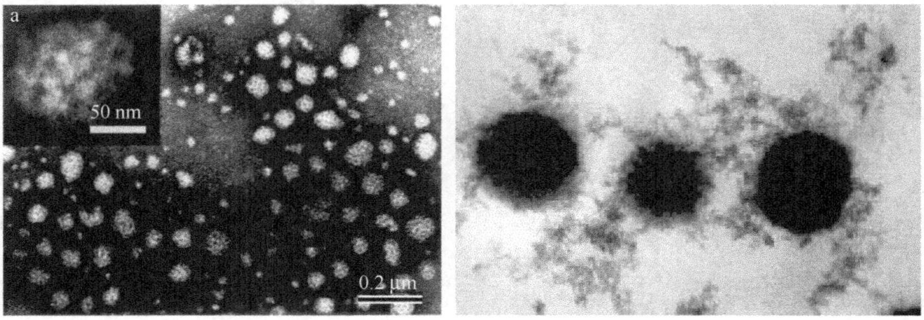

图 8.14　酪蛋白胶束的透射电镜图像（Farrell et al.，2006）

对牛乳酪蛋白胶束的结构，已有很多结构模型假设。然而，到目前为止，由于酪蛋白胶束的复杂性及其结晶的困难性，还没有一个公认的酪蛋白胶粒结构模型可以完全解释所有的胶粒特性。目前，比较公认的模型主要分为亚胶束模型和内部结构模型两类。亚胶束模型认为酪蛋白胶束是由球形亚胶束、磷酸钙和分布在外层的毛发状 κ-酪蛋白构成（图 8.15）。球形亚胶束，一般由 30 个左右的 α_s-酪蛋白和 β-酪蛋白分子通过疏水相互作用构成，亚胶束之间再通过磷酸钙连接在一起形成胶束，外层由 κ-酪蛋白与亚胶束表面的疏水区域相互作用形成毛发状保护层。亚胶束分为两种类型，一种是位于酪蛋白胶束内部，粒径为 10 nm 左右，分子质量 110 000～190 000Da；另一种分布在酪蛋白胶束外部，含有 κ-酪蛋白，粒径约为 20 nm，分子质量（490±10）kDa（图 8.15）。

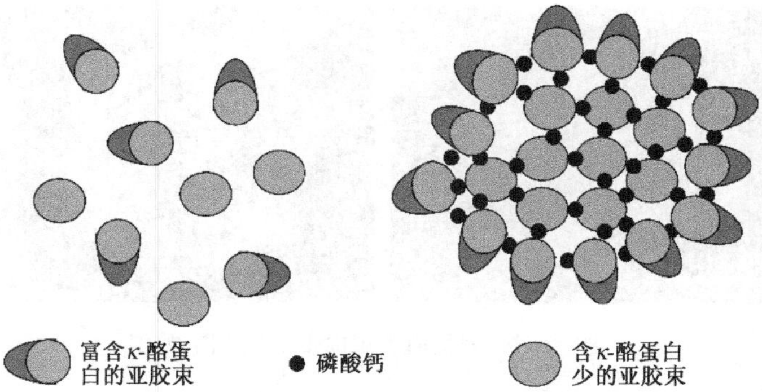

图 8.15　酪蛋白胶束的亚胶粒模型

双层连接模型（内部结构模型）假设认为，钙离子与磷酸丝氨酸残基作用，形成以磷酸钙为中心的酪蛋白亚胶束，亚胶束之间通过疏水相互作用形成酪蛋白胶束（图 8.16）。κ-酪蛋白作为聚合链的终结子发挥作用，因为 κ-酪蛋白仅含有 1 或 2 个磷酸丝氨酸残基，只能与其他疏水的酪蛋白进行连接。因此，κ-酪蛋白多集中在亚胶束的外表面。此模型描述了胶束以聚合反应的方式进行聚集，在此模型中，胶束的形成（和完整性）取决于引力、斥力相互作用之间的平衡。

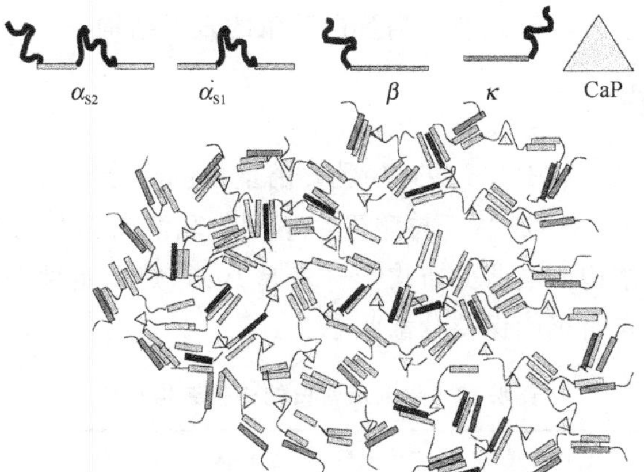

图 8.16　酪蛋白胶束的双层连接模型（Horne，2006）

CaP：磷酸钙

对于酪蛋白胶束的结构近年来已有了新的研究进展，采用场发射扫描式电子显微镜（FESEM）对酪蛋白胶束进行了观察（图 8.17）。虽然在样品处理过程中，这种方法破坏 κ-酪蛋白的“发丝”结构，但是，图像是酪蛋白胶束真实的表面状况，不同于传统扫描电镜。因此，它更能真实反映酪蛋白胶束的结构。从观察结果可以看出：胶束粒径在 300～350 nm，略高于以前的研究结果，表面有直径为 10～20 nm 的圆柱或管状结构；这种表面凸起可能是传统意义上的亚胶束，也可能是 κ-酪蛋白，长度很难确定，约为 40 nm。更为重要的是，酪蛋白胶束结构不同于已有的众多假说，亚胶束不是球形，且胶束表面比原有预测更复杂，存在管状结构和裂口等（Dalgleish，2004）。因此，真实的酪蛋白胶束结构还有待于进一步深入研究。

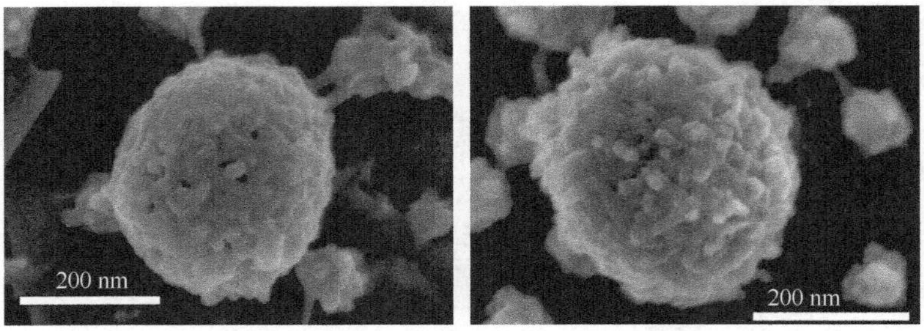

图 8.17 酪蛋白胶束的 FESEM 图像

影响酪蛋白胶束稳定性的因素很多，如 pH、凝乳酶、加热、钙离子螯合剂等。胶束的稳定性主要取决于两个因素：钙离子（或磷酸钙）和 κ-酪蛋白。凝乳酶可以破坏 κ-酪蛋白，使其失去糖巨肽，导致酪蛋白凝结；pH 降低会使磷酸钙从胶束中解离出来，破坏了依靠磷酸钙作为“黏结剂”的胶束结构。但目前还不清楚关于酪蛋白胶束结构的具体变化。在酸性条件、温度低于 30℃时，有部分酪蛋白溶出（β-酪蛋白），但胶束的整体结构未被破坏。在中性条件下，EDTA 等螯合剂可以彻底破坏酪蛋白胶束，使酪蛋白完全分散在溶液中。热处理也可改变胶束结构。当牛乳被加热处理时，乳清蛋白变性并与 κ-酪蛋白通过二硫键结合，它穿过糖巨肽“毛发”与副 κ-酪蛋白的半胱氨酸作用。变性乳清蛋白的引入，可以改变酪蛋白胶束的表面结构。

8.1.3 乳清蛋白

乳清蛋白是指 20℃、pH 4.6 酸化牛乳、酪蛋白沉淀分离后，乳清中的蛋白质的总称，占牛乳蛋白质的 18%～20%。与酪蛋白不同，乳清蛋白具有细密的折叠结构，大多数含有 α 螺旋二级结构，电荷分布均匀（表 8.10），热稳定性差，其水合能力强，分散度高，甚至在等电点时仍能保持分散状态。

表 8.10 牛乳清蛋白的一些结构特性

种类	相对分子质量	氨基酸残基/个分子	半胱氨酸/(残基/mol)	二硫键/mol	疏水性/(kJ/mol)	α 螺旋/%	pI	电荷/残基摩尔百分比
α-乳白蛋白	14 176	123	8	4	4.7	30	4.3	28
β-乳球蛋白	18 283	162	5	2	5.1	11	5.2	30
血清白蛋白	66 267	582	35	17	4.3	46	4.7	34

中性状态下用饱和硫酸铵或硫酸镁盐析乳清，析出的蛋白质称为乳球蛋白（lactoglobulin），溶解的部分称为乳白蛋白（lactalbumin）。乳清蛋白的组成与除酪蛋白方式有关，多数乳清蛋白产品是由干酪乳清或原料乳酸化后制得，二者的蛋白质组成如表 8.11 所示。乳清蛋白产品主要有乳清浓缩蛋白（WPC）和乳清分离蛋白（WPI）。WPC 约含 55%的蛋白质，部分 WPC 产品蛋白质可达 85%以上。WPI 蛋白质含量超过 90%，但由于制备方法的影响，低相对分子质量蛋白如免疫球蛋白丢失。

表 8.11　商品化乳蛋白产品的化学组成

乳蛋白产品	处理方式	化学组成（干重）/%			
		蛋白质	灰分	乳糖	脂肪
干酪素	酸沉淀	95	2.2	0.2	1.5
	凝乳酶	89	7.5	—	1.5
	共沉淀	89～94	4.5	1.5	1.5
乳清蛋白浓缩物	超滤	59.5	4.2	28.2	5.1
	超滤＋反渗透	80.1	2.6	5.9	7.1
乳清蛋白分离物	Spherosil S 工艺	96.4	1.8	0.1	0.9
（超滤/反渗透/离子交换）	Vistec 工艺	92.1	3.6	0.4	1.3

1. α-乳白蛋白

α-乳白蛋白作为乳糖合成酶的调节因子发挥作用，占总乳清蛋白的 20%～25%（以乳清蛋白占总蛋白的 3.5%计），分子质量约 14 kDa，肽链紧密折叠呈球形，含 8 个半胱氨酸残基，组成 4 个二硫键，对 pH 和盐的依赖性低，一般不会产生交联。α-乳白蛋白含 4 个色氨酸残基，在 280 nm 处有最大吸收。乳清中加入氯化铁，铁与 α-乳白蛋白结合成絮状析出，用离子交换将铁除去而获得 α-乳白蛋白。

1）一级结构

α-乳白蛋白所含的必需氨基酸比酪蛋白少，但某些却比酪蛋白高，如胱氨酸。此外，牛乳 α-乳白蛋白含有微量的糖组分，包括 Man、Gal、Fuc 等。α-乳白蛋白有两种遗传变异体，B 变异体由 123 个氨基酸组成，所有半胱氨酸构成分子内二硫键。A 变异体与 B 变异体不同之处是后者的 10 位 Arg 残基被 Gln 残基替换。α-乳白蛋白与溶菌酶（鸡）在一级结构上有高度同源性，123 个氨基酸残基中有 54 个与溶菌酶相同，还有 23 个是结构相似的（如 Ser/Thr，Asp/Glu）。α-乳白蛋白的一级结构如图 8.18 所示。

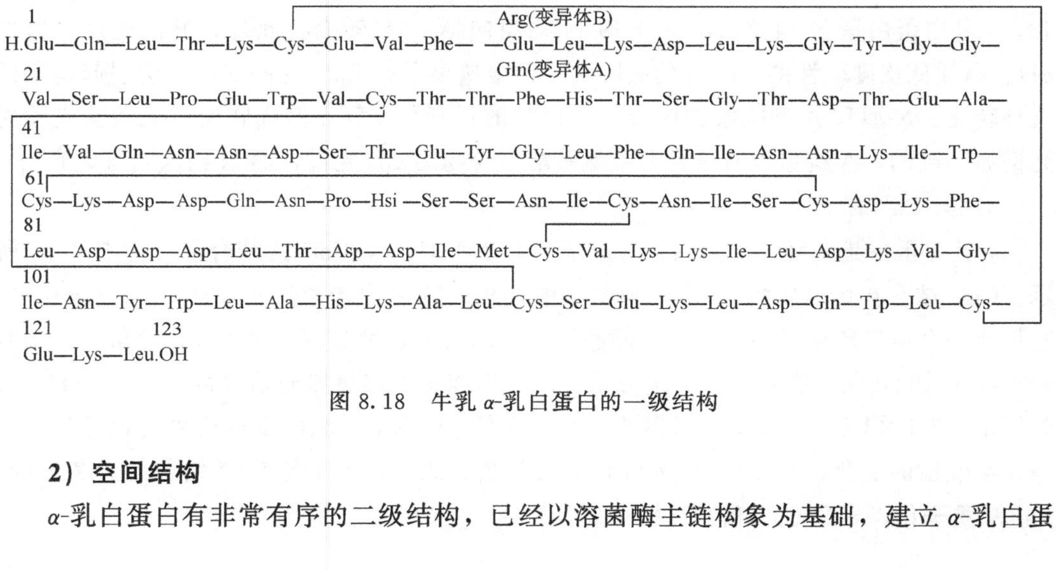

图 8.18　牛乳 α-乳白蛋白的一级结构

2）空间结构

α-乳白蛋白有非常有序的二级结构，已经以溶菌酶主链构象为基础，建立 α-乳白蛋白的空间结构。α-乳白蛋白的多肽主链（2.3 nm×2.6 nm×4.0 nm）和溶菌酶比较，除C端有明显差异外，其余是相似的，如图8.19所示。密集的球形结构中含有二级结构区域：4个α螺旋、若干个ε_{10}螺旋和一个反平行β折叠，见表8.12数据。α-乳白蛋白的三级结构类似于溶菌酶。在极端的环境条件下，α-乳白蛋白会相互聚集，但尚不清楚其聚集过程。

a　　b

图8.19　狒狒α-乳白蛋白（a）和鸡蛋清溶菌酶（b）多肽主干结构的比较

表8.12　α-乳白蛋白的二级结构

结构	α螺旋	ε_{10}螺旋	β结构
序列位置	5～11	12～16	40～43
	23～24	17～21	47～50
	86～99	76～82	
	105～109	101～104	
		115～119	

α-乳白蛋白有两种构象，天然构象（N构象）和酸构象（A构象）。在乳正常pH时，α-乳白蛋白呈N构象，pH<5时N构象向A构象转变。此外，升高温度、碱性pH、添加低浓度变性剂、Ca^{2+}的去除和一定金属离子如Zn^{2+}的添加，均会引起构象的这种转化。N型和A型构象的区分，是以它的近紫外CD光谱或它的色氨酸荧光发射光谱为基础的，A构象没有结合芳香氨基酸络合物的CD光谱，而N构象则有此光谱。

3）与Ca^{2+}结合

α-乳白蛋白是一种金属蛋白，每分子含有1个Ca^{2+}，Ca^{2+}的结合部位如图8.20所示。Ca^{2+}结合在蛋白质的10个序列氨基酸之内，称之为转角结构（elbow structure），它形成一个由二硫键连接残基73和残基91包围的环状部分（图8.21）。转角结构中有5个天冬氨酸残基存在，有3个参与结合。Ca^{2+}和α-乳白蛋白的结合常数，在pH 6～8时恒定（2.5×10^{10}），pH<4时迅速减小。在低pH时，α-乳白蛋白构象变化导致其物理化学性质的变化，与Ca^{2+}的解离有密切关系。此时，由于与Ca^{2+}结合的天冬氨酸、β-羧基质子化，导致Ca^{2+}解离。

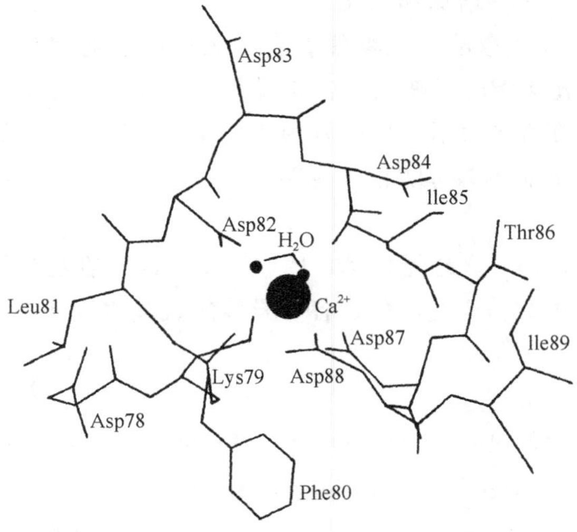

图 8.20　α-乳白蛋白的 Ca^{2+} 结合部位

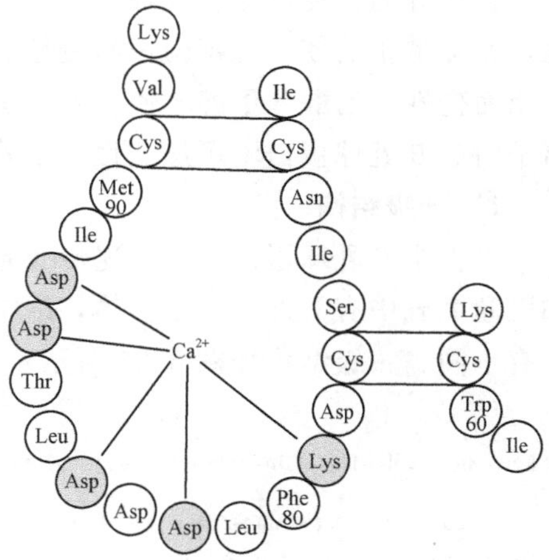

图 8.21　牛 α-乳白蛋白与 Ca^{2+} 结合的环状结构

含 Ca^{2+} 时它具有高的热稳定性，且热变性后易复性。当 pH 小于 5 时，Asp 成为质子化的形式，失去了结合 Ca^{2+} 的能力。失去钙离子后在较低的温度下发生变性，且放冷也不发生复性。

2. β-乳球蛋白

β-乳球蛋白占总乳清蛋白的 50%～60%，分子质量约 18 kDa，是反刍动物如牛、羊和单胃动物的主要乳清蛋白，人乳和啮齿动物中含量极微。β-乳球蛋白富含含硫氨基酸，使之具有高达 110 的生物价。β-乳球蛋白含有一个游离的巯基和两个二硫键，疏水作用较强。β-乳球蛋白加热后与 α-乳白蛋白一起沉淀，所以过去将它包括在 α-乳白蛋白中，但它具有球蛋白的特性。用盐酸除去牛乳中的酪蛋白后，将乳清的 pH 调至 6.0，加硫酸铵使其半饱和除去其他球蛋白，再加入硫酸铵至饱和状态，滤出沉淀的蛋白质；将此沉淀蛋白溶于水，在 pH 5.2 下长时间透析（因为 β-乳球蛋白不溶于水，而乳清蛋白溶于水），即可分离出纯 β-乳球蛋白。

大量研究表明，β-乳球蛋白的聚合解离与 pH 和温度密切相关。在 pH 5.5～7.5 时，以二聚体形式存在；pH 在 3.5～5.2 时，以八聚体形式存在；在 pH＜3.5 和 pH＞7.5 时，β-乳球蛋白分裂形成单体（图 8.22）。单体的分子质量为 18 200 Da，二聚体为 36 000 Da。当温度由 30℃升至 55℃时，β-乳球蛋白二聚体解离为单体。在较高的温度

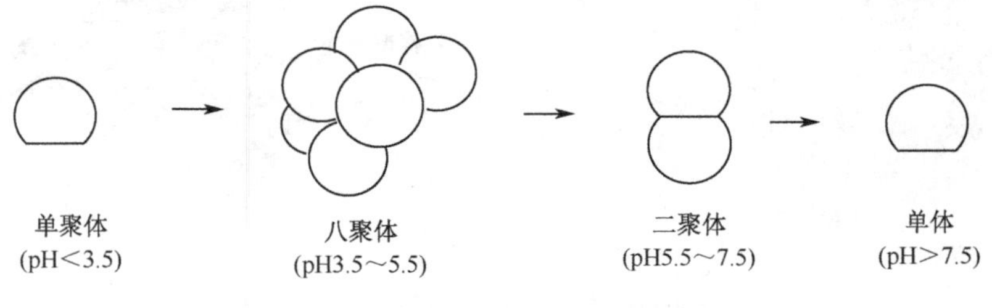

图 8.22　pH 对 β-乳球蛋白四级结构的影响

下 β-乳球蛋白结构伸展，同时伴随巯基化合物的增加和氧化。

乳成分的存在也对 β-乳球蛋白变性有较大影响。乳糖使 β-乳球蛋白的热稳定性增强，而 κ-酪蛋白使 β-乳球蛋白易变性。β-乳球蛋白能被尿素、盐酸胍、乙醇和消毒剂等作用而变性。乙醇和甲醇不使 β-乳球蛋白变性的最低浓度分别为小于 10%和 5%。金属离子引起 β-乳球蛋白不可逆变性，但若它呈晶体态可防止其变性。

1）一级结构

牛乳中 β-乳球蛋白有 5 个遗传变异体，即 β-乳球蛋白 A、B、C、D、Dr，在牦牛乳和巴厘牛乳中有另外两个变异体，绵羊乳中有一个变异体。各变异体的氨基酸残基组成略有不同，一级结构如图 8.23 所示。

1
H.Leu—Ile—Val—Thr—Gln—Thr—Met—Lys—Gly—Leu—Asp—Ile—Gln—Lys—Val—Ala—Gly—Thr—Trp—Tyr—
21
Ser—Leu—Ala—Met—Ala—Ala—Ser—Asp—Ile—Ser—Leu—Leu—Asp—Ala—Gln—Ser—Ala—Pro—Leu—Arg—
41　　Glu(变异体A,B,C)　　Gln(变异体A,B)
Val—Tyr—Val—Glu— —Leu—Lys—Pro—Thr—Pro—Glu—Gly—Asp—Leu—Glu—Ile—Leu—Leu— —Lys—
　　Gln(变异体D)　　His(变异体C)

61(变异体 A)Asp
Trp—Glu—Asn— —Glu—Cys—Ala—Gln—Lys—Lys—Ile—Ile—Ala—Glu—Lys—Thr—Lys—Ile—Pro—Ala—
(变异体 B,C)Gly
81
Val—Phe—Lys—Ile—Asp—Ala—Leu—Asn—Glu—Asn—Lys—Val—Leu—Val—Leu—Asp—Thr—Asp—Tyr—Lys—
101　　(变异体A)Val　SH
Lys—Tyr—Leu—Leu—Phe—Cys—Met—Glu—Asn—Ser—Ala—Glu—Pro—Glu—Gln—Ser—Leu— —Cys—Gln—
　　(变异体B,C)Ala
121
SH
Cys—Leu—Val—Arg—Thr—Pro—Glu—Val—Asp—Asp—Glu—Ala—Leu—Glu—Lys—Phe—Asp—Lys—Ala—Leu—
141
Lys—Ala—Leu—Pro—Met—His—Ile—Arg—Leu—Ser—Phe—Asn—Pro—Thr—Gln—Leu—Glu—Glu—Gln—Cys—
161　162
His—Ile.OH

图 8.23　牛乳 β-乳球蛋白变异体的一级结构

2）空间结构

自然状态的 β-乳球蛋白含有 2 个 β 折叠和 1 个 α 螺旋（图 8.24）。一个 β 折叠包括

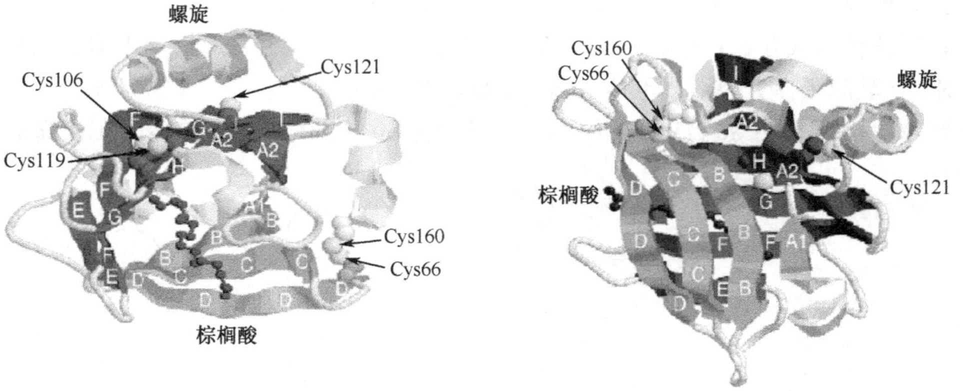

图 8.24　β-乳球蛋白三维结构示意图

10　20
Asp—Thr—His—Lys—Ser—Glu—Ile—Ala—His—Arg—Phe—Lys—Asp—Leu—Gly—Glu—Glu—His—Phe—Lys—

30　40
Gly—Leu—Val—Leu—Ile—Ala—Phe—Ser—Gln—Tyr—Leu—Gln—Gln—Cys—Pro—Phe—Asp—Glu—His—Val—

50　60
Lys—Leu—Val—Asn—Glu—Leu—Thr—Glu—Phe—Ala—Lys—Thr—Cys—Val—Ala—Asp—Glu—Ser—His—Ala—

70　80
Gly—Cys—Glu—Lys—Ser—Leu—His—Thr—Leu—Phe—Gly—Asp—Glu—Leu—Cys—Lys—Val—Ala—Ser—Leu—

90　100
Arg—Glu—Thr—Tyr—Gly—Asp—Met—Ala—Asp—Cys—Cys—Glu—Lys—Glu—Gln—Pro—Glu—Arg—Asn—Glu—

110　120
Cys—Phe—Leu—Ser—His—Lys—Asp—Asp—Ser—Pro—Asp—Leu—Pro—Lys—Leu—Lys—Pro—Asp—Pro—Asn—

130　140
Thr—Leu—Cys—Asp—Glu—Phe—Lys—Ala—Asp—Glu—Lys—Lys—Phe—Trp—Gly—Lys—Tyr—Lys—Tyr—Gln—

150　160
Ile—Ala—Arg—Arg—His—Pro—Tyr—Phe—Tyr—Ala—Pro—Glu—Leu—Leu—Tyr—Ala—Asn—Lys—Tyr—Asn—

170　180
Gly—Val—Phe—Gln—Glu—Cys—Cys—Gln—Ala—Glu—Asp—Lys—Gly—Ala—Cys—Leu—Leu—Pro—Lys—Ile—

190　200
Glu—Thr—Met—Arg—Glu—Lys—Val—Leu—Thr—Ser—Ser—Ala—Arg—Gln—Arg—Leu—Arg—Cys—Ala—Ser—

210　220
Ile—Gln—Lys—Phe—Gly—Glu—Arg—Ala—Leu—Lys—Ala—Trp—Ser—Val—Ala—Arg—Leu—Ser—Gln—Lys—

230　240
Phe—Pro—Lys—Ala—Glu—Phe—Val—Glu—Val—Thr—Lys—Leu—Val—Thr—Asp—Leu—Thr—Lys—Val—His—

250　260
Lys—Glu—Cys—Cys—His—Gly—Asp—Leu—Leu—Glu—Cys—Ala—Asp—Asp—Arg—Ala—Asp—Leu—Ala—Lys—

270　280
Tyr—Ile—Cys—Asx—Asx—Glx—Asx—Thr—Ile—Ser—Ser—Lys—Leu—Lys—Glu—Cys—Lys—Asp—Pro—Cys—

290　300
Leu—Leu—Glu—Lys—Ser—His—Cys—Ile—Ala—Glu—Val—Glu—Lys—Asp—Ala—Ile—Pro—Glu—Asp—Leu—

310　320
Pro—Pro—Leu—Thr—Ala—Asp—Phe—Ala—Glu—Asp—Lys—Asp—Val—Cys—Lys—Asn—Tyr—Gln—Glu—Ala—

330　340
Lys—Asp—Ala—Phe—Leu—Gly—Ser—Phe—Leu—Tyr—Glu—Tyr—Ser—Arg—Arg—His—Pro—Glu—Tyr—Ala—

350　360
Val—Ser—Val—Leu—Leu—Arg—Leu—Ala—Lys—Glu—Tyr—Glu—Ala—Thr—Leu—Glu—Glu—Cys—Cys—Ala—

370　380
Lys—Asp—Asp—Pro—His—Ala—Cys—Tyr—Thr—Ser—Val—Phe—Asp—Lys—Leu—Lys—His—Leu—Val—Asp —

390　400
Glu—Pro—Gln—Asn—Leu—Ile—Lys—Gln—Asn—Cys—Asp—Gln—Phe—Glu—Lys—Leu—Gly—Glu—Tyr—Gly—

410　420
Phe—Gln—Asn—Ala—Leu—Ile—Val—Arg—Tyr—Thr—Arg—Lys—Val—Pro—Gln—Val—Ser—Thr—Pro—Thr—

430　440
Leu—Val—Glu—Val—Ser—Arg—Ser—Leu—Gly—Lys—Val—Gly—Thr—Arg—Cys—Cys—Thr—Lys—Pro—Glu—

450　460
Ser—Glu—Arg—Met—Pro—Cys—Thr—Glu—Asp—Tyr—Leu—Ser—Leu—Ile—Leu—Asn—Arg—Leu—Cys—Val—

470　480
Leu—His—Glu—Lys—Thr—Pro—Val—Ser—Glu—Lys—Val—Thr—Lys—Cys—Cys—Thr—Glu—Ser—Leu—Val—

490　500
Asn—Arg—Arg—Pro—Cys—Phe—Ser—Ala—Leu—Thr—Pro—Asp—Glu—Thr—Tyr—Val—Pro—Lys—Ala—Phe—

510　520
Asp—Glu—Lys—Lru—Phe—Thr—Phe—His—Ala—Asp—Ile—Cys—Thr—Leu—Pro—Asp—Thr—Glu—Lys—Gln—

530　540
Ile—Lys—Lys—Gln—Thr—Ala—Leu—Val—Glu—Leu—Leu—Lys—His—Lys—Pro—Lys—Ala—Thr—Glu—Glu—

550　560
Gln—Leu—Lys—Thr—Val—Met—Glu—Asn—Phe—Val—Ala—Phe—Val—Asp—Lys—Cys—Cys—Ala—Ala—Asp—

570　580
Asp—Lys—Glu—Ala—Cys—Phe—Ala—Val—Glu—Gly—Pro—Lys—Leu—Val—Val—Ser—Thr—Gln—Thr—Ala—

582
Leu—Ala.OH

图 8.25　牛乳中血清清蛋白的一级结构

B、C、D和A1，一端是疏水的，另一端是亲水的。另一个折叠由D、E、F、G和A2以及绳状结构Ⅰ组成，面对折叠的一侧是疏水的，形成疏水空穴，水分子或疏水性分子（如棕榈酸）可以填充在里面；折叠的另一侧也是疏水的，在这一侧上面有3个螺旋构成α螺旋。β-乳球蛋白的半胱氨酸残基包裹在α螺旋内部，当加热、加压使之变性时，半胱氨酸残基暴露，与其他分子交联形成二硫键（Considine et al.，2007）。

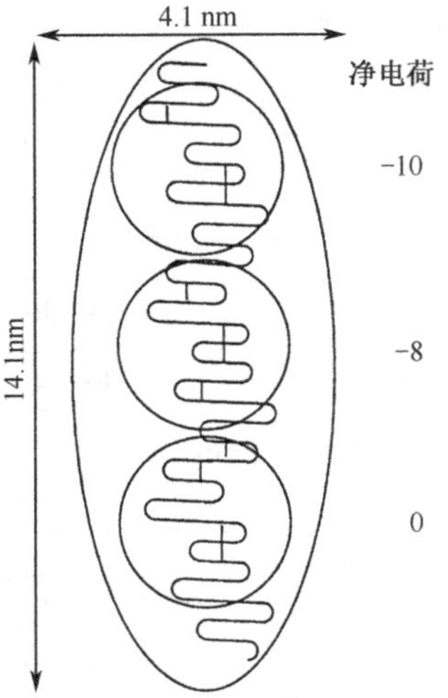

图8.26　牛血清清蛋白分子的模型

3. 血清清蛋白

血清清蛋白是血清的主要成分，分子质量为66 000Da，它在肝脏中合成，通过分泌细胞进入乳中，仅占乳蛋白的1.2%左右。哺乳动物乳中约有200种含有血清清蛋白成分，牛乳中分离的血清清蛋白和牛血液中的血清清蛋白无差别，故认为二者是相同的。血清清蛋白呈单链结构，含582个氨基酸，一级结构如图8.25。血清清蛋白的三级结构呈三个等体积的球形区域（图8.26），大小约3 nm×12 nm，有一个游离—SH（半胱氨酸34）和17个二硫键，它们在一个多环状结构中固定蛋白质。二硫键中的几个由不同的半胱氨酸残基组成，在序列上邻近的半胱氨酸残基和另外两个半胱氨酸残基形成二硫键。由于肽键的反式结构，故相邻半胱氨酸不能相互交联。半胱氨酸基团在123和167、166和175间形成二硫键，这些二硫键使三部分多肽链相互靠近、紧密。

8.1.4　乳蛋白的分离及应用

牛乳中酪蛋白的分离，可采用简单的酸沉淀分离法（调节pH至4.6附近），也可以利用凝乳酶的作用。酪蛋白产品的性能随处理方法的差异而有所不同。值得注意的是，由于酪蛋白具有疏松的结构，并且疏水性残基分布相对集中而形成疏水区，且生产成本相对较低、在食品中具有良好的功能性质，所以酪蛋白是食品加工中的重要配料。

目前已经有四种不同的酪蛋白产品可以在食品中应用，其中，以酪蛋白的钠盐（干酪素钠）的应用最广泛。酪蛋白钠盐在pH大于6时稳定性好，在水中有很好的溶解性及热稳定性，是一个好的乳化剂、保水剂、增稠剂、搅打发泡剂和胶凝剂，在许多配方食品中有广泛的应用。而来自乳清组成部分中的乳清浓缩蛋白或乳清分离蛋白也是很好的功能性食品配料，特别是在婴幼儿食品中。生产这些乳清蛋白，通过膜技术的处理（如超滤或反渗透）或其他的脱盐处理（如不同的离子交换树脂处理）后，使乳清蛋白的功能性质得到充分的改良，例如，它的发泡性质、胶凝性质等。

乳清蛋白与酪蛋白性质的不同，还表现在乳清蛋白酸性条件下的溶解性，使得乳清蛋白可以在一些酸性食品中应用。乳清蛋白的最新应用包括用它来生产模拟脂肪以在冷冻食品中应用。目前，仍以乳清浓缩蛋白的应用最多，而对乳清分离蛋白的应用很少。造成这个局面的原因有：①产品相对较高的使用成本，乳清分离蛋白生产时一般使用离子交换法、同时还进行如微过滤除去微生物体等；②大多数的乳清浓缩蛋白已经可以满足生产的需要，特别是经过脱盐等处理的乳清浓缩蛋白，无需应用乳清分离蛋白；③生产工艺的改进或变动，造成产品中 α-乳白蛋白和 β-乳球蛋白之间比例的改变，在应用于婴幼儿食品中受影响；④高蛋白质含量（纯度）对于食品营养价值、功能性质的提高，不是十分必要。

对于上述几种乳蛋白产品，它们在食品中应用范围见表 8.13。

表 8.13　乳蛋白在一些配方食品中的应用

食品种类	酪蛋白或干酪素钠可以应用的食品	乳清蛋白可以应用的食品/配料
焙烤食品	面包、饼干、早餐	面包、松饼、蛋糕
乳制品	模拟干酪、乳饮料、发酵乳制品	酸奶、奶酪
肉类产品	肉糜制品	法兰克福肠、盐水注射液
饮料	果汁饮料	果汁饮料、软饮料、固体饮料、乳基饮料
甜食	冰淇淋、冷冻甜食、布丁	冰淇淋、冷冻甜点
糖果	太妃糖、焦糖、蜜饯	充气糖果

乳蛋白的共沉淀物（coprecipitate）或总乳蛋白浓缩物（TMPC）在食品中也有重要的应用。乳蛋白的共沉淀物的生产，是通过在钙盐存在下加热乳蛋白的方式而进行的，产品品质见表 8.14。虽然共沉淀物的溶解性能相对较差，但是通过加碱处理后可以改善最终的溶解性；高钙型的共沉淀物的黏度与干酪素钠的黏度接近，其搅打发泡性能优于干酪素钠，但低于卵清蛋白；可溶性的共沉淀物的乳化性、稳定性则优于干酪素钠。

表 8.14　乳蛋白共沉淀物的生产及产品品质

共沉淀物	90℃加热时间/min	$CaCl_2$ 加入量	加酸	pH	钙含量/%	蛋白质含量/%
高钙型	1～2	0.2% (*m*/*m*)	—	5.8～5.9	2.5～3.0	81.7
中钙型	10～12	0.06% (*m*/*m*)	+	5.3～5.6	1.0～2.0	85.6
低钙型	15～20	0.03% (*m*/*m*)	+	4.6～4.8	0.5～0.8	86.7

TMPC 的制备一般是利用图 8.27 所示的流程而生产的。

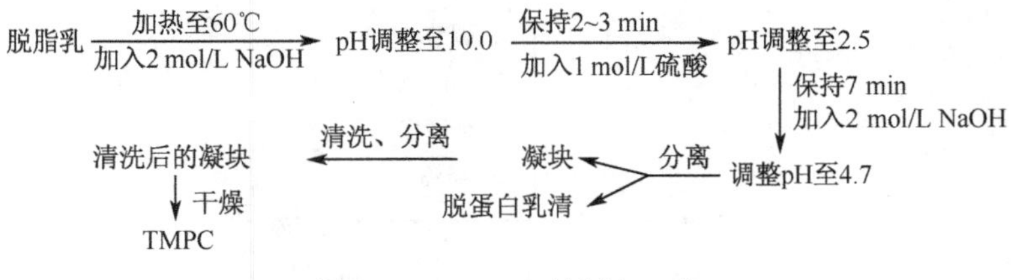

图 8.27　TMPC 的制备工序

该工序的优点是蛋白质的回收率达到 97%以上，乳清蛋白部分的变性程度低，因此功能性质保留较好。此外，产品具有良好的搅打发泡能力和乳化能力，同时它还具有较好的溶解性、水结合能力、良好的风味，但是泡沫稳定性劣于干酪素钠。由于含酪蛋白，故此可以预料其胶凝性能不好。从化学组成来看，TMPC 与干酪素钠非常相似，并且由于还含有 11%～13%的乳清蛋白（表 8.15），而乳清蛋白含有较多的 Lys、Met、Cys，所以 TMPC 营养价值更高。

表 8.15　TMPC 与干酪素钠的化学组成比较

产品	组成/%					蛋白质功效比（PER）
	蛋白质	水分	乳糖	灰分	乳脂肪	
TMPC	90.3	4.0	0.1	4.2	1.0	2.8
干酪素钠	90.4	4.0	0.1	4.0	1.0	2.5

此外，TMPC 还可以利用膜技术进行生产，最后所得到的产品品质在水吸附、泡沫稳定性、发泡能力等方面与干酪素钙接近，稍逊于干酪素钠。此外，在风味结合稳定性上也不如干酪素盐。利用膜技术来生产 TMPC 的工艺流程如图 8.28 所示。蛋白质回收率能达到 90%以上，回收率高低取决于超滤条件的选择。如果需要较低的灰分含量，则可以在超滤处理前进行原料的酸化处理。

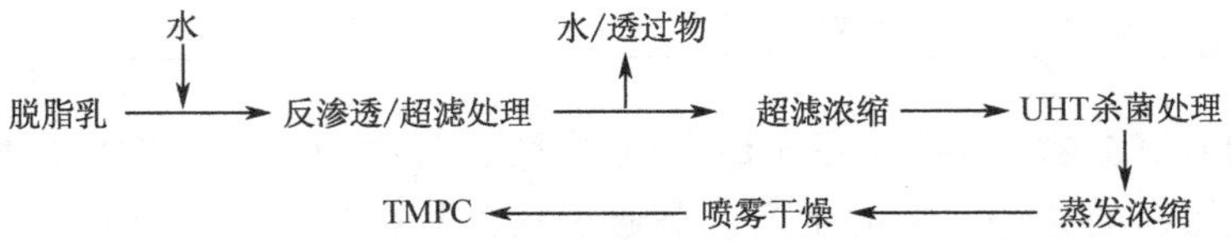

图 8.28　膜处理法生产 TMPC 的流程示意图

除酪蛋白、乳清蛋白可以直接被应用于食品外，从乳清中将 α-乳白蛋白和 β-乳球蛋白等单一组分分离出来，也可以作为很好的食品加工原料。从乳清中分离蛋白质的一般方法是采用调控 pH、钙离子水平或者温度的方法来达到，使一种成分如 α-乳白蛋白沉淀。α-乳白蛋白的热稳定性较差，在 63℃时变性，而 β-乳球蛋白则在 74℃时变性，并且在 pH4.5 时 α-乳白蛋白的不稳定性增加，可以在 50～65℃的条件下沉淀（与钙离子有关）；也可以利用等电点、低离子强度时 β-乳球蛋白的不溶性来分离 β-乳球蛋白。目前大规模的生产 α-乳白蛋白和 β-乳球蛋白组分的分离过程如图 8.29 所示（Oldfield et al.，2006）。

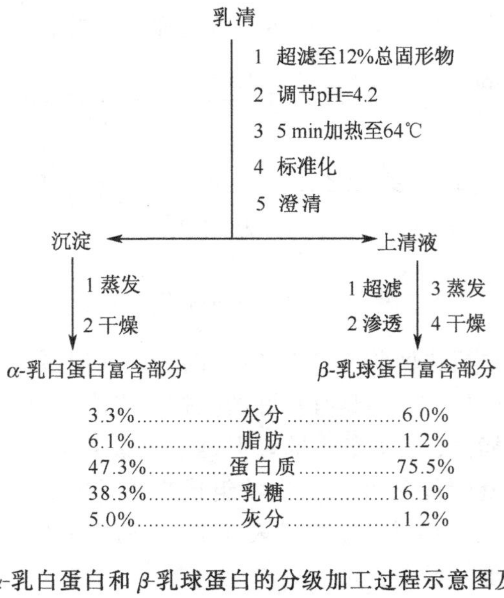

图 8.29　α-乳白蛋白和 β-乳球蛋白的分级加工过程示意图及产品组成

8.2　卵蛋白

8.2.1　卵的化学组成

禽蛋中的卵白，是以水为分散介质、蛋白质为分散相的胶体物质，蛋白质结构、种类和含量的不同，导致胶体状态有所改变。鸡蛋由56%～61%的卵白和27%～32%的卵黄组成。卵白中包含87%～89%的水分和9.7%～10.6%的蛋白质,；卵黄中含有50%的水、32%～36%的脂肪和16%的蛋白质，各部分的组成情况如表8.16所示。

表8.16　鸡蛋的化学组成（%）

部分	总固体	蛋白质	脂肪	碳水化合物	灰分
卵白	11.1	9.7～10.6	0.03	0.4～0.9	0.5～0.6
卵黄	52.3～53.5	15.7～16.6	31.8～35.5	0.2～1.0	1.1
全蛋	25～26.5	12.8～13.4	10.5～11.8	0.3～1.0	0.8～1.0

卵蛋白中各种蛋白质基本上是球蛋白，很容易被分离出来，基本理化性质也得到充分的研究，特别是其功能性质方面。在卵白部分中，蛋白质为主要营养成分，碳水化合物含量较少，脂肪含量则可以忽略不计。卵白中的碳水化合物以结合态（与蛋白质结合成为糖蛋白）或游离态存在，且绝大部分游离碳水化合物为葡萄糖。相比之下，卵黄的主要营养成分为蛋白质和脂肪，碳水化合物含量仍很低。卵黄部分中，脂肪的66%为三酰甘油，28%为磷脂，5%为固醇，还有少量的其他脂类；大多数脂类与蛋白质结合以脂蛋白的形式存在，并对卵蛋白的功能性质起着决定性的作用。

8.2.2　卵白的蛋白质组成及特性

卵蛋白是由大量的球状水溶性糖蛋白、纤维状卵黏蛋白组成的蛋白体系，主要分为3层，各层之间的蛋白质组成差异不大，见表8.17。浓厚蛋白凝胶状部分比液状部分、稀薄蛋白中的溶菌酶含量略高，这是因为浓厚蛋白凝胶状部分不溶性卵黏蛋白与溶菌酶相互作用显著，结合能力高于其他层中的溶存性卵黏蛋白与溶菌酶的作用，在电泳中表现为不泳动成分，其他蛋白也与溶菌酶相互作用，但不成为不溶物。现在已从卵白中分离出40种蛋白质，主要蛋白质12种，其有关性质的研究结果列于表8.18。相关的氨基酸组成列于表8.19中。

表8.17　卵白各层中蛋白质组成（%）

蛋白层	卵白蛋白	卵类黏蛋白	卵转铁蛋白＋卵球蛋白	卵巨球蛋白	溶菌酶
浓厚蛋白凝胶状部分	59.6	5.4	34.5	0.3	0.1
浓厚蛋白液状部分	62.9	6.3	28.3	1.0	1.8
稀薄蛋白	61.9	6.0	29.7	0.5	1.8

表 8.18　卵白中蛋白质的组成及特性

蛋白质	含量/%	相对分子质量	等电点	糖蛋白	重要特性
卵清蛋白	54	约 4.5×10^4	4.7	+	磷糖蛋白，发泡、胶凝
卵转铁蛋白	12～13	约 7.8×10^4	6.0	+	结合铁、抗菌
卵类黏蛋白	11	约 2.8×10^4	4.1	+	胰蛋白酶抑制物
卵黏蛋白	1.5～3.5	约 0.2×10^6～8.3×10^6	4.5～5.0	+	黏度
溶菌酶	3.4～3.5	约 1.4×10^4	10.7	—	抗菌，裂解细菌细胞膜
G_2-球蛋白	4	约 4.9×10^4	5.5	+	
G_3-球蛋白	4	约 4.9×10^4	5.8	+	
卵抑制物	0.1～1.5	约 4.9×10^4	5.1	+	丝氨酸蛋白酶抑制物
卵糖蛋白	0.5～1.0	约 2.4×10^4	3.9	+	
卵黄蛋白	0.8	约 3.2×10^4	4.0	+	结合核黄素
卵巨球蛋白	0.5	约 7.6×10^5～9.0×10^5	4.5～4.7	+	强抗原性，高免疫学性质
半胱氨酸蛋白酶抑制剂	0.05	约 1.3×10^4	5.1	—	巯基蛋白酶抑制物
抗生物素蛋白	0.05	约 6.8×10^4	10.0	+	抗菌，生物素结合

表 8.19　卵白中蛋白质的氨基酸组成（残基数/mol）

氨基酸	卵白蛋白	卵转铁蛋白	卵类黏蛋白	卵抑制物	无花果蛋白酶抑制物	溶菌酶	卵黏蛋白	卵黄素蛋白	卵巨球蛋白	抗生素蛋白（亚基）
丙氨酸	24	52	11.7	20.1	8.50	12	4.18	13.9	3.95	5
精氨酸	19	33	6.3	20.5	7.18	11	2.80	5.6	2.60	8
天冬氨酸	31	79	31，9	47.3	11.3	8	7.49	20.0	6.50	15
半胱氨酸	6	22	17.5	34.7	3.35	8	4.72	15.9	1.15	2
谷氨酸	50	69	11.9	40.7	18.0	2	8.60	36.4	7.82	10
甘氨酸	18	58	16.1	32.3	6.48	12	4.70	8.3	3.49	11
组氨酸	8	13	4.3	12.9	1.25	1	1.63	9.2	1.25	1
异亮氨酸	21	24	3.2	17.3	5.69	6	3.59	7.1	4.42	8
亮氨酸	32	48	12.2	22.4	10.0	8	5.38	14.8	6.25	7
赖氨酸	20	62	13.6	21.2	7.21	6	4.68	17.2	4.11	9
甲硫氨酸	15	11	1.9	3.6	2.05	2	1.50	8.2	1.43	2
苯丙氨酸	20	25	5.3	6.4	3.07	3	3.15	7.0	3.45	7
脯氨酸	16	31	7.7	17.2	2.48	2	4.19	9.7	3.65	2

1. 卵白蛋白

卵白蛋白（ovalbumin）含量最高，约占卵白中蛋白质的 54%，研究也最多。卵白蛋白是一种磷糖球蛋白，经电泳分析含有 3 种组分 A_1、A_2 和 A_3，比例为 85∶12∶3，分别含 2 个磷酰基、1 个磷酰基、0 个磷酰基，所含磷酰基均与丝氨酸的羟基结合；卵白蛋白含有一条肽链和一条糖链，糖链通过 *N*-乙酰葡萄糖胺以 *N*-苷键结合于天冬氨酸残基上，含糖量约为 3.2%，其中，甘露糖 2%、*N*-乙酰葡萄糖胺 1%～2%。卵白蛋白每分子有 1 个二硫键和 4 个巯基，等电点为 4.5，由 385 个氨基酸组成，分子质量 44.5 kDa，包含约 3%的糖基组分。卵白蛋白分子不耐酶解，用链霉蛋白酶水解其晶体，可生成 5 个含天冬酰胺糖基的组分。

S-卵白蛋白是卵白蛋白的一种变型，对热稳定，在储存过的卵中含量较高，由卵白蛋白转变生成，转变率因储藏时间等而异，转变速度随 pH 升高、温度升高而加快。在 pH 3 条件下，其加热变性速度不同于卵白蛋白。根据热稳定性测定结果，*S*-卵白蛋白也是未变性蛋白，与卵白蛋白同样都为针状晶体，不同之处是 *S*-卵白蛋白结晶化较困难。

2. 卵转铁蛋白

卵转铁蛋白（ovotransferrin）又叫卵伴白蛋白，是一种铁结合糖蛋白。卵转铁蛋白约占卵白中蛋白质总量的 12%，分子质量大约为 76 kDa，由 686 个氨基酸组成，等电点为 6.5，包含 12 个二硫键及 2.6%的糖基组分，其中，含甘露糖 0.8%，不含半乳糖和唾液酸。卵转铁蛋白在游离状态下具有抗菌活性，这是因为蛋白质分子中的 2 个配位中心，可与铁、铜或锌等结合，卵转铁蛋白与 Fe^{2+} 结合时呈红色，与 Cu^{2+} 结合时呈黄色，与 Zn^{2+} 结合时无色。痢疾志贺氏菌之类的需铁微生物培养基中加入卵转铁蛋白时，它与铁结合使微生物不能生长。卵转铁蛋白容易热变性，与金属形成复合体时热稳定性提高，同时，对蛋白酶和各种变性处理的抵抗力也提高。蛋白质-金属离子复合体于 pH6.0 以下解离。

3. 卵类黏蛋白

卵类黏蛋白（ovomucoid）约占卵白中蛋白质总量的 11%，包含 20%～25%的糖基组分，其中，*N*-乙酰葡萄糖胺 12.5%～15.4%，甘露糖 4.3%～4.7%，半乳糖 1.0%～1.5%，*N*-乙酰神经氨酸 0.4%～4.0%，这使卵类黏蛋白对胰蛋白酶降解和热处理相当稳定。卵类黏蛋白由 186 个氨基酸组成，存在 9 个二硫键，分子质量为 28 kDa。卵类黏蛋白分子存在三个独立的同源结构功能域，它们前后连续排列，分别被称为第一功能域、第二功能域和第三功能域，各功能域间由分子内二硫键连接。其中，第二功能域能阻遏胰蛋白酶，但二硫键破坏后阻遏作用消失，再氧化则活性恢复。赖氨酸与阻遏活性有关，但对鸡蛋而言，精氨酸是此反应的活性部位。

卵类黏蛋白是热稳定性高的蛋白质。例如，在 pH 3.9、100℃加热 60 min，从黏度、电泳和超速离心分析结果无变性；在 pH 7 以下加热，其抗胰蛋白酶的活性比较稳定。与卵白中的其他蛋白质比较，卵类黏蛋白溶解度较大，经过加热阻遏活性未变性的卵类黏蛋白溶液，在 pH 调至等电点也不变为不溶性。卵类黏蛋白的重要生化特征是抑制蛋白酶，且不同品种禽类卵类黏蛋白的抑制作用不同。鸡、鹅等卵类黏蛋白只抑制胰蛋白酶活性，火鸡、鸭等卵类黏蛋白则能抑制胰蛋白酶、糜蛋白酶活性。

4. 卵黏蛋白

卵黏蛋白（ovomucin）是一种纤维状蛋白质，占卵白中蛋白质的 2%～2.9%，含硫酸酯、半乳糖胺、卵白中近50%的唾液酸，以及大量的胱氨酸。溶液中的卵黏蛋白具有较高的黏性，阻止卵白起泡，与其他黏蛋白一起阻止由于病毒引起的红细胞凝集反应。浓厚蛋白沉淀的不溶性成分，即为卵黏蛋白，用乙硫醇还原时可以得到两种组分，一种为含糖量约为15%的α-卵黏蛋白，另一种为含糖量近50%的β-卵黏蛋白。水样蛋白和浓厚蛋白液状部分的可溶性卵黏蛋白组成，与α-卵黏蛋白接近。卵黏蛋白的氨基酸组成和糖含量列于表8.20中。

表8.20 卵黏蛋白糖基和氨基酸组成

成分		A	B	C	D
糖组成与含量/%	半乳糖	4.4	4.3	19.4	19.7
	甘露糖	1.9	2.0	0.4	0.4
	N-乙酰半乳糖胺	0	0	8.0	9.8
	N-乙酰葡萄糖胺	7.5	8.5	11.1	11.8
	唾液酸	0.3	0.7	12.6	15.3
	硫酸	0.4	0.2	3.1	2.9
氨基酸组成/(残基数/mol)	赖氨酸	5.6	5.8	5.7	3.0
	组氨酸	2.1	2.1	1.9	1.1
	精氨酸	2.7	2.6	2.4	1.1
	天冬氨酸	10.4	10.6	4.8	2.6
	苏氨酸	6.6	6.7	13.5	20.0
	丝氨酸	7.9	7.8	15.2	18.4
	谷氨酸	9.9	9.4	6.5	5.6
	脯氨酸	5.4	5.6	7.2	8.9
	甘氨酸	7.4	7.7	3.7	2.1
	丙氨酸	4.9	4.8	5.2	6.0
	胱氨酸（1/2）	6.7	7.0	3.4	2.5
	缬氨酸	6.4	6.7	4.2	3.1
	甲硫氨酸	1.7	1.7	1.1	1.1
	异亮氨酸	6.8	5.6	8.6	7.2
	亮氨酸	6.8	7.2	7.4	7.3
	酪氨酸	3.6	3.5	5.1	6.1
	苯丙氨酸	3.9	4.0	2.5	2.6
	色氨酸	1.3	—	2.0	—

注：A. 溶存性卵黏蛋白用声波处理后的α-卵黏蛋白；B. 不溶性卵黏蛋白用声波处理后的α-卵黏蛋白；C. 溶存性卵黏蛋白用声波处理后的β-卵黏蛋白；D. 不溶性卵黏蛋白用声波处理后的β-卵黏蛋白。

卵黏蛋白的制备方法不同，其组成含量也有差异，目前报道的分离方法主要有5种，洗净方法有3种，原料采用全蛋白或浓厚蛋白，样品前处理多采用均质化和布过滤，具体制备方法如表8.21所示。

表 8.21　卵黏蛋白的制备方法

方法	基本要点	
分离法	A. 硫铵法	
	B. 卵白稀释法	a. 水（调节 pH）
		b. 缓冲液
	C. 除去溶菌酶卵白稀释法	a. 直接结晶法
		b. 直接结晶和膨润土吸附法
	D. 柱色谱法（Sepbarose 4B）	
	E. 直接离心法	
洗净法	A. 氯化钙溶液（2%，0.1 mol/L）	
	B. 0.01 mol/L$CaCl_2$-0.002 mol/LEDTA（pH 4.5）	
	C. 含有生物胶 CMP-50 的 0.1 mol/L $CaCl_2$	

5. 溶菌酶

溶菌酶（lysozyme）是 4 个二硫键链接起来的单链多肽，分子质量为 14.3 kDa，由 129 个氨基酸组成，等电点为 10.7。分子呈卵状，大小为 4.5 nm×3.0 nm×3.0 nm，大部分为无规则卷曲，构象中 α 螺旋结构占 25%，一部分为 β 折叠。溶菌酶约占卵白总蛋白的 3.5%，化学性质非常稳定。在 pH 4～7、100℃处理 1 min，溶菌酶仍可保持原酶活性，但在碱性环境下热稳定性较差。溶菌酶稳定性主要与结构中 4 个二硫键、氢键及疏水相互作用有关。在干燥、室温条件下溶菌酶可长期保存。目前对溶菌酶研究最多的是其溶菌活性，它可作用于革兰氏阳性菌，对革兰氏阴性菌不起作用。

6. 卵抑制剂

卵抑制剂在很多方面与卵类黏蛋白相似，约占卵白中蛋白质总量的 1.5%，分子质量为 49 kDa，是一种糖蛋白，含糖量为 5%～10%。这种蛋白质与其他糖蛋白一样是不均匀的，基于糖类含量的不同，可分为 5 种形式，糖链与多肽链的结合方式是 *N*-苷型。卵抑制剂具有阻遏多种酶活性的作用，至少存在两个不同的活性部位。1 mol 卵抑制剂可以抑制 2 mol 的胰蛋白酶、2 mol 的胰凝乳蛋白酶，精氨酸被修饰时失去阻遏活性，被认为是精氨酸型的胰蛋白酶抑制剂。卵抑制剂与卵类黏蛋白一样对热和酸稳定。

7. 无花果蛋白酶抑制剂

无花果蛋白酶抑制剂的分子质量较小，仅为 12.7 kDa，分子中不含糖侧链，约占卵白中蛋白质总量的 1%。无花果蛋白酶抑制剂比卵类黏蛋白的热稳定性高，能抑制无花果蛋白酶和木瓜蛋白酶活性，对菠萝蛋白酶也有抑制作用，此外，还可抑制组织蛋白酶 B_1 和 C 的活性。

8. 抗生物素蛋白

抗生物素蛋白约占卵白中蛋白质总量的 0.05%，是由 128 个氨基酸组成的糖蛋白，糖链由 4 分子 *N*-乙酰葡萄糖胺和 5 分子甘露糖组成，天冬氨酸残基与氨基糖结合。它几乎不含有 α 螺旋，由 4 个亚基组成，每个亚基的分子质量约为 15.6 kDa，各亚基可以与 1 分子生物素结合。

抗生物素蛋白与生物素结合形成稳定复合体，可抵抗蛋白酶分解作用。若生卵白与生卵黄一同食用，卵黄中的生物素不能被机体吸收。抗生物素蛋白有防止由微生物引起的腐败作用，也是由于它抑制了细菌对生物素的摄取。

9. 卵巨球蛋白

卵巨球蛋白约占卵白中总蛋白质的 0.5%，为糖蛋白，分子质量约为 800 kDa。分子略呈球形，结构中几乎不含有 α 螺旋，具有较强的致免疫力；与卵黏蛋白相似，具有阻遏流感病毒血液凝集反应的活性。在 6 mol/L 盐酸胍或 8 mol/L 尿素溶液中解离出亚基。在 pH 7.0 的条件下转化温度为 62～64℃。

10. 黄素蛋白

黄素蛋白由核黄素与脱辅基蛋白（可以与核黄素结合的蛋白）结合而成，核黄素与脱辅基蛋白相结合的物质的量比为 1∶1，约占卵白中蛋白质的 0.8%～1.0%，脱辅基蛋白与黄素蛋白差不多以等量存在。脱辅基蛋白含有由甘露糖、半乳糖和葡萄糖胺组成的 14%的糖类，含 0.7%～0.8%的磷。脱辅基蛋白有两种形式，一种含有 7 个磷酸根，另一种含有 8 个磷酸根，都与丝氨酸残基相结合。脱辅基蛋白用胰蛋白酶或胰凝乳蛋白酶水解，或是用 8 mol/L 尿素处理，则失去与核黄素结合的能力。在 pH 为 7.0 的条件下加热 15 min，这种结合能力不受影响。

11. 卵球蛋白 G_2和 G_3

卵白中存在 3 种卵球蛋白，分别为 G_1、G_2和 G_3，G_1就是溶菌酶。G_2和 G_3各约占 4%，是一种典型的球蛋白。用饱和 $MgSO_4$或半饱和 $(NH_4)_2SO_4$溶液均能使其沉淀。食品中卵球蛋白可作为优良起泡剂。

8.2.3 卵黄蛋白

卵黄不仅结构复杂，其化学成分也极为复杂，仅含 50%水分，其余大部分为蛋白质和脂肪，二者之比为 1∶2。脂肪主要以脂蛋白形式存在。卵黄有白色卵黄和黄色卵黄之分，白色卵黄约占 5%，其余为黄色卵黄，二者的化学组成如表 8.22 所示。此外，卵黄中还含有糖类、矿物质、维生素和色素等。禽蛋卵黄的化学组成见表 8.23。

表 8.22 白色卵黄与黄色卵黄的组成

种类	水分	蛋白质	脂肪	磷脂	浸出物	灰分
黄色卵黄	45.50	15.04	25.20	11.15	0.36	0.44
白色卵黄	89.70	4.60	2.39	1.13	0.40	0.62

表 8.23　卵黄的化学成分（%）

种类	水分	脂肪	蛋白质	卵磷脂	脑磷脂	矿物质	葡萄糖及色素
鸡蛋	47.2～51.8	21.3～22.8	15.6～15.8	8.4～10.7	3.3	0.4～1.3	0.55
鸭蛋	45.8	32.6	16.8	—	2.7	1.2	—

卵黄球被半透膜所包围。在低渗透压溶液中它们膨胀破裂，在高渗溶液中则收缩，表面膜以丝状形式展开，内部释放出颗粒蛋白。通过高速离心的方法，将其分为沉淀部分（颗粒部分）和清液部分（乳浆）（图 8.30）。蛋白质在颗粒部分较多，而脂肪在乳浆部分较多，如表 8.24 所示。电子显微镜下观察，卵黄颗粒蛋白质呈球形，大小为 0.2～2 μm，通过原子吸收分光光度计测定表明，含有一定数量的二价或三价离子。离子桥（尤其是钙磷桥）是连接低密度脂蛋白、高密度脂蛋白和卵黄磷蛋白，并形成球形结构物的重要原因。

卵黄球
- 颗粒（22%）
  - 低密度脂蛋白　12%
  - 高密度脂蛋白　70%
  - 卵黄磷蛋白　16%
- 浆液（78%）
  - 低密度脂蛋白　85%
  - 卵黄球蛋白　15%

图 8.30　卵黄球组成及蛋白质含量

表 8.24　卵黄颗粒和乳浆部分的化学组成（%）

部分	在卵黄中比例	水分	脂肪	蛋白	灰分
颗粒部分	22	44	19	34	3
乳浆部分	78	49	41	9	1

在颗粒部分中，卵黄磷蛋白与卵黄高磷蛋白间存在亲和作用，二者的复合体可能是颗粒部分的基础部分。这些蛋白质的组成情况及特性见表 8.25。pH 为 6.3 时，低密度脂蛋白、高密度脂蛋白和卵黄磷蛋白结合在一起，不可溶；当 pH 小于 4.2 或大于 6.3 时，导致颗粒蛋白的破裂，释放出的蛋白质参与凝胶的形成。在 0.34 mol/L NaCl 溶液中，颗粒蛋白部分被破坏；在低于 0.3 mol/L 的 NaCl 溶液中，颗粒蛋白溶解度较低。在低离子强度溶液中，颗粒蛋白形成不溶性的高密度脂蛋白-卵黄磷蛋白复合物。在大于 0.3 mol/L 的 NaCl 溶液中，连接高密度脂蛋白和卵黄磷蛋白的钙磷桥被钠破坏，颗粒蛋白溶解度可达到 80%，高密度脂蛋白质以可溶的蛋白质分子存在（Dauphas et al., 2006）。

表 8.25　卵黄颗粒部分蛋白质的组成及特性

蛋白质	含量/%	相对分子质量	重要特性
卵黄磷蛋白	70	4×10^5	含脂类 20%，可分为 α-、β-卵黄磷蛋白
卵黄高磷蛋白	16	3.6×10^4～4.0×10^4	含有卵黄磷 69%，强铁离子结合能力，具有抗氧化能力
低密度脂蛋白	12		含脂类 84%，与乳浆部分的低密度脂蛋白性质相近

在乳浆部分中，主要成分为低密度脂蛋白和卵黄蛋白，其他的次要成分包括一些生

物活性蛋白，例如，核黄素结合蛋白、生物素结合蛋白见表 8.26。

表 8.26 卵黄乳浆部分蛋白质的组成及特性

蛋白质	占卵黄总固体含量/%	相对分子质量	重要特性
卵黄蛋白	10.6	$4.5\times10^4\sim1.5\times10^5$	3 个成分
低密度脂蛋白	66	$3\times10^6\sim1\times10^7$	含脂类 84%～89%
核黄素结合蛋白		3.6×10^4	水溶性磷酸化蛋白，结合 1 分子核黄素
生物素结合蛋白		7.2×10^4	由 4 条肽链组成，结合 4 分子生物素

1. 卵黄高磷蛋白

卵黄高磷蛋白（phosvitin）的分子质量为 35 kDa，占卵黄总磷量的 69%，所含蛋白质仅占卵黄蛋白的 4%，含糖量约 6.5%，由 217 个氨基酸组成（图 8.31），其中，123 个是丝氨酸残基，且 94%～96%的丝氨酸与磷酸结合，中心区域是伸展的磷酸丝氨

1 10 20
Ala Glu Phe Gly Thr Glu Pro Asp Ala Lys Thr Ser Ser Ser Ser Ser Ser Ala Ser Ser
21 30 40
Thr Ala Thr Ser Ser Ser Ser Ser Ser Ala Ser Ser Pro Asn Arg Lys Lys Pro Met Asp
41 50 60
Glu Glu Glu Asn Asp Gln Val Lys Gln Ala Arg Asn Lys Asp Ala Ser Ser Ser Ser Arg
61 70 80
Ser Ser Lys Ser Ser Asn Ser Ser Lys Arg Ser Ser Ser Lys Ser Ser Asn Ser Ser Lys
81 90 100
Arg Ser Ser Ser Ser Ser Ser Ser Ser Ser Ser Ser Ser Arg Ser Ser Ser Ser Ser Ser
101 110 120
Ser Ser Ser Ser Asn Ser Lys Ser Ser Ser Ser Ser Ser Lys Ser Ser Ser Ser Ser Ser
121 130 140
Arg Ser Arg Ser Ser Ser Lys Ser Ser Ser Ser Ser Ser Ser Ser Ser Ser Ser Ser Ser
141 150 160
Ser Lys Ser Ser Ser Ser Arg Ser Ser Ser Ser Ser Ser Lys Ser Ser Ser His His Ser
161 170 180
His Ser His His Ser Gly His Leu Asn Gly Ser Ser Ser Ser Ser Ser Ser Ser Arg Ser
181 190 200
Val Ser His His Ser His Glu His His Ser Gly His Leu Glu Asp Asp Ser Ser Ser Ser
201 210
Ser Ser Ser Ser Val Leu Ser Lys lle Trp Gly Arg llis Glu lle Tyr Gln

图 8.31 鸡卵黄高磷蛋白的氨基酸组成序列

酸残基。所以，它含有较高的净电荷，pH 7.0 时为 −179，pH 2.0 时为 −15。分子中只有 10%的非极性氨基酸，C 端 205～216 残基构成疏水区。肽链中—P—N—P—P—N—N—P—（P 和 N 分别代表极性和非极性氨基酸残基）结构，形成 α 螺旋结构。因此 205～216 残基可能会形成螺旋结构（图 8.32），Val、Tyr、Ile、His、Leu 和 Trp 形成螺旋表面的一半，亲水氨基酸残基 Glu、Ser、Gly、Ser、Lys 和 Arg 形成另一半螺旋。由于结合多个磷酸根，卵黄高磷蛋白在溶液中表现出酸性多肽的特性，易与各种阳离子相结合，如 Ca^{2+}、Mg^{2+}、Mn^{2+}、Co^{2+}、Sr^{2+}、Fe^{2+} 和 Fe^{3+} 等。在酸性范围（pH

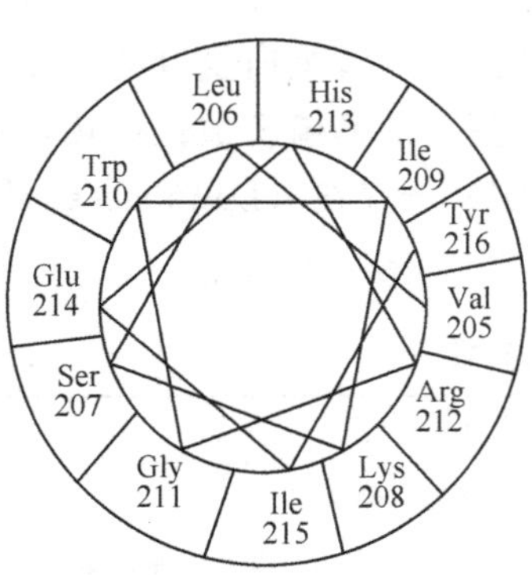

图 8.32 卵黄高磷蛋白 205～216 残基会形成螺旋结构

≤2）内，磷酸根的解离被抑制，同时卵黄高磷蛋白由不规则结构变化为β结构。这种变化也发生在卵黄的冻结融解过程中（Byrne et al.，1984）。

2. 卵黄球蛋白

用电泳分离或超速离心处理卵黄球蛋白（livetin）可分离出α-、β-和γ-卵黄球蛋白，其化学组成见表 8.27。

表 8.27　卵黄球蛋白的组成

指标	α-卵黄球蛋白	β-卵黄球蛋白	γ-卵黄球蛋白
总氮/%	14.3	14.3	15.6
己糖/%	—	7	2.6
己糖胺/%	—	—	1.8
分子质量/Da	80 000	45 000	150 000

3. 低密度脂蛋白

低密度脂蛋白（low density lipoprotein，LDL）是卵黄中存在最多的蛋白质，易被磷脂酶和蛋白酶分解。其脂质含量为 86%、蛋白质 11%、含糖 3%、糖基与天冬氨酸残基相结合。LDL 高速离心可得到两种组分，LDL_1 和 LDL_2，其含量比为 1∶4，组成颇为相似，见表 8.28。但是分子质量差异明显，LDL_1 为 10 300 kDa，LDL_2 为 3300 kDa。此外，LDL 也是卵黄显示出乳化性和冻结融解时凝胶化特性的重要组分。

表 8.28　LDL_1 和 LDL_2 的组成比例（%）

成　分	LDL_1	LDL_2
总脂类	89	86
脂质中的 P/%	1.0	1.14
脂质中的 N/P	1.04	1.14
脂质中的甾醇/%	3.3	3.4
脂质中的游离脂肪酸（以硬脂酸计）/%	5	4.5
非脂物质中的 N/%	14.8	13.7
非脂物质中的 P/%	0.15	0.16
磷脂酰胆碱/%	84	83
磷脂酰乙醇胺/%	13	14

4. 高密度脂蛋白

高密度脂蛋白（high density lipoprotein，HDL）又称为卵黄脂磷蛋白（lipovitellin），与 LDL 相比脂质含量少，且脂质大部分存在于分子的内部。HDL 存在于卵黄颗粒中，与卵黄高磷蛋白形成复合体。经电泳可分为两种组分，为α-卵黄脂磷蛋白和β-卵黄脂磷蛋白，其组成见表 8.29，分子质量均为 4000 kDa。在中性以下的 pH 范围内，HDL 以高聚合体形式存在，随着 pH 的升高解离为单体。α-卵黄脂磷蛋白在 pH 10.6

以下、β-卵黄脂磷蛋白在 pH 7.8 以下，分别有 50%解离为单体。此外，随着温度的升高、离子强度和蛋白浓度的提高，聚合体的解离被抑制。

表 8.29 α-卵黄脂磷蛋白和 β-卵黄脂磷蛋白的组成（%）

成分	α-卵黄脂磷蛋白	β-卵黄脂磷蛋白
总脂质	22.2	21.7
磷脂	11.6	11.6
磷总量	0.91	0.65
脂质中的磷	2.1	2.1
蛋白质中的磷	0.5	0.27
蛋白质中的氮	16.2	16.3
蛋白质中的硫	1.14	1.21

8.2.4 过敏原蛋白

鸡蛋中的过敏原主要存在于卵白中，目前发现四种蛋白质成分能与人类血清结合而引起过敏反应，分别是卵类黏蛋白、卵白蛋白、卵转铁蛋白和溶菌酶。

卵类黏蛋白是从卵白过敏病人血清中检测出的、致敏性最强的蛋白质。有文献报道表明，卵类黏蛋白的抗原性和致敏性对热和酶解都很稳定，经胃蛋白酶消化后分解成的片段，仍保持抗原性和过敏原性，其原因在于蛋白酶的水解位点与产生过敏的 IgE 的结合位点不同，如图 8.33 所示，水解不能破坏 IgE 的结合位点（Koracs-Nolan et al., 2000）。

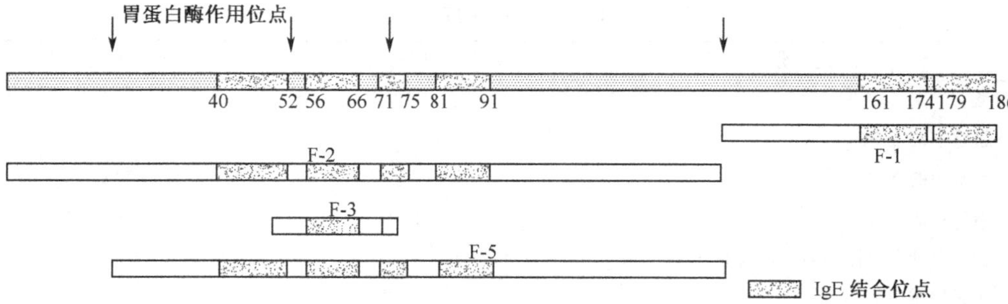

图 8.33 卵类黏蛋白与 IgE 的结合位点及胃蛋白酶的消化位点

卵白蛋白含量虽然最高，但对人类的致敏性并不是最强。卵白蛋白分子有 5 个不同的 IgE 结合位点，其中，4 个暴露于蛋白质表面。对卵白蛋白进行糖基化处理、6 mol/L尿素处理、95℃加热处理后，对它与鸡蛋过敏患者的血清 IgE 结合能力没有显著影响（Poms et al., 2004）。相比而言，对卵转铁蛋白过敏性的研究很少。溶菌酶是近期才被报道的一种卵白主要过敏原，但有关它的过敏原性还有待进一步研究。

8.3 肉类蛋白

肉类是人类最重要的食物，也是现代人类的重要蛋白质来源之一。通常意义的肉类主要来自于猪、牛、羊、鸡、鸭、鱼等陆地动物与水生动物的肌肉组织。肉类的大致的化学组成为蛋白质 20%、水分 70%、脂肪 5%、其他 5%，不同种类和不同部位蛋白质含量不同，见表 8.30。从氨基酸组成情况来看，肌肉蛋白是优良的必需氨基酸来源；从其消化吸收率来看，肌肉蛋白是一种理想的食品蛋白源。

表 8.30　各种肉不同部位的化学组成（%）

种类	部位	水分	粗蛋白质	粗脂肪	灰分
牛肉	肩肉	65	18.6	16	0.9
	肋腹肉	61	19.9	18	0.9
	背肉	57	16.7	25	0.8
	肋骨肉	59	17.4	23	0.8
	腿肉	69	19.5	11	1.0
	臀部肉	55	16.2	28	0.8
猪肉	腿肉	53	15.2	31	0.8
	背肉	58	16.4	25	0.9
	肩肉	49	13.5	37	0.7
	肋骨肉	53	14.6	32	0.8
羊肉	胸肉	48	12.8	37	—
	腿肉	64	18.0	18	0.9
	背肉	65	18.6	16	—
	肋骨肉	52	14.9	32	0.8
	肩肉	58	15.6	25	0.8

动物肌肉组织中的蛋白质，可大致分为肌原纤维蛋白（myofibrillar protein）、肌浆蛋白（sarcoplasmic protein）和肌基质蛋白（stroma protein），百分比约为 55%、30% 和 15%。其中，肌浆蛋白可以用水或低浓度的盐水将其从肌肉组织中提取出，肌原纤维蛋白需要用高浓度的盐溶液才能提取出，肌基质蛋白则是不溶解的蛋白质。这三种蛋白质的分级提取方法和条件，如图 8.34 所示的鱼肉蛋白质的分级提取，其原理就是基于不同蛋白质的溶解性差异而进行的。

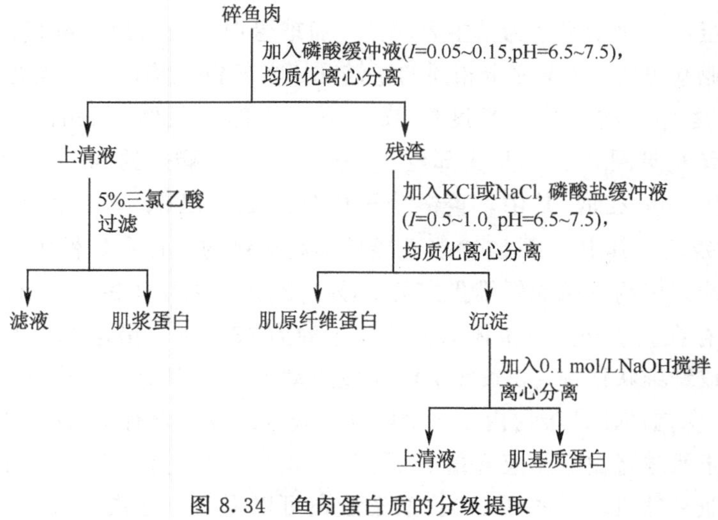

图 8.34　鱼肉蛋白质的分级提取

肌原纤维蛋白中肌球蛋白和肌动蛋白为其主要成分，在肌基质蛋白中胶原蛋白为主要成分，而在肌浆蛋白中主要成分为一些酶类和膜蛋白。

8.3.1 肌肉蛋白的主要组成及结构特性

1. 组成

目前，对组成肌肉组织的各种蛋白质的数量、种类还不是完全清楚。肌肉中大部分蛋白质已经被分离出，并进行详细的研究。不太清楚的是在肌肉组织中存在的含量极少的那些蛋白质。已知的肌肉蛋白质的相对含量、相对分子质量等见表 8.31。

表 8.31　骨骼肌中蛋白的分类与组成

蛋白质		相对分子质量	相对含量/%	蛋白质		相对分子质量	相对含量/%
肌原纤维蛋白	肌球蛋白	5×10^5	43	肌浆蛋白	肌红蛋白	1.7×10^4	1
	肌动蛋白	4.2×10^4	22		钙蛋白酶	1.1×10^5	<1
	肌钙蛋白	7.4×10^4	5		胞外蛋白		8
	原肌球蛋白	3.7×10^4	5		膜蛋白等		21
	α-肌动蛋白	9.5×10^4	2		磷酸酶	2×10^5	4.5
	伴肌动蛋白	6.5×10^5	5		其他酶等		58
	肌联蛋白	大于 1×10^6	10		乳酸脱氢酶	1.5×10^5	7.0
	肌间蛋白	5.5×10^5	1	肌基质蛋白	胶原蛋白	3×10^5	60
	M-蛋白	1.6×10^5	2		弹性蛋白	7×10^4	4
	C-蛋白	1.4×10^5	2		网状蛋白		1
	其他		3		其他	$1.4\sim2.5\times10^5$	35

肌原纤维蛋白是肉类蛋白的主要成分，以肌原纤维的形式存在。肌原纤维呈圆筒状条形结构，直径 1～2 μm。肉畜的肌纤维长约 50 μm，含有 2000 条肌原纤维。肌原纤维蛋白中肌球蛋白和肌动蛋白为其主要成分。肌球蛋白约占肌原纤维蛋白组成的 43%，由 6 条多肽链亚基组成，2 条完全相同的重链和 4 条轻链，构成 2 个梨形的头部结构和长的 α 螺旋的尾部结构，分子长度约 150 nm，头部直径约 8 nm，尾部直径 1.5～2.0 nm，具体结构见图 8.35。从头部至 60 nm 为重链，剩余的 90 nm 为轻链。肌球蛋白总分子质量约 500 kDa，其中，重链分子质量约 220 kDa，轻链为 16～25 kDa，含 4500 个氨基酸残基，其中包括 40 个半胱氨酸和高比例的碱性和酸性氨基酸，分子具有较高极性。肌动蛋白约占肌原纤维蛋白的 20%～25%，以单体的 G-肌动蛋白或纤维状的 F-肌动蛋白存在。肌动蛋白单体的分子质量约为 43 kDa，呈球形，大约 400 个肌动蛋白单体聚合成纤维状结构，2 条纤维链构成肌动蛋白的螺旋状结构（图 8.35），其直径为6～8 nm，兔肉的肌动蛋白由 376 个氨基酸残基组成，含有 4.9%的脯氨酸和 7.5%的甘氨酸，高于肌球蛋白的相应含量 1.5%和 3.3%。肌动蛋白有一个与肌球蛋白结合的位点，形成肌动球蛋白（图 8.36）。肌动蛋白可以提高肌球蛋白头部的 ATP 酶活性（Prochniewicz et al., 2007）。

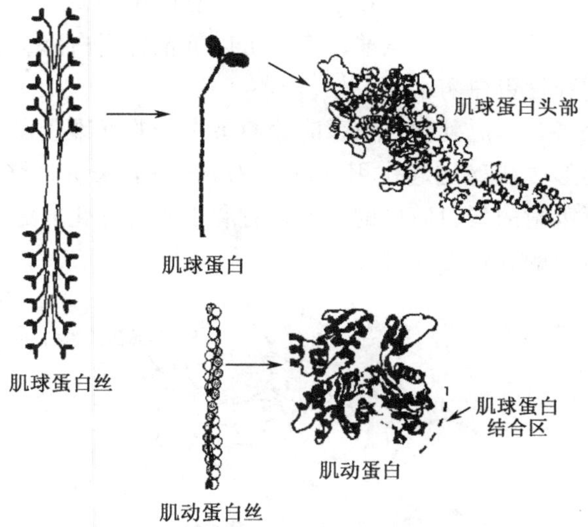

图 8.35　肌动蛋白与肌球蛋白结构示意图

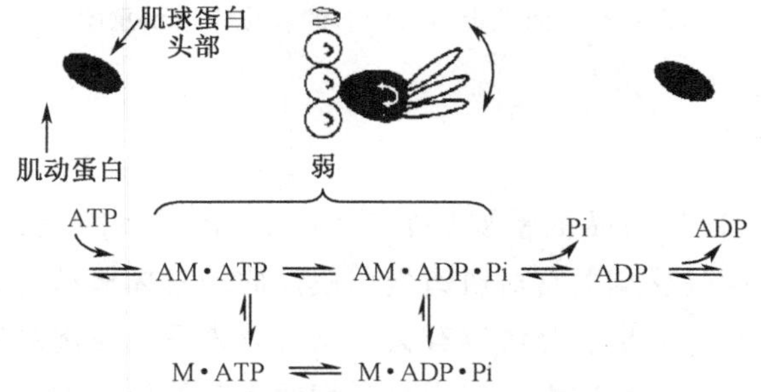

图 8.36　肌动蛋白与肌球蛋白结合示意图

A. 肌动蛋白；M. 肌球蛋白；AM. 肌动球蛋白

2. 性质

主要的肌肉蛋白质的性质可以简单总结如下：

（1）肌原纤维蛋白中，肌球蛋白等电点为 5.4 左右，在温度达到 50～55℃时发生凝固，它具有 ATP 酶的活性。肌动蛋白等电点为 4.7，与肌球蛋白可以结合为肌动球蛋白。肌原纤维蛋白中的肌球蛋白、肌动蛋白间的作用决定了肌肉的收缩。

（2）肌浆蛋白中，肌红蛋白为产生肉类色泽的主要色素，等电点为 6.8，性质不稳定，在外来因素的影响下其中所含的二价铁被转化为三价铁，因此可导致肉制品色泽的异常。存在于肌原纤维间的清蛋白（肌溶蛋白）性质也不稳定，50℃附近就可以变性。而存在于肌浆中的酶类的性质则各不相同。

（3）在肌基质蛋白中，胶原蛋白含有较多的甘氨酸、脯氨酸和羟脯氨酸，不仅具有分子内的交联键，而且还具有分子间的交联键，并且胶原蛋白的交联程度随动物年龄的增加而加大。胶原蛋白交联程度增大的结果，就是导致胶原蛋白的性质稳定，从而影响到肉质的嫩度。胶原蛋白经过加热后逐步转化为明胶，而明胶的重要特性就是可以溶于热水中，并可以形成热可逆的凝胶，在食品加工中有应用价值。弹性蛋白不含羟脯氨酸和色氨酸，含脯氨酸、甘氨酸、缬氨酸较多，可以抗拒胃蛋白酶、胰蛋白酶的水解，但是它可以被胰腺中的弹性蛋白酶水解。

(4) 对肉制品来讲，形成乳化分散系时盐溶蛋白、肌纤维蛋白与碎片、结缔组织与碎片等对乳化体系的形成或稳定起作用（图 8.37）。一般来讲，增加肌肉的斩拌时间，可以增加脂肪球上所吸附的蛋白质层的厚度，有利于改进乳化的稳定性。对于不同的肌肉蛋白质，以肌球蛋白的乳化性质最好。

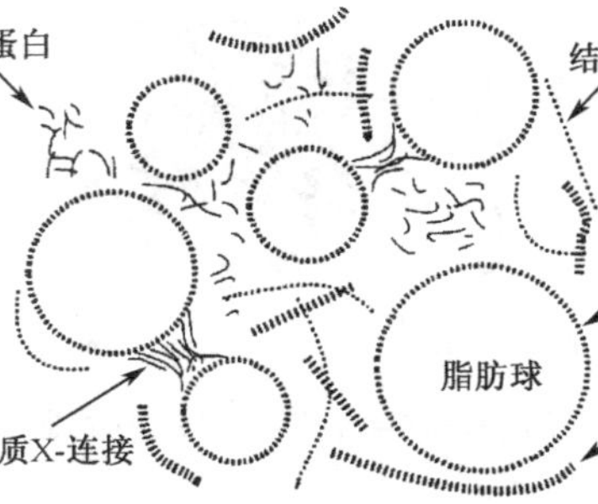

图 8.37　肉类蛋白对脂肪的乳化作用示意图

8.3.2　肉的嫩化

嫩度（tenderness）是肉品的重要感官质量之一，是反映肉的质地的一项重要指标。一般意义上，嫩度是感觉器官对肌肉蛋白质性质的总体概括，它与肌肉蛋白质的结构、肌肉蛋白质的变性、聚集、分解等有关。从总体来看，对肉品质中嫩度的感觉包括四个方面：①肉对舌或颊的柔软性；②肉对牙齿切入时的抵抗力；③咬断肌纤维的难易程度；④肉的嚼碎程度。影响肉的嫩度的因素很多，基于它对产品质量的重要性，所以对肉进行嫩化处理的方法也很多，这里不过多讨论，而只是简单介绍有关利用酶法对肉质进行嫩化处理的一些问题。嫩化酶主要分为内源性嫩化酶和外源性嫩化酶两类，这里主要介绍内源酶的作用。内源性嫩化酶包括：钙激活蛋白酶、溶酶体组织蛋白酶类、蛋白酶体和细胞凋亡相关的半胱天冬酶（caspase）。

钙激活蛋白酶是一种钙激活中性半胱氨酸内肽酶，分布于所有脊椎动物细胞中，1964 年首次从鼠的大脑中分离出来，随后在骨骼肌、心肌、肝脏等中提取，钙激活酶和半胱天冬酶都属于半胱氨酸蛋白酶。钙激活蛋白酶系存在于肌肉细胞内部，在 Z 线中浓度最高，并在肌肉蛋白降解过程中受 Ca^{2+} 和钙激活蛋白酶抑制蛋白的调节。Ca^{2+} 可使酶构象发生变化，自溶后表现蛋白水解的活性。钙激活蛋白酶抑制蛋白则是专一性抑制钙激活蛋白酶活性的内源蛋白，它可识别钙蛋白酶与钙结合后引起的构象变化，并与之特异结合，起到抑制钙激活蛋白酶系活性的作用，这或许能防止钙蛋白酶被随机激活，从而保证钙蛋白酶对底物只进行局部特定位点水解（Hopkins and Thompson，2001）。钙激活蛋白酶系主要作用对象是肌原纤维中的某些骨架蛋白，主要包括肌间蛋白、肌原纤维内蛋白和肌膜连接蛋白等，可使 Z 线结构（图 8.38）破坏，肌原纤维释放出肌丝，释放的肌丝可与母体或其他肌原纤维重新装配，也可被组织蛋白酶进一步降解，故钙激活蛋白酶系还是肌肉蛋白质降解的速度限制步骤，对宰后肌肉的成熟嫩化起着重要的作用。

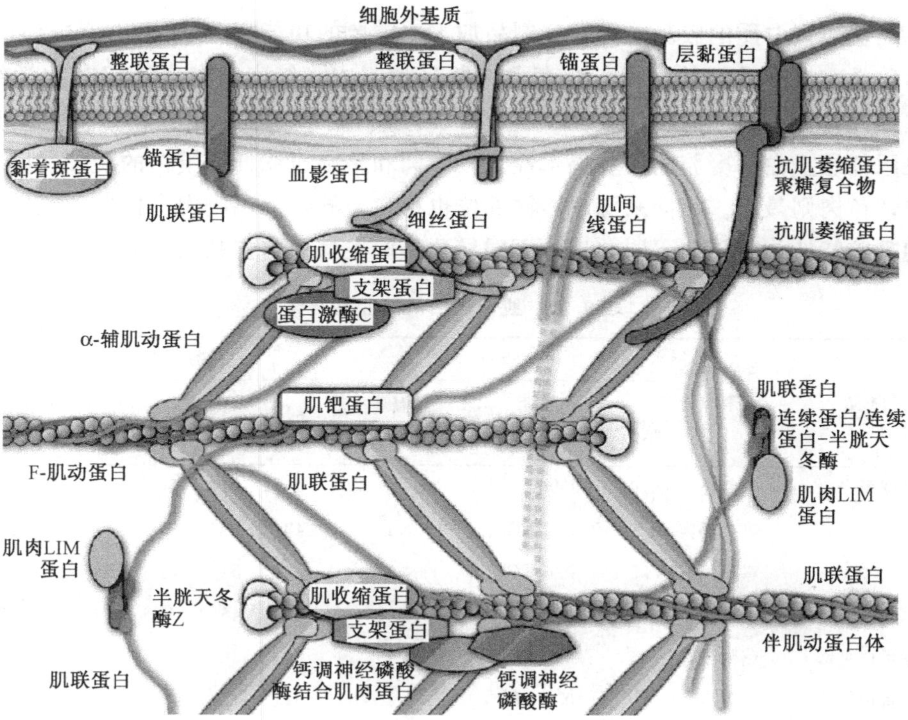

图 8.38　Z 线结构示意图

温度、pH 和储存时间对钙激活蛋白酶系统的活性有一定的影响（图 8.39），有研究表明，在 25～40℃有较高的活性，45℃以上活性会很快降低；pH 越接近中性，钙激活蛋白酶的活性就越高，pH 7.5 时酶的活性最大。由于宰后肌肉的 pH 逐渐下降，会抑制钙激活蛋白酶的活性；但 pH 的下降有助于肌质网膜和线粒体膜破裂，促使肌浆内的 Ca^{2+} 浓度升高，这又会激活钙激活蛋白酶系的活性。因此，在宰后的肌肉体系中，pH 的下降未必会使钙激活蛋白酶系活性下降。

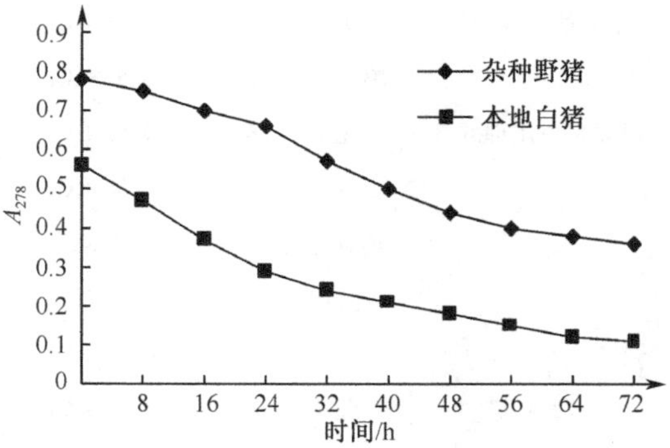

图 8.39　在冷藏中钙激活蛋白酶的活性变化
(Sheikh et al., 2007)

对肉进行嫩化处理时，外源酶一般是利用植物蛋白酶，如木瓜蛋白酶、菠萝蛋白酶、无花果蛋白酶，对蛋白质的水解催化作用来裂解肌肉蛋白，酶可以在通过注射的方式在宰前进入动物体，也可以在宰后处理肉时加入到肌肉组织中。处理时要严格控制酶的使用量和作用时间，如果蛋白质的水解程度过大，会导致嫩化作用过度，就会使得肉失去应有的质地，严重时还会产生不良的风味。有关外源蛋白酶的使用见第 14 章的相关介绍。

8.3.3 凝胶性

肌肉盐溶蛋白质的胶凝能力是肉制品加工中重要的功能特性之一，它对产品质构和感官品质具有极其重要的作用。在畜禽肉制品加工中，红肉和白肉不仅在化学组成不同，在理化特性上也不同。从表 8.32 中可以看出不同来源肌球蛋白的热变性差异。鸡胸肉肌原纤维蛋白的凝胶强度和保水性大，牛肉和猪肉肌原纤维蛋白的凝胶强度和保水性居中，鱼肉则最小。相同来源的不同部位也存在差异，从鸡胸肉中提取的肌原纤维蛋白质的凝胶特性与鸡腿肉不同，这种不同导致不同类型肌肉制品的工艺特性各异。

表 8.32 肌肉蛋白的热变性条件

蛋白质	来源	条件			相变温度/℃				ΔH_{cal}/(J/g)
		pH	浓度/(mol/L)	升温速率/(℃/min)	T_{m1}	T_{m2}	T_{m3}	T_{m4}	
肌球蛋白	兔肉	6.0	0.96 KCl	10	44	51	60		14.9
	鸡胸脯肉	6.5	0.6 KCl	1	49	50	57	67	19.4
	鸡胸脯肉	6.5	0.6 KCl	1	48	54	57	63	—
	兔肉	7.0	0.5 KCl	1.5	43	46	49	54	15.0
肌球蛋白重链	鸡胸脯肉	6.5	0.6 NaCl	1	46	54	64		—
肌球蛋白轻链	兔肉		0.5 KCl	1	51				4.6
轻酶解肌球蛋白	兔肉	6.0	0.96 KCl	10	42	61			19.0
	鸡胸脯肉	6.5	0.6 NaCl	1	39	52			—
重酶解肌球蛋白	兔肉	6.0	0.96 KCl	10	48	58			15.2
	鸡胸脯肉	6.5	0.6 NaCl	1	18	55	59	63	—
肌球蛋白尾部纤维	兔肉	6.0	0.96 KCl	10	44	61		19.6	1.3
	兔肉	6.4	0.50 KCl	1	42	49	56		17.8
	鸡胸脯肉	6.5	0.6 KCl	1	45	50	56	63	—
	兔肉	7.0	0.50 KCl	1	47	57	60		19.8
	兔肉	7.0	0.50 KCl	1	43	54		20.2	6
S-1 亚基	兔肉	6.0	0.96 KCl	10	48				9.7
	鸡胸脯肉	6.5	0.6 NaCl	1	47				—
	兔肉	7.0	0.50 KCl	1.5	46				9.3
S-2 亚基	鸡胸脯肉	6.5	0.6 NaCl	1	47	51	54		—
	兔肉	6.6	0.60 KCl	1	41	51			8.4
	兔肉	7.0	0.50 KCl	1	45	56			8.6
肌球蛋白	抹香鲸		0.0	10	78				7.6

肌原纤维蛋白热诱导胶凝，对肉制品的特性起主要作用。通过研究，肌球蛋白、肌动蛋白和肌动球蛋白在凝胶形成中的作用已较清晰，即肌球蛋白单独可形成良好的凝

胶。肌动蛋白则根据凝胶体系中肌动蛋白与肌球蛋白的比例不同，对肌球蛋白的胶凝有协同或拮抗效应。已经提出胶凝机理，第一步是蛋白质受热而变性伸展，第二步是伸展的蛋白质因聚集作用而形成较大分子的凝胶体。蛋白质分子的解聚和伸展，使反应基团暴露出来，特别是肌球蛋白的疏水基团，有利于蛋白质-蛋白质之间的相互作用，是蛋白质发生聚集的主要原因（Amity and Jenni，2006）。相对分子质量大且疏水氨基酸含量高的蛋白质，容易形成稳定的空间结构。近年来又提出稀溶液中肌球蛋白分子的胶凝机制，认为肌球蛋白分子的头-头聚集、头-尾聚集和尾-尾聚集是凝胶形成的基本机制。高温可增强蛋白质分子之间的相互作用，而冷却有利于氢键的形成，加热还可以使内部的疏水基暴露，促进二硫键的形成。大量的疏水相互作用和二硫键的存在，可使分子间的交联得到加强，有利于形成热不可逆的凝胶。此外，钙离子形成的盐桥，能提高凝胶的硬度和稳定性。

影响肌原纤维蛋白热致凝胶的因素很多，主要归纳如下：

（1）温度。不同温度处理会对肌纤蛋白质胶凝产生不同影响。pH 为 6.5、30℃加热 30 min，肌球蛋白分子形状不发生变化。35℃加热 30 min，肌球蛋白分子发生头-头聚集，形成约 20 nm 的团块，偶有尾-尾聚集。40℃加热 30 min，肌球蛋白分子以二聚体为主，同时也有寡聚体。44℃加热 30 min，主要以寡聚体形式存在，偶有单体的肌球蛋白。46～60℃加热 30 min，寡聚体之间发生聚集，形成复杂的空间结构。最新研究结果指出，肌球蛋白头部及尾部纤维形成凝胶的能力不同，导致肌纤维蛋白质形成凝胶的性能不同。肌球蛋白在温度大于 55℃时头部发生变性聚集，轻链的转变温度则是 45℃及 57℃，当温度小于 55℃时蛋白质重链及头部改善凝胶的结构，当温度大于 60℃时头部促进凝胶网络结构的形成。肌球蛋白分子受热展开，从分子的头部解离下轻链产生疏水片段，形成分子内及分子间的相互聚集，进而形成蛋白质空间结构。

（2）离子强度。当肌原纤维蛋白质悬浮于低离子强度缓冲溶液中，分子是粗糙无规律的聚集体。在 0.2 mol/L 离子强度下，肌原纤维片段聚集成一个蛋白质短链；当肌原纤维暴露于 0.6 mol/L 离子强度时，腰大肌蛋白质间有网络形成，并且凝胶有较大硬度和黏性（图 8.40）。若缓慢升高离子强度，腰大肌肌原纤维蛋白质则会发生解离形成束状网络纤维。

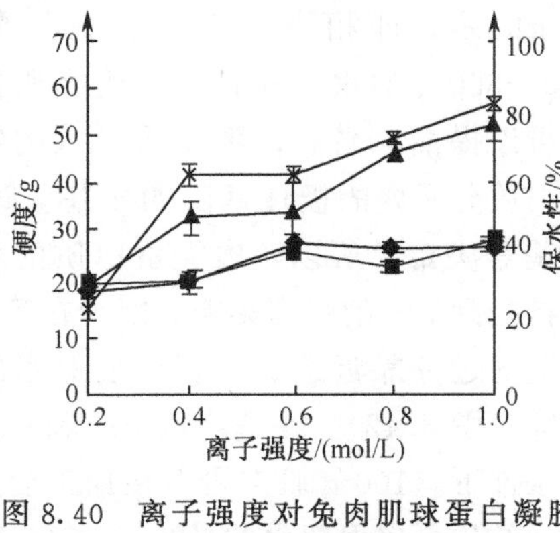

图 8.40　离子强度对兔肉肌球蛋白凝胶硬度和保水性的影响

■和▲表示腰大肌凝胶硬度和保水性；

◆和×表示半膜肌凝胶硬度和保水性

（3）肌肉类型。对鸡肉、火鸡肉、牛肉和兔肉的研究结果表明，与从红肌中提取的蛋白质相比，从白肌中提取的蛋白质表现了更高的凝胶形成能力。通过对仔鸡的红肌、白肌肌球蛋白热诱导凝胶特性的研究发现，红肌和白肌肌球蛋白的物理化学特性有明显的不同。由于肉的类型不同，蛋白质含量和凝胶强度各异。在偏酸性环境中（pH 5.2～6.0），鸡胸肉肌球蛋白溶液黏度大，凝胶强度大于鸡腿肉肌球蛋白的凝胶强度。在 pH 5.7 时，鸡胸肉肌球蛋白形成的纤丝较长，鸡腿肉肌球蛋白形成的纤丝较短。所以，鸡胸肉、鸡腿肉热诱导凝胶强度，与它们的形态特性紧密相关。在

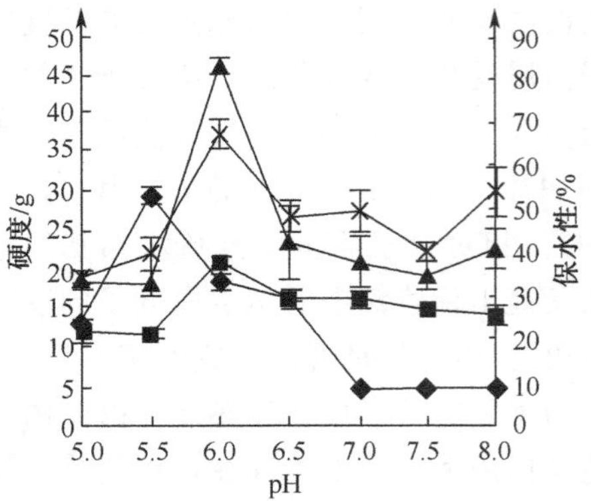

图 8.41 不同 pH 下兔肉肌球蛋白凝胶硬度和保水性

■和▲表示腰大肌凝胶硬度和保水性，◆和×表示半膜肌凝胶硬度和保水性

对鸡胸肉和鸡腿肉混合物中肌球蛋白热诱导胶凝能力的研究表明，在凝胶形成过程中，胸肉肌球蛋白的头-头与头-尾聚集大于腿肉肌球蛋白的尾-尾聚集，腿肉肌球蛋白的尾-尾聚集又大于胸肉肌球蛋白的尾-尾聚集，胸肉肌球蛋白的尾-尾聚集则大于腿肉肌球蛋白的头-头聚集和腿肉肌球蛋白的头-尾聚集。虽然鸡胸肉肌球蛋白热诱导凝胶的强度大于鸡腿肉的凝胶强度，但仔鸡腿肉凝胶的保水性高于鸡胸肉。

（4）pH。pH 与肌球蛋白凝胶持水力密切相关。从图 8.41 可以看出，腰大肌中肌球蛋白凝胶硬度在 pH 5.0～5.5 时没有显著差异，pH 增加到 6.0 时达到最大值，pH 升高到 6.5 时显著下降，pH 继续升高则不再有显著变化。而半膜肌中肌球蛋白凝胶硬度在 pH 5.5 时达到最大值，pH 5.5～7.0 时显著下降，pH 7.0～8.0 时差异不显著。

8.3.4 肉的保水性

在肉品加工中，肉的保水性不仅在成本上具有重要意义，在产品质地方面也有重要的影响。在早期的研究中已经发现，肉类的保水性由肌肉蛋白决定，主要的水结合作用来自于肌动球蛋白，只有 3%的水结合能力来自于可溶性肌浆蛋白。经测定，蛋白质含量在 20%～22%的肌肉 100g，可以结合 74～76 g的水，即相当于 100 g 蛋白质可以结合 350～360 g 的水，并且对于鱼类肌肉这个比例还可以提高。当然，蛋白质对水的结合，是由蛋白质分子内的极性基团如羧基、氨基、羟基、巯基等决定。所以，肉类蛋白质的水结合能力同样受到 pH 的强烈影响，因为在等电点时由于肽链的过分靠近造成了蛋白质对水的保留能力下降（图 8.42）。在适当的 pH 和一定的离子强度条件下，100 g 肌肉蛋白在加工后形成的凝胶空间结构可以保留水的量达到 700～800 g。不过，在动物被屠宰后、肌肉成熟前，肌肉蛋白的保水能力却降低，并且导致了肌肉的僵化。此时肌肉保水力的降低有 2/3 的作用来自于 ATP 的分解，1/3 来自于肌肉 pH 的降低。

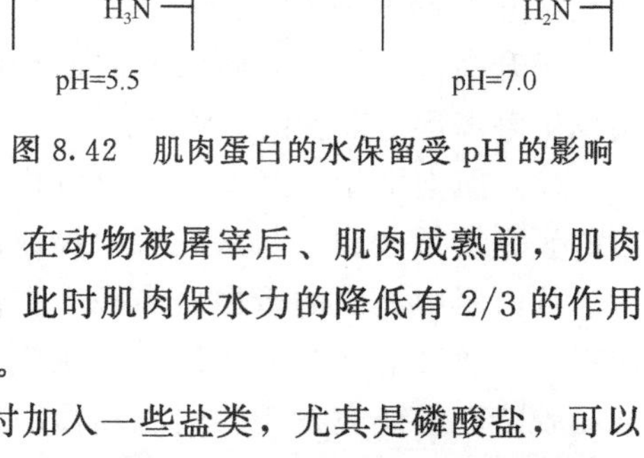

图 8.42 肌肉蛋白的水保留受 pH 的影响

肌肉在成熟过程后其保水能力能够提高，同时加入一些盐类，尤其是磷酸盐，可以大幅度地提高肌肉的保水能力。这就是磷酸盐之所以被称为肉类品质改良剂的原因。磷酸盐类能提高肉品的保水性，可以从以下的几点加以解释：

（1）磷酸盐类是碱性化合物，所以磷酸盐类的加入可以提高肉品的 pH，使其 pH 升至等电点以上，从而可提高蛋白质结合水的能力；

（2）磷酸盐类对于一些金属离子具有螯合能力，当它对肉中的一些金属离子进行螯合，可以将同 Ca^{2+} 、Mg^{2+} 结合的—COOH 游离出来，增加了蛋白分子之间的斥力，使蛋白质网状结构膨胀、网眼增大，因此提高肉的保水性能；

（3）磷酸盐类可以将肌动球蛋白解离为肌动蛋白和肌球蛋白，而肌球蛋白的持水力强，从而有利于保水性的提高；

（4）磷酸盐类的加入可以提高离子强度，从而增加了蛋白质的溶解性，有利于蛋白质向溶胶状态转化，从而提高了蛋白质的水结合能力。

肉品加工中允许使用的磷酸盐类包括正磷酸盐（如磷酸钠、磷酸氢钠等）、焦磷酸盐（如焦磷酸钠）和偏磷酸盐（如六偏磷酸钠）。在与磷酸盐混合存在时，$MgCl_2$ 使鸡胸肉蛋白质凝胶的保水性提高程度最高，$CaCl_2$ 的作用次之，$ZnCl_2$ 最低。有报道指出，磷酸盐在肉中发生了解离，以多种分子形式存在于肌肉组织中，有些分子形式对肌肉的蛋白功能特性有促进作用，但有些形式没有作用，因此磷酸盐在肌肉中的解离程度及不同的分子存在方式可能决定了其产生的效果，具体形式和作用机理还不清楚。此外，磷虽然是人体的重要无机元素，正常的摄入不会在体内产生不良影响，但是滥用磷酸盐类则会造成人体内 Ca/P 失调，影响 Ca 的吸收，造成发育缓慢，骨骼、牙齿质量不好等不良后果，因此必须反对磷酸盐在肉类食品中的滥用，控制它在食品中的应用量及应用范围。

第9章 植物源蛋白

9.1 大豆蛋白

大豆蛋白是最有发展潜力的植物蛋白资源。大豆中蛋白质含量丰富，约占40%左右，含量高于一般的动物食品，必需氨基酸组成与动物蛋白接近，明显优于其他植物蛋白，消化率接近或超过动物蛋白。同时，大豆蛋白还具有优良的功能特性，对食品的组织结构有重要贡献。

9.1.1 大豆蛋白的组成

大豆的籽粒由种皮、胚和子叶三部分组成，其蛋白含量见表9.1。用水抽提脱脂大豆可得90%的蛋白质，在离子强度为0.5的介质中，按照超离心时的沉降模式，大豆蛋白可分为2S、7S、11S和15S，比例为22%、37%、31%和11%（因品种不同），这里S代表Svedburg单位，见表9.2。在pH 4.5～4.8酸性条件下，用水提取出的大豆蛋白，80%在此等电点沉淀。酸沉淀蛋白质也称球蛋白，免疫学上分为球蛋白、α-、β-、γ-浓缩球蛋白4种。酸沉淀时上层清液为乳清蛋白，主要成分为2S与7S组分。

表9.1 大豆各部位的化学组成

名称	水分/%	粗蛋白（N×6.25）/%	糖类/%	粗脂肪/%	灰分/%
整粒	9（5～17）	40（36～45）	17（14～24）	18（13～24）	4.6（3～6）
子叶	10.6	41.3	14.6	20.7	4.4
种皮	15.2	7.0	21.0	0.6	3.8
胚	12.0	36.9	17.3	10.5	4.1

表9.2 水浸提大豆蛋白的超离心组成

沉降系数（S_{w20}）	含量/%	组成	相对分子质量
2S	22	2S球蛋白	18 200～32 600
		胰蛋白酶抑制剂	8 000～21 500
		细胞色素c	12 000
7S	37	β-淀粉酶	110 000
		血细胞凝集素	102 000
		脂氧合酶	61 700
		7S蛋白	180 000～210 000
11S	31	11S蛋白	350 000
15S	11	球蛋白聚合物	600 000

7S蛋白和11S蛋白为大豆蛋白的主要成分，共占总蛋白的70%左右。11S蛋白分

子质量为 302～375 kDa，由 6 个酸性亚基（A1、A2、A3、A4、A5、A6）和 6 个碱性亚基（B1、B2、B3、B4、B5、B6）构成，酸、碱亚基之间以二硫键连接。A1、A2、A4 分子质量为 34.8 kDa，A3 为 45 kDa，A5 为 10 kDa。B1、B2、B3、B4 分子质量为 21 kDa。7S 蛋白分子质量为 141～170 kDa，由 α′、α 和 β 三个亚基通过疏水相互作用缔合，形成的空间结构如图 9.1 所示。

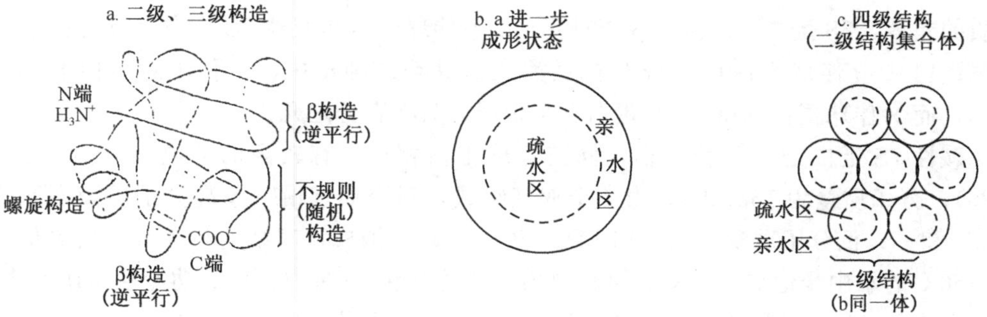

图 9.1　大豆蛋白的三级结构

离子强度和 pH 变化，导致大豆球蛋白的不同聚合-解离行为（图 9.2）。在离子强度为 0.5、pH 为 7.5 的缓冲液中，不发生解离和结合，此标准缓冲溶液极广泛地应用于大豆蛋白的溶解。在中性 pH 和高离子强度（大于 0.5）、酸性条件下（pH 小于 4.8）时，以 7S 形式存在，在 pH 4.8～11.0 和低离子强度（小于 0.2）则以 9S（二聚体）形式存在。所以大豆蛋白的超离心组成实际上是由分离条件确定的。

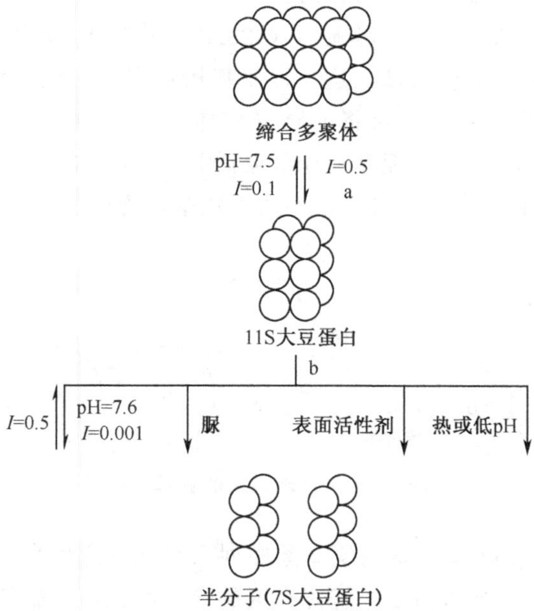

图 9.2　不同条件下大豆球蛋白的解离和聚合

9.1.2　7S 蛋白和 11S 蛋白

1. 7S 蛋白

与 11S 蛋白不同，大豆 7S 蛋白含 3.8%甘露糖和 1.2%氨基葡萄糖，11S 则不含糖质。7S 中糖基部分与天冬氨酸结合，1 分子 7S 蛋白结合有 5 或 6 个糖基。根据其理化性质的差异，7S 蛋白可以分为 *β*-伴球蛋白、*γ*-伴球蛋白和碱性 7S 蛋白（也有称之为 *α*-伴球蛋白）。*β*-伴球蛋白广泛分布在豆类或非豆类的种子中，占种子总蛋白的30%～50%，而 *γ*-伴球蛋白和碱性 7S 蛋白含量很低，只有百分之几。

碱性 7S 蛋白是一种糖蛋白，同其他球蛋白相比，有较高的等电点（pH 9.05～9.26），分子质量为 168 kDa，由 4 个亚基组成，每个亚基由一条高分子质量多肽（26 kDa）和一条低分子质量多肽（16 kDa）通过二硫键构成，其结构与 11S 蛋白类似。在 50～60℃的水中浸泡成熟大豆，可释放出大量的碱性 7S 蛋白，但其功能性质还不清楚。*γ*-伴球蛋白也是一种糖蛋白，糖含量约为 5%，分子质量为 170 kDa，由 3 个亚基组成，N 端氨基酸残基不同于其他球蛋白，血清学性质也不同于其他球蛋白，离子强度在 0.1～0.5 变化时不出现解离-聚集现象。在降低离子强度时，可逆形成二聚体 9S，而不再存在 *γ*-伴球蛋白。

β-伴球蛋白的分子质量为 150～200 kDa，4 个亚基分别为 α(68 kDa)、α′(72 kDa)、β(52 kDa) 和 γ 亚基，γ 亚基的大小与 β 亚基类似，它们呈平面三角形堆积形成 7S 蛋白（图 9.3）。*β*-伴球蛋白也是一种糖蛋白，含 5 或 6 个糖基，α′亚基和 α 亚基含有两个糖基，其 *N*-糖基序列为：α（N199G200T201，N455A456T457），α′（N215G216T217，N489A490T491）；β 亚基含有 1 个糖基（N328A329T330）。每摩尔蛋白质的糖基部分有 38 个甘露糖和 12 个葡萄糖残基。这 3 种亚基相互作用形成 6 种异构体，α 亚基、α′亚基和 β 亚基比例不同。有人提议将 6 种异构体分为 3 组：A 组包括 B_1 和 B_2，含有 2 mol β亚基和 1 mol α 亚基或 α′亚基；B 组包括 B_3 和 B_4，含有 1 mol β 亚基和 2 mol α 亚基或 α′亚基；C 包括 B_5 和 B_6，分子中不含 β 亚基，含有 1 mol α′亚基和 2 mol α 亚基或3 mol α亚基。

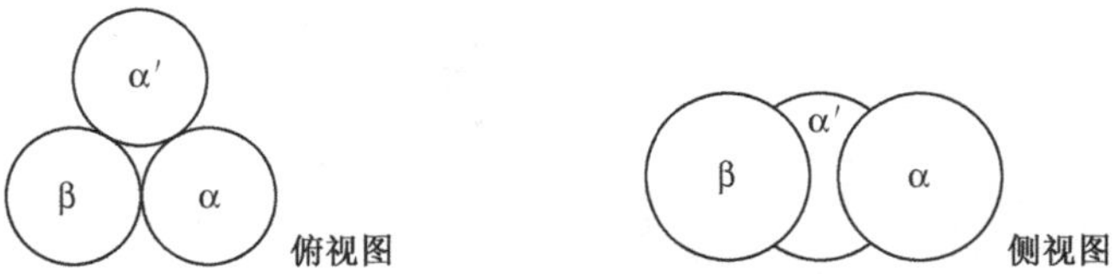

图 9.3　*β*-伴球蛋白的亚基结构

α 亚基、α′亚基和 β 亚基 N 端的氨基酸序列已经被测定出来，如图 9.4 所示，从 N 端的氨基酸序列看出，α 亚基和 α′亚基有高度的同源性，而 β 亚基的 N 端的氨基酸序列与 α 亚基和 α′亚基完全不同。但是，3 种亚基的氨基酸组成类似（表 9.3），半胱氨酸、甲硫氨酸和色氨酸含量较低。α 亚基、α′亚基和 β 亚基的组氨酸含量不同，可导致其等电点不同，分别为 5.2、4.9 和 5.7。β 亚基中疏水氨基酸（丙氨酸、缬氨酸、亮氨酸和苯丙氨酸）含量比 α′亚基和 α 亚基略高，α′亚基和 α 亚基的碱性氨基酸（赖氨酸和精氨酸）含量比 β 亚基高些。

α′亚基　NH_2—Val—Glu—Glu—Glu—Glu—Glu—(　)—(　)—Glu—(　)—(　)—Ile

α 亚基　NH_2—Val—Glu—Lsy—Glu—Glu—(Ser)— Glu —(Glu)—Glu—(Glu) —Ile—Pro

β 亚基　NH_2—Leu—Lsy—Val—Agr—Glu—Asp—Glu—Asn—Asn—Pro—Tyr—Leu

图 9.4　α 亚基、α′亚基和 β 亚基 N 端的氨基酸序列

表 9.3　大豆 β-伴球蛋白的氨基酸组成和相对分子质量

氨基酸	α 亚基		α′亚基		β 亚基	
	数量	mol%	数量	mol%	数量	mol%
Ala	23	3.98	23	4.23	22	5.28
Arg	38	6.58	43	7.91	29	6.97
Asn	37	6.41	37	6.81	33	7.93
Asp	28	4.85	27	7.97	21	5.04
Cys	1	0.17	1	0.18	0	0
Gln	52	9.01	45	8.28	33	7.93
Glu	79	13.69	77	14.18	37	8.89
Gly	29	5.02	24	4.41	18	4.32
His	20	3.46	6	1.10	8	1.92
Ile	28	4.83	30	5.52	26	6.25
Leu	41	7.10	45	8.28	42	10.09
Lys	38	6.58	31	5.70	21	5.04
Met	4	0.69	1	0.18	0	0
Phe	29	5.02	27	4.97	28	6.73
Pro	33	5.71	38	6.99	21	5.04
Ser	40	6.93	39	7.18	31	7.45
Thr	14	2.42	11	2.02	10	2.40
Trp	2	0.34	1	0.18	0	0
Tyr	13	2.25	13	2.39	12	2.88
Val	28	4.85	24	4.41	24	5.76
总量	577	99.89	543	99.89	416	99.92
相对分子质量	67 237		63 149		48 015	

2. 11S 蛋白

大豆 11S 蛋白被认为是一种单一蛋白，不含糖基。每个 11S 蛋白都有两条多肽链，一条链具有酸性等电点，另一条具有碱性等电点，即通常所说的酸性亚基（A_s）和碱性亚基（B_s），分子质量约为 35 kDa 和 20 kDa，两条链通过一个二硫键相连（表 9.4）。每条酸性亚基多肽链的 C 端含有 Asn 残基，每条碱性亚基多肽链的 N 端含有 Gly 残基。由酸性、碱性多肽链可以构成 5 种可以识别的亚基：$A_{1a}B_{1b}$（G_1）、A_2B_{1a}（G_2）、$A_{1b}B_2$（G_3）、$A_5A_4B_3$（G_4）和 A_3B_4（G_5），其氨基酸组成见表 9.5，含量最多的氨基酸为谷

氨酸残基和天冬氨酸残基，同时，11S 蛋白所含的酸性氨基酸约一半被酰胺化。与 7S 蛋白相比，11S 蛋白中的色氨酸和半胱氨酸的含量是 7S 蛋白的 5～6 倍，其中，胱氨酸残基和二硫键的含量远高于 7S 蛋白。每种亚基中胱氨酸残基和二硫键位置见图 9.5。11S 蛋白中的赖氨酸含量较高，甲硫氨酸含量较低，疏水氨基酸（Ala，Val，Ile，Leu 和 Phe）和亲水氨基酸（Lys，His，Agr，Asp，Glu）所占比例分别为 23.5% 和 46.7%。碱性亚基中的谷氨酸、脯氨酸和半胱氨酸的含量比酸性亚基低。11S 蛋白的等电点为 4.6，酸性亚基的等电点为 4.7～5.4，其中 A_1、A_2 和 A_3 的等电点分别为 4.75、5.15 和 5.40；碱性亚基的等电点为 8.0～8.5，其中，B_1、B_2 和 B_3 的等电点分别为 8.00、8.25 和 8.50。纯 11S 蛋白的 N 端分析表明，11S 至少有 11 条多肽链，其中，8 条末端氨基酸是甘氨酸残基，2 条末端氨基酸是苯丙氨酸残基，2 条末端氨基酸是亮氨酸或异亮氨酸残基。

表 9.4　11S 蛋白的结构性质及相对分子质量

相对分子质量	凝胶过滤	302 000±33 000
	沉降平衡	317 000±15 000
	沉降扩散	322 000±15 000
	通过亚基计算	326 000±35 000
	凝胶电泳	350 000±35 000
亚基数目	基本亚基	12个：6个酸性亚基(A_s)，6个碱性亚基(B_s)
酸性亚基分子质量	A_1，A_2，A_4，A_5	38 000
	A_3	45 000
碱性亚基分子质量	B_1，B_2，B_3，B_4	～21 000
处理条件	经脲或 SDS 处理	A_1B_3，A_2B_3，A_3B_2，$2A_4B_4$
	经脲或 SDS 处理后又经 β-巯基乙醇处理	A_1A_2，$2A_3$，$2A_4B_1$，$2B_3$

表 9.5　11S 蛋白中亚基的氨基酸组成及相对分子质量

氨基酸	$A_{1a}B_{1b}$				$A_{1b}B_2$				A_2B_{1a}				A_3B_4				$A_5A_4B_3$			
	T		A	B	T		A	B	T		A	B	T		A	B	T		A	B
	C	mol/%	C	C	C	mol/%	C	C	C	mol/%	C	C	C	mol/%	C	C	C	mol/%	C	C
Ala	27	5.67	11	16	28	6.06	12	16	31	6.63	14	17	18	3.65	8	10	22	4.08	9	13
Arg	27	5.67	17	10	29	6.27	17	12	29	6.20	20	9	33	6.70	21	12	36	6.67	26	11
Asn	37	7.77	19	18	36	7.79	17	19	40	8.56	21	19	33	6.70	17	16	33	6.12	18	15
Asp	17	3.57	11	6	16	3.46	10	6	18	3.85	12	6	24	4.87	20	4	30	5.56	27	3
Cys	8	1.68	6	2	8	1.73	6	2	8	1.71	6	2	6	1.21	4	2	6	1.11	4	2
Gln	48	10.08	36	12	49	10.6	35	14	51	10.92	37	14	45	9.14	34	11	48	8.90	35	13
Glu	41	8.61	32	9	38	8.22	30	8	37	7.92	29	8	42	8.53	34	8	55	10.2	44	11
Gly	35	7.35	25	10	31	6.70	21	10	34	7.28	23	11	40	8.13	25	15	37	6.86	24	13
His	8	1.68	5	3	6	1.29	4	2	4	0.85	2	2	15	3.04	12	3	15	2.78	10	5
Ile	26	5.46	15	11	24	5.19	14	10	23	4.92	13	10	17	3.45	11	6	21	3.89	14	7

续表

氨基酸	$A_{1a}B_{1b}$				$A_{1b}B_2$				A_2B_{1a}				A_3B_4				$A_5A_4B_3$			
	T		A	B	T		A	B	T		A	B	T		A	B	T		A	B
	C	mol/%	*C*	*C*	*C*	mol/%	*C*	*C*	*C*	mol/%	*C*	*C*	*C*	mol/%	*C*	*C*	*C*	mol/%	*C*	*C*
Leu	33	6.93	16	17	31	6.70	14	17	33	7.06	15	18	34	6.91	18	16	37	6.88	20	17
Lys	24	5.04	18	6	18	3.89	13	5	18	3.85	12	6	18	3.65	12	6	27	5.00	19	8
Met	6	1.26	3	3	5	1.08	3	2	7	1.49	5	2	4	0.81	2	2	2	0.37	2	0
Phe	20	4.20	10	10	26	5.62	15	11	19	4.06	10	9	15	3.04	10	5	14	2.59	7	7
Pro	29	6.09	19	10	29	6.27	19	10	26	5.56	16	10	37	7.52	28	9	37	6.86	28	9
Ser	32	6.72	18	14	32	6.92	17	15	30	6.42	15	15	38	7.72	25	13	43	7.97	30	13
Thr	20	4.20	10	10	18	3.89	10	8	18	3.65	10	8	20	4.06	14	6	20	3.71	14	6
Trp	4	0.84	3	1	3	0.64	2	1	4	0.85	3	1	4	0.81	3	1	6	1.11	4	2
Tyr	11	2.31	7	4	10	2.16	7	3	11	2.35	6	5	15	3.04	7	8	15	2.78	6	9
Val	23	4.83	10	13	25	5.41	11	14	26	5.56	13	13	34	6.91	15	19	35	6.49	14	21
总量	476	99.96	291	185	462	99.89	277	185	467	99.89	282	185	492	99.89	320	172	539	100.0	355	185

注：T、A 和 B 分别代表整个亚基、酸性多肽和碱性多肽；C 表示氨基酸数量。

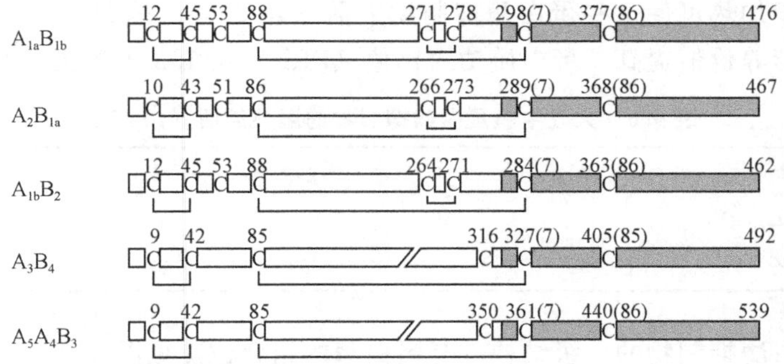

图 9.5　11S 各亚基中胱氨酸残基和二硫键的位置

□ 和 ■ 分别表示酸性和碱性多肽

大豆 11S 蛋白的空间构象，是同一层面上酸性亚基和碱性亚基的交替排列，通过疏水相互作用和二硫键连接在一起。11S 蛋白二聚体中含有 12 个亚基，由两个相同的六元环状单聚体，通过头-头结合在一起，形成一个 11 nm×11 nm×7.5 nm 的中空椭圆柱体，一些或所有的亚基都是非球形，导致中心空的部分堵塞，如图 9.6 所示。11S 蛋白分子的外形为外直径 11nm、厚 75nm 的圆饼形。11S 蛋白二级结构中主要是 β 折叠、β 转角和无规则卷曲，只有很少量的 α 螺旋，但也有相反的研究

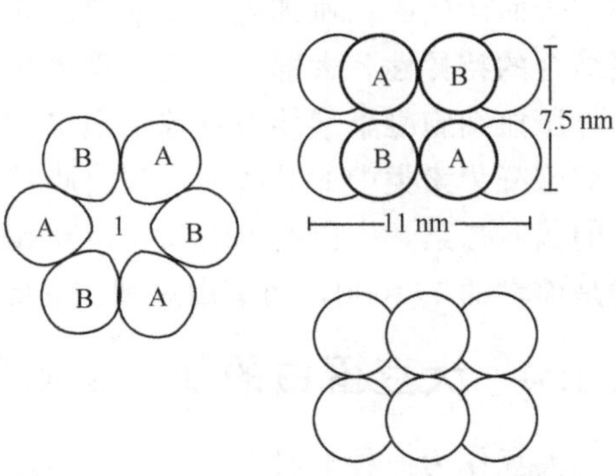

图 9.6　11S 蛋白亚基及二级结构示意图

结果。从氨基酸序列的分子模型推测，二级结构中含有 25%的 α 螺旋、25%的 β 折叠、42%的 β 转角和 8%的无规则卷曲，无论在溶液中还是在水化状态下，二级结构都是相同的（Renkema et al.，2001）。二级结构中的有序结构受多种因素影响，碱处理使有序结构减少，尤其是 β 折叠结构；碱处理后再经乙醇处理，有序结构（尤其是 α 螺旋）增加，无规则卷曲结构减少；乙酰化后，β 折叠结构减少，无规则卷曲结构增加。

9.1.3 蛋白酶抑制物

大豆中存在的蛋白酶抑制物（protease inhibitor）是一种小分子蛋白质，体外试验中能与蛋白酶结合，或抑制蛋白酶活性。一般讲，此种结合作用的速度很快，所形成的复合物非常稳定。从大豆中分离得来的 Kunitz 抑制剂，是一种所谓的单头抑制物，由 181 个氨基酸组成，按化学计量 1∶1 与胰蛋白酶结合，显示出 2×10^{2} L/(mol · s) 的二级反应速率常数，在 pH 6.5 时的解离常数为 10^{-11} mol/L，这些是蛋白酶抑制剂的典型动力学参数。另一种被广泛研究的蛋白质为 Bowman-Birk 抑制物，它是一种双头抑制物，分子质量只有 8 kDa 左右，能在两个独立的位置与 1 分子胰蛋白酶及 1 分子胰凝乳蛋白酶结合。虽然对这些蛋白酶抑制物的结构和作用方式已经用物理-生化方法进行了大量的研究，但是它们在动物营养及毒理学方面的作用仍有相当大的部分是不清楚的。某些含有蛋白酶抑制物的生食品的营养价值之所以较低，可能与这些蛋白酶抑制物能影响蛋白质水解有关。由于加热可使这些蛋白酶抑制物失活（表 9.6），因此，湿黄豆经过中等程度加热处理后营养价值提高，蛋白质功效比值（PER）从 1.3 提高至 2.6。

表 9.6 大豆中胰蛋白酶抑制物的湿热灭活（100℃）

处理时间/min	0	3	6	9	12	15
抑制物浓度/(mg/g)	40	30	16.5	5.2	1.7	0.9
灭活率/%	0	25	59	87	96	98

这两种蛋白酶抑制物的一级结构、与蛋白酶的结合位点见图 9.7。

各种血细胞凝集素（hemagglutinin）也是蛋白质，它们都具有在试管内引起红细胞凝集的能力。此效应对每一种血细胞凝集素都是高度特异的，它是通过与红细胞血浆膜结合而产生的；血细胞凝集素曾被称为“植物血凝素”，这是由于它们与红细胞血浆膜结合的特异性。大部分血细胞凝集素是糖蛋白，含碳水化合物 4%～10%，然而，一种外源血细胞凝集素伴刀豆球蛋白 A 并不含有碳水化合物成分。当给动物喂食或注射血细胞凝集素类中的某些纯化蛋白质时，可导致动物死亡；最毒的是从蓖麻籽中分离出来的蓖麻毒素，大鼠的 LD_{50} 是 5 μg/kg。对照之下，大豆与菜豆中的外源血凝集素的毒性是前者的 1/1000，而小扁豆和豌豆的外源血细胞凝集素是无毒的。

9.1.4 大豆蛋白的加工及应用

大豆作为一种油料作物，其油脂是食品加工、日常生活油脂的重要来源。大豆经脱脂加工后得到的豆粕，主要成分为大豆蛋白和碳水化合物。在以压榨法生产油脂的工艺中，由于蛋白质所经受的温度较高，蛋白质变性程度大，功能性质差，通常用于动物饲料加工。而在以有机溶剂浸提法生产得到的蛋白质则不存在这些不足，通过进一步的加

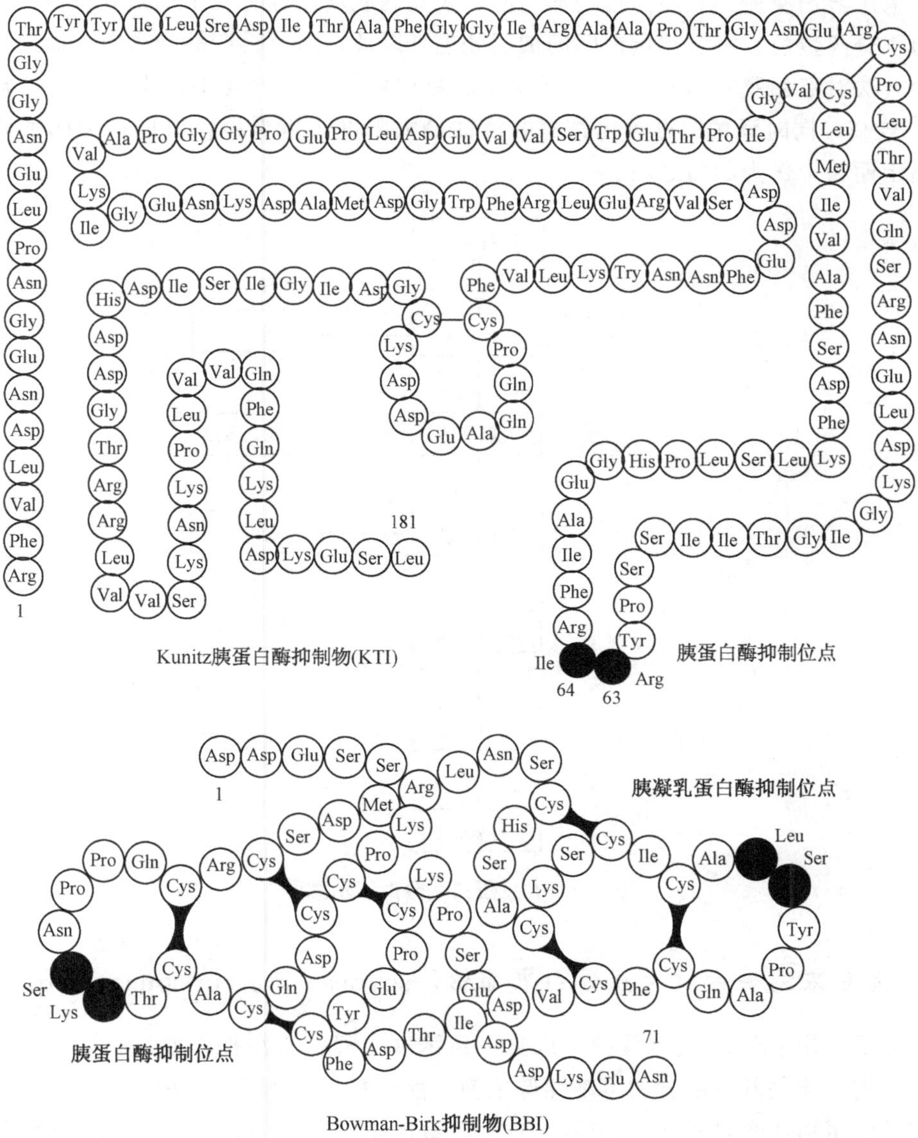

图 9.7　胰蛋白酶抑制物的结构与抑制作用位点

工，一般可以得到三种不同的大豆蛋白。图 9.8 列举了大豆蛋白综合加工的加工流程。

1. 脱脂豆粉（defatted soybean flour）

脱脂豆粉是目前系列大豆蛋白加工时最主要的原料，这是脱脂豆粉在食品工业中的主要用途之一。大豆在经过条件化、脱皮、压片处理后，利用有机溶剂如六号溶剂（主要成分为正己烷）连续浸提出大豆中的油脂后，所剩下的豆粕主要由大豆蛋白质和碳水化合物（可溶于水或不溶于水的）组成，残余的有机溶剂通过闪蒸法被脱除后，大豆中的抗营养因子如蛋白酶抑制物和血球凝集素可因为此时的加热处理而被灭活，蛋白质的功能性质得到很好的保留。脱脂豆粉中蛋白质含量约为 50%左右，可以直接用于一些谷物食品中进行蛋白质的强化，如用于面粉中。

在采用溶剂浸提大豆加工食用油之前，大豆的脱皮处理有利于脱脂豆粉以及后来浓缩蛋白、分离蛋白、组织化蛋白等的加工处理，以及最后所得产品的品质。而采用溶剂闪脱的方法对豆粕脱除有机溶剂，可以保证蛋白质的变性程度小，相应的氮溶解指数（NSI）较高，同时豆粕中过氧化物酶的活性最大限度得以保留，可以作为酶活脱脂豆粉应用于面粉中作为漂白之用。

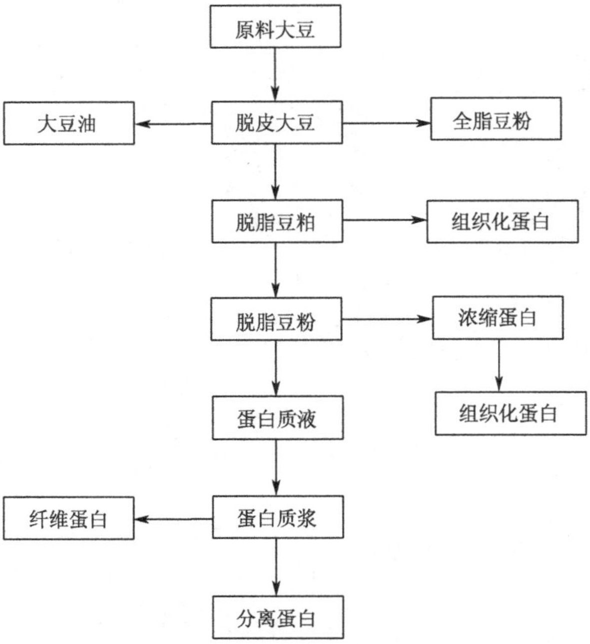

图 9.8　大豆蛋白综合加工示意图

2. 大豆浓缩蛋白（大豆蛋白浓缩物，soybean protein concentrate）

脱脂豆粉用 pH4.5 的水浸提，或含一定浓度乙醇的水浸提，或进行湿热处理后浸提处理，均可除去其中所含的可溶性低聚糖（所谓的胀气因子），并且可以将最后所得到的产品的蛋白质含量提高至 70%左右，而蛋白酶抑制物的含量水平由于在浸提时的损失而相应降低。不过，所进行的浸提处理也使脱脂豆粉中的一些蛋白质损失在乳清液中，最后产品的总收率约为原料的 2/3，通常 1000 kg 的脱脂豆粉可以生产出 750 kg 的浓缩蛋白。

在生产浓缩蛋白时如果采用醇浸提法，一般可以采用连续提取的处理方法，乙醇的适宜浓度为 60%（m/m）左右，生产过程中还要求进行溶剂回收（图 9.9）。由于乙醇对蛋白质本来就有一定的变性作用，故此原料豆粕不需要高的 NSI。但原料豆粕如果进行过高温处理时，会导致低聚糖与蛋白质的结合，所以低聚糖的提取率将降低以及蛋白质中赖氨酸损失较大，所以原料豆粕仍然以低温豆粕较好。在溶剂乙醇回收后得到的剩余物（大豆糖蜜，含固形物 50%）中，含有碳水化合物 60%、蛋白质及含氮化合物 10%、矿物质 10%、脂类 20%，所以残渣可以作为动物饲料进行综合利用。因此，整个加工过程基本无污染物质排出，有利于环境保护。此外，利用醇浸提法生产的浓缩蛋白中，异黄酮的含量较原料脱脂豆粉含量大大降低（异黄酮被乙醇提取），所以综合利用时可以从溶剂中回收大部分的大豆异黄酮。

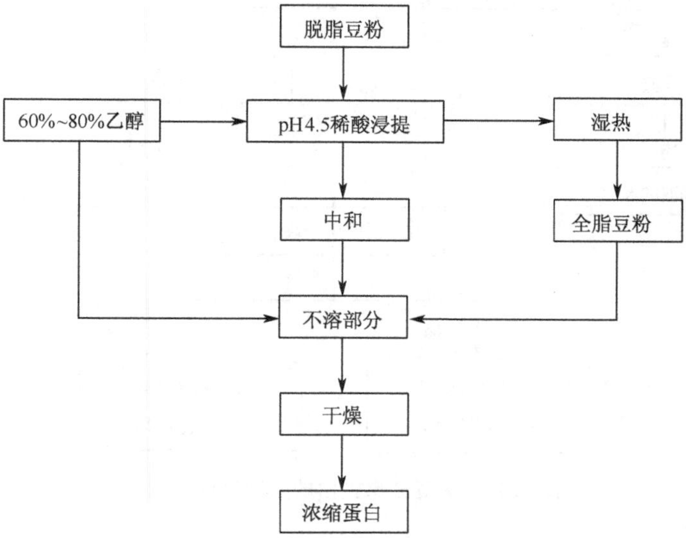

图 9.9　大豆浓缩蛋白的生产过程示意图

如果是采用酸浸提法或水浸提法时，虽然不存在溶剂的回收问题，并且相应的生产成本较低，但是由于物料分离后有相当量的豆乳清液排出（其中含有低聚糖和一些溶解的蛋白质），此废液需要经过处理才能排放至环境中，否则废液污染环境。但是，废液的处理是需要相当的运行成本来维持的；与醇浸提法不同的是，在以水为溶剂浸提时，原料脱脂豆粉中的异黄酮损失量较小。综合各种因素考虑来看，今后大豆浓缩蛋白的生产可能仍然以醇法浸提脱脂豆粕为好，不仅可减少污染，同时可进行大豆成分的综合利用。

3. 大豆分离蛋白（大豆蛋白分离物，soybean protein isolate）

用稀碱溶液浸提处理大豆的脱脂豆粉，分离出残渣后，提取液为蛋白质溶液；提取液在加酸酸化至等电点后，大豆蛋白沉淀出来，沉淀经过碱中和、喷雾干燥以后就得到大豆分离蛋白，如图 9.10 所示，所含蛋白质量超过 90%，基本不含纤维素、抗营养因子等物质，可以将其看成为真正的大豆蛋白质制品。大豆分离蛋白在水中的溶解度也较前面两种大豆蛋白产品的溶解度高，所具备的功能性质一般也是最好的，存在于大豆中的蛋白酶抑制物得到有效的降低，目前在食品加工中它是应用广泛的一个功能性蛋白质原料。但是在生产过程中，由于大豆蛋白在乳清液、残渣中的损失，其回收率较浓缩蛋白低得多，一般不会超过 40%，一般情况下为 1 t 脱脂豆粉可以得到 350 ～400 kg 的分离蛋白（中和后），所以产品的成本较高。产品在生产过程中进行氧化漂白后为黄白色，无味，具有很好的乳化、分散、胶凝以及增稠作用，在食品中的应用范围很广。一般分离蛋白对油的乳化能力可以达到 1 g 蛋白质分散 100～350 mL 油的水平，此外它对水的吸附能力可以达到 1∶4 的水平。

在工业化生产分离蛋白时，碱液浸提时的适宜 pH 范围为 7.5～10（一般选择 pH

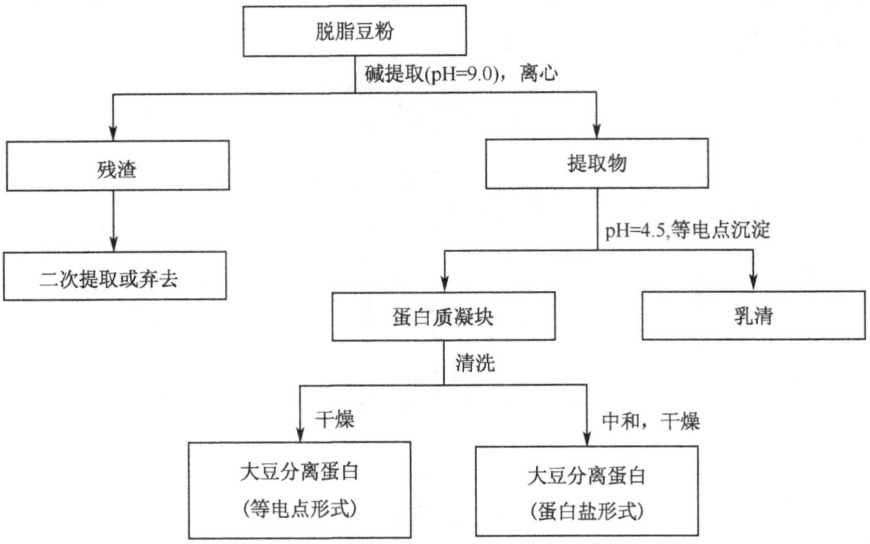

图 9.10　大豆分离蛋白的生产过程示意图

10)，温度一般不超过 80℃，对原料豆粕进行提取时对固/液的选择结果一般为（1∶10）～（1∶20）。当提取时间超过 30 min 时，原料豆粕的粒度对蛋白质的提取率影响不大，所以提取时间一般选择为 45～60 min；虽然过高的 pH 有利于蛋白质的提取，但是由于会导致蛋白质-碳水化合物之间的相互作用，以及脱氢丙氨酸、赖氨酸丙氨酸残基等有毒化合物的形成，影响蛋白质产品的营养价值，所以实际生产中提取选择的 pH 不会过高。

原料豆粕的性质对分离蛋白的生产有显著影响。原料豆粕的 NSI 高，则分离出的残渣中蛋白质的含量低；同时提取后残渣的分离方法对蛋白质的回收率也有明显的影响，相对于筛网过滤，采用离心分离的方法可以保证更彻底地分离出所提取出的蛋白液，从而有利于蛋白质回收率的提高；如果对第一次浸提时分离出的残渣进行二次浸提，则可以在整体上提高分离蛋白的回收率，这是我国的一些生产企业蛋白质回收率较高的一个重要原因。

分离蛋白的生产时酸沉淀工序仍然有豆乳清的排出，所以对环境的污染也是当前需要解决的问题之一。虽然利用膜技术（超滤、反渗透）可以对豆乳清中的蛋白质、低聚糖等成分进行回收并综合利用，但由于在处理过程中膜的成本很高和使用寿命较短等问题，生产分离蛋白的污染问题并未得到真正解决。

分离蛋白在食品中的应用一般集中在与肉类相关的一些食品加工中，典型的例子如香肠、火腿肠等食品中作为乳化剂、稳定剂，分离蛋白的作用是提高混合后物料对水的结合能力，提高最后产品的品质，分离蛋白的用量一般在 1%～4%水平；分离蛋白加入到鱼肉糜类食品中所发挥的作用也是如此。有时分离蛋白在焙烤食品中可以替代乳蛋白，加入到面粉中对蛋白质进行强化；在婴儿食品中添加分离蛋白，其优点是不含乳糖（适用于乳糖不耐者）、不含纤维素。此外分离蛋白还可以应用于像咖啡伴侣、冰淇淋等食品中替代乳制品。

表 9.7 和表 9.8 给出了有关大豆蛋白质产品的一些营养组成情况，从数据看出，三

种大豆蛋白制品与全大豆的氨基酸营养组成相似，只有含硫氨基酸的含量较低，所以大豆蛋白产品的营养价值较高；而大豆蛋白产品中的矿物质含量问题，则由于进行碱中和处理的缘故，所以其中的 NaCl 含量水平有时较高。

表 9.7　大豆蛋白产品的必需氨基酸组成（g/100g）

蛋白质	Ile	Leu	Lys	Met+Cys	Phe+Tyr	Thr	Trp	Val
脱脂豆粉	4.6	7.8	6.4	2.6	8.8	3.9	1.4	4.6
大豆浓缩蛋白	4.8	7.9	6.4	2.8	8.9	4.5	1.6	5.0
大豆分离蛋白	4.9	8.2	6.4	2.6	9.2	3.8	1.4	5.0

表 9.8　大豆蛋白产品中一些矿物质的含量（%）

成分	脱脂豆粉	大豆浓缩蛋白	大豆分离蛋白
K	2.4～2.7	0.1～2.4	0.1～1.4
P	0.7～0.9	0.6～0.9	0.5～0.8
Ca	0.2～0.3	0.2～0.4	0.1～0.2
Mg	0.2～0.3	0.3	0.03～0.09
Cl	0.1～0.3	0.7	0.13
Fe	0.01	0.01～0.02	0.01～0.02
Zn	0.005	0.005	0.004～0.009
Mn	0.003～0.004	0.005	0.002
Na	0.003～0.015	0.002～1.2	0.04～1.2
Cu	0.001～0.002	0.001～0.002	0.001～0.02

当利用大豆蛋白生产组织化蛋白时，脱脂豆粉和大豆浓缩蛋白适用于蛋白质的热塑性挤压加工而得到各种形状的组织化大豆蛋白，而大豆分离蛋白不仅适用于热塑性挤压生产组织化蛋白，还适用于蛋白质的纤维形成来生产人造肉，只不过是其成本要远远高于前两者。所以在国内外的组织化蛋白生产时以大豆浓缩蛋白的应用较为广泛，而大豆分离蛋白在食品加工中也有广泛的应用。

9.1.5　大豆蛋白的分级提取

在大豆蛋白中，不同的大豆蛋白其功能性质不同，因此可以对大豆蛋白组分进行分别提取或沉淀，以得到富含某种主要组分的大豆蛋白，即分级大豆蛋白（fractionated soybean protein）。对大豆蛋白中的不同组分的分级，可以通过盐溶液的提取方法，来达到分离出 7S 蛋白、11S 蛋白的目的。一个比较常用的分离方法为图 9.11 所示的方法。

大豆蛋白的分级提取还可以采用第二种方法，此法有些类似于大豆分离蛋白的生产过程。脱脂豆粉在经过 pH 8.0 的水浸提后，离心分离，得到的清液用盐酸调节 pH 至 4.2，分离出蛋白质沉淀物；蛋白质沉淀物重新分散于 0.1 mol/L 的 NaCl、7.5 mmol/L的亚硫酸氢钠溶液中，并用 NaOH 溶液调节 pH 至 5.3；在此酸度条件下，7S 蛋白保持溶解，而不溶解物主要为 11S 蛋白，如此就可以分离出富含 11S 蛋白和 7S

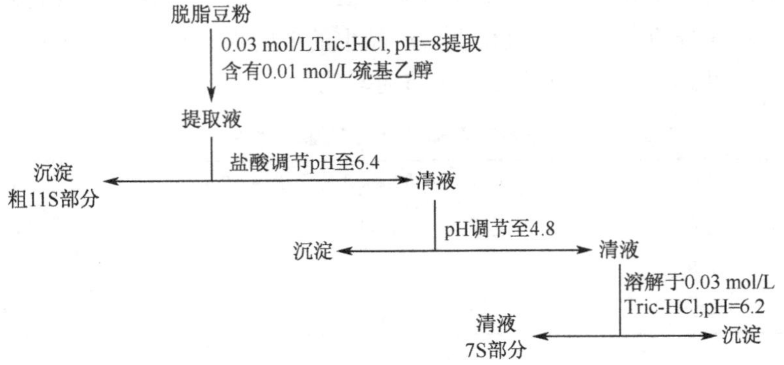

图 9.11　大豆蛋白的分级提取条件及过程

蛋白的所谓分级蛋白。

9.2　谷物蛋白

9.2.1　谷物及谷物蛋白的化学组成

谷物也是人类食用历史悠久的主要食物。世界蛋白质产量的 80％为植物蛋白，谷物蛋白约占植物蛋白的 70％。谷物蛋白主要是指从谷物的胚乳及胚中分离提取出来的蛋白质，已被食品工业应用的谷物蛋白主要有小麦蛋白、大米蛋白和玉米蛋白。从其化学组成特征来看，谷物蛋白含量比较低，且氨基酸组成存在必需氨基酸不平衡问题。同时，有相当一部分氮元素是以非蛋白氮的形式存在。表 9.9 列举了几种谷物食物的化学组成。

表 9.9　谷物食物的一般组成（％）

谷物	碳水化合物	蛋白质	脂肪	水分
标准面粉	74.6	9.9	1.8	12
玉米粉	70.2	8.4	4.3	13.4
大米	74.5	7.1	2.4	14
高粱	71	9	3.8	13.8

谷物中的蛋白质可以根据溶解性将其分为四大类：清蛋白（albumin，水溶）、球蛋白（globulin，盐溶）、谷蛋白（glutelin，酸或碱溶）和醇溶谷蛋白（prolamin，70％乙醇溶解）。这几种蛋白质在谷物中的含量随品种、地域、生长条件的不同而有所变化，一般的谷物中各种蛋白质的分布、蛋白质主要组成和化学特征如表 9.10、表 9.11 和表 9.12 所示。

表 9.10　几种谷物食品中蛋白质的分级组成（％）

谷物	清蛋白	球蛋白	醇溶谷蛋白	谷蛋白
小麦	5	10	69	16
大米	5	10	5	80
玉米	4	2	55	39
高粱	8	8	52	32

表 9.11　三种谷物中醇溶谷蛋白的组成情况

小麦		大麦		玉米	
成分	相对分子质量	成分	相对分子质量	成分	相对分子质量
α-麦醇溶谷蛋白	32	B-大麦醇溶谷蛋白	35～46	20K	20～21
β-麦醇溶谷蛋白	40	C-大麦醇溶谷蛋白	45～72	22K	22～23
ω-麦醇溶谷蛋白	40～72	D-大麦醇溶谷蛋白	100	9K	9～10
高分子质量亚基	95～136			14K	13～14

表 9.12　谷蛋白的一些化学特征

蛋白质	氨基酸组成化学特征
醇溶谷蛋白	富含硫部分（α-、β-、γ-麦醇溶谷蛋白），含谷酰胺 32%～42%、脯氨酸 15%～24%、苯丙氨酸 7%～9%、半胱氨酸 2%；硫缺乏部分（ω-麦醇溶谷蛋白），含谷酰胺 42%～53%、脯氨酸 20%～31%，不含半胱氨酸
麦谷蛋白	低相对分子质量，含谷酰胺 33%～39%、甘氨酸 13%～18%
高分子亚基	相对分子质量较麦谷蛋白高，半胱氨酸含量 0.5%～1%

由于谷物蛋白中醇溶谷蛋白与谷蛋白的总量超过 85%，所以谷物蛋白质的营养价值依赖于这两种蛋白质。但是，由于醇溶谷蛋白中赖氨酸的含量很低，所以整体上谷物蛋白的限制性氨基酸一般是赖氨酸（表 9.13），谷物蛋白的营养价值也就相对较低。谷物蛋白的营养不足可以通过食物蛋白质之间的互补作用克服，例如，谷物蛋白同大豆食品间的互补作用就被广泛的利用。

表 9.13　一些谷物食品中蛋白质的限制性氨基酸

谷物	小麦	玉米	大米	高粱	小米
第一限制氨基酸	赖氨酸	赖氨酸	赖氨酸	赖氨酸	赖氨酸
第二限制氨基酸	苏氨酸	色氨酸	苏氨酸	苏氨酸	苏氨酸

9.2.2　小麦蛋白

不同品种的小麦其蛋白质含量不同，一般蛋白质含量占总粒重的 8%～16%，制成面粉后蛋白质含量为 8%～15%（表 9.14）。小麦蛋白可按其溶解度分为清蛋白（albumin）、球蛋白（globulin）、麦醇溶谷蛋白（gliadin）和麦谷蛋白（glutenin），见图 9.12。清蛋白占小麦蛋白总量的 3%～5%，主要存在于胚中，能溶于水和稀盐溶液，热稳定性差，60℃时可变性。球蛋白占小麦蛋白的 6%～10%，溶于 10% NaCl，不溶于水。麦醇溶谷蛋白占小麦蛋白总量的 40%～50%，是小麦的主要蛋白，不溶于水及中性盐溶液，溶于 70%～90%的乙醇。麦谷蛋白占小麦总蛋白的 30%～40%，不溶于水或乙醇，溶于酸或碱溶液。麦醇溶谷蛋白和麦谷蛋白是面筋蛋白的主要成分，是评价小麦粉优劣的主要指标。依照组成蛋白质肽链的多少，可以将小麦蛋白分为单体蛋白（由 1 条肽链构成）和聚集体蛋白（2 条以上肽链构成）。聚集体蛋白中大约有 85%是麦谷蛋白，单体蛋白主要由麦醇溶谷蛋白、清蛋白和球蛋白构成。清蛋白和球蛋白主要沉积在胚、糊粉层中，少部分存在于胚乳，分子质量为 12～60 kDa，含较多的赖氨酸、色氨酸和甲硫氨酸（表 9.15），是细胞之中的酶蛋白，参与各种代谢，营养平衡较好，决定小麦的营养品质。

表 9.14 小麦粉的化学组成（%）

品种	水分	蛋白质	脂肪	糖类	纤维	灰分
薄力粉	14.0	8.3	0.9	76.2	0.2	0.4
中力粉	14.5	8.5	1.0	75.3	0.3	0.4
强力粉 1	14.3	11.0	1.1	72.6	0.3	0.5
强力粉 2	14.0	12.6	1.1	71.2	0.3	0.4
特强粉	12.9	14.1	3.3	67.7	0.4	1.2

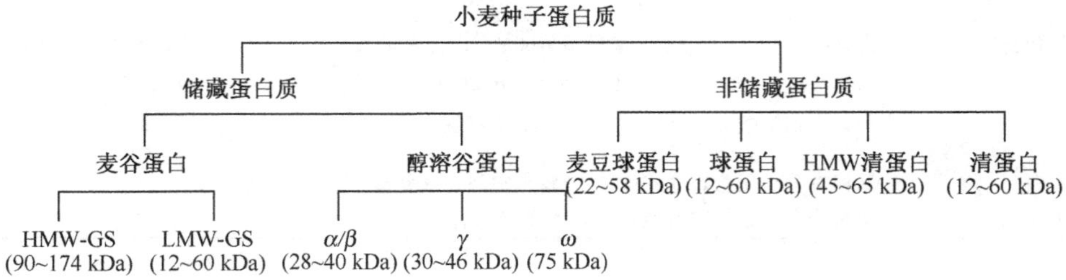

图 9.12 小麦蛋白组成分类及其相互关系

HMW：高相对分子质量；LMW：低相对分子质量；GS：谷蛋白

小麦蛋白的氨基酸组成见表 9.15，氨基酸组成存在一定差异，麦醇溶谷蛋白和麦谷蛋白含有丰富的谷氨酸（主要以酰胺形式存在，约占氨基酸总数的 1/3）和脯氨酸（约占氨基酸总数的 1/7），清蛋白和球蛋白则富含赖氨酸和精氨酸，这种不同的氨基酸组成特点导致其溶解特性不同（Gupta et al.，1992）。

表 9.15 小麦蛋白质的氨基酸组成（以 g/16gN 计）

氨基酸	清蛋白	球蛋白	麦醇溶谷蛋白	麦谷蛋白	全麦粒蛋白质	面粉蛋白质	麦胚蛋白质	糊粉层蛋白质
丙氨酸	5.6	4.3	2.3	3.1	3.4	2.7	5.2	4.7
精氨酸	7.5	14.5	2.7	4.2	4.8	3.9	7.0	10.5
天冬氨酸	7.9	6.3	3.0	3.9	5.0	4.0	7.3	7.3
半胱氨酸	6.7	12.6	3.1	2.5	1.7	1.7	1.1	1.7
谷氨酸	17.7	5.9	40.0	34.1	31.4	34.6	15.7	15.0
甘氨酸	3.1	5.6	1.8	4.5	3.9	3.1	5.1	—
组氨酸	4.3	2.0	2.3	2.4	2.0	1.9	2.2	3.6
异亮氨酸	4.1	1.4	4.5	3.9	3.8	4.0	3.4	2.8
亮氨酸	10.7	9.2	7.2	6.9	6.6	3.8	5.7	5.5
赖氨酸	11.0	12.2	0.7	2.3	2.7	2.0	5.0	4.2
甲硫氨酸	0	0.4	1.5	1.7	1.7	1.7	1.8	1.4
苯丙氨酸	5.0	3.2	5.6	4.8	4.5	5.0	3.5	3.7
脯氨酸	8.4	3.3	14.7	11.0	10.1	11.7	5.6	3.6
丝氨酸	4.7	9.1	5.1	5.9	5.2	5.5	4.6	4.1
苏氨酸	2.9	4.5	2.3	3.3	2.9	2.8	3.4	2.9
色氨酸	—	—	0.7	2.1	1.2	1.0	1.0	—
酪氨酸	3.4	2.3	2.6	2.6	3.2	3.3	2.8	2.7
缬氨酸	8.1	2.2	4.4	4.5	4.7	4.5	4.9	5.0

麦醇溶谷蛋白是小麦蛋白的主要成分，为单体蛋白质，分子质量小，为 30 000～80 000 Da，分子无亚基结构，无肽链间二硫键，仅有分子内二硫键和较紧密的三维结构，呈球形，流动性较大，赋予面筋黏性。麦醇溶谷蛋白水合物具有很大的黏性，但抗延伸性很小。麦醇溶谷蛋白可分为数百种，主要分为 α-，β-，γ-和 ω-型。对麦醇溶谷蛋白不同组分的氨基酸序列进行分析证明，麦醇溶谷蛋白共有 3 种 N 端序列：α-型、γ-型和 ω-型，分别占麦醇溶谷蛋白总含量的 43.9%～59.9%、30.5%～45.6%和 6.2%～20.0%。从各组分的氨基酸组成来看，α-、β-和 γ-麦醇溶谷蛋白为富硫醇蛋白，ω-麦醇溶谷蛋白为贫硫醇蛋白，ω-麦醇溶谷蛋白富含谷氨酰胺、脯氨酸和苯丙氨酸，约占整个组成的 80%，甲硫氨酸含量小于 0.1%，缺乏半胱氨酸，故不能形成 S—S 键，同时，ω-麦醇溶谷蛋白表面疏水性不如 α-、β-和 γ-麦醇溶谷蛋白高，由于它的一些侧链是带电氨基酸残基，使其在面筋蛋白中亲水性最强。α-、β-和 γ-麦醇溶谷蛋白有着明显不同的 N、C 端区域，N 端序列富含谷氨酰胺、脯氨酸、苯丙氨酸和酪氨酸，α-、β-麦醇溶谷蛋白的重复单元为 12 肽，如 PQPQPFPQQPYP，通常重复 5 次，并且伴有单个残基的替换。γ-麦醇溶谷蛋白的典型重复单元为 QPQQPFP，其重复高达 16 次，并伴有其他残基的插入。α-、β-和 γ-麦醇溶谷蛋白的 C 端区域是相似的，C 端区域无重复序列，与 N 端区域相比，谷氨酰胺和脯氨酸的含量要少。通常 α-、β-和 γ-麦醇溶谷蛋白的 C 端区域分别含有 6 个和 8 个半胱氨酸，相应形成 4 个分子内 S—S 键（图 9.13），阻止和麦谷蛋白形成交联。从二级结构来看，ω-麦醇溶谷蛋白的结构不是紧密的，主要为 β 转角和少量的 α 螺旋、β 折叠结构，虽然 β 转角有规则地分布于整个肽链，但由于分子中半胱氨酸的缺乏，肽链间不能交联形成弹性聚合物。α-、β-和 γ-麦醇溶谷蛋白的 N 端区域具有 β 转角结构，这点和 ω-麦醇溶谷蛋白相似，但在肽链上分布不规则，C 端区域含有大量的 α 螺旋和 β 折叠结构，以 α 螺旋为主。麦醇溶谷蛋白中三种组分比例，因小麦品种和生长环境不同会有所差异，一般 α-、β-和 γ-麦醇溶谷蛋白含量较多，ω-麦醇溶谷蛋白含量较少。麦醇溶谷蛋白被认为是麦谷蛋白聚合的终止子（Peter and Nige，2001）。总之，麦醇溶谷蛋白的单肽链依靠氢键、疏水键和二硫键形成较紧密的球形三维结构，多由非极性氨基酸组成，赋予面团黏性和膨胀性，主要为面团提供延展性。

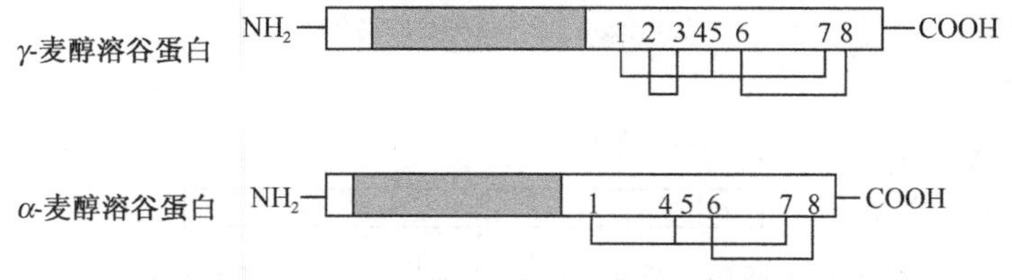

图 9.13　γ-麦醇溶谷蛋白和 α-麦醇溶谷蛋白氨基酸序列模式

标注的横线为分子内二硫键，黑色为重复区

麦谷蛋白是一种非均质的大分子聚合体，分子质量为 40 000～300 000Da，聚合体的相对分子质量甚至可高达数百万，每个小麦品种的麦谷蛋白由 17～20 种不同的多肽亚基组成，依靠分子内或分子间的二硫键连接，呈纤维状。麦谷蛋白分子分为 A、B 和 C 三个区，A 区为高相对分子质量的麦谷蛋白亚基（HMW-GS），HMW-GS 由 4～6 个亚基组成，分子质量为 90～147 kDa；B 和 C 区为低相对分子质量的麦谷蛋白亚基（LMW-

GS)，由 9～16 个亚基组成，分子质量为 12～60 kDa。HMW-GS 存在 3 个区域，即 N 端、C 端亲水区和中间疏水重复区。N 端、C 端分别由无重复的 81～104 个和 42 个氨基酸组成（图 9.14），分子表现为 α 螺旋结构，同时，这两个区段是半胱氨酸残基的集中区，表现出很强的亲水性，有利于产生二硫键，形成首尾相连的线状肽链分子，多个肽链（亚基）通过二硫键形成纤维状蛋白分子。分子的中间区段为强疏水区，由高度重复的 440～680 个氨基酸残基组成，残基以 β 转角结构排列，多个 β 转角结构以及在此基础上形成的螺旋结构，赋予面团弹性。另外，HMW-GS 多肽链中的甘氨酸残基含量高，从而保证了链的灵活性。这些可能是 HMW-GS 亚基为面团提供强度和弹性的结构基础。LMW-GS 分为 B 亚基、C 亚基和 D 亚基，B 亚基相对分子质量为 40～50 kDa，属于碱性蛋白，也是低分子质量麦谷蛋白亚基的主要组分，它们的迁移率比 α-、β-和 γ-麦醇溶谷蛋白小，C 亚基分子质量为 30～40 kDa，它们的等电点变幅较宽，由弱酸性到强碱性，它们的迁移率和 α-、β-和 γ-麦醇溶谷蛋白近似，D 亚基分子质量为 55～70 kDa，迁移率比 B 和 C 亚基小，属于胚乳中主要的酸性蛋白亚基，LMW-GS 的氨基酸序列模式如图 9.15 所示。麦谷蛋白占小麦总蛋白质含量的 40%左右，其中，HMW-GS 占胚乳总蛋白质含量的 10%，占麦谷蛋白的 30%～40%，LMW-GS 占胚乳总蛋白质含量的 40%，占麦谷蛋白的 60%～70%，它们的含量和组成决定着小麦面粉面团的弹性和面包的烘烤品质（Verbruggen et al.，1998）。

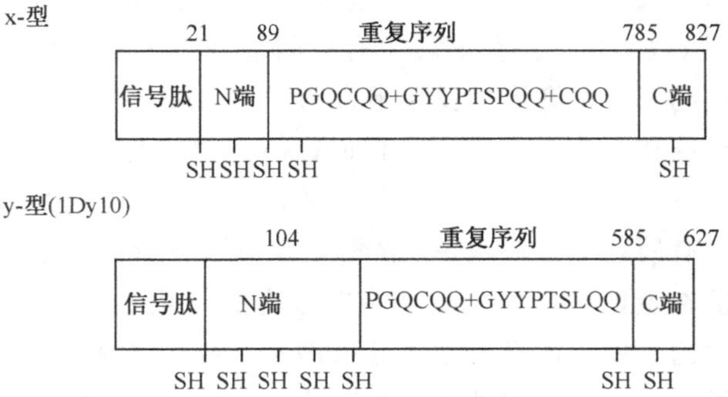

图 9.14　典型 x-型和 y-型高相对分子质量麦谷蛋白亚基序列模式图
（Lindsy and Skerritt，1999）

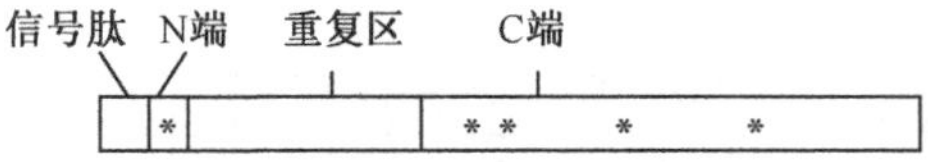

图 9.15　低相对分子质量麦谷蛋白亚基氨基酸序列模式
* 为半胱氨酸

面筋蛋白是指从面粉中分离出来的水不溶蛋白质，约占小麦蛋白干基重 80%，此外还含有少量淀粉、纤维、糖、脂肪、类脂和矿物质等。面筋中蛋白质主要以单体或通过二硫键形成的寡聚体、多聚体形式存在。面筋蛋白的分子质量为 3×10^4～1×10^7。不同小麦品种的面筋蛋白组成不同，且蛋白质组成与小麦品质有关。面筋蛋白主要分为两类，一类是相对低的分子质量的面筋蛋白，分子质量为 25 000～100 000 Da，主要由麦醇溶谷蛋白组成，具有高度的伸展性和低弹性；另一类是高相对分子质量的面筋蛋白，分子质量为 100 000～200 000 Da，主要由麦谷蛋白组成，具有低度的伸展性和高弹性（图 9.16）。面筋蛋白氨基酸的分析表明，其含有较多的谷氨酰胺、半胱氨酸、非极性氨基酸残基，谷氨酰胺和非极性氨基酸残基是以氢键的方式、半胱氨酸残基以二硫键的形式、而极性氨基酸残基则以静电作用形式把蛋白质键合在一起。这些键合方式对面筋结构的形成很重要，其中二硫键尤为突出，断开面筋蛋白中的二硫键，面筋黏度会急剧下降。研究表明，蛋白质的质和量与小麦烘焙品质密切相关，尤其是面筋蛋白的组成和结构是影响小麦面团黏弹性和烘焙品质的主要因素。面筋蛋白通过赋予面团持水性、黏结性、黏弹性等来对烘烤品质起着决定性的作用。

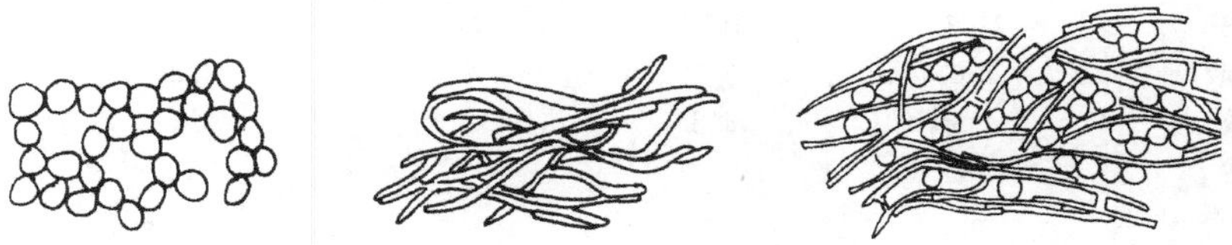

图 9.16　麦谷蛋白与麦醇溶谷蛋白相互作用形成面筋的示意图

9.2.3　玉米蛋白

玉米蛋白是玉米籽粒的主要成分，占 8%～12%，玉米各部位的蛋白质含量有一定差异，其化学组成如表 9.16 所示。按溶解性的不同，玉米蛋白可分为清蛋白、球蛋白、醇溶蛋白和谷蛋白。清蛋白能溶于水，球蛋白溶于盐水，两种蛋白质及非蛋白质氮共占总蛋白的 20%左右。清蛋白含天冬氨酸、苏氨酸、脯氨酸、甘氨酸和丙氨酸残基比球蛋白多，而谷氨酸及精氨酸残基较少（表 9.17）。玉米醇溶蛋白是玉米主要的储藏蛋白之一，约占总蛋白的 40%左右，平均分子质量为 44 000 Da，醇溶蛋白由大量的疏水氨基酸残基组成，如亮氨酸、脯氨酸、丙氨酸和苯丙氨酸等（表 9.17）；同时，缺乏带电氨基酸残基，如赖氨酸、精氨酸和天冬氨酸。因此，其很难溶于水。玉米醇溶蛋白可分为 α-醇溶蛋白和 β-醇溶蛋白，α-醇溶蛋白能溶于 95%乙醇，占总醇溶蛋白的 80%；β-醇溶蛋白溶于 60%乙醇，不溶于 95%乙醇，β-醇溶蛋白的相对分子质量高于 α-醇溶蛋白。玉米谷蛋白能溶于稀碱溶液，不溶于水、醇及盐溶液，其分子是由分子内和分子间二硫键连接起来的各种不同多肽组成的高分子化合物。

表 9.16　玉米各部分的平均化学组成（%）

籽粒部位	比例	淀粉	糖	蛋白质	油脂	灰分
胚乳	81.9	86.4	0.64	9.4	0.8	0.31
胚芽	11.9	8.2	10.8	18.8	34.5	10.1
种皮	6.2	7.3	0.34	3.7	1.0	0.84

表 9.17　玉米蛋白的氨基酸组成（以 g/16gN 计）

氨基酸	整个籽粒	胚	胚乳中的蛋白质		
			溶于水	溶于乙醇	溶于碱
精氨酸	4.0	6.8	5.4	1.6	3.1
组氨酸	2.4	2.7	6.7	0.9	1.7

续表

氨基酸	整个籽粒	胚	胚乳中的蛋白质		
			溶于水	溶于乙醇	溶于碱
赖氨酸	2.5	5.8	1.0	0.0	1.1
酪氨酸	6.1	4.9	3.8	5.0	6.2
色氨酸	0.6	1.3	0.7	0.1	0.6
苯丙氨酸	4.5	5.6	1.7	6.4	6.6
胱氨酸	1.1	1.2	0.5	0.8	1.2
甲硫氨酸	—	2.3	—	2.4	5.5
苏氨酸	3.6	4.4	3.9	2.4	4.0
亮氨酸	21.5	16.3	11.3	23.7	24.7
异亮氨酸	3.6	3.7	1.3	4.3	4.9
缬氨酸	4.6	5.8	2.5	2.4	4.6
谷氨酸	—	—	—	35.6	24.4
天冬氨酸	—	—	—	3.4	—
甘氨酸	—	—	—	0.0	4.3
丙氨酸	—	—	—	9.9	—
脯氨酸	—	—	—	9.0～12.0	—
羟脯氨酸	—	—	—	1.0	—

玉米醇溶蛋白可以用乙醇提取、异丙醇提取和超声波法提取，主要根据其溶解性、等电点、盐析和酸沉等性质的差异进行分离，提取方法及醇溶蛋白提取率见表 9.18 (Rishi and Munir，2001)。

表 9.18　玉米醇溶蛋白提取方法及得率

原料	提取方法	蛋白质回收	得率
玉米	磨碎，室温，70%乙醇萃取，液固比4∶1	稀释，离心，3℃沉淀	纯度>80%
玉米	湿法磨碎，pH 11.4，乙醇萃取	膜过滤	得率82%，纯度>90%
脱脂玉米	酶解，65℃，65%乙醇萃取，液固比1∶1	—	得率95%
脱脂玉米	50～70℃，60%乙醇萃取，液固比1∶1	—	得率40%
玉米面筋	62℃，80%乙醇、正丁醇或异戊醇连续萃取	碱处理，冷水中加酸沉淀	纯度>97%
玉米面筋	pH 12.5，88%异戊醇萃取，液固比4∶1	−18℃沉淀	得率21%～32%，纯度80%～87%
玉米黄浆粉	70℃，70%乙醇循环浸取	沉淀，水洗，干燥	得率89%，纯度95.2%
玉米黄浆粉	62℃，70%乙醇萃取2 h，液固比10∶1	0℃沉淀	得率96%，纯度93.37%

9.2.4　大米蛋白

大米蛋白是谷类蛋白中的最佳蛋白，其营养价值高于小麦蛋白，赖氨酸含量高于其他谷类，氨基酸配比合理，尤其是其低致敏性适合作为婴儿和特殊人群需要。稻谷各部分的蛋白质含量不同，精米 8%、稻壳 3%、米糠 17%、碎米 8.5%，对于稻谷籽粒来说，胚芽和糊粉层细胞的蛋白质含量为 20%～25%，远远高于胚乳。

蛋白质在大米整体中含量相对较低，一般为 5%～8%，且因产地和品种而不同。

稻米蛋白也可分为 4 类：清蛋白、球蛋白、醇溶蛋白和谷蛋白。从脱脂米粉中提取的清蛋白、球蛋白、醇溶蛋白和谷蛋白的比例为 5∶12∶3∶80，稻谷籽粒各组成部分的 4 种蛋白质含量见表 9.19。清蛋白和球蛋白为代谢活性蛋白，在发芽早期可迅速启动进行生理作用，其主要存在于稻米种子的表皮层和胚中，胚乳中含量较低，是由单链组成的低分子质量蛋白质，分子质量分别为 10～200 kDa 和 16～130 kDa。谷蛋白和醇溶蛋白为储藏蛋白，主要存在于胚乳中。醇溶蛋白由单肽链通过分子内二硫键连接而成，占大米蛋白的 5%～10%，分子质量为 7～12.6 kDa。谷蛋白由多肽链彼此通过二硫键连接而成，分子质量为 19～90 kDa，甚至可达上百万，占大米蛋白的 70%～90%。谷蛋白有 3 个主要亚基，等电聚焦表明分子质量为 33 kDa 左右的亚基是酸性多肽，pH 5～8；分子质量为 22 kDa 左右的亚基是碱性多肽，pH 8～11；分子质量为 14 kDa 左右的亚基 pH 8.7～9.0，其氨基酸成分类似于其他谷物的谷蛋白：赖氨酸、甲硫氨酸、半胱氨酸和组氨酸残基比醇溶蛋白高。

表 9.19 稻谷籽粒各组成部分的蛋白质含量和各蛋白质相对比例（%）

组成部分	总蛋白含量	清蛋白	球蛋白	醇溶蛋白	谷蛋白
糙米	9.1	5～11.6	8～13.4	1.6～4.8	74～83.3
胚乳	7.6	2.9～9.9	6.6～11	1.9～4.2	73.6～87
胚	21.6	35～45	35～40	10～15	2～5
米糠	14.8	34～40	33～39	19～25	3～8

稻米中 4 种蛋白质的氨基酸组成有一定差异。清蛋白中含较多的不带电荷极性氨基酸和较少的酸性氨基酸。球蛋白中，碱性氨基酸残基含量最高，而疏水氨基酸残基含量则较低。醇溶蛋白中含疏水性和酸性氨基酸残基最高，而碱性氨基酸残基和不带电荷的极性氨基酸残基则较少。与其他 3 种蛋白质相比，醇溶蛋白中 Thr、Gly、Cys、Met、Lys、His 和 Arg 的含量最低，相反，Glu、Leu、Ile、Tyr、Phe 和 Trp 的含量则最高（表 9.20）。稻米蛋白的氨基酸配比是比较合理的，仅 Lys（第一限制氨基酸）、Thr（第二限制氨基酸）和 Try（第三限制氨基酸）略微缺乏，但是与其他植物蛋白相比有较高的生物价（BV），其生物价顺序为稻米蛋白（77）＞小麦蛋白（67）＞玉米蛋白（60）＞大豆蛋白（58）。

表 9.20 稻米蛋白中的氨基酸含量及比例（%）

氨基酸	清蛋白	球蛋白	醇溶蛋白	谷蛋白	总蛋白
Asp	9.6	8.2	8.3	9.7	9.1
Thr	5.1	2.7	1.3	3.0	9.1
Ser	4.7	7.1	5.1	5.4	4.8
Glu	12.0	16.4	19.9	16.9	16.9
Pro	5.9	4.2	5.5	6.0	5.4
Gly	13.0	9.8	6.5	8.9	8.9
Ala	11.1	8.1	9.5	7.9	8.6
Cys	2.2	0.9	痕量	1.7	0.9
Val	6.8	7.1	7.0	6.8	6.7

续表

氨基酸	清蛋白	球蛋白	醇溶蛋白	谷蛋白	总蛋白
Met	1.5	2.6	0.8	1.7	1.3
Leu	3.3	4.0	4.4	4.1	4.6
Ile	5.9	6.5	12.3	7.0	8.4
Trp	2.8	2.4	6.4	3.7	3.7
Phe	2.6	3.7	4.4	4.1	4.6
Lys	5.1	3.2	1.0	2.3	3.4
His	2.2	2.2	1.7	2.1	2.2
Arg	5.3	10.0	4.6	7.8	6.6
Try	1.0	0.9	1.6	1.0	1.1

大米蛋白中的胱氨酸含量较高，含有较多的二硫键（表 9.21）。这些链内或链间的二硫键使蛋白质多肽链聚集成致密分子，也是形成蛋白质聚合体的重要原因（Wang et al.，1999）。研究表明，胚乳中的蛋白质主要以两种聚合体形式存在，即 PB-Ⅰ和 PB-Ⅱ。电子显微镜观察表明，PB-Ⅰ聚合体呈片层结构，直径为 0.5～2 μm，醇溶蛋白存在于 PB-Ⅰ中；PB-Ⅱ呈椭球形，不分层，质地均匀，颗粒直径约 4 μm，其外周膜不明显，谷蛋白和球蛋白存在于 PB-Ⅱ中。两种聚合体常相伴存在。

表 9.21 不同蛋白质巯基和二硫键含量（μmol/g）

	大米谷蛋白	米渣蛋白	米渣谷蛋白
—SH 含量	7.82	4.38	9.26
二硫键含量	18.55	13.29	15.71

原料+水（比例1:15）
↓
加热浸提（35℃, 2 h, 搅拌）
↓
离心, 3500 r/min, 10 min
↓↘ 上清液, 即为清蛋白
沉淀(1)
↓ +5% NaCl 溶液, 35℃, 2 h, 搅拌
离心
↓↘ 上清液, 即为球蛋白
沉淀(2)
↓ +65% 乙醇, 35℃, 2 h, 搅拌
离心
↓↘ 上清液, 即为醇溶蛋白
沉淀(3)
↓ +0.2 mol/L NaOH, 35℃, 2 h, 搅拌
离心
↓↘ 上清液, 即为谷蛋白
残余物(4)

图 9.17 大米蛋白的分离提取流程

大米蛋白分布在稻谷的胚乳中，颗粒大小为 1～3 μm，与淀粉包络结合紧密，分子间通过二硫键和疏水基团交联而凝聚，仅能溶解于 pH 小于 3 或大于 10 的溶液中。与其他谷物相比，大米蛋白的分离较困难，所采用的提取方法集中在溶剂提取上，具体提取工艺流程如图 9.17 所示。近年来研究逐渐转向酶法提取，主要是通过各种蛋白酶水解蛋白质或者用淀粉酶水解大米淀粉来获得含量较高的大米蛋白。

9.3 其他油籽蛋白

与大豆相比，其他几种常见的油料作物的组成及特点如表 9.22 所示。

表 9.22　常见油料作物的营养组成（g/100g）

成分	大豆	棉籽	花生	向日葵	菜籽
蛋白质	45	53	25	30	26
脂类	25	30	50	40	33
碳水化合物	15	10	20	26	35
水分	7	6	9	6	3
蛋白质 PER	2.3	2.3	1.7	2.1	2.6
限制氨基酸	Met	Lys，Met	Met	Lys	平衡
潜在的毒性成分	胰蛋白酶抑制物、植酸	棉酚	黄曲酶毒素	多酚	硫代糖苷

从必需氨基酸组成来看，这些油籽蛋白的营养价值也比动物蛋白的低一些，棉籽蛋白缺乏赖氨酸和含硫氨基酸，花生球蛋白也缺乏含硫氨基酸，此外就是它们还含有一些抗营养因子，或由于它们容易被微生物污染而导致其中含有一些微生物毒素，或存在对人体健康不利的一些因素。不过，通过适当的储藏条件可以减少微生物污染，在加工时适当的加热并控制一定的湿度和温度，也可以破坏油籽作物中的这些抗营养因子，这样就可以提高它们的营养价值以及食用安全性。

9.3.1　花生蛋白

在油料中，花生是仅次于大豆的主要豆类之一，是我国、印度和非洲等国的主要油料，在植物蛋白资源中居第三位，占世界植物蛋白的 11%。花生中含有 22%～26%的蛋白质，其中，大约有 10%的蛋白质是水溶性蛋白质，称为乳清蛋白，其余的 90%为花生球蛋白和伴花生球蛋白，分别占 63%和 33%。花生球蛋白的等电点为 pH 4.5 左右，由 2 个亚基组成的二聚体，分子质量约 300 000 Da，在 pH 5.0 的低浓度盐溶液中，花生球蛋白解离为 2 个亚基单体。伴花生球蛋白的等电点为 pH 3.9～4.0，分子质量为 2×10^4～2×10^6 Da，由 6 或 7 个亚基组成，可以解离为小分子，也可以聚集为较大的聚合体。花生球蛋白与伴花生球蛋白的存在比例因分离方法不同而存在差异，一般从 2∶1到 4∶1 不等。利用不同饱和度的 $(NH_4)_2SO_4$溶液，可使花生球蛋白和伴花生球蛋白分开，如用 10% 的 NaCl 溶液抽提花生蛋白，在抽提液中加入 20%～40% $(NH_4)_2SO_4$，花生球蛋白即可沉淀，过滤或离心可得花生球蛋白，在滤液中继续加入 80%的 $(NH_4)_2SO_4$，伴花生球蛋白即可沉淀出来。

花生中蛋白质的营养价值与动物性蛋白的差异不大，胆固醇含量低，生物价为 58，蛋白功效比值为 1.7（酪蛋白为 2.5），高于面粉和玉米，其中，赖氨酸含量比大米、小麦、玉米高，而且花生的中度干热加工会增加有效赖氨酸及其效价。胱氨酸和甲硫氨酸是花生球蛋白的限制氨基酸，苏氨酸是伴花生球蛋白的限制氨基酸。另外，不同的加工方法和产品种类，并没有显著地改变花生蛋白的氨基酸组成（表 9.23）。

表 9.23 花生蛋白的氨基酸组成（以 g/16gN 计）

氨基酸	脱脂花生	花生分离蛋白	花生浓缩蛋白	花生球蛋白	伴花生球蛋白
丙氨酸	4.2	3.9	4.0	4.11	—
精氨酸	11.3	12.8	12.6	13.58	16.53
天冬氨酸	14.1	12.3	12.5	5.3	—
胱氨酸	1.3	1.4	1.4	1.50	2.93
谷氨酸	19.9	21.0	20.7	16.7	—
甘氨酸	5.6	4.1	4.2	1.8	—
组氨酸	2.3	2.4	2.4	2.16	2.05
异亮氨酸	4.1	3.6	3.4	4.46	4.00
亮氨酸	6.7	6.6	6.7	7.61	6.61
赖氨酸	3.0	3.0	3.0	2.72	4.69
甲硫氨酸	0.9	1.0	1.0	0.65	2.09
苯丙氨酸	5.2	5.6	5.6	6.96	4.32
脯氨酸	4.4	4.8	4.6	1.4	—
丝氨酸	4.9	5.1	5.2	2.26	1.78
苏氨酸	2.5	2.5	2.5	2.89	2.02
色氨酸	1.0	1.0	1.0	0.68	0.91
酪氨酸	4.1	4.3	4.4	5.68	2.86
缬氨酸	4.5	4.4	4.5	4.85	3.68

9.3.2 菜籽蛋白

菜籽由种皮和子叶（胚）两大部分组成。菜籽油和菜籽蛋白主要集中在菜籽胚中，其中，油脂为 35%～43%、蛋白质为 20%～24%、粗纤维为 5%～9%、水分为 7%～9%、硫代葡萄糖苷为 3%～7%、棉籽糖为 0.2%～1.1%、水苏糖为 0.8%～1. 6%、单宁为 0.8%～1.6%、芥子碱为 0.6%～1.2%、皂苷为 0.2%～0.8%、植酸为1.5%～1.6%、果糖为0.05%～0.12%、葡萄糖为 0.05%～0. 2%、蔗糖为 1.6%～3.7%。

菜籽油脂提取后，饼粕中的蛋白质含量高达 36%以上，因此，菜籽饼粕是一种丰富的蛋白质资源。各种加工方法得到的菜籽饼粕成分见表 9.24。

表 9.24 水剂法菜籽饼粕与其他加工方法饼粕主要成分比较

名称	粗蛋白/%	粗脂肪/%	粗纤维/%	无氮浸出物/%	灰分/%
水剂法脱毒菜籽粕	41.60	7.90	15.0	37.21	7.28
机榨菜籽饼	35.93	9.72	13.5	30.60～33.60	8.75
浸出菜籽粕	37.55	4.25	14.5	33.4～36.8	9.33
双低菜籽粕	37.97	3.78	11.09	40.67	6.50
一般菜籽粕	36.60	1.80	12.68	41.92	7.00

如果采用水或稀碱液从破碎的菜籽组织中提取菜籽蛋白，能浸出90%以上的蛋白质。如果将其pH调整至4.5左右，浸出液中90%的蛋白质就会沉淀，称为菜籽球蛋白。不沉淀的那部分蛋白称之为乳清蛋白。用超速离心法分析测定，菜籽蛋白的组分主要有两种，一种是分子质量为13 800 Da的1.7S蛋白，另一种是分子质量高得多的12S蛋白，这是一种含有葡萄糖、半乳糖、阿拉伯糖和甘露糖等糖类物质的结合蛋白质，非蛋白质部分约占13%。

菜籽蛋白在去除毒物及有关的抗营养成分以后，其营养价值明显地超过了大豆蛋白和酪蛋白，可与动物蛋白相媲美。其中，赖氨酸含量与大豆蛋白接近，含硫氨基酸优于大豆蛋白（表9.25）；菜籽蛋白的PER为3.0～3.3，高于酪蛋白（PER为2.5）和大豆蛋白；蛋白质净利用率为68%～74%，高于大豆蛋白的59%。尽管菜籽蛋白的必需氨基酸含量并不显著高于大豆蛋白和酪蛋白，但必需氨基酸指数和蛋白质评分均明显地超过了酪蛋白和大豆蛋白，表9.26列出了几种菜籽蛋白的蛋白质评分（PQS）和功效比值。此外，研究证实，在碎肉中加入33%的菜籽蛋白质，混合肉的蛋白质净利用率由76.3%提高到86.3%。

表9.25　菜籽蛋白的氨基酸组成（以g/16gN计）

氨基酸	大豆蛋白	棉籽蛋白	菜籽蛋白	氨基酸	大豆蛋白	棉籽蛋白	菜籽蛋白
苏氨酸	3.4～4.8	3.1～3.7	4.7	芳香氨基酸	8.4～10.0	5.4～11.3	7.0
甘氨酸	3.9～4.7	4.3～5.6	5.4	赖氨酸	6.0～6.9	3.4～5.2	6.7
缬氨酸	4.4～5.6	4.4～5.3	5.6	组氨酸	2.1～3.4	2.4～3.3	1.5
含硫氨基酸	2.1～3.1	2.4～3.5	4.4	精氨酸	7.1～8.5	10.4～13.0	7.2
异亮氨酸	4.2～5.2	3.4～3.9	4.4	色氨酸	1.9	—	1.6
亮氨酸	7.4～8.4	3.3～7.3	7.9				

表9.26　菜籽浓缩蛋白的化学指数和蛋白质功效比值

蛋白质来源	必需氨基酸指数	蛋白质评分（PQS）	净利用率①	功效比值①
菜籽精粉Ⅰ	73	92	30.9	0.52±0.17
菜籽浓缩蛋白Ⅰ	71	93	68.4	3.11±0.08
菜籽浓缩蛋白Ⅱ	68	91	68.1	3.00±0.08
菜籽粗粉Ⅲ	73	91	21.4	0.60±0.08
菜籽浓缩蛋白Ⅲ	79	97	74.1	3.30±0.06
热榨饼制取的菜籽浓缩蛋白Ⅲ	72	92	68.8	2.93±0.08
膨化菜籽浓缩蛋白Ⅲ	74	94	69.4	3.11±0.08
与大豆粉1∶1混合	70	90	63.5	2.72±0.09
大豆蛋白	70	88	58.9	2.23±0.09

①基于酪蛋白功效比值为2.50和蛋白质净利用率为60而校正过。

9.3.3　芝麻蛋白

芝麻也是我国主要油料作物之一，我国芝麻产量占世界芝麻总产量的19.6%，居第二位（印度占24.4%）。芝麻的蛋白质含量虽然不高，但脱脂饼粕中却很高，也是一种天然植物蛋白资源。

芝麻种子由种皮、胚乳和胚三部分构成。胚乳中含油脂和蛋白质，其中，油脂含量为45%～63%，蛋白质含量为19%～30%，粗纤维约为6%。脱皮芝麻的压榨饼含蛋白质高达57.7%。

芝麻蛋白是一种互补性很好的蛋白质，它含有的含硫氨基酸比大豆蛋白高。芝麻饼和分离蛋白都含有大量的甲硫氨酸（2.5%～4.0%）和含硫氨基酸（3.8%～5.5%），赖氨酸是第一限制氨基酸。芝麻蛋白的PER为1.86，芝麻饼为1.35，分离蛋白的生物价为62.4，低于大豆和葵花籽，净蛋白利用率为53.4%。表9.27为芝麻蛋白的氨基酸组成及与其他蛋白的对比。

表9.27　芝麻蛋白的氨基酸组成及对比（以g/16gN计）

氨基酸	芝麻蛋白	玉米蛋白	大豆蛋白	芝麻与大豆蛋白	FAO/WHO参考标准①
甲硫氨酸	3.7	1.5	1.3	2.8	—
胱氨酸	2.2	1.0	1.2	1.6	—
含硫氨基酸	5.9	2.5	2.5	5.4	3.5
赖氨酸	3.8	2.1	6.7	5.5	5.5
苏氨酸	4.0	2.5	3.7	3.9	4.0
亮氨酸	7.1	9.8	7.8	7.0	7.0
异亮氨酸	4.1	2.7	4.9	4.5	4.0
缬氨酸	4.7	4.0	5.1	4.8	5.0
苯丙氨酸	6.0	3.5	5.2	6.1	—
酪氨酸	5.1	2.7	3.6	4.0	—
芳香氨基酸	11.1	6.2	8.8	10.1	6.0
组氨酸	2.3	1.7	2.6	2.7	—
精氨酸	9.3	2.8	8.0	8.4	—
丙氨酸	5.1	5.0	4.3	4.9	—
谷氨酸	14.0	14.6	19.5	15.0	—
甘氨酸	7.3	2.4	4.1	6.1	—
丝氨酸	4.0	2.6	4.5	4.5	—
天冬氨酸	7.3	4.5	12.7	9.1	—
色氨酸	—	—	—	—	1.0

①联合国粮农组织（FAO）和世界卫生组织（WHO）1973年推荐值。

芝麻蛋白具有比较好的黏度、起泡性、复水性、溶解度和乳化能力，可用于添加到红肠、面包、午餐肉等制品中。尤其是芝麻蛋白的乳化稳定性比大豆蛋白好，稍低于卵黄的乳化能力。有关芝麻蛋白的各种应用还有待进一步开发。

第 10 章 其他食品蛋白

由于巨大的人口增长压力及人们生活水平的不断提高，人们对蛋白质需求的矛盾逐渐凸现。世界各国都在努力寻找解决途径。地球上的蛋白质资源十分丰富，除了常规使用的蛋白质资源外，还有很多其他的资源有待开发。随着科学技术的发展，利用先进的科学手段可开发更多的新蛋白源。目前，已经发现几种具有巨大开发潜力的蛋白源。这里主要介绍有代表性的单细胞蛋白、螺旋藻蛋白、食用菌蛋白及植物叶蛋白等新型蛋白资源。

10.1 单细胞蛋白

单细胞蛋白（single cell protein，SCP）一般是指以微生物（microorganism）、微藻（microalgae）中的蛋白质作为食物蛋白。相比传统的动物蛋白质，单细胞蛋白所具有的优点是，单细胞微生物蛋白的生产一般不受气候、地域条件的限制，可以进行大规模的工业化生产。单细胞蛋白的其他优点还包括有：生物的生长繁殖快、产量高、易控制，可以利用"三废"作为培养基质。单细胞蛋白生产时可以利用的"三废"包括：工业废水、废渣，城市有机垃圾，农业废物，食品工业废物等。单细胞蛋白中重要的是酵母蛋白、细菌蛋白和藻类蛋白，它们的化学组成中一般以蛋白质、脂肪为主（表 10.1）。单细胞蛋白中蛋白质含量为 40%～80%，其中，酵母类蛋白质含量为45%～55%，霉菌类蛋白质含量为 30%～50%，细菌蛋白质含量为 69%～80%，藻类蛋白质含量为 60%～70%。这些资源对于缓解世界面临的食物短缺、环境污染和能源缺乏等问题尤为重要。

表 10.1 一些单细胞生物的化学组成（%）

成分	藻类	酵母	细菌	霉菌
氮	7.5～10	7.5～8.5	11.5～12.5	5～8
脂类	7～20	2～6	1.5～30	2～8
灰分	8～10	5.0～9.5	3～7	9～14
核酸	3～8	6～12	8～16	变化较大

许多工业生产的蛋白质是由微生物产生的，从安全的角度考虑，只有几类微生物可以用于生产蛋白质，主要包括细菌类，例如，枯草芽孢杆菌、解淀粉芽孢杆菌及其他杆菌、乳酸杆菌和链霉菌，真菌类包括曲霉属、青霉属、毛霉属和根霉属的许多种，酵母如酿酒酵母通常认为是安全无毒的，这几类微生物被称为 GRAS（generally recognized as safe）微生物。GRAS 微生物必须是非病原的，非毒性的，并且不产生抗生素。由于微生物能通过发酵在相对短时期内大量培养，作为蛋白质来源更具吸引力，目前已经商业化生产的蛋白质见表 10.2。一般，微生物蛋白通常比植物或动物来源的相同蛋白质

更稳定。

表 10.2　一些源于微生物的商业蛋白

蛋白质	来源	应用
链激酶	各种溶血性链球菌	溶血栓剂（降解血凝块）
乙醇脱氢酶	酿酒酵母	测定血液乙醇水平
天冬酰胺酶	菊色欧文杆菌	治疗癌症（白血病）
葡萄糖氧化酶	黑曲霉	测定血糖水平
各种淀粉酶	杆菌和米曲霉	淀粉降解
各种蛋白酶	杆菌和曲霉	降解食品蛋白质、去污剂等
纤维素酶	木霉属、黑曲霉和放线菌	降解纤维素

微生物蛋白的生产方法与合成蛋白方式不同。许多工业上生产的重要蛋白质，是由微生物发酵直接分泌在培养基中的。这些胞外蛋白产物，不需要破坏微生物细胞去释放蛋白质，大大简化了后续的下游加工，因此，一些胞外的有益蛋白质产品，只需经过离心或过滤去除菌体，再经过很少的纯化步骤就能获得所需纯度的最终产品。发酵期间分泌至胞外的工业蛋白质，包括由杆菌产生的各种淀粉酶、蛋白酶，以及由真菌如 *Trichoderma viride* 产生的纤维素酶和其他活性产物。相反，对于产生于细胞内的蛋白质而言，必须在发酵后收集细胞并破碎，释放出包括所需蛋白质在内的细胞内容物，并经过复杂的纯化过程而获得最终产品。工业上重要的胞内蛋白包括天冬酰胺酶、青霉素酰基转移酶和葡萄糖异构酶。

10.1.1　单细胞蛋白的种类

1. 酵母蛋白

酵母在食品加工中应用较早，应用范围包括酿造、焙烤食品等。酵母中的产朊假丝酵母（*Candida utilis*）和啤酒酵母最早被人们利用作为食品，它们的蛋白质含量超过了干重的一半，但是必需氨基酸组成中相对缺乏含硫氨基酸，所以其生物价可因添加甲硫氨酸而增加。不过，由于酵母中含有较高量的核酸，若摄入过量的酵母蛋白则会造成尿酸的血液水平升高，引起机体的代谢紊乱。故此酵母蛋白很少直接作为人类食用蛋白质，一般它们可作为动物饲料蛋白进行必要的生物转化，也可经化学分离提取其中的蛋白质或去掉核酸，再将蛋白质供给人类食用。酵母蛋白生产时常用的底物一般为碳水化合物。

酵母属中绝大多数菌种都能够用来生产 SCP，主要有以下菌种：酵母属、球拟酵母属、假丝酵母属、红酵母属、圆酵母属等。酵母蛋白的营养丰富，粗蛋白含量为 45%～60%，含有所有的必需氨基酸，尤其是赖氨酸、苏氨酸、亮氨酸、苯丙氨酸等必需氨基酸含量高，其中赖氨酸为 5%～7%，甲硫氨酸＋胱氨酸为 2%～3%，具体如表 10.3 所示。

表 10.3　酵母粉氨基酸组成（以 g/16gN 计）

氨基酸	假丝酵母	酿酒酵母	圆酵母	氨基酸	假丝酵母	酿酒酵母	圆酵母
精氨酸	4.9	4.8	6.3	胱氨酸	1.0	1.0	0.9
组氨酸	2.0	2.5	2.6	苯丙氨酸	4.6	3.5	4.7
异亮氨酸	5.0	5.1	6.0	酪氨酸	3.8	4.6	4.9
亮氨酸	7，5	6.6	7.7	苏氨酸	5.2	4.8	5.1
赖氨酸	7.5	7.1	7.2	色氨酸	1.4	1.5	1.5
甲硫氨酸	1.7	1.6	1.4	缬氨酸	5.7	5.2	6.1

2. 细菌蛋白

细菌蛋白的生产一般是以碳氢化合物（如天然气或沥青）或甲醇作为底物，它们的蛋白质含量占干重的 3/4 以上，必需氨基酸的组成中同样缺乏含硫氨基酸，另外，它们所含的脂肪酸也多为饱和脂肪酸。用来生产细菌蛋白的主要有杆菌属（*Bacilus*）和丝菌属（*Nocardia*）、微球菌属（*Micrococcus*）和假单胞菌属（*Pseudomonas*），并已经有工业化生产的先例。目前，生产细菌蛋白的菌种主要以光合细菌为主，包括似真细菌的红螺细菌、绿硫细菌、着色细菌及似藻的蓝细菌。细菌蛋白同样存在着核酸含量过高的问题，一般不直接被人食用，常作为饲料蛋白进行转化，或经过进一步的加工处理，之后才用作为食用蛋白原料。

光合细菌能进行光合作用，营养丰富，含有 60%以上的蛋白质以及多种维生素，特别是维生素 B_2、叶酸、生物素的含量是酵母的几十倍。此外，含有生物活性物质，如辅酶 Q_{10}、抗病毒物质及促生长因子等。最近研究表明，细菌蛋白可对抗癌症细胞，这为细菌蛋白的利用开辟了一条新途径。

3. 真菌蛋白

近年来真菌已开始引起人们的关注。真菌含有较丰富的木质素降解酶、纤维素降解酶等降解酶系，可利用廉价的废弃碳水化合物原料连续地进行 SCP 生产。目前主要采用的菌种有：地霉属、曲霉属、根霉属、木霉属、镰刀菌属和伞菌目的霉菌等。真菌蛋白的营养价值接近酵母蛋白，但是口感差，也没有酵母蛋白的安全性高，大规模生产受到限制。

4. 微藻蛋白

螺旋藻、小球藻、盐藻等微型藻类能利用太阳能，通过光合作用制造有机物质，作为人畜直接或间接的食物。微藻是自养有机体，可利用无机碳源（如 CO_2、碳酸氢盐）作为养料生产 SCP。这类蛋白质中以小球藻和螺旋藻最引人注意，它们是在海水中快速生长的两种微藻，二者蛋白质含量分别为 50%和 60%（干重），必需氨基酸中除含硫氨基酸较少外，其他的必需氨基酸丰富。

藻类蛋白作为食品蛋白时存在两个缺点：①日食用量超过 100 g 时会出现恶心、呕吐、腹痛等机体不良反应；②细胞壁不易被破坏，会影响藻细胞内物质的消化吸收率。

若是能进行破壁及去掉色素成分则可提高其消化吸收率。虽然目前对小球藻、螺旋藻的研究也不少，但是其生产条件较其他的单细胞蛋白困难一些，所以尚未形成大规模的开发、利用，但在未来的开发、利用蓝色资源过程中，其重要性会提高。

10.1.2 单细胞蛋白的特点

单细胞蛋白又称微生物蛋白，是新型蛋白质资源开发的主要方向之一。微生物种类多、数量大、分布广、繁殖快，细胞中蛋白质含量较为丰富，粗蛋白含量为 40%～80%，氨基酸种类齐全，B 族维生素和有机磷含量丰富，开发潜力很大。细菌中蛋白质含量较高，但成分复杂，核酸含量高，有毒成分多，分离出的蛋白质不如酵母等其他微生物蛋白易消化，因此，微生物蛋白开发重点集中在真菌类，包括酵母蛋白、霉菌蛋白、微藻蛋白。

在生产特点方面，生产单细胞蛋白的原料来源极为广泛，一般分为 4 类：一是糖质原料，如淀粉或纤维素的水解液、亚硫酸纸浆废液、制糖的废蜜等；二是石油原料，如柴油、正烷烃、天然气等；三是石油化工产品，如乙酸、甲醇、乙醇等；四是氢气和碳酸气。最有前途的原料是可再生的植物资源，如农林加工产品的下脚料、食品工厂的废水下脚料等。这些资源数量多，而且用后可以再生，还有利于环境保护。

在生产周期方面，单细胞蛋白的生产速率高于一般蛋白质的生产速率，与猪、牛、羊等家畜的体重倍增时间相比，微生物的倍增时间要比牛、猪、鸡等快千万倍。例如，细菌、酵母菌的倍增时间为 20～120 h，霉菌和绿藻类为 2～6 h，植物为 1～2 周，牛为 1～2 月，猪为 4～6 周。据估计，一头 500 kg 公牛每天只能生产蛋白质 0.4 kg，而 500 kg酵母每天至少生产蛋白质 500 kg。

在食品安全性方面，广泛的原料来源有可能使 SCP 带有某些重金属、农药残留物等有毒物质以及有害病原菌。SCP 虽然营养丰富，但核酸含量较高，如酵母中的核酸含量为 6%～11%，细菌为 10%～18%，螺旋藻为 4%～6%。核酸在牲畜体内消化后形成尿酸，因家畜无尿酸酶，尿酸不能分解，随血液循环在家畜的关节处沉淀或结晶，引起痛风症或风湿性关节炎。在人体内产生的尿酸，会引起结石病、肠胃病、痛风。因此，在生产 SCP 的过程中，如何除去核酸是开发 SCP 所面临的重要问题，通常用化学和热处理方法将其降低。

10.1.3 单细胞蛋白的提取

对微生物蛋白的提取过程、原理与大豆蛋白产品的加工类似，只是在工艺上有些区别。以细菌蛋白的提取为例，在分步提取时相当于分离蛋白的生产，而在连续提取时相当于大豆浓缩蛋白的生产，但最后产品的品质均是相当于大豆分离蛋白。常用的两类加工处理流程见图 10.1 和图 10.2。

细菌蛋白提取处理后得到细菌分离蛋白，它的化学组成与大豆分离蛋白相近，并且在补充含硫氨基酸以后它的营养价值与大豆分离蛋白也相近。

对人体有害的核酸化合物，也可以在加工过程中回收，利用它来生产一些有用的药物，也可以生产在食品上具有重要应用价值的鲜味剂——5′-IMP（5′-肌苷酸），具体流程见图 10.3。

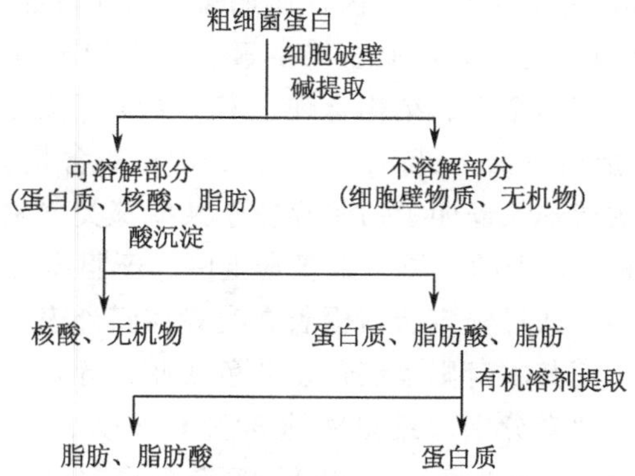

图 10.1　细菌蛋白的分步提取工艺流程

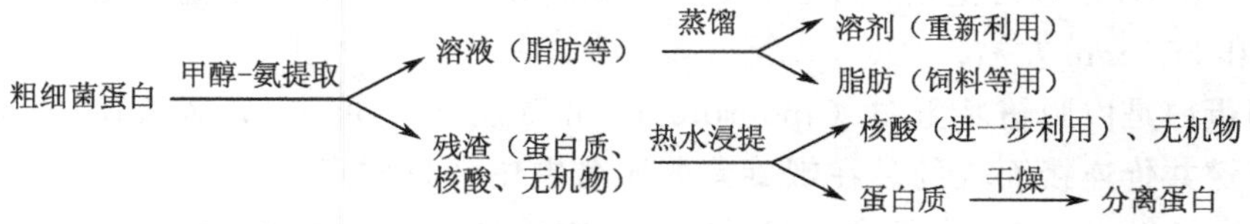

图 10.2　细菌蛋白的连续提取方法

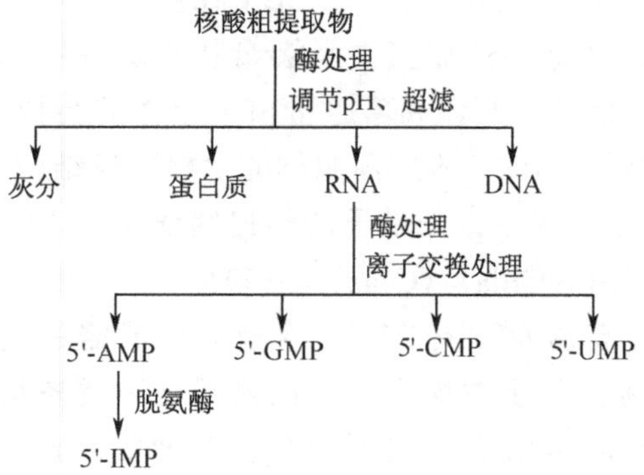

图 10.3　核酸制备鲜味剂 5′-IMP 的过程

10.2　螺旋藻蛋白

螺旋藻是一种生活在气候温暖、光照充足、湖水矿化程度较高的高浓度碳酸盐类和高 pH 环境中的单细胞原核微生物。螺旋藻是蓝藻门（Cyanophyta)、颤藻科（Oscillatoriaceae）的一个属。目前已知该属有 50 余种，其中引起人们广泛重视和研究的主要有三个种，分别是钝顶螺旋藻（*Spirulina platensis*)、极大螺旋藻（*Spirulina maxima*）和盐泽螺旋藻（*Spirulina subsalsa*)。螺旋藻通常为多细胞构成的丝状体、圆柱状，呈疏松或紧密而规则的螺旋状弯曲，但形状往往受生长环境的影响而发生改变，有的甚至产生稳定的直线形变异。螺旋藻性喜高温（25～36℃)、高碱（pH 8～12），光合自养，但也能利用环境中的一些有机物作兼养生长，无性繁殖。螺旋藻生活在地球上约有 35 亿年的历史，螺旋藻的生长繁殖快，周期短，人工养殖时，从接种培养到收获只需 5～8 天。螺旋藻含有丰富的蛋白质、维生素、不饱和脂肪酸、螺旋藻多糖和微量元素，具有易消化吸收、营养全面、结构合理、安全无毒等优点。

螺旋藻蛋白以藻胆蛋白（phycobiliprotein，PBP）的含量为最高，达细胞干重的 25%～28%，高于一般的蓝藻。藻胆蛋白是存在于某些藻类（主要是红藻、蓝藻）的藻胆体（phycobilisome，PBS）中的一类色素复合蛋白。藻胆体是红藻和蓝藻所特有的一种超分子捕光色素复合体，通过锚定蛋白固着在类囊体膜外表面。藻胆蛋白具有强烈的荧光性，发橙红色荧光，而其本身则呈红色、紫色或蓝色等，故称为有色多肽。它和连接多肽一起构成藻胆体，两者分别占藻胆体的 80%和 20%。按光谱特性，可把藻胆蛋白分成四类：藻红蛋白（phycoerythrin，PE）、藻蓝蛋白（phycocyanin，PC）、藻红蓝蛋白（phycoerythrocyanin，PEC）和别藻蓝蛋白（allophycocyanin，APC）。经提纯的螺旋藻 PC 和 APC 的可见吸收峰分别在 620 mm 和 650 mm 处，室温荧光发射峰分别在 646 mm 和 657 mm 左右。

藻胆蛋白是由脱辅基蛋白（apoprotein）和藻胆素（phycobilin，PB）通过一个或两个硫醚键共价连接而成的。在螺旋藻藻胆蛋白中，只发现有一种藻胆素，即藻蓝素（phycocyanobilin，PCB）。每种藻胆蛋白由等物质量的 α 和 β 亚基构成。α 亚基的大小为 13～20 kDa，β 亚基的大小为 14～24 kDa。PC 的 α 亚基含 1 个 PCB，β 亚基含 2 个 PCB，而 APC 的每个亚基中皆只含有 1 个 PCB。在藻胆体内，PC 以 $(\alpha\beta)_3$和 $(\alpha\beta)_6$存在，APC 以 $(\alpha\beta)_3$存在。螺旋藻藻胆蛋白呈圆盘状叠垛在一起，中间有一个空穴，连接多肽即结合于此，它对维持藻胆体和藻胆蛋白聚合体的结构起着重要的作用。由 PC 构成藻胆体的“棒”亚结构，APC 构成藻胆体的“核”亚结构，“棒”呈辐射状排列在“核”的外周。在光合作用过程中，光量子的传递路线是从 PC 到 APC，然后，再传给类囊体膜上的叶绿素 a 蛋白（Chla）（Glazer，1994）。

螺旋藻中蛋白质含量高达 60%～70%，含有人体所需的全部必需氨基酸，其氨基酸组成见表 10.4，在螺旋藻的蛋白质中，不但氨基酸种类齐全，而且，人体所需的必需氨基酸组成平衡，除甲硫氨酸含量略低以外，其他氨基酸均超过 FAO 的标准模式含量。

表 10.4 螺旋藻蛋白质的氨基酸组成（以 g/16gN 计）

氨基酸	含量	氨基酸	含量	氨基酸	含量
精氨酸	5.5～7.6	胱氨酸	0.3～0.9	天冬氨酸	10.3～12.7
组氨酸	1.3～1.5	苯丙氨酸	2.9～5.0	丙氨酸	5.1～7.9
异亮氨酸	3.8～5.7	酪氨酸	2.5～4.6	谷氨酸	9.5～12.7
亮氨酸	6.1～8.7	苏氨酸	3.3～5.4	甘氨酸	3.7～4.8
赖氨酸	4.2～5.1	色氨酸	0.6～1.5	脯氨酸	2.8～4.1
甲硫氨酸	1.3～2.6	缬氨酸	4.2～7.5	丝氨酸	3.3～5.3

螺旋藻蛋白最易被人吸收，消化率高达 93%。螺旋藻中含有丰富的 β-胡萝卜素，含量是胡萝卜的 15 倍，菠菜的 40～60 倍。螺旋藻还含有丰富的 B 族维生素和 γ-亚麻酸，每 100 g 螺旋藻干粉中 γ-亚麻酸含量高达 900～1000 mg，因此，有很高的开发应用价值。此外，螺旋藻蛋白还具有以下三方面功能。

（1）可作为纯天然的色素，用于食品、化妆品和染料等工业。现代医学发现，人工合成色素有增加人类致癌概率的危险，因此，螺旋藻蛋白作为天然色素的开发利用日益受到重视。

（2）试剂级藻胆蛋白可制成荧光试剂，应用于医学临床诊断和免疫学及生物工程等研究领域。由于藻胆蛋白能发出强烈的荧光，因此可将其与生物素、亲和素或各种单克隆抗体结合制成荧光探针，用于癌细胞表面抗原检测，以及蛋白质、核酸等生物大分子的分析等工作中。藻胆蛋白作为一种天然的荧光试剂，比一般化学荧光剂具有更多优点。

（3）可制成食品和药品用于医疗保健。藻胆蛋白能促进动物血细胞再生，提高淋巴细胞活性，通过淋巴系统提高机体免疫功能，全面增强机体的防病抗病能力，可防治癌症、溃疡和血栓等疾病。

10.3　叶蛋白

叶蛋白又称叶蛋白浓缩物（leaf protein concentrate，LPC），是从新鲜植物叶片液汁中提取的高质量浓缩蛋白质，不仅是畜禽生长发育和生产畜产品的主要营养物质，而且也是人类，特别是青少年的保健营养理想食品。

10.3.1　叶蛋白的组成及其营养特性

植物的叶片是进行光合作用及合成蛋白质的场所，叶蛋白在绿叶中的作用，是促进叶片吸收二氧化碳进行光合作用产生碳水化合物。它具有酶的功能，同样具备由氨基酸组成的蛋白质的物理性质。许多禾谷类、豆类作物的叶片中含 2%～4%的蛋白质。大量实验研究表明，叶蛋白制品含蛋白质为 55 %～72%、可利用的碳水化合物为 5%～20%、粗纤维为 0.5%～1.5%、脂肪为 7%～25%、灰分为 0.5%～1.5%。叶蛋白含有 18 种氨基酸（表 10.5），天冬氨酸和谷氨酸残基与碱性的组氨酸、精氨酸和赖氨酸残基的比例，接近 1.25∶1.0，使叶蛋白具有微酸性。这种特性使叶蛋白在食品工业，特别是饮料制作中，具有特殊用途。另外，叶蛋白在 pH 接近中性时仍具有较高的可分散特性。叶蛋白分子结构中极性氨基酸残基都分布在蛋白质分子的表面，而非极性氨基酸的侧链包埋在分子内部，这成为叶蛋白可溶性高的理论依据。

表 10.5　菠菜等叶蛋白质氨基酸组成（以 g/16gN 计）

氨基酸	菠菜	苜蓿	烟叶	氨基酸	菠菜	苜蓿	烟叶
苯丙氨酸	4.49	4.93	4.34	缬氨酸	7.04	7.09	6.38
天冬氨酸	9.87	9.46	9.64	甲硫氨酸	1.79	2.12	1.69
苏氨酸	7.31	5.47	6.12	异亮氨酸	3.90	4.88	3.34
丝氨酸	3.10	3.0	3.86	亮氨酸	9.38	10.05	9.21
谷氨酸	10.59	9.70	12.03	酪氨酸	4.89	4.19	4.65
脯氨酸	5.38	4.83	5.47	赖氨酸	5.02	5.37	5.30
甘氨酸	9.38	10.34	10.12	组氨酸	3.27	3.45	2.69
丙氨酸	8.61	9.06	9.16	精氨酸	6.33	6.21	5.99

从营养学角度分析，叶蛋白中的人体必需氨基酸与FAO/WHO推荐的人体需要模式基本相符（表10.6），叶蛋白的氨基酸评分高达98分以上。缬氨酸和异亮氨酸可以与鸡蛋中蛋清蛋白相比。赖氨酸含量较高，与所有豆类蛋白相当，这对多以谷物类为主食的第三世界国家尤为重要。叶蛋白浓缩物的Ca、P、Mg、Fe和Zn的含量高，是各类种子的5～8倍。每千克LPC中，代谢能为11.7～13.4 MJ，有效磷为0.3%，胡萝卜素为500～1200 mg，叶黄素为1000～1800 mg，胡萝卜素和叶黄素含量比叶中含量分别高20～30倍和4～5倍，不含胆固醇，具有防病治病、防衰抗老、强身健体等多种生理功能。其被FAO认为是一种高质量的食品，是一种具有高开发价值的新型蛋白质资源。

表10.6 叶蛋白必需氨基酸成分与FAO/WHO模式值比较（以g/16gN计）

氨基酸	FAO/WHO	全鸡蛋	酪蛋白	大豆粕	叶蛋白
赖氨酸	5.5	6.4	8.0	6.9	6.5
色氨酸	1.0	1.2	1.3	1.3	2.7
苏氨酸	4.0	5.0	4.3	4.3	5.7
含硫氨基酸	3.5	5.5	3.5	2.4	2.4
缬氨酸	5.0	7.4	7.4	5.4	6.7
异亮氨酸	4.0	6.6	6.6	5.1	4.9
亮氨酸	7.0	8.8	10.1	7.7	9.4
芳香氨基酸	6.0	10.1	11.2	8.9	12.8

10.3.2 叶蛋白的功能特性

1. 溶解性

叶蛋白的溶解性受温度、pH和离子强度的影响。当pH为4.0，即处于等电点时，菠菜叶蛋白的溶解性最小，在酸性和碱性条件下，离等电点越远，溶解性越高；碱性条件下的溶解度相对于酸性条件下的要高。在温度为4℃，pH为5.6和8.3的条件下，菠菜叶蛋白的溶解度由5.7%上升到9.5%；而在37℃，pH为5.6时，溶解度为2.2%，pH为8.4时，溶解度为9.8%。这种随pH和温度变化的溶解特性，对于制造叶蛋白饮料有重要的指导价值。

在0～1.0 mol/L NaCl浓度时，菠菜叶蛋白的溶解性及吸水性与NaCl浓度呈正相关；在0～1%的蔗糖浓度范围内，当蔗糖浓度为1%时，菠菜叶蛋白的溶解性较好。

2. 吸水和吸油性

叶蛋白的吸水和保油性质比大豆分离蛋白更高。例如，pH为3的叶蛋白吸水性为393%，而大豆蛋白仅为191%～272%。同样条件下，叶蛋白吸油能力为375%，而大豆蛋白只有143%～244%。在0～1.0 mol/L NaCl浓度范围内，菠菜叶蛋白的吸水性与NaCl浓度大小呈正相关。

3. 起泡性和乳化特性

喷雾干燥和冷冻干燥的苜蓿叶蛋白和鸡蛋蛋白有相似的起泡性。在 pH 为 4.5 时，起泡性会更好。烟叶叶蛋白的起泡性稍微差于鸡蛋蛋白。在 pH 为 5.5 时，菠菜叶蛋白产生的泡沫有非常好的稳定性。在较低的温度下，泡沫稳定性会更好。随着温度的升高，泡沫稳定性会越来越差。当离子强度从 0 升至 0.1 时，泡沫稳定性会增强。

有人研究过菠菜、苜蓿和烟叶中叶蛋白的乳化特性，且用不同的评价方法与大豆蛋白相比较。冻干的菠菜叶蛋白（pH 7.0，离子强度 0.1）的乳化活性为 109 m^2/g，11S 大豆蛋白为 217 m^2/g，卵清蛋白为 31 m^2/g。在 90℃时，叶蛋白的乳化稳定性要低于 β-乳球蛋白或牛血清蛋白。

冻干的苜蓿叶蛋白、喷雾干燥的苜蓿叶蛋白和大豆分离蛋白都有相似的乳化活性和稳定性。但是，它们的乳化能力却不相同，分别为 312 mL、289 mL、264 mL。0.2% 的叶蛋白溶液形成的乳化液有 1260 黏度单位。

烟叶叶蛋白的乳化性，因制备方法不同而不同。测乳化性时，添加淀粉和盐，能使获得的蛋白质结晶和从 pH 8.5 溶液中得到的蛋白质的乳化性增加，相反，即使是从 pH 为 3.0 溶液中得到的蛋白质的乳化性也会降低。

4. 胶凝性

喷雾干燥的苜蓿叶蛋白，能在低浓度（1%）下，通过加热后冷却得到凝胶。在浓度 5%时得到的凝胶强度，是浓度 15%时的大豆分离蛋白凝胶强度的 2 倍多。如果喷雾干燥的温度升高，凝胶的强度会大大降低。通过延长加热的时间和升高温度，凝胶的强度能得到加强。在适度的离子强度下，pH 7.0～8.0 的凝胶强度有最大值。

烟叶叶蛋白在 75℃以上加热，通过渐渐冷却得到凝胶。在同一条件下，烟叶叶蛋白的凝胶强度要大于鸡蛋蛋白凝胶的强度。从 pH 3.0 溶液中得到的烟叶叶蛋白，在 2%的浓度下，能形成透明的凝胶。

在 90℃、低于 2.5%浓度下加热菠菜叶蛋白 10 min，能得到凝胶，而 11S 大豆蛋白在如此低的浓度下则不能形成凝胶。在任何相同浓度下，菠菜叶蛋白凝胶的强度要大于大豆蛋白形成的凝胶。

10.4　食用菌蛋白

食用菌（edible fungus）是一类可以食用的大型真菌，常称为蘑菇或食用蕈类（mushroom），蕈类是人类食用最广的一种食用菌，常见的食用菌有香菇、草菇、金针菇、双孢蘑菇、平菇、木耳、银耳、竹荪、灵芝、猴头等，其营养价值丰富，风味独特，是食品和制药工业的重要资源。

食用菌实体的蛋白质含量一般为鲜重的 3%～4%，或干重的 30%～45%，蛋白质含量介于肉类和蔬菜之间。食用菌含有的氨基酸种类齐全，几乎所有的食用菌都含有必需氨基酸（表 10.7）。许多食用菌的口味之所以鲜美，就是因为它们含有鲜味成分，其中之一就是氨基酸，食用菌谷氨酸含量很高，如羊肚菌菌丝体中的谷氨酸含量占氨基酸总量的 17.8%，香菇为 12.31%，平菇为 19.42%，金针菇为 13.99%。食用菌菌体还含有多种特殊的鲜味氨基酸，如蘑菇、口蘑等含有口蘑氨酸等。

表 10.7 几种食用菌的氨基酸组成（以 g/16gN 计）

氨基酸	蘑菇	香菇	草菇	平菇	氨基酸	蘑菇	香菇	草菇	平菇
异亮氨酸	4.3	4.4	4.2	4.9	苏氨酸	4.9	5.2	4.7	5.1
亮氨酸	7.2	7.0	5.5	7.6	缬氨酸	5.3	5.2	6.5	5.9
赖氨酸	10.0	3.5	9.8	5.0	酪氨酸	2.2	3.5	5.7	3.5
甲硫氨酸	痕量	1.8	1.6	1.7	色氨酸	—	—	1.8	1.4
苯丙氨酸	4.4	5.3	4.1	4.2					

食用菌含有多种维生素，如维生素 B_1、维生素 B_2、维生素 B_{12}、维生素 PP、维生素 C 和维生素 D 原（麦角甾醇）等，B 族维生素和维生素 D 原含量高于其他食品。在 100 g 食用菌的干物质中，麦角甾醇的平均含量约为 200 mg，高于一般动植物食品的含量。草菇富含维生素 C，每 100 g 新鲜草菇中维生素 C 的含量为 206. 27 mg，比一般的水果、蔬菜还要高。

食用菌是一种很好的矿物质源，其菌体含有钾、磷、硫、钠、钙、镁等元素，也含钼、银、铁、锰、铜等微量元素，菌体可吸收基质中的矿物质并转运到子实体中。食用菌含磷量一般为黄瓜、白菜等蔬菜的 5～10 倍；香菇、黑木耳中铁含量约为一般蔬菜含量的 100 倍。这些矿物质对人体生理机能的调节起到重要作用。

鲜菇含有大量的碳水化合物（3%～28%）和纤维素（3%～32%），在子实体中含有有限的有机酸，约占干物质总量的 0.3%～5.8%。食用菌中还含有较多的纤维素，纤维素在肠道内可加强胃肠蠕动，将肠道内不能消化的物质和有害物质排出体外。菇类纤维素含量一般为普通蔬菜含量的 3～10 倍，可预防消化道疾病。

第 11 章　生物活性蛋白与活性肽

在食品中存在的蛋白质组分，除了前述的动物源、植物源或微生物源的几种主要蛋白质外，还存在其他的、含量水平相对较少的蛋白质或肽类。这些蛋白质或肽类中的一部分在生物体中具有令人感兴趣的作用，例如，免疫、抑菌、矿物质吸收、生理机能调节等，通常将它们归类为生物活性蛋白或生物活性肽。此外，一些生物活性蛋白质涉及生命活动过程，是典型的生物催化剂——酶，而且它们在食品加工过程中有重要的应用，对食品质地的改善、风味品质的提高有着不可替代的作用。由于相关文献众多且较为熟知，本章将简介重要的生物活性蛋白和生物活性肽，以及对食品加工过程极为重要的几种酶类。

11.1　生物活性蛋白

溶菌酶、乳过氧化物酶、免疫球蛋白和乳铁蛋白，是当前研究最多的生物活性蛋白。它们具有许多对于人类十分重要的生物功能，在食品加工中的应用潜力也最大。

11.1.1　溶菌酶

1. 性质

溶菌酶（lysozyme）又称胞壁质酶或 *N*-乙酰胞壁质聚糖水解酶，是一种能水解致病菌中黏多糖的碱性酶。溶菌酶通过破坏细胞壁中的 *N*-乙酰胞壁酸和 *N*-乙酰氨基葡萄糖之间的 *β*-1,4-糖苷键，使细胞壁不溶性黏多糖分解成可溶性糖肽，导致细胞壁破裂、内容物逸出而使细菌溶解。溶菌酶还可与带负电荷的病毒蛋白直接结合，与 DNA、RNA、脱辅基蛋白形成复盐，使病毒失活。因此，该酶具有抗菌、消炎、抗病毒等作用。一些溶菌酶或多或少地表现出所谓的“壳聚糖酶”活力，可通过随机方式水解甲壳素中存在的 1,4-*β*-乙酰基葡萄糖糖苷键。

溶菌酶是第一个用 X 射线晶体衍射法测定出全部立体结构的酶，它的分子质量为 15～18 kDa，含碱性氨基酸较多，等电点在 pH 10.5～11，是一种碱性蛋白质。它一般是由 129 个氨基酸残基形成的一条单股肽链，N 端为赖氨酸，C 端为亮氨酸，所含的 8 个半胱氨酸残基形成 4 个二硫键，稳定其立体结构。溶菌酶分子近椭圆形，大小约 4.5 nm×3.0 nm×3.0 nm，其中 α 螺旋占 25%，在分子的一些区域存在伸展的 β 折叠结构。研究结果表明，溶菌酶的内部几乎都为非极性的，疏水相互作用在溶菌酶的折叠构象中起到重要作用。在溶菌酶分子表面有一个容纳多糖底物 6 个单糖单位的裂隙，这就是溶菌酶的活性部位所在。

溶菌酶广泛存在于血清、泪液、唾液、乳汁、胃肠和呼吸道分泌液，以及吞噬细胞的溶菌体颗粒中。该酶对革兰氏阳性菌具有溶解作用，破坏细胞壁的重要组成成分（肽聚糖)，导致细胞崩解；对革兰氏阴性菌不敏感，原因在于革兰氏阴性菌肽聚糖外面还有一层脂蛋白。在牛初乳中含有其他多种抗体和补体组分，它们与溶菌酶协同作用，便可破坏革兰氏阳性菌脂多糖和脂蛋白，发挥溶菌、免疫功能。图 11.1 为溶菌酶裂解革兰氏阳性菌的机理。

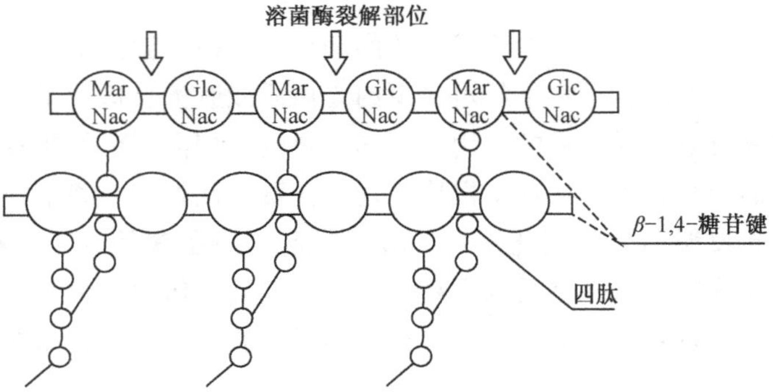

图 11.1　溶菌酶裂解革兰氏阳性细菌机制示意图

MarNac. *N*-乙酰胞壁酸；GlcNac. *N*-乙酰葡萄糖胺

人体的泪液中溶菌酶活力高达(1267±58) mg/L，母乳中为(65.0±10.2) mg/L。人乳溶菌酶由 130 个氨基酸残基组成，相对分子质量为 15 000，最适 pH 为 6.35。牛乳中的溶菌酶相对分子质量为 18 000，最适 pH 为 7.9，但受离子强度影响较大。溶菌酶在酸性 pH（如 pH 3～4）下具较强的耐热性。当 pH 为 4.0 时，100℃加热 20 min 其残留活力在 60%以上；当 pH>7 时，则对热很不稳定。

2. 存在与应用

人类的眼泪、唾液、鼻黏液、乳汁等分泌液以及淋巴腺和白血球中存在溶菌酶，人乳溶菌酶活性比卵清溶菌酶高 3 倍。此外，从牛、马、羊等动物的乳汁中也分离出溶菌酶，其化学性质与人溶菌酶相似，但是溶菌活性为人乳溶菌酶的 1/3000。人及哺乳动物溶菌酶的作用机制与鸡卵清溶菌酶相同。人乳中溶菌酶含量随泌乳期变化，且没有明显的规律。另据报道，营养不良的母亲的乳汁中溶菌酶含量低于正常母乳，而且环境对人乳中溶菌酶含量的影响并不显著。牛乳中溶菌酶的含量较少，并且波动较大（0.07～0.6 mg/L)。牛初乳中溶菌酶浓度一般大于 0.15 mg/L，与常乳相比，显然在溶菌酶含量上更加接近母乳。从牛乳的“母乳化”角度来看，加入适量溶菌酶的牛乳及乳制品更适合婴儿食用，并有利于婴儿肠道细菌正常化。在欧洲，早已有强化溶菌酶的母乳化乳制品。

溶菌酶主要来源于禽蛋。鸡卵清中的溶菌酶占蛋清总蛋白的 3.4%～3.5%，是溶菌酶的典型存在代表。卵清溶菌酶是重点研究的对象，也是目前了解最清楚的溶菌酶之一。它由 129 个氨基酸残基组成，具有 4 个二硫键，其相对分子质量为 14 000，最适 pH 为 6～7。在 pH4～7、100℃处理 1 min 不失活，是一种稳定的碱性蛋白质。而从木瓜、无花果、芜菁、大麦等植物中分离出溶菌酶，其相对分子质量为 24 000～29 100。植物溶菌酶对溶壁小球菌的溶菌活性不超过卵清溶菌酶的 1/3，但对胶体状甲壳素的分解活性则是卵清溶菌酶的 10 倍。20 世纪 60 年代还发现一些微生物（细菌、真菌）也产生溶菌酶。

将一定量的溶菌酶添加到牛乳及其制品中，使牛乳人乳化，能够抑制肠道中腐败性细菌的增殖，增强婴儿对病菌的抵抗力。此外，在干酪生产中也有溶菌酶应用。用溶菌酶替代硝酸盐，可防止干酪产气，保持正常的香味物质丁酸产生。德国于 1995 年发布法规，批准使用溶菌酶来防止半硬质干酪的生产中由厌氧孢子增殖所引起的胀气现象。

11.1.2　乳过氧化物酶

20 世纪 20 年代人们开始研究乳过氧化物酶（lactoperoxidase，LP），并发现它存在于其他哺乳动物的乳中。研究工作确认乳过氧化物酶与乳的抗菌性有关，并且它的抗菌性需要足够量的过氧化氢和硫氰酸根离子存在。

1. 结构

乳过氧化物酶是存在于乳汁中的、含有血红素的蛋白质，相对分子质量为 77 000～77 500。牛乳中过氧化物酶活性很高而人乳中活性很低。现已确定，乳过氧化物酶是单肽链蛋白质，含 1 个血红素分子和约 10%的碳水化合物，通常还会结合一个钙离子。在大多数哺乳动物外分泌液中，也均检出性质类似的血红素过氧化物酶，它们催化 H_2O_2、卤化物或者 SCN^- 反应生成具有毒性的氧化剂，保护机体黏膜免受微生物侵害。因此，乳过氧化物酶是机体防御体系的一部分（Fox and McSweeney，1998）。人腮腺分泌的唾液中存在免疫化学特性与乳过氧化物酶相似的蛋白质，通常也被称为“乳过氧化物酶”，其相对分子质量为 80 000～100 000。实际上，真正存在于人乳中的过氧化物酶相对分子质量为 70 000～80 000，它可能是乳淋巴细胞产生的。牛乳过氧化物酶的一级结构序列见图 11.2。

```
                            20                                    40
DTTLT NVTBP SLDLT ALSWE VGCGA PVPLV KVDEN SPYRT ITGDC NNRRS
         60                                80                                100
PALGA ANRAL ARWLP AEYED GLALP FGWTQ RKTRN GFRVP LAREV SNKIV
                            120                                   140
GYLDE EGVLD QNRSL LFMQW GQIVD HDLDF APETE LGSNE HSKTQ CEEYC
       160                              180                                  200
IQGDN CFPIN FPKND PKLKT QGKCM PFFRA GFVCP TPPYQ SLARE QINAV TSFLD
                 220                                240
ASLVY GSEPS LASRL RNLSS PLGLM AVNQE AWDHG LAYLP FNNKK PSPCE
   260                               280                                   300
FINTT ARVPC FLAGD FRASE QILLA TAHTL LLREH NRLAR ELKKL NPHWN
                  320                                340                                   360
GEKLY QEARK ILGAF IQIIT FRDYL PIVLG SEMQK WIPPY QGYQN SVDPR ISNVF
                            380                                   400
TFAFR FGHME VPSTV SRLDE NYQPW GPEAE LPLHT LFFNT WRIIK DGGID
         420                                440                                   460
PLVRG LLAKK SKLMN QDKMV TSELR NKLFQ PTHKI HGFDK AAINL QRCRD
                            480                                   500
HGMPG YNSWR GFCGL SQPKT LKGLQ TVLKN KILAK KLMDL YKTPD NIDIW
          520                               540                                   560
IGGNA EPMVE RGRVG PLLAC LLGRQ FQQIR DGDRF WWENP GVFTE KQRDS
                            580                                   600                     612
LQKVS FSRLI CDNTH ITKVP LHAFQ ANNYP HDFVD CSTVD KLDLS PWASR EN
```

图 11.2　牛乳过氧化物酶的一级结构（氨基酸序列）

组成牛乳过氧化物酶的血红素为氯化血红素Ⅸ（1 个甲基为巯基所取代），这样，原卟啉以二硫键与乳过氧化物酶肽链上的一个半胱氨酸残基相连。牛乳过氧化物酶具有多种不同形式，主要是碳水化合物含量不同，肽链氨基酸组成并无显著差异。表 11.1 为牛乳过氧化物酶氨基酸组成。牛乳过氧化物酶中碳水化合物主要为甘露糖、*N*-乙酰葡萄糖胺（GlcNac）和 *N*-乙酰氨基半乳糖（GalNac），例如，在 LP-B1 组分中这三种单体的比例为 13∶7∶2。

表 11.1 几种牛乳过氧化物酶活性组分的氨基酸组成

氨基酸	几种 LP 样品中氨基酸残基数目				氨基酸	几种 LP 样品中氨基酸残基数目			
	LP-B1	LP-A1	LP-A1	LP-A2		LP-B1	LP-A1	LP-A1	LP-A2
Asp		35			1/2Cys	16	15	11	8
Asx	71	71	72	67	Val	28	29	30	29
Asn		36			Met	11	11	11	11
Thr	32	32	32	27	Ile	27	27	24	25
Ser	33	32	34	34	Leu	68	69	67	63
Glu		33			Tyr	15	15	15	15
Glx	61	59	62	63	Phe	30	31	30	31
Gln		27			Lys	34	33	35	35
Pro	42	42	43	43	His	14	14	16	15
Gly	40	40	40	40	Arg	37	39	38	38
Ala	37	38	38	38	Try	15	14	13	13

注：LP-B1 为 Carlstrom 测定结果；其余为 M. M. Cals 测定结果，A1、A2 为柱分离组分，其中 A2 还含有几种 LP 形式（以 SDS-PAGE 结果判断）。LP-A1 组分为 Edman 降解法测定结果。

乳过氧化物酶最适作用 pH 为 4.5～5.0，但在中性条件下也有相当的酶活力，最适作用温度约 70℃；在 pH 3.0 附近和人体胃液中乳过氧化物酶仍能维持活力。人初乳中的乳过氧化物酶通常与分泌型 IgA 混杂在一起，但是人、牛初乳的乳过氧化物酶在索瑞吸收谱（Soret absorption spectrum）412 nm 处均有一个吸收峰。

乳过氧化物酶比较耐热，例如，巴氏杀菌（63℃，30min）后残留活力约 75%。在高温短时杀菌（如 74℃）中仅部分变性。与通常的 72℃巴氏杀菌比较，80℃、15 s 加热处理的牛乳变质更迅速，一般认为是微生物孢子产生“休克”的结果，但研究发现，乳过氧化物酶在 80℃加热时将完全丧失活性，因此，72℃加热处理牛乳杀菌效果更佳也可能与乳过氧化物酶的残留活力有关。

2. 生物活性

1）乳过氧化物酶体系及其抗菌作用

研究表明，乳过氧化物酶以单独形式存在时并不能发挥生物功能。若体系中存在 H_2O_2 和硫氰酸根（SCN^-），则乳过氧化物酶对革兰氏阴性菌表现出抗菌效应，因此将 H_2O_2、LP、SCN^- 称为“乳过氧化物酶体系”（LPS）。鲜乳中的乳过氧化物酶在 H_2O_2 存在条件下，可以使硫氰酸盐通过两种途径氧化为亚硫氰酸盐，而亚硫氰酸盐在 pH6.5～6.7（牛乳正常的 pH 范围）时解离，形成 $OSCN^-$（赵新淮，2007）。其反应过程如下：

$$SCN^- + H_2O_2 \longrightarrow OSCN^- + H_2O$$

反应途径Ⅰ：SCN^-直接氧化生成$OSCN^-$即

$$H_2O_2 + SCN^- \xrightarrow{LP} OSCN^- + H_2O$$

反应途径Ⅱ：

$$2SCN^- + H_2O_2 + 2H^+ \xrightarrow{LP} (SCN)_2 + 2H_2O$$

$$(SCN)_2 + H_2O \longrightarrow HOSCN + SCN^- + H^+$$

$$HOSCN \rightleftharpoons H^+ + OSCN^-$$

乳过氧化物酶体系的抑菌机制是，SCN^-在H_2O_2存在下，被乳过氧化物酶氧化所形成的$OSCN^-$和HOSCN，可以氧化细菌细胞中的一些含有—SH的代谢酶，或是消耗NADH，从而阻碍细菌生长繁殖。虽然乳蛋白中也含有少量的—SH，但在天然状态下包埋于分子内部，不易与乳过氧化物酶体系接近，因而$OSCN^-$和HOSCN主要是与乳中存在的细菌表面上的—SH作用，使与代谢有关的含—SH的酶丧失活性，从而起到抗菌作用。

2）乳过氧化物酶体系与乳的保质

乳过氧化物酶体系是一种具有潜力的、安全的牛乳防腐体系，迄今为止是除了冷却之外最有效的方法。当冷藏设备短缺、交通不便，以及乳品厂出现停电、停水、机器故障时，采用此方法保鲜牛乳更具有重要的现实意义，特别是在经济困难的地区。乳过氧化物酶体系除可用来保鲜牛乳外，在其他方面的开发应用也正在研究中。

要使乳中乳过氧化物酶体系充分发挥其抗菌作用，其过氧化物酶的浓度不得低于0.02 IU/mL，牛乳中天然乳过氧化物酶的浓度为1.4 IU/mL，水牛乳中为0.91 IU/mL才可满足这一需求。乳中乳过氧化物酶体系发挥作用的限制因素是硫氰酸盐及H_2O_2的含量。乳中的SCN^-含量主要取决于饲料中的SCN^-的含量。正常情况下为1～10 mg/kg。这一含量尚不能满足形成强抗菌体系的需要。因此，在鲜乳中加入微量的SCN^-（15 mg/kg的硫氰酸钠）和H_2O_2（9 mg/kg），可活化乳中的乳过氧化物酶体系，产生有效的抗菌作用。

通过活化乳过氧化物酶体系可使鲜乳在4℃的储存期延长5～6天。乳过氧化物酶体系活化后鲜乳在不同温度下的储存期见表11.2。

表 11.2　储存温度对 LP 体系保鲜期的影响

温度/℃	30	25	20	15	3～5
保鲜/h	7～8	11～12	16～17	24～26	120～168

11.1.3　免疫球蛋白

免疫球蛋白（immunoglobulin，Ig）是一类具有抗体活性或化学结构与抗体相似的球蛋白，又称为抗体。免疫球蛋白的结构具有不均一性，可分为不同的类型，多数具有抗体活性，可以特异性识别和结合抗原，并引发一系列生物学效应。目前已在人、小鼠等血清中先后分离纯化得到5类免疫球蛋白，1968年世界卫生组织统一将它们分别命名为免疫球蛋白G（IgG）、免疫球蛋白M（IgM）、免疫球蛋白A（IgA）、免疫球蛋白

D（IgD）和免疫球蛋白 E（IgE），它们的结构示意图见图 11.3。

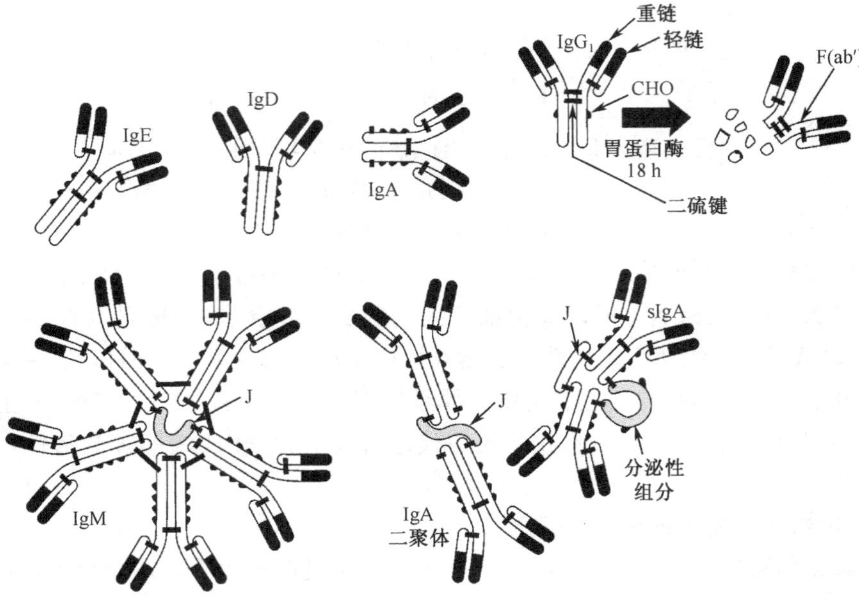

图 11.3 免疫球蛋白的结构

1. 免疫球蛋白的结构

免疫球蛋白具有蛋白质的通性，能被多种蛋白水解酶裂解；可以在乙醇、三氯乙酸或中性盐类中沉淀，常用 50%饱和硫酸铵或硫酸钠从免疫血清中提取免疫球蛋白。

从总体上看，各类免疫球蛋白的化学结构虽有不同，但是所有免疫球蛋白的基本结构均是由二硫键连接的四条多肽链组成的对称性结构。其中一对多肽链较长，约含有 450 个氨基酸，相对分子质量为 50 000，称为重链（H 链）；另一对多肽链较短，约含有 214 个氨基酸，相对分子质量约 25 000，称为轻链（L 链）。轻链与重链由二硫键连接形成一个四肽链分子，称为免疫球蛋白分子的单体，是构成免疫球蛋白分子的基本结构。其单体中四条肽链两端游离的氨基或羧基的方向是一致的，分别命名为氨基端（N 端）和羧基端（C 端）。各类免疫球蛋白重链的结构及抗原均不相同。不同的重链分别以希腊字母 γ、α、μ、δ 和 ε 表示。并以此将免疫球蛋白相应的分为 IgG、IgA、IgM、IgD 和 IgE 五类。而轻链则只有两种类型，即 κ 及 λ。每一个 Ig 分子中，两条轻链及两条重链都是同型的。IgG、IgD 和 IgE 及绝大多数血清型 IgA 均为单体，而分泌型 IgA 含有两个单体，由接合链相连为双体，加上一个分泌片组成。IgM 为五聚体，其中两个单体 IgM 由一条接合链相连，其他单体间可能由二硫键相接（图 11.4）。此外，免疫球蛋白的糖基连接于重链部分，所以免疫球蛋白也属于糖蛋白。

各类、亚类免疫球蛋白的重链恒定区的氨基酸序列是不相同的，因此，其相应的结构决定了各类、亚类的抗血清反应特性，并且成为区分各种免疫球蛋白的最可靠依据。一般说来，若两条重链恒定区在抗血清决定子和氨基酸序列方面差异很大时，便分成两类；若反应参数之间仅有细微区别，则分为亚类。可见，免疫球蛋白分类的关键是重链

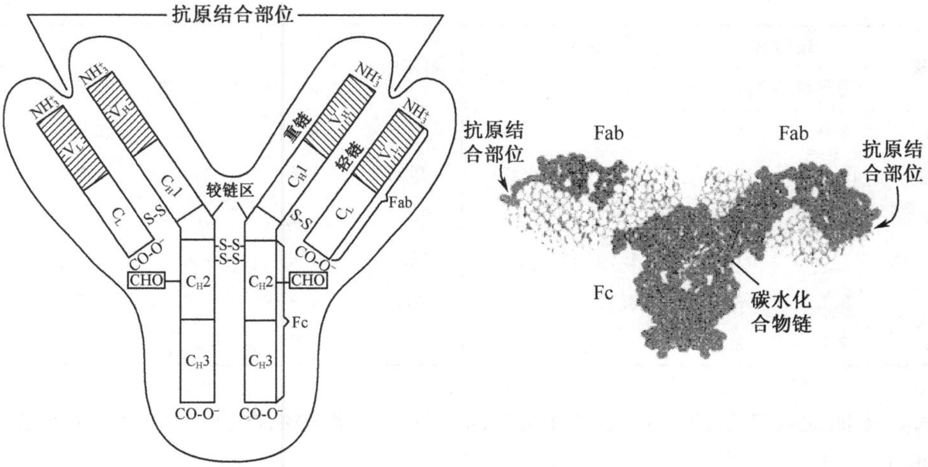

图 11.4　免疫球蛋白结构模式图

结构的差异程度，但也与轻链恒定区有一定关系。牛初乳免疫球蛋白中能够区分出这样两个型（κ 和 γ 型）。

通常免疫球蛋白分子呈“T”形，与抗原结合后发生构型改变而呈“Y”形，此时，IgG 分子中原来被掩盖的 C_H2 功能区即补体结合点所在处得以暴露（图 11.5）。

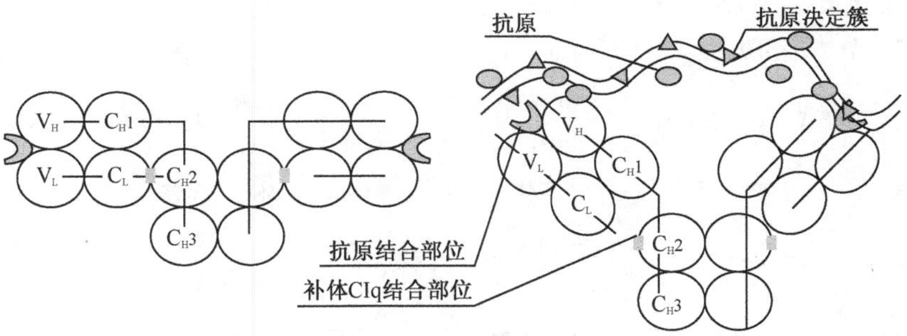

图 11.5　免疫球蛋白结合抗原前后结构的变化

有关免疫球蛋白的结构与性质关系，见本书的第 6 章“蛋白质的构象与功能”。

2. 免疫球蛋白的组成与性质

鸡卵黄 IgG（IgY）、鸡血 IgG 和牛乳 IgG 的氨基酸组成情况见表 11.3。牛 IgG 与鸡 IgG 显著不同，前者的 Asp、Thr 和 Ser 含量较高，而 Gly、Ala 和 Leu 的含量较低。

表 11.3　一些 IgG 和 IgY 的氨基酸组成情况

氨基酸	IgY/%		IgG/%		氨基酸	IgY/%		IgG/%	
	普通母鸡	免疫母鸡	鸡血	牛乳		普通母鸡	免疫母鸡	鸡血	牛乳
Asp	6.9	6.8	6.7	8.1	Glu	9.3	9.2	8.8	9.2
Thr	8.3	8.3	8.5	9.9	Pro	7.5	7.1	7.1	6.8
Ser	12.3	12.4	12.7	14.4	Gly	9.8	9.9	9.9	7.7

续表

氨基酸	IgY/%		IgG/%		氨基酸	IgY/%		IgG/%	
	普通母鸡	免疫母鸡	鸡血	牛乳		普通母鸡	免疫母鸡	鸡血	牛乳
Ala	8.0	8.0	8.4	5.4	Tyr	3.2	3.2	3.3	4.0
1/2Cys	2.3	2.5	2.5	2.2	Phe	2.8	2.8	2.8	2.7
Val	7.5	7.5	7.8	8.4	Lys	3.5	3.5	3.2	5.5
Met	1.0	1.0	1.0	0.9	His	1.6	1.6	1.3	1.6
Ile	3.1	3.1	3.1	2.6	Arg	4.8	4.7	4.7	3.7
Leu	8.2	8.2	8.2	6.9					

人、牛的免疫球蛋白因其化学组成不同，其主要的理化性质与生物学性质也有所不同，见表 11.4。

表 11.4　人、牛的 Ig 主要理化性质和生物学活性

理化及生物学活性		IgG	IgM	IgA/sIgA**	IgD	IgE
相对分子质量		1 500 000	90 000	16 000/390 000	185 000	190 000
沉降系数/S*		7	19	7/11	7	8
重链	类	γ	μ	α	δ	ε
	亚类	γ_1、γ_2、γ_3、γ_4	μ_1、μ_2	α_1、α_2	—	—
轻链	型	κ、λ	κ、λ	κ、λ	κ、λ	κ、λ
	分子式	$\gamma_2\kappa_2$ 或 $\gamma_2\lambda_2$	$(\mu_2\kappa_2)$或$(\mu_2\lambda_2)_5$	$(\alpha_2\kappa_2)_{1\sim2}$ 或 $(\alpha_2\lambda_2)_{1\sim2}$	$\delta_2\kappa_2$ 或 $\delta_2\lambda_2$	$\varepsilon_2\kappa_2$ 或 $\varepsilon_2\lambda_2$
主要存在形式		单体	五聚体	单体或二聚体	单体	单体
抗原结合价		2	5～10	2～4	2	2
半衰期/天		2～3	5	6	3	3
体内开始形成时间		出生后3个月	胚胎末期	出生后4～6个月	较晚	较晚
生物学活性		通过胎盘、激活补体、亲细胞活性、抗菌、抗病毒	激活补体、抗菌、抗病毒	抗菌、抗病毒、黏膜局部免疫	无抗体活性	亲细胞活性、介导Ⅰ型超敏反应

* 1S=10^{-13} s；**sIgA 为分泌型 IgA。

3. 免疫球蛋白的存在

免疫球蛋白是在人的体液中广泛分布的一种免疫物质。人常乳中以 IgA 为主（约占 88%），IgG 和 IgM 相对较少。而在动物的乳汁中存在 IgA、IgG 和 IgM，牛乳中 IgG 约占 60%～70%（常乳）或 80%～90%（初乳）。人乳中的免疫球蛋白不是乳腺分泌细胞合成的，而是由浆细胞（plasma cell）合成。IgA 和 IgM 一部分来自于乳腺中的浆细胞，一部分来自于血清。IgG 分子小，比其他类免疫球蛋白易透过毛细血管壁，转入组织液内，几乎可以在一切组织器官中与抗原反应，IgG 能活化发挥其相关的生物学效应。不同动物乳汁、血清中免疫球蛋白的浓度和百分含量如表 11.5 所示。

表 11.5 不同动物乳汁、血清中免疫球蛋白的浓度和百分含量

种类	免疫球蛋白	浓度/(mg/mL)			Ig 主要成分含量/%		
		血清	初乳	常乳	血清	初乳	常乳
人	IgG	12.1	0.43	0.04	78		
	IgA	2.5	17.35	1.00		90	87
	IgM	0.93	1.59	0.10	96	76	—
	SC		2.09	0.02			
狗	IgG	11.1	23.4	0.24	81	68	
	IgA	0.7	9.8	2.63			85
	IgM	1.7	0.8	0.22			
猪	IgG	21.5	58.7	3.0	89	80	
	IgA	1.8	10.7	7.7			70
	IgM	1.1	3.2	0.3			
马	IgG(总)	21.9	113.4	0.39	89	88	
	IgG(T)	8.2	15.2	0.09			43
	IgA	1.5	10.7	0.48			
	IgM	1.2	5.4	0.03			
牛	IgG(总)	25.0	3～212	0.72	88	85	66
	IgG_1	14.0	20～200	0.6			
	IgG_2	11.0	12.0	0.12			
	IgA	0.4	3.5	0.13			
	IgM	3.1	8.7	0.04			
	SC		0.5	0.2			

注：SC 为体细胞。

11.1.4 乳铁蛋白

1939 年 Sorensen 等在分离乳清蛋白时得到一种红色蛋白。1959 年 Groves 通过色谱得到纯品后，才确认这种红色物质是一种含铁蛋白质，称之为乳铁蛋白（lactoferrin)。进一步研究表明，乳铁蛋白是分子质量为 70～80 kDa 的糖蛋白（Bellamy，1992)。它的氨基酸序列如图 11.6 所示。

乳铁蛋白是一种具有多种生理功能的天然活性蛋白，具有结合并转运铁的能力。它可以增强铁的吸收利用率，同时又因为其对铁的结合，也避免对机体有害的羟游离基生成。研究还表明，乳铁蛋白还具有广谱抗菌，抗病毒感染作用；调节骨髓细胞的生成，促进细胞的生长；调节机体免疫功能，增强机体抗病能力；抑制人体肿瘤细胞的作用；能同多种抗生素及抗真菌制剂协同作用，更有效地治疗疾病。

在各种乳铁蛋白中，牛乳的乳铁蛋白抗菌活性最强，而人的乳铁蛋白来源特殊，因此成为主要的研究对象。来源于牛乳铁蛋白的乳铁素也具有抗菌性，它由 25 个氨基酸

1 A P R K N V R W C I I S O P I W F K C R R W Q W R M K K L G A P S I T C V R R

A F A R E C I R A I

50 A E K K A D A V I I(D)G G M V F E A C R D P R K L R P V A A E I Y G T K E S

P Q T H(Y)Y A V A V V K

100 K G S N I Q I D Q I Q G R K S C H T G L G R S A G W V I P M G I L R P Y L S W

T E S L E F L Q G A V

150 A K F I S A S C V P C I D R Q A Y P N L C Q L C K G E G E V N Q C A C S S R E

P Y F G(Y)S G A F K C L

200 Q D G A G D V A F V K E T T V F E N L P E K A D R D Q Y E L L C L N* N S R V

A P V D A F K E C H L A Q

250 V P S(H)A V V A R S V D G K E D L I W K L L S K A Q E K F G K N* K S R S F

Q L F G S P P G Q R D L L

300 F K D S A L G F L R I P S K V D S A L Y L A S R Y L T T L K N L R E T A E E V

K A R Y T R V V W C A

350 V G P E E Q K K C Q Q W S Q Q S G Q N* V T C A T A S T T D D C I V L V L K G

E A D A L N L D(D)G G Y I

400 Y T A G K C G L V P V L A E N R K S S K Y S S L D C V L R P I E G(Y)L A V A

V V K K A N E G L T W N

450 S L D K K S C H T A V D R T A G W N I P M G L I V N* Q T G S C A F D E F F S

Q S C A P G R D P K S

500 R L C A L C A G D D Q G L D K C V P N S K E K Y Y G(Y)T G A F R C L A E D V

G D V A F V K N* D T V W

550 E N T N G E S T A D W A K N L N R E D F R L L C L D G T R K P V T E A Q S C H

L A V A P N(H)A V V S

600 R S D R A A H V K Q V L L H Q Q A L F G K N G K N C P D K F C L F X S E T K N

L L F N D N T E C L A

650 K L G G R P T Y E E Y L G T E Y V T A I A N L K K C S T S P L L E A C A F L T

R

图 11.6　乳铁蛋白（牛）的分子组成

□表示 N 端和 C 端两个相对应的圆环结构氨基酸残基组成；() 表示推测的铁结合氨基酸残基；带 * 的氨基酸位表示潜在糖苷键结合位点

残基组成（氨基酸序列为 17～41），氨基酸顺序为 Phe—Lys—Cys—Arg—Arg—Trp—Gln—Trp—Arg—Met—Lys—Lys—Leu—Gly—Ala—Pro—Ser—Ile—Thr—Cys—Val—Arg—Arg—Ala—Phe，包括 5 个 Trp、3 个 Lys 和多个芳香族氨基酸残基，相对分子质量为 3100，具有强碱性，pI>8.5，其中的两个 Cys 通过形成分子内二硫键，使乳铁素分子呈不完全的桶状，但研究表明，二硫键在抗菌过程中作用不大，被破坏后乳铁素的抗菌活性并不减弱。

1. 存在与性质

乳铁蛋白广泛存在于乳汁、唾液、泪液等外分泌液或血浆、中性粒细胞中，在一些哺乳动物初乳中含量最高。例如，人初乳含有丰富的乳铁蛋白，可达 6 g/L，在正常乳中浓度则只有 1～2 g/L。牛乳中的乳铁蛋白含量比人乳中少得多，泌乳中期的含量仅 0.7 g/L。兔、大鼠、狗等的乳中则不含乳铁蛋白。

人乳和牛乳的乳铁蛋白分子的一级结构具有高度的相似性，同源性高达 69%。人乳铁蛋白的一级结构包含 703 个氨基酸残基。对比已经确定的人乳铁蛋白的完整高级结构和牛乳铁蛋白的部分高级结构，可见乳铁蛋白的二级结构是由 α 螺旋和 β 折叠交替排列组成的。X 射线分析等结果显示，人和牛的乳铁蛋白的二级结构以 α 螺旋和 β 折叠结构为主（大于 70%），并且 α 螺旋多于 β 折叠。已经用 X 射线分析法建立人乳铁蛋白的完整立体结构，发现其立体结构包括两个结构基本相同的叶，N 端的叶称为 N 叶，由 1～332 氨基酸残基序列组成，而 C 端的叶称为 C 叶，由 334～703 氨基酸残基序列组成；在每个叶中又包括两个结构域和一条裂隙，裂隙就是结合 Fe^{3+} 的部位；每个乳铁蛋白可以结合两个 Fe^{3+} 和两个碳酸根离子。乳铁蛋白的结构模型见图 11.7。

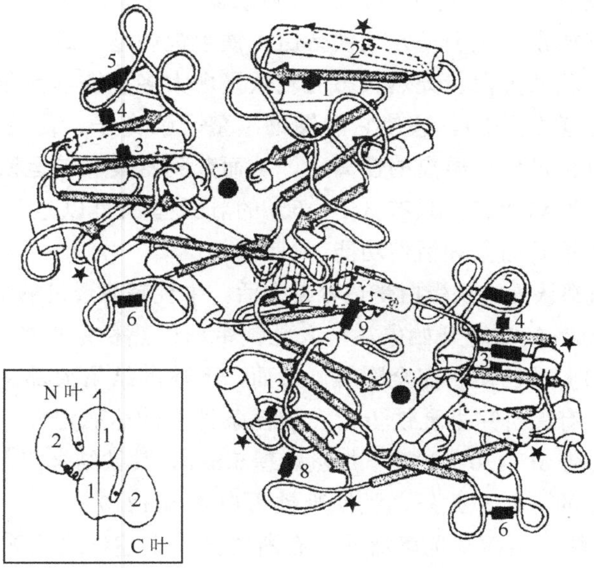

图 11.7　乳铁蛋白的立体结构模型

■. 二硫键；★. 碳水化合物结合位点；●. 铁离子；○. 可能的阴离子

不同哺乳动物乳中乳铁蛋白的氨基酸组成情况见表 11.6。

表 11.6　六种动物乳中乳铁蛋白的氨基酸组成（mg/g）

氨基酸	人	牛	猪	猴	鼠	马
Asp	71	71	57	70	71	72
Thr	31	39	28	31	40	32
Ser	50	45	46	43	50	48
Glu	70	73	71	67	71	70
Pro	35	31	30	34	33	33
Gly	56	43	50	61	51	50
Ala	63	59	56	73	60	71
Cys	32	28	X	23	28	38
Met	6	4	4	2	5	3
Val	49	43	42	50	45	44
Ile	16	17	18	15	17	14
Leu	61	61	53	62	57	60
Tyr	20	19	20	29	18	20
Phe	31	25	26	30	25	25
Try	11	9	X	X	10	12
Lys	46	42	40	47	55	45
His	9	10	8	9	10	10
Arg	46	32	36	40	32	33

人乳乳铁蛋白的等电点为 pH 6.0，牛乳的则为 pH 8.0，使得它容易与具有酸性特征的组分结合。当 pH＞9.5，蛋白质上的一些区域发生不可逆变性。乳铁蛋白还能和

其他很多乳蛋白相结合形成复合物。乳铁蛋白在 pH 3.0 时仍具有铁结合能力，其铁结合能力与盐的种类和浓度有关，在较高浓度碳酸盐的情况下，其铁结合能力增强；而在较高浓度柠檬酸盐的情况下，其铁结合能力则减弱。根据乳铁蛋白结合 Fe^{3+} 的多少，可将之分为缺铁型（或铁不饱和型）乳铁蛋白、铁半饱和型（或一铁型）乳铁蛋白、铁饱和型（或全铁型）乳铁蛋白。天然状态的乳铁蛋白大多呈铁不饱和状态，牛乳中乳铁蛋白有 15%～20%达到铁饱和，这使它能够继续螯合铁离子，使需铁细菌的生长因缺铁而受到抑制，同时也可螯合游离的铁离子，从而起到富集和转运铁的作用；人乳中的乳铁蛋白也呈相对不饱和状态，只有 3%～5%的乳铁蛋白可以达到铁饱和，正因为如此，才使其能够发挥重要的生理活性功能。

长期以来，人们都认为乳铁蛋白受热容易失活。牛乳超滤透过液中的牛乳铁蛋白，在 pH 为 6.6、温度为 65～69℃时开始失活。人乳铁蛋白的热稳定性的系统研究结果表明，70℃加热处理 15～30 min 已使它完全降解。然而，上述的结果大都是在中性或碱性条件下进行的。1991 年，有人研究牛乳铁蛋白在酸性条件下的热稳定性，在酸性条件下脱铁乳铁蛋白非常稳定，在 pH 4.0、90℃下加热处理 5 min，其铁结合能力、抗原活性以及抗菌活性与未处理以前的一样。此外，脱铁乳铁蛋白在 pH2.0～3.0、100～120℃下处理 5 min 时明显发生降解，然而其抗菌活性却有所增强。上述结果表明，降解以后的小分子仍具有抗菌活性，所以乳铁蛋白的活性部位是很稳定的，能耐受酸性降解。

2. 乳铁蛋白生物活性作用总结

乳铁蛋白具有广泛而独特的生物学功能和理化特性，人们感兴趣的 8 个重要生物活性作用总结如下。

1）促进铁吸收

乳铁蛋白可提高肠细胞对铁的生物可利用性，在肠黏膜细胞表面已经发现特殊的乳铁蛋白受体，它可以促进铁的吸收，使吸收率提高 5～7 倍。其依据就是人乳中铁的生物利用率要高于牛乳或婴儿配方食品中铁的生物利用率。试验证明，乳铁蛋白中的铁比 $FeSO_4$ 更易吸收。并且还发现，机体对铁的吸收有负反馈调节机制，当细胞缺铁时，细胞就会在其表面合成特异的铁受体（如血液中的转铁蛋白和肠道中的乳铁蛋白），增加乳铁蛋白与其受体的结合。

2）抗菌

乳铁蛋白具有强烈的铁结合能力，因此可通过螯合和溶解 Fe^{3+} 的能力，控制生物体中游离铁的水平，从而产生抗菌特性。除乳酸菌以外，绝大多数细菌的生长是需铁的，所以乳铁蛋白可通过与需铁菌的亲铁基团竞争，使细菌的生长受到抑制。乳铁蛋白的抑菌效果与它的铁饱和程度有关。乳铁蛋白若与分泌性 IgA 或 IgG 协同作用，则抗菌效果更显著。研究表明，乳铁蛋白在铁饱和的情况下也具有抑菌能力。缺铁型或铁不饱和型乳铁蛋白与菌体的结合，阻挡其他必需营养物质到达菌体表面的结合位点，从而抑制细菌的生长。此外研究表明，乳铁蛋白同时具有一定的杀菌作用，因为乳铁蛋白能破坏革兰氏阴性菌的外膜而导致脂多糖的释放。

3）调节免疫

乳铁蛋白具有调节巨噬细胞活性和刺激淋巴细胞合成的能力。嗜中性粒细胞是含乳铁蛋白最多的细胞，当机体受感染时就可将乳铁蛋白释放出来，乳铁蛋白夺取致病菌的铁离子致使后者死亡，进而使其在调节机体免疫方面具有一定作用。乳铁蛋白还可以通过诱导体液免疫反应，对免疫系统各方面产生影响：影响 T 细胞和 B 细胞成熟；促进淋巴细胞增生；调节骨髓细胞生成；调节单核细胞巨噬细胞系统中铁水平，促进中性白细胞在受伤部分的吸附和聚集等。

4）抗病毒

乳铁蛋白能抑制人免疫缺陷病毒-1（HIV-l）和巨细胞病毒（HCMV）对 MT4 细胞和成纤维细胞的致病变作用。牛乳铁蛋白抑制病毒的活性约为人乳铁蛋白的 2.5 倍。脱铁乳铁蛋白、铁饱和乳铁蛋白以及结合了 Mn^{2+}、Zn^{2+} 的乳铁蛋白抑制病毒的早期感染；结合 Zn^{2+} 的乳铁蛋白还能在感染后期抑制病毒的侵入，并且抑制强度随饱和度增加而增强。

5）刺激溶菌酶活性再生

经过溶菌酶处理的微球菌（*Micrococcus luteus*）细胞悬浮液的浊度，在加入铁饱和乳铁蛋白后会暂时增大，原生质体凝集作用增强。据认为是乳铁蛋白导致溶菌酶活性再生。

6）促进肠道及肠道内双歧杆菌生长

乳铁蛋白具有促进婴儿肠道生长的特殊作用。喂母乳的新生儿的肠道生长比喂商业配方食品的新生儿更快。乳铁蛋白还能促进双歧杆菌生长。实验证实，牛乳铁蛋白能促进婴儿双歧杆菌等的生长，人乳乳铁蛋白对两歧双歧杆菌的生长也有较明显的促进作用。母乳喂养的婴儿肠道内双歧杆菌和乳杆菌数量更多，是乳铁蛋白与母乳中其他成分共同作用的结果。

7）阻断游离基

机体内氧游离基过剩，可损伤细胞和组织，形成过氧化脂质，是衰老或疾病的征兆。通常只要有痕量的铁或铜等催化剂存在，就会导致氧游离基的产生，由于乳铁蛋白能结合 Fe^{3+}，抑制了由铁引起的脂氧化作用，从而阻断了氧游离基的生成。

8）调整肠道菌群

乳铁蛋白能抑制或杀灭多种人及动物肠道菌，故对肠道菌群有较大影响。通过与铁离子的结合，限制特定微生物的生长，“筛选”或调节新生儿肠道的菌群，使之趋于正常。用添加乳铁蛋白的母乳化奶粉对出生后不久的婴儿进行哺育试验，证明肠道菌群得到调节，粪便中双歧杆菌含量增加，pH 较低，溶菌酶活性和有机酸含量均有所增加。

乳铁蛋白的一些重要生物活性作用所涉及的机制总结并列于表 11.7 中。

表 11.7　乳铁蛋白的潜在生物作用

功能	可能的机制
铁转运	增加铁的溶解度，以及受体介导吸收
抗氧化	减少氧游离基和羟基游离基的形成
抗菌	通过铁剥夺或细胞膜破裂来抑制细胞生长或芽孢萌发
抗病毒	防止病毒黏附
抗炎症	细菌脂多糖的黏附，减少促炎细胞因子，促进白细胞的吞噬作用
免疫调节	刺激免疫细胞的活性（如自然杀伤细胞），促进 T 细胞成熟，促进 B 细胞的免疫球蛋白产生
抗癌	提高免疫功能

11.2 生物活性肽

生物活性肽是指从动物、植物、微生物中分离出的肽段，其复杂程度从小分子的二肽到环形大分子多肽，多肽又可通过磷酸化作用、糖基化作用或酰基化作用变换为多种其他形式的多肽，这些肽具有多种生理功能，如具有降血压、抗氧化、抑菌、促进矿物质吸收和改善肠道功能等（表 11.8）。近年来的研究发现，许多天然食品蛋白质经体外酶水解或体内消化道酶水解后，所释放出的一些肽分子拥有某种特殊的结构而具有一些有益的生物活性（表 11.9）。

表 11.8 来自于食品的生物活性肽

生物活性	来源	肽片段氨基酸序列
抗氧化	沙丁鱼	MY
	大豆（β-伴球蛋白）	LLPHH
	乳（酪蛋白）	YFYPEL
	乳（β-乳球蛋白）	MHIRL，YVEEL，WYSLAMAASDI
	鸡蛋白蛋白	YAEERYPIL
抗血栓	乳（κ-酪蛋白）	MAIPPKKNQDK
	乳（乳铁蛋白）	KRDS
降胆固醇	大豆（11S）	LPYPR，IAVPGEVA
	乳（β-乳球蛋白）	IIAEK
降血脂	血液（球蛋白）	VVYP，VYP，VTL
减肥	大豆（β-伴球蛋白）	VRIRLLQRFNKRS

表 11.9 活性肽的结构特性与生物功能性的关系

生物活性肽	结构特性	功能
ACE 抑制肽	C 端：Pro/羟脯氨酸	通常不会被消化系统酶降解
	C 端：Pro/Lys/Arg	有利于抑制 ACE 活性
	C 端：Tyr/Phe	二肽 C 端是 Tyr，比 C 端是 Phe 有更好的抑制 ACE 活性的作用
抗氧化肽	含有高比例 His 和疏水氨基酸残基，并含有 Pro—His—His 序列片段	含有 Pro—His—His 序列片段具有更好的抗氧化效果
抗血栓肽	Ile，Lys，Asp 氨基酸残基	与抗血栓能力正相关
降胆固醇肽	低比例的 Met—Gly 和 Lys—Arg 序列，高比例的疏水氨基酸残基	疏水氨基酸残基能与胆汁酸结合，有利于降低机体的胆固醇水平
减肥肽	长肽链，富含 Arg 残基	长肽链影响肠促胰酶肽释放

11.2.1 ACE 抑制肽

血管紧张素转化酶（angiotensin Ⅰ-converting enzyme，ACE）抑制肽，是一类具有能够显著降低血压功效的短链多肽物质。从来源上可分为乳蛋白（包括酪蛋白、乳清蛋白)、发酵食品、其他动物蛋白、植物蛋白以及天然 ACE 抑制肽。这些来源于食品的降血压肽，通常由蛋白酶在温和条件下水解蛋白质而获得，其共同突出优点是只对高血压患者起到降压作用，对血压正常者无降压作用，因而不会有降压过度现象发生。天然 ACE 抑制肽除降压功能外，往往还具有免疫促进、抗凝血、易消化吸收和抗肿瘤等功能。

有许多方法可以定量分析 ACE 的活性，因此可以被用来分析 ACE 抑制肽的活性大小。常用的方法包括马尿酰基-L-组氨酰基-L-亮氨酸，可以用分光光度计定量或通过反相高效色谱法定量。另外，2-呋喃丙酰基-L-苯丙氨-L-甘氨酰基-L-甘氨酸也可定量 ACE 活性。ACE 活性的荧光光度分析，则是通过使用荧光发生基团标记的三肽——丹磺酰三甘氨酸。通常用 IC_{50}（ACE 活性抑制 50%时需要的物质浓度）值表示一种 ACE 抑制物的效果。

1. ACE 抑制肽的来源

获取 ACE 抑制肽的方法大体有 3 种：①提纯存在于生物体中的天然 ACE 抑制肽。②通过化学法或酶法水解蛋白质，化学法常采用加热下的酸处理方法，而体外蛋白酶水解包括直接进行酶解和利用微生物间接酶解两类。③用 DNA 重组技术及化学法合成活性肽。DNA 重组技术生产降血压肽，需分析降血压肽结构和功能之间的关系，人工合成出具有较高活性的降血压肽基因序列，进一步串联融合为降血压肽，克隆至表达载体上并转化至宿主菌中，重组菌经诱导培养、亲和色谱以及凝血酶酶切分离纯化得到降血压肽。目前，此技术仅限于大分子活性多肽和蛋白质的生产，存在小分子的基因片段操作困难、表达困难、检测困难、难筛选到高效表达的菌株和产量较低等缺点，所以应用 DNA 重组技术生产小肽还需要较长的时间。因此，近几年研究报道中的 ACE 抑制肽制备多为酶解法。但应注意，不同的水解酶由于酶切位点有较大差异，所产生的肽片段可能会有较大的功能差异，即相同底物、不同酶水解产物的降血效果存在很大差异。目前已经应用在降血压肽生产的蛋白酶主要有碱性蛋白酶、中性蛋白酶、蛋白酶 E、胰凝乳蛋白酶、胃蛋白酶、嗜热菌蛋白酶、胶原蛋白酶等。采取酶解法从牛乳、鱼、贝、鸡蛋、大豆、玉米、麦胚等中分离出了各种不同的血管紧张素转化酶抑制肽见表 11.10。

表 11.10　降血压肽的主要来源及组成序列

来源	肽片段序列	IC_{50}/(μmol/L)	来源	肽片段序列	IC_{50}/(μmol/L)
乳蛋白（β-酪蛋白）	VPP	9.0	鸡蛋（卵白蛋白）	LW	6.8
	IPP	5.0	大豆（大豆球蛋白）	NWGPLV	21
乳蛋白（β-乳球蛋白）	IPA	141.0	麦麸	IAP	2.7
	ALPM	928.0	鸡肉	IKW	0.32
鱼蛋白（鲣鱼）	LKPNM	2.4		IKW	0.21
	LKP	0.32		LAP	3.5
猪肉	MNPPK	945.5	鱼蛋白（沙丁鱼）	VY	26.0
	ITTNP	549.0			

1）乳蛋白

对乳蛋白而言，位于 α_{s1}-酪蛋白一级结构序列中的 23～34（CEI_{12}）、23～27

（CEI_5，CEI_{12}的末端三肽）及 194～199（CEI-C_6，C 端六肽）氨基酸残基，和牛 β-酪蛋白的 177～183 肽片段，可抑制血管紧张肽转化酶活性，并使血管舒缓激肽活性增强。人乳 β-酪蛋白中 39～52 氨基酸残基的肽片段和人乳 κ-酪蛋白中 63～65 肽片段也具有抑制 ACE 活性的作用，其中最具活性的是人乳 β-酪蛋白中 43～52 氨基酸残基肽片段，这一肽片段在体内也具有活性。此外，植物乳杆菌 CP970 胞外蛋白酶对 β-酪蛋白的分解产物中，有 4 个肽可明显地抑制 ACE 的活性，分别为：

β_{15}：Asp—Glu—Leu—Gln—Asp—Lys—Ile—His—Pro—Phe—Ala—Gln—Thr—Gln—Ser—Leu—Val—Tyr—Pro—Phe—Pro—Gly—Pro—Ile—Pro—Asn—Ser（IC_{50}＝4 μmol/L）

β_{12}：Leu—Leu—Tyr—Gln—Gln—Pro—Val—Leu—Gly—Pro—Val—Arg—Gly—Pro—Phe—Pro—Ile—Ile—Val（IC_{50}＝21 μmol/L）

β_6：Pro—Pro—Gln—Ser—Val—Leu—Ser—Leu—Ser—Gln—Ser—Lys—Val—Leu—Pro—Val—Pro—Glu（IC_{50}＝25 μmol/L）

β_5：Ser—Lys—Val—Leu—Pro—Val—Pro—Glu（IC_{50}＝39 μmol/L）。

结合使用胃蛋白酶、胰蛋白酶、胰凝乳蛋白酶、弹性蛋白酶和羧肽酶，水解酪蛋白、乳清蛋白，可产生具有不同 IC_{50}值的 ACE 抑制肽，如表 11.11 所示。从白色念珠菌中分离的蛋白酶 K 可水解乳清蛋白，产生一种具有很强降血压作用的多肽，经高血压大鼠口服实验后，其作用效果强于使用胰蛋白酶、肌动蛋白酶 E、嗜热菌蛋白酶、木瓜蛋白酶或胰凝乳蛋白酶水解产生的降血压肽。

表 11.11　来自于乳中的 ACE 抑制肽

蛋白质来源	肽片段结构	处理手段	IC_{50}/(μmol/L)
干酪素	Asp—Ala—Tyr—Pro—Ser—Gly—Ala—Trp	胃蛋白酶	98
	Leu—Ala—Tyr—The—Tyr—Pro	胰蛋白酶	51
乳清蛋白	Gly—Leu—Asp—Ile—Gln—Lys	胃蛋白酶	580
	Leu—Ala—His—Lys—Ala—Leu	胰蛋白酶	621
α-乳白蛋白	Trp—Leu—Ala—His—Lys	胃蛋白酶	77.00
β-酪蛋白	Ser—Lys—Val—Leu—Pro—Val—Pro—Glu	瑞士乳杆菌胞外蛋白酶	39.00
α_{s1}-酪蛋白	Phe—Phe—Val—Ala—Pro—Phe—Pro—Glu—Val—Phe—Gly—Lys	胰蛋白酶	77
	Phe—Phe—Val—Ala—Pro	肽酶	6
	Val—Ala—Pro	化学合成	2
	Phe—Val—Ala—Pro	化学合成	10
	Thr—Thr—Met—Pro—Leu—Trp	胰蛋白酶	16
	Pro—Leu—Trp	化学合成	36
	Leu—Trp	化学合成	50
	Tyr—Pro	发酵	720
	Tyr—Lys—Val—Pro—Gln—Leu	蛋白酶	22
α_{s2}-酪蛋白	Ile—Pro—Pro	LAB 发酵	5
	Val—Pro—Pro	LAB 发酵	9

续表

蛋白质来源	肽片段结构	处理手段	IC_{50}/(μmol/L)
	Thr—Pro—Val—Val—Val—Pro—Pro—Phe—Leu—Gln—Pro	蛋白酶 K	749
	Val—Val—Pro—Tyr—Pro—Gln—Arg	胰蛋白酶	15
	Val—Tyr—Pro—Phe—Phe—Gly	蛋白酶 K	221
	Val—Tyr—Pro	蛋白酶 K	288
β-乳球蛋白	Ile—Pro—Ala	蛋白酶 K	141
	Val—Phe—Lys	胰蛋白酶	1029
	Leu—Ala—Met—Ala	胰蛋白酶	1062
	Leu—Asp—Ala—Gln—Ser—Ala—Pro—Leu—Arg	胰蛋白酶	635
	Ala—Leu—Pro—Met—His	胃蛋白酶，胰蛋白酶，胰凝乳蛋白酶	521
乳清白蛋白	Asn—Ile—Phe—Tyr—Cys—Pro	胃蛋白酶	15.00
	Phe—Phe—Gly—Arg—Cys—Val—Ser—Pro		0.40

乳品加工中使用的各种各样的细菌菌株中的蛋白酶，具有从乳蛋白中释放 ACE 抑制肽的能力，例如，用保加利亚乳杆菌亚种和乳酸杆菌亚种发酵的酸奶产品中含有 ACE 抑制肽。此外的一系列研究也显示，在干酪的制作过程中也能产生 ACE 抑制肽。

2）植物蛋白

植物类蛋白是降血压肽的来源，目前已经从玉米、大豆、米糠、小麦胚芽、油菜籽、藻类等多种植物中提取出了降血压肽（表 11.12）。大豆蛋白水解物具有良好的降血压效果，动物试验表明，每天饲喂 100 mg 的大豆蛋白水解物，1 个月后血压可降低 38 mmHg①。玉米醇溶蛋白中含有高比例的 Ile、Leu、Val、Ala 等疏水性氨基酸残基和 Pro 残基，是很好的制备降血压肽的原料。大米蛋白中含有大量的疏水性氨基酸，通过合适的蛋白酶在特异性位点进行酶解，可得到大量 C 端为疏水性氨基酸残基的肽片段，用碱性或酸性蛋白酶酶解大米蛋白均可得到具有降血压活性的小肽。在米糠及日本米酒的酒糟中也得到了具有 ACE 抑制活性的肽片段。

表 11.12　来自植物蛋白的 ACE 抑制肽

蛋白质来源	肽片段结构	处理手段	IC_{50}/(μmol/L)
大豆球蛋白	Asp—Leu—Pro	碱性蛋白酶	4.8
	Asp—Gly		12.3
	Asp—Leu—Pro	碱水解	4.8
	Asp—Gly		12.3
玉米蛋白	Leu—Glu—Pro	水解	9.6
	Leu—Arg—Pro		0.27

① 1 mmHg=1.333 22×10^2 Pa，后同。

续表

蛋白质来源	肽片段结构	处理手段	IC_{50}/(μmol/L)
α-玉米醇溶蛋白	Lys—Gln—Pro	嗜热菌蛋白酶	1.9
	Ile—Arg—Ala	嗜热菌蛋白酶	6.40
	Leu—Arg—Pro	嗜热菌蛋白酶	0.61
	Leu—Leu—Pro	嗜热菌蛋白酶	57
	Leu—Ser—Pro	嗜热菌蛋白酶	1.7
	Leu—Val—Ala	嗜热菌蛋白酶	13
	Phe—Tyr	嗜热菌蛋白酶	25
γ-玉米醇溶蛋白	Leu—Pro—Pro	化学合成	9.6
	Val—His—Leu—Pro—Pro	化学合成	18
	Val—His—Leu—Pro—Pro—Pro	嗜热菌蛋白酶	200
荞麦	Gly—Pro—Pro	浸提	6.25
芝麻	LVY	水解	1.80
	LSA	水解	7.81
小麦胚芽	Ala—Met—Tyr	碱性蛋白酶	5.46
	Ile—Val—Lys		0.48
菜籽蛋白	Arg—Ile—Tyr	枯草杆菌蛋白酶	28
绿藻	Phe—Arg—Leu	水解	26.30
微藻类	Ile—Ala—Pro—Gly Tyr—His	胃蛋白酶	11.4
裙带菜	Lys—Tyr	胃蛋白酶	7.7
	Phe—Tyr		3.7
	Ile—Tyr		2.7
米酒酒糟	Val—Tyr	水解	7.1

3）鱼贝类

目前已经从沙丁鱼、金枪鱼、南极磷虾、鳕鱼、鲣鱼等多种鱼贝类蛋白中获得具有降血压效果的肽类分子（表 11.13）。从沙丁鱼生产出的 ACE 抑制肽，氨基酸残基数为 2～10，无苦味，可直接添加到各种食物中。从鲢鱼、贻贝中提取的降血压肽，喂饲患有高血压病的鼠，按每千克实验鼠体重服用 3 g 水解液的剂量灌喂，6 h 之内试验鼠的血压降低 20～25 mmHg，最大降幅达到 30 mmHg，效果显著。

表 11.13 来自鱼贝类蛋白的 ACE 抑制肽

蛋白质来源	肽片段结构	处理手段	IC_{50}/(μmol/L)
金枪鱼	Ala—Leu—Pro—His—Ala—Phe—Glu—Pro	嗜热菌蛋白酶	10
沙丁鱼	Lys—Trp—Gly—Trp—Ala—Pro	碱性蛋白酶	3.86
	Ala—Lys—Lys		3.13
	Lys—Trp		1.63
鲣鱼	Leu—Tyr—Pro	嗜热菌蛋白酶	6.60

续表

蛋白质来源	肽片段结构	处理手段	IC_{50}/(μmol/L)
青鳕鱼	Ala—Lys—Lys	胰蛋白酶，链霉	17.3
	Gly—Pro—Met—Gly—Pro—Leu	蛋白酶	2.65
牡蛎	发酵水解物	盐水发酵	87.4
鱼肉肌动蛋白	Ile—Val—Gly—Arg—Pro—Arg—His—Gln—Gly	嗜热菌蛋白酶	6.2
	Val—Gly—Arg—Pro—Arg—His—Gln—Gly	化学合成	5.4
	Gly—Arg—Pro—Arg—His—Gln—Gly	化学合成	34
	Arg—Pro—Arg—His—Gln—Gly	化学合成	22
	Ile—Trp—His—His—Thr—Phe	嗜热菌蛋白酶	2.5
	Ile—Trp—His—His—Thr	嗜热菌蛋白酶	5.1
	Trp—His—His—Thr—Phe	嗜热菌蛋白酶	46
	Ala—Leu—Pro—His—Ala	嗜热菌蛋白酶	10
	Phe—Gln—Pro	嗜热菌蛋白酶	12
	Leu—Arg—Pro	自溶	1

4）肉类蛋白

采用嗜热菌蛋白酶水解肉类蛋白获得的水解物，具有较高的 ACE 抑制活性，优于其他蛋白酶。同样，从肌浆球蛋白的嗜热菌蛋白酶水解物中分离出降血压肽，序列为 Met—Asn—Pro—Pro—Lys 和 Ile—Thr—Thr—Asn—Pro，也具有一定的降血压效果。由牛肉蛋白得到的序列为 Val—Leu—Ala—Gln—Tyr—Lys 的肽片段，可以抑制 30.1%的 ACE 活性。此外，胶原蛋白富含脯氨酸残基，在蛋白酶和胶原酶的作用下水解物有较高的 ACE 抑制活性（表 11.14）。

表 11.14　来自肉类蛋白的 ACE 抑制肽

蛋白质来源	肽片段结构	处理手段	IC_{50}/(μmol/L)
明胶	Gly—Pro—Val	胶原酶，链霉蛋白酶	4.67
血浆蛋白	Gly—Pro—Leu	胰蛋白酶	2.55
鸡肉	Ile—Lys—Trp	嗜热菌蛋白酶	0.21
	Phe—Gln—Lys—Pro—Lys—Arg		14.00
	Phe—Lys—Gly—Arg—Tyr—Tyr—Pro		0.55
	Ile—Val—Gly—Arg—Pro—Arg—His—Gln—Gly		4.30
蛇	His—Tyr	水解	26.00
	Val—Tyr		27.20
血清白蛋白	Ala—Trp	胰蛋白酶	15.4
	Tyr—Leu—Tyr—Glu—Thr—Ala—Arg		16.00
	Ala—Phe—Lys—Ala—Trp—Ala—Val—Ala—Arg		1.70
牛皮胶原蛋白	Gly—Pro—Leu	碱性蛋白酶和胶原酶	2.60

2. 降压机理

血管紧张素转化酶是一种含锌二肽羧肽酶，相对分子质量为 12 000～15 000，以两种不同的亚型-体细胞型和睾丸状型广泛分布于哺乳动物组织及血浆中。在人的生理过程中，肾素-血管紧张素系统（RAS）和激肽系统（KKS）在血压调节方面是一对相互拮抗的体系，其平衡失调被认为是高血压发病的重要因素。在肾素-血管紧张素系统中，血管紧张素转化酶对血压的调节扮演重要角色。在 RAS 酶联系统中，肾素进入血液，将血浆中的血管紧张素原 Asp—Arg—Val—Tyr—Ile—His—Pro—Phe—His—Leu—Val—Tyr—Ser—R 水解为血管紧张素Ⅰ Asp—Arg—Val—Tyr—Ile—His—Pro—Phe—His—Leu，经 ACE 的作用，没有活性的血管紧张素Ⅰ，从 C 端脱掉二肽转化成血管紧张素Ⅱ Asp—Arg—Val—Tyr—Ile—His—Pro—Phe，血管紧张素Ⅱ又经酶作用脱去天冬氨酸转化为血管紧张素Ⅲ。血管紧张素Ⅱ可使外周小动脉强烈收缩和心脏搏动加速(血管紧张素Ⅲ升压作用较弱)，从而造成血压上升。另外，激肽释放酶系统也受到 ACE 的调控，它使具有血管舒张作用的缓激肽转变为没有活力的缓释肽片段，如图 11.8 所示。ACE 活力升高破坏了正常体液中升压和降压体系的平衡，这两个系统在 ACE 系统作用下，造成了人体血压的升高。可见 ACE 抑制剂对 ACE 的抑制是血压降低的关键，抑制 ACE 的活性就可以实现降压作用。

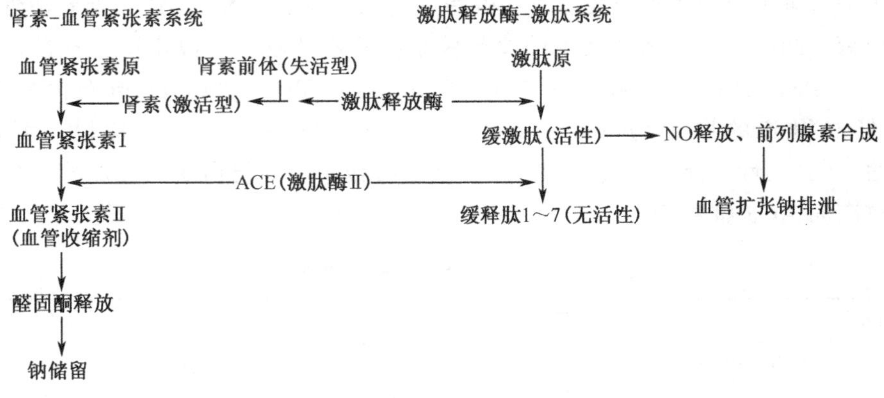

图 11.8　血管紧张素转化酶对血压的调节作用

1965 年首次从南美洲蝮蛇毒液中提取一种对降低血压有显著作用的多肽物质，并证实其能竞争性地抑制血管紧张素转化酶的活性，减少血管紧张素Ⅱ的生成，从而阻断 RAS 的升压作用。这类新型的降压物质对血压正常者无降压作用，对高血压患者有显著降压作用。ACE 抑制肽分子中包含 2～13 个氨基酸残基，并且 C 端多数都为疏水氨基酸。抗高血压肽中的氨基酸残基可以与 ACE 分子结构中的 3 个活性位点结合（图 11.9），从而抑制 ACE 活性（Fang et al.，2008）。由于 ACE 具有 3 个活性位点，因此，三肽通常比二肽具有更高的 ACE 抑制作用，并且 C 端是疏水氨基酸残基更易与 ACE 的活性中心结合，特别是 Pro 残基。有研究证实，反式 Pro 残基比顺式 Pro 残基有更好的抑制 ACE 活性的能力。反式和顺式 Pro 残基与 ACE 活性位点相互作用时有很大不同，如图 11.10 所示。顺式 Pro 残基结构会削弱与 ACE 的相互作用，从而降低对其活性的抑制作用；相反，反式 Pro 残基没有空间位阻的影响与 ACE 更紧密地结合，可以更好地抑制 ACE 活性。因此，活性肽的氨基酸组成、序列和空间构象都会影响 ACE 抑制活性（José et al.，2004）。

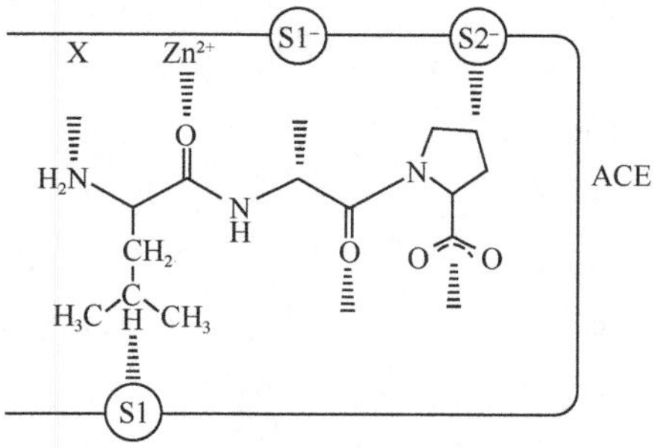

图 11.9　ACE 与抗高血压肽的 3 个结合位点

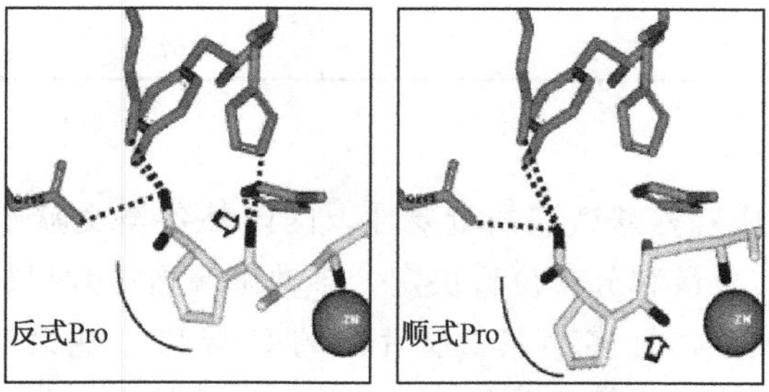

图 11.10　活性肽 C 端的反式和顺式 Pro 残基（浅灰色）与 ACE（深灰色）相互作用示意图

氢键用虚线表示，羧基用黑色表示

3. ACE 抑制肽的构-效关系

目前，对活性肽结构与抑制 ACE 活性之间的构-效关系已经有一定的了解。ACE 抑制肽分子的相对分子质量大多低于 1000，在 300～600 时其降压效果较显著。肽片段的氨基酸残基个数一般在 10 以下，只有少数肽片段含有十几个氨基酸残基。具有较好降压效果的活性肽多数由 3～7 个氨基酸残基组成。一级结构中的疏水性氨基酸，尤其是脯氨酸残基，对降压效果有至关重要的影响。一般，脯氨酸含量越高其降压效果越好，脯氨酸残基处于 C 端时降压效果更好；当脯氨酸残基集中在 C 端三肽位置时，也表现出明显的抗高血压效果。N 端有芳香环或碱性氨基酸存在也能够大大提高降压效果。

1）疏水性氨基酸残基

通常，ACE 抑制肽的一级结构中疏水性氨基酸残基可高达 60%以上，其含量的高低对降压能力的强弱有一定影响。一般来说，降血压效果较好的 ACE 抑制肽，一级结构中疏水性氨基酸残基尤其是脯氨酸残基的含量较高。从表 11.15 中可以看出，降压效果显著的肽片段中其疏水性氨基酸残基含量与分布状况，除个别肽片段外，绝大多数降压效果还是符合上述规律的。当然，并不是疏水性氨基酸单独决定降压效果的高低，其他因素也会影响到降压效果。

表 11.15 乳源性抗高血压肽的疏水性氨基酸残基含量与降压效果之间的关系

肽片段	疏水性氨基酸残基含量/%	C 端三肽疏水性氨基酸残基含量/%	IC_{50}/(μmol/L)
VAP	100	100	2
IPP	100	100	5
KVLPVP	83	100	5
VPP	100	100	9
FVAP	100	100	10
TTMPLW	67	100	16
PLW	100	100	36
RPKHPI	50	67	40
LW	100	100	50
FFVAPFPEVFKG	77	33	75
IPA	100	100	141
VYPFPG	67	67	221

2）脯氨酸残基

关于 ACE 抑制肽中脯氨酸残基的重要性，国内外各类文献中有很多报道，它对降压效果的影响主要由其含量和分布位置决定。多数降高血压效果较好的肽片段，一级结构中的脯氨酸含量都较多，且多存在于肽片段的 C 端和 C 端第三位置上，如表 11.16 所示。C 端和 C 端第三位为脯氨酸残基的肽片段 IC_{50}值较低，降压效果显著。但是随着 ACE 抑制肽的不断发现，其结构存在的差异也越来越多，因此，如前所述，肽片段中脯氨酸残基的顺、反式构象以及其他氨基酸残基与 ACE 活性中心的结合能力，也是影响降压效果的关键因素。

表 11.16 乳源性抗高血压肽结构中的脯氨酸残基与降压效果的关系

肽片段	脯氨酸残基含量/%	C 端三肽脯氨酸存在情况	C 端脯氨酸存在情况	IC_{50}/(μmol/L)
VAP	33	—	+	2
IPP	67	—	+	5
KVLPVP	33	+	+	5
FFVAP	20	—	+	6
VPP	67	—	+	9
AVPYPQR	29	+	—	15
PLW	33	+	—	36
RPKHPI	33	—	—	40
IPA	33	—	—	141
VYP	33	—	+	288

注："+"代表"有"，"—"代表"无"。

3）N 端氨基酸残基

ACE 抑制肽的 N 端具有芳香环氨基酸和碱性氨基酸残基时，也有较好的降压效果。有报道指出，N 端出现亮氨酸、异亮氨酸、缬氨酸等氨基酸残基的肽片段时，降血压效果较明显。从表 11.15 和表 11.16 也可以看出，绝大多数 N 端为碱性和芳香族氨基酸残基的肽片段，抗高血压效果表现得较显著。

一级结构中疏水性氨基酸残基、脯氨酸残基以及 N 端氨基酸残基的存在状况只是初步研究结果，ACE 抑制肽的构-效关系还有待于深入研究。氨基酸残基的顺/反构象、氨基酸残基之间的空间位阻以及与 ACE 3 个活性位点的结合能力都有待于进一步研究。

11.2.2　抗氧化肽

食品成分以及人体内生物大分子的氧化都会对人类健康产生不利影响。肽类物质被发现具有极强的抗氧化活性，其抗氧化活性往往强于蛋白质和氨基酸。生物体内的天然抗氧化肽主要为肌肽和谷胱甘肽，但含量很低。蛋白酶水解各种蛋白质所得产物中存在多种抗氧化肽，它们较强地抑制生物大分子的过氧化，清除体内游离基。

在适宜条件下，动植物蛋白经酶水解都能得到抗氧化肽。植物蛋白以大豆蛋白为主，此外还有玉米醇溶蛋白、麦胚蛋白等。用于制备抗氧化肽的动物蛋白有乳蛋白、鱼类蛋白、鸡蛋卵白蛋白等（表 11.17）。不同底物产生的抗氧化肽结构、氨基酸组成、氨基酸序列、数量存在差异，直接影响抗氧化肽的活性强弱。已发现一些含亮氨酸、脯氨酸、组氨酸、酪氨酸、色氨酸和甲硫氨酸等的短肽具有明显抗氧化活性，可以防止油脂的酶促氧化或非酶氧化。

表 11.17　抗氧化活性肽的来源及氨基酸序列

蛋白质来源	处理方法	氨基酸序列
β-伴球蛋白	蛋白酶 S	VNPHDHQNL
		LPHH
		VIPAGYP
		LVNPHDHQN
		LLPHHADADY
玉米醇溶蛋白	碱性蛋白酶	LDYE
金枪鱼蛋白	胃蛋白酶	VKAGFAWTANQQLS
沙丁鱼肌肉	胃蛋白酶	MY
鱼皮明胶	胰蛋白酶	HGPLGPL
猪胶原纤维蛋白	木瓜蛋白酶	EELDNAIN
		VPSDDQEEIM
酪蛋白	胃蛋白酶	YFYPEL
乳清蛋白	胃蛋白酶	MHIRL
		YVEEL
		WYSLAMAASDI

蛋白酶对肽抗氧化活性影响显著。以猪骨胶原蛋白为底物，木瓜蛋白酶和中性蛋白酶的酶解产物对游离基清除率分别为 53.67％和 83.22％，中性蛋白酶更适合水解猪骨

明胶获得抗氧化肽。采用3种纯酶（胃蛋白酶、木瓜蛋白酶、胰凝乳蛋白酶）和两种粗酶（碱性蛋白酶和风味蛋白酶）水解大豆蛋白，所得酶解产物的抗氧化性差异很大，其中，胰凝乳蛋白酶和风味蛋白酶所得产物抗氧化性高，分别使油脂氧化降低65%和60%，而木瓜蛋白酶的酶解产物无抗氧化活性。

至于各种蛋白酶水解蛋白质所得抗氧化肽的抗氧化性与结构之间的关系，相关报道十分有限，抗氧化机理尚未明确，一般认为可能与螯合金属离子、清除游离基、猝灭单线态氧有关。抗氧化性与肽片段中某些氨基酸的组成、数量的多少和序列有关，其中组氨酸残基、半胱氨酸残基、亮氨酸残基、脯氨酸残基和肽的疏水性都会对抗氧化性有很大影响。组氨酸侧链上的咪唑基可以捕获油脂氧化产生的过氧化游离基，并能螯合金属离子。大多数抗氧化肽金属离子亲和力与其组氨酸残基含量成正相关，亲和力大小还反映于组氨酸残基在肽链末端的位置，如HHP＞PHH、HHLP＞PLHH、HHPLL＞LLPHH，组氨酸残基存在于N端可能更有利于形成螯合金属离子的构象。乳清蛋白富含半胱氨酸残基，其水解得到的肽片段可以提高机体合成谷胱甘肽的水平。亮氨酸残基、脯氨酸残基和N端是His—His的二肽都能有效提高抗氧化能力，其中，Pro—His—His表现出很强的抗氧化能力，并有与非肽类抗氧化剂产生协同增效的作用。肽的疏水性也是影响抗氧化能力的重要因素，从大豆蛋白酶解产物中纯化得到的抗氧化肽，N端都含有疏水性氨基酸残基。从鱼皮明胶中分离到高疏水性抗氧化肽序列为HGPLGPL。从乌贼肌肉中提取出两个富含甘氨酸、亮氨酸和丙氨酸残基的抗氧化肽，相对分子质量分别为1307和747。

抗氧化能力不仅与肽分子的氨基酸序列有关，也与其空间构象关系密切。例如，酪蛋白水解肽可以抑制脂肪氧合酶活性，具有抗氧化作用，但游离的氨基酸则无抗氧化能力，这可能与肽链或肽的特殊构象有关；相反，对乳清蛋白水解液的研究结果表明，肽的连接或肽分子的构象会削弱抗氧化能力。因此，与游离氨基酸相比，肽的构象特征在抗氧化能力方面可能是增效的，也可能是削弱作用，二者之间的构-效关系还需要深入研究。

11.2.3　抗菌肽

抗菌肽（antimicrobial peptide）又称为抗微生物肽或肽抗生素，是自然界中普遍存在的一类活性多肽，在细菌、植物、昆虫、鱼类、两栖类和哺乳动物中均有分布，是机体非特异性免疫的重要组成部分，具有广谱抗菌活性，可以抑杀细菌、真菌，并且可以抗肿瘤、抗病毒。按照结构特点可以将它们分为四大类。

（1）β折叠型抗菌肽，具有反平行的β折叠结构。分子内含有二硫键，可以稳定抗菌肽的结构，有助于抗菌肽穿过细胞膜；

（2）α螺旋型抗菌肽，分子内具有α螺旋结构，通常含有小的弯曲；

（3）片层结构的抗菌肽，缺少典型的二级结构，富含Pro、Gly，其抗菌单位结构是通过肽与膜脂间的氢键或范德华力形成的；

（4）具有环状结构的抗菌肽，具有高度可变性结构。

所有抗菌肽都有如下特点：①氨基酸组成一般不超过60个；②带正净电荷，其N端分子富含亲水性的氨基酸残基，特别是碱性氨基酸Lys、Arg，而C端则含较多的疏水性氨基酸残基，且C端大部分酰胺化；③在溶液中呈现亲水亲脂的双亲性，这是其发挥抗菌活性所必须具备的条件；④具有较好的热稳定性；⑤大部分抗菌肽通过影响细胞膜而发挥作用；⑥具有快速杀伤、高选择性和不易产生抗性等特点。

1. 抗菌肽的抗菌作用机制

虽然对于抗菌肽的杀菌机制目前还存在不同看法，然而，抗菌肽通过其特有的两性分子结构结合于细胞膜上从而破坏细胞膜引起细胞崩解，这一观点是一致认可的。目前有5种模型来解释抗菌肽的作用机制（图11.11）。

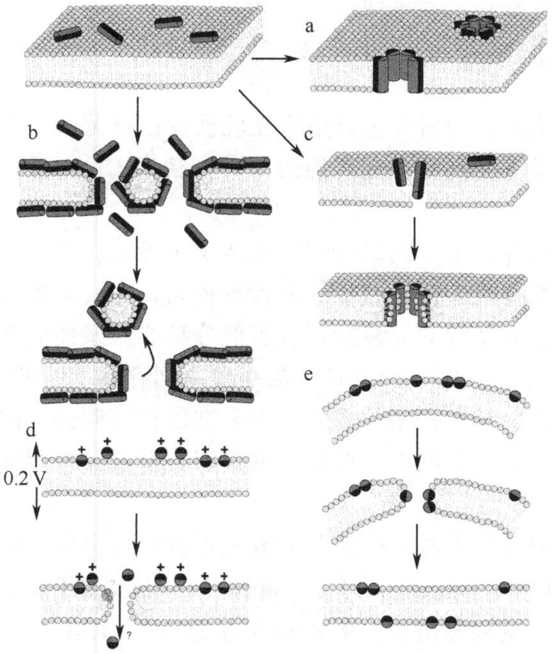

图 11.11　抑菌肽的抑菌机理模型

a. 桶板模型；b. 毡毯模型；c. 环孔模型；d. 分子电穿孔模型；e. 沉排模型

1）桶板模型

阳离子抗菌肽在电荷的作用下，结合在细胞膜表面并相互聚合。肽分子中的疏水基团插到磷脂双分子层的疏水部分，以与膜表面垂直的方式排列，形成横跨细胞膜的离子通道。离子通道一旦形成，外界的水分即可渗入细胞内部，细胞质也可渗透到外部。严重时细胞膜即会崩解而导致细胞死亡。该模型中起主要作用的是疏水作用，符合此模型的抗菌肽多含有稳定的α螺旋、β折叠结构。

2）毡毯模型

有些阳离子抗菌肽并无稳定的α螺旋或β折叠结构，且在作用过程中无明显的细胞膜破坏现象，但仍观察到细胞质中的K^+渗出。Shai等提出了“毡毯”模型，认为阳离子抗菌肽和细胞膜上带负电荷磷脂的头部结合，平行排列在细胞膜表面形成类似“毡毯”的结构。阳离子抗菌肽的疏水部分并不插入细胞膜，但在疏水作用和分子张力作用下改变细胞膜的流动性和厚度，从而在细胞膜上出现瞬时孔洞，导致细胞质外渗或抗菌肽渗透到细胞质中，严重时会引起细胞膜崩解，导致细胞死亡。

3）其他模型

环孔模型与桶板模型相似，肽分子中的疏水基团插到磷脂双分子层，与磷脂亲水部分相互作用，在细胞膜中抗菌肽聚合形成多聚体，形成横跨细胞膜的离子通道。分子电穿孔模型是在阳离子抗菌肽结合到细胞膜表面时，会形成电势差，当电势差超过 0.2 V 时，细胞膜表面会形成孔洞。沉排模型由于双亲性活性肽会形成聚集的团块，增加细胞膜局部的弯曲率，形成瞬间孔洞，导致细胞质外渗或抗菌肽渗透到细胞质中。

从以上 5 种模型理论中可以看出，亲水亲脂的双亲性和带正电荷，是抗菌肽破坏细胞膜发挥抗菌活性所必须具备的条件。

2. 抑菌肽的结构特征

目前对于乳源性抗菌肽的研究主要集中在乳铁蛋白抗菌肽、少数几种乳酪蛋白源抗菌肽以及从干酪或酸奶等乳制品中分离到的一种细菌素 Class Ⅱa 上，发现它们的结构有很多共同的特征。

这些乳源性抗菌肽都对革兰氏阳性菌、革兰氏阴性菌有很强的抑制作用。其相对分子质量较小，疏水性氨基酸、碱性氨基酸的含量较高，尤其是脯氨酸与含硫的半胱氨酸含量更多。大多数具有双亲性的 α 螺旋，也有部分具有双亲性的 β 折叠结构。

对已有研究总结可以得出，YGNGV 氨基酸序列存在、α 螺旋转化为 β 折叠结构、半胱氨酸的存在以及色氨基酸残基数量的增多，都能提高肽分子的抑菌活性。但是对于不同乳蛋白来源而言，它们的结构、对细菌的抑制类型以及抑制活性大小等存在一定的差异。

通过对已经发现的几种乳源性抑菌肽如乳铁蛋白中获得的三种抗菌肽、乳酪蛋白中获得的抗菌肽（Isracidin、Casocidin-Ⅰ、Kappacin）以及对 Class Ⅱa 的研究，可以看出它们多为阳离子肽，氨基酸组成个数一般不超过 50，也有个别例外，如乳酪蛋白源抗菌肽 Kappacin 是由 63 个氨基酸组成的。乳铁蛋白源的抑菌肽的氨基酸多数在 20 个以上，乳酪蛋白的氨基酸个数没有明显的规律性，乳清蛋白源抗菌肽氨基酸组成个数较少。

不同乳蛋白来源的抑菌肽抑菌效果与一级结构之间存在一定的差异。乳铁蛋白抗菌肽对革兰氏阳性菌和革兰氏阴性菌均有很好的作用效果，精氨酸残基和色氨酸残基的存在可以显著提高抑菌肽的抑菌效果。精氨酸侧链胍基所带的正电荷有利于抑菌肽在细胞膜上与磷脂层吸附，色氨酸侧链上的吲哚环可以插入细胞膜的磷脂层；同时，精氨酸残基和色氨酸残基形成的正电荷 π 电子云更有助于抑菌肽插入细胞膜，提高抑菌效果。乳酪蛋白源抑菌肽对金黄色葡萄球菌和大肠杆菌则表现出明显的抑制效果，脯氨酸对提高它的活性有重要的作用。Class Ⅱa 则主要抑制利斯特氏菌，肽段 C 端氨基酸序列的 LGGAIPGK 和 $IX_{aa}GVASX_{aa}LAGM$ 结构对提高抗利斯特氏菌活性很显著。

1）乳铁蛋白源抗菌肽

目前所报道的抗菌肽多来自乳铁蛋白的胃蛋白酶水解物。牛乳酪蛋白的温和水解物具有抗菌特性，认为产生抗菌作用的是来自 α_{s1}-酪蛋白中 1～23 氨基酸序列的肽片段。

研究发现，牛乳铁蛋白在酸性条件下加热产生的水解物（肽分子）具有抗菌活性，这一活性的最佳水解度约为 10%（pH 2.0，在 120℃加热 15 min 水解）。与原铁蛋白相比，这些水解物没有结合铁的能力，抗原性较低（约为 1×10^{-6}），且在富含铁的基质中也能很好地保持活性，其抗菌活性与铁的螯合无关，因此其抗菌机理不同于乳铁蛋白。研究发现，用猪胃蛋白酶、鳕鱼胃蛋白酶（cod pepsin）和来自青霉（*Penicillium duponti*）的微生物酸性蛋白酶水解牛乳铁蛋白，得到的水解产物对大肠埃希氏杆菌具有较强的抗菌活性，而胰蛋白酶、木瓜蛋白酶或其他中性蛋白酶得到的牛乳铁蛋白水解产物抗菌活性则较弱；猪胃蛋白酶对乳铁蛋白水解产生的低相对分子质量肽，具有广谱抗菌活性，可抑制革兰氏阳性菌、革兰氏阴性菌生长，其中包括一些对乳铁蛋白具有抵抗性的菌株。水解物的抗菌活性至少高于原来的乳铁蛋白 8 倍；水解物不同于乳铁蛋白，其热稳定性较强，在 80℃、15 min 条件下加热，其抗菌活性不变。

总结相关研究资料可以得出乳铁蛋白源抗菌肽结构存在的一定规律，主要可归结为以下几点：①肽片段中多含有较多的半胱氨酸残基，能够形成含半胱氨酸的环肽，这种通过二硫键形成的环肽结构对提高抗菌活性起着重要的作用；②肽链中含有较多数量的丙氨酸，且 C 端与 N 端多数为丙氨酸，这种结构可能与其抑菌类型与效果都存在着相关性，但是目前尚未见报道它们之间明确的关系；③肽片段中含有丰富的碱性氨基酸和疏水性氨基酸（表 11.18）。

表 11.18　乳铁蛋白源抗菌肽的氨基酸组成与抗菌活性

氨基酸序列	抑菌类型
FKCRRWQWRMKKLGAPSITCVRRAF	一些革兰氏阳性菌、革兰氏阴性菌
APRKNVRWCTISQPEWFKCRRWQWRMKKLGAPSITC-VRRAFA	大肠杆菌
APRKNVRWCTISQPEWFKCRRWQWRMKKLGAPSITC-VRRAFALECIRA	大肠杆菌
APRKNVRWCTISQPEWCIRA	微球菌属
APRKNVRWCTIFKCRRWQWRMKKLGAPSITCVRRAFALECIRA	微球菌属
PEWSKCYQWQRRMRKLGAPS ITCVRRTSA	微球菌属和大肠杆菌
APRKNVRWCTISQPEW LECIRA	一些革兰氏阳性菌、革兰氏阴性菌

此外，乳铁蛋白源抑菌肽的抑菌性能除了受肽片段自身结构的影响，还受细菌的种类、环境温度、pH、无机离子等各种外界因素的制约，各条件共同作用使乳铁蛋白源抗菌肽表现出不同的抗菌效果。

2）乳酪蛋白与乳清蛋白源抑菌肽

对乳酪蛋白与乳清蛋白源抗菌肽一级结构的序列也已经有较为透彻的研究。如表 11.19 和表 11.20 中的氨基酸序列。乳清蛋白源抗菌肽主要对一些革兰氏阳性菌有很好的抑制效果，构成它们的氨基酸个数相对于其他抗菌肽较少，肽片段普遍较短，多数含有碱性氨基酸残基和疏水性氨基酸残基。这些碱性氨基酸与抑菌活性之间存在着密切的相关性。

表 11.19　乳清蛋白源抗菌肽的氨基酸组成及抗菌活性

氨基酸序列	抑菌类型	氨基酸序列	抑菌类型
IPAVFK	一些革兰氏阳性菌	AASDISLLDAQSAPLR	一些革兰氏阳性菌
EQLTK	一些革兰氏阳性菌	CKDDQNPH ISCDKF	一些革兰氏阳性菌
VAGTWY	一些革兰氏阳性菌	VLVLDTDYK	一些革兰氏阳性菌

表 11.20 乳酪蛋白源抗菌肽氨基酸组成与抑菌特性

氨基酸组成	抗菌类型
KTKLTEEEKNRLNFLKKISQRYQ	金黄色葡萄球菌和大肠杆菌
KFALPQYLKTVYQHQK	金黄色葡萄球菌和大肠杆菌
LKKISQRYQKFALPQYLKT	一些革兰氏阳性菌、革兰氏阴性菌
VYQHQKAMKPWIQPKTKVIPYVRYL	一些革兰氏阳性菌、革兰氏阴性菌
RPKHPIKHQGLPQEVLNENLLRF	一些微生物

乳酪蛋白源抗菌肽对一些革兰氏阳性菌、革兰氏阴性菌均有显著的作用效果，对其他的一些微生物也同样有抑制作用。乳酪蛋白源抗菌肽的肽片段较乳清蛋白源抗菌肽长，脯氨酸残基出现的频率也较高（脯氨酸有较好的抑制革兰氏阴性菌的作用），且多集中在肽片段中间部位；同样，含有较多的碱性氨基酸残基，尤其是赖氨酸残基的数量最多，这可能对提高它们的作用效果发挥重要的作用。

3）Class Ⅱa

在对仅抑制利斯特氏菌的 Class Ⅱa 细菌素的研究发现，一级结构中的氨基酸序列具有明显的规律性。主要表现为：①几乎所有肽片段的 N 端都含有 YGNGVX_{aa}C 序列，这种序列大大地提高对利斯特氏菌的抑制作用；②N 端带正电荷的氨基酸如组氨酸和赖氨酸能提高抑菌效果；③N 端或 C 端为芳香族氨基酸，尤其是色氨酸，能大大提高抑菌作用效果；④C 端含有大量的非极性氨基酸和甘氨酸；⑤C 端的氨基酸序列约有 80%左右的氨基酸序列相同。很多 C 端氨基酸序列都为 LGGAIPGK 和 IX_{aa}GVASX_{aa}LAGM，它们的存在使抑菌效果更加显著。

11.2.4 酪蛋白磷酸肽

酪蛋白磷酸肽（caseinophosphopeptide，CPP）是目前研究最多的矿物元素结合肽，它在体内可与多种矿物元素结合形成可溶性磷酸盐，竞争性抑制矿物元素尤其是磷酸钙的沉淀，同时，充当矿物元素在体内的运输载体，促进小肠对钙离子和其他矿物元素的吸收。

1）酪蛋白磷酸肽的结构

酪蛋白磷酸肽分布于 α_{s1}-酪蛋白、β-酪蛋白等牛乳酪蛋白的不同区域，其活性中心是成串的磷酸丝氨酸和谷氨酸簇，其基本结构可以表示为—SerP—SerP—SerP—Glu—Glu—。经蛋白酶分解所释放出的酪蛋白磷酸肽的功能区结构主要有 α_{s1}(43～58)2P、α_{s1}(59～79)5P、α_{s2}(46～70)4P、β(1～25)4P、β(1～28)4P 和 β(33～48)1P。可见，酪蛋白磷酸肽实际上是一类含有磷酸丝氨酸和谷氨酸簇的短肽，其相对分子质量是不均一的。在中性和碱性 pH 条件下，酪蛋白磷酸肽通过丝氨酰磷酸和钙、锌、铁等离子结合，由小肠肠壁细胞吸收后再释放出来，从而有效地避免钙在小肠中性和偏碱性环境中被沉淀，促进钙的吸收。因为 SerP 在酪蛋白中的位置不同，酪蛋白被酶解后所释放出的酪蛋白磷酸肽不同，其中的磷酸解离常数也不同。所以，不同酪蛋白磷酸肽的生理作用实际上是有区别的。

2）酪蛋白磷酸肽的功能

矿物元素被生物体吸收的首要条件是可溶解的离子状态。目前，认为肠道吸收钙有两套完全不同的机制，一是主动运输，由维生素通过其分子产物——钙结合蛋白（CaBP）来调节；二是被动运输，后者不直接受到机体功能、营养状况、年龄等的影响，而与肠腔内钙离子浓度和渗透压密切相关。在酸性条件下，钙盐的溶解度一般较大，但到小肠远端，管腔内的 pH 为中性和弱碱性，钙离子往往与磷酸根离子形成不溶性的磷酸钙沉淀，阻止钙的吸收。酪蛋白磷酸肽有连续的 SerP 残基，大量的研究表明，它对二价金属离子具有很好的亲和性，能与钙在小肠这种弱碱性环境中形成可溶性复合物。这种结合既能有效防止中性到偏碱性的小肠环境内不溶性磷酸钙的沉淀，增加可溶性钙的浓度、促进肠内钙的吸收，还可促进铁、锌等二价微量元素的吸收。酪蛋白磷酸肽促进钙质吸收的过程是在十二指肠的上端、在维生素 D 的存在下促使钙以主动方式吸收，在回肠及小肠末端能在 pH＝7～8 的条件下有效地与钙形成可溶性复合物，防止钙产生不溶性磷酸钙，促使钙以被动方式吸收。这样，酪蛋白磷酸肽可作为食品钙强化剂，增强肠道对钙的吸收以及钙在体内的保持。这种钙强化剂在体内的吸收不需要维生素 D 的参与。此外，酪蛋白磷酸肽还可作为许多矿物元素，如铁、锰、铜及硒的载体，是一种良好的金属结合肽。但是，酪蛋白磷酸肽虽可抑制钙形成沉淀，却不能使已形成的磷酸钙溶解，所以它所能够产生的矿物质吸收促进作用还是有限的，只是在一定条件下才能够产生。

3）酪蛋白磷酸肽的生产方法

目前不知道酪蛋白磷酸肽商业生产过程的确切生产条件，但一般的生产过程如图 11.12 所示，共有三种不同的生产路线，第三种路线生产的产物中酪蛋白磷酸肽含量最高，酪蛋白磷酸肽可以达到蛋白质含量的 85％，其他路线生产的产物中酪蛋白磷酸肽含量占蛋白质量的 12％；酪蛋白磷酸肽的得率范围为 3.4％～16.0％（最初蛋白）。所得到的酪蛋白磷酸肽由于特殊的性质，可以应用于一些食品中作为钙、铁吸收促进剂。

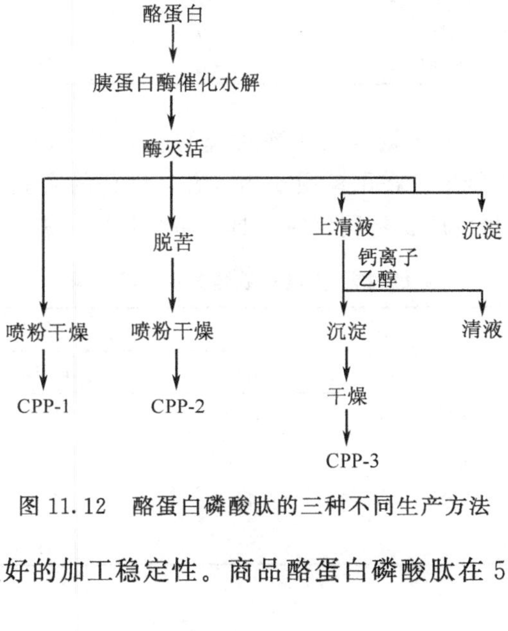

图 11.12　酪蛋白磷酸肽的三种不同生产方法

酪蛋白磷酸肽有良好的加工稳定性。商品酪蛋白磷酸肽在 5℃和 25℃保存两年后，其防止钙沉淀能力功能指标基本无变化。在酸性条件下，酪蛋白磷酸肽溶液经受120℃、15 min处理，功能性保持仍达95%以上。说明酪蛋白磷酸肽能完全适应严格的UHT加工要求，在酸性条件下更为稳定。

11.2.5　其他活性肽

除了前述的一些重要生物活性肽以外，在食品加工中，通过对蛋白质的水解或者是微生物的发酵作用，食品蛋白质可以降解并生成一些具有其他生物活性的肽分子，并且许多活性肽在经过消化道时仍然维持活性状态。

1）抗血栓肽

血液的凝集和乳的凝集有许多相似之处。牛乳中的κ-酪蛋白与人血纤维蛋白原（fibrinogen）γ-链在结构上具有相似性。血纤维蛋白原参与血小板的凝集和血纤维蛋白的形成。在血小板凝集过程中，血纤维蛋白原分子上有两个结合位点：一个为血纤维蛋白γ-链的C端序列（十二肽，400～411）；另一个（或两个）为血纤维蛋白原α-链上572～575或95～98氨基酸序列的四肽（Arg—Gly—Asp—Ser或Arg—Gly—Asp—Phe）。这些肽可以抑制血小板的凝集和血纤维蛋白原结合到ADP激活的血小板上。

与牛κ-酪蛋白中的106～116氨基酸序列相对应的天然和合成的十一肽（Met106—Ala— Ile—Pro—Pro—Lys— Lys—Asn—Gln—Asp—Lys116）可抑制ADP诱导的血小板凝集和血纤维蛋白原的结合，这一作用与其浓度有关。牛的κ-酪蛋白中十一肽比人血纤维蛋白原γ-链C端的十二肽的抑制作用更强（表11.21）。

表 11.21　乳中抗血栓肽之作用（与血纤维蛋白原肽比较）

来源	肽序列	抑制50%所需浓度（IC_{50}/μmol/L）	
		ADP诱导的人血小板凝集	ADP诱导纤维蛋白原结合到人血小板
牛κ-酪蛋白	106～116十一肽	60	120
	113～116四肽	400	
人血纤维蛋白原γ-链	400～411十二肽	150	400
人乳转铁蛋白	39～42四肽	350	360
人血纤维蛋白原α-链	572～575四肽	75	20

与人乳转铁蛋白的39～42氨基酸序列对应的肽分子（Lys—Arg—Asp—Ser），可抑制ADP诱导的血小板凝集。在用模型动物（犬）进行的实验中，它可抑制动脉血栓的形成，当与人血纤维蛋白原α-链同用时，具有协同效应（表11.22）。

表 11.22　人乳转铁蛋白抗血栓效果

动物		肽		
		RGDS	KRDS	RGDS+KRDS
小鼠	剂量/［μmol/（L·kg）］	2	0.75	
	效果/%	50	50	
豚鼠	剂量/［μmol/（L·kg）］	0.75	1.0	
	效果/%	50	50	

续表

动物		肽		
		RGDS	KRDS	RGDS+KRDS
小鼠	剂量/[μmol/(L·kg)]	0.5	0.18	0.5+0.18
	效果/%	<10	<10	70
豚鼠	剂量/[μmol/(L·kg)]	0.25	0.18	0.25+0.18
	效果/%	<10	<10	30

注：RGDS：纤维蛋白原中的四肽；KRDS：人乳转铁蛋白中的四肽。

2）阿片肽

阿片肽（opioid peptide）分为内源性阿片肽和外源性阿片肽（表 11.23）。内源性阿片肽，如脑啡肽、内啡肽和强啡肽均来自前体分子前脑啡肽、前阿片皮质素和前强啡肽，并且都有典型的 N 端序列：Tyr—Gly—Gly—Phe。阿片肽是一种神经活性物质，有激素和神经递质的作用，对中枢神经系统及外周器官均有作用。外源性的阿片肽可刺激胰岛素和消化道生长抑素的分泌、调节动物行为、促进肠道吸收水分和电解质、调节消化道运动、刺激摄食抑制呼吸和调整睡眠模式。

表 11.23　牛乳蛋白源阿片活性肽

		氨基酸序列（单字符表示）	IC_{50}/(μmol/L)
阿片兴奋肽	β-酪啡肽	YPFPGPI（60～66）	14.0
		YPFPG（60～64）	1.1
		YPFP（60～63）	
		YPFP（$—NH_2$）	1.2
	α_{s13}-酪啡肽	RYLGYLE（90～96）	67.0
	α-乳白蛋白	YGLF（50～53）	38.0
	β-乳球蛋白	YLLF（102～105）	85.0
	血清白蛋白	YGFQNA（399～404）	
抗阿片兴奋肽	κ-酪蛋白	YPSY（$—OCH_3$）（35～38）	7.4
		YPSPGLNY（35～42）	51.4
		YPYY（58～61）	
		YIPIQYVLSP（25～34）	50.0

注：IC_{50}为抑制 50%^{3}H-配体结合的肽浓度。

成年人饮用牛乳后，可在小肠内检测到 β-酪啡肽。猪饲喂牛酪蛋白后，可在十二指肠检测到具阿片肽活性的十一肽，其序列与 β-酪蛋白的第 60～70 氨基酸序列相同，说明阿片肽由乳蛋白在消化道内水解产生，对消化道起调节作用。给 2～4 周龄的犬饲喂牛酪蛋白配方乳或犬乳后，用放射免疫的方法可以检测到血液中放射性酪蛋白的含量升高，说明酪啡肽可以通过血液循环作用于其他靶器官。据推测，乳源性酪啡肽能通过调节胰岛素的分泌而刺激摄食，还能通过调节淋巴细胞增殖而促进胎儿免疫系统发育。

整体上看，目前需要更多针对发展大规模提取或蛋白水解以获得富含生物活性肽产品的研究，进而将其应用于功能食品。短链生物活性肽，它们可抵抗消化酶的进一步降解，所以可能更易吸收。同时，由于分离这些肽非常困难，因此需要进行大量的研究，以更好了解不同生产工艺（特别新出现的技术，如超高压处理技术）对食品中生物活性肽和生物活性蛋白相互作用的影响。

11.2.6　肽的自组装与生物活性

由氨基酸组成的蛋白质或肽分子，在特定条件下可以自组装，自组装可以在水相介质中完成，也可以在气-水或固-水界面上完成。自组装主要依靠氨基酸残基之间的氢键、静电作用和疏水相互作用等作用力。不同氨基酸因其极性强弱、表面电荷等因素的差异，导致形成有序的肽纳米结构不同。设计、形成具有纳米结构的自组装肽，在纳米生物技术领域越来越引起人们的重视，其优良的特性在组织再生、医药、生物表面工程、食品科学、化妆品等领域将具有极大应用潜力。

1. 溶液中肽的自组装

肽分子因不同氨基酸的极性强弱、表面电荷等因素的差异，导致在水溶液中形成有序的肽纳米结构不同。目前研究较多的主要有两种自组装肽，离子互补肽（ionic self-complementary peptide）和表面活性肽（surfactant-like peptide）。

1）离子互补肽

带电荷的氨基酸残基，可以利用碱性氨基酸和酸性氨基酸之间的静电作用，形成具有稳定β片层结构和β折叠结构的自组装肽，随后通过静电作用自组装形成纳米纤维，这些纤维可以进一步聚集形成水凝胶（含水量大于99%），如图11.13a所示。这类肽如RADA16-Ⅰ已被用于临床组织修复的研究，并成功用于人体癌细胞、肝细胞、纤维原细胞、神经干细胞等细胞的培养。另一种自组装肽RAD16-Ⅰ（AcN—RADARADA-RADARADA—$CONH_2$），则有利于成骨细胞的生长（Zhao et al.，2008）。

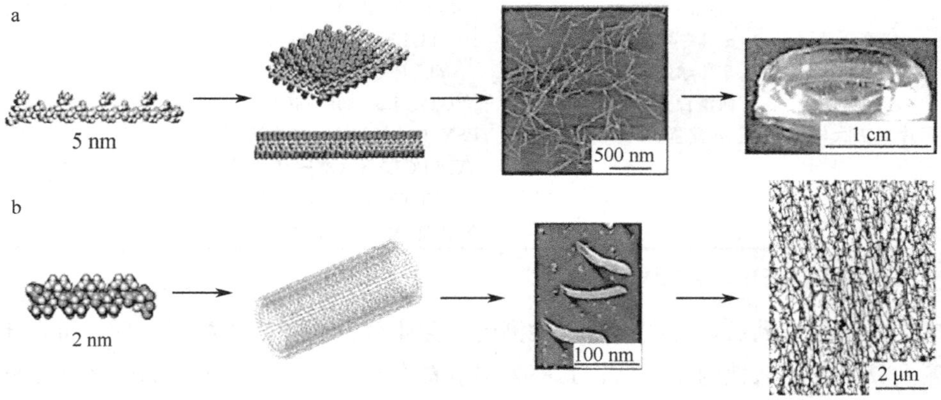

图11.13　肽的自组装类型

a. 离子互补肽；b. 表面活性肽

2）表面活性肽

脂肪族氨基酸和带电氨基酸可以自组装形成具有表面活性剂特性的肽，疏水的尾部由脂肪族氨基酸组成，如Val、Ile、Leu，头部既可以由带正电荷的Lys、Arg和His构成，也可以由带负电荷的Asp和Glu构成。这类自组装肽可以形成双层结构，进而产生纳米管或纳米囊结构，如果进一步聚合，还会形成网状结构，如图11.13b所示。

这类肽可以与药物形成纳米囊，提高药物的溶解性、稳定性、生物利用率和体内代谢的半衰期。同时，形成的纳米管结构用铜、镍或金进行包衣后，再除去内部的纳米肽，可以制成金属纳米管用于纳米电子设备。此外，一些阳离子表面活性肽有极好的抗菌性，可以用作食品添加剂。

氨基酸的数目和组成序列影响自组装肽的形状和大小，此外，溶液 pH、温度、老化时间、离子强度等也影响肽的自组装。G_nD_2（G 代表甘氨酸，D 代表天冬氨酸，n= 4、6、8、10）可以自组装形成纳米管和纳米囊（图 11.14），并且因甘氨酸数目的不同，具有多种结构共存的混合状态。随着甘氨酸数目的增多，其尾部变宽，柔韧性增强。A_6D，A_6D_2，V_6D 和 V_6D_2 也同样可以自组装形成纳米管和纳米囊多种结构。自组装肽的结构也受老化时间的影响，图 11.15 显示的是 KFE8（Ac—FKFEFKFE—$CONH_2$）自组装肽在溶液中不同老化时间的结构图。从图中可以看出，老化初期形成直径 7 nm、长度约 90 nm 的左手螺旋结构，老化后期形成纤维和网状结构。因此，组装后的肽结构会随着在溶液中老化时间的延长发生改变。肽分子 EAK16-Ⅱ在低浓度条件下可以形成很好的纳米纤维结构，在肽浓度过高时形成致密的纤维网状结构；同时，纳米纤维大小随 NaCl 浓度的增加而增加，但在 NaCl 浓度高于 20 mmol/L 时出现相反的变化。

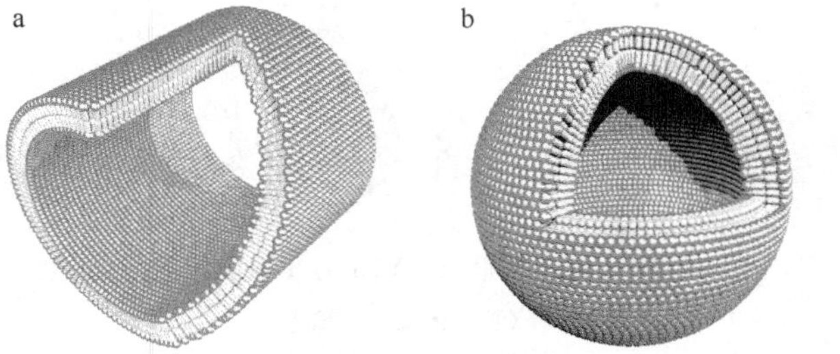

图 11.14　G_6D_2 自组装的纳米管和纳米囊结构图（Santoso et al.，2002）

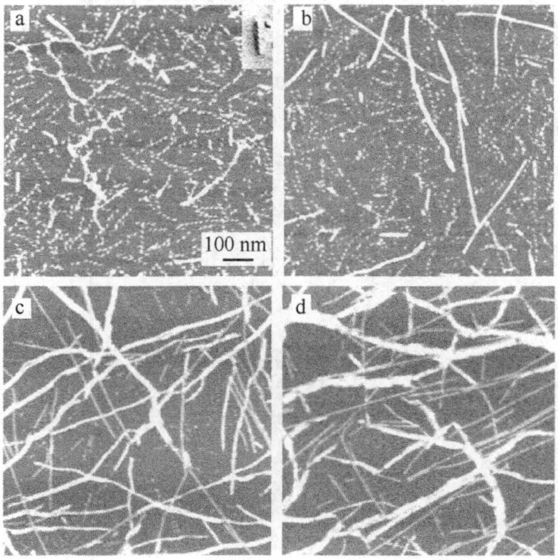

图 11.15　KFE8 自组装肽在溶液中不同老化时间的 AFM 结构扫描图（Marini et al.，2002）

a、b、c、d 分别为老化时间 8 min、35 min、2 h、30 h

2. 界面自组装

目前的多数研究报告，都是涉及在溶液中完成肽的自组装，而在固-水或气-水界面处发生肽的自组装的研究报告较少。界面的能量平衡不同于溶液内部，所以界面处肽的自组装也不同于溶液内部，可以产生不同的结构构象，因此，界面处肽的自组装也是一种有效的自组装手段。

固-水界面　在 SiO_2-水的界面处自组装合成了两种肽 YYY15（YVNAKQYYRILKRRY）和 WWW15（WVNAKQYWRILKRRW），二者结构相似，YYY15 氨基酸序列中 1、8、15 位是酪氨酸残基，WWW15 在此 3 个位置是色氨酸残基，两种肽在磷酸缓冲溶液中都具有 α 螺旋结构，5 个带正电的氨基酸残基在上侧，疏水氨基酸残基在另一侧（图 11.16）。虽然两种肽的结构相似，但在界面的吸附能力不同，YYY15 在界面的吸附能力差，pH 7.0 时吸附层厚度仅为 2.6 nm；WWW15 在界面可以形成较厚吸附层，吸附层由中间的疏水层和两侧几乎对称的亲水层构成，厚度分别为 0.7～0.8 nm 和 0.6～0.8 nm。在相同界面上两种肽表现出性质上的差异，与肽分子间的静电作用、疏水作用力、氢键、离子强度等因素有关。

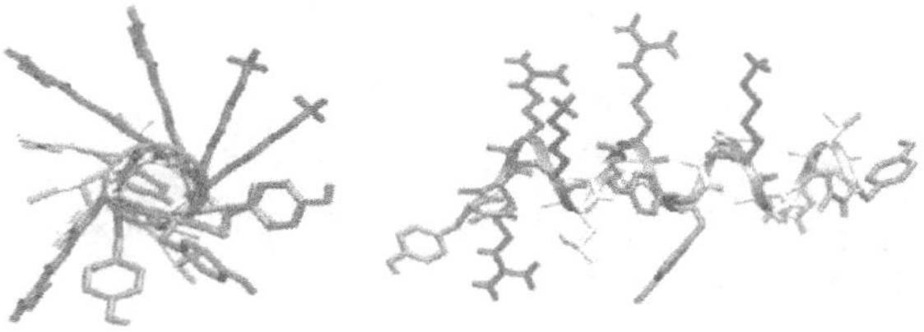

图 11.16　自组装肽 YYY15 的 α 螺旋结构示意图
（Lu et al.，2004）

气-液界面　与固-水界面不同，由于缺少固相物质的影响，在气-液界面肽分子的自组装相对更简单。在气-液界面形成的 14 肽 H—Glu—Cys（DMBDY）—Glu—Ile—Glu—Val—Pro—Gly—Val—Glu —Ile—Glu—Ile—Glu—NH_2具有 β 转角结构，疏水氨基酸残基和亲水氨基酸残基分布在肽分子两侧。这种肽可以在一种挥发性有机溶剂表面或水溶液表面形成单分子吸附层，吸附层厚度约为 1 nm，并随溶液中肽浓度的降低而减少。溶液浓度的改变会影响界面处肽分子的结构，通常界面处这种由 14 个氨基酸组成的肽分子具有 β 折叠构象，并且可能漂浮在水相界面，同时只有 Glu 残基中的羧基与水分子作用（图 11.17）。

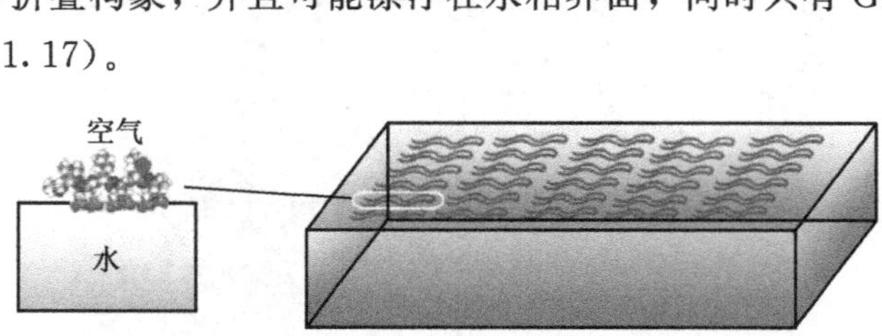

图 11.17　肽分子在水溶液表面的结构示意图（Lu et al.，2003）

肽的自组装是一个新兴的研究领域，在材料科学、医学、食品、化妆品和微电子领域得到了快速发展。20 种氨基酸的不同组合可以设计组装成具有不同结构的肽分子，并可能具有独特的功能性质。整体上看，目前需要了解和掌握肽自组装的共性规律，这些基础研究有助于指导未来的设计和应用。

11.3　食品工业用酶

酶（enzyme）是一类具有专一性生物催化功能的生物大分子，根据其化学组成，可以分为蛋白质类酶和核酸类酶。最常见的酶是蛋白质类酶，即酶的化学本质是蛋白质。所以从其功能上看，酶也属于具有生物活性的蛋白质。

酶类是由细胞产生的，大多存在于细胞内，少量被分泌到细胞外。蛋白质类酶的相对分子质量为 10^4～10^6，能够在较温和的条件下催化化学反应进行，并且所催化的反应速率可以提高 10^8～10^{20}倍，比无机催化剂的效率一般要高 10^3～10^{11}倍，同时具有极高的效率和选择性，催化反应具有可调节性。

酶不仅是生命活动中的最重要物质，在食品的消化吸收过程中酶类也发挥不可替代的作用（表 11.24）；同时，酶还是一些食品加工必不可缺的物质。酶类不仅可以引起食品的品质改变，还可以有目的地被应用于食品加工的各个方面，例如，改善食品品质（肉质嫩化）、生产食品（制造干酪）、稳定食品品质（果胶酶）、改良风味（风味酶）、增加/提高食品原料中成分的提取率（果胶酶）、副产品利用（蛋白酶）等（表 11.25）；在食品成分的分析等方面，酶也有其重要应用价值。整体上，在食品加工过程中使用各种酶的目的可以归纳为以下的几个方面（图 11.18）：回收副产物；加工食品；提高食品成分的提取速度及产量；改进食品风味；稳定食品质量；生产对人体健康有益的各种功能性食品（Fennema，1996）。所以，酶虽然是食品中存在量或食品加工中使用极少的活性蛋白质，它们对食品品质的影响作用一点也不逊色于大量存在的食品蛋白质。

表 11.24　食品的消化吸收与新陈代谢所涉及的酶类

过程	涉及部位	酶
进食	口腔	淀粉酶
消化	胃肠道	蛋白质水解酶、糖苷酶、酯酶、脂肪酶、核苷酶、磷酸酯酶
吸收	黏膜及胃肠道	主动吸收中涉及氨基酸、单糖、脂肪酸、甘油、嘌呤、嘧啶等
输送	血浆	黏膜中脂肪的生物合成所涉及的酶
代谢	细胞	营养物代谢生成热量涉及的酶；蛋白质、脂类、复杂多糖生物合成的酶
消化	溶菌体	蛋白质水解酶、糖苷酶、酯酶、脂肪酶、核苷酶、磷酸酯酶、硫酸酯酶
排泄	肾脏、大肠	在再吸收过程中涉及主动输送的酶

表 11.25　酶在食品加工中的应用

酶	食品	应用目的与发生的反应
淀粉酶	焙烤食品	增加酵母发酵时发酵物中的糖分含量
	酿造	将淀粉转化为还原糖，除去淀粉所产生的混浊
	糖浆	将淀粉转化为低相对分子质量的糊精或糖
	蔬菜	在豌豆软化过程中水解淀粉
	其他	将淀粉转化为糊精和糖，增加对水的吸附能力

续表

酶	食品	应用目的与发生的反应
转化酶	人造蜂蜜	将蔗糖转化为果糖和葡萄糖
	糖果	生产转化糖供制造糖果点心用
葡聚糖	糖浆	使糖浆增加稠度
蔗糖酶	冰淇淋	增加葡聚糖，发挥增稠剂作用
乳糖酶	冰淇淋	防止乳糖结晶产生颗粒或砂状组织结构
	饲料	将乳糖转化为半乳糖和葡萄糖
	牛乳	转化乳糖，稳定低温下的蛋白质；乳糖不耐症人群食品
纤维素酶	酿造食品	水解细胞壁中复杂的碳水化合物
	咖啡	咖啡豆干燥过程中将纤维素水解
	水果	脱皮、除去梨中的砂状物
果胶酶	咖啡	增加可可豆发酵时种衣的水解
	水果	软化
	果汁	增加果汁产量，防止絮结，有利于果汁的浓缩
	橄榄	提高出油率
	酒类	澄清
单宁酶	酿造	除去多酚化合物
	茶	除去多酚化合物，防止冷茶出现混浊
柚皮苷酶	柑橘	柑橘制品的脱苦
水苏糖酶	豆制品	降低豆类制品中胀气因子含量，避免小肠中气体生成
蛋白酶	焙烤食品	面团软化，增加面团延伸性，改善面包质地
	啤酒酿造	增加过滤性和产品的澄清度
	谷类食品	使蛋白质改性，改善加工性质和干燥性质
	干酪	酪蛋白凝聚，增加成熟时风味
	可可-巧克力	用于发酵可可豆中
	蛋及制品	改善干燥性质
	饲料	处理下脚料使其转化为饲料
	鱼和肉	肉质嫩化，下脚料回收蛋白，提高油浸提率
	牛乳	制备豆乳
	蛋白质水解物	用于汤料、酱油、调味品的生产
脂肪酶	干酪	加速熟化，增加风味
	油脂	使油脂水解为甘油和脂肪酸
	牛乳	使牛乳巧克力具有特殊风味
磷酸酯酶	婴儿食品	增加磷的有效利用率
	啤酒发酵	使磷化合物水解
	牛乳	检查巴氏杀菌效果
核糖核酸酶	风味增效剂	增加核苷酸的含量水平

续表

酶	食品	应用目的与发生的反应
过氧化物酶	蔬菜	检查热烫效果
	葡萄糖分析	结合葡萄糖氧化酶，测定葡萄糖含量的酶法分析
过氧化氢酶	牛乳	破坏巴氏杀菌乳中的过氧化氢
葡萄糖氧化酶	各种食品	除去食品中的氧气，或避免褐变反应（转化葡萄糖）
	食品添加剂	结合过氧化氢酶，生产葡萄糖酸-δ-内酯
脂肪氧合酶	面包	改善质地、风味和漂白
多酚氧化酶	茶叶、可可	在其成熟、发酵过程中生成褐色素
植酸酶	谷物、豆类	水解植酸，增加矿物质的利用率
乙醛脱氢酶	豆浆	将己醛转化为己酸，降低豆腥味
双乙酰脱氢酶	啤酒	降低啤酒发酵时双乙酰化合物的含量

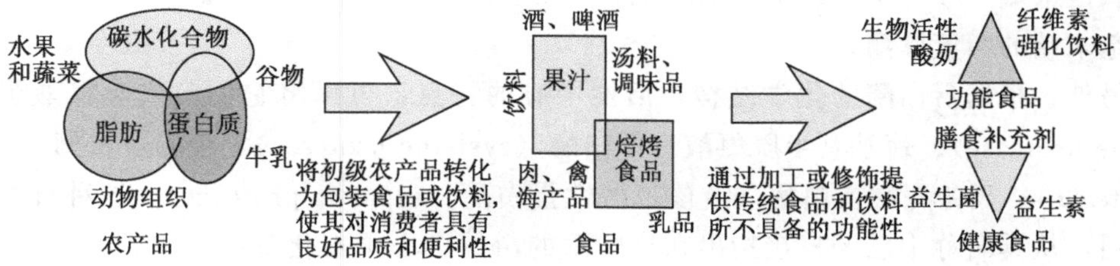

图 11.18　食品加工过程中利用酶的目的

酶作为一种生物催化剂与非生物催化剂之间的最大区别，除了酶的高效性以外，还在于酶具有专一性。根据酶对底物选择性的程度不同，可将其选择性分为四种类型：

(1) 键专一性（bond specificity）。此类酶的专一性较低，只要求在底物分子上有合适的化学键就可以催化其反应，对化学键两端的基团、结构要求不高。

(2) 基团专一性（group specificity）。酶对底物分子的要求除有合适的化学键以外，对连接化学键两端的基团也有专一性要求，例如，胰蛋白酶对蛋白质进行催化水解时，只能够催化由赖氨酸或精氨酸的羧基形成的肽键，而其他氨基酸形成的肽键则不被水解。

(3) 绝对专一性（absolute specificity）。这类酶对底物的要求非常严格，只对一种底物作用，对其他结构类似的底物不产生催化作用或催化作用很低，如脲酶。许多酶具有绝对专一性。

(4) 立体化学专一性（stereochemical specificity）。一些酶只能够对某种特殊的旋光或立体异构体起催化作用，而对其对映体则完全不产生作用。例如，D-氨基酸氧化酶在与 DL-氨基酸作用时，有一半的底物（D-氨基酸）被催化分解，剩下的 L-氨基酸不变化，可以用来分离化学合成时生成的消旋化合物。

由于食品科学研究中所涉及的酶类众多，欲详细了解其相关内容可以参考食品酶学相关的书籍。这里我们只对几类重要的酶类进行简介，尤其是与食品品质、食品蛋白质关系密切的那些酶类。

11.3.1 蛋白酶

对蛋白酶的分类方法有多种。最早，根据蛋白质酶的来源不同，一般可以分为三类：①存在于食品原料中的内源性蛋白酶；②由生长在食品原料中的微生物所分泌的蛋白酶；③被加入到食品原料中的蛋白酶制剂。还可以根据蛋白酶所存在的生物体不同，将其分为植物源蛋白酶、动物源蛋白质、微生物蛋白酶三大类；其中，对于微生物蛋白酶，又根据其作用时的最适 pH 分为酸性、中性、碱性蛋白酶。根据蛋白酶催化蛋白质水解反应的作用方式，国际生化协会命名委员会公布的酶的命名及其分类中，将作用于蛋白质分子中肽键的酶归类于水解酶的第四亚类中，这亚类又分为两个亚亚类，即蛋白酶（proteinase）和肽酶（peptidase）。蛋白酶又称肽链内切酶（endopeptidase），水解肽链内部的肽链，广泛存在于植物种子、块茎、叶子及果实等器官中，如番木瓜乳汁中存在的木瓜蛋白酶，菠萝果皮、茎中存在的菠萝蛋白酶，无花果乳汁中存在的无花果蛋白酶，剑麻中存在的剑麻蛋白酶，动物骨中存在的骨蛋白酶。肽酶又称肽链外切酶，能够从肽链末端一个一个地或两个两个地将肽键水解，作用于羧基末端的叫羧肽酶，作用于氨基末端的叫氨肽酶。

另外，根据蛋白酶的化学结构、活性中心的特点，可以将它们分成丝氨酸蛋白酶（serine protease）、巯基（半胱氨酸）蛋白酶（cysteine protease）、金属蛋白酶（metalloprotease）、天冬氨酸蛋白酶（或羧基酸性蛋白酶，aspartic protease）。这种分类方法较常用，从其名称中已经直接指出在这些酶的活性中心中催化基团分别是羟基、巯基、金属离子和羧基。常见的蛋白酶的种类与特性见表 11.26（赵新淮，2006）。

表 11.26 常见的蛋白酶的特性

分类		特性
丝氨酸蛋白酶	胰蛋白酶 胰凝乳蛋白酶 弹性蛋白酶 牛凝血酶 枯草杆菌蛋白酶 α-裂解蛋白酶	为内切酶，活性中心含有丝氨酸残基，此外活性中心还有咪唑基和羧基，并且在一些蛋白酶中活性中心部分的氨基酸连接顺序是相似的
巯基蛋白酶	木瓜蛋白酶 无花果蛋白酶 菠萝蛋白酶 微生物蛋白酶 中的一些链球菌蛋白酶	专一性较差，木瓜蛋白酶和无花果蛋白酶以大致相同的速率催化水解含有 Arg、Lys、Gly 和 Ala 的底物。植物源巯基蛋白酶的活性中心附近氨基酸组成情况有相似性，在动力学、作用机制等方面也类似。适宜 pH 在 6～7.5，并且有较好的热稳定性；中性条件下这些酶在 60～80℃活力还是稳定的
金属蛋白酶	羧肽酶 A 羧肽酶 B 脯氨酰氨基酸酶 亚氨基二肽酶 嗜热菌蛋白酶 胶原酶	几乎都是外切酶。羧肽酶 A 和羧肽酶 B 等需要 Zn^{2+}，脯氨酰氨基酸酶、亚氨基二肽酶等需要 Mn^{2+}。金属蛋白酶中的金属离子大多是二价金属离子，这些金属离子是否发挥相似的作用还不清楚，酶的活性均能够被金属离子螯合剂所抑制 嗜热菌蛋白酶（EC 3.4.24.4）、胶原酶是金属内切酶

续表

分类		特性
羧基酸性蛋白酶	胃蛋白酶 凝乳酶 一些微生物蛋白酶如微小毛霉（*Mucor pusillus*）、米黑毛霉（*Mucor miehei*）、栗疫菌（*Endothia parasitica*）中的蛋白酶	活性中心中有羧基，适宜作用 pH 为 2～4，可以被胃蛋白酶抑制剂（pepstatin）抑制其活性。胃蛋白酶和凝乳酶具有一定的基团专一性，一般优先作用于芳香族氨基酸残基，同时凝乳酶比胃蛋白酶更具有专一性

1. 蛋白酶的酶活力与活性中心

酶活力就是酶催化某一反应的能力，也是酶催化反应的速率大小。蛋白酶酶催化反应的速率，可以通过测定在单位时间内底物的减少量或者产物的生成量而确定。为了统一单位、避免可能产生的混乱，国际生化协会酶学委员会规定：在特定条件下 1 min 内将 1 μmol 的底物转化为产物的酶量，定义为 1 个酶单位（enzyme unit，用 U 表示），特定的条件是温度为 25℃，其他的条件为酶的最适反应条件。这种规定方便了以后研究结果之间的相互比较，但采用并不广泛。目前在 SI 单位中采用“katal”作为酶的活力单位（kat），它规定的时间是 1 s，而底物消耗量规定为 1 mol，所以它与酶单位的换算关系为

$$1\ \text{kat}=1\ \text{mol/s}=10^{6}\ \mu\text{mol/s}$$

$$1\ \text{U}=16.67\times10^{-9}\ \text{kat}$$

在酶制剂工业中，生产商有时根据自己的产品制定酶活力单位，并规定相应的底物或产物。对于蛋白酶的测定，常以 1 min 内水解酪蛋白产生 1 μmol 的酪氨酸为一个蛋白酶单位。

研究结果表明，蛋白酶分子中的一定区域即可以产生酶的催化活性，因为有一些酶经过微弱的水解、除去一部分肽链后，其残余部分仍然保留一定的催化活性。从表面上看，被除去的肽链部分与酶的活性关系不大，酶分子中只有剩余的特定部分肽链与酶的催化作用能力有关，这部分肽链就是酶的活性中心。实际上，在酶分子中有两个相当重要的部位，一个是酶与底物分子结合部位，即酶分子与底物接触或非常接近底物分子的部位，二是酶分子的催化部位，被接触的底物分子在此处被破坏化学键或形成新的化学键，从而形成新的化合物；这两个部位就是酶的活性部位（也可以称为活性中心）。对于不需要辅酶或辅基的酶分子，酶的活性中心就是在三维空间结构上比较靠近的几个氨基酸残基或者是氨基酸残基上的某些基团，这些基团在一维空间结构上可能相距甚远，但由于蛋白质肽链的折叠、螺旋结构使得其在空间构象上相互接近而形成一个特殊的区域。对于需要辅酶或辅基的酶分子，辅酶或辅基就是活性中心的一部分，因此辅酶或辅基的除去就会导致酶活性的损失或彻底丧失。酶分子的活性部位一般位于分子的表面空隙或裂缝处，以便底物分子的接近或进入。在图 11.19 中显示胰凝乳蛋白酶分子的活性部位，该部位由组氨酸残基（57 位）和丝氨酸残基（195 位）组成，故此胰凝乳蛋白酶属于丝氨酸蛋白酶。

酶作用的中间络合物学说，可以用于很好地解释一些蛋白酶酶解作用的专一性问

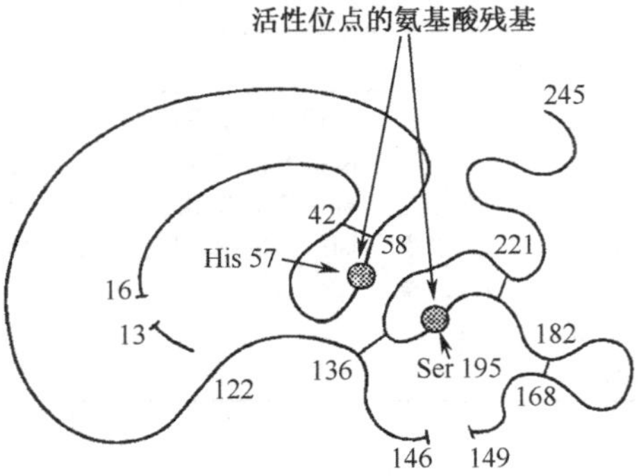

图 11.19　胰凝乳蛋白酶分子中的活性位点

题。α-胰凝乳蛋白酶、胰蛋白酶分子中均具有一个三维的疏水性的内穴，其活性部位分别包括丝氨酸（具有极性基团羟基）、天冬氨酸（解离带负电荷），它们位于酶分子内穴的底部。这两个氨基酸残基只能分别同含有极性基团的氨基酸残基、含有正电荷的氨基酸残基产生作用，所以α-胰凝乳蛋白酶的内穴只能容纳底物分子的酪氨酸残基，而胰蛋白酶的内穴只能容纳底物分子的赖氨酸残基或精氨酸残基（图 11.20a，b）；这样，两个蛋白酶 195 位上的丝氨酸对底物分子的肽键进行催化水解时，能够水解的肽键只能是由酪氨酸（对胰凝乳蛋白酶）或赖氨酸、精氨酸（对胰蛋白酶）所形成肽键，即决定了这两种蛋白酶对蛋白质进行催化水解所需要的基团专一性问题。弹性蛋白酶对蛋白质的水解特性也同样能够得到解释，不过此时酶分子的内穴中包括多个氨基酸残基，整个内穴被位于 216 位的缬氨酸残基和 226 位的苏氨酸残基所封闭，所以只能允许具有较小疏水性侧链的丙氨酸残基（侧链为甲基）进入内穴（图 11.20c），其他的氨基酸残基基团由于过大而无法进入，所以造成弹性蛋白酶水解催化作用的专一性（Belitz and Gorsch，1999）。

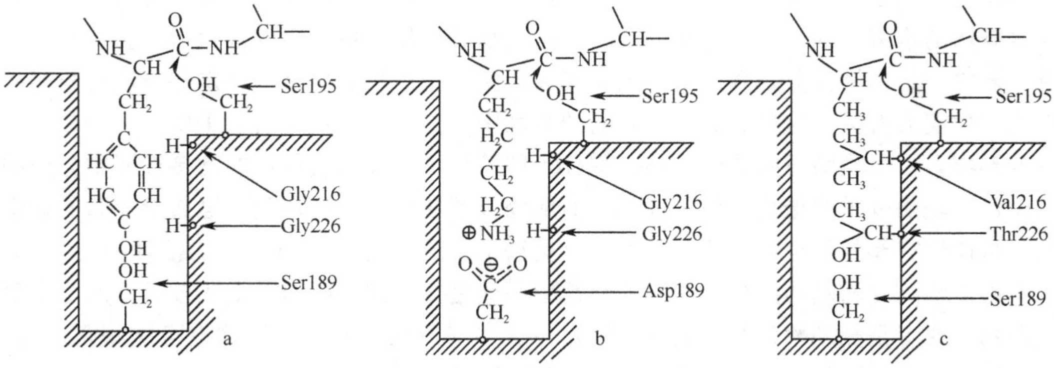

图 11.20　三种蛋白酶的酶-底物结合与专一性示意图

a. α-胰凝乳蛋白酶；b. 胰蛋白酶；c. 弹性蛋白酶

2. 蛋白酶的食品加工应用

许多受人欢迎的食品如干酪、啤酒和酱油的生产过程中，包含蛋白酶催化蛋白质水解这一关键性的反应。人类后来对这些食品加工技术的改进，就是基于对这些加工过程所涉及的化学变化的科学研究结果。蛋白酶在食品加工中的利用，主要是利用其对蛋白质所产生的水解催化作用，在应用形式上，则是利用两种水解作用方式——深度水解与限制性水解。

利用蛋白酶对蛋白质进行水解处理时，深度水解产生的是小分子的肽类以及游离的氨基酸，此处理导致蛋白质功能性质的大部分损失，只保留其具有两个特点：高度的溶解性、溶解度对 pH 的不敏感；其他的重要功能性质如胶凝、乳化、发泡等则完全丧失。对于那些只需要蛋白质溶解性的食品，这是一个非常好的处理方法。但对于其他的大多数含有蛋白质的食品，则往往需要蛋白质的限制性水解。

利用特异性蛋白酶或控制水解条件的方法对蛋白质进行限制性水解，可以改善蛋白质的乳化、发泡性质，但有时仍然会破坏蛋白质的胶凝性质。由于蛋白质分子内部疏水区的破坏、疏水基团的暴露，其溶解性有时下降。通过限制性水解将大豆蛋白水解至水解度为 4%附近时，水解物的发泡、乳化性能得到明显的改善，但是还存在稳定性问题，因为此时形成的蛋白质吸附膜不足以维持泡沫或乳化液的稳定性。在生产干酪时，凝乳酶对酪蛋白的水解导致酪蛋白的聚集，从而可以分出乳凝块。目前，利用蛋白酶对食品蛋白质进行限制性酶解处理，是提高蛋白质功能性质的有效方法之一，如表 11.27 所列举的一些总结。有关蛋白酶在食品中的一些具体应用实例，参见本书以后相关章节的内容。

表 11.27　蛋白酶水解蛋白质时的作用位点和酶解修饰对蛋白质功能性质的影响

蛋白酶		作用位点	水解程度与功能特性的关系
丝氨酸蛋白酶	胰蛋白酶	Lys、Arg 的羧基	水解燕麦麸蛋白，其溶解性、乳化性、起泡性随水解度的增加而增加，乳化稳定性和泡沫稳定性在某一程度上有所降低
	胰凝乳蛋白酶	Phe、Tyr、Trp 的羧基	
	弹性蛋白酶	脂肪族氨基酸羧基端，对 Ala、Gly 特异性强	专一性地水解不溶性的弹性蛋白，溶解性提高
	枯草杆菌碱性蛋白酶	作用底物广泛，能水解所有羧基侧具有芳香族或疏水性氨基酸	改性大豆分离蛋白的持水性，溶解度以及乳化活力指数随 DH 增加而增加，泡沫稳定性、黏度随 DH 增加而降低，起泡能力则随 DH 增加先增大而后降低
巯基蛋白酶	木瓜蛋白酶，无花果蛋白酶	Lys、Arg、Phe 的羧基端	溶解度、乳化能力、发泡能力提高，但乳化、发泡稳定性、黏度下降，酶解大豆分离蛋白的苦味增加而豆腥味减弱
	嗜热链球菌蛋白酶	Ile、Leu、Val、Phe 的氨基端	水解小麦醇溶谷蛋白（DH=5.2%～9.8%）起泡性无明显变化，但泡沫稳定性明显下降
金属蛋白酶	羧肽酶 A	主要水解芳香族和中性脂肪族氨基酸的羧基端肽键，不水解羧基末端是 Arg、Lys 和 Pro 的肽键	
	羧肽酶 B	Arg、Lys 的羧基端	

续表

蛋白酶		作用位点	水解程度与功能特性的关系
	亮氨酸氨肽酶	能水解N端氨基酸形成的肽键，且对酯键及酰胺键也能水解	
	枯草杆菌中性蛋白酶	水解羧基端是Tyr、Try、Phe等芳香族疏水性氨基酸残基的肽键	酶解大豆分离蛋白后溶解性提高，起泡性、乳化性和乳化稳定性提高，苦味小
酸性蛋白酶	胃蛋白酶	仅作用于肽键，水解肽键两端是芳香族氨基酸的肽键	功能性（乳化、起泡性）有所提高
	米曲霉蛋白酶	作用底物广泛	酶解后大豆分离蛋白的溶解性得到提高，乳化性、起泡性和持水能力改善，降低水解物的苦味
其他	复合风味蛋白酶	主要为外切酶类，可催化水解肽链末端的疏水氨基酸	溶解性、乳化性提高；由于外切肽酶的作用使蛋白水解液苦味降低
	转谷氨酰胺酶（环状芽孢杆菌产生）	水解蛋白质中谷氨酰胺的氨基酸	酶解后SPI的凝胶性改善，乳化活性下降，乳化稳定性提高；溶解性下降，但在等电点附近溶解性略有上升
	梭菌蛋白酶	Arg的羧基端	对乳球蛋白DH=2%时乳化性明显提高
	葡萄球菌蛋白酶	Glu的羧基端	对乳球蛋白DH=5%时乳化性明显提高，起泡性提高
	假单胞菌蛋白酶	Lys的羧基端	对乳球蛋白功能性没有明显改善

在生物体中存在着蛋白质限制性水解的实例，无催化活性的胰蛋白酶原转化为有催化活性的胰蛋白酶，就是一个典型的例子（图11.21所示的胰蛋白酶原激活过程）。

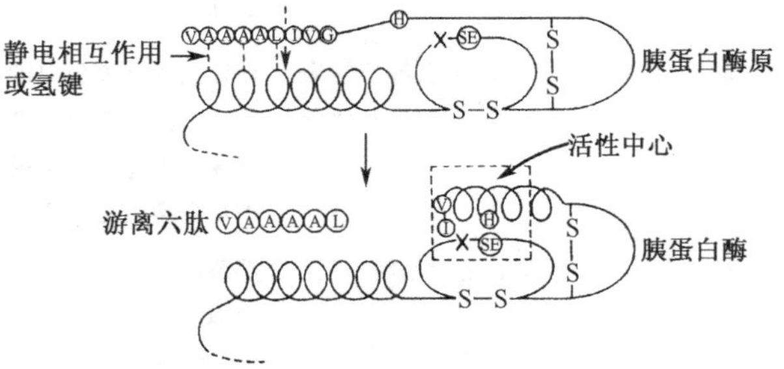

图11.21　胰蛋白酶原的限制性酶解与激活过程示意图

11.3.2　糖酶

这里所说的糖酶包括了淀粉酶、糖苷酶、糖基转移酶等，它们主要应用于淀粉加工，或者是谷物类食品的品质改良，或者是制备低聚糖。应用最广泛的是淀粉酶。与淀粉加工相关的淀粉酶等酶解作用特点见图11.22；但是一些性质特殊的糖苷酶也有重要应用，例如，生产益生素（主要是低聚糖）时所应用的糖基转移酶。

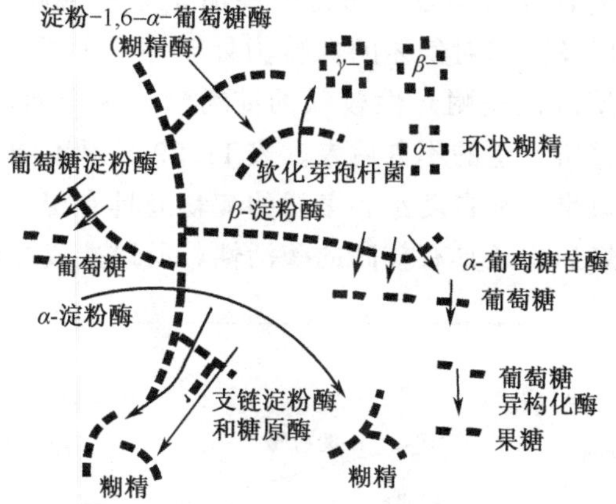

图 11.22　与淀粉加工相关的酶以及它们的酶水解作用特点

1. 淀粉酶

能够催化淀粉水解的淀粉酶（amylase）存在于动物、高等植物和微生物中。因此，在一些食品原料的成熟、保藏和加工过程中，淀粉被降解是一个正常的过程。由于淀粉是决定食品的黏度和质地的一个主要成分，因此淀粉的水解是食品质地变化的一个重要因素。食品工业上应用的淀粉酶包括三个主要类型：α-淀粉酶、β-淀粉酶和葡萄糖淀粉酶，它们对淀粉水解的催化性质有明显的区别（表 11.28）。

表 11.28　三种淀粉酶的催化水解特性比较

反应过程中的特性	相对速率		
	α-淀粉酶	β-淀粉酶	葡萄糖淀粉酶
还原基团的形成	固定	固定	固定
反应体系黏度下降	快	慢	慢
底物与碘呈色能力改变	快	慢	慢
麦芽糖的生成	慢	快	无
葡萄糖的产生	无	无	快

高果糖玉米糖浆的生产是利用淀粉酶等生产甜味剂的典型实例。果葡糖浆的生产是一个以玉米淀粉为原料，采用α-淀粉酶、葡萄糖淀粉酶和葡萄糖异构酶来生产含有高比例果糖糖浆的酶催化反应过程。一般过程是，淀粉液先被加热至 105℃糊化后加入高温α-淀粉酶，将淀粉降解至聚合度为 10～12 的低分子混合物，然后通过固定化的葡萄糖淀粉酶反应柱，进一步进行水解反应，将原料水解为葡萄糖，这是生产葡萄糖的基本过程；葡萄糖溶液通过固定化的葡萄糖异构酶反应柱发生异构化反应，最终产物中约有等量的葡萄糖和果糖；混合物既可用于食品加工中作为甜味剂，也可以经过结晶分离出果糖作为甜味剂。工艺流程如图 11.23 所示。

面粉中淀粉酶活性较低时，适当地添加一些α-淀粉酶和蛋白酶，可以缩短面包制作时面团的发酵时间，提高面包的品质（色泽、口感），同时防止淀粉的老化。如果面粉本身所具有的淀粉酶和蛋白酶不足以产生适当的麦芽糖和氨基酸供面团发酵之需，则面包的体积小、色泽差、气孔分布不好。面粉中添加α-淀粉酶后，增加了麦芽糖的生成量，使二氧化碳的产生以及面团对气体的保持力处于相对的平衡，增加了面团的体积。但是要注意的是，淀粉酶应该是耐热性较低的淀粉酶，这样面团焙烤时淀粉酶迅速失活，可避免淀粉过度水解所产生的不良后果。表 11.29 显示不同来源的α-淀粉酶用于面包加工时所产生的相应效果。来自麦芽和霉菌的淀粉酶具有相近的效果，而来自细菌的热稳定性淀粉酶由于在烤炉中还具有较高的酶活性，所以造成淀粉的水解作用过度。

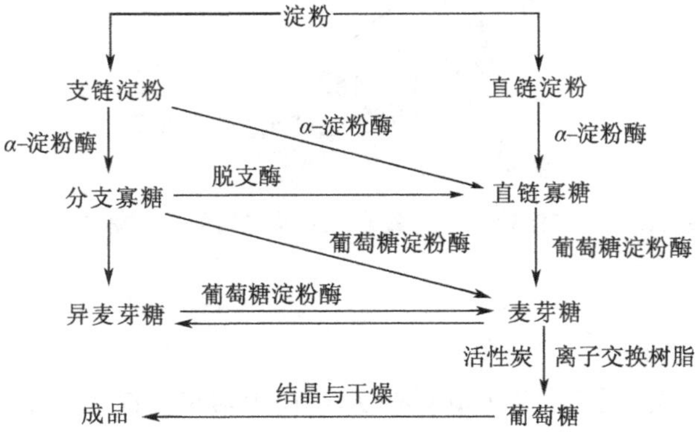

图 11.23 淀粉酶法生产葡萄糖流程示意图

表 11.29 不同来源α-淀粉酶对焙烤食品品质的影响

来源	酶活力	白面包品质		
		面包体积	气孔	面包瓤
无		2400	平均	平均
麦芽	140	2790	好	好
	560	3000	好	好
	1120	2860	平均	好
米曲霉	140	2750	非常好	非常好
	560	2900	好	好
	1140	2950	平均	平均
枯草芽孢杆菌	7	2600	好	好
	35	2600	好	平均
	140	2640	差	非常差

2. 乳糖酶

乳糖的溶解度较低，在冷冻乳制品中容易结晶析出，从而使产品中出现颗粒状物质，严重影响乳制品（如炼乳）的感官质量，此外乳糖的甜度还较低。利用乳糖酶将乳糖水解，不仅可以防止结晶现象出现，增加产品甜度，同时还可以解决一些人群中存在的乳糖不耐症问题（这个问题在亚洲裔人群中最明显），所以乳糖酶在乳制品的生产过程中具有应用潜力。目前在工业中使用的乳糖酶（lactase）来自酵母或霉菌，这些酶在 pH 为 6 和 pH 为 5 左右时具有催化乳糖水解能力，但酵母乳糖酶的活力在 37℃最高，而米曲霉乳糖酶在 50℃时的活力最大，如表 11.30 所示。

表 11.30　温度对乳糖酶活力的影响

温度/℃	乳糖酶的相对活力		
	米曲霉乳糖酶	酵母乳糖酶	大肠杆菌乳糖酶
10	1.5	4.0	2.0
26	16	12	9.0
30	18	12	10
34	27	13	9.0
37	33	14	11
50	66	4.0	4.0

11.3.3　其他食品工业用酶

还有一些酶类对于食品的风味、质地等方面有显著的影响作用，其中的一些影响作用被有目的的应用于食品加工之中。这里只介绍脂肪氧合酶、多酚氧化酶。

1. 脂肪氧合酶

脂肪氧合酶（lipoxygenase）广泛存在于植物性食品原料中（表 11.31），尤其是豆类植物中。脂肪氧合酶对食品品质主要有六个方面的重要功能作用。两个有益的作用是①小麦粉和大豆粉的漂白作用（通过氧化、分解色素），提高产品的品质，具体应用例子就是在面粉中加入一些具有酶活性的大豆粉产生的漂白作用；②在面团形成过程中氧化面筋蛋白，促使二硫键形成，提高面团的品质；同时脂肪的氧化产物及分解产物有利于面包的风味。四个有害的作用是①氧化破坏食品中的叶绿素和胡萝卜素，造成色泽异常；②脂肪氧合酶催化脂肪氧化，然后氧化脂肪分解生产许多羰基化合物，导致食品产生不良的风味，通常它们具有青草味或豆腥味，典型例子就是大豆加工、蔬菜储藏时产生异味的问题；③使食品中的维生素和蛋白质氧化性破坏，降低食品的营养价值；④使食品中的必需脂肪酸，如亚油酸、亚麻酸和花生四烯酸氧化性破坏，不仅造成营养价值降低，同时食品也产生异味。

表 11.31　几种植物中脂肪氧合酶的相对含量

植物	大豆	黑绿豆	绿豆	豌豆	小麦	花生
相对活力/%	100	60	47	35	2	1

由于大豆中的脂肪氧合酶可以造成大豆食品的感官质量问题，因此也就备受研究和注意。从大豆中分离、结晶出的脂肪氧合酶Ⅰ，它的分子质量为 102 000 Da，等电点为 5.4，作用的适宜 pH 为 9。从大豆中分离出的脂肪氧合酶Ⅱ和脂肪氧合酶Ⅲ，相对分子质量与脂肪氧合酶Ⅰ相近，但是作用的适宜 pH 在 7 附近。亚油酸、亚麻酸和花生四烯酸等是脂肪氧合酶Ⅰ的作用底物，但油酸由于只有一个双键而不是脂肪氧合酶的作用底物。表 11.32 显示，脂肪氧合酶Ⅰ对不同亚油酸衍生物作用时，反应活性受底物种类、介质等条件的影响，可见游离脂肪酸是其最好的底物，表面活性剂可以抑制它的活性。

表 11.32　脂肪氧合酶Ⅰ的底物专一性情况

底物	亚油酸	亚油酸	亚油酸甲酯	亚油酸甲酯	亚油酸乙酯	亚油酸丙酯	三亚油酸甘油酯
介质	吐温-20	乙醇	吐温-20	乙醇	乙醇	乙醇	乙醇
活性/[mmol/(L·min)]	0.467	1.02	0.0026	0.0066	0.0036	0.0098	0.0013
相对活性/%	45.8	100	0.25	0.65	0.35	0.96	1.3

控制食品加工时的温度是使脂肪氧合酶失活的有效手段之一，例如，对大豆的加工是将原料在 80～100℃的热水中研磨 10 min，就可以消除豆浆的不良气味豆腥味，也可以在浸泡 4 h 后热烫处理 10 min 使脂肪氧合酶失活。另一种方法是将原料的 pH 调节到 3.8 左右再对大豆进行研磨，同样也可以使脂肪氧合酶失活。此外一些酚类抗氧化剂，如没食子酸丙酯、生育酚、去甲二氢愈创木酚等对脂肪氧合酶的活性有抑制作用。总体上看，热处理仍然是对植物组织中的脂肪氧合酶进行灭活的有效方法（表 11.33），它的灭活处理要比过氧化物酶容易得多。

表 11.33　花生脂肪氧合酶和过氧化物酶的热灭活

方式	热处理方式和条件		相对酶活/%	
	温度/℃	时间/min	脂肪氧合酶	过氧化物酶
对照样			100	100
干热	110	60	7	48
蒸汽	100	2	0	35
蒸汽	100	6	0	8
蒸汽	100	30	0	1

在面包制作过程中，脂肪氧合酶对面包品质所产生有益作用，可能是通过氧化蛋白质、释放脂肪等而产生的（图 11.24）。其基本过程是，由于氧化性物质对蛋白质产生相应的氧化作用，使得原先结合于巯基上的脂类可以被释放出来，这样氧化的蛋白质本身可以产生良好的流变学特性，而氧化的脂肪经过分解产生所需要的风味物质。

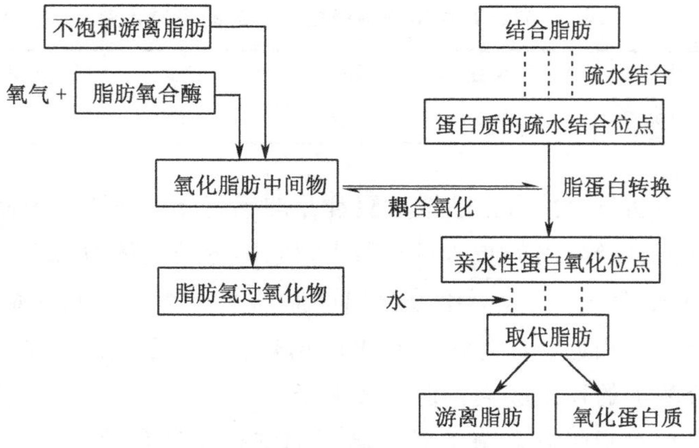

图 11.24　脂肪氧合酶提高面团品质的可能机制

脂肪氧合酶对食品风味的影响除了涉及大豆食品的风味外，还有一个典型的实例就是燕麦的苦味问题。由于脂肪氧合酶的作用，不饱和脂肪酸被氧化生成具有苦味的羟基酸（图 11.25），这些羟基酸的阈值浓度为 1～10 mmol/L，可以被人类的感官所察觉。

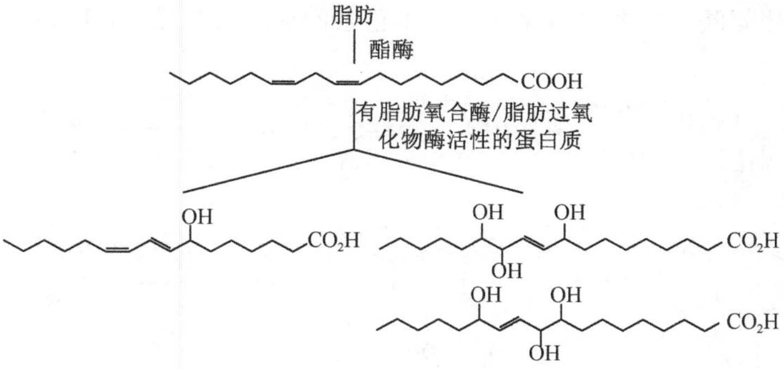

图 11.25　燕麦中苦味风味化合物的形成

2. 多酚氧化酶

多酚氧化酶（polyphenol oxidase）又被称为酪氨酸酶（tyrosinase）、多酚酶（polyphenolase）、酚酶（phenolase）、儿茶酚氧化酶（catechol oxidase）、甲酚酶（cresolase）和儿茶酚酶（catecholase），这些不同名称的使用，与测定酶活力时所利用的酚类底物有关，也取决于酶以最高浓度所存在的植物。多酚氧化酶存在于植物、动物和一些微生物（主要是霉菌）中，酶分子中 Cu^{2+} 是其重要的辅基。有人认为多酚氧化酶是一种既能作用于单酚化合物、又能作用于二酚化合物的酶，也有人认为它由两种酚酶的复合物组成。多酚氧化酶能够催化以下两类不同的氧化反应（见下面的反应式），是食品发生酶促褐变的原因。但是，不同来源的多酚氧化酶对底物的作用活性是不同的，例如，马铃薯中的多酚氧化酶对酪氨酸的氧化速度要高于对绿原酸的氧化速度。

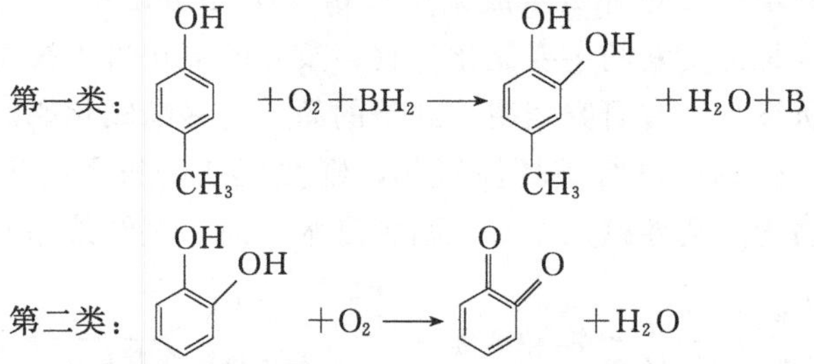

从朝鲜蓟中提取的多酚氧化酶的底物专一性情况见表 11.34。

表 11.34　朝鲜蓟多酚氧化酶的底物专一性情况

底物种类	单酚化合物		多酚化合物			
	酪氨酸	对甲酚	绿原酸	儿茶酚	二羟基苯丙氨酸	咖啡酸
比活性	0.08	0.08	3.91	1.70	1.57	0.74

注：比活性定义为 37℃条件下、每毫克蛋白质催化 1 min 时所消耗的氧的微摩尔数。

多酚氧化酶催化的两个反应分别被称为羟基化和氧化反应，生成的邻苯醌类化合物不稳定，可以通过进一步的氧化和聚合形成黑色素（melanin），所以整体反应就是酶促褐变反应。黑色素的形成是导致香蕉、苹果、桃、马铃薯、蘑菇、虾等产生不期望的褐色的原因，也是导致茶叶、咖啡、葡萄干和梅子形成期望的褐色或黑色的原因。褐变反应中生成的邻苯醌化合物可以与蛋白质中赖氨酸残基的ε-氨基反应，导致蛋白质营养和溶解度下降。酪氨酸发生酶促氧化褐变、黑色素的形成过程见图 11.26。

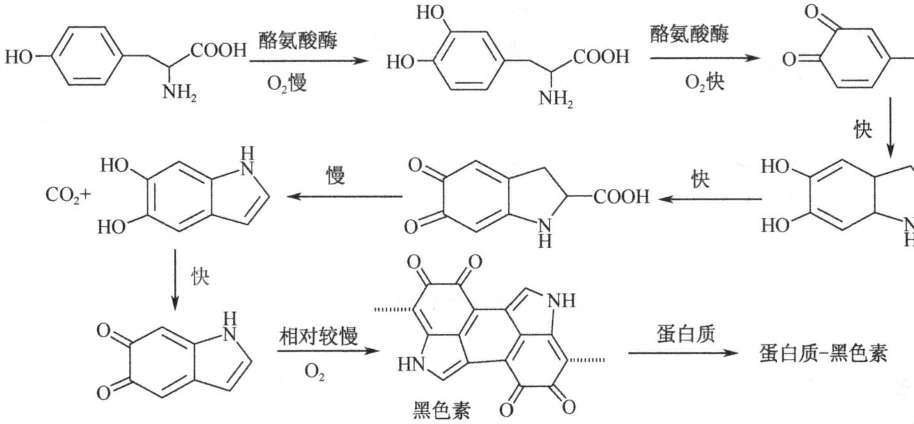

图 11.26　酪氨酸的氧化与黑色素的形成

在传统饮料茶叶中含多种酚类化合物（儿茶素），包括儿茶酚、表儿茶素、倍儿茶素、表倍儿茶素以及它们的没食子酸酯等。表倍儿茶素是茶叶嫩芽的主要多酚化合物。在红茶制作过程中，表倍儿茶素以及它的没食子酸酯是多酚氧化酶的底物。制作红茶的关键步骤中，最重要的化学反应发生在茶叶的发酵处理步骤（图 11.27）。此过程中茶叶的组织被破坏、细胞破裂，提供必要的条件以保证多酚化合物进行酶促氧化反应，产生必要的色泽与风味。在茶叶的发酵过程中，儿茶素首先被多酚氧化酶催化氧化为相应的中间体醌类化合物，然后醌类化合物被氧化，并生成茶黄素（theaflavin），其为一种黄色的化合物；进一步的氧化导致生成茶玉红精（thearubigin），这是红茶中的主要色素物质，为深棕色，是茶黄素的主要氧化产物；茶叶的氧化过程被茶叶最后的高温炒制处理（90～95℃）所终止。有研究表明，红茶的品质与多酚氧化酶活性存在相关性，如果将茶玉红精用过氧化物酶进行破坏性氧化，则发现红茶的品质将降低。所以有人认为，结合多酚氧化酶的高活性以及茶玉红精含量水平高，是红茶品质好的重要因素。

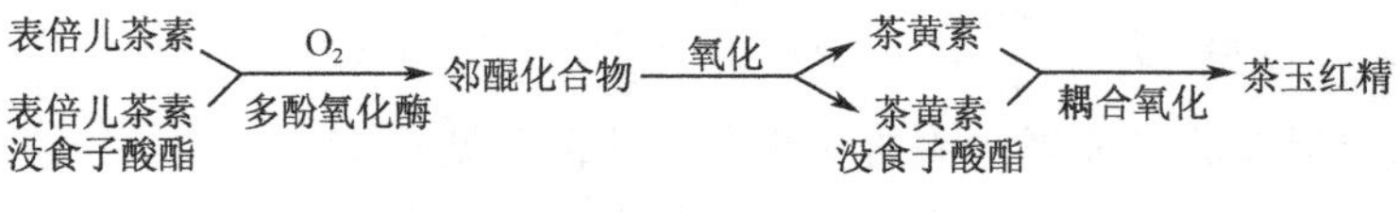

图 11.27　红茶发酵加工步骤中的氧化反应

第三部分　蛋白质的功能性质与蛋白质加工化学

Part Ⅲ　Functional properties of food proteins and their reactions or modifications during food processing

第 12 章　蛋白质的功能性质

蛋白质的功能性质是指除营养价值外的那些对食品需宜特性有利的蛋白质的物理化学性质，如蛋白质的胶凝作用、溶解、泡沫、乳化、黏度等在食品中起着十分重要作用的诸多性质。蛋白质的功能性质大多数影响着食品的感官质量，尤其是在食品的质地方面，也能对食品或成分在制备、加工或储存过程中的物理特性起主要作用（表 12.1）。根据蛋白质所能发挥的这些作用特点，可以将食品蛋白质的功能性质分为三大类。

（1）水合性质，取决于蛋白质同水之间的相互作用，包括水的吸附与保留、湿润性、膨胀性、黏合、分散性、溶解性等。

（2）与蛋白质分子之间的相互作用有关的性质，如沉淀、胶凝作用、组织化、面团的形成等。

（3）蛋白质的表面性质，涉及蛋白质在极性不同的两相之间所产生的作用，主要有蛋白质的起泡、乳化等方面的性质。

此外也有根据蛋白质在食品感官质量方面所具有的一些作用，将蛋白质的功能性质划分出第四种性质：感官性质，涉及蛋白质在食品体系中所具有的混浊度、色泽、风味结合、咀嚼性、爽滑感等。

蛋白质的这些功能性质，不是相互独立、完全不同的性质，它们之间也存在着相互联系。例如，蛋白质的胶凝作用既涉及了蛋白质分子之间的相互作用（形成空间三维网络结构），又涉及蛋白质分子同水分子之间的作用（水的保留）；而黏度、溶解度均涉及蛋白质与蛋白质之间的作用、蛋白质与水之间的作用。

蛋白质的功能性质是由许多相关的因素共同作用产生的结果，蛋白质分子本身的大小、形状、氨基酸组成、净电荷和电荷分布、空间构象、分子内和分子间的交联（二硫键）、蛋白质的柔韧性，以及外来因素、pH、温度、离子强度与食品中其他成分（糖类、脂类、盐等）相互作用的影响，都会导致蛋白质结构的改变，进而改变其功能性质。

表 12.1　各种食品中蛋白质的需宜功能性质

食品	功能性质
饮料	不同 pH 时的溶解性，热稳定性，黏度
汤，调味料	黏度，乳化作用，持水性
面团焙烤产品（面包，蛋糕等）	成型和形成黏弹性膜，内聚力，热变性和胶凝作用，乳化作用，吸水作用，发泡，褐变
乳制品（干酪，冰淇淋，甜点心等）	乳化作用，对脂肪的保留，黏度，发泡，胶凝作用，凝结作用
鸡蛋	发泡，胶凝作用
肉制品（香肠等）	乳化作用，胶凝作用，内聚力，对水和脂肪的吸收和保持
肉代用品（组织化植物蛋白）	对水和脂肪的吸收和保持，不溶性，硬度，咀嚼性，内聚力，热变性
食品涂膜	内聚，黏合
糖果制品（牛乳巧克力等）	分散性，乳化作用

影响蛋白质功能性质的因素众多，一般分为三个方面，除蛋白质本身固有的性质决定蛋白质的功能性质以外，环境条件的变化、食品所经历的加工处理等也均会对蛋白质的功能性质产生相应的影响作用（表 12.2），这对食品加工来讲是最重要的一个方面。

表 12.2 影响蛋白质功能性质的因素

内在因素	环境因素	加工处理
蛋白质的化学组成	pH	加热
蛋白质的空间构象	氧化还原电位	干燥
蛋白质的表面性质	盐	pH 调整
单一或其他多种组分	水	离子强度
	碳水化合物	还原剂
	脂类	储藏条件
	表面活性剂	物理改性
	风味物质	化学改性

12.1 蛋白质的结构-功能相关性

蛋白质的功能特性与其结构关系密切，蛋白质的氨基酸组成、空间构象、蛋白质分子表面亲水与疏水基团的比例、分子的柔性，以及与其他组分的相互作用等，都会影响蛋白质的功能性质。食品加工会不同程度地改变蛋白质的结构，影响食品蛋白质的功能特性。

12.1.1 氨基酸组成与构-效关系

蛋白质的一级结构即氨基酸的组成与排序决定了蛋白质的结构特征和功能特性，其中，氨基酸组成不同，其构成的蛋白质稳定性不同。在对 15 种不同蛋白质的分析表明，蛋白质稳定性与 Asp、Cys、Glu、Lys、Leu、Arg、Trp、Tyr 的含量（X_1 组）呈正相关；与 Ala、Asp、Gly、Gln、Ser、Thr、Val、Tyr 的含量（X_2 组）呈负相关（图 12.1）（Ponnuswamy et al.，1982）。氨基酸组成与活性肽功能性质之间也存在着密切关系；以降血压肽为例，当抑制肽产物 C 端出现脯氨酸（表 12.3）或是芳香族氨基酸（色氨酸、酪氨酸和苯丙氨酸）时，其活性一般较强，其活性大小可归纳为脯氨酸残基＞酪氨酸残基＞苯丙氨酸残基；N 端为疏水性氨基酸残基（亮氨酸、异亮氨酸、缬氨酸）的抗高血压肽时，其活性也较强。此外，在对 Class Ⅱ a 细菌素一级结构的研究中发现，氨基酸序列也具有明显的规律性，可以归

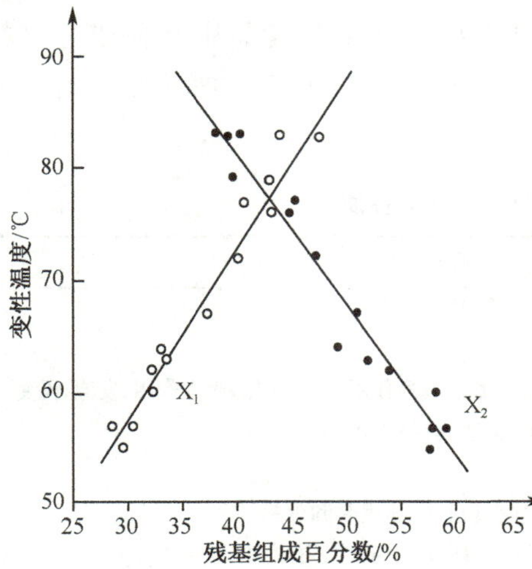

图 12.1 氨基酸组成与球蛋白热稳定性之间的关系

纳为以下几点：①几乎所有肽段的 N 端都含有 YGNGVX_{aa}C 序列，这种序列能大大提高对利斯特氏菌的抑制作用；②N 端带正电荷的氨基酸如组氨酸和赖氨酸都能提高抑菌效果；③N 端或 C 端为芳香环的氨基酸尤其是色氨酸的结构能大大提高抑菌作用效果；④C 端含有大量的非极性氨基酸和甘氨酸。

表 12.3　氨基酸组成与降血压肽的构-效关系

来源	肽段	预处理	IC_{50} /(μmol/L)	来源	肽段	预处理	IC_{50} /(μmol/L)
α-玉米蛋白	LQP	嗜热菌蛋白酶	1.9	α_{s1}-酪氨酸	VAP	合成	2
α-玉米蛋白	LAA	嗜热菌蛋白酶	1.7	未命名的	VRP	分解	2.2
β-乳球蛋白	IPA	蛋白酶 K	141	未命名的	IKP	合成	1.7
β-酪蛋白	TPVVVPPFLQP	蛋白酶 K	749	未命名的	LRP	分解	1
β-乳球蛋白	LAMA	胰岛素	1062	未命名的	LKP	合成	1.6
β-酪蛋白	VYPFPG	蛋白酶 K	221	未命名的	LNY	合成	81
β-乳球蛋白	LDAQSAPLR	胰岛素	635	酒糟	VWY	发酵	9.4
β-酪蛋白	AVPYPQR	胰岛素	15	酒糟	PRY	合成	2.5
肌动蛋白	IWHHTF	嗜热菌蛋白酶	2.5	米酒	GGY	合成	1.3
肌动蛋白	WHHTF	嗜热菌蛋白酶	46	α_{s1}-酪氨酸	PLW	合成	36
肌动蛋白	ALPHA	嗜热菌蛋白酶	10	β-乳球蛋白	VFK	胰岛素	1029
肌动蛋白	VGRPRHQG	合成	5.4	γ-玉米蛋白	VHLPP	合成	18
肌动蛋白	GRPRHQG	合成	34	未命名的	GVYPHP	分解	1.6
肌动蛋白	RPRHQG	合成	22	α_{s1}-酪蛋白	FFVAP	肽酶	6
肌动蛋白	IWHHT	嗜热菌蛋白酶	5.1	α_{s1}-酪蛋白	FVAP	合成	10
肌动蛋白	IVGRPRHQG	嗜热菌蛋白酶	6.2	β-酪氨酸	VPP	LAB 发酵	9
肌动蛋白	FQP	嗜热菌蛋白酶	12	β-酪氨酸	VYP	蛋白酶 K	288
α_{s1}-酪蛋白	YKVPQL	LAB 蛋白酶	22	β-酪氨酸	IPP	LAB 发酵	5

12.1.2　二级结构与功能的关系

1950 年 Pauling 和 Corey 提出，蛋白质中存在 α 螺旋的结构，认为在这种蛋白质的二级结构中第 i 个氨基酸残基与第 $i+4$ 个氨基酸残基之间形成了氢键，稳定了这种二级结构；之后，Pauling 和 Corey 又提出了 β 折叠结构。蛋白质二级结构的 β 折叠比 α 螺旋的疏水性更强，热变性温度更高，例如，β 乳球蛋白含有 51％的 β 折叠，变性温度为 75.6℃；大豆蛋白中 11S 含有 64％的 β 折叠，变性温度为 84.5℃；牛乳清蛋白是 α 螺旋型蛋白，变性温度为 64℃。然而，也有与之相反的状况，在对嗜热菌与嗜温菌中蛋白质热稳定性的比较中发现，嗜热菌蛋白含有较少的 β 折叠。

对于 α-葡萄糖苷酶而言，适宜的 α 螺旋含量、一定 α 和 β 的比例，对酶的天然构象以及酶特定功能域的保持，是十分重要的。过大或过小的 α 螺旋构象，都会彻底破坏酶蛋白质的氢键结构或其他结构，而产生酶结构不可逆破坏，不利于酶形成活性中心，从而使底物不能与之结合，使酶失去活性。由于α-葡萄糖苷酶的天然构象与α/β有关，特定的α/β决定其天然构象，α/β改变越大，导致分子的卷曲（fold）或伸展（unfold）改变越大，总体上呈现越多的错误卷曲，最终导致酶天然构象不能形成，从而使酶失去活性。

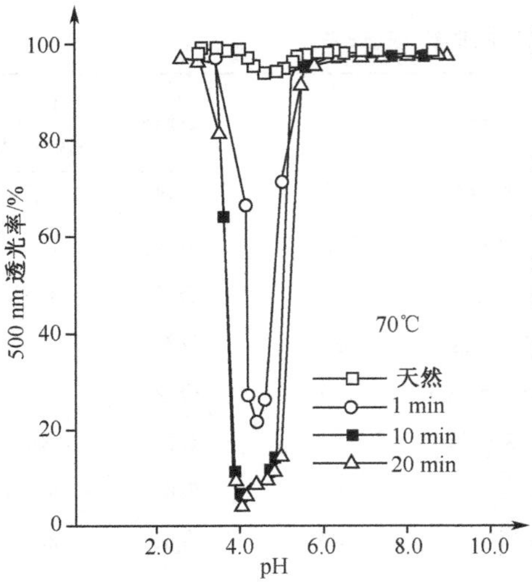

图 12.2　70℃不同热处理时间的乳清蛋白pH-溶解性曲线

12.1.3　空间构象与功能特性

蛋白质的三级结构中，通常是疏水性残基埋藏在内部，亲水残基在外部，构成自由能最小的稳定三维空间结构。事实上，一些球蛋白表面有40%～50%的疏水性氨基酸残基。同样，部分极性基团埋藏于分子内部，通过氢键或离子键稳定存在。这种依靠不同电荷的相互作用，可以使蛋白质结构相当稳定。蛋白质分子表面的亲水与疏水基团比例，影响蛋白质的溶解性、乳化性和起泡性等功能特性。如图 12.2 所示，乳清蛋白在等电点附近的溶解性较高，这是因为其分子表面有大量的离子化基团或非离子化极性基团，但是，热处理可以改变蛋白质分子表面的亲水性基团与疏水性基团比例，进而影响乳清蛋白的溶解性。

12.1.4　功能性质与其他物化指标之间的关系

几十年来，对各种蛋白质的功能性质的研究非常之多。常见食品蛋白质的功能性质，及其在食品中的应用，已经被成功地研究、开发。但是，对于蛋白质的结构-功能性质方面的了解，相对来讲却是很少，以至于蛋白质的某一功能性质不能通过已知的蛋白质理化性质来推测。这充分反映出蛋白质功能性质由多方面因素确定的复杂性。目前已经知道，蛋白质的功能性质在很大程度上由蛋白质的大小、疏水性、电荷数、分子柔软性、蛋白质表面的空间位阻性质等确定；但是尚不知道，这些因素在何种程度上影响蛋白质的功能性质，以及为充分发挥蛋白质的某一功能性质，蛋白质的这些性质应该调整多少。所以，在揭示蛋白质功能性质与其结构的关系方面，今后还有许多研究工作需要去完成。表 12.4 举例给出已经得到的一些蛋白质的功能性质与结构的关系，从中可以看出蛋白质的疏水性是影响其功能性质的一个最重要因素。

表 12.4　蛋白质动能性质与其结构的相关性

功能性质	回归方程	注释
蛋白质的乳化活性指数	EAI＝16.9＋0.21CPA＋0.93 s＋0.007s^2，(n＝52，r^2＝0.583，p＜0.001)	CPA：用 CPA 测定的蛋白质疏水性
蛋白质的乳化稳定指数	ESI＝－69.5＋0.565CPA＋2.03s－0.004CPA－0.012s^2(n＝49，r^2＝0.584，p＜0.001)	$H\phi_{avg}$：通过计算而得到的蛋白质疏水性

续表

功能性质	回归方程	注释
蛋白质脂肪结合能力	$FBC=4.90+0.45CPA+1.4s-0.1CPA^2-0.014s^2(n=48, r^2=0.473, p<0.001)$	s：蛋白质的溶解度
天然蛋白的发泡能力	$\ln(FP+30)=0.039+0.004H\phi_{avg}(n=11, r^2=0.667, p<0.001)$或者$FC=-1775+0.1493\eta+25.93\ln S_e(n=19, r^2=0.779, p<0.001)$	S_e：蛋白质用 SDS 处理后用 CPA 测定出的疏水性
碎肉制品的水吸附	$AM=-0.26+0.0021CPA-0.0000017CPA^2(n=58, r^2=0.439, p<0.001)$	η：黏度

12.2　蛋白质的水合与溶解

12.2.1　水合

大多数的食品是被水合了的固体体系，食品中各成分的物理化学性质和流变学性质，不仅受到体系中水的影响，而且还受到水活度的影响。例如，大多数蛋白质的构象，在很大程度上与蛋白质和水的相互作用有关。此外，从不同原料生产出的浓缩蛋白或分离蛋白，在其应用于食品中时，最终都涉及蛋白质的水合过程。食品蛋白质吸附水、水保留能力，不仅能影响食品的质地结构，影响到最终产品的数量（这一点可是与成本直接相关），而且还能影响蛋白质的黏度、胶凝、凝结等其他性质。故此，研究蛋白质的水合和复水性质，在食品加工中是非常有用的。一个蛋白质从无水的干燥状态逐渐水合时，所经历的过程如图 12.3 所示。

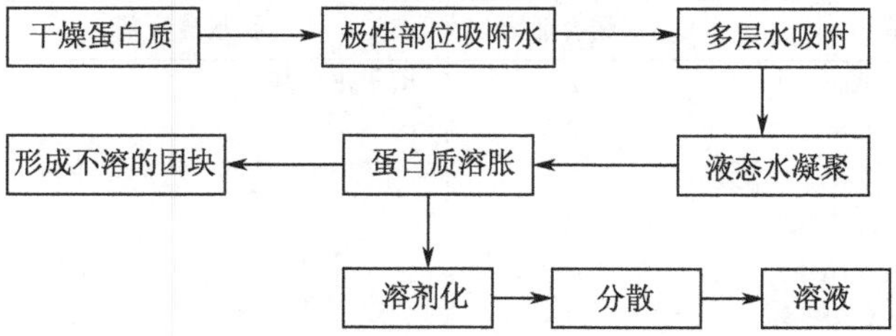

图 12.3　干燥蛋白质与水的作用

蛋白质分子中的极性/非极性基团，通过偶极（dipole-dipole）、电荷偶极（charge-dipole）和诱导偶极（dipole-induced dipole）与水分子相互作用。一般来讲，在水分活度为 0.9 的条件下，每克蛋白质可以结合 0.3～0.5 g 水（主要是非冷冻水和单层水）。约有 0.3 g/g 蛋白质的水与蛋白质结合得比较牢固，还有 0.3 g/g 蛋白质的水与蛋白质结合得较松散。由于组成蛋白质的氨基酸不同，所以不同的蛋白质的水结合能力不同（表 12.5）。不同氨基酸残基对水的吸附能力见表 12.6。带电荷的氨基酸残基与水分子结合能力较强，每分子 Lys、Arg、Glu、Asp 残基可以结合 6 分子水；不带电荷的极性氨基酸残基如 Ser、The、Gln 和 Asn 可以结合 2 分子水；非极性氨基酸残基可以结合 1 分子水。通常，非极性氨基酸残基和部分极性氨基酸残基埋藏在蛋白质分子内部，因此，蛋白质分子表面氨基酸残基的组成决定了其水合能力的强弱，极性氨基酸、离子化的氨基酸残基数目越多，水合能力越强。对于一些单体蛋白质，它们的水结合能力可以利用经验公式、根据蛋白质的氨基酸组成情况来计算，计算结果与实验结果很好符合：

$$水结合能力（g水/g蛋白质）=f_C+0.4f_P+0.2f_N$$

式中，f_C、f_P、f_N分别代表蛋白质分子中离子化氨基酸残基、极性氨基酸残基、非极性（疏水性）氨基酸残基所占的百分数。从各个系数上可以看出，以离子化的氨基酸残基对水结合贡献最大，非极性的氨基酸残基对蛋白质水结合能力的影响最小。

表 12.5　不同蛋白质的水结合能力　（单位：g水/g蛋白质）

蛋白质		水吸附能力
纯蛋白（RH=90%）	核糖核酸酶	0.53
	溶菌酶	0.34
	肌红蛋白	0.44
	β-乳球蛋白	0.54
	胰凝乳酶原	0.23
	血清蛋白	0.33
	血红蛋白	0.62
	胶原蛋白	0.45
	干酪素	0.40
	卵白蛋白	0.30
商品蛋白产品（RH=95%）	乳清蛋白浓缩物	0.45～0.52
	干酪素钠	0.38～0.92
	大豆蛋白	0.33

表 12.6　氨基酸残基的水合能力

（单位：mol水/mol氨基酸残基）

氨基酸残基		水结合能力	氨基酸残基		水结合能力
极性残基	Asn	2	离子化残基	Asp	6
	Gln	2		Glu	7
	Pro	3		Tyr	7
	Ser，The	2		Arg	3
	Trp	2		His	4
	Asp（非解离）	2		Lys	4
	Glu（非解离）	2	疏水性残基	Ala	1
	Tyr	3		Gly	1
	Arg（非解离）	4		Phe	0
	Lys（非解离）	4		Val，Ile，Leu，Met	1

利用上面的经验公式对一些由多个亚基组成的蛋白质进行计算时，一般情况下计算值较实验值大一些，表明亚基之间的作用所带来的影响，降低了对水的结合。但是对于酪蛋白来讲，其实验数值却大于理论计算数值，说明蛋白质的水合能力不仅与分子表面状况有关，还与其空间构象有关，每克酪蛋白可以结合4 g水，这得益于酪蛋白胶束丰富的孔隙结构，导致了酪蛋白胶束通过毛细和物理截留作用结合水分子，造成与更多的水结合。

蛋白质的浓度、pH、温度、离子强度、其他成分的存在等因素，均能影响蛋白质-

蛋白质之间的作用和蛋白质-水的相互作用。例如，蛋白质总的水吸附量随蛋白质浓度的增加而增加，而在等电点时蛋白质表现出最小的水合作用，这是由于在等电点的条件下蛋白质-蛋白质的相互作用达到最大，蛋白质分子所带的净电荷数最少，使得蛋白质同水的作用最小；动物被屠宰后，在僵直期内肌肉组织的持水力最差，就是由于肌肉的 pH 从 6.5 下降到 5.0 左右（接近等电点），此时肉的嫩度下降，肉的品质不佳。蛋白质结合水能力一般随温度的升高而降低，这是由于升温破坏了蛋白质-水之间形成的氢键，降低了蛋白质与水之间的作用，并且加热时蛋白质发生了变性和凝集，降低了蛋白质的表面积和极性氨基酸与水结合的有效性（图 12.4）；但是加热处理有时也能提高蛋白质结合水的能力，如结构十分致密的蛋白质，可由于加热而发生亚基的解离和分子的伸展，将原来被掩盖的一些肽键和极性基团暴露于表面，提高了蛋白质结合水的能力，或者是蛋白质在加热时发生了胶凝作用，所形成的三维网状结构容纳了大量的水，而提高了蛋白质结合水的能力；一般变性蛋白的水合能力大约比天然蛋白高出 10%左右。蛋白质体系中所存在的离子种类和离子浓度，对蛋白质的结合水能力也有影响，这是由于水、盐、蛋白质之间发生了竞争性结合的最终结果，在低盐浓度（<0.2 mol/L）时蛋白质结合水的能力被少量加入的盐所提高（盐溶作用），而在高盐浓度时蛋白质的结合水能力被所加入的盐降低（盐析作用），甚至可能引起蛋白质脱水。

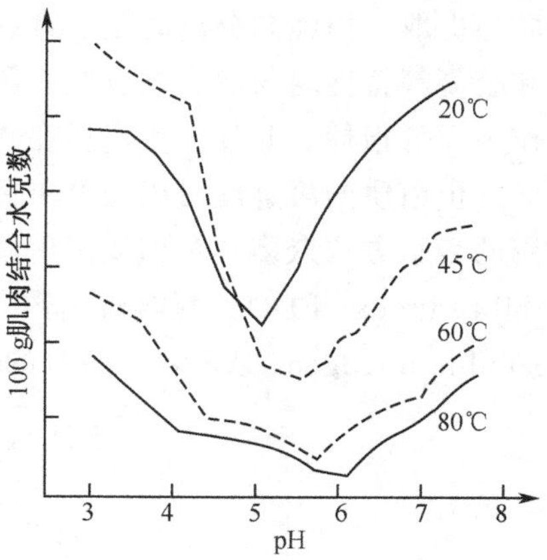

图 12.4　肌肉蛋白的水结合能力与温度、pH 的关系

蛋白质吸附水、结合水的能力对各类食品，尤其是肉制品和面团等的质地起重要的作用，蛋白质的其他的功能性质如胶凝、乳化作用也与蛋白质的水合性质有着十分重要的关系。但是在食品加工中不仅仅是考虑蛋白质对水的吸附、结合能力问题，实际生产过程中，对于蛋白质的水合作用，通常以持水力（water holding capacity）或者是保水性（water retention capacity）来衡量的。蛋白质的持水力是指蛋白质将水截留（或保留）在其组织中的能力，被截留的水包括有吸附水、物理截留水、流体动力学水。蛋白质的持水力与结合水能力有关，可影响食品的嫩度、多汁性、柔软性，所以持水力对食品品质具有更重要的实际意义。

12.2.2　溶解性

蛋白质作为有机大分子化合物，在水中它们以分散态（胶体态）存在，而不是真正的化学意义上的溶解态，所以蛋白质在水中形成的是胶体分散系而不是溶液，只不过是习惯上我们将蛋白质分散系称之为溶液。蛋白质在水中也无严格意义上的溶解度，只不过因为大多数人通常将蛋白质在水中的分散看作溶解，蛋白质在水中的分散量或分散水平，相应的被称为蛋白质的溶解度，所形成的体系被相应称为蛋白质溶液。蛋白质溶解度的大小受到最终一些条件如 pH、离子强度、温度、溶剂类型等的影响。

蛋白质溶解度的大小在实际应用中非常重要，因为溶解度特性数据对确定天然蛋白质的提取、提纯和分离时是非常有用的，蛋白质的一些功能性质，如增稠、起泡、乳化和胶凝等特性均与溶解性有关，蛋白质变性的程度也可以根据蛋白质的溶解行为的变化作为评价指标，此外，蛋白质在饮料中的应用也与其溶解性能有直接的关系。

蛋白质的溶解度可以通过蛋白质、氮在水中的分散量进行相应的定义，所以可以采用的表示方法众多。蛋白质溶解度的常用表示方法为蛋白质分散指数（protein dispersibility index，PDI）、氮溶解指数（nitrogen solubility index，NSI）、水可溶性氮（water soluble nitrogen，WSN），各自的数学计算方法可以按照下面的表达式。

$$\text{PDI}（\%）=\frac{\text{水分散蛋白}\%}{\text{总蛋白}\%}\times 100$$

$$\text{NSI}（\%）=\frac{\text{水溶解氮}\%}{\text{总氮}\%}\times 100$$

$$\text{WSN}（\%）=\frac{\text{可溶性氮的质量}}{\text{样品的质量}}\times 100$$

通过将蛋白质样品在水中分散，使蛋白质达到给定条件下（包括温度、pH、离子强度等条件）的溶解与沉淀平衡；蛋白质分散以后分离出不溶解的蛋白质，测定清液中蛋白质的分散量，就可以确定蛋白质的溶解性。但是需要指出的是，蛋白质的溶解度测定在很大程度上是一个技术参数，它与蛋白质的分散方法、不溶性蛋白质的分离方法如离心速度、时间等因素有很大的关系。

蛋白质溶解性大小与其氨基酸组成有关，氨基酸残基的平均疏水性和电荷分布，是影响蛋白质溶解性的两个重要因素。平均疏水性越低、净电荷越多，蛋白质的溶解性越高。从根本上讲，溶解性与蛋白质分子表面的氨基酸组成有关，而与全部氨基酸组成关系不密切。蛋白质表面的疏水和亲水特性是影响其溶解性的重要因素。

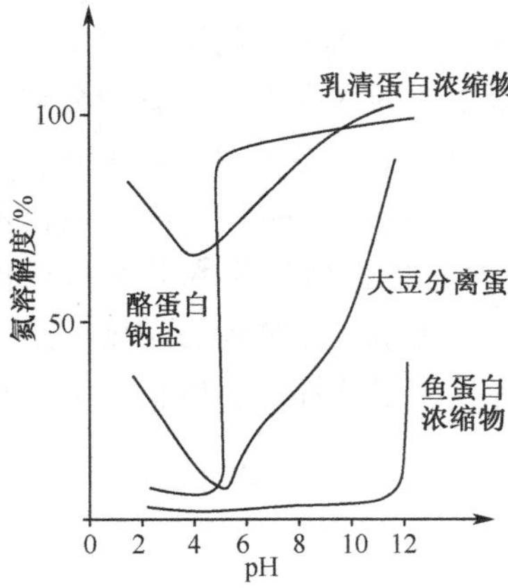

图 12.5　几种蛋白质在不同 pH 下的 NSI

我们都知道蛋白质的溶解性与 pH 有关，在高于或低于等电点的 pH 时，蛋白质所带的净电荷为负电荷或正电荷，因为这些电荷对蛋白质的溶解性产生有益的作用，使得蛋白质的溶解度在等电点时通常是最低的（此时蛋白质之间的作用最大），高于或低于等电点其溶解度均增大（图 12.5）。虽然蛋白质的溶解度在 pI 时是最低的，但是对不同蛋白质的具体情况还是有巨大差异的。常见的食品蛋白质中，一些蛋白质如酪蛋白、大豆蛋白在等电点时几乎不溶，而像乳清蛋白在等电点（pI＝4.8～5.2）时的溶解性仍然很好，这主要与乳清蛋白表面亲水基团较多有关。对于溶解性随 pH 变化大的蛋白质，通过改变介质的酸碱度对其进行相应的提取、分离是十分方便的，而对于溶解性随 pH 变化不大的蛋白质，通过改变介质的酸碱度对其进行相应的提取、分离是很困难的，需要通过其他的方法才能达到分离、提取的目的。

盐浓度对蛋白质溶解性的影响有两种不同的方式，这取决于蛋白质表面的物理化学特性。当中性盐浓度为 0.1～1.0 mol/L 时，添加盐类可增大蛋白质在水中的溶解度

（盐溶，salting-in），此时蛋白质的溶解性与离子强度有关。盐溶的原因是盐类解离出的离子同蛋白质上的解离基团作用，降低了蛋白质分子间的静电作用力，因此增加了蛋白质的溶解（图 12.6）。而在中性盐浓度大于 1 mol/L 时，它们可降低蛋白质在水中的溶解度甚至产生沉淀（盐析，salting-out），此时是由于盐类解离出的离子同水分子结合，降低了蛋白质的水合作用，导致蛋白质分子间的作用增加，即降低了蛋白质的溶解度。需要注意的是一些盐类（如钙盐），在较低浓度下就可以导致蛋白质溶解度的改变，特别是在有磷酸化残基存在时，这与钙离子的特殊性质有关。蛋白质发生盐溶或盐析时，蛋白质溶解度与盐类离子强度 I 的数学关系为

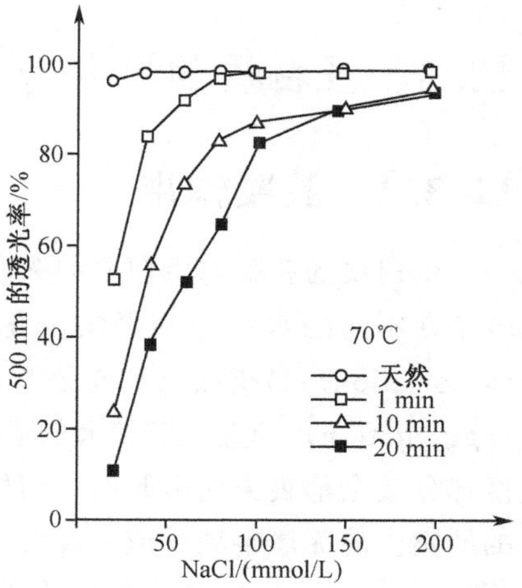

图 12.6　乳清分离蛋白在 pH4.6 时不同热处理时间的盐溶特性（Zhu and Damodaran，1994）

$$盐溶：S = S_0 + kI^{0.5}$$

$$盐析：\lg S = \lg S_0 - kI$$

一些有机溶剂如丙酮、乙醇等，由于降低了蛋白质溶液中的介电常数，使得蛋白质分子之间的静电斥力减弱，蛋白质分子间的作用相对增加，从而使蛋白质发生聚集，甚至产生沉淀，即有机溶剂可以降低蛋白质的溶解度。

食品的热处理在大多数食品加工过程中是必不可少的，大多数的蛋白质在加热时溶解度明显地不可逆降低（表 12.7）。即使是用于蛋白质提取、提纯的较温和加工过程，也会产生一定程度的不溶性，例如，商品的脱脂大豆粉、大豆浓缩蛋白、分离蛋白的氮溶解指数，就因为加工时的处理不同而为 10%～90%。一般来讲，在其他条件固定时，蛋白质的溶解度在 0～40℃时是随温度的升高而增加的，随着温度的进一步升高，蛋白质分子发生伸展、变性，蛋白质的溶解性最终下降。

表 12.7　一些蛋白质加工后的溶解度相对变化

蛋白质	处理	溶解度	蛋白质	处理	溶解度
血清蛋白	天然	100	白蛋白	天然	100
	加热	27		80℃，15 s	91
β-乳球蛋白	天然	100		80℃，15 s	76
	加热	6		80℃，15 s	71
大豆分离蛋白	天然	100		80℃，15 s	49
	100℃，15 s	100	油菜籽分离蛋白	天然	100
	100℃，30 s	92		100℃，15 s	57
	100℃，60 s	54		100℃，30 s	39
	100℃，120 s	15		100℃，60 s	14
				100℃，120 s	11

至于蛋白质溶解度与其他功能性质的关系，一般认为，有较大起始溶解度的蛋白质能使蛋白质分子迅速而且大量地在体系中分散，这样可以得到很好的分散体系，也有利于蛋白质分子向气-水或水-油界面的扩散，故有利于蛋白质的其他功能性质的提高。

12.3 蛋白质的胶凝与组织化

12.3.1 胶凝作用

蛋白质的胶凝与蛋白质的缔合、聚集、聚合、沉淀、絮凝和凝结等均是属于蛋白质分子在不同的水平上的聚集变化，但是各概念之间是有一定区别的。蛋白质的缔合（association）是指在亚基或分子水平上发生的变化；而聚合（polymerization）或聚集（aggregation）一般指有较大的聚合物生成；沉淀（precipitation）是指由于蛋白质溶解度部分或全部丧失而引起的一切聚集反应；絮凝（flocculation）是指没有蛋白质变性时的所发生的无序聚集反应；凝结（coagulation）是变性蛋白质所产生的无序聚集反应；而胶凝（gelation）则是变性蛋白质发生的有序聚集反应。蛋白质胶凝后形成的产物就是凝胶，凝胶具有一种三维网状结构，可以容纳其他的成分和物质，所以对食品的质地等方面具有重要的作用。

通常我们可以看到，一定浓度的蛋白质溶液在加热后再冷却，此时整个蛋白质分散系就形成蛋白质的凝胶，即一种有弹性的半固体。这是因为，此时蛋白质形成了一种有序的空间网络结构，其中包含了大量的水、其他的物质（成分）。凝胶在食品加工中具有极其重要的作用，尤其是对一些食品的品质，例如，它对肉类食品来讲，不仅可以形成半固态的黏弹性质地，同时还具有保水、稳定脂肪、黏结等作用；对一些蛋白质食品（如豆腐）的生产的重要性，则更为突出，它是此类食品之所以能够生产的基础。

根据凝胶形成的途径，一般将凝胶分为热致凝胶（如卵白蛋白的加热就形成凝胶）和非热致凝胶（如通过调节 pH、加入二价金属离子、或者是部分水解蛋白质而形成凝胶）两类，也可以根据蛋白质形成凝胶后对热的稳定性情况分为热可逆凝胶（如明胶，此类凝胶在重新加热时再次形成溶液，冷却后又恢复凝胶状态）、非热可逆凝胶（如卵白蛋白，凝胶状态一旦形成加热处理就不再发生变化）两类。也可以根据蛋白质聚集的有序程度分为透明凝胶和不透明凝胶，蛋白质聚集的有序程度受 pH、离子强度等外界因素的影响很大，同一种蛋白质在不同的条件下可能形成透明或不透明凝胶（如卵白蛋白，在远离等点电的 pH 和低离子强度条件下形成透明凝胶）。

一般认为，在凝胶中蛋白质的网状结构是由于蛋白质-蛋白质之间的相互作用、蛋白质-水之间的相互作用以及邻近肽链之间的吸引力和排斥力这三类作用达到平衡时导致的结果。静电吸引力、蛋白质-蛋白质作用（包括氢键、疏水相互作用、二硫键等）有利于蛋白质肽链的靠近，而静电排斥力、蛋白质-水作用有利于蛋白质肽链的分离。主要依靠非共价作用维持的凝胶网状结构是可逆的，例如，明胶网状结构的形成主要依靠氢键。但是，由于疏水相互作用随温度升高而增强，依靠疏水性互作用形成的凝胶网状结构是不可逆的，如卵白蛋白属于此类凝胶。对于凝胶网状结构中的共价键而言，含有半胱氨酸和胱氨酸的蛋白质在加热时，通过巯基之间形成的二硫键产生聚合，这种作用力形成的凝胶是不可逆的，β-乳球蛋白属于此类，另外，如果在体系中有还原糖存在，美拉德反应也可以引起蛋白质的共价交联形成网状结构，低 pH 条件下形成凝胶。

在多数情况下，热处理是蛋白质形成凝胶的必需条件（因为要使蛋白质变性，肽链伸展），蛋白质变性可以使分子内部疏水基团暴露，有利于形成网状结构；但是，不需要蛋白质的完全变性，通常完全变性会产生不溶性沉淀；有时在形成蛋白质凝胶时，少量的加入酸、或 Ca^{2+} 可以提高胶凝速度和最后所得到凝胶的强度；有时蛋白质不需要加热也可以形成凝胶，如有些蛋白质只需要加入 Ca^{2+} 盐，或通过适当的酶解，或加入碱使溶液碱化后再调溶液 pH 至等电点，就可以产生胶凝作用；钙离子的作用就是形成所谓的“盐桥”（salt bridge）。故此，蛋白质的胶凝过程一般可以分为两步：①蛋白质分子构象的改变或部分伸展，即发生蛋白质的变性；②单个变性的蛋白质分子逐步聚集，有序地形成可以容纳水等物质的网状结构（图 12.7）。所形成的凝胶如果是热可逆的（在加热时熔解，冷却后又可重新形成凝胶），则主要是通过蛋白质分子间的氢键形成而保持稳定；如果是热不可逆凝胶，蛋白质分子间多涉及分子间的二硫键形成，因为二硫键一旦形成就维持其状态，不容易再发生断裂，加热不会对其产生破坏作用。

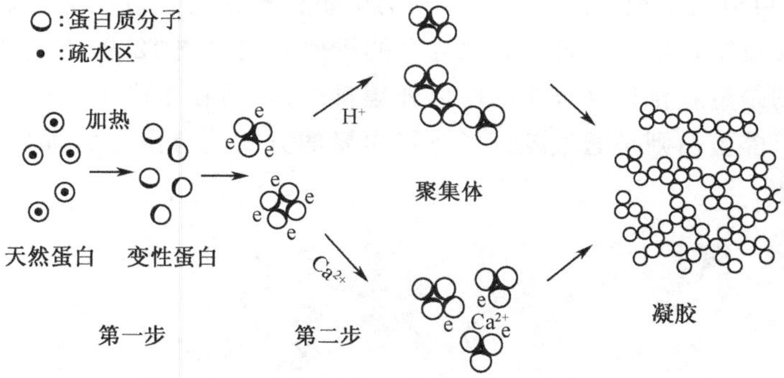

图 12.7　大豆蛋白质的胶凝过程示意图

蛋白质所形成的凝胶的结构示意图见图 12.8，有两类不同的结构方式。一种是肽链的有序串形聚集排列方式，所形成的凝胶是透明或是半透明的，例如，血清蛋白、溶菌酶、大豆球蛋白等就是如此。另一种是肽链的自由聚集排列方式，含有大量非极性氨基酸残基的蛋白质在变性时产生疏水性聚集，这些不溶性聚集体随机缔合，形成的凝胶是不透明的；由于聚集和网状结构的形成速度高于变性速度，这类蛋白质在加热时容易凝结成凝胶网状结构，例如，肌浆球蛋白在高离子强度下形成的凝胶就是如此，还有乳清蛋白、β-乳球蛋白所形成的凝胶也是如此结构。当蛋白质溶液中 Val、Pro、Leu、Ile、Phe 和 Trp 残基的总和超过摩尔分数 31.5%时，倾向于形成不透明凝胶。常见的大多数的蛋白质凝胶所形成的结构，可以同时存在着两种不同的结构方式，并且受胶凝条件不同（如蛋白质浓度、pH、离子种类、离子强度、加热温度、加热时间等）的影响，卵白蛋白在 pH 为 10 的条件下形成透明凝胶，在 pH 为 5 的条件下形成不透明凝胶。由于凝胶在整体结构上是一种有序的空间网络结构，它能够高度水合，每克蛋白质可截留的水达 10 g 以上，其他的成分也能同时被保留在网状结构之中，而且它们都不易被物理作用挤压出来，所以对食品品质的保持、食品的质量稳定性具有重要的作用。凝胶对水的截留可能与网状结构中的微毛细孔结构有关，此外也可能与蛋白质肽链上—C═O 和—NH 基的极化有关，这些因素会提高对水的截留能力。

通过电子显微镜技术，可以对一些典型的凝胶食品中蛋白质的结构进行直接的观

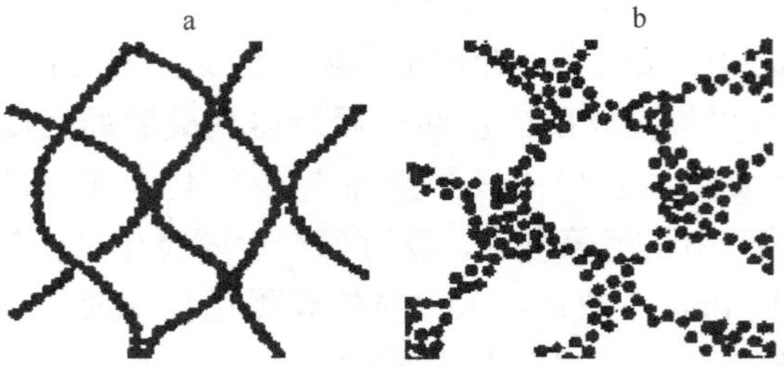

图 12.8　蛋白质凝胶的网状结构示意图

a. 串形有序聚集（透明凝胶）；b. 分子之间的自由聚集（不透明凝胶）

察。对于常见的牛乳，主要成分酪蛋白形成了胶束，由于直径约为 100 nm，所以胶束的大小无法通过光学显微镜观察确定，但是在扫描电子显微镜（scanning electron microscope）下，可以清楚地看出牛乳中存在的酪蛋白胶束；更可以清楚地看出酪蛋白在通过凝聚形成凝胶结构以后，各个胶束之间的排列方式（图 12.9），例如，在酸奶中酪蛋白胶束形成的是链状排列（有序的串形聚集排列），而在生产干酪时通过酶水解形成的蛋白质凝块，酪蛋白则是通过胶束形成蛋白簇的方式（自由聚集排列），因而此时更容易分离出乳清。

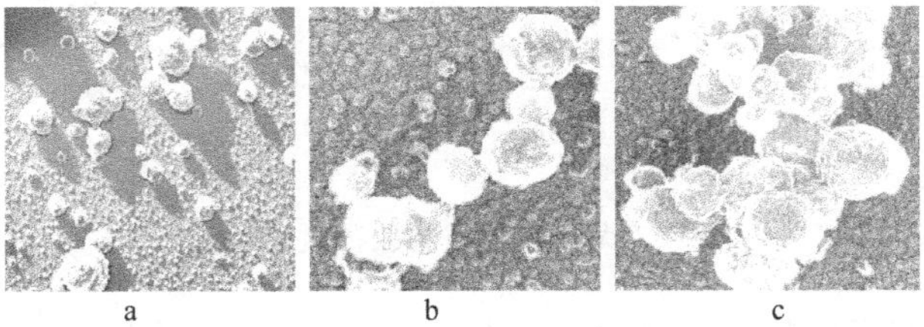

图 12.9　乳蛋白在一些乳制品中的存在形式

a. 牛乳中的酪蛋白胶束；b. 酸奶中酪蛋白形成的链；

c. 干酪凝块中酪蛋白形成的簇

在影响蛋白质结构形成的诸多因素中，要考虑食品中凝胶形成时质地对食品品质方面的作用。一般来讲，与蛋白质的变性相比，蛋白质的聚集速度较慢将有利于伸展的蛋白质分子更好取向、排列，更好地形成有序、均匀光滑、黏稠、弹性好、透明、稳定性好的凝胶，否则所形成的凝胶缺乏弹性，不透明，稳定性差。疏水相互作用是有利于蛋白质非极性基团之间的相互作用的，在加热时可以增强相邻肽链之间的疏水相互作用，增加蛋白质之间相互吸引的作用力，所以蛋白质分子中疏水性氨基酸残基含量高时，会形成凝结型的不透明凝胶（如当疏水性氨基酸的摩尔分数超过 31.5%时）；蛋白质含疏水性氨基酸摩尔分数较低时，可以形成半透明或透明的凝胶。氢键的形成对一些蛋白质凝胶的产生至关重要，如明胶，但是对于其他蛋白质凝胶的重要性还难以解释。体系的 pH 影响蛋白质所带的电荷，因此影响蛋白质分子间的排斥力大小，影响凝胶的形成条件；在等电点时，蛋白质分子的斥力最小，所以蛋白质分子很快聚集，容易形成凝块或沉淀，在蛋白质分子间斥力增大时，可以促进蛋白质凝胶的形成；在极端 pH 条件下，蛋白质分子间的斥力很大，蛋白质以分散状态存在，聚集反应难以发生，蛋白质分子倾向分散于介质中；而在适当的 pH 条件下，蛋白质分子间的排斥力和吸引力（如疏水相互作用）达到平衡，因而可以形成蛋白质的凝胶（图 12.10）。离子强度也影响蛋白质分子之间的作用力，盐浓度直接影响蛋白质凝胶网状结构的形成方式（图 12.10），例如，加热 5%的卵白蛋白溶液（pH 7.5），当溶液中 NaCl 浓度为 10～20 mmol/L时，形成透明凝胶，30～40 mmol/L 时形成半透明凝胶，更高浓度时形成不透明凝胶。分子间的双硫键对蛋白质凝胶的形成非常重要，它也属于蛋白质分子间的吸引力，但它在蛋白质凝胶结构中的存在区域还不清楚，对凝胶结构的作用程度有多大也不清楚（Damodaran，1996）。

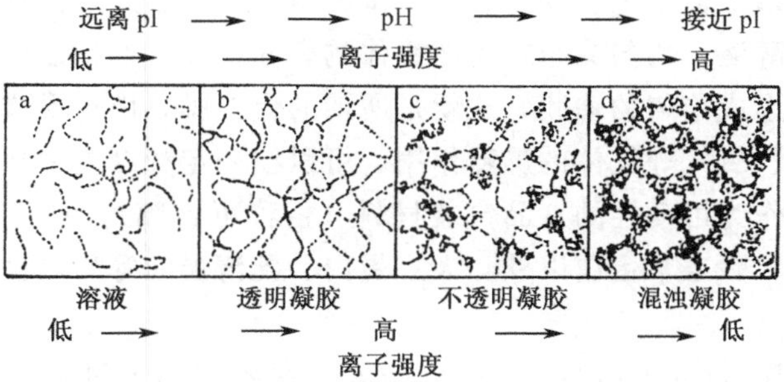

图 12.10 pH 和离子强度对卵白蛋白凝胶形成的影响

虽然许多胶凝作用是由蛋白质溶液产生的，但是不溶、难溶的蛋白质水溶液或蛋白质的盐水分散液也可以形成凝胶。故此，蛋白质的溶解性不是蛋白质胶凝作用必需的条件，只是有助于蛋白质的胶凝作用。蛋白质浓度也是影响凝胶化的因素，对于不同蛋白质而言，形成凝胶的最低蛋白浓度不同，大豆蛋白、卵白蛋白和明胶的最低蛋白浓度分别约为 8%、3%和 0.6%。

胶凝作用是一些蛋白质食品非常重要的功能性质，在许多食品的制备中起着重要作用，如乳制品、各种加热的肉糜、鱼制品。蛋白质的胶凝作用，除可以用来形成固体弹性凝胶、提高食品的吸水性、增稠、黏着脂肪外，对食品中成分的乳化、发泡稳定性也有帮助。胶凝作用是蛋白质最重要的功能作用之一，也是食品加工中经常考虑的问题之一。

12.3.2 组织化

在许多食物中，蛋白质是其质地或结构的构成基础，例如，动物肌肉和鱼肌肉的肌原纤维是生物组织中的典型例子，另外在香肠、干酪等中也是如此。但是自然界中的一些蛋白质并不具备相应的组织结构和咀嚼性能，例如，从植物组织中分离出的可溶性植物蛋白或从牛乳中得到的乳蛋白，就只是一种粉状物质，因此，在把这些蛋白质配料应用于食品加工时，存在一定的限制。目前有一些加工处理方法可以应用于这些蛋白质，使它们形成具咀嚼性能和良好持水性能的薄膜或纤维状产品，并且在以后的水合或加热处理中蛋白质能保持良好的性能，这就是蛋白质的组织化（texturization）处理；经过组织化处理的蛋白质可以作为肉的代用品或替代物，在食品加工中使用范围很大，具有很好的经济价值。另外组织化加工还可以用于对一些动物蛋白进行重组织化（retexturization），例如，对牛肉或禽肉的重整再加工处理。所以，蛋白质的组织化成为蛋白质配料加工的一个重要形式，组织化蛋白在一些食品加工的利用已经非常普遍。

常见的蛋白质组织化方法有三种：

（1）热凝固和薄膜形成（thermal coagulation and film formation）。大豆蛋白的浓溶液在平滑的热金属表面发生水分的蒸发，随即产生热凝结作用，生成水合的蛋白质薄膜；或将大豆蛋白溶液在95℃保持几小时，此时由于蛋白质溶液表面的水分蒸发和蛋白质的热凝结，也能在溶液的表面形成一层薄的蛋白膜，这层蛋白膜就是一类组织化蛋白，中国传统的豆制品腐竹就是采用上述方法加工而成的。所形成的水合蛋白膜具有稳定的结构，加热处理不会发生改变，具有正常的咀嚼性能。此外如果将蛋白质溶液（如玉米醇溶蛋白的乙醇液）均匀涂布在光滑物体的表面，在溶剂挥发以后，蛋白质分子通过相互作用也可以形成均匀的薄膜，这就是所谓的蛋白膜。由于形成的蛋白膜具有一定的机械强度和对水、氧气等气体的屏障作用，可以在一定程度上替代现在食品包装中广泛使用的聚乙烯，作为可食性的食品包装材料（俗称可食膜），是目前正在大力研究之中的环保新型材料；除玉米蛋白以外，大豆蛋白、乳清蛋白等均已被研究证实可以很好地形成蛋白膜。

（2）热塑性挤压（thermoplastic extrusion）。植物蛋白通过热塑性挤压，可以得到干燥的纤维多孔状颗粒或小块，复水后具有咀嚼性能和良好的质地。热塑性挤压的基本原理是，使含有蛋白质的混合物依靠单螺杆挤压机或双螺杆挤压机的作用，在高压、高温和强剪切的作用下固体物料转化为黏稠状物，然后迅速地通过模孔进入常压环境，在物料中的水分迅速蒸发以后，蛋白质等物料就形成了高度膨胀、干燥的多孔结构，即所谓的组织化蛋白（俗称膨化蛋白）。所得到的产品在60℃可以吸收2～4倍的水，变为纤维状海绵和具有咀嚼性能的弹性结构，并在杀菌条件下是稳定的，可以用作肉丸、汉堡包等的肉糜，可作为肉的替代物、填充物，目前具有最大的使用量。该工艺还可以用于血液、鱼肉及其他农副产品的蛋白质组织化，是国际上目前最常用的蛋白质组织化方法。

一般在进行热塑性挤压加工时，物料的水分含量为10%～30%，蛋白质的含量的范围则变化较大。所使用的设备有简单的单螺杆挤压设备，也有性能更好一些的双螺杆挤压设备。在圆筒内物料所经历的温度为150～200℃、压力为10～20 MPa、时间为几十秒，通过产品的处理可以得到片状、粒状、块状产品。

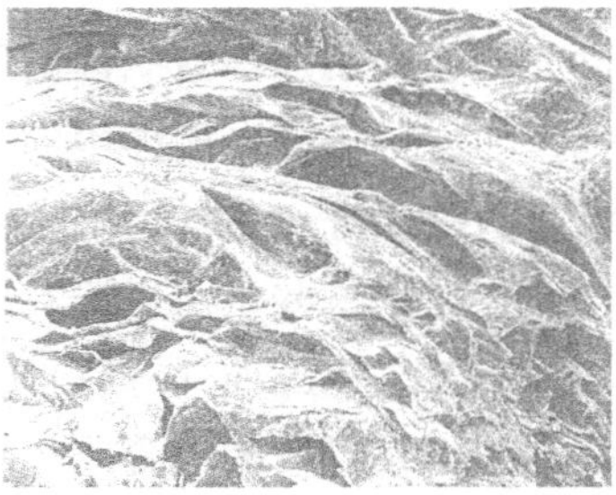
图 12.11　大豆组织蛋白的结构

热塑性挤压所得到的组织化蛋白，虽然不具有肌肉纤维那样的结构，但是却具有同肌肉组织相似的口感。从产品的微结构上看，在电子显微镜下，大豆粉的热塑性挤压产物显示出均一的质地和纤维状的叠层片结构（图 12.11）。

（3）纤维形成（fiber formation）。蛋白质还可以通过另一种方式形成其组织化结构，此过程借鉴了化学工业上合成纤维的生产原理。在pH＞10的条件下，制备高浓度的蛋白质溶液，由于静电斥力的大大增加，能够使蛋白质分子解离并充分伸展，蛋白质溶液经过脱气、澄清处理以后，可以避免在以后的喷丝处理时发生断丝现象。最后蛋白质溶液在高压下通过一个有许多小孔的喷头，此时伸展的蛋白分子沿流出方向定向排列，以平行方式延长并有序排列；当从喷头出来的液体进入含有 NaCl 的酸性溶液时，等电点和盐析效应的共同作用，使蛋白质发生凝结，并且蛋白质分子通过氢键、离子键和二硫键等相互作用形成水合蛋白纤维；然后通过滚筒转动使蛋白质纤维拉直、结合得更紧密，并增加了纤维的机械阻力和咀嚼性，降低了蛋白质纤维的持水容量；再通过滚筒的加热除去一部分水后，提高了黏着力并增加了韧性；然后通过黏合，加入色素、脂肪、风味物质等形成蛋白质纤维束，进一步经过黏合、切割、压缩等工序可形成人造肉或类似肉的蛋白质加工食品（Dagdug et al., 2003）。

在以上的三种蛋白质组织化方式中，以热塑性挤压较为经济，工艺也较简单，原料要求比较宽松，不仅用于蛋白质含量较低的蛋白原料如脱脂大豆蛋白的组织化，也可以用于蛋白质含量高达 90%以上的蛋白质分离物，而蛋白质纤维形成方式只能用于蛋白质分离物的组织化加工，其他的蛋白质原料则无法应用。由于目前大豆加工业的发展，利用脱脂大豆粉、浓缩大豆蛋白、分离大豆蛋白生产出的组织化产品是世界上产量最大的组织化蛋白，是很好的肉类替代物，这些产品所具有的特性见表 12.8。

表 12.8　组织化大豆蛋白产品的特性

特性	产品生产原料		
	脱脂豆粉	浓缩蛋白	分离蛋白
豆腥味	中等至高	低	低
复水稳定性	好	好	好
复水后风味变化	高	低	低
通常复水水平	1∶2	1∶3	1∶4
胀气因子	存在	无	无
脂肪保留能力	中等	高	中等
蛋白质成本	低	较低	高
产品形状	多孔的颗粒、块状	多孔的颗粒、块状	纤维结构

丝状组织蛋白是近年来一种新型的组织蛋白产品，可以通过两种方式完成，一是低水分（小于 35%）物料通过单螺杆挤压膨化制备，另一种是高水分（大于 50%）物料通过双螺杆挤压完成。低水分挤压的大豆组织蛋白产品有一定的膨化度，具有海绵状结构，在结构和口感上与肌肉结构相差较大；高水分挤压可以防止产品的膨化，有助于蛋白质胶凝和结构重组，形成丝状组织结构，这种高度的丝状组织结构与畜禽肉和鱼肉结构相似，可以制成很好的代肉制品。

挤压参数对丝状组织蛋白结构的影响，取决于挤压机内部剪切力、压力和热处理等因素导致的蛋白质分子结构展开的程度。物料水分含量是一个最重要的影响因素，增加物料的水分含量会减少物料与螺杆以及冷却模孔之间的摩擦力，当水分含量超过 70%时，不能充分组织化，水分含量越高，形成的丝状组织越少；挤压温度受物料水分含量和原料中可溶性蛋白含量的影响，可溶性蛋白含量越高，越容易形成丝状结构，并且，可溶性蛋白影响物料水分和挤压温度的设定。一般认为，挤压温度高、物料水分较低、模孔处压力高，则产品硬度大。

12.4 蛋白质的表面性质

蛋白质的表面性质（surface property）涉及蛋白质在极性不同的两相之间所产生的作用，主要有蛋白质的起泡、乳化等方面的性质。食品是由多种组分构成的多相体系，由于溶解性和热力学稳定性的影响，油脂和大分子物质可能会以颗粒的形式分散或聚集，例如，乳、奶油、沙拉酱、香肠、蛋糕、冰淇淋等乳化、起泡类产品，油脂或气泡悬浮在连续相的水溶液介质中，对于像香肠这样的固态乳化系（solidified emulsion）产品而言，脂肪球被蛋白膜包裹存在于由蛋白质或多糖构成的连续的网状凝胶结构中，在这种半固体连续水相体系中，肉的乳化主要是由三维网状聚合体提供的机械能维持。不同蛋白质具有不同的表面性质，蛋白质在界面的吸附不是不可逆的，许多蛋白质的净能量不足以维持其在界面的吸附，产生这种差异的原因来自两个方面：一是蛋白质分子特性的影响，如分子柔性、表面构象的稳定性、亲水氨基酸残基与疏水氨基酸残基的分布方式等；二是环境因素的影响，如 pH、离子强度、温度以及食品中其他组成成分的影响等。

12.4.1 界面上蛋白质的构象变化

食品中主要有两类表面活性剂，一类是小分子表面活性剂如磷脂、单甘酯等，另一类是大分子表面活性剂如蛋白质和某些胶类物质。二者的作用方式不同，小分子表面活性剂具有较精确的结构特性，亲水基团伸入水相，亲油的碳氢链进入非极性相中（图 12.12）。而蛋白质由于其复杂的构象特征，导致其在界面的吸附相当复杂，很难明确地将蛋白质分子划分成亲水和疏水两部分，蛋白质分子在界面吸附时，只有部分疏水肽段吸附于界面形成“列车状”（train），其他部分悬浮在水相中形成“圈状”（loop）和“尾状”（tail）。气-液界面或液-液界面只有部分被蛋白质覆盖，界面层蛋白质的浓度与蛋白质结构特性有关。因此，低分子表面活性剂在降低界面张力方面优于蛋白质。通常，多数蛋白质的表面张力在 50 mN/m，小分子表面活性剂的表面张力一般为 10～30 mN/m。蛋白质分子可以通过共价键或非共价键的方式，在油滴或气泡表面形成连续的黏性薄膜，所以蛋白质在乳化稳定性和泡沫稳定性方面，优于小分子表面活性剂。

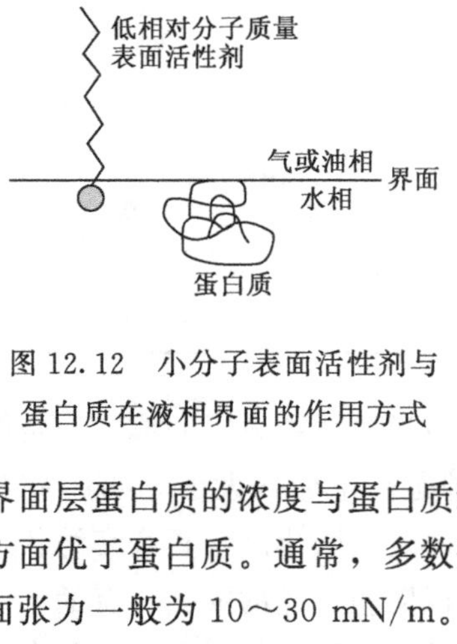

图 12.12 小分子表面活性剂与蛋白质在液相界面的作用方式

蛋白质在界面上的吸附会带来蛋白质分子构象的变化，通常分子会在界面伸展，即界面变性（图 12.13）。但并不是所有蛋白质分子在界面吸附时都会发生变性，如酪蛋白，尤其是 β-酪蛋白，吸附前后蛋白质结构几乎无变化。不同蛋白质由于其结构的差异，其表面性质也有很大差异，即使分子中疏水与亲水氨基酸残基比例类似，这种差异依然存在。通过比较 β-酪蛋白、牛血清白蛋白（BSA）、溶菌酶和卵黄高磷蛋白 4 种不同蛋白质吸附特性，可以发现，蛋白质分子的结构特性决定吸附能力（图 12.14a）。β-

酪蛋白和 BSA 的界面净化学电势为负，界面下蛋白质分子自动扩散至界面；溶菌酶是分子刚性较高的球蛋白，具有较高的亲水性，带正电荷（pH7.0），分子表面无疏水区域，净化学电势为正，界面和邻近界面的溶菌酶分子向界面下的连续相迁移，在停滞阶段溶菌酶分子构象发生缓慢变化，包埋在分子内部的疏水氨基酸残基暴露，界面电势发生改变，界面下蛋白向界面迁移（图 12.14a）；卵黄高磷蛋白含有较高的净电荷，pH 7.0 时为－179，抑制气/水界面的吸附。从中可以看出，电势梯度决定蛋白质在界面的吸附状态，而电势梯度的正负、高低由蛋白质分子结构决定，其中分子表面疏水区域、净电荷、分子柔性是主要影响因素（Anand and Damodaran，1995）。

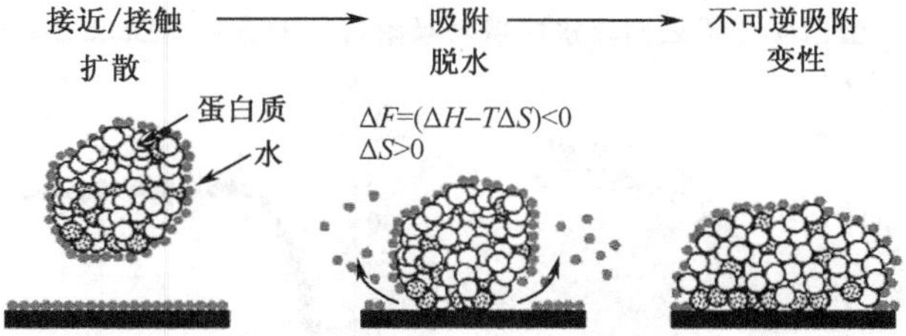

图 12.13　蛋白质的界面变性示意图

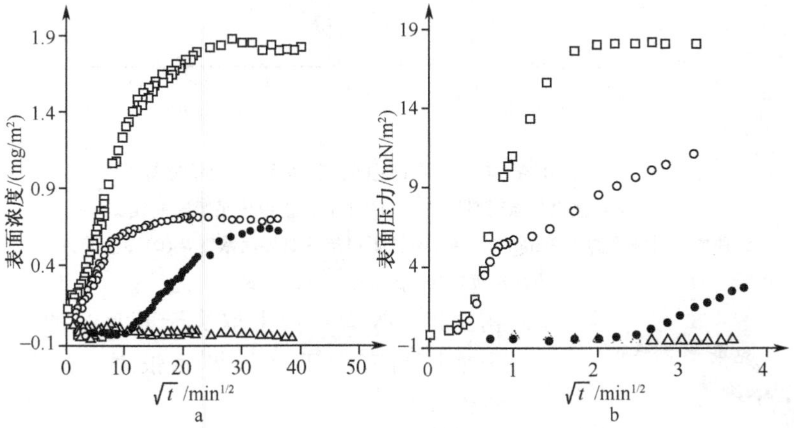

图 12.14　不同蛋白质在气/液表面的吸附曲线及表面压力曲线

a. 界面蛋白浓度随时间的变化曲线；b. 表面压力随时间的变化曲线

其中 β-酪蛋白（□）、牛血清白蛋白（○）、溶菌酶（●）和卵黄高磷蛋白（△）的

蛋白质浓度为 1.5 mg/L（pH7.0）；表面压力与表面张力呈反比

表面疏水性：蛋白质分子表面疏水氨基酸残基的分布状况，是影响蛋白质表面性质的主要因素。分子表面无疏水氨基酸残基或未形成较连续的疏水区域，则蛋白质在界面不吸附或吸附能力较差（图 12.15）。一般的球蛋白表面大约有 40％的疏水氨基酸残基，由于不能构成疏水区域或形成的表面疏水区域数目过少，界面性质较差。

分子柔性：蛋白质分子柔性的不同，影响其在界面的伸展速率和程度。蛋白质在界面处的构象变化和定位速率，决定其在界面的吸附速率，同时，有利于降低表面张力。比较而言，3 种蛋白分子的刚性大小为溶菌酶＞BSA＞β-酪蛋白，从图 12.14 可以看出，分子柔性较高的 β-酪蛋白分子，在界面伸展速率最快，其表面吸附浓度和表面压力的增加幅度较大；其次为 BSA；溶菌酶的界面性质较差。不难看出，界面处蛋白分子的结

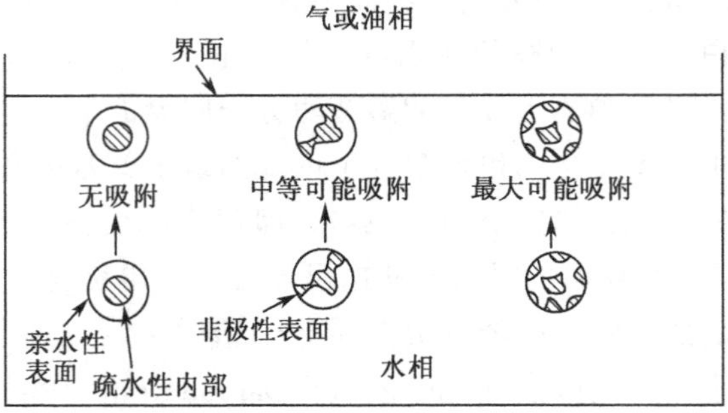

图 12.15 蛋白质分子表面疏水区域对吸附特性的影响（Damodaran，1996）

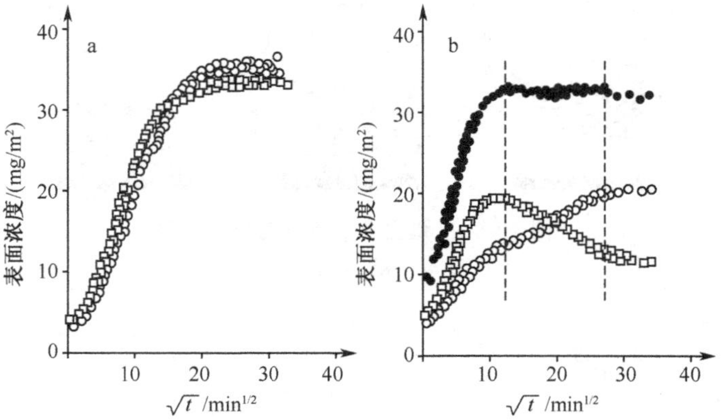

图 12.16 α_{s1}-酪蛋白和 β-酪蛋白的气-液界面竞争吸附曲线

a. 单一蛋白体系的吸附；b. 1∶1 混合蛋白体系吸附曲线

每种蛋白质浓度为 1.5 mg/L，(●) 两种蛋白质的总界面浓度，(□) α_{s1}-酪蛋白界面浓度，(○) β-酪蛋白界面浓度

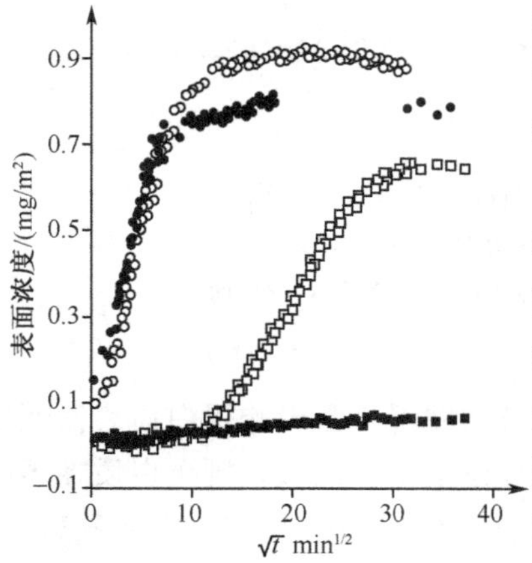

图 12.17 溶菌酶和牛乳清白蛋白的竞争吸附曲线

(□) 溶菌酶界面浓度；(○) 牛乳清白蛋白界面浓度；(■)、(●) 两种蛋白质 1∶1 混合后，溶菌酶和牛乳清白蛋白界面浓度，每种蛋白质浓度为 1.5 mg/L

构变化，很大程度上取决于其自身的分子柔性，分子柔性高有利于降低界面张力，具有较好的表面特性。

竞争吸附：食品体系中通常含有几种蛋白质，在界面处存在着竞争吸附。影响蛋白质界面竞争吸附的因素有电荷-电荷，结构柔性-刚性，疏水性-亲水性等。蛋白质结构不同，遵循的竞争吸附规律不同，如果界面吸附前后蛋白质分子结构相类似，则遵循热力学竞争吸附规律，例如，α-酪蛋白和 β-酪蛋白以 1∶1 混合，二者均为无序的卷曲蛋白，遵循热力学竞争规律，β-酪蛋白可取代已在界面吸附的 α-酪蛋白（图 12.16）；如果界面吸附前后蛋白质分子结构变化较大，则遵循动力学竞争吸附规律，取决于到达界面的速率和吸附后在界面所占有的面积，一旦吸附，不能被其他蛋白分子所取代，如图 12.17

所示（Anand and Damodaran，1996）。

12.4.2　乳化性质

食品乳化体系定义为分散互不相溶的两个液态相，常见的液态相为水相与脂肪相。由于这两相的极性不同，在界面上界面张力相当大，所以，乳化体系在热力学上为不稳定的分散系，需要通过表面活性物质（乳化剂）的作用来降低界面张力，以达到增加分散系稳定性的目的。蛋白质由于分子中具有亲水、亲油的基团或区域，所以可以在乳化体系的形成中发挥乳化剂的作用，但是在实际食品中的情况要复杂得多。

日常我们所见的许多食品都是蛋白质稳定的乳浊液，形成的分散系有油包水型（W/O）或水包油型（O/W），例如，牛乳、冰淇淋、黄油、干酪、蛋黄酱、肉馅等，最常见的是水包油型分散系。在天然食品的脂肪球中，由磷脂、不溶性脂蛋白和可溶性蛋白的连续吸附层所构成“膜”稳定着脂肪球。蛋白质成分通常在稳定这些乳浊体系时起重要作用，它在分散的油滴和连续水相的界面上吸附，能使液滴产生抗凝集性的物理学、流变学性质，如静电斥力、黏度等。可溶性蛋白质在乳化特性中最重要的属性，是它具有向油-水界面扩散并在界面吸附的能力，一旦蛋白质分子的一部分与界面相接触，则其疏水性氨基酸残基向非水相排列，降低体系的自由能，蛋白质的其余部分发生伸展并自发地吸附在界面上，表现出蛋白质的界面性质（图 12.18）。蛋白质在界面的吸附如果达到很大的面积，可伸展为单分子层（1～2 nm 厚，1 mg/m²）。一般认为蛋白质的疏水性越大，界面上吸附的蛋白质浓度越大，界面张力越小，乳浊液因而也就更稳定。

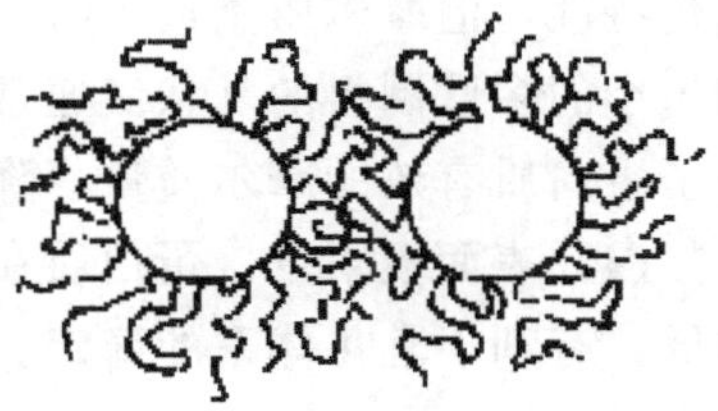

图 12.18　蛋白质在脂肪球-水界面上的吸附

球蛋白具有很稳定的结构和很强的表面亲水性，因此它们不是一种很好的乳化剂，如血清蛋白、乳清蛋白。而酪蛋白由于其结构特点（无规则卷曲），以及肽链上高度亲水区域和高度疏水区域是隔开的，所以它是一种很好的乳化剂。大豆蛋白分离物、肉和鱼肉蛋白质的乳化性能也都较好。

影响蛋白质乳化稳定性的因素主要有以下几个方面：

(1) 吉布斯-马朗戈尼（Gibbs-Marangoni）效应。吉布斯-马朗戈尼效应是决定乳化稳定性的关键因素。随着两个液滴的靠近，当它们之间的液膜变得最薄时，液膜中能被液滴获取的表面活性剂分子数目变得最少，界面张力变得最大，导致了界面张力梯度的产生。在液滴表面形成的这个界面张力梯度，使得乳化剂分子携带液体向界面张力大的方向移动，液流会驱使液滴相互离开，提供液滴的自我稳定机制，这种作用取决于液膜的吉布斯（Gibbs）弹性，被称为吉布斯-马朗戈尼效应。由于蛋白质不可能把界面张力降低到很低的程度，不会造成非常强烈的吉布斯-马朗戈尼效应，同时，从热力学的角度看乳化体系是不稳定体系，在一个水包油乳化体系中，脂肪球之间的相互作用必然会产生失稳问题，所以乳化体系失稳产生的最终结果就是油、水两相的完全分离。这种失稳结果主要包括聚结（coalescence）、聚集（flocculation）和分层（creaming），聚结是指脂肪球之间膜发生破裂，导致大粒径脂肪球形成的过程；聚集指的是脂肪球之间的絮聚但不破裂膜的过程；而分层是指脂肪球由于密度低于连续相的原因而导致的上浮。粒子聚集会极大地促进上浮，上浮的结果又反过来促进聚集速率。聚结发生的前提是粒子紧紧靠在一起，即在粒子聚集状态下或在上浮的脂肪层中，产生较大的粒径分布，并加快上浮速率，促进分层。蛋白质是两性物质，能在脂肪表面形成具有黏弹性的膜，其乳化稳定性取决于界面吸附特性，受蛋白质分子结构特性的影响。

（2）液滴粒径。乳化体系中液滴的粒径大小直接影响其稳定性，一般来说，液滴粒径越小体系稳定性越好。当液滴大小超过 5 μm 时，可快速聚结，其速率与蛋白质吸附层厚度和溶液黏度无关。液滴粒径可以通过提高蛋白质浓度和增加乳化时的能量密度来改变，对β-酪蛋白而言，乳化体系的最小平均液滴粒径为 0.3～0.4 μm，一般商业制备的乳化体系平均液滴粒径为 1～10 μm。

（3）蛋白质摩尔质量。蛋白质摩尔质量的不同，可造成其乳化效能的差异，如果分子的摩尔质量大，则在相同的质量浓度时，它的物质的量浓度就小，而物质的量浓度可能是影响 Gibbs-Marangoni 效应强弱的重要因素。摩尔质量较小的蛋白质会具有更好的乳化特性，但摩尔质量过小时，如部分水解的蛋白质，其乳化性能也并不理想，因为用相当小的多肽制得的乳状液通常很快发生聚结。相反，对于蛋白质聚集体而言，大大增加了蛋白质有效的摩尔质量，降低了它的乳化效能。

（4）表面吸附量。蛋白质在油-水界面的吸附量越大，吸附蛋白层越厚，聚结速度越低，有利于乳化体系的稳定。在高压均质条件下，蛋白质在油滴表面的吸附量可以表示为

$$\Gamma(t) = \kappa Cd(1 + x/d)^3 t$$

式中，κ 为常数；C 为蛋白质浓度；x 为吸附蛋白的粒径；d 为油滴直径；t 为吸附时间。从式中可以看出，蛋白质浓度越高、吸附蛋白的粒径越大，吸附量越大。不同蛋白质在油-水界面上的展开程度不同，几乎完全展开并形成一个伸展的多肽层，其吸附量约为1 mg/m^2，许多溶解度高的蛋白质可以达到的稳定值约为 3 mg/m^2，聚集的蛋白质在乳化过程中被优先吸附，能产生更高的表面吸附量。

（5）溶解性。蛋白质的溶解性和乳化性之间并没有明显的相关性，一般来讲，不溶解的蛋白质不具备良好的乳化性，蛋白质 100％的溶解性也不是优良乳化特性所必需的，但是，一定的溶解性是保证蛋白质形成稳定的乳化体系所必需的前提条件，一般这一范围是 25％～80％的蛋白质溶解性，在这一范围内蛋白质溶解性和乳化性之间也无明确的相关性。然而，蛋白质溶解性能的改善，将可能有利于蛋白质的乳化性能提高，例如，肉糜中有 NaCl 存在时（0.5～1 mol/L 的 NaCl），可提高蛋白质的乳化容量，此时 NaCl 的作用是对蛋白质产生了盐溶作用。不过一旦乳浊液形成，不溶蛋白质在膜上的吸附对脂肪球的稳定性将产生促进作用。

（6）表面疏水性。蛋白质的乳化性能与其表面疏水性之间，有着较弱的正相关性，而与平均疏水性无相关性。这是因为蛋白质在油-水界面的变性程度，远小于气-水界面分子的展开程度，油-水界面的界面自由能远低于气-水界面，过低的界面自由能可能不足以克服活化能使蛋白质完全伸展。对某些蛋白质而言，这种相关性并不显著，例如，β-乳球蛋白和α-乳白蛋白的乳化性，与表面疏水性并没有很强的相关性，这种差异可能与不同蛋白质的分子柔性不同有关。

（7）热变性。加热通常降低了吸附于界面上的蛋白质膜的黏度，因而会降低乳浊液的稳定性。但是，如果加热使蛋白质产生了胶凝作用就能提高其黏度和硬度，就能提高乳浊液的稳定性。例如，肌原纤维蛋白的胶凝作用，对灌肠等食品的乳浊稳定性是十分有益的，它可以提高产品的保水性和脂肪的保持性，同时还增强了各成分之间的黏结性。同时，如果控制蛋白质的热变性程度（不是不溶性结果），可以改善其乳化特性，这可能是由于热处理后的蛋白质有更好的表面疏水性和分子柔性。但是，如果热处理导致蛋白质聚集或不溶，则会削弱其乳化性能。

（8）pH。溶液的 pH 对乳化作用也有影响，但因蛋白质种类的不同而不同，如明胶、卵清蛋白在 pI 时具有良好的乳化性能，而其他大多蛋白质如大豆蛋白、花生蛋白、酪蛋白、肌原纤维蛋白、乳清蛋白等在非 pI 时的乳化性能更好，因为此时氨基酸侧链的解离，产生了有利于乳浊液稳定的静电斥力，避免了液滴的聚集，同时还因为此时的条件有利于蛋白质的溶解和提高蛋白质对水的结合能力，提高了蛋白膜的稳定性。蛋白质混合物形成乳化体系时，由于各种蛋白质成分的性质不同，所以在不同的 pH 条件下各成分的吸附量不同，如表 12.9 所示的乳清分离蛋白在脂肪球表面的相对吸附情况，从数据中可以看出在较低 pH 时 α-乳白蛋白、酪蛋白和免疫蛋白在乳化形成时发挥主要作用，而在较高 pH 时由于分子的伸展，β-乳球蛋白取代 α-乳白蛋白而发挥乳化作用，其他的蛋白质在 pH 为 5～7 时的吸附较多，表明蛋白质混合物在脂肪球表面的吸附与分子的性质可能有关，如分子构象的变形性等。

表 12.9　不同 pH 时脂肪球表面乳清分离蛋白的相对吸附情况　（单位：%）

乳清蛋白浓缩物	pH			
	3	5	7	9
α-乳白蛋白	48.3	24.4	11.0	9.9
β-乳球蛋白	12.9	16.1	46.1	61.1
酪蛋白＋免疫球蛋白（轻链）	31.8	33.0	27.9	18.6
免疫球蛋白（重链）	2.3	7.0	3.4	1.5
血清蛋白	1.0	10.6	2.7	1.1
转铁蛋白＋乳铁蛋白	3.7	8.4	8.9	7.4

（9）低分子表面活性剂。低分子表面活性剂的加入，一般不利于蛋白质乳浊液的乳化稳定性，原因是它们的加入会与蛋白质竞争在界面的吸附，将吸附在界面的蛋白质取代下来，并使蛋白质吸附于界面的作用力减弱，降低蛋白膜的黏度和膜的厚度，结果是降低了乳浊液的稳定性，加速乳化液滴的聚结。通常低分子表面活性剂的加入时间也影响乳化稳定性，在蛋白质乳化体系形成之前加入只有部分吸附蛋白被取代，之后加入则吸附蛋白可以完全被取代。

评价蛋白质乳化性质的指标一般使用乳化活性指数（emulsifying activity index，EAI）、乳化容量（emulsion capacity，EC）和乳化稳定性（emulsion stability，ES），它们是评价蛋白质乳化性质最常用的指标，可以反映出蛋白质帮助形成乳化体系及其稳定乳化体系的能力大小，即①蛋白质通过降低界面张力帮助形成乳化体系；②通过增加吸附膜的黏度、空间位阻等各种因素来稳定乳化体系。需要特别指出的是，在蛋白质形成乳化分散系的能力方面和稳定乳化分散体系方面，不存在着相关性。一些常见食品蛋白质的乳化性质列在表 12.10 和表 12.11 中，所列数值越大表示蛋白质的乳化性质越好。

表 12.10 一些蛋白质的乳化活性指数

蛋白质	乳化活性指数		蛋白质	乳化活性指数	
	pH=6.5	pH=8.0		pH=6.5	pH=8.0
卵蛋白	—	49	乳清蛋白	119	142
溶菌酶	—	50	β-乳球蛋白	—	153
酵母蛋白	8	59	干酪素钠盐	149	166
血红蛋白	—	75	牛血清蛋白	—	197
大豆蛋白	41	92	酵母蛋白（88%酰化）	322	341

注：溶液离子强度=0.1。

表 12.11 一些蛋白质的乳化容量和乳化稳定性

蛋白质源	种类	EC/（g/g）	ES（24 h）	ES（14 天）
大豆	分离蛋白	277	94	88.6
	大豆粉	184	100	100
蛋	蛋白粉	226	11.8	3.3
	液态蛋白	215	0	1.1
乳	酪蛋白	336	5.2	41.0
	乳清蛋白	190	100	100
鱼	水解蛋白	160	97.2	99.0
动物组织	胶原蛋白	167	92.2	83.1
	肌肉	216	4.2	6.0
猪血	血清蛋白	287	1.1	1.3
	血浆蛋白	263	2.0	3.8

乳化活性指数是用浊度法测定，它是通过分别测定出乳化体系的浊度 T（测定波长为 550 nm）、油相的体积分数 ϕ 以及水相的蛋白质浓度 C（g/mL），然后用以下数学形式计算表达蛋白质的乳化能力，其含义是表示在乳化体系中每克蛋白质所能够产生的界面面积大小。

$$\mathrm{EAI}(\mathrm{m}^2/\mathrm{g}) = \frac{2T}{C \cdot \phi}$$

乳化容量是表示对于一个给定浓度、给定体积的蛋白质溶液，它在达到相转换之前所能够乳化最大体积的标准脂肪，所以它衡量的是蛋白质形成水包油性乳化体系时乳化脂肪的能力。相转换点的确定可以通过电导、光学、黏度性质的变化等来测定，最后以单位质量的蛋白质所能够乳化脂肪的最大体积数表示；标准脂肪曾经采用液体石蜡、精制大豆油等。一般随着蛋白质溶液浓度的增加，蛋白质的乳化容量下降。

对乳化稳定性评价时一般是测定在一定温度、给定重力场（通常采用离心的方式）、给定时间的条件下，测定乳化体系分水或分层体积的变化情况。一般以下面表示方法计算某种蛋白质所形成乳化体系的稳定性。

$$\mathrm{ES}=\frac{\text{处理后乳浊液的最终体积}}{\text{处理前乳浊液的体积}}\times 100$$

测定方法的选用在食品加工中很重要，应按乳化食品的性质、种类分别选用不同的测定方法。一般来说，黏度较低的乳品型食品在乳化时，与乳化稳定性相关，而黏度高的色拉酱型食品乳化时，与乳化容量相关。机械性质的乳化力越强，乳化越易，首先乳化力越强，油的粒子就越小，相应的油滴的表面积增加，使蛋白质吸附面积增加。再者，由于强烈搅拌，液相蛋白质的运动向油滴表面扩散越容易，而搅拌力弱，这种过程不充分，乳化性能也就低。

蛋白质的乳化性质也是蛋白质重要的功能性质之一，蛋白质与脂类的相互作用有利于食品体系中脂类的分散及乳浊液的稳定，但是也可能产生不利的影响，特别是从富含脂肪的原料中提取蛋白质时会因乳浊液的形成而影响蛋白质的提取和提纯，这些在具体的加工生产中必须注意。

12.4.3　发泡性质

食品泡沫通常是指气体在连续液相或半固相中分散所形成的分散体系。在稳定的泡沫体系中，由弹性的薄层连续相将各个气泡分开，气体所形成的气泡的直径从 1 μm 到几厘米，典型的食品例子就是冰淇淋、啤酒、搅打奶油等。一般食品泡沫要求：①含有大量的气体；②在气相和连续相之间要有较大的表面积；③溶质的浓度在界面较高；④要有能膨胀、具有刚性或半刚性和弹性的膜；⑤可反射光，泡沫看起来不透明。而泡沫食品的柔软性，是由气泡体积及薄层（lamellae）的厚度及流变学性质而定。由于分散的两相之间同样存在界面张力，蛋白质在泡沫中的作用就是吸附在气-液界面，降低界面张力，同时对所形成的吸附膜产生必要的流变学特性和稳定作用，例如，对水、对蛋白质吸附以增加膜的强度、增加膜的黏度和弹性以对抗外来不利作用等。泡沫的典型结构见图 12.19，其中薄层的性质对泡沫的稳定性有很重要的影响。

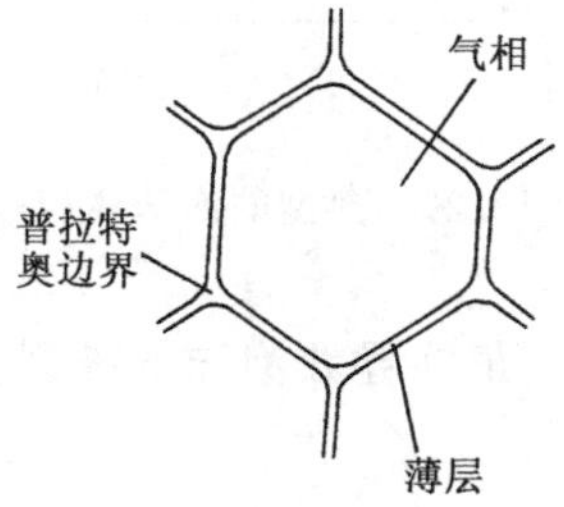

图 12.19　泡沫的结构示意图

具有良好起泡性能的蛋白质应有以下特性：

(1) 快速在气-液界面吸附。

(2) 在气-液界面快速发生构象变化，分子重排，快速降低表面张力。

(3) 通过分子相互作用形成黏性膜。

前两项特性是具有良好的起泡性的关键，最后一项特性则是具有良好泡沫稳定性的重要条件。比较 β-酪蛋白、牛血清白蛋白、溶菌酶的起泡性能，则大小顺序为 β-酪蛋白＞牛血清白蛋白＞溶菌酶，说明蛋白质分子在气-液界面吸附速率以及分子构象重排速率决定蛋白质的起泡性能。

1. 泡沫的稳定性

产生泡沫的方法有三种，一种是让气体经过多孔分散器而通入蛋白质溶液中，从而产生相应的气泡；第二种方法是在大量气体存在下，机械搅拌或振荡蛋白质溶液而产生气泡；第三种方法是在高压下将气体溶于溶液，突然将压力解除后，气体因为膨胀而形成泡沫。乳浊液和泡沫之间的主要差别在于分散相是气体，并且在泡沫体系中气体所占的体积百分数，比乳浊液中脂肪所占的体积百分数变化范围更大，泡沫中气体体积与连续相的体积比甚至可达 100：1，所以泡沫有很大的界面面积，甚至可以达到 1 m^2/mL；同时界面张力也远大于乳化分散系，因而它们往往不稳定，非常容易破裂。在泡沫形成过程中，蛋白质首先向气-液界面上迅速扩散并吸附，进入界面层后再进行分子结构重排，并且，蛋白质的扩散过程是一个决定因素。

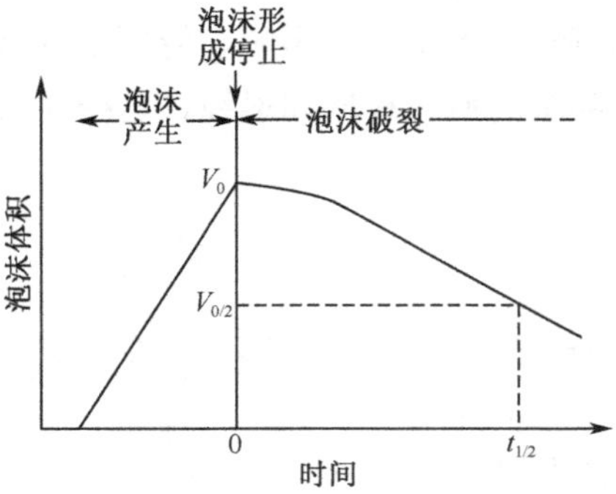

图 12.20　典型的泡沫体积-时间变化趋势

液体通过上述的三种途径产生泡沫后，就需要考虑泡沫的稳定性问题。由于极大的界面张力等因素，所形成的泡沫在一段时间后要发生破裂（实际上在泡沫形成的过程中就同时有破裂问题存在），所以液体发泡时泡沫体积与时间有图 12.20 所示的关系。

泡沫的稳定性取决于膜和薄层的排水速率，薄层的扩张和局部变薄是造成泡沫不稳定的主要原因，具体影响如下。

（1）排水速率。由于重力、压力差、蒸发作用等造成的泡沫薄层的排水，降低了薄层的厚度，最终导致泡沫的破裂。膜和薄层的排水速率可通过雷诺（Reynold）方程表示：

$$V = \frac{dh}{dt} = \frac{2h^3}{3\mu R^2}\Delta p$$

$$\Delta p = \pi_h - \pi_d$$

$$\pi_d = \pi_s + \pi_e + \pi_v + \pi_{hyd}$$

式中，h 为膜厚度；t 为时间；μ 为动态黏滞度；R 是气泡半径，π_h 为毛细流体静压力（capillary hydrostatic pressure），π_d 为脱离压力（disjoining pressure），π_s 为空间阻力，π_e 为电荷引力/斥力，π_v 为范德华力，π_{hyd} 为水合斥力。

膜和薄层的排水速率与脱离压力关系密切，而脱离压力受空间位阻、电荷引力/斥力、范德华力以及水合斥力的影响。范德华力（包括疏水作用）与脱离压力负相关，范德华引力和疏水作用可降低薄层厚度，促进排水，不利于膜的稳定。电荷斥力与脱离压力正相关，当 pH 远离等电点时，电荷的斥力可抑制膜变薄，但是，当界面蛋白层的黏滞性过低时，电荷斥力会破坏膜的完整性，导致泡沫破裂。蛋白质分子的空间位阻与脱离压力正相关，空间位阻大，分子刚性强，则泡沫稳定性差。

（2）马朗戈尼（Marangoni）效应。马朗戈尼效应能够阻止膜的脱水，提高泡沫稳定性。薄层的扩张（图 12.21）导致膜的表面积增加，膜蛋白浓度降低，表面张力增加。局部增加的张力将带动蛋白质分子（携带水分子一起）发生迁移，从低张力区域到达高张力区域，同时，这种膜的运动会带动界面下液体的运动，进而降低界面张力，增加膜厚度，这个过程被称为马朗戈尼效应（Phillips，1981）。马朗戈尼效应是泡沫薄层排水时出现的必然结果，所产生的张力梯度导致界面蛋白质分子迁移，迁移方向与排水方向相反，马朗戈尼效应能够降低膜的脱水速率。界面张力梯度需要足够大，才能维持较长时间的马朗戈尼效应，泡沫的稳定性才高，如果蛋白质分子在吸附界面薄膜产生的张力梯度非常低，薄膜将会持续膨胀直到破裂。因此，马朗戈尼效应对维持泡沫稳定性非常重要。

随着膜孔洞的形成，泡沫随之破裂，膜表面疏水蛋白质颗粒的存在可能通过两种机制导致膜的破裂：一是疏水颗粒大于薄层厚度并具有较高的刚性，不能伸展，则由于凸起曲面的形成导致的拉普拉斯压力（Laplace pressure）增加，膜移走，最终失去与颗粒的接触形成空洞（图 12.22A）；二是疏水颗粒能够在膜表面伸展，随着排水现象的发生，膜发生流动，从颗粒处移走，导致膜变薄，最终破裂，如图 12.22B 所示（Prins，1988）。

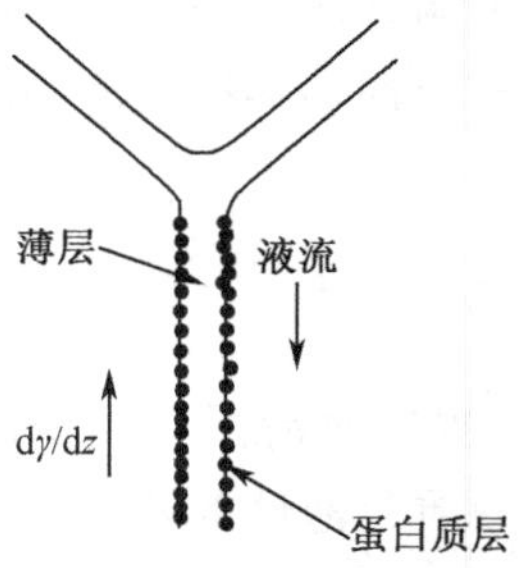

图 12.21　马朗戈尼效应示意图
$d\gamma/dz$ 为薄层排水产生的表面张力梯度

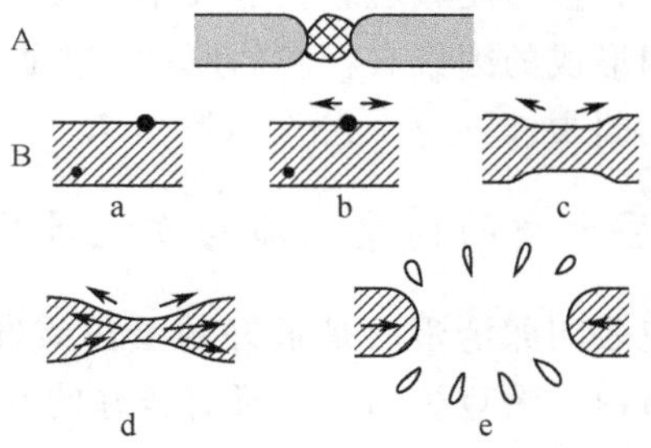

图 12.22　A. 刚性疏水颗粒大于薄层厚度时的泡沫破裂机理；B. 膜表面伸展的疏水颗粒导致的泡沫破裂机理

与上面两种情况相反，疏水颗粒小于薄层厚度且分子具有较高的刚性，不能在界面伸展，则有利于泡沫的稳定。这可能是由于降低了薄层与普拉特奥边界（Plateau bor-

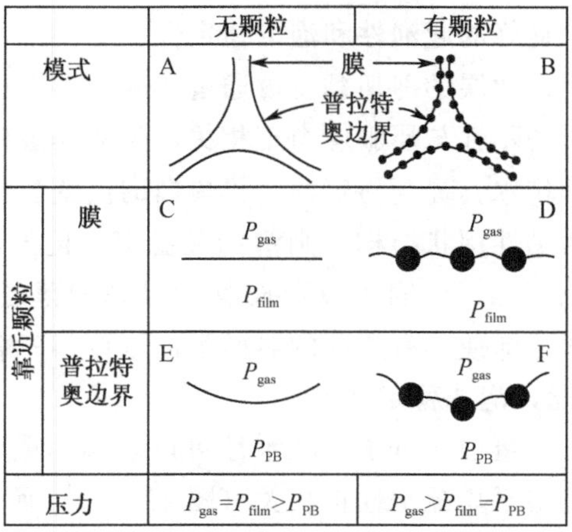

图 12.23　疏水小颗粒对提高泡沫稳定性的作用机理

der，PB）之间的压力差所致（图 12.23），压力差可以表示为

$$P_{film} - P_{PB} = \Delta P = (P_{gas} - \lambda/r_{film}) - (P_{gas} - \gamma/r_{PB})$$

由于膜半径 r_{film} 无穷大，则公式可以简化为

$$\Delta P = \frac{\gamma}{r_{PB}}$$

式中，γ 为表面张力；r_{PB} 为普拉特奥边界曲率半径。

当膜表面疏水颗粒越多，普拉特奥边界曲率半径越接近无穷大，压力差也接近于 0，随着压力的降低，膜排水的驱动力降低，泡沫稳定性提高。

泡沫破裂的另一个原因是奥斯特瓦尔德成熟（Ostwald ripening）或者称不均衡性。由于泡沫大小不一，气体在小气泡中的压力大，而在大气泡中的压力小，所以气体通过连续相从小气泡向大气泡中转移，造成泡沫总面积的下降；从热力学上看，这是一个降低表面自由能的自发过程。当连续相的黏度较大、气体的溶解度小及扩散速度慢时，就相应的提高了泡沫的稳定性。

可见，蛋白质颗粒粒径的大小以及分子的柔性都直接影响其泡沫稳定性。此外，延迟膜孔洞形成的因素有：膜的厚度、界面张力、蛋白质的黏弹性，其中，薄膜厚度是最为关键的因素。

2. 蛋白质的内禀性质与发泡性质

研究表明卵清蛋白是最好的蛋白质发泡剂，其他蛋白质如血清蛋白、明胶、酪蛋白、谷蛋白、大豆蛋白等也具有较好的发泡性质。不同蛋白质起泡性的差异，主要来自其内禀性质（表 12.12）。与蛋白质发泡特性相关的内禀性质如下：

（1）蛋白质分子的柔性。蛋白质分子的柔性可以间接通过膜的黏弹性表达。蛋白质膜的黏弹性，反映吸附于界面处蛋白质多肽链从“列车状”到“圈状”的构象变化速率。一般来说，蛋白质分子柔性越差，蛋白膜的黏弹性越高。球蛋白在界面处变形速率缓慢，柔性差，因此，蛋白膜的弹性模量高，当薄层扩张时，由于黏滞性的作用会带动界面下液体的运动，进而降低界面张力，增加膜厚度，提高泡沫稳定性。可以认为，多肽链的柔性对提高起泡性至关重要，但不利于泡沫稳定性。界面处蛋白质分子适宜的刚性和柔性构象，才能产生良好的起泡性和泡沫稳定性。

（2）薄层的剪切黏度。薄层的剪切黏度可通过屈服应力表达，其黏度值远高于液相黏度。薄层处蛋白质分子的刚性与屈服应力正相关，虽然膜蛋白的刚性影响马朗戈尼效应，但有助于阻止薄层的排水，提高稳定性。膜蛋白的流变学性质取决于蛋白质分子的相互作用，当形成连续的黏性网状结构，则泡沫最稳定。例如，溶菌酶在气-液表面的剪切黏度为 1000（mN · s)/m，表明可以形成黏性很高的薄层，具有很好的泡沫稳定性；相反，与溶菌酶相比，即使具有相同的界面蛋白浓度，β-酪蛋白的剪切黏度也会小于 1.0（mN · s)/m，因此，泡沫稳定性差。

（3）蛋白质的疏水性。蛋白质分子的疏水性可以表达为表面疏水性和平均疏水性。研究表明蛋白质的起泡性与平均疏水性正相关（图 12.24），而与表面疏水性无相关性，这可能是因为蛋白质分子一旦吸附于界面，分子随即展开，内部疏水基暴露，表面张力降低。因此，蛋白质分子的平均疏水性高，有可能具备较好的发泡性能。

(4) 蛋白质浓度。蛋白质浓度在 2%～8%时即可达到最大膨胀度，并且液相具有最好的黏度，膜具有适宜的厚度和稳定性；但当蛋白质浓度超过 10%时溶液的黏度过大，影响到蛋白质的发泡能力，会使气泡变小，泡沫变硬。这也与高黏度时气泡在蛋白质溶液中的分散困难有关。

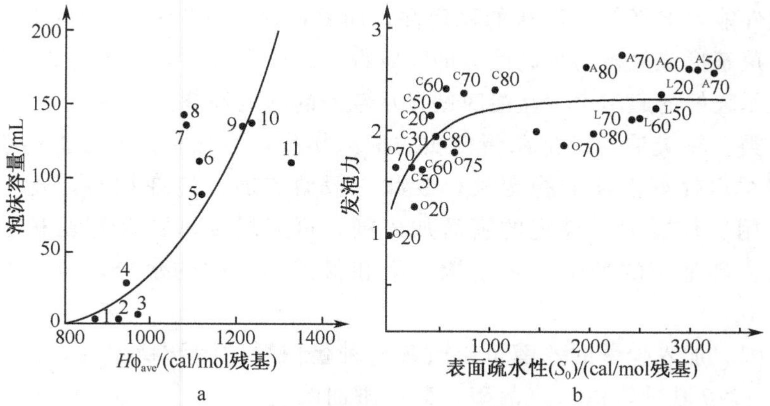

图 12.24　蛋白质起泡性与疏水性之间的关系

a. 蛋白质起泡性与平均疏水性之间的关系；b. 蛋白质起泡性与表面疏水性之间的关系

表 12.12　对蛋白质发泡性质有影响的蛋白质内禀性质

内禀性质	作用
溶解度	快速扩散至气-液界面
疏水性	极性区与疏水区的相对独立分布，有利于降低界面张力
肽链的柔韧性	有利于蛋白质分子在界面上的伸展，变形
肽链间的相互作用	有利于蛋白质分子键的相互作用，形成黏弹性好、稳定的吸附膜
基团的解离	有利于气泡间的排斥，但是高电荷密度也不利于蛋白质在膜上的吸附
极性基团	对水的结合、蛋白质分子间的相互作用有利于吸附膜的稳定性

具有良好发泡性能的蛋白质所具备的条件是蛋白质分子能够快速地扩散到气-液界面，易于在界面吸附、伸展和重排，并且通过分子间的作用形成黏弹性的吸附膜，所以β-酪蛋白由于具有疏松的自由卷曲结构，就是一个有如此性质的蛋白质；相比之下溶菌酶则不同，它是一个紧密缠绕的球蛋白，同时具有分子内的多个二硫键，发泡性能差。

蛋白质的发泡能力和泡沫稳定性之间通常是相反的，具有良好发泡能力的蛋白质泡沫稳定性一般很差，而发泡能力很差的蛋白质，其泡沫的稳定性却较好，原因是蛋白质的发泡能力和泡沫稳定性由两类不同的分子性质决定。发泡能力取决于蛋白质分子的快速扩散、对界面张力的降低、疏水基团的分布等性质，主要由蛋白质的溶解性、疏水性、肽链的柔韧性决定。泡沫稳定性主要由蛋白质溶液的流变学性质决定，如吸附膜中蛋白质的水合、蛋白质的浓度、膜的厚度、适当的蛋白质分子间相互作用。所以同时具有较好的发泡能力、泡沫稳定性的蛋白质，是在两方面性质间的平衡结果。

3. 环境因素

蛋白质的发泡能力除了受其自身结构特性的影响之外，诸多的环境因素也可改变其起泡性能和泡沫稳定性，表 12.13 总结了一些影响蛋白质泡沫稳定性的因素。关于环境因素对蛋白质发泡性能的影响主要包括以下几方面：

(1) 盐类。盐类不仅可影响蛋白质的溶解、黏度、伸展和解聚，也能影响其发泡性质，这取决于盐的种类和蛋白质在盐溶液中的溶解度。例如，NaCl 可以提高大多数球蛋白的起泡性能，但降低了泡沫的稳定性，而 Ca^{2+} 在 0.02～0.4 mol/L 的浓度时，能同蛋白质的羧基形成盐桥而提高泡沫的稳定性。一般来说，在指定的盐溶液中蛋白质的盐析可以显示较好的起泡性，盐溶时则显示较差的起泡性能。

(2) 糖类。糖类通常都抑制蛋白质的泡沫膨胀，但是它们又可提高蛋白质溶液的黏度，所以可以提高泡沫的稳定性。故此一般糖的加入应在搅打起泡后加入，这样蛋白质在吸附、伸展形成稳定的膜后加入糖，可以增加泡沫薄层液体的黏度，提高泡沫稳定性。卵清中的糖蛋白由于能吸附和保持薄层中的水分，所以有助于泡沫体积的稳定。

(3) 乙醇。加入少量的乙醇可以改善几种蛋白质的泡沫稳定性，其影响程度为明胶＞β-酪蛋白＞β-乳球蛋白＞溶菌酶，最佳添加浓度为 0.2%～0.3%（质量比），加入的乙醇浓度过高，泡沫稳定性会逐渐降低。

(4) 脂类。蛋白质溶液被低浓度脂类污染时会严重损害蛋白质的发泡性能，特别是极性脂类可在气-水界面吸附，干扰了蛋白质在界面的吸附，影响已经被吸附的蛋白质之间的相互作用，从而影响蛋白质的发泡稳定性。

(5) 乳化剂及多酚物质。其他低相对分子质量乳化剂如磷脂、吐温-20 等可以降低蛋白质的泡沫稳定性，这是由于界面的竞争吸附所致。相反，加入低浓度多酚物质如儿茶酚，可以削弱吐温-20 对 β-乳球蛋白泡沫稳定性的影响，并能够改善蛋白质的起泡性能和泡沫稳定性。这可能是儿茶酚与蛋白质在界面发生交联，提高了界面的黏弹性所致。

(6) 机械处理。为了形成泡沫需要适当的搅拌，搅拌的强度和时间必须适中，使蛋白质伸展，这样才能产生较好的吸附；而过度的搅拌会使蛋白质产生絮凝，因而会降低膨胀度和泡沫的稳定性，因为絮凝后的蛋白质不能适当地吸附在界面上。

(7) 加热处理。加热处理一般不利于泡沫的形成，因为加热会使气体膨胀、黏度降低，因而导致气泡破裂。但发泡前对一些结构紧密的蛋白质进行适当的热处理对其发泡是有利的，例如，大豆蛋白、乳清蛋白，因为此时的处理可使蛋白质分子产生伸展，有利于其在气-液界面上的吸附。若加热后可以导致蛋白质发生胶凝作用，则会大大提高泡沫的稳定性。

(8) pH。在接近等电点时，蛋白质所稳定的泡沫体系很稳定，这是由于此时蛋白质之间的排斥力很小，有利于蛋白质和蛋白质之间的相互作用和蛋白质在膜上的吸附，从而可以形成黏稠的吸附膜，进而提高蛋白质的发泡力和泡沫稳定性。即使蛋白质在等点电时不溶解，只有很少的蛋白质参与泡沫形成，所形成的泡沫数量较少，但是泡沫的稳定性仍然可以是很高的，因为虽然不溶部分的蛋白质对泡沫形成无贡献，但却可以增加蛋白膜的黏度，从而提高泡沫的稳定性。在等点电之外蛋白质的发泡能力通常较好，但是其稳定性一般不好（表 12.13）。

表 12.13　影响蛋白质泡沫稳定性的因素

提高泡沫稳定性的因素	破坏泡沫稳定性的因素
蛋白质浓度和膜厚度	不均衡性
膜的机械强度和表面黏弹性	机械震荡
吉布斯-马朗戈尼效应	毛细压力
膜表面净电荷	排水
蛋白质的分子结构	膜的渗透性

4. 评价方法

评价蛋白质的起泡性质，一般通过相互独立的两方面进行：一个是蛋白质对气体的包封能力（发泡力），另一个是泡沫的寿命（泡沫稳定性）。蛋白质由溶液本体向气-液界面扩散的速度、在气-液界面的吸附速度，是蛋白质发泡力的决定因素。蛋白质的泡沫稳定性，则与蛋白质吸附后所产生的吸附膜的黏弹性有关，同时也与蛋白质是否容易脱附有关。所以具有较快的扩散速率、吸附时容易发生伸展的蛋白质，比扩散速率慢、变形能力差的蛋白质有好的发泡力，蛋白质的水合性能好可以有高的稳定性。对发泡力的评价指标一般用泡沫密度、泡沫强度、泡沫直径、发泡力、泡沫稳定性等多个指标，但通常后两个指标最常用。

（1）发泡力（foaming power，FP）。将一定体积的蛋白质溶液通过一种具体的方法产生泡沫，然后通过计算所生成的泡沫中气体体积、液体体积，可以得出蛋白质溶液在某浓度下的发泡力。

$$\text{发泡力}=\frac{\text{泡沫中气体体积}}{\text{泡沫中液体的体积}}\times 100$$

对于蛋白质溶液，其发泡力随蛋白质浓度的增加而增加。所以，用发泡力指标来比较蛋白质的发泡能力大小时，在单一浓度下的比较是不准确的。通常采用三个不同情况下的发泡力来进行比较，可以得出较准确的结论，例如，对明胶、干酪素钠盐和大豆分离蛋白的发泡能力的比较（表 12.14）。

表 12.14　三种蛋白质的发泡力比较

蛋白质	最大发泡力（浓度 2%～3%，m/V）	达到 1/2 最大发泡力的浓度/(m/V)	在 1%（m/V）浓度时的发泡力
明胶	228	0.04%	221
干酪素钠盐	213	0.1%	198
大豆分离蛋白	203	0.29%	154

如果单从最大发泡力上来看，三种蛋白质的发泡能力不相上下。但是从达到 1/2 发泡力时溶液所需要的蛋白质的浓度上看，三者的差别明显，明胶就具有很好的发泡作用。在蛋白质浓度为 1%时也可以看出，三种蛋白的发泡能力大小不同。所以可以确定这三种蛋白质的发泡能力依次为明胶＞干酪素钠＞大豆分离蛋白。

在衡量蛋白质的发泡能力时通常也使用泡沫膨胀率，它的计算方法为

$$泡沫膨胀率=\frac{总分散系体积-原来液体体积}{原来液体体积}\times 100$$

（2）泡沫稳定性（foam stability）。测定泡沫的稳定性，一般是在完成蛋白质溶液的发泡处理以后，先测定出泡沫的体积，然后在一定条件下将泡沫样品放置一段时间，待一部分泡沫发生破裂后再次测定泡沫的体积，选择的时间一般为 30 min。这是一个非常直接的方法，由于在时间条件上的选择是任意的，所以对于不同的蛋白质来讲在数值上没有比较的意义，故此它一般又被称为泡沫体积稳定性。

$$泡沫体积稳定性（\%）=\frac{泡沫放置一段时间后的体积}{泡沫原始体积}\times 100$$

对于稳定性较差的泡沫，则可以通过测定泡沫在不同时刻的分水量来计算泡沫的分水速度，测定可以由微机控制的自动天平完成。

此外衡量蛋白质所产生的泡沫的稳定性还可以以：①通过泡沫破裂分出 1/2 的液体体积所需要的时间来衡量泡沫的稳定性；②通过分别测定泡沫在不同放置时间时泡沫体积的变化来表示泡沫的稳定性情况；③通过测定蛋白质溶液发泡后液相体系的变化来表示泡沫的稳定性。但无论采用何种表示，泡沫的稳定性与蛋白质的浓度有关。

一些常见的食品蛋白、蛋白质原料的发泡性质列于表 12.15、表 12.16 中。

表 12.15　一些蛋白质的发泡力（0.5%蛋白质浓度）

蛋白质	FP	蛋白质	FP
牛血清蛋白	280%	β-乳球蛋白	480%
乳清蛋白分离物	600%	纤维蛋白原	360%
卵白蛋白	240%	大豆蛋白（酶水解）	500%
牛血浆蛋白	260%	胶原蛋白（猪皮，酸处理）	760%

表 12.16　油籽蛋白的发泡能力及泡沫稳定性

蛋白质	搅打后泡沫体积/mL			
	1 min	30 min	60 min	120 min
大豆粉	150	108	50	10
大豆浓缩蛋白	360	15	10	5
大豆分离蛋白	640	580	580	530
向日葵籽粉	605	500	490	420
向日葵籽浓缩物	590	445	360	120

在某些食品加工中有时不需要产生泡沫，如食品的浓缩、发酵等处理过程，可能因泡沫的产生可以造成产物损失或减慢加工速度，此时可加入消泡剂（antifoam agent）来消除泡沫的产生，消泡剂是一类亲水亲油平衡值很低的化合物（亲水亲油平衡值＝1～3），其作用就是降低泡沫的稳定性。

12.5　蛋白质-风味物质相互作用

食品中存在着的醛、酮、酸、酚和氧化脂肪的分解产物，可以产生豆腥味、哈败味等异味，这些物质可与蛋白质或其他物质产生结合，在加工过程中或食入时会释放出来，或被食用者所察觉，从而影响食品的感官质量。因此一些蛋白质原料需要脱臭处理，以提高它们的感官质量。但是蛋白质与风味物质结合又有其可利用之处，例如，可以使组织化的植物蛋白产生肉的香味，或是利用蛋白质保证食品在加工、储藏过程中保持原有的风味。

蛋白质与风味物质的结合包括有物理结合和化学结合。物理结合中涉及的作用力主要是范德华（van der Waals）力等，所以为一个可逆的结合，作用能为 20 kJ/mol。化学结合中涉及的作用力包括有氢键、共价键、静电作用力等，作用能为 40 kJ/mol 以上，通常结合是不可逆的。例如，极性化合物醇类与蛋白质的作用就是通过氢键，而蛋白质分子中的疏水性氨基酸残基则在低分子的挥发性物质结合中起主要作用，醛、酮化合物以不可逆的方式结合在氨基上（尤其是相对分子质量较大的醛、酮）。

现在认为，在蛋白质的结构中具有一些相同的、但又相互独立的结合位点（binding site），这些位点可以通过与风味化合物（F）产生作用而导致风味化合物被结合：

$$\text{protein} + n\text{F} \longleftrightarrow \text{protein-F}_n$$

而斯卡查德（Scatchard）模型就是根据此来描述蛋白质与风味物质的结合：

$$\frac{V}{[\text{L}]} = K(n - V)$$

式中，V 为蛋白质与风味化合物结合达到平衡时被结合的风味化合物的量（mol/mol 蛋白质）；[L] 为游离的风味化合物的量（mol/L）；K 是结合的平衡常数（L/mol），n 是 1 mol蛋白质中对风味化合物所具有的总结合位点数。

应用斯卡查德方程，可以计算蛋白质对风味物质结合时的平衡常数以及蛋白质结合位点数。通过在样品中分别加入不同量的风味物质，测定蛋白质与风味化合物结合达到平衡以后游离风味物质的量，从而可以得到结合的风味物质量，然后通过直接按上式作图计算，或将方程转化为倒数形式作图：

$$\frac{1}{[\text{L}]} = \frac{K \cdot n}{V} - K$$

作图后所得截距即为平衡常数，斜率为平衡常数与结合位点数的乘积。对于由单肽链组成的蛋白质，利用斯卡查德模型可以得到很好的结果，但是对于由多肽链组成蛋白质，随蛋白质浓度的增加，每摩尔蛋白质对风味物质的结合量却下降，这是由于蛋白质之间的相互作用降低了蛋白质对风味物质的结合的有效性，部分位点被掩盖而不能结合风味物质，所以利用斯卡查德模型计算就会产生差异。一些蛋白质对风味物质的结合常数见表 12.17。

表 12.17　一些蛋白质的风味物质结合常数

蛋白质	被结合风味化合物	N/（mol/mol）	K/（L/mol）	$\Delta G^{\ominus}$（kJ/mol）
血清蛋白	2-庚酮	6	270	−13.8
	2-壬酮	6	1800	−18.4
β-乳球蛋白	2-庚酮	2	150	−12.4
	2-壬酮	2	480	−15.3

续表

蛋白质		被结合风味化合物	N/（mol/mol）	K/（L/mol）	$\Delta G^{\ominus}$（kJ/mol）
大豆蛋白	天然	2-庚酮	4	110	−11.6
		2-辛酮	4	310	−14.2
		2-壬酮	4	930	−16.9
		壬醛	4	1094	−17.3
	部分变性	2-壬酮	4	1240	−17.6
	丁二酸酰化	2-壬酮	4	850	−16.7

蛋白质与风味化合物的结合也受环境因素的影响，例如，水可以提高蛋白质对极性挥发物质的结合，但不影响蛋白质对非极性物质的结合，这与水增加了极性物质的扩散速度、扩大它的结合机会有关。高浓度的盐可以使蛋白质的疏水相互作用减弱，导致蛋白质伸展，可提高它与羰基化合物的结合。酪蛋白在中性或碱性 pH 时比在酸性条件下结合更多的羰基化合物，与此时的氨基非离子化有关。蛋白质的水解处理一般可降低其与风味物质结合的能力（尤其是蛋白质的高度水解），这与水解破坏蛋白质的一级结构，从而破坏蛋白质的结合位点有关。蛋白质的热变性产生分子的伸展，通常可导致风味化合物的结合能力增加，而脂类物质的存在，可以促进蛋白质对各种羰基挥发物质的结合与保留。但在蛋白质的真空冷冻干燥时，由于真空的原因，可使最初结合挥发物质的50％被释放出来。

蛋白质除了可以与水分、脂类、挥发性物质结合之外，还可以与金属离子、色素、染料等物质结合，也可以与一些具有诱变性和其他生物活性的物质结合。这种结合也可产生解毒作用，也可产生毒性增强作用，有时还可以使蛋白质的营养价值降低。从有利的角度看蛋白质与金属离子的结合有利于一些矿物质的吸收（如铁、钙），与色素的结合可以便于我们对蛋白质的定量分析，而结合于大豆蛋白上的异黄酮，则保证大豆蛋白具有重要的健康作用。

12.6 蛋白质-多糖相互作用

蛋白质-多糖的相互作用，对许多食品结构的形成和体系稳定性起到了重要作用，例如，伴随着多糖的加入，可以提高蛋白质的乳化稳定性，这不仅是因为多糖的加入可以增加体系黏度，也是因为加入高浓度多糖时，可以产生相分离（phase separation），促进蛋白质在油-水界面的吸附，提高乳化稳定性。蛋白质-多糖的相互作用一般可分为两类：吸引和排斥，从热力学角度讲是放热与吸热的过程，当二者相互作用是一个放热过程时，通常表现为蛋白质和多糖带有相反电荷，相互吸引形成复合物；当二者相互作用是一个吸热过程时，则表现为相互排斥，蛋白质和多糖的有效浓度可能会增加，并且在足够高的浓度下可能出现相分离（图 12.25），这被称之为热

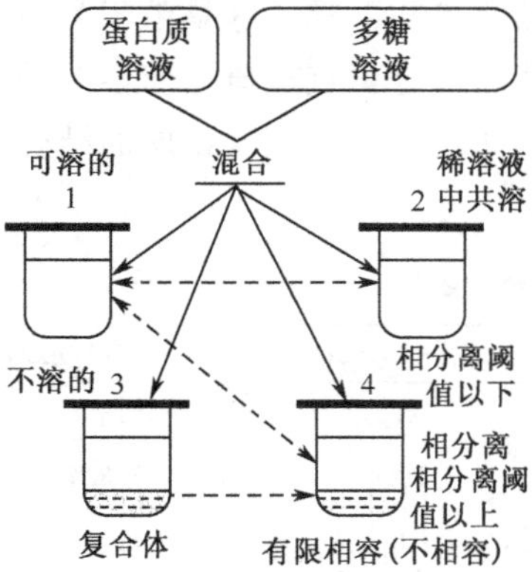

图 12.25 蛋白质与多糖的 4 种可能作用方式

力学不相容性（thermodynamic incompatibility）。在胶体体系中，蛋白质和多糖的相互吸引或排斥往往是由静电力吸引或排斥、氢键、范德华力、疏水相互作用以及大分子片段之间的作用力等引起的，这种相互作用较弱。蛋白质和多糖的作用形式取决于溶液的pH、离子强度、构象、电荷密度和分子浓度；同时，蛋白质自身的功能性质，如溶解性、表面活性、构象稳定性、胶凝性等，也影响其与多糖的相互作用。

12.6.1　热力学不相容性

在食品体系中，蛋白质和多糖的相互作用通常表现为不相容性，多发生在高离子强度和 pH 高于蛋白质等电点的条件下，如图 12.25 的 2 和 4。形成单一相或是相分离，取决于蛋白质和多糖的浓度，这可以用相图表示（图 12.26），从相图中可以看出，当蛋白质和多糖浓度低于双结点曲线（binodal curve）时，表现为单一相体系；当浓度高于双结点曲线时，则出现相分离（Tolstoguzov，1986）。不同生物大分子的分子特性不同，其相互作用呈现的相图不同，如图 12.27 所示（Tolstoguzov et al.，1985）。

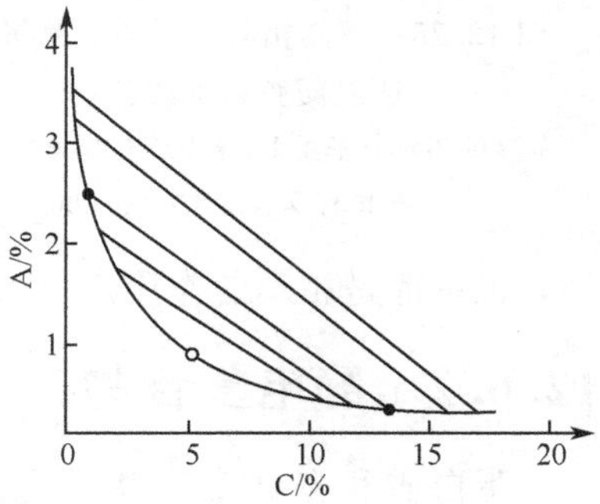

图 12.26　水-酪蛋白（C）-藻酸钠（A）体系的相图（pH7.2，25℃）

中性多糖和蛋白质在低离子强度和非蛋白质等电点的 pH 条件下，可以形成可溶性复合物，但随着离子强度的增加或热处理可导致二者的不相容，出现相分离。通常，这种相分离伴随着蛋白质与多糖的分离。蛋白质与中性多糖的不相容性随盐浓度、多糖相对分子质量和温度升高而增加。盐浓度越高，相图的临界点（critical point）越低，越容易出现相分离。一般临界浓度为0.1～0.2 mol/L。同时，多糖分子的大小和硬度（图 12.28）以及蛋白质的变性程度都会影响相分离。在与酪蛋白和大豆蛋白作用时，多糖碳链柔性影响程度表现为，硫酸葡聚糖＞阿拉伯胶＞海藻酸盐＞羧甲基纤维素＞果胶。

蛋白质和多糖之间的热力学不相容性，对多组分凝胶的形成有重要影响。多糖的加

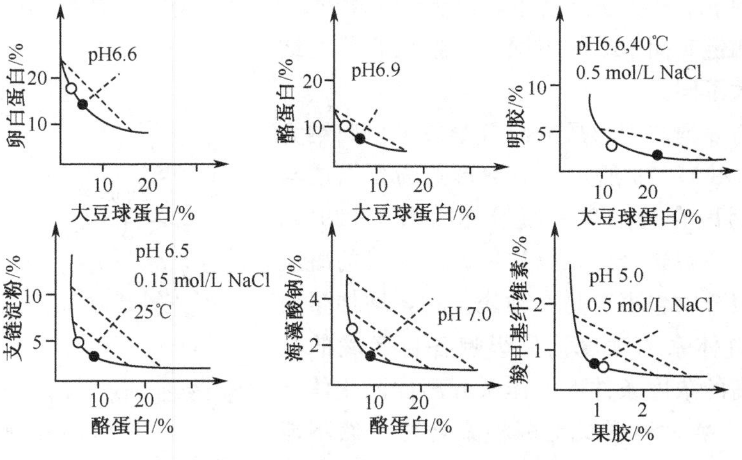

图 12.27　不同生物大分子之间相互作用的相图

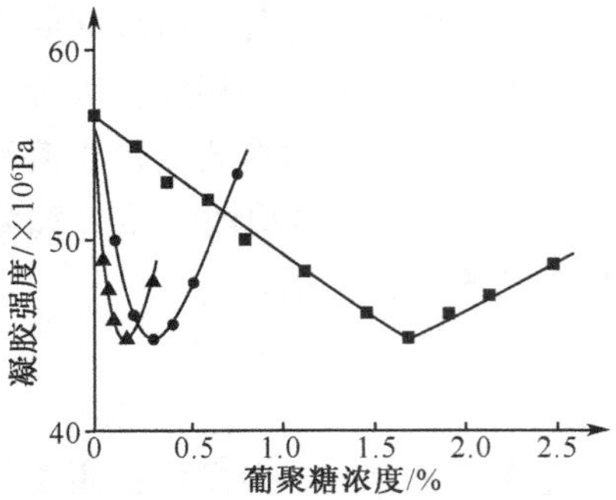

图 12.28 不同相对分子质量葡聚糖对明胶凝胶强度的影响

葡聚糖相对分子质量：■表示 500 000；●表示 65 000；▲表示 15～20 000

入可以提高蛋白质的热力学活性，加强变性蛋白质的聚集，使胶凝能力和流变学特性发生改变，混合体系中每种凝胶达到胶凝的临界浓度降低，混合后均一相（图 12.25 中的 2）的弹性模量高于单一凝胶剂。例如，添加少量多糖（葡聚糖、海藻酸盐）的明胶胶凝速度更快，凝胶强度更高；当添加的多糖超过相分离的临界浓度时，单一相转换为双相体系，表现为填充胶或复合胶，明胶凝胶被分散的葡聚糖液滴所填充，随着填充体积的增加凝胶弹性降低。在许多食品中这种填充混合凝胶是主要的存在形式，蛋白质和多糖之间的热力学不相容性，可能会带来协同增效的作用，也可能是相反的作用。

12.6.2 静电复合物

蛋白质和多糖带有相反电荷时，则通过静电作用形成静电复合物（electrostatic complex)，表现为图 12.25 中 1 和 3 的作用方式。通常当食品体系的 pH 低于蛋白质等电点，并介于蛋白质 pI 与多糖阴离子基团 p*K* 之间时，蛋白质带正电荷，具有阴离子基团（如羧基）的多糖则带有负电荷。例如，在 pH 为 6.0、离子强度低于0.05 mol/L 的条件下，果胶酸盐、藻酸盐和羧甲基纤维素钠（CMC）能够改变肌球蛋白（pI 6.9）的结构，降低蛋白质的热稳定性。这些带电多糖在 pH 4.2～6.0、低离子强度条件下，也能降低大豆 11S 蛋白的热稳定性。通过静电作用形成的复合物是可逆的，当离子强度高于 0.2～0.3 mol/L 或 pH 高于蛋白质等电点时，则不能形成相互结合的聚合体。增加蛋白质和多糖分子的电荷数量，可以提高二者的作用强度；热处理导致的蛋白质变性也可以增强与多糖的作用强度，减少可逆反应的发生，增加聚合物的稳定性，抑制蛋白质-蛋白质之间的聚集。

在一定的 pH 和离子强度下，由于分子柔性、形状、大小、构象、静电荷以及多糖分子功能性侧链基团 p*K* 的不同，导致聚合体的结合区域有很大不同。

蛋白质与多糖之间形成的混合凝胶可以归纳为 3 种形式，如图 12.29 所示。一种形式为蛋白质与多糖相互渗透融合形成单一凝胶相（图 12.29a）。另一种形式为两种聚合物相互排斥，所形成的凝胶体系为一种聚合物包裹着另一种聚合物，增加蛋白质与多糖混合体系的浓度，只影响各自区域的状态，在足够高的浓度条件下，体系分离成两相体系（图 12.29b）。第 3 种形式是两种聚合物虽然不能相互融合，二者之间有一定的交联点，共同形成凝胶网状结构（图 12.29c）。

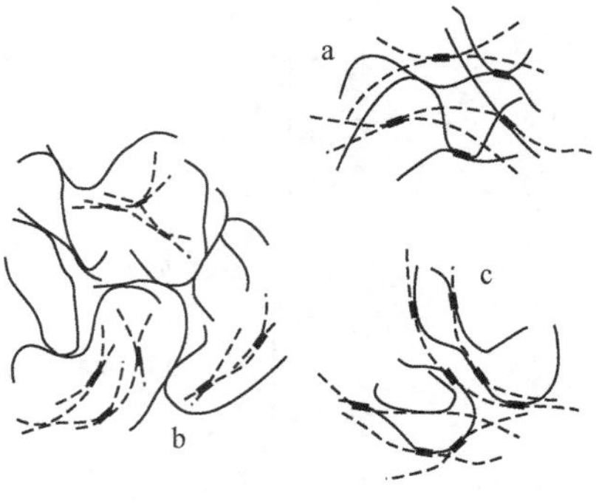

图 12.29 两种聚合物相互作用形成的混合凝胶

a. 渗透凝胶；b. 相分离凝胶；c. 结合凝胶（两种聚合物之间有一些交联点）

12.6.3　共价接合物

1. 蛋白质与多糖的共价接合

在前面的介绍中可以看出，生物大分子的静电复合物，只能在很窄的 pH 范围以及一定的离子强度下实现，太强的相互作用会导致生物大分子沉淀和不相容，而相互作用太弱又会引起絮凝以及破坏空间结构的稳定性。通过蛋白质与多糖的共价结合形成共价接合物（covalent conjugate），可以很好地防止相分离和解离等不利因素的产生。

由于必须保证在蛋白质与多糖的共价接合时，不能使用、连接有害的化学试剂，因此蛋白质-多糖之间的共价连接途径，会受到许多限制。蛋白质和还原糖在热处理产生的美拉德（Maillard）反应交联物，可以避免以上问题。当然，这里同样存在一个问题，就是要避免由于热变性等引起蛋白质功能性质的损失。近几年来的研究表明，通过在低水分活度，且低于蛋白质变性的温度下，使蛋白质-多糖共热可以达到这个目的。结果显示，若能优化并控制加热时间以及两种生物大分子的混合比例，则得到的可溶性结合物具有非常优越的乳化特性。

采用葡聚糖（相对分子质量 40 000）与 11S 蛋白形成的美拉德反应产物，制备的油/水型乳化液（10%油、0.5%蛋白质、pH 8.0、离子强度 0.1 mol/L）具有优良的乳化稳定性。这里，葡聚糖与蛋白质的物质的量比为 3∶1，60℃干热反应 3 周。另外的研究结果显示，球蛋白-葡聚糖形成的接合物，其乳化作用产生的液滴粒径大小比只有蛋白质产生的要小，说明共价接合物所形成的乳化液要更稳定。一般认为，多糖分子的大小、蛋白质与多糖的比值，决定乳状液中液滴体积和稳定性。蛋白质与葡聚糖（特别对于高相对分子质量）的过度反应，容易导致乳化能力的破坏，这可能是由于蛋白质的外部区域被亲水性多糖屏蔽，从而导致乳化能力降低。另外一个极端，如果反应时间过短或者多糖与蛋白质的比值太高，即并非所有存在的多糖都可以与蛋白质连接时，所形成的乳状液中包含有游离、没被吸附的多糖，这将很难避免絮凝以及相分离的发生(Diftis et al.，2005)。

多糖对于食品乳浊液的稳定起到很重要的作用，其作用机制是由竞争热力学和流变学因素之间的平衡决定的。研究蛋白质-多糖界面处相互作用的性质与强度，对于乳浊液分层、凝聚和絮凝具有决定意义。另外，美拉德反应形成的蛋白质-多糖接合物，也许可以成为新的生物大分子配料作为食品工业的乳化剂。

2. 接合物的功能性质

(1) 乳化特性。蛋白质和糖类都具有稳定油-水乳化液的功能，乳化过程中蛋白质吸附在油-水界面形成黏弹性的保护层，另外，由于多糖在液相中有增稠性和凝胶行为，所以多糖的存在增加了胶体的稳定性。与单纯蛋白质相比，溶菌酶-多糖、酪蛋白-多糖以及大豆蛋白-多糖接合物的乳化特性有大幅度提高，如图 12.30 所示。因此，控制蛋白质与多糖的交联反应，可以得到具有优越乳化性和乳化稳定性的接合物。在所有的蛋白质中，溶菌酶与半乳甘露聚糖接合产物的乳化性最为优越。更有意思的是，卵清蛋白与多糖的交联物在酸性条件、0.2 mol/L NaCl 溶液中以及高温条件下，其乳化性能仍

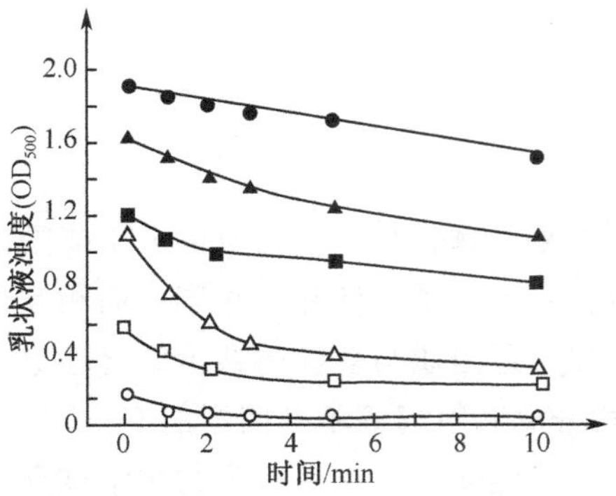

图 12.30　蛋白质与蛋白质多糖的乳化稳定性
△表示酪蛋白；□表示大豆蛋白；○表示溶菌酶；●表示溶菌酶-多糖接合物；▲表示酪蛋白-多糖接合物；■表示大豆蛋白-多糖接合物

然稳定。低相对分子质量的半乳甘露聚糖与蛋白质交联，得不到理想的乳化效果，只有高相对分子质量的多糖与蛋白质交联所得的产物，才具备良好的乳化性和热稳定性，并且支链多糖的分子质量达到 10 kDa 以上时，与蛋白质交联非常有效。

(2) 热稳定性。溶菌酶与多糖交联后，明显地改善了它的热稳定性。单纯的溶菌酶在 82.5～90℃的热处理过程中会产生聚集现象，与多糖交联后不再有聚集出现，并且，蛋白质的溶解活性又恢复到原有状态。由此可知，与多糖交联可使蛋白质形成稳定的结构，抑制了同样条件下蛋白质-蛋白质之间的相互作用。

多糖的碳链长短也会影响接合物的热稳定性，当蛋白质分子上共价结合多糖的链长超过一定的范围，蛋白质受热伸展时，长链多糖的空间位阻效应就会阻止展开的蛋白质分子聚集，从而使得接合物在高温下保持较好的乳化性能。多糖链太短，空间位阻效应就不明显，也就不能有效地提高接合物的热稳定性。对于溶菌酶而言，接合的多糖分子相对分子质量应在几千以上。

(3) 抗菌效应。众所周知，溶菌酶只能进攻细菌细胞壁中肽葡聚糖层的 *N*-乙酰己糖胺之间的糖苷键。溶菌酶与葡聚糖或半乳甘露聚糖接合时，所产生的空间位阻不影响溶菌酶的细胞溶解活性，并且溶菌酶-葡聚糖的结合，对典型的革兰氏阳性细菌的抗菌效果几乎与单纯溶菌酶的效果一样。在可发生溶菌酶-葡聚糖接合的条件下，加热到 50℃，活菌就会大量减少，并且加热时间维持到 40 min 后，就可以完全杀死细菌了。相反，在相同的对照控制条件下，只有溶菌酶存在时，却没有观察到杀菌效果。因此，溶菌酶与多糖的接合，产生了更强的抗菌效果。

第 13 章　重要蛋白质的功能特性

食品蛋白质的来源丰富。自然界的动物、植物为人类提供了各种各样的蛋白质满足人类的营养需求，同时，还赋予加工食品重要的品质特征。来源于动物的食品蛋白质，主要来自动物的肌肉组织（肉类）、卵（蛋）和一些哺乳动物的分泌物（乳）。来自于植物的食品蛋白质，主要是谷蛋白和大豆、花生等油籽作物的蛋白质。这些食品蛋白质具有不同的性质（化学的、物理学的、营养学的），更为重要的是，它们分别具有独特的功能性质。

13.1　乳蛋白的功能特性

在食品加工中，乳蛋白作为重要的蛋白原料，除熟知的干酪素与乳清蛋白外，还有其他的许多应用，表 13.1 列出了乳蛋白的主要成分的一些特性和应用的有关总结情况，其具体应用可参考有关书籍。

表 13.1　乳蛋白中主要成分的性质与应用

成分	性质与应用
α_{s1}-酪蛋白	对钙的强结合能力；对凝乳酶敏感；对乳中的天然血纤维蛋白溶酶不敏感
α_{s2}-酪蛋白	对钙的强结合能力
β-酪蛋白	在低温乳中部分溶解；被血纤维蛋白溶酶分解，但不受凝乳酶作用
κ-酪蛋白	稳定酪蛋白胶束免于凝聚；在加热时与乳清蛋白结合
β-乳球蛋白	在 65℃以上同酪蛋白很快作用，妨碍凝乳酶的凝聚作用；雷克塔干酪的主要成分
α-乳白蛋白	母乳的主要蛋白质成分；用于生产婴儿食品
免疫球蛋白	稳定酪蛋白的凝聚；加热时与乳清蛋白结合

而最近，对于乳蛋白的生物活性问题也被着重提出。牛乳中的酪蛋白、乳清蛋白以及其他的微量蛋白成分被认为具有重要的生理、生物活性，如表 13.2 所示。

表 13.2　牛乳蛋白的重要生物活性

蛋白质	重要的功能
酪蛋白（α-、β-、κ-）	金属离子（Cu、Fe、Ca）的载体，一些生物活性肽的前体
α-乳白蛋白	Ca 载体，免疫调控，抗癌作用
β-乳球蛋白	视黄醇载体，脂肪酸结合，可能的抗氧化剂
免疫蛋白（A、M、G）	免疫保护
糖肽	抗病毒、抗细菌
乳铁蛋白	毒素结合，抗菌、抗病毒，免疫调控，抗氧化，抗癌，铁结合
乳过氧化物酶	抗菌
溶菌酶	抗菌，与乳铁蛋白和免疫球蛋白存在协同作用

此外，乳蛋白还是众多生物活性肽的前体。通过对乳蛋白的水解，或者是乳酸菌发酵时乳酸菌的水解酶催化作用，或者是其他微生物在发酵时的作用，乳蛋白可以生成一些具有生物活性的肽分子，许多在经过消化道时仍然维持活性状态。由乳蛋白衍生出的生物活性肽以及它们的功能性质如表 13.3 所示。所以，乳蛋白作为一种重要的蛋白质源，在当前的功能性食品开发过程中成为研究热点。

表 13.3 乳蛋白衍生出的生物活性肽

生物活性肽	蛋白质前体	生物功能
casoophin	α-酪蛋白、β-酪蛋白	阿片肽拮抗
α-lactorphin	α-乳白蛋白	阿片肽拮抗
β-lactorphin	β-乳球蛋白	阿片肽拮抗
lactoferroxin	转铁蛋白	阿片肽拮抗
casoxin	κ-酪蛋白	阿片肽拮抗
casokinin	α-酪蛋白、β-酪蛋白	抗高血压
casoplatelin	κ-酪蛋白、转铁蛋白	抗血栓形成
casecidin	α-酪蛋白、β-酪蛋白	抗菌
isracidin	α-酪蛋白	抗菌
免疫肽（immunopeptide）	α-酪蛋白、β-酪蛋白	免疫促进
磷酸肽（phosphopeptide）	α-酪蛋白、β-酪蛋白	矿物质载体
乳铁素	转铁蛋白	抗菌
糖巨肽（glycomacropeptide）	酪蛋白	抗紧张

13.1.1 乳蛋白构象的稳定性

外界条件的改变会破坏乳蛋白的构象稳定性，例如，热处理和压力的变化会使乳蛋白质分子伸展变性，或分子之间相互作用发生聚集。这种作用不破坏乳蛋白的一级结构，只是二、三级结构的变化。乳蛋白种类不同其构象稳定性有很大差异，一般而言，多组分的乳蛋白溶液在 80℃左右开始变性，而酪蛋白溶液 100℃加热 30 min 几乎无变化，120℃加热 30 min 后 γ-酪蛋白及 β-酪蛋白发生部分水解和脱磷酸，140℃以上温度加热开始凝固。与此相反，乳清蛋白是热不稳定蛋白，免疫球蛋白的变性温度为 70℃，血清白蛋白的变性温度为 74℃，β-乳球蛋白的变性温度 90℃，α-乳白蛋白的变性温度 96℃。当体系中存在多种组分乳蛋白时，热处理会导致 β-乳球蛋白与 κ-酪蛋白相互作用，形成聚集体。因此，乳蛋白的结构特征以及蛋白之间的相互作用能力，是决定其构象稳定性的内在因素。

1. 酪蛋白胶束

酪蛋白分子松散的结构特性决定其有较高的构象稳定性，不易变性，但是处理温度、时间和 pH 的变化可使酪蛋白胶束解离。酪蛋白从胶束中的解离程度与溶液 pH 关系密切。在牛乳正常的 pH（约 6.7）条件下，低温短时处理几乎不会发生酪蛋白的解离；随着 pH 的升高，酪蛋白不断从胶束中解离出来；当 pH 达到 7.1 时，可以有相当多的酪蛋白解离出来。温度对酪蛋白的解离也有很大影响，从图 13.1 中可以看出，随着热处理温度的升高，水合粒径 R_h 为 10 nm 的酪蛋白胶束颗粒增加，说明随着温度的升高，酪蛋白从胶束中的解离程度增加。当加热温度在 70℃左右时，各种酪蛋白都会发生解离，只是解离程度不同，游离出的 κ-酪蛋白的水平最高，β-酪蛋白和 α_s-酪蛋白水平较低；当温度高于 70℃时，解离出的 κ-酪蛋白水平继续增加，β-酪蛋白和 α_s-酪蛋白的解离水平降低（Panouillé et al.，2004）。

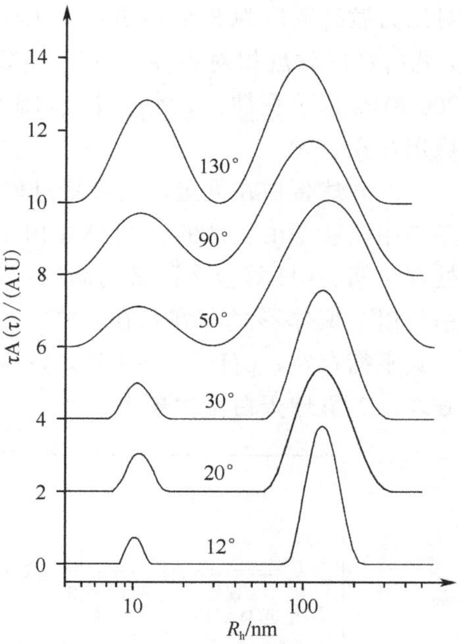

图 13.1　不同处理温度对酪蛋白胶束粒径大小的影响（pH 为 6.0）

与热处理的作用不同，温和压力下的处理（大约 25 000×g 离心），一般可以使脱脂乳中 50%的酪蛋白从胶束中解离出来，这是使高压乳粒径降低的主要原因。pH 对高压乳的解离有很大影响，当 pH 升高至 7.1 时，所有酪蛋白的解离程度均高于正常牛乳 pH 条件下的解离；同时，κ-酪蛋白的解离程度高于 β-酪蛋白和 α_s-酪蛋白；当 pH 降至 6.0 时，β-酪蛋白和 α_s-酪蛋白的解离水平增加，而 κ-酪蛋白的解离程度降低，但是，随着 pH 的降低，所有酪蛋白的解离水平增加。

2. 乳清蛋白

乳清蛋白与酪蛋白不同，具有高度的二、三级结构，分子中存在着的各种作用力很容易被其他因素所破坏，如加热、压力、化学物质等。不同乳清蛋白的构象稳定性不同，对热敏感顺序为免疫球蛋白＞血清白蛋白＞β-乳球蛋白＞α-乳白蛋白（图 13.2）；

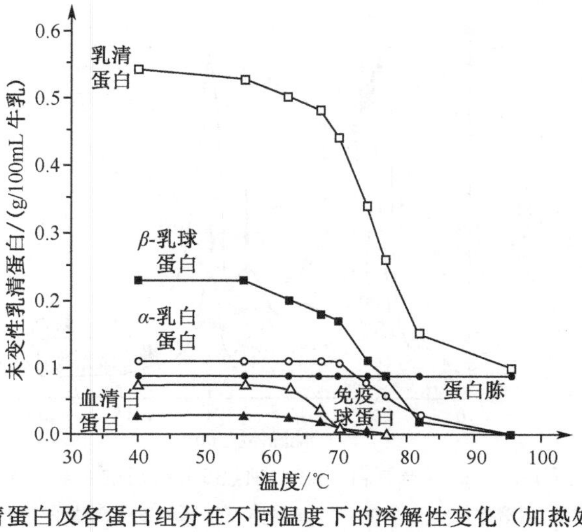

图 13.2　乳清蛋白及各蛋白组分在不同温度下的溶解性变化（加热处理 30 min）

对压力敏感顺序为β-乳球蛋白＞免疫球蛋白＞血清白蛋白＞α-乳白蛋白。β-乳球蛋白和α-乳白蛋白对热相对稳定，70～75℃发生不可逆变性，β-乳球蛋白是压力敏感蛋白，200 MPa 即可变性，α-乳白蛋白和血清白蛋白对压力不敏感，压力在 400～500 MPa 仍稳定存在。

β-乳球蛋白在乳蛋白的聚集过程中起到重要作用。乳清蛋白与酪蛋白胶束之间的相互作用，就是由变性的β-乳球蛋白与κ-酪蛋白作用的结果。β-乳球蛋白的变性受温度、处理时间、pH 等很多因素的制约，其变性过程如图 13.3 所示，天然状态的β-乳球蛋白是以二聚体形式存在，在 20℃、pH 为 5.5～7.0 时，以二聚体（N_2）、单体（2N）形式平衡存在；pH 为 7～9 时，发生构象转变（N-R）；当温度升高时，图中各平衡被破坏，β-乳球蛋白发生聚集。

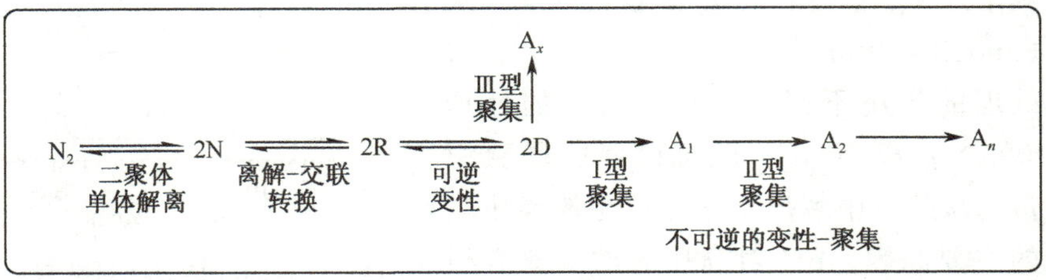

图 13.3　β-乳球蛋白的变性过程

中性条件下加热处理β-乳球蛋白，使天然状态的二聚体解离，部分分子伸展，蛋白质变性、聚集（图 13.4），变化速率取决于蛋白质浓度、pH、温度和其他因素。温度为 65℃处理时，β-乳球蛋白发生可逆性变性，α 螺旋部分展开，螺旋内部的 Cys121 半胱氨酸残基暴露，疏水氨基酸残基暴露，可以通过疏水相互作用和二硫键发生蛋白质之间的聚集。β-乳球蛋白加热处理后的蛋白质聚集，主要通过二硫键发生分子间交联，很少依靠疏水相互作用产生聚集，β-乳球蛋白通过二硫键发生分子间的交联聚合方式如图 13.5 所示，先是 Cys121 半胱氨酸残基与 Cys106-Cys119 二硫键的作用，生成 Cys119 半胱氨酸残基与 Cys106-Cys121 二硫键（图 13.5a）；游离的 Cys119 半胱氨酸残基，与另外的β-乳球蛋白分子中的 Cys66-Cys160 二硫键作用，生成 Cys119-Cys66 二

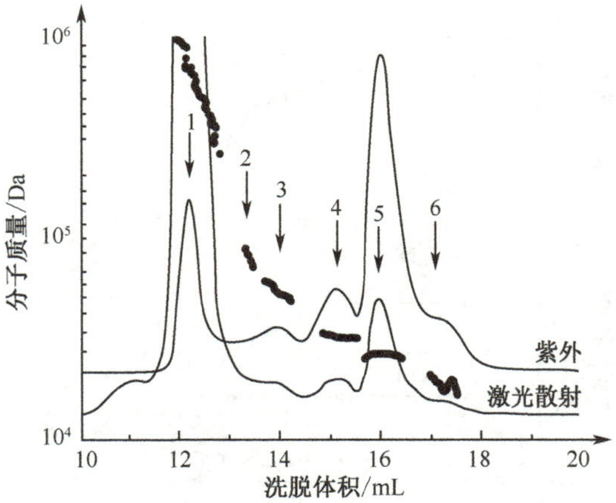

图 13.4　β-乳球蛋白 78.5℃加热 5 min 后的组成（•）

1. 聚集体；2. 四聚体；3. 三聚体；4. 二聚体；5. 天然β-乳球蛋白；6. 非天然单体

硫键和游离的Cys160半胱氨酸残基（图13.5b），有研究指出，β-乳球蛋白分子中的Cys66-Cys160二硫键在加热处理后，有35%以游离的Cys160半胱氨酸残基存在；β-乳球蛋白分子之间的二硫键依据图13.5a所示进行相互转换，形成二聚体（图13.5c）。

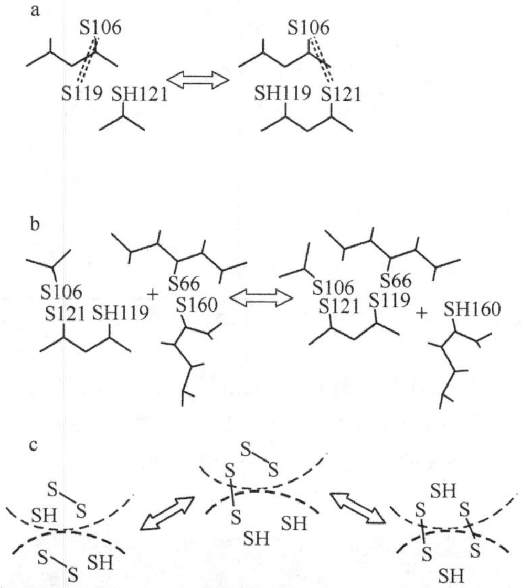

图 13.5 β-乳球蛋白通过二硫键发生分子间交联聚合的3种主要方式（Considine et al.，2007）

3. 混合乳蛋白

乳的外观状态是白色混浊液，不同的处理条件可以改变乳的外观状态。热处理后乳的颜色更白，并且不会因储存条件而改变，而经过高压处理后的牛乳为透明或半透明的微黄色液体（图13.6），5℃储藏时会一直保持这种状态，室温存放时会逐渐变为混浊液体，但不会恢复到原来状态，对高压处理乳进行70℃以上的加热处理后可以恢复为原有的外观状态（Considine et al.，2007）。

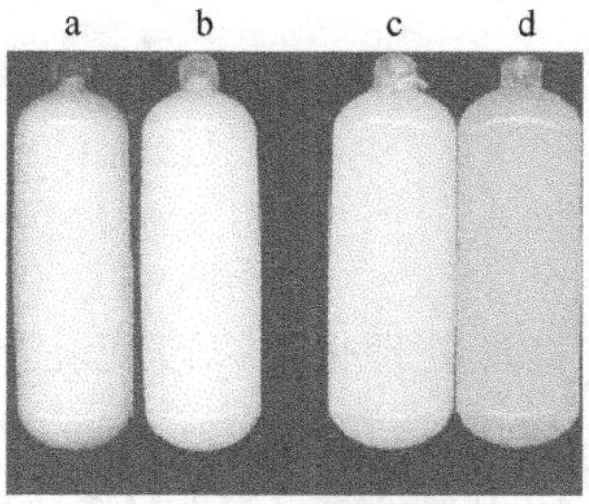

图 13.6 热处理及高压处理后乳的外观状态

a. 未热处理的乳；b. 100℃/3 min热处理的乳；c. 未高压处理的乳；d. 600 MPa/30 min高压处理的乳

在热处理过程中，乳蛋白粒径的变化取决于加热温度、处理时间以及pH等因素。在牛乳正常的pH条件下，温和的热处理（低于70℃，20 min）可使酪蛋白胶束粒径有微小降低（图13.7a）。温度超过100℃以上的热处理，乳蛋白粒径的大小与溶液pH密切相关，pH为6.5时，可以观察到酪蛋白胶束粒径增加，平均增加幅度大约为35 nm，随着pH的升高，胶束粒径增加幅度减少，pH 6.7时平均增加幅度仅约为5 nm；pH高于6.7时，温和的热处理可以降低酪蛋白胶束粒径，如图13.7a所示（Anema and Li，2003a，2003b）。酪蛋白胶束粒径的变化与变性的乳清蛋白关系密切，pH为6.5时，大约有70%的变性乳清蛋白与酪蛋白胶束结合，随着pH增加，pH为6.7时，只有30%的变性乳清蛋白与酪蛋白胶束结合（图13.8），同时，κ-酪蛋白从胶束表面解离出来。释放的蛋白数量与加热温度有关，加热到120℃时释放4%的蛋白质，加热至140℃释放的蛋白质数量增加至20%。释放的蛋白质包括β-酪蛋白、α_{s1}-酪蛋白和κ-酪蛋白，较大的胶束似乎释放出更多的β-酪蛋白，α_{s1}-酪蛋白和κ-酪蛋白的释放比例为1∶1（不计胶束大小）(Alexander et al.，2007)。

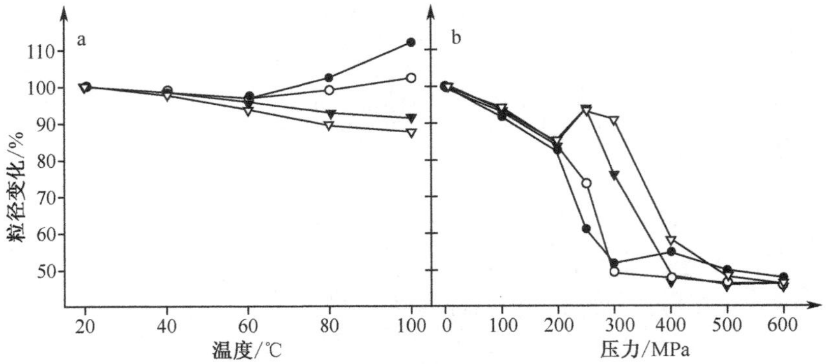

图 13.7　加热或高压处理 30 min 后脱脂乳蛋白的粒径变化

图中 100 为基点，大于、小于比值即显示变化

•. pH 6.5；○. pH 6.7；▾. pH 6.9；▿. pH 7.1

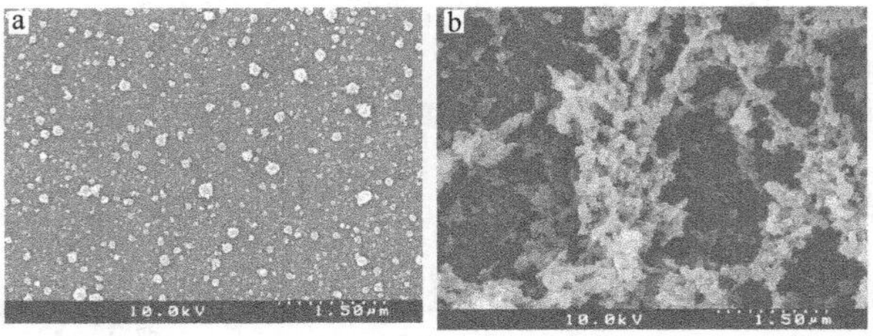

图 13.8　不同 pH 热处理后的脱脂乳蛋白电镜图

a. pH 6.70；b. pH 5.20

高压处理也可以改变乳蛋白的粒径。压力超过300 MPa的处理，可以使乳蛋白粒径从200 nm降到100 nm，这种粒径变化迅速，同时伴有乳清中酪蛋白水平的大幅度提高。压力在200～300 MPa时，乳蛋白粒径有可能增加（图13.7b），能否增加与pH、压力、温度以及处理过程有关。pH的微小变化对高压处理后的乳蛋白粒径有很大影响，pH在6.5～6.7时，压力处理导致乳蛋白粒径降低；pH在6.9～7.1时，200 MPa压力下，乳蛋白粒径降低，随后在250 MPa压力下粒径增大，进一步增加压力，粒径又降低，500 MPa时，pH对乳蛋白粒径无影响（图13.7b）。

4. 乳清蛋白与酪蛋白胶束的相互作用

热处理后变性的乳清蛋白与酪蛋白胶束之间相互作用，主要依靠非共价键和二硫键发生聚集。酪蛋白胶束表面的κ-酪蛋白与变性的β-乳球蛋白，通过二硫键相互连接（图13.9）。pH对这种作用有很大影响。pH为6.5时，大约有80%的变性乳清蛋白与酪蛋白胶束作用；pH为6.7时，这种作用大大降低，仅有30%左右的变性乳清蛋白与酪蛋白胶束作用；随着pH的升高，这种作用能力减弱。β-乳球蛋白分子中的2个二硫键和1个游离巯基，对乳清蛋白与酪蛋白胶束的聚集起到重要作用。β-乳球蛋白在80～90℃的热处理温度下，仅与酪蛋白表面的κ-酪蛋白相互作用，与胶束内部同样含有2个

半胱氨酸残基的 α_{s2}-酪蛋白无作用，但是，有报道表明，在 UHT 乳中，β-乳球蛋白与 α_{s2}-酪蛋白通过二硫键相互连接（Donato et al.，2007）。

研究压力处理对乳蛋白之间相互作用影响的文献很少。采用 400 MPa/15 min 处理牛乳的结果表明，没有乳清蛋白与酪蛋白胶束之间的结合，压力处理可以破坏酪蛋白的胶束结构（图 13.10），使胶束内部的 α_{s2}-酪蛋白暴露。因此，与热处理不同，β-乳球蛋白不仅与 κ-酪蛋白相互作用，也与 α_{s2}-酪蛋白通过二硫键相互作用。200 MPa/30 min 处理时，β-乳球蛋白与 κ-酪蛋白相互作用，400 MPa/30 min 处理时，β-乳球蛋白才与 α_{s2}-酪蛋白相互作用。这种相互作用形成的聚集体小于热处理后形成的聚集，产生的差异来自两种处理手段对乳蛋白质结构的不同影响（Patel et al.，2006）。

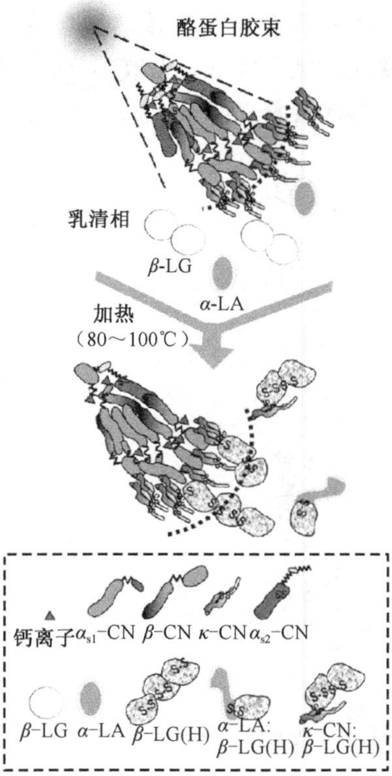

图 13.9　热处理（80～90℃）对乳蛋白结构影响示意图

LG. 乳球蛋白；LA. 乳白蛋白；CN. 酪蛋白

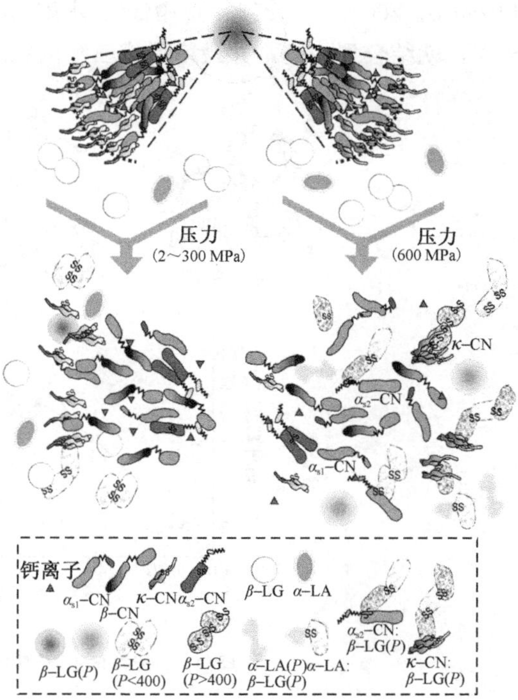

图 13.10　高压处理对乳蛋白结构影响的示意图

LG. 乳球蛋白；LA. 乳白蛋白；CN. 酪蛋白

此外，对于全脂乳而言，热处理可导致 β-乳球蛋白、α-乳白蛋白与乳脂肪球膜蛋白通过二硫键相互作用，随着温度的升高这种作用能力增强。在 100～800 MPa 压力处理下，β-乳球蛋白也会与乳脂肪球膜蛋白通过二硫键相互作用，且随压力的升高和作用时间延长而增加。但是，比较而言，压力带来的这种作用结果远小于热处理的作用结构，高压处理后的全脂乳再经过热处理，乳清相中 β-乳球蛋白和 α-乳白蛋白含量增加。

13.1.2　乳蛋白的胶凝性

对于酪蛋白胶束而言，κ-酪蛋白的保护和胶束表面电荷是决定其稳定性的重要因素，一旦这两方面被破坏，则会发生聚集、胶凝或沉淀。乳蛋白的胶凝可分为酸凝胶和酶促凝胶两类，酸凝胶形成的前提条件是静置状态下牛乳体系 pH 缓慢降低（酸奶是典型代表）。酪蛋白胶束由于表面 κ-酪蛋白形成毛发层而在乳中正常 pH（约 6.7）下保持稳定，发酵过程中随着乳酸菌代谢，乳糖转化为乳酸，pH 缓慢降低，电荷分布发生改变，酪蛋白胶束一系列解离，并通过适当方式重新聚合从而形成三维凝胶网络。干酪是酶促凝胶的代表，干酪的凝乳过程分为两个阶段。第一个阶段是在凝乳酶的作用下，κ-酪蛋白序列中的 Phe105—Met106 发生水解，水解下来的 C 端部分被称为糖巨肽（κ-$CN_{1\sim105}$CMP），溶入周围的溶液中，蛋白质分子的 N 端部分仍存在于酪蛋白胶束表面，被称为副-酪蛋白胶束。第二阶段是非酶反应阶段，是凝胶形成的阶段。κ-酪蛋白经第一阶段凝乳后，大量带电荷的疏水糖巨肽（酪蛋白 C 端部分）被释放出来，使酪蛋白胶束的 Zeta 电位从原来的 $-10\sim-20$mV 降低到 $-5\sim-7$mV，这导致胶束稳定因素和胶体稳定性的破坏（Tovar and Franco，2004）。当 85％的 κ-酪蛋白水解后，胶束稳定性大大降低，以致其分子一旦互相碰撞，就结合到一起，并最终形成三维网状结构，即形成凝胶，如图 13.11 所示。

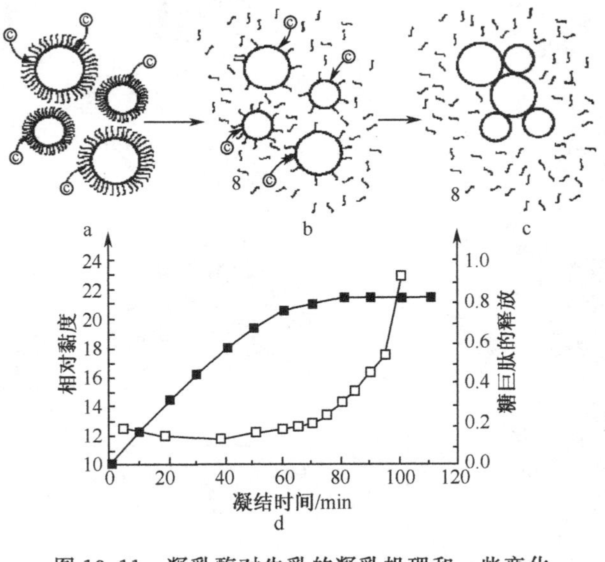

图 13.11　凝乳酶对牛乳的凝乳机理和一些变化

维持乳蛋白凝胶网状结构的作用力，主要有疏水键、氢键和静电斥力。不同的外界条件和内在因素，均会影响乳蛋白的胶凝特性。从乳蛋白自身考虑，乳蛋白的含量、组成及其结构的改变，均会影响凝胶结构特性，从外界条件看，pH 改变、热处理条件、钙离子浓度、乳脂肪等其他介质成分，也会影响乳蛋白的凝胶特性。

1. 蛋白质含量及组成

在酸奶的制作过程中，提高酸奶中总固形物含量，尤其是增加蛋白质含量，通常会增加蛋白质网络结构的密度，减小凝胶中微孔的大小，可以更牢固地束缚产品中的水分，即减少乳清析出。乳中蛋白质的强化，可以通过添加乳粉、乳清粉、乳蛋白浓缩物、乳清蛋白浓缩物或酪蛋白酸钠等物质来完成。很多学者进行这一方面的研究，表 13.4 列出了相关的结果。

表 13.4　一些关于强化乳蛋白制作酸奶的研究

方法	结论
采用超滤的方法将原料乳浓缩到不同蛋白质含量用来制作酸奶	很大程度上，浓缩酸奶的流变学特性取决于蛋白质的浓度及膜处理过程中机械搅拌的强度；电镜分析结果表明，高蛋白质含量样品要比低蛋白质含量样品有着更紧密的结构；蛋白质含量提高，乳清析出减少
通过微滤的方法使脱脂乳中蛋白质浓度从3.5%增至7.0%（*m*/*m*）	蛋白质含量的增加导致凝胶硬度更大、黏度更高和乳清持有能力更强，以及更致密的网状结构；这些结构性质和微观结构表明，蛋白质浓度越高，凝胶的网络结构越好
分别添加2%的乳清蛋白粉、脱脂乳粉、乳清蛋白浓缩物制作酸奶，用未加任何成分的全脂乳为对照，分析样品质地特性和微观结构	添加乳清蛋白浓缩物的酸奶最稳固，而对照组稳固性最差。添加乳清蛋白粉、脱脂乳粉和乳清蛋白浓缩物的酸奶的黏度，平均增加1.2～5倍，对照酸奶表现出最高乳清析出量；扫描电子显微镜观察显示对照组的微观结构，为疏松多空隙；而含有乳清蛋白浓缩物的酸奶与含有乳清粉和脱脂乳粉的酸奶，有更规则更紧密的蛋白质网络结构
使用脱脂乳粉和乳清蛋白浓缩物的混合物来研究凝固型无脂酸奶的稳定性，包括质地、微观结构、感官、脱水作用等，以添加脱脂乳粉/乳清蛋白浓缩物的比例为1∶0的全脂酸奶为对照	含高比例的乳清蛋白浓缩物的样品显示出更结实的结构、更黏稠的质地、更强的持水能力，并且缩短了发酵的时间；添加脱脂乳粉/乳清蛋白浓缩物的比例为1.5∶0.5、蛋白质含量为5%的无脂酸奶，与对照酸奶相比，在质地特性、持水性和感官性质上相似（$p<0.05$）
三种酪蛋白水解物和三种乳清蛋白水解物被分别加入到原料乳中，浓度0.25～4 g/L，以未添加的牛乳做对照制作酸奶，比较黏度、质地和微观结构	与对照组相比，添加水解物缩短了发酵的时间，颗粒度降低，但黏度和硬度减小，酸奶凝胶的微观结构更开放，分支更少，持水能力弱；以乳清蛋白水解产物作为蛋白添加物，会对酸奶凝胶质地和微观结构产生负面影响

蛋白质含量对酸奶凝胶的影响很大，其影响程度取决于蛋白质的种类及添加量，如酪蛋白水解物、乳清蛋白水解物的添加对酸奶的各个方面的性质仅起到负面的影响，而添加乳清浓缩蛋白的效果最好，随着蛋白质添加量的增加，宏观上表现出质地更均匀、致密，持水能力更强。在微观结构方面，随着蛋白质含量的升高，由酪蛋白胶束形成的分支链逐渐变短，凝胶的空隙逐渐减小，形成更规则更细小的网状结构（Puvanenthiran et al.，2002）。酸奶的流变性研究指出随着增加蛋白质的含量，酸奶的弹性模量和表观黏度均增加，损耗应变减少，凝胶强度增加，如图 13.12 所示。

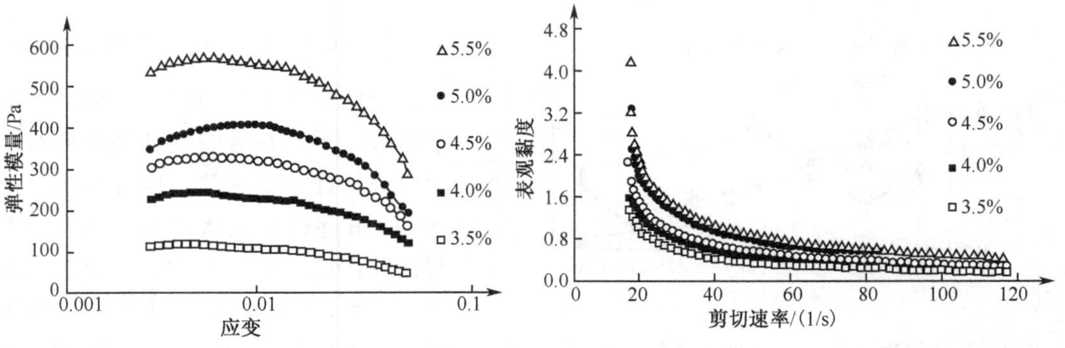

图 13.12　蛋白质含量分别为 3.5%、4.0%、4.5%、5.0%和 5.5%（*m*/*m*）时，弹性剪切模量与应变关系图（a）和黏度与剪切速率的关系图（b）

乳中酪蛋白与乳清蛋白的比例为 60∶40，脂肪含量为 0.37%

2. 酪蛋白和乳清蛋白比

添加脱脂乳粉、乳清粉、乳清浓缩物等，在强化原料乳的同时，不仅仅是提高乳总干物质及蛋白质的含量，也改变酪蛋白和乳清蛋白的比例。研究表明，这个比例对凝胶结构的形成、凝胶微观结构、流变学特性有很大的影响。与酪蛋白胶束不同，乳清蛋白具有宽泛的粒径大小、不同的结构特性，在乳蛋白的凝胶特性中起重要作用。

研究报告指出，用脱脂乳粉和乳清蛋白浓缩粉的混合物制备的重组乳来制作凝固型酸奶，酪蛋白与乳清蛋白的比例从4.66∶1变化到0.51∶1。在保持酸奶中总蛋白含量不变的条件下，降低酪蛋白与乳清蛋白的比例可使凝胶的强度和弹性达到最大值，也可减少乳清析出量（Puvanenthiran et al.，2002)。在另一个试验中，使用不同的乳清蛋白浓缩粉(含蛋白质40%～80%)，制备蛋白质含量一定、酪蛋白和乳清蛋白比例一定的酸奶，表明虽然乳清蛋白的来源不同，但凝胶的物理性质均相似（Amatayakul et al.，2006)。

在对乳固形物含量为12%、乳蛋白为4.14%～4.25%的凝固型酸奶的电镜分析中，可以观察到，酪蛋白/乳清蛋白为4.7∶1、2.9∶1、2.0∶1、1∶1时，蛋白质的网络结构，由含较大孔隙、聚集体间交联较少的粗糙的结构，变化到含有大量细小孔隙和含有浓密交联网络的精细的结构。这种结构明显地影响酸奶凝胶的力学性质，提高了凝胶的物理特性，储能模量增加，硬度增加；形成了更细小的凝胶网络结构，减少了乳清析出趋势，如图13.13所示（Puvanenthiran et al.，2002)。

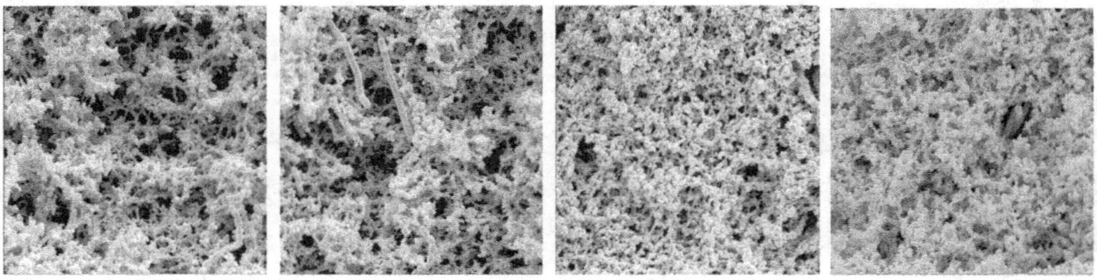

图13.13 不同酪蛋白与乳清蛋白比例的酸奶凝胶3000倍扫描电镜图谱

固形物含量12%，乳蛋白4.14%～4.25%，酪蛋白/乳清蛋白分别为4.7∶1 (a)、2.9∶1 (b)、2.0∶1 (c)、1∶1 (d)

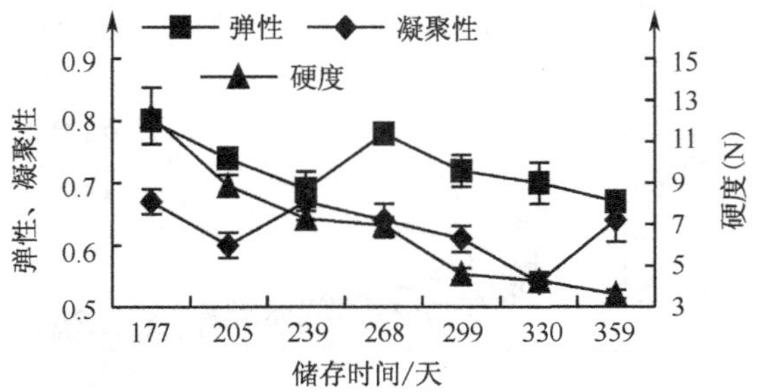

图13.14 勾达（Gouda）干酪在储存期间的质构变化

3. 乳蛋白的降解与凝胶特性

干酪成熟的蛋白质分解模式可简单总结如下：残留的凝乳剂首先对酪蛋白进行进一步水解，血纤维蛋白溶酶D、其他体细胞蛋白酶也部分地参与这种作用，形成大的、中等大小分子的肽类，它们可进一步被来自发酵剂、非发酵剂的肽酶进一步降解，生成小分子肽类和氨基酸。蛋白质的降解直接影响干酪的凝胶特性，在储存期间干酪的硬度随着储藏时间的增加而降低（图13.14)。干酪在成熟过程中，蛋白质水解程度不断增加，产生大量可溶性成分，蛋白质凝胶（主要是酪蛋白）原有结构被破坏，干酪体系变得松散，硬度下降（Hekken and Tunick，2004）。通常认为，α_{s1}-酪蛋白的降解，是使干酪组织状态和质地发生初始转化的最重要反应。干酪中残留的凝乳酶和蛋白酶水解 α_{s1}-酪蛋白，酪蛋白网络结构发生变化，导致干酪逐渐变软。

4. 热处理

乳蛋白的变性程度以及乳蛋白之间的相互作用，对其胶凝特性都有重要影响。牛乳经 63℃以上温度加热后会影响凝乳效果，酸化生成的凝块细小而柔软，用凝乳酶凝固的凝块也比较柔软，采用 100℃处理时尤为显著，其凝固时间随加热温度的升高而延长（Lee and Lucey，2004）。加热温度高于 90℃，热处理 10 min 时，凝乳酶不能使乳蛋白发生胶凝。热处理前（或后）加酸或 $CaCl_2$，可以减少加热对凝乳的不良影响。

乳在高于 75℃条件下处理 15 min 会缩短胶凝的时间，并导致发生胶凝时的 pH 有所升高，导致胶凝 pH 升高的原因是 β-乳球蛋白具有较高的等电点（大约在 5.3 左右），与未加热乳凝胶中的酪蛋白颗粒相比，在较高的 pH 条件下，就导致变性的乳清蛋白发生聚集。用经过热处理的牛乳制备的凝胶，相比未经热处理的对照，酸凝胶的动力学模量较低，由于在胶凝过程中有更多的颗粒发生重新排列，导致密集网络聚集的发生。用 78℃以上、预处理 30 min 的牛乳制备出的凝胶，具有较高的模量值，表明硬度的增加与变性乳清蛋白和酪蛋白胶粒的交联有关。

热处理通常会对酸奶的微观结构产生极大的影响。用未经过热处理的乳制得的酸奶凝胶呈现出含有较大酪蛋白颗粒和 5～20 μm 孔径的网络结构。而在用热处理过的乳制得的凝胶中观察到了一个更好更加细密的蛋白质网络结构，此结构中的孔径更小（3～10 μm）。低温发酵制得的酸奶凝胶，从显微照片中可以观察到一个交联得更加致密的蛋白质网络结构。在更低的温度下进行发酵，酪蛋白容积度的增加也加强了聚集的酪蛋白颗粒间的连接程度。在低温环境下，酪蛋白颗粒间新增的接触区域，可以增强凝胶的硬度。利用 Posthumus 漏斗测定搅拌型酸奶的黏度，观察到在较低温度下发酵酸奶的黏度更大，38℃下发酵的搅拌型酸奶与 43℃下发酵的搅拌型酸奶相比，其黏度更大、质地更好。

5. pH

酸奶产生的基础是酪蛋白和乳清蛋白，酸化过程中，乳的 pH 从 6.7 降至 4.6。乳蛋白在这个过程中发生一系列的解离与重组，最终形成凝胶（Donato and Dalgleish，2006）。下面介绍在 3 个 pH 区间内凝胶形成时的物理化学变化。

1）pH 6.7～6.0

当乳 pH 降低时，酪蛋白胶粒的净负电荷有所降低，导致蛋白分子间的静电排斥作用降低。在 pH 大于 6.0 时，只有少量胶体磷酸钙溶出。此时，酪蛋白胶束还相对稳定，酪蛋白胶束的粒径大致相当。

2）pH 6.0～5.0

随着 pH 降低，酪蛋白胶束上的净负电荷也随之降低，胶束表层 κ-酪蛋白的毛须发生蜷缩。pH 降至 5.2 时，β-酪蛋白和 κ-酪蛋白从胶束中分离出来，在 pH 5.2～5.5 时乳蛋白出现小的聚集体。这种聚集体不是由酪蛋白胶束构成，而是由游离酪蛋白构成。

在酸化的过程中（pH 小于 6.0），出现酪蛋白的脱磷酸化和磷酸钙的沉淀，破坏了酪蛋白胶粒的内部结构，并增加了裸露的磷酸丝氨酸残基。乳中酪蛋白胶束中的磷酸钙在 pH 5.0 左右完全溶出。

研究结果指出，从胶束中分离出的酪蛋白的数量和比例，与温度和 pH 相关，温度从 30℃降到 4℃，更多的酪蛋白从胶粒中分离出来并进入乳清中。产生最大分离值的 pH 为 5.1～5.6。胶体磷酸钙的缺失，破坏了酪蛋白的胶束结构。

3）pH 小于 5.0

当乳 pH 接近酪蛋白的等电点（pH 4.6）时，酪蛋白表面净电荷的降低会进一步减少酪蛋白分子之间的静电斥力。另外，由于疏水相互作用的增强，导致了酪蛋白-酪蛋白之间的相互引力的增大。当 pH 降至 4.9 时，酪蛋白之间相互作用形成的聚集体的粒径，大于最初的酪蛋白胶束。随着进一步酸化，有序聚集的酪蛋白链和随机聚集的酪蛋白簇组成三维网络结构。

13.1.3　酪蛋白的乳化性

在食品蛋白质中，可溶性酪蛋白具有良好的乳化特性，除了 κ-酪蛋白以外，其他酪蛋白在油-水界面和气-水界面均有很强的吸附能力，以及良好的乳化稳定性。酪蛋白的乳化特性与其分子结构密切相关。酪蛋白是两性分子，疏水区与水-油或气-水界面结合，降低了表面张力。此外，良好的分子柔性和表面电荷使其可以在界面展开，所带的电荷增加了油滴之间的斥力，防止其发生融合（图 13.15），因此，具有其他食品蛋白不能比拟的乳化稳定性。

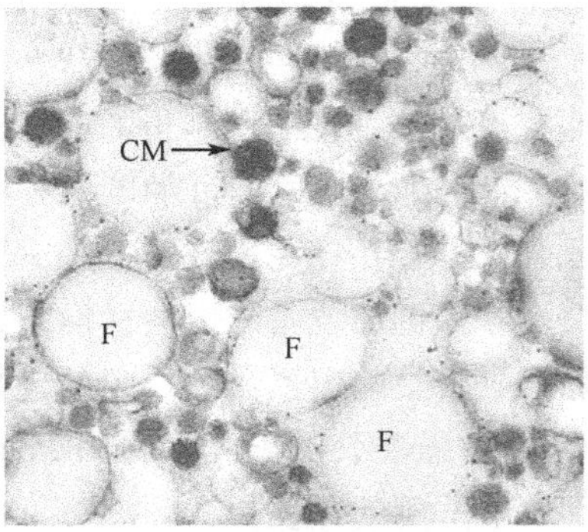

图 13.15　冰淇淋中乳蛋白与脂肪球的透射电镜图（500 nm）（Zhang and Goff，2004）

小颗粒为 β-酪蛋白；CM 为酪蛋白胶束；F 为脂肪球

β-酪蛋白的两性结构特征，以及含有 16.3%的脯氨酸残基的松散结构特点，使其具有优于其他酪蛋白的乳化能力和乳化稳定性（图 13.16），表现出更高的表面活性。吸附界面通常为酪蛋白的单分子吸附层，即使水相中酪蛋白是聚集状态，也会在界面吸附时分散。各种酪蛋白的混合体系不同于单一酪蛋白的乳化性，这可能是因为 α_{s1}-酪蛋白与 β-酪蛋白之间的竞争吸附，以及 κ-酪蛋白与 α_{s2}-酪蛋白改变酪蛋白聚集体结构所致。

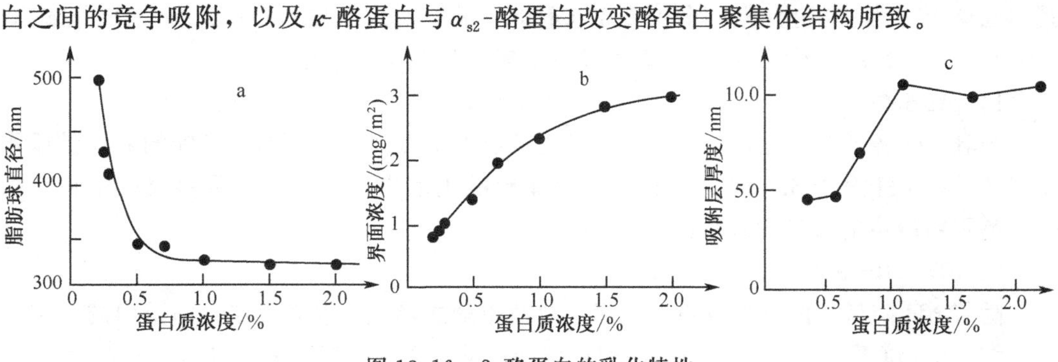

图 13.16　β-酪蛋白的乳化特性

a. 蛋白质浓度-脂肪球直径；b. 蛋白质浓度-界面吸附浓度；c. 蛋白质浓度-吸附层厚度

酪蛋白良好的乳化稳定性与酪蛋白胶体特性、电荷、分子柔性有关，与其他蛋白质不同，当界面浓度达到 1 mg/m^2 时，酪蛋白分子能够产生稳定的乳化特性，当界面浓度达到 2～3 mg/m^2 时，蛋白质空间构象发生改变，如图 13.17 所示（Damodaran and Paraf，1997）。这种构象归因于酪蛋白分子的高度柔性。同时，每个酪蛋白分子携带有 5 个磷酸丝氨酸残基，使吸附层带有较高电荷，高电荷也有助于蛋白质构象的改变。这种变化通常是 N 端 40 个氨基酸残基伸入水相，构成大约 8 nm 的毛发状结构，形成厚度为 1～2 nm 的吸附层。离子强度会对酪蛋白的乳化性有一定影响，Ca^{2+} 的存在不仅会降低 ξ-电位，也会降低吸附层厚度。

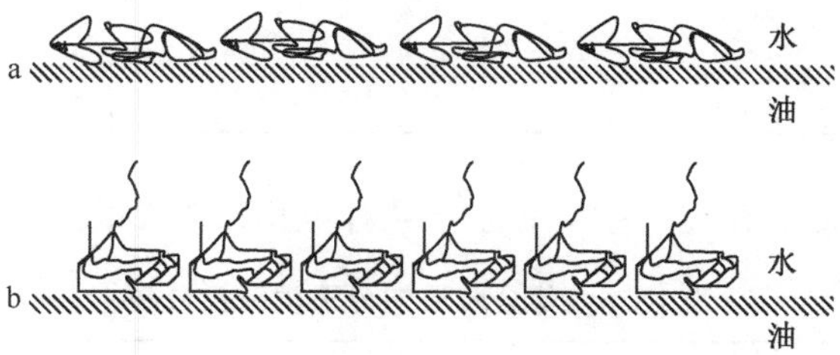

图 13.17　油-水界面吸附酪蛋白的构象变化

a. 低浓度下；b. 高浓度下

乳清蛋白有着很好的乳化稳定性，它的刚性结构、水合能力以及电荷，有助于形成更厚的吸附层，即使是在很低的蛋白质浓度，也能形成厚度在 5～10 nm 的蛋白质吸附层。

13.2　胶原蛋白的特性

胶原（collagen）广泛存在于从低等脊椎动物的体表面到哺乳动物机体的一切组织中，是哺乳动物体内含量最多的一类蛋白质，占蛋白质总量的 25%～30%。胶原单体是长圆柱状蛋白质，长度约为 280 nm，直径为 1.4～1.5 nm。它由 3 条多肽链彼此以超螺旋的形式缠绕而成。胶原由结构上略有不同的一组蛋白质构成，目前已发现有 27 种不同类型的胶原，按发现顺序分为Ⅰ型胶原、Ⅱ型胶原、Ⅲ型胶原等，最常见的类型为Ⅰ型胶原。

胶原是一种硬蛋白，经酸、碱、酶或高温处理后的变性产物是明胶（glutin）。胶原变成明胶有 3 种可能：①三股螺旋体完全松开，成为 3 条互不联结的肽链，分子质量为 80 000～125 000 Da；②一条肽链完全松开，另外两条之间的共价键完全断开，但仍由氢键联结，分子质量为 160 000～250 000 Da；③3 条肽链松开后仍由少量氢键联结，分子质量为 240 000～375 000 Da。明胶作为增稠剂、稳定剂和胶凝剂已广泛用于食品工业，商业明胶常分为 A 型和 B 型，A 型明胶主要以动物皮为原料，用酸水解方法制得，等电点为 pH 7～9。B 型胶原主要以动物皮、骨、腱为原料，用碱水解方法制得，等电点为 pH 4.6～5.2。近年的研究发现胶原与组织的形成、成熟、细胞间信息的传递有关，同时，与细胞增殖、分化、运动、细胞免疫、伤口愈合、钙化作用、凝血和衰老等有着密切的关系。

13.2.1　胶原的化学组成及分类

胶原蛋白是由 α-氨基酸组成的，一般含有碳、氢、氮、氧和硫 5 种元素（表 13.5），胶原蛋白分子的氮含量高于其他蛋白，尤其是牛皮、猪皮、马皮和骆驼皮，胶原的含氮量是各种蛋白质中最高的。

表 13.5　胶原的元素组成（%）

来源	C	H	N	O+S
马皮、骆驼皮	50.2	6.4	17.8	25.6
山羊皮、鹿皮	50.3	6.4	17.4	25.9
绵羊皮、狗皮	50.2	6.5	17.0	26.3
猫皮	51.1	6.5	17.1	25.3

胶原以几种多晶形式存在，主要有以下几种类型（表 13.6）。

表 13.6　部分胶原的分子类型及分布

类型	肽链组成	Gly	Pro	Hyp	Lys	Hyl	组织分布	特征
Ⅰ	$[\alpha_1(\text{Ⅰ})]_2\alpha_2(\text{Ⅰ})$	330	129	96	30	4	真皮、腱、骨、牙本质	机体最多，不含 Cys，侧链含糖量 1%，常形成大的带状纤维
	$[(\alpha_1(\text{Ⅰ})]_3$						胎儿、发炎及肿瘤组织	
Ⅱ	$[(\alpha_1(\text{Ⅱ})]_3$	320	108	100	13	21	透明软骨、玻璃体、髓核、胎盘角膜、神经视网膜	Hyl 的羟基几乎全部与糖结合，含糖量约 10%，常形成直径较小的带状纤维
Ⅲ	$[(\alpha_1(\text{Ⅲ})]_3$	360	109	112	35	5	胎盘真皮、心血管、胃肠道、真皮、牙周膜、网状纤维	侧链含糖少，含 Cys 及二硫键，His 较多，活体呈强嗜银性
Ⅳ	$[(\alpha_1(\text{Ⅳ})]_3$	325	60	163	5	42	基膜极板、晶状体囊、角膜后弹性膜、血管球基膜、卵黄囊壁	富含 Hyl，含糖量高，Hyp 的羟基有 4-位、3-位，无横纹，活体中形成扁网
	$[(\alpha_1(\text{Ⅳ})]_2\alpha_2(\text{Ⅳ})$							
	$[(\alpha_2(\text{Ⅳ})]_3$							
Ⅴ	$\alpha_1(\text{Ⅴ})[(\alpha_2(\text{Ⅴ})]_2$						胎盘绒毛膜和羊膜、肌、鞘、腱鞘	富含 Hyl，具有间隔的横纹区，整个分子是一个连续的三螺旋杆状结构
	$[(\alpha_1(\text{Ⅴ})]_2\alpha_2(\text{Ⅴ})$	346	117	99	12	32	人烧伤后的颗粒组织	
	$\alpha_1(\text{Ⅴ})\alpha_2(\text{Ⅴ})\alpha_3(\text{Ⅴ})$	340	113	101	12	34	培养肺泡上皮细胞分泌	

注：Hyp 为羟脯氨酸，Hyl 为羟赖氨酸。

1. Ⅰ型胶原

最常见的胶原类型，占体内总胶原的 90%，由 2 条 α_1 肽链和 1 条 α_2 肽链组成，也有少量的是由 3 条 α_1 肽链组成。α_2 具有与 α_1 不同的氨基酸序列，α_1（Ⅰ）肽链由 1014 个氨基酸残基组成，每条肽链的分子质量约为 100 000 Da。3 条肽链之间以氢键相连，肽链的 96%由 Gly—X—Y 重复序列组成，Gly 约占残基数的 1/3，X 常为脯氨酸残基，

Y 常为羟脯氨酸残基或羟赖氨酸残基，N 端和 C 端不含重复的 Gly—X—Y 结构，不能形成左手螺旋。N 端第 9 位和 C 端 16 位的赖氨酸残基，以及 N 端、C 端非 Gly—X—Y 区的15～20 个氨基酸残基，在胶原的生物合成和合成后肽链间形成交联的过程中，发挥重要作用。

2. Ⅱ型胶原

由 3 条 α_1 肽链组成。Ⅱ型胶原分子非螺旋区的重要特征与Ⅰ型胶原一样，N 端第 9 位和 C 端 16 位是赖氨酸残基。Ⅱ型胶原的 α_1（Ⅱ）肽链富含羟赖氨酸，并且糖化率高，含糖量可达 4%。Ⅱ型胶原被胶原酶催化裂解的位点是甘氨酸-异亮氨酸肽键。

3. Ⅲ型胶原

由 3 条相同的 α_1（Ⅲ）肽链组成。α_1（Ⅲ）肽链含有半胱氨酸残基，因而肽链之间存在少量二硫键，也是这类胶原的独特之处。Ⅲ型胶原本身可以形成细纤维。Ⅲ型胶原分子的非螺旋区的重要特征与Ⅰ型胶原一致，α_1（Ⅲ）肽链中 N 端第 9 位和 C 端 16 位是赖氨酸残基。

4. Ⅳ型胶原

与Ⅲ型胶原相似，含有半胱氨酸残基，由 3 条相同的 α（Ⅳ）肽链通过二硫键盘绕而成的三螺旋结构，比前 3 种胶原长 1/3，全长 400 nm，其中，胶原区 350 nm，非胶原区 N 端 50 nm，C 端 50 nm，直径 1.5 nm，相对分子质量约为 550 000。目前已经证实，至少有 6 种 α（Ⅳ）肽链，即 α_1（Ⅳ）、α_2（Ⅳ）、α_3（Ⅳ）、α_4（Ⅳ）、α_5（Ⅳ）和 α_6（Ⅳ），每条Ⅳ型胶原 α（Ⅳ）肽链约由 1700 个氨基酸残基组成。肽链中段存在无螺旋结构的中断区，形成 N 端和 C 端及中间的 3 个结构域，尤其是 C 端是一个大的球形结构。有人认为，这种球形结构是由 2 个羧基端的相互作用以及 4 个相邻羧基端由二硫键引起的重叠，可形成“铁丝织网”结构的蛛网片层。肽链两端的结构域使Ⅳ型胶原分子交联成网状结构，不同于其他胶原集结组成宽厚的胶原纤维。近年来发现Ⅳ型胶原的这种特殊结构与肿瘤转移有关。α（Ⅳ）肽链与其他胶原链不同的是 Gly—X—Y 重复序列常被 2～11 个氨基酸长度的非胶原氨基酸打断，这些非胶原氨基酸主要集中在氨基端。此外，羧基端也含有 229 个非胶原氨基酸。肽链间通过反平行作用，以及氨基端的二硫键和羧基端非胶原位点之间的相互作用，形成Ⅳ型胶原特殊的三维网状结构，这种三维网状结构容纳层粘连蛋白-巢蛋白复合物（laminin-nidogen complex）和硫酸肝素蛋白多糖等基膜成分，使基膜具有机械和化学的屏蔽功能。

5. Ⅴ型胶原

由 2 条 α_1 链和 1 条 α_2 链或由 3 条 α_1 链组成，主要形式有：α_1（Ⅴ）[α_2（Ⅴ）]$_2$、[α_1（Ⅴ）]$_2$$\alpha_2$（Ⅴ）和 α_1（Ⅴ）α_2（Ⅴ）α_3（Ⅴ），其中以 [α_1（Ⅴ）]$_2$$\alpha_2$（Ⅴ）形式为主，每条肽链的相对分子质量为 95 000，富含羟脯氨酸和羟赖氨酸，常与Ⅰ型或与Ⅱ型、Ⅲ型胶原形成混合型纤维。Ⅴ型胶原纤维具有间隔为 67 nm 的横纹区，整个分子为一个连续的三螺旋杆状结构。

13.2.2 胶原蛋白的结构特性

1. 氨基酸组成

胶原蛋白分子的 3 条肽链各由 1000 多个氨基酸残基组成，如胶原 α_1（Ⅰ）肽链含 1014 个氨基酸残基，α_1（Ⅲ）肽链含 1023 个氨基酸残基。胶原蛋白的氨基酸含量组成与其他动物蛋白不同（表 13.7），主要存在以下差异：①缺少胱氨酸和色氨酸；②甘氨酸含量几乎占了 1/3；③存在羟脯氨酸和羟赖氨酸。其他蛋白质中不存在羟赖氨酸，也很少含有羟脯氨酸。这两种氨基酸，是胶原肽链中的脯氨酸和赖氨酸经过羟化酶作用转化而来；④脯氨酸和羟脯氨酸含量均高于其他蛋白。这两种氨基酸都是环状氨基酸，能锁住整个胶原蛋白分子，故使胶原蛋白具有微弹性和很强的拉伸强度；⑤胶原蛋白 α 链 N 端氨基酸是焦谷氨酸。它是谷氨酰胺脱去 1 分子氨而闭环产生的吡咯烷酮羧酸，在一般蛋白质中是很少见的。

表 13.7　几种胶原的氨基酸组成（残基个数/1000 个残基）

组成	小牛皮胶原	公牛皮胶原	小牛皮酸溶明胶	猪皮明胶
丙氨酸	112	105	115.1	110.8
甘氨酸	320	334	341.0	326.0
缬氨酸	20	19	19.0	21.9
亮氨酸	25	25	24.0	23.7
异亮氨酸	11	11	10.4	9.6
脯氨酸	138	129	113.3	130.4
苯丙氨酸	13	13	11.8	14.4
酪氨酸	2.6	4.7	2.8	3.2
丝氨酸	36	38	39.7	36.5
苏氨酸	18	17	18.2	17.1
胱氨酸	—	—	—	—
甲硫氨酸	4.3	6.6	5.1	5.4
精氨酸	50	48	47.1	48.2
组氨酸	5	4.6	1.9	60.0
赖氨酸	27	25	24.0	26.2
天冬氨酸	45	48	44.6	46.8
谷氨酸	72	72	73.7	72.0
羟脯氨酸	94	92	102.3	95.5
色氨酸	—	—	—	—

2. 一级结构

在大多数蛋白质的多肽链中，氨基酸一般不会周期性的重复顺序。但是，胶原蛋白却有甘氨酰—脯氨酰—羟脯氨酰、甘氨酰—脯氨酰—Y 和甘氨酰—X—Y（X、Y 代表除甘氨酰和脯氨酰以外的其他氨基酸残基）这样的三肽重复顺序存在（Takeshi and Nobutaka，2002）。甘氨酸几乎占总氨基酸的 1/3，即每隔两个其他氨基酸残基就有一个甘氨酸，故其肽链可由（甘—X—Y)$_n$ 表示，X 位置 20%～30%是由脯氨酸残基占据，甘氨酰—脯氨酰—Y 三肽的数量将近为全部三肽总和的 1/3，其结构式如图 13.18 所示。这种三肽重复顺序对胶原蛋白的结构起着很大作用，例如，Ⅰ～Ⅲ型、Ⅴ型和Ⅺ型胶原属于成纤维胶原，它们分子中的胶原域是由长而不间断的三股螺旋组成，而其他非纤维胶原的胶原域中的三股螺旋是不连续的，至少存在一个中断区域。这个中断就在三肽重复顺序中，即不是甘氨酰—X—Y，而是甘氨酰—X—甘氨酰—X—Y 或甘氨酰—X—Y—X—Y。Ⅰ型胶原 α_1 肽链和 α_2 肽链的氨基酸组成序列如图 13.19 和图 13.20 所示。

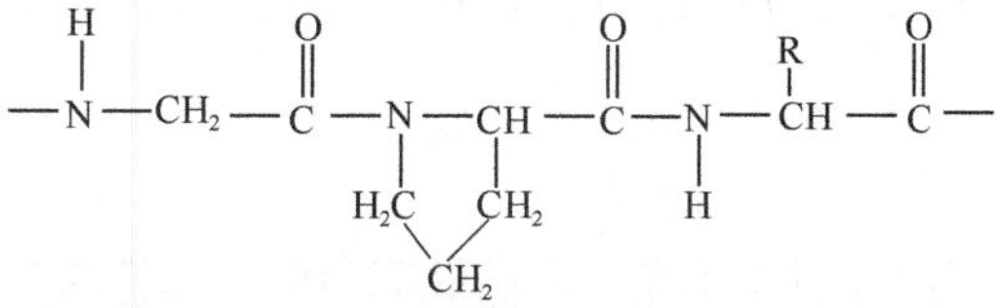

图 13.18　甘氨酰—脯氨酰—Y 的结构

GPMGPSGPRGLXGPXGAXGPQGPQGPXGEXGEXGASGPMGPRGPXGPXGKNGDDGEAGKPGRXGERGPXGPQGARGLXGTAGLXGMYGHRGP
SGLDGAKGDAGPAGPKGEXGSXGENGAXGQMGPRGLXGERGRXGAXGPGRGNDGATGAAGPXGPTGPAGPXGFXGAVGAKGEAGPEGARGSE
GPQGVRGEXGPXGPAGAAGPAGNXGDGQXGAKGANGAXGIAGAXGFXGARGPXGPQGPSGPXGPKGNSGEXGAXGNKGDTGAKGEXOPTGAQ
GPXGAAGEEGPRGARGEXGPSGLXGPXGERGGXGSRGFXGADGVAGPKGPAGERGAGPAGPKGSXGEAGRXGEAGLXOAKGLTGSXGSXGPD
GKTOPXGPAGQNGRXGPXGPXGARGQAGVMGFXGPKGAAGEXGKAGERGVXGPXGAVGPAGKDGEAGAQGPXGPAGPAGERGEQGPAGSXGF
QGLXGPAGPXGEAGLXGSQGAXGLQGMXGERGAAGLXGPKGDRGDAOPKGADGAPGLDGVRGLTGPGPXGPAGAXGDKGEAGPSGPAGPTGA
RGAXGDRGEXGPXGPAGFAGPXGADGQXGAKGEXGDAGAKGDAGPXGPAGPAGPXGPtGNVGAXGPYGARGSA6PXGATGFXGAAGRVGPXG
PSGNAGPXGPXGPAGKEGSKGPRGETGPAGRXGEVGPXGPXGPAGEKGAXGADGPGX6TPGPQGIAGQRGVVGLXGQRGERGFXGLXGPSGE
XGKQGPSGASGERGPXGPMGPXGLAGPXGESGREGAXGAEGSXGRDGSXGAKGDRGETGPAGPXGAXGAXGAXGPVGPAGKSGDRGETGPAG
PIGPVGPAGARGPAGPOGPRGDYGETGEEGDRGIYGHRGFSGLOGPXGPXGSXGEOGPSGASGPAGPRGPXGSAGSXGKDGLNGLXGPIGXX
GPRGRTGDAGPAGPXGPXGPXGPXGPP

图 13.19　Ⅰ型胶原 α_1 肽链的氨基酸组成序列

A. 丙氨酸；D. 天冬氨酸；E. 谷氨酸；F. 苯丙氨酸；G. 甘氨酸；H. 组氨酸；I. 异亮氨酸；K. 赖氨酸；L. 亮氨酸；M. 甲硫氨酸；N. 天冬酰胺；P. 脯氨酸；Q. 谷氨酰胺；R. 精氨酸；S. 丝氨酸；T. 苏氨酸；V. 缬氨酸；Y. 酪氨酸

GPMGLMGPRGPXGASGAXGPQGPQGPXGEXGEXGQTGTAGARGPXGPXGKAGEDGHXGLPGRXGERGVPGPQGARGFXGTXGLXGFXGIRGH
NGLDGLTGQXGAXGVYGEXGAXGENGTXGQYGARGLXGERGRVOAXGPAGARGSDGSVGPVGPAGPTGSAGPXGFXGAXGPYGELGPVGNRO
PAGPVGPRGEVGLXGLSGPVGPXGNAGPNGLXGAYGAAGLXGVGAXGLXGPRGIXGPVGAAGATGARGLVGEXGPAGSYGESGNKGEXGAVG
QXGPXGPSGEEGKRGSTGE1GPAGPXGPXGLRGNXGSRGLXGADGRAOVMGPAGSRGTSGPAGVGGPNGDSGRXGEXGLMGPRGFXGSXGN1
GPAGKEGPVGLXGLDGRXGPIGPAGPRGQAGROFXGPKGPTGEXGKAGEKGHG1AGARGAXGPDGNNGAQGPXGLQGVQGGKGEQGPAGPXG
FQGLXGPAGTAGEAGKXGERGIXGEFGLXGPAGARGERGPXGESGAIAGPTGPIGSRGPSGPXGPDGNKGEAGNVGPAGPAGPAGPSGIXGE
RGVAGVXGGKGEKGAXOLRGDTGATGRDGARGLXGA1GAXGPAGSAGDRGIZAGPAGPAGGGGARGIRGERGEXGPVGPNGFAGPAGAAGQX
GAYGERGTKGPVGEQGPVGPOGPVGAAGPXGPNGPXGPAGSRGDAGPXGATGFXGAAGRTGTXGPSGLTGPXGPXGPAGKEG1RGPRGDOGP
VGRSGETGASGPXGFVGEKGPSGEXGTAGPXGTXGPQGLLGAXGFLGLXGSRGERGLXGVAGSVGEXGPLGIAGPXGARGPXGNVGNXGVNG
AXGEAGRDGNXGNDGPXGRDGQXGHKGERGTXGNAGPXGAXGAXGAGPVGPGKRGNRGEXGPOAVGPAGAVGPRGPSOPQGRGDDGEXGDKG
DYGLYGDRGHNGLOGLXGLAGSHGDOGAXOVGPAGPRGPAGPSGPAGK1GIROQXGPAGQXGIRGSQGSQGPAGPXGPXGPXOPXGPP

图 13.20　Ⅰ型胶原 α_2 肽链的氨基酸组成序列

各符号意义同图 13.19

3. 空间结构

胶原的二级结构是由三条肽链组成的三股螺旋，其中的每一股又是一种特殊的右手螺旋体，它与α螺旋体不同。超螺旋体中各条肽链，借助甘氨酸残基的肽键之间形成的氢键交联在一起。胶原大分子为细棒状，长280 nm，直径1.5 nm，相对分子质量将近300 000。胶原分子单位称为原胶原（tropocollagen），胶原是由原胶原按规则顺序排列的。用透射电子显微镜进行观察，可见纤维状胶原具有特殊的周期性的横纹带区，每个横纹周期平均为67 nm，如图13.21所示。通过原子力显微镜观察到的周期结构，是与明带和暗带相对应的高低起伏的波状结构，每个周期的波峰和波谷有5 nm左右的高度差。

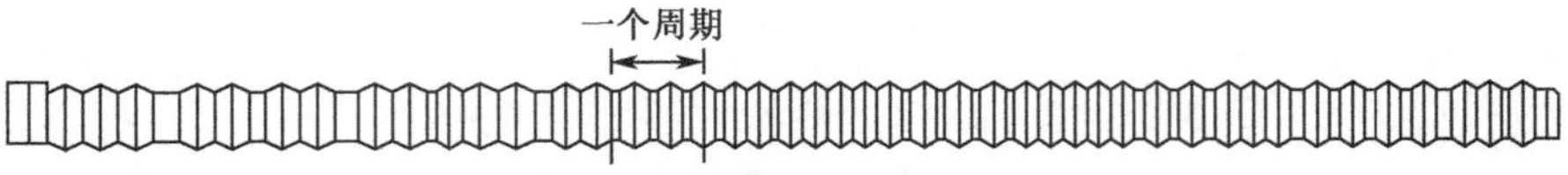

图13.21　胶原纤维中原胶原横纹带结构

原胶原分子由3条α肽链组成，每条肽链有1000个左右氨基酸残基，相对分子质量为95 000～100 000。尽管三条肽链的氨基酸组成不同，但结构上仍有不少共同点。肽链的右手螺旋结构中（图13.22），螺距为0.95 nm，每一螺圈含3.3个氨基酸残基，第一残基沿轴向距离为0.29 nm。3条α肽链则以平行、右手螺旋形式缠绕成草绳状，肽链中每3个氨基酸残基中，就有一个要经过此三股螺旋中央区，所以在此处的空间十分狭窄，只有甘氨酸适合于此位置。由此可解释氨基酸组成中每隔两个氨基酸残基就出现一个甘氨酸的特点。而且3条α肽链是交错排列的，因而使3条α肽链中的Gly、X、Y残基位于同一水平上，借Gly中的—NH基与相邻肽链上的X残基上的—OH基形成牢固的氢键（图13.23），形成了稳定的三螺旋结构。

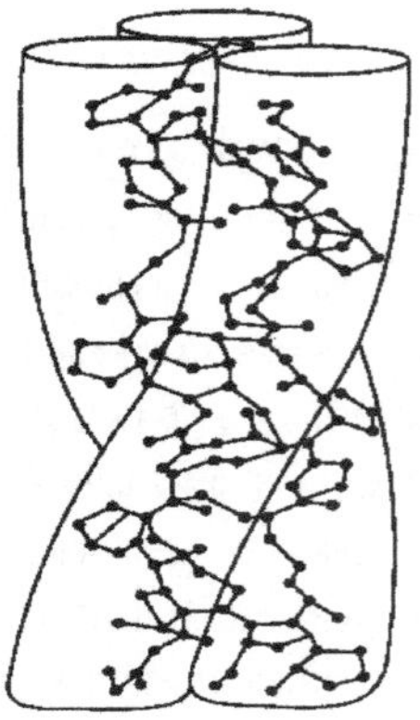

图13.22　胶原的右手螺旋结构

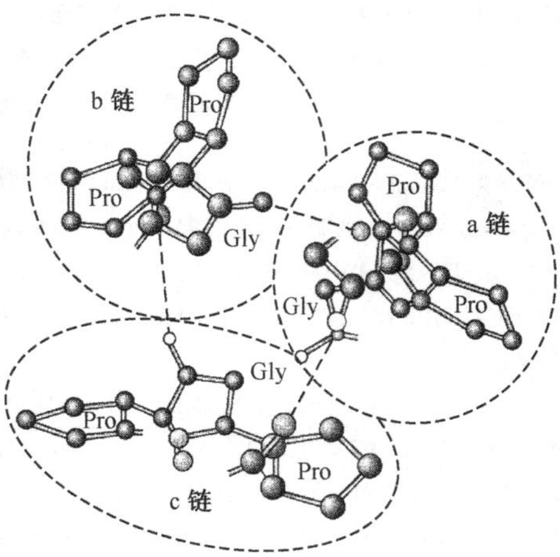

图13.23　原胶原三螺旋轴C端投影的氢键示意图

胶原的三级结构主要通过离子键、氢键、范德华力、非极性基团产生的疏水相互作用等作用力，以及分子内和分子间的醇醛缩合交联、醛胺缩合（希夫碱）交联和醛醇组氨酸交联作用，把胶原的两条肽链或三条肽链牢固地连接起来，使胶原具有很高的拉伸强度。

胶原的四级结构常由多条肽链组成，分子中每条肽链都盘曲成特定的三级结构，单独存在时并无功能。亚基间再按特定的方式排列形成更高层次的立体蛋白质分子。亚基可呈环状、正四面体或正八面体等排列，形成完整的四级结构。组成四级结构蛋白质的亚基数多为偶数，以 2～4 个亚基组成为多，其种类可相同或不同，又以两种不同亚基居多。正如上所述，原胶原按规则平行排列成束，首尾错位 1/4，通过共价键搭接交联，形成稳定的胶原微纤维，并进一步聚集成束，形成胶原纤维（图 13.24）。胶原分子通过分子内或分子间的作用力，成为不溶性的纤维，故胶原属于不溶性硬蛋白。胶原分子氨基酸组成中缺乏半胱氨酸，不可能像角蛋白那样以二硫键相连，而是通过组氨酸与赖氨酸间的共价交联，一般发生在胶原分子的 C（羧基）端或 N（氨基）端之间。

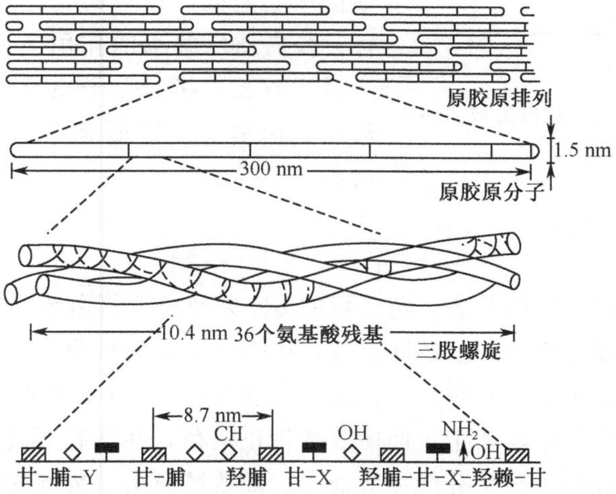

图 13.24　胶原为纤维的结构

一部分未能共价交联的原胶原，可用中性盐溶液或稀乙酸溶液等提取而溶解出来，此部分称为可溶性胶原。胶原纤维在不同组织中的排列方式与其功能相关。如在肌腱、皮肤及软骨中，要分别在一维、二维和三维方向承受张力。因而，其胶原纤维排列分别为平行束状、多角的纤维片层及不规则排列等方式，如表 13.8 所示，扫描电镜图谱见图 13.25（Jiang and Grinnell，2005）。

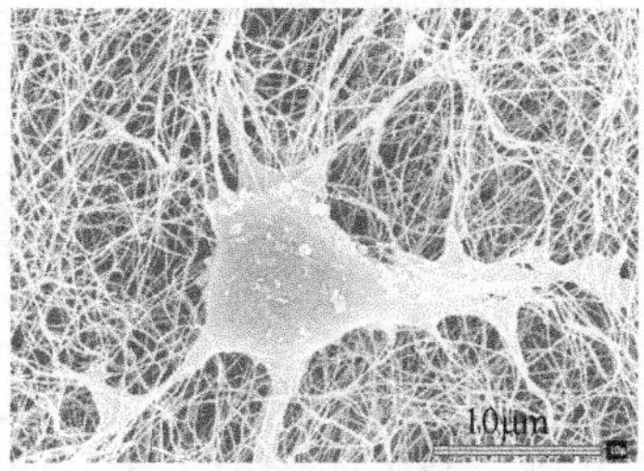

图 13.25　胶原纤维的扫描电镜图谱

表 13.8　胶原纤维在不同组织中的排列

组织	排列	组织	排列
肌腱	平行束	软骨	无规则排列
皮肤	多角的纤维片层	角膜	交叉排布的光滑片层

13.2.3 胶原蛋白的功能作用

胶原蛋白是一种结构蛋白，具有优良的生物相容性和低抗原性，具有保持角质层水分以及纤维结构的完整性及修复组织的功能，可以使胃黏膜抗溃疡、抑制血压上升、提高骨骼强度、促进皮肤胶原代谢等功能，多用于美容护肤、降血压、预防骨质疏松等功能保健。而这些应用在很大程度上依赖于其通过酸、碱、酶或高温作用下形成的明胶和胶原蛋白多肽特性。目前应用于实际生产中的主要蛋白酶有：碱性蛋白酶、中性蛋白酶、木瓜蛋白酶和胰蛋白酶等。酶解得到的胶原蛋白多肽具有良好的溶解性、吸水性、凝胶性、保水性、湿润性、吸油性和起泡性，一定的乳化性和较弱的泡沫稳定性。蛋白质水解酶的作用会使胶原蛋白降解，水解时间越长，相对分子质量越低，不同酶解处理对胶原蛋白功能性质有不同的影响，如图 13.26 所示。

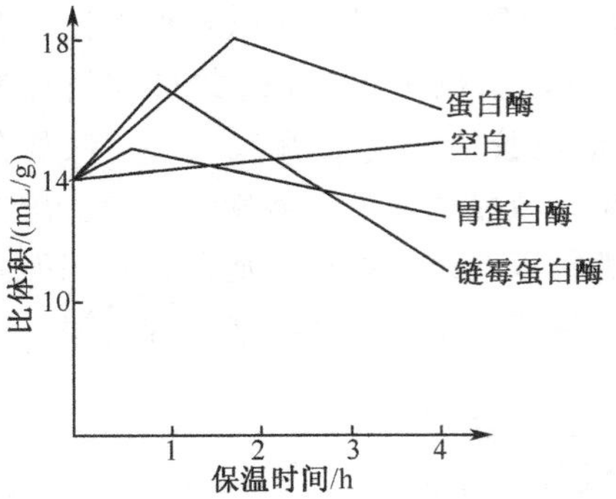

图 13.26 酶水解作用对蛋白质泡沫体积的影响

1. *溶解性*

胶原蛋白在水溶液中的状态，与环境的 pH 以及胶原蛋白浓度有关，实质上是与分子间疏水氨基酸的相互作用、肽链间氢键作用有关。一般情况下，溶解在水中的胶原蛋白是游离的肽链，而不是三联螺旋链。酸性介质（0.1 mol/L 乙酸）中，胶原蛋白的肽键在其酰胺基上结合 1 个氢离子，而使肽链带正电荷，在低胶原蛋白浓度范围内，分子间的斥力使其以线性分子结构分散在溶液中。随着胶原蛋白浓度的增大，分子间和分子内的氢键作用加强，形成不规则线团结构。当浓度进一步增大，肽链间疏水氨基酸残基的疏水相互作用增强，同时每个肽链上的肽键都参与氢键的形成，故形成螺旋结构。相反，随着 pH 升高，肽链的弱阳离子性减弱，相互间的斥力减弱，分子内和分子间的相互作用增强，导致胶原蛋白在水溶液中的聚集状态加强。

pH：胶原蛋白的溶解性与溶液的 pH 关系很大，等电点附近溶解性最低。由于制备方法的不同，胶原蛋白往往存在两个等电点，一个在 pH 4.5～5.0，另一个在 pH 6.8～8.0，因此，胶原蛋白会出现两个最低溶解度。远离等电点，胶原蛋白带有正电荷或负电荷，分子间斥力越大，溶解度相对越大。水解后的胶原蛋白在酸、碱性条件下均有较好的溶解性，只在中性 pH 7.0 左右溶解性较低（图 13.27）。

温度：在 15～95℃时，胶原的三条螺旋肽链之间的氢键作用减弱，逐渐解螺旋，每条肽链因伸展而使其螺旋度减少，整个蛋白质结构发生变化。对于水解后的胶原蛋白而言，在 10℃下溶解度也可达到 95.2%，20℃时接近 100%（图 13.28）；60℃以上，随着温度的升高溶解度降低，这主要是由于胶原蛋白空间构象中非共价键断裂，分子逐渐变性，分子内部非极性基团暴露，溶解性降低。

离子强度：离子强度影响胶原蛋白溶解性。盐浓度和 pH 能够改变蛋白质分子的相互作用。同样是氯化物时，不同的阳离子对溶解度的影响顺序是 Ca^{2+} ＞ Mg^{2+} ＞ Li^{+} ＞ Na^{+} ＞

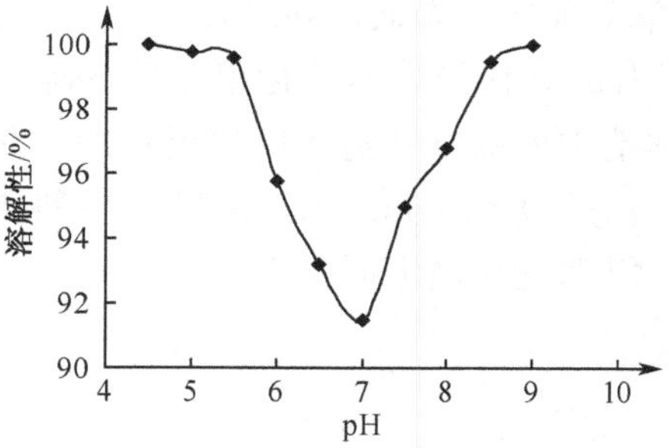

图 13.27　溶液 pH 对水解后胶原蛋白溶解性的影响

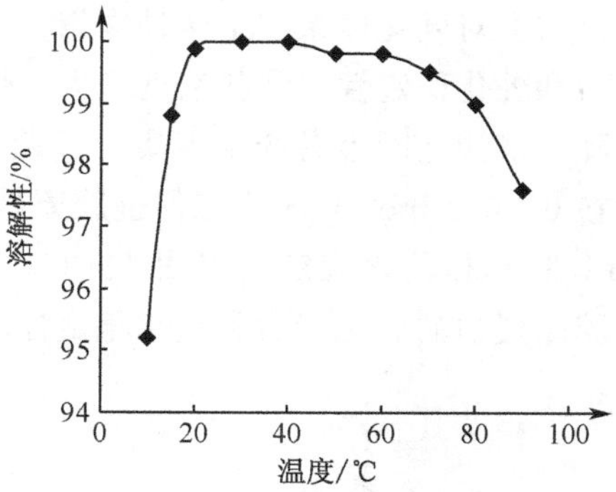

图 13.28　温度对水解后胶原蛋白溶解性的影响

$K^+ > NH_4^+$；同样是钠盐时，不同的阴离子对溶解度的影响顺序是 $SCN^- > ClO_4^- > I^- > NO_3^- > Br^- > Cl^- > CH_3OO^- > F^- > HPO_4^{2-} > SO_4^{2-}$。一般而言，盐浓度在 0.10～0.15 mol/L时，蛋白质吸水量增加，表现为盐溶；当盐浓度接近 2 mol/L 时，吸水量降低，表现为盐析（Sarabia and Gomez-Guillen，2002）。

2. 乳化性

胶原蛋白的乳化性与其分子结构有关。随着胶原水解时间的延长，即胶原蛋白相对分子质量越小，其乳化能力越低。酶解处理降低胶原蛋白乳化能力，也使胶原蛋白分子的伸展性和表面疏水性不同，这直接影响其乳化能力。与链霉蛋白酶处理相比，经胃蛋白酶水解处理的胶原蛋白有更好的乳化特性。胶原蛋白的乳化能力和乳化稳定性均随其浓度增大而提高。然而，胶原蛋白浓度越大，乳化能力和乳化稳定性的提高幅度越小。除了胶原蛋白自身分子结构的影响，外界条件对其乳化性也有很大影响（Jamilah and Harvinder，2002）。

pH 对胶原蛋白的乳化性有一定影响，水解胶原蛋白在相当宽的 pH 范围内，具有较高的乳化能力（图 13.29）和乳化稳定性（图 13.30），在碱性条件下的乳化能力略高于酸性条件，相反，酸性条件下的乳化稳定性比碱性条件下更高一些。pH 越趋近于蛋白质的等电点，胶原蛋白的乳化能力和乳化稳定性越差。

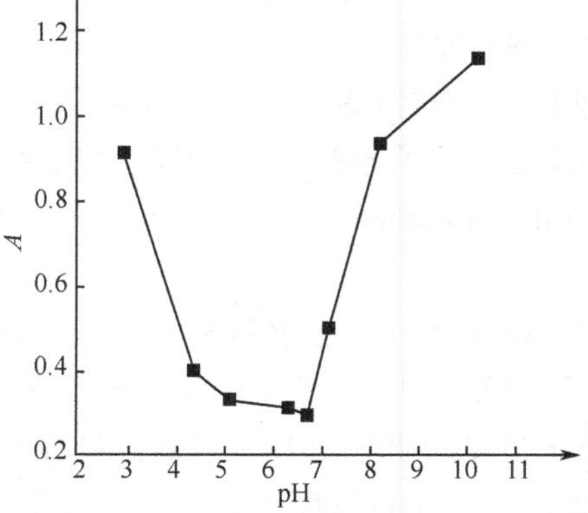

图 13.29　pH 对胶原蛋白乳化能力的影响

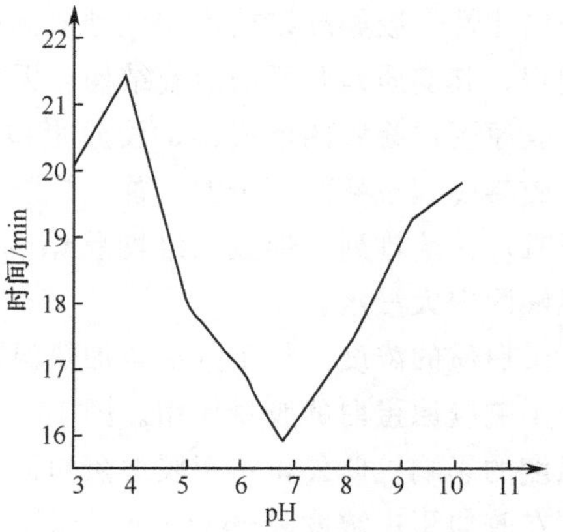

图 13.30　pH 对胶原蛋白乳化稳定性的影响

盐浓度对乳化体系产生两种作用：①盐浓度促进胶原蛋白盐溶，提高胶原蛋白的乳化能力和乳化稳定性；②盐浓度增大，使乳液滴表面电位降低，导致乳液体系的斥力能垒下降，液滴之间容易产生聚集，引起胶原蛋白的乳化能力和乳化稳定性下降。NaCl浓度在0～0.4 mol/L时，能促进胶原蛋白溶解能力的提高，造成胶原蛋白的乳化能力（图13.31）和乳化稳定性（图13.32）的增加；超过0.4 mol/L，则以后一种作用为主，胶原蛋白的乳化能力和乳化稳定性随着NaCl浓度的增大而下降。

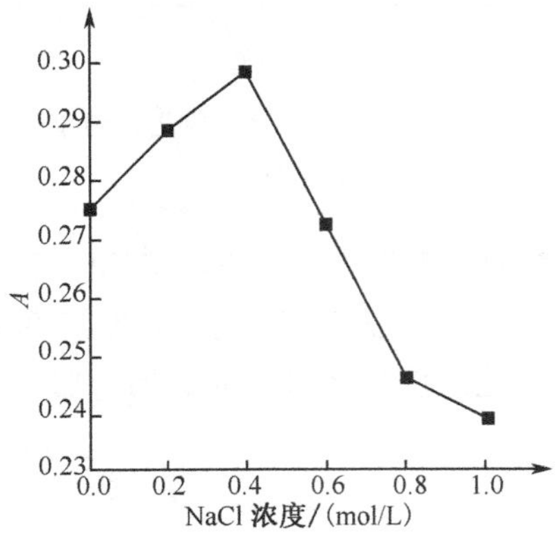

图13.31 NaCl浓度对乳化能力的影响

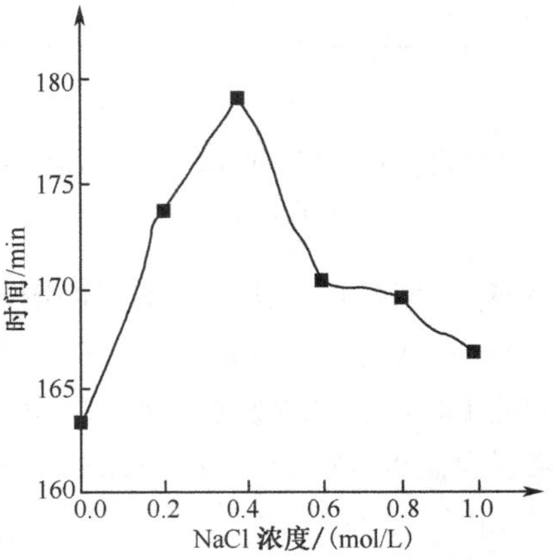

图13.32 NaCl浓度对乳化稳定性的影响

3. 胶凝性

胶原属于高分子化合物，在水溶液中具有胶体性质。胶原分子的表面有许多极性基团，如胺基、酰胺基、羧基、羟基等，都能与水分子以氢键结合，于是在胶原分子周围形成一层水分子膜，胶原的水合作用导致胶原膨胀，同时放出热量。一般情况下，胶原可吸收30%～35%的水。提高温度、延长水的浸泡时间，膨胀的胶原可进一步吸水，结合自身质量10倍以上的水。水溶胀后的胶原，加热到60～70℃时，会发生熔化。熔化的胶原，虽然化学成分没有改变，但它的结构发生了变化：①胶原束的变短、变粗；②分子链的排列规律被打乱，链间的氢键被破坏，使等电点向较高的pH移动；③由低弹性向高弹性转变，但失水后这种状态又消失；④强度发生改变；⑤通过发酵可增大胶原的消化性。胶原纤维被周期性地浸入盐溶液和水中，会周期性地出现可逆的溶胀-收缩过程，其实质是胶原的螺旋结构与无规结构之间的反复转换。

胶原蛋白凝胶的形成，是胶原蛋白之间及胶原蛋白与溶剂之间相互作用的共同结果。胶凝过程包括两个步骤：首先是胶原蛋白的变性，分子伸展；然后是变性胶原蛋白分子有规律地排列，形成三维网状结构（Choi and Regnsterin，2000）。少量胶原蛋白就能够固定大量水。

蛋白质的浓度、加工方法、加热温度和时间、冷却条件、电解质和硫醇的存在等，都会影响胶原蛋白的胶凝作用。图13.33比较了不同浓度NaCl和$CaCl_2$对胶原蛋白凝胶强度的影响。此外，水解胶原蛋白因为相对分子质量较低，只具有较弱的胶凝能力，表现在胶原蛋白浓度较低的情况下不能形成凝胶，只有在高浓度时才具有形成凝胶的能力。

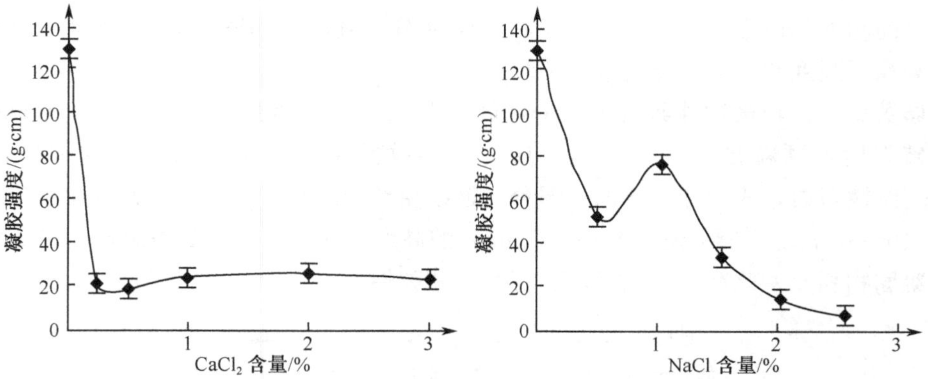

图 13.33　不同浓度 $CaCl_2$ 和 NaCl 对胶原蛋白凝胶强度的影响

13.3　卵蛋白的特性

13.3.1　卵蛋白的胶凝性

卵蛋白是食品加工中重要的胶凝剂，很容易发生热致胶凝作用形成凝胶。在诸多的卵蛋白凝胶中，卵白蛋白的胶凝性质被研究得最多。热处理对卵白蛋白的二级结构几乎无影响，只是增加了疏水基的暴露，因此，凝胶网状结构的形成主要依赖于蛋白质之间的疏水相互作用。卵白蛋白所形成的聚集体主要有两种：线性聚集和随机聚集，这取决于蛋白质疏水作用引力与电荷斥力之间的平衡。在电荷斥力占优势的条件下，产生线性聚集，形成的凝胶为透明凝胶；反之则为随机聚集，形成不透明凝胶。卵白蛋白所形成的凝胶其凝胶强度和浊度是介质 pH 和离子强度的函数，这些因素的影响作用原因在于：热变性后的卵清蛋白的构象与天然卵白蛋白的构象相似，在接近等点电的 pH 或高离子强度条件下，变性的蛋白质分子通过分子间的疏水相互作用随机聚集；而在远离等点电的 pH 和低离子强度时，蛋白质分子间的静电斥力妨碍了随机聚集的发生，从而导致有序的线性聚集体形成（图 13.34）。

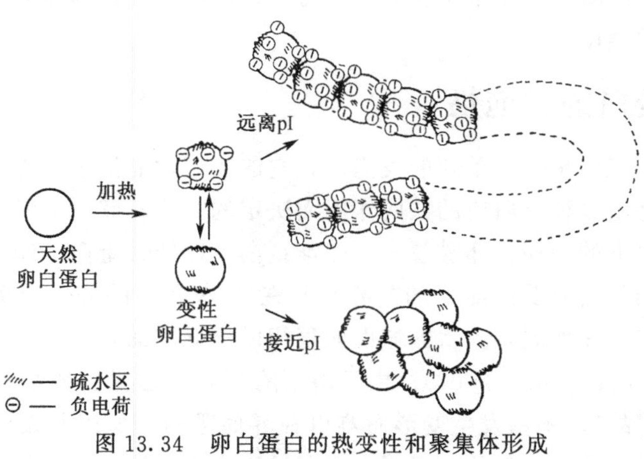

图 13.34　卵白蛋白的热变性和聚集体形成

pH 以及离子强度对卵白蛋白凝胶性质的影响也可以通过图 13.35 来表明：凝胶的强度在中等条件下最大，持水力也最高，此时，线性聚集与随机聚集同时存在，线性聚集体之间相互作用形成网状结构，随机聚集体分散其中，如图 13.35c 所示。而其透明性在高离子强度和接近等点电 pH 时最差。

卵黄凝胶，轻微搅拌卵黄则其中直径大于 25 μm 的卵黄球有 90%～95%破裂。卵黄球破裂时，颗粒蛋白（granule）成为不连续相的一部分，而卵黄球中的液态物质——浆液蛋白，成为连续相的一部分。连续相部分遇热可成凝胶，此凝胶由镶嵌着卵黄球（5～35 μm）和颗粒蛋白（1～2 μm）的高度交联的蛋白质基质组成。与卵黄蛋白的热凝固物相比，此凝胶更加坚硬、有黏性和弹性。

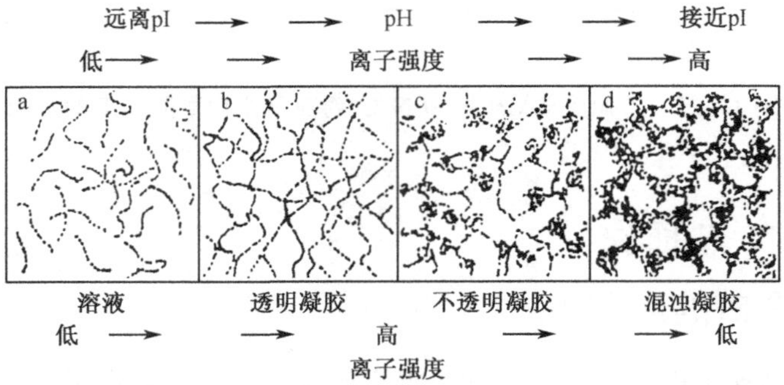

图 13.35　热致卵白蛋白凝胶时其网络结构的形成与凝胶性质（Hegg，1982）

卵黄凝胶结构的变化受物理作用、稀释程度、pH、离子强度等因素的影响：

（1）搅拌可以破坏卵黄球，以便于形成凝胶。

（2）稀释卵黄可以进一步破坏卵黄球，提高凝胶的凝集程度。

（3）pH 的变化对卵黄凝胶的影响很大，在调控蛋白质凝集过程中起重要作用。pH 在 8～9 时，卵黄球的颗粒蛋白则均被破坏；pH 为 5～6 时，蛋白质形成大的凝集物；在 pH 为 9 时，形成均一致密的凝胶；pH 为 11 时，表现出最大的物理性状指标数值（如硬度、弹性、黏结力、易碎度），持水力也最佳。凝胶中出现大的凝集物可能是导致凝胶硬度和持水力下降的原因。

（4）盐对蛋白质凝集的效果不明显，但盐可以使卵黄球、卵黄颗粒破裂，促进卵黄胶凝，提高凝胶的强度。

13.3.2　卵蛋白的发泡性

卵白在食品加工中是一个重要的发泡剂，它的发泡性能优于酪蛋白，卵白具有优良发泡能力的原因是由多种蛋白质的共同作用而决定的。比较卵白中各种蛋白质的发泡能力，发现它们有以下的顺序：卵黏蛋白＞卵球蛋白＞卵转铁蛋白＞卵白蛋白＞卵类黏蛋白＞溶菌酶。不同蛋白质发泡能力的差异与其在气-水界面的变性有关，如图 13.36 所示，蛋白质分子在界面伸展，疏水区域面向气相以降低界面张力，形成稳定的气泡，如图 13.37 所示（Corsi et al.，2007）。由于溶菌酶和卵类黏蛋白的结构相对稳定（分子内具有二硫键的缘故），不易发生变形而难以在界面吸附，所以其发泡性能低。卵球蛋白中的发泡性能虽然较差，但是如果蛋白质通过不产生沉淀的变性处理（如酸、碱或热处理的卵白蛋白），就可以提高其发泡能力。有意思的是，在向卵白中加入各种蛋白质的时候，发现卵黏蛋白的加入可以大大提高泡沫的稳定性，而其他卵白蛋白质的作用很小，这与卵黏蛋白的高黏度有关。

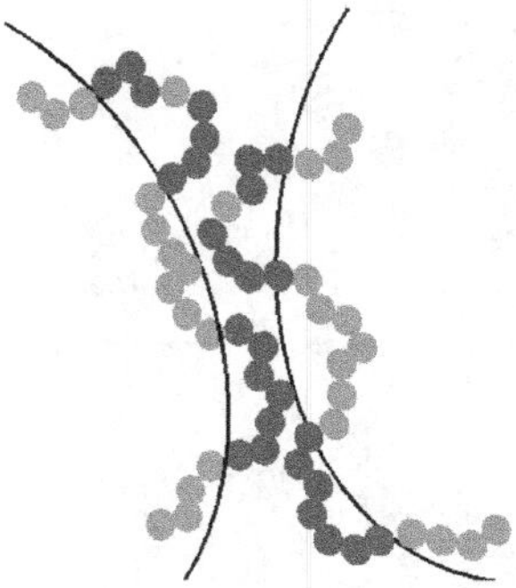

图 13.36　卵白蛋白在气-水界面吸附示意图
灰色为疏水区域，黑色为亲水区域

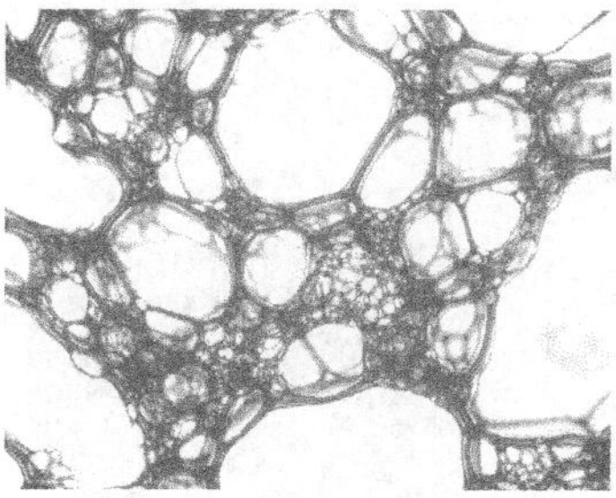

图 13.37　卵白蛋白泡沫的显微图片

在对卵白蛋白界面吸附的研究中发现，蛋白质分子在气-水界面构象的改变，使埋藏在分子内的巯基暴露，暴露的巯基与相邻分子之间形成二硫键，产生界面蛋白分子的聚集，如图 13.38 所示，这种聚集有可能形成界面网状凝胶结构。但是，分子间的作用力不仅仅是二硫键，在 DTNB 存在的条件下（它可以有效地破坏二硫键），卵白蛋白仍具有良好的泡沫稳定性，说明界面蛋白分子之间的聚集，不仅有共价交联键作用，也有非共价键存在。

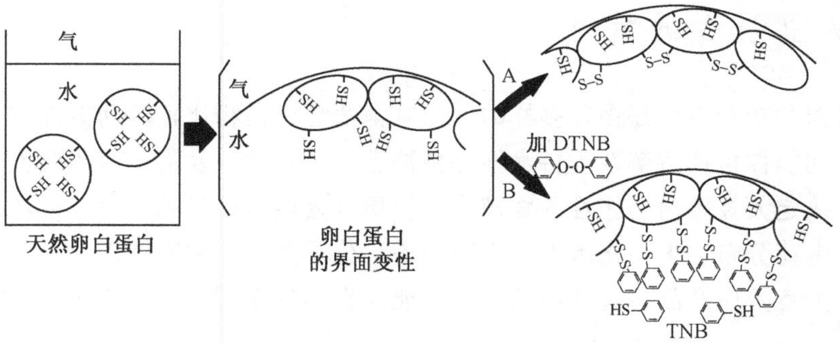

图 13.38　卵白蛋白在气-水界面变性示意图
DTNB. 5,5′-二硫代二硝基苯甲酸；TNB. 5-巯基-2-硝基苯甲酸

盐和糖的添加，对卵白蛋白发泡性能有不同影响。卵清中的蛋白质在 64℃热处理 2 min、搅打 10 min 后，其发泡能力和泡沫稳定性有很大差异，如图 13.39 所示。NaCl 的添加可以提高卵白的发泡性能（图 13.39d），但泡沫稳定性差（图 13.39e，f）；相反，蔗糖的添加不能提高卵白蛋白的发泡能力（图 13.39a），但泡沫稳定性有了很大改善（图 13.39b，c）。

对卵黄的发泡性质与卵白蛋白的发泡性质比较，卵黄的发泡能力稍大于卵白蛋白，但是它的泡沫稳定性则远不如卵白蛋白泡沫的稳定性。所以卵黄的发泡性质较差，一般不考虑它的发泡性能。

卵黄是食品加工中重要的乳化剂，目前所有的研究结果表明，卵黄的乳化性质很大程度上取决于脂蛋白。比较卵黄蛋白、卵黄磷蛋白和脂蛋白的乳化性质，发现卵黄磷蛋

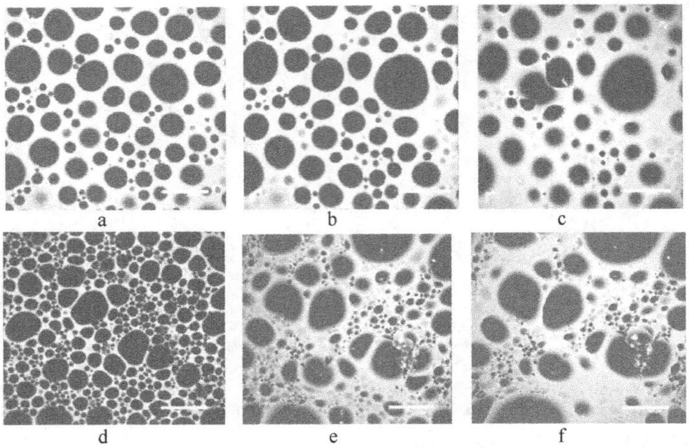

图 13.39　NaCl和蔗糖对卵白蛋白泡沫稳定性的影响的聚焦显微图片（Raikos et al.，2007）
a，b，c为盐/糖=0/12，泡沫静置0、30 min、60 min的显微图片；d，e，f为盐/糖=12/0，泡沫静置0、30 min、60 min的显微图片

白的乳化性质最好。卵黄中低密度脂蛋白的乳化性质，也比相同蛋白质浓度的牛血清蛋白好得多，同时在卵黄低密度脂蛋白中加入磷脂后不影响其乳化能力。低密度脂蛋白的优良乳化能力是由于它的脂肪-蛋白质复合体而产生的，使其具有高脂肪结合能力。

13.4　大豆蛋白的特性

大豆蛋白的功能特性是多种多样的，与其他植物蛋白相比，其功能性多、齐全而且突出。这些功能性包括溶解性、持水性、持油性、乳化性、发泡性、凝胶性、黏弹性和增稠性等。决定大豆蛋白功能性的物理化学性质有蛋白质分子的大小、形状、氨基酸组成和序列、电荷分布、表面疏水性、空间结构、分子的柔性和刚性以及与其他成分作用或反应等。大豆蛋白产品在食品体系中的功能和它们的作用方式如表13.9所示。

表 13.9　大豆蛋白产品在食品中的功能性

功能性质	作用方式	应用食品体系	大豆蛋白产品
溶解性	蛋白质的溶剂化作用，pH决定	饮料	F，C，I，H
水吸附及结合能力	水的氢键键合，水的容纳	肉制品、面包、蛋糕	F，C
黏度	增稠、水结合	汤、肉汤	F，C，I
胶凝	形成蛋白质的三维网状结构	肉制品、干酪	C，I
黏合-结合	蛋白质作为黏合物质	肉制品、焙烤食品、面制品	F，C，I
弹性	二硫键在可变形的凝胶	肉类、焙烤食品	I
乳化	蛋白质的乳化形成及稳定作用	香肠、蛋糕、腊肠、汤	F，C，I
脂肪吸附	对游离脂肪的吸附	肉制品	F，C，I
风味结合	风味物质的吸附、容纳及释放	模拟肉制品、焙烤食品	C，I，H
泡沫	形成薄膜容纳气体	裱花、甜点	I，W，H
色泽控制	漂白（脂肪氧合酶的作用）	面包	F

注：C. 浓缩大豆蛋白；F. 脱脂豆粉；H. 水解大豆蛋白；I. 分离大豆蛋白；W. 大豆乳清蛋白。

关于大豆蛋白功能性质的测定方法，目前尚未标准化。现有一些实验方法，其使用范围也十分有限，而且所得数据往往与生产实践难以符合。另外，对于同一蛋白质产品，当应用于食品时，即使是同一类型的食品，或者由于配料的调整，或者由于加工工序的不同，甚至由于产品原料批次的不同，都可能显示出不同的功能性质。了解和掌握影响蛋白质功能性质的因素后，采用适当的反应条件对蛋白质进行改性，就能够生产出低变性、高质量、多样化的专用型大豆蛋白产品，这就为生产、分离大豆蛋白时工艺条件参数的选择提供了理论基础。

13.4.1　溶解性

水中的溶解性是蛋白质其他功能性的先决条件，也是蛋白质最基本的性质之一。一般来说，蛋白质要有较好的功能性，需要应具备较高的溶解指数。大豆蛋白发挥所具有的各种功能特性，首先也要以蛋白质的溶解性作为前提。大豆蛋白的溶解性或溶解度，是指处于特定环境下大豆蛋白中可溶性蛋白质所占的百分比，常采用氮溶解指数（NSI）和蛋白质分散指数（PDI）来表示。蛋白质加工过程或蛋白质的改性，都会对蛋白质溶解性有影响。利用化学和酶解的方法可以提高蛋白质的溶解性。表 13.10 列举了特定食品应用时对大豆蛋白溶解性的要求。

表 13.10　特定食品应用中对大豆蛋白溶解性的要求

应用	溶解指数	应用	溶解指数
乳化、发泡和凝胶	>90	肉汤、汤料、香肠和婴幼儿食品	30
焙烤食品中持水	60	饼干、饮料和谷物食品	15

大豆蛋白溶解度不仅受 pH、温度影响，也受离子强度影响（图 13.40）。在 pH 为 4.5～4.8 时溶解度最低，在 pH 为 4.5 的酸沉淀大豆蛋白中加入食盐后，有部分蛋白质溶解。用三氯化铁缓冲溶液降低 pH 至 6.4 时，11S 蛋白的大部分沉淀下来，7S 蛋白和 2S 蛋白仍溶解，可用来将两者分开（Petruccelli and Añón，1996）。Ca^{2+} 或 Mg^{2+} 等金属离子能使大豆蛋白溶解度下降而凝集，与 11S 蛋白相比，7S 蛋白对 Ca^{2+} 更敏感，较低浓度能使其凝集，利用这点特性可对大豆蛋白进行初步分离。温度对大豆蛋白的溶解性也有很大影响。温度和 pH 对溶解性的影响，主要是使蛋白质结构发生改变。温度和 pH 会导致蛋白质表面疏水性的变化，图 13.41 所示，进而引起溶解性的变化。

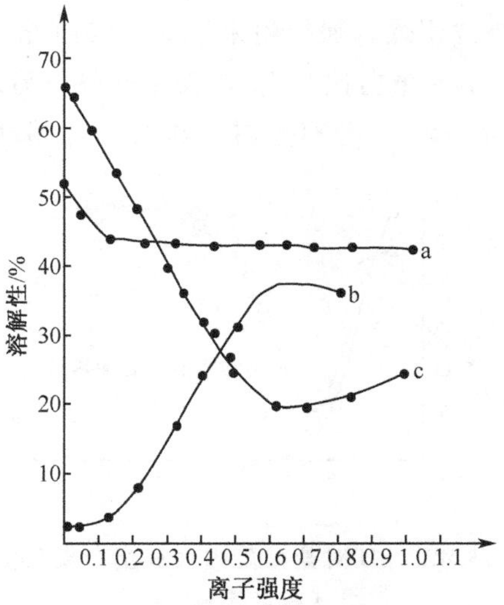

图 13.40　大豆分离蛋白溶解性与离子强度关系

a. pH 6.8；b. pH 4.7；c. pH 2.0

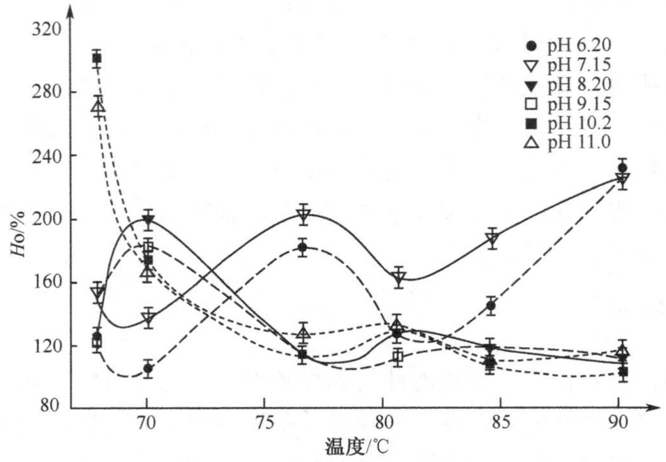

图 13.41　温度、pH 对大豆蛋白表面疏水性的影响

大豆蛋白质产品添加亚硫酸钠或提高 pH 至 9.0，再喷雾干燥可提高其分散性。蛋白质制品在保藏中明显溶解性降低，常温时 3 个月，可溶性蛋白质从 95%降至 30%，这种不溶性受水分与温度影响相当大。水分含量 10%以下、温度 5℃以下时，即使储藏 10 个月也不会引起不溶。高温或高温高湿情况下储藏大豆时，NSI 减小，这种溶解性的降低主要是蛋白分子间通过氢键、疏水相互作用发生聚集而引起的。

13.4.2　水合性

保水性是蛋白质最重要的功能特性，添加大豆蛋白可以防止面包、糕饼等烘焙食品的外皮干燥，保持粉末豆奶、咖啡增白剂等产品具有适度的吸湿性、分散性等重要功能。11S 蛋白比 7S 蛋白保水性好。另外，每克大豆粉的水分吸附量为 1.2 g，浓缩蛋白则为 2.2 g，分离蛋白达到 4.4 g，保水性随蛋白质含量增加而增加。

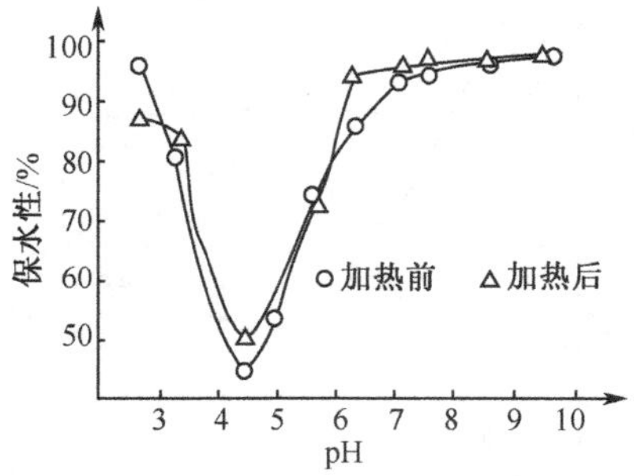

图 13.42　pH 对盐酸凝固大豆蛋白凝胶保水性的影响

蛋白质的溶解性与保水性无明显的关联，但温度和 pH 对保水性有影响（pH 影响见图 13.42）。35～55℃，每克蛋白质吸收 14 g 水分，比 30℃时吸水量增加 6 倍；pH 由 5 升至 7 时，保水性显著增加，pH 为 7 时保水性最高。在提高保水性而进行的各种变性试验中，在 0.5 mol/L的尿素条件下、150℃加热大豆蛋白，保水性最好。大豆纤维状蛋白在各种温度下储藏 2 个月，放置的温度越高，保水性越低。

图 13.43 为分离蛋白的等温吸附曲线。在水分活度（a_w）为 0.84、pH 为 4.5 时，每 100 g 大豆分离蛋白水吸附为 18.9 g，pH 为 6.0 时为 19.2 g，pH 为 7.5 时为 21.6 g。对应的溶解性依次为 5%、22%、57%，由此可知它们之间的相关性。浓缩蛋白与分离蛋白等温吸附曲线大致相似，蛋白质产品的颗粒大小与结合水量无关系。每克浓缩蛋白或分离蛋白，吸水量均为 0.4～0.6 g。浓

缩大豆蛋白中，6.4%的水为牢固结合水，6.4%～26%为松散结合水，26%以上为游离水。分离蛋白随水分含量增加，结合水逐步增加直至49%左右。而浓缩蛋白不论水分含量多少，结合水均为24%（图13.44），超声波处理可增加结合水。

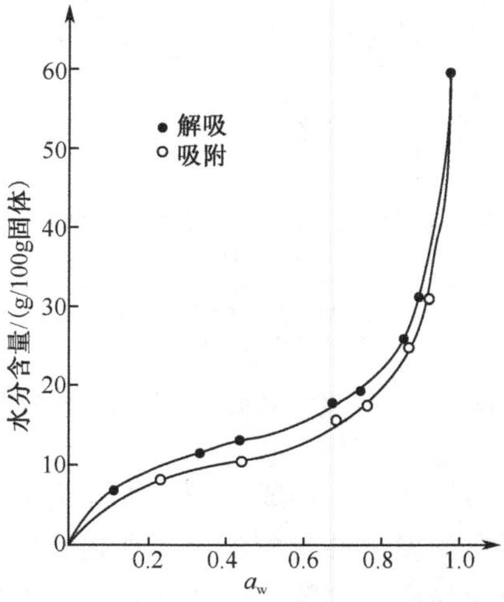

图13.43 分离大豆蛋白的等温水吸附曲线

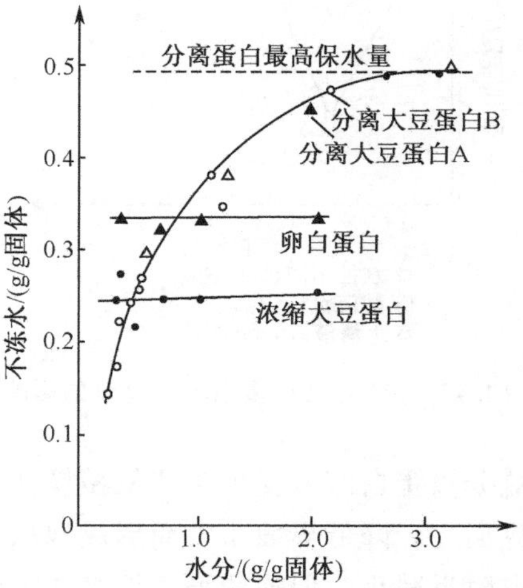

图13.44 大豆蛋白产品的水分含量和不冻水（结合水）

13.4.3 乳化性

大豆蛋白含有亲水基团和疏水基团，当它聚集于油-水界面时，可以使表面张力降低，促进油-水乳化液形成。形成乳化液后，乳化的油滴被聚集在其表面的蛋白质所稳定，形成一种保护层，这个保护层可以防止油滴的聚集和乳化状态破坏（图13.45），这就是大豆蛋白质的乳化稳定性。大豆分离蛋白作为表面活性剂来稳定乳化结构，可以防止脂肪的析出，延长某些产品的货架期。表面疏水性、亲水性及分子稳定性和蛋白质的乳化能力相关。

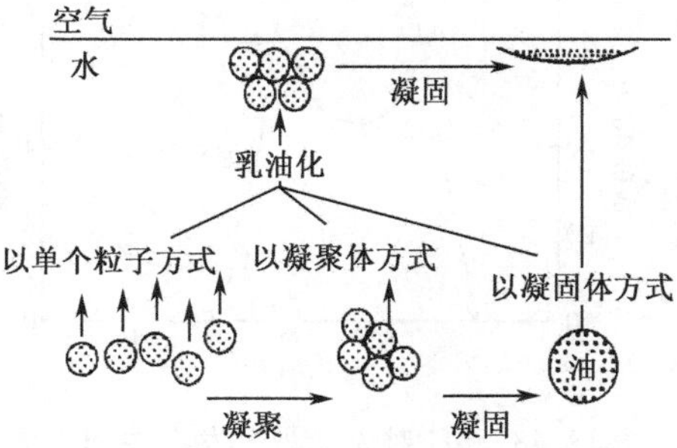

图13.45 O/W乳化的乳油化及凝固图解

一般来说，蛋白质浓度增加乳化容量也增加。乳化容量与pH的关系是，越接近等电点，乳化容量越低，如图13.46所示，但是等电点上层的乳清蛋白则相反。大豆蛋白乳化稳定性与pH的关系如图13.47所示，与其类似。离子强度在0～0.05时，乳化能力增加，离子强度再增加则无变化。大豆分离蛋白与浓缩蛋白相比，乳化容量大、乳化稳定性高。7S蛋白的乳化容量和稳定性，比11S蛋白稍好，乳化活性则明显优于11S蛋白。总体上，7S蛋白的乳化特性好于11S蛋白。

13.4.4 发泡性

大豆蛋白分子在分散液中表现出较强的界面活性，一定程度上降低界面张力。所以，

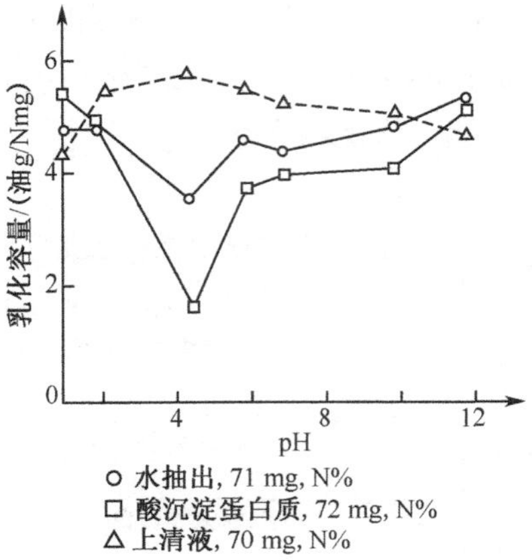

图 13.46　pH 对大豆蛋白乳化容量的影响

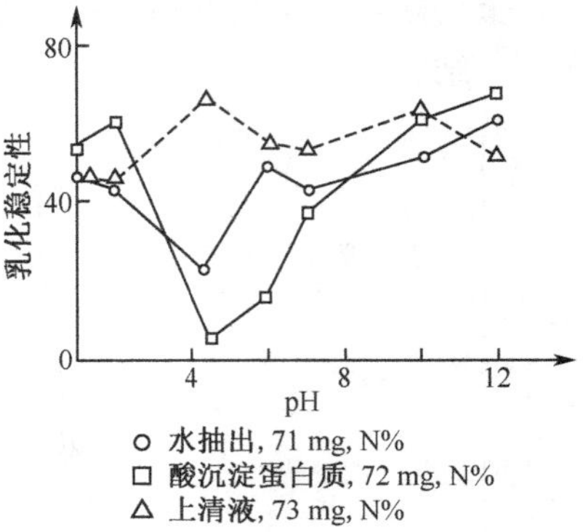

图 13.47　pH 对大豆蛋白乳化稳定性的影响

当大豆分离蛋白溶液受到急速机械搅拌时，混入的气体和水形成界面，大豆蛋白分子吸附在界面上，降低界面张力而形成泡沫。大豆蛋白的发泡性与溶解性、乳化性相似，在等电点附近减小，但泡沫稳定性则在等电点附近为最高，如图 13.48 所示。蛋白质浓度升高，发泡能力增加，而泡稳定性减小。在浓度为 3%时，泡稳定性基本丧失，发泡性却达到最大，此后会慢慢减小，如图 13.49 所示。

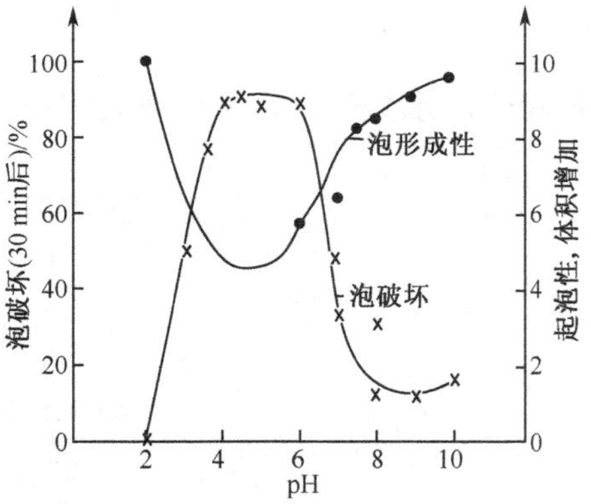

图 13.48　pH 对大豆蛋白发泡性和泡沫稳定性的影响

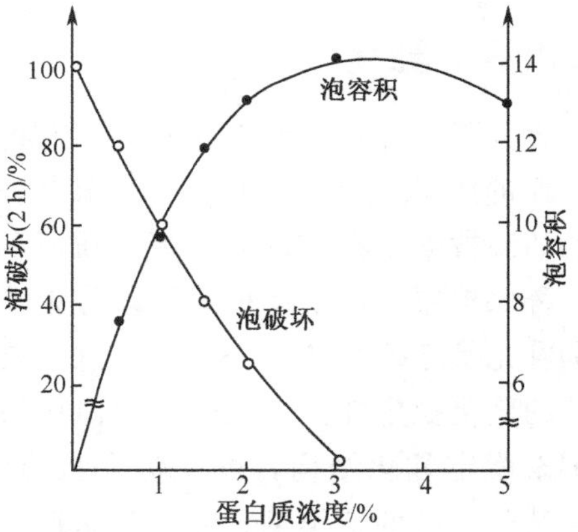

图 13.49　大豆蛋白浓度对发泡性和泡沫稳定性的影响

大豆蛋白产品中分离蛋白的发泡性能最好，乳化稳定性也较好（表 13.11），浓缩蛋白次之，脱脂大豆粉则较低。大豆分离蛋白进行适度改性，可以提高发泡能力。如进行丁二酰酰化改性，发泡性能提高。适度的酶分解，也可增加发泡性；但随着水解度的增加，蛋白质分子变得太小，发泡性减小，米曲蛋白酶（图 13.50）和木瓜蛋白酶（图 13.51）对大豆分离蛋白水解后，发泡性变化可以证实这一点。此外，大豆分离蛋白溶液经超声波处理后，发泡能力提高，处理 20 min 后样品的发泡能力增幅达 30%，且超声处理对泡沫稳定性能的提高效果也很明显。

表 13.11　6 g 大豆蛋白制品的发泡性与泡沫稳定性

种类	容积增加/%	体积/mL				
		1 min	10 min	30 min	60 min	120 min
大豆粉	70	160	131	108	61	20
浓缩蛋白 A	170	400	28	13	8	5
浓缩蛋白 B	135	370	265	142	30	24
分离蛋白 C	235	670	620	572	545	532
分离蛋白 D	230	660	603	564	535	515

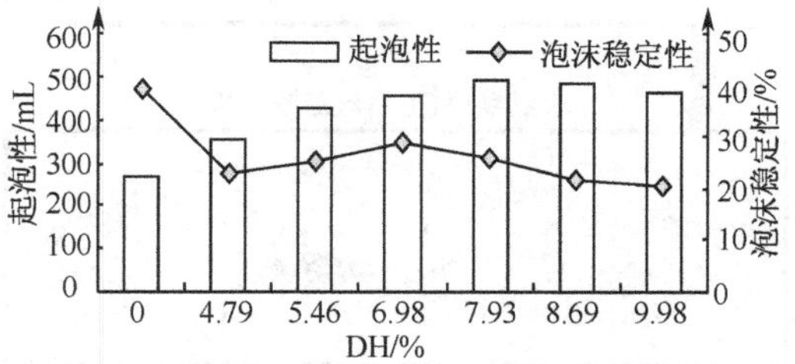

图 13.50　米曲蛋白酶的水解对大豆分离蛋白发泡性的影响

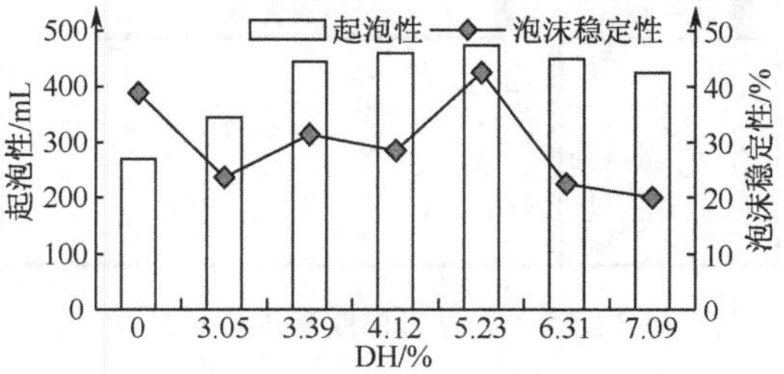

图 13.51　木瓜蛋白酶的水解对大豆分离蛋白发泡性的影响

13.4.5　胶凝性和黏度

大豆蛋白的胶凝性是指蛋白质形成凝胶结构的性能。大豆蛋白分散后具有较高的黏度、可塑性和弹性，既能做水的载体，也可作为风味剂、糖及其他配料的载体，对食品加工极为有利。许多大豆食品的加工，就是利用大豆蛋白的胶凝作用。豆乳热处理后加入 Ca^{2+} 形成凝胶来制作豆腐就是典型实例，如图 13.52 所示。

蛋白质的种类和浓度、加热温度和时间、pH、离子强度和变性剂的作用等，都是影响其黏度以及凝胶形成的因素。为了形成凝胶，大豆蛋白的浓度在 7%以上，温度在 80℃以上。随着蛋白质浓度增加，温度加热至 70～80℃以上时，黏度呈指数增加（表 13.12）。在 80℃时，7S 蛋白在浓度 7%时黏度开始增加，11S 蛋白在 9%以上时黏度开始增加。在 80～90℃的加热中，7S 蛋白黏度开始增加，在冷却过程中也显示黏度的上升；11S 蛋白与此明显不同（图 13.53）。由此可见，大豆球蛋白中增加黏度的是 7S 蛋白。7S 蛋白和 11S 蛋白在凝胶特性方面也有很大不同。从图 13.54 可看出，100℃的热处理时间对 11S 蛋白的凝胶硬度有很大影响，但对 7S 蛋白的凝胶硬度无影响。凝胶硬度在等电点附近最低。大豆蛋白产品的黏度大小为大豆粉＜浓缩蛋白＜分离蛋白。黏度还受加工过程等的影响。

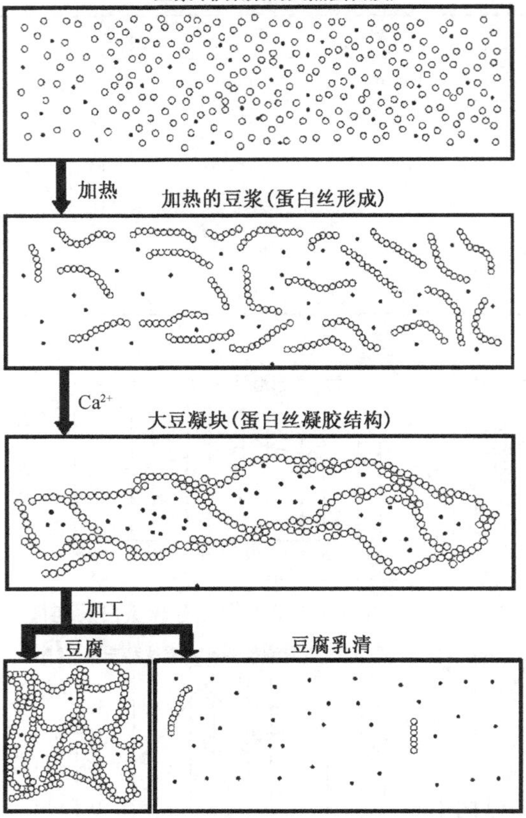

图 13.52　大豆蛋白胶凝过程示意图

表 13.12　大豆蛋白质制品的蛋白浓度引起的表观黏度（mPa·s）变化

蛋白浓度/%	大豆粉	浓缩大豆蛋白	大豆分离蛋白 A	大豆分离蛋白 B
5	—	10	160	1300
10	25	200	10 500	3200
15	230	330	＞83 000	7500
20	2000	28 300	＞83 000	2500

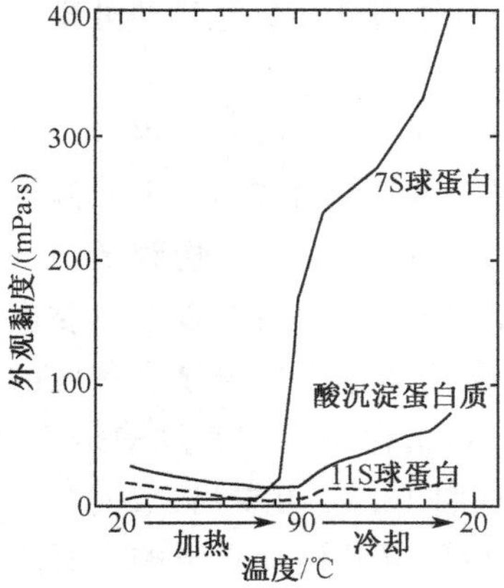

图 13.53　温度对各种大豆蛋白黏度的影响（离子强度 0.01）

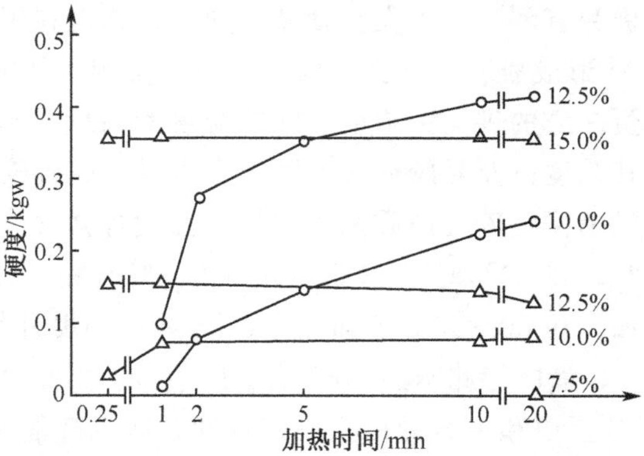

图 13.54　热处理时间对 11S 球蛋白和 7S 球蛋白凝胶硬度的影响

温度 100℃，pH7.6，离子强度 0.5，△ 代表 7S 球蛋白，○ 代表 11S 球蛋白离子强度增加通常导致凝胶强度减小，原因是盐使大豆球蛋白更稳定，能抑制其相互作用。低蛋白质浓度、高离子强度下，7S 球蛋白在加热时易生成凝集物，11S 球蛋白则相反。一般来说，7S 球蛋白由于加热引起聚合，11S 球蛋白在解离后次级结构发生聚合。浓度在 15% 以上的蛋白质形成凝胶时，阴、阳离子对凝胶强度有影响，在 0.3～2.0 mol/L 的浓度时，其顺序为 $Cl^- < Br^- < NO_3^- < I^- < SCN^-$ 或 $K^+ < Na^+ < Li^+$，这与它们对蛋白质的变性作用顺序相一致。Ca^{2+} 与蛋白质有特异的结合现象，在豆腐制作时，Ca^{2+} 浓度对大豆蛋白凝胶网状结构的致密程度有很大影响，从图 13.55 可以看出，$CaSO_4$ 浓度越高，豆腐的质地越致密，硬度越大。与葡萄糖酸-δ-内酯的作用效果比较，钙盐凝固的豆腐较柔软不易损坏（Kao et al.，2003）。

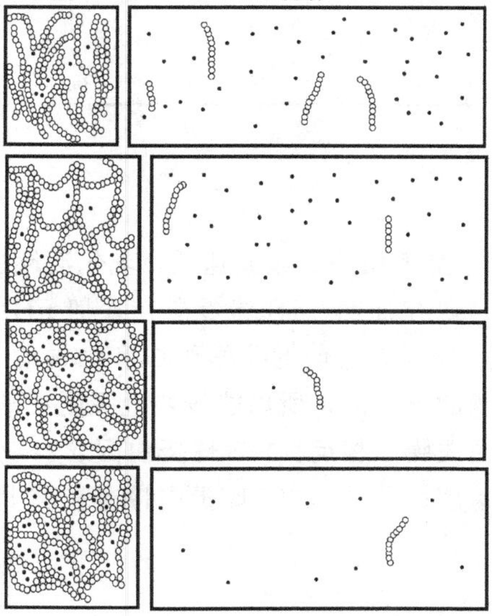

图 13.55　不同浓度 $CaSO_4$ 对大豆蛋白凝胶（豆腐）的影响

大豆蛋白溶于碱溶液的分散液，加入乙醇后即使蛋白质浓度只有 2%，也能形成凝胶。这种胶凝作用是由于 pH 和乙醇而发生。一般 7S 球蛋白比 11S 球蛋白的胶凝能力大。66% 乙醇、pH 在 11.1～11.4 时，黏度最高，碱溶液中的无规则的大豆蛋白，因乙醇变成有序结构，这是发生胶凝的主要原因。

13.4.6　7S 球蛋白-11S 球蛋白比例与功能性

大豆加工食品中主要利用大豆的 7S 球蛋白、11S 球蛋白。但是，两者性质相差很大。以豆腐制作为例，11S 成分较多的大豆蛋白所制作的豆腐，坚实且富有弹性，而 7S 成分较多的豆腐则较柔软黏结。用两者不同比例混合制成豆腐的质地状况如图 13.56 所示，11S 成分多，弹性、收缩性、坚实度、凝聚性、胶黏性显著增加。由于 11S 与 7S 的含量因大豆品种而异（表 13.13），所以由不同大豆品种生产的大豆蛋白功能性质有较大差异。表面疏

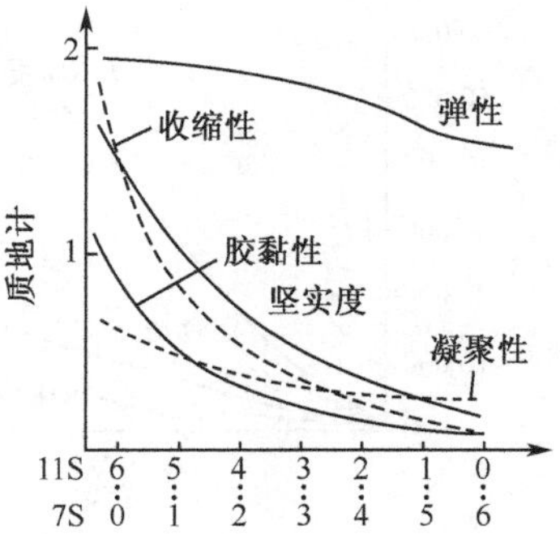

图 13.56　不同 7S、11S 球蛋白混合比例制成豆腐的物性变化

水性在一定程度上反映了蛋白质的分子结构特征，它将影响乳化、发泡和胶凝性等重要的功能性质。

表 13.13　不同品种大豆的 7S 球蛋白与 11S 蛋白球含量及表面疏水性

品种	7S/%	11S/%	7S∶11S	表面疏水性
1	29.5	70.5	0.418	39.353
2	21.74	78.26	0.278	32.017
3	32.94	67.06	0.487	33.608
4	30.83	69.17	0.446	33.345
5	22.37	77.63	0.288	35.094
6	37.81	62.19	0.601	38.932
7	22.67	77.33	0.293	42.449
8	33.33	66.67	0.5	44.554
9	28.30	71.70	0.395	46.909

1. 乳化性

11S/7S 值与大豆蛋白的乳化性呈负相关。比值越低，乳化活性越高，即 7S 球蛋白含量越高大豆蛋白的乳化性越好。研究证明，7S 球蛋白在任何 pH 下都比 11S 球蛋白有更好的降低表面张力的能力。这是因为它们的化学组成和结构的不同。7S 球蛋白的疏水氨基酸含量高，表面存在大量的疏水区，所以能较快地吸附在油滴的表面，并且在油滴表面形成高弹性、有序的蛋白质膜。相反，11S 球蛋白因含有亚基间、亚基内的二硫键，降低了在油滴表面的吸附速度；另外，11S 球蛋白带有较高电荷，也是界面吸附能力降低的原因。

2. 发泡性

11S 球蛋白和 7S 球蛋白在分子构型和氨基酸组成上存在差异，所以它们的相对含量对大豆蛋白的发泡性有重要影响。大豆蛋白的发泡性随 11S/7S 值的增加而降低。天然大豆蛋白的发泡性与其表面活性呈正相关。由于 11S 球蛋白相对分子质量大，表面活性发泡能力差，因此，11S/7S 值越高，大豆蛋白产品的发泡性越差，类似其乳化性。

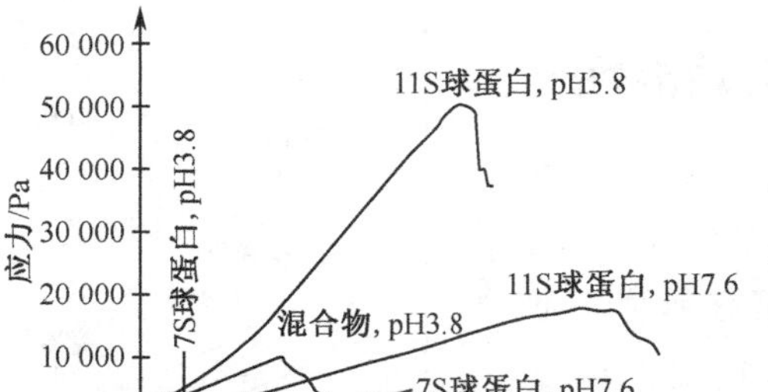

图 13.57　7S 球蛋白、11S 球蛋白以及二者 1∶1混合后的凝胶应力应变曲线

3. 凝胶性

大豆蛋白凝胶的透明性随 11S/7S 值的降低而增加。11S 球蛋白和 7S 球蛋白由于化学组成和结构的不同，凝胶特性和胶凝机理不同。11S 球蛋白的每一个蛋白质分子，至少包含 20 个二硫键和 2 个巯基，在形成凝胶过程中，由于 11S 球蛋白形成的凝胶，主要靠静电和二硫键作用，凝胶的硬度、组织性要高于 7S 球蛋白形成的凝胶（图 13.57），凝胶透明性降低（Renkema et al.，2001）。而

7S 球蛋白形成的凝胶主要靠分子间的氢键作用，形成的凝胶透明。同时，11S 球蛋白的凝胶强度更好，而 7S 球蛋白的凝胶强度差且不受 pH 影响，二者 1∶1 混合时也没有很大改善（Renkema et al.，2001）。

此外，在 pH 2～10 时，11S 球蛋白比 7S 球蛋白的乳化能力、溶解度要差。7S 球蛋白和 11S 球蛋白组分比值的差异，在食品加工中可以满足不同的产品需求，赋予食品所需要的组织特性（表 13.14）。因此，应该重视大豆品种的改良和不同组分的分离，以便获得不同的大豆蛋白产品。

表 13.14　大豆 7S 球蛋白、11S 球蛋白在食品中的加工特性

成分	豆腐	冻豆腐	油炸食品	奶酪制品
7S 球蛋白	柔软、有吸附性	显著不溶，坚实、凝聚、海绵化	伸展性小，较柔软	凝乳保水性增大，除水性差
11S 球蛋白	坚实、凝聚性，富有弹性，吸附性差	冻结保存中结合好，形成高分子蛋白，难成海绵状	伸展较好，切断强度大，形成多孔组织	除水性好，色泽明亮

13.5　谷蛋白的特性

对食品加工来讲，早就认识到小麦粉中谷物蛋白对焙烤加工产品的品质影响最大，因为加工时原料的质量、面团的流变学特性均决定最终产品的品质，而这些又与面粉中蛋白质的含量、蛋白质组成有关。例如，所谓的强力粉就是含有较高的蛋白质的面粉，在制作面包时具有很好的气体滞留能力，同时还使得产品具有良好的外观和质地。具有不同蛋白质含量的面粉的用途如图 13.58 所示。

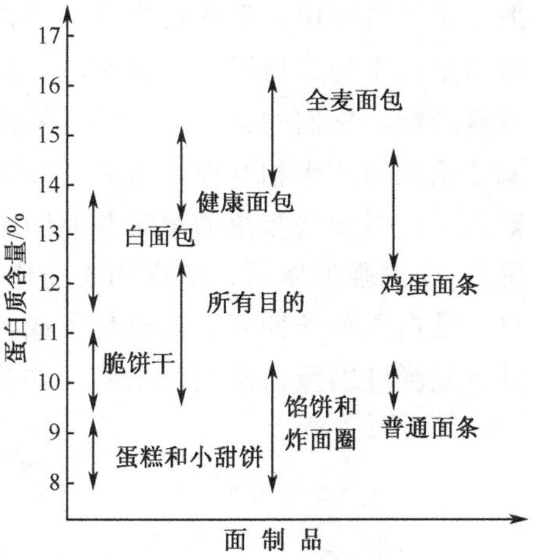

图 13.58　小麦粉的蛋白质含量与其食品加工应用

13.5.1　面团的结构特性

小麦、大麦、黑麦等谷物具有一个相同的特性，那就是胚乳中的面筋蛋白，在有水存在、室温条件下混合、揉捏处理，能形成强内聚力和黏弹性糊状物，以小麦粉的这种能力最强，这就是使小麦面粉能转化为面团、并经发酵烘烤形成面包的基础。面筋蛋白在形成面团以后，小麦面粉中其他的成分如淀粉、糖和极性脂类、非极性脂类、可溶性蛋白等，都有利于面筋蛋白形成面团三维网状结构，以及构成面包最后的质地，并被容纳在其中。

高相对分子质量的麦谷蛋白亚基，通过二硫键尾尾或首尾相连形成面筋的主干结构；低相对分子质量的麦谷蛋白亚基也通过 N 端、C 端区域上的 Cys，形成线形的聚合体；较小的球状麦醇溶谷蛋白，主要是通过非共价键（氢键和疏水键）掺入面筋蛋白中；当面粉吸水、揉和后，就形成面团；这些变化总结于图 13.59。麦谷蛋白的水合物具有很大的抗延伸性，无黏性，必须与麦醇溶谷蛋白相互作用才能形成面筋特有的黏弹性。在面团中加入一定量的纯麦谷蛋白，可以明显地提高面筋的抗延伸性。加热能导致麦谷蛋白失去形成多孔状结构的能力，使其结构变得更有弹性。麦谷蛋白是造成面筋具有强大抗延伸性能的主要原因。未加热前，聚集度低的麦谷蛋白呈黏性，聚集度高的麦谷蛋白则表现为凝胶特性；当温度上升至 40～50℃时，低聚集体的聚合程度增高，其凝胶特性增强，而黏性减小，因此，麦谷蛋白亚基数量和类型有轻微的变化，都可能引起面筋的质量和功能性的显著变化。面团在揉捏时，如果揉捏的强度不足就会使得面筋蛋白的三维结构不能很好地形成，结果是面团的强度不足；如果是过度的揉捏，则也会使得面筋蛋白的一些二硫键断裂，造成面团的强度下降。面团在焙烤时，面筋蛋白所释放出的水可以被糊化的淀粉吸收，但面筋蛋白仍然可以保持近一半的水。面筋蛋白在面粉中已经呈伸展状态，在进行面团的揉捏过程中得到充分伸展，所以在焙烤时不会进一步伸展。

对面筋蛋白来讲，从化学结构的角度看二硫键的作用非常重要（图 13.59）。尽管面筋蛋白氨基酸中半胱氨酸含量很少（约为 2%），但是，它对面筋蛋白的结构和功能有着非常重要的作用。大部分的半胱氨酸以氧化的形式存在，在籽粒成熟、碾磨、面团加工烘焙过程中，形成蛋白质分子内或分子间的二硫键（Lagrain et al.，2008）。破坏面筋蛋白中的二硫键，面筋黏度会急剧下降。其次，面筋蛋白含有大量的谷氨酰胺和羟基氨基酸，它们的分子间易形成氢键，使面筋具有很强的吸水能力和黏聚性质，其中黏聚性质还与疏水相互作用有关。尽管非共价键（氢键、疏水相互作用）的能量不如共价键大，但对面筋蛋白的聚集和面团结构的形成也有重要的作用。氢键被破坏后（尿素作用），面团强度减弱；疏水相互作用的存在也可以促进面筋结构的稳定。当面粉被揉捏时，蛋白质分子伸展，二硫键形成，疏水相互作用增强，面筋蛋白转化形成了立体的、具有黏弹性的蛋白质网状结构，并截留了淀粉粒和其他的成分。

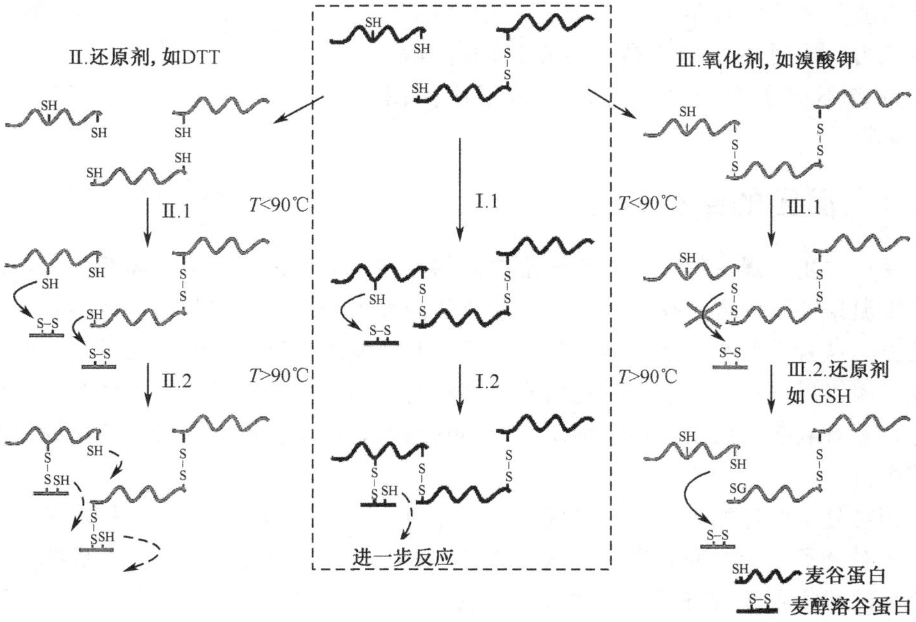

图 13.59 麦醇溶谷蛋白与麦谷蛋白双硫键交换反应示意图

DTT. 二硫代苏糖醇；GSH. 谷胱甘肽

早期的研究曾显示，在面团中加入还原剂使其发生二硫键的交换反应（图 13.59），结果导致蛋白质溶解度的增加和面团强度的减弱，所以氧化剂（如过氧化苯甲酰、溴酸钾）的使用，可以改善面粉的品质，活性大豆粉的作用也是如此。另外，面筋蛋白与其他成分的作用有时候也是非常重要的，例如，面筋蛋白与淀粉的作用对于产品的老化问题具有意义。蛋白质与淀粉形成的网状结构可以抗拒淀粉的老化。在面团中加入极性脂类有利于麦谷蛋白和麦醇溶谷蛋白的相互作用，提高面筋的网络结构，而中性脂肪的加入则十分不利。球蛋白的加入一般不利于面团结构，但是变性后的球蛋白加入面团则可消除其不利影响。

13.5.2　麦谷蛋白组成与功能特性

关于面筋蛋白的结构，Lindsay 等提出了面筋蛋白的构架结构模型（backbone）。该模型认为，高相对分子质量麦谷蛋白（HMW-GS）主要是面筋网络的骨架，低相对分子质量麦谷蛋白（LMW-GS）与 HMW-GS 相连形成有细小枝杈的链状结构（图 13.60）。面筋网络是一种结构复杂的三维结构，缺乏 LMW-GS 时，面筋网络更像片状结构；醇溶蛋白在整个面筋网络结构中的作用主要是填充空隙的簇状蛋白。因此，谷蛋白的组成与比例直接影响其最终的功能特性。

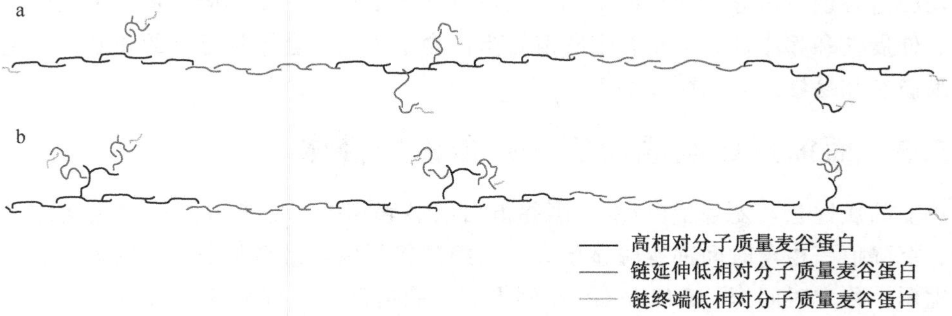

图 13.60　面筋蛋白的构架结构模型示意图（Lindsay and Skerritt，1999）

1. 高相对分子质量麦谷蛋白

麦谷蛋白决定面团的弹性、黏合性以及强度，HMW-GS 则能增强面团强度，在面团网络结构的形成中起重要作用，是面筋网络的主要组分，从图 13.61 的两组扫描电镜图中可以看出，缺乏 HMW-GS 时，不能形成连续的网状结构，产生大量的空穴，面团强度大大降低（Lindsay and Skerritt，1999）。

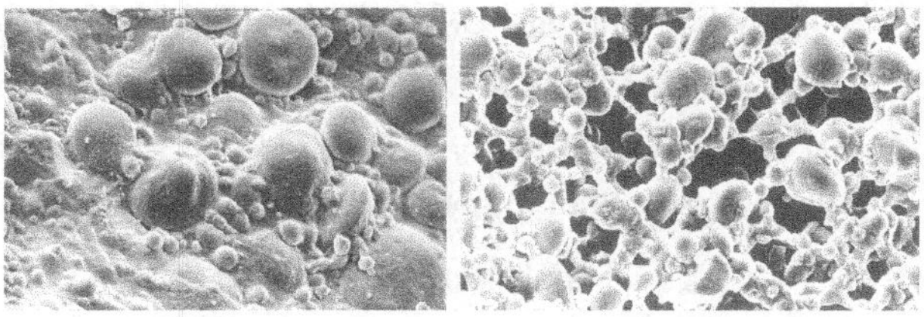

图 13.61　以原小麦粉和缺乏 HMW-GS 面粉制作的面团的扫描电镜图

2. 低相对分子质量麦谷蛋白

研究表明，LMW-GS量的增加，可以明显提高面团的筋力。在同等蛋白质含量的条件下，LMW-GS比HMW-GS具有更多的物理交联特性。LMW-GS含量相对多的小麦品种，面团延伸性较大。γ-麦醇溶谷蛋白和LMW-GS在热处理过程中发生聚合，形成通心面的硬度和弹性。富硫醇溶蛋白（α-、β-和γ-麦醇溶谷蛋白）和LMW-GS形成氢键和二硫键，产生聚合作用，赋予通心面煮后的组织状态。因此，高LMW-GS含量对面条专用小麦粉的品质具有重要意义。

3. 麦醇溶谷蛋白

麦醇溶谷蛋白与面团的黏性和延展性有关。麦醇溶谷蛋白间通过氢键和疏水相互作用，促进面筋黏性的形成，但对面团的强度没有直接影响。面团中加入纯化的麦醇溶谷蛋白，可使面包体积增大。不同的麦醇溶谷蛋白组分，其功能特性存在差异，其中，γ-醇溶谷蛋白最有利于增大面包体积，α-麦醇溶谷蛋白和β-麦醇溶谷蛋白的作用较模糊。但有研究认为，添加麦醇溶谷蛋白将缩短和面时间，减小面包体积，增强抗断裂能力，降低抗延阻力。

麦醇溶谷蛋白组分对面包的影响与相对分子质量有关。麦醇溶谷蛋白决定面团的流动性、伸展性和膨胀性。但是若麦醇溶谷蛋白含量过高，会导致过度的膨胀，产生的面筋膜易破裂和易渗透、面团塌陷。

13.5.3 面筋蛋白组成比例与谷蛋白聚合体

小麦品质性状与麦谷蛋白/麦醇溶谷蛋白值显著相关。随麦谷蛋白含量增加，面筋含量、沉降值、稳定时间都有明显增大；麦醇溶谷蛋白含量高于麦谷蛋白含量时，其面团筋性弱、稳定时间短。HMW-GS比例提高，能提高干、湿面筋的含量，改善面团流变学特性，从而使面团烘烤品质得到改善。通心面煮熟后的品质，也与麦谷蛋白/麦醇溶谷蛋白的值有关，比值小于1.5为宜。面条品质，还与低相对分子质量与中相对分子质量麦谷蛋白比值呈极显著正相关。当把HMW-GS和LMW-GS按2∶1的比例添加到基质面粉中，面团的韧性显著上升；但当把HMW-GS与LMW-GS按1∶2的比例添加到面粉中，面团延伸性显著大于对照。随HMW-GS与LMW-GS的比例增大，面团弹性变大，延伸性显著降低（Suanne and Herbert，2001）。大量的研究结果证实，HMW-GS相对含量与面团韧性有显著正相关，同时，LMW-GS含量与面团延伸性有显著正相关。研究表明，随着HMW-GS含量增加、LMW-GS含量降低，面包体积逐渐变大。

麦谷蛋白大聚合体（GMP）的含量相对较高时，面团抗延伸力增强，一般来讲，蛋白质含量高的小麦，其GMP含量也较高。在面团搅拌过程中，GMP通过巯基-二硫键交换反应或者氢键以及疏水相互作用，与其他蛋白质分子结合，形成面团结构的骨架。最近研究表明，决定面团弹性的并非籽粒的聚合体蛋白总量，而是不溶性聚合体蛋白（大粒度的聚合体蛋白）含量。不溶性聚合体蛋白占总聚合体蛋白含量的百分数，与面团强度呈显著正相关。谷蛋白大聚合体决定面团的强度，与蛋白质含量相比，其对面团稳定时间、拉伸特性和面包体积影响更大。

第 14 章　食品加工中蛋白质的变化

蛋白质是食品组成中最重要的生物大分子物质，也是食品加工中最重要的配料物质之一。蛋白质不仅为人类提供了必需的营养物质，同时也为加工食品提供了众多的功能性质，并最终对许多加工食品的质地特征等产生决定性的影响作用。在最近开始提及的所谓食品材料学（food material science）中，蛋白质同多糖、水一起，被作为影响食品品质最重要的三个因素而重点考虑，表明了蛋白质对于食品的重要性（Aguilera，2008）。

作为具有高级结构的生物大分子物质，蛋白质在食品加工过程中经历各种各样的处理，包括提取、溶解、脱水、干燥、水解、热处理、化学修饰、微生物发酵等，这些处理可能使蛋白质产生所希望或所不希望的变化，包括营养学上的、毒理学上的或工艺学上的。显然，了解食品加工和处理中蛋白质可能发生的各种变化，有利于我们系统地了解蛋白质在食品体系中的行为，确定不同食品加工处理时的关键技术问题，以及如何更好地开发利用蛋白质的某些变化。这样，从化学、物理学的角度来阐述食品加工中蛋白质的变化，以及所产生的相应结果，是非常有必要的。

14.1　蛋白质的变性

蛋白质变性是食品加工中蛋白质的最常见变化之一，它涉及分子内作用力、环境因素等发生的变化，并最终影响到蛋白质的功能性质等许多方面。

14.1.1　蛋白质变性的化学机制

天然的蛋白质分子，是由氨基酸通过一定的顺序连接在一起，通过分子内、分子间的各种作用力（共价键、非共价键相互作用）而达到一个平衡状态，最后形成一定的空间结构和构象。蛋白质存在所谓的一级到四级结构（见本书的其他章节），并且蛋白质分子为了达到能量最低，蛋白质倾向于将其疏水性氨基酸残基排布在分子的内部，而亲水性氨基酸残基排布在分子的外部，由此产生相应的焓变与熵变。所以，一个天然蛋白质的构象是许多作用共同作用的结果。从相关的热力学上看，当一个具有松散结构的蛋白质多肽链卷曲成为一个紧密结构的蛋白质稳定构象时，这些作用通常导致产生20～85 kJ/mol的自由能变化，这就是所谓的 $\Delta G_{D}^{\ominus}$，是天然蛋白质分子和变性状态的蛋白质分子之间的自由能变化，可以用于衡量天然蛋白质分子构象的稳定性大小。一些重要的蛋白质、酶的 $\Delta G_{D}^{\ominus}$ 见表 14.1（Fennema，1996）。

蛋白质的二、三、四级结构的构象仍然是不稳定的。蛋白质在用酸、碱、热、有机溶剂或辐射处理时，就会影响维持蛋白质结构所涉及的一些作用力，蛋白质的构象由此会发生不同程度的改变，如蛋白质分子产生伸展（unfold），这个过程称之为变性（denaturation）。从化学的角度看蛋白质的变性，就是蛋白质的多肽链在空间的排布方式，从典型的天然的蛋白质状态转化为更加无序的状态的变化，是蛋白质的二、三、四级结

表 14.1 一些蛋白质的 $\Delta G_D^{\ominus}$

蛋白质	pH	温度/℃	$\Delta G_D^{\ominus}$/(kJ/mol)	蛋白质	pH	温度/℃	$\Delta G_D^{\ominus}$/(kJ/mol)
α-乳白蛋白	7	25	18.0	肌钙蛋白	7	37	19.6
α-胰凝乳蛋白酶	4	37	33.4	卵白蛋白	7	25	24.6
β-乳球蛋白 A（牛）	3.15	25	42.2	胰岛素	3.0	20	26.7
β-乳球蛋白 B（牛）	3.15	25	48.9	细胞色素	5.0	37	32.6
溶菌酶（鸡）	7	37	50.2	胃蛋白酶	6.5	25	45.1
碱性磷酸酶	7.5	30	83.6	胰蛋白酶	—	37	54.3

构等高级构象发生变化，此时，蛋白质分子中的肽键不发生断裂，各种氨基酸的连接顺序即一级结构维持不变。要注意的是，对于化学家、生物化学家或食品科学家，蛋白质变性的概念是有所不同的，主要的差别在于对变性现象的观察角度和程度的不同，例如，通过蛋白质的某些特殊功能性质的丧失来定义蛋白质的变性时，就可以选择溶解度的降低、酶活力的降低等不同的角度。但是，不论从何角度，蛋白质的变性过程基本上是一个物理变化过程，蛋白质的变性需要能量的输入来改变蛋白质分子的天然构象（如采用加热、加压等方式），虽然一些对蛋白质存在变性作用的试剂（酸、金属离子等），也可以影响到蛋白质分子间的相互作用。

由于蛋白质的空间构象发生了改变，变性过程可以看做是蛋白质分子的伸展过程（图 14.1），伴随着分子能量的变化。变性后蛋白质的一些性质也发生了变化，从而对蛋白质性质产生了相应的影响作用，这些影响作用可以从蛋白质的结构和物理化学性质、生物学性质的改变上看出。从食品科学的角度上看，变性后蛋白质常见的性质变化一般包括以下的 6 个方面：

（1）蛋白质分子内部的疏水性基团暴露，蛋白质在水中溶解性能降低；

（2）由于四级结构的变化，某些生物蛋白质的生物活性丧失；

（3）蛋白质的肽键更多地暴露出来，易被蛋白酶结合而水解；

（4）蛋白质结合水的能力发生了变化；

（5）蛋白质分散系的黏度发生了变化；

（6）蛋白质的结晶能力丧失。

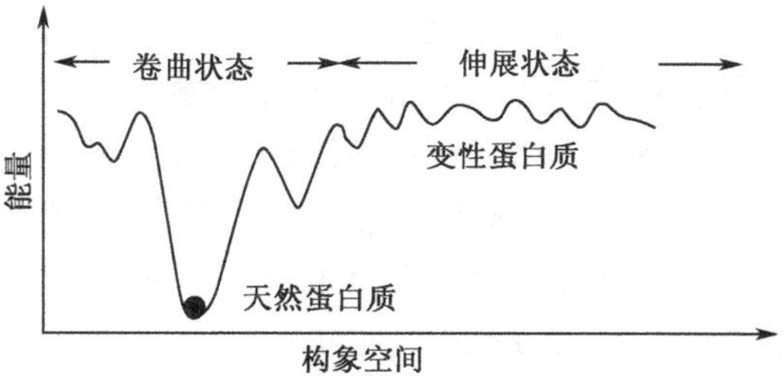

图 14.1 蛋白质的变性过程

●具有最低能量构象的蛋白质分子通常是天然状态

因此可以通过测定蛋白质的一些性质，如光学性质、沉降性质、黏度、电泳性质、热力学性质等来了解蛋白质的变性与否，以及蛋白质的变性程度如何；此外，也可以用免疫学方法测定蛋白质的变性情况，如 ELISA 就被很好地应用于蛋白质变性的研究工作。

天然蛋白质的变性有时是可逆的，当引起变性的因素被解除以后，蛋白质恢复到原状，此过程称之为蛋白质的复性（renaturation）。一般来说在温和条件下，蛋白质比较容易发生可逆的变性，而在比较剧烈的条件下蛋白质会产生不可逆的变性。例如，一种酶在某些 pH 条件下的活性降低，就可以认为是蛋白质结构发生变化，产生可逆的变性，所以当 pH 恢复原来情况时其活性得以恢复。一般来讲，当稳定蛋白质构象的二硫键被破坏时，则变性的蛋白质就很难复性。

变性的蛋白质分子，可以通过分子间的相互作用来形成蛋白质聚集体（aggregate），最后可以导致胶凝作用或凝结作用的产生；该过程中所涉及的作用力，与稳定蛋白质空间构象所涉及的作用力相同。所以，蛋白质的变性是蛋白质凝胶或凝块形成时的首要条件。当然，蛋白质变性也是加工食品中蛋白质功能性质发生改变以及最终影响食品品质的重要原因之一。

14.1.2　变性的热力学与动力学

在对蛋白质热力学的相关研究中，还有一些蛋白质的稳定性常数是经常要求测定、分析的，这些常数包括 $\Delta G^{\ominus}$ 等。

正如其他的物理化学变化一样，蛋白质的变性过程也可以用一系列热力学常数来描述。对于一些单体的球蛋白，它们的变性是所谓的“两状态转变”，即在变性条件的强度逐步增加时（如温度的增加，化学变性剂浓度的增加等），蛋白质可以检测到的物理化学性质并没有立即发生巨变，只有变性条件达到一个临界点时，这些物理化学性质才开始剧烈变化。因此在天然蛋白和变性蛋白质间，以中间状态存在的很少，蛋白质只以天然、变性状态存在。所以此类蛋白质的变性过程可以表示为：

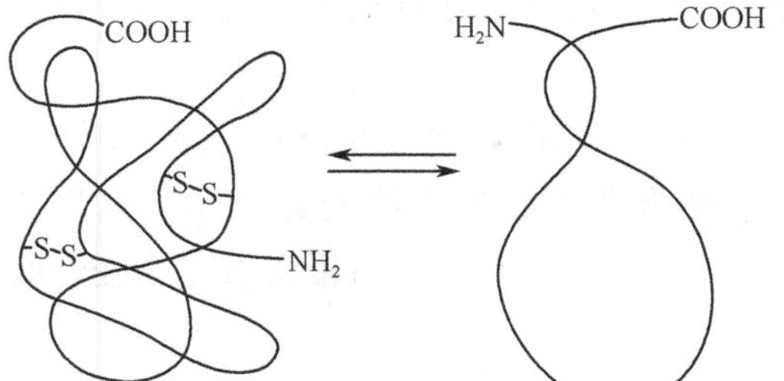

天然蛋白质(P_N)　　变性蛋白质(P_D)

则可以得到其变性的平衡常数以及其他的热力学常数（Fennema，1996）：

平衡常数：$K_D=\dfrac{[P_D]}{[P_N]}$；自由能变化：$\Delta G^{\ominus}=-RT\ln K_D$；焓变：$\Delta H^{\ominus}=-R\left[\dfrac{\delta(\ln K_D)}{\delta(1/T)}\right]_p$；

熵变：$\Delta S^{\ominus}=\dfrac{\Delta H^{\ominus}-\Delta G^{\ominus}}{T}$；比热容变化：$\Delta C_p^{\ominus}=\left(\dfrac{\delta\Delta H^{\ominus}}{\delta T}\right)_p=T\left(\dfrac{\delta\Delta S^{\ominus}}{\delta T}\right)_p$

式中，$[P_D]$ 为变性蛋白质的量；$[P_N]$ 为天然蛋白质的量；R 为气体常数；T 为绝对温度。

一些蛋白质变性时的热力学常数列于表 14.2 中。从表中数据可以看出，核糖核酸酶在变性时它的熵变较大，表明蛋白质伸展以后，比天然状态处于更加无序的状态（这也意味着只要温度升高到一定程度，$\Delta G^{\ominus}$ 就会小于零）；变性时的焓增加说明蛋白质分子发生伸展时，需要输入能量来破坏稳定蛋白质结构的作用力，而热容的增加意味着由于疏水性氨基酸进入水相，破坏了水分子之间的相互作用，打破了水的缔合结构。此外还可以看出，随着酸度的增加，蛋白质分子内的斥力增加，所以核糖核酸酶的稳定性随酸度的增加而明显降低。表中蛋白质的 $\Delta G^{\ominus}$ 大于零，表明常温下它们还是稳定的，无自发的变性的趋势，但是升高温度就会使得蛋白质的变性趋势增加（β-乳球蛋白正好相反）。

表 14.2　一些蛋白质变性的热力学常数

蛋白质	介质条件	最稳定温度 (T_s)	$\Delta G^{\ominus}$ /(kJ/mol)	$\Delta H^{\ominus}$ /(kJ/mol)	$\Delta S^{\ominus}$ /[kJ/(mol·K)]	$\Delta C_p^{\ominus}$ /[kJ/(mol·K)]
核糖核酸酶	pH=1.13	−9℃	−4.6	251	836	8.7
(30℃)	pH=2.5		3.8	238	773	8.3
	pH=3.15		12.9	222	690	8.3
胰凝乳酶原	25℃,pH=3	10℃	30.5	163	439	10.9
肌红蛋白	25℃,pH=9	<0℃	56.8	176	397	5.9
β-乳球蛋白	25℃,pH=3,5mol/L 脲	35℃	2.5	−88	−301	9

资料来源：Fennema，1996。

此外，在温度为 0～80℃ 时，蛋白质变性的 $\Delta C_p^{\ominus}$ 相对变化不大，多为 4～8 kJ/(mol·K)，显示了与蛋白质的疏水水合作用的相关情况。

如果从构象的角度进一步更加合理的看待蛋白质的变性过程，则应该将蛋白质的变性看成一个连续的、逐步进行的变化过程，即在天然蛋白质和完全变性的蛋白质之间存在一系列的中间态，任何环境条件的变化，例如，pH、离子强度、温度、溶剂组成等，均能导致蛋白质分子产生一个新的平衡状态，即发生所谓的“构象适应性”。因此蛋白质的变性就是其结构丧失有序性的一个连续过程，可以用下面的形式来描述蛋白质的具体变性过程：

$$P_N \rightleftharpoons X_1 \rightleftharpoons X_2 \rightleftharpoons \cdots\cdots \rightleftharpoons P_D$$

在每一个状态下，变性蛋白质的自由能差异很小（这取决于变性的条件），如图 14.2 所示（Damodaran and Paraf，1997）。当蛋白质完全变性时，典型的球蛋白分子就变成自由卷曲结构。

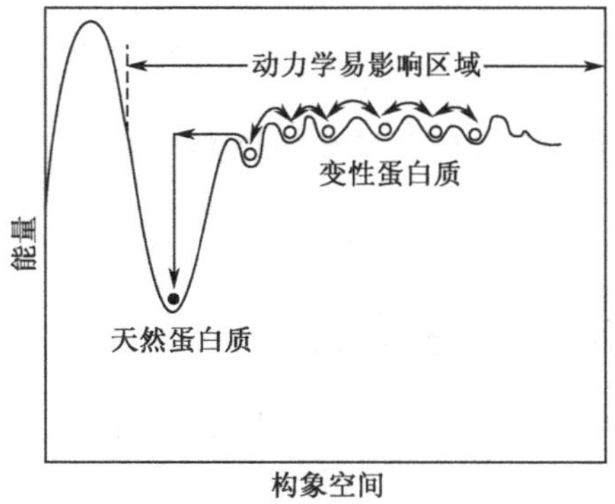

图 14.2　蛋白质分子能量与其构象关系的示意图

由于蛋白质的变性是一级反应，对于天然蛋白质分子（P_N）和变性的蛋白质分子（P_D），考虑蛋白分子的两状态转变，所以相应的速率方程式可以表示为

$$-\frac{d[P_N]}{dt}=k_1[P_N]-k_{-1}[P_D]$$

相应的活化能则为

$$\frac{\delta(\ln k)}{\delta T}=\frac{E_a}{RT^2}$$

与一般的化学反应相比，蛋白质变性的活化能（E_a）较高，例如，胰蛋白酶、卵白蛋白、过氧化物酶的热变性活化能分别为 167 kJ/mol、552 kJ/mol、773 kJ/mol。这是由于蛋白质变性涉及的化学键、作用力数量非常多，每种化学键、作用力需要一定的能量去破坏，所以蛋白质变性时的活化能较大；但是变性所涉及的某一化学键、作用力的能量均不是很大，所以在外来作用不是很大时，就可以破坏稳定蛋白质的化学键或作用力，蛋白质就可以发生变性。

蛋白质变性时的活化能高，在食品加工中具有实用性，高温短时杀菌（HTST）、超高温杀菌（UHT）技术原理，就是利用化学反应的活化能相对较低、微生物灭活（蛋白质变性）活化能较高的差异。所有变化的速率常数（k）与活化能均成正比，由于活化能的显著不同，所以，在高温下微生物的灭活速率将会大大增加，在温度超过 T_C 时，灭活速率将会超过食品中营养素被破坏的速率，如图 14.3 所示（赵新淮，2006）。因此，在较高的温度条件下对食品进行短时间的热处理（如 140℃），可以达到有效杀死微生物、保留营养素的双重目的。

差示扫描量热技术（DSC）可以用来评价蛋白质的变性。由于蛋白质从天然状态到变性状态的变化伴随着能量的变化，因此会出现热吸收或热释放。从获得的蛋白质 DSC 曲线上可以直接得到三个参数：焓变 ΔH、比热容 ΔC_p 和变性温度 T_d（图 14.4）。

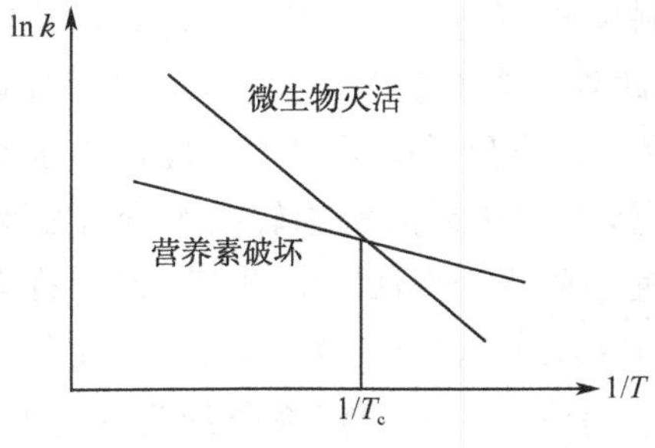

图 14.3　反应速率与温度的关系

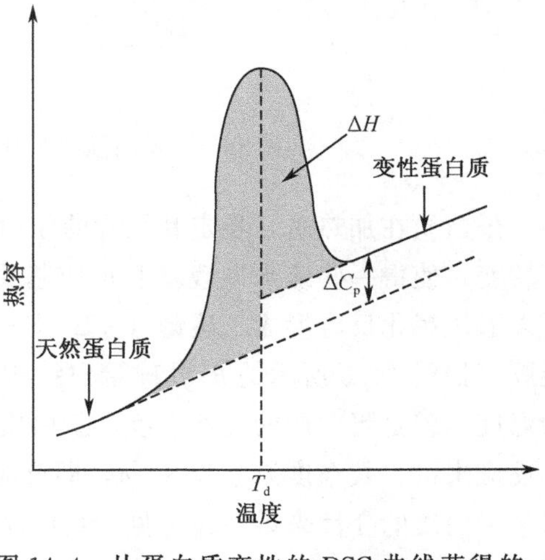

图 14.4　从蛋白质变性的 DSC 曲线获得的蛋白质变性参数

14.1.3　蛋白质变性的一般方法

导致蛋白质变性的因素，可以是物理因素或化学因素，如温度、pH、化学试剂、

机械处理等。无论是何种因素导致蛋白质的变性，从蛋白质分子本身的变化来看，变性类似于一个物理变化过程，变性过程中一般不涉及蛋白质的化学变化。通常，导致蛋白质变性的有关因素、条件有以下的一些物理方法、化学方法。

1. 热处理

加热是食品加工常用的处理过程，也是引起蛋白质变性最常见的物理因素。蛋白质在经过热变性后，分子表现了相当程度的伸展变形，例如，天然血清蛋白是椭圆形的，长：宽＝3：1，而热变性后的血清蛋白长：宽＝5.5：1，蛋白质分子明显地发生伸展。由于食品加工中加热是最常见的处理，所以了解蛋白质的热变性是十分重要的。有效的温度-时间组合，能够保证蛋白质有效的变性。如乳清蛋白，作为乳中的第二大类蛋白，具有高度的二级结构、三级结构，分子中存在着的各种作用力很容易被加热所破坏。图14.5显示的是在pH＝4.6的饱和氯化钠溶液中，乳清蛋白的溶解度降低情况（Fox and McSweeney，1998）。通常，要想利用热处理的方法对乳清蛋白变性，较好的条件是pH 6时在90℃加热处理10 min。

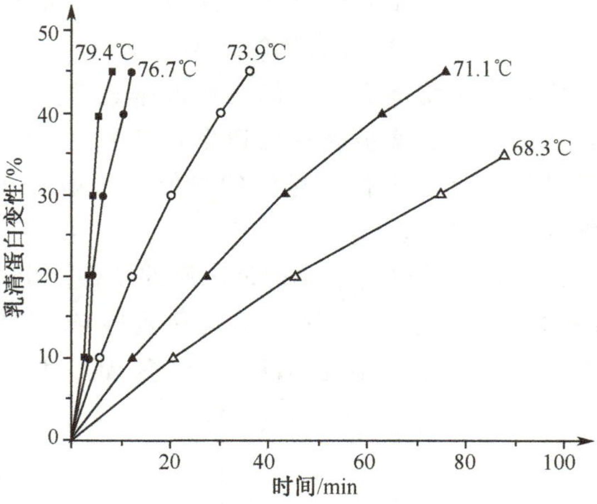

图14.5　不同温度下加热脱脂乳导致的乳清蛋白变性

蛋白质在加热时，稳定其结构的作用力中氢键将被破坏，分子发生伸展，结构向无序转变，使得一些疏水性残基和反应基团暴露。此外，含有巯基（—SH）的蛋白质还可以通过氧化反应形成二硫键（—S—S—），导致蛋白质分子间的聚集反应，甚至形成凝胶（如图14.6所示的β-乳球蛋白结构修饰）。蛋白质从天然状态转变为变性状态时的温度，就是蛋白质的变性温度，蛋白质的变性速率取决于变性时的温度。对于许多化学反应来讲，其温度系数为3～4，即反应温度每升高10℃，反应速率增加3～4倍。但对于蛋白质的变性来讲，在常见的蛋白质变性温度范围内，其温度系数约为600左右，即温度每升高10℃，反应速率将增加600倍，所以，升高温度所带来的变性的速率变化远远大于一般化学反应速率的变化。这个性质在食品工业中有很重要的应用价值，例如，高温瞬时杀菌、超高温杀菌技术就是利用高温快速破坏生物活性蛋白质或微生物中的酶，而在较短时间内所分解、破坏的维生素等营养物质的量很少的基本原理。目前，此技术在液态食品加工中已经广泛应用。

在温度为 62～80℃时，研究发现，达到给定的蛋白质变性程度，变性温度与时间之间的关系为半对数关系。例如，在产生 5%～40%的变性程度的情况下，将加热时间的对数对加热温度作图，通常得到一系列平行的直线。

加热处理导致蛋白质变性后，变性蛋白质分子仍然保留部分结构上的有序性，即完全变性的蛋白质分子也不是完全伸展的。例如，G-肌动蛋白在超过其变性温度（57.2℃）30℃、pH＝8 时加热处理，变形后的蛋白质分子仍然保留了 60%的天然螺旋结构。

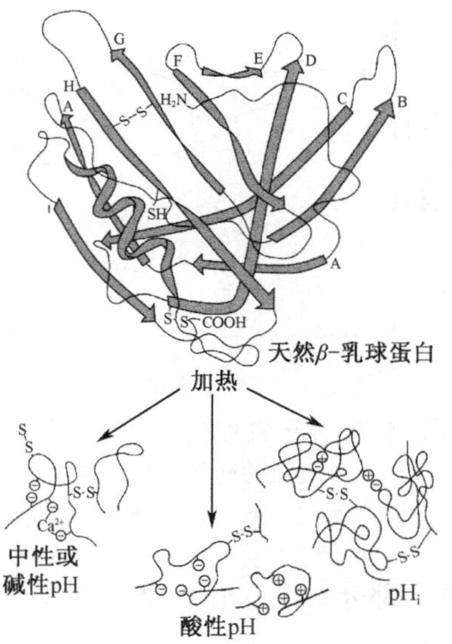

图 14.6　β-乳球蛋白加热处理时的结构修饰

蛋白质的热变性与其他条件因素有关，这些因素包括蛋白质的组成、浓度、水分活度、pH 和离子强度等。一般来讲，大多数的蛋白质在低温下较稳定，蛋白质分子中含有较多的疏水性氨基酸时要比含有较多亲水性氨基酸的蛋白质稳定（表 14.3），即蛋白质的平均疏水性、疏水性氨基酸的分布与蛋白质的变性温度相关。蛋白质的变性温度与水分活度的关系表明，生物活性蛋白质在干燥状态下较稳定，对温度变化的承受能力较强，而在湿热状态下容易发生变性，即水的存在有利于蛋白质的变性发生（如图 14.7 所示的大豆蛋白变性温度与水含量的关系）（Rao，1998）。所以在一些大豆原料的加工过程中，例如，豆粕最后需要经过水蒸气脱除溶剂处理，或者是大豆粉的高温处理破坏抗营养因子等，均是考虑到水分对蛋白质变性温度的影响作用问题。

表 14.3　一些蛋白质的热变性温度（T_d）与其平均疏水性

蛋白质	T_d/℃	平均疏水性/(kJ/mol 残基)	蛋白质	T_d/℃	平均疏水性/(kJ/mol 残基)
胰蛋白酶原	55	3.68	鸡蛋白蛋白	76	4.01
胰凝乳蛋白酶原	57	3.78	胰蛋白酶抑制物	77	
弹性蛋白酶	57		肌红蛋白	79	4.33
胃蛋白酶原	60	4.02	α-乳清蛋白	83	4.26
核糖核酸酶	62	3.42	β-乳球蛋白	83	4.50
羧肽酶	63		大豆球蛋白	92	
乙醇脱氢酶	64		蚕豆 11S 蛋白	94	
牛血清白蛋白	65	4.22	向日葵 11S 蛋白	95	
血红蛋白	67	3.98	燕麦球蛋白	108	
溶菌酶	72	3.72			

资料来源：Nakai and Modler，1996。

许多技术可以用来评价蛋白质的变性，包括评价蛋白质的溶解度、光谱学（红外光谱、紫外光谱、荧光、圆二色谱等）、热学（差示扫描量热，DSC）、流变学（黏度）、免疫学（酶联免疫吸附测定，ELISA）。其中，ELISA 技术由于其对蛋白质分析的特异性、灵敏性，而可以被用于对蛋白质变性行为的评价。例如，在利用间接 ELISA 技术

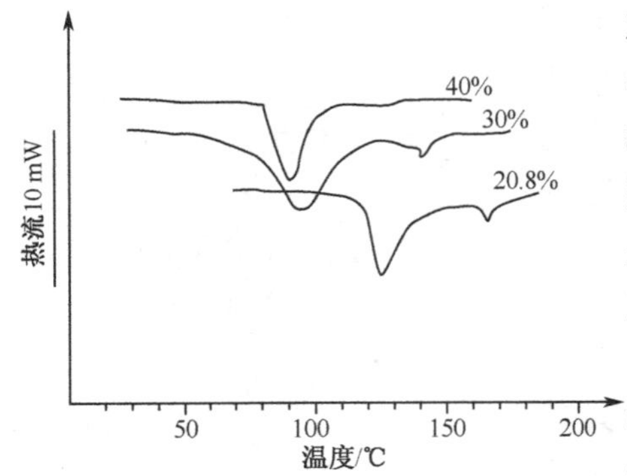

图 14.7　水分含量对富含 7S 球蛋白的大豆蛋白的变性温度的影响

40%，30%，20.8%分别代表不同水分含量

对牛的半膜肌和收缩肌提取物进行研究时(Levieux et al.，1995)，发现在加热时间为30 min时，加热温度在40℃时提取物中的蛋白质开始失去其抗原性，在70℃时有近50%的蛋白质失去其抗原性，在100℃时则有70%以上的蛋白质失去其抗原性（表 14.4），同时回归分析发现了加热后蛋白质抗原性的保留率与加热温度呈负相关。由于加热至40℃时已经发现了有蛋白质变性的发生，所以 ELISA 技术对蛋白质变性行为的评价，可能比其他技术更为灵敏。这里，在100℃下处理 30 min 仍然可检测到抗原性存在，也再次证明了蛋白质变性后仍然保留了天然蛋白质的部分结构。至于 DSC 技术，这更是一个常用的典型评价方法。

表 14.4　加热处理 30 min 后牛半膜肌和收缩肌提取物的抗原性变化情况

热处理	无	40℃	50℃	60℃	70℃	80℃	90℃	100℃
抗原浓度/(ng/μg)	32.4	28.0	24.2	20.9	16.5	14.6	11.3	9.4
抗原性保留率/%	100	86.3	54.6	64.4	50.9	44.9	35.0	23.9

2. 冷冻

低温处理也可以导致某些蛋白质的变性，例如，乳酸脱氢酶在室温下稳定，但在4℃不稳定。有些蛋白质如 11S 大豆球蛋白、乳蛋白在冷却或冷冻时可以发生凝集和沉淀，这也是蛋白质低温变性的典型例子。还有一些例外的情况，就是一些酶在较低温度下被激活（如一些氧化酶）。

导致蛋白质在低温下的变性的原因，可能是由于蛋白质的水合环境变化，破坏了维持蛋白质结构的作用力的平衡，并且因为一些基团的水化层被破坏，基团之间的相互作用引起蛋白质的聚集或亚基重排；也可能是由于体系结冰后的盐效应问题，盐浓度的提高导致蛋白质的变性。另外，由于食品体系冷冻引起的浓缩效应，可能导致蛋白质分子内、分子间的二硫键交换反应增加，从而也导致蛋白质的变性。

蛋白质的冷冻变性和 pH 有关，已经发现在给定的 pH 条件下降低温度，或者在给定温度下降低 pH，所得到的酶失活反应的速度和程度是一样的。

3. 机械处理

有些机械处理如揉捏、搅打等，由于剪切力的作用使蛋白质分子伸展，破坏了其中的 α 螺旋，使蛋白质网络发生改变而导致变性。剪切的速度越大，蛋白质的变性程度越大，例如，在 pH=3.5～4.5 和 80～120℃的条件下，用 8000～10 000 s^{-1}的剪切速度处理乳清蛋白（浓度 10%～20%），就可以形成蛋白质类脂肪替代品；沙拉酱、冰淇淋等的生产过程中，也涉及蛋白质的机械变性。

蛋白质由于机械力的作用而变性，通常是由于空气泡的引入以及蛋白质在气-液界面上的吸附，蛋白质的疏水性残基、极性残基分别向气相、水相定向排列，导致了蛋白质构象的变化。蛋白质构象的变化程度取决于蛋白质分子的柔韧性，具有较高柔韧性的蛋白质分子很容易在气-液界面上变性，而具有较大刚性的蛋白质分子则反之。高强度处理时所产生的空化作用，也与蛋白质的变性有关。

4. 静高压

静高压也能导致蛋白质的变性，但是与常见的热变性不同，静高压变性通常发生在很高的压力范围内，而热变性通常发生在 40～80℃时，典型的静高压变性发生在如食品的挤压加工处理或静高压灭菌处理。

天然蛋白质具有比较稳定的构象，但是球形的蛋白质分子不是刚性球，虽然内部的残基紧密排列，但是在其分子内部还是存在一些空穴，蛋白质分子具有一定的柔性和可压缩性，所以在高压下蛋白质分子会发生变形现象（发生变性）；在一般温度下，蛋白质分子在 100～1000 MPa 压力下就会发生变性。由于静高压而导致蛋白质的变性或酶的失活，有时在高压消除以后会重新恢复到原状态，不过，活力的完全恢复通常需要几个小时。

根据平衡常数与压力的关系：

$$\frac{\delta(\ln K)}{\delta P}=-\frac{\Delta V}{RT}$$

式中，K 为平衡常数；P 为压力；V 为体积；R 为气体常数；T 为绝对温度。

由于天然蛋白质分子和变性蛋白质分子之间的偏分子比容（partial specific volume）之差 $\Delta V<0$，可以知道蛋白质的变性变化常数将随所施加的压力的增加而增加。高压下蛋白质体积的减小一般有两方面的原因：一是蛋白质分子内的空穴减少，二是蛋白质分子内的一些疏水性残基暴露于水环境中而导致体积减小。所以，ΔV 越小，天然蛋白质分子偏分子比容中的空穴体积就越大，蛋白质分子在压力下就越不稳定而容易变性。相反，纤维蛋白大多缺乏分子内的空穴体积，相比球蛋白，所以就对静压力不敏感。

一般球蛋白在静高压下变性时，有 30～100 mL/mol 的减少，相当于球蛋白完全伸展时体积减小数量的 25％，这也说明即使是在高压条件下，蛋白质也只有部分伸展，分子仍然保留了部分有序结构。

另外，对多亚基组成的酶的研究显示，在高压下酶发生解离生成单体，而消除压力后酶的活性得到不同程度的恢复，表明蛋白质的高压变性，与蛋白质发生的亚基解离有关。这样一旦外界压力消除，亚基重新结合，蛋白质的生物活性又可恢复。

由于静高压下对食品进行处理只是可以导致酶或微生物的灭活（破坏细胞膜），对食品中的营养物质、色泽、风味等不会造成明显的破坏作用，也不形成有害的化合物，对肉制品进行处理还可以使肌肉组织中的肌纤维裂解，同时对食品品质的提高有益（如产生胶凝作用），静高压技术的应用已经是 21 世纪食品加工技术发展的一个重要方向。

5. 电磁辐射

电磁波对蛋白质结构的影响与电磁波的波长和能量有关，一般可见光由于波长较长、能量较低，对蛋白质的构象影响不大，而像紫外线、X 射线、γ 射线等高能量的电磁波，对蛋白质的构象会产生明显的影响；高能射线被芳香族氨基酸吸收，导致蛋白质构象改变，同时还会使氨基酸的残基发生各种变化：如改变、破坏共价键，分子离子化，分子游离基化等。所以，辐射不仅可以对蛋白质进行变性，而且在它们破坏了氨基酸的结构时还可以导致蛋白质的营养价值变化。

但是在食品进行一般的辐射保鲜时，电磁辐射对食品蛋白质的影响极小，一是由于食品处理时所应用的辐射剂量较低，二是食品中存在水的裂解而减少其他物质的裂解，所以对食品的辐射保鲜在安全性方面是没有问题的。

6. 界面作用

蛋白质吸附在气-液、液-固或液-液界面后，通常可以发生不可逆的变性。蛋白质发生界面变性的原因在于，在气-液界面上水分子的能量较本体水分子的能量高，这些水分子可以与蛋白质分子发生相互作用，导致蛋白质分子的能量增加。蛋白质分子向界面扩散后，蛋白质分子与界面上的水分子作用，蛋白质分子中的一些化学作用被破坏，其结构发生少许的伸展，最后水分子进入蛋白质分子的内部，进一步导致蛋白质分子的伸展，并使得蛋白质的疏水性残基、亲水性残基分别向极性不同的两相（气-水）排列，最终导致蛋白质分子的变性（图 14.8）。如果蛋白质分子具有较疏松的结构，它在界面上的吸附就比较容易，如果它的结构较紧密，或是被二硫键所稳定，或是不具备相对明显的疏水区和亲水区，此时蛋白质就不易被界面吸附，因而界面变性就比较困难。

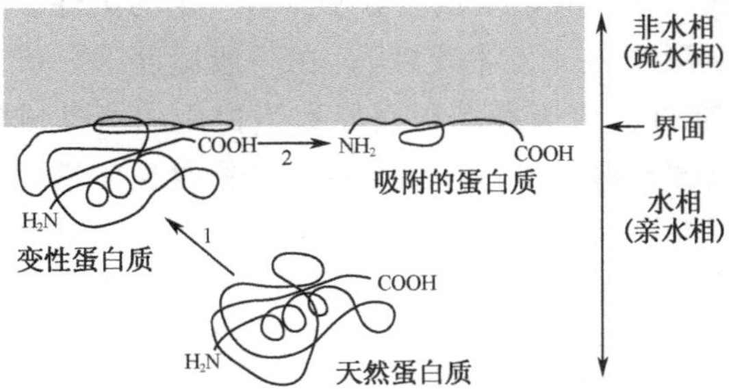

图 14.8　蛋白质的气-液界面变性过程

最后要指出的是，对于食品加工工艺来讲，传统的热杀菌技术，仍然是食品加工时应用最广泛的一项加工工艺，但是冷杀菌技术已经是目前各国科学家深入研究的一项新型加工技术之一，在这里，电磁场技术将是一个非常值得注意的手段。

7. 引起蛋白质变性的化学因素

1）酸、碱（pH）

大多数蛋白质在特定的 pH 范围内是稳定的，但若处于极端 pH 条件下（假定此时不产生肽键的水解或氨基酸残基的修饰反应），蛋白质分子内部的一些可解离基团如氨基、羧基、酚基等的大量的解离，会产生强烈的分子内静电排斥/吸引作用，从而使蛋白质分子产生伸展、变性，很容易导致蛋白质的不可逆变性。蛋白质分子中带电基团的数量，以及带电基团在蛋白质分子中的位置均对蛋白质的变性以及变性程度有影响。

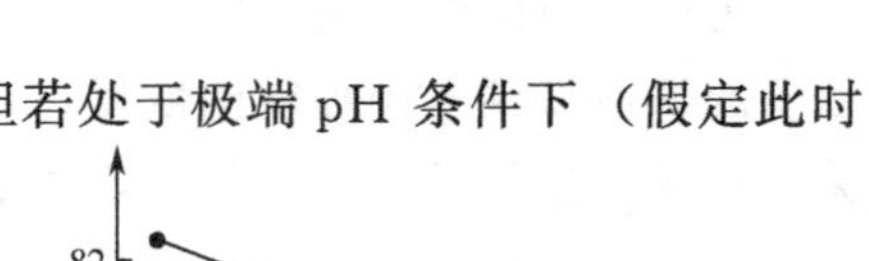

图 14.9　乳清蛋白浓缩物［30%(*m*/*V*)，离子强度 0.2，磷酸盐缓冲体系］的变性温度（DSC 峰值温度）与 pH 的关系

在蛋白质进行热变性时，再加入酸碱，就能导致变性速率的增加（温度-pH 组合），pH 对蛋白质变性温度的影响见图 14.9。不过，在一些情

况下，蛋白质经过酸碱变性后，pH 再调节回原来的范围，蛋白质仍可以恢复原来的结构，如果蛋白质是酶的话，则酶的活性可以部分得以恢复。

蛋白质在等电点时比在其他 pH 下稳定，而在中性条件下，由于蛋白质所带的净电荷不多，分子内所产生的排斥力与稳定蛋白质结构的其他作用力相比，也是较小的，所以大多数蛋白质在中性条件下比较稳定。此外，一些蛋白质通过其所处介质的连续变化，可以改善其功能性质，例如，将蛋白质溶液调整至较高的 pH 后再中和至中性，就可以“激活”蛋白质分子，导致蛋白质分子伸展，激活处在分子内部的—SH。

2）盐类

由于碱土金属 Ca^{2+}、Mg^{2+} 可能是蛋白质分子的组成部分，对稳定蛋白质构象起着重要作用，所以 Ca^{2+}、Mg^{2+} 的除去会大大地降低蛋白质分子对热、酶等的稳定性。而对于一些重金属离子如 Cu^{2+}、Fe^{2+}、Hg^{2+}、Pb^{2+}、Ag^{+} 等，由于易与蛋白质分子中的—SH 形成稳定的化合物，或者是将蛋白质分子中的二硫键转化为—SH，改变了稳定蛋白质结构的作用力，因而也可以导致蛋白质的稳定性改变或蛋白质变性。此外由于 Hg^{2+}、Pb^{2+} 等还能够与蛋白质分子中的组氨酸、色氨酸残基等反应，它们也能导致蛋白质的变性。

常见的金属离子对蛋白质稳定性影响程度的大小顺序为 $NH_4^+ < K^+ < Na^+ < Li^+ < Mg^{2+} < Ca^{2+}$，对于常见的阴离子，它们对蛋白质结构稳定性影响的大小程度为 $F^- < SO_4^{2-} < Cl^- < Br^- < I^- < ClO_4^- < SCN^- < Cl_3CCOO^-$（Fennema，1996）。在高浓度时，阴离子对蛋白质结构的影响比阳离子更强，一般 Cl^-、F^-、SO_4^{2-} 是蛋白质结构的稳定剂，而 SCN^-、Cl_3CCOO^- 则是蛋白质结构的去稳定剂。一般来讲，处于左侧的离子有利于蛋白质的稳定、聚集或盐析，而处于右侧的离子有利于蛋白质分子的伸展、解离或盐溶。所以，三氯乙酸是非常强的蛋白质变性试剂。

一些盐类对豌豆球蛋白和豆球蛋白变性温度的影响情况见表 14.5。

表 14.5　一些盐类以及浓度对豌豆球蛋白和豆球蛋白变性温度（T_d）的影响

盐类	豌豆球蛋白 T_d/℃			豆球蛋白 T_d/℃		
	0.15 mol/L	0.5 mol/L	2.0 mol/L	0.15 mol/L	0.5 mol/L	2.0 mol/L
NaSCN	88	84	69	95	94	91
NaI	87	89	81	95	97	99
$NaC_2H_3O_2$	90	95	106	96	104	119
NaCl	83	92	102	93	103	116
Na_2SO_4	89	96	104	96	103	108
$Na_3C_6H_5O_7$	90	92	98	89	93	108
$CaCl_2$	—	—	—	95	94	93
LiCl	87	95	96	97	101	104
NaCl	83	92	102	93	103	116
KCl	87	94	103	99	107	122

3）有机溶剂

大部分的有机溶剂可导致蛋白质的变性，因为它们的存在降低了溶液的介电常数，使蛋白质分子内基团间的静电力增加；或者是破坏/增加蛋白质分子内的氢键，改变了稳定蛋白质构象原有的作用力情况（如有机溶剂 2-氯乙醇能够导致球蛋白中 α 螺旋的增加）；或是进入蛋白质的疏水性区域，破坏了蛋白质分子的疏水相互作用。这些稳定蛋白质结构作用力的改变，均可以导致蛋白质构象的改变，从而产生蛋白质变性的结果。

在低浓度下有机溶剂对蛋白质结构的影响较小，一些甚至具有稳定作用，但是在高浓度下所有的有机溶剂均能对蛋白质产生变性作用。

4）有机化合物

高浓度的脲和胍盐（4～8 mol/L）会导致蛋白质分子中氢键的断裂，因而导致蛋白质的变性；而表面活性剂如十二烷基磺酸钠（SDS）能在蛋白质的疏水区和亲水区间起作用，不仅破坏疏水相互作用，还能促使天然蛋白分子伸展，所以是一种很强的变性剂。这些物质对蛋白质的变性作用均是不可逆的。

脲和胍盐对蛋白质的变性非常有效，虽然没有共同接受的解释，但是有两个特点已经被确认：脲与胍盐破坏了稳定蛋白质构象的疏水相互作用，或者直接与蛋白质分子作用而破坏氢键。所以现在它们被广泛应用于检测蛋白质的可伸展性和构象的稳定性，是一个有用的试剂。

5）还原剂

巯基乙醇（$HSCH_2CH_2OH$）、半胱氨酸、二硫苏糖醇等还原剂由于具有—SH，能使蛋白质分子中存在的二硫键（—S—S—）被还原，即破坏了分子内或亚基之间的二硫键，从而改变蛋白质的原有构象，所以也破坏了蛋白质的结构，造成蛋白质的不可逆变性。反应的本质，可以看做是蛋白质分子和巯基化合物之间的二硫键的交换反应。

$$HSCH_2CH_2OH + —S—S— \longrightarrow —S—SCH_2CH_2OH + HS—$$

一些化学因素对蛋白质变性的影响结果如表 14.6 所示（Nakai and Modler，1996）。

表 14.6　一些化合物的添加对 β-乳球蛋白的变性影响

化合物	浓度/(mol/L)	T_d/℃	ΔH/(J/g)
无	0	81.5	14.4
NaCl	0.3	84.2	13.1
	0.5	85.4	15.2
	0.75	86.3	16.3
	1.0	87.7	15.2
$CaCl_2$	0.1	83.5	13.2
	0.3	84.0	13.2
	0.5	85.0	13.1
	1.0	84.6	13.5
脲	3	75.8	12.9
	6	66.7	9.6
SDS	0.01	82.3	12.5
	0.05	84.2	10.1
	0.10	80.5	11.8
	0.20	76.4	7.1

总之，食品加工中常常会利用蛋白质的变性作用，如豆腐、肉罐制品的制作等。对于食品加工而言，蛋白质的变性一般来讲是有利的，但在某些情况下是必须避免蛋白质的变性，如在酶的分离、牛乳的浓缩等过程中，蛋白质的过度变性会导致酶的失活或蛋白质沉淀生成，这是我们所不希望的变化。物理变性方式是最常采用的蛋白质变性方式，化学变性方式则很少采用。

14.2　美拉德反应

食品的褐变反应有酶促褐变和非酶促褐变两类。酶促褐变指由多酚氧化酶催化下的多酚化合物与氧之间的反应。非酶褐变包括焦糖化（caramelization）和美拉德（Maillard）反应，两个反应的反应机理有明显的不同，如表 14.7 所示。美拉德反应是热加工食品发生的主要反应之一，对它的发现源于对蛋白质（确切的说是肽）的相关研究，虽然该反应也同时涉及碳水化合物（或其他的化合物）。美拉德反应是食品体系中被详细研究、需重点控制的反应之一。

表 14.7　焦糖化和美拉德反应的特征

机理	反应条件			
	反应底物	对氧的需要	氨基参加早期反应	适宜 pH
美拉德反应	还原糖＋蛋白质（氨基酸）	—	＋	碱性
焦糖化反应	碳水化合物	—	—	酸性、碱性

14.2.1　美拉德其人与美拉德反应

美拉德（Louis-Camille Maillard，1878～1936 年），是 20 世纪法国著名的生物化学家。在 20 世纪初期，他在有关肽类化学合成研究中，注意到了一个意料之外的、但又十分特别的反应，即糖类的醛基与氨基酸氨基之间的反应（糖胺反应），并将其作为一个新的反应而进行深入的研究，这就是我们现在所熟知的美拉德反应（Catherine and Jean，2003；Ikan，1996）。

美拉德对该反应的研究结果可以总结如下（Ikan，1996）：

（1）反应是普遍发生的，不取决于发生反应的糖或氨基酸的本质。

（2）该反应不仅能发生于氨基酸，也能发生于肽类。

（3）来自于糖类的醛基或酮基是必需的。

（4）高温不是必需的条件因素，因为一旦糖-胺混合物先前在高温下进行过处理，后来的反应可以在 34℃甚至是 15℃下缓慢进行。此发现非常重要，因为它意味着反应的自催化特征。

（5）氧分子不涉及反应。

（6）在反应过程中，早期反应产物经历极端的脱水，与焦糖化反应类似。

（7）早期生成的褐色物是可溶于水的，最后转变为不溶性产物。它们含有 58.85％碳、4.92％ 氢和 3.45％ 氮，与来自土壤中的腐殖质相似。

（8）鉴别出反应释放一种气体——二氧化碳，它来自于氨基酸而并非来自于糖类，并证明这个反应是在糖类经历极端脱水后而发生的。

上述这些就是美拉德所描述的反应现象与机理，研究结果给他带来声誉，并被后来的许多研究工作所证明。在后来的一些研究中，开始将美拉德反应与食品体系中的非酶褐变联系起来，有许多研究工作涉及食品体系的美拉德反应，如图 14.10 所示（Catherine and Jean，2003）。美拉德反应的研究工作进一步的深入，最终促使了美拉德反应模型的建立，如图 14.11 所示（Martins et al.，2001）。

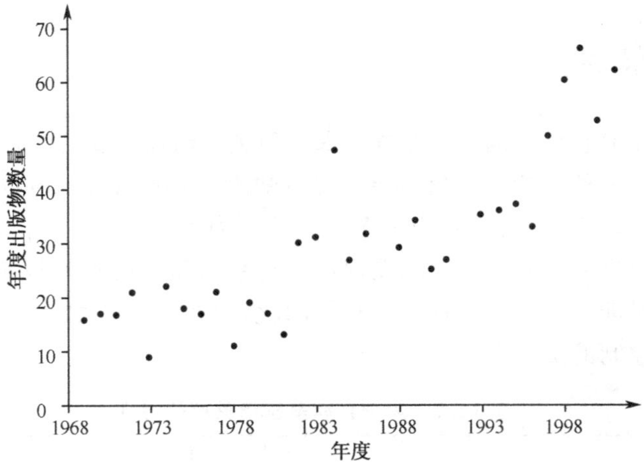

图 14.10 *Food Science and Technology Abstracts* 中在 Maillard reaction 名目下年度出版物数量统计结果

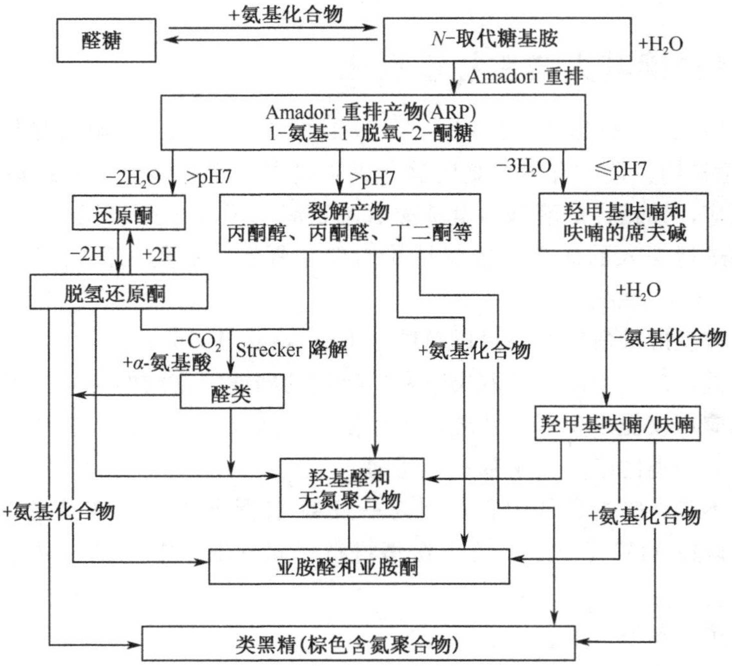

图 14.11 美拉德反应模型

自从美拉德在 1912 年报道在糖-氨基酸水溶液中观察到色泽的形成，目前已经从美拉德反应体系中鉴别出几百种化学物质，它们取决于底物的本质和所采用的反应条件，但并不是所有的产物均是美拉德的产物，一些产物甚至可以在酶促褐变产物中被发现。

1979 年，在瑞典举行了第一届美拉德研讨会，研讨的重点是在食品化学方面，包括其有用性和不良影响作用。第二届研讨会、第三届研讨会与第一届研讨会相似，研讨重点仍然是集中于食品与营养学。在第四届研讨会上，开始考虑到生物体内的美拉德反应以及与衰老的关系。第五届研讨会有两个明显的主题——医学与食品。随后的两届研讨会持续了这个趋势。但在第八届研讨会上，有关医学与食品的议题明显增多，表明了在当前营养与健康主题的重要性（Catherine and Jean，2003）。

美拉德反应不仅发生在食品体系，同时也能发生在生物体内。但是由于温度水平和底物接触时间等的不同，生物体内的反应机理与食品体系不同，这里不作介绍。从近来的相关研究工作统计来看（Catherine and Jean，2003），虽然从化学或营养学的角度对美拉德反应的研究仍然占主导地位，但是已经有不少的研究者在进行与生物学方面的相关研究（表 14.8）。所以，美拉德反应仍然是一个值得科学家去研究、探索的科学问题。

表 14.8　根据不同研究主题对美拉德反应研究工作的分布统计（1997 年）

在化学与营养方面的研究工作		在生物学方面的研究工作	
研究的主题	出版物比例/%	研究的主题	出版物比例/%
食品工艺学	15.0	生物体内反应发生	6.5
产物鉴别	15.1	衰老	5.8
模拟体系研究	12.9	营养学与代谢	4.4
香味化合物鉴别	7.3	酶学	4.4
游离基与氧化性质	6.5	糖尿病和眼疾病	4.3
抗氧化剂性质	5.1	尿毒症和肾脏	2.9
反应的一般研究	4.3	细胞机制	2.2
		免疫学	1.5
		脱毒	1.5

14.2.2　美拉德反应机制与动力学

1. 反应机制

含有还原糖或羰基化合物（如由脂类氧化衍生得到的醛、酮）的蛋白质食品，在加工或长期保藏过程中，就会发生色泽变化的现象，食品产生较深的色泽，通常这种变化是由于化学反应而导致的，这种褐变反应结果会对食品的品质等产生影响，该反应就是美拉德反应。真实食品体系中，美拉德反应的多数底物是还原糖中的葡萄糖、果糖、麦芽糖、乳糖（羰基化合物），以及蛋白质、氨基酸、肽（氨基化合物），其中，伯氨基的反应比仲氨基的反应重要。在美拉德反应的早期，反应体系是一个无紫外吸收的溶液，随着反应的进行，溶液的还原能力增加，呈鲜黄色，溶液在紫外光区的吸收明显的增加，同时伴随着少量的糖脱水产物、裂解产物生成（如糠醛类化合物、α-二羰基化合物）和色素物质生成。所以美拉德反应的最后产物是结构复杂的有色物质。

经过长期的研究与证明，美拉德反应的本质已经得到很好的揭示与总结。现在一般认为，美拉德反应分如下阶段进行。

1）初始阶段

美拉德反应开始于一个非解离的氨基（如氨基酸赖氨酸的 ε-NH_2、蛋白质分子 N

端的 α-NH_2 或氨基化合物的氨基）和一个还原糖（羰基化合物）之间的缩合反应，如图 14.12 所示（Fennema，1996）。

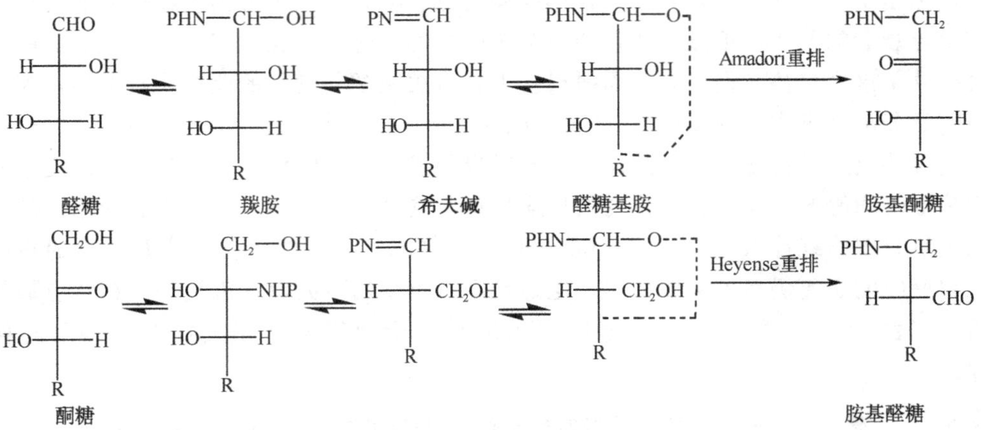

图 14.12　美拉德反应中的早期反应

在 pH 4～9 时，还原性羰基和氨基可发生反应缩合成羰胺化合物，然后产物脱去一分子水生成希夫碱（Schiff base），希夫碱可进一步转化生成醛糖基胺或酮糖基胺，最后，这些糖基胺分别经过分子重排生成氨基酮糖或氨基醛糖，由 *N*-葡萄糖基胺发生的重排称为 Amadori 重排，由酮糖基胺发生的重排称为 Heyense 重排。例如，在奶粉的生产过程中，乳糖与蛋白质之间的反应首先形成乳糖基赖氨酸化合物，此化合物经过重排后形成 *N*-烷基化脱氧乳糖。*N*-烷基化脱氧乳糖水解后可以形成两个不常见的氨基酸：furosine（有译为糠氨酸）和 pyridosine（尚未有译名），见图 14.13。这两个化合物均可以作为奶粉加工中发生美拉德反应的灵敏标识物，由于它们的含量水平与热加工的强度有关，所以它们还是热加工强度的标识物（Villamiel et al.，1999）。

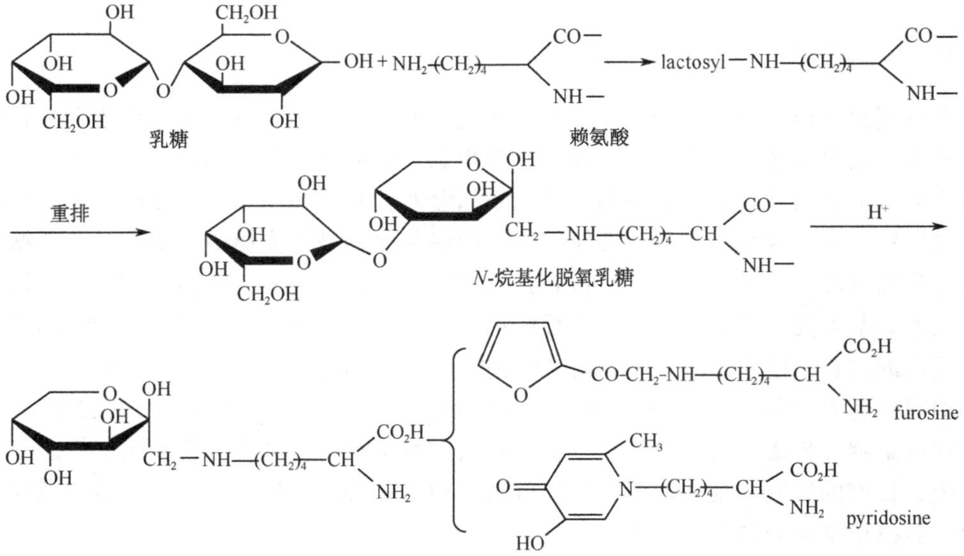

图 14.13　奶粉加工中生成的美拉德反应产物

2）中间阶段

美拉德早期反应形成的氨基酮糖或氨基醛糖是一个中间产物，它们不是反应的最后产物。在美拉德反应中间阶段，在 pH 为 4～7 的条件下，氨基酮糖或氨基醛糖进一步发生反应，生成各种羰基化合物，如羟甲基呋喃甲醛、麦芽酚、异麦芽酚和还原酮等化合物，其中，羟甲基呋喃甲醛（HMF，又称为羟甲基糠醛）的积累与褐变速度关系密切，所以可以根据 HMF 的生成量、生成速度来监测食品中褐变反应的发生情况（HMF 也可以作为褐变反应的标识物），在 130℃下酪蛋白与乳糖水溶液体系中 HMF 的形成情况如图 14.14 所示。另外，生成的还原酮化合物性质活泼，可裂解成较小分子的化合物，如丁二酮、乙酸、丙酮醛等，也可以进一步发生其他反应。

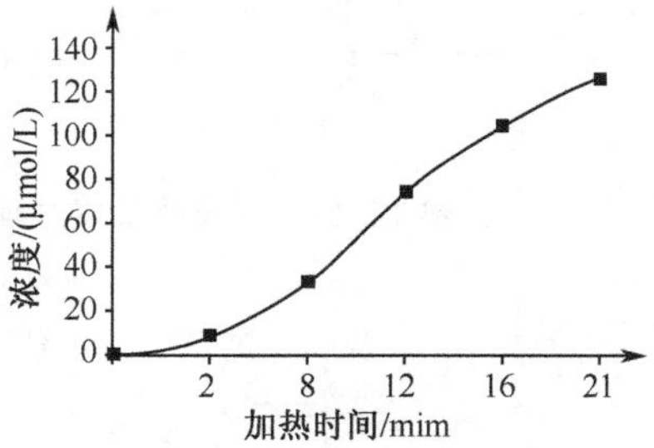

图 14.14　酪蛋白-乳糖体系加热至 130℃时 HMF 的形成

引起食品科学家兴趣的一个反应是还原酮与氨基酸的反应，这个反应生成新的羰基化合物和含氮化合物，被称作 Strecker 降解反应（Fennema，1996）。从 Strecker 降解反应机理上看，*α*-氨基酸与 *α*-二羰基化合物反应时，*α*-氨基酸发生氧化脱羧（释放出一分子的二氧化碳），生成比原来氨基酸少一个碳原子的醛，*α*-氨基与二羰基化合物结合并缩合成吡嗪化合物（反应范例见图 14.15）。吡嗪化合物是食品风味化学方面一类重要的挥发性化合物，是许多食品的重要风味成分，所以可以预料，美拉德反应在食品中具有重要的影响作用，尤其是在食品的风味方面。Strecker 反应生成吡嗪的反应过程如下。

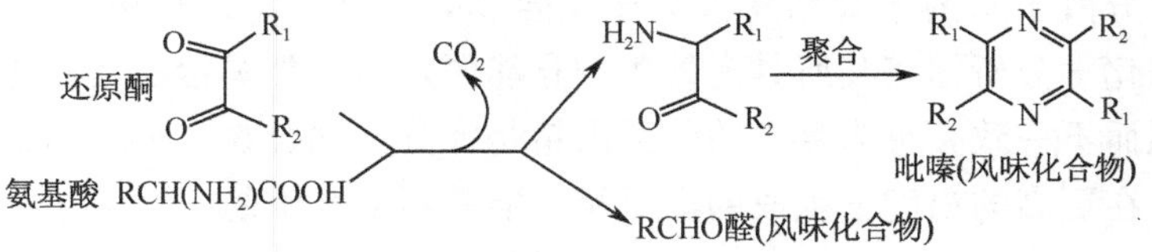

图 14.15　还原酮的化学结构与 Strecker 降解反应

在食品加热和烹调过程中，Strecker 反应可产生风味化合物（van Boekel，2006）。在反应的底物方面，除糖类外，酚类的氧化产物等由于也具有还原酮的结构，可以是上述反应中 *α*-二羰基化合物的来源，从这个意义上讲，美拉德反应的底物范围应该包括酚类的氧化产物和抗坏血酸。对于反应中的脱羧问题，也得到了准确的研究。利用放射性核素示踪技术表明，反应中产生的二氧化碳有 90%～100%来自氨基酸残基而不是来自糖残基部分，所以在 Strecker 反应中，氨基酸是反应产生二氧化碳的主要来源。

在美拉德反应的中间阶段，除生成还原酮化合物以外，氨基酮糖或氨基醛糖还可以通过其他途径形成各种杂环化合物。氨基酮糖或氨基醛糖通过烯醇化、脱水、成环等反应，形成的化合物包括吡啶、苯并吡啶、苯并吡嗪、呋喃化合物、吡喃化合物等含氮、氧的杂环化合物，所以在此阶段的反应是一个十分复杂的反应。图 14.16 显示的是吡啶化合物的生成途径。

此外，在美拉德反应中观察到了 Amadori 产物可以被氧化裂解，并生成有氨基取代的羧酸化合物，例如，ε-羧甲基赖氨酸（图 14.17），它也可以作为体系中美拉德反应进行程度的一个标识物。

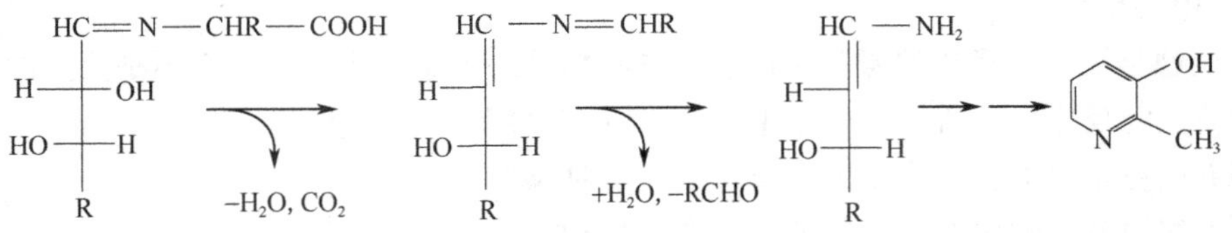

图 14.16　美拉德反应过程中吡啶化合物的生成途径（Belitz and Gorsch，1999）

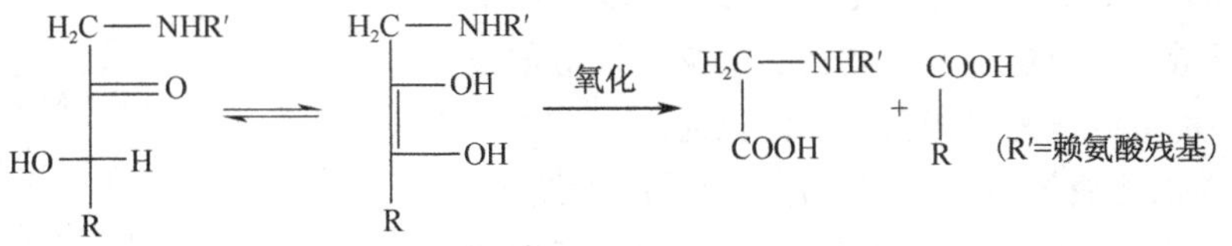

图 14.17　Amadori 产物的氧化裂解

在美拉德反应的中期，由氨基酮糖或氨基醛糖生成的各种衍生物很多，由糖的脱水、与氨基化合物反应后得到的产物也很多，这里不再一一论述，但是有一点需要指出，就是食品加热过程中一些产物的形成，均与美拉德反应有关。

3）最后阶段

在美拉德反应的最后阶段，多羰基不饱和衍生物（如还原酮等）一方面进行裂解反应，产生挥发性化合物，另一方面又进行缩合、聚合反应，产生褐色的类黑精（melanoidin）物质（图 14.18），从而完成整个美拉德反应（Fennema，1996）。类黑精化合物一般是可以分散于水的未知结构大分子化合物，在水中呈现胶体态，其中含有氮元素，已经根据化学分析知道其所具有的各种官能团，但是类黑精的具体化学结构则因为反应条件不同而不一致，更为复杂的是类黑精是大分子化合物，很难测定出具体的结构特征。另外，在更高的温度下生成的类黑精可能是不溶于水的。

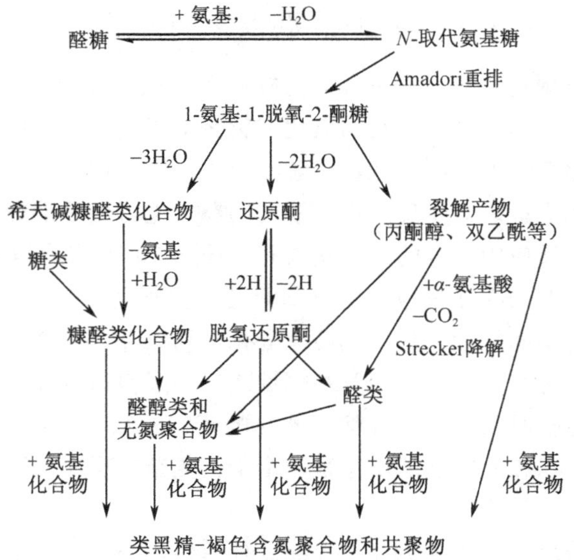

图 14.18　非酶褐变反应历程和重要产物示意图

食品体系中发生的非酶褐变美拉德反应生成的产物众多，对食品的风味、色泽等方面有着重要的影响作用。虽然对所有的反应机理尚不完全清楚，一些细节上还存在未知，但是大体上可以通过图 14.18 对其反应历程进行概括、总结。需要补充的一点是，由于美拉德反应中的某些反应，涉及蛋白质分子同一些具有多个活性基团的分子之间的反应，所以特殊角度上看这也是蛋白质分子的交联反应，所以，最近多有利用美拉德反应对蛋白质分子进行交联以改善其功能性质的研究，相关内容将在其他章节中介绍。

2. 美拉德反应的主要影响因素

与常见的化学反应一样，美拉德反应也受到反应物种类、反应条件等因素的影响，糖的种类、胺基所处的位置、温度、pH、水分、金属离子等因素，都会影响美拉德反应。

1）温度

美拉德反应是一个典型的热反应，温度越高，反应时间越长，美拉德反应进行的程度越大（图 14.19 所示的 UHT 杀菌乳中 furosine 的形成与杀菌温度、时间的关系），这就意味着含有蛋白质、还原糖的任何热加工食品中，均能发生美拉德反应、存在相应的反应产物，这也是一些人将美拉德反应产物作为加工食品的正常组成的原因。反应温度相差 10℃，美拉德反应速率相差 3～5 倍。一般在 30℃以上时，反应的速率较快，而在 20℃以下褐变则进行较慢，所以将食品放置于 10℃以下的温度条件下冷藏，可较好地防止褐变反应发生。

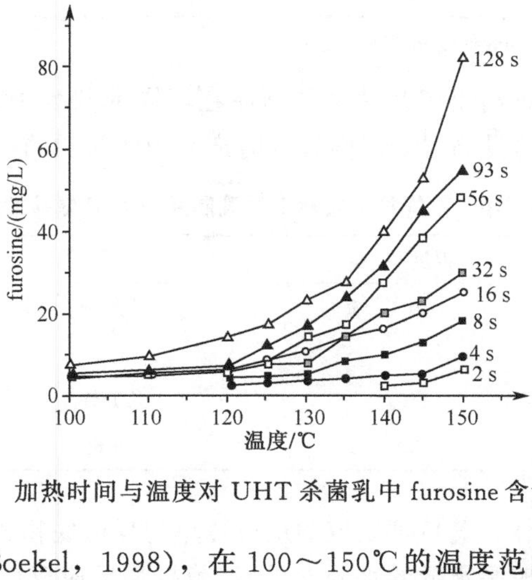

图 14.19 加热时间与温度对 UHT 杀菌乳中 furosine 含量的影响

有研究发现（van Boekel，1998），在 100～150℃的温度范围内，乳糖发生异构化反应以及降解反应的活化能大约为 130 kJ/mol，要高于乳糖和蛋白质发生早期美拉德反应时所需要的活化能（约 100 kJ/mol）。这意味着，在较低的温度下（如低于 100℃），美拉德反应的进行更明显，而在较高的温度下（如远高于 100℃），乳糖的异构化反应进行将更加显著。但是这并不是说，在温度高于 100℃时的美拉德反应不再重要，因为美拉德反应产物对杀菌牛乳产品的品质的影响结果是很显著的。

2）底物结构和浓度

反应的底物种类影响着褐变反应，对于不同的还原糖，它们的反应活性大致有以下的顺序：五碳糖>六碳糖，醛糖>酮糖，单糖>二糖；五碳糖中，核糖>阿拉伯糖>木糖，六碳糖中，半乳糖>甘露糖>葡萄糖，不同羰基化合物发生美拉德反应活性的大致情况见表 14.9（Eskin，1990）。对于不同的氨基来讲，具有 ε-NH_2 的氨基酸反应性远远大于一般具有 α-NH_2 的氨基酸，因此可以预料，在美拉德反应中食品中的赖氨酸损失应是较严重的；对于一般的 α-NH_2 氨基酸来讲，则是碳链长度越短的氨基酸，反应性越强。氨基酸或还原糖之间的反应活性差异，可以利用反应物的空间位阻对反应的影响来解释。由于末端 ε-氨基的空间位阻较小、醛糖的羰基连接的是一个氢，空间位阻相对其他化合物更小，所以才有上述的反应活性差异。值得注意的是，一些不饱和羰基化合物（如 2-己烯醛）、α-二羰基化合物（如乙二醛、抗坏血酸的氧化物等）等的反应活性比还原糖更高。

表 14.9　丙氨酸同不同糖或者羰基化合物的反应活性

底物	温度/℃	褐变活性/(L/min)	相对值
葡萄糖	95	0.019	1.0
果糖	95	0.014	0.74
木糖	95	0.166	8.74
木糖	80	0.037	1.95
乙二醛	80	0.515	121.6
甘油醛	80	8.33	1967

注：褐变反应速率根据 420 nm 处吸光度变化测定。

表 14.10 中所列数据给出了几种牛乳制品在不同的热处理条件下 L-赖氨酸的损失情况（Eskin，1990），可见高温长时间处理时产品中赖氨酸的损失是极其严重的。

表 14.10　不同加工条件下牛乳制品中 L-赖氨酸的损失

食品名称	温度/℃	时间	损失率/%
鲜牛乳	100	几分钟	5
炼乳	—	—	20
脱脂奶粉	150	几分钟	40
脱脂奶粉	150	3 小时	80

和任何化学反应一样，美拉德反应的反应速率与反应底物的浓度成正比，不过在极高的蛋白质含量时（此时是极低的水分含量），美拉德反应反而很难进行，这时反应速率由水分活度控制，因此反应速率下降。

3）酸碱度

pH 对美拉德反应有显著的影响。一般在 $pH<5$ 时褐变反应进行的程度较小，因为此时氨基酸或者蛋白质的氨基，多被 H^+ 所质子化，以—NH_3^+ 的形式存在（图 14.20），妨碍了氨基和还原糖反应形成糖基胺。但是，随着 pH 的增加，氨基被游离出来，褐变反应速率随之加快，在 pH 为 8～9 时，氨基氮的损失就非常严重，如图 14.21 所示。

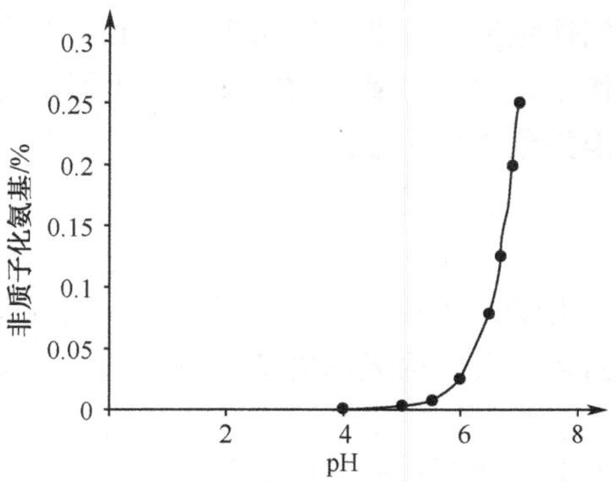

图 14.20　pH 对甘氨酸氨基有效浓度的影响

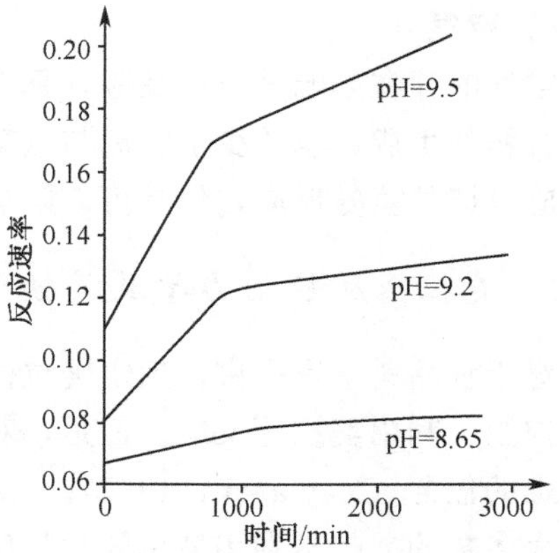

图 14.21　pH 对 D-葡萄糖与 DL-亮氨酸反应速率的影响

反应速率以进入溶液中的亮氨酸的量（mmol/mL）表示

4）水分

水分含量对褐变反应也有影响，过低或过高的水分含量时反应速率较低，在中等水分含量时反应速率最大，例如，食品中水分在 10%～15%时，褐变反应易于进行。过高的水分含量对美拉德反应的底物产生稀释作用，降低反应速率；而过低的水分含量，则由于水的活度过低，反应速率也下降。当然在过低的水分含量下，反应物的扩散速度降低，成为限制性因素。

通常在干乳制品中的美拉德反应速率要远远大于液态乳中的反应速率，一般可以将这种速率的差异归结于水分含量或水活度的降低。但是，更要认识到干乳制品中美拉德反应速率的增加，是与其反应物浓度的增加直接相关，因为由于水活度的降低而导致的速率增加没有浓度效应那么大。

5）金属离子

Fe^{3+}、Cu^{2+} 等对美拉德反应也有促进作用，所以食品加工处理时避免这些金属离子的混入，可延缓褐变反应的进行；此外，锰、锡等离子等对美拉德反应存在抑制作用（Eskin，1990）。

在由卵白蛋白-葡萄糖-金属离子组成的模拟体系中，研究结果表明在 50℃、RH＝65% 时 Fe^{3+}、Cu^{2+} 对褐变反应均有促进作用，而相对而言 Na^{+} 对褐变反应无影响（图 14.22）。

其他的研究表明，Fe^{3+} 比 Fe^{2+} 具有更加有效的促进作用，这被认为是由于第一步的 Fe^{3+} 氧化激活作用而导致。另外，由于铁离子除了直接对褐变反应的催化作用，它还可以与反应中生成的一些化合物如羟基吡啶酮、羟基吡喃酮等形成配合物，促进了色泽的形成。

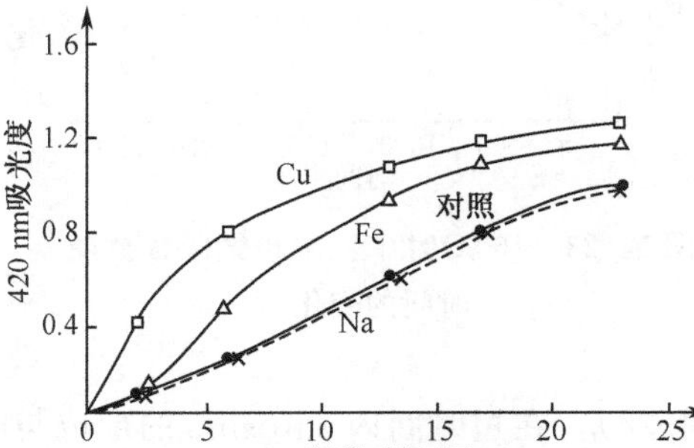

图 14.22　金属离子对非酶褐变的影响作用

6）空气

空气的存在影响美拉德反应，真空或惰性气体包装，降低了脂肪等氧化和减少了羰基化合物的生成，也减少了它们与氨基酸等的作用。此外，氧气的排除虽然不影响美拉德反应早期的羰氨反应，但是可以影响反应后期的色素物质形成。

3. 美拉德反应动力学及其模型

对于食品科学家来讲，确定美拉德反应的动力学是非常重要的，因为如此就可以有效地控制、利用美拉德反应。但是，对于一个由多个反应构成的复杂反应，这是一个非常困难的任务（Yaylayan，1997）。

大多数的文献是利用简单的化学反应动力学来研究美拉德反应的动力学。例如，通过研究赖氨酸、还原糖的损失、变化情况，可以根据变化情况和常见的动力学方程之间的拟合程度来确认反应的动力学情况。但是要指出的是，这只是一个数学上的拟合过程，在真实反应体系中美拉德反应的动力学要复杂得多，所以这种结果应该是一个表观动力学，是几个反应常数的综合表现（Martins et al.，2001）。通常的化学反应简单动力学分别为

（1）零级反应：$c = c_0 - kt$

（2）一级反应：$\ln c = \ln c_0 - kt$

（3）二级反应：$\frac{1}{c} = \frac{1}{c_0} + kt$

式中，c 为反应物在时间为 t 时的浓度；c_0 为反应物的原始浓度；k 为反应速率常数。在文献中，大多数的研究者认为美拉德反应是一个一级反应，虽然也存在着零级反应或二级反应，但是这些反应模型只是适用于简单的反应体系。

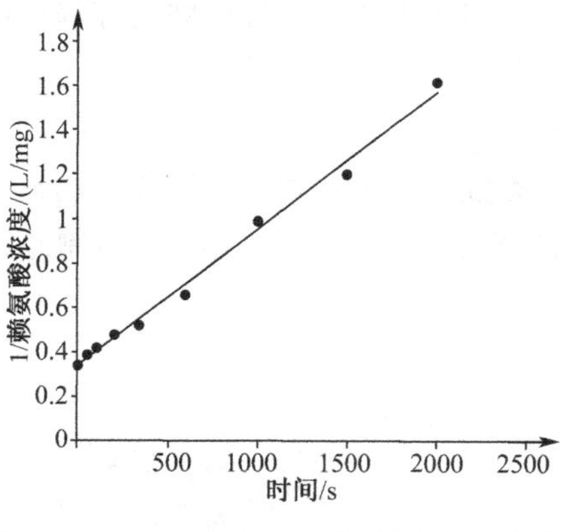

图 14.23　160℃时牛乳中赖氨酸含量随时间的变化

例如，在 120～160℃的温度范围内，牛乳中的赖氨酸浓度的变化情况与时间有以下的关系特征（图 14.23），所以可以从赖氨酸浓度的变化情况判断赖氨酸的损失是一个二级反应（van Boekel，1998）。

不过一旦条件变化，反应情况也随之发生变化。在含水量相对较低的情况下，例如，$a_w = 0.52$，在 37～60℃的温度范围内，赖氨酸的损失的动力学就是一个一级反应了。

此外，如果是以某种生成物的浓度变化来考察美拉德反应，则更可以清楚地显示反应的复杂性。以牛乳中早期反应形成的 furosine 为例（图 14.24），在短时间内 furosine 的形成与时间成正比，类似于零级反应。在经过长时间的加热后，反应变得很复杂，根本无法确定反应的动力学情况。所以，这个结果根本上也不能用生成物的浓度变化来解释。这也说明，简单地利用化学反应动力学来研究美拉德反应动力学，是非常有局限性的。

基于美拉德反应体系的复杂性，有必要系统地考虑所研究体系中各种反应，来全

面的建立相应的动力学模型，并从动力学模型中获得各动力学常数。建立动力学模型的一般步骤包括（Martins et al.，2001）：

（1）确定主要的反应物和产物；

（2）提出相关的反应机理；

（3）根据反应机理建立相应的动力学模型；

（4）将动力学模型与实验结果相吻合。

图 14.25 给出了一个考虑到还原糖的异构化和降解的美拉德反应动力学模型。

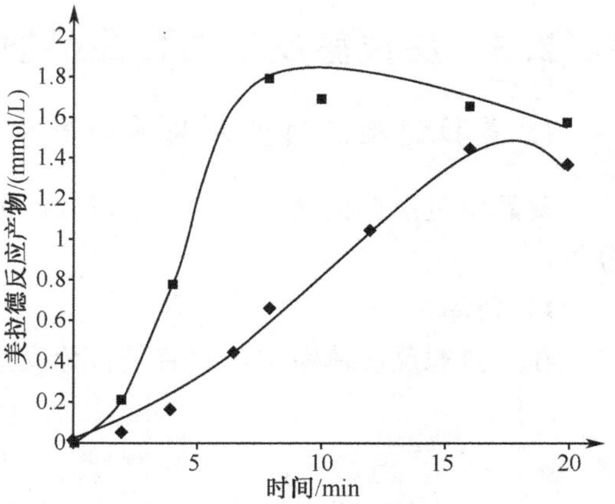

图 14.24　牛乳加热至 130℃（◆）、140℃（■）时 Amadori 产物 furosine 的形成情况（荧光法测定）

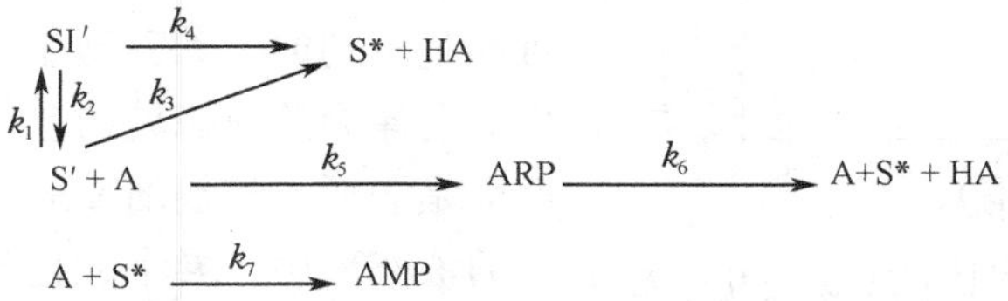

图 14.25　美拉德反应的动力学模型，包括糖的异构化、糖降解以及美拉德反应

S′. 开环形式的糖；SI′. 开环形式糖的异构体；S*. 活性糖片段；HA. 形成的有机酸（乙酸＋甲酸）；A. 氨基酸；ARP. Amadori 产物；AMP. 后期美拉德反应产物（类黑精）；*k*. 各反应变化的速率常数

对于以葡萄糖为还原糖的体系，最终可以得到葡萄糖的反应动力学方程：

$$\frac{\mathrm{d}S'}{\mathrm{d}t}=-k_1[\mathrm{S'}]+k_2[\mathrm{SI'}]-k_3[\mathrm{S'}]-k_5[\mathrm{S'}][\mathrm{A}]$$

典型的食品实例，当属富含还原糖（乳糖）和蛋白质的牛乳。因为在加热时乳糖不仅是美拉德反应的底物，同时它也能发生异构化反应生成乳果糖（一种酮糖），以及相应的裂解反应，与模型中所考虑的各种反应相符。应用上述的动力学模型（图 14.26）建立了加热牛乳中动力学模型（图 14.27），该模型是否成功，可以从图 14.27 中的拟合程度看出，即该模型与实验结果能够很好地相符。

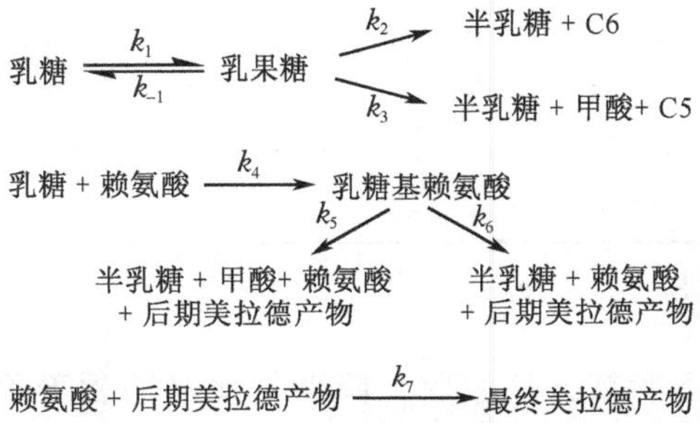

图 14.26　加热牛乳中的美拉德反应模型

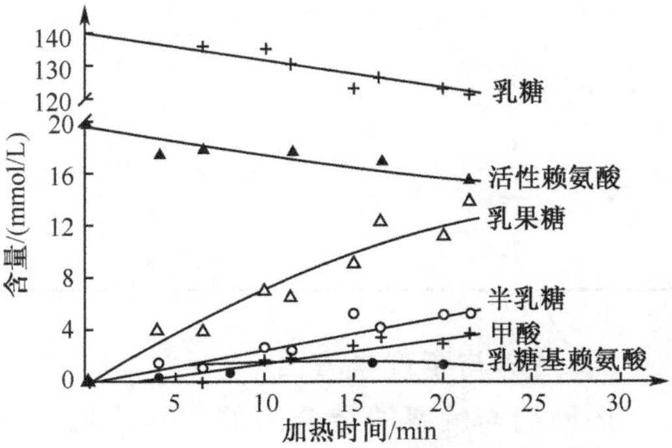

图 14.27　牛乳加热至 130℃时一些标志物变化情况与模型的拟合程度

散点为实验结果，线条为模型预测结果

14.2.3　美拉德反应对食品品质影响与热加工强度标识物

1. 美拉德反应对食品品质的影响作用

食品中美拉德褐变反应的发生对食品品质的影响，可以从三个不同的方面来考虑、分析。

1）色泽

在美拉德反应体系中，随着美拉德反应的进行，反应体系的紫外吸收值逐步增大，产生了荧光物质或有色泽出现（图 14.28）。美拉德反应所生成的类黑精化合物，具有很好的抗氧化性，并且类黑精化合物所导致的色泽，还是一些焙烤食品（如面包、饼干等）特有的色泽。但对于一些食品来讲，美拉德反应可能是不利的，如乳制品。由于美拉德反应产生的色泽导致液态乳的色泽发暗，所以美拉德反应是需要被控制的反应。因为在各种杀菌处理的液态乳中，异常的色泽将导致感官质量的劣化，产品的可接受性降低。表 14.11 给出了在不同温度下加热牛乳时其色泽的变化情况，从数据中可以看出，随着加热温度的增加和时间的延长，牛乳的色泽发生变化（尤其是在高温下），*b* 值的增大并转变为正的数值，意味着黄色的出现（Belitz and Gorsch，1999）。

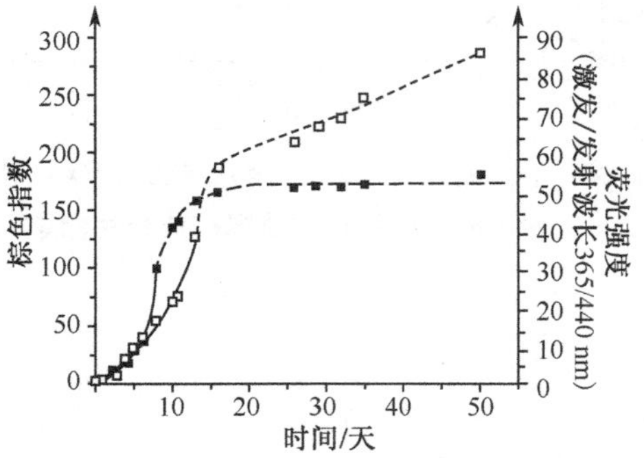

图 14.28　55℃葡萄糖-甘氨酸-磷酸盐体系中（pH 6.84）棕色指数（■）和荧光强度（□）的变性情况

散点为实验值，曲线为预测值

表 14.11　在不同温度下牛乳的色泽变化

加热时间/h	色泽（*b* 值）		
	80℃	90℃	120℃
0	−507	−5.7	−5.7
0.2	−5.6	−5.8	−3.9
0.5	−5.6	−5.7	8.3
1	−5.6	−5.5	19.4
2	−5.1	−4.9	24
5	−3.6	2.5	—
15	5.6	10.3	—
24	9.8	17.1	—

2）营养与毒理学方面

还原糖与赖氨酸结合后的重排产物，由于不能被人体吸收，降低了食品的营养价值，使赖氨酸生物效价有所损失（图 14.29），这对于赖氨酸是一个限制性氨基酸的食品来讲尤为重要。同时，类黑精还能与蛋白质、重金属发生交联反应或相结合，将影响消化系统对它们的吸收利用性。此外，美拉德反应中生成的一些物质可能具有诱变性，因此美拉德反应也可能存在相应的安全性问题。但是，一般食品中进行的美拉德反应进行程度低，所以目前并不认为存在安全性危害。

由于赖氨酸在热加工过程中的高反应性，导致了赖氨酸在食品中的可能损失，以及影响食品的营养价值。因此，在加工的乳制品中，单纯地利用氨基酸组成（由氨基酸组成分析得到），不能实际反映产品的营养价值，因为化学分析所得到的赖氨酸，不是等同于被我们机体所实际利用的赖氨酸，一般二者之间存在着一定的差距，差距的大小是由加工时的处理条件、反应进行程度等决定。目前，一种较好的评价方式，是利用可反应赖氨酸（reactive lysine，或称之为活性赖氨酸）表示机体对赖氨酸的利用情况。表14.12 给出几种常见的乳制品和乳蛋白产品中的总赖氨酸含量和可反应赖氨酸含量。

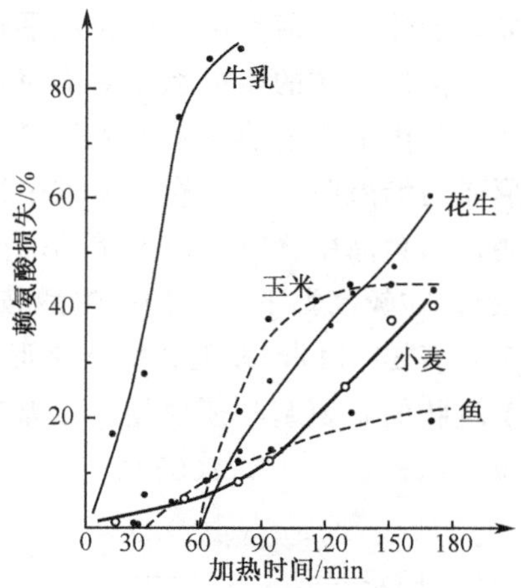

图 14.29　150℃加热时几种食品中赖氨酸的损失情况

表 14.12　几种乳制品和乳蛋白中的总赖氨酸、可反应赖氨酸含量（g/kg，干重）

产品	总赖氨酸	可反应赖氨酸	产品	总赖氨酸	可反应赖氨酸
全脂乳粉	27.5	24.4	乳清浓缩蛋白	83.0	78.6
婴儿粉 1	9.6	9.5	超高温杀菌乳	32.0	31.4
婴儿粉 2	10.2	10.0	浓缩乳	26.1	21.2
婴儿粉 3	12.5	12.5	乳糖水解乳粉	28.3	25.5

可反应赖氨酸与蛋白质的消化吸收率之间，相比总赖氨酸，具有更好的一致性，表14.13 给出了比较结果。对比两表，显示了绝大部分的可反应赖氨酸被吸收利用，而总赖氨酸中有相当部分是不被吸收利用的。

表 14.13　几种乳制品中的赖氨酸利用情况

产品	赖氨酸的利用率/%		产品	赖氨酸的利用率/%	
	总赖氨酸	可反应赖氨酸		总赖氨酸	可反应赖氨酸
全脂乳粉	95.2	98.3	乳清浓缩蛋白	96.3	98.5
婴儿粉 1	86.9	91.0	超高温杀菌乳	99.2	100.2
婴儿粉 2	88.6	92.3	浓缩乳	89.6	96.7
婴儿粉 3	89.0	93.1	乳糖水解乳粉	96.2	98.6

在 2002 年，瑞典国家食品局（NFA）和斯德哥尔摩大学的科学家向一些地区、国际团体和组织公布了他们对丙烯酰胺的最新研究结果，他们发现丙烯酰胺在许多高温加工食品中存在，研究结果引起了大家的注意（Becalski et al.，2003）。根据现有的毒理学资料，丙烯酰胺是一种有毒的化学物质，急性中毒剂量很低，可诱发癌变，是一个神经毒素，同时可能导致基因损伤。最近的研究结果可以明确说明，在食品的加工过程中丙烯酰胺是一个生成的污染物，分析结果表明，丙烯酰胺在一些高温加工的食品，例

如，油炸马铃薯片中的存在水平较高，而在一般普通加工食品中的存在水平较低。

丙烯酰胺的生成途径尚不完全清楚，已经提出的可能生成途径有两个（图 14.30），一个是由油脂的热分解形成丙烯酰胺，另一个是由天冬氨酸与还原糖（葡萄糖）的作用形成丙烯酰胺，并在模拟体系中得到证明（Friedman，2003）。较多的研究分析结果表明，当食品中含有较多的游离的天冬酰胺时（如马铃薯中游离氨基酸中 40%为天冬酰胺），在较高温下生成的丙烯酰胺水平相应较高，在模拟体系中此发现也得到相应的证实（表 14.14），即天冬酰胺是形成丙烯酰胺的重要底物，并且证明初始反应速率与天冬酰胺的 α-氨基与还原糖的羰基有关（所假设的反应机理见图 14.31），为一个二级反应（Zyzak et al.，2003）。

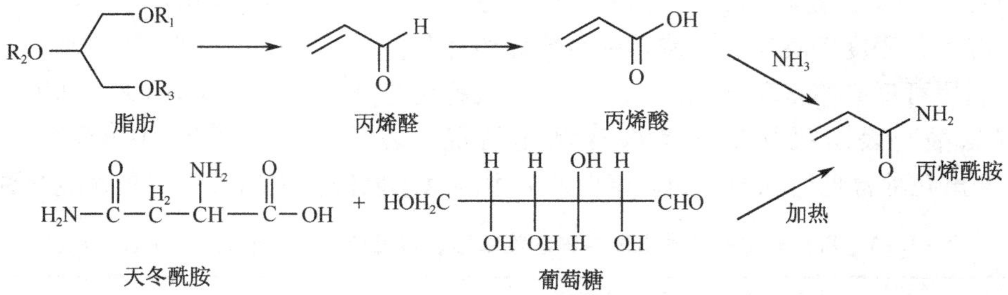

图 14.30　丙烯酰胺的两种可能生成途径

表 14.14　模拟反应体系中形成的丙烯酰胺

氨基酸	丙烯酰胺生成量/(mg/mol)			
	葡萄糖		丁二酮	
	水	干燥	水	干燥
天冬酰胺	221	25	63	40
甲硫氨酸	未检测出	5	痕量	6
甘氨酸	未检测出	未检测出	未检测出	痕量
半胱氨酸	未检测出	未检测出	痕量	未检测出
谷酰胺	痕量	痕量	痕量	1
天冬氨酸	痕量	未检测出	痕量	2

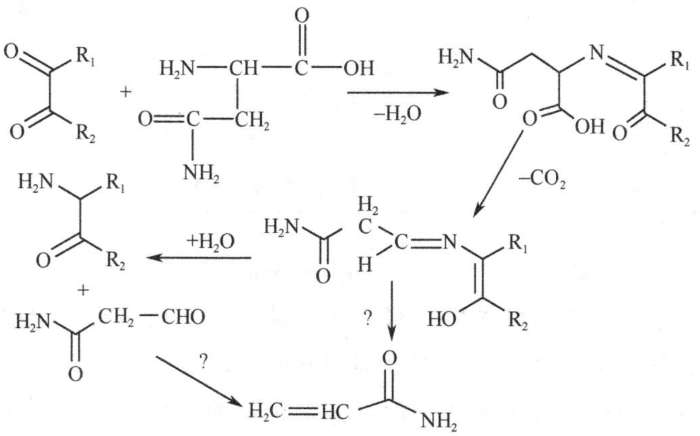

图 14.31　丙烯酰胺形成的可能化学机制

与美拉德反应中间物有关

3）风味

美拉德反应产物，尤其是 Strecker 降解反应的产物是食品产生风味物质的重要途径之一（van Boekel，2006），甚至是一些食品如面包、咖啡等产生风味物质的必需途径（表 14.15）。通常食品加热、杀菌、焙烤加工所产生的风味物质也与美拉德反应紧密相关，所以它对食品的风味具有积极的意义。但有时反应产生的风味物质可能有负作用，因为过分的美拉德反应便会产生焦煳味、或是产生我们不希望的某些异味，这一点在超高温杀菌乳中比较明显。

表 14.15　在氨基酸-葡萄糖反应体系中产生的风味化合物特征

氨基酸	醛类化合物	风味特征描述	
		100～150℃	180℃
甘氨酸	甲醛	焦糖	烧焦臭味
丙氨酸	乙醛	焦糖	烧焦臭味
缬氨酸	甲基丙醛	糕点	巧克力
亮氨酸	3-甲基丁醛	面包、巧克力	烤焦干酪
丝氨酸	羟乙醛	枫糖	烧焦气味
苯丙氨酸	苯乙醛	蔷薇	焦糖
甲硫氨酸	甲硫醛	土豆、甘蓝	土豆
脯氨酸		玉米	面包
组氨酸		面包、黄油	
精氨酸		面包、爆玉米	烧焦
赖氨酸		土豆	油炸土豆
天冬氨酸			焦糖
谷氨酸		焦糖	烧焦
异亮氨酸	2-甲基丁醛	糕点、霉味	烤焦的干酪
苏氨酸	2-羟基丙醛	枫糖、巧克力	烧焦臭味

在实际食品加工中，通常可以选择性的利用不同的配料、条件来产生我们所希望的风味，例如，对肉味风味的产生，可以加入表 14.16 中所列出的一些物质或配料来达到目的，这些选择物中包括还原糖、蛋白质（氨基酸）、含硫化合物（如硫胺素）。

表 14.16　产生肉香味时所用的一些配料或化合物

植物蛋白水解物	胱氨酸	色氨酸	硫胺素
酵母自溶物	谷胱甘肽	鸡蛋	葡萄糖
牛肉浸膏	动物脂肪	谷氨酸一钠	5′-核苷酸

美拉德反应也是肉类食品加工过程中产生香味化合物的一个重要途径，总结于图 14.32。

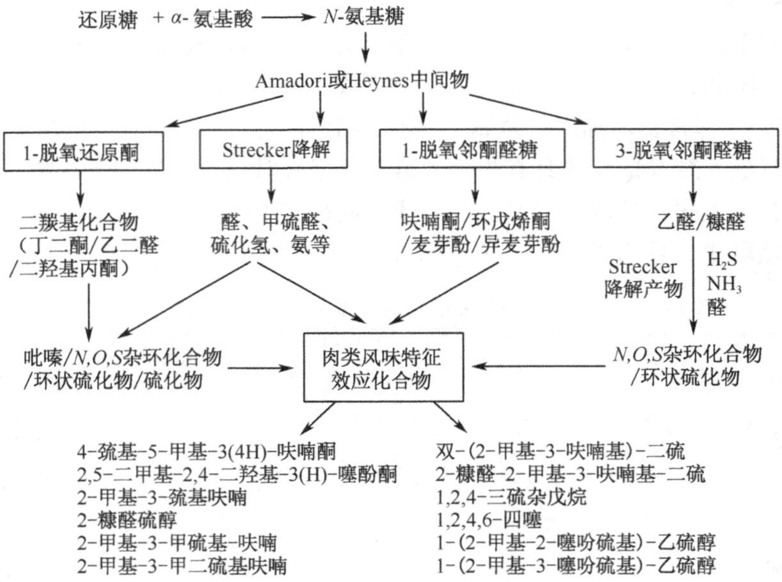

图 14.32　在肉类加工时发生的美拉德反应和形成的特征效应化合物

2. 食品热加工强度的标志物

在过去，针对美拉德反应的特征，提出几个化合物作为热加工食品的标志物，用于监测与控制食品的热加工强度，例如，乳和乳制品中常用的标志物（表 14.17）。虽然乳果糖并非是美拉德反应的产物，但是由于伴随着美拉德反应的发生而产生，所以仍然可以间接的作为乳和乳制品热加工强度的标志物（Villamiel et al.，1999）。

表 14.17　与美拉德反应相关的热加工标志物

标志物	测量目的	标志物	测量目的
furosine	早期的美拉德反应	HMF/半乳糖/塔格糖	后期的美拉德反应
羧甲基赖氨酸	早期的美拉德反应	棕色/荧光	终期的美拉德反应
乳果糖	乳糖的异构化		

美拉德反应早期形成的 Amadori 产物，是不适用于作为标志物的，因为在食品的储藏过程中它不稳定，其浓度会发生变化，无法反映美拉德反应的进行程度。由 Amadori 产物衍生出来的 furosine 和羧甲基赖氨酸，则可以作为早期美拉德反应的标志物。乳果糖在食品的储藏温度（或更低）下很稳定，也比 furosine 更稳定，此外，此时的异构化反应速率很低（因为异构化反应与温度高度相关），所以有人建议利用 furosine 与乳果糖之比作为热加工指标。

对于 HMF，由于其容易分析测定，过去经常作为热加工的标志物。但是，由于 HMF 既可以通过美拉德反应形成，也可以通过异构化-降解途径形成，并且在美拉德反应的早期或后期均可以形成 HMF，所以，相比之下，利用乳果糖和 furosine 更能准确地评价热加工强度。

通过评价色泽与荧光强度，也可以表示美拉德反应的后期进行程度。

要注意的是，热处理方式对热加工强度的评价也有影响，需要进行必要的考量。例如，UHT 杀菌牛乳，如果采用直接加热方式，即使是给予同等的热负荷，相比于间接加热方式，其产品中的 furosine 和乳果糖的含量低一些。原因在于直接加热时蒸汽对牛乳所产生的稀释作用，导致反应物浓度的降低。如果将这种稀释作用考虑进去，这两种加热方式产生的结果是相同的。

此外，pH 对标志物的选择也有影响，对于乳制品要考虑这一点。相比于美拉德反应（较适宜的 pH 范围为 8～10），乳糖的异构化与 pH 的关系更大，所以在应用 furosine 与乳果糖比值作为热加工指标时，也要考虑到比值对 pH 的依赖关系。

食品中存在的其他成分或热处理方式等其他因素，可能对热加工评价的准确性产生影响，其中水分的问题已经在前面介绍，其他因素不再介绍。

14.2.4　美拉德褐变反应的控制与应用

1. 美拉德反应的控制技术

美拉德反应是食品在热加工过程产生风味所必需的反应之一，有其有用性的一方面。一些食品为了增加其感官质量，在加工处理时进行适当的褐变反应是十分必要的，例如，茶叶的制作、可可豆的烘焙、糕点和面包的制作等就是如此，此外美拉德反应产品还能产生牛乳巧克力的优良风味。但同时也应该看到褐变反应对食品保藏过程的不利性，因为褐变反应的发生有时会损害食品的营养品质或感官质量，例如，从营养学的观点来看，由于有一部分的氨基酸或氨基酸残基参加了反应，就会造成营养价值的降低，这对于必需氨基酸来讲是尤为令人关注的，因为碱性氨基酸中的赖氨酸在褐变反应中活性高，最容易损失，所以这对于谷物食品加工是十分重要的。而对于食品的品质来看，食品在加工或储存过程中发生不适宜的色泽变化将影响感官质量，或缩短食品货架期，同样给产品带来不利的影响。

防止食品美拉德反应的发生，一般可以采用隔氧的方法以阻止由于食品与氧接触发生氧化而引起的褐变，例如，选用隔氧的包装材料和采用化学吸氧剂等降低体系中氧含量。由非氧化（如因高温加热）所引起的褐变，一般称为热褐变，则可通过低温冷藏来加以抑制，对于发生热美拉德反应的食品通过降低储存温度可以有效地延长它的储存期。对食品褐变有重要影响的一个因素是水活性，这也是控制美拉德反应的一个简便方法。对于固态食品，通过脱水降低水分含量就意味着降低可反应成分的移动性，所以可降低褐变反应的发生；而对于液态食品，过高的水活度会降低美拉德反应的速率，这个影响作用不仅是由于水对反应物的稀释作用，而且也与在色素的聚合反应中的生成物包括水有关。所以水活度在 0.6 左右时最容易引起食品的褐变反应，即一般可以发现中等水分食品虽然能阻止微生物繁殖和脂肪氧化反应，但却很容易发生褐变。

抑制褐变反应的一个可行的途径是采取“釜底抽薪”的方法，将参加反应的底物进行转化或除去。例如，卵蛋白粉在储藏过程中，由于赖氨酸残基与游离葡萄糖间产生的反应而随后产生褐变问题，影响蛋白粉的储藏质量。但是，若预先添加一些葡萄糖氧化酶于卵蛋白中，使葡萄糖氧化成葡萄糖酸，这样就可以防止蛋白粉褐变反应的发生，此后喷粉得到的卵蛋白粉可以保持良好的感官质量。此外，由于葡萄糖转化为葡萄糖酸，也降低了介质的 pH，使得褐变反应速度降低。

用于抑制食品非酶褐变反应发生的有效方法还包括添加一些对褐变反应产生抑制作用的化合物，常用的添加剂有亚硫酸及其钠盐（包括二氧化硫）、硫醇化合物（如半胱氨酸）等（Eskin，1990）。亚硫酸等化合物抑制褐变反应的一个可能机理是它可与褐变中间体羰基化合物相结合，形成磺酸盐化合物，从而阻止其进一步发生聚合反应等。

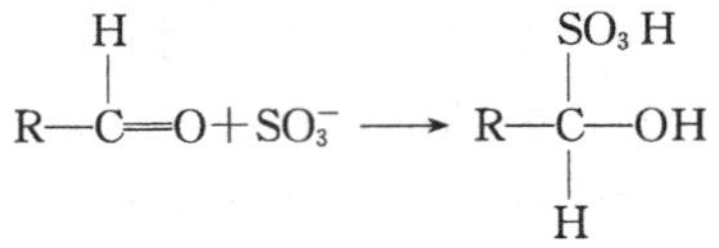

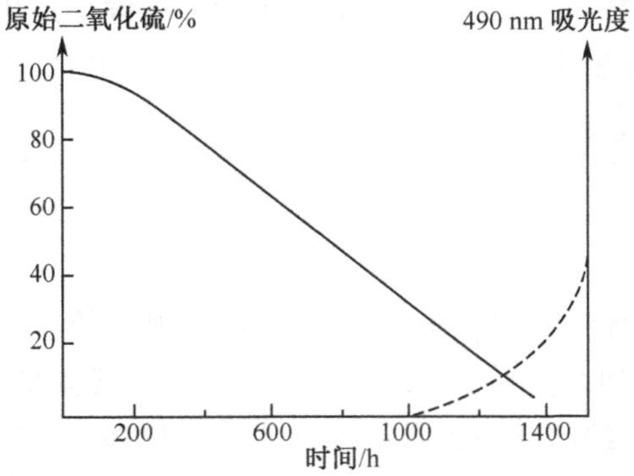

图 14.33　亚硫酸盐对葡萄糖-甘氨酸体系美拉德反应的抑制作用

当体系中有游离的亚硫酸盐等存在时，美拉德反应被抑制，不能观察到色素化合物的形成；一旦体系中的游离亚硫酸盐等被消耗将尽，体系中的美拉德反应就迅速进行，监测结果也表明有相应的美拉德反应产物形成，如图 14.33 所示（Eskin，1990）。

氨基酸中的谷氨酸和天冬氨酸，对美拉德反应也是有效的抑制物质。在含有赖氨酸-葡萄糖或赖氨酸-果糖的模拟体系中，控制反应条件为 60℃、pH＝8.0、反应时间 58 h，有两种氨基酸存在时可以降低马铃薯片的褐变速率。从产品的色度分析结果可见，油炸马铃薯片在进行油炸前，通过在氨基酸溶液中蘸一下、再冷冻干燥，最后得到的油炸成品的色泽较浅（表 14.18），处理样之间以及对照样之间的差别不显著，但处理样与对照样相比，差异非常显著。

表 14.18　两种氨基酸对马铃薯片褐变反应的影响（Hunter L 值）

试验号	对照样	处理组	
		蘸 0.04 mol/L 天冬氨酸	蘸 0.04 mol/L 谷氨酸
1	39.0	47.6	44.2
2	38.3	44.6	44.7
3	38.2	45.3	43.0
4	39.0	47.0	43.0
5	37.9	46.8	43.7
6	36.7	46.6	43.9
7	39.5	47.2	43.6
平均	38.4±0.6	46.4±1.0	43.7±0.6

虽然亚硫酸盐类化合物对美拉德反应有着较强的抑制作用，但是考虑到它可能对维生素、风味等方面的不良影响作用，所以在实际食品加工中的应用还有严格的限制和局限性，它们只能应用于一些特殊的食品中。

2. 美拉德反应产物的抗氧化性

美拉德反应产物具有抗氧化性，对人类的健康可能存在有益的作用，但现在尚无更有力的实验证明。目前，对美拉德反应产物抗氧化性的研究是美拉德反应研究的一个热点问题。

对美拉德反应产物的抗氧化性研究，一般集中于模拟体系中反应条件对产物抗氧化性能影响的研究，这些条件包括：pH、反应的底物种类和底物比例、反应时间等。研究表明（Eskin，1990），中性或微碱性条件有利于葡萄糖和组氨酸形成抗氧化产物，并且在二者的物质的量比为 1∶1 时所得到的抗氧化产物的抗氧化活性最大（图 14.34）；对反应产物进行透析处理，会导致产物的抗氧化活性的降低，这表明了产物中发挥抗氧化作用的化合物肯定涉及了一些低分子化合物，即小分子的美拉德反应产物已经具有抗氧化作用。另外还有研究结果表明，利用支链氨基酸（如亮氨酸、缬氨酸）得到的美拉德反应产物具有最强的抗氧化作用。但是，对于美拉德反应产物的色泽与它抗氧化性之间的关系的研究结果却是不一致的，有研究表明二者之间存在一致性，也有研究结果不能说明二者之间的一致性，所以在这方面仍然存在一些尚未解决的问题。

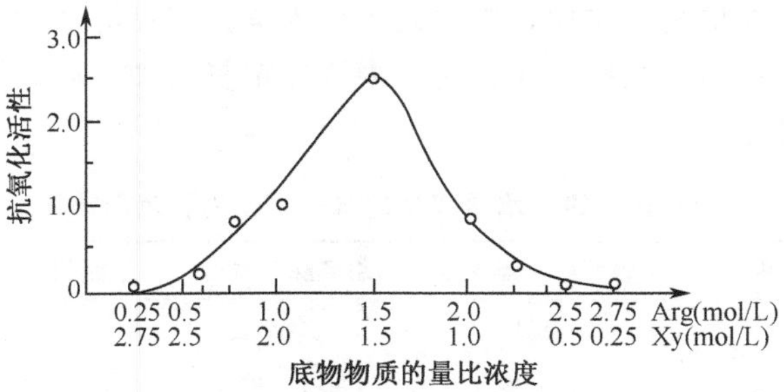

图 14.34　底物浓度对美拉德反应产物抗氧化性的影响（pH＝5.0）

Arg. 精氨酸；Xy. 木糖

模拟体系中美拉德反应生成物的性质之间的关系研究，还涉及色泽与其荧光性的问题，早期的研究已经表明，当还原糖与氨基酸（葡萄糖与甘氨酸）开始反应后，即有相当的荧光物质生成，并且随反应的进行，反应体系的色泽增加、荧光强度也迅速增加；整体上看，在反应的早期，二者的变化是一致的（图 14.35），因此可以认为反应体系的荧光性可以作为监测美拉德反应的一个有效手段。而研究该反应体系的乙醇提取物的抗氧化性与荧光性的关系，发现乙醇提取物在油脂中的抗氧化作用大小，与荧光性并不存在关联性（Eskin，1990）。研究发现，在反应体系有色泽物质形成以前，体系中即有抗氧化性物质形成；但是随着反应的进行体系的荧光性增加（也可以说有明显的色泽物质生成），体系所产生的抗氧化性物质的作用效果（以过氧化值表示），却没有显著的增加（图 14.36）。这就说明在美拉德反应体系中所产生的抗氧化性，不是由所产生的色素物质的发色团决定，而是由 Amadori 化合物或其他的低分子化合物所产生的。

不仅在模拟体系中的美拉德反应可以形成抗氧化性产物，在实际食品体系中也能够形成具有抗氧化作用的相应产物，例如，在常见的谷物食品饼干中就含有此类物质。同时，还有研究发现在生面团中加入某些氨基酸或蛋白质水解物，可以改善饼干的储藏稳

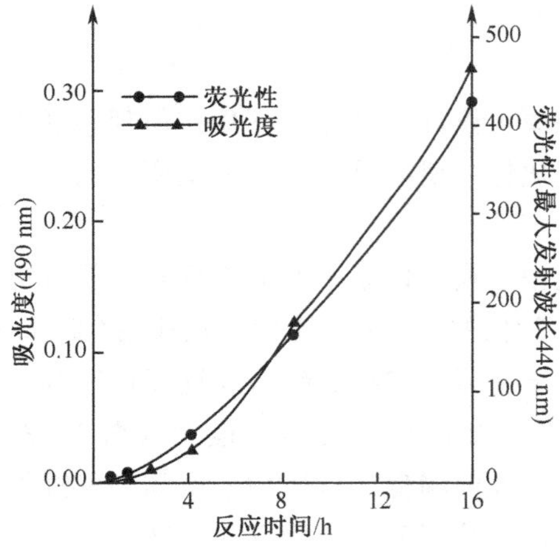

图 14.35 美拉德反应体系的吸光度与荧光性变化

反应介质 0.2 mol/L 葡萄糖+0.2 mol/L 甘氨酸

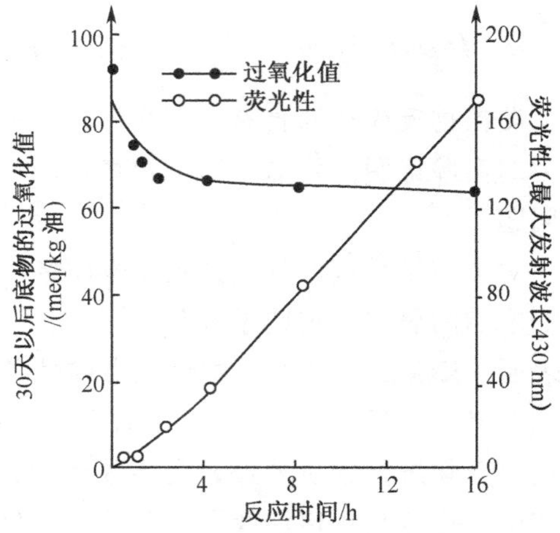

图 14.36 美拉德反应体系荧光性与乙醇提取物的抗氧化性关系

反应介质 0.2 mol/L 葡萄糖+0.2 mol/L 甘氨酸

定性，这一点可以归结于饼干焙烤时有抗氧化性物质的形成。更为重要的是，加入还原糖和氨基酸后所产生的抗氧化作用，要比人为加入美拉德反应产物后产生的抗氧化作用更好。表 14.19 中所给出的数据表明，饼干中添加精氨酸和木糖以后，所产生的抗氧化作用最强（Eskin，1990）。

表 14.19 饼干水提取物的抗氧化作用和色泽比较

体系	对照	组氨酸+葡萄糖	组氨酸+木糖	精氨酸+葡萄糖	精氨酸+木糖
抗氧化作用	0.1	0.3	0.4	0.4	1.2
色泽	0.22	0.33	0.28	0.27	0.37

注：饼干样品被焙烤至相近的色泽。抗氧化作用用极谱法测定，色泽用分光光度法在 450 nm 处测定。

在牛乳体系中，美拉德反应的发生同样对体系的抗氧化性产生影响。例如，通过分析加热后牛乳的氧化还原电势，发现氧化还原电势随加热温度和时间有明显的变化，氧化还原电势有所降低（表 14.20），表明在牛乳被加热一段时间后，其中有还原性物质的生成。

表 14.20 牛乳的氧化还原电势与加热处理的关系 （单位：mV）

加热温度	加热时间/h							
	0	0.2	0.5	1	2	5	15	24
90℃	213	—	—	292	283	275	250	239
120℃	213	192	187	199	194	—	—	—

14.3 交联反应

蛋白质肽链上的氨基酸残基，由于含有可发生反应的活泼基团，因此，在一定条件下，可以借助外来化合物甚至自身，发生分子内或分子间的交联反应，形成交联蛋白，从而在营养学上、物理化学上等方面影响蛋白质的相关性质。

14.3.1　赖氨酸-丙氨酸残基化合物的形成

含蛋白质的食品或食品原料，在进行一些加工处理，例如，在利用碱溶液浸提制备大豆分离蛋白、从乳蛋白中生产酪蛋白钠盐时，均会导致一些副反应的发生，其中包括生成蛋白质交联产物如赖氨酸-丙氨酸（lysinoalanine，LAL）、羊毛硫氨酸（lanthionine，LAN）、组氨酸-丙氨酸（histidinoalanine，HAL）等。其中，LAL 形成的影响显著，已经被深入地研究过。

1. 反应的化学机制

据推测，在较高的温度下碱处理蛋白质时，丝氨酸残基、半胱氨酸残基以及它们的衍生物会发生 β-消除反应，生成脱氢丙氨酸残基（脱氢蛋白），反应机制见图 14.37。消除反应可能是 E1 机制，也可能是 E2 机制的。故此，丝氨酸、半胱氨酸等氨基酸被认为是 LAL 等的前体（Friedman，1999）。

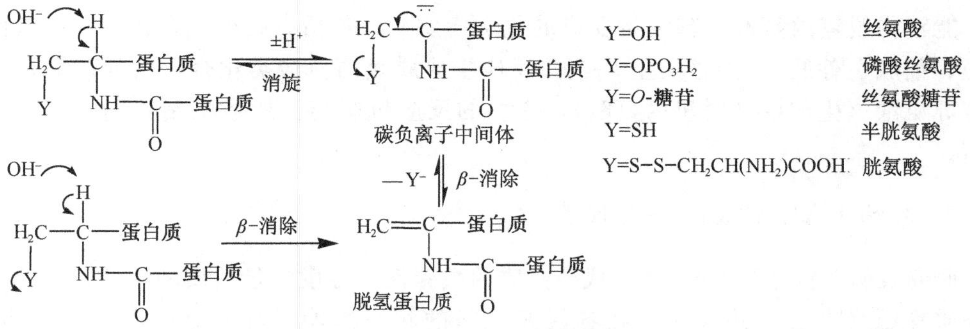

图 14.37　脱氢丙氨酸残基的形成

所生成的脱氢丙氨酸（dehydroalanine）残基，是一个非常活泼的中间体，可与食品蛋白质中的赖氨酸残基、半胱氨酸残基、组氨酸残基等中的活泼基团，如 ε-NH_2、—SH等，发生加成反应，这样的方式相当于氨基酸残基之间的交联反应。结果不仅是导致蛋白质分子的交联，而且生成了人体不能消化吸收的赖氨酸丙氨酸残基、羊毛硫氨酸残基和组氨酸丙氨酸残基（图 14.38）。对一些经过加碱加工处理的蛋白质食品进行

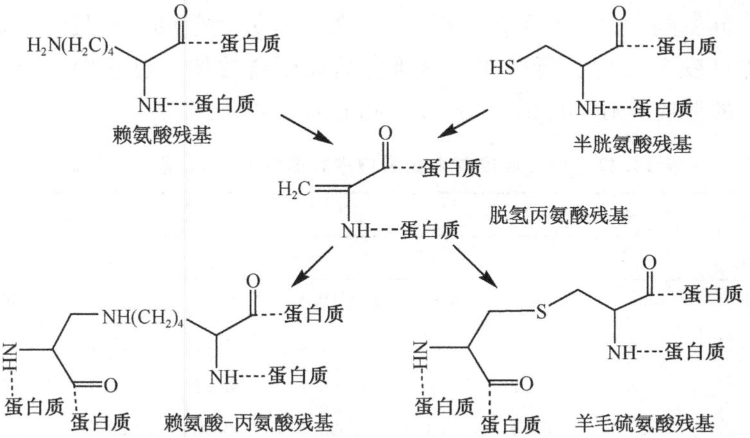

图 14.38　蛋白质中氨基酸残基间的两种交联反应

的相关分析、测定表明，在这些蛋白质食品中确实存在有较高水平的LAL，表14.21中给出了一些常见食品中LAL的含量水平情况（Friedman，1999）。

表14.21　一些加工食品中赖氨酸丙氨酸残基的含量（μg/g蛋白质）

食品	LAL含量	食品	LAL含量
奶粉（喷雾干燥）	0	水解植物蛋白	40～500
牛乳（UHT）	160～370	大豆分离蛋白	0～370
牛乳（HTST）	260～1030	酵母提取物	120
奶粉（婴儿食品）	150～640	卵白（加热）	160～1820
炼乳	360～540	玉米片	390
浓缩脱脂乳	520	玉米粒	560
干酪素钠盐	430～690	燕麦	390
模拟干酪	1070	椒盐脆饼干	500

能够同脱氢丙氨酸残基发生反应的化学物质，还包括有胺类化合物（含有氢原子的氨、伯胺、仲胺）。能够发生β-消除反应生成脱氢丙氨酸类化合物的氨基酸，还包括有苏氨酸（生成甲基脱氢丙氨酸），它们的反应机制与上所述机制相同，这里不再介绍。

2. 影响LAL形成的一些因素

研究表明，食品中LAL的形成与介质的酸碱性、温度、蛋白质的特性、共存的化学物质等因素有关，并且还存在各因素之间的相互影响。对大豆蛋白的研究表明，LAL在pH 9时开始生成，直到pH 12.5时其生成量一直增加；然后，随着pH的升高，LAL的生成量却下降，其原因是由于此时LAL的分解量增加。高pH使得LAL的分解速度与形成速度同时增加，所以过高的pH也不利于LAL形成。而对于酪蛋白而言，其开始生成LAL的pH为5。

加热对LAL的形成有着直接的影响，对大豆蛋白的研究表明，加热明显导致大豆蛋白中不稳定氨基酸的分解和LAL的形成。分析数据表明，在温度达到45℃时，赖氨酸、丝氨酸、苏氨酸含量明显下降，而LAL在25℃开始生成，并且其生成量随温度的升高一直增加（表14.22）。所以在蛋白质食品或原料的加工过程中，控制加工温度与pH，对LAL的形成具有关键的作用（Friedman，1999）。

表14.22　加工温度对大豆蛋白中氨基酸和LAL含量的影响

氨基酸	未处理对照样	温度/℃						
		25	35	45	55	65	75	85
LAL/(g/kg)	0	6.9	8.1	10.4	16.4	26.4	36.6	41.3
赖氨酸/(g/kg)	55.4	49.1	48.8	46.3	42.9	37.2	34.6	28.6
丝氨酸/(g/kg)	47.8	44.7	44.8	40.7	40.8	33.2	26.9	17.3
苏氨酸/(g/kg)	34.0	33.9	33.5	32.5	30.0	28.3	22.4	18.4

注：条件，1%蛋白质，pH=12.5。

根据 LAL 的形成途径，有几个可能的方法被认为可以减少蛋白质碱处理时 LAL 的形成。应用这些方法的基本原理是，一些化合物对反应中间体形成的抑制作用，或改变反应的底物，从而达到对 LAL 形成的抑制作用。

1）巯基化合物

存在于氨基酸、蛋白质以及其他化合物中的巯基（—SH），作为亲核试剂，可以直接同反应中形成脱氢丙氨酸残基的双键发生加成反应，并且有研究表明，巯基对双键的反应要比胺基对双键的反应快得多。试验结果表明，在 pH 为 7～12 时，半胱氨酸同脱氢丙氨酸残基的反应速率，要比 *α*-*N*-乙酰赖氨酸的反应速率快 34～5000 倍。由此可以推断，在碱处理蛋白质时加入含巯基化合物，它便同赖氨酸竞争与脱氢丙氨酸的反应，减少了赖氨酸丙氨酸残基的形成。巯基化合物对碱处理大豆蛋白 LAL 形成的影响见表 14.23。

表 14.23　0.1 mmol/L 巯基化合物对碱处理大豆蛋白 LAL 形成的影响

添加物	无	半胱氨酸	*N*-乙酰半胱氨酸	还原型谷胱甘肽
LAL/(g/kg)	40.4	16.9	17.2	10.5

注：条件，蛋白质浓度 1%，pH=12.5，温度=65℃，时间 3 h。

巯基化合物所产生的抑制作用可以从三个不同方面产生：①直接地竞争抑制，即上面所述的巯基化合物直接与脱氢丙氨酸作用，减少了 LAL 的形成；②间接地抑制，即所加入的巯基化合物与蛋白质分子中的二硫键作用，形成新的半胱氨酸残基，游离出来的巯基与脱氢丙氨酸作用，可减少 LAL 的形成；③抑制脱氢丙氨酸的形成，含巯基化合物的加入，将蛋白质分子中的二硫键破坏，使其不再具有所需要的结构，这样导致它发生消除反应形成脱氢丙氨酸的可能性，比原来的胱氨酸残基有所降低。在具体食品中，这些不同机制单个作用或共同作用的程度，无疑取决于蛋白质的特性、介质的 pH 以及亲核试剂的特性。

巯基化合物的这个作用被另外的工作证实。以 PER 来衡量，碱处理酪蛋白（条件为 0.1 mol/L NaOH 80℃，1 h）所产生的营养学不利影响，可以因同时加入一定量的半胱氨酸（加入水平为 61 g/kg 酪蛋白）而消除，因为在此添加量下半胱氨酸可以完全防止 LAL 的形成。但是，如果是将酪蛋白用碱处理以后再加入半胱氨酸，则不会对酪蛋白的营养价值产生任何有益作用，因为此时酪蛋白营养价值的下降不是由于缺乏含硫氨基酸，而是由于一些氨基酸转化为脱氢丙氨酸、形成 LAL，以及一些氨基酸发生消旋化而产生的结果。

2）亚硫酸盐

从表 14.24 的数据中可以清楚看出，亚硫酸盐的存在，对于碱处理蛋白质所生成的 LAL 具有显著的影响。在没有亚硫酸盐存在时，3 种蛋白质中的赖氨酸含量明显下降，有不同量的 LAL 生成；加入亚硫酸盐后，酪蛋白中 LAL 的生成量降低 55%，溶菌酶 LAL 的生成量降低 70%以上，牛胰蛋白酶抑制物 LAL 的生成量降低 84%。对表 14.24 与表 14.23 的数据相比可以发现一个事实，亚硫酸盐对 LAL 形成的抑制作用，要比巯基化合物（如半胱氨酸）的作用更有效。

表 14.24 亚硫酸钠对一些蛋白质中 LAL 形成的影响（含量单位 mmol/g 蛋白质）

蛋白质	处理条件	LAL	LAN	Lys
酪蛋白	对照样	0	0	482.7
	pH=11.6，60℃ 3 h	145.2	0	294.0
	pH=11.6，60℃ 3 h；Na_2SO_3	65.7	0	373.0
溶菌酶	对照样	0	0	397.3
	pH=11.6，60℃ 3 h	135.2	0	222.3
	pH=11.6，60℃ 3 h；Na_2SO_3	35.6	0	317.2
牛胰蛋白酶抑制物	对照样	0	0	319.3
	pH=11.6，60℃ 3 h	235.1	0	129.2
	pH=11.6，60℃ 3 h；Na_2SO_3	36.8	0	239.0

亚硫酸盐对 LAL 形成的抑制作用，可以通过两种途径来达到。一种途径是妨碍了脱氢丙氨酸残基的形成，因为在有亚硫酸盐存在时，二硫键被破坏为硫代磺酸盐以及带电荷的半胱氨酸残基。由于胱氨酸残基比它们更容易发生 β-消除反应生成脱氢丙氨酸残基，所以此转化达到抑制 LAL 生成的目的。

亚硫酸盐抑制 LAL 形成的另外一个途径，是利用亚硫酸根的亲核性，对脱氢丙氨酸残基进行加成反应，从而抑制 LAL 的生成。例如，在碱处理酪蛋白时，亚硫酸盐的作用就是如此，因为我们从酪蛋白的结构中已知它不含有胱氨酸残基，所以不存在前一种作用机制。

3）其他物质或因素的影响

对于蛋白质碱处理时 LAL 的形成，一些化合物或因素可以产生影响作用。

抗坏血酸：有研究结果表明在 100℃、pH 13.2 条件下加热 1 h，抗坏血酸的存在可以抑制 LAL 的形成。抑制作用产生的化学基础并不清楚，可能涉及对赖氨酸残基的修饰作用，或者是对胱氨酸/半胱氨酸的残基的修饰作用。

葡萄糖：葡萄糖对蛋白质碱处理时 LAL 的形成也具有抑制作用，其作用机制与葡萄糖与赖氨酸的 ε-NH_2 作用、从而导致赖氨酸残基无法参与 LAL 的形成有关。对卵白蛋白的研究表明，葡萄糖的抑制作用随着葡萄糖-蛋白质比的增加而增加，在 pH 11～12 时作用最大。对大豆蛋白的研究表明在 0.1 mol/L 的 NaOH 介质中进行处理时，45℃的温度条件下葡萄糖并不影响 LAL 的形成，但是在 75℃的条件下，LAL 的形成受到葡萄糖的抑制。

金属离子：金属离子据认为可以同蛋白质或氨基酸的—SH、—NH_2、—COOH 相互作用，所形成的配合物在碱性条件下如果能够稳定存在，则可以减少或防止 LAL 的形成。硫酸铜、氯化亚铁对大豆蛋白就具有此作用。但是，对 pH 10、60℃条件下的酪蛋白，氯化钠、氯化钙等无机盐却可以增加 LAL 的形成。所以，不同无机盐对蛋白质碱处理时 LAL 的形成具有不同的影响。

蛋白质脱磷酸化：利用酶法对酪蛋白脱磷酸以后，其生成 LAL 的能力较天然酪蛋白降低。所以，很自然的，将此变化归结于磷酸化丝氨酸残基转化为丝氨酸残基。由于脱氢丙氨酸残基的形成途径之一是磷酸化丝氨酸的脱磷，这样就导致了发生消除反应生成脱氢丙氨酸残基较慢，因而生成的 LAL 量减少。

氨基的酰化：由于形成 LAL 时需要赖氨酸残基的 ε-NH_2 的参与，所以对蛋白质的化学修饰，如酰化，将降低蛋白质碱处理时 LAL 的形成。对酪蛋白、大豆蛋白的酰化处理不影响其营养价值，化学改性产物与天然产物具有相同的 PER，但是酰化后的大豆蛋白能够降低或防止 LAL 的生成。

3. LAL 对食品的营养价值与安全性的影响

1）LAL 对营养价值的影响

已有的研究结果表明，蛋白质食品经过碱处理后，其营养价值会产生完全相反的两类变化结果。一些豆类的营养价值提高，可能与碱处理对抗营养因子如胰蛋白酶抑制物、植酸盐、单宁等所谓抗营养因子的灭活或提取有关，或者是与其中以结合态形式存在的维生素被释放出来有关。但是更多的变化结果则是，碱处理对蛋白质营养价值产生的不利作用，表 14.25 和表 14.26 中的数据显示出碱处理酪蛋白后，对其营养价值所产生的影响（Friedman，1999）。

表 14.25　碱处理对酪蛋白影响价值的影响（动物试验）

	未处理酪蛋白		碱处理酪蛋白	
饲料中含量/%	10	20	10	20
食品摄入/(g/d)	15.1	16.1	8.2	16.1
体重增加/g	234	277	121	207
质量增加/(g/d)	4.67	7.71	0.05	5.43
氮消化率/%	80.5	88.8	72.2	86.8
粪氮（干物质)/%	2.45	2.96	4.02	5.55
PER	3.09	2.40	0.02	1.68

表 14.26　焙烤与碱处理对一些蛋白质利用率的影响

产品	消化率/%	代谢率/%	NPU	可消化蛋白质/%	可代谢蛋白质/%
酪蛋白	98.3	82.0	80.6		
焙烤大豆	97.0	64.3	62.4		
碱处理大豆	83.2	34.0	28.3		
焙烤大豆膳食				21.40	13.76
碱处理大豆膳食				18.98	6.45

蛋白质营养价值降低的原因，可以是破坏了蛋白酶作用时需要蛋白质分子所具有的作用位点（如赖氨酸对于胰蛋白酶是必需的作用位点之一）、蛋白质分子的交联（妨碍了蛋白酶作用）、氨基酸的异构化（D-型氨基酸的形成）、所形成的 LAL 对蛋白酶的抑制作用或者是碱处理生成了对蛋白酶具有抑制作用的肽，详细的机制不再进行深入的介绍。一般认为，蛋白质的营养价值降低与赖氨酸的损失有关，但是对于那些富含赖氨酸的蛋白质，其影响程度较赖氨酸为限制氨基酸的谷蛋白要小得多。至于 LAL 的生物利用率，对刚断奶的小鼠试验结果表明，以分子计大约为赖氨酸的 3.8%，可以认为它已

经基本不能被小鼠所利用。

2）LAL 对安全性的影响

蛋白质经过碱处理后所生成的 LAL 等化合物，可能导致相应的食品存在一些安全性问题。动物试验结果表明，实验鼠在给予碱处理过的蛋白质时（饲料中 LAL 含量水平 2630 mg/kg），会导致肾细胞的变化，其变化特点是细胞质和细胞核增大，干扰线粒体和 DNA 合成（图 14.39）。这种损害被归结于 LAL 的作用，并被诊断为 nephrocytomegaly（karyomegaly，巨核），受到损伤的细胞则是近端小管直部的上皮细胞。增大的细胞核具有更多的 DNA 互补双倍体、不正常的染色质形状，以及蛋白样内含物；细胞核体积的增大伴随着总非染色体蛋白质的增加。这些均表示近端小管直部细胞正常调节功能的破坏，LAL 在细胞水平上可以产生相应的毒性作用（Friedman，1999）。

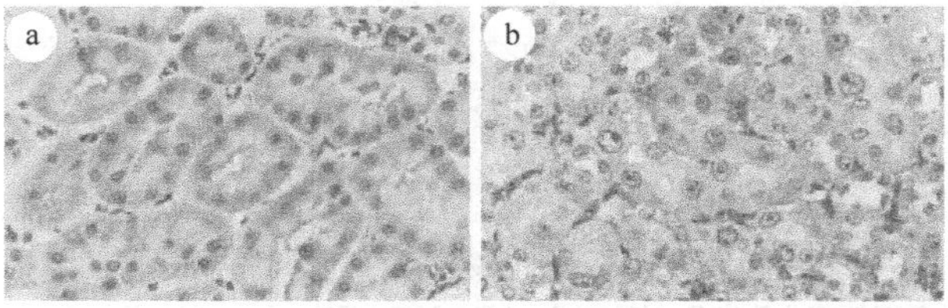

图 14.39　碱处理大豆蛋白对实验动物鼠肾细胞的影响

a. 对照组，细胞具有均匀性；b. 20%大豆蛋白饲养 8 周组，细胞质和细胞核增大

对不同形式 LAL 的细胞毒性作用研究结果表明，产生毒性作用最显著的是游离的 LAL，其次是含 LAL 的低分子肽，毒性作用最小的是含 LAL 的蛋白质。但是在观察 LAL 与毒性关系时也发现，具有相同 LAL 含量水平的不同蛋白质，所产生的生理作用不同。因为给予实验动物以含 LAL 1400～2600 mg/kg 的大豆蛋白时，会导致产生严重的毒性作用，而给予实验动物以含 LAL 2500 mg/kg 的乳白蛋白时，却不会产生相应作用。

现在尚不太清楚 LAL 在细胞水平上毒性作用的机制，由于观察到 LAL 对金属酶的抑制作用以及铜离子对 LAL、金属酶的高度亲和作用，所以有人推测 LAL 对近端小管直部细胞的毒性作用，是因为 LAL 同上皮细胞内金属硫蛋白的二价铜离子间的作用而引起。也有人根据其他的实验结果认为存在其他的作用机制。

LAL 以及相关的物质对人类的毒性尚未解决，在啮齿动物中所表现出的肾组织毒性在灵长类动物中不会出现，但是解决这个问题仍然是很有必要，应从细胞水平很好地了解这些化合物的作用机制。利用人工合成并用氘或氚标记的 LAL（游离的、结合的），有助于更好地了解 LAL 在蛋白质内的位置及在生物体内的代谢。

从化学、营养学、毒理学等方面深入了解 LAL 以及相关化合物，优化蛋白质食品加工条件，最大限度地降低危害性和取得最大的效益，是有关 LAL 研究的重点。通过了解 LAL 的形成机制，可以控制决定 LAL 形成的反应条件，从而减少 LAL 在食品中的存在水平，提高食品的安全性。

14.3.2　蛋白质的酶促交联

蛋白质在某些酶的催化作用下，氨基酸残基之间可以发生交联反应，或者是由于其他物质的存在，最终导致残基之间的交联反应。这里只是对几种主要酶催化交联反应机理进行简单介绍，其细节问题将在随后的章节中介绍。

1. 转谷氨酰胺酶酶促交联

转谷氨酰胺酶是目前食品工业中允许使用的一种蛋白质改性酶，它通过催化转酰基反应，在赖氨酸残基和谷氨酰胺残基间形成新的共价键——异肽键，由此改变了蛋白质分子的结构或构象，从而改变了蛋白质的性质（Jaros et al.，2006；Zhu et al.，1995）。

$$\text{Glu—CONH}_2 + \text{Lys—NH}_2 \xrightarrow{\text{酶}} \text{Glu—CONH—Lys}$$

在转谷氨酰胺酶的催化下，蛋白质分子间发生分子的交联、聚合结果，可以通过色谱或电泳分析而确认，图 14.40 显示了脱脂乳经过转谷氨酰胺酶作用后，乳蛋白的交联结果。色谱图中可以清楚地看出，经过酶催化交联反应以后，蛋白质有不同的聚集体生成。因此，转谷氨酰胺酶酶促交联成为未来蛋白质功能性质酶法修饰的重要手段之一。

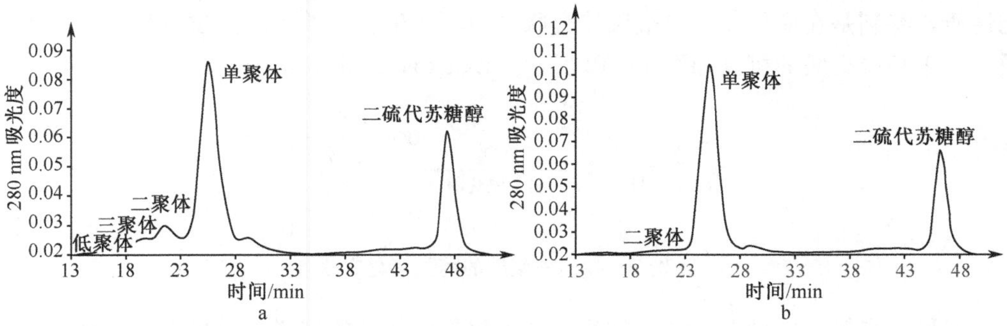

图 14.40　脱脂乳用转谷氨酰胺酶作用后酪蛋白的凝胶色谱图

a. 在酶添加 3 U/g 蛋白质水平下 40℃转谷氨酰胺酶反应 3 h，经过二硫代苏糖醇处理；b. 对照样，经过二硫代苏糖醇处理

转谷酰胺酶催化的交联反应，还与压力有关。在低压力下的交联反应进行程度，明显较高压情况下（如 400 MPa）的交联反应程度低，但是在过高的压力下（如 600 MPa），则会因为高压导致酶失活，蛋白质的交联反应程度反而降低，如图 14.41 所显示的 β-乳球蛋白转谷氨酰胺酶催化交联产物的电泳分析结果。

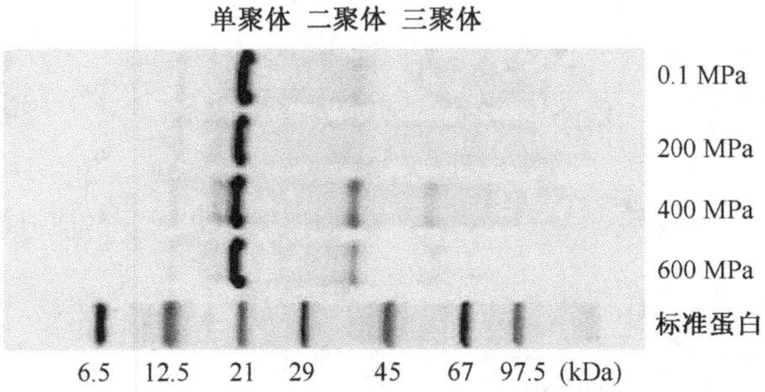

图 14.41　在不同压力下 β-乳球蛋白的转谷氨酰胺酶催化交联导致的 SDS-PAGE 色谱图变化

蛋白质的转谷氨酰胺酶催化交联反应，对蛋白质功能性质产生影响，其影响行为尚未彻底、充分地进行研究，但是已经有一些结论。例如，对 β-酪蛋白的研究表明，交

联反应导致β-酪蛋白的乳化活性指数（EAI）降低，但是对于酪蛋白-脂肪乳化体系的稳定性却是随着交联程度的增加而增加，这可能与交联作用导致的空间位阻有关；对谷蛋白的交联影响研究却发现，适当地添加转谷酰胺酶可以提高面包的品质，过多地添加反而会导致面包品质的降低；对酸奶产品的研究发现，通过分子间的交联反应，提高了酸奶的破裂强度。

目前，已经有许多蛋白质被进行过相关的交联研究，包括酪蛋白、乳清蛋白、大豆蛋白、谷蛋白和肌动蛋白等各种动植物源蛋白。通过对蛋白质的交联处理，一般可以达到保护赖氨酸，使其不能发生的各种不利反应，避免形成热致凝胶，提高所形成的蛋白膜的抗水、抗热、抗氧诸多能力等目的。这种有用性还被有目的地应用于改进一些食品，如乳制品（酸奶）、谷物制品（面包）的品质。

2. 过氧化物酶和多酚氧化酶的酶促氧化交联

在过氧化物酶作用下，酪氨酸残基的交联反应也被有目的地应用于改善蛋白质的功能性质，特别是在应用转谷氨酰胺酶交联蛋白不产生交联效果时。过氧化物酶氧化蛋白质、产生相应交联的机制如图 14.42 所示（Lanttoa et al.，2006）。

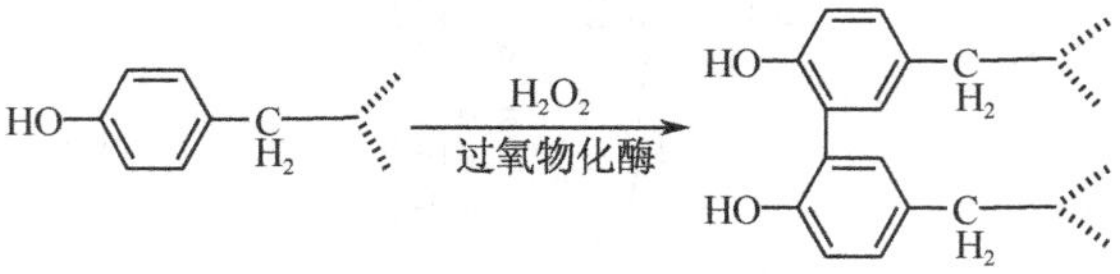

图 14.42 酪氨酸的酶促氧化交联

不过，有关蛋白质在过氧化物酶与过氧化氢存在下的交联反应机理，研究者却有不同的看法。例如，在利用来自蘑菇中的酪氨酸酶对溶菌酶、酪蛋白和核糖核酸酶进行交联时，发现只有存在少量的低分子酚类化合物时才有蛋白质交联反应发生（Strauss and Gibson，2004）。因此，研究者认为，蛋白质的交联反应实际上涉及酚类物质的氧化、蛋白质中氨基酸残基对醌的加成反应，参与加成反应的氨基酸残基包括含有—SH、—NH_2等基团的残基（Thalmann and Lötzbeyer，2002）。蛋白质本身存在的酪氨酸，可以作为一个酚类物质发生氧化并生成醌类化合物，所以也可以直接利用酪氨酸使蛋白质发生交联反应。据此提出的蛋白质交联机理如图 14.43 所示。在机理 A 中，由于是

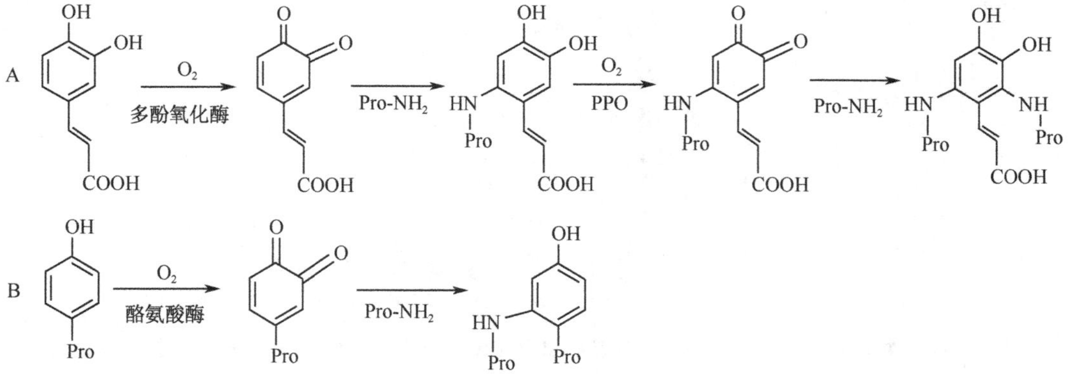

图 14.43 多酚氧化酶等的酶促蛋白质交联机理

A. 咖啡酸存在时的机理；B. 无低分子酚类物质存在时的机理；Pro 代表蛋白质

在醌类化合物上进行两个氨基的加成反应，因此导致蛋白质发生分子内或分子间的交联（氨基来自同一蛋白质分子或不同蛋白质分子）。在机理 B 中，蛋白质本身的酪氨酸残基形成醌，一个氨基进行加成反应，也能导致蛋白质发生分子内或分子间的交联（氨基来自于酪氨酸所在的同一蛋白质分子或不同蛋白质分子）。

相比于近来对蛋白质的转谷氨酰胺酶酶促交联研究，有关蛋白质的过氧化物酶和多酚氧化酶酶促氧化交联研究较少，有关研究还在进行当中。

14.3.3　其他的交联反应

除了上述的交联反应外，蛋白质还可以与其他化学物质发生各种交联反应，但是这些交联反应大多在食品中的实用性不强。

1. 蛋白质与二醛类的交联

蛋白质分子上的游离氨基（一般为赖氨酸的 ε-NH_2）可以与醛类发生缩合反应，生成缩合产物希夫碱。如果蛋白质是与丙二醛、戊二醛等二醛反应，由于需要两个氨基作用于二醛，因而产生了蛋白质的交联（分子内或分子间），如图 14.44 所示。当然，其他的有机化合物，如甲醛、甘油醛等也能够与蛋白质发生交联反应。

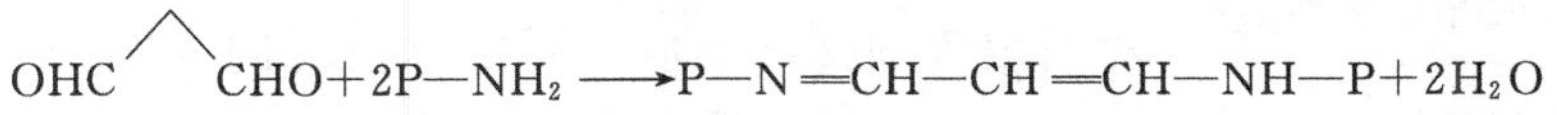

图 14.44　丙二醛与蛋白质的交联作用

蛋白质与二醛作用很容易进行，结果是形成了相对分子质量更高的交联蛋白质分子（图 14.45），改变了蛋白质的功能性质，例如，蛋白质的溶解度、保水能力等。酪蛋白经过丙二醛交联处理后，生成的交联酪蛋白甚至可以抗拒蛋白酶的水解作用。

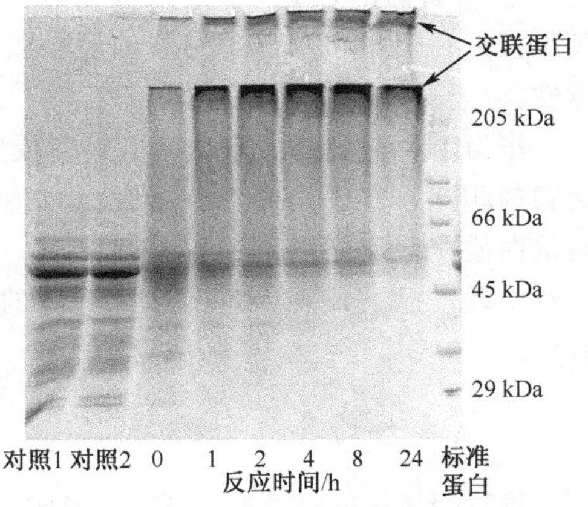

图 14.45　谷蛋白中清蛋白和球蛋白组分 37℃下与 10 mmol/L 戊二醛反应后的 SDS-PAGE 图
不同泳道的条带分布，清楚地显示随反应时间的延长，较低相对分子质量的蛋白质组分减少，更大相对分子质量的交联蛋白增多

戊二醛具有两个反应活性的醛基，可以与蛋白质分子中的氨基酸侧链上的氨基发生作用，从而形成交联。大量试验表明，戊二醛对蛋白质交联有分子内和分子间两种形式。当蛋白质溶液浓度低时，主要产生分子内交联，这样产物是可溶的；而分子间交联会使蛋白质分子变大，溶解性降低。戊二醛可与蛋白质分子中 ε-氨基、肽链 N 端氨基等伯胺基反应，也可以与杂环上亚胺基、巯基及酰胺基反应，但是与赖氨酸 ε-氨基结合最为牢固。利用戊二醛对大豆蛋白进行交联，结果发现，交联后大豆蛋白的疏水性大大提高。采用低浓度戊二醛与大豆分离蛋白交联反应，在 pH 7.6、浓度为 0.5%、温度 70℃下加热反应 20 min，交联大豆蛋白有相对较大的疏水性指数；随着交联剂用量增加，大豆蛋白改性程度逐渐增大，故而有利于大豆分离蛋白的疏水性增加。

甲醛很容易和蛋白质的 N 端氨基结合，使其封闭。例如，通过甲醛或甲醛的聚合产物（$\cdots CH_2O \cdot CH_2O \cdot CH_2O \cdots$），封闭多肽链的侧链中的氨基，在两个多肽链之间，使肽链中相邻亚氨基“缝合”在一起，使蛋白质产生交联。

在生物体内，由于脂类氧化而生成的丙二醛与蛋白质交联，生成产物在体内不断蓄积，并随着年龄增长而成为所谓的脂褐质（lipofusin），又被称之为增龄色素，是机体衰老的标志。

2. 蛋白质与京尼平的交联

京尼平（genipin）是传统中药杜仲的活性成分之一，是一个杂环化合物（图 14.46)，具有—OH、—COOH 等多个活性官能基团，能自发地与氨基酸或蛋白质反应，从而导致发生交联反应。

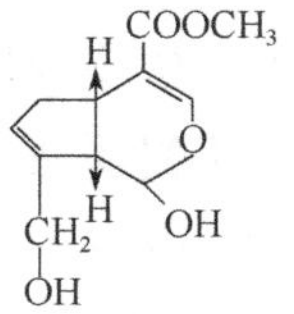

图 14.46　京尼平的化学结构

京尼平与蛋白质交联反应机理为京尼平首先与氨基酸反应生成一个环烯醚萜的氮化物，随后经过脱水作用形成一个芳香族的单体，芳香族单体由于自由基反应的二聚作用而形成环状的分子间和分子内交联结构。

在室温、pH 7.4 的磷酸盐缓冲液中研究京尼平溶液对明胶膜的交联反应，固定反应时间为 24 h，结果表明，当京尼平的浓度从 0.07％增加到 2.0％时，明胶膜的变性温度也逐渐提高，从未交联时的 91℃提高到 98℃。与戊二醛交联得到的产品相比，京尼平交联的明胶膜仍然有约 15％的游离的 ε-氨基；明胶膜的延伸性、变性焓和溶胀性能，都与戊二醛交联的膜很接近；但是，京尼平交联的明胶膜在变性温度和热稳定性方面显示了更大的优越性。

作为新型交联剂，京尼平能够使蛋白质形成稳定、有效的交联产品。与传统化学交联剂相比，它还具有细胞毒性低，生物相容性好和降解能力强等优点。但京尼平与蛋白质交联反应后形成深蓝色产物，虽然这种蓝色色素可以用作食用染料，但仍然对交联产品的外观和色泽产生一定的影响。所以，在一定程度上限制了它的应用潜力。

3. 蛋白质的其他交联

脂肪的氧化过程导致游离基的形成，而游离基的高反应性可以保证它与共存的蛋白质反应，形成蛋白质游离基，最后导致了蛋白质的多聚（交联）。此类交联往往伴随着氨基酸残基的氧化修饰作用，会导致蛋白质的营养价值降低。

蛋白质在加热或氧化处理时，蛋白质分子间二硫键的形成（也包括二硫键的交换），也属于蛋白质的交联，不在这里进行讨论。但是，通过人为方式进行蛋白质的二硫键交换反应，可以改善蛋白质分子的构象，因此能够达到改善蛋白质某方面功能性质的目的。

食品体系中蛋白质可能发生的各种交联反应多种多样，现总结于图 14.47 中。

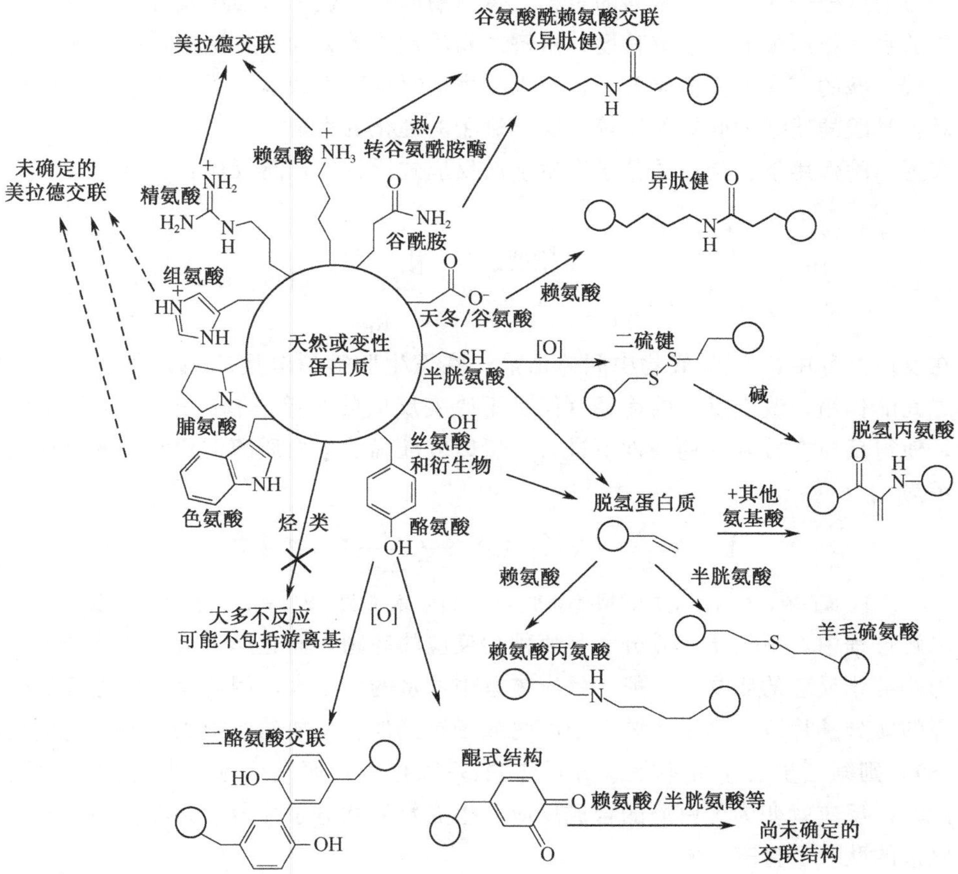

图 14.47　食品加工处理中可能发生的蛋白质交联反应示意图（Gerrard，2002）

14.4　蛋白质水解反应与食品的品质

许多食品在加工过程中，蛋白质的水解（降解）反应是不可或缺的处理或反应。一些食品的加工工艺、产品质地的改善、风味物质的形成、营养价值的提高等，均与其中的蛋白质水解直接相关，典型实例就是一些发酵食品的生产，如干酪的加工与成熟过程中一直伴随着蛋白质水解反应的发生，调味料酱油的生产基础就是蛋白质的降解。干酪的凝乳过程是由于凝乳酶对蛋白质的有限水解而产生，干酪的成熟过程中则是发酵剂分泌的蛋白酶对乳蛋白进行连续的降解，以及降解产物为微生物代谢所利用，产生相应的风味化合物。此外，随着对食品成分特性研究工作的深入，对蛋白质降解产物的开发利用也有进展，目前，已经开始有目的地利用一些蛋白酶对蛋白质的降解作用来开发生物活性肽。

14.4.1　蛋白质的水解概述

1. 水解机理

一般意义上的蛋白质的水解，是指在一定条件下蛋白质分子发生肽链的断裂、生成肽链较短的肽分子或游离氨基酸的过程，蛋白酶通常在这个过程中发挥重要的作用，对蛋白质的水解作用模式、水解程度、水解产物的性质等方面产生决定性的影响作用。当然，在酸、碱的存在下蛋白质分子也可以发生水解反应生成肽分子，但是反应的可控制性、对氨基酸的残基的破坏作用等，明显逊于酶催化的水解。

在蛋白酶作用下，蛋白质分子发生下面反应式所示的水解反应：

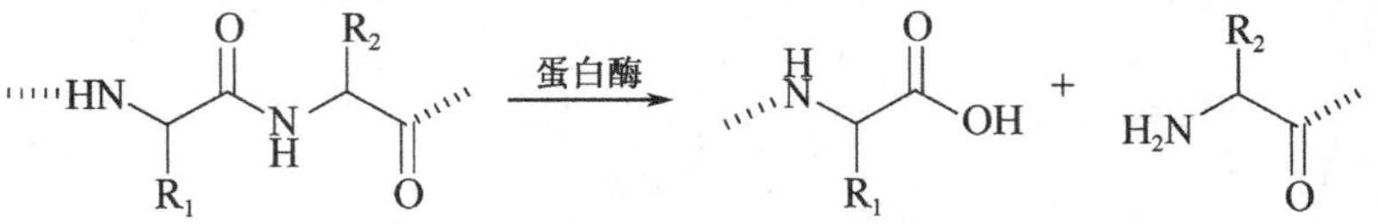

在反应过程中，有酶-底物中间体形成。在发生肽键裂解反应前，酶通过与蛋白质底物之间的作用，改变反应的途径（但是不改变反应的起始态和终态），降低反应的活化能，使得反应在较温和的条件下进行。所以较准确的蛋白质酶催化水解的反应机理可以表示为

$$E+A \underset{k_{-1}}{\overset{k_1}{\rightleftharpoons}} EA \xrightarrow{k_2} EP_1+P_2 \xrightarrow[H_2O]{k_3} E+P_1+P_2$$

E. 蛋白酶，A. 底物，EA. 酶-底物络合物，EP_1. 酶-产物，P_1、P_2. 水解产物肽片段

水解过程中，不仅蛋白质分子是酶催化反应的底物，而且所生成的肽分子本身也可以成为酶催化反应的底物。一般的反应体系中，水的量很大，因此反应的趋势是生成大小不等的肽分子片段。当反应体系中底物或者是其他氨基酸的量很大（如在转蛋白反应条件下），则第三步反应就不是水分子进攻酶-肽片段，而是体系中其他的肽片段来进攻。此时，反应就变为蛋白质的合成反应，生成新的肽分子片段，并在结构、性质等方面与原来的肽分子显著不同。

2. 水解程度的衡量

在实际应用当中需要考虑蛋白质的水解程度，而酶水解反应的初始速率并不能真正确定蛋白质的水解量。衡量蛋白质的水解反应情况常用两个指标，一个是过去常用的蛋白质水解程度（extent of hydrolysis)，另一个是目前较常用的蛋白质的水解度（degree of hydrolysis)。

1）水解程度

蛋白质的水解程度一般以水解后得到的可溶性蛋白质（或 TCA 可溶蛋白质）占总蛋白质的比例表示。蛋白质水解到一定程度后，肽分子在水中（或 TCA 中）可以很好地溶解。不过，更大程度的水解不会在它的溶解性上进一步表现出来，所以对水解程度较大的产物，水解程度不能准确地反映蛋白质的实际水解情况。

$$\text{水解程度（\%）}=\frac{\text{水解后可溶性蛋白质的质量}}{\text{底物蛋白质的质量}}\times 100 \quad \text{或者}$$

$$\text{水解程度（\%）}=\frac{\text{TCA 中可溶性蛋白质的质量}}{\text{底物蛋白质的质量}}\times 100$$

2）水解度

蛋白质的水解度（DH)，是基于蛋白质被酶催化水解时所裂解的肽键数目来衡量蛋白质的水解情况，它的定义为

$$DH\ (\%)=\frac{h\ (1\ g\ 蛋白质被裂解的肽键数目，meqv/g)}{h_{tot}\ (1\ g\ 底物蛋白质所含有的肽键数目，meqv/g)}\times 100$$

由于水解度是从蛋白质水解时断裂的肽键数量上来定义的，所以，这是一个最能准确反映蛋白质水解程度大小的指标，是目前在有关蛋白质水解研究中经常测定的一个指标。

3. 蛋白质水解产物的特性

蛋白质经过水解后，生成的肽分子的性质与原料蛋白相比发生了改变，包括理化性质、营养价值，甚至生物活性，在其他章节将分别介绍这些变化。此外引人注意的一个变化就是感官质量，重点集中在水解生成的苦味肽。

对于疏水性氨基酸含量较高的蛋白质，在水解过程中容易生成具有苦味的肽分子，典型例子是酪蛋白和大豆蛋白，它们水解物的苦味非常明显。在明胶和动物肌肉蛋白的水解物中，苦味肽的产生量相对较少，水解物苦味较低。对苦味肽的化学结构特征进行分析，发现它们的疏水性氨基酸含量较高，并且一些疏水性氨基酸如亮氨酸、苯丙氨酸等通常位于肽链的末端。

蛋白质水解后，苦味肽的脱除方法一般采用以下几种：

(1) 选择性分离。由于苦味肽的化学组成中非极性氨基酸含量较高，所以非极性吸附剂对它们的吸附能力较强。利用活性炭、非极性树脂、玻璃纤维等均可以有效地从水解物中选择性的吸附苦味肽，从而降低水解物的苦味。此外利用极性较低的异丙醇也可以从水解物中分离出苦味肽。

(2) 转蛋白反应。利用反应在所生成的苦味肽分子上连接某些氨基酸，或者连接肽分子片段，也能降低水解物的苦味。在蛋白质水解时加入明胶，一是降低蛋白质的平均疏水性，二是利用明胶所生成的肽片段进行转蛋白反应，也可以达到相同的结果。

(3) 苦味肽的端解。由于苦味肽分子的疏水性氨基酸通常位于肽链的末端，通过端解酶的作用（如羧肽酶）可以将末端的氨基酸水解下来，破坏苦味肽的结构，达到降低苦味的效果。不足之处是生成较多的游离氨基酸，一般很难控制游离氨基酸的过量生成。

(4) 掩盖。一些化合物对苦味肽的苦味具有掩盖作用，例如，有机酸中的甘氨酸、马来酸，有机物中的环状糊精、麦芽酚以及乙基麦芽酚等。

(5) 限制性水解。蛋白质在一定水解程度内其苦味肽的含量较低，所产生的苦味低于阈值或不明显，因此在控制蛋白质水解物的水解程度以后，可以相应减少产物所具有的苦味。

4. 蛋白质水解反应的可利用性

通过蛋白酶催化的蛋白质有限水解或广泛水解，能改进食品蛋白质的功能性质。在水解过程中，蛋白质分子中的一些酰胺键被破坏，食品蛋白质（肽）的相对分子质量分布情况发生变化。相对分子质量较小的肽所占的比例，随着蛋白质的水解程度的增加而提高；与此同时，水解蛋白质的溶解度也增加，而其他的功能性质，例如，乳化能力、起泡能力、胶凝作用等则随水解度的增加而变化，但是变化情况比较复杂。故此，蛋白质的水解是改进蛋白质性质的一个有效手段，在蛋白质的修饰技术方面有应用潜力。

14.4.2 蛋白质水解与发酵食品风味

风味是食品品质的一个非常重要方面，一般包括两个方面，一是滋味，另一个就是气味，在食品的工业生产中它和食品的营养价值、质地等一起都受到生产者、消费者的极大重视。

蛋白质的水解以及水解产物的进一步被代谢利用，是发酵食品产生良好风味的一个重要途径。在含有蛋白质的发酵食品加工过程中，蛋白质首先被蛋白酶降解，并且蛋白质的水解是至关重要的；生成低相对分子质量的肽片段和游离氨基酸，然后微生物对氨基酸进行代谢（包括脱氨、脱羧、转氨），转化、生成的产物有胺类、酮酸、酚、醚、吲哚、含硫化合物等，这些产物可进一步转变成醛类，再经还原或氧化后生成醇类和有机酸。以干酪为代表，其蛋白质降解涉及的主要酶类、降解产物和生成产物的种类如图14.48所示（McSweeney，2004）。

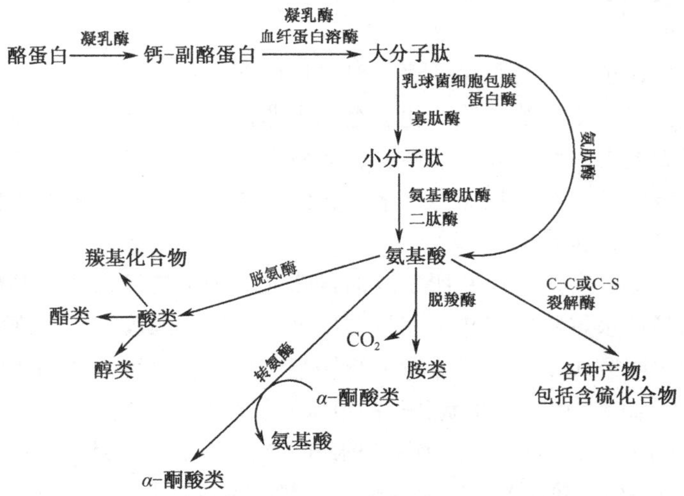

图 14.48 干酪中蛋白质水解和氨基酸代谢总结

干酪的成熟过程，包括蛋白质分解为长短各异的肽链及各种氨基酸，并形成独特的风味、组织结构的过程。干酪成熟过程中，乳凝块残余的蛋白酶，连同发酵剂微生物细胞裂解释放多种蛋白酶和肽酶，使蛋白质分解成长短各异的肽链，然后进一步降解成更短的小肽和多种氨基酸，其中的一些小肽和氨基酸是特定风味物质的前体，或直接形成了干酪的风味（Yvon and Rijinen，2001）。对氨基酸的代谢，主要涉及缬氨酸、亮氨酸、异亮氨酸、苯丙氨酸、酪氨酸、色氨酸和甲硫氨酸，一些氨基酸代谢生成的风味化合物的风味特征见表14.27。

表 14.27 干酪成熟时氨基酸分解产物的风味特征

氨基酸	风味化合物	特征	氨基酸	风味化合物	特征
亮氨酸	3-甲基丁醇	鲜干酪，水果味	酪氨酸	苯酚	苯酚味，药物味
异亮氨酸	2-甲基丁醇	麦芽味，巧克力味	苏氨酸	乙醛	酸奶味，青草味
甲硫氨酸	甲硫醇	洋葱味，干酪味	缬氨酸	3-甲基丙醛	麦芽味，巧克力味
苯丙氨酸	苯乙醛	玫瑰味			

涉及甲硫氨酸的代谢反应十分重要，因为从干酪的风味物质中鉴别出了许多含硫化合物，包括甲基硫醇、3-甲基巯基丙醛、二甲基硫、二甲基二硫、二甲基三硫、二甲基四硫、硫代羰基化合物等。其中的甲基硫醇，被认为是品质优良的契达干酪的重要风味化合物（虽然甲基硫醇单独或过量并不能产生典型的契达干酪风味）。据此，提出了两个酶法途径从甲硫氨酸生成甲基硫醇（图 14.49）。第一个途径是通过甲硫氨酸的 α，γ-裂解，裂解酶通过同时进行甲硫氨酸的脱氨反应和脱甲基硫醇反应，生成了甲基硫醇和 α-酮基丁酸，裂解酶已经从相应的微生物中被分离、鉴别出。在第二个途径中，甲硫氨酸首先通过转氨基作用，被转化为 4-甲硫基-2-酮基丁酸，然后进一步生成相应的裂解产物（Belitz and Gorsch，1999）；已经从相应的微生物中发现对甲硫氨酸具有相当活性的转氨酶。

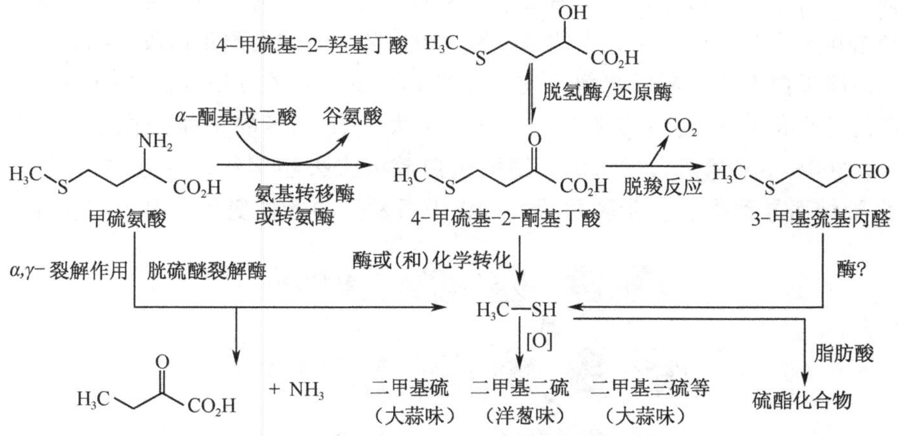

图 14.49　甲硫氨酸形成的各种风味化合物

总体上看，蛋白质、氨基酸在干酪发酵成熟过程中风味的形成过程可以总结为：

(1) 在各种来源的蛋白酶作用下，乳蛋白降解生产相对分子质量更小的肽片段，以便其他酶类将其进一步水解为游离氨基酸。所以，蛋白质以及肽的水解反应是形成风味物质的关键反应。

(2) 在脱羧酶和脱氨酶的作用下，氨基酸被氧化降解为胺类和醛类，这些产物进一步可以转化为醇类和有机酸，以及其他的风味化合物。

(3) 在转氨酶的作用下，一种氨基酸还可以转化为另一种氨基酸（如精氨酸转化为鸟氨酸），这些氨基酸可以形成新的风味化合物。

(4) 含硫氨基酸（甲硫氨酸）在脱甲硫醇酶的作用下，分解出重要的含硫化合物甲硫醇，后者进一步反应生成了一系列的含硫化合物，同时也可以形成 H_2S。

(5) 一些氨基酸在裂解酶的作用下，生成了特征性的风味化合物，如酪氨酸生成了酚，色氨酸生成了吲哚，以及其他的小分子化合物。

14.4.3　蛋白质水解与食品质地

质地是食品品质的另外一个方面，是食品品质评价的重要方面，消费者对食品的接受度很大程度上取决于食品的质地。在蛋白质食品中（尤其是动物性食品），蛋白质的组成、状态、微观结构等决定了食品的质地，因此，一些蛋白质食品在加工过程中的蛋白质降解，将对其品质产生影响。或者是这些食品的加工过程需要蛋白质的有限降解（如生干酪的制作），或者是这些食品中蛋白质的有限降解将赋予产品以适宜的质地（口感），且产品的品质优劣直接取决于蛋白质水解程度的控制（如干酪的成熟、肉的嫩化等）。

1. 干酪的凝乳与成熟

1）凝乳过程中的蛋白质水解

加入凝乳酶的方法使原料乳凝固而产生凝块，是传统的凝乳方法。凝乳酶导致的凝乳的基本单元是酪蛋白胶束，它含有 α_{s1}-酪蛋白、α_{s2}-酪蛋白、β-酪蛋白和 κ-酪蛋白，结合一定数量的胶束磷酸钙或胶体磷酸钙纳米簇。κ-酪蛋白由于含磷酸丝氨酸基团较少，因此不结合钙离子，并且主要分布在酪蛋白胶束的表面，亲水的 C 端形成了毛发层。κ-酪蛋白所具有的负静电荷和位阻提供了胶束的稳定性，可以防止不同的酪蛋白胶束结合。在加入凝乳酶后，κ-酪蛋白发生有限的水解反应，水解作用的位点在 Phe105-Met106，凝乳酶对 κ-酪蛋白的这个部位有强烈的亲合力，导致了大约有 85% 的 κ-酪蛋白发生水解（McSweeney，2004）。κ-酪蛋白的水解，使酪蛋白胶束失去稳定性，并且结果是在 Ca^{2+} 存在下发生凝结而导致凝乳。凝乳酶凝乳过程中所发生的各种变化如图 14.50 所示。

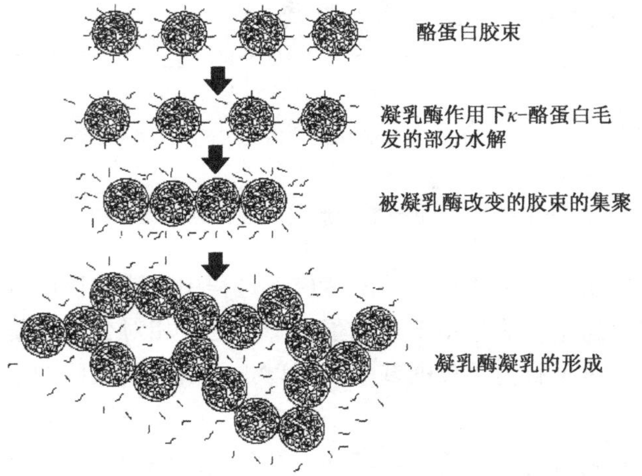

图 14.50 乳的凝乳酶凝乳过程中所发生的各种变化示意图

κ-酪蛋白毛发层去除后，因斥力降低而发生蛋白质的聚集。最初，聚集形成线性酪蛋白胶束链，接着继续聚集形成团状、簇状，最终形成具有不规则碎片状的蛋白质网络结构（图 14.51）。

由于凝乳酶产量的限制以及干酪生产量的增加，导致凝乳酶供应不足，可以使用凝乳酶的替代物来满足干酪加工业的需求。使用牛胃蛋白酶（凝乳酶和胃蛋白酶的混合物）以及来自于微生物的蛋白酶等，替代传统的凝乳酶，需要考虑多个现实问题。其中的一个重要问题就是酶的水解活性问题。过高的水解活性，将会导致凝乳过程中乳凝块的收率过低，以及干酪成熟过程中蛋白质过度或异常降解，产生异常的风味，如苦味。通常，微生物凝乳酶比来自犊牛的凝乳酶具有更强的蛋白质水解活性，胰蛋白酶等的水解作用也很强，不同的蛋白酶在凝乳过程中对酪蛋白的降解情况比较见图 14.52（Belitz and Gorsch，1999）。可见，传统的凝乳酶的使用是具有很大的优势的，可保证维持乳蛋白的降解程度较低，干酪产率高。

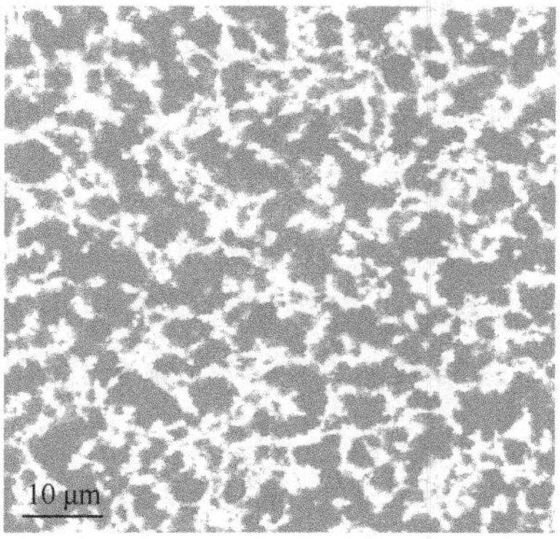

图 14.51　共聚焦激光扫描显微镜下的凝乳酶乳凝胶

白色（荧光）区域为蛋白质

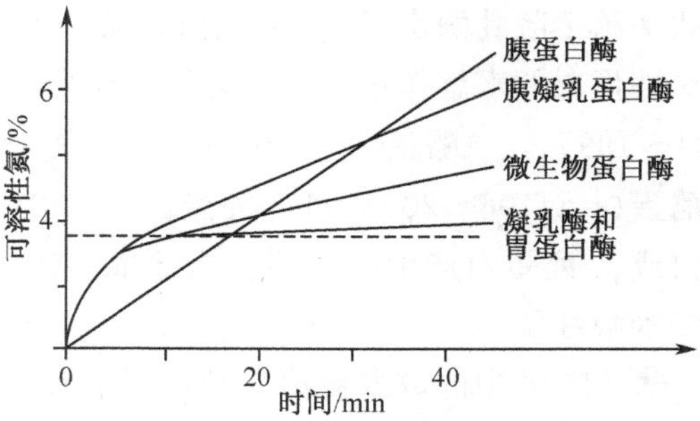

图 14.52　使用不同的酶进行凝乳时的可溶性氮变化情况

2）干酪的成熟中的水解与质地

干酪的成熟过程中，乳蛋白的水解反应是最重要的反应，也是最为复杂的反应。蛋白质的水解反应最终导致干酪质地的变化，是改变干酪质地和性质最主要的原因（因为还有对风味的贡献）。所以，对契达干酪、荷兰干酪、瑞士干酪等，将橡胶状的乳蛋白凝块，转化为柔软、光滑的成熟干酪，是一个必不可少的过程。例如，新压榨的契达干酪由酪蛋白基质组成，并且脂肪球和水分布在其中。契达干酪加工过程促进形成一种纤维状的蛋白网状结构，产生结构非常致密的质地结构。发酵过程中，在最初的 7～14 天内，残留的凝乳酶使得 α_{s1}-酪蛋白迅速水解成可溶性的肽，从而导致生干酪橡胶状质地的软化。利用扫描电子显微镜、共聚焦激光扫描显微镜等可以对干酪的微观结构进行分析，评价成熟过程对干酪质地产生的影响，图 14.53 显示了成熟过程对埃蒙塔尔干酪微观结构的影响情况。

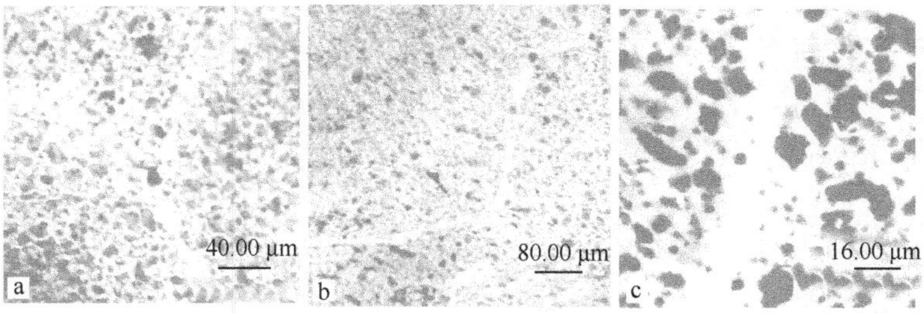

图 14.53　共聚焦激光扫描显微镜分析埃蒙塔尔干酪成熟过程的微观结构变化，黑色背景下蛋白质显示白色区域（Lopez et al.，2007）

a. 腌制后的干酪微观结构；b、c. 发酵成熟 52 天后的干酪微观结构（倍数不同）

干酪成熟过程中酪蛋白的水解可以是有限的，例如，在莫泽雷勒干酪中就是如此，也可以是中等程度水解（如契达干酪和勾达干酪）或极度水解（如蓝纹干酪），水解的产物包括了大分子的肽类、小分子肽类、游离氨基酸。蛋白质的降解程度不同，这些比酪蛋白分子更小的水解产物的分布是不同的。至于其他的一些蛋白质的降解，例如，未变性的乳清蛋白、副-κ-酪蛋白，很可能不被干酪中存在蛋白酶体系（无论蛋白酶来自发酵剂、凝乳酶或者是存在于原料乳中）所作用，所以一般不考虑它们的降解问题。

由于成熟过程中蛋白质的水解反应是一个十分复杂的过程。一般来讲，大部分水溶性肽来源于凝乳酶水解 α_{s1}-酪蛋白，或血纤维蛋白溶酶水解 β-酪蛋白，因为乳酸菌发酵剂对乳蛋白的水解作用很弱。它们主要来自蛋白质分子的 C 端部分，尤其是 α_{s1}-酪蛋白（f24～199）、α_{s1}-酪蛋白（f102～199）、α_{s1}-酪蛋白（f33～199）、β-酪蛋白（f29～209）、β-酪蛋白（f106～209）和 β-酪蛋白（f108～209）。凝乳酶或血纤维蛋白溶酶作用 α_{s1}-酪蛋白或 β-酪蛋白产生的 N 端大分子肽片段，再通过乳球菌细胞包膜蛋白酶的作用产生许多水溶性肽。

表 14.28 中的数据显示的是，利用无菌条件生产的勾达干酪，在其成熟时凝乳酶、发酵剂和乳蛋白酶对蛋白质降解的作用，以及它们综合作用的结果。从数据中可以看出，如果全部三个体系在干酪成熟过程中存在时，蛋白质的水解深度（depth）主要由凝乳酶来控制。水解作用开始于 α_{s1}-酪蛋白，在成熟开始时它迅速降解，在 1 个月内已经有 80%的 α_{s1}-酪蛋白被降解。随后，凝乳酶对所生成的大肽分子进行进一步的降解，但是速度较慢。α_{s1}-酪蛋白在发酵剂蛋白酶的作用变得重要之前，已经大部分降解了。在干酪成熟的后期，开始了 β-酪蛋白的降解，虽然在 6 个月后还有 40%的 β-酪蛋白保持完整结构。

表 14.28 无菌生产的勾达干酪成熟过程中凝乳酶、发酵剂和乳蛋白酶单独与综合地对可溶性氮的影响

成熟时间/月	蛋白质分解体系	可溶性氮（与总氮相比）/%				
		总量	肽分子相对分子质量（Mw）的分布			
			＞14 000	14 000～1400	＜1400	氨基酸
1	凝乳酶	6.7	2.7	2.7	1.2	0.1
	发酵剂	2.5	0.2	0.6	0.4	1.3
	乳蛋白酶	2.0	0.2	0.4	1.3	0.1
	整体	12.2	1.8	2.3	6.1	2.0
3	凝乳酶	12.7	3.6	5.2	3.7	0.2
	发酵剂	4.7	0.3	0.7	1.4	2.3
	乳蛋白酶	3.3	0.4	0.7	1.9	0.3
	整体	19.5	2.3	3.3	9.1	4.8
6	凝乳酶	17.3	4.4	4.1	8.4	0.3
	发酵剂	7.6	0.9	0.3	2.4	4.0
	乳蛋白酶	4.7	0.5	1.0	2.7	0.5
	整体	26.0	5.5	2.3	10.8	7.4

同时还可以看出，各种不同来源的蛋白酶均对酪蛋白的降解产生作用，但是，不同酶之间不产生相互促进作用，因为成熟过程中蛋白质降解产物的总量，大致上与成熟过程各个分解体系产生的降解产物的总和相当。此外，可以看出低相对分子质量降解产物（Mw＜1400）在各种体系的共同作用下达到了最高，超过了单一体系作用的总和结果，而较高相对分子质量的降解产物（Mw＞1400），则小于单一体系作用的总和结果。很

明显，凝乳酶的作用促进了发酵剂体系的水解作用，这意味着由凝乳酶体系产生的可溶性降解产物，进一步被分解为小肽分子和氨基酸。

在干酪的成熟过程中，副酪蛋白含量的减少可以作为干酪成熟的“宽度（width)”衡量的很好指标，而蛋白质分解的“深度（depth)”衡量，则可以利用低相对分子质量降解产物占全部降解产物的比例（如相对分子质量小于 1400 的肽分子或氨基酸)。在大多数干酪中，蛋白质降解的宽度由凝乳酶决定，而蛋白质降解的深度，则是由发酵剂决定。

确定干酪成熟过程中蛋白质的水解程度和水解模式是令人感兴趣的，有如下几个原因：可以作为干酪成熟度或者质量的指标，定量和定性评价干酪中每一个生物因素对蛋白质水解的作用。

由于干酪的成熟时间长，导致了生产成本的增加，所以人们寻求加速干酪成熟的方法。一个最常用的方法就是采用加入蛋白酶和酯酶的方法，加快酪蛋白和乳脂肪的催化水解。这样，就可以增加蛋白质的水解速度，缩短干酪的成熟时间，并保证干酪的正常风味。

2. 大豆制品的发酵与质地

腐乳和毛豆腐等大豆食品，是利用微生物进行发酵加工处理的传统大豆发酵食品，其发酵过程类似于干酪发酵，只是所使用的发酵剂一般是霉菌。发酵过程所产生的结果也与干酪发酵类似，有效地改善了产品的质地，为最终产品提供质地细腻、风味独特的良好品质。

利用扫描电子显微镜，对以毛霉发酵处理的毛豆腐的微观结构进行分析，可以观察到蛋白质的水解对产品微观结构的影响情况（图 14.54)。

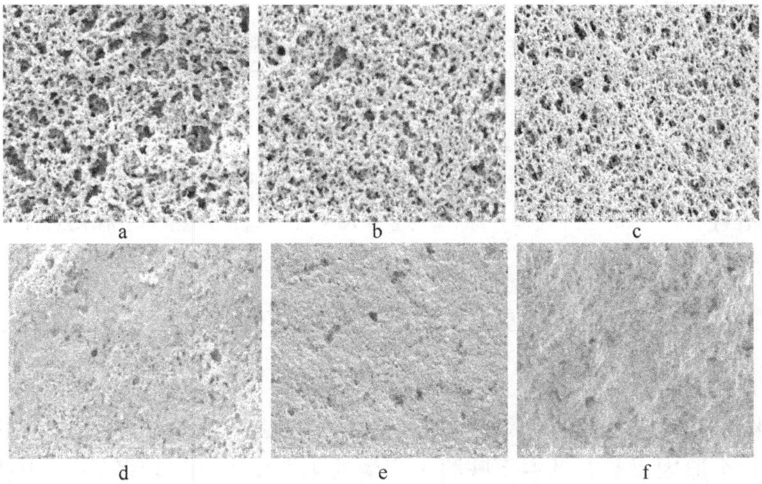

图 14.54　豆腐毛霉发酵过程中蛋白质降解导致的微观结构变化（放大倍数为 5000 倍）

a. 未发酵的豆腐的微观结构；b～f 分别为发酵 2～6 天的毛豆腐的微观结构

正常的豆腐是以大豆蛋白为主体而形成的相应基质（凝块），在其加工过程中，大豆蛋白没有像干酪中的乳蛋白那样产生过有限的水解。从其微观结构可以看出，蛋白质形成较大孔径的网状组织结构，一些微孔的直径一般为 1～4 μm，整体上呈不规则蜂窝形结构，质地相对较为粗糙。在发酵过程中，毛霉生长导致蛋白酶的分泌，并使构成豆腐主体的蛋白质降解为相对分子质量较小的蛋白质分子、多肽和氨基酸等。蛋白质的水解作用随发酵时间的延长而增加，大豆蛋白的水解程度增加，所形成空间结构破坏程度增大，网状结构变得更加致密，5 天后就可以形成非常均匀、致密的微观结构。微观结构的变化，清楚地反映出蛋白质的水解作用对于毛豆腐质地变化的决定作用。

3. 其他食品中的蛋白质水解与品质变化

1）肉的嫩化

对肉进行嫩化处理一般是利用植物蛋白酶，如木瓜蛋白酶、菠萝蛋白酶、无花果蛋白酶，例如，现在市售的商品肉质嫩化剂就是木瓜蛋白酶的制品。酶法嫩化的作用机制，是利用酶对蛋白质的水解催化作用来裂解肌肉蛋白，酶可以通过注射的方式在宰前进入动物体，也可以在宰后处理肉时加入到肌肉组织中。上述的三种酶均是非专一性蛋白酶，对肌原纤维蛋白和结缔组织蛋白均可催化水解。但是，菠萝蛋白酶对胶原蛋白有较强的亲和作用，对弹性蛋白和肌原纤维蛋白的亲和作用差一些；木瓜蛋白酶对肌原纤维蛋白有高度的亲和作用，对胶原蛋白只是稍有作用；无花果蛋白酶对肌原纤维蛋白和结缔组织蛋白均有好的作用。三种酶的适宜作用温度为木瓜蛋白酶 60～80℃、菠萝蛋白酶 30～60℃、无花果蛋白酶 30～50℃。此外，利用胶原酶对肉质的嫩化处理也有研究，但是还未在实际生产中应用。

使用木瓜蛋白酶等作为肉类嫩化剂，其一般使用方法和使用量见表 14.29。但是，要指出的是，利用蛋白酶对肉进行嫩化处理时，要严格控制酶的使用量和作用时间，如果蛋白质的分解、水解程度过大，导致嫩化作用过度，就会使得肉制品失去应有的质地，严重时还会产生不良的风味（Eskin，1990）。

表 14.29　注射法进行肉质嫩化时蛋白酶的使用量

处理方法	酶及使用量
宰前注射	蛋白酶，每千克体重加 0.55 mg
宰前注射	胶原酶、弹性蛋白酶，500 kg 体重加 1.1 g
宰前注射	每千克体重加入 0.11～0.38 酪氨酸单位的木瓜蛋白酶
宰后注射	胰脏粉，每 100 kg 加 1.9～23.5g
宰后注射	木瓜蛋白酶溶液（0.004%），加入量 3%（*m/V*）

2）啤酒的除浊

啤酒在保藏时产生混浊是经常发生的现象，产生混浊的原因一个是微生物污染（比较少见），还有一个原因就是在低温下啤酒中产生的化学反应（比较多见）。由化学反应产生的混浊物质，主要由蛋白质（15%～65%）和多酚类化合物（10%～35%）构成，除此之外还有少量的碳水化合物和其他的物质。啤酒混浊现象严重地影响啤酒的感官质量。

减少啤酒混浊现象的一个有效方法是添加一些蛋白酶以除去啤酒中的蛋白质。经过木瓜蛋白酶的处理后，啤酒样品经过 Sephadex G-25 凝胶过滤，所得到的不同组分再利用 Folin 试剂进行分析，可以明显地看出相对分子质量较大的蛋白质部分减少，同时伴随着游离氨基酸量的增加（见图 14.55 中的凝胶色谱图）。蛋白酶的加入，通常是在啤酒巴氏杀菌之前，经常使用的是木瓜蛋白酶。由于木瓜蛋白酶具有很高的耐热性，因此在啤酒经巴氏杀菌后，酶活力仍有残存的可能。不过，在啤酒生产过滤除去酵母后，啤酒中已不存在蛋白酶的活力。

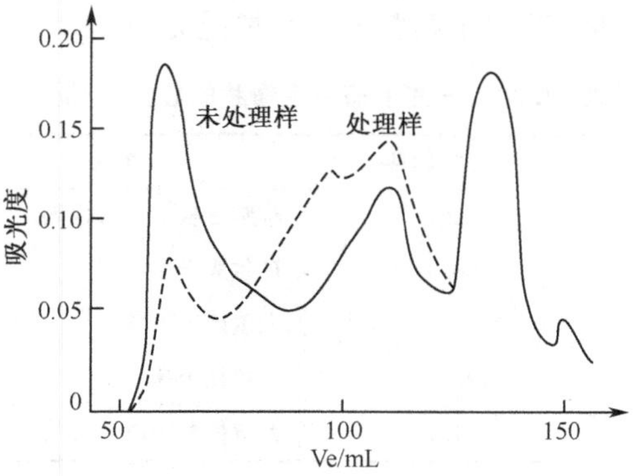

图 14.55　啤酒木瓜蛋白酶处理前后的凝胶过滤色谱图比较

14.4.4　蛋白质水解与生物胺形成

1. 生物胺与其有害性

生物胺（biogenic amine）是具有生物活性的低分子有机胺类化合物的总称，是一类含氮的脂肪族或杂环类低分子化合物，它们往往在食品腐烂或发酵过程中产生。在一些食品中，由于微生物的作用，可以将蛋白质水解后生成的氨基酸通过氧化脱羧作用而形成生物胺类化合物（图 14.56），典型的食品包括鱼类、肉类、发酵食品等。食品中生成的生物胺中影响较大的有组胺、酪胺、腐胺、尸胺、色胺等，它们分别来自组氨酸、酪氨酸、鸟氨酸（通过精氨酸）、赖氨酸、色氨酸。此外还有一些其他不常见的生物胺，例如，由精氨酸生成的精胺、由羟色氨酸形成的血清素。食品中存在过高的生物胺，可以产生两方面的危害性：①在亚硝酸盐的存在下，生物胺类化合物可以与亚硝酸盐形成亚硝胺化合物，而亚硝胺类化合物是已知的强致癌化合物，即它的间接致癌作用；②生物胺本身直接引起的食品安全问题，也就是生物胺的毒性作用，例如，组胺等能调节神经系统活动，β-苯乙胺和酪胺有升压作用，组胺则有降压作用。

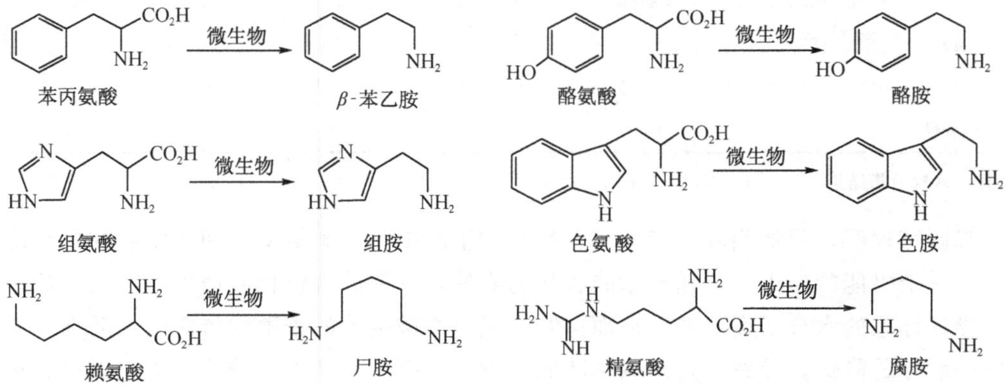

图 14.56　氨基酸的脱羧反应生成的生物胺

2. 蛋白质水解程度与生物胺形成

人们已经发现生物胺在干酪中的存在量仅次于鱼类食品，主要有酪胺、组胺、腐胺、尸胺、色胺等。一些干酪中生物胺的总量情况见表 14.30。

表 14.30　一些干酪中生物胺的总量（mg/kg）

干酪种类	生物胺总量	干酪种类	生物胺总量
勾达干酪	82.7	希腊白软干酪（成熟 120 天）	617
莫泽雷勒干酪	30.4	乌尔法干酪	651.9
巴尔马干酪	4.9	太尔西特干酪	65.3
碎巴尔马干酪	127.6	普拉托干酪	34.4
菠萝伏洛干酪	101.7	戈贡佐拉干酪	13.2

生物胺的形成，必须具备三个条件：

（1）有一定的游离氨基酸存在，但是这不一定能够生成生物胺。

（2）有具有脱羧酶活性的微生物存在。

（3）食品所处的条件适合上述微生物的繁殖以及脱羧酶的产生。

同任何其他的化学反应一样，底物对生物胺的生成是至关重要的。干酪中的氨基酸含量对生物胺的生成是最重要的影响因素之一。在干酪成熟过程中，随着干酪成熟度的增加，有更多的酪蛋白水解，游离氨基酸、低肽分子的含量增加，这些物质均可以作为微生物产生的脱羧酶的催化反应底物（前体物质），从而生成生物胺。表 14.31 中的数据表明，随着干酪成熟时间的增加，干酪中的游离氨基酸含量增加，生物胺的含量随之增加，二者呈现明显的相关性，蛋白质的水解程度与生物胺含量之间直接相关。

表 14.31　在干酪成熟期间氨基酸前体与生物胺含量（mg/kg）**间的关系**

时间/天	酪氨酸	组氨酸	苯丙氨酸	色氨酸	酪胺	组胺
4	85±39	24±1.4	98±40	8.8±3.0	痕量	未检出
19	170±23	56±29	295±27	18±1.6	10±1	12±1
29	141±23	98±49	333±42	16±3.7	26±4	14±3
39	180±25	108±31	439±42	23±5.5	34±8.8	15±1
49	188±25	93±56	504±60	28.7±9.0	60±14	22±9
64	254±23	253±94	709±36	57.3±21	108±46	37±9
显著性	***	***	***	***	***	**

注：六次分析结果，*** $p<0.001$，** $p<0.01$。

有研究表明，用低脂乳生产低脂干酪时，干酪中的游离氨基酸和生物胺的含量均会降低，一个可能的原因是，随着脂肪含量的降低，蛋白质含量相应增加，干酪含盐量增加，导致体系的水分活度下降，从而抑制产蛋白酶微生物的繁殖和蛋白酶的活性。由于蛋白酶活性的降低，导致了游离氨基酸的减少，最终影响到生物胺的生成。而在制作干酪前添加一些微生物，如乳杆菌，会增加游离氨基酸的量和生物胺的生成量。

14.5　其他反应

在食品的加工处理过程中，蛋白质还会发生前述变化、反应以外的一些其他反应，例如，蛋白质中氨基酸残基侧链上的反应、与食品体系中游离基的反应等。这些反应有可能影响蛋白质的功能性质，也可能产生食品安全性问题。

14.5.1　侧链上的氧化反应

一些氧化剂，如过氧化氢、过氧化苯甲酰和次氯酸盐等，经常作为漂白剂、杀菌剂被用于一些食品中，另外在食品的加工或储藏过程中也会因为各种原因生成具有氧化作用的化合物。这些具有氧化性质的物质，可以对蛋白质中的敏感氨基酸残基进行氧化。具有敏感氨基酸残基的氨基酸，有甲硫氨酸、(半) 胱氨酸、色氨酸、组氨酸和酪氨酸。例如，含硫氨基酸的氧化生成产物，可以是亚砜、砜或者是磺酸衍生物等，而亚砜、砜在机体中的利用率很低或者是不能利用的。氧化后的氨基酸不仅会导致生物利用率降低，甚至生成对生物体有害的物质。

甲硫氨酸的氧化反应发生在甲硫基上，可以表示为

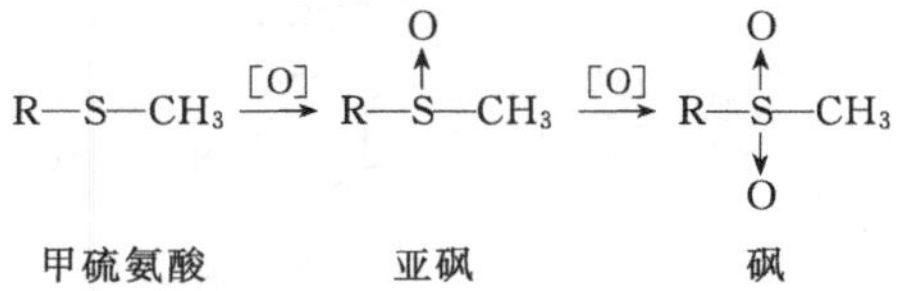

半胱氨酸的氧化反应较复杂一些，其反应发生的方式和位置主要为

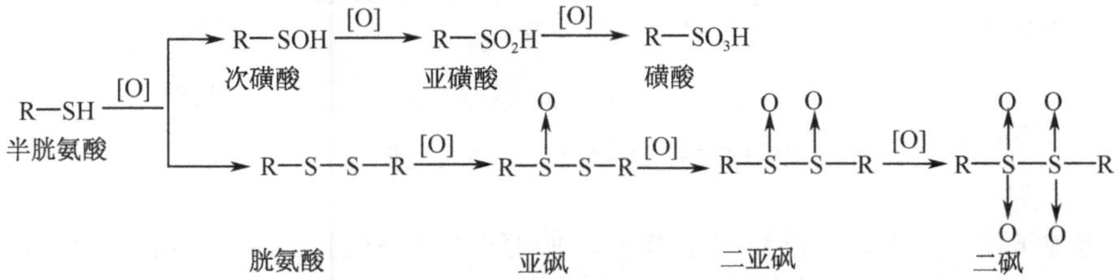

巯基氧化生成二硫键在蛋白质的功能性质改变、凝胶形成等方面具有重要意义，它导致了蛋白质分子的聚合，聚合的方式有两种——分子间二硫键形成或二硫键交换，如图 14.57 所示。

色氨酸作为人体必需氨基酸之一，在加工食品中的行为更加受到关注。在酸性、温和的氧化条件下，色氨酸被氧化为 β-氧代吲哚基丙氨酸；在酸性、剧烈的氧化条件下，色氨酸则被氧化为 *N*-甲酰犬尿氨酸、犬尿氨酸等不同产物，其中犬尿氨酸毒性作用较强，实验结果表明它对动物有致癌作用。色氨酸氧化产物的化学结构见图 14.58。

维生素 B_2 的光氧化，也会导致氨基酸侧链的氧化，氧化反应一般发生在含硫氨基酸残基或色氨酸残基上，一般在相同的浓度水平时它们的氧化速度为甲硫氨酸＞半胱氨酸＞色氨酸。

牛乳的日晒味，是由于维生素 B_2 的光氧化后导致甲硫氨酸的氧化而产生的。该反应产生甲硫醛，这是一个不稳定的化合物，它降解生成一些有害的、具有腐败味的化合

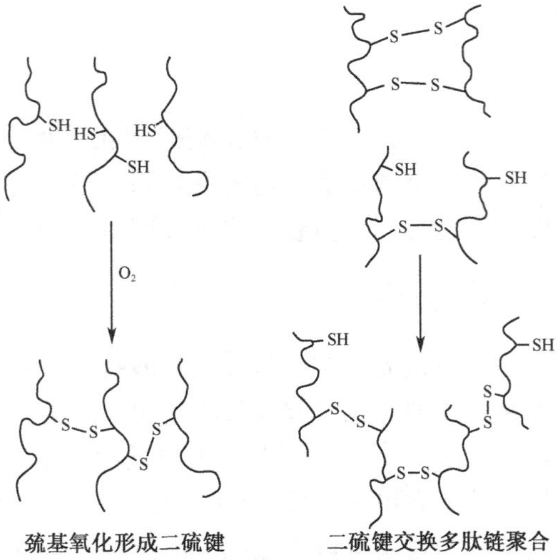

图 14.57　巯基氧化导致的蛋白质分子聚合

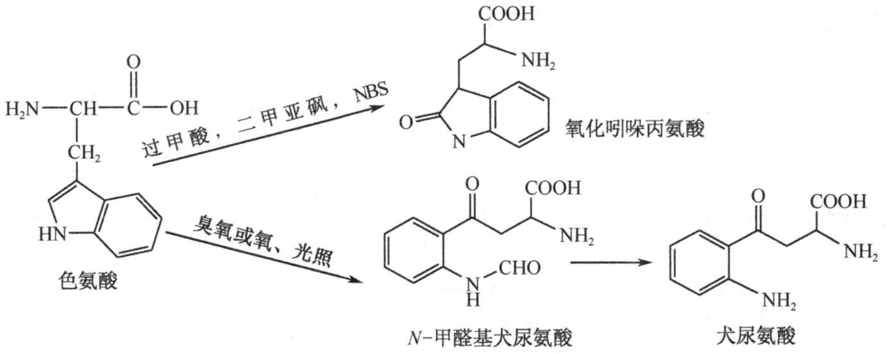

图 14.58　色氨酸残基的氧化反应

物，像甲基硫醇、二甲基二硫和二甲基硫，所有的这些化合物都可以导致异味产生，影响到牛乳的感官品质。

其他的氨基酸残基的氧化反应不再介绍。

14.5.2　亚硝化反应

1. 亚硝胺的形成途径

20 世纪 60 年代研究者发现，家养动物在摄入用高剂量亚硝酸钠作为防腐剂保藏的鱼粉后，出现肝损伤而死亡。由于可能产生对于人类的食品安全性问题，由此开始了对亚硝胺类化合物安全性的研究工作。目前已知亚硝胺是危害性极高的化合物之一，对几百种亚硝胺化合物的研究表明，90%以上的亚硝胺化合物对动物有致突变、致畸、致癌作用。长时间、小剂量的亚硝胺化合物，可以使动物致癌，一次高剂量的冲击也可诱发癌变。此外，它们可以对任何器官诱发肿瘤，甚至可以通过胎盘、乳汁来引起后代发生癌变，至今未发现一种动物对亚硝胺的致癌作用有抵抗能力，大部分的流行病学调查也从侧面证实了胃黏膜癌变的发病率与亚硝胺的关系。

仲胺和亚硝酸作用就生成亚硝胺。组成蛋白质的氨基酸中，色氨酸和脯氨酸就具有仲胺结构。由于人体胃液的 pH 低，适合亚硝胺化合物的生成，所以，蔬菜中的亚硝酸盐与蛋白质食品中氨基酸残基之间的可能反应不容忽视（图 14.59）。

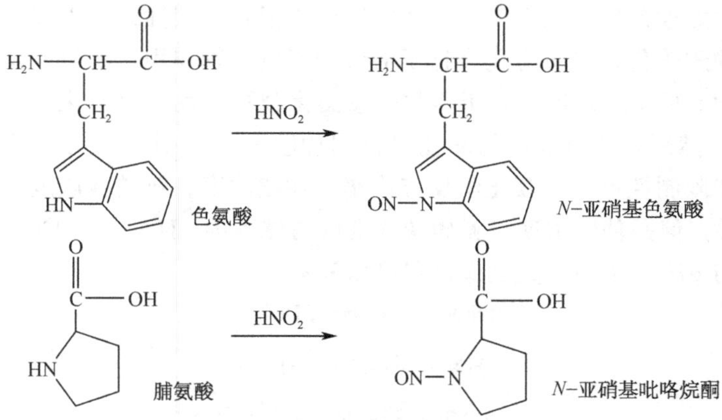

图 14.59　亚硝酸盐与氨基酸残基的反应示意图

一些食品在用传统的方法加工、处理时，存在安全性方面的问题。例如，有研究指出在我国一些地区的大豆制品以及其他的一些食品中就含有较高的亚硝胺，我国的胃癌高发区的食品中，亚硝胺的检出率也较高。水产品在腌制、熏制时，传统加工工艺也加入硝酸盐或亚硝酸盐，造成一些产品中含有高含量的亚硝胺化合物，如咸鱼、虾皮等食品。在肝癌高发病区的流行病学调查发现，泡菜/酸菜是一类有代表性的、亚硝胺含量较高的食物。当然，畜产品加工中广泛将硝酸盐、亚硝酸盐用于肉的腌制过程，作为发色剂（护色剂）、抑菌剂，为食品的感官质量、肉毒梭菌的抑制带来有用的一方面作用；但是亚硝胺还是给这类食品的安全性带来潜在的危害，尤其是在过量使用硝酸盐、亚硝酸盐的情况下。一些典型的蛋白质食品在经过加工处理后，其最终产品中亚硝胺的含量情况见表 14.32（赵新淮，2006）。

表 14.32　一些蛋白质食品中的亚硝胺化合物含量（$\mu g/kg$）

食品	处理	二甲基亚硝胺含量	食品	处理	亚硝基吡咯烷含量
墨鱼	无	4.0	腌肉	无	未检出
	烟熏	4.0～9.0		亚硝酸盐 50 mg/kg	～3
	硝酸盐	12.0～14.0		亚硝酸盐 100 mg/kg	～8
	亚硝酸盐	8.0～9.0		亚硝酸盐 200 mg/kg	～20
鲑鱼	无	0	油煎火腿		19
	烟熏	0～5.0	炸五香鱼罐头		33
	硝酸盐	16.0～19.0	油煎咸肉		1～40
	亚硝酸盐	4.0～6.0	咸肉		4～40

2. 亚硝胺形成的机制与动力学

对亚硝胺类化合物的形成机制的研究表明，亚硝酸盐不能直接同胺类化合物作用形成相应的产物亚硝胺。在酸性条件下，所形成的亚硝酸首先转化为氮氧化物 N_2O_3，在这一步转化中，酸性条件有利于氮氧化物的转化；但是，酸性条件太强时，由于可以导致胺类化合物的质子化，使胺类化合物不能够和氮氧化物作用，所以亚硝胺化合物等的形成会有一个适宜的 pH 范围。对于多数的胺类化合物，发生亚硝化反应适宜的 pH 范围一般为 2～4。然后，所形成的氮氧化物再同仲胺发生亚硝化作用，形成亚硝胺类化合物，这是一步限制性反应，其化学反应速率与仲胺浓度、亚硝酸浓度有关，虽然速率常数与 pH 无关，但是仲胺浓度、亚硝酸浓度则与体系的 pH 有关（图 14.60），所以反应本质上还是与 pH 有关的。其反应过程可以表示为

$$2NO_2^- + 2H^+ \rightleftharpoons 2HNO_2$$

$$2HNO_2 \xrightleftharpoons{\text{快}} N_2O_3 + H_2O$$

$$N_2O_3 + R_2NH \xrightleftharpoons{\text{慢}} R_2NN{=\!=}O + HNO_2$$

$$\text{反应速率} = k\,[R_2NH]\,[HNO_2]^2$$

图 14.60 在中等酸性条件下亚硝胺形成的动力学机制

此外，胺类的亚硝化反应还能在其他条件下发生，这对一些食品是十分重要的。例如，一些其他的氮氧化物 NO_x 可以直接同胺类化合物作用，而不需要上述亚硝酸盐所需要的酸性条件；一些食品中的成分可以催化亚硝化反应的进行。所以，各种机制对食品中亚硝胺化合物的形成均具有重要的作用。

由于亚硝胺给食品带来的安全性问题如此严重，所以对胺类化合物的亚硝化反应的研究也就较多。表 14.33 显示了在模拟体系中一些仲胺和氨基酸发生亚硝化反应时的动力学速率常数，从中可见在所研究的几个胺类化合物中，二甲胺是一个反应速率常数（k_2）较大的底物，所以检测亚硝基二甲胺在食品中的含量具有实际和理论意义。此外，反应体系的温度、反应时间均对亚硝胺形成有影响情况，如温度每升高 10℃，反应的速率增加 1 倍。所以，对食品体系中亚硝胺的形成，底物、温度、pH 以及时间等因素，均存在显著的影响作用。

表 14.33 一些仲胺或氨基酸发生亚硝化反应速率常数

氨基化合物	最适宜 pH	反应速率常数 k_1（适宜 pH 下）/[$(L^2/(mol^2\cdot min)$][1]	化学计量速率常数 k_2 $(\times10^{-6})$[2]
哌啶	3.0	0.027	8.6
二甲胺	3.4	0.10	8.9
吗啉	3.0	14.8	15.0
一亚硝基哌啶	3.0	400	5.0
哌嗪	3.0	5000	3.7
脯氨酸	2.25	2.9	—
羟基脯氨酸	2.25	23	—
肌氨酸	2.5	13.6	—

[1] 反应速率 $=k_1$ [游离胺][亚硝酸]^2；[2] 反应速率 $=k_2$ [总胺][亚硝酸盐]^2。

14.5.3　与脂质游离基的反应

脂质的氧化是食品体系中的常见反应，尤其是脂肪的自动氧化。脂质氧化的重要中间产物是游离基，此中间产物可以与蛋白质发生共价结合反应，并导致发生蛋白质的交联聚合反应、氧化反应：

$LOO\cdot + P_N \longrightarrow LOOP\cdot$

脂游离基　蛋白质

$LOOP\cdot + O_2 \longrightarrow LOOPOO\cdot \longrightarrow \cdots\cdots$

或者脂质游离基可与蛋白质作用生成蛋白质游离基，然后导致蛋白质发生聚合反应：

$LOO\cdot + P_N \longrightarrow LOOH + P\cdot$

$P\cdot + P_N \longrightarrow P-P\cdot \longrightarrow P-P-P\cdot \longrightarrow \cdots\cdots$

蛋白质的交联聚合，可以导致蛋白质营养价值的降低。而油脂氧化生成的分解产物丙二醛，则可以导致蛋白质的交联反应，是一些食品蛋白质功能性质劣化的重要原因。

此外，在模拟体系中的研究表明，氧化脂肪还可以对蛋白质或氨基酸产生破坏作用，造成相应的分解和侧链降解反应，特别是在体系水分含量降低时。同时还发现，这种破坏作用与蛋白质、反应条件间有依赖关系。模拟体系中氧化脂肪对蛋白质、氨基酸的破坏作用情况见表 14.34 和表 14.35。

表 14.34　蛋白质与氧化脂肪作用时氨基酸的损失情况

反应体系		反应条件		氨基酸损失率/%
蛋白质	脂肪	时间	温度/℃	
细胞色素 c	亚麻酸	5 h	37	组氨酸 59，丝氨酸 55，脯氨酸 53，缬氨酸 49，精氨酸 42，甲硫氨酸 38，半胱氨酸 35
胰蛋白酶	亚油酸	40 min	37	甲硫氨酸 83，组氨酸 12
溶菌酶	亚油酸	8 天	37	色氨酸 56，组氨酸 42，赖氨酸 17，甲硫氨酸 14，精氨酸 9
酪蛋白	亚油酸乙酯	4 天	60	赖氨酸 50，甲硫氨酸 47，异亮氨酸 30，苯丙氨酸 30，精氨酸 19，组氨酸 28，苏氨酸 27，丙氨酸 27
卵白蛋白	亚油酸乙酯	24 h	55	甲硫氨酸 17，丝氨酸 10，赖氨酸 9，亮氨酸 8，丙氨酸 8

表 14.35　氧化脂肪对氨基酸的破坏作用

反应体系		反应形成的化合物
蛋白质	脂肪	
组氨酸	亚油酸甲酯	咪唑基乳酸，咪唑基乙酸
半胱氨酸	花生四烯酸乙酯	胱氨酸，硫化氢，磺酸，二砜，丙氨酸
甲硫氨酸	亚油酸甲酯	甲硫氨酸亚砜
赖氨酸	亚油酸甲酯	二氨基戊烷，甘氨酸，丙氨酸，天冬氨酸，ε-氨基己酸等

14.5.4　与亚硫酸盐的反应

亚硫酸盐是一种还原剂，它们不与半胱氨酸作用，但能够还原蛋白质中的二硫键并生成 *S*-磺酸盐衍生物（图 14.61）。在还原剂是半胱氨酸或巯基乙醇时，*S*-磺酸盐衍生物可以转化成为半胱氨酸；而在酸性或碱性的条件下，*S*-磺酸盐衍生物分解生成二硫化合物。对二硫键的 *S*-磺化作用，不会影响半胱氨酸的生物有效性，然而由于增加了蛋白质的电负性和二硫键的断裂，导致蛋白质的分子构象改变，影响其功能性质。在蛋白质化学中，这也是一个有用的反应，既可以用于二硫键的分析，也可以用于蛋白质功能性质的改变。

图 14.61　亚硫酸盐与二硫键的作用

14.5.5　*ε*-氨基与 *N*-羧化脱水酸酐的反应

N-羧化脱水酸酐是一个活泼的氨基酸衍生物，很容易与亲核基团反应。基于此，应用 *N*-羧化脱水酸酐的反应，可以将一种氨基酸以异肽键的方式连接到蛋白质分子上，连接的位置为蛋白质侧链上的游离的 ε-NH_2（图 14.62）。反应的最后结果是发生肽链的分支与延长反应，通过多聚作用在蛋白质分子上形成一个新的多聚氨基酸侧链，这与经典的肽合成反应不同。新形成的肽链与天然蛋白质肽链的生物可利用性相同，因此这个反应可以用于蛋白质氨基酸组成的调整，如补充限制性氨基酸。不过，由于成本等问题，此反应的实用性较差，以至于现在很少使用。

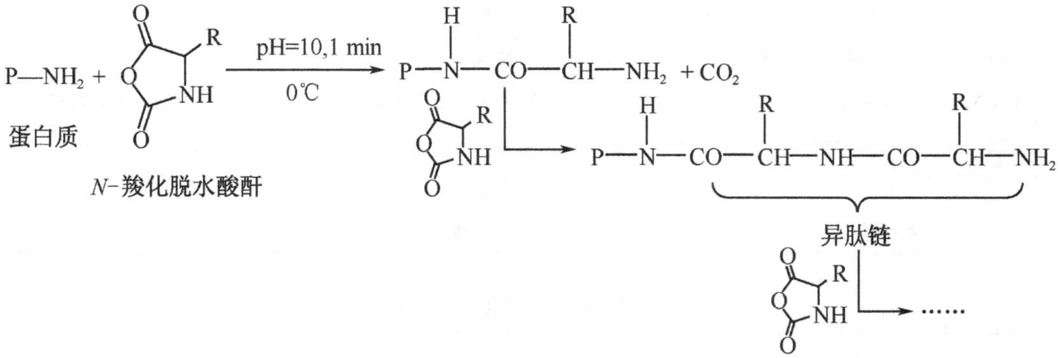

图 14.62　*N*-羧化脱水酸酐与蛋白质的侧链延长反应

14.5.6　碱处理时的氨基酸异构化

在温度超过 200℃时的碱处理，会导致氨基酸残基发生异构化反应，天然氨基酸的 L-型结构有部分转化为 D-型结构。反应是在与羰基相连的碳原子（手性碳原子）发生脱氢反应，生成平面结构的负离子而导致的（Fennema，1996）。由于再次形成氨基酸残基时，氢离子有两个不同的进攻位置，所以最终转化产物中 D-型、L-型的理论比例是 1∶1（图 14.63）。由于大多数 D-型氨基酸不具备营养价值，人体又无法消化利用，所以必需氨基酸的外消旋化将会使其营养价值下降。

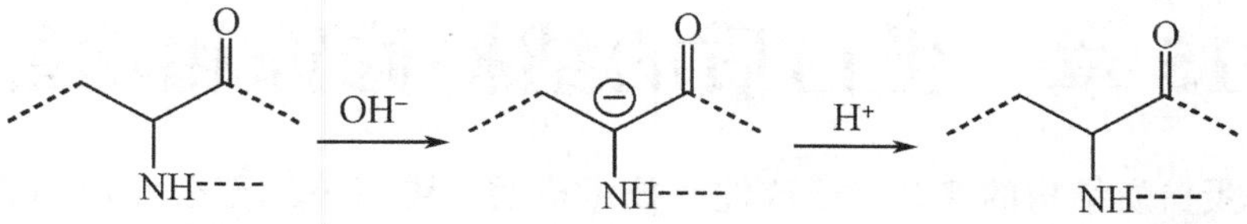

图 14.63　氨基酸的消旋化

表 14.36 给出了一些蛋白质在碱性条件下加热处理，生成的 D-型氨基酸的水平，对于那些重要的必需氨基酸如苯丙氨酸、异亮氨酸等，其中的异构化水平是相当高的。

表 14.36　碱处理蛋白质时 D-氨基酸的形成　（单位：%）

蛋白质	加热时间/h	D-Asp	D-Ala	D-Val	D-Leu	D-Pro	D-Glu	D-Phe
酪蛋白	0	2.2	2.3	2.1	2.3	3.2	1.8	2.8
	1	21.8	4.2	2.7	5.0	3.2	10.0	16.0
	3	30.2	13.3	6.1	7.0	5.3	17.4	22.2
	8	32.8	19.4	7.3	13.6	3.9	25.9	30.5
谷蛋白	0	3.3	2.0	2.1	1.8	3.2	2.1	2.3
	3	29.0	13.5	3.9	5.6	3.2	25.9	23.3
大豆蛋白	0	2.3	2.3	2.6	3.3	3.2	1.8	2.3
	3	30.1	15.8	6.6	8.0	5.8	18.8	24.9
乳白蛋白	0	3.1	2.2	2.9	2.7	3.1	2.9	2.3
	3	22.7	9.2	4.8	5.8	3.6	12.2	16.5

注：条件为蛋白质溶液浓度 1%，介质 0.1 mol/L NaOH（pH 约 12.5），温度 65℃。L-氨基酸＋D-氨基酸＝100%。

第 15 章　蛋白质的结构修饰和功能性

对食品蛋白质结构的修饰（或改性）技术应用，可以追溯至公元前 5000 年，其目的就是为了改善食品的可口性和稳定性，典型例子就是在干酪、酸奶生产时所发生的蛋白质修饰作用。蛋白质作为最重要的食品配料在加工过程中广泛应用，因此，一旦人们认识到不同的食品蛋白质具有不同的性质，很自然就开始考虑利用不同的技术，通过在分子水平、微观水平对蛋白质进行修饰或改性处理，改善蛋白质配料的功能性质，以更好地满足加工业的需求。此外，随着对蛋白质科学研究的深入，蛋白质的修饰也作为一种有用的工具来帮助研究食品蛋白质的结构-功能关系（构-效关系），当然，其中的一些技术手段实际上是不能应用于食品蛋白质配料的，但是，这类研究的最终目的，是通过可行的化学、酶学或基因工程技术，调控食品蛋白质的结构，使最终得到的食品蛋白质具有更好的营养学价值、感官质量和食品安全性，更能以其优良的功能性质满足加工业的要求。

食品工业的发展需要功能性质突出的蛋白质配料，解决此问题的途径无非两个：开发蛋白质资源；现有蛋白质进行修饰。食品蛋白质经过修饰处理后，其中的一些功能性质得到改善，而另外的一些功能性质可能降低，整体上该来源蛋白质的应用领域得到拓展。更为重要的是，蛋白质的功能性质改善，可以作为一些成本较高的食品蛋白质配料的替代品，应用于食品加工业可产生更好的经济效益。

蛋白质的结构修饰方法有多个方面，包括物理修饰、化学修饰和生物技术修饰，蛋白质分别用这三项技术处理后，能够产生不同的修饰结果（表 15.1）。蛋白质的物理改性技术在本章不作介绍，这里主要介绍的是利用化学方法、酶方法对蛋白质结构修饰，以及由此对蛋白质功能性质产生的改进、改善作用。蛋白质的化学修饰技术主要是蛋白质的氨基酸残基修饰技术，酶修饰技术主要涉及蛋白质的水解与交联。化学修饰技术包括对氨基酸残基的酰化、去酰胺、磷酸化、糖基化（利用美拉德反应）、共价交联、水解以及氧化等，主要是对残基上的氨基、羟基、巯基以及羧基等进行的化学反应，修饰的本质是通过改变蛋白质的结构和构象以及静电荷、疏水基团等诸方面，改善其各功能特性，包括溶解度、表面性质、吸水性、凝胶性以及热稳定性等。酶修饰技术主要是利用蛋白水解酶、转氨酶、氧化酶等，对蛋白质的肽链进行修饰，或减小肽链长度，或通过肽链间的交联来增加蛋白质分子大小，最终整体上达到肽链的修饰目的并改善蛋白质的某些功能性质。

对蛋白质的修饰技术还存在很多的未解决问题。应用蛋白质修饰技术时，可以将各种修饰技术结合以获得更好的修饰效果，并非只采用单一的技术。本章将简单介绍食品蛋白质的一些常用修饰技术。

表 15.1　蛋白质结构修饰技术和效果

修饰类别	修饰方法	效果
物理修饰	蛋白质的适度热处理、添加增稠剂、组织化	提高蛋白质的乳化性、发泡性、凝胶性、保水性等，或形成仿纤维丝、组织化蛋白等
化学修饰	蛋白质的酰化、磷酸化、烷基化、氧化等诸反应	提高溶解性，改善乳化及起泡性，降低黏度等
生物技术修饰	通过酶的限制性水解蛋白质	蛋白质分子的适当水解、降解，改善蛋白质的功能性质

15.1　侧链基团的化学修饰

由于蛋白质分子的侧链上含有一些活性基团，所以可以人为地通过化学反应，引入一些基团连接在氨基酸的侧链上，由此对蛋白质的功能性质产生明显的影响。但是需要指出的是，虽然侧链的化学修饰可以提高蛋白质的功能性质，但是反应时产生的其他衍生物可能是有毒的，因而有可能存在安全性方面的问题。化学修饰的其他问题还可能包括：蛋白质营养价值的降低、感官质量的劣化、同其他食品成分的作用改变，以及消费者对此的接受性等。

在蛋白质分子上导入基团的反应很多，常用的反应包括：

(1) 水解反应。这里所指的水解反应在本质上相当于一种基团转换，典型例子是将侧链上的酰胺基转化为羧酸基，例如，将谷氨酰胺或天冬酰胺水解转化为相应的酸。

(2) 烷基化反应。通过反应在侧链上引入烷基或取代的烷基（如羧甲基），引入烷基等的方法有直接引入或间接引入，氨基酸侧链参与反应的基团包括羟基、氨基、巯基等。

(3) 酰化。在侧链引入羧酸基，常用的是有机酸中的低分子有机酸或者是二羧酸，有时也可以使用长链脂肪酸，氨基酸侧链参与反应的基团包括氨基、羟基。

(4) 磷酸化。在分子侧链中引入磷酸基，通常利用的化学试剂是三氯氧磷或者是多聚磷酸盐，氨基酸侧链参与反应的基团包括羟基、氨基。

对蛋白质化学修饰作用中所涉及的典型官能团、所能够发生的反应总结如表 15.2。

表 15.2　蛋白质化学修饰中涉及的反应及基团

侧链基团	化学修饰反应	侧链基团	化学修饰反应
氨基	酰化、烷基化	羧基	酯化、酰胺化
二硫键	氧化、还原	巯基	氧化、烷基化
硫醚基	氧化、烷基化	酚基	酰化、亲电取代
咪唑基	氧化、烷基化	吲哚基	氧化、烷基化

资料来源：Fennema，1996。

蛋白质分子中引入一些基团后，对蛋白质功能性质的影响主要取决于所引入基团的性质。例如，对于上述的各种反应，在引入羧甲基、二羧酸基、磷酸基等可以离子化的基团以后，由于增加了蛋白质分子内的静电斥力，导致了蛋白质分子的伸展，所以会改变它的溶解性-pH 模式。如果引入的基团是非极性基团，则蛋白质分子的疏水性增强，结果是改变了它的表面性质，所以，蛋白质用长链脂肪酸酯化以后将得到乳化性质明显改善的蛋白质。模仿卵蛋白的结构，通过蛋白质与糖分子间的还原烷基化处理，在蛋白质分子上引入了糖基，得到的蛋白质具有很好的泡沫性质。在蛋白质分子中引入羧酸基、磷酸基以后，还增加了蛋白质对钙离子的敏感性，而对蛋白质侧链的酰胺基进行水解，可以增加其溶解性能，改善其发泡能力和乳化能力。

需要指出的是，蛋白质的化学修饰技术很少是专一性的，通常，一种化学试剂能够同几个氨基酸残基作用，因此反应时除了对某一残基进行修饰外，副反应也会同时产生。化学修饰技术能够应用于研究蛋白质的构-效关系，也可以用于研究蛋白质构象以及酶催化作用机制。

15.1.1 蛋白质的酰化修饰

蛋白质的酰化反应早在20世纪70年代就为人们所应用，它是蛋白质分子的亲核基团（氨基和羟基）与酰化试剂相互反应，引入新的功能基团的过程。最为常见的酰化剂有琥珀酸酐和乙酸酐。许多食品蛋白，包括乳蛋白、卵蛋白等动物食品蛋白，以及来自于小麦、燕麦、花生、棉籽、大豆、葵花籽、蚕豆和菜籽的植物蛋白，都可通过酰化来提高其功能特性。当然，其他的酸酐也可以对蛋白质进行酰化修饰作用，如柠檬酸酸酐、马来酸酸酐。

蛋白质进行酰化修饰时，蛋白质分子中的电荷分布被改变。由于酰化反应的主要作用位点是氨基酸残基上的氨基（图15.1），如赖氨酸的ε-氨基。因此反应的结果是，分子中原先带负电荷的氨基，被电中性的乙酰基或带负电荷的琥珀酰基所取代，分子中的净负电荷比例增加。与乙酰化相比，琥珀酸酰化引起蛋白质中负电荷增加更加显著，因为琥珀酸是一个二羧酸，还有一个未反应的羧基可解离而带负电荷。净负电荷的增加使得蛋白质分子的等电点向低pH移动。同时，导致了蛋白质分子中原来的静电作用力的改变，分子内的排斥力增大，蛋白质分子伸展，蛋白质分子的柔韧性增加，并导致了蛋白质-水相互作用的增加，使得蛋白质在溶解性、持水性、吸油性、乳化性、发泡性等方面有所改善，但泡沫稳定性变差，功能性质的改善程度取决于蛋白质酰化修饰程度。在多数情况下，酰化修饰的主要目的是改善蛋白质的乳化性和起泡性，并且作用大小取决于修饰程度（表15.3）。蛋白质不同种类数量的酰化试剂作用，致使蛋白质的结构逐渐改变，对于研究蛋白质结构与功能之间的关系很有帮助。

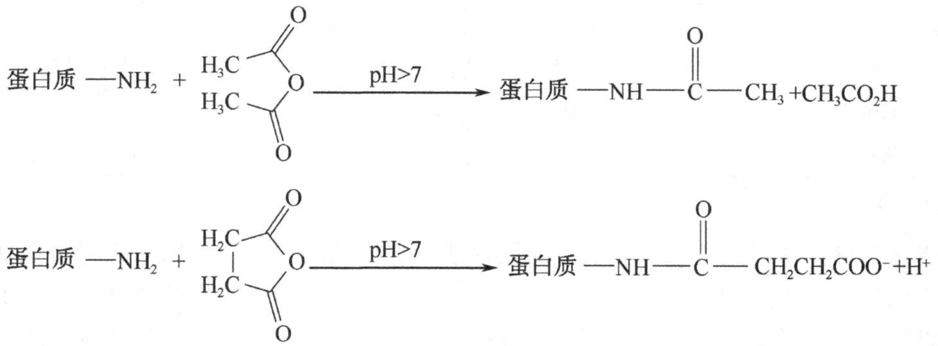

图15.1 蛋白质氨基酸残基的酰化反应

表 15.3　一些蛋白质的乳化性质（蛋白质浓度 0.5%，*m*/*m*，磷酸缓冲溶液）

蛋白质	乳化活性指数/(m^2/g)		蛋白质	乳化活性指数/(m^2/g)	
	pH 6.5	pH8.5		pH 6.5	pH8.5
酵母蛋白	8	59	酪蛋白酸钠	149	166
琥珀酸酰化酵母蛋白（24%）	110	204	β-乳球蛋白	—	153
琥珀酸酰化酵母蛋白（62%）	262	332	大豆分离蛋白	41	92
琥珀酸酰化酵母蛋白（88%）	322	341	血红蛋白	—	75
卵白蛋白	—	49	溶菌酶	—	50

利用牛血清蛋白（BSA）与琥珀酸酐在 2∶1、1∶1 的比例下反应，分别得到赖氨酸残基中的氨基酰化程度为 50%和 82%的酰化牛血清蛋白 S_{50}、S_{82}，分析表明，由于极性基团琥珀酰基的引入，明显地改善了牛血清蛋白的表面疏水性（无论天然蛋白分子或变性蛋白分子），测定结果见表 15.4。同时，蛋白质分子的构象也发生变化（表 15.5），可以观察到酰化处理带来的螺旋结构的明显减少与折叠结构的显著增加。相比于 BSA 的超滤处理，它也能导致蛋白质结构中的螺旋结构向折叠结构的转变，但却无法改变其缠绕结构比例。只有在强烈的酰化处理时，才能够严重地影响牛血清蛋白的分子结构，从而导致其结构的极大变化，如 S_{82} 中的缠绕结构、折叠结构就大幅度增加，而螺旋结构则大幅度减少（Nakai and Modler，1996）。

表 15.4　天然 BSA 与琥珀酰化牛血清蛋白的疏水性（相对萤光强度法测定）

蛋白质	20 mg/L SDS	加热变性	
		不加 SDS	加 SDS
天然的 BSA	1758	1981	1255
酰化的 S_{50}	1023	1381	358
酰化的 S_{82}	699	830	267

表 15.5　天然 BSA 与琥珀酰化牛血清蛋白的构象变化-圆二色谱评价

蛋白质	百分率/%		
	螺旋	折叠	缠绕
天然的 BSA	64.64	7.73	27.63
超滤处理的 BSA（UF-BSA）	54.30	17.97	27.73
酰化的 S_{50}	54.26	19.86	25.88
酰化的 S_{82}	31.51	30.26	38.22

牛血清蛋白以及它的琥珀酸酰化产物的泡沫性质（起泡、稳定性）均较差，表明了修饰处理所产生的改进作用不大，见图 15.2。不过，有未反应的琥珀酸酐存在，则这些性质又很大程度地被改善，不过这可能没有什么实用意义。

对大豆分离蛋白进行酰化修饰，发现修饰对大豆蛋白的水合性质产生影响。酰化修饰明显地提高了大豆蛋白的溶解性，持水性和黏度也得到提高，并且琥珀酰化修饰的效果要好于乙酰化修饰的效果。

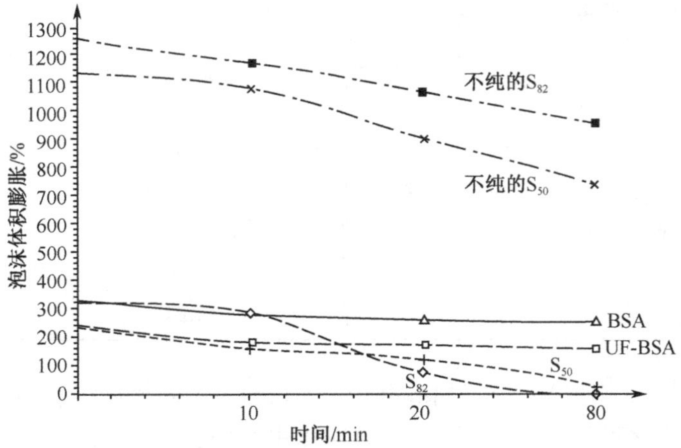

图 15.2 不同酰化处理的牛血清蛋白的泡沫性质

图中各符号意义见表 15.5

酰化修饰乳蛋白，显示出静电相互作用在乳蛋白形成凝胶时的重要性。乳蛋白的琥珀酰化处理，影响凝乳酶凝乳时间和凝块变坚硬的速率。一些人已把这种影响归因于酶凝过程初始阶段（κ-酪蛋白水解）的速率受损，表现为酪蛋白巨肽的释放变慢。其他人则认为，琥珀酰化修饰后，通过增加静电斥力，影响第二阶段的蛋白质缔合、聚集作用。酰化作用也可以影响酪蛋白胶束，主要表现是钙和磷酸盐从胶束中的溶出增加，这样，酪蛋白的溶解性增加，进而影响酪蛋白在胶束和乳清相间的平衡，以及许多功能性质（如胶凝、乳化作用）。另外，乳清蛋白的酰化修饰，在提高乳化性质、泡沫性质的同时，还可以降低它发生美拉德反应的速率（Nakai and Modler，1996）。β-酪蛋白 A 用不同脂肪酸先处理后，对其缔合程度的影响情况见表 15.6。

表 15.6 酰化 β-酪蛋白 A 的缔合

蛋白质	取代度	单聚体/%	多聚体/%	$S^{0}_{20,w}$(S·10^{13})	$S^{1\%}_{20,w}$(S·10^{13})
β-酪蛋白 A	0	11	89	12.6	6.3
乙酰 β-酪蛋白 A	96	41	59	4.8	4.7
丙酰 β-酪蛋白 A	97	24	76	10.5	5.4
丁酰 β-酪蛋白 A	80	8	92	8.9	8.3
己酰 β-酪蛋白 A	85	0	100	7.6	11.6
辛酰 β-酪蛋白 A	89	0	100	6.6	7.0
癸酰 β-酪蛋白 A	83	0	100	5.0	6.5

燕麦蛋白经过酰化处理后，它的功能性质得到明显的改善，尤其是在它的乳化性质方面。另外，由于引进了一个离子基团，琥珀酰化燕麦蛋白的极性得以增加，所以它的水结合能力大幅度地增加，如表 15.7 所示。

表 15.7 酰化燕麦蛋白的功能性质比较

蛋白质	乳化活性指数/(m^2/g)	乳化稳定性/%	持水力	脂肪结合力	堆积密度/(g/mL)
燕麦蛋白	32.3	24.6	1.8～2.0	127.2	0.45
乙酰化燕麦蛋白	40.2	31.0	2.0～2.2	166.4	0.50
琥珀酰化燕麦蛋白	44.2	33.9	3.2～3.4	141.9	0.52

对牛血清蛋白、卵蛋白、鱼肌肉蛋白的琥珀酸酰化修饰处理，使得加热后这三种蛋白质不再形成凝胶，其主要原因有两方面：①由于修饰后的蛋白质增加了分子间的静电排斥力，从而抑制了凝胶的形成，这一点可以通过加入二价的钙离子形成盐桥，以帮助琥珀酸酰化牛血清蛋白形成凝胶来证明。②琥珀酸酰基的引入降低了蛋白质分子的疏水性，也降低了蛋白质的胶凝能力。最终结果使得蛋白质的无序结构增加（热致凝胶中的折叠结构增加），胶凝能力降低（Nakai and Modler，1996）。

要注意的是，不是所有的蛋白质进行酰化修饰后均能够提高它的功能性质，例如，卵白蛋白的修饰就对功能性质的改变不大，还有上述实例中的牛血清蛋白。此外，有研究表明，蛋白质琥珀酰化程度的提高，干扰蛋白质利用的生物作用，不利于动物的消化和吸收。

15.1.2　蛋白质的烷基化修饰

蛋白质的烷基化修饰，一个途径是通过对蛋白质中氨基酸的巯基、氨基的反应来达到。利用碘乙酸或碘乙酰胺的反应，可以在蛋白质分子中引入带负电荷的基团，同时消除赖氨酸残基上的正电荷（图 15.3）。与碘乙酸反应产生的修饰，减少了蛋白质分子中的正电荷，相对地增加了负电荷，导致蛋白质的伸展，影响蛋白质的 pH-溶解性模式。而与碘乙酰胺的反应，使得蛋白质分子中负电荷数量不变。烷基化修饰的另外一个结果就是，对巯基的烷基化封闭了巯基，导致蛋白质不能再发生巯基氧化反应以形成二硫键。因此，由二硫键形成而产生的蛋白质聚合反应不能再发生。

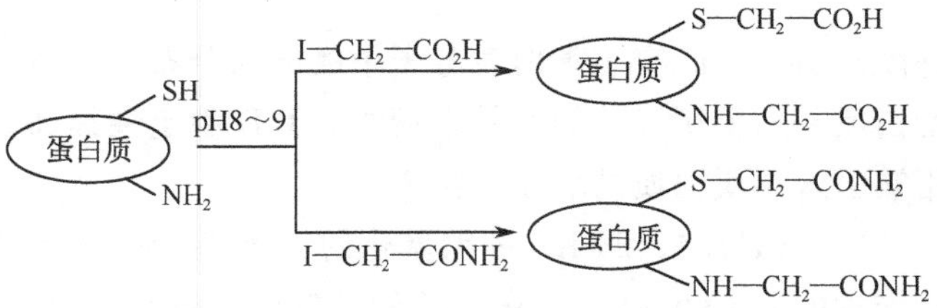

图 15.3　蛋白质的烷基化修饰反应

在还原剂存在下，蛋白质的氨基同醛、酮之间发生的缩合反应，形成的希夫碱被还原从而生成烷基化修饰产物，还原剂可以使用 $NaBH_4$、$NaCNBH_3$，反应一般被称之为还原烷基化（图 15.4）。由于反应是对赖氨酸 ε-氨基的封闭，修饰的结果可以抑制美拉德反应的进行。如果使用还原糖（如醛糖）进行蛋白质的修饰，则发生还原糖基化，导致蛋白质的亲水性将显著增加。由于糖蛋白具有优良的乳化性质和发泡性质（如卵白蛋白），所以蛋白质的还原糖基化反应将能够改进蛋白质的界面性质与稳定性。

图 15.4　蛋白质的还原糖基化反应修饰

经过还原糖基化修饰后，蛋白质的功能性质变化与所利用醛、酮有关。如果使用脂肪醛、脂肪酮进行修饰，则由于引入了碳链，可增加蛋白质的疏水性。修饰蛋白质的疏水性增加程度，取决于脂肪链的长度。

最近，大量研究的兴趣主要在使用糖基化作用来修饰蛋白质上。其原因在于，这是一个食品中自然发生的反应（美拉德反应的早期反应）。与其他使用的化学修饰技术相比，糖基化修饰蛋白质被看做是一个富有吸引力的蛋白质修饰技术。在蛋白质的糖基化修饰时，需要通过控制所用碳水化合物和蛋白质的类型、反应条件等因素，以优化修饰蛋白的功能性质，同时尽量减少美拉德反应褐变产物的生成，以及其他不希望产物的形成。许多研究结果已经确认了蛋白质和糖或碳水化合物的类型、反应物的量和反应条件对蛋白质功能性质的影响行为。

1. 对溶解性和热稳定性的影响

将还原糖或带有还原末端的碳水化合物接到蛋白质的游离氨基，造成蛋白质分子中正电荷损失。这导致蛋白质的溶解性-pH 模式改变。所有类型的糖基化蛋白，在等电点 pH 时的溶解性均有提高，并且溶解性改善取决于糖基的类型和相对分子质量，相对分子质量越大，糖基化蛋白的溶解能力也越大。

在低水分的条件下用麦芽糊精结合酪蛋白，修饰后的酪蛋白在低 pH 时的溶解性提高。用糖（阿拉伯糖、半乳糖、葡萄糖、乳糖、鼠李糖或乳糖等）在 60℃条件下修饰 β-乳球蛋白（水性体系、pH7.2、72 h、缺氧条件），与未反应的蛋白质相比，糖化的蛋白质在酸性 pH 条件更易溶解，在 pH 5 时对热处理更稳定。

2. 对表面性质的影响

单糖或多糖基团的引入，改变了蛋白质分子中的电荷分布，这对蛋白质的乳化和溶解性有影响。当蛋白质分子上所连接的糖是多糖时，其使稳定性提高更有优势，因为多糖的空间稳定作用被引入到蛋白质的表面活性上。

在水性体系（37℃、pH7.4、24 h）中糖基化的 β-酪蛋白，其乳化能力和稳定性得到改善。糖基化修饰过的 β-酪蛋白，具有更好的溶解性，糖蛋白能够在油滴周围形成较厚的吸附层，因此乳化稳定得到提高。同时，有研究发现，使用不同的还原糖，导致糖蛋白结构不同，或糖基化作用的位点不同，糖基化产物乳化性质和起泡性质改善程度不同。

3. 对黏度和胶凝作用的影响

蛋白质的糖基化修饰，对蛋白质功能性质的影响还包括增加其溶液的黏度，改善蛋白质的胶凝性能。例如，用菊粉和还原糖修饰酪蛋白后，得到的产物比未修饰的酪蛋白黏度更高。用还原糖（核糖和葡萄糖）修饰酪蛋白时，可以得到更高的黏度，但伴有过度的褐变反应。但是，联合使用菊粉和果糖来进行糖基化反应，可显著地增加黏度而不发生过度褐变。

蛋白质进行糖基化修饰后，加热诱导产生凝胶所需的蛋白质浓度显著下降，并且在温度高于 100℃时，所形成的凝胶有较低的脱水收缩能力（保水性增强），并呈现棕色。美拉德反应在这里有两个作用：高温条件中反应产生的酸性副产物使体系的 pH 下降，而在蛋白质的等电点 pH 附近，形成凝胶所需要的蛋白质浓度最低；同时，反应降低了蛋白质的溶解性，也发生蛋白质分子之间的交联反应，新形成的交联作用改变了凝胶的性质。所以，蛋白质的糖基化反应可以改善蛋白质的胶凝性质。

15.1.3　蛋白质的磷酸化修饰

蛋白质的磷酸化修饰，是指无机磷酸与蛋白质中特定的氨基酸残基上的氧原子连接形成新的化学键（O—Pi），或者是与特定的氨基酸残基上的氮原子连接形成新的化学键（N—Pi）。丝氨酸、苏氨酸、酪氨酸上的—OH，赖氨酸的 ε-氨基、组氨酸和精氨酸的亚氨基是发生磷酸化反应的位点。对食品蛋白质的磷酸化修饰，反应是以前一个位点为主。常用的磷酸化试剂有三氯氧磷、五氧化二磷和多聚磷酸钠等。虽然牛乳中的一些酪蛋白天然地结合磷酸，并赋予酪蛋白一些独特性质。但是，大多数的食品蛋白质并不结合磷酸，所以蛋白质的磷酸化作用可以赋予这些蛋白质以新的功能性质。蛋白质的磷酸化修饰甚至可以导致蛋白质的交联反应，尤其是在高的蛋白质浓度下。蛋白质磷酸化修饰时可能发生的反应如图 15.5 所示。蛋白质的磷酸化修饰对蛋白质的消化无显著影响。

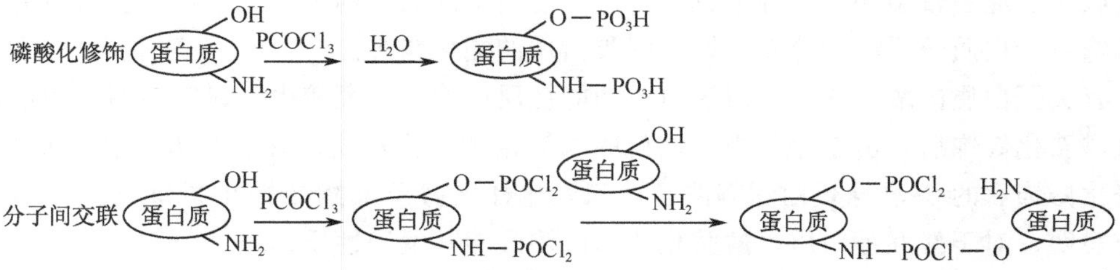

图 15.5　蛋白质磷酸化修饰时的可能反应方式

研究表明，对蛋白质的磷酸化作用能改善蛋白质的许多功能性质，如使用三氯氧磷进行磷酸化修饰，可提高酪蛋白、乳清蛋白、大豆蛋白的凝胶形成能力，而用多聚磷酸钠进行修饰，可增加大豆蛋白在酸性条件下的溶解性能和乳化能力。用三氯氧磷磷酸化酪蛋白，修饰后蛋白质对结合磷的量更高，达到 9～12.5 mmol P/mmol 酪蛋白。

在焦磷酸盐存在时，通过干热处理磷酸化乳清分离蛋白，结果磷酸化修饰提高了乳清蛋白在 pH 7 时的热稳定性；同时，与未处理的乳清分离蛋白凝胶相比，修饰蛋白所形成的凝胶质地更坚硬、更有弹性，并具有较好的持水能力。

整体上看，由于引进了带负电荷的磷酸基，或者同时减少了带正电荷的赖氨酸 ε-氨基，提高了蛋白质分子间的静电排斥力，改变了蛋白质的分子构象，提高了蛋白质的溶解性能，并且，磷酸化修饰蛋白质的等电点向更低的 pH 范围移动，所以扩展了蛋白质在食品体系中的应用范围。此外，磷酸化修饰分散性更好，利于蛋白质的表面性质发挥，例如，导致蛋白质吸附在乳化液界面后液滴静电排斥力的增加，有利于乳化稳定性的增加。

15.1.4　其他的修饰技术

1. 酯化

对蛋白质分子中的羧基进行修饰使其酯化，例如，在 0.1 mol/L 盐酸存在下的甲醇、乙醇酯化，可以对蛋白质分子中的带负电荷的羧基进行封闭，使得正电荷相对增加，修饰后的蛋白质的等电点向高 pH 移动。酯化修饰后的蛋白质分子构象发生变化，因而影响了蛋白质的功能性质，已经有一些蛋白质酯化修饰后的构-效关系被研究，包括牛血清蛋白、溶菌酶等。

β-乳球蛋白经过酯化修饰后可以降低其在界面上的张力，尤其是乙酯化的β-乳球蛋白在油-水界面呈现良好的吸附和乳化稳定性。同时还发现β-乳球蛋白酯化后与酪蛋白胶束存在强烈的相互作用，这种作用可以用于形成干酪状的结构。

由于酯化反应发生在酸性氨基酸中，如谷氨酸、天冬氨酸，而这些氨基酸是营养学上的非必需氨基酸，所以酯化修饰不会对修饰蛋白的营养价值产生太大影响。研究结果表明，甲酯、乙酯化的β-乳球蛋白的胰蛋白酶水解速率大于未修饰的β-乳球蛋白，显然是由于分子内正电荷相对增加导致分子伸展的结果。但是，酯化β-乳球蛋白的肽水解速率却降低了。

2. 酰胺化

蛋白质分子中的谷氨酸、天冬氨酸的羧基，通过与一些亲核试剂的作用，从而转化为酰胺。反应在较温和的条件下进行，可以使用不同的试剂和反应条件。蛋白质的酰胺化修饰对蛋白质分子电荷分布的影响同蛋白质的酯化修饰。

有关蛋白质的酰胺化修饰对蛋白质功能性质影响的研究较少。研究表明，卵白蛋白经过酰胺化修饰后，由于分子中正电荷的相对增加，蛋白质的热诱导胶凝作用被延迟。酰胺化修饰后的β-乳球蛋白，其溶解性和乳化性质劣于未修饰的β-乳球蛋白。但也有研究表明，对于酸性蛋白质，酰胺化修饰能够改善其发泡性质。

3. 脱酰胺

蛋白质的脱酰胺修饰是指通过水解，将蛋白质分子中的谷酰胺、天冬酰胺转化为谷氨酸、天冬氨酸。由于分子中净负电荷的增加，所以对蛋白质的功能性质产生影响。虽然脱酰胺修饰属于蛋白质的侧链修饰，但是从蛋白质的水解反应的角度来看，它也属于蛋白质的限制性水解。故此，这部分内容将在以下的部分中介绍。

15.2 限制性水解修饰

通常意义上的蛋白质水解，是指蛋白质在酸、碱或酶催化水解时，肽键发生断裂，蛋白质分子逐步降解为肽类分子的过程。蛋白质的水解过程，要经过一系列中间产物，最终的生成物是氨基酸，中间产物主要是不同链长度的肽分子。

蛋白质⟶大肽⟶小肽⟶二肽⟶氨基酸

蛋白质的过度水解将对其许多有用的功能性质产生破坏作用，只是对其溶解性质有所改善，同时还可能存在一些技术问题或副作用，例如，酸碱催化的蛋白质水解破坏一些氨基酸，所以使用酶技术就具有优势。基于食品加工对蛋白质功能性质的需要，人们寻找以一种可控制的方式对蛋白质进行水解，控制蛋白质分子的水解程度，以达到改善蛋白质的重要功能性质的目的，这就是限制性水解。蛋白质的限制性水解在食品加工的应用很多，包括第 14 章介绍过的干酪生产、肉质嫩化等。其他蛋白质的限制性水解，包括对蛋白质侧链基团的限制性水解，均能够通过改变蛋白质分子的结构、构象等，达到改善其功能性质的目的。

15.2.1　侧链的限制性水解

蛋白质分子中能够发生水解反应的侧链氨基酸残基，只有谷氨酰胺、天冬酰胺残基。二者的水解仅为酰胺基的反应，不会破坏蛋白质分子的肽链结构，所以也属于蛋白质的限制性水解。由于酰胺基转化为羧基，增加了蛋白质分子中的净负电荷数，改善了蛋白质的功能性质。这种修饰技术对于植物源蛋白质的修饰尤为重要，因为它们富含谷氨酰胺、天冬酰胺残基。

谷氨酰胺、天冬酰胺的水解既可以采用经典的化学技术，也可以使用酶技术。脱酰胺化改性作用不仅能改善蛋白质的功能性质，还能增加蛋白质对钙离子的结合能力。

1. 化学脱酰胺

谷氨酰胺、天冬酰胺残基在酸、碱条件下可以水解转化为谷氨酸、天冬氨酸，不仅反应是非专一性的，同时可发生蛋白质肽键的水解。天冬酰胺发生水解反应的速率要大于谷氨酰胺的水解反应速率，而二者的水解速率同时还与它们在肽链中的位置、蛋白质的构象等条件有关。

为了减少蛋白质肽链的水解程度，尽量发生谷氨酰胺、天冬酰胺残基的水解反应，一般采用强酸性离子交换树脂（磺酸盐）或者是磷酸盐、碳酸氢盐作为催化剂。对于植物源蛋白质，这样的处理可以产生 40%以上的脱酰胺作用，但是只有 1%～4%的肽键水解。修饰后的蛋白质与未处理的蛋白质相比，在溶解性、水结合能力、泡沫膨胀、乳化能力、乳浊液黏度等方面均有改善和提高。

对谷蛋白的脱酰胺修饰可能是改进蛋白功能性应用最显著的实例，脱酰胺后的谷蛋白可以在低 pH 下分散，分散性取决于谷蛋白的脱酰胺程度，并可应用于酸性饮料中。在 121℃下处理谷蛋白（0.02 mol/L HCl 溶液 30 min，或 0.05 mol/L HCl 溶液 15 min），修饰后的蛋白质具有良好的乳化性能，溶解性质的改善既源于氨基酸残基的转化，也源于部分肽键的水解、分子的降解。用 0.02～0.1 mol/L HCl 溶液对谷蛋白脱酰胺后，能够减少面团的延伸性和面包体积。

脱酰胺处理显著地改变了谷蛋白的分子结构。当谷蛋白的脱酰胺程度达到 40%时，谷蛋白分子中的螺旋结构从 30%减少至 10%。同时，谷蛋白的表面疏水性随着脱酰胺程度的增加而增加，乳化活性和乳化稳定性也随之增加，但是，表面张力随脱酰胺程度的增加而减少。一般，产生 10%～20%的脱酰胺程度，就能够充分满足谷蛋白改善其界面性质（乳化、发泡）所需的条件，所产生的乳化系、泡沫，具有与同牛血清蛋白、大豆蛋白等相同的稳定性。

2. 酶法脱酰胺

蛋白质侧链的脱酰胺修饰也可以采用酶法，它可避免酸碱脱酰胺时发生的肽键水解反应。使用某些蛋白酶也可以获得脱酰胺的作用，但是，很自然地也会存在蛋白质的肽键水解反应。例如，胰凝乳蛋白酶、无花果蛋白酶，在 pH 10、20℃条件下对卵白蛋白、溶菌酶进行处理，可以脱去20%的酰胺，但又有0～8%的肽键被水解。如果是在相同的条件下对大豆蛋白、谷蛋白进行处理，这些蛋白质的水解程度更大。使用固定化蛋白酶也可以对蛋白质进行脱酰胺处理。

但是，蛋白质的酶法脱酰胺存在许多问题，一个问题就是游离氨产生的风味问题，另一个就是蛋白质的水解问题。酶法脱酰胺不适用于大豆蛋白。相比于化学脱酰胺，酶法脱酰胺还存在一些未解决的问题。

曾经从土壤细菌中分离出谷酰胺氨基水解酶，其能对蛋白质分子内或小肽分子羧基端的谷氨酰胺进行脱氨。谷氨酰胺氨基水解酶对天然动植物蛋白的脱氨作用很弱，但是，对蛋白质水解物的脱氨作用很强，例如，大豆蛋白、酪蛋白、乳白蛋白、卵白蛋白、谷蛋白、玉米蛋白的水解物。酶脱氨处理之前进行热处理，或者是热处理结合水解处理，显示了对蛋白质脱氨的促进作用。利用谷酰胺氨基水解酶对蛋白质进行修饰处理后，可以改善蛋白质在pH 4～7时的溶解性，提高其乳化性质、发泡能力，但是对泡沫稳定性没有太大作用。

此外，也从发芽的小麦粒中分离出来对酰胺基有脱氨作用的蛋白脱酰胺酶，它对大豆蛋白具有最高的脱酰胺活性（Vaintraub et al.，1992），如表15.8数据所示。与谷酰胺氨基水解酶不同的是，它对天然蛋白质也有高活性，所以其应用具有更大的优势。

表15.8 发芽小麦粒中的蛋白脱酰胺酶活性

蛋白质底物	相对活性/%	蛋白质底物	相对活性/%
大豆球蛋白	100	麦谷蛋白	48
大豆7S蛋白	90	菜豆红血球凝聚素	35
大豆11S蛋白	47	谷氨酰胺	25
菜豆7S蛋白	90	溶菌酶	13
南瓜11S蛋白	67	血红蛋白（马）	9

此外，转谷氨酰胺酶也可以催化蛋白质中谷酰胺的脱酰胺。在没有可利用的氨基，或者氨基被封闭的情况下，不能发生交联反应，水分子替代氨基参加反应而发生谷酰胺的水解反应。

15.2.2 肽链的限制性水解

影响蛋白质功能性的主要因素有：①蛋白质的本质，包括蛋白质氨基酸组成、分子大小、构象/构型、电荷分布、表面疏水性、分子的柔韧性和刚性；②蛋白质所处体系的性质，包括温度、pH、离子的种类和强度、脂类、糖类、食品添加剂等；③蛋白质分子内和分子间的相互作用。在这里，蛋白质的本质是最重要的因素。

蛋白质肽链的水解，是对蛋白质分子的一级结构进行的修饰，从而改变蛋白质的诸多功能性质。可以采用酸碱作用下的肽链水解，也可以采用蛋白酶作用下的水解。蛋白质肽链的酶修饰，是利用酶的作用使蛋白质分子内的肽键裂解，导致蛋白质分子空间结构变化而造成理化性质改变。蛋白质酶修饰与化学修饰相比，具有条件温和、效率高、不破坏氨基酸结构、不产生有害物质的优点。由于蛋白质深度水解的产物是小肽和游离氨基酸，所以除有效地提高了蛋白质的溶解性质外，其他的功能性质都被严重破坏，例如，由于所产生的肽分子片段过短，没有足够的链长度来构成空间网状结构，导致胶凝性丧失。目前，对蛋白质进行的酶水解修饰，广泛采用的是限制性水解修饰，即通过控制蛋白质降解程度，或选择特殊的作用位点来对蛋白质分子降解，而保留修饰蛋白质的重要功能性质。

1. 蛋白酶的特异性与修饰程度控制

在利用蛋白质酶的水解修饰中，蛋白酶是影响修饰蛋白功能性质的重要因素之一。由于不同蛋白酶的催化特异性不同，可以预料到对蛋白质结构的修饰结果不同，从而对修饰产物的功能性质产生不同的影响。常见的蛋白酶来源，以及催化蛋白质水解时，适宜的 pH、所裂解的化学键等特征如表 15.9 所示。

表 15.9　常见蛋白酶的种类和特性

来源	名称	类型	pH	主要裂解的化学键
动物	胃蛋白酶	天冬氨酸蛋白酶	1～4	芳香族羧基和氨基，Leu/Asp/ Glu 的羧基
	胰蛋白酶	丝氨酸蛋白酶	7～9	Lys / Arg 的羧基，特异性强
	胰凝乳蛋白酶	丝氨酸蛋白酶	8～9	Phe / Tyr / Trp 的羧基
	凝乳酶	天冬氨酸蛋白酶	3～6	特异性强
植物	木瓜蛋白酶	半胱氨酸蛋白酶	5～7	Lys / Arg / Phe 的羧基
	无花果蛋白酶	半胱氨酸蛋白酶	5～8	Phe / Tyr 的羧基，特异性较强
	菠萝蛋白酶	半胱氨酸蛋白酶	5～8	Lys / Arg / Phe / Tyr 的羧基
细菌	中性蛋白酶	金属蛋白酶	6～8	Leu / Phe 的氨基和其他
	枯草芽孢杆菌蛋白酶	丝氨酸蛋白酶	6～10	主要为疏水性氨基酸的羧基
	碱性蛋白酶（alcalase）	丝氨酸蛋白酶	6～10	主要为疏水性氨基酸的羧基
	esperase	丝氨酸蛋白酶	7～12	主要为疏水性氨基酸的羧基
	嗜热菌蛋白酶	金属蛋白酶	7～9	Ile / Leu / Val / Phe 的氨基
霉菌	霉菌蛋白酶	混合物	4～8	特异性差
	molsin	天冬氨酸蛋白酶	2.5～5	特异性差
	fromase	天冬氨酸蛋白酶	3～6	同凝乳酶

大豆分离蛋白利用中性蛋白酶（催化水解的特异性不强）和胰蛋白酶（催化水解的特异性较强）进行修饰，控制其水解度（DH）在1%～2%时，酶修饰大豆蛋白产物中肽分子的 SDS-PAGE 分析结果见图 15.6。

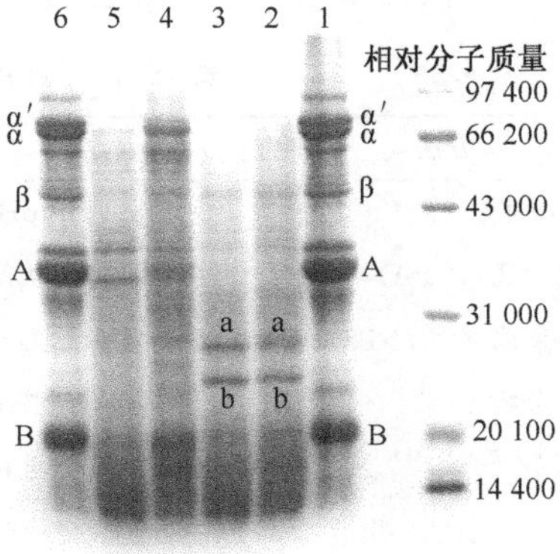

图 15.6　分离蛋白与水解修饰大豆分离蛋白的凝胶电泳图

1、6 为大豆分离蛋白；2、3 分别为 DH＝1%、DH＝2%中性蛋白酶修饰大豆分离蛋白；4、5 分别为 DH＝1%、DH＝2%胰蛋白酶修饰大豆分离蛋白从电泳分析结果可以看出：

(1) 所有的酶修饰大豆蛋白中均有许多低相对分子质量的肽片段存在，通常其分子质量小于 20 kDa，可以预计修饰后的大豆蛋白溶解性提高。

(2) 在中性蛋白酶的作用下，大豆蛋白的α亚基、α′亚基和β亚基都基本被水解，且在水解度 2%的产品，其水解程度较水解度 1%的更彻底。对于 11S 组分，酶修饰后酸性亚基表现出明显被水解的情况，且同样随水解度增大，水解更彻底。酶修饰的大豆蛋白在低相对分子质量范围出现两个新的肽片段（a 和 b），大致的分子质量分别为 28.9 kDa 和 25.4 kDa，且在水解度 2%的产品中更多。

(3) 对于胰蛋白酶，它也同样作用于α亚基、α′亚基和β亚基。但仍有部分未被水解，尤其是水解度 1%的酶修饰大豆蛋白。对于 11S 蛋白，同样也有部分未被降解，并在水解度 1%时 11S 蛋白存在量更多。

(4) 与中性蛋白酶修饰大豆蛋白相比，胰蛋白酶修饰大豆蛋白在低相对分子质量范围没有新的肽片段生成，且在相对分子质量 31 000 以上有更多的蛋白质和肽片段分布。

所以，由于两种酶的催化特异性不同，在低水解程度下，大豆分离蛋白的酶解修饰模式存在差异。中性蛋白酶的催化作用位点较多，导致修饰大豆蛋白中 7S、11S 组分大多数被水解，肽组成多集中于低分子范围，即肽分子的片段较短。胰蛋白酶的催化作用位点仅是 Lys 和 Arg，修饰大豆蛋白保留了部分 7S、11S 组分，并且肽分子的片段较大。可以预料，这种酶修饰模式的差异，将导致被修饰大豆蛋白的功能性质不同。评价结果表明，不同水解度的酶修饰大豆蛋白的功能性质均发生了变化，并且变化程度与水解度有关；更重要的是，胰蛋白酶修饰大豆蛋白中大分子片段含量较多，虽然在溶解性方面相对较低，但是在保水、凝胶强度、乳化性等方面都优于中性蛋白酶修饰的大豆蛋白，证明了酶解模式与功能特性的变化存在内在关系。

蛋白质进行酶水解修饰后，修饰蛋白质的功能性质与蛋白质的水解程度密切相关，所以需要对水解程度进行控制，例如，以水解度为指标时，就需要控制蛋白质修饰产物的水解度在一定的范围内以获得良好的功能性质改善。

蛋白质水解度的评价方法有多个，其中恒 pH 技术是最常用的。不过恒 pH 技术也存在不足，例如，它限制了蛋白质水解修饰时的 pH 变化范围，加入酸碱时存在技术困难，较高水解度下存在的缓冲问题。此外，由于化学分析过程需要一定时间，所以不能及时地了解水解进程。故此，一些物理评价方法可能具有优势，如黏度法、渗透压测定。可用于蛋白质水解程度评价的一些物理、化学方法见表 15.10。

表 15.10　可用于评价蛋白质水解程度的方法

方法	原理
恒 pH 技术	水解过程中 pH 保持恒定，酸碱加入量与水解时 DH 增加直接相关
邻苯二甲醛（OPA）分析	蛋白质肽链水解新生成伯胺基，邻苯二甲醛与其反应形成可以荧光分析的化合物
三硝基苯磺酸（TNBS）分析	三硝基苯磺酸与伯胺基反应形成可以荧光分析的化合物
茚三酮分析	茚三酮与伯胺基反应形成可以分光光度分析的化合物
甲醛滴定	用甲醛滴定分析水解所新生成的胺基
三氯乙酸（TCA）指数	一定链长度的肽分子在 TCA 中沉淀，分析肽在 TCA 中的溶解量，它与 DH 相关

续表

方法	原理
渗透压	测定冰点的降低，它与 DH 的增加相关
黏度	水解过程中蛋白质分子体积减小，导致的黏度降低与 DH 相关
波美度（Brix）	折光率的增加与可溶性氮的增加相关
肽链长度	用 HPLC 分析水解后肽分子的链长度
可溶性氮	蛋白质水解过程中可溶性氮的增加与 DH 相关

所以，目前对蛋白质肽链的限制性水解修饰，是基于对被修饰蛋白的催化水解位点、水解程度的双重控制来进行的。

2. 蛋白质限制性酶水解与功能性变化

蛋白质的催化水解作用，造成蛋白质分子中肽键的裂解，这导致蛋白质相对分子质量降低，蛋白质失去了最初的结构和构象。通过酶裂解蛋白质分子中的相应作用位点，得到了疏水基团和亲水基团比例改变的一系列肽分子。肽键裂解对蛋白质产生的重要变化包括：

(1) 氨基、羧基含量增加；

(2) 相对分子质量降低；

(3) 球蛋白的结构破坏，内部疏水性基团暴露。

所有这些变化，最终将对蛋白质的功能性质产生重要影响（如表 15.11 所示的乳清蛋白浓缩物功能性变化）。营养学上的变化涉及蛋白质的消化性改变，致敏性降低。对于蛋白质的功能性质变化，水解修饰产生的变化结果涉及蛋白质的水合性质、溶解性、热稳定性质、胶凝性质、发泡性和乳化性质，变化的结果为一些功能性质的提高与降低。通过修饰处理对蛋白质重要功能性质加以明显改善，是目前蛋白质水解研究的一个重要方面。对蛋白质水解的最大兴趣，则是对生物活性肽的开发与生产。

表 15.11　乳清蛋白浓缩物的酶修饰与功能性质变化比较

蛋白质		蛋白质含量 /%	水吸附 /(mL/100 g)	乳化容量 /(g 油/g 蛋白质)	泡沫体系 /(mL/g)	泡沫稳定性 /(mL/g)
乳清蛋白浓缩物（WPC）		75.6	10.0	45	25	20
霉菌蛋白酶修饰 WPC	20 min	69.0	16.0	40	35	10
	40 min	70.2	24.5	36	35	5
	60 min	71.5	32.5	35	25	2
无花果蛋白酶修饰 WPC	20 min	70.3	18.0	38	30	10
	40 min	72.2	26.2	32	25	5
	60 min	74.6	34.0	30	20	2

1) 溶解性能

溶解性是蛋白质作为食品配料是的重要前提条件之一，不同来源的食品蛋白质的溶解性差别很大，同时还受到加工处理等的影响。当蛋白质进行水解修饰时，由于相对分子质量的降低和极性基团的增多，修饰蛋白的溶解度随 pH 的增加而增加（图 15.7）。虽然在修饰蛋白的溶解度-pH 关系中仍然存在最低溶解度，但是在 pI 时的溶解度，还是较未修饰蛋白增加（不过不会超过 100%）（Jung et al.，2005）。而在高水解程度修饰处理时，溶解度随 pH 的变化甚至不明显。另外一个明显的结果是，水解后修饰蛋白的 pH 要向高 pH 方向变化。

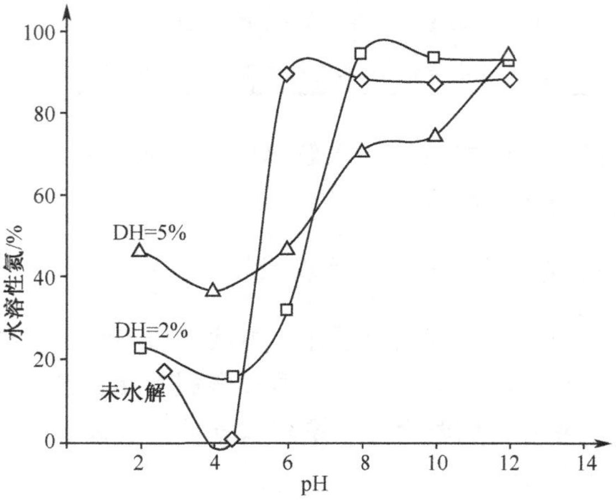

图 15.7　大豆伴白蛋白（7S）的酶催化水解对溶解性的影响

水解修饰对溶解度变化的影响程度，还取决于被修饰的蛋白质本身。例如，相比于大豆蛋白，谷蛋白在有限水解时就能够大幅度的提高其溶解性，DH＝10%的修饰谷蛋白在 pI 时的溶解度超过 90%。大豆分离蛋白进行水解修饰时，DH＝3%的修饰处理可以显著改善其溶解性，但对于大豆浓缩蛋白，相同的修饰程度却对溶解性影响不大。造成这种结果的原因可能是，大豆浓缩蛋白中存在大的不溶性蛋白粒子，在其部分水解后可溶于水；但是，正是这些可溶性的蛋白质或肽分子，同不溶性蛋白竞争与蛋白酶的结合，导致了蛋白酶活性的“浪费”，因为此时它们已经是以溶解状态存在了。

蛋白质水解修饰提高了它们在不同 pH 内的溶解性，使得它们在食品体系中的应用范围更广，所以在一般蛋白质不适用的食品中，如酸性饮料，尤其适用。

2）对表面性质的影响

蛋白质的水解修饰，对蛋白质的表面性质也产生影响（Ruiz-Henestrosa et al.，2007）。水解修饰对蛋白质表面性质的影响，取决于蛋白质的类型、修饰条件和修饰程度。球蛋白的限制性水解，导致埋藏在分子内部的疏水基团暴露，有助于提高蛋白质的表面疏水性（表 15.12），从而影响、改善蛋白质表面性质。为了得到好的表面性质，需要优化蛋白质的水解程度，这由所用的蛋白酶和所用的水解条件决定。水解修饰后的蛋白质与未修饰的完整蛋白质相比，由于相对分子质量较小、溶解性更高，它们能更迅速地扩散到界面来降低界面张力。然而，与完整蛋白质相比，肽在界面上形成的吸附膜的黏度较弱，这影响了乳浊液和泡沫的稳定性。这充分说明了蛋白质的乳化性质由两方面因素来共同决定：一是在界面吸附以降低界面张力形成乳浊液，二是形成黏性的吸附膜提供乳化稳定性。一般，较小的水解程度对蛋白质的表面性质有提高作用，而过大的水解程度导致肽分子太小，降低甚至破坏了修饰蛋白的表面性质。

表 15.12　大豆蛋白以及其中性蛋白酶酶修饰产物的表面疏水性变化

蛋白质	表面疏水性[a]		
	未水解	修饰的 DH=2%	修饰的 DH=4%
脱脂豆粉（正己烷提取）	136	116	105
浓缩蛋白	101	169	147
分离蛋白	76	118	122

a. 文献中未给出单位。

蛋白质的水解程度对修饰蛋白的乳化性质有着显著的影响（如图 15.8 所示的酶水解修饰大豆蛋白水解度与乳化容量的关系）。有研究发现，对于乳清蛋白，低水解度的乳清浓缩蛋白（4%～10%），其乳化能力受损，但如果水解度增加到 10%～27%时，又改善了乳化性质。然而，水解度的进一步增加，乳浊液稳定性和热稳定性又降低。一般来看，对于乳蛋白的水解修饰，为了便于分散系的形成，需要修饰蛋白快速扩散到水-油界面降低界面张力，需要有相当的疏水肽分子存在。为了稳定性，则需要水解修饰的乳清蛋白有足够数量的大于 3 kDa 的肽分子，对于水解修饰的酪蛋白，需要大于 7 kDa的肽分子。

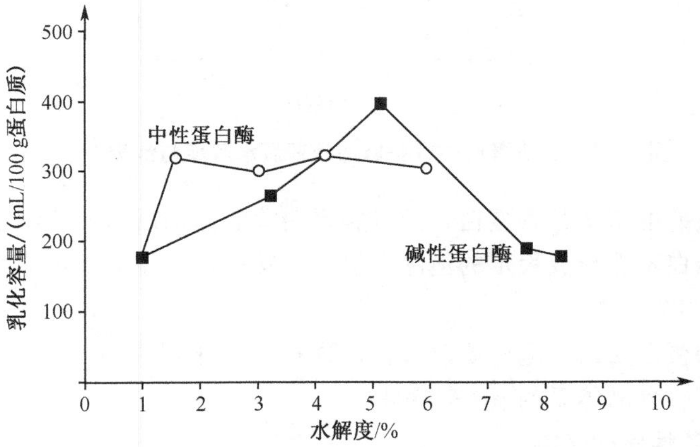

图 15.8　大豆蛋白的两种蛋白酶修饰处理时乳化容量的变化

不同的大豆蛋白原料，经过蛋白酶的修饰后其乳化性质的变化见表 15.13，整体上看，水解修饰的蛋白质的乳化性质均得到了改善。实际上，蛋白质酶水解修饰后，乳化性能的改善，取决于蛋白质本身、所使用的蛋白酶、蛋白质的水解度、食品体系的 pH 等因素。

表 15.13　大豆蛋白以及其酶修饰产物的乳化特性变化

蛋白质	乳化能力/(g 油/g 蛋白质)			乳化稳定性/min		
	未水解	中性蛋白酶修饰		未水解	中性蛋白酶修饰	
		DH=2%	DH=4%		DH=2%	DH=4%
脱脂豆粉（正己烷提取）	1054	497	485	61	241	254
浓缩蛋白	366	677	709	66	78	91
分离蛋白	344	725	820	62	87	99

蛋白质的水解修饰也能改善蛋白质的发泡性质。例如，对大豆蛋白，碱性蛋白酶的修饰处理可以提高发泡能力 12 倍，而中性蛋白酶的处理也能提高发泡能力 4 倍。最大发泡能力出现在 DH＝3％～4％（Molina Ortiz and Wargner，2002）。不过在有些研究中，发现修饰大豆蛋白的最大发泡能力出现在更高的水解度。这些差异可能是由于所使用的蛋白酶的不同而导致的。

图 15.9 显示了乳清蛋白进行水解修饰后发泡能力和泡沫稳定性的变化情况，从中可以看出二者随水解度的变化情况不同。修饰后，乳清蛋白的发泡能力随水解度增加有提高（水解度为 10％时的泡沫膨胀最大），然后逐步降低，而泡沫稳定性随水解度增加而逐步提高。这也说明影响蛋白质发泡能力和泡沫稳定性的分子机制是不同的。

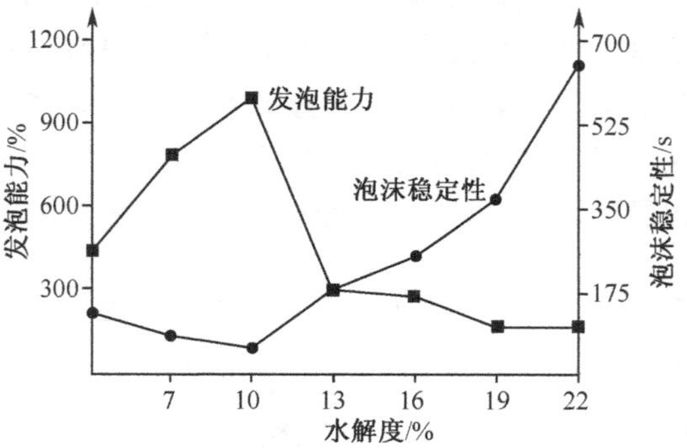

图 15.9　乳清蛋白的白酶修饰处理后水解度与泡沫性质变化

泡沫性质很差的玉米醇溶蛋白，经过胰蛋白酶的修饰后其泡沫稳定性得到改善。天然的玉米醇溶蛋白不能形成稳定的泡沫，但是水解产物却能够呈现泡沫稳定作用，尤其是在水解度为 1.87％时。

水解修饰的蛋白质的发泡性质改善，同样也取决于蛋白质本身、所使用的蛋白酶、蛋白质的水解度、食品体系的 pH 等因素。

3）对于凝胶性质的影响

对蛋白质分子进行裂解，水解修饰可显著地影响蛋白质的胶凝性质。一些蛋白质的适度水解处理可以导致其发生胶凝作用，例如，乳蛋白的凝乳酶水解和一些球蛋白的其他酶水解。用来自地衣芽孢杆菌的蛋白酶修饰乳清蛋白，结果可以导致未经热处理和经热处理的乳清蛋白产生胶凝。凝胶形成的机制是由于小相对分子质量的肽分子，通过非共价相互作用结合而产生。与完整的乳清蛋白一样，修饰后的乳清蛋白凝胶的性质也随 pH 的不同而变化，但这取决于乳清蛋白是否经过变性。

用三种不同的蛋白酶对乳清蛋白进行水解修饰，反应进行 4 h 后，评价修饰处理对热诱导凝胶的凝胶强度的影响作用，发现除地衣芽孢杆菌蛋白酶在中性 pH 能增加凝胶强度外（但是在其他 pH 下凝胶的强度很低），其他两种蛋白酶——胰蛋白酶和中性蛋白酶均明显地降低乳清蛋白凝胶的凝胶强度，甚至已经不能再形成凝胶（表 15.14）。这说明蛋白质经过水解修饰，肽链变短，整体上能妨碍凝胶网状结构的形成，所以，修饰蛋白的凝胶强度下降或不能再形成凝胶。但是，目前仍然不清楚肽分子在多短的链长度下还能形成凝胶结构。

表 15.14　乳清蛋白的酶修饰与热诱导凝胶的凝胶强度变化

pH	凝胶强度[a]			
	对照	胰蛋白酶修饰	中性蛋白酶修饰	地衣芽孢杆菌蛋白酶修饰
7.0	0.5	形成溶液	0.1	6.0
5.2	6.5	2.4	2.8	1.6
3.0	0.8	形成溶液	1.3	1.2

a. 凝胶强度单位文献中未给出。

对大豆分离蛋白和大豆浓缩蛋白进行限制性酶修饰，所得到的修饰产物的胶凝性质均受到严重的影响（Lamsal et al.，2007），这一点尤其是反映在其储能模量的变化上（表 15.15）。

表 15.15　大豆蛋白以及其菠萝蛋白酶修饰产物的胶凝性质（蛋白质浓度 10%，*m*/*m*）

蛋白质	水解度/%	胶凝温度/℃	储能模量（G'，kPa）	
			95℃加热	25℃冷却
分离蛋白	0	82.5	5.6	374
	2	—	0.08	5.4
	4	—	0.2	4.6
浓缩蛋白	0	80.6	36.6	176.3
	2	79.1	0.7	12.0
	4	85.2	0.7	6.1
脱脂豆粉	0	83.0	4.2	38.0
	2	79.5	0.9	6.0
	4	77.9	0.7	5.0

4）对黏度的影响

蛋白质的水解，降低了蛋白质的相对分子质量（这将减少蛋白质分子的表观体积），因此，在一般情况下降低了蛋白质所在体系的黏度大小。例如，明胶水解时，它的黏度随水解度的增加而降低。大豆蛋白用菠萝蛋白酶进行酶修饰，其溶液的表观黏度也是随着水解度的增加而降低（表 15.16）。不过，测定结果也显示，大豆蛋白水解至 DH＝3%以后，水解度的再增加也不会更进一步地降低其表观黏度。此外，碱性蛋白酶催化的修饰对黏度下降的影响作用最大，原因与此时的水解作用强、肽分子链长较短相关。这些结果均表明，蛋白质分子的体积对黏度产生的关键作用。

水解修饰对蛋白质黏度的影响行为，也有一些比较复杂的变化情况。对于溶解度很差的蛋白质如玉米谷蛋白，其限制性水解修饰却能够大大地提高其黏度。这种变化主要是由于溶解性能改善、蛋白质构象变化、蛋白质水合能力提高而产生的。对于动物肌肉蛋白的水解修饰，也存在不同的黏度变化情况。使用常见的三种蛋白酶（中性蛋白酶除外），较短的水解处理，可以导致黏度有显著的增加，而过长的水解处理则会导致黏度的降低（图 15.10）。这意味着溶解性能改善和水合能力提高决定了黏度变化行为，此类蛋白质完全可以通过控制水解程度来获得最好的增稠效果。

表 15.16　大豆蛋白以及其菠萝蛋白酶酶修饰产物的流变学行为（蛋白质浓度 10%，*m/m*）

蛋白质	水解度 DH/%	Power 定律参数		表观黏度/(Pa·s)	
		K(Pa·s^n)	n	10 s^{-1}	500 s^{-1}
分离蛋白	0	7.58	0.35	1.55	0.11
	2	0.03	0.88	0.03	0.02
	4	0.03	0.86	0.02	0.01
浓缩蛋白	0	4.92	0.50	1.54	0.22
	2	0.46	0.66	0.21	0.06
	4	0.40	0.66	0.18	0.05
脱脂豆粉	0	0.12	0.84	0.08	0.04
	2	0.02	0.93	0.02	0.01
	4	0.02	0.93	0.02	0.01

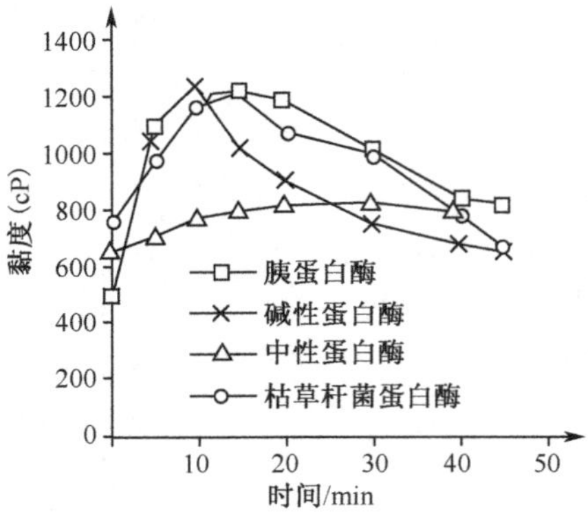

图 15.10　机械脱骨肉的 35℃酶水解修饰与黏度变化情况

由于明胶蛋白是一种同蛋白，所以其黏度表现与水解后得到的肽分子链长呈现直接相关，这对于生产食品加工用的商品明胶具有直接的意义。大豆蛋白由几种蛋白质组成，而玉米谷蛋白等的组成更加复杂，各种蛋白质的溶解性不同，因此较小水解度的水解修饰使溶解性能的改善、极性基团的增加，反而能够改善这些蛋白质的增稠能力。

用特异性较强的地衣芽孢杆菌蛋白酶，在 pH8.0 水解乳清蛋白浓缩物，其黏度的变化模式又有所不同。在低水解度时黏度增加很少，但是水解度再增加，黏度显著增加（尤其是在水解度达到 6%时），如图 15.11 所示。其中的原因与此时发生的转蛋白反应有关。转蛋白反应将在以后的部分中介绍。

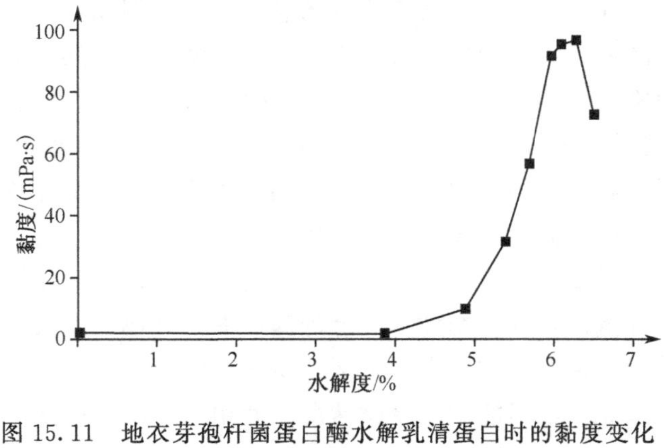

图 15.11　地衣芽孢杆菌蛋白酶水解乳清蛋白时的黏度变化

5）对其他方面的影响

在蛋白质的水解修饰时，随着蛋白质水解的进行、水解程度的增大，修饰蛋白质产物中不断有新的肽分子形成。水解所形成的肽分子相对分子质量，可以反映蛋白质的降解情况，这一点可以通过电泳、色谱分析而反映出，图 15.12 给出了大豆蛋白被一种中性蛋白酶水解修饰时，在水解度达到 2%、4%时，各蛋白亚基被降解的情况。相对分子质量相对较大的蛋白质亚基（条带 2、3、4、5），均能够被蛋白酶催化降解，生成分子质量为 30 kDa、25 kDa 和 11 kDa的肽分子，以及相对分子质量更小的其他肽分子；同时，水解度的增大导致了低相对分子质量的小肽分子增多，相对分子质量相对较大的电泳条带色泽变淡，而低相对分子质量的电泳条带色泽变深。这直接显示了蛋白质水解修饰时的水解度与肽分子分布的关系。蛋白质水解修饰后，所产生的肽分子的相对分子质量分布情况，可以通过更准确的分析技术，如 HPLC-MS 而得到更好的评价。

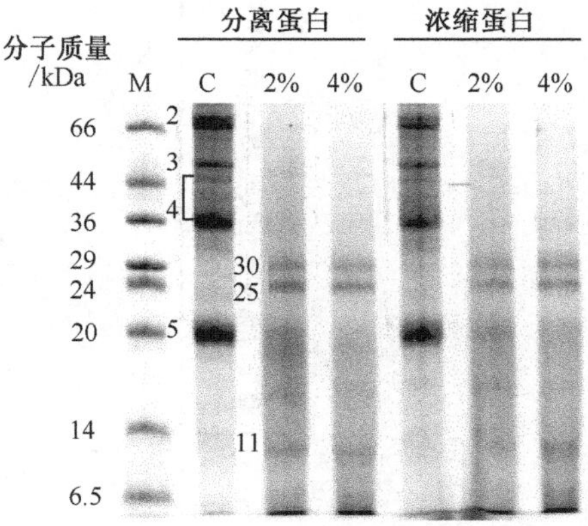

图 15.12　大豆蛋白分子被蛋白酶水解修饰模式的电泳分析结果

M. 标准蛋白；C. 未水解修饰的蛋白质

蛋白质的水解修饰时的分子降解，也导致了修饰蛋白质的渗透压增加。图 15.13 显示的是碱性蛋白酶水解大豆分离蛋白时，水解物的 pH 变化和摩尔渗透压浓度变化情况。该图也说明了利用摩尔渗透压评价蛋白质水解程度的可能性，因为摩尔渗透压浓度随时间的变化模式，与水解度随时间的变化模式相似。

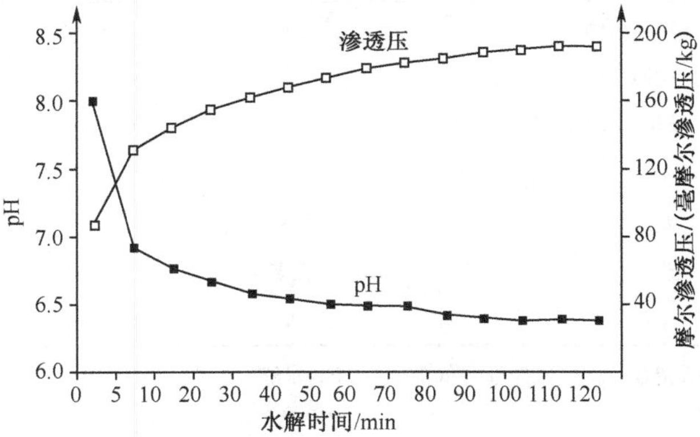

图 15.13　大豆蛋白的碱性蛋白酶水解时摩尔渗透压和 pH 的变化

虽然天然蛋白质的抗原性属于它的生物活性，并非是它的功能性质，但这里仍然简单地提及。一些食品蛋白质对人类具有抗原性，例如，牛乳中的乳蛋白，就可以导致食用者的过敏反应。通过水解处理可以有效地降低这些蛋白质的抗原性，对婴幼儿、高过敏人群提供了有益的安全保护。水解处理降低致敏性的生产实践已经应用了几十年。图 15.14 显示了酪蛋白水解处理后抗原性的丧失与水解度之间的关系。利用 ELISA 评价酪蛋白的抗原性，天然酪蛋白的活性单位为 10^6 μg/g 蛋白质，水解酪蛋白至水解度为 24%，水解蛋白的活性单位降低至 $10^{3.7}$ μg/g 蛋白质；水解酪蛋白至水解度为 55%，水解蛋白的活性单位降低至 $10^{2.7}$ μg/g 蛋白质；更进一步的水解不能显著的降低水解物的活性单位。

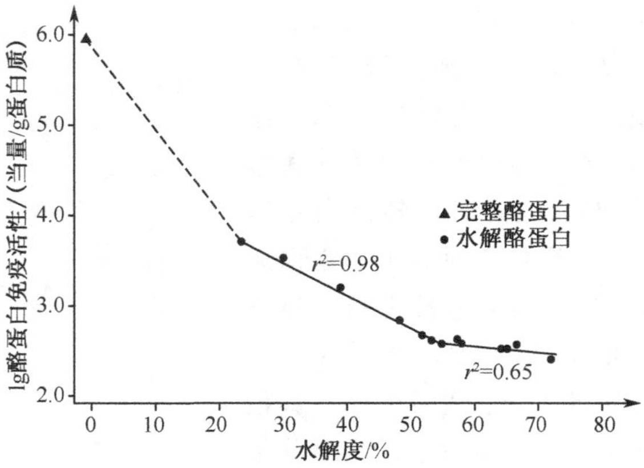

图 15.14　酪蛋白的水解修饰与水解度的关系

对乳清蛋白的水解修饰也明显地降低了其抗原性。分析结果表明，水解度对乳清蛋白的抗原性的变化不是唯一的重要因素，所使用的蛋白酶也是同样重要的因素（如表 15.17 所示 β-乳球蛋白的水解修饰结果）。间接竞争抑制 ELISA 分析结果表明，不同蛋白酶降低 β-乳球蛋白抗原性的效率明显不同，此结果与多方面有关，不在这里进行相关的讨论。

表 15.17　β-乳球蛋白的酶水解修饰对抗原性降低的影响程度

蛋白酶	水解特异性	修饰裂解的位点数	水解度/%	ARI = RF/DH
胰蛋白酶	Lys，Arg	6	13.8	362
地衣芽孢杆菌蛋白酶	Glu，Asp	15	3.5	143
胰凝乳蛋白酶	Phe，Tyr，Trp	3	4.7	19
木瓜蛋白酶	Arg，Lys，Phe，Gly	8	11.7	14
枯草杆菌蛋白酶 A	差	很多	8.2	12
碱性蛋白酶	差	很多	19.2	12
镰刀霉蛋白酶	Arg，(Lys)	6	9.1	2

注：ARI. 抗原性降低指数；RF. 抗原性降低倍数；DH. 水解度。

15.2.3　转蛋白反应

1. 机理与条件

转蛋白（plastein）反应（也有人称之为类蛋白反应）不是单一的反应，实际上它包括一系列反应。在转蛋白反应中，首先是蛋白质的酶水解，接着是蛋白酶催化下的蛋白质再合成反应。第一步反应在一般条件下进行，蛋白质分子水解为肽分子，第二个反应在高的底物浓度下进行，此时不是水分子进攻酶-肽片段，而是将由体系中存在的其他肽片段进攻，此时就变为蛋白质的合成反应。

$$E + A \underset{k_{-1}}{\overset{k_1}{\rightleftharpoons}} EA \xrightarrow{k_2} EP_1 + P_2 \xrightarrow[P_3]{k_3} P_3 - P_1 + P_2$$

E. 蛋白酶；A. 底物；EA. 酶-底物络合物；EP_1. 酶-产物；P_1、P_2. 水解产物肽片段；P_3. 进攻肽片段新生成的肽分子将与原来的肽分子在结构、性质等方面显著不同。转蛋白反应结果的特异现象就是会形成凝胶或蛋白质聚集物。

在转蛋白反应中，甚至可以通过加入氨基酸的方式，对蛋白质中的某种氨基酸进行强化（改变蛋白质的营养特性），如表 15.18 所示，可见随着含硫氨基酸的引入，大豆蛋白中氨基酸不平衡的问题将可以得到解决。转蛋白反应也可以通过高蛋白质浓度下蛋白酶催化处理，直接进行两步反应。

表 15.18　利用转谷氨酰胺酶的转蛋白反应对蛋白质中甲硫氨酸含量（g/100g）的影响

蛋白质	α_{s1}-酪蛋白	β-酪蛋白	大豆 7S 蛋白	大豆 11S 蛋白
对照	2.7	2.9	1.1	1.0
酶处理	5.4	4.4	2.6	3.5

表 15.19 显示了对一些蛋白质进行转蛋白反应的反应条件（Belitz and Gorsch，1999），尤其是底物浓度条件。不过也有研究结果显示，基于 TCA 评价，胃蛋白酶水解的大豆蛋白发生转蛋白反应的适宜底物浓度为 20%～30%。另外一点就是，发生转蛋白反应的 pH 通常与水解反应的 pH 不同，一般二者 pH 相差 2 个单位；但是木瓜蛋白酶是一个例外，它的水解反应、转蛋白反应适宜 pH 是相同的。

表 15.19　一些蛋白质的转蛋白反应条件

底物	水解反应条件		转蛋白反应条件		
	酶	时间/h	酶	pH	浓度/%
酪蛋白钠盐	胰蛋白酶	24	胰蛋白酶	5.0	25.5
	胃蛋白酶	14	胃蛋白酶	4.5	30～35
	胰凝乳蛋白酶	48	胰凝乳蛋白酶	4.5	30～35
	木瓜蛋白酶	48	木瓜蛋白酶	4.5	30～35
	胃蛋白酶	24	胃蛋白酶	4.5	40
酪蛋白	胃蛋白酶	24	胰凝乳蛋白酶	7.0	浓缩物
	胃蛋白酶	24	胃蛋白酶	6.0	35
乳清蛋白	胃蛋白酶	12	胰凝乳蛋白酶	7.0	35
	胃蛋白酶	24	木瓜蛋白酶	6.0	35
大豆蛋白	胃蛋白酶	24	胃蛋白酶	4.0	50
	胃蛋白酶	14	胃蛋白酶	6.5	浓缩物
	胃蛋白酶	24	胰凝乳蛋白酶	7.0	浓缩物
卵白蛋白	胃蛋白酶	168	胰凝乳蛋白酶	7.0	40
	胃蛋白酶	4～24	胰凝乳蛋白酶	5.0	40
	胃蛋白酶	4～24	胃蛋白酶	5.0	40
谷蛋白	胃蛋白酶	24	胰凝乳蛋白酶	7.0	浓缩物

在蛋白质分子上导入氨基酸时，转蛋白反应的反应速率与一些条件有关，尤其是氨基酸残基的本质。一般来讲，用氨基酸的酯向蛋白质上导入时，氨基酸残基的疏水性影响速率的大小（图 15.15）。疏水性低的氨基酸酯反应速率小，而具有长链的氨基酸的

酯反应速率较大，所以在导入丙氨酸时较困难。此外，氨基酸酯分子中醇基的长度也影响反应速率，整体上，长链的脂肪醇的反应较快，如表 15.20 所示（Belitz and Gorsch，1999）。

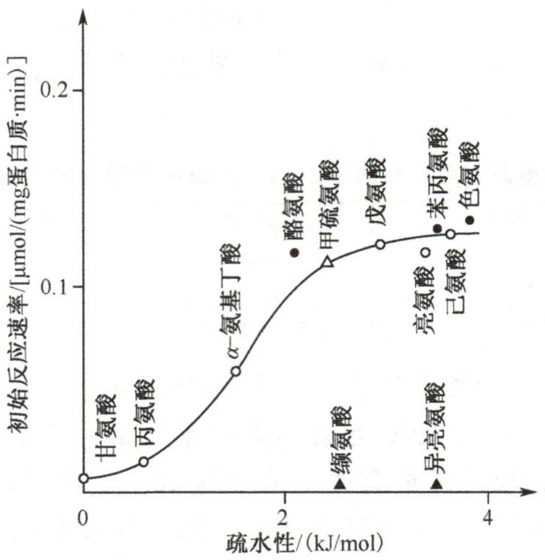

图 15.15　用木瓜蛋白酶进行转蛋白反应时氨基酸酯的导入速率与氨基酸侧链疏水性的关系

表 15.20　木瓜蛋白酶进行转蛋白反应时反应速率与氨基酸酯的关系

氨基酸酯	乙酯	正丁酯	正己酯	正辛酯
N-酰化-L-丙氨酸酯	0.016	0.054	0.133	0.5
N-酰化-L-缬氨酸酯	0.005	—	0.077	—
N-酰化-L-戊氨酸酯	0.122	—	0.155	—
N-酰化-L-亮氨酸酯	0.119	—	0.140	—
N-酰化-L-己氨酸酯	0125	—	0.149	—
N-酰化-L-异亮氨酸酯	0.005	—	0.048	—

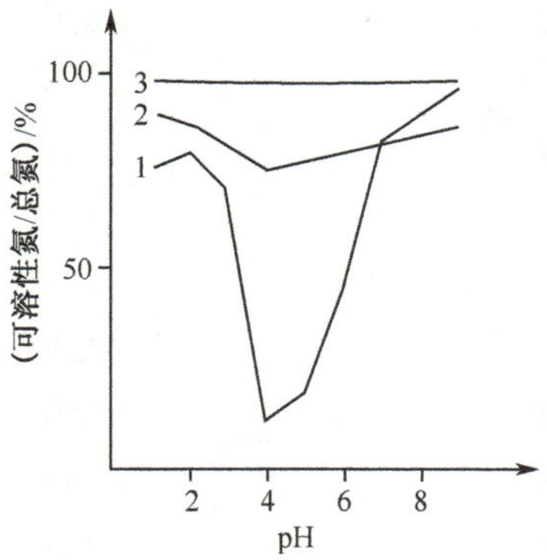

图 15.16　转蛋白反应对大豆蛋白溶解性的影响

1. 大豆蛋白，谷氨酸含量 24.1%；2. 转蛋白大豆蛋白，谷氨酸含量 24.8%；3. 转蛋白大豆蛋白，谷氨酸含量 41.98%

2. 其他方面的应用

除了可以改善蛋白质的营养价值外，可以利用转蛋白反应，在蛋白质分子上引入亲水氨基酸可以改进其溶解性能，例如，通过导入谷氨酸来提高蛋白质中的谷氨酸含量。大豆蛋白同 25% 的谷氨酸进行转蛋白反应，最终产物中谷氨酸的含量达到 41.98%，此时，产物的溶解性随 pH 的变化很小（图 15.16 曲线 3），同时，加热时溶解性随温度的变化也很小（即对热凝固有抗性），明显地区别于未修饰的大豆蛋白，就是最显著的例子。

另外一个有意思的方面是，通过转蛋白反应在蛋白质分子中导入谷氨酸以后，再进行限制性水解，水解产物不仅不产生苦味，反而能够产生明显的“肉味”（Belitz and Gorsch，1999），其风味特征如表 15.21 所示。

表 15.21　谷氨酸强化的蛋白质水解产物滋味

水解酶	pH	底物	水解程度/%	滋味	
				苦味	肉味
胃蛋白酶	1.5	加谷氨酸转蛋白产物	67	1.0	1.3
		转蛋白产物	73	4.5	1.0
α-胰凝乳蛋白酶	8.0	加谷氨酸转蛋白产物	48	1.0	1.0
		转蛋白产物	72	4.5	1.0
molsin	3.0	加谷氨酸转蛋白产物	66	1.0	5.0
		转蛋白产物	74	1.3	1.3
链霉蛋白酶	8.0	加谷氨酸转蛋白产物	66	1.0	4.3
		转蛋白产物	82	1.3	1.2

注：1. 水解程度定义为 10%TCA 氮与总氮之比；2. 滋味评分，1 为无味，5 为极强的滋味。

转蛋白反应的许多应用中，除上述外，还应用于蛋白质水解物的脱苦，即通过在苦味肽分子上连接另外的氨基酸或肽片段，来消除苦味，这里不再讨论。

转蛋白反应还存在其他方面的潜在应用，就是从蛋白质中除去不希望的某种氨基酸以满足特殊的需求，例如，用于无苯丙氨酸膳食。由于转蛋白产物在感官质量、渗透压等方面具有优势，因此在临床营养上有重要的应用价值。首先利用胃蛋白酶对蛋白质进行限制性水解，然后用链霉蛋白酶在适当的条件下进行处理，以释放出具有高疏水性的肽链；利用色谱技术分离，剩余的肽片段进行转蛋白反应，加入的底物是酪氨酸和色氨酸；最后生成的产物基本上不含苯丙氨酸，只有相当高的酪氨酸和色氨酸，整体上极性氨基酸的含量相对增加，疏水性氨基酸的含量相对降低，见表 15.22。具体的处理过程图 15.17。

表 15.22　鱼蛋白和大豆蛋白经加入酪氨酸转蛋白反应后的氨基酸组成

氨基酸	氨基酸含量/%			
	鱼蛋白	鱼蛋白转蛋白产物	大豆分离蛋白	大豆分离蛋白转蛋白产物
Arg	7.05	4.22	7.45	4.21
His	2.3	1.76	2.66	1.41
Ile	5.44	2.81	5.20	3.83
Leu	8.79	3.69	6.73	2.43
Lys	10.68	10.11	5.81	3.83
Thr	4.94	4.20	3.58	4.39
Trp	1.01	2.98	1.34	2.80
Val	5.88	3.81	4.97	3.24
Met	2.80	1.90	1.25	0.94
Cys	0.91	11	1.78	1.82
Phe	4.30	0.05	4.29	0.23
Tyr	3.94	7.82	3.34	7.96
Ala	6.27	4.82	4.08	2.56
Asp	11.13	13.67	11.51	18.00
Glu	17.14	27.17	16.94	33.56
Gly	4.42	3.94	4.88	3.89
Pro	3.80	4.25	6.27	2.11
Ser	4.59	3.58	5.45	4.67

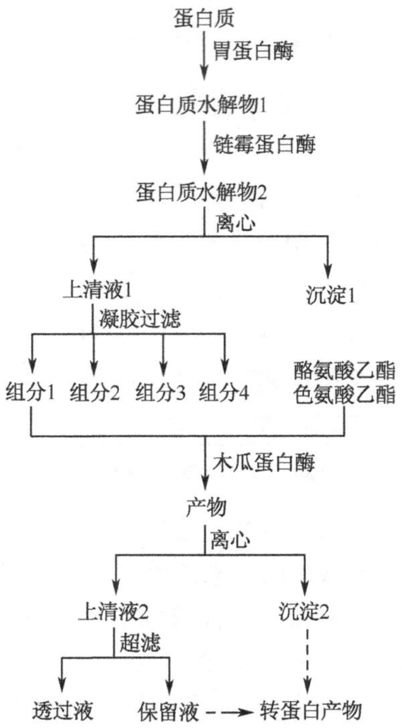

图 15.17 利用转蛋白反应生产高酪氨酸、低苯丙氨酸的转蛋白产物的方法示意图

15.2.4 蛋白质水解与生物活性肽

蛋白质除了具有基本的营养功能外，在它们结构中还含有重要的肽类编码，一旦通过相应的技术手段将这些肽分子从天然蛋白质中释放出来（通过酶解技术），就可以得到特定生理功能的生物活性肽，它们可以在机体内产生调节作用，所以生物活性肽的开发问题成为当前的一个热点。有关生物活性肽的生物活性的介绍不是本节的重点，这里只对重要的几类生物活性肽作简单介绍。

1. ACE 抑制肽

相关研究已证明在一系列食品蛋白质中存在天然的血管紧张素转换酶（angiotensin converting enzyme，ACE）抑制物，并从动物、植物蛋白的酶水解物中发现大量具有抑制 ACE 活性的肽分子，一般将它们称为降血压肽或 ACE 抑制肽，它们可以抑制血管紧张素转换酶的活性（Gobbetti et al.，2004）。

ACE 是机体内一种重要的升血压物质，它能将血管紧张素Ⅰ转换成血管紧张素Ⅱ，而血管紧张素Ⅱ是一种高效的升血压物质。一方面，它能使血管平滑肌收缩直接升高血压；另一面，可刺激肾上腺皮质释放醛固酮，增加血量，间接升高血压。同时，ACE 钝化舒缓激肽活性，可降低毛细血管通透性。分析发现，蛋白质结构中含有 ACE 抑制肽的编码，这些肽可以在肠胃消化蛋白质或通过酶水解的作用而被释放出来（Gobbetti et al.，2004）。图 15.18 给出了存在于 β-酪蛋白分子结构中的一些肽分子片段，已证明它们对 ACE 具有一定的抑制作用。

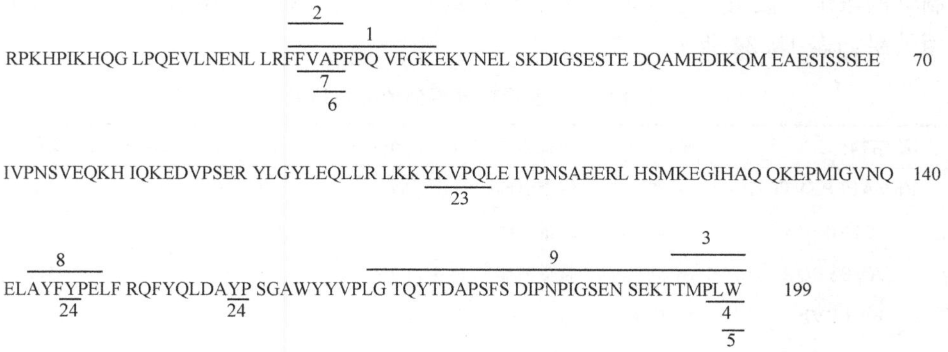

图 15.18　从 β-酪蛋白中可以衍生出的 ACE 抑制肽

此外，结合使用胃蛋白酶、胰蛋白酶、胰凝乳蛋白酶、弹性蛋白酶和羧肽酶，水解 α-乳清蛋白和 β-乳球蛋白片段，可产生具有不同 IC_{50} 值（ACE 活性被抑制为 50％时所需要的物质浓度）的 ACE 抑制肽。从白色念珠菌中分离的蛋白酶 K 可水解乳清蛋白，产生一种具有很强降血压作用的多肽，经高血压大鼠口服实验后，其作用效果强于使用胰蛋白酶、肌动蛋白酶 E、嗜热菌蛋白酶、木瓜蛋白酶或胰凝乳蛋白酶水解产生的降血压肽。

乳品加工中使用各种各样的细菌菌株中的蛋白酶，具有从乳蛋白中释放 ACE 抑制肽的能力，这些菌株中有一些经常被用于发酵乳制品的生产，如乳酸杆菌和瑞士乳杆菌等，体外实验证明，乳酸菌中的蛋白酶能够产生有效的 ACE 抑制肽（如表 15.23 所列出的一些生物活性肽）。例如，用保加利亚乳杆菌亚种和乳酸杆菌亚种发酵的酸奶产品中含有 ACE 抑制肽。此外的一系列研究也显示，在干酪的制作过程中也能产生 ACE 抑制肽。通常，在干酪成熟期间 ACE 抑制肽增加；不过，如果是过度的成熟，可以导致 ACE 抑制肽的降解。

表 15.23　德氏乳杆菌保加利亚亚种 SS1 和乳酸乳球菌乳脂亚种 FT4 发酵乳中所含有的多肽的序列、酪蛋白对应片段和 ACE 抑制活性

肽分子氨基酸序列	酪蛋白片段	IC_{50}/(mg/L)
Leu-Asn-Val-Pro-Gly-Glu-Ile-Val-Glu	β-CN f6～14	11.2
Asn-Ile-Pro-Pro-Leu-Thr-Gln-Thr-Pro-Val	β-CN f73～82	
Asn-Ile-Pro-Pro-Leu-Thr-Gln-Thr-Pro-Val	β-CN f73～82	10.3
Ile-Pro-Pro-Leu-Thr-Gln-Thr-Pro-Val	β-CN f74～82	
Pro-Pro-Leu-Thr-Gln-Thr-Pro-Val	β-CN f75～82	
Leu-Asn-Val-Pro-Gly-Glu-Ile-Val-Glu	β-CN f6～14	
Asn-Val-Pro-Gly-Glu-Ile-Val-Glu	β-CN f7～14	
Asn-Val-Pro-Gly-Glu-Ile-Val-Glu	β-CN f7～14	8.0
Asp-Lys-Ile-His-Pro-Phe	β-CN f47～52	
Lys-Val-Leu-Pro-Val-Pro-Glu	β-CN f169～175	
Ser-Pro-Pro-Glu-Ile-Asn	κ-CN f155～160	
Val-Ile-Glu-Ser-Pro-Pro-Glu-Ile-Asn	κ-CN f152～160	

通常用IC_{50}值表示一种 ACE 抑制物的作用效果，即IC_{50}相当于调节 50%抑制作用时抑制物的浓度，数值越小反映出作用效果越强。一些从酪蛋白中衍生出来的降血压肽的作用效果如表 15.24 所示。

表 15.24　酪蛋白源得到的降血压肽

	肽结构[1]	来源	制备途径	IC_{50}/(mmol/L)	剂量/(mg/kg)	收缩压变化/mmHg[2]
水解产物	FFVAPFPEVFGK	α_{s1}-酪蛋白	胰蛋白酶	77	100	−13.0*
	TTMPLW	α_{s1}-酪蛋白	胰蛋白酶	16	100	−13.6*
	AVPYPQR	β-酪蛋白	胰蛋白酶	15	100	−10.0*
	KVLPVPQ	β-酪蛋白	蛋白酶	>1000	1	−24.1
	KVLPVP	β-酪蛋白	消化酶	5	1	−32.5
	VKVPQL	α_{s1}-酪蛋白	蛋白酶	22	1	−12.5
发酵产物	IPP	β-/κ-酪蛋白	发酵	5	1	−15.1
	VPP	β-/κ-酪蛋白	发酵	9	1.4	−20.0
	VP	α_{s1}-酪蛋白	发酵	72	1	−27.4

1. 肽的结构表示参见各氨基酸名称缩写符号；
2. 带 * 者为口服后 3 h 测定数值，其他为口服后 6 h 测定数值。

不同 ACE 抑制肽的构-效关系初步显示，羧基端的三肽序列是含有带有疏水氨基酸（芳香族或带有支链的氨基酸）的羧基端三肽，那么 ACE 对它有强的亲和力。但是，至今仍没有建立 ACE 抑制肽的确切构-效关系，并且很多食物蛋白来源的 ACE 抑制肽序列，其差异性也很大。

从其他的食品蛋白质中通过水解的方式得到了许多的 ACE 抑制肽，近年来有关这方面研究的文献更是众多，所以不再一一介绍。对 ACE 抑制肽的释放方式，仍然主要是通过蛋白酶对蛋白质的水解作用而释放为主，而微生物的发酵作用也受到研究者的注意。

要指出的是，蛋白质水解释放相应的生物活性肽，最关键的技术问题是蛋白酶。利用蛋白酶的定位水解来达到蛋白质的定向水解，较专一地释放出相应的肽分子片段，将是所有生物活性肽开发中的核心问题。食品来源的降压肽的降压作用，可能不完全由于 ACE 活性的抑制作用而产生，为了更好地阐述降压肽的降压机制，需要更多、更详细的研究工作。再者，为了产生降压效果，这些肽必须到达目的器官，因此口服蛋白水解物或含 ACE 抑制肽的食品要面对很多的挑战。

目前正在开发乳蛋白质来源的降压肽的食品产品，这些产品被生产为发酵乳饮料或乳蛋白水解物的形式（表 15.25）。多数情况下，这些产品中的一些肽分子所具有的降压作用已被许多研究证实。

表 15.25　乳蛋白来源的降压产品的商业发展

产品	名称	活性成分	国家
酸奶	Calpis	IPP，VPP	日本
发酵乳	Evolus	IPP，VPP	芬兰
酪蛋白水解物	Casein DP	FFVAPFEVFGK	日本
酪蛋白水解物	C12 peptide	FFVAPFEVFGK	荷兰
乳清蛋白水解物	BioZate	乳清肽	美国

2. 促矿物质吸收肽

酪蛋白磷酸肽（caseinophosphopeptide，CPP）是目前研究最多的矿物元素结合肽，它在体内可与多种矿物元素结合形成可溶性磷酸盐，竞争性抑制矿物元素尤其是磷酸钙的沉淀，同时充当矿物元素在体内的运输载体，促进小肠对钙离子和其他矿物元素的吸收。

大量的研究表明，CPP 对二价金属离子具有很好的亲和性，能与钙在小肠这种弱碱性环境中形成可溶性复合物，这种结合既能有效防止在中性到偏碱性的小肠环境内不溶性磷酸钙的沉淀，增加可溶性钙的浓度，从而促进肠内钙的吸收，还可促进铁、锌等二价微量元素的吸收。CPP 促进钙质吸收的过程是在十二指肠的上端、在维生素 D 的存在下促使钙以主动方式吸收，在回肠及小肠末端能在 pH＝7～8 的条件下有效地与钙形成可溶性复合物，可防止各种钙产生不溶性磷酸钙，促使钙以被动方式吸收。这样，酪蛋白磷酸多肽可用于食品钙强化剂，增强肠道对钙的吸收以及钙在体内的保持。这种钙强化剂在体内的吸收不需要维生素 D 的参与。此外，CPP 还可作为许多矿物元素，如铁、锰、铜及硒的载体，是一种良好的金属结合肽。但是，CPP 虽可抑制钙形成沉淀，却不能使已形成的磷酸钙溶解，所以它所能够产生的矿物质吸收促进作用还是有限的，只是在一定条件下才能够产生。

酪蛋白磷酸肽分布于 α_{s1}-酪蛋白、β-酪蛋白等牛乳酪蛋白的不同区域，其活性中心是成串的磷酸丝氨酸（SerP）和谷氨酸簇，其基本结构组成为 SerP—SerP—SerP—Glu—Glu，不同蛋白质来源的酪蛋白磷酸肽的相对分子质量不同。因为 SerP 在酪蛋白中的位置不同，酶解所产生的酪蛋白磷酸肽也不同，其中的磷酸解离常数也不同，所以不同酪蛋白磷酸肽的生理作用是有区别的。

研究发现，患有佝偻病的儿童服用酪蛋白的胰酶消化液可以强化骨骼的钙化。动物体外试验表明，酪蛋白磷酸肽可以在中性和偏碱性条件下阻止钙的沉淀，从而促进钙在小肠中的吸收。用含有酪蛋白磷酸肽的食物饲喂大鼠，并在食物中加入放射性核素标记的钙，发现其大腿骨骼中的标记钙明显高于对照组。对大鼠、小鼠、鸡、猪和人的试验，均证明酪蛋白磷酸肽具有促进钙、铁、锌吸收的功能。

3. 抗氧化肽

许多食品蛋白质经过水解后，其水解产物均能够显示出一定的抗氧化能力，因此就把这些具有抑制生物大分子过氧化或清除游离基作用的生物活性肽称为抗氧化肽（antioxidant peptide）。一般来讲，抗氧化肽的相对分子质量相对较小，从三个方面发挥抗氧化作用：螯合金属离子、作为供氢体或供电子体清除游离基、促进过氧化物的分解。

CPP 是熟知的生物活性肽，促进矿物质吸收。最近的研究表明，CPP 还具有抗氧化作用。已经利用多种方法证明 CPP 潜在的抗氧化能力。例如，羟游离基（·OH）是一种极易引起脂质氧化的强氧化剂，一种物质对·OH 的抗氧化能力可以间接地使用脱氧核糖分析实验来测定。这个分析的基本原理是 2-脱氧核糖与 Fenton 反应体系产生的羟游离基接触时发生分解，生成了丙二醛（MDA）的氧化分解产物，MDA 可以与硫代巴比妥酸（TBA）反应生成粉红色化合物，从而可以用于评价、分析（图 15.19）。

与对照样品相比，在分析中测定游离基的被抑制率或清除率，就能够提供有关所研究化合物的抗氧化特性的有用信息，并且操作起来相对比较廉价。

$$Fe^{2+} + EDTA + O_2 \longrightarrow Fe^{3+} + EDTA + O_2^-$$

$$2O_2^- + 2H^+ \longrightarrow H_2O_2 + O_2$$

$$Fe^{2+} + EDTA + H_2O_2 \longrightarrow OH^- + \cdot OH + Fe^{3+} + EDTA$$

$$\cdot OH + \text{脱氧核糖} \longrightarrow \text{降解产物} \xrightarrow{\text{酸-加热}} \text{丙二醛（MDA）}$$

$$2TBA + MDA \longrightarrow \text{有色化合物}$$

图 15.19 羟游离基清除能力评价的反应原理

在有 EDTA 存在条件下，亚铁离子将同过氧化氢发生反应并生成羟游离基，脱氧核糖与羟游离基再发生反应，从而加速了糖的氧化反应。这个反应被认为是非位点专一性结合分析，因为存在着其他物质（如抗氧化剂）与生成的羟游离基反应的可能。另外，当 EDTA 被等量的磷酸盐缓冲溶液取代时，这个评价变为位点专一性结合评价，反映的则是抗氧化剂与脱氧核糖竞争金属离子。对于这两种类型的评价来说，脱氧核糖降解反应的减少（也就是说羟游离基被清除的增加），可以通过在 532 nm 波长处吸收值的下降而得到显示。

无论在位点专一性结合评价还是在非位点专一性结合评价中，CPP 都能有效地抑制由羟游离基引起的脱氧核糖损伤（表 15.26）。CPP 对亚铁离子的螯合，相当于减少了由 Fenton 反应体系产生的羟游离基的形成。在位点专一性结合评价中（Fe^{2+} + H_2O_2 为反应物），CPP 能够有效地与脱氧核糖竞争铁离子，从而减少了促进氧化的亚铁离子催化剂与脱氧核糖底物间的直接反应，结果保护了脱氧核糖，使其免于受 Fenton 反应体系产生的羟游离基的破坏。另外，在非位点专一性结合评价中（Fe^{2+}-EDTA + H_2O_2），向反应混合物中添加 EDTA，则能够因为 EDTA 的存在而减少 Fe^{2+} 与脱氧核糖的直接连接，因此有利于在水环境中羟游离基的形成。在非位点专一性结合评价中，由于 CPP 存在而引起的脱氧核糖降解变化，是由于 CPP 对羟游离基的清除能力而产生的。这些分析结果表明，CPP 具有抗氧化剂能力的潜质。CPP 还表现出辅助抗氧化剂的一些特征，原因是它能够在位点专一性分析试验中螯合氧化强化剂。

表 15.26 CPP 对 Fenton 反应体系中羟游离基降解脱氧核糖的抑制作用

（单位：%）

评价方法	抑制作用			
	0.05 g/L	0.10 g/L	0.50 g/L	1.00 g/L
位点专一性结合评价	33.6±1.7	34.2±3.3	42.2±1.5	46.2±1.8
非位点专一性结合评价	—	—	18.4±3.1	43.7±1.7

在评价游离基的清除作用方面，还有许多其他的技术或方法，例如，一个常使用的化合物就是 ABTS（2,2-*azino*-*bis*-3-ethylbenzothiazoline-6-sulfonic acid）。在这个试验中，所形成的 ABTS·$^+$（阳离子游离基）是由于 ABTS 与过硫酸铵发生氧化反应而生成的，并在 734 nm 波长有最大吸收。预先加入抗氧化剂可使 ABTS·$^+$转化成 ABTS，并且取决于样品的抗氧化能力和其浓度。当用 ABTS·$^+$的抑制率表示时，可以通过在

723 nm 处吸收的变化来监控。表 15.27 给出了 CPP 对它的清除作用情况。

表 15.27　CPP 等对 ABTS 游离基的清除作用　　（单位：%）

化合物	清除作用			
	0.05 g/L	0.10 g/L	0.50 g/L	1.00 g/L
CCP	1.5±0.7	7.9±1.0	75±1.6	91.8±0.5
TE	0.5	2.2	19.4	23.7

注：TE 为 trolox 当量；trolox 为一个标准化合物。

从酪蛋白的胃蛋白酶水解产物中分离出来一个肽分子，具有游离基清除能力，它的结构为 Try—Phe—Try—Pro—Glu—Glu。已经证实，它对超氧阴离子的清除，以及对羟游离基和 DPPH 游离基的清除，主要发生在 Glu—Leu 残基上。

抗氧化作用较强的抗氧化肽，其氨基酸残基组成中往往包含有酪氨酸、甲硫氨酸、组氨酸、赖氨酸或色氨酸等，虽然目前尚未确定抗氧化肽的构-效关系，但是可以确定一些氨基酸的存在对于抗氧化性能是不可缺少的。例如，对来自于大豆蛋白水解物中的一个 28 个氨基酸组成的抗氧化肽来说，分析显示，其结构中存在的 Pro—His—His 是活性中心。又如，对酪蛋白水解物的 O_2 清除能力分析表明，Glu—Leu 结构对抗氧化性是非常重要的。

由于抗氧化肽具有良好的抗氧化效果，安全性上不存在异议，因此在食品工业上的应用前景广阔。而剖析抗氧化肽存在的分子结构与抗氧化效果的构-效关系，可以寻找抗氧化能力更好的抗氧化肽。而通过食品蛋白质水解的途径获得性能良好的抗氧化肽，则需要综合考虑水解时蛋白质的氨基酸组成特征、所用的蛋白酶以及水解程度的控制。

4. 抗菌肽

抗菌肽（antibacterial peptide）是近年来才发现的一种生物活性肽，目前所报道的抗菌肽多来自乳转铁蛋白的胃蛋白酶水解物。酪蛋白的温和水解产物具有抗菌特性，认为抗菌作用的是来自 α_{s1}-酪蛋白的氨基酸序列 1～23 的肽片段（Bellamy，1992）。

乳铁蛋白在酸性条件下，加热产生的水解物（肽）具有抗菌活性，产生抗菌活性的最佳水解度约为 10%，例如，在 pH 2.0、120℃加热水解 15 min。与乳铁蛋白相比，水解物没有结合铁的能力，抗原性较低，且在富铁基质中也能很好地保持活性，所以可以认为抗菌活性与铁的螯合无关，故此其抗菌机理不同于乳铁蛋白。利用 RP-HPLC 技术，从水解物中分离出一些具有较强抗菌活性的肽。

研究发现，用猪胃蛋白酶、鳕鱼胃蛋白酶对乳铁蛋白的水解，水解产物对大肠埃希氏杆菌具有较强的抗菌活性，而胰蛋白酶、木瓜蛋白酶或其他中性蛋白酶的乳铁蛋白质水解产物抗菌活性较弱。猪胃蛋白酶对乳铁蛋白水解产生的低相对分子质量肽，具有广谱抗菌活性，可抑制革兰氏阴性菌和革兰氏阳性菌的生长，其中包括一些对乳铁蛋白具有抵抗性的菌株。水解物的抗菌活性至少高于乳铁蛋白的 8 倍，即使在有铁存在的情况下也具有活性，且其热稳定性较强，在 80℃，15 min 条件下加热，其抗菌活性不变。

具有抗菌活性的肽可作为食品的天然防腐剂，也可作为新一代疗效性食品的功能组分，还可用于胃肠疾病的治疗。

5. 免疫刺激肽

免疫刺激肽（immunomdodulating peptide）是从人酪蛋白的胰蛋白酶-糜蛋白酶降解产物中分离得到的，是一类具有激活吞噬功能的生物活性肽。从人酪蛋白酶解物中分离得到两个活性肽，一个为六肽，结构为 Val—Gln—Pro—Ile—Pro—Tyr（人 β-酪蛋白 54～59 片段），另外一个为三肽 Gly—Leu—Phe，存在于 α-乳清蛋白的 51～53 片段。在很低的浓度条件下，这两个活性肽能激活鼠腹膜巨噬细胞对绵羊红细胞的吞噬作用。六肽在 0.5 mg/kg 的低浓度下就有显著的活性，而三肽在静脉或皮下注射时，浓度在 1 mg/kg时也有活性。通过对人巨噬细胞的研究，证实这些肽能激活吞噬作用。它们能提高人血液中单核细胞和巨噬细胞对人血液中衰老的红细胞的附着力。

从牛酪蛋白中也分离得到两种免疫刺激肽，一个也为三肽 Leu—Leu—Tyr（牛 β-酪蛋白 191～193 片段），一个也为六肽 Thr—Thr—Met—Pro—Leu—Try（α_{s1}-酪蛋白 C 端片段）。Leu—Leu—Tyr 与三肽 Gly—Leu—Phe 相似，在相同的浓度可刺激鼠腹膜巨噬细胞，而 Thr—Thr—Met—Pro—Leu—Try 在试验中活性很高。分离出的另一个六肽 Pro—Gly—Pro—Ile—Pro—Asp（牛 β-酪蛋白 63～68 片段）也有刺激吞噬作用。所以可以看出，β-酪蛋白含有几种不同的生物活性肽，被人们称之为“战略带”。而最近，一个富含脯氨酸的九肽片段 Val—Glu—Ser—Tyr—Val—Pro—Leu—Phe—Pro 从胰凝乳酶解物中分离出来。

6. 高 *F* 值寡肽

在氨基酸或寡肽混合物中，支链氨基酸（如 Val，Ile，Leu）与芳香族氨基酸（如 Tyr，Phe）之比称为 Fischer ratio，简称 *F* 值，此值与治疗肝脏疾病（如肝硬化，肝性脑病等）有密切关系。据已有的研究结果证明，高 *F* 值寡肽在辅助治疗肝硬化、肝性脑病有作用，可有效地补充膳食蛋白、改善营养状态、纠正机体的负氮平衡并恢复正氮平衡；此外，高 *F* 值寡肽由于含有大量的支链氨基酸，还具有抗疲劳等作用。

由于高 *F* 值寡肽中芳香族氨基酸的含量水平较低，所以高 *F* 值寡肽的获得实际上是从蛋白质水解物中分离除去芳香族氨基酸的过程，从食物蛋白质的水解物中去除芳香族氨基酸的方法很多，如凝胶色谱法，树脂色谱法等。但从工业应用方面考虑，这些方法均存在一定的限制。活性炭对各种氨基酸吸附能力不同，一般的活性炭产品对苯丙氨酸、酪氨酸有选择性吸附特性，利用这一特性可将寡肽和芳香族氨基酸分离，从而改变最后水解物的 *F* 值。

15.3 酶促交联修饰

食品蛋白质是由各种氨基酸相互连接而构成的、具有特定空间结构的生物大分子，其理化性质（相对分子质量、氨基酸组成、净电荷、表面疏水性以及空间结构等）和功能特性直接相联系。利用酶处理的方式，尤其是产生分子内或分子间的交联，使蛋白质分子结构、空间结构发生变化，从而获得具有特殊功能特性的食品蛋白质，这就是蛋白质的酶促交联修饰的出发点。

由于酶促反应速率快，条件温和，专一性强，更重要的是一些价格低廉微生物酶

（如转谷氨酰胺酶）的出现，蛋白质的酶促交联修饰研究的广泛开展。目前，转谷氨酰胺酶已经被广泛地应用于乳蛋白、大豆蛋白、谷蛋白、肌肉蛋白等的交联，以及不同蛋白质之间的交联，而过氧化物酶、多酚氧化酶也开始被用于改善蛋白质的功能特性。但是相对而言，有关后两者的研究开展较少，有关的文献资料也不多，所以本节的焦点仍然在转谷氨酰胺酶催化的交联反应上，而对后两类交联仅作一般性介绍。

15.3.1　转谷氨酰胺酶催化交联

转谷氨酰胺酶（transglutaminase，TG），全称为蛋白质-谷氨酰胺-γ-谷氨酰胺基转移酶，是一种可催化转酰胺基反应的酶，它可以催化蛋白质赖氨酸上的ε-氨基和谷氨酸上的γ-酰胺基结合，从而导致蛋白质（或多肽分子）之间发生共价交联，形成相应的聚合产物。同时，转谷氨酰胺酶也能催化蛋白质的脱酰胺反应。转谷氨酰胺酶催化的交联修饰的结果是，新引入的交联作用对蛋白质的功能性质产生重要影响。目前，在蛋白质的酶促交联修饰研究中，它的应用最多。

早期研究是从动物组织中提取转谷氨酰胺酶，由于来源少、分离提纯复杂，因此它的应用受到限制。直到 1989 年，开始利用微生物发酵法生产转谷氨酰胺酶（其三维结构模型见图 15.20）。这样才有了丰富的转谷氨酰胺酶来源，对它的应用研究才得以广泛地开展（Zhu et al.，1995）。

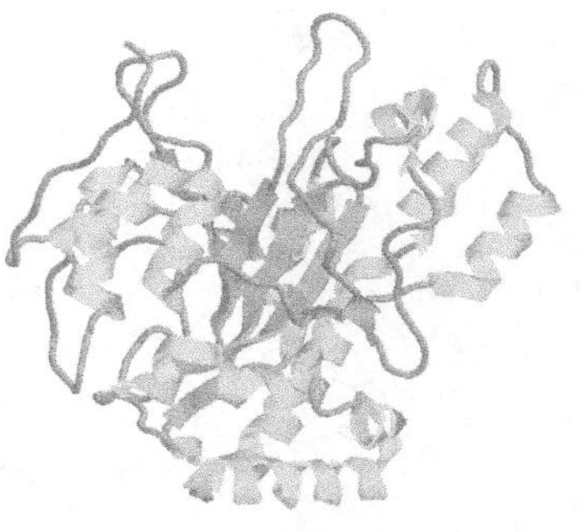

图 15.20　微生物转谷氨酰胺酶的三维结构模型

大多数转谷氨酰胺酶需要 Ca^{2+} 的参与，Ca^{2+} 的作用是诱导蛋白质发生结构改变，使内部的半胱氨酸残基暴露，从而与谷氨酰胺发生反应。通过 SDS-PAGE 和凝胶渗透色谱研究发现，微生物转谷氨酰胺酶的分子质量大约为 38 kDa，不需要 Ca^{2+} 的激活作用。转谷氨酰胺酶的活行中心有一个半胱氨酸残基，它位于肽链中的 64 位，如果半胱氨酸残基被其他氨基酸取代或封闭，则酶分子就会失活。

1. 交联反应机制

在转谷氨酰胺酶的存在下，蛋白质可通过酰胺基的转移（或胺基的导入）、蛋白质的交联以及蛋白质的脱氨三种方式发生三个不同的反应，反应见图 15.21。

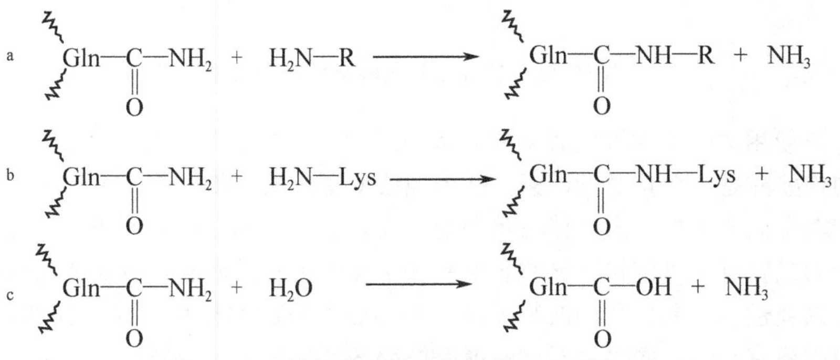

图 15.21　转谷氨酰胺酶催化的三个不同反应

a. 酰基转移反应；b. 交联反应；c. 脱氨反应

利用图 15.21 所示的反应 a 可将必需氨基酸（如赖氨酸）引入蛋白质分子中，以改善蛋白质营养特性；利用反应 b 可以使蛋白质分子发生交联（分子内、分子间），改变、提高蛋白质的功能性质，使加工食品发生质地方面的变化；利用反应 c 可用于谷氨酰胺残基的脱氨基，改变蛋白质等电点及溶解性等功能性质。交联反应的具体反应机制见图 15.22。

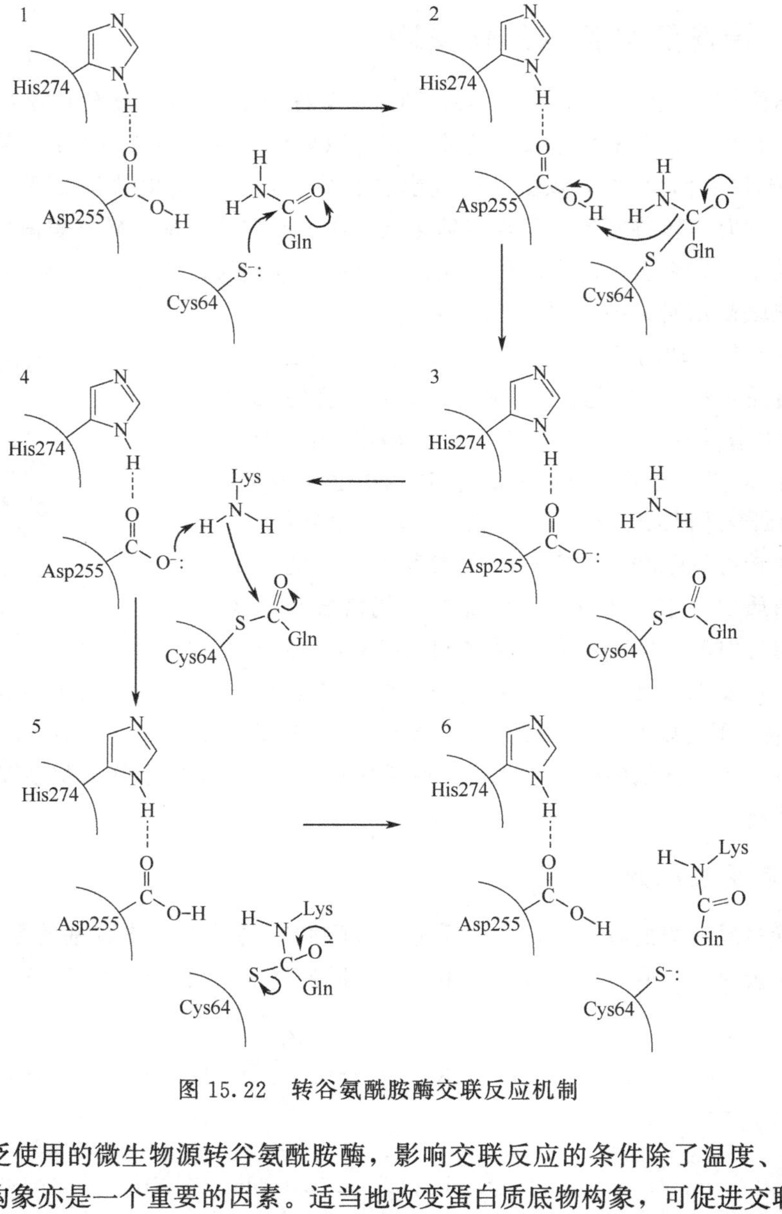

图 15.22 转谷氨酰胺酶交联反应机制

对于广泛使用的微生物源转谷氨酰胺酶，影响交联反应的条件除了温度、pH 等，蛋白质本身的构象亦是一个重要的因素。适当地改变蛋白质底物构象，可促进交联反应的进行。例如，对牛血清蛋白、大豆伴白蛋白的研究表明，添加二硫苏糖醇（DTT）以打开天然球蛋白中的二硫键，可使转谷氨酰胺酶更易于接近蛋白质底物，从而提高反应速率。大豆 11S 蛋白热变性后，其构象的改变提高了转谷氨酰胺酶的作用效果。当然，pH 既对蛋白质底物的构象有影响，同时也对转谷氨酰胺酶的活性有影响，所以它肯定是一个重要的影响因素。二硫苏糖醇对转谷氨酰胺酶催化蛋白质交联反应的影响作用见表 15.28。

表 15.28　二硫苏糖醇对转谷氨酰胺酶催化交联反应的影响

蛋白质	微生物转谷氨酰胺酶		血浆转谷氨酰胺酶	
	不加 DTT	加 DTT	不加 DTT	加 DTT
酪蛋白	+	+	+	+
β-乳球蛋白	−	+	−	+
α-乳白蛋白	+	+	−	+
牛血清蛋白	−	+	−	+
血红蛋白	+	+	+	+
肌球蛋白	+	+	+	+
大豆球蛋白	+	+	+	−

注：+发生交联反应；−不发生交联反应。

现在，转谷氨酰胺酶广泛地应用于肉类制品、面制品、乳制品、烘焙食品等的加工中，通过温和的酶反应来明显地改善食品的硬度、弹性、热稳定性和持水能力等诸多重要的功能性质或质地。

2. 交联修饰对蛋白质性质的影响

1）对功能性质和微观结构的影响

转谷氨酰胺酶可以直接导致蛋白质发生胶凝作用产生凝胶。将转谷氨酰胺酶用于催化大豆 11S 蛋白制备凝胶，结果发现，由于交联键的形成，导致所需 11S 蛋白形成凝胶的最低浓度，要远小于由于热诱导凝胶形成的最低浓度。转谷氨酰胺酶催化而形成的凝胶，较热诱导形成的凝胶坚硬，并更有弹性。转谷氨酰胺酶对卵清蛋白进行处理，发现可以改善其凝胶性能，表现在形成凝胶时最低浓度的降低，以及凝胶硬度的提高。

大豆蛋白质的 11S 亚基，在营养价值和功能特性上均优于 7S 亚基，而且，转谷氨酰胺酶催化 11S 亚基的共价交联反应速率要快于 7S 亚基。用天然大豆蛋白和热处理大豆蛋白的 11S 蛋白作为底物，以转谷氨酰胺酶催化来制备凝胶。研究表明，凝胶特性不仅可通过形成交联键的数量、可反应的 Lys、Gln 的数量来控制，而且也可以通过选择不同变性程度的蛋白质底物而加以控制。热处理的大豆蛋白比天然的大豆蛋白容易发生酶聚合，因为加热后大豆蛋白表面的赖氨酸和谷氨酰胺残基增加。以酸或蛋白酶对大豆蛋白进行预处理，然后再用转谷氨酰胺酶催化其聚合反应，所得的聚合物虽然有很大的相对分子质量，但是在水中仍然是可溶的，并且其乳化性、发泡性均有提高，乳化性提高更为显著。

大豆蛋白的转谷氨酰胺酶处理，可以改善豆腐的感官质量，尤其是质地。转谷氨酰胺酶处理，尤其是在豆乳沸腾热处理前的处理，能够产生更均一的组织结构状态及更大的凝胶强度，使豆腐的质地更加坚固，并且其改善程度与酶的加入量有关。加热之前的酶处理由于尚未生成凝胶，所以有利于酶与蛋白质底物之间的作用，所以能够产生更好的交联作用，获得更好的组织结构。所述的这些组织结构变化，可以清楚地通过相应的微观结构特征而看出，见图 15.23（Bin et al.，2007）。

酪蛋白经过转谷氨酰胺酶的交联处理，其在乳体系中的行为发生明显的改变。表

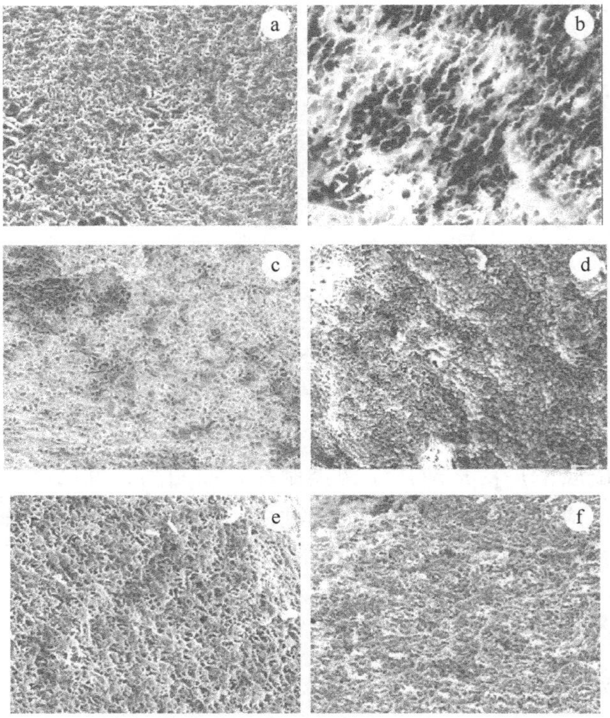

图 15.23　扫描电子显微镜观察到的豆腐和转谷氨酰胺酶处理豆腐的微观结构

a. 豆腐对照样；b. 转谷氨酰胺酶对照样；c. 加热前 1 g/kg 酶处理；d. 加热前 5 g/kg 酶处理；e. 加热后 1 g/kg 酶处理；f. 加热后 5 g/kg 酶处理

15.29 显示了无乳清蛋白乳和转谷氨酰胺酶交联后酪蛋白胶束所产生的特征变化。虽然交联作用导致了胶束大小略有降低，但更重要的是，酪蛋白在乳清相的分布大大降低，在正常的牛乳 pH 范围内，只有很少的酪蛋白存在，说明处理导致的是酪蛋白分子间产生交联，其结果是能够有效地防止酪蛋白从胶束上向乳清相的释放。

表 15.29　对无乳清蛋白乳的转谷氨酰胺酶处理导致的一些变化

	胶束直径/nm	酪蛋白在乳清相中的比例/%	
		pH 6.7	pH 5.3
无乳清蛋白乳	233±2	21.8	51.1
交联无乳清蛋白乳	207±3	0.6	1.7

经转谷氨酰胺酶交联处理的酪蛋白，随后用葡萄糖-δ-内酯进行酸化处理，明显形成了更坚硬的凝胶，与未经处理的乳蛋白凝胶相比，它有着更加精细的蛋白质网状结构，具有更好的持水性质（图 15.24）。而使用转谷氨酰胺酶处理乳清蛋白，还能增加酸化乳清蛋白凝胶的强度；虽然凝胶的均匀性有所降低，酶处理后导致凝胶更加坚硬。这些质地的改变，均是由于转谷氨酰胺酶的作用，导致了在乳蛋白之间形成了额外的交联。

大量的研究结果表明，在酸奶生产中添加转谷氨酰胺酶可改善酸奶品质，能增加

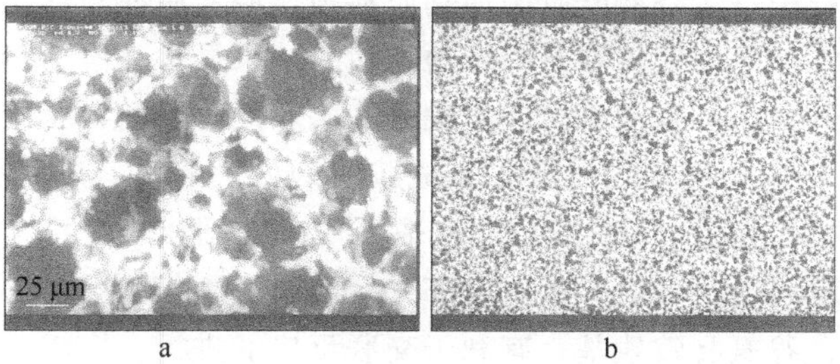

图 15.24　共聚焦激光扫描显微镜观察 5%（*m*/*m*）酪蛋白（a）和转谷氨酰胺酶处理酪蛋白（b）分散系经过葡萄糖-δ-内酯酸化后形成的凝胶微观结构

酸奶的黏稠性和凝胶强度，降低对酸奶品质有重要影响的脱水收缩（Lauber et al.，2000）；采用转谷氨酰胺酶处理乳蛋白制作的凝固型酸奶和（或）搅拌型酸奶，更具有易被消费者所接受的凝胶强度或黏性，并且在储藏过程中酸奶的黏度还有所提高（图 15.25）。在干酪生产中，原料乳用转谷氨酰胺酶处理后，乳清蛋白和酪蛋白交联在一起，可以提高干酪的产量，如表 15.30 所示（Cozzolino et al.，2003）。

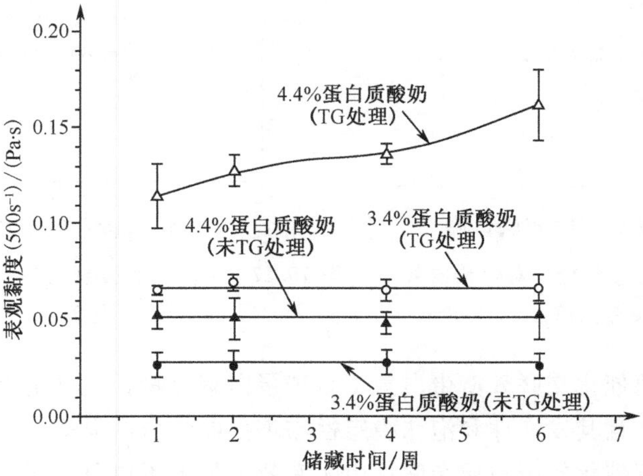

图 15.25　转谷氨酰胺酶（TG）处理对酸奶储藏过程中黏度变化的影响

脱脂乳处理条件：TG 加入量为 0.6 U/g 蛋白质，发酵温度 42℃

表 15.30　转谷氨酰胺酶处理原料乳对干酪生产的影响（100 g 牛乳含 3.0 g 乳蛋白）

TG 添加水平/(U×10⁻³)	干酪得率（平均值)/%	总蛋白/g	
		干酪（平均值）	乳清（平均值）
0	12.38	2.41	0.48
7.5	12.55	2.44	0.45
15	12.87	2.48	0.41
30	13.55	2.79	0.10
60	14.78	2.87	0.02
120	14.81	2.87	0.02
240	15.06	2.86	0.03

鱼糕在成形过程中将转谷氨酰胺酶加到原料中，混合后使酶催化鱼肉蛋白反应。鱼肉成形后蒸煮或烹饪加热，使转谷氨酰胺酶失活。结果显示，添加转谷氨酰胺酶后鱼糕的凝胶弹性和硬度升高，并且随着转谷氨酰胺酶添加量的增加，凝胶的断裂强度显著地增加（图 15.26）。牛肉的肉糜经过转谷氨酰胺酶的处理后，其凝胶强度明显高于未处理的样品，并且将样品在 0.5%的酶添加水平下 60℃处理 2 h，可以得到最大的凝胶强度，如图 15.27 所示（Lanttoa et al.，2006）。样品的预处理能够充分的暴露蛋白质底物中的赖氨酸残基、谷氨酰胺残基，有利于交联反应的进行。

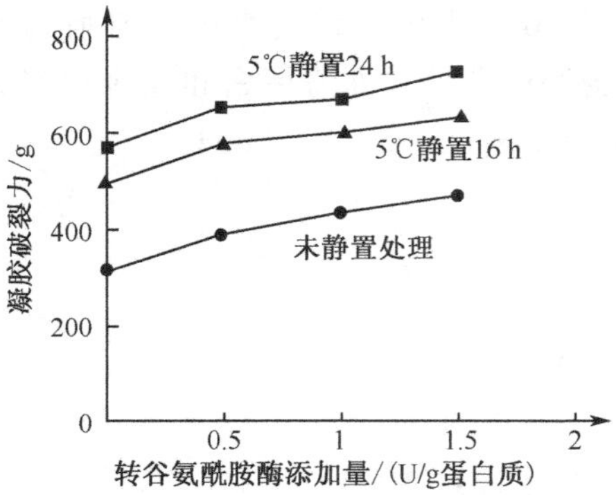

图 15.26　转谷氨酰胺酶处理对鱼糕的凝胶强度的影响

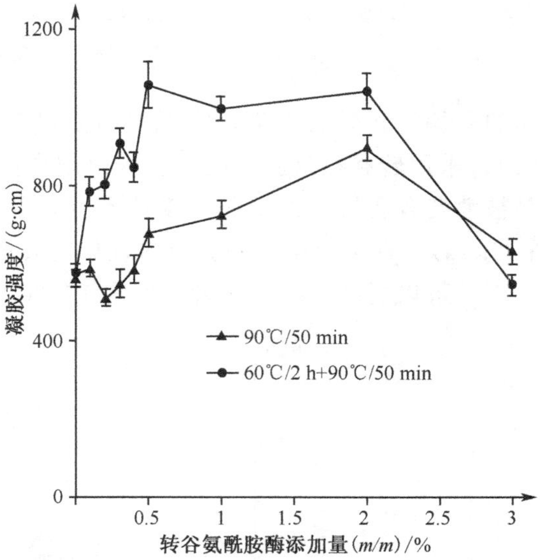

图 15.27　牛肉凝胶强度与转谷氨酰胺酶添加量的关系

转谷氨酰胺酶催化交联乳清蛋白与 11S 球蛋白聚合物，热稳定提高，在高温下也有较大的溶解度，并且其发泡性和泡沫稳定性与鸡蛋卵清蛋白类似。

转谷氨酰胺酶催化的蛋白质交联，由于有效增加了蛋白质分子的相对分子质量（表观体积亦同时增大），所以可以有效改善蛋白质分散系的流变学性质。例如，10 g/L 的大豆分离蛋白溶液，加入 20 U/g 的转谷氨酰胺酶，并在 37℃下反应 2.5 h 条件下，体系的黏度增加 150（mPa · s）；而对于 10 g/L 的肌球蛋白溶液，在相同的加酶量条件下 10℃反应 3 h，其黏度提高了 600（mPa · s）。这些均表明转谷氨酰胺酶对蛋白质的交联作用，是提高蛋白质增稠能力的一个有效手段。

2）对热稳定性的影响

转谷氨酰胺酶的处理，改变了液态乳 pH-热稳定性模式，其热凝固时间-pH 关系发生明显的变化（图 15.28）。在 pH 6.45 附近时，对热稳定性的影响可以忽略。但当 pH 增加到 7.1 时，对热处理的稳定性被显著地提高。在这些体系中，胶束间的分子间交联是稳定性提高的重要原因，因为原料乳的预热处理强度越大（如 80℃或 90℃），有利于交联反应发生，则处理后的原料乳的稳定性越高。未能发生乳蛋白交联反应的原料乳（添加灭活酶），则仍然呈现典型的热凝固时间-pH 关系模式（O'Sullivan et al.，2002）。

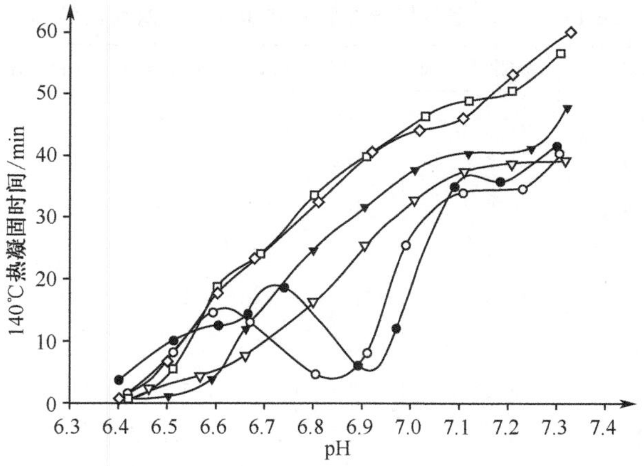

图 15.28　转谷氨酰胺酶处理对牛乳热凝固时间的影响

▼. 原料乳，加酶；▽. 原料乳 70℃预热 1min，加酶；□. 原料乳 80℃预热 1 min，加酶；◇. 原料乳 90℃预热 1 min，加酶；●. 原料乳加灭活的酶；○. 原料乳 90℃预热 1 min，加灭活的酶；酶的添加量为 E/S=1∶2000

转谷氨酰胺酶处理液态乳，提供了一种新的途径来提高乳的热稳定性，而且这个方法不使用任何外来的添加剂。与未处理的乳相比，在 pH＞6.5 时转谷氨酰胺酶处理乳显著地提高了热稳定性。这与转谷氨酰胺酶处理的乳中蛋白质发生交联有关，它防止在热处理条件下将要发生的酪蛋白从酪蛋白胶束上的解离，被认为是乳的热稳定性提高的关键机理。

经过微生物转谷氨酰胺酶催化交联的 β-乳球蛋白，也表现出较高的热稳定性。1%聚合的 β-乳球蛋白，在 100℃下可保持 30 min 不变性，而未聚合的 β-乳球蛋白在 70℃下就会发生变性。利用微生物转谷氨酰胺酶也能明显影响乳粉加工中出现的玻璃化问题，提高产品玻璃化的温度，减少了玻璃化现象的发生。

3）对面团品质的影响

在面团中加人转谷氨酰胺酶，影响面筋蛋白组分中高相对分子质量麦谷蛋白亚基，能够促进其他蛋白质与面筋蛋白之间的交联作用，改善、加强面筋网络组织结构，从而提高面团的品质。从质构分析等方面来看，转谷氨酰胺酶在小麦粉制品中的应用，催化面筋蛋白形成共价交联键，整体上对面团品质进行改良，明显改善面团的黏质特性，使面团的形成时间、稳定时间等增加。

小麦粉中的蛋白质主要是面筋蛋白，它们含有大量的谷氨酰胺残基，所以是转谷氨酰胺酶的良好底物。应用转谷氨酰胺酶于焙烤食品，面团制作过程中添加转谷氨酰胺酶可以提高面团稳定性和增加面团的体积，增加面包焙烤后的体积。应用转谷氨酰胺酶于面团制作过程，也能够减少烹饪对面条结构的破坏。由于转谷氨酰胺酶处理使面团的蛋白质结构加强，所以淀粉能很好地保持在面筋网络中，在水煮加热后，水中的固形物含量降低，减少淀粉的损失，面条表面不发黏而减少相互黏结。表 15.31 数据显示，在面粉用转谷氨酰胺酶处理后，可以减低对水的吸附；随着酶添加量的增加，面团的醒发时间延长、稳定性增加，但是过多的处理又导致其醒发时间缩短、稳定性下降；整体上，谷蛋白的交联促进了面团品质的改善。

表 15.31　小麦粉用转谷氨酰胺酶处理后对面团的影响

样品	酶添加量/%	水吸附/%	面团醒发时间/min	稳定性/min	混合忍耐指数/BU	柔软度/BU
小麦品种 A 面粉	0	56.2	1.0	1.3	85	100
	0.10	56.2	1.2	1.6	85	110
	0.25	55.9	1.5	1.8	90	110
	0.50	55.4	1.5	2.0	85	120
	1.0	54.8	1.3	1.5	110	120
	1.5	54.4	1.2	1.2	120	140
小麦品种 B 面粉	0	63.4	6.3	5.3	40	50
	0.10	63.2	6.5	5.8	40	50
	0.25	62.8	6.8	6.1	40	50
	0.50	62.3	5.8	6.8	35	60
	1.0	61.4	5.5	6.8	35	80
	1.5	60.2	5.0	6.0	60	100

4）对营养价值的影响

研究人员已经成功地将甲硫氨酸引入大豆球蛋白，或者是将赖氨酸引入小麦的面筋蛋白，而提高这些植物蛋白质的营养价值。蛋白质与氨基酸的这种共价结合作用，相比于蛋白质的氨基酸直接强化效果要更好，因为此种通过共价键结合而增补的氨基酸，在食品加工、储藏、蒸煮过程中是稳定的，并且所得到的蛋白质也易于消化。

对天然大豆分离蛋白与其转谷氨酰胺酶交联产物的体外模拟消化研究表明，它们被胃蛋白酶分解的方式极为相似，氮的释放率在最初的 20 min 迅速增加，然后分解速度减慢，并且在随后的消化分解中逐步被降解。对于经过热处理大豆分离蛋白和其交联产物，热处理促进了蛋白质的消化水解（Tang et al.，2006），所以热处理的大豆分离蛋白的氮释放速度显著提高，其水平远超过了天然大豆分离蛋白，也超过了相应的交联产物，显示出交联反应对其大豆蛋白可利用性的影响。所述的这些变化，见图 15.29。

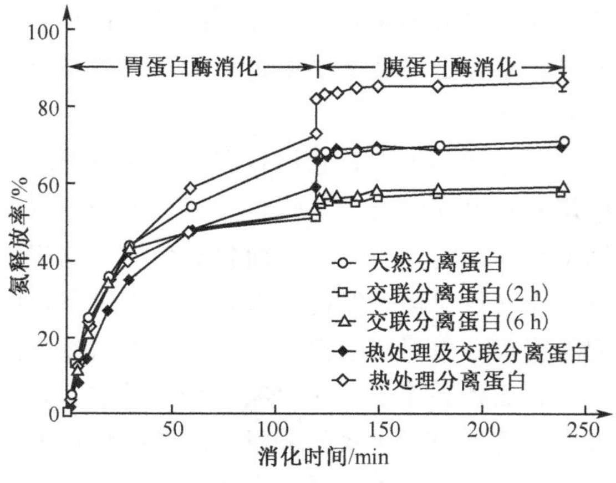

图 15.29　大豆分离蛋白的转谷氨酰胺酶交联对蛋白酶消化的影响

但是，这种体外分解利用率的下降，并不意味着蛋白质的转谷氨酰胺酶交联处理会导致蛋白质的营养价值降低。

15. 3. 2　多酚氧化酶或酪氨酸酶催化交联

多酚氧化酶（polyphenol oxidase，EC 1. 10. 3. 1）又被称为酪氨酸酶、多酚酶、酚酶、儿茶酚氧化酶、甲酚酶和儿茶酚酶，这些不同名称的使用与测定酶活力时所利用的酚类底物有关，也取决于酶以最高浓度所存在的植物。多酚氧化酶存在于植物、动物和一些微生物（主要是霉菌）中，酶分子中 Cu^{2+} 是其重要的辅基。有人认为，多酚氧化酶是一种既能作用于单酚化合物、又能作用于二酚化合物的酶，也有人认为，它是两种酚酶的复合物。多酚氧化酶能够催化以下两类不同的氧化反应（反应以及反应机制见图 15.30），是食品发生酶促褐变的原因。但是，不同来源的多酚氧化酶对底物的作用活性是不同的，例如，马铃薯中的多酚氧化酶对酪氨酸的氧化速度要高于对绿原酸的氧化速度（赵新淮，2006）。

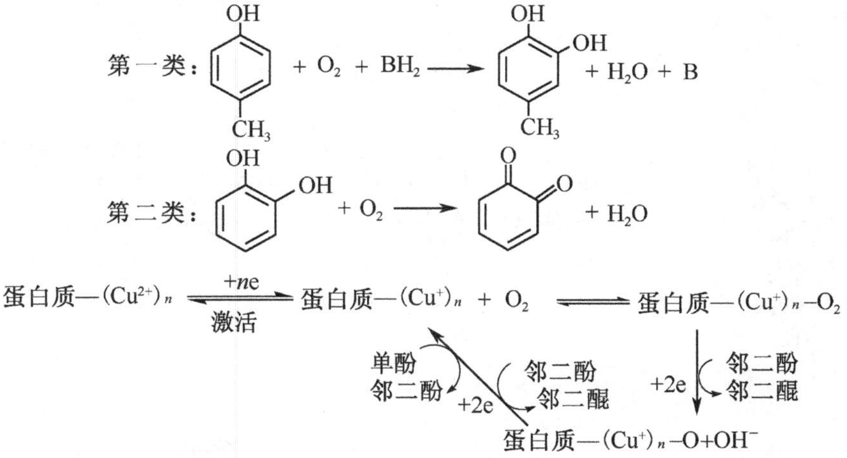

图 15. 30　多酚氧化酶催化反应的机制

1. 交联反应机制

在多酚氧化酶（PPO）的存在下，蛋白质肽链中的氨基酸残基可以进行各种化学反应，从而导致蛋白质的交联反应发生。首先，多酚氧化酶催化低相对分子质量的酚类化合物发生氧化反应生成醌类，此时如果没有低相对分子质量酚类存在，则是蛋白质分子中的酪氨酸残基发生反应，或者是与蛋白质共价相连（非肽键相连）的酚类化合物反应；随后，蛋白质氨基酸残基中的其他活泼基团同醌类的酮基发生加成反应，这些活泼的氨基酸残基包括了氨基（$—NH_2$）、巯基（—SH）、羟基（—OH）等，以氨基为主。这样导致蛋白质分子发生交联（分子内或分子间的）。蛋白质在无酚类化合物存在时反应进行的方式，如图 15. 31 所示，而在有酚类化合物存在时的反应机制如图 15. 32 所示。

从图 15. 31 和图 15. 32 可以看出，蛋白质的交联反应既可以是分子内的，也可以是分子间的，反应均是通过一个邻位二醌中间体进行的。

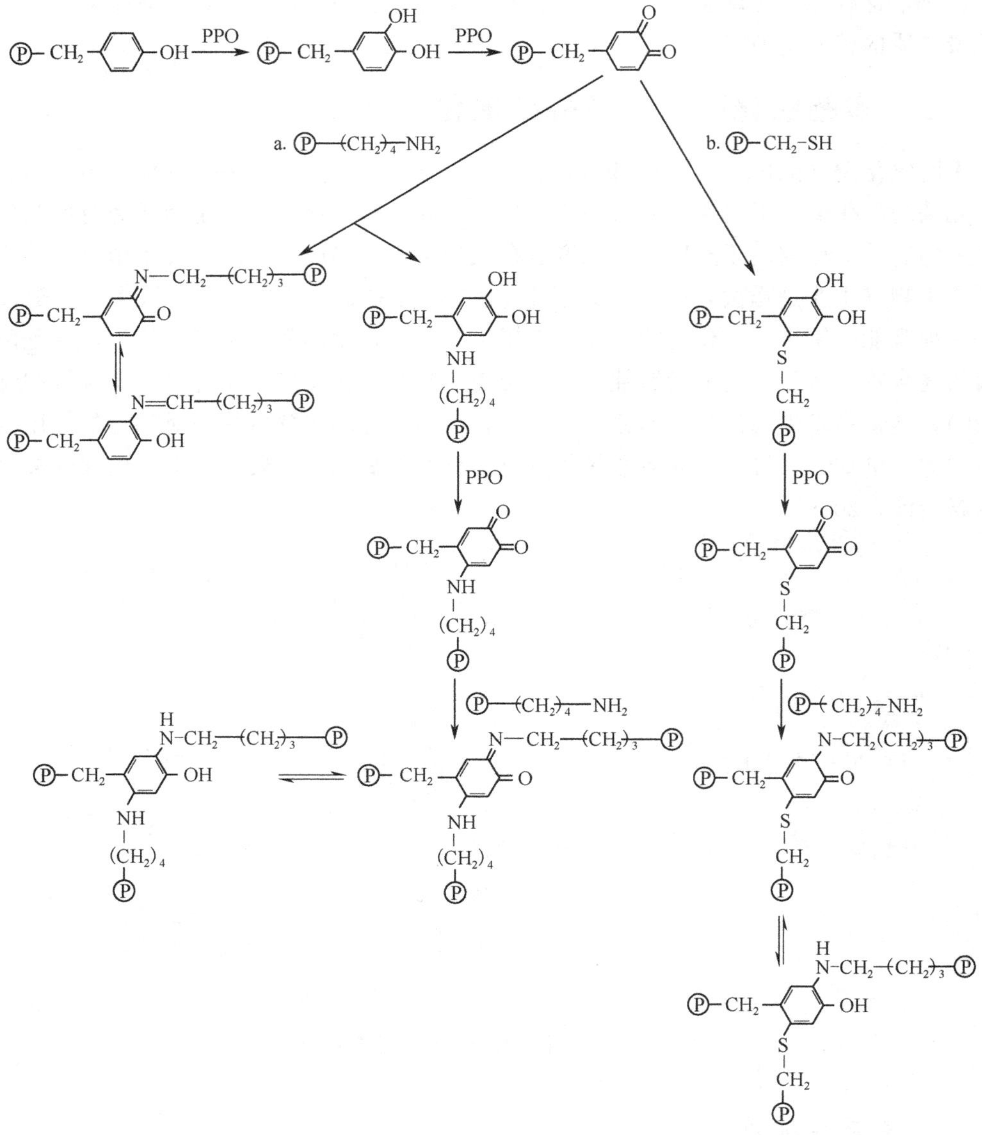

图 15.31　在无低分子酚类存在时蛋白质的可能交联机制

b 途径尚无实验证据；P 代表蛋白质；PPO 代表多酚氧化酶

2. 交联修饰对蛋白质功能性质的影响

利用多酚氧化酶来对食品蛋白质进行修饰反应，通过产生分子间的交联反应来改善蛋白质的功能性质，具有潜在的应用意义（Thalmann and Lötzbeyer，2002）。已经知道，多酚氧化酶和过氧化物酶对面团的性质存在改善作用，这种改善很可能就是由于产生了谷蛋白分子间的交联反应；而且在用多酚氧化酶处理一些蛋白质时，可以导致凝胶硬化，表明存在蛋白质分子的交联反应。利用纯酚酸对明胶的多酚氧化酶交联处理，交联后明胶的机械强度增强，溶胀性下降，且游离氨基减少（Strauss and Gibson，2004）。

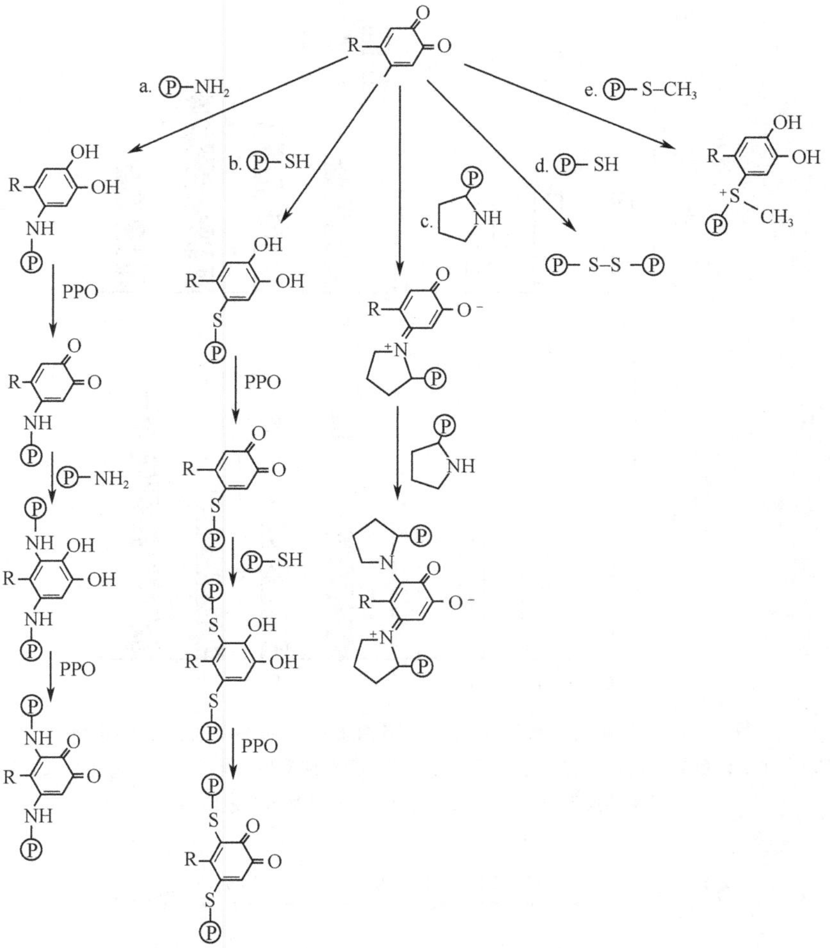

图 15.32　在低分子酚类存在时的蛋白质可能的交联机制
P 代表蛋白质；PPO 代表多酚氧化酶

将猪肉均质样品用酪氨酸酶或冷冻干燥的苹果粉处理，4℃下分别反应 1.5 h 或 22 h，然后评价其形成的凝胶硬度（图 15.33）。结果表明，由于发生了交联反应，反应 22 h 后凝胶的硬度明显增加。同时还可以清楚地看出，半胱氨酸的存在，显著增加了酪氨酸的催化交联作用效果（Lanttoa et al.，2006）。

如同酪氨酸酶处理猪肉一样，利用酪氨酸酶处理鸡胸脯肉也能获得同样的蛋白质交联效果。图 15.34 显示，经过酶处理 3 h 后，肌动蛋白、肌浆球蛋白（重链）的含量均明显降低，并有不能透过分离胶的大相对分子质量蛋白质蓄积。肌钙蛋白是最容易发生交联的蛋白质，因为它在处理 1 h 后电泳条带基本消失；肌浆球蛋白则是对交联反应最敏感的蛋白质。此外，盐离子浓度对交联也存在明显的影响。

鸡胸脯肉的交联处理，还能够改善其蛋白的胶凝性质（图 15.35）。未处理的样品的储能模量较低，而加入酪氨酸酶以后，胶凝作用得到提高。储能模量与酪氨酸酶剂量的关系表明，酪氨酸酶促进了蛋白质的交联，导致了蛋白质的聚合，并且由于 40℃下酶的活性较高，所以不同剂量下的储能模量变化非常明显。

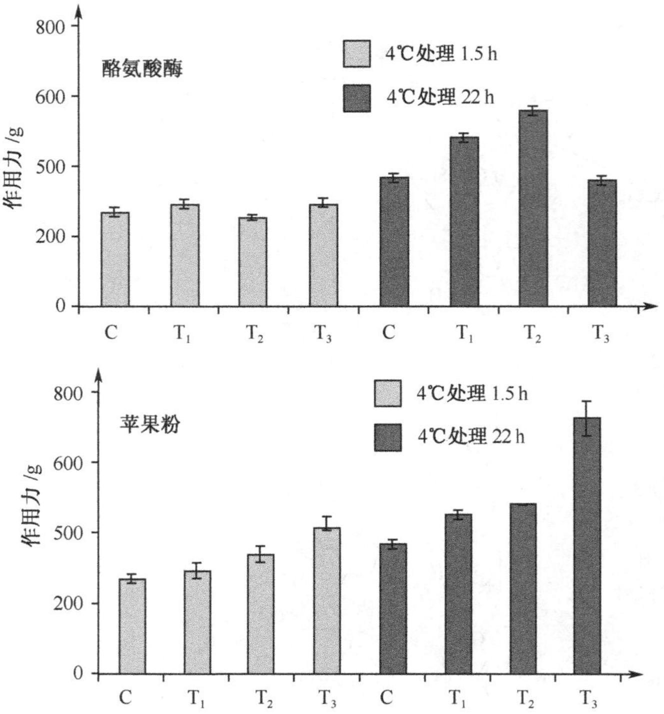

图 15.33　酪氨酸酶或苹果粉处理猪肉蛋白对非热凝胶强度的影响

C. 对照样；T_1. 酪氨酸酶加入量 35 mg/kg 蛋白质；T_2. 酪氨酸酶加入量 350 mg/kg 蛋白质；T_3. 酪氨酸酶加入量 350 mg/kg 蛋白质，另外加入半胱氨酸

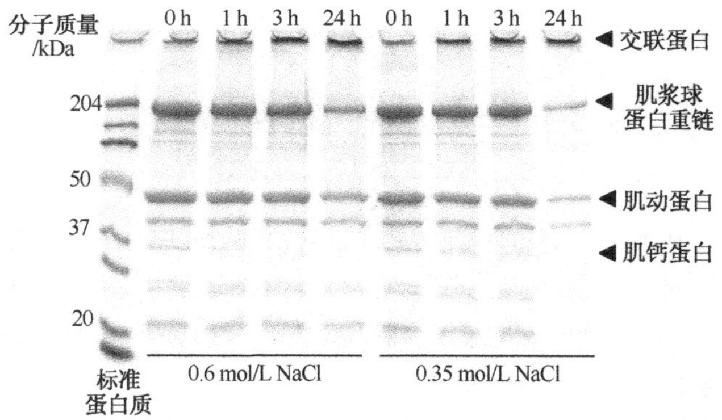

图 15.34　鸡胸脯肉均质物用酪氨酸酶处理后的 SDS-PAGE 分析结果

处理条件：50 mmol/L 磷酸缓冲体系，40℃，酪氨酸酶添加量 1000 nkat/g 蛋白质

多酚氧化酶在小麦粉中的存在，可改善小麦面团的性质（如增加面团的拉伸性），通过多酚氧化酶氧化蛋白质分子中的巯基，使蛋白质形成二硫键而得以实现。多酚氧化酶还可使酪氨酸残基和酚类化合物氧化为邻醌，然后与半胱氨酸、赖氨酸、组氨酸和色氨酸残基反应，从而产生交联。

有研究表明，用单宁酸氧化对明胶进行交联处理，交联明胶比未交联明胶的凝胶强度明显减小。明胶胶凝网络结构的形成主要借助分子间氢键相互作用，同时静电斥力和疏水相互作用也影响凝胶网络的形成。交联后明胶凝胶强度减小，可能是因为蛋白质分子侧链之间发生交联作用后，形成氢键的能力减弱，故而形成凝胶强度降低。

3. 交联修饰对蛋白质性质产生不利影响

利用多酚氧化酶对蛋白质进行交联修饰，可能对蛋白质的营养价值产生不良影响。首先，交联反应涉及蛋白质的必需氨基酸残基（如赖氨酸），降低了必需氨基酸的含量，如果此氨基酸又是限制性氨基酸，这对营养价值的影响作用更显著。其次，蛋白质分子间的交联影响了蛋白质酶对其的水解作用，影响蛋白质的消化吸收。最后，在有酚类化合物存在时，多酚氧化酶催化的酶促褐变反应导致色泽的变化，有可能使蛋白质原料产生不希望的异色。

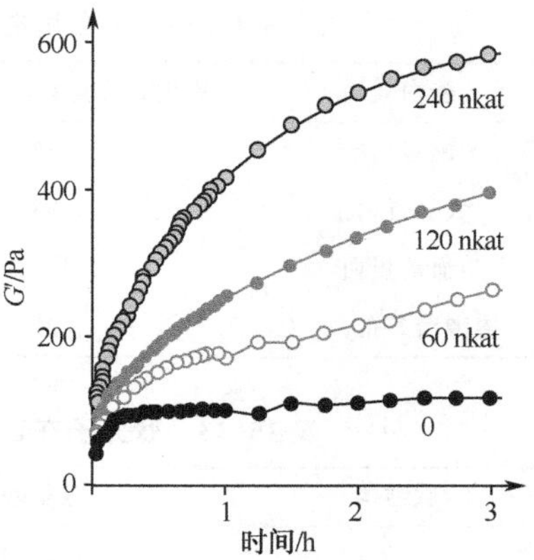

图 15.35　鸡胸脯肉均质物用酪氨酸酶处理后凝胶的储能模量与时间关系

处理条件：50 mmol/L 磷酸缓冲体系，pH 6，40℃，0.35 mol/L NaCl

研究表明，在咖啡酸、绿原酸和其他酚类化合物的存在下，酪蛋白在多酚氧化酶的作用下与它们发生反应。对交联修饰产物的营养学评价分析表明，酪蛋白的生物价、可消化性和活性赖氨酸含量均降低。相比之下，在无多酚氧化酶存在时就不会产生这种结果。

用多酚氧化酶处理咖啡酸，再用其处理酪蛋白，发现酪蛋白中的有效氨基酸含量下降，其中，赖氨酸下降 35%，色氨酸下降 58%，酪氨酸下降 14%、组氨酸下降 24%。如果用自然氧化的咖啡酸处理酪蛋白，则只有赖氨酸和色氨酸含量下降。赖氨酸的降低与反应条件相关，尤其是在中性 pH 条件下。

动物代谢实验表明，酪蛋白同多酚氧化酶氧化的咖啡酸在中性 pH 条件下反应后，反应产物赖氨酰咖啡醌不能够被实验大白鼠吸收而直接从粪便中排出，则直接表明同咖啡醌结合的赖氨酸残基已经不能被动物利用。

15.3.3　过氧化物酶催化的交联

过氧化物酶是广泛存在于植物性食品中的一种氧化酶。蛋白质分子间的交联反应，也可以通过过氧化物酶的作用来发生。其存在的反应机制是，在过氧化氢的存在下，过氧化物酶（POD）催化蛋白质分子中的酪氨酸残基发生交联反应，形成二酪氨酸（dityrosine），导致分子间的交联发生，反应机理见第 14 章的有关内容。

一些常见的食品蛋白质在过氧化氢-辣根过氧化物酶体系作用下的交联反应结果，列于表 15.32 中。二酪氨酸的出现以及酪氨酸含量的降低相一致，这充分表明交联反应确实是由于酪氨酸氧化而导致的。而且，利用含有酪氨酸残基的肽分子进行的研究也表明，过氧化氢-过氧化物酶能够导致酪氨酸之间的交联（表 15.33）。

表 15.32　蛋白质在过氧化氢-辣根过氧化物酶体系中反应结果

蛋白质	氧化前酪氨酸含量/(g/kg)	氧化后酪氨酸减少/%	二酪氨酸含量/(g/kg)
酪蛋白	63	21.8	13.7
大豆蛋白	38	11.5	4.4
牛血清蛋白	45.6	30.7	14
麦醇溶谷蛋白	32	5.4	1.7

表 15.33　肽分子在过氧化氢-辣根过氧化物酶体系中交联反应结果

肽结构	二酪氨酸/%[a]	肽结构	二酪氨酸/%[a]
GY	4.5±0.5	VYV	3.02±0.01
GLY	5.8±0.2	EGVYVHPV	2.92±0.03

注：反应时间 24 h

a. 二酪氨酸量以其相当于初始酪氨酸量的百分比表示。

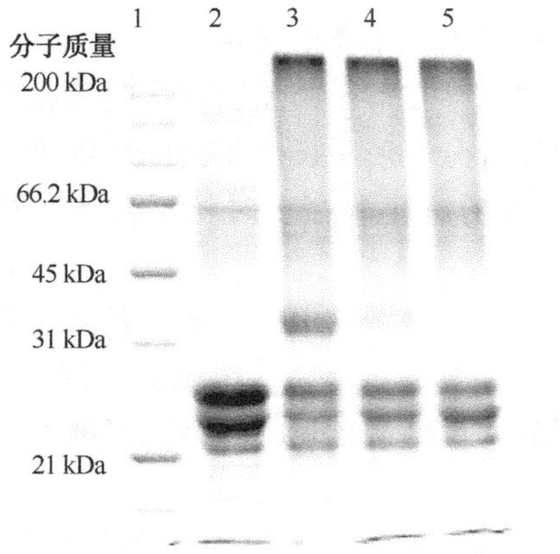

图 15.36　过氧化物酶-过氧化氢处理酪蛋白后的 SDS-PAGE 分析

1. 标准蛋白；2. 未修饰的酪蛋白；3～5. 过氧化物酶添加量分别为 400 nkat/mL、40 nkat/mL、4 nkat/mL

酪蛋白在过氧化氢-辣根过氧化物酶作用下的交联结果，可以通过图 15.36 所显示的 SDS-PAGE 条带的变化而清楚说明。随着酶添加量的增加，酪蛋白在相应的电泳条带中的量减少，并且有更高相对分子质量的蛋白质聚合物出现。

在多酚的存在下（如儿茶酚），蛋白质在过氧化氢-过氧化物酶体系中的交联反应则是另外的一个机制，此机制类似于在结缔组织中的赖氨酸氧化酶催化的氧化反应。赖氨酸残基的 ε-氨基被氧化脱氨，成为相应的醛，然后发生缩合反应形成亚胺醛，导致交联反应的发生。

用过氧化物酶/H_2O_2处理不同的蛋白质，可使其酪氨酸残基氧化为二酪氨酸和三酪氨酸。将过氧化物酶/H_2O_2 添加小麦粉中，可提高面团的形成能力和烘焙能力，其机制可能在于过氧化物酶催化了酚和其氧化产物醌及蛋白质氨基的交联反应。应用过氧化物酶于小麦分离蛋白，研究其对蛋白质聚合和黏性的影响，发现过氧化物酶促进了小麦蛋白形成相对分子质量更大的低聚体和聚合体的形成，虽然过氧化物酶的催化交联效果不如转谷氨酰胺酶。反应的结果是，过氧化物酶能够使 10%～20%的小麦分离蛋白形成凝胶。

综合来看，蛋白质的交联反应能够改变蛋白质的功能性质，甚至影响营养价值，并对加工食品的组织结构和状态产生影响。因此，应该大力开发蛋白质的交联修饰技术，更好地优化交联反应条件，尽量减少交联作用的不利影响，使食品蛋白质成为最重要的、多用途的食品配料。

参考文献

范霍尔德 K E. 1978. 物理生物化学. 郁贤章译. 北京:科学出版社

郭蔼光. 2001. 基础生物化学. 北京:高等教育出版社

黄诒森,张光毅. 2003. 生物化学与分子生物学. 北京:科学出版社

黄诒森,张光毅. 2008. 生物化学与分子生物学. 第二版. 北京:科学出版社

李庆章,吴永尧. 2004. 生物化学. 北京:中国农业出版社

鲁子贤 1982. 蛋白质化学. 北京:科学出版社

申泮文. 2005. 化学生物学与生物技术. 北京:科学出版社

沈同,王镜岩. 1990. 生物化学(上、下). 北京:高等教育出版社

唐有祺. 1958. 结晶化学. 北京:高等教育出版社

万海清. 2000. 生物化学. 北京:化学工业出版社

汪家政,范明. 2002. 蛋白质技术手册. 北京:科学出版社

王镜岩,朱圣庚,徐长法. 2002. 生物化学. 北京:高等教育出版社

王廷华,邹晓莉. 2005. 蛋白质理论与技术. 北京:科学出版社

邢芳芳,印遇龙. 2008. 重组牛乳铁蛋白素在大肠杆菌中的表达. 食品科学,4 (29):221～224

张楚富. 2003. 生物化学原理. 北京:高等教育出版社

赵新淮. 2006. 食品化学. 北京:化学工业出版社

赵新淮. 2007. 乳品化学. 北京:科学出版社

Aguilera J M. 1999. Microstructural Principles of Food Processing and Engineering. Gaithersburg: Aspen Publishers, Inc

Aguilera J M. 2008. Food Material Science. New York: Springer Science, Business Media, LLC

Ahmedna M, Prinyawiwatkul W, Rao R M. 1999. Solubilized wheat protein isolate: functional properties and potential food applications. Journal of Agricultural and Food Chemistry, 47: 1340～1345

Alexander M, Piska I, Dalgleish D G. 2007. Investigation of particle dynamics in gels involving casein micelles: a diffusing wave spectroscopy and rheology approach. Food Hydrocolloids, 14(6): 931～942

Amatayakul T, Sherkat F, Shah N P. 2006. Physical characteristics of set yoghurt made with altered casein to whey protein ratios and EPS-producing starter cultures at 9 and 14% total solids. Food Hydrocolloids, 20: 314～324

Amity D W, Jenni L B. 2006. Influence of muscle type on rheological properties of porcinemyofibrillar protein during heat-induced gelation. Meat Science, 72: 697～703

Amonte E M. 2002. Yield stress and microstructure of set yoghurt made from high hydrostatic pressure-treated full fat milk. Food Engineering and Physical Properties, 67: 2245～2250

Anand K, Damodaran S. 1995. Kinetics of adsorption of lysozyme and bovine serum albumin at the air-water interface from a binary mixture. J Colloid Interface Sci, 176: 63～73

Anand K, Damodaran S. 1996. Dynamics of exchange between αs1-casein and β-casein during adsorption at air-water interface. J Agric Food Chem, 44: 1022～1028

Anema S G, Li Y. 2003a. Effect of pH on the association of denatured whey proteins with the casein micelles in heated reconstituted skim milk. Journal of Agricultural and Food Chemistry, 51: 1640～1646

Anema S G, Li Y. 2003b. The association of denatured whey proteins with the casein micelles in heated reconstituted skim milk and its effect on casein micelle size. Journal of Dairy Research, 70: 73～83

Anema S G, Lowe E K, Li Y. 2004. Effect of pH on the viscosity of heated reconstituted skim milk. International Dairy Journal, 14: 541～548

Anema S G. 2008a. Effect of milk solids concentration on the gels formed by the acidification of heated pH-adjusted skim milk. Food Chemistry, 108: 110～118

Anema S G. 2008b. Effect of milk solids concentration on whey protein denaturation, particle size changes and solubilization of casein in high-pressure-treated skim milk. International Dairy Journal, 18: 228～235

Arakawa T, Timasheffv S N. 1984. Mechanism of protein salting in and salting out by divalent cation salts: balance between hydration and salt binding. Biochemistry, 23: 5912～5923

Ashie, I N A. 2003. Bioprocess engineering of enzymes. Food Technology, 57: 44～51

Becalski A, Lau B P Y, Lewis D et al. 2003. Acrylamide in foods: occurrence, sources, and modeling. Journal of Agricultural and Food Chemistry, 51: 802～808

Belitz H D, Gorsch W. 1999. Food Chemistry. 2nd. Berlin: Springer-Verlag Heidelberg

Bellamy W. 1992. Antibacterial spectrum of lactoferricin B, a potent bactericidal peptide derived from N-terminal region of bovine lactoferrin. Biochemistry Biophysics Acta, 1121(1,2): 130～136

Bin S, Yasir M D, Sutton K H et al. 2007. The impact of transglutaminase on soy proteins and tofu texture. Food Chemistry, 104: 1491～1501

Biundell T L, Johnson L N. 1976. Protein Crystallography. New York: Academic Press

Buxbaum E. 2007. Fundamentals of Protein Structure and Function. New York: Springer Science-Business Media, LLC

Byrne B M, van de Schip A D, van de Klundert J A M et al. 1984. Amino acid sequence of phosvitin derived from the nucleotide sequence of part of the chicken vitellogenin gene. Biochemistry, 23: 4275～4279

Calvo M M, Leaver J, Banks J M. 1993. Influence of other whey proteins on the heat-induced aggregation of α-lactalbumin. International Dairy Journal, 3: 719～727

Catherine B, Jean A. 2003. Louis-Camille Maillard: 1878～1936. Food Reviews International, 19(4): 345～374

Chabance B, Marteau P, Rambaud J C et al. 1998. Casein peptide release and passage to the blood in humans during digestion of milk or yoghurt. Biochimie, 80(2): 155～165

Chobert J M, Sltohy M, Whitaker J R. 1987. Specific limited hydrolysis and phosphroylation of food proteins for improvement of functional and nutritional properties. Journal of American Oil Chemist Society, 64(12): 1704～1725

Choi S S, Regnsterin J M. 2000. Physicochemical and sensory characteristic of fish gelatin. Food Chemistry and Toxicology, 65(2): 194～199

Coker C J, Crawford R A, Johnston K A. 2005. Towards the classification of cheese variety and maturity on the basis of statistical analysis of proteolysis data—a review. International Dairy Journal, 15(6～9): 631～643

Considine T, Patel H A, Anema S G et al. 2007. Interactions of milk proteins during heat and high hydrostatic pressure treatments—a review. Innovative Food Science and Emerging Technologies, 8: 1～23

Corredig M, Dalgleish D G. 1999. The mechanisms of the heat-induced interaction of whey proteins with casein micelles in milk. International Dairy Journal, 9: 233～236

Corsi A, Milchev A, Rostiashvili V G. 2007. Interface stability and copolymers: application to food systems. Food Hydrocolloids, 21: 870～878

Coultate T P. 2002. Food—the Chemistry of Its Components. 4th. Cambridge: Royal Society of Chemistry

Cozzolino A, Pierro P D, Mariniello L et al. 2003. Incorporation of whey proteins into cheese curd by using transglutaminase. Biotechnology and Application of Biochemstry, 38: 289～295

Dagdug L, Weiss G H, Gandjbakhche A H. 2003. Effects of anisotropic optical properties on photon migration in structural tissues. PhysMed Biol, 48: 1361～1370

Dalgleish D G, Spagnuolo P A, Goff H D. 2004. A possible structure of the casein micelle based on high-resolution field-emission scanning electron microscopy. International Dairy Journal, 14: 1025～1031

Damodaran S, Kinsella E K. 1980. Flavor-protein interactions: binding of carbonyls to bovine serum albumin: thermodynamic and conformational effects. Journal of Agricultural and Food Chemistry, 28: 567～571

Damodaran S, Paraf A. 1997. Food Protein and Their Applications. New York: Marcel Dekker Inc

Damodaran S, Song K B. 1988. Kinetics of adsorption of proteins at interfaces: role of protein conformation in diffusional adsorption. Biochim Biophys Acta, 954. 253～264

Damodaran S. 1996. Amino acids, peptides, and proteins. *In*: Fennem O. Food Chemistry. New York: Marcel Dekker

Dauphas S, Beaumal V, Riaublanc A. 2006. Hen egg yolk low-density lipoproteins film spreading at the air-water and oil-water interfaces. Journal of Agricultural and Food Chemistry, 54: 3733～3737

DeMan J M. 1999. Principles of Food Chemistry. Gaithersburg: Aspen Publication

Diftis N G, Biliaderis C G, Kiosseoglou V D. 2005. Rheological properties and stability of model salad dressing emulsions prepared with a dry-heated soybean protein isolate-dextran mixture. Food Hydrocolloids, 19: 1025～1031

Doi E, Koseki T, Kitabatake N. 1987. Effects of limited proteolysis on functional properties of ovalbumin. Journal of American Oil Chemist Society, 64(12): 1679～1730

Donato L, Dalgleish D G. 2006. Effect of the pH of heating on the qualitative and quantitative compositions of the sera of reconstituted skim milks and on the mechanisms of formation of soluble aggregates. Journal of Agricultural and Food Chemistry, 54: 7804～7811

Donato L, Guyomarc H F, Amiot S et al. 2007. Formation of whey protein/κ-casein complexes in heated milk: preferential reaction of whey protein with κ-casein in the casein micelles. International Dairy Journal, 17: 1161～1167

D'Alvise N, Lesueur-Lambert C, Fertin B et al. 2000. Hydrolysis and large scale ultrafiltration study of alfalfa protein concentration enzymatic hydrolysate. Enzyme and Microbial Technology, 27: 286～294

Eskin N A M. 1990. Biochemistry of Foods. San Diego: Academic Press, Inc

Fang H, Luo M, Sheng Y et al. 2008. The antihypertensive effect of peptides: a novel alternative to drugs? Peptides, 29: 1062～1071

Farrell H M, Malin E L, Brown E M et al. 2006. Casein micelle structure: what can be learned from milk synthesis and structural biology? Current Opinion in Colloid & Interface Science, 11: 135～147

Fennema O R. 1996. Food chemistry. 3rd. New York: Marcel Dekker Inc

Forss D A. 1979. Mechanism of formation of aroma compounds in milk and milk products. Journal of Dairy Research, 46: 691～694

Fox P F, McSweeney P L H. 1998. Dairy Chemistry and Biochemistry. Londen: Blackie Academic & Professional

Fox P F. 2001. Milk proteins as food ingredients. International Journal of Dairy Technology, 54(2): 41～55

Friedman M, Brandon D. 2001. Nutritional and health benefits of soy proteins. Journal of Agricultural and Food Chemistry, 49: 1069～1086

Friedman M, Grosjean O K K, Zahnley J C. 1982. Inactivation of soybean trypsin inhibitors by thiols. Journal of Science of Food Agriculture, 33: 165～172

Friedman M. 1996. Nutritional value of proteins from different food sources. a reviews. Journal of Agricultural and Food Chemistry, 44: 6～29

Friedman M. 1999. Chemistry, biochemistry, nutrition, and microbiology of lysinoalanine, lanthionine, and histidinoalanine in food and other proteins. Journal of Agricultural and Food Chemistry, 47: 1295～1319

Friedman M. 2003. Chemistry, biochemistry, and safety of acrylamide. Journal of Agricultural and Food Chemistry, 51: 4504～4526

Fukushima D. 1991. Structures of plant storage proteins and their functions. Food Reviews International, 7(3): 353～379

Ganeva V, Galutzov B, Eynard N. 2001. Electroinduced extraction of β-galactosedase from *Kluyveromyces lactis*. Applied Microbiology Biotechnology, 56(3,4): 411～413

Garrett R H, Grisham C M. 1999. Biochemistry. 2nd ed. New York: Saunders College Publishing

Gauthier F, Pouliot Y. 2003. Functional and biological properties of peptides obtained by enzymatic hydrolysis of whey proteins. Dairy Science, 86: 78～87

Gerhard Rèobbelen R, Downey K, Ashri A. 1989. Oil Crops of the World: Their Breeding and Utilization. New York: McGraw-Hill

Gerrard J A. 2002. Protein-protein crosslinking in food: methods, consequences, applications. Trends in Food Science & Technology, 13: 391～399

Glazer A N. 1994. Phycobiliproteins—A family of valuable, widely used fluorophores. J Appl Phycol, 6: 105～115

Glicksman M. 1983. Food Hydrocolloids. Ⅱ. Boca Raton: CRC Press

Gobbetti M, Minervini F, Grizzello C. 2004. Angiotensin I-converting-enzyme-inhibitory and antimicrobial bioactive peptides. International Journal of Dairy Technology, 57: 173～188

Goll D E, Thompson V F, Taylor R G et al. 1992. Role of the calpain system in muscle growth. Biochimie, 74: 225～237

Grinnell F, Ho C H, Tamariz E et al. 2003. Dendritic fibroblasts in three-dimensional collagen matrices. Molecular Biology of Cell, 14: 384～395

Gupta R B, Batey I L, Macritchie F. 1992. Relationship between protein composition and functional properties of wheat flours. Cereal Chemistry. 69: 125～131

Gómez-Ruiz J A, Recio I, Belloque J. 2004. ACE-Inhibitory activity and structural properties of peptide Asp-Lys-Ile-His-Pro [β-CN f (4751)]. Study of the peptide forms synthesized by different methods. J Agric Food Chem, 52: 6315～6319

Hall G M. 1996. Methods of Testing Protein Functionality. London: Blackie Academic & Professional

Haque Z, Aryana K J. 2002. Effect of sweeteners on the microstructure of yoghurt. Food Science and Technology Research, 8: 21～23

Heert J I, Visser J, Smits P. 1985. Structure formation in acid milk gels. Food Microstructure, 4: 267～277

Hegg P. 1982. Conditions for the formation of heat-induced gels of some globular food proteins. J Food Sci. 47: 1241～1244

Hekken D L, Tunick M H. 2004. Rheological and proteolytic properties of Monterey Jack goat's milk cheese during aging. Journal of Agricultural and Food Chemistry, 52: 5372～5377

Hopkins D L, Thompson J M. 2001. The relationship between tenderness, proteolysis, muscle econtraction and dissociation of actomyosin. Meat Science, 57: 1～12

Horne D S. 2006. Casein micelle structure: Models and muddles. Current Opinion in Colloid & Interface Science, 11: 148～153

Ikan R. 1996. The Maillard Reaction. Now York: Jhon Wiley & Sons

Iwabuchi S, Shibasaki K. 1981. Immunochemical studies of the effect of ionic strength on thermal denaturation of soybean 11S globulin. Agricultural and Biology Chemistry, 45(1): 285～293

Jamilah B, Harvinder K G. 2002. Properties of gelatins from skins of fish-black tilapia (*Oreochromis mossambicus*) and red tilapia (*Oreochromis nilotica*). Food Chemistry, 77: 81～84

Jaros D, Partschefeld C, Henle T et al. 2006. Transglutaminase in dairy products: chemistry, physics, applications. Journal of Texture Studies, 37: 113～155

Jiang H, Grinnell F. 2005. Cell-matrix entanglement andmechanical anchorage of fibroblasts in three-dimensional collagen matrices. Mol Biol Cell, 16: 5070～5076

Jolivet P, Boularn C, Beaumal V et al. 2006. Protein components of low-density lipoproteins purified from hen egg yolk. Journal of Agricultural and Food Chemistry, 54: 4424～4429

Jones D W. 1976. Introduction to the Spectroscopy of Biological Polymere. New York: Academic Press

Jung S, Murphy P, Johnson L. 2005. Physicochemical and functional properties of soy protein substrates modified by low levels of protease hydrolysis. Journal of Food Science, 70(2): 180～187

Kao F J, Su N W, Lee M H. 2003. Effect of calcium sulfate concentration in soymilk on the microstructure of firm tofu and the protein constitutions in tofu whey. Journal of Agricultural and Food Chemistry, 51: 6211～6216

Kato A, Nakai S. 1980. Hydrophobicity determined by a fluorescent probe method and its correlation with surface properties of proteins. Biochim Biophys Acta, 624: 13～20

Kato A, Osako Y, Matsudomi N et al. 1983. Changes in the emulsifying and foaming properties of proteins during heat denaturation. Agricultural and Biological Chemistry, 47(1): 33～37

Korhonen H. 2002. Technology options for new nutritional concepts. International Journal of Dairy Science, 55(2): 79～88

Kovacs-Nolan J, Zhang J W, Hayakawa S et al. 2000. Immunochemical and structural analysis of pepsin-digested egg white ovomucoid. Journal of Agricultural and Food Chemistry, 48: 6261～6266

Kuby J. 1992. Immunology. New York: WH Freeman and Company

Lagrain B, Thewissen B G, Brijs K. 2008. Mechanism of gliadin-glutenin cross-linking during hydrothermal treatment. Food Chemistry, 107: 753～760

Lamsal B P, Jung S, Johnson L A. 2007. Rheological properties of soy protein hydrolysates obtained from limited enzymatic hydrolysis. LWT-Food Science and Technology, 40: 1215～1223

Lanttoa R, Plathina P, Niemisto M et al. 2006. Effects of transglutaminase, tyrosinase and freeze-dried apple pomace powder on gel forming and structure of pork meat. LWT-Food Science and Technology, 39: 1117～1124

Larsen J E, Froning G W. 1981. Extraction and processing of various components from egg yolk. Poultry Science, 60: 160～167

Lauber A, Henle T, Klostermeyer H. 2000. Relationship between the crosslinking of caseins by transglutaminase and the gel strength of yoghurt. European Food Research and Technology, 210: 305～309

Leach S J. 1969. Physical Principles and Techniques of Protein Chemistry. New York: Academic Press

Lee W J, Lucey J A. 2004. Structure and physical properties of yogurt gels: effect of inoculation rate and incubation temperature. Journal of Dairy Science, 87: 3153～3164

Levieux D, Levieux A, Venien A. 1995. Immunochemical quantification of heat denaturation of bovine meat soluble proteins. Journal of Food Science, 60(4): 678～684

Lindsay M P, Skerritt J H. 1999. The glutenin macropolymer of wheat flour doughs: structure-function perspectives. Trends in Food Science & Technology, 10: 247～253

Liu K S. 1999. Soybens-Chemistry, Technology and Utilization. Gaithersburg: Aspen Publication

Lopez C, Camier B, Gassi J Y. 2007. Development of the milk fat microstructure during the manufacture and ripening of Emmental cheese observed by confocal laser scanning microscopy. International Dairy Journal, 17: 235～247

Lorenzen P C, Neve H, Mautner H et al. 2002. Effect of enzymatic cross-linking of milk proteins on functional properties of set-style yoghurt. International Journal of Dairy Technology, 55: 152～157

Lu J R, Perumal S, Hopkinson I et al. 2004. Interfacial nano-structuring of designed peptides regulated by solution pH. J Am Chem Soc, 126: 8940～8947

Lu J R, Perumal S, Powers E T et al. 2003. Adsorption of b-hairpin peptides on the surface of water: a neutron reflection study. J Am Chem Soc, 125: 3751～3757

Lucey A, Tamehana M, Singly H et al. 1998. A comparison of the formation rheological properties and micuostructuer of acid skim milk gels made with bacterial cultures or glucono-δ-lactone. Food Research International, 31: 147～155

Lucey J A. 2002. Formation and physical properties of milk protein gels. Journal of Dairy Science, 85: 281～294

Marini D M, Hwang W, Lauffenburger D A et al. 2002. Left-handed helical ribbon intermediates in the self-assembly of a b-sheet peptide. Nano Lett, 2(4): 295～299

Martins S, Jongen W M F, van Boekel M A J S. 2001. A review of Maillard reaction in food and implications to kinetic modeling. Trends in Food Science & Technology, 11(9, 10): 364～373

Marín M L, Casas C, Cambero M I et al. 1992. Study of the effect of heat(treatments)on meat protein denaturation as determined by ELISA. Food Chemistry, 43: 147～150

Mathews C K, van Holde K E. 1990. Biochemistry. Menlo Park: The Benjamin/Cummings Publishing Company, Inc

Mathies G, Whitaker J R. 1984. Chemical phosphorylation of food proteins: an overview and a prospectus. Journal of Agricultural and Food Chemistry, 32: 699～705

Matiacevich S B, Santagapita P R, Buera P M. 2005. Fluorescence from the Maillard reaction and its potential applications in food science. Critical Reviews in Food Science and Nutrition, 45(6): 483～495

Matthews R H. 1989. Legumes: Chemistry, Technology, and Human Nutrition. New York: Marcel Dekker, Inc

Mattila-Sandholm T, Saarela M. 2003. Functional Dairy Products. Cambridge: Woodhead Publishing Limited

McKenna B M 2003. Texture in Foods 1. Semi-solid foods. Cambridge: Woodhead Publishing Ltd

McSweeney P L L. 2004. Biochemistry of cheese ripening. International Journal of Dairy Technology, 57 (2, 3): 127～144

Molina Ortiz S E, Wargner J R. 2002. Hydrolysates of native and modified soy protein isolates: structural characteristics solubility and foaming properties. Food Research International, 35: 511～518

Morles F, Babbel M B. 2002. Antiradical efficiency of Maillard reaction mixtures in a hydrophilic media. Journal of Agricultural and Food Chemistry, 50: 2788～2792

Motoki M, Aso H, Seguro K et al. 1987. α_{s1}-Casein film prepared using transglutaminase. Agricultural and Biology Chemistry, 51: 993～996

Nakai S, Modler H W. 1996. Food Proteins: Properties and Characterization. New York: Wiley-VCH Publishers, Inc

Nakai S, Modler H W. 2000. Food Protein: Processing Applications. New York: Wiley-VCH, Inc

Nakai S. 1996. Food Proteins: Properties and Characterization. New York: VCH Publishers, Inc

Nelson D L, Cox M M. 2000. Principles of Biochemistry. New York: Worth Publishers

Nio N, Motoki M, Takinami K. 1986. Gelation mechanism of protein solution by transglutaminase. Agricutural and Biology Chemistry, 50: 851～856

Oldfield D J, Taylor M W, Singh H. 2005. Effect of preheating and other process parameters on whey protein reactions during skim milk powder manufacture. International Dairy Journal, 15: 501～511

Owusu-Apenten R K. 2002. Food Protein Analysis. New York: Maecel Dekker Inc

O'Neill T E, Kinsella J E. 1987. Binding of alkanone flavors to β-lactoglobulin: effects of conformational and chemical modification. Journal of Agricultural and Food Chemistry, 35: 770～774

O'Sullivan M M, Kelly A L, Fox P F. 2002. Effect of transglutaminase on the heat stability of milk: a possible mechanism. Joural of Dairy Science, 85: 1～7

Panouillé M, Nicolai T, Durand D. 2004. Heat induced aggregation and gelation of casein submicelles. International Dairy Journal, 14: 297～303

Patel H A, Singh H, Anema S G et al. 2006. Effects of heat and high hydrostatic pressure treatments on disulfide bonding interchanges among the proteins in skim milk. Journal of Agricultural and Food Chemistry, 54: 3409～3420

Peter R S, Nige G H. 2001. Cereal seed storage proteins structures, properties and role in grain utilization. Journal of Experimental Botany, 53: 947～958

Petruccelli S, Añón M C. 1996. pH-induced modifications in the thermal stability of soybean protein isolates. Journal of Agricultural and Food Chemistry, 44: 3005～3009

Phadungath C. 2005. Casein micelle structure: a concise review. Songklanakarin Journal of Science and Technology, 27(1): 201～212

Phillips M C. 1981. Protein conformation at liquid interfaces and its role in stabilizing emulsions and foams. Food Technol, 35: 50～57

Plancken I V, Loey A V, Hendrickx M E G. 2005. Changes in sulfhydryl content of egg white proteins due to heat and pressure treatment. Journal of Agricultural and Food Chemistry, 53: 5726～5733

Playne M J, Bennett L E, Smithers G W. 2003. Functional dairy foods and ingredients. Australian Journal of Dairy Technology, 58(3): 242～264

Pomeranz Y. 1985. Functional Properties of Food Components. New York: Academic Press Inc

Poms R E, Klein C I, Anklam E. 2004. Methods for allergen analysis in food. Food Additives and Contaminants, 21(1): 1～31

Ponnuswamy P K, Muthusamy R, Manavalan P. 1982. Amino acid composition and thermal stability of proteins. Int J Biol Macromol, 4: 186～190

Poole S, West S I, Walters C L. 1984. Protein-protein interactions: their importance in the foaming of heterogeneous protein systems. Journal of Science of Food and Agriculture, 35: 701～711

Prins A. 1988. Principles of foam stability. *In*: Dickinson E, Stainsby G. Advances in Food Emulsions and Foams. London: Elsevier Applied Sci Publishers

Prochniewicz E, Thompson L V, Thomas D D. 2007. Age-related deline in actomyosin structure and function. Experimental Gerontology, 42: 931～938

Puvanenthiran A, Williams R P W, Augustin M A. 2002. Structure and visco-elastic properties of set yoghurt with altered casein to whey protein ratios. International Dairy Journal, 12:383～391

Raikos V, Campbell L, Euston S R. 2007. Effect of sucrose and sodium chloride on foaming properties of egg white proteins. Food Research International, 40:347～355

Rao M A. 1998. Phase transitions in food. New York: Maecel Dekker, Inc

Ravallec-Pie R, Charlot C, Pires C et al. 2001. The presence of bioactive peptides in hydrolysates prepared from processing waste of sardine(*Sardina pilchardus*). Journal of Science of Food and Agriculture, 81:1120～1125

Renkema J M S, Knabben J H M, van Vliet T. 2001. Gel formation by β-conglycinin and glycinin and their mixtures. Food Hydrocolloids, 15:407～414

Renkema T M S. 2000. The effect of pH on heat denaturation and gel forming properties of soy proteins. Journal of Biotechnology, 79:223～230

Rishi S, Munir C. 2001. Zein: the industrial protein from corn. Industrial Crops and Products, 13:171～192

Rodriguez A C, Dalgleish D G. 2006. Structures and some properties of soluble protein complexes formed by the heating of reconstituted skim milk powder. Food Research International, 39:472～479

Roginski H, Fuquay J W, Fox P F. 2003. The Encyclopedia of Dairy Sciences. Now York: Academic Press

Ruiz-Henestrosa V P, Sanchez C C, Yust M D et al. 2007. Limited enzymatic hydrolysis can improve the interfacial and foaming characteristics of β-conglycinin. Journal Agricultural and Food Chemistry, 55:1536～1545

Santoso S, Hwang W, Hartman H et al. 2002. Self-assembly of surfactantlike peptides with variable Glycine tails to form nanotubes and nanovesicles. Nano Lett, 2(7): 687～691

Sarabia A I, Gomez-Guillen M C. 2000. The effect of added salt on the viscoelastic properties of fish skin gelatin. Food Chemistry, 70:71～76

Sheikh F, Bang M L, Chen J. 2007. "Z" eroing in on the role of cypher in striated muscle function, signaling, and human disease. TCM, 17(8):258～262

Shimizu M, Saito M. 1986. Hydrophobicity and emulsifying activity of milk proteins. Agricultural and Biology Chemistry, 50:791, 792

Sikorki Z E. 2002. Chemical and Functional Properties of Food Components. Florida: CRC Press

Singh H. 2004. Heat stability of milk. International Journal of Dairy Technology, 57(2,3):111～119

Singh T K, Drake M A, Cadwallader K R. 2003. Flavor of cheddar cheese: a chemical and sensory perspective. Comprehensive Reviews in Food Science and Food Safety, 2:139～162

Sinha R, Radha C, Prakash J et al. 2007. Whey protein hydrolysate: functional properties, nutritional quality and utilization in beverage formulation. Food Chemistry, 101:1484～1491

Smyth E, Clegg R A, Holt C 2004. A biological perspective on the structure and function of caseins and casein micelles. International Journal of Dairy Technology, 57(2,3):121～126

Sofia V, Silva F, Xavier M. 2005. Caseins as source of bioactive peptides. International Dairy Journal, 15(1):1～15

Sosulski F W, Imafidon G I. 1990. Amino acid composition and nitrogen-to-protein conversion factors for animal and plant foods. Journal of Agricultural and Food Chemistry, 38:1351～1356

Srinivansan R and Rose G D. 1995. LINUS: a hierarchic procedure to predict the fold of a protein. Proteins: Structure, Function and Genetics, 22: 81～89

Steijns J M. 2001. Milk ingredients as nutraceuticals. International Journal of Dairy Technology, 54:81～88

Steiner R F, Weinryb I. 1970. Fluorescence Excited States of Proteins and Nucleic Acids. New York: Plenum Press

Stenesh J. 1998. Biochemistry. New York: Plenum Press

Strauss G, Gibson S M. 2004. Plant phenolics as cross-linkers of gelatin gels and gelatin-based coacervates for use as food ingredients. Food Hydrocolloids, 18:84～89

Stryer L. 1995. Biochemistry. New York: WH Freeman and Company

Suanne A, Herbert W. 2001. Effects of HMW-GS and LMW-GS on rheological dough properties and bread making quality of wheat. Cereal Chemistry, 78(2):157～159

Sung H Y, Chen H J, Liu T Y et al. 1983. Improvement of the functionalities of soy protein isolate through chemicals phosphorylation. Journal of Food Science, 48: 716～721

Takeshi N, Nobutaka S. 2002. Preparation and partial characterization of collagen from paper nautilus(*Argonauta argo Linnaeus*) outer skin. Food Chemistry, 76: 149～153

Tang C H, Li L, Yang X Q. 2006. Influence of transglutaminase-induced cross-linking on *in vitro* digestibility of soy protein isolate. Journal of Food Biochemistry, 30: 718～731

Tarekev E, Rydberg P, Karlsson P et al. 2002. Analysis of acrylamide, a carcinogen formed in heated foodstuff. Journal of Agricultural and Food Chemistry, 50: 4998～5006

Thalmann C R, Lötzbeyer T. 2002. Enzymatic cross-linking of proteins with tyrosinase. European Food Research and Technology, 214: 276～281

Tolstoguzov V, Grinberg V, Gulov A. 1985. Some physicochemical approaches to the problem of protein texturisation. J Agric Food Chem, 33: 151～159

Tolstoguzov V. 1986. Functional properties of protein-polysaccharide mixtures. *In*: Mitchell J R, Ledward D A. Functional Properties of Food Macromolecules. London: Elsevier Applied Science Publishers

Tolstoguzov V. 1988. Concentration and purification of proteins by means of two-phase systems Membraneless osmosis process. Food Hydrocoll, 2: 195～207

Tovar C A, Franco I. 2004. Influence of the ripening time on the viscoelastic behaviour of Tetilla cheese. Food Science and Technology International, 10(5): 305～313

Townsend A, Nakai S. 1983. Relationship between hydrophobicity and foaming characteristics of food proteins. Journal of Food Science, 48: 588～594

Uthayakumaran S. 2000. Effects of incorporated glutenin on functional properties of wheat dough. Cereal Chemistry, 77(6): 737～743

Vaintraub L A, Kotova L V, Shaha R. 1992. Protein deamidase from germinating wheat grains. Federation of European Biochemical Societies, 30(2): 169～171

van Boekel M. 1998. Effect of heating on Maillard reaction in milk. Food Chemistry, 62(4): 403～414

van Boekel M. 2006. Formation of flavor compounds in the Maillard reaction. Biotechnology Advances, 24(2): 230～233

Vasbinder A J, de Kruif C G. 2003. Casein—whey protein interactions in heated milk: the influence of pH. International Dairy Journal, 13: 669～677

Vasbinder A J, Rollema H S, Bot A et al. 2003. Gelation mechanism of milk as influenced by temperature and pH; Studied by the use of transglutaminase cross-linked casein micelles. Joural of Dairy Science, 86: 1556～1563

Verbruggen I M, Veraverbeke W S, Vandamme A et al. 1998. Simultaneous isolation of wheat HMW-GS and LMW-GS. Journal Cereal Science, 28: 25～32

Villamiel M, Arias M, Corzo N et al. 1999. Use of different thermal indices to assess the quality of pasteurized milks. Z. Lebensm Unters Forsch A, 208(2): 169～171

Walstra P. 2003. Physical Chemistry of Foods. New York: Marcel Dekker Inc

Wang M, Hettiarachchy N S, Qi M et al. 1999. Preparation and functional properties of rice bran protein isolate. Journal of Agricultural and Food Chemistry, 47: 411～416

Wilkinson M G, Guinee T P, Fenelon M A. 2000. Effect of milk composition on the quality of fresh fermented dairy products improving the quality of yogurt. Journal of Agriculture and Food Research, 39: 171～176

Wilson K, Walker J M. 2000. Principles and Techniques of Practical Biochemistry. New York: Cambridge University Press

Wrolstad R E, Acree T E, Deker E A et al. 2005. Handbook of Food Analytical Chemistry. New Jersey: John Wiley & Sons, Inc

Wu S, Murphy P A, Johnson L A et al. 1999. Pilot-plant fractionation of soybean glycinin and β-conglycinin. Journal of American Oil Chemist Society, 76(3): 285～293

Yasui N, Koide T. 2003. Collagen-protein interactions mapped by phototriggered thiol introduction. Journal of American

Chemical Society, 125: 15728, 15729

Yaylayan V A, Huyghues-Despoints A. 1994. Chemistry of Amadori rearrangement products: analysis, synthesis, kinetics, reactions, and spectroscopic properties. Critical Reviews in Food Science and Nutrition, 34: 321～369

Yaylayan V A. 1997. Classification of the Maillard reaction: A conceptuall approach. Trends in Food Science & Technology, 8(1): 13～18

Yu M A, Damodaran S. 1991. Kinetics of protein foam destabilization: evaluation of a method using bovine serum albumin. Journal of Agricultural and Food Chemistry, 39: 1555～1562

Yvon M, Rijinen L. 2001. Cheese flavor formation by amino acid catabolism. International Dairy Journal, 11(4): 185～201

Zhang Z, Goff HD. 2004. Protein distribution at air interfaces in dairy foams and ice cream as affected by casein dissociation and emulsifiers. International Dairy Journal, 14: 647～657

Zhao X B, Pan F, Lu J R. 2008. Recent development of peptide self-assembly. Progress in Natural Science, 18: 653～660

Zhu H, Damodaran S. 1994a. Effect of calcium and magnesium ions on aggregation of whey protein isolate and its effect on foaming properties. Journal of Agricultural and Food Chemistry, 42: 856～862

Zhu H, Damodaran S. 1994b. Proteose peptones and physical factors affect foaming properties of whey protein isolate Journal of Food Science, 59: 554～560

Zhu Y, Rinzema A, Tramper J et al. 1995. Microbial transglutaminase—a review of its production and application in food processing. Application of Microbiology and Biotechnology, 44: 277～282

Zyzak D V, Sanders R A, Stojanovic M et al. 2003. Acrylamide formation mechanism in heated foods. Journal of Agricultural and Food Chemistry, 51: 4782～4787